U0390505

畜禽营养与标准化饲养

（第二版）

顾 问

杨诗兴　彭大惠

主 编

郝正里

副主编

王小阳　张容昶　张文远

编著者

（依姓氏笔画为序）

王　峰　王小阳　王克健　刘雨龙　汤振玉
李光玉　李绶章　张　力　张文远　张容昶
施伯煊　郝正里　崔泰保　鄢　珣　魏海军

金盾出版社

内 容 提 要

本书由甘肃农业大学博士生导师郝正里教授主编，15 位国内专家、教授参编。内容包括：畜禽营养，畜禽饲料及其卫生安全，家畜、犬、茸鹿、水貂及家禽、珍禽的营养与标准化饲养，共四篇十七章。内容丰富、新颖、科学实用或操作性强，对加快我国养殖业发展，由数量型向质量型转变，提高畜禽产品在国内外市场的竞争力，会有所帮助。本书适合于养殖、饲料加工企业、农牧户、部队农牧场的生产、管理人员及动物科技、动物医学专业师生、各级农牧部门公务员参阅。

图书在版编目(CIP)数据

畜禽营养与标准化饲养/郝正里主编．—2 版．—北京：金盾出版社，2014.8
ISBN 978-7-5082-9172-7

Ⅰ．①畜…　Ⅱ．①郝…　Ⅲ．①畜禽—营养学②畜禽—饲养管理　Ⅳ．①S816②S815

中国版本图书馆 CIP 数据核字(2014)第 022430 号

金盾出版社出版、总发行
北京太平路 5 号(地铁万寿路站往南)
邮政编码:100036　电话:68214039　83219215
传真:68276683　网址:www.jdcbs.cn
封面印刷:北京精美彩色印刷有限公司
正文印刷:北京万友印刷有限公司
装订:北京万友印刷有限公司
各地新华书店经销
开本:787×1092 1/16　印张:53.25　字数:1310 千字
2014 年 8 月第 2 版第 4 次印刷
印数:16 781～19 780 册　定价:150.00 元

序　言

　　"畜禽营养与标准化饲养"，简而言之，即畜禽饲养科学化。其目的是为促进畜禽身体健康与生长迅速，提高畜禽产品的数量、质量及经济效益，保证消费者的人身安全和协调人类、畜禽与生态相互关系的平衡。为实施畜禽饲养的科学化，还须注意各项有关措施的本国化。即在我国的气候、土壤环境条件下，应用本国生产的饲草饲料，根据本国制定与公布的饲草、饲料营养成分与营养价值表及我国各种现有畜禽的饲养标准，配合日粮，饲喂畜禽；同时，还引进适合我国国情的国外先进饲养配套新技术，加以应用。

　　解放后，我国学习前苏联，重视畜禽饲养科学化；在高等农业院校畜牧系课程中，设置了"家畜饲养学"，参考前苏联的家畜饲养学教学大纲，制定了本国该门学科的教学大纲，并据以编写"家畜饲养学"教材。实际上，其中内容大部分是参考或引用前苏联的资料，如波波夫（Попов）教授编写的《家畜饲养学》和克拉什尼科夫（Калашников）等编写的《苏联家畜饲养标准和日粮》及《苏联饲料营养成分含量及营养价值表》，并用以配合日粮饲养畜禽。这种方法在当时我国政府主办的大型畜牧场中广泛应用推广，实践中发现前苏联饲养标准的规定量较我国畜禽的实际需要量或多或少的偏高。这是由于前苏联地理位置偏北、气温偏寒，畜禽为保持体温和更新羽毛，需食入较多的营养物质。我国地理位置偏南、气候偏暖，生搬硬套地应用前苏联的畜禽饲养标准当然不合适。加之前苏联的饲草饲料品种和变种与中国生产的相应饲草饲料相比，其营养成分难免有些差异，故将前苏联的饲草饲料成分及营养价值表套用于中国土地上生产的饲草饲料，有点像"张冠李戴"，不一定适用。有鉴于此，我国政府从 20 世纪 50 年代起，开始着手组织全国高等农业院校畜牧系教学人员及国家各级农牧研究所的科技工作者，分工合作，进行各省、区的饲草饲料营养成分分析与营养价值评定工作。1985 年，中国农业科学院畜牧研究所及中国动物营养学会将全国各地数十年分析与测定工作中获得的数据汇总，编写成《中国饲料成分及营养价值表》一书，由中国农业出版社出版，供全国参考应用。这是我国畜禽饲养科学化与本国化的第一块里程碑。

　　早在 1957 年国家提出的"十二年农业科学研究规划"中，已经把畜禽饲养标准的研究任务列入国家重点项目。"六五"至"八五"期间，国家拨出专款组织全国有关单位（高等农业院校及国家各级农牧研究所）的科教人员进行攻关。历时 15 年，目前已基本完成适合我国各地区生产条件应用的鸡、猪、牛、羊、鱼虾、特种经济动物饲养标准的制定工作。其中有些经国家技术监督局批准，作为国家标准或行业标准发布实施。张宏福与张子仪等将这类资料连同其他有关饲料营养科学及典型日粮配方等资料合编成《动物营养参数与饲养标准》一书（中国农业出版社，1998），便于读者参考与应用。在跨入 21 世纪前，我国基本完成了本国畜禽饲养标准的制定工作，这是我国畜禽饲养科学化的第二块里程碑。

　　在评定我国饲料营养成分及营养价值表和制定我国畜禽饲养标准表的基础上，我国畜牧科学、饲料科学及各种类型牧场的科研、教学及经营工作者不断地验证、重复、修正了各种畜禽饲养新标准、配合的日粮及其配套的饲养方法。在过去的 40 年间,已获得丰富的经验。

上述三个方面的成果和实践经验为本书的编写提供了非常有利的条件。

综观本书有下列几点初步的认识:

1. 这是一本既有现代畜禽营养科学理论,又能指导我国现时畜禽饲养标准化的实用专业技术图书。目前,我国正努力向建设小康社会的目标迈进,为满足我国广大人民日益增长的对优质畜禽产品的需要和为增加我国优良畜禽产品的大量向国外出口,我们必须大力发展我国的畜禽生产事业。

"科学技术是第一生产力"。为发展我国畜禽饲养业必须以有关畜禽饲养的科学理论与技术为第一生产力,其中包括家畜营养学及饲料科学等学科。本书在这些方面作了详细的阐述,可使读者在畜禽营养、畜禽饲料和畜禽饲养标准化等方面,获得具体明确的理论与可靠实用的知识和技术。

2. 畜禽营养是制定畜禽饲养标准的理论基础。本书在畜禽营养部分如第一章"畜禽营养基本原理"及第二章"畜禽营养需要",比较详细地阐明畜禽饲养标准化的理论基础,其内容在广度和深度上反映了目前国内外动物营养学的全貌和先进水平。

3. 饲料科学是畜禽标准化饲养的重要依据。本书第三章"饲料营养价值的评定"及第四章"各种饲料的营养特点与饲用价值"是不可缺少的重要内容。对畜禽而言,决定饲料营养价值的两项主要因素是能量和蛋白质。因此,选取用何种饲草饲料配合日粮以满足畜禽的营养需要,首先须了解不同饲草饲料的营养成分含量及其营养价值。前者可用一般的饲料分析法较易测得,后者的评定方法较多而复杂。能量与蛋白质营养价值的评定各有几种不同的体系。在能量的营养价值评定体系中,有消化能体系、代谢能体系与净能体系。评定饲料蛋白质营养价值的体系,在单胃动物与反刍动物之间亦有不同。明了这些营养价值评定体系的实质与彼此差异后,对于选用何种饲草饲料,应用多少数量配合日粮,才可有正确的依据。

第四章还对不同种类的饲料、饲草分别作了详细的介绍,内容十分丰富与具体,而且有实用价值。简要举例:(1)一般青贮的条件、建筑与调制技术;(2)粗饲料的加工调制;(3)非蛋白质含氮饲料的应用;(4)营养性添加剂的应用;(5)非营养性添加剂的应用;(6)配合饲料的概念、优点及种类;(7)配合饲(日)粮的方法。由以上几个简单例子可以说明其内容的实用性。这一章还分别讲述了各类饲料,例如玉米、大麦、高粱、鱼粉、蚕蛹、胡萝卜、马铃薯、尿素、贝壳粉、蛋壳粉、蛋氨酸、各种维生素、各种微量元素等的营养特点与饲用价值。这一章的内容在国内外多数动物营养学中不曾叙述,但是在畜禽饲养实践中,这一章内容很有实用价值,并且有助于配合日粮及实施各种配套的饲养技术,借以达到畜禽饲养标准化的要求。

4. 本书十分重视畜禽饲养生产实践。编写本书的重要目的,是为现时参加畜禽生产事业的国营牧场、私营企业牧场及大、小型个人经营牧场的经营与科技人员等提供畜禽饲养标准化的科学知识与技术,以便在实际饲养工作中应用。本书第三篇与第四篇(包括第五章到第十五章)分别阐述实施各种畜禽的饲养标准化的方法与配套技术,所涉及的家畜包括我国现有的猪、牛、绵羊、山羊、马、驴、骡、家兔、肉用犬及茸鹿等,禽类有鸡、鸭、鹅、肉鸽、鹌鹑、鹧鸪、雉、野鸭、孔雀及鸵鸟等,种类甚多。每一种畜禽的饲养数量或多或少,但它们的饲养需要标准化、科学化与本国化的要求是相同的。由此可见,本书的编写目的是企图满足这一项实际的社会要求。

5. 本书根据专才专用的原则约请编写人员。13 位在国内从事不同品种畜禽营养与饲养教学、科研与经营工作有数十年丰富经验的专家、教授与高级畜牧师,担任本书有关各章的编写工作,专才专用,充分发挥其专长,因人数较多,不容作一一的详细介绍,在此只作一点简要的概述。教授们曾担任不同种类畜禽营养、饲养管理学科的教学工作,指导畜牧系本科生在校内外各种类型牧场(教学牧场、研究所试验牧场及大小型国营牧场)进行教学实习、生产实习与毕业实习,并进行有关畜禽营养与饲养科学试验,编写有关教材及专门书籍。在进行这些工作中,他们参阅了国内外的有关畜禽营养学报和专著书籍。因此,他们具有丰富的各种畜禽营养的理论与实践经验。编写组中的研究员们有相当数量曾参加了蛋鸡、湖羊、中国美利奴羊及家兔的饲养标准研究工作,有的在专门养殖鸭、鸵鸟及藏獒(犬)的牧场中亲自主持饲养管理及进行这些畜禽的饲养、消化试验及代谢试验工作。茸鹿和各种珍禽的饲养与营养研究工作都是由中国农业科学院特产研究所的两位研究员及其同事完成的,并扼要编写在本书中。本书的主编郝正里教授担任家畜饲养与营养学教学工作 40 余年,主持家畜饲养学教研组和动物营养与饲料科学学科工作 20 余年,进行了有关家畜饲养与营养的多项研究工作,有许多篇科学研究论文在有关学报上发表,略举数例:(1)反刍动物易消化碳水化合物的需要(1987);(2)放牧家畜营养(1996);(3)"人工瘤胃"发酵粗饲料营养成分变化的研究(1982)。此外,她主编了《反刍动物营养学》(2000)。经她培养的硕士研究生和博士研究生共有 10 余人。有了她负责主编,加上其他教授、研究员、高级畜牧师等专家通力合作编写这本书,对这本书的质量和水平有一定的保证。希望这本书对现时参加我国畜禽饲养的读者为实现畜禽饲养的标准化有实用的价值,并对参加畜禽营养与饲养教学与科学研究的师生及科技人员有一定的参考意义。

杨诗兴　彭大惠

2003 年 9 月于兰州

第二版前言

这本书第一版于 2004 年 1 月出版,至今已有 10 年。在杨诗兴、彭大惠二位教授指导与 13 位编者的共同努力下,本书面世后受到广大动物养殖方面读者的好评或青睐。期间共印 3 次,总印数 16 780 册,均已发行告罄。曾被列入文化部、财政部 2006 年度送书下乡工程农业图书之一。2007 年获解放军第六届图书奖提名奖。

为促进我国养殖业快速、健康发展,适应广大读者对养殖专业知识的相应要求,金盾出版社于 2011 年 1 月确定对本书修订出版第二版。

各位编者逾两年半的不懈努力,对第一版有关章节进行了修改与补充新资料,并新增写了饲料卫生安全与防范(第二篇第五章)和水貂的标准化饲养(第三篇第十三章),由第一版的四篇十五章,增至四篇十七章。第二版尽量采用国内外最新的资料或颁布的标准,例如猪(NY/T 65—2004)、乳牛(NY/T 34—2004)与肉牛(NY/T 815—2004)、绵羊与山羊(NY/T 816—2004)、蛋用鸡、肉用鸡与黄羽肉鸡(NY/T 33—2004)均是中华人民共和国农业部 2004 年发布的农业行业标准;马与犬营养需要量分别是美国 NRC 2007 和 2006 版。

编者们主观上期望第二版能补充更多、更新的知识或资料,但大部分编者已进入古稀之年,对本专业新知识的汲取远不及现代科技知识更新的速度,因此第二版仍存在一定的缺憾或岁月方面的局限性。恳请读者对本书存在的问题与错误之处批评指正。

本书第一版出版后,健在的彭大惠教授、杨诗兴教授又认真阅读了全书,并与有关章节编者交流学术观点或修正意见。因二位老师已先后逝世(杨诗兴教授享年 101 岁),未能具体指导第二版的修订,编者们深感遗憾,并表示深切缅怀。

郝正里

2014 年 2 月

附　第一版前言

我国是世界上最大的发展中国家,人口占世界人口的 1/5 以上。养殖业(或畜牧业)是我国农业的重要组成部分。近 20 余年来,养殖业持续发展,平均年递增率达 10% 以上,其增长速度大大超过了种植业,已成为农村的经济支柱产业。养殖业的发展,扭转了以往肉、蛋、乳供应紧缺的局面,且对提高各族人民的生活水平及促进国民经济发展起了重要作用;对我国 2001 年 11 月加入世界贸易组织后,推动世界经济的发展,稳定国内外市场畜禽产品的供应也有一定影响。作为我国养殖业重要基础的饲料工业,虽起步晚,但发展迅速,至 2000 年已居全国 36 项工业行业的第十六位,作为我国养殖业从数量型向质量型转变的重要保证。

我国的动物营养和饲料科学研究及推广工作也取得显著成绩。科学与标准化饲养逐步普及,畜禽的配套饲养技术、北方冬季暖棚饲养管理技术、青粗饲料加工技术等在较大范围内得到推广,使我国养殖业,特别是集约化或大、中型养殖场的生产力明显提高。但不应忽视,小型养殖场和农牧户在我国养殖业中占相当比重,一些小型养殖场或不少农牧户,仍按传统的饲养管理方法运行,畜禽的生产潜力未得到应有的发挥或经济效益较低。

为了紧密配合国内外市场对畜禽产品质量的要求和我国养殖业生产发展的主流趋势,更好地将我国的畜禽产品打入国际市场或提高产品竞争力,在我国著名动物营养学家杨诗兴、彭大惠教授的倡导和关怀下,我们 13 位学生或晚辈,遵照两位老师的教诲,并集自己多年学习、研究及生产实践的积淀,经整理、加工或参考国内外相关文献,集体编写成本书,希望能对我国的现代养殖业以及饲料工业的发展有所助益,这也是我们师生共同的心愿。

本书包括畜禽营养,畜禽饲料,家畜、犬、茸鹿及家禽、珍禽的营养与标准化饲养四篇共十五章。第一至四章阐述了动物营养及饲料科学方面的基础理论或基本知识,为饲养各类畜禽的读者必读的内容;第五至十五章阐述了不同种类畜禽禽或动物(猪、牛、羊、马、驴、骡、家兔、肉用犬、茸鹿、鸡、鸭、鹅、肉鸽、鹌鹑、鹧鸪、雉鸡、野鸭、珍珠鸡、孔雀、鸵鸟)的营养与标准化饲养,可操作性强,读者可有选择地阅读。书后附有我国猪、鸡、乳牛、肉牛、绵羊等的饲养标准(和国外部分畜禽饲养标准)及饲料营养成分与营养价值表,供读者参考。

本书的出版,得到甘肃农业大学及校图书馆、中国农业科学院兰州畜牧与兽药研究所、中国农业科学院特种经济动物研究所等单位的大力支持。刘世民博士、滚双宝副教授、刘继忠经济师、李定远经济师、牛晓荣实验员、郭健助理研究员等提供有关资料或给予有成效的帮助,编者对上述单位和同仁致以衷心的感谢!

由于编者水平有限,本书难免有疏漏之处或稚浅之见,敬请读者不吝赐教。

郝正里

2003 年 8 月

目　录

第一篇　畜禽营养

第二篇　畜禽饲料

❀❀❀ 第三篇　家畜、犬、茸鹿、水貂的标准化饲养 ❀❀❀

第四篇　家禽、珍禽的标准化饲养

附　录

第一篇

畜禽营养

第一章 畜禽营养基本原理

第一节 畜禽与饲料

一、饲料的化学组成

(一)植物性饲料

在自然界,植物与微生物系自养性生物,可利用太阳能和土壤、大气中的无机物合成自身需要的有机物。畜禽及大多数动物属异养性生物,须直接从外界获得所需的有机物。能提供这些有机物(及无机物)来源的物质,通称为饲料。动物饲料的大部分来源于植物,也有少量来自动物,但动物性饲料也是由植物有机物转化而来的。植物性饲料的组成与特点如下:

1. 营养成分 地壳中存在的 90 多种化学元素,在动、植物中均有发现,其中以碳、氢、氧、氮的数量最多,其总量可占干物质的 90% 以上。这些元素以无机和有机化合物形态构成动、植物体细胞与器官组织。按照概略养分测定法,可将植物所含成分概括为六大类,即水分、粗蛋白质、粗脂肪、粗纤维、无氮浸出物和粗灰分。

(1)水分 植物体内的水分常以游离水(自由水)和结合水状态存在,前者易挥发,后者则难以逸失。因饲料植物供畜禽饲用的状态不同,各种饲料的含水量有很大差别;同一状态下,植物种类间水分含量亦有差异。干草、秸秆、谷类与豆类籽实及其加工副产品等,均是以风干状态饲喂,它们的水分含量较低,一般在 8%~14%;青绿牧草、多汁的瓜果类、块根块茎类等,含水量高达 70%~95%。

(2)粗蛋白质 是植物中一切含氮物质的总称,包括真蛋白质与非蛋白质含氮物质。

(3)粗脂肪 为植物中脂类物质的总称。因其测定是用乙醚浸提,常称作醚浸出物。其中包括真脂肪、类脂肪和其他溶于乙醚的物质。

(4)粗纤维 是构成植物细胞壁的物质,在概略养分测定中是指其中所含的不溶性纤维,即纤维素、半纤维素及木质素,忽略了可溶性纤维性物质。

(5)无氮浸出物 主要指植物细胞内容物中所含糖与淀粉,也包括一些其他多聚糖,如果聚糖、半乳聚糖、甘露聚糖。

(6)粗灰分 植物体内全部有机物质被氧化后剩留的残渣被称为粗灰分,其中包括矿物质的氧化物、盐类及一些泥沙。

2. 不同种类植物或植物不同部位的营养特点 尽管所有植物均含有上述 6 类化学成分,但它们在不同种类的植物中或同一植物株体不同部位的比例有所不同。因植物用作饲料的部位和生长发育阶段不同,不同种类饲料中 6 类成分的含量可能有很大的差异,因而具有不同的营养特点与饲用价值(表1-1)。

表1-1 利用部位和植物生长发育阶段对饲料化学成分的影响

饲料种类	水 分 (%)	各种成分含量(%干物质)				
		粗蛋白质	粗脂肪	粗纤维	无氮浸出物	粗灰分
苜蓿(分枝期)	84.4	25.2	3.4	28.1	33.5	9.8
苜蓿(盛花期)	76.7	19.8	2.3	36.7	31.9	9.3
苜蓿(花末期)	84.4	10.7	1.1	49.5	32.9	5.8
苜蓿叶(风干)	12.1	24.2	2.6	15.4	46.1	11.7
苜蓿茎(风干)	8.7	9.4	0.9	51.2	33.0	5.5
玉米籽实	11.3	8.6	4.9	2.5	82.8	1.4
玉米青刈	83.1	12.4	4.7	28.4	46.2	8.3
玉米秸(全株)	8.7	9.3	2.1	26.2	53.8	8.7
玉米秸(蜡熟前期)	8.2	6.5	2.7	26.3	54.9	9.6
玉米叶(乳熟期)	8.4	7.2	1.3	27.5	55.8	8.2
大豆籽实	10.0	42.0	18.8	6.2	27.7	5.3
大豆秸	6.3	5.1	0.9	54.1	35.1	4.8
小麦籽实	8.2	13.2	2.0	2.6	79.7	2.5
小麦麸	11.4	16.3	4.2	10.4	63.4	5.8
小麦秸(春小麦)	4.6	3.1	1.3	44.7	45.3	5.7

注:作者引自表列资料

3. 植物性饲料中的抗营养因子与适口性 植物性饲料中不仅含有六大营养成分,有些植物还含有一些对动物有害的成分,或含某些影响或降低其营养成分利用率的成分。这些饲料的饲用价值及在畜禽饲(日)粮中的可利用量因此而受到限制,或需要进行特殊的处理后再用于饲喂畜禽。有些植物虽无有毒有害物质,但含有异常气味或口味,使畜禽不乐意采食或适口性差,也降低其饲用价值。

(二)动物性饲料

除植物性饲料外,畜禽饲粮中也常配合一部分动物来源的饲料。草食动物在特定情况下,可利用少量动物性饲料;在猪禽饲粮中,常加入一定量动物性饲料;对人工养殖的肉食动物,须保持其饲粮中有一定比例的动物性饲料。动物性饲料可以是动物整体,也可能是动物体的某一组织或器官或几个部分,因而营养成分与营养价值有差异。如肉粉含蛋白质高,肉骨粉中矿物质含量高,肝的蛋白质含量高于心、肾、胃肠等其他器官,羽毛及蹄角粉粗蛋白质含量甚高,但均为角蛋白,不易被畜禽消化利用。但一切动物性饲料均不含粗纤维,易消化碳水化合物含量也很低。

二、饲料植物成分与畜禽体成分的差异

畜禽以植物为主要营养来源,但动物体的化学组分与植物并不完全相同。在概略养分测定法划分的 6 类成分中,动物体主要含水分、粗蛋白质、粗脂肪、灰分,碳水化合物含量极少(小于 1%),且以肝糖原、肌糖原形式存在,不含粗纤维(粗纤维是组成植物细胞壁的组分,动物细胞无细胞壁)。植物含大量碳水化合物,它以无氮浸出物(糖与淀粉)作为主要的能量贮备;而动物能量贮备的主要形式是脂肪,故动物体含脂肪量显著高于植物(表 1-2)。除水分外,概略养分法的各组分均是由许多成分组成的复合物,无论是植物或动物,不同种或同一种的不同部位的同名化学组分的成分均不相同。畜禽摄入饲料植物后,要通过消化、代谢过程,将植物成分转化为具自身特点的组分,沉积在体内或产品中。本章以后各节将对此做进一步阐述。

表 1-2   畜禽体与植物组成成分比较 （%）

营养成分	植 物				畜 禽			
	草地干草	饲用甜菜	大 麦	葵花籽饼	半肥育公牛	中等肥育绵羊	肥育猪	初生犊牛
水 分	14	88	14	9	56	54	44	73
蛋白质	10	1	9	36	19	19	13	18
脂 肪	3	0	2	11	20	22	39	4
无氮浸出物	41	9	68	23	1*	1*	1*	1*
粗纤维	23	1	4	4	—	—	—	—
灰 分	6	1	3	7	5	4	3	4

注：* 动物体中碳水化合物小于 1%者，一般不作考虑   引自许振英等 .《家畜饲养学》. 1979

由表 1-2 看出,不同年龄和不同肥度畜禽的体成分有差别。一般来说,随着年龄增长,水分含量下降,蛋白质和矿物质含量渐增;生长阶段脂肪含量很少,肥育时显著上升。总体上,含量变化最大的是脂肪。若以脱脂组织为基础比较,胚胎及幼小时,随年龄增长,体水分的下降及蛋白质、矿物质含量的增长较快;到达一定年龄后(牛所有成分大致在 5 月龄;猪水分和矿物质在 5 月龄,蛋白质约在 10 月龄)变化较慢。

第二节   畜禽对饲料的消化与吸收

一、畜禽消化系统的结构特点

消化道是一根从口腔延伸到肛门、具有黏膜的管道,由口腔、咽、食管、胃、小肠(十二指肠、空肠和回肠)、大肠(结肠、盲肠与直肠)、肛门组成,并包括唾液腺、肝脏与胰腺,即分泌消化液的壁外腺。

不同种动物的消化系统结构各有其特点,这是在长期进化过程中形成的。反刍动物(牛、羊、骆驼等)与单胃动物(猪、马、兔、禽等)间,消化系统最突出的差异表现于胃的结构。单胃动物为单室胃,其内可分泌胃液(包括胃蛋白酶、盐酸)。反刍动物的胃为复胃,由四室组成(骆驼为三室),其中第四胃为真胃,具有与单室胃相似的功能;成年反刍动物前三胃容积很大,占胃总容积的85%左右,其内无分泌消化液的腺体,但对反刍动物的消化有重大作用。小肠是所有动物消化与吸收的主要部位。单胃动物间,由于食性不同,盲肠的容量差异很大。猪系杂食动物,盲肠不十分发达,而食草的马属动物盲肠甚为膨大。按单位体重计,家兔的消化道总容积、胃与盲肠容积均大于上述动物(表1-3)。

表1-3　各种动物胃肠道的相对容积　(%活重)[帕拉(parra,1978)]

畜　种		总容积	网瘤胃	瓣胃	皱胃	小　肠	盲肠	结肠＋直肠
反刍动物	牛	13～18	9～13	1.1～2.8	0.5	0.9～2.3	0.8	0.8～1.5
	绵羊	12～19	9～13	0.1～0.3	0.7～1.6	1.0～1.6	0.9～1.6	0.5～0.7
	骆驼		10～17				0.1～0.3	1.0～2.2
单胃动物	马	16.4			1.3	2.6	2.4	8.8
	猪	10.4			3.6	1.9	1.6	3.4
	家兔	7～18			2～7	0.6～1.8	2.5～7.8	0.7～1.3

注:各种动物体格大小有差异,某些动物间的差异巨大,故按占活重的相对值比较它们的胃肠容积;比较肠的长度时,常
　　按体长的倍数比较(编者)
　　节引自 Van Soest. P. J.《Nutritional ecology of the ruminants》. 1984

家禽的消化系统有别于哺乳类动物,口腔无唇,在前端形成角质的喙,无齿;一些禽种食管部有膨大的嗉囊,主要功能是贮存食物(鸡的嗉囊发达,鸭、鹅无真正的嗉囊,只是在食管颈端形成一纺锤形扩大部以贮存食物。鸽的嗉囊能分泌一种乳状液,称为"嗉囊乳"或"鸽乳",含有大量的蛋白质、脂肪、无机盐、淀粉酶及蔗糖酶,用以哺育乳鸽);腺胃之后有强有力的肌胃,内常有沙砾,可磨碎食物;盲肠为两条;肛门与生殖泌尿道共同开口于泄殖腔(图1-1)。与其他动物相比,禽类的消化道较短,内容物排空较快。

人工饲养的肉食动物均属单胃动物,但其消化道与体长之比相对较短,故食物在消化道内排空快。如水貂,其大、小肠的总长度为体长的4倍(143～193cm),食物于采食后1.5～2h即能排出体外。水貂与紫貂无盲肠,后肠的微生物发酵不及有盲肠的貉、狐,更赶不上其他家畜。

二、畜禽对饲料的摄取与消化

畜禽主要靠唇、舌、齿摄取饲料。所有动物的消化过程,均涉及机械消化、微生物消化和化学(酶)消化,三种方式协同进行,完成对饲草、饲料的消化。

(一)饲草、饲料的摄取

动物依靠视觉和嗅觉去寻找、鉴别和摄取食物。食物进入口腔后又经过味觉和触觉的综合活动进行评定,并把其中不适合的物质吐出。采食方法因动物种类而不同,但都以唇、齿、舌

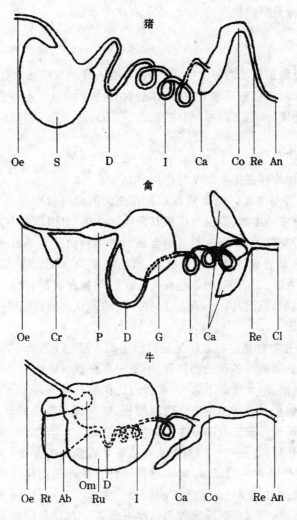

图 1-1　猪、禽、牛的消化系统结构示意图

图中：An＝肛门(Anus)；Ab＝皱胃(Abonasum)；Ca＝盲肠(Caecum)；Cl＝泄殖腔(Cloaca)；Co＝结肠(Colon)；Cr＝嗉囊(Crop)；D＝十二指肠(Duodenum)；G＝肌胃(Gizzard)；I＝回肠(Ileum)；Oe＝食管(Oesophagus)；Om＝瓣胃(Omasum)；P＝腺胃(Proventriculus)；Re＝直肠(Rectum)；Rt＝网胃(Reticulum)；Ru＝瘤胃(Rumen)；S＝胃(Stomach)

引自赵义斌,胡令浩主译,原著者：P. 麦克唐纳,R. A. 爱德华兹,J. F. D 格林霍夫.《动物营养学》(第四版).1992

作为摄取食物的主要器官。马主要靠上唇和门齿采食,并依靠头部的牵引动作把不能咬断的草茎扯断。绵羊和山羊的采食方法与马大致相同,其上唇有裂隙,便于啃食短草。牛摄取食物的主要器官是舌,其舌长、灵活、有力,舌面密生乳头且特别粗糙,能伸出口外,将草卷入口内；草入口后以下颌门齿和上颌坚硬的齿板将草切断,或靠头部的牵引动作来扯断,并可用舌舔食散落的草料。猪用鼻突掘地寻找食物,并靠尖形的下唇和上唇将食物送入口内；饲喂时靠齿、舌和头部特殊的动作来采食。犬、猫通常在前肢协助下,用牙齿(门齿、犬齿)摄取与切断食物,依靠头和颈的运动将食物送入口中。禽类靠角质的喙采食。鸡喙为锥形体,便于啄食谷粒；

鸭、鹅的喙扁而长,边缘呈锯齿状互相嵌合,适于在水中采食。

(二)机械消化

包括牙齿咀嚼、胃肠道蠕动磨碎食物,将消化液混入食团及推动内容物通过消化道。反刍动物采食速度快,采食时未充分咀嚼即吞咽,休息时再将食团逆呕入口腔,经反复咀嚼混入大量唾液后再次吞咽,此即"反刍",俗称"倒沫"。

(三)微生物消化

一切动物胃肠道中均存在微生物发酵作用。

1. 反刍动物的微生物消化 摄入的饲草料在庞大的瘤网胃中浸泡、滞留时间长,其内栖居的数量巨大、种类繁多的细菌、原虫与厌氧真菌协同作用,对饲草料中大量的纤维、糖、淀粉、蛋白质、脂类物质进行充分的发酵(分解与再合成),微生物由此获得自身所需能量、氮素及其他营养物质,同时将它们合成的微生物蛋白质、微生物脂类、B族维生素及代谢产物——低级挥发性脂肪酸(乙酸、丙酸、丁酸等)提供给畜体。反刍动物在盲肠、结肠中进行第二次微生物发酵,其过程与瘤胃类似,但因其在小肠之后,除产生的挥发性脂肪酸被吸收外,合成的微生物蛋白质大部分随粪排出。

2. 单胃动物的微生物消化 后段肠道是其微生物发酵的主要部位,但在消化道上段也有微生物的作用。禽类的嗉囊及各种动物的胃、小肠中存在微生物作用,使一部分营养物质发酵产生有机酸,主要是乳酸;随着食糜下移,乳酸所占比例逐渐减少,挥发性脂肪酸相应增加。消化道内容物在马属动物膨大的盲肠中停留时间较长,能对饲草料中的纤维及在胃与小肠中未消化的糖、淀粉、蛋白质进行较充分的微生物发酵;特别是在食草为主时,盲肠中的发酵作用对粗饲料消化有决定性作用,此处产生的挥发性脂肪酸可通过肠壁吸收入血流,但合成的微生物蛋白质却不能被有效地吸收利用。猪、禽等单胃动物盲肠亦是消化纤维素的部位,但与马相比,其盲肠中微生物发酵对其消化过程的作用较小。兔虽与马一样,属于单胃草食动物,其盲肠发达,长度约与其体长相等,但对纤维的消化率并不高。在反刍动物,以脂肪酸形式获得的有效能占获得总有效能量的75%左右;而猪吸收的脂肪酸只占其维持能量需要的14.5%,肉仔鸡仅为其摄入代谢能的3%~4%。

(四)化学消化

口腔是化学消化的开始。胃(反刍动物真胃)和小肠是动物进行化学(酶)消化的主要部位。

1. 口腔的化学消化 唾液腺分泌的唾液流入口腔,其中含淀粉酶,能分解淀粉成糊精,再分解为麦芽糖和葡萄糖。猪的唾液淀粉酶含量约为人唾液含量的1%,但却是马的14倍和牛、羊的3~5倍。

2. 胃的化学消化 胃(反刍动物真胃)的有腺区可分泌胃液,其内含有盐酸和消化酶(胃蛋白酶、凝乳酶与少量脂肪酶及双糖酶);最初分泌的是胃蛋白酶原,它在盐酸作用下被激活成胃蛋白酶。胃蛋白酶可将一部分饲料蛋白质降解为肽。禽类的腺胃分泌含盐酸和胃蛋白酶的胃液;相对于体重,禽胃液分泌量和盐酸浓度高于人、犬、大白鼠、猴等,胃蛋白酶的产量也较哺乳动物高;肌胃主要功能是磨碎食物,但其内酸度也适于胃蛋白酶进行消化。

3. 小肠的化学消化 小肠中的消化依靠本身分泌的肠液与流入的胰腺和肝分泌的消化液(胰液与胆汁)协同进行。哺乳类与禽类小肠消化液的酶类组成相似。食糜中的淀粉被胰淀粉酶水解为麦芽糖,后者被肠液的麦芽糖酶水解成葡萄糖,其他糖类则由相应的酶类分解成葡萄糖和其他单糖;胰液中的蛋白质分解酶及肠液中的肽酶,将流入食糜中的蛋白质与肽水解成氨基酸或小肽而被吸收。饲料脂类在胃内初步乳化,进入十二指肠后,在胆汁作用下进一步乳化,胰液的脂肪分解酶水解成甘油三酯,产生甘油二酯和甘油一酯。

三、消化产物的吸收

饲草料营养物质以胃肠道内被消化分解的可吸收产物(葡萄糖等单糖、氨基酸、小肽、脂肪酸与甘油等)形式,通过消化道黏膜被吸收。在单胃动物,胃和小肠为吸收的主要部位,大肠等处的吸收作用和重要性较低。反刍动物除真胃和小肠外,前胃(瘤胃、网胃、瓣胃)内可吸收大量挥发性脂肪酸和小肽;盲肠、结肠中仍进行着吸收作用,当因各种原因使消化部位后移时,大肠中吸收挥发性脂肪酸等产物的比例增加,而对蛋白质分解产物的吸收微不足道。

(一)消化产物吸收的方式

在消化道内主要通过物理(被动)过程和生理(主动)过程进行吸收。

1. 物理吸收过程 水和一些无机盐(钠、钾等)可借扩散作用和渗透作用被吸收。当肠腔内这些无机盐的浓度高于血浆内浓度时,便经肠黏膜扩散进入血液;若肠腔内的渗透压低于血浆渗透压,水分即渗入血液中。

2. 生理吸收过程 肠黏膜上皮对各种营养物质的吸收具有明显的选择性。吸收主要靠肠黏膜上皮细胞的代谢活动,需要消耗氧,以供应其所需能量;同时,需要细胞上载体的协助。载体是运载营养物质进出上皮细胞膜的脂蛋白,其在转运营养物质时需酶的催化和获取能量。糖类、蛋白质、脂类分解产物和一些脂溶性维生素的吸收,均属主动吸收过程。一些无机离子,如钙、镁等的吸收也是主动转运过程;瘤胃对钠和肠壁对钠的高度通透性,不仅包括被动过程,也存在主动转运过程。

(二)各种营养物质在单胃动物消化道的吸收

1. 糖类的吸收 糖类在单胃畜禽胃肠道内经消化酶分解成单糖或被微生物发酵成有机酸(乳酸、挥发性脂肪酸)而吸收。单糖(葡萄糖、半乳糖等)被吸收时,需要消耗能量,是主动转运过程。单糖通过与"载体"结合、逆浓度梯度而越过细胞屏障进入细胞内。单糖主动吸收运转时,载体需带钠离子,否则单糖分子不能附于载体上。载体与单糖分子和钠离子结合,进入肠黏膜细胞的细胞浆后,钠离子和糖分子自载体释放。葡萄糖与半乳糖分子由同一载体转运,故前者的吸收能抑制后者的主动转运。大多数动物对半乳糖吸收比葡萄糖快,果糖吸收较慢(为葡萄糖的16%～77%),甘露糖、木糖、阿拉伯糖吸收更慢。

双糖(麦芽糖、乳糖等)一般不能被吸收进血液,大多数动物小肠黏膜上皮的刷状缘含双糖酶,将双糖分解为单糖后吸收。

微生物发酵糖类和纤维产生的有机酸(乳酸、挥发性脂肪酸)在胃及肠中被吸收。

2. 蛋白质的吸收 绝大部分蛋白质(饲料、内源、微生物蛋白等)均被蛋白酶类分解成氨基酸后在胃或肠内被吸收,据最新的报道,一部分蛋白质是以 2 肽、3 肽形式吸收的。在猪,胃蛋白酶分解产生的氨基酸在小肠前段即被吸收;而胰蛋白酶作用释放的氨基酸、小肽在小肠的较后段吸收。这是因为酸性胃食糜流入十二指肠时,胃蛋白酶仍保持活性;当食糜与具有碱性的胰液混合时,胰蛋白酶就显示其强有力的蛋白质分解活性。

3. 脂类的吸收 脂肪在胆盐和脂肪酶作用下被水解成脂肪酸和甘油。脂肪酸需与胆盐形成复合物后透过肠黏膜的上皮细胞,二者在上皮细胞中分离;甘油也透入上皮细胞,与磷酸化合成磷酸甘油;脂肪酸与磷酸甘油化合成磷脂化合物,再转变成中性脂肪。中性脂肪的一部分(碳链长大于 2 碳原子)经肠绒毛中央乳糜管入淋巴管;另一部分(碳链长小于 2 碳原子)由毛细血管进入门静脉。也有一些甘油二酯和微量甘油三酯被吸收。

4. 水与无机盐的吸收 胃黏膜能吸收少量水分,但水分主要在小肠与大肠被吸收。无机盐的主要吸收部位是小肠,大肠内也进行着无机盐的吸收。

(三)各种消化产物在反刍动物消化道内的吸收

1. 前胃中的吸收 瘤胃壁可吸收微生物发酵产生的大部分挥发性脂肪酸、氨、氨基酸和小肽,经血液循环输送至全身各部位,供组织的营养需要(据报道,瓣胃是前胃中小肽主要的吸收部位);瘤胃与血液间进行着交换,但吸收或净流入瘤胃中的量差异很小。瘤胃上皮可吸收无机离子,在一定条件下也转运入瘤胃。这种吸收或转运包括被动过程和主动需能过程。瘤胃壁能吸收葡萄糖,但瘤胃发酵并不能净产生葡萄糖。

2. 小肠中的吸收 在反刍动物,肠内容物的 pH 一直到空肠的下 3/4 处才适合于胰酶活性,故胃蛋白酶在小肠前段仍继续发挥其活性。瘤胃中未降解的饲料蛋白质和微生物蛋白质均在小肠中被胰液蛋白质分解酶与小肠液肽酶分解成氨基酸和小肽被吸收。瘤胃内未被发酵分解的淀粉可在小肠中被酶解为葡萄糖吸收。饲草料脂肪在瘤胃微生物作用下水解为甘油和脂肪酸,甘油即被发酵成挥发性脂肪酸,脂肪酸形成钙、镁皂,同饲草料一起进入小肠;在小肠上段酸性胃液尚未被充分中和的环境中溶解,释出的脂肪酸与钙、镁等被吸收。反刍动物小肠亦是吸收无机盐的主要部位,机体吸收无机盐总量的 75% 是在小肠内进行的。

3. 大肠中的吸收 反刍动物大肠壁可吸收其中微生物发酵产生的挥发性脂肪酸、氨与氨基酸。但此处合成的微生物蛋白质不能被有效地消化与吸收,大部分随粪排出。大肠中仍进行着水分与无机盐的吸收。

四、幼畜消化吸收的特点

(一)仔猪消化吸收的特点

初生仔猪即有唾液分泌,但唾液淀粉酶活性较低。仔猪唾液的分泌量、干物质和含氮物均随年龄增长而增加,由断乳转为采食植物性饲料时更为显著。幼龄时唾液内淀粉酶活力很低,断乳后逐渐升高,但颌下腺与舌下腺以后又有下降。哺乳期仔猪胃内酸性较弱,唾液淀粉酶在胃内仍有活性。出生时胃液中的凝乳酶已有作用,且随年龄增长逐渐增强。20 日龄前,胃处于年龄性功能不全时期,虽 1 日龄仔猪胃液中就有胃蛋白酶原,但缺乏游离盐酸,不能使之激活。随着年龄增大,胃内盐酸量不断增高,约 40 日龄时出现消化活力,断乳后其活力继续增高,约 3 月龄时接近成年猪。仔猪在 40～45 日龄前,乳在胃内被凝乳酶凝固,但其消化在小肠中进行。仔猪出生时胰腺已发育完全,并能分泌足够数量的碱性胰液,其中的消化酶也有很高的活性;随年龄增长,其分泌量迅速增加。20 日龄前,消化道内几乎全靠胰蛋白酶消化蛋白质。初生仔猪的胰脂肪酶含量已很高,但 30 日龄前其活性并不充分,随年龄增长逐渐增强,断乳时趋于稳定。初生仔猪的肠液分泌已很旺盛,其中淀粉酶和乳糖酶活性也很高。淀粉酶活性约在 1 周龄时即从高峰下降,4～5 周龄趋于稳定。乳糖酶的活性最初 1～2 周可能增加,以后速降,断乳时降至最低。蔗糖酶和麦芽糖酶活性出生时很低,故仔猪 10 日龄内很难利用蔗糖,以后随年龄增长而渐增强。幼龄仔猪分泌胆汁量很少,可能是胰脂肪酶不能充分表现活性的主要原因,使脂肪的消化吸收受到一定限制。初生哺乳动物在生命的最初几天,能够借饱饮作用将完整的免疫球蛋白直接吸收进淋巴系统。仔猪出生后 1d 内,肠壁能直接吸收大分子蛋白质,如初乳中的 γ-球蛋白;这种能力使不能正常通过胎盘转运获得免疫物质的畜种,可通过食初乳获得免疫体(γ-球蛋白)。但出生 24h 或数天后,肠上皮就变为不吸收或不透过蛋白质分子。

(二)幼龄反刍畜消化吸收的特点

反刍动物初生至前胃发育成熟之前,消化代谢特点基本同单胃动物,消化道各段消化酶的活性也与单胃家畜类似。初生犊牛和羔羊肠壁也具有吸收完整的免疫球蛋白的功能。

初生时,瘤胃与网胃均比真胃小,伴随着采食植物性饲料的渐增其发育相当快速,所占胃容积或总重量的比例迅速增大。犊牛的网胃和瘤胃于 8 周龄前生长最快,约 12 周龄时达到成年体积,但也有人认为 6～9 月龄才达到相当于成年大小(Blaxter,1952)。有报道,牛瓣胃相对体积之增大一直持续到 36～38 周龄。但另一些研究表明,随牛、羊年龄增大瓣胃相对体积并无明显增长。真胃绝对体积虽未减,但其相对体积持续下降。羔羊 7～30d 瘤胃生长非常显著,8 周龄时达到相当于成年体积。山羊的复胃于 7～9 周龄时达到相对完全。

哺乳期反刍动物,靠食管沟反射将吮吸的乳汁直接由食管流入真胃。试验证明,以犊牛习惯的方式喂乳时,乳汁进入真胃;以犊牛正常的饮水方式喂乳或喂水时,液体主要进入瘤-网胃。随年龄增长,食管沟反射减弱,如果继续喂乳,则至成年仍保持食管沟于功能状态。犊牛的食管沟反射较羔羊差。

第三节　蛋白质、氨基酸与畜禽营养

蛋白质是一切生命的物质基础。动物为维持生命、生长发育,必需从饲料中不断地获得蛋白质供应,形成各种产品也需要蛋白质。畜禽从饲草料中获取蛋白质,并把获得的蛋白质转化成自身机体蛋白质,这一转化过程在不同动物种之间有差异,在反刍与非反刍动物间差异最为明显。

一、蛋白质的结构、分类与生理功能

(一)蛋白质的组成

蛋白质所含主要元素为碳、氢、氧、氮,大多数蛋白质还含有硫,少数蛋白质含磷、铁、铜、碘。比较典型的蛋白质元素组成(%)为:碳 51.0～55.0,氢 6.5～7.3,氧 21.5～23.5,氮 15.5～18.0,硫 0.5～2.0,磷 0～1.5。这些元素组成氨基酸,再由氨基酸结合成蛋白质。

自然界存在的氨基酸有 200 种以上。组成动、植物体蛋白质的氨基酸有 22 种,植物可全部合成,但动物机体不能全部合成这些氨基酸。这些氨基酸以不同数量、种类和排列顺序组成各种不同的蛋白质。

大多数氨基酸是由 1 个脂肪酸的短链(直链、苯基团、杂环)结合 1 个氨基($-NH_2$)与 1 个羧基(中性氨基酸);但有的氨基酸分子中有 2 个氨基(碱性氨基酸)或 2 个羧基(酸性氨基酸);脯氨酸是个例外,它不含氨基,而是含亚氨基($-NH$);含硫氨基酸(胱氨酸与蛋氨酸)中还含有巯基($-SH$)。蛋白质中天然存在的大多数氨基酸为 α-氨基酸,其氨基连接在羧基相邻的 α-碳原子上。

动、植物体内还存在许多种不能归入蛋白质的含氮化合物,它们不是氨基酸通过肽键结合的产物,如动、植物组织中广泛分布的嘌呤和嘧啶等。在植物分析中,常常将这些化合物统称为非蛋白含氮化合物或氨化物。已查明,植物非蛋白含氮化合物中,游离氨基酸占主要部分,数量最大的氨基酸有谷氨酸、天冬氨酸、丙氨酸、丝氨酸、甘氨酸和脯氨酸;其他化合物有含氮的酯类、酰胺、嘌呤、嘧啶、硝酸盐和生物碱;此外,B族维生素中许多维生素结构中也含氮。植物的成熟部分含非蛋白氮化合物较少,其旺盛生长部分(茎、叶)含量较高,青贮料与其他发酵饲料中非蛋白氮化合物的比例也很高。青刈玉米中含非蛋白氮化合物 10%～20%,而玉米青贮料却高达 50%。

概略养分测定法中的粗蛋白质代表总含氮物,包括纯(真)蛋白质和氨化物。凯氏定氮法实际是测定总氮量(不包括硝酸盐与亚硝酸盐中的氮),尔后乘以因数 6.25 即得到粗蛋白质含量。6.25(100/16)来源于各种蛋白质的平均含氮量(16%),但各种动、植物蛋白质的含氮量可能高于或低于此值(表 1-4),故 N×6.25 可能低估或高估一些饲草、饲料的蛋白质含量。

表 1-4　几种蛋白质的含氮量

种　别	氮(%,蛋白质)	因　数
菠　菜	16.3	6.13
蚕　豆	16.8	5.95
苜　蓿	15.8	6.33
甘　蓝	14.7	6.80
玉米叶	14.4	6.94
小　麦	19.3	5.17
牛　乳	15.7	6.38
羊　毛	17.8	5.61

引自 Vam Soest(1984),等

(二)蛋白质的分类

通常根据蛋白质的结构组成、形态和物理特性(溶解性),将蛋白质分成 3 大类:

1. 纤维蛋白 这类蛋白质是不溶于水的动物蛋白质,对动物消化酶有很强的抗力。

(1)胶原蛋白 它是构成软骨和结缔组织的主要蛋白质,占哺乳动物体蛋白质的 30% 左右;含大量羟脯氨酸和少量羟赖氨酸,缺乏半胱氨酸、胱氨酸和色氨酸。

(2)弹性蛋白 是弹性组织,如腱和动脉血管的蛋白质。

(3)角蛋白 是羽毛、毛发、爪、喙、蹄、角及脑灰质、脊髓和视网膜神经的蛋白质,含有丰富的胱氨酸。

2. 球状蛋白 这类蛋白质包括所有酶类、抗原和由蛋白质构成的激素。该类蛋白较纤维蛋白易于消化,氨基酸含量比例也较为理想。

(1)白(清)蛋白 可溶于水,受热凝固。如卵清蛋白、血清蛋白、豆清蛋白、乳清蛋白等。

(2)球蛋白 不溶或少溶于水,可溶于 5%～10% 氯化钠溶液。如血清球蛋白、血纤维蛋白、肌浆蛋白、豌豆的豆球蛋白等。

(3)谷蛋白 不溶于水或中性溶液,易溶于稀酸或碱。如麦谷蛋白、高赖氨酸玉米的谷蛋白、大米的米精蛋白均属此类。

(4)醇溶蛋白 不溶于水,溶于无水乙醇或中性溶液。如玉米醇溶蛋白、小麦和黑麦的麦醇溶蛋白、大麦的麦醇溶蛋白。

(5)组蛋白 属碱性蛋白质,富含碱性氨基酸,溶于水。大多数组蛋白在活细胞中与核酸结合,如血细胞蛋白的珠蛋白和鲭鱼精子的鲭组蛋白。

(6)鱼精蛋白 溶于水。是低分子量蛋白质,含碱性氨基酸多。鱼精蛋白在鱼的精子细胞中与核酸结合,如鲑鱼的鲑精蛋白等。

3. 结合蛋白 由蛋白部分结合一个非蛋白质集团而成。如核蛋白、磷蛋白、金属蛋白、脂蛋白、色蛋白和糖蛋白。

(三)蛋白质的生理功能

1. 建造机体组织细胞的主要原料 动物的肌肉、神经、结缔组织、腺体、精液、皮肤、血液、毛发、角、喙等,都以蛋白质为主要组成部分。蛋白质也是动物产品乳、蛋、毛的主要成分。

2. 机体功能物质的主要成分 动物生命与代谢过程中起催化作用的酶,起调节作用的激素,具有免疫防御功能的抗体,都是以蛋白质为主体构成的。蛋白质在维持体内渗透压和水分的正常分布方面也有重要作用。贮存遗传信息的物质——核酸,也是含氮物质。

3. 修补与更新组织的主要原料 动物生命过程中,始终维持毛发、角、蹄、爪的生长,组织器官的蛋白质不断更新,损伤组织的修补,都需要蛋白质。

4. 可供能和转化为糖、脂 当摄入蛋白质过多或其氨基酸组成不平衡时,未被利用于组织合成的氨基酸脱氨后氧化供能或形成脂肪。在畜禽饥饿与乏弱情况下,组织蛋白质可被动员氧化供能。某些生糖氨基酸可异生成葡萄糖,满足机体对糖的需要。

二、氨基酸、肽与蛋白质品质

(一)必需氨基酸与非必需氨基酸

已知组成动物体及其产品蛋白质的氨基酸有 22 种。但 20 世纪 30 年代以来进行的一系列实验查明,单胃动物大鼠、猪等正常生长所需氨基酸中,有 10 种(精氨酸、组氨酸、异亮氨酸、亮氨酸、赖氨酸、蛋氨酸、苯丙氨酸、苏氨酸、色氨酸、缬氨酸)必需由饲粮提供,并将这些氨基酸称之为必需氨基酸。这些氨基酸在畜体内不能合成或合成速率不能满足生长的需要。生长禽类除上述 10 种外,当饲粮中主要含游离氨基酸时,仅由谷氨酸合成脯氨酸不能满足家禽最大生长的需要,还必需添加脯氨酸。只要氮源充足,机体内可合成足够满足自身需要的其他氨基酸,称之为非必需氨基酸。有几种必需氨基酸与某一种非必需氨基酸结构上相似,在机体代谢中可转变为相应的非必需氨基酸,如蛋氨酸可转变为胱氨酸,苯丙氨酸可转变为酪氨酸,甘氨酸可转变成丝氨酸。但这种转变不可逆,故饲粮中含丰富的胱氨酸、酪氨酸和丝氨酸时可相应节省蛋氨酸、苯丙氨酸和甘氨酸,但不能替代后者。成年单胃哺乳动物维持正常生命活动只需要 8 种必需氨基酸(除精氨酸与组氨酸外),而家禽还必需精氨酸,产蛋鸡还需要组氨酸。

反刍动物瘤胃中的微生物可合成 10 种必需氨基酸,再将它们合成自身体蛋白;它们进入十二指肠后,可被宿主消化吸收。过去认为,微生物合成的 10 种必需氨基酸可满足反刍动物的需要,区分必需氨基酸和非必需氨基酸对反刍动物没有实际意义。20 世纪 70 年代后已查明,瘤胃微生物合成的必需氨基酸只能满足生产水平较低反刍家畜的需要,不能满足较高生产水平的需求,添加必需氨基酸可提高犊牛与羔羊氮沉积、羊毛产量和高产乳牛产乳量。

(二)限制性氨基酸

在必需氨基酸中,赖氨酸、蛋氨酸和色氨酸是饲料中最易缺乏的,常常因它们的不足,限制了其他氨基酸参与蛋白质的合成,降低了饲料蛋白质的总利用效率,故将这些氨基酸称为限制性氨基酸。依据各种必需氨基酸缺乏程度的顺序,可将它们区分为第一、第二、第三限制性氨基酸。一般情况下,赖氨酸、蛋氨酸和色氨酸依次为第一、第二、第三限制性氨基酸。研究证明,组织不能合成赖氨酸,且脱氨后不能复原,也不能被任何一种类似的氨基酸替代,故被认为是第一限制性氨基酸。在禽类,蛋氨酸是第一限制性氨基酸,因其羽毛形成需大量含硫氨基酸。各种饲料蛋白质的限制性氨基酸顺序不同,某些情况下其他必需氨基酸也可能成为限制性氨基酸。

(三)理想蛋白质与理想氨基酸配比

理想蛋白质或理想氨基酸配比,是指各种必需氨基酸及供给合成非必需氨基酸的氮源之间具有最佳平衡的蛋白质。换言之,是必需氨基酸组成相当接近畜禽体组织及畜乳的蛋白质。英国农业研究委员会(ARC,1981)推荐的生长猪理想蛋白质的各种必需氨基酸比例为:赖氨酸 100,蛋氨酸＋胱氨酸 50,苏氨酸 60,色氨酸 15,异亮氨酸 55,亮氨酸 100,苯丙氨酸＋酪氨酸 96,缬氨酸 70,组氨酸 33。不同种或不同生产方向畜禽的理想蛋白质或理想氨基酸比例可能有差异,但通常都是以赖氨酸为基准,列出其他氨基酸的相应比例。当测出赖氨酸的需要量后,即可按此比例确定其他必需氨基酸的需要量。表 1-5 列出鸡的理想蛋白质组成。按理想蛋白质饲养畜禽,可在显著降低饲料蛋白质用量的同时,充分发挥其生产潜力,且大大减少排泄物中氮的排出量,有利于环境保护。

理想蛋白质的研究是从猪开始的,以后推广到其他种动物。单胃动物的理想蛋白质是指饲粮中的蛋白质;而对反刍动物则是指进入十二指肠、真正可供动物消化吸收的蛋白质的氨基酸组成,这将比单胃动物的研究更加困难。

表 1-5　蛋鸡和肉鸡的氨基酸平衡　[NRC,科尔(Cole),1984;Van Lunen(范伦南).1994]

氨基酸	蛋用鸡				肉仔鸡		
	0~6周	6~14周	4~20周	产蛋期	0~3周	3~6周	6~8周
赖氨酸	100	100	100	100	100	100	100
蛋氨酸+胱氨酸	70.6	83.3	88.9	85.9	77.5	72.0	70.6
色氨酸	20.0	23.3	24.4	21.9	19.2	18.0	20.0
苏氨酸	80.0	95.0	82.2	70.3	66.7	74.0	80.0
亮氨酸	117.6	138.3	148.9	141.2	112.5	118.0	117.6
缬氨酸	72.9	86.7	91.1	85.9	66.2	72.0	72.9
异亮氨酸	70.6	83.3	88.9	78.1	66.7	70.0	70.6
苯丙氨酸+酪氨酸	117.6	138.3	148.9	125.3	111.7	117.0	117.6
组氨酸	30.6	36.7	37.8	25.8	29.2	30.0	30.6
精氨酸	117.6	138.3	148.9	106.3	120.0	120.0	117.6

引自但堂胜编译.D.J.A.Cole 等著.国外畜牧科技.1997.(2):4

(四)可消化或可利用氨基酸

传统方法是以饲粮粗蛋白质水平来满足猪禽的蛋白质需要。20 世纪 50—60 年代的研究表明,蛋白质营养应被理解为其组成部分——氨基酸营养。随着猪禽氨基酸需要量被确定与合成的蛋氨酸和赖氨酸在市场上销售,趋向于以氨基酸为基础配合饲粮,当饲粮中常规饲料提供的赖氨酸与蛋氨酸不足时,可添加合成的氨基酸来补足。在使用氨基酸利用率很高的原料配合饲粮时,如玉米、加工适宜的大豆粕和鱼粉,此方法是可行的;而当饲料原料的氨基酸利用率很低时,如肉骨粉和棉籽粕,因它们的蛋白质消化吸收与利用率低,按饲料的总氨基酸设计配方不是最佳基础。因此,提出以可利用氨基酸为基础配合饲粮的方法。严格地说,氨基酸的消化率与利用率是有区别的,但尚未找到满意的利用率测定方法。试验证明,吸收后因交联键等结构影响而不能利用的氨基酸仅为吸收氨基酸的很小部分,且可利用氨基酸与可消化氨基酸间有很强的相关性,故从实用角度出发,目前人们都习惯于把二者等同看待。最常测定氨基酸可利用率的方法是消化试验,假设氨基酸利用率为消化率的函数。

(五)氨基酸互补作用

动物主要依赖植物性饲料生存,而大多数植物性蛋白质的必需氨基酸组成常常不符合动物的需要。但各种植物性蛋白质的必需氨基酸组成也各不相同,有的饲料含甲种氨基酸多,乙种氨基酸少,另一种饲料则相反。如果将两种或两种以上的植物性饲料混合饲喂,它们就可能在氨基酸方面互相补充,较好地满足畜禽对各种必需氨基酸的需要。例如,苜蓿蛋白质中赖氨酸较多(5.4%),蛋氨酸较少(1.1%);而玉米蛋白质的赖氨酸含量较低(2.0%),蛋氨酸较多(2.5%);把这两种饲料按适当比例混合饲喂,两种限制性氨基酸的含量相应提高,有效利用率因互补而随之改善。应注意的是,氨基酸间的互补作用,在同时饲喂时发挥得最好。先后各次食入的蛋白质间也有互补作用,但随着时间间隔加大,互补作用显著降低。因为畜禽体不能长期贮存未用于合成蛋白质的氨基酸,它们常常在数小时内被畜体代谢分解。

(六)氨基酸过剩和相互作用

机体消化代谢过程中,有几种氨基酸彼此间呈现颉颃作用。吸收过程中,几种结构类似的氨基酸共同利用一种转移系统,当其中一种氨基酸含量高时,就会影响另几种氨基酸的吸收,使其需要量提高。例如,精氨酸、胱氨酸和鸟氨酸配合可阻碍赖氨酸吸收;相反,赖氨酸、精氨酸与鸟氨酸配合又阻碍胱氨酸吸收。雏鸡饲粮中赖氨酸过多,严重影响其生长,提高精氨酸的添加量可减缓赖氨酸过多的有害作用。肾小管内氨基酸的重吸收作用是非常有效的,各种氨基酸在肾中重吸收也存在相互竞争。精氨酸和赖氨酸在肾小管中也使用同一种转移系统,一种过多可影响另一种在肾中的重吸收效率,导致其需要量提高。饲粮中赖氨酸超过少量即能引起肾中精氨酸酶活性提高,增强精氨酸降解和从尿中排出。当灌注或饲喂高水平赖氨酸时,尿中精氨酸的排出量增高。饲粮中某些氨基酸能显著降低鸟类肾中精氨酸酶的活性。鸡饲粮中含 α-氨基异丁酸少至 0.5%,即能使肾中精氨酸酶活性显著降低,精氨酸分解遂大大减少。高水平苏氨酸与 α-氨基异丁酸有相似作用。

(七)寡肽与蛋白质的吸收利用

过去均认为蛋白质是在小肠中被酶解为氨基酸形式而吸收。但 20 世纪 70—80 年代的研究认为,动物对蛋白质的需要不能完全由游离氨基酸满足,为达到最佳性能,必需一定数量的肽,特别是小肽(2~3 肽)。动物摄入的蛋白质在胃肠道蛋白酶作用下,降解成寡肽(2~10 肽)和少量游离氨基酸。寡肽与游离氨基酸的数量受蛋白质品质影响,品质好、氨基酸平衡良好的蛋白质以寡肽释放为主,氨基酸平衡差的蛋白质以游离氨基酸释放为主。小肽能完整地被吸收和进入体循环,它和游离氨基酸的吸收有相互独立的转运机制。小肽的吸收较氨基酸有效,其转运系统具有转运速度快、耗能低、不易饱和的特点。因此,小肽吸收比氨基酸有效。在单胃动物,用肽类混合物饲喂时,氨基酸的吸收速率明显高于饲喂游离氨基酸。与单胃动物不同,反刍动物小肽吸收有两个部位,除小肠外,瘤胃与瓣胃强烈地进行着小肽吸收。研究还证明,瓣胃吸收肽的能力远高于瘤胃,此两胃中肽的吸收属于扩散,而不是载体转运。3 肽以上的寡肽一般须在肠肽酶作用下水解释放游离氨基酸后才被吸收。对蛋白质吸收过程这一认识上的进步表明,不能再认为蛋白质营养就是氨基酸营养。

三、单胃畜、禽对蛋白质的消化、吸收与代谢

(一)蛋白质的消化、吸收

本章第二节已概述了饲料蛋白质在胃与小肠中的消化、吸收过程。猪、禽饲粮蛋白质主要是真蛋白质,马、兔饲粮中,除真蛋白质外,还含有较大比例的非蛋白含氮物质。真蛋白质均在胃蛋白酶、胰蛋白酶和糜蛋白酶作用下,相继分解为蛋白胨,肠肽酶与胰液中的羧肽酶将蛋白胨分解成氨基酸或小肽。氨基酸与小肽通过不同的转运机制经肠壁吸收,经肝门脉系统进入血液循环,转运至全身各器官、组织、细胞。据报道,吸收入单胃动物血液中的总氨基酸最多,一半可能来自被小肠吸收的小肽。

饲料非蛋白氮化合物中的游离氨基酸可在小肠中吸收。其他化合物,如尿素,在胃内无变化,部分可被小肠吸收入血液,随尿排出。小肠中未消化吸收的蛋白质、酶解产物和饲粮中的非蛋白氮化合物,随食糜进入盲肠与结肠,部分受肠道细菌作用分解为氨基酸和氨,氨和碳水化合物所产生的酮酸在微生物脲酶的作用下合成氨基酸,再被细菌利用合成菌体蛋白质。由于没有被动物蛋白酶水解的机会,大部分菌体蛋白质可能损失于粪中。也有人提出,食草动物的消化道下段适应氨基酸的吸收,马的盲肠吸收一些必需氨基酸[斯莱德(Slade),1970]。但这类试验是用蛋白质非常高的饲粮进行的。马有食粪癖,兔食软粪,有助于比较多地利用微生物蛋白质。非蛋白氮对单胃动物的营养作用很小,对猪无效果,采食低蛋白质饲粮的马可在某种程度上利用非蛋白氮化合物。有报道,采食必需氨基酸平衡良好蛋白质饲粮的母鸡,可利用非蛋白氮化合物合成非必需氨基酸,但不能取代必需氨基酸。饲粮中一部分蛋白质是不能被消化的,如与木质素结合的蛋白质及遭受过热损伤的蛋白质,它们随粪排出。粪便中的含氮物质,除饲粮来源外,有一部分是未被再消化的消化道脱落上皮细胞、消化液及黏液中的蛋白质。它们属于从粪中损失的内源氮,被称为代谢粪氮。

(二)已吸收蛋白质在体内的代谢

吸收的氨基酸进入机体氨基酸库。体组织蛋白质处于不断分解与更新之中,其分解产生的氨基酸也进入氨基酸库,与消化吸收的氨基酸共同支持组织蛋白质的合成,有些氨基酸也可在体内异生成葡萄糖。在体内未用于合成蛋白质的氨基酸脱氨,氨在肝中转变成尿素(哺乳动物)或尿酸(鸟类),从尿中排出。尿中尿素或尿酸一部分来源于吸收的氨基酸,属于外源尿氮,另一部分为组织蛋白质分解的氨基酸未重新用于合成体蛋白质的部分,被称为内源尿氮。某些氨基酸也可不经脱氨即随尿排出。脱氨后的非氮部分可与氨重新结合成氨基酸,也可用作合成脂肪的原料或在体内氧化释能。

四、反刍畜对蛋白质的消化、吸收与代谢

(一)饲料蛋白质的消化、吸收与代谢

图 1-2 示出反刍动物消化饲料蛋白质的大致过程。反刍动物采食的饲料进入瘤-网胃后,

其真蛋白质的一部分(占饲料真蛋白质的 30%～80%,大多数情况下平均为 60%),受瘤胃微生物分泌的酶作用,降解为肽、氨基酸和氨,饲料中的非蛋白质含氮物(氨基酸、酰胺、尿素等)也被降解成氨。能源物质充足时,瘤胃细菌可利用这些分解产物合成各种氨基酸(包括 10 种必需氨基酸),并以氨基酸和肽为组分,合成菌体蛋白质,其自身因此得以迅速增殖。未被用于合成菌体蛋白质的剩余氨,可通过瘤胃壁吸收,经门脉循环运入肝,转变成尿素。一部分尿素经肾随尿排出(未代谢尿氮),其量随饲粮氮水平提高而增加,在采食高氮饲粮时造成大量氮的浪费,使进入真胃与十二指肠的氮低于食入氮量。一部分尿素可以唾液形式或通过瘤胃壁再返回瘤胃(瘤胃氮素再循环),成为细菌合成蛋白质的体内氮源;它受机体稳恒机制的控制,其量变化不大。这一机制可使反刍动物节省氮,特别是在采食低氮饲粮时,进入十二指肠的氮量可高出食入氮量的 20%左右。瘤胃中的纤毛虫利用植物性饲料中的糖、淀粉、纤维素和蛋白质,

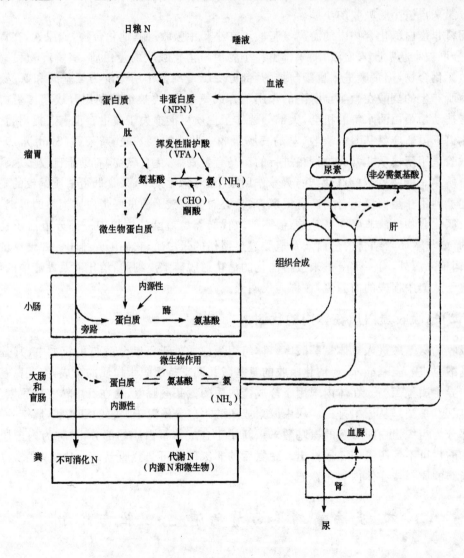

图 1-2　反刍动物对饲料蛋白质消化、吸收途径

引自 Maynard L. M. et al. Animal Nutrition. 1979

并吞噬细菌,合成自身的虫体蛋白质。饲料真蛋白质在瘤胃内不可降解部分(30%～80%,平均为40%),同合成的微生物蛋白质一起随食糜流入真胃和小肠,在胃液、胰液和肠液蛋白质分解酶的协同作用下,最终分解成氨基酸和小肽,经小肠壁吸收。瘤胃与瓣胃有很强的吸收小肽的功能,反刍动物所吸收小肽的85%～90%是从瘤胃与瓣胃吸收的。反刍动物静脉血中肽浓度比单胃动物高得多,出现在门静脉中80%的氨基酸与小肽有关。反刍动物蛋白质消化产物吸收后的代谢过程与单胃动物大体相同。

在真胃与小肠中未消化、吸收的少量真蛋白质(饲料、微生物)与非蛋白质含氮物,随食糜流入盲肠、结肠,进行第二次微生物发酵。反刍动物盲肠、结肠中的微生物区系及对蛋白质分解与再合成过程与瘤胃类似;也存在氮素再循环过程,血液中的尿素通过肠壁返回盲肠、结肠。由于处于消化道后段,合成的大部分微生物蛋白质得不到宿主动物的消化、利用,同饲料中不可消化的蛋白质(与木质素结合的蛋白质及热损伤蛋白质)一同随粪排出。

反刍动物饲粮中粗料比例大,干物质采食量大于单胃动物,总的粪代谢氮损失显著较高,按单位干物质采食量计也较高,约是大鼠的2倍。其内源尿氮损失不及单胃动物稳定。总粪中氮约为进食干物质的0.6%,约等价于4%的饲粮粗蛋白质。加上从尿、脱落的毛发与皮屑损失的氮,反刍动物饲粮的最低粗蛋白质水平应为6%～8%。低于此水平,即会降低采食量和瘤胃发酵效率。

(二)瘤胃微生物蛋白质的营养价值

瘤胃微生物蛋白质构成反刍畜可消化、利用的一部分蛋白质,因而其营养价值(粗蛋白质含量、消化率与利用率)对反刍畜有重要影响。

1. 粗蛋白质含量 瘤胃微生物的粗蛋白质含量约为65%。瘤胃混合细菌干物质中含氮量约为10.5%,相当于65.6%的粗蛋白质。原虫含氮量较低,约为6.5%。斯托姆(Storm)等(1981)依据29份资料估测的瘤胃细菌含氮量为7.77%,根据15份资料估测出原虫含氮量为6.36%。原虫含糖量高,故蛋白质含量低于细菌。微生物类型、生长阶段、食糜在瘤胃中滞留的时间、营养物质利用率等均可影响其组成成分。当饲喂富含碳水化合物的饲粮时,可使其蛋白质含量降低;瘤胃食糜流出加快,能提高其蛋白质含量。瘤胃微生物总氮的15%～20%为核酸氮(RNA,DNA)和细胞壁蛋白质,其余为氨基酸氮。

2. 瘤胃微生物蛋白质的氨基酸组成 瘤胃微生物氨基酸组成甚为恒定,不受饲粮变化的影响。表1-6列出了瘤胃原虫与细菌的氨基酸组成。瘤胃微生物的氨基酸组成,很大程度上与青饲料类似;其胱氨酸和蛋氨酸含量比各种酵母高1倍,也较豆科籽实(包括大豆)蛋白质高。因而,可认为瘤胃微生物蛋白质的营养价值近似于青饲料,优于酵母和豆类,但不及动物性蛋白质。

3. 瘤胃微生物蛋白质的消化率 相关文献中报道的瘤胃微生物蛋白质消化率不等,与试验动物、试验用微生物的分离技术有关,但所有结果均是原虫蛋白质的消化率高于细菌蛋白质。约翰逊(Johnson)等(1944)测出的瘤胃原虫与细菌在小鼠体内的消化率相应为86%与55%,麦克诺特(McNaught)等(1954)测出其真消化率是91%与74%。伯德(Bird,1972)测得的瘤胃微生物蛋白质的真消化率为73.6%;将分离出的瘤胃微生物灌注入绵羊真胃,测得其蛋白质的平均表观消化率为77.5%。

表 1-6　瘤胃原虫、细菌、全蛋及苜蓿蛋白质氨基酸成分的比较

氨基酸	原虫		细菌		苜蓿叶蛋白	全蛋
	Weller 测	Purser 测	Weller 测	Purser 测		
苏氨酸	3.5~3.8	5.5	3.1~3.7	5.1	4.99	5.11
缬氨酸	4.4~4.5	6.6	3.6~4.1	5.2	6.45	6.83
蛋氨酸	1.5	2.6	1.1~1.4	2.2	2.05	3.35
胱氨酸	0.7~0.8	1.0	1.1~1.3	1.0	1.54	2.43
异亮氨酸	3.6~3.8	6.4	4.3~4.9	6.9	5.21	6.27
亮氨酸	4.5~4.7	7.3	5.0~5.7	8.1	9.43	8.80
苯丙氨酸	2.3~2.5	5.1	2.8~3.3	5.1	6.11	5.72
组氨酸	2.6~3.0	2.3	2.6~3.4	2.1	2.45	2.43
赖氨酸	7.5~8.2	9.3	10.6~12.6	10.1	6.83	6.96
精氨酸	8.6~9.3	5.4	8.0~10.2	4.9	6.77	6.08
色氨酸	—	—	—	—		1.48
酪氨酸	—	—	—	—	4.73	4.15

引自杨诗兴，许振英主编.《动物营养进展》.1986；联合国粮农组织资料(全蛋)

4. 瘤胃微生物蛋白质的生物学价值和利用率　约翰逊(Johnson)等和麦克诺特(Mc-Naught)等早期用大鼠测出的瘤胃细菌和原虫蛋白质的生物学价值分别为 68％、66％和 80％、81％，麦克诺特(McNaught)等测出的净利用率为 73％和 60％。斯托姆(Storm,1979)用硫标记瘤胃微生物，测得其在绵羊体内的蛋白质净利用率为 52％，测出羔羊对微生物氮的总利用率是 54％；该作者 1982 年发表的吸收氮的利用率为 66％和 67.5％。

由以上资料看出，绵羊对瘤胃微生物蛋白质的利用率比大鼠低。

5. 瘤胃微生物对反刍畜蛋白质营养的贡献和影响　由于瘤胃微生物对饲粮蛋白质进行分解与再合成作用，故进入真胃与十二指肠的蛋白质，在数量与质量上都被改变。这种改变可能有利，如在采食低水平与低品质蛋白质时，通过瘤胃微生物的作用，使进入真胃与十二指肠蛋白质的数量与品质都获得提高。但在采食高水平与高品质饲粮蛋白质时，瘤胃微生物作用的结果，反而减少了流入下消化道的蛋白质数量与质量。在反刍动物饲养实践中，应尽可能利用其有利影响，避免其不利作用。反刍畜饲粮不应有过高水平的蛋白质，且应注意适宜的能量蛋白比；在添加高品质蛋白质或氨基酸产品时，最好采用过瘤胃技术，使其能越过瘤胃被动物直接消化、利用。

五、非蛋白含氮化合物在反刍畜饲养中的应用

对饲料蛋白质在反刍畜瘤胃中消化过程的认识，使人们意识到，反刍动物借助于微生物的作用，能将非蛋白含氮化合物转化成微生物蛋白质，满足畜体对蛋白质和氨基酸的需要。面对蛋白质饲料供求的矛盾，从 19 世纪开始，国外就开始研制适用的非蛋白质含氮物产品，探索用

其替代反刍畜饲粮中部分植物性蛋白质的方法、技术与安全性。目前,在有效、安全利用非蛋白质含氮物方面取得了许多成果和经验。

(一)应用非蛋白含氮化合物的原则

1. 将非蛋白含氮化合物用于低蛋白质饲粮 只有在瘤胃内氨浓度低于微生物合成蛋白质的能力时,添加尿素及其他非蛋白含氮化合物才有效;当饲粮粗蛋白质在瘤胃中降解产生的氨已能满足微生物需要时,再添加非蛋白含氮化合物则无效。试验资料表明,给乳牛喂精料与粗料组成的高能饲粮时,若粗蛋白质水平超过 13%,再添加尿素无益。添加非蛋白含氮化合物对绵羊有利的饲粮粗蛋白质水平比牛约低 2 个百分单位。

2. 尿素喂量不宜过大 喂量过大不仅利用效果不佳,且会降低饲料采食量,严重时还会产生氨中毒。据 20 世纪 50 年代后的试验结论,一般尿素氮宜取代饲粮蛋白质的 25%～30%;或者按日粮干物质的 1%～2%或混合籽实料的 3%补加。体重 500kg 的乳牛,每天可喂尿素 100g,妊娠期和哺乳期绵羊,视体重可喂尿素 13～18g,6 月龄以上幼羊 8～12g。同时,应确保个体间采食尿素量一致,避免采食不均导致个体中毒。近 20 多年来,各反刍畜新蛋白质评定体系已给出计算安全、有效的尿素添加量的公式。

3. 应使家畜对非蛋白含氮物逐步适应 瘤胃微生物区系的组成随着饲粮组成而改变,更换饲粮后,至少需要 2 周时间进行适应,一般为 2～4 周。故添加尿素时,开始应喂少量,逐渐增加到预定的给量。采用双缩脲时,适应期为 3～8 周。停止饲喂后再开始饲喂时,应重新适应。

4. 使非蛋白含氮化合物释放氨的速率与微生物利用氨的速率一致 瘤胃中尿素酶的活性很高,其降解尿素等非蛋白含氮化合物释放氨的速率,是其利用氨合成蛋白质速率的 4 倍。采取一些措施,使尿素等的降解速率延缓到与微生物利用氨相近的速率,可显著提高其利用率。已提出的措施有 5 项:

其一,以固体状态饲喂尿素等非蛋白含氮化合物;

其二,将非蛋白含氮化合物的日喂量等分 2 次或数次给予;

其三,采用缓慢释放氨的非蛋白含氮化合物产品,如双缩脲、磷酸脲等;

其四,用一些金属离子(Co^{2+},Cu^{2+},Fe^{2+},Zn^{2+},Na^+,K^+)或有机化合物(如乙酰氧肟酸),抑制瘤胃内尿素酶的活性;

其五,采用包被尿素的方法,减缓其降解速率。

5. 供给适量能量和硫、磷等矿物质元素 非蛋白含氮化合物不含有效能及硫、磷等矿物质元素。而瘤胃微生物正常生长与蛋白质合成,除需要氮源外,还必需能量、碳水化合物及硫、磷、钴、钠等多种矿物质元素。故以尿素等非蛋白含氮化合物替代部分植物性蛋白质时,应同时补充这些营养素。科姆拉德(Comrad,1968)等建议,每 kg 尿素可搭配 10kg 易发酵碳水化合物,其中 2/3 应为淀粉。

(二)利用非蛋白氮化合物的方式

为了在反刍动物饲养中安全、有效和方便地利用尿素等非蛋氮化合物,曾采用以下方式:

1. 配制成尿素混合料或尿素高蛋白质饲料 饲喂乳牛、肉牛和育成牛时,多将尿素掺入商品混合饲料中。尿素占混合料的 1%～2%,达到 3%则适口性不良。常将尿素与谷物或淀

粉类饲料搭配,替代大豆饼等蛋白质饲料。若将尿素均匀地掺入混合料并压制成颗粒料,食入量与植物性蛋白质混合料同样多。将尿素掺入高蛋白饲料中制成的高蛋白补料,其粗蛋白质含量可高达 100%,饲喂少量即可满足牛、羊对粗蛋白质的需要。如喂体重 350kg 的牛,每天可给予 0.3～0.5kg,与其他精料混合饲喂。

2. 在青贮料和干草中添加尿素　青贮玉米含碳水化合物较多,蛋白质含量较低。在其青贮过程中添加 0.5%～0.6%尿素,可使青贮料的含氮量达到 10%～12%,饲喂乳牛与肉牛效果均佳。一般将尿素溶液均匀地喷洒到青贮原料中,以利于尿素的混合及避免混合不均匀引起氨中毒。青贮乳—蜡熟或乳熟期玉米时,尿素添加量不宜超过 0.5%,否则可使乳牛采食量降低。青贮原料含水量高时,尿素用量亦应减少;含水量低时应多加,但添加量应不影响青贮料保存过程中所需的酸度。豆科草和禾本科-豆科混合草中粗蛋白质含量若达 10%,青贮时不宜再添加尿素。

可用 3.9%糖蜜＋6.25%尿素＋水制成喷洒剂,喷洒到青干草上或将干草浸泡在与此成分相似的溶液中。

3. 制作尿素食盐舔块(砖)　将尿素、食盐、微量元素、糖蜜及其他饲料组分混合,制成舔块(砖)供牛、羊等舔食,对舍饲和放牧条件均适用,既省劳力,又安全有效。在正常饲养管理条件下,牛、羊可根据自身的需要随时舔食,能有效地利用尿素氮。

4. 制作氨化秸秆　氨化秸秆是用氨水、液态氨、尿素溶液处理秸秆,既能通过碱化作用提高秸秆粗纤维和有机物质的消化率(干物质消化率由 59%提高到 64%),又可提高秸秆的含氮量(可从未氨化小麦秸秆的 0.7%提高到 1.5%)。

5. 制作淀粉糊精尿素　将 70%～75%谷物饲料、20%～25%尿素和 5%膨润土混合,在挤压器的高压和摩擦下,使料温上升到 150℃～160℃,淀粉遂糊化并与熔化的尿素牢固地结合在一起,形成稳定的混合物。裹着淀粉的尿素颗粒只有从淀粉薄膜中释放出来,才能被尿素酶水解,使氨与能量的释放同步,因而可提高氮的利用率。

第四节　碳水化合物与畜禽营养

一、植物性饲料中的碳水化合物及其营养特性

碳水化合物组成饲草和谷实干物质的 50%～80%。大多数碳水化合物中氢与氧的比例与水相同,故称为碳水化合物。植物适应生命活动的需求,形成了构成细胞壁的结构性碳水化合物与细胞内容物中的贮备性碳水化合物。但这两类碳水化合物在动物营养上的可利用性却是截然不同的。

(一)贮备性碳水化合物

主要指糖和淀粉,存在于细胞内容物中。植物在能量转化和组织合成过程中主要利用糖,某些植物也以糖形式贮备能量。淀粉是植物贮存太阳能的基本形式。这类碳水化合物易被动物利用,在反刍动物和单胃畜、禽体内的消化率均高达 98%左右。此外,有些多聚糖(如果聚

糖、甘露聚糖和半乳聚糖等)也构成某些植物的能量贮备。

1. 糖类 包括单糖、双糖、叁糖、肆糖和伍糖。单糖是衍生出一切碳水化合物的基本单位。植物中单糖含量不多,己糖(六碳)分布最广,戊糖(五碳)次之。以游离形式存在的单糖为葡萄糖与果糖,它们均溶于水,易被动物肠道吸收。最重要的双糖是蔗糖,用作能量的转运形式。蔗糖含量最高的是甘蔗(20%)和糖用甜菜(15%~20%),其他根菜类饲料中也含蔗糖。大麦发芽过程中,淀粉被酶解为麦芽糖。这两种双糖均溶于水,几乎可完全被动物消化吸收。叁糖中棉籽糖分布之广与蔗糖近似,糖用甜菜中含少量,棉籽中含有3%棉籽糖。肆糖与伍糖分别由4个或5个单糖残基组成。叁糖、肆糖与伍糖分子中均有1分子葡萄糖和1分子果糖,其余为半乳糖。由于其分子中有 α-半乳糖苷键,不能被动物本身的酶降解,故完整地流入大肠,被微生物发酵产生大量气体。豆科植物种子中含有水苏肆糖。

2. 淀粉(α-1,4 键合的葡聚糖) 是植物最重要的贮备碳水化合物。谷类植物种子中都贮存有大量淀粉,可高达70%;豆科植物种子含淀粉较少;果实、块根、块茎中约为30%。所有豆科牧草及其他双子叶植物也将淀粉贮存在叶与茎中。

大部分情况下,淀粉由直链淀粉与支链淀粉组成。多数谷实与马铃薯中直链与支链淀粉分别占20%~28%与72%~80%;两种淀粉的比例并不恒定,直链淀粉的含量随植物成熟而提高。

自然条件下,淀粉以淀粉颗粒形式存在。淀粉颗粒不溶于水,但悬浮于水中并加热时,膨胀并最终破裂,形成凝胶溶液。有些淀粉颗粒很难破裂,如块茎(尤其是马铃薯)淀粉,猪及禽利用前必须煮熟,淀粉颗粒破裂后有利于酶降解。动物能分泌 α-1,4 和 α-1,6 键合的淀粉酶。唾液淀粉酶、胰液淀粉酶和小肠的 α-葡萄糖苷酶(即麦芽糖酶)能将淀粉或糖原转化为葡萄糖。这是哺乳动物消化多糖的全部能力。

3. 其他贮备性多聚糖 果聚糖类作为贮备物质存在于各种植物体中,特别是菊科和禾本科植物的根、茎、叶与种子中。半乳聚糖和甘露聚糖是植物细胞壁中存在的多糖。甘露聚糖是棕榈种子细胞壁的主要成分,作为养料的贮备,发芽时消失。半乳聚糖是许多豆科植物,如三叶草、百脉根和紫花苜蓿种子的主要贮备形式。此类低聚糖可能是造成反刍家畜肠胃臌胀和腹泻的原因,这些低聚糖含一些不能被动物酶降解的键合,故流入后肠发酵。

(二)结构性碳水化合物

这类碳水化合物是构成细胞壁的主要成分,包括可溶性纤维(半乳聚糖、低聚糖类、果胶、β-葡聚糖等)和不溶性纤维(纤维素、半纤维素与木质素),总称饲料纤维(Fiber),它们属于不能被动物酶消化的碳水化合物。

1. 纤维二糖 是组成纤维素的基本单位,由2分子 β-D-葡萄糖 1,4 键合组成,分子排列成反式结构,自然状态下不以游离形式存在。纤维素被水解时,首先分解成纤维二糖,再进一步分解成葡萄糖。

2. β-葡聚糖 是禾本科植物细胞壁具有的碳水化合物。玉米、小麦和稻谷中含量微乎其微,是燕麦、大麦与黑麦的麸皮中的重要成分。它具有纤维素基本结构,但富含 β-1,3 键合,使分子交联,不能形成结晶,也不与纤维素共价连接,故能溶于水,能在瘤胃内迅速被发酵。

3. 纤维素 是由许多 β-D-葡萄糖 1,4 键合组成的直链葡聚糖,为细胞壁结构中数量最多的组分,也是植物界最丰富的碳水化合物,占所有高等植物干物质的20%~40%。细胞壁中纤维素的比例在 35%～60%。纤维素不溶于水、弱酸和弱碱。哺乳动物的酶不能降解纤维素,但细菌和真菌分泌的酶可使其降解。纤维素从不消化到完全被消化,主要取决于木质化程度,还受硅化作用与角质化作用及其内在特性的影响。

4. 果胶 一切植物都含有果胶,但其含量在不同种间差异很大。禾本科植物及其种子含量不到 1%,但却是绝大多数双子叶植物(包括豆科植物)细胞壁的主要成分之一。苜蓿中含量为 5%～10%,甜菜、甜菜浆、柑橘、苹果及其他水果中含量更多。通常认为果胶是含半乳糖醛酸丰富的多聚糖,存在于细胞壁、相邻细胞的中间层和其他部分。果胶含 α-1,4 键合,但第四碳原子的直立位置不同于淀粉,不能被淀粉分解酶降解,其消化依靠微生物的作用,但仍可在人与动物消化道内高度被消化。虽然果胶在瘤胃中迅速被发酵,但它可抑制酸性乳酸型发酵。

5. 半纤维素 是由多种聚糖,如葡聚糖、半乳聚糖、甘露聚糖和木聚糖等组成的混合物,在植物化学结构上最为复杂。不同种植物或同一植物不同部位的半纤维素组成上都有差异。半纤维素虽与木质素结合紧密,但其水解远较纤维素容易,可溶于弱碱,较弱的酸也可使它水解。瘤胃中有分解半纤维素的酶,部分半纤维素在消化道中经酸水解被消化。

6. 木质素 它不是碳水化合物,但常与纤维素和半纤维素等共同存在于细胞壁中,故在碳水化合物部分中讨论。真木质素是高分子量的非晶形苯基丙烷衍生物的混合物。木质素存在于植物的木质部分,如玉米穗轴、荚壳、茎与根的纤维部分;植物韧皮部、木质部、厚角组织的细胞壁通常木质化。木质素的化学键,尤其是与纤维素和半纤维间的键,显著降低这些成分的可消化性。碱处理高度木质化的粗饲料(如秸秆),可打断半纤维素-木质素键,提高半纤维素的消化性,但不破坏木质素。

二、动物体的碳水化合物

动物体内含碳水化合物很少,总量不超过 1%,但对动物生命活动仍有极重要的意义。

(一)单 糖

动物体内不同程度地存在 3～9 碳的单糖,五碳糖是比较重要的单糖(核糖和脱氧核糖是遗传物质的组成成分),糖也参与某些代谢过程;六碳糖是重要的营养性单糖,葡萄糖是其中最重要的,在体液中的浓度最高,多数动物的精液中果糖浓度高(0.5%);甘露糖和岩藻糖是乳和一些黏膜分泌物中糖蛋白与其他多糖的组成成分。

(二)多 糖

糖原(葡聚糖类,结构上与支链淀粉类似)是动物体内主要的碳水化合物贮备物,在能量代谢中起非常重要的作用。肝糖原(占鲜肝重的 2%～8%,总糖原量的 15%)作为贮备沉积于肝中;肌肉的糖原(占肌肉鲜重的 0.5%～1%,总糖原量的 80%)是工作所需的能源;其他组织中也含有少量的糖原(总糖原量的 5%)。体内含 10 个以上单糖残基的杂多糖主要有黏多糖、糖蛋白和糖脂。黏多糖属动物结构性多糖,大量存在于动物体胶原、结缔组织和黏液中,眼睛玻璃体、关节液、脐带、软骨、骨、皮、弹性组织中浓度也高。糖蛋白主要存在于血、肾、黏液、胃黏膜、某些激素、酶、胶原、结缔组织中,其总量不大,但有重要的作用。糖脂有二类:含葡萄糖或半乳糖的糖脂,主要存在于脑白质中,约占脑重的 4%;含唾液酸的糖脂存在于脑灰质内,占脑重的 0.2%。

三、碳水化合物的营养、生理与颉颃作用

(一)碳水化合物的营养作用

1. 畜禽形成体组织的原料 五碳糖是细胞核酸的组成成分；半乳糖与类脂肪是神经组织必需的物质；许多糖类与蛋白质化合而成糖蛋白，如黏多糖是结缔组织基质的组成成分；低级羧酸与氨基化合形成氨基酸。

2. 畜禽能量的主要来源 畜禽为维持生命活动、保持正常体温，均需从外界获得能量供应。草食与杂食动物的能量来源主要是植物性饲料中的碳水化合物；糖、淀粉、纤维性物质消化吸收的产物，均可在体内进行生理氧化释放能量，满足畜禽能量需要的大部分。葡萄糖是单胃动物获取能量的主要形式；一切动物的大脑、神经系统、肌肉、脂肪组织、胎儿生长发育、乳腺等均以葡萄糖作为代谢的唯一能源，供应不足时会导致代谢紊乱，发生一系列疾病，如小猪低血糖、牛酮病和羊妊娠毒血症等；碳水化合物被微生物发酵产生的低级挥发性脂肪酸（乙酸、丙酸、丁酸）是反刍动物获得能量的主要形式。畜禽体还将碳水化合物以肝糖原与肌糖原形式作为可快速动员的能量贮备，贮存的体脂肪可用作动物长期或越冬的能量来源。

3. 畜禽产品的重要组成成分 畜禽体脂肪的形成主要依赖碳水化合物消化代谢的产物，葡萄糖（单胃动物）与挥发性脂肪酸（反刍畜）都可在体内转变成脂肪。畜禽体内沉积脂肪，可提高增重，改善肉质。碳水化合物也是泌乳家畜形成乳糖和乳脂肪的原料，也可合成部分非必需氨基酸。

(二)碳水化合物的生理与保健作用

植物性饲料中的结构性碳水化合物，对畜禽消化道的正常发育及生理功能有重要意义。生长幼畜（禽）的饲粮中含一定量纤维性物质，可促进其消化道获得较大的生理有效容量；肠胃蠕动需要纤维性物质（特别是长纤维）刺激反射性形成；粪便的形成与排泄也必须有纤维性物质的存在，纤维素和半纤维素溶水力强，可使含水量高的粪便成型并正常排出。一些寡聚糖（如寡果聚糖、寡甘露聚糖等）可在后肠中被有益细菌作为能量利用，使有益细菌在肠道微生物区系中占优势，并对有害细菌的生长产生抑制作用，因而可减少腹泻等胃肠道疾病的发生率。寡聚糖类已被用作饲料添加剂。

(三)碳水化合物的颉颃作用

饲粮中含纤维性物质可使其能量浓度降低，畜禽可在一定范围内调节采食量，以便获得所需的能量（饲粮纤维每增加 1%，采食量增加 3%）；但饲粮中纤维性物质过多（超过 10%～15%）时，受消化道容积限制及饲粮适口性下降，反而使采食量降低。饲粮纤维本身的消化率不高，且能影响其他营养成分的消化率。许多试验结果表明，大致在饲粮有机物质消化率为90%的基础上，粗纤维每增加 1 个百分单位，有机物质消化率降低 1.5～2.5 个百分单位。可溶性纤维（β-葡聚糖、木聚糖等）可在单胃畜禽动物胃肠道中形成黏性物质，影响饲料营养物质的消化与吸收。

四、单胃畜、禽对碳水化合物的消化、吸收与代谢

(一)小肠中的化学消化与吸收

畜禽的唾液淀粉酶含量低。鸡嗉囊内环境适宜于饲料淀粉酶与唾液淀粉酶的活性,在猪、马胃中,唾液淀粉酶尚能在一段时间内继续作用,但大部分淀粉是在小肠内胰腺和肠腺分泌的酶类(淀粉酶、蔗糖酶、麦芽糖酶和乳糖酶等)作用下,最终分解为单糖而吸收。葡萄糖和半乳糖吸收时都需要消耗能量,是主动转运过程。各种单糖的吸收速率并不相同,在大多数动物,半乳糖吸收得比葡萄糖快,而果糖的吸收速率较慢(为葡萄糖的 $16\%\sim77\%$),甘露糖、阿拉伯糖和木糖的吸收更慢。除断乳前有较多的半乳糖被吸收外,禽及单胃畜小肠中吸收的葡萄糖占主要部分。也有一些糖可以被动扩散方式吸收,如山梨糖、甘露糖和木糖。

(二)消化道各段及后肠发酵

在鸡嗉囊与各种畜禽的胃与小肠中,除酶消化外,还进行着碳水化合物的微生物发酵作用。胃与小肠内未消化的糖、淀粉和饲粮中的纤维性物质进入盲肠、结肠后,被微生物强烈地发酵。糖与淀粉在消化道前段发酵的主要产物是乳酸,随食糜下行,乳酸含量渐减,挥发性脂肪酸渐增,当食糜由回肠排入盲肠时,几乎全为挥发性脂肪酸,在后肠内的主要发酵产物是低级挥发性脂肪酸(乙酸、丙酸、丁酸)及甲烷、二氧化碳等气体。这些有机酸在胃与肠的各段都可被吸收,作为能量来源被利用。据报道,碳水化合物在猪消化道内发酵产生的有机酸可提供猪维持代谢能需要量的 $5\%\sim28\%$;肉鸡大肠内发酵产生的有机酸相当其摄入代谢能的 $3\%\sim4\%$。进入马属动物庞大的盲肠、结肠的内容物中,还有不少未被消化的营养物质,在微生物及小肠酶的作用下被继续分解。在马盲肠、结肠中,食糜滞留达 $12h$,可消化食糜纤维素的 $40\%\sim50\%$,流入此处的糖与淀粉也可进行强烈的微生物发酵。兔虽为草食动物,在各种动物中其盲肠占体重的比例最大,但兔肠道肌肉运动将食糜的纤维组分迅速挤入结肠,尔后排出体外,同时通过逆蠕动将非纤维组分送入盲肠发酵。故兔对粗纤维的消化率不高,对纤维素和木质素含量高的饲料,如苜蓿干草、秸秆、草粉的粗纤维消化率,很少超过 15%,而对非木质化的饲料,如甜菜粗纤维的消化率可达 60%,对麸皮、米糠等谷物副产品粗纤维的消化率也较高。与反刍动物类似,饲粮类型影响后肠消化的碳水化合物比例,也影响发酵酸中乙酸、丙酸、丁酸的比例。肉食动物胃、小肠中的酶系及营养物质消化与草食和杂食动物无本质区别(水貂等食肉动物胃内尚分泌部分脂肪酶)。食肉动物大肠的主要功能是吸收水分、电解质和在小肠内来不及吸收的物质;其大肠短,微生物区系亦可对流入其内的脂肪和糖类进行发酵。有些种(如水貂、紫貂)无盲肠,可能对纤维性物质发酵强度较弱。

五、反刍畜对碳水化合物的消化、吸收与代谢

(一)瘤胃内的发酵

反刍畜瘤胃内栖居着大量细菌(其中有 1/4 为纤维分解菌)、原虫和厌氧真菌,它们附着在

瘤胃内的饲草、饲料碎片上,对随饲草料进入瘤网胃的糖、淀粉和纤维物质进行强烈的发酵。反刍动物全消化道的粗纤维消化率约为 70%,其中瘤胃内消化率约为 50%,其余 20% 在大肠内消化。较高的估计是,在消化的纤维素中,约 90% 是在瘤胃中被发酵,只有 10% 左右在盲肠、结肠中被消化。大部分淀粉(80%～90%)也在瘤胃内被发酵分解。微生物对碳水化合物的发酵分两步进行:

　　第一步(初级发酵),初级发酵细菌将饲草料中复杂的碳水化合物(蔗糖、果聚糖、淀粉、纤维素、半纤维素、果胶、戊聚糖等)降解为单糖等简单物质。

　　第二步(次级发酵),初级发酵产物随即被以简单碳水化合物为能源的微生物(或称次级发酵菌)吸收,或在其细胞外进行代谢,通过中介体(丙酮酸、琥珀酸和乳酸),将其转变为乙酸、丙酸、丁酸、甲烷及二氧化碳等气体。这些挥发性脂肪酸可通过瘤胃壁被吸收,也可随食糜流入小肠中吸收;甲烷及二氧化碳则通过嗳气从口腔排出。饲粮类型与其物理形态影响瘤胃发酵酸中乙酸、丙酸、丁酸的比例。饲粮类型的改变,影响瘤胃微生物的种类和数量,进而影响发酵终产物。饲粮以饲草或粗料为主,发酵酸中乙酸占优势,在饲喂完全干草饲粮时,乙酸、丙酸、丁酸的摩尔比例为 65:20:12,戊酸、异戊酸和丁酸各 1;随着饲粮中精料比例增加,乙酸比例减少,丙酸比例增高(甚至超过乙酸的比例);单独将饲草粉碎和制成颗粒对发酵酸的影响不大,但饲草与精料混合后粉碎和制粒时,导致乙酸、丙酸比例明显改变(表 1-7)。微生物发酵使反刍动物能较单胃畜禽利用较多的粗饲料,但也伴随着较大的能量损失。甲烷是可燃气体,它的排出约损失食入总能的 8%;微生物的生命活动消耗的能量约为总能量的 6.5%;发酵过程中还有发酵热的损失,其量与饲料的质量及数量有关,一般占总能的 3%～12%。

表 1-7　牛、绵羊采食不同日粮时瘤胃中的挥发性脂肪酸(VFA)

畜别	饲粮	挥发性脂肪酸总量(TVFA)(mol/L)	各种酸的摩尔比例			
			乙酸	丙酸	丁酸	其他
绵羊	切短紫花苜蓿干草	113	0.63	0.23	0.10	0.04
	磨碎紫花苜蓿干草	105	0.65	0.19	0.11	0.05
牛	长干草(0.4),精料(0.6)	96	0.61	0.18	0.13	0.08
	干草颗粒(0.4),精料(0.6)	140	0.50	0.30	0.11	0.09
绵羊	干草:精料					
	1.0:0.0	97	0.66	0.22	0.09	0.03
	0.8:0.2	80	0.61	0.25	0.11	0.03
	0.6:0.4	87	0.61	0.23	0.13	0.02
	0.4:0.6	76	0.52	0.34	0.12	0.02
	0.2:0.8	70	0.40	0.40	0.15	0.05
牛	成熟黑麦草	137	0.64	0.22	0.11	0.03
	大麦(瘤胃无纤毛虫)	146	0.48	0.28	0.14	0.10
	大麦(瘤胃有纤毛虫)	105	0.62	0.14	0.18	0.06

注:TVFA(mol/L)为挥发性脂肪酸总量　引自 McDonald P. M,等.1981

(二)小肠消化与吸收

与单胃动物相比,进入反刍动物小肠的糖与淀粉很少,且此处对淀粉的消化与产物的吸收都是受限制的过程,故以葡萄糖形式吸收的量不大。据试验报道,饲喂干草及粗料饲粮时,小肠中吸收的葡萄糖极少;饲粮中有精料组分时,小肠中可吸收一定量葡萄糖,且其量随精料比例增加而增大。不同种饲料淀粉颗粒特性的差异影响其消化部位,大麦片淀粉在牛瘤胃内的消化率高于 90%,生玉米淀粉不到 80%,生高粱淀粉则低于 50%;粉碎、蒸煮可使高粱淀粉在瘤胃内的消化率由 42%提高到 83%。瘤胃食糜的流出速率也影响小肠中吸收的葡萄糖比例,当食糜在瘤胃中滞留时间长时,几乎全部糖和淀粉被微生物发酵,而其流出速率增高时,有较多的糖与淀粉流入小肠。

反刍动物从小肠中吸收的葡萄糖量显然不能满足其生理需要,通过丙酸和生糖氨基酸异生作用产生葡萄糖,是反刍动物所需葡萄糖的重要来源;脂肪在瘤胃内水解产生的甘油,也可异生成少量葡萄糖。

(三)后肠发酵

流入盲肠、结肠食糜中的剩余糖、淀粉及纤维物质,可在后肠进行第二次微生物发酵,其过程基本与瘤胃内相似,所产生的挥发性脂肪酸被肠壁吸收,甲烷与二氧化碳气可通过肺或肛门排出。因流入的食糜在后肠滞留的时间相对较短,其中的糖、淀粉及纤维物质量较少,发酵产生的挥发性脂肪酸的数量也不及瘤胃。但受饲粮浓度、瘤胃发酵状况和食糜流出速率的影响,流入盲肠、结肠的各种碳水化合物量变幅较大。据试验报道,绵羊采食饲草量低时,可消化有机物质总量的 4%在盲肠、结肠发酵;但采食量高的牛,总消化能中可能有 37%是从回肠末端后获得的。

(四)消化终产物特点与利用效率

反刍动物以挥发性脂肪酸形式吸收的能量占其总吸收能量的 65%~70%。乙酸、丙酸、丁酸均可在畜体内氧化释放能量,每分子酸释放的三磷酸腺苷(ATP)依次为 10mol、17mol 和 26mol;1 分子葡萄糖发酵产生乙酸、丙酸各 2 分子或丁酸 1 分子,故 1 分子葡萄糖转变为乙酸、丙酸、丁酸后可释放 ATP 分别为 20mol、34mol 和 26mol,而 1 分子葡萄糖在体内氧化可释放 38mol ATP;三种酸用于维持的热效率分别为 59.2%、86.5%和 76.4%,葡萄糖(通过瘤胃)为 94%。三种酸均可在体内形成体脂肪,但只有乙酸、丁酸可形成乳脂肪,乙酸合成脂肪的效率仍最低(表 1-8)。丙酸的一个重要作用是通过糖异生作用转化为葡萄糖,满足反刍动物对葡萄糖需要的大部分。

表 1-8　挥发性脂肪酸合成脂肪的效率

挥发性脂肪酸(VFA)	试验次数	合成脂肪(kJ/100kJ VFA)
乙　酸	3	32.9±2.6
丙　酸	2	56.3±3.2
丁　酸	3	61.9±2.6
葡萄糖(经瘤胃)	—	54
葡萄糖(经真胃)	—	72

引自 Blaxte,K. L.《The Energy Metabolism of Ruminants》. 1962

六、饲粮中碳水化合物的合理结构

（一）单胃畜及禽饲粮中碳水化合物的合理结构

1. 猪饲粮中碳水化合物的合理结构　猪饲粮中纤维含量超过一定限度后，会降低消化率。实验证明，猪饲粮内秸秆粉粗纤维占 13％时，纤维素消化率为 19％，超过 13％时则降低。生长肥育猪饲粮纤维含量过高，使饲粮能量与营养浓度降低，其增重和饲料利用率亦随之降低。许多科学家赞同生长肥育猪饲粮粗纤维最高水平应为 5％～6％，也有人同意采用 6％～8％；我国猪饲养标准（1986）为 4.3％～4.6％。以上水平均适用于高质量牧草与燕麦等谷物纤维。生长肥育猪后期可利用粗纤维水平较高的饲粮，有利于减少脂肪沉积，提高胴体品质。在后备猪饲粮中采用较高的粗纤维水平，虽增重不很高，但可防止过肥、弱系和配种困难。母猪利用粗饲料的能力较强，给其饲喂粗纤维水平较高的饲粮并不降低其产仔头数，但初生重和断乳重较低。很多科学家赞成母猪饲粮的粗纤维水平为 10％～12％；我国猪饲养标准（1986）规定妊娠母猪饲粮的粗纤维水平为 14％～15％，哺乳母猪为 7％，种公猪饲粮的粗纤维水平为 3％。

2. 家禽饲粮中碳水化合物的合理结构　与哺乳动物相比，禽类利用纤维性物质的能力差，粗纤维是家禽营养中最重要的抗营养素。增加饲粮中粗纤维含量，会使家禽生产性能下降。但饲粮中含一定量的纤维物质，对保持消化道正常生理功能仍是必要的。用无粗纤维饲粮进行的试验均难以保持雏鸡的正常生长发育；低纤维饲粮还可能是鸡啄癖的原因之一。通常，鸡饲粮中应含粗纤维 2.5％～5％；在限制饲养阶段可更高一些，以便降低饲粮的营养浓度。鸭、鹅消化纤维的能力较鸡强，可利用较多的青饲料与糠麸类饲料。

3. 兔饲粮中碳水化合物的合理结构　虽然家兔消化饲粮干物质的能力与其他畜禽相当或稍高，但对饲粮纤维性组分的消化率低，故纤维物质作为能量来源的意义不大，其主要功能是构成合理的饲粮结构，维持正常的消化生理。正常情况下，兔后肠中不应有较多的淀粉，因其大部分在小肠内被消化吸收。未被消化的淀粉进入后肠，给微生物提供丰富的发酵底物，若肠道中存在产气荚膜菌或致病性大肠杆菌，会引起兔腹泻，甚至死亡。此外，发酵产生大量挥发性脂肪酸，增加后肠的渗透压，血液中的水遂渗入肠中，促成腹泻。这种因进入后肠的淀粉含量过高导致腹泻的现象，称为"后肠碳水化合物负担过重"。从能量利用与保健角度考虑，家兔饲粮中适宜的粗纤维含量范围为 12％～20％，酸性洗涤纤维（ADF）为 15％～25％。

（二）反刍畜饲粮中碳水化合物的合理结构

虽然反刍畜在瘤胃微生物的帮助下，能显著比单胃畜禽利用较多的粗饲料，但为保证它们的健康、高的瘤胃发酵效率、高的营养物质消化率与利用率，充分发挥其生产潜力，其饲粮中易消化碳水化合物和纤维性物质必须有合适的比例。许多试验和生产实践证明，饲粮中易消化碳水化合物不足或过多，都会降低瘤胃发酵效率、营养物质消化率与利用率，严重时使家畜患酮病。乳牛饲粮中粗纤维不足时，瘤胃发酵酸中乙酸的摩尔比例降低，会导致乳脂率下降。美国 NRC 乳牛饲养标准（1978，1988）建议，乳牛饲粮的粗纤维含量应为 17％，酸性洗涤纤维

（ADF）为 21％，并指出粗纤维低于 17％可能使乳脂率下降；公牛的相应建议量是 15％。日本对乳牛饲粮的粗纤维建议量较低，为干物质的 13％，他们认为此水平可保证乳牛健康和正常繁殖，但其效果与饲粮类型有关。我国乳牛饲养标准的粗纤维推荐量为：犊牛（后期）不少于 13％，育成牛不少于 15％，泌乳牛 17％～20％，干乳牛不少于 22％；饲粮中中性洗涤纤维（NDF）应不低于 25％。前苏联提出的乳牛饲粮粗纤维适宜含量为 18％～20％；2～6 月龄、6～12 月龄和成年绵羊的相应建议量分别为 7％～11％、17％～22％与 20％～23％。

第五节　脂肪与畜禽营养

一、饲料中的脂类

（一）脂类分类

大多数植物性饲料中的脂类含量很低，一般为 1％～4％；动物性饲料的脂肪含量，因原料种类及加工的不同而有很大的变化，按风干样计，有的高达 30％左右，有的却不足 1％。

根据化学结构，可将脂类物质分成真脂肪与类脂肪。真脂肪由甘油与脂肪酸组成，类脂肪由甘油、脂肪酸和其他含氮物质等组成。通常，测定脂肪含量是用干燥的乙醚浸提干燥的饲料样品，测出的结果是粗脂肪含量。在植物，除真脂肪、类脂肪外，溶于乙醚的物质还有色素、脂溶性维生素、角质、蜡等（图 1-3）。

$$
脂\ 类\begin{cases}甘油脂类\begin{cases}简单甘油脂——脂肪\\复合甘油脂\begin{cases}糖脂（葡糖脂、半乳糖脂）\\磷酸甘油脂（卵磷脂、脑磷脂）\end{cases}\end{cases}\\非甘油脂类——神经鞘磷脂、脑苷脂蜡、甾类化合物、萜烯、前列腺素\end{cases}
$$

图 1-3　脂类分类图

引自 McDonald P. M, et al. 1981

就对植物的作用而论，可将脂类区分为结构脂类与贮备脂类。结构脂类是各种膜（线粒体、内质网和质膜中的膜脂类，主要为糖脂和磷脂）和保护性皮层（蜡及相对较少的长链烃类、脂肪酸和角质）的构成成分；贮备性脂类存在于种子和果实中，主要是油类形式。

从饲料定性和定量的角度，可将其脂类划分为 3 类，即种子中的贮备脂类（主要是甘油三酯）、叶的脂类（糖脂，主要是半乳糖脂）和混杂类（包括蜡、角质、叶绿素、香精油及其他可溶于乙醚的物质）。

在动物体内，脂类主要以脂肪作为能量的贮备形式。肥畜的脂肪组织中含脂肪 97％。构成动物组织的脂类主要是磷脂，占肌肉和脂肪组织的 0.5％～1％，但肝脏中的含量通常为 2％～3％。动物组织中最重要的非甘油脂、中性脂肪和同胆固醇及固醇酯组成的脂类，共占肌肉组织的 0.06％～0.09％。

（二）脂肪与脂肪酸

脂肪一词通常包括动物的脂肪和植物中的油，它们均是构成动物体的组成成分，也是动物贮备能量的重要来源。脂肪和油的一般化学结构相似，但它们的物理性质不同，油的熔点低，常温下呈液体状态，而脂肪常温下多以固体状态存在。

脂肪是甘油三元醇的酯，称作甘油酯，当甘油的三个羟基都与脂肪酸酯化时，其化合物即是甘油三酯。

甘油三酯的类型随脂肪酸残基的种类和位置不同而异。由相同脂肪酸残基组成的甘油三酯叫做简单甘油三酯，当两种以上脂肪酸参与酯化即形成混合甘油三酯。甘油二酯与甘油一酯也天然存在着，但其数量较甘油三酯少得多。

脂肪酸由2～24碳或更多碳原子组成的碳链组成，其顶端有一个羧基，通式为 RCOOH。大多数天然存在的脂肪酸含有一个单羧基和一个不分支的碳链，它们可能是饱和的或不饱和的。饱和脂肪酸的碳原子间以单键相连，不饱和脂肪酸分子中存在一个以上的双键。有一个双键的脂肪酸被称为单不饱和脂肪酸，具有两个以上双键的脂肪酸为多不饱和脂肪酸。与饱和脂肪酸相比，不饱和脂肪酸的熔点较低，碘价较高，并参与更多的化学反应。植物性饲草、饲料脂肪中不饱和脂肪酸所占比例高于饱和脂肪酸（表1-9）。一般脂肪中存在的为直链、偶数碳原子脂肪酸，但某些场合下（如反刍动物体脂和乳脂）也存在奇数碳脂肪酸和支链脂肪酸。不饱和脂肪酸双键的位置，是以△标明其存在的从羧基端碳原子开始计数的碳原子序数，如△^{7}脂肪酸的双键位置在第七与第八碳原子之间。脂肪酸分子中有一个双键时，与此双键相连的两个氢原子存在空间排列的两种形式，两个氢原子同在双键一侧的称为"顺式"，位于不同侧的称为"反式"。这种空间结构的不同也影响脂肪酸的物理特性，同一种不饱和脂肪酸，反式结构的较顺式者熔点高。

表1-9　几种常见饲草、饲料脂类的脂肪酸组成　（％，重量）

脂肪酸	三叶草	禾本科草	苜蓿干草	大豆种子	玉米种子
饱和脂肪酸					
豆蔻酸（14∶0）	—	1	1	—	1
棕榈酸（16∶0）	9	16	34	10	7
硬脂酸（18∶0）	3	2	4	2	2
高于18碳的酸	4	<1	—	1	—
不饱和脂肪酸					
棕榈油酸（16∶1）	8	2	1	1	1
油　酸（18∶1）	9	3	3	25	46
亚油酸（18∶2）	8	13	24	57	42
亚麻酸（18∶3）	59	61	31	3	—

Van Soest（1984）引自 Shorland et al（1955）；Garton（1960）；Katz & Keenedy（1966）；Hiditch（1947）

构成植物半乳糖脂和种子甘油三酯的多数脂肪酸是不饱和的，主要是亚油酸（18∶2）和亚麻酸（18∶3）；青草中糖脂的脂肪酸几乎全是亚麻酸，占脂肪酸的95％，亚油酸为2％～3％。

饲草中的半乳糖脂是活跃地代谢着的叶所特有的，可占饲草醚溶解物的 1/2（苜蓿叶为 50%，多年生黑麦草稍低），其组成较种子的甘油三酯变化少，其量却因植物年龄增长随之而来的茎/叶比下降而减低。

植物表皮细胞壁外层常增厚形成角质膜，它与覆盖其上的蜡质均属脂类。它们由 28～40 碳的长链脂肪酸、羟基和环氧基脂肪酸、醇及碳氢化合物组成。只有分子量较低的蜡和角质可在醚中少量溶解，蜡与角质都不易被动物消化利用。

(三)必需脂肪酸

1929 年伯尔(Burr)观察到饲以几乎无脂肪饲粮大鼠的一些病症，如背部和脚部皮炎、停止生长、尾坏死、最终死亡，认为是饲粮中缺乏某些不饱和脂肪酸引起的，并证明亚油酸有防止此病症的效果；此后又证明亚麻酸对这种缺乏症有一定疗效，花生四烯酸治疗效果更好。故首次提出了"必需脂肪酸"一词，将这三种脂肪酸称作必需脂肪酸。20 世纪 50—60 年代又相继发现和报道了猪、鸡、犊牛与羔羊也需要必需脂肪酸。离乳仔猪采食仅含 0.06% 脂肪的半合成饲粮后出现了缺乏症。给雏鸡饲喂低脂肪纯合饲粮，其生长慢、皮下水肿，最终于 4 周龄死亡。动物不能在脂肪酸碳链的第九碳原子和末端甲基之间导入双键，故需要饲粮来源的必需脂肪酸。这是由于动物组织缺乏相应脂肪酸减饱和作用，导致不能合成这三种脂肪酸。后来发现，机体内花生四烯酸等多不饱和脂肪酸可由亚油酸转化形成，故亚油酸是真正的必需脂肪酸；并认为绝大多数动物都需要亚油酸，只有少数动物（如罗猴和鱼类）需要 α-亚麻酸，大鼠和鳟鱼的某些功能需要亚麻酸；鸡视网膜和神经组织脂质中含高浓度的二十二碳六烯酸，可能需要亚麻酸。

已知必需脂肪酸在机体内起重要的营养生理作用。它是一切生物膜结构的主要成分，对绝大多数膜的特性起关键作用；是类二十烷物质，如前列腺素、凝血噁烷和类激素物质的前体，这些物质调节血液凝固、血压和免疫反应等许多细胞功能；能维持皮肤和其他组织对水分的不可通透性，保持机体组织结构与代谢正常；必需脂肪酸还有利于胆固醇的溶解与胆固醇在体内以酯的形式运输。

(四)ω(n)3-脂肪酸

对脂肪酸的另一种分类方法，是从脂肪酸的甲基端碳原子开始计数，依次称为 ω1、ω2、ω3、ω4……ωn 碳原子。按此分类法，根据双键的位置，将脂肪酸分成四组，即 ω-9、ω-6、ω-7 与 ω-3 组。ω-9 组的第一个双键位于 ω-9 与 ω-10 碳原子之间，其第一个成员是油酸；ω-6 组具有 ω-6 和 ω-9 双键，第一个成员是亚油酸；ω-7 组的第一个成员是棕榈油酸，具有 ω-7 双键；ω-3 组的结构特点是有 ω-3、ω-6 和 ω-9 三个双键，第一个成员是 α-亚麻酸。动物体内不能从头合成 ω-3 和 ω-6 组脂肪酸，通过减饱和或碳链延长，各组第一个成员可相应转化成一系列脂肪酸，但各组间不能互相转化。

20 世纪 80 年代以来，国外研究发现，富含长链 ω-3 脂肪酸（二十碳五烯酸和二十二碳六烯酸）的鱼油有降低冠心病等心血管发病率的特殊作用，这两种脂肪酸能抑制缺血性心血管疾病，并可影响动物机体免疫功能、脑正常发育等。据一些用大鼠进行的试验，二十碳五烯酸能使血浆甘油三酯降低，而二十二碳六烯酸主要是降低血浆总胆固醇；另一些试验表明，与亚麻酸相比，这两种脂肪酸显著降低了肝脏中脂肪合成酶的活性，使血浆和肝脏中甘油三酯浓度大大降低,它们对脂肪和脂肪酸合成酶的活性的抑制较 ω-6 脂肪酸强。ω-3 脂肪酸对人与动物的保健作用已受到人们的高度关注。深海鱼油、海藻中含这两种脂肪酸,只有少数陆生植物中含 ω-3 脂肪酸,亚麻籽中亚麻酸的含量显著高于其他脂肪来源(表 1-10)。国外曾通过给鸡、猪、乳牛饲喂鱼油或亚麻籽,生产富含 ω-3 脂肪酸的鸡蛋、鸡肉、猪肉和牛乳,以便向人类提供富含这些脂肪酸的食品,提高人的健康水平。加拿大与澳大利亚均已有富含 ω-3 的鸡蛋产品,一枚鸡蛋中所含的 ω-3 多不饱和脂肪酸为 300mg 或 400mg,相当 100g 鱼油中的含量。

表 1-10　主要油料作物油脂脂肪酸的组成　（%）

油　料	棕榈油 16：0	硬脂酸 18：0	油　酸 18：1	亚油酸 18：2	亚麻酸 18：3	二十碳烯酸 20：1	芥　酸 22：1
亚　麻	2～8	1～6	6～12	33～45	35～42	—	—
大　豆	7～14	2～6	23～24	52～60	2～6	—	—
向日葵	3～7	1～3	22～28	58～68	—	—	—
花　生	6～12	2～4	42～72	13～28	痕	—	—
棉　籽	20～25	2～7	18～30	40～55	痕～11	—	—
油　菜	痕～5	痕～4	11～29	9～25	3～10	5～15	40～55
橄　榄	7～20	1～3	65～86	4～15	—	—	—
芝　麻	7～9	4～5	37～50	37～47	—	—	—
玉　米	8～12	2～5	10～49	34～62	—	—	—
红　花	5～8	1～3	11～15	74～79	—	—	—

引自安彩泰,马静芳编著.《油菜生物化学》.甘肃民族出版社,1993

二、饲料脂类在畜禽体内的生理功能

(一)脂类是供能与贮能物质

脂类所含生理能量是碳水化合物与蛋白质的 2.25 倍。饲料中或体内代谢产生的游离脂肪酸和甘油三酯,都能被动物用作维持和生产产品的能量来源。动物体中几乎不以碳水化合物作为能量贮备,在血液葡萄糖水平升高或下降的情况下,通过葡萄糖合成糖原或糖原分解成葡萄糖使血糖处于正常水平。在绝食或饲草、饲料供应不足时,机体首先动用体内脂肪提供必需的能量。自然条件下,放牧家畜在夏秋饲草丰盛时体内贮积大量脂肪作冬春缺草时的能量来源。脂肪中能量的利用率高于碳水化合物和蛋白质,因其在体内代谢中热增生的损失少。

(二)脂类组成体组织

除简单脂类外,大多数脂类,特别是磷脂类和糖脂类,是细胞膜的重要组成成分。脂类也参与细胞内某些代谢调节物质的合成。肺表面活性物质覆盖于肺泡细胞表面,有防止肺泡萎缩、减少呼吸作用和保持肺泡干燥、防止肺水肿的作用,棕榈酸是合成肺表面活性物质的必需成分。糖脂类可能在细胞传递信息的活动中起载体和受体作用。

（三）供给必需的和重要的脂肪酸

亚油酸和亚麻酸均是动物体内不能合成的多不饱和脂肪酸,必需靠饲粮脂肪供给。

（四）脂肪的其他营养作用

脂类作为溶剂,对脂溶性营养素(如脂溶性维生素)或脂溶性物质的消化吸收非常重要。高等动物皮肤中的脂类具有抵御微生物侵袭、保护机体的作用。禽类,尤其是水禽,其尾脂腺中的脂肪有防止羽毛被水浸湿的作用。沙漠中的动物,靠氧化脂肪获得能量和水,每 g 脂肪氧化分别比碳水化合物与蛋白质多产生水 67％～83％甚至 150％。沉积在皮下的脂肪是良好的绝热层(不良导体),可防止寒冷时体热散失过多。

三、单胃畜及禽对饲料脂类的消化、吸收与代谢

（一）消化、吸收过程

饲粮脂类(主要是甘油三酯),随食糜从胃流入小肠,与胰液、小肠液和胆汁混合。在胆汁酸盐的作用和肠道蠕动的搅拌下,脂类被乳化成较小的颗粒。胰脂肪酶和肠脂肪酶吸附在脂肪颗粒表面,使甘油三酯水解成 β-甘油一酯和游离脂肪酸;后者再与磷脂-固醇盐的微胞结合形成混合微胞,这些微胞对脂类的有效吸收是必要的。

空肠基部(上端)是脂类吸收的主要位置,但沿着肠腔,从十二指肠到小肠末端都有所吸收。甘油与短链脂肪酸(2～10 碳)的吸收,是通过消极地转运到肠系膜静脉血液,然后入门静脉。甘油一酯和长链脂肪酸(含碳 12 或链更长)通过扩散进入刷状缘和有吸收能力的肠黏膜细胞顶端的核心中。进入上皮细胞后,在 ATP 存在情况下,长链脂肪酸转化成的脂肪酰辅酶A 与细胞内的甘油一酯结合成甘油二酯,再形成甘油三酯。大多数磷脂在肠腔内被胰脂肪酶和肠脂肪酶水解,产生游离脂肪酸,剩下的分子(溶血磷脂)和少部分未水解的磷脂直接被吸收。胆固醇酯必须由胰脂肪酶和肠脂肪酶水解成游离胆固醇,通过与微绒毛脂蛋白的内源胆固醇置换后才能被吸收。进入肠黏膜的游离胆固醇,在通过乳糜管转运到淋巴管之前,再进行酯化。在哺乳动物,肠黏膜细胞中的混合脂肪进一步形成乳糜微粒,经细胞间隙进入乳糜管,再经淋巴系统汇入胸导管,进入血流。而雏鸡是将脂类直接吸收进门静脉血液并携入肝脏,但在黏膜细胞中再酯化成甘油三酯的过程与哺乳动物相似。

（二）饲料脂类与畜禽产品质量

饲粮脂类水解后形成的游离脂肪酸通过酯化再结合成甘油三酯,经淋巴与血流运入肝脏与全身。血脂由吸收的乳糜微粒、从脂库中动员的脂类及在体组织中合成的脂类组成。乳糜微粒迅速从血流被转运至肝脏、脂库和其他组织。一切机体组织都可贮存甘油三酯,但脂肪组织是最主要的贮存处。脂肪组织能由碳水化合物和氧化脂肪酸合成脂肪。脂肪组织中的甘油三酯是一种易动员的能源,处于不断沉积与动员之中。由于饲粮脂肪酸在消化、吸收与转运过程中,结构与饱和性未发生大的变化,故单胃畜禽脂库脂肪酸组成与饲粮脂类相似。在饲粮脂肪含量高或添加植物油时,其贮存脂肪的不饱和程度和碘价提高,体脂变软,易酸败,影响肉品

质及对胴体保藏与加工产生不利的影响。因此,在单胃畜禽的肥育饲粮中,除特殊目的外,应主要采用含脂肪量低的饲料,以使贮积的体脂不饱和程度较低,提高胴体品质。在猪饲粮中使用花生,将产生软猪肉;欲使其转变成硬的或中等的胴体,需要饲喂已喂花生的 $3\sim3.5$ 倍的硬化饲粮。因此,应避免用含不饱和脂肪酸多的饲粮,至少在肥育后期应是如此。

(三)饲粮中添加脂肪的效果

规模化猪、禽饲养中,常在饲粮中添加脂肪,特别是在肉仔鸡和断乳仔猪饲粮中,目的是提高饲粮的能量浓度和饲料转化效率,促进生长发育。此外,在饲粮中添加脂肪可减少粉尘和饲喂过程的饲料消耗;在压制颗粒饲料时,添加脂肪可起滑润作用,减缓对压模的磨损;添加脂肪还有利于脂溶性维生素的吸收及利用。通常在肉仔鸡饲粮中添加 $1\%\sim4\%$ 的油脂。当脂肪提供的代谢能分别为肉仔鸡和产蛋鸡饲粮总代谢能的 $20\%\sim30\%$ 和 $15\%\sim20\%$ 时(相当于添加 $5\%\sim8\%$ 或 $3\%\sim5\%$ 的饲用脂肪),能获得最高的生产力与饲料利用率。给母猪饲粮添加脂肪可提高其繁殖成绩;在适宜条件下,小猪与生长猪饲粮中每添加 1% 的脂肪,可提高其随意采食量 $0.2\%\sim0.6\%$。但有试验报道,刚转入保育期的猪,脂肪酶活性下降,对饲粮中添加脂肪并无调节采食量的反应。在此期间,添加脂肪的效果仅体现在其物理特性方面。一般说,幼小畜禽,容易消化吸收不饱和的与链较短的脂肪酸和油脂,而饱和的长链脂肪酸不易被消化吸收;在动物性脂肪中,猪油较牛油易消化吸收。随年龄增大,对不同来源脂肪消化能力的差别逐渐减小或消失。多数科学家主张在诱食料和开食料中脂肪的添加量不超过 $2.5\%\sim5\%$,也有人认为可高到 10%。在生长肥育猪饲粮中,世界各地曾用 $10\%\sim20\%$ 的脂肪,一般均提高增重速度、饲料效率和背膘厚度,与人们对瘦肉消费的需求日益增大相悖。在确定脂肪添加量时,为得到良好效果,应考虑脂肪品质、饲粮的蛋白质水平、其他饲粮组分及非饲粮因素。添加脂肪的同时,应添加抗氧化剂,且必须将添加油脂后的饲粮尽快喂完;否则,甘油三酯迅速分解释放出脂肪酸,对畜禽产生不良影响;在肉仔鸡饲养中,添加脂肪可使垫料油腻,有损其腿部健康,降低胴体等级。

四、反刍畜对饲料脂类的消化、吸收与代谢

(一)消化、吸收过程

饲草料脂肪在瘤胃内细菌与原虫作用下,发生水解、氢化与异构作用。脂肪首先被水解成甘油与脂肪酸,甘油可发酵成挥发性脂肪酸而被吸收;饲料中的不饱和脂肪酸被氢化成饱和脂肪酸,或氢化、异构为含一个双键的反式单不饱和脂肪酸。在瘤胃高度还原的环境中,这些中、长链的脂肪酸不能被氧化释放能量;它们与瘤胃内的钙、镁离子结合为钙、镁皂,附着在饲草、饲料颗粒上,随食糜下行流入小肠。瘤胃中还存在着微生物合成脂类(主要是磷脂)的过程。据分析,混合细菌脂类的 30% 是磷脂,绵羊瘤胃纤毛虫脂类的磷脂含量为 85.5%。瘤胃细菌和原虫合成脂类的作用,也包括形成许多奇数碳脂肪酸、支链酸和多种具有反式构型的脂肪酸。由于瘤胃微生物合成脂类,进入小肠食糜的脂肪酸量高于进食的饲粮脂肪。在反刍动物小肠内脂肪的消化过程与单胃动物类似,吸收脂类的强度大于单胃动物。虽然脂类大多在瘤胃中被水解,但反刍动物仍分泌大量胆汁和具有胰脂肪酶活性的胰腺分泌物,故能充分地分解

和吸收越过瘤胃的甘油三酯。与非反刍动物相比,反刍动物的十二指肠与空肠呈酸性,直到空肠的下 3/4 处才成为碱性,因而胰脂肪酶与肠脂肪酶充分显示其活性较晚;脂类在空肠上段被吸收 15％～26％,大部分是在空肠下 3/4 处被吸收。由于脂肪酸随瘤胃食糜不断地流入小肠被吸收,故淋巴液始终是乳状的。且被吸收的脂肪酸大部分为较饱和的脂肪酸,有利于形成极低密度脂蛋白,故吸收的脂肪颗粒是由 75％极低密度脂蛋白和 25％乳糜微粒组成。而单胃动物吸收的脂肪颗粒含甘油三酯 70％左右和 20％的磷脂及数量有限的胆固醇。反刍动物对饱和脂肪酸的消化速率远高于单胃动物,对脂肪酸的吸收率与非反刍动物类同。

(二)脂类与瘤胃发酵

瘤胃微生物对反刍动物脂类的消化代谢有重要作用,但它们只能适应较低水平的饲粮脂类,脂类含量若超过 2％就会抑制纤维素分解菌与甲烷菌的代谢,影响其他营养成分的发酵或瘤胃内生态平衡,进而改变机体对能量的利用效率,降低家畜的生产性能。饲草料中脂类含量正常时对瘤胃发酵影响不大,但过量的不饱和脂肪酸和甘油三酯能通过抑制甲烷细菌的活动,引起瘤胃发酵平衡的深刻变化。若饲粮中有大量饲草,脂肪的这种抑制作用可降到最小程度。一般认为,这是由于饲草可促进瘤胃正常的氢化作用,并与微生物竞争吸收脂肪酸之故。

据研究,瘤胃中低浓度的脂肪对微生物活动就有明显的抑制作用。培养基中玉米油含量 40～80mg/100mL 时,可抑制纤维分解菌的活动;十八碳脂肪酸,特别是多不饱和脂肪酸对甲烷菌的毒性很强;纤毛虫对脂肪酸毒害作用的敏感性远超过细菌。脂肪酸,特别是多不饱和脂肪酸的表面活性高,一旦吸附在微生物细胞表面,就可影响它们的分裂与生长,最后使某些细菌自溶;脂肪酸的吸附还导致细胞膜渗透性改变,影响物质交换。脂肪对瘤胃微生物的抑制作用与其数量有直接关系,若培养液中亚麻油量高达 150mg/100mL 或更高时,纤毛虫即处于迟钝濒死状态,一旦降到 30～60mg/100mL 时,即可复活。

因此,对反刍动物饲粮适宜的脂肪含量,应有一临界值。曾有建议,牛日粮脂肪含量应相当于日粮干物质的 5％～7％,成年牛为 700～900g。另一些建议为,反刍动物饲粮的脂肪含量通常应控制在 4％左右,最好不超过 5％,若高于 6％,即可影响营养物质的消化利用。

(三)体脂与乳脂的特点

由于瘤胃微生物对饲料脂类进行分解、改造,以及微生物脂类的合成,使其体脂与乳脂具有与单胃动物显著不同的特点。第一,反刍动物的体脂肪显著较单胃畜禽硬,其饱和度与熔点也较高(表 1-11)。这是因其小肠内吸收的脂肪酸,是瘤胃内微生物对饲粮脂肪进行强烈的水解、氢化和异构作用的产物。第二,反刍动物体脂与乳脂的脂肪酸组成明显不同,乳脂中存在短链(4～12 碳)脂肪酸,而体脂肪中极微。乳腺分泌细胞合成乳脂肪时,以瘤胃发酵酸乙酸与丁酸作为部分原料,合成了短链脂肪酸;循环的血脂是部分原料,形成链较长的脂肪酸(十六碳以上)。而非反刍动物体脂与乳脂中都没有短链脂肪酸(表 1-12)。第三,体脂与乳脂中均含奇数碳脂肪酸、支链脂肪酸、反式脂肪酸和异不饱和脂肪酸。奇数碳脂肪酸来自丙酸、细菌脂类和被改造的植物化合物(如植烷酸)。

表 1-11 各种动物贮备脂肪的脂肪酸组成 （%）

脂肪酸	绵羊	牛	骆驼	马	家兔	猪	家禽	人
14:0	3	2	5	5	2	1	—	4
16:0	25	27	34	26	22	27	2	25
18:0	28	27	29	5	6	3	—	7
14~16(不饱和)	1	2	7	4	12	—	7	—
18:1	37	39	26	34	13	50	28	46
18:2	3	2	2	5	8	—	41	9
18:3	—		1	16	42	—	29	

引自 Van Soest(1984)

表 1-12 某些脂肪和油的脂肪酸比例 （mol/mol）

脂肪酸		乳脂	猪油	牛油	鲸精油	花生油	大豆油
饱和	4:0	90	0	0	0	0	0
	6:0	30	0	0	0	0	0
	8:0	20	0	0	0	0	0
	10:0	40	0	0	1	0	0
	12:0	30	0	0	38	0	0
	14:0	110	10	70	74	0	0
	16:0	230	320	290	94	100	95
	18:0	90	80	210	7	97	37
不饱和	18:1	260	480	410	325	511	217
	18:2	30	110	20	274	571	
	18:3	3	6	—	98	<1	65

引自 McDonald P. M,et al (1981)

在所有动物种中,反刍动物的体脂肪是最不易受饲粮脂肪性质影响的。故在反刍畜肥育中,不像单胃畜禽那样须考虑饲料脂肪性质可能带来的影响。若需提高反刍动物体脂的不饱和度,可采用保护脂肪的方法。但据一些报道,若饲粮脂肪中有较高比例的不饱和脂肪酸,乳脂肪性质会受影响,使乳脂变软,降低奶油的品质。

（四）饲粮中添加脂肪的效果

近 20 年来,给乳牛饲粮添加脂肪的问题引起人们的关注。连续 30 个月在大批高产乳牛饲粮中添加混合脂肪的试验,得出了肯定的结果。瘤胃有限的发酵能力不能提供反刍动物充分发挥其生产潜力所需要的营养物质;动物直接分解脂肪产生脂肪酸比用乙酸或葡萄糖合成脂肪酸更节约能量,且长链脂肪酸氧化供能的效率比乙酸高。据报道,乳牛日粮中脂肪含量低于 100g 会严重降低产乳量。在这种低脂日粮中添加油脂类可使产乳量提高 25%。在高产乳牛产乳高峰期(泌乳期的头 15~20 周)能量处于负平衡时,用脂肪替代饲粮中一部分碳水化合物能量,可提高饲粮能量浓度,增加纤维进食量,提供必需脂肪酸和脂溶性维生素载体等,并可避免饲粮中高量碳水化合物引起的瘤胃发酵异常。如上所述,通过增加饲粮脂肪提高反刍动物能量采食量,受到脂肪对瘤胃微生物活性及其他养分(尤其是粗纤维)消化率影响的限制。采用一些特殊的措施,可使饲粮脂肪对瘤胃发酵的影响降至最低程度,促使在反刍动物饲养中应用脂肪得到很大进展。

1. 过瘤胃脂肪(保护脂)　多不饱和植物油经甲醛处理的酪蛋白和植物蛋白乳化,再进行干燥,便可得到不溶于水的蛋白质包被脂肪粒产品。另一种办法是利用脂肪酸钙盐作为脂肪添加物。这类钙盐在瘤胃内不被溶解,但在真胃的酸性环境中能释放出脂肪酸,钙和脂肪酸均可在十二指肠内被吸收。国外以棕榈酸钙最常用,添加棕榈酸钙的 10 项研究结果表明,平均日产乳量增加 2.4kg,乳脂率提高 0.05 个百分点,乳蛋白含量下降 0.16 个百分点。

2. 限制脂肪的添加量　低添加量抑制瘤胃发酵的作用可能不大,故能发挥脂肪能量利用率高的特点。对保护脂试验结果的理论推算表明,饲粮含脂肪 7%～8%时,养分利用率最高;饲养实践显示,最大的养分利用率是在饲粮含脂肪 5%～6%时获得的。

3. 选择适宜的脂肪或脂肪酸产品　似乎惰性脂肪,如长链脂肪酸钙盐,对瘤胃环境更理想。但也有报道,在母牛饲粮中加不饱和油类比饱和脂肪酸提高产乳量的效果更好。在脂肪酸中,已查明牛羊对 12∶0 和 14∶0 脂肪酸含量丰富的饲粮采食量较低,并使产乳量降低。这两种脂肪酸有微弱毒性,可削弱瘤胃的消化功能。16∶0 和 18∶0 脂肪酸不会影响采食量,且能提高产乳量和乳脂率。不同来源脂肪的添加效果不同,有些脂肪有不良的气味或适口性差,可影响采食量。据报道,全棉籽的添加量在 0%～10%范围内不影响牛的干物质采食量;牛乳脂对泌乳早期乳牛采食量的不良影响随添加量增加而增大;在高蛋白饲粮中添加大豆油使干物质和能量进食量下降,而添加花生油却使能量进食量增加。

需要注意的是,添加脂肪时较多的钙、镁形成钙、镁皂,使钙与镁的利用率降低。故在添加脂肪的同时应增加钙、镁的添加量,使饲粮的钙、镁浓度相应达到 0.9%～1.0%和 0.3%。

第六节　能量与畜禽营养

一、能量的来源与功能

(一)畜禽获取能量的来源

如机械工作需要动力驱动一样,畜禽维持生命活动、繁殖、生产产品等,均需要消耗能量。动物自饲料摄取营养物质,同时也获得了能量。动、植物性饲料中的水分与矿物质在动物体内不释放能量;有机物质中,维生素的份额极少,它们含有的能量极微,而占有大或较大份额的碳水化合物、蛋白质和脂肪是动物获取能量的来源。蛋白质和氨基酸对动物体有特殊的营养作用,它们不能在体内释放出全部能量,属昂贵的能量来源,故在多数动物种的饲养中,主要从氮营养需要的角度确定蛋白质和氨基酸的给量。各种原因引起的动物体可利用氨基酸的数量超过其实际需要量,或动物被迫分解其体组织以维持必要的生命活动时,才靠分解氨基酸供能。

三种有机营养物质中,单位重量脂肪所含能值最高,每 g 脂肪完全氧化可释放能量 39.54kJ,碳水化合物与蛋白质相应为 17.57kJ 和 23.64kJ;扣除它们在动物体消化代谢过程中的损失,三种营养物质生理氧化释放的能量依次为 37.66kJ、16.74kJ 和 16.74kJ,脂肪释放的能量为碳水化合物和蛋白质的 2.25 倍。以摄食植物性饲料为主的畜禽,因植物中碳水化合物含量高,故从动物获取总能量中的比例考虑,碳水化合物便成为这些畜禽的主要能量来源。肉食动物则是另一种情况,动物性饲料中碳水化合物含量极少,脂肪成为能量的主要来源;当其中脂肪含量不高时,蛋白质就成为主要的能量供应者。然而,在驯养肉食动物时,也常常在其饲粮中配入一定比例的植物性饲料。

(二)畜禽体内能量的形式与功能

畜禽体内也无例外地遵循着物质不灭与能量守恒定律。在动物生命活动中,能量以热能、化学能和机械能等形式存在。饲料中的能量是以化学能形式存在于有机物质中。动物摄入饲料后,在营养物质消化代谢过程中,其中的化学能可通过氧化作用转化为热能供维持体温;三种有机物质可转化为动物组织、贮备物质或乳、毛等,其中存在的都是化学能;劳役家畜做工需要能量,肌肉中所含肌糖原氧化分解释放出的能量可支持肌肉运动做工,此种能量形式为机械能。

就一切动物而言,它们的全部生命活动都是物质与能量的运动形式。动物整体,或其组织、器官正常功能的运行,都必需消耗能量,伴随着复杂的物质与能量代谢;每一个细胞的功能,也必需有能量的供应才能实现。据估测,动物基础代谢能量的 25% 为循环、呼吸、分泌及肌肉紧张度所需;其他部分为通过细胞膜时,由化学梯度及包括蛋白质和其他大分子物质更新合成过程所需要的能量。动物摄入饲料后,将饲料中的复杂有机物质消化成为可吸收的状态,并将其吸收入体内,并进一步把这些营养物质及能量转化成乳、肉、毛等产品的生产过程中都要消耗能量,这些畜禽产品本身所含的能量则代表能量的输出(乳、毛)或贮存(体脂与体蛋白质)。动物生命过程中,不断地自外界环境摄取饲料、水、氧气,也不断地排出消化代谢中产生的废物,如粪、尿、二氧化碳等,这些废物的形成与排出也需消耗能量。例如,未用于蛋白质合成的氨基酸在体内脱出的氨及反刍动物瘤胃中未被微生物合成作用利用的氨,均在肝脏中转变成尿素,通过肾排出(反刍动物部分再循环回瘤胃)。已知,由 2 个氨基和 1 分子二氧化碳形成 1 分子尿素需水解 4 个高能磷酸键的能量。

(三)衡量能值的单位

传统的衡量动物代谢过程中不同能值的是热量单位,即热化学卡,是以苯甲酸为参照标准而确定的。1cal 被定义为 1g 水从 14.5℃升温至 15.5℃所吸收的热量。cal 值太小,故常用 kcal(1 000cal)或 Mcal(1 000kcal)。国际营养科学协会命名委员会已建议采用 J 作为营养代谢及生理研究中的能量单位。此建议已被许多国家采纳;但在实际应用中照顾到与已有文献的联系和习惯,常常将两种单位并用。J 的定义为 1N·m。J 与 cal 的换算关系为:

4.184J＝1cal

4.184kJ＝1kcal

4.184MJ＝1Mcal

二、饲料能量在畜禽体内的转化过程概述

(一)饲料能量在畜禽体内的转化过程

动物采食饲料后,伴随着饲料中营养物质在消化、代谢过程中进行的极其复杂的生理与化学转化,也进行着十分复杂的能量代谢过程。但从畜牧经济的角度考虑,畜牧生产的实质可概括为能量的投入一产出,即能量通过动物体的转化效率问题。据此,可将饲料能量被动物摄入后在体内的转化过程以图 1-4 表示。

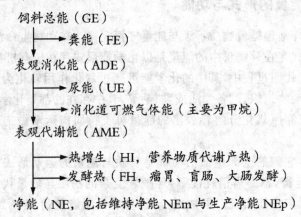

图 1-4　饲料能量在畜禽体内的转化过程

(二)各种能量形式的定义及营养学意义

按照图 1-4,饲料总能被摄入后,在体内转化的第一级形式被称作消化能,第二、第三级分别为代谢能和净能。

1. 饲料总能　是动物摄入饲粮中三大有机物质所含能量的总和,各种饲料的总能值相近,只有油脂含量高的饲料较高(表1-13)。总能值是在氧弹式测热计中使饲料中的有机物质彻底

表 1-13　几种饲草、饲料能值的比较　(MJ/kg)

饲料名称	总　能	消化能(肉牛)	代谢能(肉牛)	泌乳净能(乳牛)
玉　米	16.61	14.48	11.88	8.66
大　麦	16.11	13.39	10.96	7.78
小麦麸	16.40	11.72	9.62	6.52
大　豆	20.50	16.32	13.39	10.13
大豆饼	18.74	14.35	11.76	8.49
苜蓿干草(孕蕾期)	15.15	10.08	8.28	5.27
苜蓿干草(盛花期)	15.61	9.50	7.78	4.73
小麦秸	15.61	6.28	5.15	2.13
玉米秸	14.98	10.46	8.58	5.48

注:笔者选自有关表列资料

燃尽,将全部化学能以热能形式释放而测出的。动物不可能利用饲料的全部能量,因消化代谢过程中存在营养物质和能量损失。这种损失的大部分发生在消化过程中。人对食物的消化损失变化相对较小,故人营养中常以总能计算能量摄取量。但畜禽采食的不同种类饲草、饲料的消化损失差别甚大,粪能占总能的比例介于10%(食乳)～60%(采食劣质粗料),故总能值不能反映其对动物的有用程度,在评定饲料营养价值中无实用价值。

2. 消化能　是被动物消化吸收的营养物质所含的能量。即从总能中减去粪能所得的差值(消化能＝总能－粪能)。虽然吸收的能量在畜禽体内可能被利用的程度仍有差异,但已排除了影响最大的消化损失的影响,故能在一定程度上反映不同饲草料对动物的营养价值。从表1-13引用的部分饲草、饲料的消化能值可看出,玉米的消化能值是苜蓿干草的1.44～1.52倍,是小麦秸秆的2.31倍。

确切地说,上述定义的消化能是表观消化能(ADE)。因为粪能是未消化饲料残渣和消化道内源排出物的能量之和,对粪能进行内源排出物能量的校正,才能获得真实消化能(TDE)。但动物饲养实践中常常是应用表观消化能,一般在不注明的情况下,应将消化能理解为表观消化能。

3. 代谢能　被动物消化吸收的能量,在体内代谢过程中也有一定损失,即排出的尿和肠胃气体(主要是甲烷)中所含能量。从消化能中减去尿能和肠胃气体能损失即为代谢能(代谢能＝总能－粪能－尿能－肠胃气体能)。与消化能一样,这个定义和按此计算出的代谢能是表观代谢能(AME),对表观代谢能进行粪、尿内源能校正后得出的才是真实代谢能(TME)。

从饲料总能中减去消化与代谢过程中的能量损失,代谢能应比消化能更接近畜禽可利用的能量。虽然与消化过程的损失相比,代谢过程的能量损失在不同种类的饲草料间差别较小,但仍存在差异;故考虑此项损失后,代谢能值能更精确地反映饲草料的能量价值。单胃动物的肠胃气体能损失很少,通常忽略不计;反刍动物的这项损失占饲料总能的3%～10%,因饲养水平和饲粮类型(消化率)而异。对某一畜种,尿能损失往往较稳定,但饲粮含过量蛋白质或所食饲草含香精油等时尿能增高。猪的尿能占总能的2%～3%,反刍动物真正的尿能损失为总能的3%～5%。

由于蛋白质在体内不完全氧化产物从尿排出,同一种饲料的代谢能的测定结果,受试验时氮平衡状况的影响。当氮平衡为负值时,测出的代谢能值较高;相反,氮平衡为正值时测值较低。可对代谢能测值进行氮沉积校正,使之成为氮沉积为零的代谢能值,称此为氮校正代谢能(MEn)。按每g尿氮进行的校正值为:反刍家畜31.17kJ,禽类为34.39kJ。

4. 净能　代谢能在体内转运过程中仍有一定损失,即采食增热(也称食后增热或热增生)和发酵热。从代谢能中扣除这种损失,即得到净能(净能＝总能－粪能－尿能－肠胃气体能－采食增热－发酵热)。采食增热是随采食饲草料而增加的产热。采食、咀嚼、消化道蠕动推动食糜下行要消耗能量,构成采食增热的一部分;但采食增热的主要部分是营养代谢产热。伴随着采食,营养物质代谢增强,但在物质分解代谢中,其中所含的化学能不能完全转变为自由能,一部分以热能形式释放,这就是采食增热产生的主要原因。发酵热是消化道微生物发酵饲草料中营养物质时产生的热,这是消化过程的产物,但单独测定困难,故将其从代谢能中与采食增热一同扣除。从广义上说,采食增热也包括发酵热。

通常,根据用途将净能进一步区分为维持净能与生产净能。维持净能用于维持畜禽机体基本生命过程和畜禽必要的自由活动,它最终以热的形式散放到周围环境。所以,可以用测热的方法,将采食增热、发酵热和维持净能一起测出,一般称此为总产热量。从净能中减去维持净能(或从代谢能中减去总产热量),即为生产净能。按照产品的不同,可将其细分为妊娠净能、泌乳净能、增重净能、产脂净能、产毛净能、产蛋净能、劳役净能等。

维持净能是畜禽养殖经营中必须的投入,生产净能是人们真正获得的产品的能量价值。人们经营养殖业的最终目的是期望以最小的投入获取最多的产品回报,故许多动物营养学家都主张以净能作为评定饲料营养价值的指标。理论上,从总能中扣除一切损失后,净能应能较消化能与代谢能更确切地反映饲草料的有效能值。但采食增热受许多营养因素与非营养因素的影响而有较大的变动,故净能值是对环境因素影响最为敏感的能量形式;即使以同一头试畜测出的同一饲粮的净能值,也可因营养与环境的变化而出现较大的差异。故有些营养学家认为,以代谢能作为评定饲草料能量价值的指标较为稳定,且测定远比净能省时、省力,故主张采用代谢能。

三、畜禽体温的调节与临界温度

(一)畜禽体温调节的途径

畜禽代谢过程中不断地产热和散热,它们不断地利用饲草料中的化学能,同时与外界进行着热交换(接受外界的辐射热或将体热放散至周围环境)。哺乳类动物及禽类均属恒温动物,为维持体温恒定,产热量与散热量必须处于平衡状态,即产热量=散热量。机体代谢产生的热,大部分通过皮肤及呼吸道散失,小部分通过排泄粪尿(约5%)即将食入的饲料与饮水提高到体温而散失。

散热通常有辐射、传导、对流、蒸发四种途径。散热的方式和速度决定于皮肤表面与环境的温差。通常情况下,动物体的皮肤温度高于环境温度,皮肤散热是一种有效的散热方式,通过传导、辐射、对流途径向环境散热。由于干燥空气导热性低,传导对散热的作用不大,辐射和对流成为主要的散热途径。机体体表的温度通过流经皮肤的血液量进行生理控制。气温较高时,皮肤扩张,血流量增加,散热量随之增加;反之,当气温降低时,皮肤收缩,血流量减少,散热量即减少。在高体温时,经过皮肤表层血管的血流量可达最低流量的100倍。畜体经传导、辐射散失的热量,随空气流动而被带走,空气流动(风速)得越快,带走的热量就越多。动物机体散热的速度,取决于体表温度与环境温度间的温差,二者间呈线性关系。环境温度升高时,散热的速度降低。当气温升高到超过体表温度时,传导、对流、辐射途径散热成为无效,机体反而要接受环境的辐射热。这时,蒸发散热就成为主要的散热方式。因为每蒸发1g水变成水蒸气,大致要吸收2 426.72J热量。缺乏汗腺的畜禽则加速呼吸,如家禽呼吸散热可占整个机体散热量的40%。此外,机体常以避开直接辐射、增加饮水量和减少采食量来避免热的过剩。

动物体对低温环境有较好的适应能力。处于低温环境时,除收缩血管、降低体表温度减少散热外,还常通过增加皮下脂肪沉积、增加羽被厚度来减少散热,或提高采食量、减少暴露于外界的体表面积、增加肌肉活动(战栗)来提高产热量。干燥空气的导热性很差,毛发和羽毛都能给身体表面提供一层防止散热的保温层。哺乳动物可通过支配交感神经,调节毛发和羽毛与皮肤的相关角度,改变保温层的厚度。战栗是骨骼肌的一种不自主的震颤,可以使产热增加2~5倍。

(二)临界温度的定义与实践意义

畜禽体热的调节决定于临界温度。临界温度,是指动物体内各种功能活动所产生的热大致能维持正常体温时的气温。处于临界温度的畜禽,代谢率最低,能量损耗最少,能量的利用效率最高;高于或低于临界温度均能使热能损耗增加,降低能量的利用效率。临界温度包括超下限、下限和上限。当环境温度处于下限临界温度时,畜禽感到舒适,无须特别增加产热或减少体产热。气温低于临界温度下限,散热量增加,机体正常功能活动所产热已不能满足维持体温的需要,此时仅靠物理调节已不够,必须采用化学调节,即加速营养物质的氧化分解和增强热量释放。气温升高到下限与上限临界温度之间时,畜禽必须应用物理的调节方法散发出体内多余的热。气温升高至上限临界温度时,依靠物理调节功能不能使体内蓄热有效地散发,体温升高,代谢率失去生理控制。

不同种与不同年龄的畜禽,具有不同的临界温度,反刍动物和家禽的临界温度较低;成年畜禽的临界温度低于幼年畜禽,幼龄时体热调节功能尚未发育完善。就同种同龄畜禽而言,影响畜禽下限临界温度的因素有二:一是羽被厚度,羽被增厚有降低畜禽临界温度的作用。被毛长 12cm 绵羊的临界温度为 $-4℃$;刚剪毛绵羊的临界温度为 $33℃$,若此时气温为 $8℃$,其产热量将增加 1 倍。二是饲养水平,高饲养水平下采食增热多,可降低家畜的临界温度;反之,低饲养水平使临界温度升高。例如,被毛正常的阉牛采食维持日粮时的临界温度为 $7℃$,饥饿时上升为 $18℃$。此外,管理制度也可影响畜禽的临界温度。寒冷时群饲可使畜禽密集保温,如 4～6 头 1～2kg 活重仔猪,同圈饲养时临界温度为 $25℃～30℃$,个体饲养时上升到 $34℃～35℃$。

了解畜禽上、下限临界温度的变化规律,有助于在畜牧业生产实践中采取相应的饲养管理措施,尽量给畜禽创造良好的生活条件,使其能发挥生长与生产潜力,提高饲料及能量转化效率。首先,畜禽舍建筑应使舍内的温度维持在上、下限临界温度范围内,冬季能防寒,夏季天气炎热时能通风降温和防止阳光直射等。其次,冬季严寒季节,必须保持较高的饲养水平和适当的被毛厚度,提高畜禽的耐寒力。

四、能量的利用效率

(一)能量的总效率与纯效率

饲草料中的总能量在动物消化代谢过程中有各种损失,故只有一部分可真正被动物利用。畜牧生产中期望有最多的能量被动物利用,并生产出最多的优质产品,为此要计算饲料或饲(日)粮的能量效率。通常,可将能量效率区分为总效率和纯效率。两种效率的计算均涉及食入有效能,消化能、代谢能和净能都可被视作有效能。

1. 总效率　是产品能与食入有效能的比值。即:

$$总效率=\frac{产品能}{食入有效能}$$

2. 纯效率　是产品能占可能形成产品能的比值。即:

$$纯效率=\frac{产品能}{食入有效能-维持能}$$

总效率重视的是人们从食入有效能可能获得的好处,有助于估测饲料投入获得的回报。纯效率承认畜禽维持生命必需的能量消耗,看重的是可能形成产品的有效能的利用效率,有助于人们通过改善畜禽种质、饲养管理,采用适宜的饲养水平,改善饲粮的营养平衡性等途径,提高饲料转化为产品的效率。

(二)影响能量利用效率的主要因素

1. 畜禽种、品种、性别和年龄 畜禽种或品种间消化生理特点及代谢机制的差别,使它们对饲料能量的利用效率不同。反刍动物消化过程中能量损失大于单胃畜禽,故对能量的利用效率显著较低。单胃畜禽约将消化能的 96% 转化为代谢能,将代谢能的 66%～72% 转化为净能;而反刍动物的转化效率相应是 76%～86% 和 30%～65%。用相同代谢能的饲料饲喂肉鸡与蛋用鸡的效率不同;相同饲料饲喂母鸡的生长效率高于公鸡。幼龄畜禽消化功能尚未发育健全,老年畜禽消化功能减弱,它们对饲料能量的利用效率均较低;快速生长畜禽对饲料营养物质的消化与代谢较强,因而有较高的能量利用效率。

2. 生理阶段与生产方向 除快速生长的幼年畜禽能量利用率高外,妊娠期母畜和母鸡产蛋阶段的能量利用效率均高于空怀期与休产期。饲料有效能转化为不同产品或功能的效率不同。环境温度低时,采食增热可有效地用于维持,故饲料能量用于维持的效率最高,产乳次之,生长与肥育的效率较低,妊娠与产毛的利用效率最低。据福布斯(Forbes)的资料,若饲料营养价值用于维持生命的效率为 1.0,用于产乳的效率为 0.985,形成脂肪为 0.761。

3. 饲养水平 机体对能量和营养物质的利用存在优先顺序,在饲养水平低时,首先将能量与营养物质用于维持;当能量和营养水平提高时,超过维持的部分可被用于增重(生长、肥育)、产乳、产毛或做工(妊娠母畜例外)。在不超过需要量范围内,动物获得的能量和营养物质超出维持水平越多,用于生产产品的效率(纯效率或总效率)就越高。

4. 饲(日)粮组成 一般以粗料为主的饲粮在消化代谢过程中的损失大,故能量效率低。据试验,完全采食粗饲料的牛,代谢能用于维持的效率约为 58.8%,饲粮组成合理时可达 73.0%。饲粮的平衡性对能量及营养物质的利用率有决定性的影响,能量与蛋白质的比例合理,氨基酸平衡,矿物质及维生素的供应适宜,则能量利用效率高。给单胃家畜饲喂不完全的蛋白质或氨基酸混合物时,会引起大多数氨基酸氧化,产生很高的采食增热;当代谢反应中缺乏某种必需的养分时(如镁或磷),也会使采食增热提高;增加进食量也提高采食增热,饲喂次数增多可降低增热;饲粮中添加脂肪可降低热增生,因而可提高能量效率。据研究,来自碳水化合物的代谢能转化为净能的效率为 71%～75%,蛋白质为 60%,脂肪则高达 90%。

5. 环境温湿度 如前所述,环境温度处于温度适中区时,能量的转化率最高。试验表明,体重 70～100kg 猪在 10℃～25℃ 的转化效率较高,25℃时最高。低于临界温度下限,动物体需要增强氧化,以便产生较多的热能供维持体温,能量利用效率下降;但高于临界温度上限,特别是湿热环境下,蒸发降温的效果减低,导致代谢产热积累,体温升高,影响能量代谢及其利用率,还常常表现能量进食量降低。例如,32℃时泌乳黑白花牛进食量会降低 20%,40℃时往往因反刍的急剧下降而致停食。用间接法测定表明,泌乳母牛在 31℃～32℃ 比18℃～21℃时每产 4.184MJ 的乳要多消耗 27% 的消化能,即平均每 L 高 1℃多消耗 3% 的维持能量。故湿热条件下乳牛产乳量下降。试验还查明,低温与高温条件下,饲料营养物质的消化率均下降。

第七节　矿物质与畜禽营养

已发现动物组织中含有大多数天然存在的矿物质元素,但许多元素仅作为动物饲料的组成成分存在,在动物体代谢中并不起必要的作用。"必需矿物质元素"是指已被证实在动物体内具有代谢作用的一类元素。常量必需元素在动物体内的含量大于或等于 0.01%,包括钙、磷、钾、钠、氯、硫、镁 7 种。至 20 世纪 70 年代末,被确认的微量元素(动物体内含量不超过 50mg/kg)共 15 种,即铁、铜、锰、锌、碘、钴、硒、钼、铬、氟、砷、硅、钒、锡和镍。其中一些微量元素的需要量极微,动物饲养中一般不予添加。

一、常量矿物质元素与畜禽营养

(一)钙与磷

1. 体内含量与分布　成年动物体内的含钙量为 1.2%~1.5%(鲜体)、3.5%~4.0%(干体)和 26%~30%(灰分中),磷的含量相应为 0.60%~0.75%、1.9%~2.5% 和 16%~17%。机体中钙的 98%~99% 和磷的 80% 左右构成骨骼与牙齿,其余部分在软组织和体液内。骨中钙、磷以 $Ca_{10}(PO_4)_6(OH)_2$(羟基磷灰石), $Ca_3(PO_4)_2$, $CaCO_3$ 和 $Mg_3(PO_4)_2$ 形式存在。骨灰中含钙 36%,磷为 17%。

血钙几乎都在血浆中。各种动物血钙含量为 9~12mg/100mL,母鸡产蛋期高达 25mg/100mL 左右。血清钙主要以离子形式或与蛋白质及其他物质结合存在。血磷总量一般在 35~45mg/100mL,主要以离子状态存在,少量与蛋白质、脂类或碳水化合物结合。

2. 吸收与排泄　摄入钙的大部分在胃液作用下转变成氯化钙,几乎全部呈离子状态,这是胃及十二指肠吸收的主要形式。钙以主动转运吸收为主,维生素 D 的活性代谢产物——1,25(OH)$_2$D$_3$ 有利于钙的吸收;胆酸与不饱和脂肪酸形成的微泡可提高饱和脂肪酸钙皂的降解与吸收。草酸盐、植酸盐及过量的磷酸盐和脂肪可能干扰钙在肠内的吸收。酸性胃液使进食的可溶性磷和部分不可溶性磷溶解,小肠中各种磷酸酶作用使从有机化合物中裂解出磷酸(易吸收形式)。磷吸收的主要部位是小肠,回肠对正磷酸盐吸收很活跃。过量铁、铝、铅、铜、碘和钙会减少磷的吸收。植物性饲料,特别是谷类籽实中的磷,大部分以植酸盐形式存在。反刍动物借瘤胃内微生物分泌植酸酶的能力,可吸收与利用植酸盐中的磷;猪、禽缺乏植酸酶,利用植酸磷的能力低。

正常条件下,未吸收的食入饲料钙与内源钙均主要随粪排出,猪、兔、产蛋母鸡随尿排出的钙多于其他动物。2 周龄前的新生反刍动物,主要经肾排出钙。泌乳动物还随乳排出大量钙与磷。

3. 生理功能　除构成骨与牙齿外,钙与磷还具有其他重要功能。钙离子是机体通透性和其他结合过程的调节系统的重要成分。肌肉组织中的钙离子与肌纤维收缩有关,并直接参与平滑肌细胞、心脏与心肌传导系统细胞内神经冲动的发生;还对中枢和外周神经系统的活性有影响,参与调节膜的离子通透性、神经元冲动和神经末梢冲动发生的结果,有稳定神经元膜的作用。钙离子激活血液凝固过程前两步酶的活性,与血液凝固过程有密切的关系。离子形式的钙也是骨、乳、蛋壳形成过程的主要活化剂。磷参与所有营养物质的代谢过程,磷酸化作用同肠吸收、糖原酵解、碳水化合物氧化、肾排出、脂肪转运、氨基酸代谢等过程关系密切。

4. 缺乏与过量 钙、磷不足均影响骨骼正常发育与健康。生长期间缺乏钙或磷,骨矿质化受损,幼畜禽患佝偻症。主要症状为:食欲减退,生长受阻,脊柱、肋骨和管状骨弯曲,行走不稳和跛行。成年动物饲粮中钙、磷不足,会引起骨软症或骨质疏松症;前者是因骨脱矿质及得不到补偿,后者是由于矿物质及有机物质回吸而致骨具多孔性。母鸡钙供应缺乏时,产出的蛋具有薄蛋壳及蛋壳强度下降,破蛋率升高;种母鸡所产的蛋孵化率低。严重缺磷常常引起畜禽异食癖,表现啃食骨、木、毛、泥土及其他异物,鸡常互相啄羽、啄肛等。长期缺乏钙、磷,影响畜禽食欲及正常代谢,导致生产力和繁殖力下降。

饲粮中钙、磷过多与不足同样有害。钙过多,抑制磷、镁、锌、铜和其他微量元素的吸收,软组织钙化,畜禽生产力与繁殖力下降。

5. 来源与添加 各种饲料含钙、磷量有差异,与植物种类、部位、生长阶段、土壤特性、降水量等因素有关。一般来说,豆科牧草与向日葵含钙较禾本科牧草丰富;精饲料(植物的繁殖部分,即籽实或其副产物)中含磷量高于钙量,粗饲料中(植物的营养部分)含钙量高于含磷量;但某些营养器官,如块茎中也缺钙。植物中的钙水平随土壤 pH、石灰化度和土壤镁浓度而有变化。土壤 pH 提高使牧草,特别是红三叶中的钙含量升高,但对禾本科牧草无影响;土壤中镁含量高时,苜蓿的含钙量降至禾本科草的水平(钙与镁颉颃)。植物幼龄时含磷量较高;土壤水分不足时,植物吸收相当多的钙,而降低磷的吸收。在禾本科与豆科籽实中,磷主要以植酸盐形式存在,占总磷量的 30%~70%,马铃薯与块茎为 20%,青饲料为 2%~8%。

饲料本身所含的钙和磷,通常不能满足畜禽的需要,故需添加钙磷补充饲料。常用补钙饲料有石灰石粉、蛋壳粉、贝壳粉等;同时补充钙磷的饲料有骨粉、磷酸氢钙;单纯补磷的饲料有磷酸钠、磷酸镁、磷酸铵和磷酸等。鱼粉、肉骨粉、肉粉、甘蔗糖蜜、干糖渣和乳是非常好的钙源。

(二)钠、钾、氯

1. 机体内含量与分布 以鲜组织、干组织和灰分为基础计,动物体含钠相应为 0.13%~0.16%,0.40%~0.45%,3.7%~4.2%。骨是重要的钠库,神经组织中也含有较多的钠,软组织的钠主要在体液中,它是细胞外液中的主要阴离子;在血液中,钠主要集中于血清中。以鲜组织、干组织和灰分为基础计,成年动物体内含钾量分别为 0.18%~0.27%,0.55%~0.80%,5%~7%。新生动物含钾量较成年动物低。钾是细胞内液主要的阳离子,总钾量的90%存在于细胞原生质中。肌肉是体内钾的主要贮存处所,骨中钾浓度低。机体内氯浓度较钠低一些;氯在机体内的分布大体上与钠的比例相同,但骨中氯含量低得多。与钠一样,氯主要含在细胞外液中,细胞内液中的氯仅占总氯量的 10%~16%。

2. 吸收与排出 饲料中所含的钠盐、钾盐和氯盐可在动物消化道中迅速被溶解和吸收。食入总钠的 80%~90%在小肠段吸收,其余部分在胃、盲肠和大肠中吸收;全消化道都可吸收钾,吸收率为 100%。钠、钾和氯均主要通过肾排出。吸收钠的 90%~95%随尿排出;随尿排出总钾量的份额为:母牛 75%~86%,绵羊 85%~88%,猪 90%;与摄入量无关,牛经肾排出摄入氯的 65%,随粪排出约 3%,30%左右的氯沉积在体内。汗腺发达的动物随汗排出一定数量的钠；母畜分娩时经胎儿、胎盘、胎水损失大量钠，泌乳期通过分泌乳排出相当数量的钠。绵羊还通过脂汗（scint）排出钠与钾，其含钾 2.66%，钠 1.3%。

3. 生理功能 钠组成血浆和细胞间液阳离子的 90% 以上，氯也是体液中主要的阴离子；而钾是细胞内液的主要阳离子。三种元素在维持机体渗透压和酸碱平衡方面起重要作用。钠和氯的盐与蛋白质、脂肪、碳水化合物及水代谢关系密切。钠离子可激活淀粉酶、果糖酶，阻碍磷酸化酶的作用。钾通过 ATP 酶参与碳水化合物的代谢，也与机体蛋白质合成有关；还可能激活细胞内代谢的许多酶。钠还与钾相互作用，参与神经组织中冲动的传导过程，影响心血管系统。红细胞中的钾离子影响血红蛋白对氧和二氧化碳的转运。钠也促进免疫学过程，增强白细胞的功能，增加凝集素和血小板的数量，并与机体的过敏作用与脱敏作用有关。氯是胃中盐酸的组成成分，盐酸可提供胃蛋白酶活性最适宜的 pH。氯也可激活某些酶，它是激活 α-淀粉酶必需的元素。氯能越过细胞膜，可促进各种离子在血浆和红细胞间移动。此机制与碳酸酐酶共同将二氧化碳固定成重碳酸盐，并在肺毛细管中释出二氧化碳。

钠与钾的重碳酸盐构成反刍动物前胃中的缓冲介质，对瘤胃微生物区系的正常活动有极其重要的作用。

4. 缺乏与过量

(1)缺乏 饲粮中钠不足，降低畜禽食欲与采食量，有时引起异食癖，影响营养物质消化代谢，使幼年畜禽生长受阻，成年畜禽体重下降，繁殖力与生产力降低。母鸡缺钠时，产蛋率显著下降，持续的严重缺钠可最终导致停产；饲料中缺钠使绵羊发情不定期或不孕，或引起母牛胎衣不下；泌乳牛、羊缺钠，在骨钠耗竭时，产乳量与乳脂率均下降。同时，还会伴随着骨骼、肾上腺等器官的病理学变化，减少血浆体积和心输出量，导致血中尿素或尿酸升高等。

植物性饲料中含钾丰富，一般畜禽饲粮不缺钾；乳中钾含量也高，故哺乳犊牛一般也不缺钾。当给反刍动物饲喂高精料或主要是粗料的饲粮，牧场施用大量液体厩肥和犊牛腹泻时可致缺钾。未发现氯的缺乏症。仅知给予氯，可使试验引起的畜禽肌肉坏死、肌肉痉挛和神经紊乱停止。

(2)过量 饮水或饲料中钠量显著过量，常伴随着体液容量急剧增加。反刍畜对过量钠的耐受性比猪、禽强。但只要不限制饮水，各种动物对过量钠（最适给量的 3~5 倍）均有较强的耐受力。如果限制饮水或饮水中含有高浓度的钠盐，则易引起中毒。幼龄动物对饲粮中过量的食盐较成年动物敏感。实践中，乳牛、猪、家禽因食盐摄入量达中毒剂量而严重中毒的情况较常见。中毒症状为强烈干渴，尿频，排稀便，姿态不稳，呕吐，黏膜发绀，呼吸困难，24~48h 死亡。

适度提高饲粮中钾水平时，动物饮较多的水和排出较多的尿，对健康与生产力均无影响。单胃动物长期利用过量钾，可能损伤其生殖功能，尤其是缺钠时。过量钾对犊牛有害，代乳品中含钾量增加到 4~5 倍，会导致肌肉软弱，血液循环紊乱，肢端水肿和死亡。

5. 来源与添加 植物性饲料中通常贫钠，不能满足动物对钠的需要，但植物种间也有差异；白三叶和天蓝苜蓿较其他豆科植物富钠，禾本科草中以黑麦草含钠最丰富，其他禾本科草相当缺乏。甜菜、其加工副产品及许多藜科植物含钠高，饲用芜菁也富含钠。经海水灌溉的区域和荒漠、半荒漠地带的碱性土壤上生长的植物通常含钠量高。一般情况下，需在饲粮中添加食盐来满足畜禽对钠的需要。

饲料中氯含量比钠多得多，所有青饲料中含氯均高于 2g/kg 干物质，畜禽从马铃薯、大麦、甜菜和鱼粉中也可获得大量氯。生产实践中以氯化钠形式添加钠,同时也增加了饲粮中的氯量。

(三)镁

1. 体内含量与分布 成年动物体内镁含量,以鲜组织、干组织和灰分为基础计,相应为 0.035%～0.04%,0.01%～0.13%和1.0%～1.1%。新生动物体内含量较低,强度生长和骨矿质化伴随着镁的积聚。体内镁沉积与饲粮钙水平呈负相关。镁主要沉积于骨骼(总镁的65%～68%)和肌肉(总镁的25%～28%),7%～8%的镁在其他组织和体液中,1%在细胞外液内。成年牛骨中钙与镁的比例是45～55:1;骨镁浓度取决于饲粮中的镁浓度。所有动物血浆总镁介于1.8～3.2mg/100g,与饲粮镁含量有关。反刍动物血浆镁1.2～1.7mg/100mL和1.1mg/100mL,分别被认为是中度或严重低镁血症。

2. 吸收与排出 在胃液盐酸作用下,部分饲粮镁转化成离子形式;镁离子在十二指肠与大肠近端被吸收,以扩散或活性转运形式越过细胞膜。通过肠时,大量离解的镁化物变成溶解性不良的碳酸盐、磷酸盐和不溶解的脂肪酸镁盐,故镁的吸收较慢,吸收率也较低。成年动物对饲料镁的吸收率是:干草25%～30%,禾本科牧草和精料16%～20%,混合饲料20%～25%,添加硫酸镁饲粮为50%～55%。存在过量脂肪、钙、磷、硫、植酸和草酸时,镁的吸收率下降。成年动物的可移动骨镁库小,年幼动物骨骼是可动员镁的较好来源。正常情况下,未吸收的镁和内源镁主要通过胃肠道排出,随尿排出的相当少。出生几天内的犊牛可从初乳中强烈地吸收镁(吸收率为98%),有利于排出胎粪,镁主要通过肾排出。

3. 生理功能 镁是细胞内液的主要阳离子,它在细胞内液中的含量较细胞外液高10～15倍。在细胞线粒体内,Mg^{2+}活化氧化磷酸化作用。镁作为许多酶系统的特殊活化剂或辅助因子参与代谢,特别是与焦硫胺素有关的辅助因子。Mg^{2+}活化肌激酶、二磷酸吡啶核苷酸酶(辅酶1)激酶和肌酸激酶,影响代谢反应中磷酸基团的转运,还活化丙酮酸羧化酶、氧化酶和碱性磷酸酶。镁在细胞内核酸与核苷酸的代谢中起重要作用,它活化脱氧核糖核酸(DNA)聚合酶、核糖核酸(RNA)聚合酶、多核苷酸酶、核糖核苷酸酶、脱氧核糖核酸酶等。不同于钙,镁抑制黑芥子硫苷酸三磷酸酶和通过胆碱酯酶活化乙酰胆碱,削弱神经末梢的刺激,使肌肉软弱。形成骨组织需要一定量镁(活化柠檬酸循环的酶和碱性磷酸酶)。镁可加强骨、齿形成和获得良好的蛋壳。

镁对瘤胃微生物的正常活动也是不可缺少的,它可活化微生物分泌的酶。

4. 缺乏与过量 非反刍动物需镁量低,约占饲粮的0.05%,一般饲粮均能满足需要。小猪饲粮镁低于125mg/kg可致缺镁。喂鸡以缺镁合成饲粮,其存活期仅6～8d。反刍动物需镁量是非反刍动物的4倍,且饲料中镁含量变化大,吸收率低,易致缺乏症。缺镁的症状为:厌食、生长受阻、神经系统极易兴奋、痉挛和肌肉搐搦,严重者昏迷死亡。血液学检查表明血镁降低,也可能出现肾钙沉积和肝中氧化磷酸化程度下降,外周血管扩张和血压、体温下降等症状。产蛋鸡缺镁还伴随着产蛋率、蛋中镁含量及孵化率下降。镁边际缺乏的动物产生较多的热,饲料利用率较低。成年反刍动物的低镁血症,常称牧草痉挛或牧场搐搦;是因采食大量常量元素不平衡(过量的钾,特别是施高量钾肥)的牧草(即使饲草中镁含量最佳),或是瘤胃中氨浓度高和镁稳衡的激素调节障碍。牛的低镁痉挛多在春、秋季发病,特别是在施高氮、钾肥的牧地上;舍饲乳牛饲粮中镁太低时也可受害,K:Ca+Mg若大于5:1,可预料发生搐搦症状。天气和牛群状况都可影响本病的发生。

镁过量可引起中毒,采食量与生产力降低,昏睡、共济失调和腹泻,严重时死亡。鸡饲粮镁高于 1%时,生长速率减慢,产蛋率下降,蛋壳变薄。

5. 来源与添加 含镁量最高的饲料是麸皮、油饼(粕)、去壳谷粒碎片、向日葵,甜菜茎叶与糖用甜菜中含镁较高,干草含镁 2~3mg/kg 干物质;青绿牧草植物的镁含量随生长阶段推移而下降,与蛋白质相似。当饲料本身所含镁不能满足动物的需要时,可以添加硫酸镁、氯化镁等镁盐。

(四)硫

1. 体内含量与分布 大多数农畜和实验动物体的含硫量,按活重计为 0.16%~0.23%,随年龄增大而提高(与肌肉蛋白质强烈合成和毛发及羽毛中硫的积聚有关)。大量的硫在肌肉组织中,皮、毛发、角组织含硫 15%~17%,骨和软骨 9%~14%,血液中 6%~7%,肝 5%~6%,其他组织共占总硫的 10%~13%。

2. 吸收与排出 动物对硫的需要主要靠含硫氨基酸、部分杂环化合物(生物素和硫胺素)来满足,随饲料摄入的无机硫数量与营养作用关系不大。硫主要在小肠内被吸收。游离氨基酸、硫化物、硫胺素、吡哆醇和生物素,不经分解即被吸收;含有含硫氨基酸的蛋白质被分解后再被吸收;无机硫酸盐可在较小程度上被吸收。反刍动物瘤胃微生物(单胃动物和禽盲肠微生物在较小程度上),有利用无机硫并将其结合进含硫氨基酸与蛋白质的能力。含硫氨基酸的吸收和同化率取决于动物饲料中的能量与蛋白质水平,也受活性转运机制的影响。随饲料摄入的硫酸盐硫与亚硫酸盐硫,似乎通过单纯的扩散作用吸收。大量硫代谢产物随尿排出,SO_4^{2-}同等价的 Na^+、K^+、NH_4^- 一同排出。尿中 N∶S 十分恒定。

3. 生理功能 蛋氨酸、胱氨酸与半胱氨酸中的硫,参与这些氨基酸形成的组织蛋白质和各种生理活性物质(激素、维生素)的功能。巯基脱氢和逆转化成二硫化合物是氢转移的基本反应,巯基也对某些酶起活化作用(脱氢酶与酯化酶)。蛋氨酸是合成胆碱、乙酰胆碱、肾上腺素和肌酸过程可用基的特殊来源,它参与蛋白质与血红蛋白合成过程,并起防治脂肪肝的作用。半胱氨酸是辅酶 A 的先体,并参与谷胱甘肽(是谷氨酸、半胱氨酸和甘氨酸合成的三肽,参与机体氧化过程,对细胞内降解蛋白质酶起激活或活化作用)的合成。巯基被乙酰基取代产生的乙酰辅酶 A,是三羧酸循环中脂类与碳水化合物代谢的连接物。硫酸酯在体内执行结构与防卫功能,软骨中的软骨素硫酸酯能加到蛋白质上和固定某些阳离子,在骨钙化过程中起重要作用。黏多糖硫酸酯是蛋白质分解酶的抑制剂,可防止胃肠道被消化酶消化。

4. 缺乏与过量 蛋氨酸是动物饲粮中主要的限制性含硫氨基酸,它的缺乏与不足可抑制幼畜生长发育,降低成年家畜生产力。向缺乏蛋氨酸饲粮添加合成蛋氨酸,在中能和高能饲粮,都能对小母鸡和产蛋母鸡的增重产生良好作用。

蛋氨酸明显过量,产生低血糖和减少雏鸡肝的 ATP 含量。硫或硫酸盐氧化物形式的无机硫过量,对雏鸡与仔猪有不良影响,会抑制生长,出现佝偻病与胃肠炎。当用芒硝($Na_2SO_4 \cdot H_2O$)作犊牛和乳牛硫与钠的来源时也应慎重。

5. 来源与添加 植物和动物性饲料中的硫主要是蛋氨酸、胱氨酸和半胱氨酸来源的硫,硫酸盐少,尤其是植物中。油料种子和某些豆类植物(豌豆、大豆)种子、油饼、草地干草、脱脂乳粉、血粉及鱼粉等高蛋白质饲料中,含有大量的硫。硫不足时,添加无机硫有一定意义。消化道(特别是瘤胃)微生物有可能利用元素硫和硫酸盐硫合成含硫氨基酸。

二、微量元素与畜禽营养

(一)铁

1. 机体内含量 成年动物体内含铁量为 0.005%～0.006%(鲜样)和 0.14%～0.17%(灰分);除兔外,新生动物体内含铁量均低于成年动物。在各器官组织中,血液及具有造血、破血和贮血功能的器官铁浓度最高。大体上,总铁的 65% 存在于血液中,肝脏中为 10%,脾脏中为 10%,肌肉与骨骼中分别为 8% 和 5%,其余 2% 存在于其他器官内。

2. 吸收与排出 单胃动物体内主要在十二指肠中吸收铁。小肠上皮对铁的需要很敏感,能根据需要调节铁的吸收。血红蛋白中的铁可直接被肠黏膜吸收,通常吸收率高;饲料中非血红蛋白或离子形式的铁,必须先与有机部分分开,还原为亚铁离子才能吸收,这类铁易受肠道环境影响。维生素 C、维生素 E、含硫氨基酸的巯基促进此类铁吸收。可与铁形成不溶性铁的有机酸(草酸、柠檬酸与植酸)和过量的钴、铜、锰、锌、镉等抑制铁的吸收。因红细胞分解释放的铁几乎可全部用于合成血红蛋白,故成年畜禽需要铁很少,对天然饲料中铁的吸收率低,为 5%～10%。幼龄动物和泌乳畜需从饲料中获取较多的铁,犊牛对乳中铁的吸收率为 15%～20%。

3. 生理功能 铁是动物体内许多重要化合物的组成成分,这些化合物失铁后便丧失相应的功能。铁参与血红蛋白、细胞色素、细胞色素氧化酶、过氧化物酶、过氧化氢酶的合成,并与乙酰辅酶 A、琥珀酸脱氢酶、黄嘌呤氧化酶、细胞色素还原酶的活性密切相关。血红蛋白具有运输氧的功能,而肌红蛋白起固定氧与贮存氧的作用;细胞色素氧化酶、过氧化氢酶与过氧化物酶在组织呼吸过程中担负十分重要的作用。

血红蛋白(含 Fe^{2+})在亚硝酸盐及某些药物(乙酰苯胺、磺胺等)的作用下,可形成高铁血红蛋白(Fe^{3+}),与氧结合牢固而不易分离,失去运氧能力,引起细胞或组织缺氧,严重时(超过血红蛋白总量 2/3)会危及生命或致死。谷胱甘肽可防止高铁血红蛋白形成。

4. 缺乏与过量 缺铁引起动物生长受阻,血红蛋白合成不良,出现低色素小细胞性贫血。若饲粮中铁与铜同时缺乏,则缺乏症及其引起的负作用更复杂。成年动物一般很少发生贫血,缺铁性贫血症常见于幼龄动物,特别是仔猪。仔猪吮乳期间体内铁贮存很少(40～50mg),其生长率高,而母乳含铁量不足。乳牛初乳含足够的铁,但常乳的铁含量相当低,不能满足犊牛的需要。

食入高水平铁会引起中毒,但实践中很难发生。轻度铁过量引起肝铁饱和,肝脏中沉积含铁血黄素,产生有害作用;铁过量还影响磷、铜、锌等的吸收。

5. 来源与添加 除乳和块根料外,大部分饲料的含铁量都超过畜禽的需要量。幼嫩青绿饲料含铁丰富,特别是叶部。叶中铁浓度多与叶绿素含量呈正相关,如青玉米叶每 kg 干物质含铁约 280mg,而茎中仅 41mg。豆科和混播牧草中含铁量比单一禾本科牧草约多 50%。鱼粉与血粉富铁,但畜禽对其中铁的利用较差。可采用能溶于酸的铁盐补充铁,如硫酸亚铁、氯化铁、柠檬酸铁、酒石酸铁和葡萄糖铁等,这些铁盐的利用率均较好。

(二)铜

1. 体内含量与分布 成年动物体内的含铜量为 $0.00015\%\sim0.00025\%$,约是体内铁含量的 1/30。新生及年幼动物单位体重的含铜量一般比同种成年动物高。体内总铜在各组织器官中的分布随动物种、年龄与铜营养状况而有别。反刍动物肝脏铜贮量较高,占总铜的比例也较高。健康动物血铜正常范围为 $0.5\sim1.5\mu g/100mL$;家禽、鱼和有袋类动物的平均值仅为上述哺乳动物的 1/2 左右。

2. 吸收与排出 铜从胃及小肠的各部分,特别是小肠的上部吸收。大部分动物对铜的吸收很差,成年动物吸收的铜量不到摄入量的 10%,而羔羊断乳前利用饲料铜的能力是成年动物的 $4\sim7$ 倍。肠道按机体需要调整对铜的吸收。饲料中铜的形态与结合形式影响动物对铜的吸收。牧草加工或干燥过程中铜的化学形式有显著改变,可促进铜吸收,干草中的铜较青草铜易被吸收。植酸盐和一些无机因子,如钙、镉、锌、铁、铅、银和钼与硫,能降低铜的吸收率。各种动物均从粪中排出大量铜,其中大部分是未被吸收的铜,尿中仅排出少量铜。

3. 生理功能 铜主要通过影响酶活性实现其生物学功能。铜是细胞色素氧化酶、酪氨酸酶、血浆铜蓝蛋白、半乳糖氧化酶、超氧化物歧化酶、尿酸酶、赖氨酰氧化酶、精氨氧化酶等许多酶的组成成分,含铜的酶在生物氧化还原过程中起重要作用。多数情况下,酶中铜原子起负载电子的作用,偶而也促进酶与底物形成复合物,对酶的三维空间起稳定作用。血浆铜蓝蛋白是真正的氧化酶,参与铁的利用,并能提高血浆转铁蛋白中铁饱和作用的速率;红细胞中的铜蛋白具有超氧化物歧化酶的功能。

4. 铜缺乏的症状

(1)贫血 血浆铜蓝蛋白可催化许多代谢产物的氧化,最主要的是在有氧存在时使 Fe^{2+} 变成 Fe^{3+},以便很快与血浆中的 β_1-球蛋白结合成运铁蛋白,参与铁的运输与代谢,有利于体内铁贮动员与饲料铁的吸收。缺铜时不能满足红细胞生成对 Fe^{3+}-转铁蛋白的需要。铜也是成年红细胞的一种主要成分,需要最低限量的铜用于红细胞再生及保持其在循环中的完整性。

(2)骨异常 在缺铜草地上放牧的牛、羊或采食缺铜饲粮的舍饲家畜易出现骨折,但发生率低,折断处仅表现中度骨质疏松。缺铜猪的骨组织变化是皮质变薄、骺软骨变宽及成骨细胞活性降低;但骨的灰分及钙、磷和 CO_2 含量正常。一般认为,缺铜的骨损伤是因含铜的氨基氧化酶或赖氨酰氧化酶活性降低,损伤了骨胶原多肽链的交叉结合,从而降低了骨胶原的稳定性及其强度。

(3)共济运动失调 放牧在缺铜草地上的羔羊出现以行动不协调为特征的神经系统紊乱,被称作"背部摇摆症"。主要是脑含铜量低,导致运动神经元内细胞色素氧化酶不足所致。

(4)毛发色素沉着异常 毛发褪色是除猪以外各种动物缺铜的表现之一。兔毛和羊毛缺乏色素是比贫血更敏感的缺铜指标,缺铜绵羊的毛纤维产生色素沉着与无色素沉着的交叉带。含铜的多苯基氧化酶可催化酪氨酸转变为黑色素,缺铜时黑色素生成受阻。

(5)角化作用破坏 缺铜地区绵羊产毛量低,品质下降。产毛量下降可能是铜摄食量降低的结果;而角化过程退化,毛纤维弯曲性缺乏是缺铜的特异表现。毛弯曲性依赖二硫基的存在,铜是合成角蛋白时二硫键生成或互相结合所必需的元素。

(6)不育性 试验表明,雌性动物缺铜发生胚胎死亡或吸收,持续严重缺铜的母鸡产蛋量及蛋的孵化率均降低。放牧在缺铜草地上的牛、羊也表现生育力降低或不育。

(7)心血管疾病 缺铜伴有替代性纤维化的心肌变性,病情呈进行性慢性发展。通常在轻度活动或刺激之后因急性心力衰竭而突然死亡。缺铜小鸡和猪均会因主要血管破裂而致死。

(8)牛腹泻 腹泻不是大多数动物常见的缺铜症状,缺铜地区的牛也非经常发生;但在澳大利亚、英国、荷兰等国的严重缺铜区有牛发生间歇性腹泻的报道,那里的钼并不高。美国发现缺铜导致犊牛消瘦症,病牛步态僵拘、跛行、关节肿胀,消化紊乱,呈持续性腹泻,排泄黄绿色乃至黑色水样粪便,犊牛患病 4～5 个月可死亡。

5. 高铜的促生长作用与铜中毒 畜禽正常的铜需要量很低,如美国国家研究委员会(NRC,1988)猪营养需要推荐的生长肥育猪需要量为 3～6mg/kg。但在生长肥育猪饲粮中添加铜 125～250mg/kg 有促生长作用。据对大量试验结果的统计,添加 250mg/kg 的效果最好,83 个试验结果平均提高日增重 8.1%,饲料转化效率平均提高 5.4%。试验也显示,在猪幼龄阶段添加高剂量铜的效果更明显。但添加高剂量铜可使肝脏铜贮量直线上升,并可使猪胴体脂肪变软,不饱和程度提高。肉鸡和兔饲粮中也曾有采用高铜者。据报道,添加 250mg/kg 以上的铜会发生铜中毒。若在添加高铜时相应增加锌或铁的添加量,则可使肝铜浓度的提高与体脂肪的变化减缓,并可避免中毒。

长期摄入超剂量的铜可致中毒。猪严重铜中毒表现为采食量减少,生长率显著下降,低色素小细胞性贫血、黄疸,肝和血清铜水平及血清天冬氨酸转移酶活性显著增高。绵羊对铜中毒比牛敏感,慢性铜中毒症状为溶血性黄疸和血红蛋白尿,可致绵羊死亡。

6. 来源与添加 铜在饲料中分布广泛。植物性饲料中铜的含量和植物种类及土壤中的铜浓度有关。豆科和混播牧草中的铜含量高于禾本科牧草。沼泽土及由花岗岩风化形成的土壤含铜量低,其上生长的植物含铜量亦低。禾谷类籽实及其副产品含铜丰富,仅玉米含铜量较低。植物性蛋白质饲料中以大豆饼(粕)中的含铜量最高。粗料中秸秆为含铜贫乏的饲料。可在缺铜地区牧地施用硫酸铜肥,或直接给家畜补饲铜盐。吸收率较好的铜盐有碳酸铜、硝酸铜、硫酸铜与氯化铜,氧化铜和氧化亚铜较差。

(三)钴

1. 体内含量和分布 动物体含钴低,为 0.03～0.06mg/kg;动物整体或组织中钴含量随年龄而上升。各器官组织中均含钴,但以肝、肾、脾脏和骨中的钴浓度较高。肝钴浓度取决于饲粮水平。血液中大量钴存在于红细胞中,全血含钴 3%～8%,血浆钴为 0.5%～0.7%。血钴可反映饲粮钴浓度状况。给动物口服或注射大量钴时,肝、肾钴水平明显升高,若维生素 B_{12} 形式的钴低,动物仍表现缺钴症状。给反刍动物注射维生素 B_{12} 时,不表现缺钴症,但肝钴水平可能明显低于正常值。

2. 吸收与排出 随饲粮或添加剂摄入的钴,部分是维生素 B_{12} 的成分,部分作为其他含钴蛋白复合物或无机盐的成分。单胃动物需钴低,对钴的吸收率也低:禽类 3%～7%,猪 5%～10%,马 15%～20%。若饲粮中维生素 B_{12} 不足或缺乏动物性饲料,钴的吸收率增高。单胃动物与反刍动物均在小肠内吸收钴,可溶性钴盐以离子形式吸收,维生素 B_{12} 及其类似物形式的钴,须与胃壁分泌的黏蛋白结合后才能吸收。非肠道施予的钴在体内的存留率低于 1%,且主要在肝脏中。反刍动物钴代谢主要发生在瘤胃中,各种微生物在此处利用钴合成维生素 B_{12},但对其吸收率仅为 0.5%～5%。单胃动物大肠微生物亦可利用钴合成维生素 B_{12},由于吸收率低,不能满足动物的需要,须从饲粮供应。

喂正常饲粮的乳牛，钴总量的 86%～87.5% 随粪排出，0.9%～1.0% 经尿排出，随乳排出的占 11.5%～12.5%；非泌乳母牛经粪排出的钴为总量的 98%～98.5%，尿钴仅占1.5%～2.0%。钴的排出途径受给钴方式影响，牛口服钴，80% 随粪排出，0.5% 经尿排出；静脉注射钴，则 65% 随尿排出，7%～30% 随粪排出。单胃动物随尿排出的钴较反刍动物多。

3. 生理功能　钴是胃肠微生物合成维生素 B_{12} 的必需成分，维生素 B_{12} 是钴在体内发挥生物学效应的唯一已知的存在形式。维生素 B_{12} 参与体内一碳基团的代谢；同叶酸相互作用，影响体内生物合成所必需的活性甲基的形成；促进叶酸转化为活性形式，提高其生物学利用率；参与甲烷形成、蛋氨酸合成；参与瘤胃中甲基丙二酰辅酶 A 转变为琥珀酰辅酶 A 的反应，影响反刍动物体内的丙酸代谢。钴离子对精氨酸酶、碱性磷酸酶、醛缩酶等多种酶具有激活作用。钴通过以上机制，影响氮、核酸、碳水化合物与矿物质的代谢，直接或间接（通过维生素 B_{12}）参与体内的造血过程。

4. 缺乏与过量　世界各国都已发现缺钴地带，其上生长的饲料植物含钴量低于 0.08mg/kg。动物，特别是反刍动物采食这些饲料后即表现缺钴症。缺钴后，首先食欲减退，体重下降，极度消瘦；随后出现贫血症状，皮肤与黏膜苍白，肝与血中维生素 B_{12} 急剧下降，尿中丙二酸显著增加，肝脂变性。

实践中很少出现钴过量，即使饲粮有过多的钴，动物也具有限制钴吸收的能力。另外，所有的动物都具有耐受高钴的能力；绵羊能耐受每天给钴 3mg/kg 体重，即正常水平的 1000 倍；如给钴 4mg 或 10mg/kg 体重，食欲和体重严重降低，出现贫血，给更多钴时有些绵羊死亡。过量钴妨碍铁吸收，引起缺铁性贫血。成年牛、羊以外的动物采食过量钴，可引起红细胞过多症。

5. 来源与添加　大多数饲料均含有微量的钴。饲料植物的含钴量与其所生长土壤的含钴量有关，缺钴土壤上生长的牧草含钴量极低。植物种类不同，含钴量亦不同。豆科牧草高于禾本科牧草，动物性饲料含钴丰富。每 kg 饲料干物质含钴 0.08mg 即能满足反刍家畜需要。

可在缺钴地区土壤中施钴肥，也可定期给家畜补饲硫酸钴或氯化钴等，或给家畜投予含 90% 氧化高钴（Co_2O_3）的钴丸，使其能在较长时期内缓慢释放钴，供家畜利用。有食粪习惯的兔和某些草食动物，通过食入部分粪可获得钴的补充。放牧家畜从表土中微生物所合成的维生素 B_{12} 中也能得到少量钴。

（四）锌

1. 体内含量与分布　除一些特殊组织含锌较高外，大多数哺乳动物组织的锌浓度介于 $10～100\mu g/g$ 湿重（$30～250\mu g/g$ 干重），种属差异小。动物各组织器官的锌浓度随年龄、性别及采食水平变化；各器官组织相比，以骨、肝、皮、毛的锌浓度最高。骨中（随年龄增加）和皮毛（随年龄下降）含锌量的变化特别明显。血液、骨、肝、胰、性腺、尿液等对饲粮锌水平的变化比较敏感。动物全血中的锌浓度为 0.25～0.60mg/100mL，血浆锌为 0.1～0.2mg/100mL，随年龄与种类而变化。红细胞中的锌几乎都以碳酸酐酶形式存在。乳锌含量随动物种、泌乳阶段和饲粮水平变化，初乳高于常乳。母鸡饲粮锌水平影响蛋中锌含量。毛发锌含量随动物种类、年龄、饲粮锌水平变化，一般可反映锌摄入及体内锌的代谢与利用状况。

2. 吸收与排出　大多数动物在小肠吸收锌，小肠上段的吸收能力最强。牛口服的 ^{65}Zn，约有1/3由真胃吸收；小鸡腺胃吸收锌的量也很大。反刍动物对锌的吸收率为 20%～40%，

成年单胃动物仅 7%～15%。肝是动物锌的主要贮存与代谢处所;胰、肾、脾脏对体内锌的存留与代谢也具有重要作用;骨锌不能迅速动员,从而不能被机体有效地利用。体内锌大部分随粪排出,其中主要是未吸收的锌;尿中排出的锌较少。

3. 生理功能 锌既是动物体内某些酶的组成成分,又可影响某些非酶有机分子配位基的结构单位。锌至少通过这两种方式参与体内各种物质及能量代谢。现已发现动物体内有 80 多种酶含锌。碳酸酐酶含锌 0.33%,它主要参与二氧化碳的水合作用。锌是胰岛素的组成成分,且可加强该激素降低血糖的效果。锌通过垂体—促性腺激素—性腺间接影响繁殖,也可直接作用于生殖器官或影响精子与卵子的形成、发育与结合。锌可与核苷酸形成复合物,维持 RNA 的结构构型,间接影响蛋白质生物合成与遗传信息的传递。

4. 缺乏与过量 缺锌时,动物食欲减退,氮与硫的利用受阻,生长减缓或停滞,饲料利用率下降。性腺成熟期推迟,成年动物可发生性腺萎缩与纤维化,第二性征发育不全;公畜精子生成受阻或停止;母猪从发情至泌乳的全过程受影响。皮肤受损,表皮不全角化,随后会延伸到足部的深层组织。猪的不全角化症一般出现在眼、口周围,阴囊上部及腿足下部。牛的四肢,特别是后肢,对缺锌甚为敏感,常出现溃疡。缺锌也影响羊毛生长,使角的生长异常。鸡缺锌时羽毛生长不良。缺锌还可引起畜禽骨骼发育不良,肢端肿大。

锌的生理有效剂量与中毒剂量相差很大,禽类和猪可耐受最优锌水平的 20～30 倍,反刍动物可耐受 10 倍。正常情况下,因食入锌过多而致中毒的情况罕见。仅在将青饲料贮存于锌管中或在预混料中错误地添加高剂量锌时有可能发生。严重锌中毒时,肝、乳锌浓度上升,动物行动迟钝、食欲废绝、腹泻等。

5. 来源与添加 锌的分布相当广泛。酵母是锌的丰富来源,糠麸和谷类籽实的胚中含锌也很高,动物性蛋白质饲料,如肉粉和鱼粉的含锌量较植物性蛋白质饲料丰富。块根块茎饲料中含锌贫乏。饲料中锌不足时,可添加锌剂,如硫酸锌、氧化锌等。

(五)锰

1. 体内含量与分布 自然界中锰含量丰富,分布广泛。但动物体内锰含量却较低。人体内的锰量仅是锌的 1%,铜的 20%;家畜每 kg 脱脂物质含锰 480～600μg。一般情况下,成年动物体内锰量几乎恒定不变,受饲粮影响不大。进食的锰遍布全身,而以骨骼、肝、胰腺和脑垂体中浓度最高。大部分软组织中锰以不稳定状态存于细胞内,骨中锰大部分沉积在无机组分,小部分与有机质结合在一起,可动员的锰较少。毛发、鬃毛、羽毛中含锰量较高,且与饲粮锰水平相关,被建议作为反映锰营养状况的指标。

2. 吸收与排出 单胃与反刍动物食入的锰主要在十二指肠(或小肠各部)吸收,几乎全部从肠道排出。饲料中锰的吸收率很低,占食入量的 2%～5% 或 5%～10%;成年反刍动物也仅为 10%～18%。动物处于妊娠期及鸡患球虫病时,可提高锰的吸收率。在小肠内,锰与铁、钴吸收竞争,钙、磷过量会降低锰的吸收。

3. 生理功能 锰是多种金属酶的组成成分(丙酮酸羧化酶、精氨酸酶、超氧化物歧化酶)与激活剂(水解酶、激酶、脱羧酶及其他转移酶),通过它们参与体内氧化还原、组织呼吸过程,参与碳水化合物、脂类、蛋白质、胆固醇、钙和磷的代谢,因而影响生长、繁殖、血液形成,维持大脑与内分泌器官的功能。

4. 缺乏与过量 缺锰的主要症状是采食量下降、生长受阻、饲料利用率降低、骨骼畸形、生殖功能紊乱、新生动物共济失调及类脂与碳水化合物代谢缺陷。缺锰不能使糖基转移酶活化,故影响黏多糖和蛋白质合成,使钙化缺乏沉积基质,造成单位骨基质矿物质沉积过量,骨变短粗,使受累动物腿弯曲变短、跛行。缺锰公畜性欲差,睾丸萎缩,精子形成受阻;母畜缺锰时发情不规则,排卵停滞,难受胎,可引起妊娠母牛胎儿吸收、早产与流产等。雏鸡缺锰时可能出现滑腱症,产蛋母鸡缺锰使蛋壳厚度与强度下降。

锰过多时生长受阻、贫血和胃肠道损害,有时出现神经症状;瘤胃微生物区系发生变化,丙酸比例降低。锰在微量元素中毒性是最小的,各种畜禽均对过量锰有较高的耐受性(禽可耐受2 000mg/kg体重,牛、羊相应为1 000mg/kg体重,猪耐受性较小,为400mg/kg体重)。

5. 来源与添加　受品种及土壤、肥料的影响,饲料及牧草中含锰量变化极大。生长在石灰质丰富土壤中的牧草,其含锰量低于生长于非石灰质土壤的牧草。以小麦和燕麦为基础的饲粮含锰充足,而以玉米为主加少量高粱和大麦的家禽饲粮缺锰。动物性蛋白质补充料含锰低或很低。常常在畜禽饲粮中添加硫酸锰、碳酸锰或氧化锰来补充锰的不足。

(六)碘

1. 体内含量与分布　机体内的碘高度浓集于甲状腺中,健康成人体内总碘量为15～20mg,其中70%～80%存在于重量仅为15～20g的甲状腺内,其余分布于血液、肌肉、骨骼、皮肤、肝、肾、乳腺、卵巢、胎盘、睾丸等处;由于肌肉数量很大,其含碘总量占第二位。正常健康哺乳动物甲状腺含碘0.2%～0.5%(干重),低于0.1%时经常呈现增生性变化。

2. 吸收与排出　人和动物从食物(饲料)、水和空气中吸收碘,从食物摄入的碘占总量的80%,来自水中的碘为10%～20%。草食动物摄入的碘量比人、猪、鸡多,因草中含碘高于谷物,且其食量大。饲料中碘的吸收和内源分泌发生在整个胃肠道,排入消化道中内源碘的相当部分可被重吸收,故粪中碘少(反刍动物粪中碘高于单胃动物);大部分碘随尿排出。肾中无保存碘的机制,尿碘排出水平与血浆碘含量非常一致。随汗也排出少量碘。

甲状腺内碘库通过一个需能的主动机制从血浆中获得碘化物,并在过氧化物酶催化下氧化,尔后被结合入甲状腺球蛋白中。但致甲状腺肿物质(如硫氰酸钾、硫脲嘧啶等)可抑制过氧化物酶,使甲状腺素的形成被阻断。应用丰富的碘能防止硫氰酸钾导致的甲状腺肿,但高浓度的碘化物也可阻断此过程。

3. 生理功能　碘是甲状腺的主要组成成分。机体正常生长发育必须有正常的甲状腺状态,这依赖于摄入适宜量的碘。在甲状腺中,碘以甲状腺素(T_4)、三碘甲腺氨酸(T_3)、一碘甲腺氨酸、二碘甲腺氨酸等形式存在。T_3与T_4具有激素活性,可被排放到血液中。

4. 缺乏与过量　缺碘导致甲状腺分泌受限制,使基础代谢率下降;放牧家畜缺碘常常不育,繁殖母畜产下弱而无毛的仔畜,胚胎可在任何阶段停止发育,导致胎儿被吸收、早产、死胎、流产;公畜缺碘常常性欲减退,精液质量变劣。缺碘致幼畜生长缓慢,成年畜禽生产力低下;缺碘绵羊出现甲状腺肿、脑发育迟缓等。

碘过多的情况亦有发生。摄入高剂量碘可致高碘甲状腺肿,但在停止摄入高碘制品和高碘饮水后,几周内其症状即可得到明显缓解或完全消失。

5. 来源与添加　遗传性决定的吸收碘的能力的差异,导致生长在同一地区不同种植物的含碘量有很大差异。生长地点对植物的含碘量也有显著的影响,远离沿海地区的植物一般含碘量低于沿海地区。春季牧地牧草中含碘量最少。植物的根部含碘最丰富,茎中最少(仅为叶中碘量的 15%)。饲料贮存过程中伴随着碘的大量损失,碘的补充饲料中也不断损失碘。在缺碘地区,可在畜禽饲粮中添加含碘的混合矿物质,通常是碘化物、碘酸盐。碘具有相当大的挥发性,应尽可能采用碘的稳定化合物,碘酸钾较碘化钾稳定。

(七)硒

1. 体内含量与分布 硒存在于机体所有细胞和组织中,其浓度因组织、饲料含量和化学形式而异。肝与肾中硒浓度最高,但含硒总量则以肌肉最大。心肌含硒量高于骨骼肌。组织含硒量在较大范围内反映饲料中的含硒量。

2. 吸收与排出 可溶性硒化物非常容易被胃肠道吸收。硒主要在十二指肠中被吸收,绵羊的瘤胃及真胃、猪的胃均不吸收。反刍动物肠对硒的吸收率低于单胃动物,一般认为是亚硒酸钠在瘤胃中被还原为不溶形式之故。动物与人的胃肠道对硒化合物的吸收似乎缺乏或很少有体内平衡的控制能力。大鼠试验结果显示,饲料中亚硒酸盐硒存在一个阈值($0.054 \sim 0.084 \mu g/g$)。饲粮硒高于此水平时,尿硒排泄与饲粮硒呈正相关,若低于上述水平则无此种关系。平衡试验表明,每天摄入硒量在 $9 \sim 22 \mu g$ 时,经尿排出的硒占总排泄量的 $50\% \sim 60\%$。与单胃动物相比,反刍动物从粪便排出的硒较多。

3. 生理功能 硒为畜禽维持生长和生育力所必需,在防止对维生素 E 表现不同反应的一些疾病中也是不可缺少的。硒和维生素 E 都能对细胞亚细胞结构的脂质膜起保护作用。含硒的谷胱甘肽过氧化物酶在催化体内过氧化物分解中起重要作用;含硒的脱碘酶与脱卤酶对体内碘的重复利用和周转是必要的。

4. 缺乏与过量 缺硒表现肌肉营养不良(白肌病),是横纹肌变性的一种疾病,主要发生在幼龄动物。渗出性素质病常危害 $3 \sim 6$ 周的小鸡,初始表现为脑、翅和颈水肿,继而大量皮下出血,特别是腹部皮下发生最多;病鸡精神委顿、腿弱、消瘦、虚脱而死。缺硒畜禽的另一症状是营养性肝病,尸检有严重的肝坏死,脂肪组织有蜡样的棕色色素沉着;$3 \sim 15$ 周龄猪受害最普遍,死亡率高。缺硒还使生殖功能紊乱,母禽产蛋量和孵化率降低,幼雏生活力弱;公绵羊与公猪精液密度低、精子活力差并呈现头尾损伤;某些地方放牧的母绵羊,于发生白肌病的同时出现季节性不育,大大降低繁殖率;缺硒还与母牛产后胎盘滞留有关。缺硒地区的牛、羊还常表现健康不良和生产力低下。在人,已查明缺硒地区癌症和心血管病的发病率与死亡率高。

硒过量可引起中毒。硒及其化合物可抑制体内琥珀酸脱氢酶等多种含硫氨基酸酶的活性,干扰机体氧化过程,影响细胞中间代谢。硒还能降低血液中胱氨酸、蛋氨酸、谷胱甘肽等含硫物的含量,影响蛋白质合成;并可影响维生素 C 及维生素 K 的代谢,损伤血管系统。妊娠母畜硒中毒后胎儿发育受损,产生先天性畸形。硒需要量与中毒量间的差距较窄,故添加硒时需谨慎。硒中毒有急性与慢性之分:慢性中毒(碱病)家畜表现委顿与缺乏活力、消瘦、毛粗乱,马的鬃毛、尾毛及猪全身被毛脱落,蹄病和蹄角脱落,关节僵硬、跛行,心脏萎缩,肝硬化和贫血,多因心衰而死亡。急性中毒(瞎眼蹒跚症)表现失明、腹痛、流涎、咬牙并有某种程度的麻痹,觅食困难、吸收紊乱,常死于呼吸窒息。

5. 来源与添加 牧草与植物从土壤获得硒,土壤中硒的数量和形态直接影响牧草与植物中的含硒量。富硒土壤是导致饲料和牧草含硒量高的主要原因,土壤的酸碱度对作物硒含量有较大影响。碱性土壤中硒以可溶性状态存在,植物易吸收,这类地区生长的植物含硒丰富,易发生硒中毒;酸性土壤中硒与铁结合成植物不能利用的形式,此类地区的植物含硒量不足,易致畜、禽缺硒。不同植物种从土壤中浓缩硒的能力不同,故生长在同一地区的不同种植物含硒量有很大的差异。大多数禾本科牧草属贫硒类,它们在硒供应充分时,积聚的硒也低于5mg/kg;谷类作物能在较大程度上积累硒,含硒量为5~30mg/kg;豆科、十字花科和菊科植物的含硒量可能超过1 000mg/kg。硫可影响植物的含硒量,植物体内硫含量偏低时,硒的含量随之降低,反之亦然。维持土壤中硫与硒的一定比例,有利于减少植物对硒的吸收。在缺硒地区,可给放牧家畜定期注射或口服硒盐(亚硒酸钠或硒酸钠),或将硒丸(以硒酸钙、硒酸钡或元素硒作硒源)投入反刍家畜瘤胃或网胃中,使其在较长时期内缓慢释放出硒;可购买富硒区的饲料进行补饲,或每年一定时期将家畜赶到富硒区放牧一段时间。对舍饲畜、禽,多在饲粮中添加含硒的混合矿物质预混料。

(八)氟

1. 体内含量与分布 动物体内氟含量相对较高,正常人体内含氟量仅低于硅与铁,居微量元素的第三位,约2.6g。动物体内氟也随环境氟、食入氟量和年龄的增长而增多。钙化组织中的氟浓度高,骨骼与牙齿中含氟量最高,指甲与毛发中也较高。软组织中也广泛分布着氟,但浓度低,且不易受年龄和食入量的影响。氟不易通过胎盘与乳腺屏障进入胎儿或吮乳仔畜,故新生动物组织的含氟量低于母体。但饲粮氟很易进入鸡蛋,特别是蛋黄中。

2. 吸收与排出 动物胃肠道都具有吸收氟的能力。饮水中的氟几乎100%被吸收,饲料中氟一般可吸收50%~80%。溶解度高的氟化钠最易被吸收,氟化钙中氟的吸收较差。食入的钙、铝、镁多时,可干扰氟的吸收,铁却能促进氟吸收。肾是动物排泄氟的主要途径,随尿排出的氟可达90%,极少量氟随粪(10%)与汗液排出。

3. 生理功能 适量氟极易被牙釉质中的羟磷灰石吸附,并可取代其中的羟基,形成氟磷灰石,从而增强釉质的抗酸腐蚀能力。此外,还可抑制某些微生物与酶的活性,从而保护牙齿正常结构与降低龋齿的发生率。适量氟有利于钙、磷的利用及在骨中沉积,增强骨的硬度。氟还可促进铁吸收,对预防缺铁性贫血有益。

4. 氟的毒性 若饮水(天然高氟或水源受氟工业污染)、工厂飞尘或钙磷补充料中氟过高,使畜禽长期摄入过量氟,可引起慢性中毒。主要是钙代谢障碍,导致缺钙。症状为牙齿与骨变色,形成斑齿,影响齿和骨的正常结构。食入过多的氟影响体内氟、钙、磷的比例,形成大量氟化钙,使骨密度增高,骨质变硬、增生,骨皮质及骨膜增厚,表面凹凸不平,韧带钙化,椎间管变窄,导致关节强直、僵硬,行动不便。氟化钙在骨中过量沉积必然使血钙降低,进而引起骨脱钙质及手足搐搦。氟属强氧化剂,可与多种含金属的酶结合或抑制其活性,特别是含镁的酶,如酸性磷酸酶、三磷酸腺苷酶等,可致机体代谢紊乱,最终影响生产性能。氟可抑制骨髓活性,导致贫血,还可抑制多种参与糖代谢酶的活性,造成糖代谢障碍。氟是一种细胞毒,能损害肾脏功能。

除一次大量摄入氟化物外,一般不易发生氟急性中毒。急性中毒主要由胃内产生的氢氟酸刺激胃肠黏膜,引起急性出血性胃肠炎,并出现过敏和抽搐,呼吸困难,肌肉震颤,阵发性强直痉挛,最终虚脱而死。

<h1 style="text-align:center">三、电解质平衡</h1>

（一）电解质平衡的意义与计算方法

电解质平衡是指饲粮中常量元素离子间的平衡关系。人们十分关注各元素的重要性与作用，但饲粮配合中矿物质离子间的平衡对动物的健康与生产也极为重要，亦应予足够重视。正常动物体均保持稳恒的内环境或平衡的内生态，包括酸碱平衡（即电解质平衡），血液 pH 的稳恒对动物正常生命活动至关重要。动物生命活动过程中，营养与环境均会引起血液 pH 波动。饲料中含有生酸与生碱的有机与无机营养素。已提出多种计算酸碱平衡的方法和公式，有些公式同时考虑了生酸生碱的有机与无机来源。如计算阳离子与阴离子平衡（CAB）的公式为：

$$CAB = \frac{Na + K + Ca + Mg}{H_2PO_4 + HPO_4 + SO_4}$$

相比之下，无机的生酸（Cl，P，S）与生碱元素（Na，K，Ca，Mg）对体内酸碱平衡影响更大，且易在配合饲粮时添加或控制。故现今畜禽饲养中常常计算酸性元素与碱性元素的平衡，或称电解质平衡，或阳离子、阴离子平衡。电解质的原子价影响着酸碱平衡，故计算以毫克当量（mEq）为单位。真正定义的内涵是不易挥发的阳离子与阴离子原子价之间的平衡。已知 Na、K、Ca、Cl 对酸碱平衡执行着最强的离子效应，常称这几种元素为"强离子（Strong Ions）"，而 Mg、S、P 的离子效应相对较弱。故计算饲粮电解质平衡值（dietary electrolytesbalance，缩写为 DEB）时，一般采用的公式为：

$$DEB = mEq(Na + K - Cl)$$
$$DEB = mEq(Na + K) - (Cl + S)$$
$$DEB = mEq(Na + K + Ca + Mg) - (Cl + S + P)$$

计算电解质平衡的公式还有：

$$DEB = \frac{Cl}{Na + K}$$

$$DEB = \frac{Na + K}{Cl}$$

$$DEB = \frac{K + Cl}{Na}$$

计算饲粮阳离子与阴离子平衡（DCAB）的公式更简便：

$$DCAB = \frac{Na}{Cl}$$

关于电解质平衡的度量，国外一直采用 mEq/kg。国内也曾用此单位，现已改用阴阳离子平衡的 m mol/kg 表示。两种单位的实质相同，由同一公式的计算值也相等。

（二）电解质平衡与畜禽健康及生产力

已查明饲粮电解质平衡影响畜禽健康，影响饲粮营养物质消化率、利用率和生产水平。对健康的影响，最突出的是乳牛干乳阶段若利用电解质平衡为正值的饲粮，将使围产期低血钙及相应的一系列紊乱的发生率增高，如产褥热、胎盘滞留和真胃移位等。在家禽，高氯导致胫骨骨软症的发病率增高。一些试验表明,电解质平衡影响饲料营养物质消化、代谢过程。调节体内酸碱平衡和缓冲体系,可稳定地提高反刍动物瘤胃 pH,进而提高粗饲料的采食量与消化率。有报道,饲粮中离子平衡对蛋白质、氨基酸和维生素的代谢有影响。提高饲粮的阴阳离子平衡,可减少尿氮排出;饲粮蛋白质水平过低时,添加钠可提高生长速度,节省赖氨酸;赖氨酸与精氨酸的颉颃可因饲粮中加入代谢性有机酸的钠盐、钾盐而缓解。饲粮阴阳离子平衡影响猪的增重,添加镁也可提高猪的日增重,改善猪肉品质。电解质平衡影响乳牛的产乳量,添加 1%NaHCO_3 可提高乳牛生产性能。在热应激条件下,将钾和钠从 1.0% 与 0.38% 提高到 1.5% 和 0.67%,使进食量与产乳量提高。饲粮电解质平衡影响家禽生长发育、生产、蛋壳品质。高氯、高磷降低蛋壳品质。

四、矿物质的生物有效性

(一)矿物质生物有效性的定义与测定

饲料或矿物质添加剂中矿物质元素的生物学有效性(或利用率),通常是指摄入的矿物质元素被吸收、运输到起作用的位置,并转变为生理活性形式的部分。生物学利用率不仅意味着吸收,也包含该元素作为一种特定功能的利用;但吸收是限制利用的主要因子。由于摄入后各种矿物质元素的排出途径多变,许多元素通过肠液、胰液和胆汁排至小肠,随粪排出,故通过一般消化试验测出的表观吸收率大大偏离真实吸收状况。测定真实吸收率需用同位素法测出元素的粪内源排出量,以便与粪中外源元素排出量区分开来。真吸收率的计算公式为:

$$真吸收率(\%) = \frac{I - (C_1 - C_0)}{I} \times 100\%$$

式中:I 为被测元素的摄入量,C_1 和 C_0 分别为粪中排出该元素的总量与内源排出量。这是评定常量元素利用率比较理想的方法。

测定矿物质生物学效价,常选用一种参比物进行对比试验,以此参比物中某元素的效价为 100,计算出某饲料或矿物质添加剂中相同元素的相对效价。计算公式为:

$$相对利用率(\%) = \frac{M}{M_0} \times 100\%$$

式中:M 和 M_0 分别为含单位待测元素的物质效应和含单位同一元素参比物质的效应。

对同一种元素,判定效价的指标可能有多个。如测定钙、磷补充饲料的效价,可以佝偻病发生率、生长率、脱脂脱水胚骨灰含量为判据;测定饲料中铁和添加剂中铁的生物学效价,常用生长率、血红蛋白含量、血浆铁含量、细胞压积等为判据。用不同判据得出的结果可能有差异,应对各判据的结果进行综合评价。

理论上,生物学利用率的测定,应在动物对某种元素特定功能的需要量水平下测定,但微量元素生物学利用率的测定常在高于需要量条件下进行,所测结果值得考虑。所选参比物质不同,也可能得出不同的结果。

(二)采用金属螯合剂提高矿物质的生物学利用率

1. 金属螯合物的定义　凡由金属离子与有机物(配位体)相互作用形成的产物被称为络

合物,具有环状结构的络合物叫做螯合物。螯合物多为环状的有机配位体通过两个或多个键与一个二价或多价的金属元素(如 Ca^{2+}、Ni^{2+}、Zn^{2+}、Co^{2+}、Fe^{2+}、Mn^{2+}、Mg^{2+} 等,多是元素周期表中的过渡元素)结合。这些过渡元素遇到对阳离子有强大吸引力的强碱基 NH^{2-}、OH^{-}、CN^{-},大多数情况下可形成稳定的络化物或螯合物。与金属离子螯合的有机物被称为螯合剂。饲料中有多种天然的螯合剂,如氨基酸、柠檬酸、水杨酸、酒石酸、草酸等,故正常情况下畜体内就存在螯合作用和螯合物。

2. 螯合作用与矿物质元素的生物有效性 金属元素仅在存在配位体时形成螯合物,才能被吸收、在血流中运输、透过细胞膜,将金属离子运送并沉积到所需要的组织或器官。以无机形式的矿物质元素作添加剂时,它们与饲料中的配位体结合后被吸收。但饲料中的配位体可能不足以结合全部摄入的矿物质元素,故元素相互间对天然有机配位体进行竞争。添加螯合剂形式的矿物质元素,可避免对饲料中配位体的竞争,提高元素的吸收率与利用率,同时可节约在体内形成螯合物的能耗。

但并非一切螯合物都有利于矿物质元素的吸收。已知,有些螯合剂与元素结合后使元素更难被吸收,如草酸和植酸与钙、铁、锌、锰等元素结合形成不溶解和很难吸收的化合物。金属元素与乙二胺四乙酸(EDTA)结合的螯合物也难溶解与被吸收,故 EDTA 常被用作重金属的解毒剂。

螯合物之所以容易或难被吸收利用,决定于其稳定常数或亲和力。稳定常数太高时,虽可使元素易被吸收,但不能在发挥作用的部位将其释放出来。最好的离子载体是螯合稳定常数中等,而不是非常稳定的,如锌螯合物的稳定常数介于 $13 \sim 17$ 间较为合适。金属与氨基酸的螯合物,稳定常数通常都在 $4 \sim 15$,既有利于吸收金属元素,需要时又能将金属离子释放出来,而氨基酸部分也可有效地被利用。

第八节 维生素与畜禽营养

维生素是存在于天然饲料中的一类低分子有机化合物。与碳水化合物、蛋白质、脂肪相比,它们的存在量很少,不是形成动物组织、细胞结构的物质或能量来源;动物对其需要量极低,但却对畜禽正常生理功能有非常重要的作用。长期给畜禽饲喂完全缺乏维生素的饲料可引起畜禽代谢严重紊乱;维生素不足引起的亚临床缺乏不易被察觉,却可导致幼畜禽生长迟缓、抗病力弱,成年畜禽生产力与繁殖力下降;但过量摄入某些维生素(如维生素 A 与维生素 D)也可能有害。

各种维生素在化学结构上并无共性,传统上是按溶解性将其分成两大类,即脂溶性维生素(维生素 A、维生素 D、维生素 E、维生素 K)和水溶性维生素(B 族维生素与维生素 C)。

一、脂溶性维生素与畜禽营养

(一)维生素 A,胡萝卜素

1. 理化特性与效价 维生素 $A(C_{20}H_{29}OH)$ 的化学名称为视黄醇,是具有白芷酮环的多不饱和一元醇,其衍生物有视黄醛与视黄酸。脱氢视黄醇($C_{20}H_{27}OH$)被称作维生素 A_2。维生素 A 为淡黄色结晶固体,不溶于水,可溶于脂肪和各种脂肪溶剂。只有动物体内存在维生素 A。现已通过人工合成生产维生素 A。

植物中存在类胡萝卜素,其中某些是维生素 A 原(前体),可在动物体内转化成维生素 A。已发现 600 多种类胡萝卜素,具有维生素 A 原活性的不足 10%。维生素 A 原活性最强的是 β-胡萝卜素,其分布广泛;α-胡萝卜素、γ-胡萝卜素的活性较低。玉米黄素和叶黄素是蛋黄和鸡皮肤着色的主要色素,但不具维生素 A 原活性。纯 β-胡萝卜素呈红色,但其溶液显橙黄色;所有维生素 A 原均不溶于水,而溶于脂肪与脂肪溶剂中。

1IU 的维生素 A 相当于 $0.3\mu g$ 视黄醇、$0.344\mu g$ 维生素 A 乙酸酯、$0.549\mu g$ 维生素 A 棕榈酸酯、$0.6\mu g$β-胡萝卜素。

饲料中维生素 A 和胡萝卜素均易被氧化而丧失活性,尤其是在湿热及存在微量元素和酸败脂肪的情况下。

2. 吸收、转化与贮存 食入的维生素 A 和胡萝卜素,在胃蛋白酶和肠蛋白酶作用下,从所结合的蛋白质上脱离;在胆盐作用下被分散成微团形式。同胆汁盐、甘油一酯和长链脂肪酸与维生素 D、维生素 E、维生素 K 一起构成的混合微团,促进维生素 A 和 β-胡萝卜素运输到肠细胞。在此处,大量 β-胡萝卜素转变成维生素 A。尔后,游离的维生素 A 被酯化(棕榈酸是酯化作用主要的脂肪酸),与维生素 A 结合蛋白结合,经肠道淋巴系统运至肝脏贮存。当周围组织需要时,它被水解成游离的视黄醇,与视黄醇蛋白结合后再与别的血浆蛋白(如前白蛋白)结合,形成蛋白—蛋白复合物,通过血流到达靶器官。1 个胡萝卜素分子相当 2 分子维生素 A 醇,但在转化过程中常常是非中央断裂,加之胡萝卜素在小肠中的吸收率不高,故所吸收的类胡萝卜素中,只有 1/2 的 β-胡萝卜素和 1/4 的其他类胡萝卜素转变成维生素 A。动物种不同,转变胡萝卜素为维生素 A 的效率也各异(表 1-14)。胡萝卜素亦主要被贮藏在肝中,人、牛、禽的脂肪组织也沉积类胡萝卜素;而猪、羊的脂肪组织中不沉积。肝脏中的胡萝卜素是可动用的,尚不能确定脂肪组织中的胡萝卜素可否被动用。一般说,饲粮中 80%~90% 的维生素 A 可被畜体吸收,胡萝卜素吸收率为 50%~60%。维生素 A 与类胡萝卜素为非水溶性,未吸收的部分主要从粪中排出。

表 1-14 不同动物种将 β-胡萝卜素转化为维生素 A 的效率

动物种	转化 1mg β-胡萝卜素为维生素 A 的量(IU)	转化 β-胡萝卜素为维生素 A 的能力(%)
标准动物(大鼠)	1667	100
肉 牛	400	24
乳 牛	400	24
绵 羊	400~500	24~30
猪	500	30
生长马	555	33
繁殖马	333	20
家 禽	1667	100
水 貂	不能利用胡萝卜素	—
人	556	33.3

引自杨凤主编.《动物营养学》,(第二版).2002

3. 功能与缺乏症 维生素A(视黄醇)的生理功能为维持暗视觉和在黏多糖合成中起重要作用。黏蛋白是存在于软骨和分泌黏液的上皮细胞中糖蛋白或黏蛋白质的辅基。近20多年来研究发现,视黄醇在维持细胞分化方面有重要的生物学作用,维生素A酸受体通过促进基因转录调节机体代谢与胚胎发育,证明维生素A也同时具有调节机体代谢的类固醇激素作用。维生素A与胡萝卜素缺乏的主要症状表现在以下几方面:

(1)视觉 维生素A不足或缺乏影响动物视觉,起因有三方面。首先,11-顺视黄醛与视蛋白结合形成的视紫红质是视网膜杆细胞对弱光敏感的感光物质。维生素A缺乏时,合成的视紫红质不足,对弱光的敏感度降低,遂形成夜盲症或全盲。维生素A缺乏引起角膜异常和颅骨异常压迫视神经,也是降低视力的原因。

(2)上皮与黏膜完整性 机体内所有与外界相通的管道和腔,包括消化道及其分枝,呼吸道及其连接物,生殖泌尿道,角膜上皮及眼周围的软组织的上皮,都需要维生素A。缺乏维生素A引起黏膜上皮角质化,易继发感染,常导致消化不良、腹泻、支气管炎、肺炎、尿道结石、尿酸盐沉积等,死亡率提高。严重的维生素A缺乏,损伤眼睛结构,使角膜脱落、增厚、角质化,降低角膜的透明度(起翳),视力下降或全盲。

(3)繁殖 维生素A对维持繁殖功能和胎儿发育是必需的,其缺乏可导致公、母畜尿道及生殖道上皮病变,公牛睾丸生精上皮退化,造成不育或繁殖力下降;公畜精子生成受抑制;母畜发情不明显,排卵延后,妊娠母畜流产或产出死胎、弱仔、瞎眼或畸形仔畜。缺乏维生素A母鸡产的蛋常在孵化的2~3d发生胚胎死亡。较近的一些研究表明,β-胡萝卜素本身具有调节母牛繁殖的功能。

(4)生长发育与生产力 轻度缺乏维生素A常使食欲下降,同时影响生长激素分泌,因而使幼畜、禽生长发育速率下降、衰弱。成年家禽的产蛋率与孵化率下降。

(5)骨发育 维生素A缺乏,软骨上皮的成骨细胞和破骨细胞的活性受影响而使骨变形;同时影响细胞中 $1,25(OH)_2D_3$ 受体水平、细胞形态与结构、碱性磷酸酶水平及 $25(OH)D_3$ 羟化酶活性。生长期骨形变化可压迫神经,神经萎缩引起相应功能发生障碍。视神经管狭窄可导致失明,听神经受损引起耳聋。曾发现牛、羊、猪因骨变形影响肌肉和神经,导致运动不协调,步态蹒跚、麻痹及痉挛等。

(6)免疫力 维生素A缺乏导致淋巴细胞分化成T细胞和B细胞起重要作用的胸腺萎缩,鸡的一级淋巴样器官法氏囊过早消失,骨髓中骨髓样和淋巴样细胞的分化也受影响。维生素A缺乏动物的抗原抗体应答下降。维生素A缺乏会影响机体非抗原系统的免疫功能,如吞噬作用,外周淋巴细胞的捕捉与定位,天然杀伤细胞的溶解,白细胞溶菌酶活性的维持以及黏膜屏障抵抗有害微生物侵入的能力。维生素A对防止某些癌症也有一定作用。

β-胡萝卜素能捕获单线态氧和自由基,保护细胞膜免遭氧化,从而提高机体的免疫力。近年发现,α-胡萝卜素、叶黄素、番茄红素等也具有促进免疫的作用。

4. 维生素A过量 维生素A从体内排出缓慢,长期摄入过量易引起中毒。表现为食欲不佳、失重、骨畸形、器官退化、生长缓慢,皮肤增厚或有炎症,脱毛及先天畸形。非反刍动物,包括禽和鱼类,中毒量是需要量的4~10倍或以上,反刍动物则30倍于需要量。据报道,人一次服用维生素A 50万~100万IU可致死。

5. 来源与添加 维生素A来源于动物产品,主要是鱼肝油。绿色植物中胡萝卜素丰富。在青绿饲料干燥、加工与贮藏过程中,随着绿色减褪,胡萝卜素含量下降。其损失程度与加工技术、贮藏条件和时间有关,快速干燥牧草可使胡萝卜素的损失降至 5%,青贮可保存大量胡萝卜素。牧草青贮料中的胡萝卜素丰富,玉米秸秆青贮料不能满足乳牛对胡萝卜素的需要。胡萝卜、南瓜中含有丰富的胡萝卜素,黄玉米籽实中也含有少量。

若畜禽饲粮中青绿饲料、优质青干草或牧草青贮料份额高,一般可满足其对维生素 A 与胡萝卜素的需要。在精料型猪禽饲粮中应添加合成的维生素 A。确定添加量可参考推荐标准,并考虑可能影响需要量及维生素 A 添加剂效价的因素。乳牛饲粮中若以玉米青贮料及秸秆作为粗料,应当添加维生素 A 与胡萝卜素(或胡萝卜素丰富的饲料)。可按以下指标判断维生素 A 和胡萝卜素的供应是否足够:猪血浆中维生素 A 含量低于 $1\mu g/mL$ 表示严重缺乏,鸡肝含维生素 A $2\sim5IU/g$ 即不致缺乏。肉牛血浆中维生素 A 低于 $0.2\mu g/mL$ 表示缺乏;乳牛肝脏中维生素 A 低于 $1IU/kg$ 为临界缺乏,血浆胡萝卜素低于 $1\mu g/mL$ 为严重缺乏,低于 $2\mu g/mL$ 表示临界缺乏,低于 $3\mu g/mL$ 影响母牛生育力。

(二)维生素 D

1. 化学特性与效价 从结构上可把维生素 D 视为胆固醇的衍生物,它们都有 A、B、C、D 四个环,B 环有两个双键($5\sim6$,$7\sim8$ 碳原子),并被连接到一个异辛基侧链上。四个环的基本结构决定其存在维生素 D 活性,不同的异辛基侧链影响其活性强度。在动物组织中,存在维生素 D 的先体——7-脱氢胆固醇;植物中存在的维生素 D 先体是麦角固醇。这两种先体经紫外线照射可转变成维生素 D_3 和维生素 D_2。维生素 D_3 的效价高于维生素 D_2(在乳牛维生素 D_3 是维生素 D_2 的 $2\sim4$ 倍,维生素 D_3 防止家禽佝偻病的效力是维生素 D_2 的 30 倍)。结晶胆钙化醇是白色针形物,低温与暗环境下较稳定。紫外线照射、酸败脂肪及微量元素均可使其氧化失效。维生素 D 不溶于水,可溶于有机溶剂和植物油。

维生素 D 的衡量单位是 IU,1 IU 维生素 D 相当于维生素 D_3 $0.025\mu g$ 的活性。

2. 吸收、代谢与排出 溶于油脂的维生素 D,80% 以上可被吸收。其吸收方式与脂类相同,大约在十二指肠末端被吸收。机体合成的或从饲粮摄入的维生素 D,在肝脏中 25-羟化酶作用下转变成 25-OH-D_3,它是贮存形式;随后在肾中经 25-$(OH)D_3$ 1α 羟化酶催化转变成 $1,25(OH)_2D_3$,它是维生素 D_3 的活性形式,其主要作用点是肠、骨骼、肾、蛋壳腺(禽)等。生理浓度的维生素 D_3 和 25-OH-D_3 对靶器官无影响。

吸收的维生素 D 及其代谢物在胆盐存在的条件下,主要从粪中排出,尿中很少。

3. 功能与缺乏症 维生素 D 的主要功能是与甲状旁腺等协同,共同调节体内钙磷平衡。其活性代谢物促进肠吸收钙或从骨动员钙,加强肾小管重吸收钙,使血清钙与磷水平提高,支持骨生长与钙化,也直接影响骨代谢,促进骨基质形成。维生素 D 的这些活性代谢物具有在亚细胞水平作用的机制,被认为是类固醇激素。缺乏维生素 D 的主要症状与钙磷缺乏类似,幼畜患佝偻症,成年畜禽为骨软症。母畜妊娠期维生素 D 过度缺乏会造成新生幼畜先天骨畸形,母畜的骨也受损伤。家禽缺乏维生素 D 可降低产蛋量和孵化率,蛋壳变得薄而脆。

维生素 D 还与肠黏膜的细胞分化有关。维生素 D 缺乏大鼠和雏鸡的肠黏膜微绒毛长度仅为采食正常饲粮者的 $70\%\sim80\%$,加入维生素 D 后肠绒毛恢复正常。$1,25(OH)_2D_3$ 有可能促进腐胺的合成,腐胺与细胞分化和增殖有关。已有不少证据表明,维生素 D 影响免疫系统。$1,25(OH)_2D_3$ 可调节淋巴细胞和单核细胞的增殖、分化和免疫反应,影响巨噬细胞的免疫功能,还可抑制具有维生素 D 受体的多种癌细胞的增殖。

4. 过量　饲喂大剂量经光照射过的麦角固醇会产生维生素 D 过多症。对于大多数动物，连续饲喂超过需要量 4～10 倍或以上的维生素 D_3 可出现中毒症状。维生素 D_3 的毒性比维生素 D_2 大 10～20 倍。中毒表现为血钙过高，动脉中广泛沉积钙盐，各种组织、器官都发生钙质沉着，骨松脆、变形、断裂。但也有报道，大剂量维生素 D 未引起钙的广泛沉积，只是对成骨细胞和破骨细胞有影响。

一些国家和地区存在含有 $1,25(OH)_2D_3$ 的植物，马、牛、猪采食后严重中毒。表现为体重减轻、前肢僵硬、拱背、骨硬化、软组织钙沉积与死亡。

4. 来源与添加　青绿牧草含麦角固醇，收获后经日晒成干草可大大提高其维生素 D_2 含量，人工干燥干草缺乏维生素 D。动物肝和禽蛋含有较多的维生素 D，特别是某些鱼类的肝中丰富。人与动物皮肤分泌物中的 7-脱氢胆固醇，只需每天暴露于阳光下几分钟，即可大量转变成维生素 D_3，被皮肤吸收。在工厂化密闭饲养条件下，畜禽不接触阳光，应在饲粮中适当补加维生素 D 制剂。

（三）维生素 E

1. 理化特性与效价　维生素 E 是一组化学结构类似的酚类化合物，又称生育酚。具有维生素 E 活性的天然化合物共有 8 种，分属生育酚（α-、β-、γ-、δ-）和生育三烯酚（α-、β-、γ-、δ-）。其中，以 D-α-生育酚活性最高，β-、γ-、δ-生育酚的生物学活性分别为 α-生育酚的 56%、16%、0.5%。在四种不饱和形式中，只有 α-生育三烯酚有一些维生素 E 活性，仅约为其饱和对应物的 16%。D-α-生育酚是稍有黏性的浅黄色油，不溶于水，溶于油、脂肪和脂肪溶剂。

1mg DL-α-生育酚乙酸酯为 1IU，1mg DL-α-生育酚相当 1.1 IU，1mg D-α-生育酚乙酸酯为 1.36 IU，1mg D-α-生育酚相当于 1.49 IU。

2. 吸收与代谢　哺乳动物主要在空肠吸收维生素 E。被吸收前，先在肠中与甘油一酯、不饱和脂肪酸和胆汁盐联合形成可弥散的微团形式，经肠黏膜细胞的刷状缘进入黏膜细胞内部，并以乳糜微粒的一部分离开细胞，进入淋巴系统、血液，再转运到机体各部。

3. 功能与缺乏症　维生素 E 的重要功能之一是抗氧化作用，其结构中酚上的羟基能给脂类的自由基提供一个氢，故可抑制自由基，阻止链式反应，由此可保护细胞膜，尤其是亚细胞膜的完整性。维生素 E 被称为抗氧化机制的第一道防线，谷胱甘肽是第二道防线，"泄露的"氧化自由基损害细胞膜的效应，在细胞的含水部分被谷胱甘肽过氧化物酶中止。维生素 E 的另一功能是在核酸及蛋白质代谢及在线粒体代谢中起作用。维生素 E 和硒与机体的免疫力有关。

畜禽缺乏维生素 E 的症状有许多与缺硒相似，也有其独特处。反刍动物主要表现为肌肉营养不良或萎缩，牛繁殖力下降，母牛出现性周期紊乱，公牛精子活力降低，犊牛和羔羊出现白肌病。公猪睾丸退化、肝坏死、营养性肌病和免疫力下降。家禽表现为繁殖功能紊乱、胚胎退化、脑软化、红细胞溶血、血浆蛋白减少、肾退化、渗出性素质病、脂肪组织褪色、肌肉营养障碍及免疫力下降等。

4. 过量　相对于维生素 A 与维生素 D，维生素 E 几乎是无毒的，大多数动物能耐受 100 倍于需要量的剂量。畜禽维生素 E 中毒，仅有零星报道。在为数有限的试验中，发现过以下症状：出血性综合征、神经失调、水肿、内分泌腺体的变化及维生素 E 与维生素 K 的颉颃等。

5. 来源与添加　维生素 E 在饲料中分布很广泛，青绿牧草是丰富的来源，幼嫩青绿牧草含量比成熟青绿牧草高。牧草叶中维生素 E 含量是茎中的 20～30 倍。蛋白质饲料中一般缺乏维生素 E。

(四)维生素 K

1. 理化特性与效价　维生素 K 是一组化合物的总称。天然存在的维生素 K 源有叶绿醌(维生素 K_1)和甲基萘醌(维生素 K_2);前者是黄色油状物,后者为淡黄色结晶。工业合成的 2-甲基-1,4-萘醌(维生素 K_3)已广泛出售。维生素 K 耐热,但对碱、强酸、光和辐射不稳定。所有形式的维生素 K 均在动物肝内转变成甲基萘醌,表明甲基萘醌是维生素 K 的代谢活性形式。

各种维生素 K 的生物学活性不同,但维生素 K_1 和维生素 K_2 相当,合成的甲萘醌系列产品的生物活性相差较大,主要决定于产品的稳定性和饲粮组成质量。饲粮中存在的维生素 K 颉颃物明显影响维生素 K 的活性。霉变的草木樨中的双香豆素会降低维生素 K 的活性。

在目前市售的维生素 K 产品中,1mg 维生素 K_3(甲萘醌)活性=2.0mg 纯亚硫酸氢钠甲萘醌=4.0mg 亚硫酸氢钠甲萘醌复合物=4.3mg 50% 的亚硫酸氢钠二甲嘧啶甲萘醌。

2. 吸收与排出　维生素 K 的吸收与其他脂溶性维生素类似,需要饲粮中含一些脂肪和胆汁盐。维生素 K_1 通过一个耗能过程在小肠起始部主动吸收,维生素 K_2 为被动吸收。维生素 K 的吸收率一般为 10%～70%。维生素 K_3 似乎可全部吸收,但在肝中很快转变成维生素 K_2,未转化部分迅速经肾排出。维生素 K_1 吸收较差,吸收率仅为 50% 左右,但在体内存留时间较长,主要从粪中排出。维生素 K_2 是动物组织中主要的维生素 K 形式。甲萘醌亚硫氢酸酯和磷酸酯相对是水溶性的,在饲喂低脂饲粮的条件下有满意的吸收率。

3. 功能与缺乏症　维生素 K 主要参与凝血过程,是凝血酶原(因子Ⅱ)和凝血因子Ⅶ(转变加速因子前体)、Ⅸ(血浆促凝血酶原激素)和Ⅹ(斯图尔特因子)的激活所必需的。故缺乏维生素 K 使凝血时间延长。凝血酶原的形成依赖维生素 K 的羧化酶系统,此系统维生素 K 供应不足,就缺乏能使凝血酶原分子与钙离子结合的特异性氨基酸(γ 羧基氨基酸),使它不能获得活性。

维生素 K 的缺乏症主要见于家禽。产蛋鸡缺乏维生素 K 时所产蛋孵出的小鸡含维生素 K 也少,凝血时间延长,即使轻度创伤或挫伤,都有可能导致出血、致死。缺乏维生素 K 时,生长肥育猪出现肌肉退行性变化,母猪易发生流产或生出的仔猪步态僵硬,新生仔猪脐部出血。反刍动物靠瘤胃微生物合成可满足维生素 K 的需要,但饲粮中有维生素 K 颉颃物时(如腐败草木樨的双香豆素)可发生缺乏症状。干草和青贮料中的双香豆素会造成犊牛剧烈的内出血及死亡。

4. 过量　相对于维生素 A,维生素 D 而言,维生素 K_1 和维生素 K_2 几乎无毒。叶绿醌和甲基萘醌的衍生物在很高水平时也不具毒性。2-甲基萘醌则对某些畜种的皮肤和呼吸道有毒(其酸式硫酸盐除外)。长期给予高水平 2-甲基萘醌可引起动物贫血、溶血、正铁血红蛋白尿和卟啉蛋白尿等异常现象。

5. 来源与添加　青绿多叶饲料是维生素 K_1 的丰富来源,大豆、肝、蛋和鱼粉一般也较丰富,禾本科籽实及块茎贫乏。反刍动物瘤胃微生物能合成足够的维生素 K_2;肠道微生物也能合成维生素 K_2,但在大肠下段几乎不被吸收。单胃动物通过食粪可获得一些维生素 K_2。鸡肠道短,食糜通过快,微生物合成强度差,由此途径获得的维生素 K 很少(特别是网上养殖方式),故对缺乏维生素 K 最为敏感,通常需在饲粮中添加。合成维生素 K 是向饲粮补充的主要形式。

二、水溶性维生素与畜禽营养

(一)硫胺素(维生素 B_1,抗神经炎维生素)

1. 理化特性 硫胺素是由 1 分子嘧啶和 1 分子噻唑结合而成的复杂含氮碱,为白色结晶。具特有的香气和肉味,易溶于水,在甘油、丙二醇和 95% 乙醇中相当稳定。不溶于脂肪和脂肪溶剂。脱氢硫胺素在紫外光下显示特有的蓝色荧光。对热稳定(100℃数小时仍保持稳定),但潮湿环境下对热不稳定。中性与碱性条件下(室温下,pH 在 7 以上时)迅速被破坏。

2. 吸收与排出 硫胺素主要在十二指肠吸收,空肠、回肠亦能吸收;反刍动物瘤胃和马盲肠能吸收游离硫胺素。主动转运和被动扩散均发挥作用,低浓度时以主动转运为主。过量摄入使血液硫胺素水平上升,但只能在体内贮存少量。硫胺素从粪和尿中排出。猪贮备硫胺素的能力比其他动物强,贮备量可维持 2 个月。

3. 功能、缺乏症与过量 存在 ATP 时,肝脏中硫胺素被磷酸化而转变成活性形式焦磷酸硫胺素(羧辅酶,在体内占硫胺素的 80% 以上)或磷酸硫胺素。焦磷酸硫胺素是 α-酮酸氧化脱羧酶、转酮酶的辅酶,参与柠檬酸循环中丙酮酸生成乙酰辅酶 A,α-酮戊二酸生成琥珀酰辅酶 A 的氧化脱羧反应,及戊糖磷酸循环途径中戊糖磷酸酯的生成和细菌、酵母及植物中缬氨酸的合成。

在所有营养素中硫胺素对食欲影响最大。其缺乏的早期症状是食欲缺乏,生长受阻,体重减轻,肌肉衰弱和神经系统功能障碍,家禽羽毛蓬乱。继而出现多发性神经炎,共济失调、麻痹、抽搐(狐、貂、绵羊、犊牛),头向后仰呈"观星状"(鸽、鸡、毛皮动物、犊牛、羔羊)、心力衰竭、水肿、腹泻,胃酸缺乏(大鼠、小鼠),胃和肠壁出血(猪)。

接受很高剂量硫胺素亦无毒性,多余的硫胺素能迅速随尿排出。

4. 来源与添加 啤酒酵母中硫胺素丰富,谷类籽实及其副产品、菜豆、豌豆、大豆饼粉、棉籽饼粉和苜蓿粉比较丰富(集中存在于胚和糊粉层中),多叶青饲料、肝、肾、蛋黄中硫胺素也丰富。因此,正常条件下畜禽饲粮的硫胺素足够,无须补充。当存在硫胺素颉颃物或环境与加工条件可能破坏硫胺素时,会出现硫胺素缺乏,应添加人工合成的硫胺素(常为盐酸硫胺素)。鲜鱼和温血动物的心脏和脾脏等可能存在硫胺素酶,可破坏硫胺素,羟基硫胺素是一种强有力的硫胺素抑制剂。

(二)核黄素(维生素 B_2)

1. 理化特性 核黄素系由一个异咯嗪环与核糖醇所组成的一种黄色结晶化合物,微溶于水,其水溶液呈淡黄色荧光;耐热,在酸性与中性溶液中稳定,易被碱破坏;遇光,特别是对紫外光不稳定。

2. 吸收与排出 食物中的核黄素主要以非共价键形式与黄素酶蛋白结合,在胃酸作用下即可游离出来;少部分以共价键形式存在,形成黄素酶。后者在蛋白水解酶等多种酶作用下生成核黄素而被吸收。以主动转运吸收为主,高剂量时可被动吸收。

主要以核黄素形式从尿中排出,少量从汗、粪和胆汁中排出。食入过量时,迅速以核黄素形式从尿中排出。

3. 功能、缺乏症与过量 核黄素是黄素蛋白的一种重要组成成分。这些结合蛋白的辅基含有以磷酸盐形式(黄素单核苷酸 FMN)或者类似黄素腺嘌呤二核苷酸(FAD)的黄素蛋白,它们都与体内化学反应的递氢作用有关,对碳水化合物、脂肪和蛋白质代谢有重要作用,并可促进维生素 C 的合成。

猪缺乏核黄素表现为食欲减退,继而生长停滞,呕吐,发疹,背和体侧皮肤上有渗出物、脱毛,晶体浑浊及白内障,并影响青年母猪的生殖系统。雏鸡采食缺乏核黄素饲粮时,腹泻、生长缓慢,并发生"卷爪麻痹症"(周围神经变性所致)。种母鸡核黄素缺乏时产蛋量与种蛋孵化率降低,胚胎畸形,出现以卷羽为特征的"棍状羽毛"现象。

核黄素的中毒剂量是需要量的数十倍到数百倍,生产条件下不易产生中毒。

4. 来源与添加 各种青绿植物、酵母、真菌和大多数细菌均能合成核黄素(乳酸杆菌例外)。酵母、肝、乳(尤其乳清)和多叶类青饲料为核黄素的丰富来源,但谷类籽实中含量甚少。猪、禽饲粮主要以谷实类组成,易缺乏,应添加核黄素制剂。

(三)维生素 B_6(吡哆醇)

1. 理化特性 吡哆醇是无色易溶于水和醇的晶体,对热、酸、碱稳定,对光(特别是在中性或碱性条件下)敏感而易被破坏。有吡哆醇、吡哆醛与吡哆胺三种形式,其对动物的活性相同。常见的商品形式为吡哆醇盐酸盐。

2. 吸收与排出 饲料中的吡哆醇、吡哆醛与吡哆胺常与蛋白质结合在一起,在酶(如碱性磷酸酶)作用下转变成游离的吡哆醇、吡哆醛与吡哆胺,在肠(主要是空肠)中以被动扩散形式吸收。运至肝后主要转变为磷酸吡哆醛,其次为磷酸吡哆胺。这两种形式在体内有少量贮存。磷酸吡哆醇的代谢物(吡哆酸)随尿排出,极少部分从胆道分泌,形成肠肝循环。

3. 功能、缺乏症与过量 以吡哆醛形式参与蛋白质、脂肪和碳水化合物等各种代谢反应。吡哆醛是动物体 50 多种酶的辅酶,所有转氨酶的辅酶均是吡哆醛,通过转氨作用将氨基酸、碳水化合物与脂肪代谢联系起来;脱羧酶、消旋酶、醛缩酶等也是吡哆醛依赖酶,通过脱羧作用可生成多种生物活性物质,如组胺、血清素、牛磺酸等。

最常见的维生素 B_6 缺乏症为神经系统症状,惊厥是谷氨酸脱羧酶活性降低引起谷氨酸蓄积所致。雏鸡缺乏此维生素时生长受阻,羽毛发育不良,异常兴奋,痉挛;成年家禽的孵化率和产蛋量下降。猪采食缺乏此维生素 B_6 饲粮时会出现典型缺乏症,包括惊厥、食欲差、生长迟缓、眼周有褐色渗出液,出现小红细胞异常的血红蛋白过少性贫血。在某些畜种,该维生素缺乏能造成蹄部、面部及耳周皮肤损伤,毛囊萎缩;但在猪、犊牛和家禽尚未见皮肤损伤。实验动物和猪抗体反应减弱,雌性大鼠所产仔鼠免疫力下降。

一般情况下很难发现维生素 B_6 中毒现象。口服或通过其他途径接受大剂量维生素 B_6 会导致惊厥、行动失调、瘫痪及死亡。

4. 来源与添加 维生素 B_6 广泛存在于饲料中,生产实践中不易缺乏。酵母、肝、肌肉、乳清、豆类、谷物及其副产品和蔬菜都是丰富的来源。维生素 B_6 的颉颃体为羟基嘧啶、脱氧吡哆醇和异烟肼。亚麻饼中含有一种二肽化合物,猪、禽饲粮中添加高比例亚麻饼会出现吡哆醇临床缺乏症,应提高该维生素的添加量。

(四)烟酸(尼克酸)

1. 理化特性 烟酸是具有生物活性的全部吡啶-3-羧酸及其衍生物的总称。尼克酰胺为尼克酸的酰胺衍生物(吡啶-3-羧酸),是在动物体内发挥作用的形态。烟酸是一种稳定的维生素,遇热、酸、碱均不易被破坏或氧化。

2. 吸收与排出 饲料中的尼克酸和尼克酰胺或合成物都以扩散方式迅速有效地被吸收。吸收部位是胃与小肠上段。其代谢产物主要随尿排出。

3. 功能、缺乏症与过量 尼克酰胺在动物体内的功能是作为烟酰胺腺嘌呤二核苷酸(NAD)和烟酰胺腺嘌呤二核苷酸磷酸(NADP)两种重要辅酶活性基的成分,参与碳水化合物、脂类与蛋白质代谢,均在活细胞中起递氢作用。

最常见的缺乏症状是食欲降低和生长减慢。猪缺乏尼克酸时生长缓慢,腹泻,呕吐,肠炎或溃疡,皮肤炎症和正常红细胞贫血。鸡缺乏这种维生素时引起生长迟缓,羽毛不丰,骨骼异常,皮炎及口腔和食管上部炎症,有时出现眼睛状斑纹。

烟酸食入过多(超过 18g/kg 体重)能产生一系列不良反应,如心搏加快,因呼吸加快导致呼吸麻痹,脂肪肝,生长抑制,严重时死亡。

4. 来源与添加 大多数饲粮都含丰富的尼克酸或其前体物色氨酸,动物体组织能利用色氨酸合成尼克酸。但谷物中的尼克酸利用率低。动物性产品、酒糟、发酵液及油饼类含量丰富;谷物类的副产品、绿叶,特别是青草中含量较多。谷物饲料中有很大一部分烟酸以结合形式存在,不能直接被动物利用。当饲粮中尼克酰胺与色氨酸含量低或色氨酸转变成尼克酰胺效率低时,需要外源补充。玉米含尼克酰胺或色氨酸少,饲喂玉米含量高的猪、禽易发生缺乏症。

反刍动物瘤胃微生物能合成尼克酸,正常情况下不需添加。但较近的研究表明,按每 kg 饲粮添加尼克酸 50～500mg 可提高乳牛的产乳量,亦可能提高肉牛增重和饲料利用率,至少在肥育期开始几周内有效。

(五)泛酸(遍多酸)

1. 理化特性 泛酸是 β-丙氨酸借肽键与 α,γ-二羟,β,β-二甲基丁酸(泛解酸)缩合而成的酸性物质。游离泛酸是黏性的油状物,不稳定,易吸湿,也易被碱和酸破坏。

2. 吸收与排出 饲料中的泛酸多以辅酶 A 形式存在,少部分为游离状态。只有游离形式及其盐和酸能在小肠中被吸收,不同动物对泛酸的吸收率差异较大(40%～94%)。主要以游离形式从尿中排出。

3. 功能与缺乏症 泛酸是辅酶 A 和酰基载体蛋白(ACP)的组成成分。辅酶 A 最重要的功能是传递酰基,因而是氨基酸、碳水化合物、脂肪代谢中许多乙酰化反应的重要辅酶;酰基载体蛋白在脂肪酸碳链合成中有相当于辅酶 A 的作用。泛酸与抗体生成有关,缺乏时畜禽对疾病感染的抵抗力降低。

猪缺乏泛酸生长缓慢、腹泻、脱毛、鳞片状皮炎,眼周有棕色分泌物,并表现出特有的"鹅步"步态,症状严重的猪不能站立。缺乏泛酸的雏鸡生长停滞,羽毛生长不良,皮炎,眼睑和口周围出现痂状损伤,胫骨短粗,严重时死亡。成年鸡所产蛋孵化率降低,出壳雏鸡死亡率很高。犊牛采食泛酸含量很低的人工乳饲粮时出现缺乏症。表现被毛粗糙,皮炎,厌食,眼周脱毛,坐骨神经发炎和脊髓脱髓鞘。

4. 来源与添加　泛酸分布广泛。肝、蛋黄、苜蓿干草、米糠、小麦麸、花生、豌豆、酵母、糖蜜为泛酸丰富的来源。谷类籽实中含量也较丰富。饲喂常用饲粮一般不会缺乏此种维生素。以谷物,特别是玉米为主的单胃动物饲粮需添加泛酸。人工合成的精制泛酸钙为商品制剂,系白色针状物,有右旋和消旋两种形式,消旋形式泛酸的生物学活性为右旋者的1/2。

(六)叶　酸

1. 理化特性　叶酸是叶酸(单蝶酰谷胺酸)及许多具有叶酸生物学活性的衍生物的统称。其中,四氢叶酸在动物体内起辅酶作用。

2. 吸收与排出　肠道中叶酸及其衍生物的合成量相当大,动物对它的吸收率很高。叶酸及其衍生物在肠道中吸收,为主动吸收过程,吸收后输送至身体所有的组织。肝中叶酸含量很高,肝和骨髓是叶酸向5-甲酰四氢叶酸转化的主要场所。粪、尿、汗液中均有叶酸排出。

3. 功能与缺乏症　叶酸以辅酶形式作为各种一碳基团(如甲酰基和甲基等)的载体,或把一碳基团从组氨酸、丝氨酸和蛋氨酸以及嘌呤等代谢物中除去,通过一碳基团的转移参与嘌呤、嘧啶、胆碱的合成和某些氨基酸的代谢。

动物缺乏叶酸,则核酸形成不足,影响红细胞与白细胞的形成,导致营养性贫血;生长畜禽生长缓慢。叶酸也是对免疫系统功能的正常所必需,并影响动物抵抗感染疾病的能力。除雏鸡外,其他畜禽肠道细菌可合成叶酸,故极少发生缺乏症。已知长期口服磺胺类药物可抑制细菌合成叶酸,引起缺乏症。

可认为叶酸是一种无毒的维生素。

4. 来源与添加　叶酸广泛分布于动、植物产品中,多叶青绿饲料、谷类籽实、豆类、浸提的油粕粉和动物蛋白粉均为叶酸丰富的来源,但乳中含量不多。唯一需要饲粮提供叶酸的是家禽,因其肠道短,合成有限,利用率也低。在完全封闭,未饲喂青绿饲料和饲喂长期贮存或热加工的商品饲料时,对妊娠母畜、瘤胃功能不完全的反刍动物和生长快的小动物,应适当添加叶酸。

(七)维生素 B_{12}

1. 理化特性　维生素 B_{12}是一类含有钴的类钴啉。其结构是含有三价钴的多环化合物,有氰钴胺素、羟钴胺素、甲钴胺素、溴钴胺素等多种形式。一般所说的维生素 B_{12}是指氰钴胺素。维生素 B_{12}为红色结晶,易溶于水和乙醇,不溶于丙酮、氯仿和乙醚,在弱酸性溶液中($pH4\sim7$)相当稳定;易吸湿,日光、重金属、氧化剂、还原剂、醛类、抗坏血酸、二价铁盐等易使其破坏。

2. 吸收与排出　在饲粮中,维生素 B_{12}与蛋白质结合。在胃酸、胃及肠酶作用下,从多肽链中释放;在肠道微碱性环境下,与胃黏膜壁细胞分泌的糖蛋白质内因子结合成二聚复合物,随食糜进入回肠黏膜的刷状缘时,再从二聚复合物中游离出来,被吸收入门静脉而进入肝脏。以扩散作用吸收的只占游离维生素 B_{12}的 1%。瘤胃摄取的钴有 3%可转化进入维生素 B_{12},生成的维生素 B_{12}仅 $1\%\sim3\%$可以被吸收。维生素 B_{12}主要从尿、胆汁和粪中排泄。尿中排出量很少,胆汁中排出维生素 B_{12}的 $65\%\sim75\%$被回肠壁重吸收。机体摄取的维生素 B_{12}超过需要量时,剩余部分贮存于肝和其他组织中。

3. 功能、缺乏症与过量 甲基钴胺素和 $5'$-去氧核苷钴胺素在动物代谢中具有类似辅酶的活性,参与多种代谢活动,如嘌呤与嘧啶的合成、甲基转移、某些氨基酸的合成、碳水化合物与脂肪代谢。反刍动物缺乏维生素 B_{12} 时,瘤胃发酵中丙酸代谢障碍是其基本代谢损害。

猪、鸡及其他动物缺乏维生素 B_{12} 最明显的症状是生长受阻,继而表现步态不协调与不稳定。仔猪长期采食缺乏维生素 B_{12} 饲粮,被毛粗糙,偶发局部皮炎,后腿行动失调,正常红细胞贫血,甲状腺与肝肿大;母猪的繁殖率下降,流产发生率上升,窝仔数减少,异常胎儿增加。鸡缺乏时羽毛生长不良、肾损伤、甲状腺功能减低;母鸡所产种蛋于孵化第十七天左右胚胎死亡,孵化率低,孵出的雏骨异常,类似骨短粗症。小牛缺乏时表现生长停滞、食欲差,有时表现动作不协调等。其他动物有时也可产生正常红细胞或小细胞性贫血。

未发现大剂量维生素 B_{12} 引起急性或慢性中毒。

4. 来源与添加 在自然界,只在动物产品和微生物中发现维生素 B_{12},肝中含量丰富,植物性饲料中基本不含此维生素。反刍动物瘤胃及所有动物肠道微生物合成的维生素 B_{12} 是其主要来源,但必须由饲粮提供需要的钴,当瘤胃液内钴浓度降至临界水平($<5\mu g/mL$),瘤胃微生物合成维生素 B_{12} 的速度降低到牛的需要量以下。单胃动物采食植物性饲料、含钴不足的饲粮、胃肠道疾患及产生内因子先天缺陷等情况下,需要补给维生素 B_{12}。

(八)生物素

1. 化学特性 生物素在化学上为 2-酮-3,4-咪唑酮-2-四氢噻吩正戊酸,有 8 种可能的异构体,但具有生物活性的仅 D-生物素一种。

2. 吸收与排出 天然生物素以结合和游离两种方式存在,结合形式不能被动物直接利用,需在肠道中被酶降解,释放出游离生物素。生物素可在小肠较好地被吸收,为依赖钠离子的耗能过程,吸收后即进入门脉循环。吸收的多余生物素及其代谢物由尿中排出,未吸收部分从粪中排出。

3. 功能与缺乏症 生物素的主要功能是在脱羧-羧化和脱氨反应中起辅酶作用。它与碳水化合物和蛋白质的互变,碳水化合物及蛋白质向脂肪的转化有关。作为羧化酶的组成部分,它转移一碳单位和以碳酸氢盐形式在组织中固定 CO_2。生物素还与溶菌酶活化和皮脂腺的功能有关。

雏鸡和火鸡雏缺乏生物素时,生长缓慢、羽毛稀疏,脚、喙及眼周发生皮炎,类似泛酸缺乏症;但脚趾开裂、胫骨短粗症为生物素缺乏所特有。种母鸡缺乏时,对种蛋孵化率的影响大于产蛋量,严重时孵化率可降为零,出壳雏常表现软骨障碍。猪生物素缺乏症为生长不良、脱毛、皮脂溢出、后肢痉挛及蹄裂。一般情况下动物不易出现缺乏症,因常用饲料中生物素含量高,而动物对其需要量并不高。但近期曾有猪在正常生长条件下缺乏生物素的报道,广泛使用漏缝地板使猪食粪减少,可能是上述现象的成因。

4. 来源与添加 生物素广泛分布于动、植物组织中,食物和饲料中一般不缺乏。但舍饲或食粪机会减少,饲喂生物素含量低的饲料,加工贮藏中饲料中生物素破坏,畜禽服用抗生素等情况下,可能引起缺乏症。鸡蛋的蛋白中有一种类蛋白质物质——抗生物素蛋白质,在胃肠道中与生物素结合成稳定的化合物,使生物素不被吸收,因而提高生物素的需要量。在可能缺乏生物素时,应考虑添加生物素制剂。

（九）胆　碱

1. 理化特性　胆碱是 β-羟乙基三甲胺衍生物，常温下为液体，无色，具黏滞性和较强的碱性，易吸湿，也易溶于水。

2. 吸收与排出　饲料中胆碱存在形式主要是卵磷脂，神经鞘磷脂或游离胆碱较少。在胃肠道消化酶作用下，胆碱从卵磷脂或神经鞘磷脂中释放出来，在空肠与回肠经钠泵的作用被吸收。其中仅 1/3 胆碱以完整形式吸收，约 2/3 以三甲胺形式吸收。

3. 功能与缺乏症　与其他 B 族维生素不同，胆碱不是代谢催化剂，而是动物体组织的必要构成成分（如在卵磷脂和神经鞘磷脂中）。胆碱在甲基反应中充当甲基供体，促进脂肪动员，防止脂肪肝形成；作为乙酰胆碱的构成成分参与神经冲动的传导；还有助于肠道中乳糜微粒的形成和分泌。

雏鸡和猪缺乏胆碱的症状为生长缓慢与肝脂肪浸润。胆碱也与雏鸡胫骨短粗症或滑腱症的发生有关。胆碱不足时，生长猪表现步态异常，成年繁殖母猪的繁殖功能发生障碍。胆碱是动物需要量非常大的一种维生素，但动物一般不发生缺乏症，因其分布广泛及体内能由蛋氨酸合成。

在水溶性维生素中，胆碱相对其需要较易过量中毒。鸡对胆碱的耐受量为需要量的 2 倍，猪耐受性比鸡强。中毒表现为流涎、颤抖、痉挛、发绀和呼吸麻痹。

4. 来源与添加　自然界存在的脂肪都含有胆碱，故含脂肪的饲料都可提供胆碱。多叶青绿饲料、酵母、蛋黄和谷类籽实为胆碱的丰富来源。多数动物体内能由甲基合成足够量的胆碱，合成量和合成速度与饲粮含硫氨基酸、甜菜碱、叶酸、维生素 B_{12} 及脂肪水平有关。通常小鸡和产蛋鸡饲粮需补充胆碱。给采食玉米—豆饼型饲粮的母猪补充胆碱可提高产活仔数。

（十）维生素 C

1. 理化特性　维生素 C，在化学上称为 L-抗坏血酸，故又简称抗坏血酸，是含 6 个碳原子的酸性多羟基化合物，以还原型抗坏血酸和氧化型脱氢抗坏血酸两种形式存在，二者的 L 型异构体都有生物学活性。两种形式间的可逆氧化与还原反应是维生素 C 生理活性与稳定性的基础。它是最不稳定的维生素，极易遭氧化破坏，并由此保护其他物质免被氧化。维生素 C 是一种无色的结晶化合物，微溶于丙酮和乙醇；在干燥的空气和酸性介质中较稳定，蒸煮极易破坏，尤其是在碱性条件下。

2. 吸收与排出　维生素 C 的吸收方式与单糖相似。在不能合成该维生素的动物肠道中，其吸收是一个依赖 Na^+ 的主动运输过程；不易患坏血病动物的吸收方式是被动扩散过程。食物中的维生素 C 吸收率为 80%～89%。维生素 C 主要通过尿排出，由汗及粪排出的很少。兔、大鼠与豚鼠主要以 CO_2 形式排出维生素 C。

3. 功能、缺乏症与过量　维生素 C 具有可逆的氧化性和还原性，故广泛参与机体的多种生化反应。最主要功能是参与胶原蛋白的生物合成，它保护参加羟化作用的酶类免遭铁离子和巯基氧化。此外，维生素 C 在细胞的电子传递过程中起重要作用；参与某些氨基酸的氧化代谢；促进金属离子的吸收、转移及在体内分布，能减轻体内过多金属的毒性作用；是亚硝胺（一种致癌物）的天然抑制剂；参与肾上腺皮质类固醇的合成与羟化过程；通过清除液相中的过氧化自由基，保护生物膜免遭脂质过氧化的损坏；能刺激白细胞中吞噬细胞和网状内皮细胞的功能等。

畜禽一般都能合成维生素C,在无合成维生素C能力的动物,维生素C缺乏时易患坏血病。胶原蛋白的合成减弱,基底膜骨胶原合成及黏膜上皮的完整性可能受破坏,使牙周病发病率提高,毛细血管破裂,牙龈、肌肉和肝、脾、肾等内脏器官出血;骨骼也发生病变;维生素C缺乏时,不溶性骨胶原纤维减少,创伤愈合困难。维生素C缺乏还可引起非特异性的精子凝聚,以及叶酸与维生素B_{12}利用不佳而致贫血。

维生素C的毒性很低,动物一般可耐受需要量的数百倍,甚至上千倍的剂量。

4. 来源与添加 柑橘类水果和绿色多叶蔬菜类是维生素C的最好来源。人工合成的抗坏血酸为实用的商品制剂。

一般情况下,畜禽体内能合成足够的维生素C,故不需向饲粮中添加。在妊娠、泌乳和甲状腺功能亢进情况下,维生素C的吸收减少,排泄增加;在高温、寒冷、运输等逆境和应激情况下,以及饲粮能量、蛋白质、维生素E、硒、铁等不足时,动物对维生素C的需要量大大增加。在上述情况下,应予添加。

三、维生素的需要量

本书所附饲养标准表中列出了各种畜禽的维生素需要量。此处仅介绍不同种畜禽对维生素需要与添加的特点,及影响畜禽维生素需要量的因素等问题。

(一)畜禽维生素的需要量与添加量

1. 维生素的需要量 畜禽本身对维生素的需要量应被视为生理需要量。一般是在一定时期内,给试验动物饲喂不含或极少含该维生素的基础饲粮,使其体内被测维生素处于排空情况下,再通过观察试验动物采食添加不同量被测维生素饲粮的效果,以确定该种维生素的需要量。但是,确定维生素需要量时所用的判据不同,得出的结果也各异。以维生素A需要量的测定为例(表1-15),不同的判据(供给目的)的最低需要量有很大差异。故在确定各种维生素最低需要量时,均应综合考虑各种判据所得的结果,且把重点放在维持正常生长和最佳生产性能方面。

表 1-15 在机体内产生不同作用的维生素 A 需要量

供给目的	维生素 A 需要(IU/kg 体重·d)
预防夜盲	32
正常生长	64
有限度地体内贮备	250
达到血液内维生素 A 最高含量	500

引自许振英,等.《家畜饲养学》.1979

2. 维生素添加量 饲养标准中列出的维生素需要量,通常为最低需要量。许多学者认为,美国国家研究委员会(NRC)和英国农业研究委员会(ARC)饲养标准的维生素推荐量,是在较理想条件下,在玉米—大豆粕粉型饲粮基础上,测出的接近防止临床缺乏症的最低需要量。畜禽生产的目标是获取最佳的生产水平与经济效益,需要量可能较高;畜禽处于亚临床缺乏状态时，并不表现缺乏症，但其健康和生产性能均受影响，不能充分发挥其生产潜力。同时，畜禽品种与生产水平、饲粮类型、环境条件等变化甚大，均影响对维生素的需要量。因此，在实际应用中，须视具体情况，对上述标准中的推荐量进行调整，一般是予以适当提高。

需要注意的是，畜禽维生素需要量与维生素供给量是不同的概念。畜禽可从三个来源获得维生素，以满足其需要，即饲粮来源（饲料本身所含的或维生素添加剂）、机体自身合成和胃肠道微生物合成。当畜禽本身、胃肠道微生物合成及饲料所含维生素不足时，需要以添加剂形式补给。在实际生产中，常常将饲料中的某些维生素作为安全裕量，以维生素添加剂形式来满足其需要量，并称此为该维生素的供给量或添加量。如上所述，畜禽在实际生产中维生素的需要量较高于饲养标准的推荐量，人们由此提出了"最适维生素营养"与"最适维生素供给量"的概念。

（二）影响维生素需要量与供给量的因素

1. 畜禽种　反刍动物瘤胃内微生物能合成 B 族维生素，一般能满足其生理需要，故在大多数情况下不必考虑饲粮的 B 族维生素供给。但一些研究发现，特定情况下给反刍动物适当添加烟酸、硫胺素也有益。畜禽肠道微生物能合成维生素 K，但禽类肠道短导致合成量少，故禽类需要从饲粮中获得维生素 K。家养畜禽能合成维生素 C，一般情况下可满足需要。畜禽种亦影响维生素需要量，凡生长速度快或成熟早的畜禽种，对维生素的需要量高。

2. 饲养方式　放牧与散养条件下，畜禽能接受阳光照射，自身能合成足以满足需要的维生素 D，并能通过食粪获得一定数量的 B 族维生素。但在密闭饲养方式下，需从饲粮中供给畜禽维生素 D，因紫外线不能透过窗玻璃。笼养或网上平养（禽）及漏缝地板（猪）饲养时，畜禽食粪机会减少，对饲粮 B 族维生素供应的依赖显著增强。同时，密集饲养条件下增加了多种应激，使各种维生素需要量提高。

3. 饲粮类型和营养水平　高碳水化合物饲粮会增加硫胺素的需要量。玉米—豆粕饲粮的生物素含量低；限制饲养使生物素等维生素的采食量降低。某些饲料（如小麦、大麦和高粱等）中的生物素含量和利用率低。

4. 年龄　随着年龄增长，硫胺素及某些维生素的需要量增高，可能是因利用率降低。

5. 疾病　寄生虫（如球虫）感染、呕吐、腹泻与吸收不良会影响维生素的吸收，从而提高需要量。糖尿病、先天性心脏病等会增加核黄素的需要量。使用抗生素和抗胆碱药，能降低动物的核黄素需要量。

6. 抗代谢物和颉颃物　生鱼和霉变饲料中的硫胺素酶会破坏饲料中的硫胺素，使用氯丙嗪会降低鸡对硫胺素的吸收。鹿花菌中的肼类，可食香菇中的香菇素、脱谷氨酰香菇酸及蘑菇中的伞菌氨酸，亚麻中的亚麻素和氨基脯氨酸均是维生素 B_6 的颉颃物。

7. 应激　冷、热、感染及过度运动增加动物对硫胺素的需要量。一般饲养管理条件下，普通畜禽的饲料不需添加维生素 C；但饲粮缺乏能量、蛋白质、维生素 E、硒、铁等，较高的生产性能，高温或严寒，运输、管理及新环境等应激，均会降低机体合成维生素 C 的能力，提高对饲粮来源的维生素 C 需要量。

8. 其他营养素和维生素的营养状况　缺乏维生素 B_6 和维生素 B_{12} 时，动物组织中硫胺素减少。叶酸缺乏时动物对硫胺素的吸收减少。色氨酸可转变为烟酰胺，但转化效率较低，且转化过程需要维生素 B_2 和维生素 B_6。烟酸与精氨酸、亮氨酸和甘氨酸间存在颉颃关系。饲粮中蛋白质、脂肪水平提高时，核黄素和叶酸的需要量增加。

9. 重金属　二价金属离子能与核黄素形成螯合物,降低核黄素在肠道中的吸收率。

10. 维生素添加剂的效价　在加工及贮存过程中,各种维生素添加剂的效价均不断下降,其中以维生素 A,维生素 D,维生素 E 效价下降最为明显。贮存条件(温度、湿度、光照、pH)对效价下降的程度影响很大。制作添加剂预混料或全价料时,与微量元素混合会加速维生素效价的下降。

第九节　水与畜禽营养

一、水在畜禽体内的分布与功能

(一)畜禽体水分布

机体内水分可分细胞外水和细胞内水。血液血浆、间隙的体液和淋巴液都属于细胞外水分。成年动物体内约 70% 的水属细胞内水分,其他 30% 为细胞外水分。借助于机械的、渗透的与化学的力量,两部分水分可相互移动,形成一种动力学平衡关系。畜体水分变异很大,从幼龄到老龄,变动于 80%～50%,主要受组织中脂肪沉积量、年龄变化的影响。若以脱脂基础表示,各种家畜体的含水量相对稳定,占脱脂体重的 70%～75%。水分在动物器官和组织中的分布并不均匀,肌肉中大约占有总水的 55%,皮中为 10%,血液和骨骼中各占总水的 6%～7%,肝中相应为 5%,剩余部分含在软组织中。脂肪和骨类组织含水量低,肌肉、肝和血液属中等,脑的灰质、淋巴、弹性组织等含水量很高。

(二)水的生理功能

1. 机体重要的组成成分　动物体内无化学上的纯净水,仅含有溶解结晶体或与胶体结合的水。水构成胶体蛋白质的一部分,直接参与活细胞和组织的结构。水的高表面张力赋予胶体体系以稳定性,使组织、细胞具有一定的形态、硬度和弹性。

2. 理想的溶剂　水具有很高的电离常数,很多化合物容易在水中电解。多数原生质在水中是胶体和结晶体的混合物,使得水溶解性特别重要。在消化道中,水为转运半固体食糜的中间媒介,血液和淋巴液的水具有载体功能,对营养物质的吸收、转运,代谢物、酶、内分泌激素和机体排泄物等的输送与排出起重要作用。

3. 一切化学反应的介质　水的离解较弱,属化学上的惰性物质。但由于酶的作用,使它参与许多生化反应,如水解、水合、氧化还原、有机化合物的合成和细胞呼吸过程等。有机体内进行的所有聚合与解聚合作用,均伴随着水分的凝固和释放。

4. 调节体温　水的比热、导热性和蒸发热都高,故在调节体内热平衡,维持体温正常方面作用重大。水的比热高于其他液体和固体,1g 水从 14.5℃ 上升到 15.5℃ 需要 4.184J 的热,故吸收的热较多。水能将体内产生的热经皮肤和呼吸系统呼出气散发,1g 水在 37℃ 时完全蒸发,需吸收 2 260J 的热量,蒸发少量的汗就可散发大量的热,对具有汗腺的家畜更为重要。这些特性决定了水能储蓄热能、迅速传递热能,蒸发时失去大量热能。

5. 滑润作用 关节腔中的液体可滑润关节,减少摩擦。水作为体腔内器官间衬垫和在中枢神经系统中以脑脊髓液为衬垫,有重要作用。

此外,水是中耳传导声音的主要介质,也是协助传导其他特殊感觉的主要介质。

(三)脱水与缺水的后果

与其他营养素相比,水是动物体需要量最大的必需养分。动物耐受缺水的能力不及对缺乏其他营养物质的耐受力。绝食时,动物几乎可以消耗全部体脂肪和半数体蛋白质,或失重40%,仍可维持生命。但脱水达20%时,可致动物死亡。实验证明,动物缺乏有机食物可维持生命达100d之久,而缺水后只能存活5~10d。适量限制饮水的最显著影响是降低采食量和生产能力,尿与粪中水分的排出量也明显下降。当温度应激(特别是高温)时,限制饮水还会引起脉搏加快、肛温升高、呼吸速率加快、血液浓度明显增高等。动物脱水5%即感不适,食欲减退;脱水10%时,生理功能失常,肌肉活动不协调。

二、动物体水的平衡与调节

(一)水的来源

畜禽获得水的主要来源有饮水、饲料水和代谢水。

1. 饮水 饮水是动物所需水的主要来源。动物饮水的多寡与动物种类、生理状态、生产水平、饲料或饲粮构成、环境温度等有关。当环境温度处于不致引起热应激的范围时,饮水量随采食量而直线上升;在热应激的环境温度下,饮水量大大增加。在各动物种中,牛的饮水量最大,羊与猪次之,家禽饮水量较少,犬和沙漠中的羚羊、骆驼、啮齿类动物一般情况下饮水量少或可数日不饮水。

多数动物在采食过程或采食后要饮水,天气炎热时,饮水次数和饮水量增多。放牧条件下,动物若不能得到充足的饮水,会影响采食和生产力。

2. 饲料水 饲料中均含有一定量的水,其数量与饲料种类密切相关。干草、籽实及其副产物的水分含量介于5%~15%,青绿牧草和青贮料中水分较多,为75%~80%,叶菜类、块根块茎类、瓜果类、水生饲料及糟渣类的水分含量可高达90%~95%。畜禽采食不同结构的饲粮时,从饲料中获得的水量差异甚大,并明显影响其日饮水量。

3. 代谢水 代谢水是动物体内有机物质氧化分解或合成过程产生的水,又称氧化水。不同营养素产生的代谢水量不等,取决于其中含氢量。每100g碳水化合物、脂肪和蛋白质氧化,相应形成60g、108g和42g代谢水。但氧化脂肪时需更多的外来氧,呼吸加强,伴随着呼吸损失的水分增多,故净效果是碳水化合物氧化提供的代谢水多于脂肪。对于冬眠动物,代谢水和体组织分解的水已足够其机体的全部需要。多数哺乳动物蛋白质代谢尾产物为尿素,将其稀释和排出需要大量的水,代谢水不能满足此需要。据试验,牛、马体内产生的代谢水占其总饮水量的5%~10%。沙漠中的一些反刍动物从代谢水至多可获取需水量的16%~20%。

(二)体内水的排泄

水分从畜禽体排泄的途径有肾、消化道、皮肤及肺。从皮肤与肺排出水分是经常的,而通过肾与消化道排出是周期性的。

1. 肾 畜禽每日经肾排出的水量受饮水量、饲料性质、活动量、环境温度、畜禽种类等因素影响。正常情况下，约 1/2 的水以尿的形式经肾排出。禽类蛋白质代谢尾产物是尿酸，排出时呈半固体，只含少量水分，故以尿形式排出的水量较少。哺乳动物蛋白质代谢尾产物为尿素，需较多的水进行稀释，经肾排出的水分量大。

2. 皮肤和肺 某些耐热家畜，如印度瘤牛和马属动物经皮肤汗腺可排出大量水分。皮肤出汗与散发体热和调节体温有关，其效果约为呼吸热损失的 400%。出汗量随气温升高和活动量增强而增加。

多数动物汗腺不发达或缺乏汗腺，水的蒸发是以水蒸气形式经皮肤发散或随呼气由肺排出，称为无感觉水分损失，占总水分损失的相当部分，尤其是在不能引起出汗的温度或不能出汗的动物。由肺排出的水分量取决于呼吸速率与深度，高温时相对深而快的呼吸使排出的水分增多。无汗腺的母鸡经肺蒸发的水分占总排出水量的 17%～35%。

3. 消化道 各种畜禽均以粪的形式排出部分水分，其量与饲料性质和畜种有关。牛粪中含水量可高达 80% 左右，在非热应激情况下从粪中排出的水量常高于尿。绵羊、山羊和鹿粪若形成黏性粪便，粪中含水量为 65%～70%，从粪中排出的水占总排出量的 13%～24%。动物采食高纤维饲料时，粪中含水量相应增高。

4. 离体畜禽产品(物) 泌乳动物从乳中损失大量水分，特别是高产乳牛。母鸡通过产蛋也损失一部分水分。妊娠家畜分娩时通过胎水损失相当数量的水。

(三)体内水平衡的调节

依赖于机体得水与失水之间的平衡，动物体内的总水量经常保持相对恒定。表 1-16 为荷斯坦母牛采食豆科干草时的日水平衡。

水的摄入由渴觉调节。畜禽体失水引起细胞外液渗透压升高，刺激下丘脑视前区的渗透压感受器产生渴觉，促使其饮水；渴觉也可由传入神经直接传入中枢引起。

表 1-16 采食豆科干草荷斯坦品种母牛的日水平衡 （L）

水的平衡	非泌乳母牛	泌乳母牛
吸收：		
饮 水	26	51
饲 料	1	2
代谢水	2	3
合 计	29	56
排出：		
粪	12	10
尿	7	11
蒸 发	10	14
乳	0	12
合 计	29	47

引自杨胜，等编译.《动物营养及饲养》.1985

体内排出水分,主要受中枢神经系统控制及通过激素作用调节肾排尿过程。体内含水量降低伴随着血浆渗透压改变,刺激下丘脑渗透压感受器反射性影响加压素的分泌;加压素能促使水分在肾小管与收集管中重吸收,尿量减少。大量饮水后,血浆渗透压下降,加压素分泌减少,水分重吸收减弱,尿量增加。

醛固酮激素的作用是在增加对 Na^+ 离子吸收的同时,增加对水的重吸收。醛固酮的分泌主要受有效细胞外液量,如血容量及血 K^+、Na^+ 离子浓度等调节。

三、畜禽需水量与饮水质量

(一)畜禽的需水量

对任何一类或一种动物规定需水量都是困难的,因为有大量饲粮和环境因素影响水的吸收与排泄,且因水在体温调节中起重要作用。动物的年龄、品种、保持水的能力、活动状况、生理状况、生产力水平、饲粮组成、饲料的物理形态、环境温度与湿度等方面的差异,使确定需水量变得十分复杂。因此,不可能有准确或固定的需水量标准可资利用。

正常情况下,动物的需水量与采食的干物质呈一定比例关系(表1-17)。一般每 kg 干物质需饮水 2～5L。保水能力差和喜欢在潮湿环境下生活的动物,需水量要多一些。牛采食干物质与饮水之比通常为 1:4,羊接近于 1:2.5～3,禽类需水量一般低于哺乳动物。

表1-17 各种动物的需水量

畜禽种	L/kg 干饲料		总需要量(L/d)	
	平 均	范 围	平 均	范 围
马	2.5	1.3～3.5	40	25～50
牛	5.0	3～7	60	45～90
猪	4.0	3～5	13	10～26
绵 羊	3.5	2～5	7	3～10
山 羊	2.5	2～4	6	2～10
母 鸡	2.2	1.5～4.0	0.2	0.15～0.26

引白杨胜,等编译.《动物营养及饲养》.1985

动物生理状况不同,需水量亦有差异。高产乳牛、高产蛋鸡、重役马需水量比低产的同类动物高得多。如日泌乳 10kg 的乳牛,日需水 45～50L;日泌乳 40kg 的高产乳牛,日需水高达 100～110L。

在适宜环境中,每摄入 1kg 干物质,猪需饮水 2～2.5L,马和鸡为 2～3L(NRC,1974),牛为 3～5L,犊牛为 6～8L。妊娠也增加对水的需求量,产单羔母羊需水少于产多羔母羊。

(二)畜禽饮水的质量要求

水的质量直接影响动物的饮水量、饲料消耗、健康和生产水平,故必须保证供给畜禽充足的质量良好的饮水。地面水可能含有机质,包括各种微生物(细菌、病毒)、藻类。人、畜饮水标准均以大肠杆菌作为衡量有机质污染程度的指标。美国国家事务局建议(1973),家畜饮水中大肠杆菌数应少于 50 000 个/L。水中无机物含量亦影响水质。水中主要阳离子有 Ca^{2+},Mg^{2+},Na^+ 及重金属 Hg^{2+},Cd^{2+},Pb^{3+} 等,主要阴离子为 CO_3^{2-},SO_4^{2-},Cl^-,NO_3^-。一般以水中总可溶固形物(TDS),即以各种溶解盐类含量表示水的品质(表1-18),但同时应考虑各种重金属离子的含量(表1-19)。

表 1-18　畜禽对水中不同浓度盐分的反应　(NRC,1974)

可溶性总盐分(mg/L)	评　价	反　应
<1000	安　全	适于各种动物
1000~2999	满　意	不适应的猪可出现腹泻
3000~4999	满　意	可能暂时拒绝饮水或短时腹泻,上限不适宜家禽
5000~6999	可接受	不适于家禽和种猪
7000~10000	不　适	成年反刍动物可适应
>10000	危　险	任何情况均不适应

引自杨凤主编.《动物营养学》(第二版).2000(表 1-19 来源同此)

表 1-19　家畜饮水质量标准　(mg/L)

指　标	推荐的最大值	
	TFWQG(1987)*	NRC(1974)
常量离子		
钙	1000	—
硝酸盐-氮及亚硝酸盐-氮	100	440
亚硝酸盐-氮	10	33
硫酸盐	1000	—
重金属及微量元素离子		
铝	5.0	—
砷	0.5	0.2
铍	0.1	—
硼	5.0	—
镉	0.02	0.05
铬	1.0	1.0
钴	1.0	1.0
铜	5.0	0.5
氯化物	2.0	2.0

续表 1-19

指 标	推荐的最大值	
	TFWQG(1987)*	NRC(1974)
铅	0.1	0.1
汞	0.003	0.01
钼	0.5	—
镍	1.0	1.0
硒	0.05	—
铀	0.2	—
钒	0.1	0.1
锌	50	25.0

* TFWQG 为 Task Force on Water Quality Guidelines 的缩写. 水质监控专家组

第二章 畜禽营养需要

第一节 畜禽营养需要和饲养标准

一、营养需要和饲养标准的概念

(一)营养需要

营养需要是指每一头(只)畜禽每天对能量、蛋白质、矿物质和维生素等养分的需要。它应包括两方面的含义,其一是不同种、不同生理状态畜禽所需营养物质的种类,这些营养物质在畜禽体内的作用、代谢和利用规律;其二是不同种、不同生理状态的畜禽对每一种营养物质需要的数量与质量。

(二)营养供给量

某些文献中也称作营养推荐量或建议量。所谓营养需要量,往往是在一定的环境和饲粮条件下测出的,畜禽群体执行特定功能的最低平均营养需要量。在饲养实践中,此需要量有可能满足畜禽群体中相当部分个体的需要,而低于或高于一部分个体的需要;在此需要量基础上加一个安全系数,使能够满足所有个体(除特别高产个体外)的需要,便成为营养供给量。

(三)饲养标准

是根据大量饲养试验结果和动物生产实践的经验总结,所规定的畜禽在特定条件下所需各种营养物质的定额,将系统的营养定额和有关资料称作饲养标准。

(四)饲养标准与营养需要及营养供给量的关系

"饲养标准"一词的提出及被应用已有近百年的历史。早期的"饲养标准"直接反映畜禽在实际生产条件下应摄入营养物质的数量,涉及的营养指标较少,"标准"的适用范围也较窄。动物营养学研究在 20 世纪获得的硕大成果,使饲养标准的内容发生了深刻的变化;现行饲养标准能更确切和系统地表述经试验研究确定的,特定畜禽(不同种类、性别、年龄、体重、生理状态、生产性能、不同环境条件等)的能量和各种营养物质的定额数量。

由于饲养实践中的条件千变万化,如畜禽品种、环境条件及饲粮类型经常会有所不同,一定条件下制定出的饲养标准或营养供给量使用上有一定局限性。而营养需要(量)具有广泛的参考意义,因为在最适宜的环境下,同品种或同种动物在不同地区或不同国家对某种营养物质的需要量并无明显差异,使营养需要量的研究结果可在世界范围内互相借用。因此,20 世纪

50 年代后,已越来越多地采用营养需要,如美国国家研究委员会(NRC)自 1953 年改用了"营养需要",英国农业研委员会(ARC)也采用了这一名词。

当前,有些国家仍沿用"饲养标准"一词,但实际内容是营养需要。如日本仍用"饲养标准",但其饲养标准中给出的数据亦是最低营养需要量,与美、英等国的营养需要量无大差异。我国亦主要用"饲养标准",也有并用"营养需要"的,但"饲养标准"的实际内容也是"营养需要"。本书在述及有关问题时,按照我国当前的实际情况,也并用"饲养标准"和"营养需要(量)"。

二、营养需要的指标与度量体系

(一)畜禽营养需要的指标

就有机体生命活动代谢的需要而论,一切畜禽均需要所有的营养成分,种别、年龄、生产活动不同的畜禽的营养需要只存在数量差异,没有种类的差别。但在生产中,由于畜禽自身能够合成并不同程度地满足对某些养分的需要,不必需或不完全必需由饲粮中提供,故不同种类、年龄、性别、体重及不同生产活动的畜禽所需要的养分在数量和种类上的差别,实际上是动物对营养物质需要和依赖饲料供应程度的综合结果。例如,成年反刍动物瘤胃微生物能合成 10 种必需氨基酸和 B 族维生素,可满足中产以下和非强烈生长动物的需要,如表 2-1 所示。从该表还可看出反刍与单胃家畜及家禽对营养素种类需求上的差异。

表 2-1　不同畜禽营养指标

指　标	反刍家畜	猪	禽	指　标	反刍家畜	猪	禽
能　量	+	+	+	生物素	—	+	+
蛋白质	+	+	+	亚油酸	+	—	+
必需氨基酸(10~11种)	—(+)	+	+	钙	+	+	+
维生素 A	+	+	+	磷	+	+	+
维生素 D	+	+	+	钠	+	+	+
维生素 E	+	+	+	氯	+	+	+
维生素 K	+	+	+	铁	+	+	+
硫胺素	—	+	+	锰	+	+	+
核黄素	—	+	+	铜	+	+	+
尼克酸	—(+)	+	+	碘	+	+	+
泛　酸	—	+	+	硒	+	+	+
维生素 B$_6$	—	+	+	镁	+	+	+
叶　酸	—	+	+	钾	+	+	+
维生素 B$_{12}$	—	+	+	硫	+	+	+
胆　碱	—	+	+	钴	+	+	+

引自宋金昌等主编.《畜禽营养与饲料学》.中国农业科技出版社,1996。根据文献略作修改,如反刍动物仅在乳中产水平以下和缓慢生长期间可靠瘤胃微生物合成的必需氨基酸满足需要,中产以上与快速生长期间必需依赖饲粮提供;正常情况下瘤胃微生物合成的尼克酸可满足需要,但从近期研究得知,添加尼克酸 50~500mg/kg 可提高乳牛产乳量及肉牛增重与饲料效率

畜禽所需营养指标中,能量、蛋白质和氨基酸需要的表述有多种形式,其他营养指标的表述形式基本一致。

1. 能量指标 有消化能(DE)、代谢能(ME)、净能(NE)。在不同种类动物或不同国家、地区的"营养需要"或"标准"中,采用的能量指标有所不同。禽能量需要的表述,世界各国比较一致地采用代谢能。猪所用能量指标不完全一致,美国、加拿大等国用消化能,兼用代谢能;欧洲各国多用代谢能;我国用消化能。在反刍动物营养体系中,英国用代谢能体系,美国的乳用牛和肉牛均用净能体系;我国与美国相似,但分别换算成乳牛能量单位(NND)与肉牛能量单位(RND)示出。羊的能量指标,我国用消化能和代谢能体系,美国 NRC 则用净能体系。

2. 蛋白质指标 过去,畜禽蛋白质营养需要中常用粗蛋白质(CP)和可消化粗蛋白质(DCP)。近 30 多年来,国内外反刍动物饲养体系中已不再用可消化粗蛋白质,相继提出和使用了新的指标。美国 NRC(1998)采用了瘤胃中降解的粗蛋白质采食量(DIP)和不可降解的粗蛋白质采食量(UIP);英国 ARC(1980/1984)使用了类似的指标,即瘤胃可降解蛋白质(RDP)和不可降解蛋白质(UDP),英国农业与食品研究委员会(1992)在对 ARC 体系修改的基础上提出了代谢蛋白质体系;法国(1978,1988)采用肠中可消化蛋白质;其他许多国家都提出了相应的指标。我国乳牛营养需要和饲养标准(2000)已用小肠可消化蛋白质含量度量乳牛蛋白质的需要量,该指标也被 2004 年发布的农业行业乳牛(NY/T 34—2004)、肉牛(NY/T 815—2004)与绵羊(NY/T 816—2004)饲养标准采用(详见附录一)。

3. 氨基酸指标 大多用各种必需氨基酸(EAA)的总量,但列出的必需氨基酸种类数不同。NRC 和 ARC 猪的营养需要中,列出全部必需氨基酸指标。近年公布的版本,如 NRC《猪的营养需要》第十版(1998)中,还列出表观可消化和可利用的必需氨基酸。

(二)营养需要量的度量

畜禽对营养物质的需要不仅有质的规定,而且有量的要求。常用的畜禽营养物质需要量度量表达方式有以下几种。

1. 每头每日需要量 以这种方式表述各种营养物质的绝对需要量。如 NRC(1998)中,体重 20~30kg 阶段的生长猪,每天每头需要消化能 26.4MJ、粗蛋白质 285g、钙 11.13g、总磷 9.28g、维生素 A 2 412IU。在乳牛,常分别列出维持需要量与每产 1kg 乳的需要量,应用时可按乳牛的体重和产乳量计算其总需要量。

2. 单位饲粮的营养浓度 即每 kg 风干饲粮或全干饲粮中各种营养物质含量。一般按风干饲粮基础浓度表示,NRC 的"需要"是按干物质 90% 为基础给出营养指标定额。例如,体重 200kg、日增重 1kg 以上的肉牛,其饲粮应含代谢能 13MJ/kg,粗蛋白质 13.6%;我国鸡饲养标准(NY/T 33—2004)的肉用仔鸡标准之一中,0~3 周龄饲粮应含代谢能 12.54MJ/kg、粗蛋白质 21.5%、蛋氨酸 0.50%、钙 1.0%、有效磷 0.45%。此种表达方式适用于任意采食饲养方式及配合饲料生产。

3. 单位能量中营养物质含量 这是基于某些营养物质的利用与能量有关而考虑的。例如,我国鸡饲养标准(2004)建议,蛋用生长鸡 0~8 周龄的饲粮,按每 MJ 代谢能计需要粗蛋白质 15.95g、赖氨酸 0.84g 等。这种度量表达方式有利于畜禽获得平衡营养。

4. 单位自然体重或代谢体重需要量 在估测营养需要量的公式中常可见到这种表达方式。以代谢体重(代谢体重的意义见本章第二节)基础表示能量、蛋白质和氨基酸的需要量;矿物质和维生素需要量以活重基础表示。如生长猪维持的赖氨酸需要量为 25g/kg 代谢体重，产乳母牛维持需粗蛋白质 4.6g/kg 代谢体重；每 100kg 体重钙、磷和食盐的维持需要分别为 6g、4.5g 和 3g。用这种度量表达方式便于计算任何体重畜禽的营养需要。

5. 按生产力度量表达　即生产单位产品需要的营养物质量。如乳牛每产 1kg 乳脂率为 4％的标准乳需要粗蛋白质 58g；带仔 10～12 头的母猪每日需要消化能 66.9MJ。

(三)研究畜禽营养需要的方法

测定畜禽营养需要的方法，与评定饲料营养价值所用方法基本相同，如饲养试验法、生物学试验法等。本书第三章第一节中较详细地介绍了这些方法的原理、计算公式、具体步骤。需更详尽的了解，可参考有关这方面的专著。

与评定饲料营养价值不同，营养需要研究中是借助上述方法确定不同种、性别、年龄、生理阶段、生产活动的畜禽所需营养物质的数量和质量，或测定饲料、饲粮中某种营养物质的利用率。测定畜禽营养需要量时，就获得畜禽整体营养总需要量的途径而论，可采用两种方法，即综合法和析因法。

1. 综合法　即直接测定一头（只）畜禽维持生命及各种生理状态所需营养物质的总量。早期的畜禽营养需要量测定中应用综合法较多，其试验结果可直接被应用于同被测试验动物类似的个体或群体，但其应用范围有一定局限性；因剖析不出构成总营养需要量的组成部分，也抽引不出这些组分的变化规律，没有普遍的指导作用。

以综合法测定总营养需要量，最常采用饲养试验法。一般将试验畜禽分为数组，在一定时间内按梯度饲喂定量已知营养浓度的饲料，观测其增重量、体尺变化、产蛋数、泌乳量、发病率等指标，将某观测指标达到最佳值时的营养物质饲喂量确认为需要量。例如，幼猪在 60d 内从 20kg 增长到 50kg（平均日增重 500g），共采食配合饲料 90kg，每 kg 配合饲料含消化能 12.55MJ（平均日采食饲料 1.5kg 或消化能 18.83MJ）。故可推断，18.83MJ 即为 20～60kg 体重、预期日增重 500g 幼猪的消化能总需要量（包括维持需要）。

在饲养试验过程中，结合进行消化试验、比较屠宰试验及平衡试验，可得到某营养物质的采食量、吸收率、存留率，有助于从理论上剖析饲养试验产生的效应，将从中找到的规律用于指导生产。短期的平衡试验被广泛地用于测定营养需要量，特别是生长期间的营养需要量，但其结果须用饲养试验加以检验，否则可能产生错误的结论。

在测定维生素需要量及多种微量元素需要量时，常采用综合法，用试验畜禽或实验室动物测定机体对其总的需要量。用生物学方法，可综合生长速度、疗效、防病效能、病变、血相、组织分析等指标的观测结果来确定需要量。如雏鸡的核黄素需要量，按保证正常生长每 kg 饲粮需要 3.0～3.5mg，按预防卷爪瘫痪为 3.0～3.6mg，按保证体组织的核黄素含量为 4.0mg，考虑到满足各项指标的需要，其需要量应为 4.0mg/kg 饲粮。

2. 析因法　摄入的营养物质在畜禽体内进行代谢，并被分配到全身各器官、组织及每一个细胞，以满足各种生理功能的需要。析因法就是将畜禽总的营养需要按生理功能分成若干部分，分别对各个部分的需要进行定量，然后将各部分的需要量积加得出总的营养需要量。一般将畜禽的总营养需要划分为维持需要和生产需要两大部分，再进一步将生产需要分割成几个部分。可用以下公式表示：

$$R = aW^b + cX + dY + eZ$$

式中:R 为某种营养物质的总需要量;aW^b 为维持需要量(其中,W^b 为代谢体重,kg 或 g; a 为常数,即每 kg 代谢体重营养物质需要量);cX、dY,eZ 分别代表生产不同产品的营养需要量(其中,X、Y、Z 分别代表不同产品,即胚胎、体组织、乳、蛋、毛等中某种营养物质含量;c、d、e 分别代表各种产品的数量)。

例如,产乳牛的净能需要为维持净能与产乳净能之和。采用能量平衡法,可测出绝食条件下乳牛 24h 的散热量或产热量,再加上必要活动的需要量,即每日维持所需净能量;测出每 kg 乳的能值,再乘以产乳量,即得出产乳的净能需要量;二者相加得出总的净能需要量。国内外饲养试验和能量代谢试验一致表明,在适宜温度、拴系饲养条件下,乳牛的绝食代谢产热为 293W$^{0.75}$(kJ)(或 70 W$^{0.75}$,kcal),每 kg 含脂率 4‰的标准乳的净能值可按 3 138kJ(750kcal) 计。故产乳牛总的净能需要量可按下式计算:

$$总净能需要(kJ) = (293 \times 1.2)W^{0.75} + 3138C$$

式中:(293×1.2)为维持净能需要量(必要活动按绝食代谢产热量的 20‰计);C 为标准乳产量。用此公式可推算出任何体重和任何产乳量乳牛的净能需要。乳牛在泌乳高峰期或妊娠阶段有体重变化,可进一步剖分和综合,并相应增减,即可确定总的净能或营养物质需要量。

同理,采用析因法可确定生长畜禽、肥育肉畜、产蛋禽等的营养需要量。原则上,析因法适用于任何营养物质需要量的研究,但对于易受内源干扰和利用率不易掌握的营养物质,如微量元素和维生素等,可用综合法研究确定。

用析因法研究动物营养需要量的优点是,通过试验测出的参数可被广泛应用,故在营养需要量研究中得到普遍利用。如对成年哺乳家畜,其绝食代谢产热量均可用 293·W$^{0.75}$(kJ)或 70 W$^{0.75}$(kcal)。但此法也存在一定的缺点。机体代谢是一个整体,各种生理功能间有密切的联系,不可能绝对地被区分;同一生理功能对营养物质的需要量也并不是恒定的,如维持需要随畜禽摄入的营养水平及生产水平提高而增大等。对析因法测定的结果,最好采用饲养试验或生产试验加以验证。

三、标准化饲养的作用

动物营养学在营养规律和营养需要方面的研究成果,不断地被用于推导估测营养需要量的公式,并被总结和编制成各种畜禽的营养需要量(或饲养标准)表,同饲料成分与营养价值表配套应用于指导畜禽饲养实践,对畜禽养殖起着重要的作用。在应用营养需要量或饲养标准表时必须牢记,畜禽品种、个体间及不同来源的饲料间存在差异,故应将营养需要量或饲养标准看作饲养实践的指南,而非一成不变的规定。正确地应用畜禽营养需要或饲养标准表中提供的信息,可能产生以下效果。

(一)提高畜禽生产效率

参考营养需要量或饲养标准表中的数据配制饲粮,能确保畜禽获得平衡营养;避免因摄入营养物质不平衡而增加代谢负担,甚而致病;为畜禽生长发育和生产提供良好的体内外环境,使其快速生长和充分发挥其生产潜力。

饲养实践证明,采食平衡饲粮的畜禽,生长速度显著提高,生产效率和产品产量提高 1 倍以上。在现代化的畜禽生产中,生长肥育猪的饲养周期已缩短到 160～180d,产蛋鸡的产蛋能力已基本接近产蛋的遗传生理极限。

(二)提高饲料资源的利用效率

按营养需要配制平衡饲粮,不但能满足畜禽需要,而且可显著提高饲料利用率,充分发挥饲料的营养潜力,使各种饲料资源得到有效利用。据经验总结,将未按饲养标准配合时养 2 头肥育猪的混合饲料参考饲养标准做适当调整,即只加少量饼粕类饲料使其成为全价饲粮,即可饲养 3 头肥育猪。

(三)推动畜禽生产发展

饲养标准指导畜禽生产的高度灵活性,使动物饲养者避免了盲目性,能在复杂多变的生产环境中掌握好主动权;通过控制畜禽生产性能、制订饲草料生产与购买计划、合理利用饲料,取得显著的生产效益。

我国自 1986 年发布猪、鸡、牛饲养标准以来,极大地促进了养殖业和饲料工业的发展,基本上改变了有啥喂啥的传统饲养模式,畜禽生产水平不断提高。如在 20 世纪 80 年代初,蛋鸡年产蛋量仅为 200～220 枚/只,目前已达 250～270 枚/只,料蛋比从≥3：1 降到目前的 2.7～2.8：1;肉猪从出生到出栏的时间,过去需 1 年以上,现在 6～8 月龄体重即可达到 90kg,饲料效率也明显改善。乳牛的产乳量、饲料效率以及减少代谢疾病方面都有明显的改善。这些成绩的取得,除遗传育种成就外,主要是标准化饲养和科学管理的结果。

(四)提高畜禽养殖业的经济效益与社会效益

按需要配制平衡饲粮既能充分发挥畜禽的生产潜力,又显著提高饲料利用率,因而可大大提高养殖业的经济效益。畜禽生产的迅速发展改变了我国传统农业的结构,显著增大了养殖业在农业中的比重,提高了农民的收入;为社会提供了充足的畜禽产品,改善了人们的食物结构与营养状况,增强了人民的身体素质。

第二节　畜禽的维持营养需要

一、维持需要的概念及意义

(一)维持和维持需要

1. 维 持 在畜禽营养中,维持是指畜禽生存过程中的一种最基本状态。在这种状态下,成年畜禽或非生产畜禽保持体重不变,体内营养物质种类和数量保持恒定,分解代谢和合成代谢过程处于动态平衡;生长或生产产品畜禽体内营养物质的周转代谢保持动态平衡,在不同条件下畜禽的分解代谢能力和合成代谢能力处于动态平衡,但不能保持体成分之间的比例恒定不变。例如,产毛家畜在维持或低于维持,甚至绝食状态下毛仍继续生长,体内脂肪和蛋白质也会发生变化。同样,生长畜禽处于维持代谢状态时,体蛋白质增加,体脂肪减少,但这种动态变化仍可使体重保持不变。

2. 维持需要　是指畜禽在维持状态下对能量及各种营养物质的需要。维持营养需要仅用于满足生命活动中最基本的代谢,弥补代谢周转损失及维持必要的生命活动。

(二)维持需要的意义和作用

1. 在畜禽营养需要研究中的意义　维持需要是畜禽营养的基本研究内容之一。在研究维持需要基础上,才能进一步研究其他生产活动和生产各种产品的营养需要规律,找出营养供应与产品数量及质量间的定量关系,作为指导生产的依据。通过测定不同畜禽维持营养需要,找出维持需要与体重间的关系,就能方便地推算任何体重畜禽的维持需要,为计算和进一步剖析生产需要(总需要量－维持需要量)提供基础。此外,对维持需要本身的研究也是剖析影响畜禽代谢有关因素、掌握维持状态下营养素的利用特点,探索不同生理条件下的代谢规律,进一步提高营养物质利用率的方法和手段。

2. 研究维持需要对畜禽生产的指导作用　维持需要属于非生产需要,但又是必不可少的部分。进行生命活动需要营养,而动物只有活着才能生产产品和劳作,故维持营养需要是畜禽生产中必需的、基本的投入。通常,畜禽摄入的营养物质首先用于维持,剩余部分才被用于生产;在一定范围内,畜禽摄入的营养超过维持需要的数量越大,其生产水平就越高;摄入量等于维持需要量时,生产需要量为零,即没有产品产出(表 2-2);当摄入量低于维持需要时,动物即分解体组织以维持生命活动,体重随之下降。合理平衡维持与生产需要间的关系,尽可能减少维持需要的份额,增加生产需要的比例,便可降低生产成本,提高生产效益。畜禽种与生产用途不同,维持需要消耗占总需要量的比例有明显差别。体格小的动物维持需要相对较高;产乳家畜和产蛋家禽总需要中维持需要所占的比例一般低于产肉动物。在现代畜禽生产中,饲料成本一般占总生产成本的 50%～80%。合理计划生产规模,选择适宜的畜禽种或品种,及时调整畜群结构,采用适宜的饲养水平和饲养制度,加强冬季保温措施,尽可能减少维持消耗,使更多的饲料营养物质被转化为产品,即能使养殖业获得高的经济效益。维持需要也是生产部门制定生产计划,确定经济技术指标,预测畜禽经济效率的重要参考依据。

表 2-2　畜禽能量(代谢能)摄入量与生产之间的关系

畜禽种类	体重 (kg)	摄入代谢能 (MJ/d)	产品代谢能 (MJ/d)	维持代谢能 (MJ/d)	维持占%	生产占%
猪	200	19.65	0	19.65	100	0
猪	50	17.14	10.03	7.11	41	59
猪	2	0.42	0	0.42	100	0
鸡	2	0.67	0.25	0.42	63	37
乳牛	500	33.02	0	33.02	100	0
乳牛	500	71.48	38.46	33.02	46	54
乳牛	500	109.93	76.91	33.02	30	70

引自杨凤主编.《动物营养学》,(第一版).农业科学出版社,1993,133

二、畜禽维持状态下的营养需要

(一)维持的能量需要

1. 有关概念

(1)基础代谢　健康、营养良好的畜禽,处于适温条件(25℃左右)、吸收后状态、绝对安静及肌肉松弛时,维持自身生存所必需的最低限度的能量代谢,即为基础代谢。这种能量代谢只限于维持畜禽体内必要的生化反应和有关组织器官的基本活动。全部能量消耗最后转化为热能,用于平衡机体与环境之间的温差并保持体温的恒定。然而,只有在人的试验中能完全达到上述条件,动物(特别是反刍动物)难以达到吸收后状态及保持绝对安静与肌肉松弛,故多是测定绝食代谢。

(2)绝食代谢(饥饿代谢)　畜禽绝食到一定时间,达到吸收后状态时所测得的能量代谢称作绝食代谢;畜禽绝食代谢的水平一般略高于基础代谢。测定绝食代谢的条件为:

①畜禽健康正常,试前营养状况良好;

②处于适宜温度环境;

③处于饥饿和吸收后状态,避免采食热增耗对绝食代谢产热的影响(反刍动物和猪至少需绝食3d,家禽需2d;可以最低的甲烷产量或脂肪代谢的呼吸商作为吸收后状态的依据);

④处于相对安静和放松状态,允许动物站立并有一定的活动,避免情绪和额外活动对绝食代谢产热的影响。

表2-3列出各种畜禽绝食代谢产热量。

表2-3　各种动物的绝食代谢产热及不同表示方法

动　物	体　重 (kg)	总产热 (kJ/d)	单位体重产热 (kJ/kg)	单位体表面积产热 (kJ/m²)	单位代谢体重产热 (kJ)
小　鼠	0.10	51.83	518.30	2693.59	293.02
大白鼠	0.29	117.46	405.03	2991.21	296.78
珍珠鸡	1.00	290.09	290.09	3223.20	293.02
产蛋鸡	2.00	499.93	249.97	3491.14	297.20
猪	100.00	9200.18	92.00	4672.40	293.02
乳　牛	500.00	34100.00	68.00	7000.00	320.00
公　牛	1000.00	52000.04	52.00	5643.00	293.02
育肥牛	482.00	32411.72	67.24	5738.72	315.17
绵　羊	50.00	4301.22	86.02	3599.82	228.65
山　羊	36.00	3344.00	92.89	3367.41	227.39
大　象	3672.00	204820.00	55.78	9303.47	434.40
犬	10.00	1700.00	170.00	4038.30	297.20

引自杨凤主编.《动物营养学》(第二版).中国农业出版社,2000,225

从表中数值可看出,按单位体重表示绝食产热量时,动物种间差异很大;用单位体表面积表示,其规律性也不一致,且很难准确地测出动物的体表面积。大量资料的统计分析表明,绝食能量代谢与体重一定的方次(即代谢体重)呈线性关系,已公认对成年动物采用 $W^{0.75}$;按单位代谢体重($W^{0.75}$)表示时,各种成年动物绝食代谢产热量比较一致。其表达式如下:

$$绝食代谢产热量(kJ/d)=300\ W^{0.75}$$

幼龄动物体重变化、体成分、代谢强度、活动能力明显不同于成年动物,其单位代谢体重的绝食代谢值高于成年动物;例如,幼龄犊牛每日每 kg 代谢体重的绝食代谢产热量为 0.39MJ,成年母牛仅为 0.32MJ。用确定成年动物维持需要的方法不能概括出对幼龄动物具有普遍意义的规律,故在如何较准确地表示生长动物的绝食代谢方面,尚在进一步研究中。性别对绝食代谢有影响,公牛的绝食代谢值比母牛或阉公牛高 15%。获得高营养水平动物的绝食产热量比低营养水平饲养者约高 20%。

(3)随意活动　畜禽处于维持状态时,必须进行同维持生命有关的必要活动(如站立、采食过程的行走运动等),称为随意活动。故在绝食代谢的基础上,畜禽还须获得维持一切随意活动所需能量,这两部分能量之和即为维持能量需要。畜禽活动需要的能量以占绝食代谢产热量的百分数表示。活动量随畜禽种类和具体条件而有较大的变化,舍饲牛、羊活动量须在绝食代谢基础上增加 20%,猪、禽应增加 50%;牛、羊放牧时增加 25%～50%,随牧地品质而转移,在劣质牧地上放牧时,甚至须增加 100% 以上。处于应激条件下的畜禽活动量可增加 100%,甚至更高。

2. 畜禽维持能量需要　成年畜禽的维持能量需要应为:

$$维持能量需要(kJ/W^{0.75})=\alpha W^{0.75}$$

式中:$W^{0.75}$ 为代谢体重(kg),α 为每 kg 代谢体重的绝食代谢和随意活动(包括应激消耗)的能量需要之和。用此公式可以确定各种体重的成年畜禽的维持能量需要,并分别用维持净能(NEm)、维持代谢能(MEm)和维持消化能(DEm)表示。具体测定时,先测出维持净能需要量,而后除以代谢能或消化能转化为净能的效率,可换算为维持代谢能需要量或维持消化能需要量。表 2-4 列出各种畜禽每日每 kg 代谢体重所需的维持净能(NEm)、维持代谢能(MEm)和维持消化能(DEm)值,依此可计算出不同种类、不同体重畜禽每日维持能量需要。

表 2-4　不同成年畜禽维持的能量需要

畜　种	绝食代谢 (kJ/kg $W^{0.75}$)	活动量增加 (%)	NEm (kJ/kg $W^{0.75}$)	MEm→NEm 的效率(%)	MEm (kJ/ kg $W^{0.75}$)	DEm→MEm 的效率(%)	DEm (kJ/ kg $W^{0.75}$)
空怀母猪(国内)	300.00	—	322.23	80	415.91	—	—
母　猪	300.00	20	360.00	80	450.00	96	468.75
种公猪	300.00	45	435.00	80	543.75	96	566.41
轻型蛋鸡	300.00	35	405.00	80	506.25	—	—
蛋型蛋鸡	300.00	25	375.00	80	468.75	—	—
乳　牛	300.00	15	345.00	68	507.35	82	618.72
种公羊	300.00	25	375.00	68	551.47	82	672.52
母绵羊	255.00	15	293.25	68	431.25	82	525.91
公绵羊	255.00	25	318.75	68	468.75	82	571.65
鼠	300.00	23	369.00	80	461.25	96	480.69

引自杨凤主编.《动物营养学》,(第二版).中国农业出版社,2001,226

成年畜禽的维持能量需要,也可用比较屠宰试验或饲养试验(回归处理)的方法确定。

(二)维持的蛋白质需要

维持需要的蛋白质,是用于弥补维持状态下机体代谢过程中的蛋白质损失,包括成年生长(毛发、指及趾甲)、体组织更新、损伤组织修补及合成各种酶、内分泌物、抗体等所消耗的蛋白质。

一般是分别测定内源尿氮、代谢粪氮和体表损失氮,以三者的总和代表畜禽维持的净蛋白质需要,通过引入可消化蛋白质的利用率和粗蛋白质的消化率,可将净蛋白质需要量换算成可消化蛋白质或粗蛋白质的需要量。

$$绝食代谢总排氮量=内源尿氮+代谢粪氮+体表损失氮$$

$$维持净蛋白质需要量=绝食代谢总排氮量\times 6.25$$

$$消化蛋白质维持需要量=\frac{维持净蛋白质量}{消化蛋白质用于维持的利用率}$$

$$粗蛋白质维持需要量=\frac{消化蛋白质维持需要量}{粗蛋白质消化率}$$

内源尿氮是机体处于维持状态下,体蛋白质最低限度分解经尿排出的氮(尿素或尿酸及一部分肌酸酐);代谢粪氮是畜禽采食饲料时由粪中排出的胃肠道酶、上皮脱落细胞及微生物残体;体表损失氮是脱落的毛发和皮屑损失的氮。通过在一段时间内给动物饲喂无氮日粮,可分别测出内源尿氮、代谢粪氮和体表损失氮。也可按绝食代谢产热量估测内源尿氮的排出量。对鼠、猪等反复试验证明,平均每日每 kJ 绝食代谢产热排泄内源尿氮约 0.5mg,或每日每 kg 代谢体重($W^{0.75}$)排泄内源尿氮 150mg。一些研究者已根据试验资料,推导出估算内源尿氮、代谢粪氮和体表损失氮的回归公式。

为将维持净蛋白质需要换算成消化蛋白质或粗蛋白质需要,必须通过另外的试验测出消化蛋白质的利用率和粗蛋白质消化率数据。实际生产条件下,饲粮中可消化蛋白质用于维持的利用率,非反刍成年家畜用 0.55 较适宜,幼年畜禽(哺乳仔猪和肉用仔鸡)可用 0.6 或更高;反刍家畜用乳牛的平均值 0.6 较适宜,小肉牛用 0.7 为宜。饲粮中蛋白质用于维持的消化率在 0.78～0.82,平均 0.8;仔猪 0.75～0.9,平均 0.83;母猪与生长肥育猪的平均值接近,公猪与仔猪的平均值接近;鸡在 0.8～0.85,平均 0.82。表 2-5 示出畜禽单位代谢体重的基础代谢氮排泄量及维持的蛋白质需要量。

用基础氮代谢确定畜禽维持蛋白质需要应注意两点:其一,用真蛋白质满足维持需要时,供给与需要之间完全一致;用表观消化蛋白质满足维持需要时,由于对蛋白质消化率估计偏低,确定的维持粗蛋白质供给量高于实际需要量。因此,在确定维持粗蛋白质需要时,对基础氮代谢中的代谢粪氮,可按实际测定值的 0.4 倍考虑,以弥补消化率估计的不足部分。其二,用此法确定的维持蛋白质需要量比较适合于成年畜禽,对生长畜禽可能偏低。因为生长畜禽摄入的饲料蛋白质在体内沉积更多,周转更快,基础代谢水平也更高。

表 2-5　畜禽维持的蛋白质需要

畜禽种类	基础氮代谢 （mg/kg W$^{0.75}$）	净蛋白质 （g/kg W$^{0.75}$）	消化蛋白质 （g/kg W$^{0.75}$）	粗蛋白质 （g/kg W$^{0.75}$）
育肥猪	155～275	0.97～1.72	1.76～3.13	2.20～3.91
小　猪	192～320	1.20～2.00	2.18～3.64	2.63～4.39
公　猪	340	2.13	3.87	4.72
母　猪	176	1.19	2.00	2.54
肉　鸡	195～338	1.22～2.11	1.88～3.25	2.29～3.96
蛋　鸡	173～276	1.08～1.73	1.96～3.14	2.39～3.83
乳　牛	250	1.56	2.60	3.71
山　羊	280	1.75	2.92	4.71
绵　羊	260	1.63	2.72	3.89

引自杨凤主编.《动物营养学》,(第二版).中国农业出版社,2000,229

(三)维持的氨基酸需要

维持代谢条件下畜禽对氨基酸的需要变化较大。即使不同组织器官蛋白质的氨基酸组成相同,但其周转代谢率不同,维持氨基酸需要自然也不相同。氨基酸之间的组成比例不同,生长畜禽对氨基酸的需要变化更大。将成年猪、禽单位代谢体重所需的部分必需氨基酸列入表2-6。

表 2-6　成年猪、禽必需氨基酸的维持需要

动　物	赖氨酸	蛋氨酸	蛋＋胱氨酸	色氨酸	苏氨酸	苯丙氨酸	苯丙＋酪氨酸	亮氨酸	异亮氨酸	缬氨酸	精氨酸	组氨酸
猪(mg/kg W$^{0.75}$)[1]	36	10	44	9	54	18	44	25	27	24	−72[3]	12
禽(mg/kg W$^{0.75}$)[2]	—	22	58	10	82	12	57	81	73	82	81	—

注:①NRC(1998);②E. R. cprskov(1988)P. 38;③−72 反映体内精氨酸合成能满足维持需要和部分生产需要
引自杨凤主编.《动物营养学》,(第二版).中国农业出版社,2000,230

(四)维持的矿物质、维生素需要

1. 维持的矿物质需要　矿物质在有机体生命活动过程中进行着非常活跃的代谢,但它们并不一定被用尽或排出,与能量和蛋白质代谢不同。例如,胃液中的氯可在肠中再被吸收和再利用;一些矿物质元素虽以有机化合物的成分存在(如血红蛋白质中的铁、甲状腺素中的碘),这些化合物耗尽时其中铁、碘等元素以离子形式被释放出来,可在代谢过程中反复循环利用。因此,通常矿物质的内源损失很小,畜禽维持需要的矿物质因而很少。虽然也可根据内源代谢损失量确定矿物质的维持需要量,但它不具有像能量与蛋白质那样用作获得生产需要基础的作用。

$$维持的矿物质需要 = \frac{单位体重矿物质内源代谢损失量}{矿物质用于维持的利用率}$$

表 2-7 列出猪、牛每日每 kg 体重的几种常量矿物质元素的内源损失量、利用率和维持需要量。可根据这些数据确定不同体重猪、牛每头每日维持的矿物质需要量。根据国内平衡试验和饲养试验确定,产乳牛每 100kg 体重钙、磷的维持需要量分别为 6g 和 4.5g,为每 100kg 体重维持需要给予 3g 食盐。微量元素中,仅见铜、锌等元素的内源损失测定值;其他微量元素,或因其总需要量很少,或代谢过程甚为复杂,使测定内源损失十分困难,尚未见析因试验的资料。

表 2-7 猪、牛几种常量矿物质元素的维持需要 (mg/kg 体重,%)

	项 目	幼 猪	生长肥育猪(20kg 以上)	生长牛
钙	内源损失量	23.00	32.00	16.00
	利用率(%)	65	50~65	40
	维持需要量	35.40	49.00~64.00	40.00
磷	内源损失量	20.00	20.00	24.00
	利用率(%)	80	60~80	60
	维持需要量	25.00	25.00~33.30	40.00
钠	内源损失量			11.00
	利用率(%)			80
	维持需要量			13.80
镁	内源损失量			4.00
	利用率(%)			20
	维持需要量			20.00

2. 维持的维生素需要 由于大多数情况下饲养动物是以生长或生产为目的,可供利用的维生素维持需要的数据很有限。与有机营养物质和常量矿物质相比,畜禽对维生素的需要量很小,其在代谢过程中的内源损失很少,故不便于用析因法评定其维持需要。如用饲养试验评定,因需要量甚微,衡量标准较难选定,评定结果误差较大。反刍家畜和其他草食家畜维生素 A 的维持需要量是每头每 kg 体重 0.025~0.035IU;乳牛需要量较高,平均为 0.035IU。非反刍家畜与反刍家畜基本类似。从畜禽生产角度出发,将维生素维持需要与生产需要分开并无重要的意义。

三、影响畜禽维持需要的因素

(一)畜禽自身因素的影响

有畜禽种类、品种类型、年龄、性别、健康状况、被毛状态及活动量等因素。畜禽体重和代谢强度不同,维持营养需要的绝对值不同。例如,牛的维持需要比禽高数十倍;乳用种牛比肉用种牛高 10%~20%,产蛋鸡相应比肉用鸡高 10%~15%,肉用型猪比脂肪型猪高 10%左右。年龄不同，维持需要也有差异，幼龄畜禽的代谢强度比成年和老年畜禽高，故维持需要量也高。处于不同生长阶段畜禽的维持需要亦不同，2.0～9.0kg 体重仔猪的维持需要比20.0kg 以上的猪高 15％左右。性别也影响维持需要，雄性畜禽的代谢强度高于雌性；一般公猪的维持需要比母猪高 20％左右，公牛相应比母牛高 10％～20％。健康、皮肤及被毛厚密的畜禽比患病、皮肤薄、被毛稀少者的维持需要低。

(二)饲养水平和环境的影响

1. 饲料的影响　现代畜禽饲养中应用添加剂已很普遍，有些添加剂能改变畜禽的代谢方向或强度，因而影响维持需要。如反刍动物饲粮中添加莫能菌素使绝食代谢产热量下降，在一个试验中添加与不添加组相应为 79.5kcal/kg 和 83kcal/kg 代谢体重（卡雷特，1980）。激素类饲料添加剂能调节动物的代谢过程，因此也影响维持需要量。

2. 活动量与饲养水平的影响　畜禽的维持需要也受饲养方式、方法及饲养水平影响。放牧家畜高于舍饲家畜，家禽散养和平养的维持需要比笼养高。将鸡的喂料时间改至傍晚，饲料在夜间消化代谢，可使用于维持的部分减少，因而提高饲料利用率。伴随着饲养水平和生产水平提高，体内营养物质周转代谢加快，维持需要也相应增加。

3. 环境因素的影响　畜禽的维持需要与多种环境因素（温度、湿度、风速等）有关。其中，影响最大的是环境温度，它们直接影响畜禽体的产热和散热，因而影响维持需要。每种畜禽都有各自的等热区（或称温度适中区，即不改变代谢产热即可维持体温恒定的环境温度范围，也即上限与下限临界温度之间的区域），此区内维持需要最少；环境温度高于与或低于等热区，都促使机体代谢加强，能量消耗增多，维持需要增加。例如，在 18.5℃和 5℃下测出的生长期乳山羊的绝食产热量分别为 241.17kJ/kg 代谢体重和 379.57kJ/kg 代谢体重（陈喜斌，1997）；气温在 20℃基础上每升高 1℃，肉牛的维持代谢能相应增加 0.91％；气温 31℃～32℃与 18℃～21℃相比，泌乳母牛每产能值 4.184MJ 乳要多消耗 27％的消化能，即平均每升高 1℃多消耗 3％的维持能量。

第三节　家畜繁殖的营养需要

自然界中，繁殖是生物繁衍后代的过程。繁殖是养殖业进行正常生产、扩大饲养规模的重要环节，对畜牧业的高效与持续发展有重大的意义。

哺乳类家畜与禽类的繁殖过程有不同特点。家畜的繁殖是指公、母畜通过交配，使精子和卵子在母畜体内结合、妊娠、分娩及哺育幼畜的整个过程；在禽类，繁殖则包括交配、产蛋、孵出与抚育幼雏的过程。家畜的精子与卵子的产生及妊娠早期需要的营养物质数量较少，而禽类形成卵需要大量的营养物质，但它们并不像家畜那样须分泌乳汁。

在本节中，只阐述与家畜及其他哺乳类驯养动物发情、配种与妊娠期的营养需要，重点在母畜，也涉及公畜。泌乳家畜和产蛋家禽的营养需要分别在本章第五、第六节中讨论。

一、配种前与配种期母畜的营养

（一）营养对初情的影响

动物初情期的出现时间与动物种和品种有关,营养水平也影响畜禽的初情期。对同一品种的动物,营养水平较高,生长快,初情期就来临得早。表 2-8 示出不同营养水平对黑白花乳牛初情期年龄和体重的影响。

表 2-8 不同营养水平对黑白花乳牛初情期的年龄和体重的影响

性　别	营养水平	初情期		
	（饲养标准,%）	年龄（周）	体重（kg）	体高（cm）
母	高（129）	37	270	108
	中（93）	49	271	113
	低（61）	72	241	113
公	高（150）	37	292	116
	中（100）	43	262	116
	低（66）	51	236	114

引自杨凤主编.《动物营养学》,(第二版). 中国农业出版社,2000,254

由表 2-8 中数据看出,三种营养水平条件下,乳牛的初情年龄差异很大,但体重和体格大小却相近。一般而言,牛、羊体重分别达到成年体重的 35%～70%(6～8 月龄)和 60%(5～12 月龄)左右开始发情。但也有报道,牛的初情期在其达到一定活重或体格大小时才出现,并非在固定年龄出现。低营养水平饲养会使促性腺激素的分泌减少,进而影响繁殖力。但高营养水平并不能使猪的初情期明显提前;影响猪初情期的主要因素是年龄、品种。猪的初情期年龄一般为 5～8 月龄,地方猪种的初情期年龄比引入的猪种早,杂交猪早于纯种猪。营养水平过低或过高均会推迟小母猪的初情期。绵羊及鹿等动物受季节性繁殖模式的影响,初情期的来临较为复杂,春季产出的羔羊营养条件较好,当年初秋就出现初情期;营养水平中等的羔羊在当年配种季节和晚期发情;而营养水平较差的羔羊要在下一个配种季节（18 月龄）才开始发情。家禽没有像家畜那样的"发情周期";母鸡一般 4.5～5 月龄性成熟,只要条件适宜,在一个时期内卵泡可连续发育、排卵和受精。

实际上,决定一头家畜初配时间的因素是体格大小。一般初情期配种体格还太小。一些大型乳牛品种的小母牛 7 月龄即可受胎,但至少要等到 15 月龄才能给其配种。现有对牛、绵羊、猪提早配种的趋势,为此须在母畜妊娠期营养需要基础上增加其生长的营养需要。

（二）营养对排卵的影响

营养水平可以影响促性腺激素的分泌,并影响母畜的排卵数。在小母猪后备期和发情期提高能量水平可增加其排卵数,将后备期代谢能摄入量从每头 16.8MJ/d 提高到 26.38MJ/d

时,排卵数则从 12.9 枚增加到 14 枚;发情期代谢能摄入量从每头 15.98MJ/d 提高到 28.4MJ/d 时,排卵数从 12.4 枚增加到 13.8 枚。

根据上述规律,生产上为配种前母猪提供较高能量水平(一般在维持能量需要基础上提高 30%~100%)的饲粮以促进排卵,这种方法称为"短期优饲"或"催情补饲"。

(三)营养对受胎率和胚胎成活率的影响

营养水平正常母猪的受精率在 95% 左右,牛可达 100%。然而,部分胚胎受各种不良因素的影响而中途死亡。母体的营养条件,特别是能量摄入水平是引起胚胎死亡的因素之一。

在初产母猪后备期和发情期内,给予高能量水平会增加胚胎死亡率。妊娠前期(0~30d)供给高能量水平的饲粮可降低胚胎成活率。据报道,供给高能量(代谢能 38.12MJ/d)饲粮时,配种后 25~43d 胚胎成活率为 67%~74%,而获得低能(代谢能 20.92MJ/d)饲粮组的胚胎成活率为 77%~80%。饲粮蛋白质水平对胚胎成活率影响不大,但微量养分,特别是维生素 A、维生素 E、叶酸和铁、碘、锌等微量元素严重缺乏会提高胚胎死亡率。母牛长期或短期营养不足,影响受精率和胚胎成活率。极瘦母牛的空怀率高达 77%,而体况良好的母牛空怀率仅为 5%。

(四)营养对胎儿生长发育的影响

母畜妊娠后期,胎儿生长很快,此期母畜营养水平明显影响胎儿的生长和初生重。所以,提高母猪妊娠后期的能量摄入量,可使仔猪初生重和成活率增加,但当消化能摄入量超过 25.1MJ 时,初生重不再增加。

青年母牛妊娠后 5 个月的营养水平,对胎儿发育及犊牛断乳体重有影响。母羊在妊娠后期若营养严重不足,不仅影响羔羊初生重和生活力,还影响胎儿次级毛囊的成熟,对双羔的影响更明显。

二、妊娠母畜与胎儿的营养生理规律

(一)母体的营养生理规律

1. 母畜体重的变化规律 繁殖周期中母畜体重变化的基本规律是妊娠期增重和哺乳期失重。但从配种到断乳,母畜仍有净增重,故其体重随胎次而增大。

母猪在繁殖周期中的体重变化程度受营养水平影响。表 2-9 所列数据表明,高营养水平下,母猪增重与失重表现明显,妊娠期增重越多,哺乳期失重越多,其净增重较低;低营养水平下增重与失重均较小,而净增重较高。其他动物也符合此规律。

表 2-9　母猪妊娠期营养水平对体重的影响　(kg)

营养水平	配种体重	产后体重	妊娠期增重	断乳体重	哺乳期失重	净增重
高	230.2	284.1	53.9	235.8	48.3	5.6
低	229.7	249.8	20.1	242.2	7.4	12.7

注:高、低营养水平饲喂量分别为每 kg 体重 18g/d,8.7g/d

引自杨凤主编.《动物营养学》,(第二版).中国农业出版社,2000,258

2. 母体增重内容

（1）子宫及其内容物的增长　随着胎儿生长发育,子宫也不断增长。孕畜子宫的黏膜和浆液膜均发生变化,肌纤维加大,肌肉层急剧增长,结缔组织和血管扩大,因此使胎衣和胎水迅速增长。妊娠期间,母猪子宫及其内容物增长情况如表2-10所示。从表中数据可见,子宫在妊娠后期增重较多,胎衣和胎水的增重主要是在妊娠中期,妊娠后期胎水反而减少。

表2-10　母猪妊娠期间子宫、胎衣和胎水的重量

妊娠天数（d）	子　宫		胎　衣		胎　水	
	重量（g）	与47d比（%）	重量（g）	与47d比（%）	重量（g）	与47d比（%）
47	1300	100	800	100	1350	100
63	2450	189	2100	420	5050	374
81	2600	200	2550	510	5650	419
96	3441	265	2500	500	2250	207
108	3770	290	2500	500	1890	140

引自杨凤主编.《动物营养学》,（第二版）.中国农业出版社,2000,258

随着妊娠期的推移,母畜子宫和乳腺内沉积的营养物质也增加。据研究资料,约有50%的蛋白质和50%以上的能量是在妊娠最后1/4时期沉积的。

（2）母体本身营养物质的沉积　妊娠期间,母体本身也具有较强的贮存营养物质的能力,其贮存部分一般为胎儿的1.5～2倍,高的可达4倍。这种贮存对分娩后母畜的营养有重要意义。母畜增重以前期为主,至妊娠中、后期,由于胎儿发育超过母体增重,母体能量和营养物质的沉积量显著下降。

妊娠期母畜体的代谢率和沉积营养物质的能力明显提高。喂以相等营养水平的饲粮时,妊娠母猪除保证胎儿和乳腺增长外,本身的增重高于空怀母猪,这种现象被称为"孕期合成代谢"。其他哺乳动物也可能存在这种现象。

（二）胎儿发育的生理规律

1. 胎重、胎高和胎长的增长　胎重的增重特点是前期慢、后期快,最后更快,猪的胎重约2/3是在妊娠最后1/4时期内增长的。胎高、胎长的增长是前期、中期较快（图2-1）。

母牛、母羊的胎儿在妊娠最后2个月内增重最迅速,绵羊妊娠后期胎儿的增重,占初生重的80%～90%。因此,在此期间应提高母牛、母羊的营养水平,尤应注意怀双羔或多胎母羊的营养供应。

2. 胎儿体化学成分的变化　随着胎龄增长,胎体化学成分亦不断变化。水分含量逐渐减少,蛋白质、能量和矿物质则逐渐增加。在胎体成分中,约有1/2的蛋白质和1/2以上的能量、钙、磷是在妊娠的最后1/4时期内增长的。表2-11为不同胎龄胎儿的化学成分。

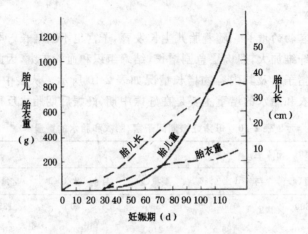

妊娠期（d）

图 2-1　妊娠期间猪胎长胎重和胎衣的增长

（引自杨凤.《动物营养学》.1993）

表 2-11　不同胎龄时猪胎儿化学成分　（％）

胎　龄 （d）	水　分	鲜　重			干　重		
		脂　肪	蛋白质	灰　分	脂　肪	蛋白质	灰　分
30	94.7	0.5	3.6	0.9	9.4	67.9	16.9
60	89.5	0.9	6.2	1.7	8.5	59.0	18.0
100	85.3	1.3	9.1	3.1	8.8	61.9	21,0
107	83.6	1.4	9.7	3.2	8.5	59.1	19.5

引自杨凤主编.《动物营养学》（第二版）.中国农业出版社,2000,261

三、繁殖母畜的营养需要

　　从妊娠期母畜和胎儿增重与营养成分的增长规律可看出,妊娠前期的增长少,因而营养物质的需要量相对较少,但须注意营养质量;随着妊娠期推移,母畜与胎儿增重加快,胎儿及母体沉积营养物质的绝大部分是在妊娠后期增长的。因此,应特别注意加强妊娠后期母畜的饲养。

　　现时,母畜妊娠期的能量与蛋白质需要多数按析因法确定,此处以猪的能量需要为例做详细叙述。

（一）能量需要

　　1. 妊娠母猪　妊娠母猪的营养需要按析因法确定,包括维持需要、母体增重和妊娠产物需要。但在饲养标准或营养需要建议量中列出的均是其总需要量。

　　（1）维持能量需要　妊娠母猪的维持能量需要占总能量需要的 $75\%\sim80\%$,以下示出按大量试验资料推导的母猪维持能量需要。

ARC(1981)的计算公式为：

$$MEm（kJ/d）=439 W^{0.75}$$

NRC(1998)的计算公式为：

$$MEm（kJ/d）=443.5 W^{0.75}$$

$$DEm（kJ/日）=460 W^{0.75}$$

式中：MEm 为维持代谢能，DEm 为维持消化能，$W^{0.75}$ 为代谢体重。

（2）增重需要 根据母体增重计算其蛋白质组织和脂肪组织的增重，而后计算其能量沉积量。

NRC(1998)的计算公式为：

$$瘦肉组织增重（kg）=增重-脂肪组织增重$$

$$脂肪组织增重（kg）=增重×0.638-9.08$$

瘦肉组织含蛋白质 23%，脂肪组织含脂肪 90%，每沉积 1kg 脂肪和蛋白质分别需 52.3kJ 和 44.4kJ 代谢能，故母体所需要的代谢能为：

$$脂肪合成所需代谢能（kJ）=脂肪组织增重×90\%×52.3$$

$$瘦肉合成所需代谢能（kJ）=瘦肉组织增重×23\%×44.4$$

妊娠期母体增重的代谢能总需要（MJ）为脂肪与瘦肉合成所需代谢能之和。将上述各式整理后可表示为：

$$母体增重代谢能日均需要（MJ）=母体增重×33.727-334.67$$

母猪妊娠期按 115d 计，则母体平均日增重的代谢能需要量为：

$$母体增重代谢能日均需要（MJ/d）=\frac{母体增重×33.727-334.67}{115}$$

（3）妊娠产物需要 妊娠产物包括胎儿、母猪子宫及其内液、乳腺组织等。比较屠宰试验表明，母猪在不同营养水平下每胎妊娠产物的总增重比较恒定，为 22.8kg；其中，蛋白质 2.46kg，脂肪 0.46kg，沉积能量约 83.68MJ（净能），即每天沉积 727.7kJ 净能（83 680MJ/115）。母猪将代谢能转化为妊娠产物净能的利用率为 48.6%，故每天形成妊娠产物的代谢能需要量为 1 497.3kJ（727.7kJ/0.486）。假定窝产仔数 10 头，则每天妊娠产物的增重量为每头胎儿 2.28kg，每天妊娠产物的代谢能需要量为每头胎儿 149.7kJ。

（4）总需要 妊娠母猪每日代谢能的总需要量为上述三项之和。在计算维持需要时，母猪体重应为配种体重与 1/2 妊娠增重之和（母体增重和妊娠产物增重之和）。

根据上述方法可计算出任何配种体重、达到预期增重和预期产仔数母猪的能量需要量。如：配种体重 150kg、妊娠增重 45kg、预产仔猪数为 12 头的母猪，每天代谢能需要量为：

维持需要：$443.5×(150+45/2)^{0.75}=21 110.0(kJ)$

妊娠产物需要：$12×149.7=1 796.4(kJ)$

母体增重量：母体增重量=妊娠增重-妊娠产物增重=45 - 12×2.28=17.64(kg)

母体增重需要=(17.64×33.727-334.67)/115=2 263.3(kJ)

每天总需要量=21 110.0+1794.4+2263.3=256 169.7(kJ)

环境温度（T）较低时，母猪维持能量需要量增加。若以 20℃作为母猪的适宜环境温度，低于 20℃时母猪维持代谢能需要量（kJ）为：$(20-T)W^{0.75}×18.828$

2、妊娠母牛 一般从妊娠的第 210 天开始考虑母牛的妊娠能量需要。妊娠的能量需要约为维持能量需要的30%,按每kg代谢体重需要100.42kJ产乳净能(或代谢能167.36kJ、消化能192.46kJ)计算(NRC,1988)。我国乳牛营养需要与饲养标准(2000)中指出,在妊娠第六、七、八、九4个月,每天应在维持基础上增加4.18MJ、7.11MJ、12.55MJ和20.92MJ产乳净能,即妊娠能量需要分别为44.56MJ、47.49MJ、52.93MJ和61.30MJ。若妊娠第六个月尚未干乳,还需加上产乳的需要,每kg标准乳需供给产乳净能3.14MJ。

3. 妊娠母羊 我国肉绵羊饲养标准(NY/T 816—2004)建议,体重60kg母羊妊娠前期每天须供给总代谢能13.39MJ,而后期(妊娠第4~5月)怀单羔与双羔时应分别供给总代谢能15.09MJ和18.41MJ。

(二)蛋白质需要

母畜妊娠期对蛋白质的需要随妊娠期的推进而增加,与能量一样,亦应在妊娠后期加强蛋白质(和氨基酸)的供应。对妊娠母畜的蛋白质需要量亦按维持、母体增重与妊娠产物增重之和的模式估算。

1. 妊娠母猪 NRC(1998)猪营养需要中,首先估计回肠真消化赖氨酸的需要量,然后按维持和蛋白质沉积的理想氨基酸模式推算其他氨基酸的需要量,最后按玉米—大豆粕饲粮中真消化赖氨酸与粗蛋白质间的回归关系计算粗蛋白质的需要量。我国猪饲养标准(2004)建议,配种体重150~180kg瘦肉型母猪,妊娠前期饲粮的粗蛋白质含量应为12.0%,后期为13.0%;饲粮赖氨酸、蛋氨酸、苏氨酸和异亮氨酸的推荐量,前期分别为0.49%、0.13%、0.39%和0.28%,后期相应为0.51%、0.14%、0.40%和0.29%。

2. 妊娠母牛与绵羊 妊娠母牛(包括绵羊)的蛋白质需要,由瘤胃可降解蛋白质与瘤胃不可降解蛋白质两部分组成。我国乳牛饲养标准(2007)采用小肠蛋白质体系,其小肠蛋白质为饲料的瘤胃非降解蛋白质与瘤胃微生物蛋白质之和。例如,体重500kg妊娠母牛,在妊娠的第六、七、八、九4个月,小肠可消化粗蛋白质日需要量分别为413g、443g、485g和539g。如未干乳,还应增加产乳需要,每产1kg含脂肪4.0%的标准乳需供给小肠可消化粗蛋白质47g。

妊娠母羊的需要,以体重60kg、妊娠后期的肉绵羊为例,每日需要的粗蛋白质,怀单羔时为172g,怀双羔时为203g(NY/T 816—2004)。

(三)矿物质需要

1. 钙和磷 钙离子参与黄体孕酮的合成,也为卵母细胞成熟所需。妊娠母畜对钙的需要随胎儿生长而增加,缺钙引起母畜患骨质疏松症,严重缺钙时还会导致胎儿生长发育受阻,甚至死亡。缺磷易引起母畜不孕和流产。乳牛缺磷常发生卵巢萎缩、屡配不孕,妊娠后中途流产或产出生活力很弱的犊牛。钙、磷比例对保持和提高母畜的正常繁殖功能有重要作用,小于1.5∶1可使母牛受胎率下降,发生难产、胎衣不下、子宫和输卵管炎等症状;钙、磷比例大于4∶1时,繁殖指标明显下降,发生阴道和子宫脱垂、乳腺炎等产后疾病。钙、磷比例为1.5~2∶1时,繁殖性能良好。

钙、磷的需要量:①妊娠母猪:我国猪饲养标准(2004)建议,瘦肉型妊娠母猪的钙、磷需要量分别占饲粮的0.68%和0.54%。NRC(1998)建议,钙、总磷和有效磷需要量分别为0.75%、0.60%和0.35%。②妊娠母牛:我国乳牛饲养标准(2007)推荐,体重550kg妊娠母牛,在妊娠第六、七、八、九4个月的日需要钙量分别为39g、43g、49g和57g,日需磷量依次为

27g、29g、31g 和 34g,钙、磷比例为 1.44～1.68∶1。

2. 锰　母牛饲粮中锰含量过低,延迟发情、排卵和受胎。缺锰母山羊发情不明显,即使受胎,其受胎率亦比正常低 35%～40%。母猪饲粮中严重缺锰引起卵巢损伤,饲粮中含锰量为 0.5mg/kg 时发情停止,增加至 40mg/kg 则发情恢复正常。按每 kg 计,母牛饲粮需含锰 16mg 以上,母猪饲粮至少为 20mg 锰。

3. 锌　锌是合成性激素的酶系统的组成成分。长期缺锌,这类酶的合成发生障碍,会导致卵巢萎缩和功能衰退。在配种和妊娠期给母羊补锌,产羔率可提高 14%。妊娠家畜的需锌量(按风干饲粮计算):母猪 50.0mg/kg,母牛 40.0mg/kg。母绵羊每日需锌 35～50mg。

4. 铜　铜对受精、胎儿发育和产后仔畜的健康生长均属必需。牛、羊缺铜可造成不发情或胚胎早期死亡。妊娠家畜的需铜量一般为 4～10mg/kg 饲粮。

5. 碘　碘是甲状腺的组成成分,甲状腺素能促进蛋白质的生物合成及胎儿生长发育。饲粮中缺碘可使繁殖动物发生甲状腺肿,影响其繁殖力。给妊娠母牛饲粮添加碘化钾,可使受胎率提高 6.9%,减少胎衣不下和不规则发情。缺碘地区给母猪补碘,可使受胎率提高 3.8%。妊娠动物的碘需要量(风干基础,mg/kg):母猪 0.14,母牛 0.4～0.8。妊娠母羊每天需要碘 0.1～0.7mg。

6. 硒　配种前,给放牧在缺硒牧地上放牧且雌激素水平较高的母牛补硒 4～8 周,可使受胎率从 49% 提高至 76%。在母羊饲粮中同时补硒和铜,可提高产羔率和双羔率。我国猪饲养标准(2004)中瘦肉型妊娠母猪硒需要量 (风干基础,mg/kg)为 0.14;NRC(2001)建议的妊娠母牛硒需要量为 0.3mg/kg。

(四)维生素需要

1. 维生素 A 和胡萝卜素　维生素 A 和胡萝卜素是维持生殖上皮组织功能所必需的。长期缺乏使母畜阴道上皮角质化,易患感染性疾病;发情周期紊乱,滤泡成熟受阻,妊娠困难或胎儿发育不全、流产、难产、胎儿瞎眼和严重的小眼症;幼畜体弱,出生后死亡率高。

我国猪饲养标准(2004)建议,瘦肉型妊娠母猪维生素 A 的需要量为每 kg 饲粮 3 620IU。NRC(1998)推荐妊娠母猪每 kg 饲粮需要维生素 A 4 000IU。NRC(2007)绵羊营养需要建议,60kg 体重单胎母羊妊娠前、后期每日需要维生素 A 1 884IU 和 2 730 视黄醇当量(RE,它等于 1.0μg 反式视黄醇,5.0μg β-胡萝卜素,7.6μg 其他类胡萝卜素)。NRC 乳牛营养需要(2001)建议,每日需分别供给妊娠 240d、270d 和 279d 的干乳期荷斯坦母牛[成年体重 680kg(不含孕体),体况评分 3.3,犊牛体重 45kg,妊娠日增重 0.67kg/d(含孕体)]维生素 A 80 330IU、82 610IU 和 83 270IU。

2. 维生素 D　维生素 D 对钙磷代谢十分重要,是维持母畜妊娠和泌乳所必需的维生素。目前关于繁殖家畜对维生素 D 的需要量报道很少。我国猪饲养标准(2004)建议,瘦肉型妊娠母猪的维生素 D 需要量(每 kg 饲粮)为 180IU,NRC 为 200IU。NRC 乳牛营养需要(2001)建议,每日需分别供给妊娠 240d、270d 和 279d 的干乳期荷斯坦母牛(体重等状况同维生素 A 部分)维生素 D 21 900IU、21 530IU 与 22 710IU。

3. 维生素 E　维生素 E 对机体抗氧化和提高机体免疫力有重要作用。它也是维持机体正常繁殖所必需,母畜缺乏维生素 E,胎盘和胚胎血管损坏,继而胎儿营养不良、死亡或被吸收。为获得妊娠母猪最大产仔数,每 kg 饲粮应含 44～66IU 维生素 E;NRC 乳牛营养需要

(2001)建议,每日需分别供给妊娠 240d、270d 和 279d 的干乳期荷斯坦母牛(体重等状况同维生素 A 部分)维生素 E 1 168IU、1 202IU 和 1 211IU。

四、种公畜的营养需要

饲养种公畜的基本要求有两点:①保持健壮的体况、旺盛的性欲和配种能力,可供经常配种或采集精液;②精液品质良好,精子密度大,活力强。欲达到上述要求,应根据种公畜的体况、配种或采精任务,合理供给营养。

(一)能量需要

能量供应不足时,后备公畜睾丸和附属性器官发育不正常,推迟性成熟;但过高的能量水平亦会降低后备公畜的性活动。能量对成年公畜的繁殖性能也同样重要,能量不足可导致性器官功能降低,性欲减退;增加能量可使公畜性功能恢复正常;但能量过高会使公畜体况偏肥,性功能减弱。

我国猪饲养标准(2004)建议,配种公猪每 kg 饲粮的消化能浓度应为 12.95MJ。我国乳牛饲养标准中,采精种用体况公牛的能量需要(产乳净能,MJ)按 $0.398W^{0.75}$ 估算。

(二)蛋白质需要

饲粮中蛋白质的数量和品质均能影响种公畜的繁殖性能。饲粮蛋白质含量低,影响精子形成和射精量,青年公牛特别敏感,易引起睾丸发育不良和出现无精子等症状。蛋白质过多,也可降低精液品质。如与低蛋白质水平相比,用高蛋白质水平饲喂的内江猪后备公猪,其精子活力和精液浓度低,且精子畸形率高。在蛋白质特别丰富(牧草干物质的 35%)的牧地放牧的种公牛,反而不育。饲粮中蛋白质较维持需要高 90%~100% 时,对种公牛精液量与活精子数均有明显改进。

公牛蛋白质需要量一般比维持需要高 70%。我国猪饲养标准(2004)中,配种公猪蛋白质需要的建议量为 13.5%,与 NRC(1998)种公猪的蛋白质需要量(13%)甚为接近。

(三)矿物质需要

钙离子能刺激细胞的糖酵解过程,提供精子活动所必需的能量,加强精子活动。钙离子还促进精子和卵子的融合以及精子穿入卵细胞透明带。然而,钙离子浓度过高也影响精子活动。磷对精液品质也有很大影响。后备公猪饲粮中含钙 0.90%,成年公猪饲粮中含钙 0.75%,可满足繁殖需要。钙、磷比要求 1.25:1。种公牛饲粮中含钙 0.4% 即可满足需要,钙、磷比例以 1.33:1 为宜。

锰缺乏易引起睾丸生殖上皮退化,精子产生异常、畸形精子多,公猪饲粮中锰应为 10.0mg/kg。

锌影响精细胞发育和初级与次级精母细胞发育,缺乏锌使睾丸中总蛋白质合成量下降,公犊、公羔性器官发育不全。公猪饲粮中锌不应少于 50.0mg/kg。

(四)维生素需要

维生素 A 缺乏时可引起睾丸萎缩、生精子过程停止。补饲维生素 A 和胡萝卜素,可使生殖上皮、精液生成和正常性活动得到恢复。按每 kg 体重供给公猪 250~1 000IU 维生素 A,可提高受精率。我国猪饲养标准(2004)建议,配种公猪每 kg 饲粮应含维生素 A 4 000IU,每头每日需要维生素 A 8 800IU。我国乳牛饲养标准(2007)建议,体重 900kg 的种公牛每日需要维生素 A 38 000IU 或胡萝卜素 95mg。

关于维生素 D 的需要量,我国猪饲养标准(2004)建议,配种公猪每日每头需要 485IU,或每 kg 饲粮含 220IU。

第四节 畜禽生长与肥育的营养需要

一、生长和肥育的概念

生长是指畜禽体尺的增长和体重的增加,包含着机体细胞的增殖、扩大和组织器官的发育与功能的日趋完善;生长又是畜禽体内不断沉积蛋白质、脂肪、矿物质和水分等过程。

肥育是指对生长后期的肉用畜禽进行强化饲养,使其肌肉与脂肪快速沉积,以提供人类所需的肉脂产品。当前,人们对瘦肉的需求日益增高,故某些畜禽的肥育期和出栏时间有提前的趋势,为此目的也常在肥育后期进行限制饲养,以减少脂肪沉积。

传统的肥育主要指畜禽体内沉积脂肪。由于肉畜饲养方式的变化,现今这种狭义的肥育已较少,但对成年淘汰家畜出售前还常通过加强饲养,增加脂肪沉积,改善胴体品质。牧区家畜在秋季牧草丰盛时,通过"抓膘"囤积体脂肪,有利于安全越冬。

动物的最佳生长应具有正常的生长速度和在成年时具有符合其生产方向的体型与健全的器官,常常是与人们的经济利益有关。为了取得最佳的生长效果,应按畜禽生长规律,供给一定数量与质量的营养物质,且相互间应有适宜的比例。

二、生长的一般规律

畜禽生长是遵循一定规律进行的,揭示与认识此规律是确定畜禽不同生长阶段营养需要的基础。畜禽总体和各部位的生长以及化学成分各具特点和变化规律。

(一)总体生长

机体体尺的增长与体重的增加密切相关。一般以体重反映整个机体的变化规律。在动物的整体生长过程中,生长速度并不一致。绝对生长速度(日增重)取决于年龄和起始体重的大小,总的规律是慢—快—慢;在胚胎期和从出生到初情期左右递增,初情期后递减,接近成年体重时降至很低;初情期是生长转折(缓)点(图 2-2)。

相对生长速度是畜禽生长的强度,即某阶段的增重相当其起始体重的增长倍数、百分比或生长指数,一般随体重或年龄的增长而下降(图 2-3)。这表明动物体重(年龄)愈小,生长强度愈大;从生长的角度看,愈小的动物产出产品的效率愈高,需要的饲粮养分浓度也愈高。

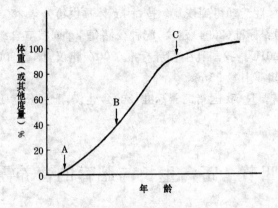

图 2-2　绝对生长曲线模式

图中:胚胎期(0-A),生长递增期(A-B),生长递减期(B-C),成年期(C 以上)

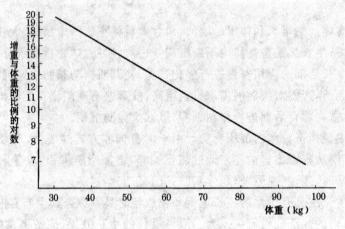

图 2-3　猪的相对生长曲线

(引自 Kirchgessner, M. 1987)

(二)局部生长

是指畜禽体各部位、组织和化学成分的变化。

1. 部位的生长变化　畜体各部位发育的迟早不同。头、腿发育早,年龄愈小发育愈快,结束发育愈早;胸、臀发育较迟,腰部最晚。可看出,部位的发育是由前到后再向中的趋势。营养水平可制约各部位的生长发育程度。营养水平高,早熟部位可优先发育;营养不良的动物推迟发育。动物营养不良表现为大头、长腿、尖臀,营养丰富的动物则后躯丰满。

2. 体组织增长的规律　畜禽整体生长是由各个组织器官的生长汇集而成,主要是骨骼、肌肉和脂肪组织的增长。各种组织中最先完成生长的是神经系统,依次为骨骼系统、肌肉组织,最后是脂肪组织(图 2-4)。图 2-4 表明早熟品种和营养充足的动物生长速度快,器官发育完成早,但骨骼、肌肉和脂肪发育强度的顺序不变。

了解畜禽生长发育的规律,对饲养实际具有重要的指导作用。

①在肉用型畜禽(瘦肉型猪、犊牛、羔羊、肉仔鸡等)饲养实践中,可在生长转缓点之前加强

饲养,以获得高的增重和良好的经济效益。

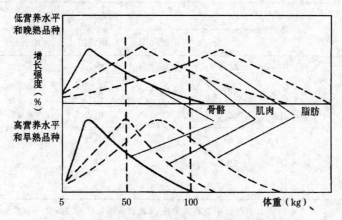

图 2-4 猪机体组织的生长发育顺序与增长强度

(引自 Kirchgessner, M. 1987)

②公畜体重增长率比母畜快,牛、羊和家禽生长率的两性差别尤为显著;故现代饲养业中公、母分群饲养,供给不同的营养浓度,使其发挥各自的生长优势,以获得显著的经济效益。

③早期头、腿和骨骼生长较快,在满足能量和蛋白质需要的前提下,应注意供给含矿物质丰富的饲料;在肌肉生长速度最快的时期应供给蛋白质丰富的饲粮;而在脂肪沉积迅速时期,给予含碳水化合物丰富的饲料。

(三)机体的化学成分变化

畜禽年龄不同,机体组织(骨骼、肌肉、脂肪等)增长的速度不等,其化学成分如水分、粗蛋白质、粗脂肪、粗灰分等的含量、比例和能值也不相同(表 2-12)。随着年龄增长,体水分含量下降,粗脂肪和能值明显上升。粗蛋白质含量的变化,不同种畜禽间有差异;牛、羊变化较小,肉鸡粗蛋白质随年龄增长而上升,猪略呈下降趋势。

表 2-12 畜禽不同年龄和体重的增重成分及能值的含量 (％)

畜 禽	活 重 (kg)	年 龄	增重成分及能值				
			水 分	粗蛋白质	粗脂肪	粗灰分	能值(MJ/kg)
肉 鸡	0.038	1 日	74.5	16.0	5.3	4.2	6.11
	0.300	2 周	69.1	17.0	10.4	3.5	8.12
	1.315	5 周	67.2	19.1	10.2	3.5	8.29
	1.660	6 周	63.7	20.4	11.9	4.0	9.08
猪	15	7 周	70.4	16.0	9.5	3.7	7.58
	40	11 周	65.7	16.5	14.1	3.5	9.52
	80	18 周	58.0	15.6	23.2	3.1	12.92
	120	24 周	50.4	14.1	32.7	2.7	16.34

续表 2-12

畜禽	活重 (kg)	年龄	增重成分及能值				
			水分	粗蛋白质	粗脂肪	粗灰分	能值(MJ/kg)
绵羊	9	1.2月	57.9	15.3	24.8	2.2	13.9
	34	6.5月	48.0	16.3	32.4	3.1	16.49
	59	19.9月	25.1	15.9	52.8	6.3	20.8
牛	10	1.3月	67	19.0	8.4	—	7.83
	210	10.6月	59.4	16.5	18.9	—	11.39
	450	32.4月	55.2	20.9	18.7	—	12.35

引自杨凤主编.《动物营养学》(第二版). 中国农业出版社,2000,235

畜禽生长后期机体组织能值的增加,与水分减少和脂肪含量增高有关。如以脱脂组织计,在达到一定年龄阶段后,机体蛋白质与灰分的含量基本稳定。

三、影响生长肥育的因素

(一)畜禽种类

畜禽种、品种、性别是影响生长速度与增重内容的内在因素。生命周期短的动物生长速度较快,如肉鸡平均日增重相当其体重的 3.2%,牛与猪相应为 0.67% 和 1.0%。长白猪胴体中脂肪和肌肉量分别为 28.07% 和 56.38%,而民猪为 35.61% 与 45.36%。公畜(禽)生长速度较母畜(禽)快,若以母畜(禽)生长速度为 100%,则公牛、公猪与公肉鸡相应为 150%、110% 和 130%。

(二)营养水平

饲粮中能量水平对生长速度的影响最为显著。饲粮能量水平高时畜禽增重快,反之则慢。用杂交一代猪进行的试验中,各组消化能采食量分别为每 kg 代谢体重 1 552.3kJ、1 393.3kJ、1 117.1kJ、845.2kJ、640.2kJ,日均增重相应为 387g、309g、236g、193g 和 152g。

饲粮蛋白质水平对增重的影响与能量相似。蛋白质水平低,机体沉积蛋白质少;但达到一定水平后,继续增加蛋白质并不能使体组织内沉积的蛋白质增加更多。如一项羔羊试验中,分别饲喂粗蛋白质含量为 10.0%、12.5%、15.0%、17.5% 和 20.0% 的饲粮,胴体含氮量(干物质基础)依次为 4.82%、5.43%、5.79%、5.98% 和 5.97%。

(三)环境条件

环境温度、湿度、气流、饲养密度(每个畜禽占面积和空间)及空气清洁度也影响畜禽生长速度和增重内容。环境温度过高或过低,都会降低蛋白质和脂肪的沉积,使生长速度下降。有资料表明,在临界温度下限气温每降 1℃,或气温每超过临界温度上限 1℃,采食量将减少5%,增重降低 7.5%。对于集约化饲养业,畜舍的空气湿度、清洁度、气流、饲养密度均是影响畜禽生长速度和健康的重要因素。

四、生长肥育的营养需要

(一)能量需要

生长肥育畜禽的能量需要包括维持需要与组织器官生长及脂肪和蛋白质沉积的需要。按综合法和析因法均可确定其能量需要。

1. 综合法　主要通过饲养试验,也常与屠宰试验相结合确定畜禽对能量的需要。一般用不同能量水平的饲粮饲喂试畜,以获得最高日增重、最佳饲料利用率与胴体品质的能量水平作为需要量。可表示为每 kg 饲粮的能量浓度(消化能、代谢能或净能),也可用每头每日需要量表示。

2. 析因法　分别测定生长肥育畜禽的维持需要和增重需要,而后计算其总需要量。增重的能量需要决定于增重量和单位增重的能值,通过研究一定条件下机体内沉积的脂肪和蛋白质,可推算出单位增重的净能值。根据各种畜禽将消化能、代谢能转化为增重净能的效率,可将净能需要换算成消化能或代谢能需要。

$$ME = MEm + \frac{NEf}{Kf} + \frac{NEp}{Kp}$$

式中:ME 为代谢能;MEm 为维持需要代谢能;NEf 为沉积脂肪所需净能;NEp 为沉积蛋白质所需净能;Kf 和 Kp 为代谢能(ME)转化为 NEf 和 NEp 的效率。

例如:计算一头体重 50kg,日沉积氮和脂肪分别为 19g 和 200g 生长猪的日消化能(DE)需要量及饲粮消化能浓度(日采食风干饲粮 2.2kg)。

沉积蛋白质需要消化能=19×6.25×5.7÷46%=1 471.47kcal(6.16MJ)

沉积脂肪需要消化能=200×9.4÷76%=2 473.70 kcal(10.35MJ)

维持需要消化能=125×50$^{0.75}$÷70%=3 357kcal(14.05MJ)

消化能总需要量= 1 471.47+2 473.70+ 3 357=7 302.2kcal(30.56MJ)

饲粮消化能浓度=7302.2÷2.2=3 319.2kcal/kg (13.89MJ/kg)

前两个计算式中,5.7 和 9.4 依次为每 g 组织蛋白质与脂肪的能值(kcal),46%与76%分别为消化能沉积蛋白质和脂肪中净能的效率。

随着畜禽年龄增长,增重中水分、蛋白质、脂肪的含量改变,其能值也在变化,故须测定各时期增重的能值。研究者们常将大量测定结果进行数学处理,导出推算不同时期单位增重能值的回归公式。某些计算能量需要量的回归公式还考虑了环境温度的影响。如 NRC(1998)猪营养需要计算生长猪代谢能(ME)的析因式为:

$$ME = MEm + MEp + MEf + MEHc$$

式中:ME 为代谢能;MEm 为维持代谢能需要;MEp 为蛋白质沉积代谢能需要;MEf 为沉积脂肪代谢能需要;MEHc 为温度变化(超过最适温度下限)的代谢能需要量。

在各种畜禽饲养标准或营养需要量出版物中,均给出具体的推算公式及参数,需要详细了解时可参考。

(二)蛋白质和氨基酸的需要

在较长的时期内认为,畜禽对蛋白质的需要实际是对氨基酸的需要,粗蛋白质的需要只是在一定饲粮条件下为满足氨基酸需要的另一种表示方式,它可随饲粮中氨基酸的可利用性而变化。随着营养科学的发展,对猪禽氨基酸的需要的测定已从总氨基酸需要过渡到可消化或可利用氨基酸的需要;反刍动物饲养中已采用瘤胃降解蛋白质与瘤胃非降解蛋白质体系。近30年来对小肽在蛋白质消化吸收与营养过程中作用的了解,已使上述认识受到挑战,但现时有关畜禽蛋白质和氨基酸需要量的研究仍基于这种认识。

在单胃生长家畜和家禽的饲养标准中,通常是将维持和生长的蛋白质需要结合成一个值表示。可以用综合法或析因法测定蛋白质、氨基酸需要量。用饲养试验可测定蛋白质或氨基酸的总需要量,试验中供给的所有日粮含有等量的能量、矿物质和维生素,而蛋白质含量不等;用提高生长率或氮存留量的最低蛋白质水平作为蛋白质需要量的估计值。通过析因法分别测定维持和生长(蛋白质沉积)的蛋白质需要,也可获得畜禽对蛋白质的总需要量。析因法估计蛋白质需要量的公式为:

$$CP(g/d) = \frac{CPm + CPg}{NPU}$$

式中:CP 为粗蛋白质需要量;CPm 和 CPg 分别是维持和生长的粗蛋白质需要;NPU 为净蛋白质利用率。

按新蛋白体系估算反刍类生长家畜的蛋白质和氨基酸需要量比较复杂,可以内源损失蛋白质(即维持部分)加上增重和被毛中沉积的蛋白质估算其蛋白质的净需要量。现以 20kg 体重、日增重 0.2kg 的羔羊为例估算。据估计,该羊内源氮损失换算成蛋白质为每天 21g,其每 kg 增重中含蛋白质 170g,每日羊毛中贮存约 6g 蛋白质,故其蛋白质的日净需要量为:

$$21 + (0.2 \times 170) + 6 = 55g/d$$

从相应的表中查得该羔羊的代谢能需要量为 8.4MJ,大量试验结果表明,1MJ 代谢能可合成 8.3g 瘤胃菌体蛋白质,据此算出供给小肠的微生物粗蛋白质(MCP)量为:8.4×8.3＝70g/d,折合微生物真蛋白质为:

$$0.8 \times 70 = 56g$$

(三)矿物质需要

生长畜禽需要各种必需矿物质元素,生长速度快的畜禽需要量尤高;其中钙磷需要量较大。饲养实践中普遍添加的有钙、磷、钠、硫(反刍畜)等常量元素,在集约化养殖业中经常添加的微量元素有铁、铜、锰、锌、碘、硒等。合理地添加各种矿物质元素,不仅可防止发生缺乏症,而且能保证生长畜禽充分发挥其生长潜力,提高饲料利用率。用饲养试验或生物学试验可测定生长畜禽的矿物质需要量。对钙、磷等常量元素和铜、锌,可用析因法进行估计:

$$总的需要 = \frac{存留量 + 内源损失}{利用率} = \frac{净需要}{利用率}$$

据此计算出该羔羊每日可从饲粮降解蛋白质(RDP)合成微生物粗蛋白质(MCP)70g。假定 MCP/RDP＝1.0,每日所需 RDP 也为 70g。按 MCP 中含真蛋白质 80%,其消化率为 68%,可消化蛋白质吸收率为 75%计,每日可提供的真蛋白质(TMP)为:

$$TMP(g/d)=70\times0.8\times0.68\times0.75=28.6$$

则该羔羊的蛋白质日净需要量尚缺 46.4g,须由饲粮非降解蛋白质(UDP)81.2g 补足。

$$UDP(g/d)=46.4\div0.68\div0.75=81.2$$

式中:0.68 和 0.75 亦为蛋白质消化率和可消化蛋白质吸收率。

以上计算表明,该羔羊每日所需约 55g 净蛋白质须提供 70gRDP 和 81.2UDP 才能满足;且可看出该羔羊的饲粮蛋白质须有较高的降解率:

$$81.2\times100\div(81.2+70)=53.7\%$$

根据上式可计算出仔猪、生长肥育猪的钙、磷需要量(表 2-13)。

表 2-13 仔猪及生长肥育猪钙、磷需要量的析因估计 (g)

体重阶段 (kg)	钙					磷				
	沉 积	内源损失	净需要	利用率 (%)	总需要	沉 积	内源损失	净需要	利用率 (%)	总需要
1.3	1.3	0.04	1.34	85[a]	1.5[a]	1	0.02	1.02	85[a]	1.2
5	3	0.2	3.2	80[b]	4[b]	1.9	0.1	2	80[b]	2.5
10	4.5	0.3	4.8	80[c]	6[c]	2.8	0.2	3	75[c]	4
20	6	0.6	6.6	65[c]	10[c]	3.6	0.4	4	55[c]	7
50	7	1.6	8.6	60[c]	14[c]	4.2	1.0	5	50[c]	10
100	7	3.2	10.2	55[c]	18[c]	4.6	2.0	6	50[c]	12

注:a 母猪乳;b 母猪乳加补饲料;c 以谷物、豆饼和无机磷组成的饲粮

引自杨凤主编.《动物营养学》(第二版).中国农业出版社,2000,249

(四)维生素的需要

生长畜禽需要各种脂溶性与水溶性维生素;按单位体重计,生长速度越快的动物对维生素的需要量越高。如前述,畜禽体内能合成的某些维生素,可不完全依赖从饲粮中供应。在有充足阳光照射情况下,机体合成的维生素 D_3 能满足自身需要;成年家畜肠道微生物能合成维生素 K;成年草食家畜肠道微生物能合成充足的 B 族维生素与维生素 C。但单胃动物和反刍动物都必须由饲粮提供脂溶性维生素 A、维生素 E。进行工厂化养鸡和养猪时,应特别注意补充维生素。在有绿色饲料喂养情况下,维生素的添加量可适当降低。

可通过饲养试验测定生长动物对维生素的总需要量,用各种依据判断出的需要量不同,如用脑脊液压对数估算的荷斯坦公犊的维生素 A 需要量为 96.7IU/kg 体重·d,为以前用 120mm 盐柱脑脊液压为标准估算值(47IU/kg 体重·d)的 2 倍。由于确定维生素需要量的标准不同、维生素源效价不等、饲料加工贮藏中损失及饲养环境条件的差异,各国公布的维生素需要量差异较大。为保证畜产品的质量,延长保存时间,增强动物抗应激能力,防止饲料氧化及考虑加工中的损失,商业产品中的供给量一般都显著高于需要量。

第五节 家畜产乳的营养需要

一、各种家畜乳的成分与乳的形成

(一)家畜乳的成分

乳主要由水、无机元素、含氮物质、乳糖、脂类、酶和维生素等组成。各种家畜乳成分及其含量见表 2-14。

表 2-14 各种家畜乳的成分及其含量 (%)

畜　种	水　分	脂　肪	蛋白质	乳　糖	灰　分	能量(MJ/kg)
乳　牛	87.8	3.5	3.1	4.9	0.7	2.93
山　羊	88.0	3.5	3.1	4.6	0.8	2.89
牦　牛	82.4	7.0	5.2	4.6		4.73
水　牛	76.8	12.6	6.0	3.7	0.9	6.95
绵　羊	78.2	10.4	6.8	3.7	0.9	6.28
马	89.4	1.6	2.4	6.1	0.5	2.22
驴	90.3	1.3	1.8	6.2	0.4	1.97
猪	80.4	7.9	5.9	4.9	0.9	5.31
骆　驼	86.8	4.2	3.5	4.8	0.7	3.26
兔	73.6	12.2	10.4	1.8	2.0	7.53

引自杨凤主编.《动物营养学》,(第二版).中国农业出版社,2000,270～271

表中数字说明,各种家畜乳成分含量差异较大。兔乳的水分与乳糖含量最低,蛋白质、脂肪、灰分含量及能值均最高;驴乳水分和乳糖含量最高,而脂肪、蛋白质、灰分和能值最低;水牛乳与兔乳相近。

(二)乳腺的结构与乳的形成

1. 乳腺的结构 乳腺由皮肤腺体衍生而来,牛有 2 对乳腺,马、羊仅有 1 对,都位于腹股沟部;猪的乳腺从后胸到腹股沟部排列成两行,有 5～8 对,每个乳腺是一个完整的泌乳单位。母猪妊娠期中乳腺达到完全的发育,形成突出而隆起的乳房。

乳房内主要有两种组织:一为由乳腺泡和导管系统构成的腺体组织或实质;其次是由纤维结缔组织和脂肪组织构成的间质,它保护和支持腺体组织。乳腺泡由一层分泌上皮构成,是分泌乳汁的部位。每个腺泡像一个小囊,有一条细小的乳导管通出。导管系统包括一系列复杂的导管与腔道,导管起始于与腺泡腔相连结构的细小乳导管,相互汇合成中等乳导管,后者再汇合成粗大的乳导管,最后汇合成乳池。乳池是乳房下部及乳头内贮藏乳汁的较大腔道,经乳头末端的乳头管向外界开口。牛、羊的每一乳腺各有 1 个乳池和乳头管,马的每个乳头有前后 2 个乳池及乳导管。猪的每个乳头区域各有 2～3 个乳池及乳导管,但乳池不很发达。

乳腺有丰富的血液供应,每一腺泡都被稠密的毛细血管网包围着,血液可以充分地将营养物质和氧带给腺泡,以供生成乳的需要。马、牛、羊乳腺的动脉主要来自阴部外动脉的分支;乳腺中的血液主要沿着腹壁皮下静脉、乳房前静脉及阴部外静脉流出。

乳腺中有丰富的传入和传出神经,传入神经主要为感觉神经纤维,传出神经属交感神经。乳房和乳头皮肤中存在机械和温度等外感受器,而乳腺内的腺泡、血管、乳导管等则具有丰富的化学、压力等内感受器。所有这些神经纤维和各种感受器,保证了泌乳家畜对泌乳的反射性调节。

2. 乳的形成 乳在乳腺内形成。形成乳的各种原料来自血液中的养分,有的养分直接经乳腺细胞有选择地过滤到乳中,有的则作为先体物(葡萄糖、乙酸、β-羟丁酸、氨基酸和脂肪酸等)在乳腺细胞中经过一系列复杂的生化反应,或有选择地吸收并加以改造重新合成乳成分。乳成分来源于血液,但又不完全同于血液成分,与血液有着本质的区别(表 2-15)。

表 2-15　血浆和乳成分的比较　(%)

血　浆		乳	
水　分	91.0	水　分	87.0
葡萄糖	0.05	乳糖	4.9
		酪蛋白	2.9
血清白蛋白	3.20	乳白蛋白	0.52
血清球蛋白	4.4	乳球蛋白	0.20
中性脂肪	0.06	中性脂肪	3.70
磷　脂	0.24	磷　脂	0.10
钙	0.009	钙	0.12
磷	0.011	磷	0.10
钠	0.34	钠	0.05
钾	0.03	钾	0.15
氯	0.35	氯	0.11
柠檬酸	微量	柠檬酸	0.20

引自许振英主编.《家畜饲养学》.农业出版社,1979,213

由表 2-15 可见,与血浆相比,乳中含有更多的糖、脂肪、钙、磷和钾,蛋白质、钠、氯较少;乳中蛋白质主要是酪蛋白(占乳总蛋白质的 78%),仅有少量的白蛋白和球蛋白,而血浆蛋白质主要是白蛋白和球蛋白;乳脂肪以甘油三酯最多,血液脂类主要是磷脂和胆固醇酯;乳中糖主要是乳糖,血液则是葡萄糖。

(1)乳蛋白质　乳蛋白质中以酪蛋白为主要组成成分,它和乳白蛋白、乳球蛋白共同构成乳蛋白质的 94%;此外,还有一定量的乳血清白蛋白和免疫球蛋白。酪蛋白、乳白蛋白和乳球蛋白是乳腺细胞用来自血液的游离氨基酸为原料合成的,乳中的血清白蛋白和免疫球蛋白和血中相同,它们是由血液扩散到乳中的。

(2)乳糖　是在乳腺中以血液中的葡萄糖为原料合成的。

(3)乳脂　乳中的脂类主要是甘油三酯,乳脂肪呈小球状,脂肪小球内部是甘油酯,而外膜含有磷脂、胆固醇、维生素 A、蛋白质等其他成分。约 70％的乳脂是在乳腺中合成的。反刍家畜乳含有 C4—C14 碳链的脂肪酸,乙酸和 β-羟丁酸是形成这些短链脂肪酸的原料;乳中含十八碳原子的长链脂肪酸来自循环的血脂,中等链长的脂肪酸则分别来自循环的血脂和乙酸与β-羟丁酸。给乳牛饲喂高精料、低粗料的饲粮时乳脂下降,是由于这种饲粮造成瘤胃发酵产物中乙酸比例下降,乳脂形成原料减少。

(4)乳中维生素、色素与矿物质　乳腺中不能合成维生素与色素,乳中的维生素完全来自血液,故乳中脂溶性维生素的含量决定于饲料和畜体贮备量;B 族维生素在乳中较稳定,其含量决定于品种和泌乳季节。反刍家畜瘤胃内微生物可以合成 B 族维生素。

乳中的矿物质来自血液。但乳腺吸收矿物质具有很大的选择性。乳腺能够阻止硒、氟等元素的进入;铁、铜虽可进入乳腺,但提高母畜铁、铜供给量并不能增加乳中的含量。

(三)影响乳成分含量及产乳量的因素

动物种、品种、胎次、泌乳期、营养水平、环境及管理等因素均对乳成分及产乳量有影响。

1. 影响乳成分的因素

(1)品种　乳牛品种不同,乳的品质亦不同。一般而言,产乳量越高,乳的品质就越差。随产乳量变化的主要是乳脂肪、非脂固形物和乳蛋白质,乳糖、灰分与钙、磷含量变化不大。

(2)胎次(年龄)　年龄较小时乳脂率和非脂固形物均较高,以后随年龄增长而渐减;在非脂固形物中,蛋白质下降很少,乳糖下降较多。

(3)泌乳周期和泌乳阶段　同一泌乳周期中不同阶段的乳成分有差异。母畜分娩后最初几天分泌的乳汁称作初乳,初乳与常乳的成分有很大差别;除乳糖外,初乳中的各种成分均高于常乳,最明显的是免疫球蛋白(初乳中免疫球蛋白高达 5.5％～6.8％,占蛋白质总量的 38％～48％;常乳中只有 0.09％,占总蛋白质的 2.7％)。初乳中的维生素含量也明显高于常乳。

同一泌乳期内牛乳成分的变化规律,一般是分娩后的前 2 周非脂固形物和乳脂含量高,2 周后逐渐下降,6～10 周时降至最低,以后又逐渐上升;乳蛋白在泌乳初期和后期较高;乳糖在第 40～50 天时升至最高,以后缓慢下降。

(4)营养水平　饲喂高能水平饲粮有利于提高产乳量,但高能水平意味着饲粮中精料比例加大,粗料比例相应减少,往往使乳脂含量与乳的能值下降。

2. 影响产乳量的因素

(1)营养水平　乳牛产乳量和产乳效率不仅受现期营养水平影响,前期营养水平也有影响。曾用三种营养水平的饲粮饲喂生长乳牛,即饲养标准水平(100)、低于标准水平(62)和高于标准水平(146);结果表明,低营养水平虽然延迟产犊年龄,但产乳量逐渐上升,产乳效率也高,甚至高于高营养水平组。许多资料表明,在乳牛生长期采用高能饲粮,造成乳房沉积脂肪过多,影响乳腺分泌组织增生,使以后的产乳量低,生产年限短,产乳效率低。

(2)蛋白质水平　泌乳母牛,特别是高产牛,每天从乳中排出大量蛋白质,饲粮蛋白质供应不足即会降低产乳量。

（3）碳水化合物　瘤胃微生物合成的蛋白质是反刍家畜消化吸收蛋白质的重要部分,为提高瘤胃微生物的蛋白质合成效率,在充分供给含氮物质的同时,必须供给适量的易消化碳水化合物。饲料中蛋白质水平和碳水化合物来源不同对产乳量和乳成分也有影响。

（4）其他　除品种、胎次、营养水平、泌乳期外,遗传、内分泌、乳腺发育程度、饲养管理条件、妊娠与否、体格大小、泌乳期发情与否、干乳期长短、健康状况、环境温度、挤乳技术等,均对泌乳量有不同程度的影响。

二、泌乳的营养需要

（一）能量需要

1. 泌乳母牛　泌乳母牛的能量需要是维持、产乳、增重、妊娠等多项需要之和。

（1）维持能量需要　我国乳牛饲养标准建议,在中等温度舍饲条件下,成年泌乳母牛的维持能量需要为 $356W^{0.75}$ kJ 产乳净能（NEL）;NRC 乳牛营养需要（1988,2001）推荐,第一胎及其以上乳牛的维持能量需要量为 $334.7W^{0.75}$ kJ 产乳净能（NEL）。即国内与 NRC 建议的维持需要是在基础代谢产热量（$293W^{0.75}$ kJ）基础上,分别加了 20% 或 10% 的活动需要。

乳牛在第一、第二泌乳期尚在生长发育,应在上述维持能量需要基础上分别增加 20% 和 10%。

如果乳牛的活动量较大,还须在维持能量需要基础上进行调整。乳牛长距离行走时,每行走 1km,维持需要增加 3%;放牧情况下应将维持需要增加 10%～20%。低温条件下,体热损失明显增加。国内外试验表明,在 18℃ 基础上平均下降 1℃,则牛产热增加 25.1kJ/ kg$^{0.75}$ · 24h。因此,低温条件下应提高维持能量需要。

维持能量需要并非恒定值,体重和品种相同的乳牛,即使活动受限,其差异也高达 8%～10%。研究还表明,肉用品种母牛的维持能量需要随产乳量高低而变化。

（2）产乳的能量需要　根据产乳量和乳的能值可计算产乳的净能需要量。可以按乳中脂肪、蛋白质和乳糖的含量及每 g 养分的能值（乳脂 38.623kJ、乳蛋白 24.384kJ、乳糖 16.535kJ）计算乳的能值;但经常是根据乳脂率将产乳量折算成标准乳（含脂率为 4% 的乳）产量,然后乘以 1kg 标准乳的能值（3.10～3.14MJ 或 740～750kcal）,即得产乳的净能需要;也可根据乳脂与乳中非脂固形物含量计算乳的能值。

计算含乳脂 4% 的乳脂校正乳的公式如下:

$$FCM = 0.4M + 15F$$

式中:FCM 为乳脂校正乳的重量（kg）,M 为非校正乳的重量（kg）,F 为非校正乳的含脂量（kg）。

当乳脂率低于 2.5% 时,用上式校正不够准确。此时可根据乳脂（F）及非脂固性物（SNF）含量折算成固性物校正乳（SCM,即含乳脂 4%、非脂固性物 8.9% 的乳）。计算公式如下:

$$SCM(kg) = 12.3F + 6.56SNF - 0.0752M$$

式中:SCM 为固形物校正乳量,F、SNF、M 分别为乳牛所产乳的乳脂率、非脂固形物含量和产乳量。

固形物校正乳与标准乳的有机成分含量和能值基本相等。1kg 标准乳含脂肪 40g,蛋白质 34g、碳水化合物 47g,能值 3 138kJ。

NRC 提供了直接由乳脂率计算 1kg 乳中产乳净能(NEL)值的公式:

$$\text{NEL}_{乳}(\text{Mcal/kg})=0.351\,2+0.096\,2×乳脂率$$

我国乳牛饲养标准中,根据 475 个乳样的成分分析和测热结果,得出以下推算乳净能值(kcal/kg)的回归公式。

$$Y=342.65+99.26×乳脂率$$
$$Y=179.26+92.73×乳脂率+39.19×乳蛋白率+13.15×乳糖率$$
$$Y=-39.72+59.55×乳总干物质率$$
$$Y=152.71+99.21×乳脂率+21.97×无脂干物质$$

我国乳牛饲养标准中亦采用产乳净能,但换算成乳牛能量单位(NND)表示,即用 1kg 含脂率 4% 的标准乳所含产乳净能 3.14MJ(750kcal)作为一个"乳牛能量单位"。

(3)增重或失重的能量需要　乳牛在泌乳期间体重会发生变化。一般规律是,泌乳早期失重以支持产乳、泌乳后期增重。我国乳牛饲养标准建议,每失重 1kg 产生的能量相应为 6.56 个乳牛能量单位,即可生产 6.56kg 标准乳;体重增加 1kg 需要 8 个乳牛能量单位,即 25.1MJ 产乳净能。

2. 哺乳母猪消化能(DE)需要　哺乳母猪的能量需要亦由维持、产乳和体重变化三项组成。哺乳母猪的维持需要与妊娠母猪相同,为代谢能 $443.5W^{0.75}$ kJ/d 或消化能 $460W^{0.75}$ kJ/d。母猪的产乳代谢能需要量按哺乳期仔猪平均每日窝增重(g/d)和仔猪数估算(NRC,1998)。

$$产乳需要量(ME,kJ/d)=(窝增重×4.92-哺乳仔猪数×90)×\frac{4.184}{0.72}$$

式中:0.72 为饲粮 ME 用于产乳的利用效率。

也可根据产乳量、乳的能值和饲粮能量的转化效率计算产乳的能量需要。每 kg 猪乳的热能值约为 5.44MJ,猪利用消化能转变为产乳净能的效率为 65%。据此可估计,生产 1kg 猪乳需消化能 8.37MJ(5.44MJ÷65%)。

当环境温度较低时,母猪的维持能量需要增加。母猪哺乳期间的体重变化很大,亦应按其体重的增减调整其能量需要量。

(二)蛋白质需要

1. 泌乳母牛的蛋白质需要　泌乳母牛蛋白质需要包括维持、产乳和增重三个方面的需要。过去,各国饲养标准中皆以粗蛋白质和可消化蛋白质表示,近年已采用瘤胃降解蛋白质与瘤胃非降解蛋白质体系。我国乳牛营养需要与饲养标准(2000,2007)采用小肠可消化蛋白质,为便于从原来使用的可消化粗蛋白质体系向新体系过渡,标准中同时列出了可消化粗蛋白质的需要量。

(1)维持蛋白质需要　根据多次试验结果总结,泌乳母牛的维持净蛋白质消耗为 $2.1W^{0.75}$(g),按粗蛋白质消化率 75% 和可消化蛋白质利用率 70% 折合,乳牛维持的饲粮粗蛋白质需要为 $4W^{0.75}$(g)($2.1W^{0.75}÷75\%÷70\%$),可消化蛋白质需要为 $3W^{0.75}$(g)($2.1W^{0.75}÷75\%$),200kg 体重以下用 $2.3g×W^{0.75}$。我国乳牛饲养标准(1986)对乳牛维持的饲粮粗蛋白

质需要建议为 $4.6W^{0.75}$(g),可消化蛋白质 $3W^{0.75}$(g)。

国外采用的小肠可吸收蛋白质维持需要量的参数差异很大,其范围为 $0.75g×W^{0.75}$ ～ $3.30g×W^{0.75}$。根据国内的氮平衡试验结果,我国乳牛饲养标准(2000,2007)建议,产乳牛自由运动条件下小肠可消化粗蛋白质需要量相应为 $2.5g×W^{0.75}$,200kg 体重以下用 $2.2g×W^{0.75}$。

(2)泌乳期体重变化的需要 按每 kg 增重内容物中含组织蛋白质 160g、饲粮粗蛋白质消化率 75％和可消化蛋白质用于合成体组织的利用率 67％估计,则每 kg 增重需要饲粮粗蛋白质 319g(160÷67％÷75％),可消化粗蛋白质 239g(160÷67％)。失重时组织蛋白质用于合成乳蛋白质的利用率以 75％计,失重 1kg 可提供产乳蛋白质 120g(160×75％)的需要。

(3)产乳的需要 根据国外多次实验测定的乳中蛋白质含量和进食饲粮中粗蛋白质的消化率(75％)或可消化蛋白质用于合成乳蛋白质的利用率(70％),可确定产乳对粗白质和可消化蛋白质的需要量。1kg 标准乳中含蛋白质 34g,则生产 1kg 含脂肪 4％的标准乳应供给可消化蛋白质 49g(34÷70％),粗蛋白质 65g(49÷75％)。我国乳牛饲养标准(1986)建议,含脂率 4％的标准乳含蛋白质 36.1g,饲粮中粗蛋白质的消化率为 67％,可消化蛋白质的利用率为 65％,则为生产 1kg 含脂 4％的标准乳应供应给可消化蛋白质 56g(36.1÷65％),粗蛋白质 84g(56÷67％),均比国外高;原因是各国饲料类型和蛋白质的消化率与利用率不同。我国乳牛饲养标准(2000)中,根据国内乳牛产乳期氮平衡试验结果(可消化粗蛋白质用于乳蛋白质的平均效率为 0.60,小肠可消化蛋白质的利用效率为 0.70)给出以下计算产乳蛋白质需要量(g)的公式。

$$产乳的可消化粗蛋白质需要量=\frac{牛乳的蛋白质量}{0.60}$$

$$产乳的小肠可消化粗蛋白质需要量=\frac{牛乳的蛋白质量}{0.70}$$

按上述计算式算出,泌乳母牛生产 1kg 含脂 4％标准乳需要可消化粗蛋白质和小肠可消化粗蛋白质分别为 60g 与 52g。冯仰廉等主编的《奶牛营养需要和饲料成分》(第三版,2007)中,给出含脂 4％标准乳的蛋白质含量为 3.32％,即每 kg 标准乳中含乳蛋白质 33.2g,与国外所用参数(34g)相近;建议可消化粗蛋白质用于产乳的效率为 60％,小肠可消化粗蛋白质的效率为 65％,则生产 1kg 标准乳对其需要量相应为 55g 和 52.5g。

(4)泌乳母牛的降解蛋白质和非降解蛋白质需要量 英、美等国饲养标准中已采用瘤胃降解蛋白与非降解蛋白体系。我国采用的小肠可消化蛋白质体系也是在学习国外体系的基础上,应用国内的试验资料拟定的。为使读者了解这些体系的测算过程,下面以体重 600kg,日产乳 30kg(乳脂率 4％、乳蛋白质 3.4％)的产乳牛为例,按我国新蛋白质体系的参数,计算降解蛋白质和非降解蛋白质的需要量。

①根据该牛的每日能量需要量(包括维持和产乳需要)计算瘤胃微生物蛋白质的产量。

乳牛能量单位(NND/日)=13.73(维持)＋30(产乳)=43.73

瘤胃微生物蛋白质产量(g/d)=43.73×38＝1 661.7

式中:38 为 1NND 可产生的微生物蛋白质克数。

②根据微生物蛋白质产量计算饲粮降解蛋白质需要量。

降解蛋白质需要量(g/d)=1 661.7÷0.9＝1 846

式中:0.9为瘤胃微生物对饲粮降解蛋白质的利用率。

③计算该牛每日总蛋白质需要量和非降解蛋白质需要量。

$$每日净蛋白质需要量(g)=2.1\times600^{0.75}+30\times34=1\,274.6$$

$$微生物蛋白质(来自降解蛋白质)已提供的净蛋白质量(g/d)$$
$$=1\,661.7\times0.8\times0.7\times0.7=651.4$$

式中:2.1为泌乳牛每kg代谢体重的维持净蛋白消耗,0.8为微生物粗蛋白质中真蛋白质的比例,0.7和0.7分别为微生物真蛋白质的消化率和可消化蛋白质的利用率。

$$非降解蛋白质的净需要量(g/d)=净蛋白质总需要量-降解蛋白质需要量$$
$$=1\,274.6-651.4=623.2$$

$$饲粮非降解蛋白质的需要量(g/d)=623.2\div0.7\div0.7=1\,271.8$$

式中:0.7与0.7分别为饲料中非降解蛋白质的消化率和可消化蛋白质的利用率。

计算结果表明,该牛每日需降解蛋白质需要量1846g,非降解蛋白质需要量为1272g。与美国NRC(1988)提出的相应值(1975g和1170g)接近。

4. 哺乳母猪的蛋白质与氨基酸需要 按哺乳母猪产乳量、乳中蛋白质含量(6.0%)、猪对饲料中粗蛋白质的消化率(67%)和可消化蛋白质合成猪乳蛋白质的利用率(70%),可计算哺乳母猪产乳的蛋白质需要量。生产1kg猪乳需要可消化蛋白为86g(60÷70%),需要饲料供给粗蛋白质128g(86÷67%),将这些数值乘以母猪泌乳量,即可得出母猪日产乳对蛋白质的需要量。

更为合理的方法,是按猪的理想蛋白质模式确定蛋白质与各种氨基酸的需要量。根据NRC(1998)的泌乳模式,应首先估计赖氨酸需要量,然后推算蛋白质和其他氨基酸需要量。

(1)回肠真消化赖氨酸的需要量

$$维持赖氨酸需要量(g/d)=0.036\times W^{0.75}$$

产乳所需回肠可消化赖氨酸量(g/d):

$$表观可消化赖氨酸(Alys)需要量=仔猪每日窝增重\times0.022-6.39$$

$$真消化赖氨酸需要量=1.05\times Alys+0.022\times 日采食量/100$$

式中:母猪日采食量(g)系根据母猪的能量需要量和饲粮能量浓度计算。

$$组织动员所提供的赖氨酸量=母体蛋白质日增重(g)\times0.065$$

式中:母体蛋白质日增重的计算见"能量需要"部分(第112页)。

$$每日回肠真消化赖氨酸总需要量=维持需要+产乳需要-组织动员的提供量$$

(2)粗蛋白质需要量

粗蛋白质需要量(%,玉米—大豆粕饲粮)=5.22+15.51×真消化赖氨酸需要量(%)

(3)其他氨基酸需要量 由维持、产乳和组织变化三项组成。分别用维持、产乳所需回肠真消化赖氨酸需要量和组织动员所提供的赖氨酸量,乘以相应理想蛋白模式中各氨基酸与赖氨酸的比例,可获得其他氨基酸的需要量。

6. 泌乳对蛋白质品质的要求 各种家畜乳中不仅含蛋白质丰富,且品质较优,各种必需氨基酸配比适宜(表2-16)。为保证泌乳家畜的产乳量和乳制品的品质,不仅要供给适宜数量的蛋白质,而且要注意各种氨基酸的供给。

表 2-16 各种家畜乳蛋白中必需氨基酸含量 （％）

氨基酸	牛	猪	绵羊	马
蛋白质	3.40	5.68	4.71	2.00
赖氨酸	8.53	7.39	8.62	6.80
组氨酸	2.70	2.18	2.80	3.00
色氨酸	1.50	1.30	1.50	1.30
亮氨酸	9.20	8.03	9.81	9.30
异亮氨酸	5.85	4.24	5.61	6.90
苯丙氨酸	4.76	3.49	4.76	5.00
苏氨酸	4.35	3.54	4.43	4.70
蛋氨酸	2.65	1.36	2.59	2.10
缬氨酸	7.12	5.04	7.53	7.90
精氨酸	3.53	5.72	3.27	6.80

引自许振英主编.《家畜饲养学》. 农业出版社,1979,219

大量研究表明,提高哺乳母猪饲粮的蛋白质和氨基酸水平可以提高仔猪的断乳重,减少母猪哺乳期的失重,缩短断乳后的发情间隔。赖氨酸、缬氨酸、色氨酸十分重要,提高饲料缬氨酸水平可增加哺乳母猪产乳量,提高仔猪窝增重,对断乳仔猪数在 10 头以上的母猪效果尤为明显。缬氨酸需要量比饲养标准的推荐量高得多,并与赖氨酸水平有关。当饲粮赖氨酸水平超过 0.8％时,缬氨酸将成为哺乳母猪饲粮的第一限制性氨基酸。缬氨酸最适需要量为赖氨酸水平的 1.2 倍。

一般情况下,反刍家畜必需氨基酸的 40％来自瘤胃微生物蛋白质,60％来自饲料。来自瘤胃微生物的必需氨基酸足以满足维持和中等生产水平的乳牛对必需氨基酸的需要量。但对于高产乳牛与快速生长的幼畜,则不能满足,须额外补充必需氨基酸或提高饲粮中非降解优质蛋白质的比例。一般来说,日产乳量 15kg 以上时,蛋氨酸和亮氨酸可能是影响产乳的限制性氨基酸;日产乳量达 30kg 时,蛋氨酸、亮氨酸、组氨酸、苏氨酸将成为限制性氨基酸。

(三)矿物质需要

各种乳中总矿物质含量在 0.4％～1.0％,高的可达 2.0％以上(表 2-17);不同畜种乳中所含矿物质有差异。在泌乳期,母畜从乳中分泌出大量的矿物质,年产乳 3 000kg 的乳牛,乳中分泌出的矿物质约 22.5kg;乳牛在泌乳高峰期每日分泌的乳中含矿物质 350～400g;母猪在 2个月哺乳期中,随乳分泌矿物质 2～2.3kg。因此,必须供给泌乳母畜所需要的各种矿物质,且须注意各种矿物质元素之间的比例。

表 2-17　几种家畜乳中矿物质元素含量 （g/kg）

矿物质	绵羊	山羊	水牛	猪	马
钙	1.90	1.30	2.05	2.40	1.02
磷	1.40	1.03	1.25	1.40	0.61
钠	0.33	0.08	0.36	0.35	—
氯	0.75	1.15	0.62	0.90	—
钾	1.88	1.45	0.95	1.10	0.64
镁	0.15	0.12	0.17	0.15	0.09
硫	0.31	0.16	—	0.80	0.32

引自杨凤主编.《动物营养学》(第二版). 中国农业出版社,2000,283

1. 钙和磷的需要　泌乳母畜对钙和磷的需要量,是根据维持与产乳的净钙、磷需要和对食入钙、磷的吸收、利用效率确定的。每 kg 牛乳平均含钙 1.28g、磷 0.95g。成年反刍家畜对钙的吸收率差异较大,据研究,真实吸收率变动在 22%～55%,平均 45%。不同种饲料所含钙的利用率差别大,矿物质饲料(除石灰石外)中钙可达 51%,粗饲料和精料中的钙只有 35%和43%。泌乳母牛饲粮(多种饲料混合)中钙的吸收率在 35%～38%。据此,NRC(1998)提出了泌乳母牛钙和磷总需要的计算公式。

(1)钙的需要

$$成年母牛钙的维持需要(g/d)=\frac{0.0154W}{0.38}$$

$$泌乳母牛钙的总需要量(g/d)=\frac{0.0154W+1.22FCM}{0.38}$$

$$妊娠最后 2 个月干乳母牛钙的总需要量(g/d)=\frac{0.0154W+0.0078C}{0.38}$$

式中:W 为活重(kg),0.0154 为每 kg 体重的维持钙需要量(内源损失),FCM 为标准乳产量(kg/d),1.22 为每 kg FCM 的净钙量,C 为妊娠产物重量,0.0078C 为成年干乳母牛最后 2 个月的妊娠钙需要量,0.38 为饲料中钙的吸收率。

(2)磷的需要

$$泌乳母牛磷的维持需要(g/d)=\frac{0.0143W}{0.5}$$

$$泌乳母牛磷的总需要量(g/d)=\frac{0.0143W+0.99FCM}{0.5}$$

$$妊娠最后 2 个月干乳母牛磷的总需要量(g/d)=\frac{0.0143W+0.0047C}{0.5}$$

式中:W 是活重(kg),0.0143 为每 kg 体重的维持磷需要量(内源损失),FCM 是标准乳产量(kg/d),0.99 为每 kg FCM 的净磷量,C 为妊娠产物增重,0.0047C 为成年干乳母牛最后 2 个月的妊娠磷需要量,0.5 为饲料中磷的吸收率。

高产乳牛在泌乳高峰期往往出现钙、磷的负平衡,即使供给丰富的钙、磷仍不能完全改变这种现象,泌乳高峰期之前供给丰富的钙和磷可以减轻负平衡的程度。高峰期后,随泌乳量下降,钙、磷从负平衡逐渐逆转,泌乳后期钙、磷贮积量逐渐增加,这是泌乳动物正常的代谢过程。出现钙、磷负平衡时,家畜动用海绵状骨组织贮存的钙、磷来补充,负平衡维持时间过长,则动用致密骨组织中的钙、磷,可能造成骨质疏松症和骨软症。除在泌乳期供给乳牛充足的钙、磷外,在泌乳后期和干乳期合理供应钙、磷,对减少产后瘫痪发生率及保证泌乳期钙、磷需要有重要意义(参看第七章第二节)。哺乳期猪、羊的钙、磷代谢规律基本与乳牛相同。

2. 钠、氯的需要与微量元素的需要

(1)钠、氯的需要　泌乳母畜从乳中分泌出较多的钠和氯,因此必须注意供给食盐。乳牛的食盐供给量可按饲料干物质中添加钠 0.18％或氯化钠 0.45％计;一般在乳牛混合精料中加入 0.5％～1.0％的食盐,或制成舔砖,或设置盐槽,供乳牛自由采食。

猪乳含钠 0.03％～0.04％,故哺乳母猪需钠量高于妊娠母猪。一般在妊娠母猪的饲粮中加 0.4％的食盐,哺乳母猪饲粮中食盐添加量为 0.5％。

(2)微量元素的需要　尚未确定成年牛的铁需要量,但成年乳牛很少缺铁。3 月龄以上乳牛的需铁量估计为 50mg/kg 饲粮。乳牛饲粮中含铜 10mg/kg 可满足需要;饲粮中含钼和硫酸盐多时,铜的需要量相应提高 2～3 倍。牛对钴的需要量为 0.1mg/kg 饲料干物质;按每 100kg 食盐加入 60g 硫酸钴或 40～50g 碳酸钴,对缺钴地区有效。

(四)维生素需要

泌乳母畜从乳中排出大量的各种维生素(表 2-18)。各种家畜均依赖饲料供应维生素 A、维生素 E,密闭饲养条件下的哺乳母猪还须供给维生素 D。反刍家畜瘤胃内微生物合成的 B 族维生素、维生素 C 和维生素 K 一般能满足需要;但不少报道认为,添加尼克酸可提高乳牛的生产性能。猪及某些单胃家畜肠道微生物合成的 B 族维生素不能满足需要,须依靠饲粮供给。

山羊、绵羊和猪几乎能将吸收的全部胡萝卜素转化成维生素 A,乳中胡萝卜素含量少;牛转化胡萝卜素的能力很弱,故牛乳中胡萝卜素含量较多。泌乳和繁殖母牛每 100kg 体重需要 7 600IU 维生素 A 或 19mg β-胡萝卜素。

表 2-18　家畜乳中维生素含量　(每 kg 中含)

维生素	牛 乳	猪 乳	绵羊乳	山羊乳	马 乳
维生素 A(IU)	1460	1760	1460	1340	—
维生素 C(mg)	16	110	40	14	118
生物素(μg)	34	14	—	63	—
胆碱(mg)	130	122	43	130	30
叶酸(μg)	2.3	3.9	2.2	2.7	1.3
肌醇(mg)	130	—	—	210	—
尼克酸(μg)	850	8350	3930	2730	580
泛酸(mg)	3.5	4.3	3.7	2.9	3.3
维生素 B$_6$(μg)	408	200	—	70	—
维生素 B$_2$(μg)	1570	1450	4360	1140	400
维生素 B$_1$(μg)	420	980	600	480	160
维生素 B$_{12}$(μg)	5.6	1.05	1.4	0.20	0.02

引自许振英主编.《家畜饲养学》.农业出版社,1979,222

成年母牛每 kg 饲粮含维生素 D 1 000IU,维生素 E 15IU 即可满足需要。

(五)干物质和水的需要

1. 干物质　乳牛饲料干物质的进食量和体重、产乳量及饲料类型有关。根据我国饲养标准建议,可用下列公式计算干物质进食量:

$$干物质进食量(kg)=0.062W^{0.75}+0.4Y$$

$$或干物质进食量(kg)=0.062W^{0.75}+0.45Y$$

式中:Y 为标准乳量(kg),W 为牛的体重(kg)。

第一个方程式适用于偏精料型饲粮,精粗比约为 60：40;第二个方程式适用于偏粗料型饲粮,精粗比约为 55：45。

2. 水的需要　产乳牛每天从乳和粪、尿中排出大量水,必须充分供给饮水。如果缺水或饮水不足,不仅影响泌乳家畜正常的生理活动和健康水平,而且直接影响产乳量的提高。泌乳牛在不同环境温度下对水的需要量见表 2-19。

表 2-19　泌乳牛的需水量　(kg/头·d)

产乳量(kg)	环境温度(℃)		
	<16	16~20	>20
10	81	92	105
20	92	104	119
30	103	116	133
40	113	128	147

注:牛体重为 600kg

第六节　家禽产蛋的营养需要

一、蛋的形成

家禽卵巢中每个滤泡含有一个卵子,成熟的滤泡破裂并排出卵子的过程称之排卵。卵子排出后,立即被输卵管喇叭部接纳。卵子随后经过输卵管的过程,实际上就是蛋的形成过程。卵子在喇叭部受精,下行至蛋白分泌部而被蛋白所包围;然后进入峡部形成内外壳膜;在子宫形成蛋壳。子宫液的渗入使蛋的重量显著增加,蛋壳的色素亦在此沉着。蛋产出之前,在子宫内形成壳胶膜。

据研究,受精卵在喇叭部大约停留 18min,在蛋白分泌部停留 3~5h,在峡部停留 75min,在子宫停留 16~20h。所以,一枚鸡蛋由形成到产出需要 20~26h。

二、禽蛋的化学成分和营养价值

禽蛋是全价的蛋白质食品,一枚鸡蛋的营养价值相当于 40g 肉或 200g 牛乳,可提供成年人 1d 中蛋白质、脂肪和矿物质需要量的 4%~5%,维生素需要量的 10%~30%。禽蛋的化学成分取决于家禽种和营养条件等,不同禽蛋的化学成分见表 2-20。

表 2-20　各种禽蛋可食部分的化学成分

禽　种	蛋重 (g)	水　分 (%)	粗蛋白质 (%)	粗脂肪 (%)	无氮浸出物 (%)	粗灰分 (%)	产热量 (kJ/100g)
鸡	35~75	72.5	13.3	11.6	1.5	1.1	661.1
鸭	75~100	70.4	13.0	14.5	1.4	1.0	769.9
鹅	120~200	76.4	13.9	13.3	1.3	1.1	753.1
火　鸡	80~100	72.6	13.2	11.7	1.7	0.8	690.4
珠　鸡	35~50	72.8	13.5	12.0	0.8	0.9	711.3
鹌　鹑	6~15	74.6	13.1	11.2	—	1.1	661.1

引自王小阳主编.《养鸡手册》.甘肃人民出版社,1985.459

(一) 蛋 白 质

蛋白质分布在蛋的各构成部分,蛋白中占 50%,蛋黄中 44%,蛋壳与蛋壳膜中分别为 2.1% 和 3.5%。禽蛋中含有人体所必需的全部营养物质和生理活性物质,其蛋白质的消化率达 96%~98%,必需氨基酸全面、比例适宜。新鲜食用蛋中氨基酸含量见表 2-21。

表 2-21　新鲜食用蛋中氨基酸成分

氨基酸	综合资料 (mg/100g)			联合国粮农组织资料	
	全　蛋	蛋　白	蛋　黄	mg/100g 蛋白	%蛋白质
色氨酸	211	164	235	184	1.48
苏氨酸	637	477	828	634	5.11
异亮氨酸	850	698	996	778	6.27
亮氨酸	1126	950	1372	1091	8.80
赖氨酸	819	648	1074	863	6.96
蛋氨酸	401	420	417	416	3.35
胱氨酸	299	263	274	301	2.43
苯丙氨酸	739	689	767	709	5.72
缬氨酸	950	842	1121	847	6.83
精氨酸	840	632	1132	754	6.08
组氨酸	307	233	368	301	2.43
酪氨酸	551	449	756	515	4.15

引自王小阳主编.《养鸡手册》.甘肃人民出版社,1985.461

(二)脂　肪

禽蛋中的脂肪主要在蛋黄中,是能量的主要来源,具有高度的乳化作用,消化率高达96％～100％,对老人、儿童、孕妇和病人都是非常适宜的滋补品。蛋黄脂类中含甘油三酯62.3％(其中饱和脂肪酸35％～40％,不饱和脂肪酸60％～65％),磷脂32.0％,固醇酯4.9％。

(三)矿　物　质

禽蛋中矿物质的94％含在蛋壳中,蛋白和蛋黄中约各占3％;可食部分的矿物质含量约为1％(表2-22)。其中,磷、铁容易被人体吸收利用;蛋中还含有碘、钴、锰、铜、钼、氟、铬、锌等多种微量元素,均是人体必需的养分。

表 2-22　鸡蛋可食部分的矿物质含量

矿物质		磷	钙	镁	氯	钾	硫	铁	钠
蛋　白	mg	6	4	3	51	55	64	0.3	53
	％	0.018	0.012	0.009	0.155	0.167	0.195	0.001	0.161
蛋　黄	mg	110	27	24	23	21	3	2	—
	％	0.588	0.144	0.128	0.123	0.112	0.016	0.011	—

引自王小阳主编.《养鸡手册》. 甘肃人民出版社,1985.462

(四)维　生　素

鸡蛋中维生素的种类和含量也多,主要在蛋黄中。每100g鸡蛋中含:维生素 A 0.36～0.455mg、维生素 D 2.0μg、维生素 E 1.20mg、硫胺素 0.07～0.16mg、核黄素 0.44～0.50mg、泛酸 1.2mg、胆碱 3.20mg、烟酸 0.15～0.36mg、吡哆醇 0.12～0.14mg、生物素 20.7μg、维生素 B_{12} 2.0μg、叶酸 8.5～17.0μg。

三、产蛋鸡的营养需要

(一)能量需要

家禽能量需要量的确定,一般用析因法,也可用综合法或回归法。根据析因法原理,产蛋禽的能量需要分为维持、产蛋和体增重几部分。

1. 维持能量需要　根据代谢体重估计维持代谢能需要,公式为:

$$维持代谢(MEm)需要(kJ)＝K_1 W^{0.75}$$

式中:K_1 为每 kg 代谢体重需要的代谢能(kJ/kg);$W^{0.75}$ 为代谢体重(kg)。

NRC(1994)建议,蛋鸡每 kg 代谢体重的维持代谢能需要平均为 460(300～550)kJ。

2. 产蛋的能量需要　根据蛋重、蛋的能值和产蛋率计算:

$$产蛋代谢能(MEe)需要(kJ)=\frac{K_2 W_0 E_0}{Ke}$$

式中:W_0 为每枚蛋的总重量(kg),E_0 为蛋的净能值(kJ/kg),K_2 为产蛋率,Ke 为代谢能转化为产蛋净能的效率。代谢能用于蛋中沉积能量的总效率,一般为 0.8～0.86。

3. 卵巢发育和体组织变化的能量需要 计算公式:

$$卵巢发育机体组织变化代谢能(MEo)需要(kJ)=\frac{E_1 We}{K_3}$$

式中:E_1 为体组织和卵巢组织的净能含量(kJ),We 为每天卵巢发育和体组织的变化量,K_3 为代谢能转化为净能的效率。代谢能用于卵巢和体组织沉积的效率,一般为 0.58～0.86。

4. 产蛋禽的总能量需要 计算公式:

$$ME=MEm+MEe\pm MEo$$

当体组织增加时,MEo 用"+(加上)";当体组织和卵巢减少时用"-(减去)"。

以下是按析因法估算产蛋母鸡能量需要的示例:

一只成年母鸡的基础代谢为每 kg 代谢体重净能 345kJ/d。以 0.8 作为代谢能转化为维持净能的效率,则每日每 kg 代谢体重需 431kJ 代谢能(345÷0.8);故 1.8kg 体重母鸡基础代谢的代谢能需要量为 $431×(1.8)^{0.75}=670$kJ/d。一般平养鸡在基础代谢之上增加 50% 的活动增量;笼养鸡增加 37%。以笼养鸡为例,其每日代谢能维持需要为 $670×1.37=918$kJ。

一枚重 50～60g 的蛋含净能 293～377kJ,以一枚中等大小的蛋含净能 355kJ,代谢能用于产蛋的效率按 0.80 计,则产一枚鸡蛋约需 444kJ 代谢能(355÷80%)。

因此,当鸡的产蛋率为 100% 时,在适宜的温度条件下(约 21℃),1.8kg 体重笼养鸡日需要代谢能(ME)$=918+444=1\,362$kJ/d。

气温影响鸡的能量需要量,因而对饲料采食量也有显著影响;在热中性区以上,每提高 1℃ 饲料消耗量约减少 1.5%,较冷的环境则导致饲料消耗量提高。故一些研究者在用回归方法推算产蛋家禽能量需要量时,将气温作为自变量之一。埃玛斯(Emmas,1974)导出的,适合计算羽毛生长良好产蛋鸡代谢能需要量的回归公式为:

$$白壳鸡\ ME(MJ)=W(0.711-0.009T)+0.008E+0.021\triangle W$$

$$褐壳鸡\ ME(MJ)=W(0.586-0.008T)+0.008E+0.021\triangle W$$

式中:W 为体重(kg),T 为环境温度(℃),E 为日平均蛋重(g),$\triangle W$ 为日平均增重(g)。

(二)蛋白质和氨基酸需要

1. 蛋白质的需要 蛋白质的需要包括维持、产蛋、体组织和羽毛生长与更新几部分。以下是用析因法估计蛋白质需要量的模式。

(1)维持需要 可根据成年产蛋家禽内源氮的排泄量估算,即:

$$维持蛋白质需要(g/d)=\frac{6.25×KW^{0.75}}{K_j}$$

式中:K 为单位代谢体重内源氮排泄量(g/kg),$W^{0.75}$ 为代谢体重(kg),K_j 为饲料粗蛋白质转化为体蛋白质的效率(约为 0.55)。

(2)产蛋需要 可根据蛋中的蛋白质含量和产蛋率确定,即:

$$产蛋的蛋白质需要(g/d)=\frac{WeC_1 Km}{Kn}$$

式中：We 为每枚蛋的重量(g)，C_1 为蛋中蛋白质含量(%)，Km 为产蛋率，Kn 为饲料蛋白质沉积为蛋中蛋白质的效率(以 0.5 计)。

(3)体组织沉积需要 按组织中蛋白质沉积量计算。

$$体组织蛋白质沉积需要(g/d) = \frac{G \cdot C}{K_P}$$

式中：G 为日增重(g/d)，C 为体组织中蛋白质含量(%)，K_P 为体组织蛋白质沉积效率(以 0.5 计)。

(4)蛋白质的总需要 即维持、产蛋、体组织沉积需要之和。

$$蛋白质的总需要(g/d) = 维持需要 + 产蛋需要 + 体沉积需要$$

2. 氨基酸的需要 产蛋家禽需要的必需氨基酸有蛋氨酸、赖氨酸、色氨酸、精氨酸、组氨酸、异亮氨酸、亮氨酸、苯丙氨酸、缬氨酸、苏氨酸。前 3 种是家禽常用饲料的限制性氨基酸。确定氨基酸需要量的方法与蛋白质相同，即析因法、综合法与回归法。

(1)析因法 仍以维持、产蛋、体组织和羽毛生长与更新为基础来确定。根据蛋中氨基酸的含量和饲粮中氨基酸转化为蛋中氨基酸的效率，可计算产蛋的氨基酸需要量。饲粮氨基酸用于产蛋的效率一般为 0.55～0.88，实际生产中常用 0.85。如全蛋中赖氨酸的含量为 7.9g/kg，则每产 1kg 蛋对饲粮赖氨酸的需要量为 7.9÷0.85＝9.3g。蛋氨酸、赖氨酸需要量的计算示例见表 2-23。

(2)综合法 利用饲养试验，根据产蛋量、产蛋率、孵化率及生化指标确定氨基酸的需要量。NRC 确定饲粮中氨基酸的需要量一般都是用这种方法。不同营养标识确定的产蛋鸡氨基酸需要量存在着较大的差异，以饲粮利用率为标识确定的氨基酸需要量高于以产蛋率为标识确定的数值。

表 2-23 产蛋鸡蛋氨酸、赖氨酸需要量 (mg/d)

	蛋氨酸	赖氨酸
维持需要	31	128
组织沉积	14	58
羽毛沉积	2	6
蛋中沉积	229	483
合　计	276	675
利用率(%)	76	84
饲粮需要(产蛋率 100%)	363	804

引自杨凤主编.《动物营养学》,(第二版). 中国农业出版社,2000,299

(3)回归法 蛋氨酸常为禽的第一限制性氨基酸，其需要量也可根据产蛋量、体重和日增重建立的回归方程式估算。库姆斯(Combs)根据大量研究资料建立的计算产蛋鸡蛋氨酸需要量的回归方程式为：

$$蛋氨酸需要量(mg/d) = 5E + 50BW + 6.2GW$$

式中：E 为产蛋量(g/d)，BW 为体重(kg)，GW 为增重(g/d)。

(三)矿物质需要

1. 钙　产蛋家禽需钙量特别高,供给足够的钙能保证产生优质蛋壳和蛋的商品性能。饲粮中缺钙,使产蛋率和孵化率降低,产生薄壳蛋、沙皮蛋、软壳蛋,破蛋率显著提高。一枚蛋约含钙 2.28g,每产一枚蛋需供给 4.0g 钙(饲粮中钙的吸收率为 50%～60%),故产蛋禽钙的需要量一般为非产蛋禽的 4～5 倍。中等体重、年产蛋 300 枚的母鸡由蛋中排出的钙约为 680g,相当于全身钙的 30 倍。蛋中钙来自饲粮和体组织两方面,但家禽骨量小、骨壁薄,体内贮存钙的能力有限。以产蛋鸡为例,不论钙的采食量多高,每天贮存的钙只有 1.5g;如果饲粮供钙不足,母鸡短期内动用体内 38% 的钙也只能产 6 枚蛋。因此,蛋鸡生产中保证钙的供给非常重要。

产蛋鸡的钙需要量可以公式表示为:

$$Ca\ 需要量(g/d)=\frac{M+E}{C}D$$

式中:M 为维持需要,E 为产蛋需要,D 为产蛋率(%),C 为饲粮钙的利用率。

维持需要是根据尿和粪中内源钙损失(0.10～0.28g/d·只)确定;产蛋需要为日产蛋量和全蛋含钙量(%)的乘积;钙的利用率,在产蛋的头 6 个月为 45%～50%,平均 47.5%,后 6 个月相应为 35%～45%,平均 40%。

2. 磷　一个鸡蛋壳约含磷 20mg,蛋黄中含磷 130～140mg,即一枚蛋总含磷量约为 160mg;一只年产蛋 300 枚的母鸡,蛋中磷的沉积仅约 41g。故与钙相比,家禽对磷的需要量低,很少出现缺磷的现象。除蛋中排出磷外,产蛋过程使磷的分解代谢提高,从机体损失的磷比蛋中的磷多,故须注意供给其所需的磷量。但磷的给量也不能过高,否则降低蛋壳质量,并使饲料成本提高和增加对环境的污染。

家禽从饲粮中摄入的磷,大部分来自植物性饲料(占总磷的 33%～83%),主要以植酸磷的形式存在,家禽不能充分利用。动物性饲料和矿物质饲料中的磷几乎完全可利用。因此,应注意满足家禽对有效磷(非植酸磷)的需要。我国鸡饲养标准(2004)建议,蛋用鸡种鸡总磷的需要为 0.6%,有效磷为 0.32%。

3. 食盐的需要　食盐能增进食欲,提高采食量,促进饲粮中氮的利用。在不含食盐的饲粮中加入 0.5% 的食盐,产蛋鸡每日氮沉积由 4g 增至 4.4g,且获得最高的产蛋率。缺乏食盐导致产蛋家禽食欲不振,体重与蛋重减轻,钙的利用率降低,产蛋率下降。我国鸡饲养标准(2004)中,产蛋鸡饲粮钠的推荐量为 0.15%,相当食盐量 0.38%。

4. 微量元素的需要　家禽需锰较高,而常用饲料含量很低,最易缺乏。锰与骨骼生长和繁殖有关,缺锰可使母鸡产蛋率和蛋壳品质降低,产生滑腱症和鸡胚胎骨质退化,胚胎易在 18～21 胚龄时死亡。缺碘损害家禽健康,产蛋率下降。蛋中含铁量较高,故产蛋鸡需铁量较大;但铁过多引起磷的利用率下降,导致骨软症。产蛋鸡采食低铜饲粮时产蛋量稍有减少,孵化率显著减低;严重缺铜能引起贫血。种母鸡缺锌时,常出现胚胎畸形,胚胎发育过程中或出壳后易突然死亡;产蛋母鸡缺锌时,产蛋量和蛋壳品质下降,孵化率降低。饲粮中缺硒,高产鸡冠发白,羽毛缺乏光泽、贫血、出血、水肿,呈现渗出性质病等;产蛋率下降,受精率低,孵化过程中早期胚胎死亡率较高。

产蛋鸡、种鸡对微量元素的需要量见表 2-24。

表 2-24 产蛋鸡、种母鸡微量元素需要量 （mg/kg 饲粮）

元　素	产蛋鸡	种母鸡	添加剂形式	产蛋鸡	种母鸡
Fe	50	80	$FeSO_4 \cdot 7H_2O$	104	166
Cu	3	4	$CuSO_4 \cdot 5H_2O$	12	16
Mn	25	80	$MnSO_4 \cdot 5H_2O$	110	132
Zn	50	65	$ZnSO_4 \cdot 5H_2O$	220	286
I	0.3	0.3	KI	0.46	0.46
Se	0.1	0.1	Na_2SeO_3	0.122	0.22

（四）维生素需要

1. 维生素 A 维生素 A 不足，家禽消瘦，羽毛紊乱，患干眼病，呼吸道和消化道易感染疾病；产蛋率下降，种蛋孵化率降低。产蛋鸡和种鸡每 kg 饲粮维生素 A 含量应不低于 4 000IU 或 β-胡萝卜素 2.4mg。我国鸡饲养标准（2004）的产蛋鸡与种鸡维生素 A 推荐量为 8 000IU。

2. 维生素 D 维生素 D 与钙、磷的代谢有关。产蛋家禽维生素 D 缺乏时产薄壳蛋或软壳蛋，继而产蛋率和孵化率下降，骨质软化，骨薄、脆、易折。产蛋鸡和种鸡每 kg 饲粮中应含维生素 D 500IU。现代化家禽业多为密闭饲养，要特别注意维生素 D 的供应。我国鸡饲养标准（2004）对产蛋鸡维生素 D_3 推荐量为 1 600IU/kg，种鸡为 2 000IU/kg。

3. 维生素 E 维生素 E 缺乏对产蛋量影响不大，但种蛋的孵化率显著降低，多在孵化早期（第 3～4 天）因循环系统破坏及出血而使胚胎死亡。各种饲料中维生素 E 含量丰富，很少缺乏。特殊情况下，应重视在种鸡饲养中添加维生素 E。我国鸡饲养标准（2004）的产蛋鸡维生素 E 推荐量为 5IU/kg，种鸡为 10IU/kg。

4. B 族维生素 对产蛋家禽来说，硫胺素、核黄素、泛酸、烟酸、吡哆醇、叶酸、生物素、胆碱及维生素 B_{12}，主要作为细胞酶的辅酶，催化碳水化合物、脂肪、蛋白质代谢中的各种反应。缺乏 B 族维生素，会降低体内酶的活性，阻抑相应的代谢过程，影响家禽生产力和抗病力，进一步缺乏则食欲减退、体重减轻、产蛋量下降或产蛋停止，种蛋孵化率降低，初生雏体弱，生长缓慢，死亡率高。亦应参考饲养标准推荐量提供充足的 B 族维生素。

（五）水的需要

水对产蛋禽产蛋率影响很大，饮水的供应非常重要。供水不足，采食量显著减少，导致产蛋率严重下降，缺水不仅影响现期的产蛋量，还影响后期生产效应。产蛋高峰期前缺水，高峰期推迟且上升速度缓慢，总产蛋量减少。家禽对水的需要，一般认为料∶水＝1∶2 即可。实际生产中采用不间断供水（自由饮水）或间断充足供水。水的质量不良对产蛋率有严重的影响，水中亚硝酸盐含量高，导致产蛋鸡腹泻，产蛋率和孵化率下降；水中病原微生物是产蛋禽疾病的重要传染源，能引起疾病和产蛋量下降。

第七节 家畜产毛的营养需要

一、羊毛的化学成分及其形成

(一)羊毛的化学成分

净毛主要含 5 种元素:碳 50%、氢 8%、氧 22%、氮 16%、硫 3%,钾、钙、氯、磷等矿物质约占 1%。羊毛是由上述元素组成角蛋白纤维,角蛋白中含硫的氨基酸以胱氨酸所占比例高,硫以二硫键(—S—S—)形式存在于胱氨酸中。胱氨酸对羊毛的产量、弹性、强度以及纺织性能都有重要的影响。羊毛的氨基酸组成见表 2-25。

表 2-25　羊毛角蛋白质中氨基酸含量　(%)

氨基酸	含量范围	澳毛	新疆一级		美利奴羊毛	
			细毛羊	改良毛	64 支	56 支
丙氨酸	3.29~5.70	3.39	3.29	3.94	3.7	4.7
精氨酸	7.90~12.10	9.41	10.29	9.08	10.5	9.5
天冬氨酸	5.94~9.20	6.66	6.64	5.94	6.7	7.8
胱氨酸	10.84~12.28	12.28	10.84	11.67	11.3	9.8
谷氨酸	12.30~16.00	12.51	12.30	12.95	15.0	12.1
甘氨酸	3.10~6.50	4.25	4.20	4.86	5.2	5.8
组氨酸	0.62~2.05	1.89	2.38	2.05	0.9	1.0
异亮氨酸	3.35~3.74	3.39	3.85	3.74	3.1	3.1
亮氨酸	7.43~9.75	7.46	7.43	7.93	7.6	8.7
赖氨酸	2.80~5.70	4.13	4.81	4.40	2.8	3.3
蛋氨酸	0.49~0.71	—	—	—	0.6	0.7
苯丙氨酸	3.26~5.86	5.86	5.91	3.48	3.4	4.7
脯氨酸	3.40~7.20	6.54	5.78	5.78	7.3	7.6
丝氨酸	2.90~9.60	8.32	8.10	7.68	9.0	9.7
苏氨酸	5.00~7.02	5.22	5.30	6.45	6.6	7.0
酪氨酸	2.24~6.76	2.24	2.62	2.41	6.4	6.8
缬氨酸	2.80~6.80	4.99	4.75	6.19	5.0	6.3
半胱氨酸	1.44~1.77	1.44	—	—	—	—

引自杨凤.《动物营养学》,(第二版).中国农业出版社,2000,316

(二)毛的形成与生长发育

毛是皮肤的衍生物,毛的品质与特性和皮肤构造有密切的关系。毛纤维在毛囊中形成,毛囊由上皮组织和结缔组织构成,其基部是由上皮细胞构成的毛球,毛球内的毛乳头是血管的聚集处。毛球从毛乳头血管吸取营养,以供毛纤维的生长发育。

构成毛的细胞在毛囊中形成,毛生长率的高低取决于毛囊内毛球基层细胞增生的变化,毛囊内代谢很旺盛。由初生毛囊原始体开始发生到发育成毛纤维需 40d 左右,毛囊的发育在胚胎期 50~60 胎龄开始,85~90 胎龄形成初生毛囊,随后 2 周内毛囊产生的毛纤维长出体外;从此时到出生形成次生毛囊,次生毛囊发育的毛纤维约在胎龄 115d 开始出现于皮肤表面,一直到羔羊出生以后。次生毛囊的密度大于初生毛囊,其数目因品种而异。一般初生毛囊和次生毛囊的比值为:粗毛羊为 1:3~4、半细毛羊 1:5~10、细毛羊 1:10~20。次生毛囊多,毛密度及产毛潜力大。

二、产毛家畜的营养需要

家畜的产毛潜力决定于产毛遗传特性,实际生产中毛的质量和数量主要决定于营养、饲养及其环境因素。供给适宜的营养是保证产毛量和毛品质及发挥产毛遗传潜力的主要条件。

(一)能量需要

能量影响产毛量与质量。几天内能量摄入不足就可呈现对羊毛生长的影响,但持续 9~12 周才会明显。能量水平主要通过影响次生毛囊的数量而影响毛的产量与质量。一项试验中,于试验前将两组双羔美利奴羊皮肤划区约 $50cm^2$,试验中分别饲喂高营养水平(100%)和限制营养水平(50%)的饲粮;试验 500d 后,高营养水平组划区皮肤面积增加到 316%,而低营养水平组为 186%,高营养水平组羊 500d 净毛产量为低营养水平组的 3.2 倍;低营养水平组羊产的毛较细短、弯曲少、强度低、脆弱易断、纺织性能较差。提高绵羊饲粮营养水平,可使毛的直径增大,强度提高。饥饿期可使羊毛生长突然下降,在每根毛上留下弱痕(饥饿痕),降低羊毛的纺织品质。

产毛家畜的能量需要包括维持、体重变化及产毛需要。能量总需要的计算公式:

$$E = Em + Eg + Ew$$

式中:E 为能量总需要,Em 为维持能量需要,Eg 为体重变化能量需要,Ew 为产毛能量需要。

1. 维持能量需要 可根据代谢体重估计维持能量需要,即:

$$Em = KW^{0.75}$$

可用净能、代谢能、消化能表示维持能量需要(Em),绵羊的估计方程为:

$$NEm(J/d) = 4.184 \times 56W^{0.75}$$

$$MEm(J/d) = 4.184 \times 98W^{0.75}$$

$$DEm(J/d) = 4.184 \times 119W^{0.75}$$

式中:NEm、MEm、DEm 分别代表维持净能、维持代谢能、维持消化能的需要。

2. 体重变化能量需要 可根据代谢体重和体增重估算,绵羊的估算方程式为:

$$MEg(kJ/d)=4.184×112W^{0.75}(1+1.53G)$$
$$DEg(kJ/d)=4.184×138W^{0.75}(1+1.53G)$$

式中:MEg、DEg 分别代表体重变化的代谢能、消化能需要;G 为体重变化(kg/d),增重时为正,失重时为负。

3. 产毛的能量需要　产毛的能量需要包括毛形成过程消耗的能量和毛中所含能量。每 kg 净毛含能量 22.18～24.27kJ。体重 50kg、年产毛 4kg 的美利奴绵羊,每日基础代谢的能量为 5 024.16kJ,沉积于毛中的能量仅为 230.12kJ。美利奴羊平均每产 1kg 净毛需消耗代谢能 628.02kJ。毛兔的平均产毛量为 800g 时,每产 1kg 净毛需消化能 711.28kJ。

(二)蛋白质需要

在蛋白质负平衡状态下,羊毛虽继续生长,但产毛量降低。每天或每 2～3d 给断乳后放牧绵羊补饲蛋白质饲料,羊毛生长较快。含硫氨基酸是限制羊毛生长的主要氨基酸,绵羊常用饲料中含硫氨基酸含量仅为羊毛角蛋白中含量的 1/3。试验证明,在蛋白质喂量充足时,给绵羊补饲胱氨酸可大幅度提高产毛量;将长毛兔饲粮中含硫氨基酸由 0.4% 提高到 0.6%～0.7%,产毛量提高 15%～27%。饲粮中添加赖氨酸可促进毛囊生长。

当能量供应不足时,蛋白质作为能源物质被利用,蛋白质转化成羊毛蛋白质的利用率降低。绵羊能量、蛋白质沉积为负值时,羊毛中含氮量下降。随蛋白质供应量提高,体沉积氮、羊毛中含氮量及其占摄入氮的比例均增加,而羊毛氮占沉积氮的比例降低(表 2-26)。表中数字显示,美利奴绵羊将牧草中氮转变成羊毛氮的效率不超过 10%。真正产毛需要的蛋白质占总蛋白质需要的比例很低,但产毛量仍随着食入能量、蛋白质增加而提高,故生产实践中应提高绵羊的总体营养水平。

表 2-26　绵羊饲粮中能量、蛋白质水平与产毛效率

期　别	一	二	三	四
食入牧草中总能量(kJ/d)	2883	5837	9514	14226
食入牧草中氮(g/d)	3.84	7.86	12.51	19.26
体内沉积氮(g/d)	−2.61	+0.67	+2.54	+5.68
体内沉积氮占食入氮(%)	—	8.52	20.30	29.49
羊毛中氮量(g/d)	0.22	0.28	0.51	1.18
羊毛中氮量占食入氮(%)	6.32	3.56	4.08	6.13
羊毛中氮量占沉积氮(%)		41.7	22.8	20.8
生产能(kJ/d)	−1799	−146	1590	2992
生产能占总能(%)	—	—	16.71	21.03
150cm² 皮肤上产毛量(g/14d)	0.46	0.64	1.22	2.48
羊毛平均细度(μm)	14.89	16.36	18.84	21.80

引自杨凤.《动物营养学》,(第二版).中国农业出版社,2000,320

（三）矿物质和维生素需要

1. 矿物质的需要

（1）铜　铜对羊毛品质有明显的影响。短期缺铜时，绵羊毛囊的代谢受阻，明显降低毛的弯曲度；进一步缺铜则丧失毛纤维弯曲度，同时引起铁代谢紊乱、贫血、毛囊供血不足、产毛量下降。缺铜还影响毛色素的形成，毛囊缺少黑色素，使有色毛色素变淡，失去光泽，特别是裘皮羊的裘皮品质降低。

羊对铜的需要量为 10mg/d；NRC(1985)推荐，绵羊的铜需要量为 7～11mg/kg 饲粮。

（2）铁　催化酪氨酸转化为黑色素的酶需要铁作为辅助因子，缺铁时毛的光泽下降，质量变差。铁的需要量为每 kg 饲粮 30mg。

（3）锌　缺锌时羊皮肤角化不完全、脱毛、毛易折断和缺少弯曲。成年绵羊和羔羊锌需要量为每 kg 饲粮干物质 40(20～80)mg。

（4）钴　缺钴绵羊产毛量下降，毛易断裂与缺少弯曲。成年绵羊需要钴 0.11mg/d，或每 kg 饲粮干物质 0.07mg。

（5）碘　碘刺激羊毛生长，缺碘时羊毛粗短，毛稀疏、易断或无毛。妊娠和哺乳母羊碘的供给量为每 kg 饲粮干物质 0.1～0.2mg。

（6）硫　硫主要以—S—S—形式存在于含硫氨基酸中，羊毛含硫量占羊体内总硫量的 40%，故硫与产毛的关系密切。绵羊饲粮的硫氮比例以 1:10～13 为宜。在以非蛋白氮化合物(NPN)代替部分蛋白质饲料时，特别应注意补充硫。据试验，在绵羊饲粮中添加尿素和硫酸钠比单喂尿素增加产毛量 12%。在饲粮缺硫或添加尿素时，补饲无机硫化物 0.1%～0.2%（按干物质计算）为宜，但不应超过 0.35%。

2. 维生素需要　维生素 A 和胡萝卜素有保持皮肤健康的重要功能，缺乏维生素 A 使皮肤及其附属器官萎缩，表皮和毛囊过度角质化，汗腺及皮脂功能失调，皮肤粗糙，严重影响绵羊健康和产毛。美国 NRC 绵羊营养需要(1985)推荐，在缺乏更为确切的数据之前，暂定绵羊每 kg 活重每日需要维生素 A 47IU 或 6.9μg β-胡萝卜素。以此两数值作为各种类型和生理状况羊的基础。NRC(2007)版本中已分别给出不同生理状况、不同体重绵羊的维生素 A、维生素 E 推荐量。

核黄素、生物素、泛酸、烟酸均影响皮肤健康，缺乏时可影响毛的生长。成年绵羊瘤胃微生物可以合成 B 族维生素，一般不致缺乏；但有报道，饲粮中添加叶酸和吡哆醇可以提高产毛量。对瘤胃尚未充分发育完全的羔羊必须注意供给 B 族维生素。

第八节　役畜工作的营养需要

役畜有马、驴、骡、黄牛、水牛等，它们的饲养管理和利用虽有不同，但营养需要有共同之点。本节以马为主阐述役畜做功时能量的来源、工作量的衡量及营养物质的需要。

役畜工作时，呼吸系统、血液循环系统、排泄系统等都处于紧张的活动状态，需要补充能量和营养物质。

一、役畜工作能量的来源

役用家畜靠骨骼肌收缩而做功,这是消耗能量的过程;肌肉中的肌糖原是提供肌肉收缩所需能量的最终来源。

(一)三磷酸腺苷(ATP)的水解释能

肌肉细胞中含有少量 ATP。肌肉收缩时,在 ATP 酶的作用下,ATP 末端的一个高能磷酸键断裂,变为 ADP(二磷酸腺苷)并释放出 33.5kJ 自由能,供肌肉收缩之用。ATP 是肌肉做功的直接能量来源,其释放能量的反应如下:

$$ATP + H_2O \xrightarrow{\text{ATP酶}} ADP + P + 33.5kJ \text{ 自由能}$$

ATP 的水解过程还需要肌肉中的 Ca^{2+} 和 Mg^{2+} 参与。

(二)葡萄糖产生 ATP

肌肉细胞中的 ATP 通常是由葡萄糖氧化产生,肌肉中约含 0.4% 的肌糖原,它是肌肉中葡萄糖的直接来源。在收缩的肌肉中,糖原数量减少,但来源于血液循环中的葡萄糖又可在肌肉细胞中合成肌糖原。缺氧时,骨骼肌可通过葡萄糖分解成乳酸而产生 ATP,其反应式为:

$$\text{葡萄糖} + 2ADP + 2 \text{ 磷酸} \longrightarrow 2 \text{ 乳酸} + 2ATP + \text{热能}$$

此过程中,葡萄糖中可利用的总化学能(2 871kJ/mol)只有 3% 贮存在 ATP 中,5% 以热能形式散失,92% 贮存在乳酸中。心肌中有较多的氧可利用,葡萄糖循有氧氧化途径被氧化成 CO_2 和 H_2O,此时乳酸为中间产物,葡萄糖中 69% 的自由能可被转化为 ATP。

肌糖原酵解过程中产生的乳酸,仅 20% 氧化生成 CO_2 和 H_2O,80% 又重新合成肌糖原。若役用家畜肌肉强烈收缩产生的乳酸过多,超过肝脏重新合成肌糖原的速度,使肌肉中乳酸增多,pH 降低,引起肌肉疲劳。为维持役用家畜做功的效率,必须合理使役。

(三)ATP 以磷酸肌酸形式贮备

肌肉中所含 ATP 不够肌肉收缩 1min 的能量需要。但肌肉持续收缩做功时,会突然出现对能量的大量需求,需要即时形成 ATP。哺乳动物肌肉中含有磷酸肌酸,它是一种高能磷酸化合物,在肌酸磷酸激酶(CPK)催化下,能把磷酸基转给 ADP,生成 ATP:

$$\text{磷酸肌酸} + ADP \underset{\longleftarrow}{\overset{CPK}{\longrightarrow}} ATP + \text{磷酸}$$

此反应是可逆的,当肌肉休止时,ATP 可将其磷酸基转给肌酸,生成磷酸肌酸贮备起来。当肌肉收缩时,磷酸肌酸又把磷酸转给 ADP 以生成 ATP。通常,肌肉中的磷酸肌酸含量是 ATP 含量的 4~5 倍。肌肉持续活动时,磷酸肌酸很快被消耗,ATP 含量下降,ADP 和磷酸浓度上升,从而促进酵解、三羧酸循环和氧化磷酸化作用,以产生 ATP。

(四)肌糖原的来源

役畜工作时,肌糖原不断地被消耗,又不断地形成。血液中葡萄糖是形成肌糖原的主要来源,而碳水化合物是形成葡萄糖的主要来源;所以,碳水化合物是役畜做功时所需能量的重要来源。在役畜营养生理上,与脂肪、蛋白质相比,碳水化合物是最速效的营养物质。脂肪在畜体内转化成能量的过程约损失 10% 的能量,碳水化合物产生等能量所耗的氧,比脂肪少 7%,而产生等能量的蛋白质约有 20% 的能量损失于尿中。可见,役畜主要是利用饲料中含量高、产能速率快、成本低的碳水化合物作为做功的能量来源。

当机体能量处于负平衡,肝糖原耗竭和血液循环中葡萄糖减少时,更多的脂肪会被用作能量来源。饲料中过量蛋白质可通过氨基酸生糖和生酮途径作为间接能量来源。在饥饿状态下,当脂肪耗尽时,体蛋白质也可用作能量来源。

二、役畜工作量的衡量

役畜工作量的衡量是用挽力乘挽曳距离,单位为 kg·m 表示,即 1kg 挽力,前进 1m 的距离所做的工作量:1kg×1m=1kg·m。

例如,一匹役马用 10kg 挽力拉曳货物,前进 1m 所做的工作量为 10kg·m。

(一)挽力测定

用挽力计测定(将挽力计置于装运货物的马车与拴有挽索的辕轴间或马车与辕杆间)。役用家畜的挽力与体重成正相关,牛和马的经常挽力约为体重的 15%。特殊情况下,马的挽力也可达到体重的 70%~80%,甚至超过体重。据测定,役牛的挽力为 18%~20%,可从事经常劳役。通常,按役用家畜挽力大小和劳役时间长短,将其工作量划分为轻役、中役和重役。牛在劳役中消耗的能量比马多;据报道,牛担负中役或重役时,能量需要比休闲时提高 1.5~2.5 倍。马、牛劳役划分标准见表 2-27、表 2-28。役畜轻役、中役、重役划分标准见表 2-29。

表 2-27　马工作量级别的划分

役　别	每日完成机械工作		工作性质		
	15%挽力(h)	全日工作	运　输	乘　骑	田间作业(h)
轻　役	2~3	3%~4%挽力	满载 15km	35km	4
中　役	4~5	6%~8%挽力	满载 25km	58km	6
重　役	8	12%~16%挽力	满载 35km	80km	9

引自许振英主编.《家畜饲养学》.农业出版社,1979,254

表 2-28　役牛劳役程度的划分

类　别	以工作量划分(kg·km)			以工作时间长短划分(h)
	大型牛(400~500kg)	中型牛(300~400kg)	小型牛(250~300kg)	
轻　役	800 以下	660 以下	550 以下	4 以下
中　役	800~1100	660~880	550~660	4~6
重　役	1200~1500	900~1200	750~900	6~8
极重役	1500 以上	1200 以上	900 以上	8 以上

引自李忍益.《牛的饲养繁殖与改良》.

表 2-29　各级别的工作量　（万 kg·m）

体重(kg)	轻 役	中 役	重 役
300	42	84	168
400	56	112	224
500	66	132	264

引自许振英主编.《家畜饲养学》. 农业出版社,1979,255

(二)役用家畜的工作效率及其影响因素

1. 工作效率　役马利用饲料中代谢能做功的净效率为 30%～37%,并随挽力的加大而变化。例如,一匹体重 500kg 的马,每日以 67kg 的挽力、4km/h 的速度拉车 8h,需代谢能 135 268kJ,才能保持体内的能量平衡。该马匹做功和能量需要计算如下:

①每日做功:$67×8×4\,000=2\,144\,000$kg·m

②每做功 $1\,000$kg·m 需 9.807kJ 净能,所以马匹做有用功需净能:$2\,144\,000×9.807÷1\,000=21\,026$kJ

③每日维持需要代谢能 47 301kJ;走路需代谢能:

$4×8×624=19\,968$kJ

④马匹做有用功所需代谢能:$135\,268-47\,301-19\,968=67\,999$(kJ/d)

所以,马匹利用饲粮中代谢能做功的净效率为:

$$净效率=\frac{21\,026}{67\,999}×100\%=30.9\%$$

2. 影响工作效率的因素

(1)体重　挽力一般为体重的 15%,役用畜体重大则挽力大,挽力大的役畜工作效率高。总效率大致为轻役 14%,中役 16%,重役 20%。

(2)调教和使役　调教可使役畜建立新的条件反射,获得新的运动技能,减少不必要的能量消耗,提高工作效率。调教使役畜骨骼坚实,肌肉发达,肌肉内三磷酸腺苷、磷酸肌酸等贮量增加,整个机体负氧债的能力增强,能更好地适应各种劳役。

合理使役是防止或延缓役畜疲劳的有效措施。挽力过重或运动速度太快都会影响肌肉收缩。长期使役过度或不当,使中枢神经系统功能状态发生异常,机体各器官系统的协调活动发生障碍,甚至引发各种疾病,工作能力显著降低。

(3)地面坡度　路面坡度越大,役畜挽运货物时所用挽力越大(须克服地心引力),消耗能量越多。如役马在 10% 的坡面挽运货物时,所消耗的力比平地多 3 倍。相反,在下坡路面做功时,受地心引力之助,能量消耗减少。做功的路面不平,摩擦系数增大,工作效率也降低。

(4)速度　在一定范围内,工作效率随速度的加快而提高;但超过一定限度时,速度越快,费力越多,效率越低。因此,欲提高工作效率,须在役畜耐力范围内提高速度。据测定,役马以每小时 4～5km 的速度行驶,工作效率最高。役马每小时行走 5.8km 与每小时行走 4.6km 相比,前者能量的消耗比后者高 15%。虽然役畜做功的总效率随挽力和速度的提高而增高,但重挽力低速度的工作反而比轻挽力高速度的效率高。

此外,公畜挽力大于母畜。营养状况好,骨骼发育好,肌肉丰满的役畜挽力大;驭手使役技术高,役畜挽力发挥好。使役时必须做到轻重缓急合理安排。

三、役畜的营养需要

(一)能量需要

役畜的能量需要取决于役畜体重、工作量和工作效率等因素。体重越大,工作量越重,能量需要越高;完成一定的工作量时,工作效率越高,能量消耗相对减少,能量需要降低。确定役畜能量需要,亦可采用析因法和综合法。

1. 析因法　将役畜总的能量需要剖分为维持需要和生产(做功)需要。

(1)维持需要量　成年工作役马,除年龄、性别、饲养方式和营养状况有影响外,品种、个体和性格不同时,能量需要也有差异。表 2-30 和表 2-31 列出挽赛马和役牛的维持能量需要量。

表 2-30　挽赛马匹的维持需要

体重(kg)	消化能(MJ/d)	可消化粗蛋白质(g/d)
100	19	95
200	32	160
300	43	220
400	54	270
500	64	320
600	73	360

引自杨凤主编.《动物营养学》. 中国农业出版社,2000,309

表 2-31　役牛的维持能量需要

劳役强度	维持净能(MJ)		
	体重 300kg	体重 400kg	体重 500kg
维　持	24.5	30.1	35.6
轻　役	30.5	40.6	50.6
中　役	36.0	47.7	59.4
重　役	40.6	54.0	67.4
极重役	45.6	61.1	76.1

引自杨凤.《动物营养学》,(第二版). 中国农业出版社,2000,309

(2)工作需要　役畜工作对消化能的需要及能量的利用效率,因体重、使役程度和地面不同而异。马匹工作的能量利用效率,在急驰运动或在坡度上运动约为 23%,平地上奔跑约为 31%。如一匹体重 550kg 的挽马,在轻役、中役、重役情况下,每小时每 kg 体重所需要消化能不同。持续工作的挽马,分解体脂肪供能,其利用效率比碳水化合物低 10% 左右。将体重 550kg 马匹不同工作性质的能量需要列入表 2-32。

表 2-32　体重 550kg 马匹工作的能量需要

	消化能(MJ/d)	可消化粗蛋白质(g/d)
轻役(2h/d)	75～87	450
中役(2h/d)	88～110	550
重役(2h/d)	111～142	650
竞赛马	134～142	650～700
挽马	117～150	550～750

引自杨凤.《动物营养学》,(第二版). 中国农业出版社,2000,310

役畜做功的能量需要实际测定为：每做功 1 000kg・m，需要消耗净能 9.80kJ 或消化能 21.13kJ。

例如，一匹体重 500kg 的挽马，每日做功 10×105 kg・m，该匹马每日消化能需要（未考虑其行走时的消耗）为：

①维持需要(DEm)＝$600 \times 500^{0.75}$＝63 442kJ

②工作需要(DEp)＝$1\ 000\ 000 \div 1\ 000 \times 21.13$＝21 130kJ

所以，该匹挽马每日的消化能需要为：

③DEr＝DEm＋DEp＝63 442＋21 130＝84 572kJ≈85MJ

2. 综合法　用饲养试验方法测定役畜的能量需要。当挽力为原体重的 10％，速度为 59m/min 时，其能量需要：轻役为基础代谢的 3 倍，中役为基础代谢的 3.5 倍，重役为基础代谢的 4.3 倍。

不同种类的役用家畜，在相同条件下耗能不同。例如，马站立所消耗的能量与卧倒时接近；牛站立时消耗的能量比卧倒时多 25％～30％。又如，完成相同的工作量，马消耗的能量比牛少 16％左右。

(二)蛋白质需要

虽然役畜劳役时消耗的能量主要由碳水化合物提供，但其体内蛋白质亦处于不断更新的动态平衡之中，正常的食欲与摄入饲草、饲料的消化也必需一定量的蛋白质，故必须以饲粮形式补充和满足其蛋白质需要。

役用家畜工作时，蛋白质需要量并不随工作量增大而提高，但在工作量增大情况下，由于饲粮营养浓度增高，相应地也增加了蛋白质的食入量。美国 NRC(1978)提出，饲粮能量与蛋白质间的比例，保持每 MJ 消化能 5g 可消化蛋白质或 6.6g 粗蛋白质即可。成年工作马匹维持蛋白质需要为：每 kg 代谢体重需可消化蛋白质 3g，维持及工作的可消化蛋白质需要可见表 2-29 和表 2-32。役牛饲粮的蛋白质浓度，取决于使役程度，以 9％～11％为宜。

(三)矿物质需要

1. 常量元素　役畜由汗和粪、尿排出大量水和无机盐，为了维持正常的代谢、体液平衡和消除疲劳，需要供给充足的无机盐。特别是饲粮中钙和磷，不但影响骨骼发育，而且对役畜全部运动过程也起着重要作用。体重 550kg 马匹每日常量元素需要见表 2-33。

表 2-33　550kg 体重马匹每日常量元素需要量　(g)

矿物质元素	维持需要	中等工作量需要
钙	23	26
磷	14	17
镁	8	11
钠	9	30

引自杨凤.《动物营养学》,(第二版). 中国农业出版社,2000,311

按 100kg 体重计算,成年马每天钙、磷需要量分别为 4.7g 和 3.0g,钙磷比例以 1.5～2：1 最合适。

役畜随汗排出的钠最多,故工作的役畜需要食盐较多。役马食盐供给量随工作量大小而异,轻役、中役、重役的马匹每天需要食盐量分别为 40g、45g 和 50g。镁的需要为 100kg 体重每天 1.4g,钾需要量为饲粮的 0.6%。

2. 微量元素　役畜也需要一定量的微量元素,各主要微量元素的需要量见表 2-34。

表 2-34　马匹微量元素需要量　(以每 kg 饲料计)

元　素	需要量(mg)	元　素	需要量(mg)
铁	80～100	钴	0.05～0.10
铜	10	硒	0.1～0.2
锌	50	碘	0.1～0.3
锰	40		

引自杨凤.《动物营养学》,(第二版). 中国农业出版社,2000,312

(四)维生素需要

成年马维生素 A 的维持需要为每 kg 饲粮 1 600IU;马转化胡萝卜素为维生素 A 的效率低,故工作马的每 kg 饲粮应含胡萝卜素 10mg。马的肠道微生物可合成足够数量的维生素 K 和 B 族维生素,但紧张工作或竞赛马匹有可能缺乏维生素 B_1、维生素 B_2 和泛酸。NRC(1978)推荐,1kg 饲粮中应分别含维生素 B_1、维生素 B_2 和泛酸 3mg、2.2mg 和 1.5mg。美国 NRC 马营养需要(2007)建议,成年马(体重 200kg 的非役用、役用、种公马和妊娠早期体重 200kg 的母马的维生素 A、维生素 D、维生素 E、硫胺素、核黄素的推荐量,相应为 3 000IU、660IU、100IU 和 6.0mg、4.0mg。

(五)水的需要量

役畜工作时,由肺呼吸、皮肤出汗及从粪、尿等途径排出相当多的水分。为了保证役畜正常的血液循环、体温调节、饲料消化吸收及废物的排出过程,必须供给充足的水。劳役时水的需要不但与采食饲料的性质与数量有关,还与马匹劳役时的环境温度和劳役的轻重程度有关。一匹劳役的马每日可饮水 40L。也可用酸性洗涤纤维(ADF)的摄入量来预测马的饮水量,其公式如下:

$$Y = 3.47 + 6.97X$$

式中:Y 是饮水量(L/d);X 是 ADF 摄入量(kg/d)。

第二篇

畜禽饲料

第三章 饲料营养价值的评定

第一节 评定饲料营养价值的方法

一、饲料营养成分与总能的检测

(一)概略养分测定法

对饲料营养价值的了解是从化学分析开始。德国温德(weende)试验站于 1861 年提出的概略养分分析法,至今已沿用了 150 余年,目前仍在继续使用。这种方法是把饲料中的营养物质分为六大类,即水分、粗蛋白质、粗脂肪、粗纤维、粗灰分与无氮浸出物(见第一章第一节)。由此法所得结果,可大体上显示某种饲草或饲料的营养特点,如有些饲料含蛋白质较多,另一些饲料无氮物质含量较高,干草与秸秆中粗纤维含量高等。但是,随着营养科学的发展,此法给出的结果越来越不足以认识和指导畜禽饲养的实践,也暴露出该法不够准确。如仅测出粗蛋白质含量已不够,欲深入了解畜禽氮营养问题还必须知道饲料中某些必需氨基酸的状况;该法未能将碳水化合物精确地区分为易消化利用的和不易消化利用的两部分;在 550℃ 灼烧测出的粗灰分,在质与量方面均不能代表饲料中无机物质的真实含量,其中包含有机物质的成分,如蛋白质中的硫和磷,而且一些挥发性物质会以钠、氯、钾和硫等形式损失掉。因而,随着化学分析与仪器分析技术的不断改进,纯养分分析法随之发展起来。

(二)纯养分测定法

该分析法涉及的范围很广,如饲草饲料中糖、淀粉、脂肪酸、有机酸、各种氨基酸、维生素、常量元素与微量元素的测定,以及血液、粪、尿中的营养成分、酶、代谢产物的检测等。这些测定所用的方法已不再局限于化学方法,涉及到许多精密的仪器分析,如用氨基酸自动分析仪测定各种氨基酸含量,用原子吸收分光光度法或等离子发射光谱法测定微量元素含量,维生素的测定涉及紫外分光光度法、荧光分光光度法、高效液相色谱法等,近红外分光光度法在饲料营养成分分析方面也得到广泛应用。

在饲草饲料的碳水化合物分析方面,范索斯特(Van Soest)和其同事,自 20 世纪 60 年代以来提出并不断完善的表面活性物质法,能较准确地将饲料中的碳水化合物区分为易消化的(细胞内容物)和不易消化的(细胞壁物质)两部分,并可对粗纤维中营养价值不同的纤维素、半纤维素与木质素精确定量。酸性洗涤纤维(ADF),特别是中性洗涤纤维(NDF)的含量,已被用于估测饲草饲料或饲粮中的能量价值和家畜的生产力。

(三)饲料总能的测定

饲料有效能值代表其总的或综合的营养价值。饲料总能值虽不能表明饲料的营养价值,因除含粗脂肪较高的饲料总能值稍高外,各种饲草饲料的总能值相近,而其饲喂畜禽的效果可能相差甚大。然而,欲测定饲料的有效能值,必先测出其总能值。用氧弹式测热计可直接测定饲料总能值。在充以高压氧的测热计氧弹中,饲料样片在瞬间燃尽,可测出以热的形式释放出的能值。无测热计时,也可间接推算饲料的总能值。总能系饲料中粗蛋白质、粗脂肪和碳水化合物所含能量之和。用概略养分法测出这三种有机营养物质的含量,再分别乘以它们的能值并积加即可。通用的公式为:

$$总能(kJ/kg)=粗蛋白质\%×23.85+粗脂肪\%×39.33+粗纤维\%$$
$$×17.57+无氮浸出物\%×17.57$$

二、饲料能量与营养物质消化率的测定

饲料的化学成分只反映它们可能被动物利用的价值,其对畜禽的实际营养价值还必须通过动物试验加以确定。饲料被动物利用的第一步是被消化,故测定饲料营养物质及其能量的消化率,成为评定饲料营养价值的重要方法。

(一)体内消化试验法

通过给试验动物饲喂被测饲料或饲粮,测定其营养物质或能量消化率。消化率的测定是基于这样的假定,即将自饲料或饲粮食入的某营养物质(或能量)与从粪中排出的该营养物质(或能量)之差定义为被动物消化吸收的该营养物质(或能量)的数量。故某营养物质(或能量)的消化率(%)可用下述公式表示:

$$某营养物质消化率\%=$$
$$\frac{某营养物质(或能量)食入量-某营养物质(或能量)粪中排出量}{某营养物质食入量}×100\%$$

按照此定义测出的消化率为表观消化率,因为从粪中排出的营养物质(或能量),除饲料来源外,还有肠道分泌物、脱落的肠上皮细胞及微生物(特别是反刍动物)等内源部分。若对粪排出的营养物质(或能量)量进行内源校正,可测得真实消化率。但从近代动物营养学可知,这一定义较符合单胃动物的消化过程,而明显地偏离了反刍动物的消化过程。

按照具体的试验步骤,又可将体内消化试验区分为全部收粪法与指示剂法(间接法或稳定物质法)。

1. 全部收粪法 是传统的消化试验方法,试验中须准确地对饲料或饲粮食入量与排粪量计量,并取代表性饲料样与粪样进行化学分析或能量测定,然后按上述公式计算出某种营养物质或能量的消化率。

(1)试畜的选择 一般选择品种、体重相对一致的健康试验动物3~5头。除乳牛外,常用公畜或阉公畜作为试畜,以便粪、尿分开收集。

(2)试验期 分预试期和正试期。两期的天数依畜禽消化道的复杂程度确定,牛、羊预试与正试期各为10~14d,猪则分别为5~10d与6~10d,家禽相应为3~5d和4~5d(家禽进行

消化试验须行外科手术将肛门与泄殖腔口分开,故多进行代谢试验)。预试期与正试期内,均给试畜饲喂待测饲料,预试期不收粪;设置预试期的目的是使动物习惯试验条件,排出消化道内试验前所喂饲料未消化的残渣,并摸清试畜的采食量。正试期各天的饲料须一次称出,同时采集分析试样。正试期中须对采食量严格计量、记录;同时,收集试畜的全部粪便,随即称重,并于混合均匀后采集分析试样。正试期结束后,饲料和粪样均按规定的方法制样与分析。

(3)集粪　一般消化试验是收集自肛门排出的粪便。对较大的动物可采用集粪袋,较小动物可在消化试验笼或栏中收集。在进行氨基酸消化试验时,因后肠微生物的作用对试验结果有明显影响,需收集回肠末端食糜(可在饲喂后适当时间屠宰动物,亦可在回肠末端安装瘘管或用实施回直肠吻合术的动物进行试验;在鸡,可采用去盲肠公鸡)。

2. 指示剂法　给试验动物喂一定量不被畜禽消化的稳定物质作指示剂,可不必对采食的饲料定量,也不收集全部粪便,每天只需收集少量粪样。对饲料与粪样进行营养物质和指示剂含量测定,并按下列公式计算消化率。

$$饲粮营养物质消化率\% = 100\% - \left(\frac{饲粮中指示剂含量}{粪中指示剂含量} \times \frac{粪中养分含量}{饲粮中养分含量}\right) \times 100\%$$

按指示剂的来源,又可分为内源指示剂法与外源指示剂法。饲料本身所含的稳定物质可用作内源指示剂,如2mol或4mol盐酸不溶灰分、二氧化硅、木质素,它们在饲料中分布均匀,但有些指示剂回收率不够高或测定困难。现在多用盐酸不溶灰分法,用此法须避免饲粮与粪受外来灰分污染。向饲粮添加稳定性化合物即是外源指示剂法,最常用的外源指示剂是三氧化二铬。预试期即应饲喂外源指示剂,务必注意将添加的外源指示剂与饲粮混合均匀。

3. 单一饲料中营养物质消化率的测定　除青草、干草等营养相对平衡的饲料外,大多数饲料不能单独作为饲粮饲喂畜禽,必须与多种饲料混合饲用。欲测定此类饲料的消化率,需进行两期消化试验。第一期试验测定基础饲粮(欲测饲料为其中一种组分)的消化率;第二期试验中,以被测饲料替代基础饲粮的20%~30%,组成新的饲粮,并测定其消化率。然后按下列公式计算被测饲料的消化率。

$$被测饲料养分消化率 = \frac{基础饲粮养分消化率}{被测饲料养分占饲粮养分比例} \times 100\% + B$$

式中:B为替代后新饲粮的养分消化率。

(二)尼龙袋法

尼龙袋法亦称半体内法、原位法。称取一定量粉碎的被测饲料或饲粮样品,置入一定规格的尼龙袋中,扎口后经瘤胃瘘管放入牛或羊的瘤胃中;孵育48h取出,将袋外部冲洗干净;100℃~105℃烘干至恒重,与处理前样品的干物质相比对可计算出孵育期间干物质的消失率,以此作为干物质的消化率。通过测定样品处理前后的有机物质和蛋白质含量,可算出有机物质或蛋白质的消化(降解)率。采用此种技术,一次可同时处理数个样品。与体内法相比,测定效率高,省时、省工,也不需大量试验动物和饲料。

(三)体外模拟消化试验法

即通过在试管中模拟体内消化过程进行测定。在反刍动物,用瘤胃液和胃蛋白酶在试管中相继孵育样品各48h,而后离心倾出培养液并洗涤残渣1次,然后在100℃~105℃烘干至恒重,与原样中干物质对比可测出饲草料中干物质消化率;然后进行灰化,可测出有机物质消化率。大量试验结果证实,由此法所得结果与体内法有高度相关(r=0.98)。另一方法是依次用胃蛋白酶和纤维素酶(替代瘤胃液)处理样品,以测定干物质或有机物质消化率,可省去瘤胃瘘管动物。测定体外瘤胃液处理样品产气量,并以此估算有机物质消化率和饲草有效能值的方法也在国内外得到应用。

单胃动物(猪)的离体消化试验,也是模拟消化道的生理过程。第一步用胃蛋白酶(加盐酸)消化,第二步在 pH7.0 用小肠液孵育饲料样品。用此法所得结果亦与全粪法无显著差异。

三、饲料能量与营养物质利用率的测定

(一)氮平衡试验

试验目的是揭示饲粮蛋白质的代谢及在体内的存留情况。畜禽食入饲粮中的氮的去留可以下式表示。

$$沉积氮(RN)=食入氮-粪氮-尿氮-毛发皮屑中氮$$

通常,可将毛发、皮屑中损失的氮忽略。因此,在消化试验设置基础上,只增加收集尿的装置,即可进行氮平衡试验。先按测定结果计算出体内沉积氮,再按以下公式算出食入氮或消化氮的利用率。

$$食入氮利用率\% =沉积氮÷食入氮×100\%$$
$$消化氮利用率\% =沉积氮÷(食入氮-粪氮)×100\%$$

此处的消化氮利用率,在有些书籍与文献中称作氮的生物学价值是不妥的。蛋白质生物学价值的测定是在限定条件下进行的,当未在所要求条件下测定时,称作消化氮利用率较确切。

(二)碳—氮平衡试验

目的是测定畜体蛋白质与脂肪的动态变化。食入饲粮中碳的去留可以下式表示。

$$沉积碳(RC)=食入碳-粪碳-尿碳-肠胃气体碳-呼出气中碳$$

因此,在氮平衡试验基础上,增加收集排出气体的装置,并测定各样品中碳的含量,可算出该两元素在体内的存留情况。根据体蛋白质所含氮(16.67\%)、碳量(52.54\%)与脂肪的含碳量(76.7\%),可估算出体内蛋白质和脂肪的沉积量。

1. 氮平衡及计算

$$沉积氮(RN)=食入氮-粪氮-尿氮$$
$$沉积蛋白质(RP)=RN÷16.67\%$$
$$蛋白质中沉积碳(RPC)=RP×52.54\%$$

2. 碳平衡及体脂肪沉积

$$脂肪中沉积碳(RFC)=RC-RPC$$
$$脂肪沉积量(RF)=RFC÷76.7\%$$

3. 体内沉积能　代入畜体蛋白质和脂肪的能值,可算出畜体沉积的总能量。

蛋白质中沉积能量(RPE)＝RP×5.703

脂肪中沉积能量(RFE)＝RF×9.503

畜体总沉积能量(RE)＝RPE＋RFE

碳氮平衡属于物质平衡法,但又可将其结果换算为能量平衡,故有些文献中把它归入能量平衡试验之中。

(三)能量平衡试验

通过测定食入饲料中能量在畜禽体内的去留,以确定其对畜体的能量价值。一般用两类方法进行测定,即直接测热(失热)与间接测热(产热)。

1. 直接测热法 直接测定一定时间内畜禽体散失的热量。可用绝热式测热器或梯度式测热器测定。

绝热式测热器的基本原理与氧弹式测热计相同。即将动物关闭于室壁绝缘的测热小室内,动物散失的热被内壁中的水吸收,依据水的体积和水温变化可计算出动物散失的可感觉热。

梯度式绝热器允许热流过容器壁。其容器壁由厚度和热导率均匀的物质构成,壁层内外表面的平均温度梯度与其内热源(动物)的总失热或总增热成比例关系。这种测热器采用了大量精密的热电偶,精度和灵敏度高。

2. 间接测热法 畜体内全部热量最终来源于物质的生物氧化作用,消耗氧,产生二氧化碳和水,释放出与体外燃烧相等的热量。氧的供给和二氧化碳的排出靠呼吸维持,故根据呼吸气体交换强度可推算出体内能量代谢的强度。各种物质氧化时产生的二氧化碳容量与消耗的氧容量之比被称作呼吸商(RQ)。碳水化合物、脂肪和蛋白质在体内氧化时的呼吸商相应为1,0.7和0.82。饲粮中该三种物质不论以何种比例存在,在体内氧化时所产生的热,都可从消耗的氧与产生的二氧化碳容量估算,同时要对氮不完全氧化产物和甲烷排出的能量损失进行校正(表3-1,表3-2)。

表 3-1 不同呼吸商单位耗氧与产生二氧化碳对应的产热量 （kcal）

呼吸商(RQ)	1L O_2	1L CO_2	1g CO_2
0.70	4.686(19.606)	6.694(28.008)	3.408(14.259)
0.75	4.739(19.828)	6.319(26.439)	3.217(13.460)
0.80	4.801(20.087)	6.001(25.108)	3.055(12.782)
0.85	4.863(20.347)	5.721(23.937)	2.919(12.213)
0.90	4.924(20.602)	5.471(22.891)	2.785(11.652)
0.95	4.985(20.857)	5.247(21.954)	2.671(11.175)
1.00	5.047(21.117)	5.047(21.117)	2.569(10.749)

注:原文单位为 kcal,括号中是引者换算的 kJ 值

引自 Maynard,L. A. 1979,211

为测定畜体产热,可用呼吸室。将动物关闭在呼吸室中,一定时间内收集与测定进入与流出小室的气量及其中氧、二氧化碳、甲烷浓度;同时进行氮平衡试验测出氮沉积量。在呼吸室中,动物处于静止状态,若测定处于移动状况动物的气体交换,可采用呼吸面具。但呼吸面具不能测定采食时的气体代谢,也不能收集从肛门排出的气体。

表 3-2 估算动物产热量的方程

产热量(kcal)＝a×耗氧量(L)＋b×二氧化碳产量(L)－c×尿氮排出量(g)－d×甲烷产量(L)

作　者		a	b	c	d
Brouwer(1958)	成年牛	3.869	1.195	1.419	0.516
Hoffman(1958)	成年牛	3.841	1.250	1.260	—
Schlemann(1958)	牛	3.841	1.250	1.257	0.573
Hannah 研究所	成年反刍畜	3.815	1.232	1.419	0.578
(1955—1961)	哺乳反刍畜	3.998	1.026	1.602	—

表中气体的密度为：氧 1.42896g/L；二氧化碳 1.9763g/L；甲烷 0.71682g/L

引自 BIaxter,K. L. Ter Energy Metabolism of Ruminants,1962

　　按表 3-2 中公式计算产热量较繁杂,曾研究和提出一些较简化的方法。如布罗德(Brody,1945)提出,用耗氧量(L)乘以呼吸商为 0.82 时的氧热价 4.825kcal/L,即可得出动物的总产热量。其结果与并用二氧化碳、尿氮或呼吸商法同样好。

四、饲养试验与屠宰试验

(一)饲养试验

　　在实际饲养条件下,通过给试验畜禽饲喂已知营养水平的饲粮或饲料,观察其增重、产蛋、产乳、饲料转化效率、组织及血液生化指标等,并依此评定试验饲粮或饲料的营养价值。

　　饲养试验还可用于比较不同饲养方式或不同饲料添加剂的效果,也可用来测定畜禽的营养需要量(见第二章第一节)等。在动物营养研究中,饲养试验是使用历史久远、应用频率最多的方法。由于是在实际饲养条件下进行,所得结果易被推广和应用。但试验中影响因素较多,不易控制,其结果也常常不能从理论上得到充分的解释。且因生产条件下情况多变,其结果的应用受到一定限制。

　　因试验目的、条件和要求不同,可采用不同的试验设计,并应用相应的方法对结果进行统计分析。

　　1. 分组试验　选择品种一致、体重或生产水平相近的试畜(禽),按随机化或同质原则将其分成对照组和一或多个试验组。试验应有预试期(15～20d),此期内各组饲以相同的饲粮(一般为基础饲粮),以检验各组试畜(禽)的同质性。正试期(一般 60d 以上)内,对照组采食基础饲粮,试验组喂以基础饲粮加一定量试验饲料(或被考察的其他因子)。以试验期内所观察指标的组间差异对试验饲料(或因子)进行评价。当试畜头数较少时,对其同质性要求较高;用大量试畜试验时,试畜的挑选有一定局限,可适当放宽。

　　2. 配对试验　为了减少试验误差,提高试验的精度,常常采用配对试验设计。在对照组与试验组,须将血缘、体重等条件基本相同的两头动物配成一对(一个重复),用随机方法将每对的两头动物分配到两个处理组中。同一头试验动物前后两次施以不同的处理时也可被组成配对试验。对所获试验结果须按配对试验的"t"检验法进行统计处理。

3. 单向分类试验设计 一般不设对照组,而是多个处理组接受多个处理水平,互为比较,以便确定最佳的处理水平。

4. 随机化完全区(窝)组试验设计 当试验处理在两个以上时,为减少试验误差,可以采用此种设计。例如,为比较 4 种不同类型饲粮对仔猪的增重效果,可从 5 窝仔猪中各选出性别相同、体重接近的仔猪 4 头作为一个区组,选出 5 个区组共 20 头。将每个区组的 4 头仔猪随机分配到 4 个处理组中,每处理组共有 5 头仔猪。

5. 复因子试验设计 营养试验中常采用,可同时研究两种或两种以上因子的效果。最常用的是二因子或三因子试验设计;超过三因子的试验很少,其结果的统计分析较困难。

6. 拉丁方试验设计 在以产蛋家禽、泌乳牛和瘘管动物进行的试验中,较多采用拉丁方设计。依此种设计,可用较少的试畜(禽),检验多个处理的效果。

(二)比较屠宰试验

是测定给试畜饲喂某种试验饲料或饲粮一段时间后,动物体内物质(脂肪、蛋白质、矿物质)的变化量,并可据此推算沉积能的增加量。为此,至少必须有两组同质的试畜。试验开始将一组屠宰(零组),将其屠体(只弃去胃肠道内容物)粉碎、混匀,取样分析其脂肪、蛋白质与矿物质含量。给试验组饲喂试验饲粮一段时间后,也将其屠宰,并以同法制备屠体样及分析。假定试验组试验开始的屠体成分与零组相同,将前后两次屠体分析结果比较,可计算出饲喂期中试畜体内沉积的脂肪、蛋白质和矿物质量,并可计算沉积能量。此法在近代动物营养研究中应用较多,美国加州肉牛净能体系即采用此法评定饲料的能量价值及确定肉牛的净能需要量。

五、其他研究方法

动物营养科学研究的内容非常广泛,采用的研究方法也很多,现仅将应用较多的其他方法作简要介绍。

(一)同位素试验法

动物营养试验中常应用稳定性同位素或放射性同位素,研究营养物质的消化、吸收与代谢。例如,研究硒在体内各种组织中的分布,可注入用同位素标记的硒,然后屠宰测定各种组织中同位素硒的含量,算出其分布的比例,以推知吸收硒在体组织中的分布。许多矿物质元素通过肝胆循环,从肠道排出其内源的相当部分,故用一般消化试验法测定的表观消化率与真实消化率有很大差异。为测定其真实消化率,也必须借助同位素示踪技术。如测定 1 岁小牛钙的真实消化率,可给其口服放射性 ^{45}Ca 100U,测出粪中排出的 ^{45}Ca 有 74 个 U(真正未被吸收的钙),由此可算出钙的真实消化率为 26%。而以一般消化试验测出的钙消化率仅有 8%。

同位素稀释技术,是当标记的同位素在体内达到稳定状态时,标记有某种同位素的物质在体内各部分与未标记的该物质之比恒定,据此可根据标记物和可测得组分的量来推算出不可测得的组分的量。例如,在测定动物内源氨基酸排泄量时,用 ^{15}N 标记蛋氨酸,连续灌注数日,使其在体内达到稳定水平,根据血液中 ^{15}N 及亮氨酸的比例和肠道排泄物中 ^{15}N 的量,可推算出进入肠道的内源亮氨酸的量。

(二)能量研究中的其他技术

在比较屠宰试验法中,进行大量试畜的屠宰、制样和分析工作,须花费相当的人力、物力和资金。因此,人们一直在寻找廉价的、不破坏机体的动物体成分与能量沉积的分析方法。现在提出并获得应用的主要有以下几种方法。

1. 体成分估测法　研究查明,空腹体(动物整体减去消化道内容物)内水分与脂肪含量呈高度负相关,且此两组分也比蛋白质、矿物质的变化幅度大。无脂体成分中,蛋白质、矿物质和水分的变化随年龄而变。幼年动物的蛋白质和灰分含量迅速增加,水分含量随之快速下降;年龄较大时,无脂空腹体成分相对稳定。故只需测定体水分含量,即可估测出体脂肪、蛋白质和矿物质的含量。类似的估测公式较多,现以雷德(Reid)估测牛体成分的公式为例。

根据体水分含量(W)估测空腹体脂肪(F)含量的公式为:
$$F=355.9-0.355W-202.0\log W$$

无脂干物质中蛋白质(P)含量与月龄(T)有关,依此建立如下估测公式:
$$P=80.9-0.303T$$

在体无脂干物质中,蛋白质与矿物质(A)之和为:
$$P+A=100-(F+W)$$

从此式减去上式,即可计算出矿物质的百分率:
$$A=19.1+0.0303T$$

2. 用稀释法测定体水分　给动物灌注一种物质,此物质能扩散并溶于体液,且不同其他体组织结合或被吸收,最终能被机体以恒定速率清除。可用这种物质在体液中的总浓度来估测体内水分总量。目前使用的化合物有氚、氘、尿素、氨替比林、N-乙酰 4-氨替比林等。估算结果大多数情况下令人满意。

3. 估测体组成的密度法　体脂肪的密度小于其他组分,体脂肪比例越高,机体密度越小,故可借测定机体密度来估测体脂肪含量。美国加州肉牛净能体系中大量采用了测定胴体密度估测肉牛体成分的方法。可用下式计算胴体密度(SG):
$$SG=\frac{在空气中的重量}{在空气中的重量-在水中的重量}$$

用 SG 可推算牛空腹体的比重(Kraybill):
$$SG(EBW)=0.9955SG-0.0013$$

将上式结果代入下式可计算出空腹体中水分百分率(W):
$$W=100(4.008-3.62/EBW)$$

用胴体比重可推算出体脂含量:
$$F=337.88+0.2406SG-188.91\log SG$$

无脂干物质中蛋白质百分率和牛日龄(T)有关,可按下式计算:
$$P=80.80-0.00078T$$

除上述估测方法外,还有用代谢方法估测增重组成,通过测定二氧化碳进入速率推算能量消耗的方法等。

(三)放牧家畜采食量的测定

在舍饲条件下,容易测得畜禽的采食量。但在放牧条件下,却难于估测采食量与采食的成分,给营养研究带来许多困难。为了掌握放牧家畜从牧地上觅食的牧草满足其营养需要的程度,正确地定出适宜的补饲期和补饲量,必须测定放牧采食量和采食成分。可以通过安装食管瘘管的动物获取采食牧草样品。采食量的测定可用以下方法。

1. 跟踪法 研究人员跟随放牧畜群,观察与记录全天放牧时间及单位时间内家畜采食牧草的口数;并模拟家畜采食状况,用手采集牧草并称重,作为家畜每日采食牧草量。根据获得的以上数据可估算出家畜全天采食的牧草量。这种方法有很大的主观性,所得结果可能偏离真实情况。

2. 内外指示剂法 即用内、外源指示剂各一个。常用三氧化二铬作外源指示剂,可以用盐酸不溶灰分作内源指示剂,但常难避免牧草污染外源灰分和家畜啃土,尤其是冬季,会导致结果有较大误差。应提前几天投外源指示剂,以使其在消化道中均匀分布。试验中每天采集一定量粪样和牧草样(食管瘘管采集或人工模拟采集),测定粪样中两种指示剂及粪与牧草中干物质或有机物质含量。以牧草、粪中盐酸不溶灰分与干物质含量计算牧草干物质消化率(D);然后按以下两式计算放牧家畜的排粪量(F,干物质,g/d)和牧草采食量(I,干物质,g/d)。

$$F(g/d) = \frac{Cr_2O_3 \text{ 投服量}(g/d)}{\text{粪中 } Cr_2O_3 \text{ 浓度}(\%, \text{绝干基础}) \times 0.91}$$

$$I = \frac{F}{(1-D)}$$

3. 外指示剂加体外消化法 用三氧化二铬作外源指示剂。指示剂投喂、牧草与粪样采集、分析同上法。按上述公式计算排出的粪干物质量(F);用离体消化法测定牧草干物质消化率(D);将此两值代入公式,便可计算牧草干物质采食量。

也可按家畜生产力估测牧草采食量,根据称重结果计算放牧家畜维持与生产的总能量需要,并将此值除以牧草的能量浓度(可查饲料成分表,比较精确的是采集牧草样并测定),估算出牧草采食量。

第二节 饲料能量价值评定体系的比较

关于饲料能量价值的评定,从18世纪拉瓦西(Lavoisier)进行第一个能量代谢试验算起,已有200多年的历史。1864年Wolff开始研究与随后修改形成总可消化养分(TDN)体系。20世纪初,美国以阿姆坝(Armsby)为代表和德国凯尔纳(Kellner)及其同事们,分别研究提出了以Mcal和淀粉价(1kg可消化淀粉在阉牛体内沉积248g脂肪)为衡量单位的净能体系。淀粉价体系在欧洲得到广泛而长时期的应用,前苏联的燕麦饲料单位,北欧的大麦饲料单位,实质都是淀粉价的派生物;而Armsby的净能体系即使在美国也未得到广泛采用。在随后几十年间,总可消化养分几乎是美国应用的唯一体系。在长期应用中,人们逐渐发现这些体系都存在较严重的缺点,影响对饲料营养价值评定的精确性,不能充分起到促进畜禽发挥其遗传潜力的作用。20世纪中叶,在世界范围内掀起了研究畜禽能量代谢的热潮。由欧洲动物生产协会发起,1958年在丹麦哥本哈根召开了第一届国际能量代谢学术讨论会,这次会议给12个国家的34位代表,提供了共同讨论能量代谢原理和方法的机会。随后每3年举行一次国际能量代谢会议,在长达30年的时期内共召开了十数次会议。此时期内,相继提出了一些比较合理的评定饲料能量价值的体系,并在世界范围内得到广泛采用。现将当前一些主要的体系做简要介绍。

一、消化能体系

由于总可消化养分在理论上存在严重的缺点,已将其废弃,现直接用消化能评定饲料或饲粮的能量价值,称作消化能体系。中国、英国、美国、日本和澳大利亚等许多国家猪的饲养标准中采用了消化能。与代谢能和净能相比,消化能测定需要的设备及技术较简单,人力与物力耗费较少,能够广泛开展。猪消化过程中甲烷和尿能的损失很少,并且对常用谷物饲料组成的饲粮几乎是恒定的,各种饲料的消化能与代谢能之比为 0.95～0.98,因而用消化能评定猪饲料或饲粮能量价值,与代谢能比较不会有太大的误差。但这种假设可能只适于营养平衡的饲粮,而不适合营养不平衡的单一饲料。在猪饲养标准中,有些国家(如美国)同时采用消化能与代谢能;有些国家(如日本)仍列出总可消化养分。这是为照顾长期在生产实践中的一些人员的习惯。

二、代谢能体系

在现代评定饲料或饲粮能量价值的体系中,应用代谢能作为衡量指标比较广泛。从消化能中减去肠胃气体能(主要是甲烷)和尿能损失后,代谢能更接近可被畜禽体利用的能量。特别是反刍动物,其瘤胃发酵过程中产生甲烷气途径损失的能量多,且随饲粮而变化,用代谢能显然比消化能准确。因此,一些国家(如英国和前苏联)在废弃淀粉价和燕麦饲料单位体系后,采用了代谢能体系。另外,各国家禽饲料能量价值评定上,普遍应用了代谢能。

(一)英国反刍动物代谢能体系

该体系是在 Blaxter 及其同事在大量研究基础上建立起来的,由英国农业研究委员会(ARC)发布。他们借助呼吸测热法测定了有限数量饲料的代谢能值,而按以下公式推算大量饲料的代谢能值(ME)。

$$ME = DE - (甲烷能 + 尿能)$$
$$ME = 0.81DE$$
$$ME = 0.15DOMD(\%)$$

式中:DE 为消化能;DOMD 为饲料干物质中可消化有机物质的百分含量,可用体内消化技术测出,或以体外(两级离体)消化技术测定的可消化干物质(DMD%)或可消化有机物质(OMD%)按下式推算:

$$DOMD\% = 0.98DMD\% - 4.8$$
$$DOMD\% = 0.92OMD\% - 1.2$$

该体系还给出了不同种类饲料或饲草代谢能的估测公式。

与其他体系一样,饲料能量价值评定体系必须与畜禽的能量需要配套,才能用于指导饲养实践和配制饲粮与日粮。英国 ARC 体系测定的是牛羊的净能需要量,而后借助 K 值将净能需要换算成代谢能需要量。K 值即是代谢能转变成净能的利用效率。

与其他体系不同,ARC代谢能体系所用K值并非固定。如阿姆斯特朗(Amstrong,1964)和布拉克斯特(Blaxter等,1964)均发现,K_m(代谢能转化为维持净能的效率)和K_f(代谢能转化为肥育净能的效率)值受饲粮品质的影响。他们以q_m(每kg饲粮用于维持的代谢能浓度与总能之比)表示饲粮品质。给出的K_m和K_f的计算公式为:

$$K_m = 0.546 + 0.30q_m$$

$$K_f = 0.78q_m + 0.006（对所有饲粮）$$

(二)代谢能在家禽饲料能量价值评定中的应用

家禽因其消化道及消化特点,饲粮主要由精料组成,消化过程中产生的甲烷气很少,可以忽略。因其粪与尿共同通过泄殖腔口排出,测定代谢能反较消化能方便(测定消化能却须用手术方法将肛门口与尿道口分开),只要将收集的粪尿样所含能值测出,从饲粮总能中扣除即可。但这样测出的是表观代谢能(AME),最常用的是氮校正表观代谢能(AME_n,参看第一章第六节)。家禽营养学家还用真代谢能(TME)评定饲料,从表观代谢能中减去粪尿中的内源排出物的能值,即得真代谢能;也可对其做氮沉积校正,得出氮校正真代谢能(TME_n)。

三、净能体系

人们饲养动物的最终目的,是通过饲喂以植物性饲料为主的饲粮而高效地获得优质的畜禽产品,如乳、肉、蛋、毛等。这些产品中所含能量均为净能,故从经济观点出发,更多地关注获得的产品净能值。一些研究者还认为,只有用饲料的净能值才可预测畜禽的生产性能。所以,净能在饲料能量价值评定中也获得了广泛的应用,特别是在反刍动物方面。在德国,以Nehring为代表,建立了肥育净能体系;在美国建立了加州肉牛、肉羊净能体系和产乳净能体系。许多国家,如荷兰、瑞典、法国、瑞士、意大利等,也对原有的体系进行改造,但均是以上述三种体系为基础,采用了本国习惯的衡量单位。

(一)德国肥育净能体系

在德国奥斯卡凯尔纳(Oskar Kellner)动物营养研究所,奈林格(Nehring)在继承凯尔纳(Kellner)淀粉价基础上创立了净能体系,用肥育净能表示动物营养需要和饲料的营养价值。采用呼吸测热,分别测定饲料或饲粮对各种畜禽的肥育净能;同时进行消化试验,测定各种动物对相同饲料或饲粮营养物质和能量的消化率。大量饲料的肥育净能值是以各种有机可消化成分为自变量,用复回归公式估算。饲料肥育净能的测定采用日粮法(牛、羊、猪)和差数法(家禽)。计算饲料或饲粮肥育净能值(NEF,kcal/kg)的公式如下:

$$牛：NEF_r = (1.72X_1 + 7.35X_2 + 1.90X_3 + 2.01X_4)$$
$$(-0.513 + 0.03962U - 0.0002596U^2) - 57.4X_5$$
$$羊：NEF_r = (2.06X_1 + 8.83X_2 + 1.12X_3 + 2.05X_4)$$
$$(-0.107 + 0.03355U - 0.0002540U^2) - 39.56X_5$$
$$猪：NEF_s = 2.56X_1 + 8.54X_2 + 2.96(X_3 + X_4) - 66.7X_5$$
$$禽：NEF_h = 2.58X_1 + 7.99X_2 + 3.19(X_3 + X_4)$$

式中:$X_1 \sim X_4$依次为可消化粗蛋白质、可消化粗脂肪、可消化粗纤维和可消化无氮浸出物（g/kg）；X_5 为代谢体重（$W^{0.75}$，kg）；U 为能量消化率（%）。

计算反刍动物的 NEf 时进行消化率校正，是为了消除饲料间交互作用的影响。在牛、羊、猪的计算公式中均扣除了维持能量消耗。家禽的 NEf 计算公式是以差数法测定的，在两次试验中已将维持消耗的能量抵消，故式中不再减维持能量消耗。

可能是与以前的淀粉价体系相联系，该体系不是直接用能值（kcal/kg）表示，而采用了肥育净能饲料单位（EF）。反刍动物肥育净能饲料单位为：

$$EF_r = 2.5 NEF_r$$

猪的肥育净能饲料单位为：

$$EF_s = 3.5 NEF_s$$

禽的肥育净能饲料单位为：

$$EF_h = 3.5 NEF_h$$

该体系亦有配套的以肥育净能饲料单位衡量的畜禽能量需要量表。

若用上述公式推算饲料或饲粮的肥育净能值可对计算值乘以 4.184，将 kcal/kg 换算成以 kJ/kg 表示。

（二）美国加州肉牛与绵羊净能体系

此体系由洛夫格伦（Lofgreen，1968）和拉特雷（Rattray，1971）创立，已被美国 NRC 接受和采用。由于净能用于维持的效率大于用于增重的效率，故采用两个净能值，即维持净能（NEm）与增重净能（NEg）。他们采用比较屠宰试验法测定每种饲料的维持净能和增重净能值。但要用试验方法直接测定所有饲料的维持净能与增重净能值，需花费大量人力、物力和时间，故与其他体系一样，对大量的饲料采用回归公式进行推算。

$$ME = 0.82DE$$
$$NEm = 1.37ME - 0.138ME^2 + 0.0105ME^3 - 1.12$$
$$NEg = 1.42ME - 0.174ME^2 + 0.0122ME^3 - 1.65$$

以上三个方程式计算结果的单位均是 Mcal/kg。

配套的牛与绵羊的净能需要量亦分为维持净能需要和增重净能需要，也是用比较屠宰试验法测得。

（三）美国产乳净能体系

美国已用它作为评定乳牛饲料能量价值和制定乳牛能量需要的基础。由于代谢能用于维持、泌乳和在泌乳期间沉积体组织的效率几乎相等，为 0.65～0.67，差异不显著，故采用一个指标，即产乳净能（NEl）来表示产乳牛饲料的能量价值（NRC，1989）。这使得产乳牛的能量体系较生产其他产品家畜的体系简单。但生长牛和公牛的能量需要是按肉牛资料计算。因而乳牛能量需要是由两套数据组成。

该体系测定了代谢能（ME）转换为产乳净能（NEl）的效率，大量饲料的 NEl 值是从消化能（DE）或代谢能换算而得。计算公式如下：

$$TDN(\%) = DCP(\%) + DCF(\%) + DNFE(\%) + 2.25DEE(\%)$$
$$DE(Mcal/kg\ 干物质) = 0.4409TDN(\%)$$
$$ME(Mcal/kg\ 干物质) = 1.01DE - 0.45$$

$$NEm(Mcal/kg\ 干物质)=1.37ME-0.138ME^2+0.0105ME^3-1.12$$
$$NEg(Mcal/kg\ 干物质)=1.42ME-0.174ME^2+0.0122ME^3-1.65$$
$$NEl(Mcal/kg\ 干物质)=0.0245TDN(\%)-0.12$$

式中：TDN、DCP、DCF、DNFE、DEE 相应为总可消化养分、可消化粗蛋白质、可消化粗纤维、可消化无氮浸出物与可消化粗脂肪。

该体系也通过大量呼吸测热试验，建立了以产乳净能为度量单位的泌乳牛能量需要标准，与饲料产乳净能值表相配套。

(四)中国的乳牛与肉用牛净能体系

1. 乳牛的产乳净能与乳牛能量单位(NND)体系　中国乳牛营养需要和饲养标准用产乳净能评定饲料营养价值与衡量牛的能量需要。与其他能量体系一样，在测定一定数量代表性饲料产乳净能值基础上，对大多数饲料的产乳净能是用推导出的产乳净能与消化能或代谢能间的回归公式进行计算。本体系推导出的回归公式为：

$$产乳净能(MJ/kg\ 干物质)=0.5501×消化能(MJ/kg\ 干物质)-0.3958$$

但并不直接以产乳净能表示，而以 1kg4%乳脂率标准乳的能值(3.138MJ)作为 1 个乳牛能量单位(NND)，以此为尺度将各种饲料的产乳净能值换算为乳牛能量单位。

$$乳牛能量单位(NND)=\frac{产乳净能(MJ)}{3.138(MJ)}$$

乳牛的维持和产乳能量需要的计算方法基本与美国乳牛净能体系相似，均采用产乳净能。与美国乳牛净能体系中对生长牛的能量需要采用维持净能与增重净能不同，该体系仅使用产乳净能，但在增重净能的基础上进行了调整。

2. 肉牛综合净能与肉牛能量单位(RND)体系　本体系认为，美国 NRC 肉牛饲养标准维持与增重需要分别用维持净能和增重净能表示，每种饲料也列出两种能值，在计算上较为准确，但生产中使用较麻烦。故采用了法国、荷兰和北欧等国的做法，采用综合净能来统一维持和增重两种净能，并用肉牛能量单位(RND)表示能值。亦是用消化能作为评定能量价值的基础，用统一的公式计算消化能转化为净能的效率。

(1)消化能转化为维持净能的效率(K_m)　根据国内饲养试验和消化代谢试验结果推导的回归公式为：

$$K_m=0.1875×(DE/GE)+0.4579$$

式中：DE 为饲料的消化能；GE 为饲料的总能。

(2)消化能转化为增重净能的效率(K_f)　根据国内饲养试验和消化代谢试验结果推导的回归公式为：

$$K_f=0.5230×(DE/GE)+0.00589$$

(3)肉牛饲料消化能对维持和增重的综合效率(K_{mf})　计算公式为：

$$K_{mf}=\frac{K_m×K_f×APL}{K_f+(APL-1)K_m}$$

$$APL=\frac{NE_m+NE_g}{NE_m}$$

式中：APL 为生产水平，即总净能需要量与维持净需要之比；NE_m 为维持净能；NE_g 为增重净能。

本体系对饲料综合净能统一按 1.5 倍生产水平(APL)计算,即:

$$NE_{mf} = DE \times K_{mf} = DE \times \frac{K_m \times K_f \times 1.5}{K_f + 0.5K_m}$$

式中:NE_{mf} 为肉牛综合净能。

为了生产中方便使用,本标准将肉牛综合净能以肉牛能量单位表示,并以 1kg 中等玉米(二级玉米)所含综合净能值 8.08MJ(1.93Mcal)为一个肉牛能量单位(RND),即:

$$RND = \frac{NE_{mf}(MJ)}{8.08(MJ)}$$

第三节　饲料蛋白质营养价值评定体系的比较

畜禽不仅要求饲粮中蛋白质数量充足,而且要求蛋白质品质良好,单胃畜禽尤其如此。畜禽的蛋白质需要量,决定于其生理阶段、生长速度、生产方向和生产水平,同时也受饲粮蛋白质质量(必需氨基酸组成和数量)的影响;饲料中的抗营养因子,如大豆粕中的抗胰蛋白酶等,影响蛋白质的消化,因而需增加畜禽的蛋白质需要量。因此,对饲料蛋白质的营养价值进行评定,能使畜禽蛋白质供应趋于合理。单胃动物与反刍动物在蛋白质消化代谢方面有相当大的差别,故评定方法也不同。

一、单胃动物蛋白质营养价值评定体系

(一)饲料蛋白质的消化率

被消化的蛋白质才可能被动物吸收、利用。因此,在单胃动物蛋白质营养价值评定中,常常测定其消化率。如前所述,蛋白质消化率也有表观和真实之分。食入蛋白质与粪中排出的蛋白质总量之差为表观消化的蛋白质;对粪中排出的蛋白质进行粪代谢氮校正,测出的是食入饲料蛋白质真正被消化吸收的部分。由于对消化过程和粪便中排出的蛋白质,特别是氨基酸来源有了更清楚的了解,消化率这一概念似乎用处不大了。大肠微生物对未消化的饲料残渣和肠道分泌物进行发酵,从中合成氨基酸及其他物质以形成自身的细胞。试验已证明,粪中大部分氮是微生物氮,微生物氮量随饲粮组成成分不同而异,尤其与不易消化但易发酵的碳水化合物含量有关。由于微生物能降解氨基酸,又能合成氨基酸,故粪中的氨基酸与小肠中未吸收饲料蛋白质的氨基酸组成不同。因此,通过测定回肠末端食糜样中的氨基酸与食入饲料中氨基酸之差,才能得出动物对食入氨基酸的表观消化率。为此,需要从安装不同形式瘘管的动物采集回肠末端食糜供测定。现时采用的有 T 形和 U 形瘘管,为避免安装瘘管带来的许多问题,采用了回肠与结肠吻合技术。

(二)饲料蛋白质品质的生物学评定

1. 蛋白质生物学价值(BV)　某种来源的蛋白质供应形成含氮组织和机体功能所需化合物的能力,以存留氮占吸收氮量之比表示,称为它的生物学价值。

$$BV(\%)=\frac{\text{饲料 N}-(\text{粪 N}-\text{代谢 N})-(\text{尿 N}-\text{内源 N})}{\text{饲料 N}-(\text{粪 N}-\text{代谢 N})}$$

如果不进行代谢粪氮与内源尿氮的校正,得到的是表观生物学价值。

蛋白质生物学价值的测定要求在一定的条件下进行。如在测定蛋白质对生长动物的生物学价值时,要求饲粮蛋白质水平能满足最大生长速度的需要,但不过量;饲粮能量、维生素、矿物质的水平均应能满足试验动物的需要。

2. 总蛋白价值(GPV)　用雏鸡进行试验,采食含粗蛋白质 8％基础饲粮的增重,分别与采食基础饲粮加 3％受试蛋白质或 3％酪蛋白的增重相比较。每 g 欲测蛋白质提高的增重与补充每 g 酪蛋白增重之比(以百分数表示),为欲测蛋白质的总蛋白价值。

$$GPV=\frac{A}{A_0}\times 100\%$$

式中:A 为增重提高的克数/欲测蛋白质的克数;A_0 为增重提高的克数/酪蛋白的克数。

3. 蛋白质效率比(PER)　即从进食每 g 蛋白质获得的增重。此法简单,应用广泛。

$$PER=\frac{\text{增重(g)}}{\text{进食蛋白质(g)}}$$

4. 斜率比(或相对蛋白质价值)　采食欲测蛋白质的几个梯度水平,求出进食氮对体氮沉积回归直线的斜率。该斜率占同法测得的标准参比蛋白(乳清蛋白)斜率的百分数即为斜率比。

$$\text{斜率比}=\frac{\text{欲测蛋白质回归直线的斜率}}{\text{标准参比蛋白质回归直线的斜率}}\times 100\%$$

(三)饲料蛋白质的化学评定

1. 化学比分　认为蛋白质品质决定于同标准蛋白质(鸡蛋蛋白质或联合国粮农组织建议的参比氨基酸谱)相比最缺乏的那种氨基酸。欲测蛋白质的各种氨基酸含量被换算为占标准蛋白质中该种氨基酸之比,以最低的比例作为这种蛋白质的化学比分。

2. 必需氨基酸指数(EAAI)　是饲料中各种氨基酸与鸡蛋中相应氨基酸比率的几何平均数。其计算公式为:

$$EAAI=\sqrt[n]{\frac{a}{a_1}\times\frac{b}{b_1}\times\frac{c}{c_1}\times\cdots\cdots\frac{j}{j_1}}$$

式中:a,b,c……j 为饲料蛋白质中各种必需氨基酸含量(g/kg);a_1,b_1,c_1,……j_1 为鸡蛋蛋白质中相应必需氨基酸含量(g/kg)。

(四)氨基酸的有效性

氨基酸有效性(或生物学效价)是指饲料蛋白质中的氨基酸在动物消化道中被释放、吸收和利用的程度。饲料蛋白质中的氨基酸主要以结合状态存在,不同饲料中结合氨基酸被释放的难易不同,因而可利用性有差异。饲料加工的热处理或化学处理会使某些氨基酸变成结合的或不易利用的状态,因而降低氨基酸的利用率。因此,仅以氨基酸含量不能准确地说明其营养价值,故需测定氨基酸的有效性或称生物学效价。其测定方法有微生物法、生长试验法、粪分析法、回肠末端法、化学法、染料结合法、血浆自由氨基酸测定法等。但用不同方法测出的结果可能有差异。

将氨基酸消化率与生物学效价结合起来测定的方法也日益得到广泛应用。该法是将被测蛋白质和合成氨基酸分别加到严重缺乏该氨基酸的基础饲粮中,比较被测蛋白质相对于合成氨基酸的实际效果(增重速度、饲料利用率等)。通常是在基础饲粮中加入不同量的这种合成氨基酸,用斜率比分析,可同时对许多种蛋白质进行测定。

二、反刍动物蛋白质营养价值评定体系

(一)旧体系的不合理性

长期以来,反刍动物饲养体系中也用粗蛋白质与可消化蛋白质作为评价饲料蛋白质营养价值和度量反刍动物蛋白质需要量的指标。粗蛋白质(N×6.25)的不精确性在于采用蛋白质的平均含氮量16%和一些饲草料中含大量非蛋白氮化合物。采用可消化蛋白质不合理,是由于消化试验法未考虑瘤胃微生物蛋白质的形成及其在氮代谢中的作用,加之再循环氮进入瘤胃与大部分瘤胃过量氨以尿素形式随尿排出(未代谢尿氮),使难于正确地测出饲料蛋白质的消化率。同类饲粮的蛋白质消化率常因蛋白质水平不同而有差异(表3-3),低氮水平下测出的消化率偏低,而高氮水平下测得的消化率偏高;该指标不承认蛋白质需要量同饲粮的能量浓度有关;同时,瘤胃微生物合成蛋白质过程中,改变了饲料蛋白质的特性及其消化性。

表3-3 反刍动物蛋白质表观消化率的误差

日粮蛋白质(%)	肠中蛋白质占日粮蛋白质的(%)	粪排泄物蛋白质占日粮蛋白质的(%)	表观消化率(%)
17	70	21	79
15	85	25	75
13	100	30	70
10	120	36	64
7	150	45	55

引自关晋强等.《动物营养学》.安徽科技出版社,1986

蛋白质生物学价值(BV)也不适合于反刍动物,其计算公式不能反映反刍动物体内蛋白质的代谢和利用过程。反刍动物代谢粪氮的主要组成是微生物,并非主要由上皮细胞及未吸收的消化酶组成。大肠内容物的滞留时间和可发酵能含量会使粪中代谢粪氮的损失变化。再循环氮被微生物利用程度的改变,也导致代谢粪氮和内源尿氮均成为不恒定因子。再循环氮利用率高时,来自内源氮的粪中微生物氮增加,内源未代谢尿氮相应减少;反之,则粪中内源微生物氮减少,内源未代谢尿氮提高。另外,瘤胃微生物对饲粮蛋白质的改造,一定程度上已改变了蛋白质的品质和营养价值。

(二)新蛋白质营养价值评定体系

自20世纪70年代以来,国内外的动物营养学家,在集中研究更易于被人们接受的反刍动物蛋白质营养价值评定体系方面,进行了卓有成效的工作,并提出一系列新的反刍动物蛋白质需要体系。有些体系是个人提出的,如美国的巴勒斯(Burroghs)体系(1975),萨特(Satter)和罗夫勒(Rottler)体系(1974),德国的考夫曼(Kaufmann)体系(1977),澳大利亚的布莱克、比弗(Black、Beever)体系(1981),中国的冯仰廉体系(1985)等。至 20 世纪 80 年代末,有 8 个国家公布了新的反刍动物蛋白质需要体系:

罗伊(Roy)等(1977)提出的英国可降解蛋白与不可降解蛋白(RDP/UDP)体系,以后以ARC(1980)体系和 ARC(1984)修订的体系公布。英国农业与食品研究委员会(Agricultual and Foodreseach Council,1992)在对 ARC(1980,1984)及其他体系评述的基础上,提出了新的体系。

法国的"肠中被消化的蛋白质"或 PDI 体系(INRA,1978),1988 年修订(INRA,1988)。

瑞士的"小肠中可吸收蛋白质"或 API 体系(Landis,1979),是由法国的 PDI 体系衍生而来的。

北欧的 AAT-PBV 体系,是以"小肠中真正吸收的氨基酸(ATT)"和"瘤胃中蛋白质的平衡(PBV)"为依据(Madsen,1985)。

美国 NRC 的"吸收蛋白质(AP)"体系,是以真正吸收的蛋白质的需要为依据(1978)。

德国的"十二指肠粗蛋白质流入量"体系(Ausschuss für Bedarfsnormen,1986)。

澳大利亚的"离开瘤胃的表观消化蛋白质(ADPLS)"体系(AUS,1990)。

荷兰的"肠中可消化蛋白质(DVE)"体系(CVB,1991)。

这些新体系研制过程中采用的方法和参数虽有所不同,但基本原理是相同的:其一,考虑了瘤胃微生物在反刍动物蛋白质消化代谢过程中的贡献,均认识到必须分别评价微生物和宿主动物对蛋白质的需要量;其二,认为饲粮中可降解蛋白质的数量和能量浓度是制约瘤胃微生物蛋白质合成的基本因素,并根据这两个因素计算瘤胃微生物的产量;其三,认为进入小肠段的蛋白质和氨基酸(包括瘤胃微生物蛋白质和未降解饲料蛋白质)是实际可供牛、羊消化与利用的;其四,各体系均把合理、充分发挥反刍动物利用非蛋白氮化合物的能力作为一个重要的内容,认为只有采用新体系才能预测非蛋白氮化合物的利用效率及其反应。

目前,这些体系已逐渐被应用,并针对体系中存在的问题进行修正和完善。在我国乳牛营养需要和饲养标准(第二版,2000)中已采用了小肠可消化蛋白质营养体系,提出乳牛不同年龄和泌乳阶段的小肠可消化蛋白质需要,列出了 123 种(次)饲料的小肠可消化蛋白质含量。此标准已被作为中华人民共和国农业行业标准 乳牛饲养标准 NY/T 34−2004 发布。根据 1998 年后国内一系列乳牛营养研究的成果,又提出了以小肠可消化蛋白质为基础的赖氨酸和蛋氨酸营养平衡体系[见冯仰廉和陆治年主编.《奶牛营养需要和饲料成分》(修订第三版).中国农业出版社,2007]。

但是,近些年对反刍动物前胃及小肠中小肽吸收机制的揭示,又从理论上对现有新蛋白质营养体系提出了创新的、有待深入研究的课题。

第四章　各种饲料的营养特点与饲用价值

第一节　饲料分类

在合理饲喂条件下,能被畜、禽、水产动物采食、消化、利用,提供营养物质、调控生理功能和产品品质,无毒害作用的天然存在或人工合成的某种或多种物质,被称为饲料。饲料种类繁多,饲用特性各异,进行适当的分类有利于对其合理利用。按来源可分为植物性饲料、动物性饲料、矿物性饲料和人工合成饲料;按形态可区分为固态、液态、胶体、粉状、颗粒与块状等类型。从提供营养物质的种类和数量考虑,可分为精饲料、粗饲料及富含某种营养素的饲料等。以上属习惯与经验划分饲料种类的方法,为适应现代化畜禽标准化饲养和饲料工业的要求,必须对饲料进行科学的分类。

一、国际和我国饲料分类法的依据与原则

为适应饲料工业和养殖业生产的需要及电子计算机的应用,美国的哈里斯(L. E. Harris)于 1956 年提出了国际饲料分类法的原则和编码体系,已被世界多数国家承认和采用。我国也接受了哈里斯的分类原则(表 4-1),并与我国传统饲料分类体系相结合,提出了我国饲料分类和编码体系。

表 4-1　国际和我国饲料分类依据的原则

饲料分类	饲料类名	饲料分类的依据		
		自然含水量 (%)	干物质中粗纤维含量 (%)	干物质中粗蛋白质含量 (%)
1	粗饲料	<45	≥18	—
2	青绿饲料	≥45	—	—
3	青贮饲料	≥45	—	—
4	能量饲料	<45	<18	<20
5	蛋白质饲料	<45	<18	≥20
6	矿物质饲料	—	—	—
7	维生素饲料	—	—	—
8	添加剂	—	—	—

二、国际饲料分类法

随着饲料工业的发展和电子计算机的应用,美国哈里斯首创了"3节、6位数、8大类"的饲料分类方法。此分类法以饲料干物质中化学成分和营养价值为基础,将饲料特性、营养成分和营养价值相同或相近的饲料分为一类,使每一种饲料都有了统一的名称,并将饲料命名数字化。第一节代表饲料所属的类别,共8大类,用1～8表示,第二节和第三节代表该饲料在此类饲料中的编号。每大类最高容纳99 999种饲料,总共可容纳 $8 \times 99\,999 = 799\,992$ 种饲料。

三、我国饲料分类法

我国以哈里斯饲料分类法为基础,结合我国饲料习惯分类法,进一步将饲料分为17亚类(表4-2)。8大类分类法与哈氏法相同,用1～8代表,占编码的第一节、第二节(第二、三位数字)安排我国习惯用的饲料亚类,从01到17种,第三节(第四至七位数字)为顺序号,每个亚类可容纳9 999个饲料标样。这种分类法容纳的饲料总量比国际分类多,又增加了第二、三位码层次,在饲料种的划分上更清楚、明确,也便于检索。今后根据饲料科学及计算机软件的发展仍可拓宽。关于各种饲料划分的详细说明,请参考有关文献。

表 4-2　中国饲料分类编码

饲料分类名	中国饲料编码亚类序号	IFN 与 CFN 结合后可能出现的饲料类别形式[注]
青绿多汁饲料	01	2—01
树叶类饲料	02	1—02,2—02,5—02,4—02
青贮饲料	03	3—03
块根、块茎、瓜果类饲料	04	2—04,4—04
干草类饲料	05	1—05,4—05,5—05
农副产品类饲料	06	1—06,4—06,5—06
谷实类饲料	07	4—07
糠麸类饲料	08	4—08,1—08
豆类饲料	09	5—09,4—09
饼粕类饲料	10	5—10,4—10,1—10
糟渣类饲料	11	1—11,4—11,5—11
草籽树实类饲料	12	1—12,4—12,5—12
动物性饲料	13	4—13,5—13,6—13
矿物质饲料	14	6—14
维生素饲料	15	7—15
饲料添加剂	16	5—16
油脂类饲料及其他	17	4—17

注:第1位数字为国际饲料分类编码(IFN),第2、第3位数字为中国饲料分类亚类编码(CFN)

引自张子仪主编.《中国饲料学》.中国农业出版社,2000,339

第二节 青 饲 料

青饲料是指青绿、鲜嫩、柔软多汁、富含叶绿素、自然含水量高的植物性饲料。青绿饲料种类很多,主要包括天然牧草、栽培牧草、青饲作物、青饲叶菜、水生饲料、树木的嫩枝叶、野草野菜等。

青饲料着生于陆地或水面,分布广,数量多,成本低,营养全面,适口性好,消化率高(反刍动物对其有机物质的消化率为 75%~80%,马为 50%~60%,猪为 40%~50%),是畜禽尤其是草食家畜的重要饲料。

一、青饲料的营养特性

(一)水 分

青饲料含水量高,一般为 75%~90%,水生饲料高达 90%~95%;其干物质含量少,营养浓度低,有效能值不高,陆生青饲料鲜品的消化能为 1.26~2.15MJ/kg。故家畜以青饲料为单一饲料时,必须使其能获得所需要的干物质采食量。

(二)粗蛋白质

按鲜重计,其粗蛋白质含量不高,一般禾本科青牧草和叶菜类饲料为 1.5%~3.0%,豆科青饲料为 3.2%~4.4%。但按干物质计,青饲料中粗蛋白质含量较高,禾本科青饲料为 13%~15%,豆科为 18%~24%。青饲料蛋白质的氨基酸组成较平衡,优于谷实的蛋白质,特别是叶蛋白中赖氨酸含量高。

(三)粗 纤 维

适时刈割的青饲料含粗纤维 0.4%~10.1%,按干物质计低于 30%(叶菜类粗纤维含量低于 15%),木质素含量低,无氮浸出物为 40%~50%。随着生长阶段推移,青饲料中粗纤维含量逐渐增加,木质素含量也随之提高。

(四)脂肪含量很少

脂肪含量占鲜重的 0.5%~1.0%,占干物质重的 3%~6%。其中,类脂为 20%~25%,必需脂肪酸含量高于同类植物种子的脂肪。叶的脂类物质中约有 50% 为半乳糖脂,亚麻酸(18:3)约占其所含脂肪酸的 95%,亚油酸为 2%~3%。

(五)矿 物 质

青饲料中矿物质占鲜重的 1.5%~2.5%,为干物质的 12%~20%。不同青饲料含钙量差异较大,占鲜重的 0.04%~0.8%;磷较稳定,为 0.2%~0.35%。所有青饲料的含钙量均多于磷,豆科青饲料尤为突出;一般钙、磷比例较合适。

（六）维生素

青饲料中维生素含量丰富，胡萝卜素一般为 50～80mg/kg，超过家畜的需要；维生素 E、维生素 C、维生素 K 较多，缺乏维生素 D；也是 B 族维生素大多数成员的良好来源，尼克酸含量较多，但维生素 B_6（吡哆醇）很少，也缺乏维生素 B_{12}。豆科牧草中胡萝卜素高于禾本科植物。

综上所述，对畜禽来说，青饲料是一种营养相对平衡的饲料；但由于其干物质中消化能等有效能浓度较低，限制了它潜在的其他方面的营养优势。对畜禽营养来说，青饲料水分含量高，不宜单独饲喂畜禽（牧地放牧除外）；但青饲料与用它调制的干草及少量精料组成的混合饲料可用作舍饲草食家畜的日粮。

二、影响青饲料营养价值的因素

（一）青饲料的种类

通常豆科牧草、豆科饲料作物、蔬菜类的营养价值较高，禾本科牧草、禾本科饲料作物次之，水生饲料最低。如按干物质计，初花期紫云英含产乳净能 8.49MJ/kg，粗蛋白质 26％；青刈玉米含产乳净能 6.36MJ/kg，粗蛋白质 10％。

（二）生长阶段

幼嫩期含水分多，干物质少，蛋白质含量较多，而粗纤维含量较低，消化率与营养价值也高。随植物生长阶段的推进，水分含量逐渐减少，粗蛋白质下降，粗纤维含量增多，消化率及营养价值随之降低（表 4-3）。

表 4-3　不同生长阶段青苜蓿的营养成分　（干物质基础，％）

	蕾前期	现蕾期	盛花期
粗纤维	22.1	26.5	29.4
粗蛋白质	25.3	21.6	18.2
粗灰分	12.1	9.6	9.8
可消化粗蛋白质	21.3	17	14.1
可消化粗纤维	8.0	12.8	16.2

引自许振英等主编．《家畜饲养学》．农业出版社，1979，131

（三）青饲料的部位

叶的营养价值高于茎部，上部茎叶高于下部茎叶。叶片含有较多的粗蛋白质和维生素，而茎秆中含纤维素和木质素较多。青苜蓿叶片含粗蛋白质 19.6％，粗纤维 16.5％，粗灰分 9.3％；茎分别为 8.2％、41.6％和 5.4％；籽实的主要成分是淀粉和粗蛋白质。一般豆科青饲料叶量占全株的比例高于禾本科青饲料，故豆科青饲料营养价值高。

(四)生长环境

土壤、气候、施肥、灌溉等环境条件都影响青饲料营养成分的含量。生长在富含钙质土壤上的青饲料含钙多;阳坡草比阴坡草粗蛋白质含量高。多雨季节植物生长快,可消化营养物质减少,土壤中可溶性矿物质易被淋洗,使植物体内矿物质积累减少。与缺水条件相比,灌溉条件下种植的青饲料中粗纤维含量较少。

三、天然牧草及杂草

天然牧草种类很多,主要是禾本科、豆科、菊科和莎草科四大类,其中经济价值高的是禾本科和豆科牧草。不同种天然牧草的营养成分差异很大。按干物质计,多数牧草的无氮浸出物含量在40%～50%;豆科、莎草科牧草的粗蛋白质含量分别为15%～20%和13%～20%,菊科和禾本科牧草为10%～15%,少数可达20%;禾本科牧草粗纤维含量较高,约为30%,其他科的牧草为20%～25%,与利用的生育阶段有关;钙含量一般高于磷。几种天然牧草和杂草的营养成分见表4-4。

表 4-4　天然牧草和杂草的营养成分与有效能值　(干物质基础:%,MJ/kg)

饲　料	干物质	产乳净能	消化能	粗蛋白质	粗纤维	钙	磷
野青草	18.9	5.61	—	16.9	30.2	1.27	0.15
三叶草	18.5	6.41	8.79	20.0	22.2	1.32	0.33
沙打旺	14.9	6.28	—	23.5	15.4	1.34	0.34
野稗草	18.5	5.19	—	16.2	27.0	1.03	0.27
雀麦草	25.3	5.90	—	16.2	30.0	0.64	0.28
胡枝子	32.0	4.73	5.61	17.5	38.6	0.99	0.12
小叶樟	—	4.05	—	7.4	40.1	0.29	0.17
草木樨	—	5.35	—	17.6	30.0	2.28	0.13
苍　耳	15.4	—	10.79	22.7	16.9	2.86	0.19
灰　菜	10.0	—	10.64	27.0	16.0	1.15	0.30
苋　菜	12.0	—	10.25	23.3	15.0	2.08	0.58

引自韩友文主编.《饲料与饲养学》. 中国农业出版社,1997,77

四、栽培牧草

栽培牧草,是指人工播种的可供家畜食用的一年生或多年生草类,主要有豆科牧草和禾本科牧草两类。

（一）豆科牧草

多年生豆科牧草有苜蓿、红豆草、三叶草，一年生或二年生的有草木樨、紫云英、箭筈豌豆、豌豆、蚕豆、大豆等。豆科牧草的粗蛋白质、钙、磷含量高，表 4-5 列出几种豆科牧草的营养成分与价值。

表 4-5　几种豆科牧草的营养价值与有效能值　（干物质基础：％，MJ/kg）

饲　料	干物质	产乳净能	粗蛋白质	粗纤维	钙	磷
苜　蓿	25.0	5.90	20.8	31.6	2.08	0.24
苕　子	16.8	6.36	25.6	25.0	1.44	0.24
三叶草	19.7	6.28	16.8	28.9	1.32	0.33
紫云英	13.0	6.70	22.3	19.2	1.38	0.53
大　豆	25.0	6.20	21.6	22.0	0.44	0.12
豌　豆	15.2	6.66	14.5	28.3	1.84	0.40
蚕　豆	12.3	6.03	17.9	28.5	0.65	0.33

引自韩友文主编.《饲料与饲养学》. 中国农业出版社, 1997, 79

1. 苜蓿　有紫花苜蓿、黄花苜蓿和南苜蓿（金花草）等。紫花苜蓿的饲用价值居首位，其在开花前期粗蛋白质含量较高，粗纤维含量低，水分多，适口性好，消化率高；开花后期粗蛋白质含量下降，粗纤维与木质素迅速增加，饲用价值降低。反刍家畜采食青苜蓿过多易致臌胀病。

2. 红豆草　其粗蛋白质含量和营养价值接近苜蓿。青刈适口性很强；含单宁较高，青饲和放牧利用时，反刍家畜不会发生臌胀病。

3. 三叶草　我国栽培较普遍的有红三叶、白三叶、杂三叶和绛三叶四种。红三叶营养价值高，但茎、叶略带苦味，牲畜不太贪食。白三叶是一种放牧性牧草，再生性好，耐践踏，适口性好，营养丰富。

4. 草木樨　我国种植的主要是二年生白花和黄花草木樨，其茎叶繁茂，营养丰富，白花草木樨的营养成分接近紫花苜蓿。草木樨含香豆素，因而有特殊气味与苦味，家畜习惯后采食良好。腐败时香豆素变成双香豆素，对维生素 K（凝血素）有颉颃作用。家畜采食发霉的草木樨，遇有伤口或手术时，血液不易凝固，甚至会引起出血过多而死亡。

（二）禾本科牧草

用作青饲料的禾本科栽培牧草和谷类作物，主要有玉米、粟、稗、麦类、苏丹草、象草、黑麦草、无芒雀麦草、披碱草等。禾本科牧草含无氮浸出物高，其中糖类较多，略有甜味，适口性好；粗蛋白质含量较豆科牧草低，而粗纤维含量却相对较高。几种禾本科牧草的营养价值见表 4-6。

1. 苏丹草　苏丹草适应性与再生性强，适口性好，是一种很有价值的高产优质牧草，适于调制干草、青刈、青贮或放牧。作为青饲料，应防止氢氰酸中毒。

2. 象草　象草具有产量高、管理粗放、利用年限较长等特点。适时刈割的象草，柔嫩多汁，适口性好，利用率和消化率均高。我国南方可全年种植提供青饲，也可调制干草或青贮饲料。株高 100cm 左右时刈割为宜。

表 4-6 几种禾本科牧草的营养成分与有效能值 （干物质基础：%，MJ/kg）

饲 料	干物质	产乳净能	粗蛋白质	粗纤维	钙	磷
青刈玉米	17.6	5.57	8.5	33.0	0.51	0.28
青刈燕麦	19.7	6.41	14.7	27.4	0.56	0.36
青刈大麦	27.9	5.82	6.5	27.2	1.31	0.60
苏丹草	19.7	5.61	8.6	31.5	0.46	0.15
黑麦草	16.3	6.49	21.5	20.9	0.61	0.25
雀麦草	25.3	5.90	16.2	28.9	0.53	0.28
象 草	20.0	5.61	10.0	35.0	0.25	0.10

引自韩友文主编．《饲料与饲养学》．中国农业出版社，1997，78

3. 黑麦草 黑麦草生长快、分蘖多、繁殖力强，其茎叶茂盛、幼嫩多汁、营养丰富、适口性好，各种家畜均喜采食。黑麦草适于刈割青草和调制干草，亦可放牧利用。

4. 无芒雀麦 无芒雀麦叶多茎少，营养价值高，适口性好，各种家畜（尤其是羊）均喜食。此种草具有地下茎，容易形成草坪，耐践踏，再生力强，也是很好的放牧性牧草。

5. 披碱草 它是我国草原植被中重要的植物学成分。该草幼嫩期青绿多汁，质地细嫩。可供牛、羊放牧，还可调制干草和青贮料。目前，我国主要用披碱草调制干草。

五、叶菜、水生青饲料及其他

种类繁多的叶菜、藤蔓及水生青饲料也可供饲喂畜禽，是农区和水面较多地区很重要的畜禽饲料来源。适时采收时质地柔嫩，畜禽喜食；其水分含量较高，干物质含量较低，单位重量青饲料所提供的有效能量和营养物质较少（表 4-7）。

表 4-7 秧蔓、叶菜和水生青饲料的营养成分与有效能值 （干物质基础：%，MJ/kg）

饲 料	干物质	产乳净能	消化能	粗蛋白质	粗纤维	钙	磷
甘蔗梢	24.6	4.69	—	6.1	31.6	0.28	0.4
甜菜叶	11.0	6.36	12.38	24.5	10.0	0.55	0.09
甘薯藤	13.0	4.69	8.74	6.1	31.3	1.54	0.41
马铃薯秧	15.0	3.69	7.90	24.0	20.0	1.50	0.40
胡萝卜缨	12.0	5.78	8.37	18.3	18.3	3.17	0.42
向日葵盘	10.3	5.11	—	4.9	19.4	0.97	0.10
花生秧	29.3	5.03	—	15.4	21.2	2.15	0.81
聚合草	11.8	—	10.88	17.8	11.9	2.37	0.08
千穗谷	12.5	—	8.37	20.8	20.8	2.40	0.40
牛皮菜	8.4	—	9.83	16.7	14.3	4.52	0.23

续表 4-7

饲 料	干物质	产乳净能	消化能	粗蛋白质	粗纤维	钙	磷
甘蓝叶	12.3	—	10.20	18.7	13.8	2.11	0.33
白 菜	5.6	—	10.54	25.5	13.7	2.32	0.54
蕹 菜	10.0	—	9.12	18.0	17.0	1.10	0.30
水浮莲	7.0	—	8.03	15.7	17.1	1.86	1.00
水葫芦	5.0	—	8.66	16.0	18.0	1.60	0.60
绿 萍	8.0	—	12.80	22.2	9.7	2.64	0.56

引自韩友文主编.《饲料与饲养学》.中国农业出版社,1997,79

六、青饲料的加工及饲用注意问题

(一)喂前加工

1. 切碎 青饲料切碎后便于家畜采食,减少浪费。适宜的切碎长度,牛为 4～8cm、羊 3～6cm、猪 3～5cm。

2. 打浆 打浆后可消除某些饲料茎、叶表面的毛刺和穗芒,有利于采食,提高利用价值。打浆时应控制用水量以免料浆含水过多,家畜采食不到足够的干物质,导致其不能满足营养需要。

3. 焖泡和浸泡 有些青饲料带苦、涩、辣或其他怪味,用冷水浸泡或热水焖泡 4～6h 后弃去水,与其他饲料混合饲喂,可改善适口性,提高利用价值。焖泡时间不宜过长,以免腐败或变酸。

(二)饲用注意问题

除前述饲喂苜蓿等豆科牧草时要防臌胀病,以及防止家畜采食腐败发霉的草木樨外,还须注意防止青饲料中亚硝酸盐和氢氰酸中毒。

1. 亚硝酸盐中毒 青饲料,如蔬菜、饲用甜菜茎叶、萝卜叶、荠菜叶、油菜叶中含有硝酸盐,其本身无毒或毒性很低,但在细菌作用下硝酸盐还原产生的亚硝酸盐有毒性,可导致畜禽中毒。

青饲料堆放时间过长、发霉、腐败,在锅里加热或煮后焖的时间过久,都会产生亚硝酸盐。据测定,将青饲料煮熟后焖 24～28h,亚硝酸盐的含量可达 200～400mg/kg。为预防亚硝酸盐中毒,青饲料最好生喂,随采随喂,不要长时间堆放。必须贮备时,宜薄薄摊开;若需蒸煮,要迅速煮熟、冷却,煮时勤搅拌、不加盖,现煮现喂。每 15kg 猪潲内加入 25g 碳酸氢钠,能防止亚硝酸盐中毒。

2. 氢氰酸和氰化物中毒 氰化物是剧毒物质,即使饲料中含量很低,也会造成畜禽中毒。

含氰苷配糖体的植物有高粱苗、玉米苗、马铃薯幼芽、南瓜蔓、三叶草、亚麻叶、木薯等,特别是玉米、高粱收割后的再生苗,经霜冻后危害性最大。含氰苷饲料在堆放、发霉或霜冻枯萎过程中,其内特殊酶将氰苷水解释放出氢氰酸;反刍家畜采食后,瘤胃微生物将氰苷和氰化物分解为氢氰酸;单胃家畜在胃酸的作用下更容易将其转变为氢氰酸而发生中毒。

用含氰苷的饲料喂家畜,必须限量,尤其是高粱苗、玉米苗,喂前要经水浸泡、煮沸或发酵,以减少毒素。煮时火力要足,随煮随翻不密封,煮后快速冷却,可加少量食醋。家畜十分饥饿时,不宜投喂含氰苷的饲料。

第三节　青贮饲料

青贮饲料是以青饲料为原料经青贮发酵而制成的,通过青贮可保存青饲料的营养特性。青贮饲料在世界范围内得到广泛应用,对畜牧业生产具有重要的意义。

一、青贮饲料的优点

(一)解决冬春季青饲料的不足

夏秋季节青饲料丰盛,而冬春季节缺乏。如在夏秋将青饲料、作物秸秆、藤蔓等及时收获、青贮,可供冬春季饲喂家畜。在我国冬春季漫长的西北、东北、华北等地区,以青贮方法保藏青饲料尤为重要。

(二)充分保存青饲料养分

青贮过程中饲料营养物质的损失比晒制干草少。一般晒制干草过程中养分的损失量为20%～30%,甚至达40%以上;而青贮过程中的损失一般不超过10%,尤其是粗蛋白质和胡萝卜素损失量极少。制作半干(低水分)青贮料,能更好地保存青饲料中的营养物质与营养特性。

良好的青贮饲料可长期保存,最久可达20～30a。有利于调节年份间饲料供应的不平衡。

(三)不受天气的影响,贮存空间小

夏秋季雨水较多,晒制干草若逢雨天,会增加营养损失,甚至霉烂。制作青贮在阴天和小雨情况下仍可进行。青贮料所占的空间比干草少1/2～2/3。

(四)扩大饲料来源,提高饲料品质

有些植物的茎叶质地较硬,适口性差,家畜不喜食。制成青贮料后,质地变软,气味芳香,提高了饲用价值。

(五)消灭害虫及有毒物质

很多农作物害虫寄生在秸秆上越冬,在青贮窖密闭、缺氧和酸度较高的条件下,能杀死寄生在青饲料和秸秆上的害虫幼虫和虫卵。青贮过程中能消除青饲料中的亚硝酸盐、氢氰酸及其他有害物质。

二、制作青贮饲料的原理

(一)一般青贮的原理

在青贮窖密闭和厌氧条件下,青饲料中的碳水化合物(葡萄糖、五碳糖)被乳酸菌发酵,产生大量乳酸及少量乙酸、丁酸。随着乳酸量增加,青贮饲料的 pH 逐渐下降,达到 4.5 以下时,有害杂菌(腐败菌、霉菌、酪酸菌等)的活动被抑制,pH 继续下降到 4.2 以下时,乳酸菌自身也被抑制;pH 达到 3.8 以下时,乳酸菌完全被抑制,青贮饲料中一切微生物与生物化学变化过程停止,青贮饲料的营养物质得以长期保存。

(二)半干青贮的原理

将青饲料风干使其含水量降低至 40%～50%时,植物细胞的渗透压达 5 573～6 080kPa(55.0～60.0 个大气压),接近某些微生物,如腐败菌、霉菌、梭菌甚至乳酸菌的生理干燥状态,使这些微生物的生长繁殖受到抑制。因此,半干青贮过程中微生物发酵微弱,碳水化合物和蛋白质分解很少,充分地保存了青饲料的结构、营养物质与营养特性;但这种青贮仍需高度密封的厌氧环境。半干贮饲料兼有干草和一般青贮料的优点,干物质含量比一般青贮高 1 倍左右,养分损失少。

三、一般青贮的条件、建筑与调制技术

(一)青贮的条件

1. 原料的含糖量及缓冲能力　一般青贮时,原料的含糖量必须能满足产生大量乳酸,能在中和发酵中产生的碱性物质(缓冲能力)后,使青贮饲料的 pH 达到 4.0 左右。一般认为,青贮原料含可溶性碳水化合物 3%以上即可保证青贮成功。豆科草和薯类藤蔓等含糖量低,尤其是生长的土壤施氮肥多又未经萎蔫的这类饲料,蛋白质和非蛋白氮含量高,缓冲能力强,不易进行一般青贮。为了使青贮顺利进行,常常外加糖蜜和其他富含可溶性碳水化合物的辅料共同青贮。

2. 原料含水量适宜　一般青贮时,原料中水分含量应在 65%～70%。水分过高容易使梭菌发酵,产生丁酸,使青贮料发臭,也会导致青贮饲料汁液流失。对含水量过高的原料,常采取割后萎蔫失水(或混合一定比例的秸秆粉)的办法。但青贮原料中水分含量过低,装填时不易压紧,可导致青贮过程中营养损失量大和发霉。

3. 厌氧环境　使青贮窖中尽快达到缺氧状况,可在短期内使细胞呼吸作用停止并抑制霉菌繁殖,给乳酸菌的繁殖、活动造成良好环境,是保证青贮成功最基本的环节之一。实践中常常通过将青贮原料切短(2～5cm)、快装、压实、封埋(有条件时要抽出空气)来达到缺氧环境。

(二)青贮建筑物

1. 青贮建筑物的形式与要求 青贮建筑物的形式,有青贮塔、青贮窖与青贮壕。青贮塔为用砖和混凝土修建的圆形塔,适用于地下水位高的地区;青贮窖(圆形)与青贮壕(长方形),可用砖与水泥或石块和水泥砌成(土壕、土窖亦可),一般适用于地下水位低的地区。在地下水位高的地方也可用半地下式青贮窖(壕)。

各种青贮建筑物应符合以下基本要求:其一,青贮建筑应在地势高燥、土质坚实、背风向阳、地下水位(必须高出地下水位 0.5m 以上)低,距畜舍近,雨水不易冲淹的地方建造;其二,青贮建筑应结实坚固、经久耐用、不透气、不漏水、不导热;其三,应将青贮壕四角做成圆形,各种青贮建筑物内壁应垂直光滑。

2. 青贮建筑物的大小和尺度 青贮建筑的形式、容量和尺寸,应以装填、取用方便,能保证青贮质量为原则,根据青贮原料数量和各种青贮饲料的单位容重(表 4-8)来决定。青贮窖(壕)的深度以 2.5m 左右为宜,圆形窖的直径在 2m 以内,青贮壕的宽度以能容下取用时运输青贮料的车辆为宜,为 3～5m,小型畜牧场不需这样宽,可根据青贮数量调整宽度。青贮建筑物的容积计算公式为:

$$圆形青贮窖(青贮塔)的容积 = 3.14 \times 半径^2 \times 窖深(或塔高)$$
$$长方形青贮窖的容积 = 长 \times 宽 \times 高$$

表 4-8 各种青贮饲料的单位容重 （kg/m³）

青贮原料	拖拉机压紧的青贮壕	青贮塔及半地下塔 3.5～6m	青贮塔及半地下塔 6m 以上	青贮窖
玉 米	750	700	750	650
向日葵秆	750	700	750	600
饲用甘蓝	775	750	775	675
根菜类	750	700	750	650
根菜类加糖蜜	650	600	650	550
燕麦—箭筈豌豆混合物	600	550	600	500
玉米—驴食豆混合物	775	750	775	675
三叶草与禾本科混播(铡碎)	650	575	650	525
三叶草与禾本科混播(不铡)	575	550	575	475
天然草地与播种禾本科(铡碎)	575	500	575	450
天然草地与播种禾本科(不铡)	500	425	500	375
粗茎野草	475	450	475	400
马铃薯、莞根	650	600	650	550

引自赵有璋主编.《畜牧生产技术手册》.甘肃科学技术出版社,1988,650

（三）青贮的操作技术

1. 适时收割原料 确定青贮原料的适宜收割期，既要兼顾营养成分和单位面积产量，又要有比较适宜的水分，并含有较多的碳水化合物。一般情况下，收割宁早勿迟，随收随贮。全株玉米青贮，应在籽实乳熟—蜡熟期收割；玉米秸青贮，应在玉米穗干熟而茎叶尚绿时收割；甘薯藤青贮，宜在霜前收割；野草，则应在生长旺盛期收割。

2. 切碎和装填 切碎的目的是便于压实，排出空隙间的空气，增加青贮密度，并使植物细胞渗出汁液，润湿原料表面，有利于乳酸菌的繁殖。切碎的长度由原料的粗细与软硬程度、含水量、饲喂家畜的种类、切碎工具和耗能等条件决定。对牛、羊等反刍家畜，细茎植物（牧草、叶菜类）的长度一般为 2～3cm；粗茎或粗硬植物（玉米秸秆、向日葵秆等），应切成 0.5～2cm。

原料被切碎后应立即装填，装填时若原料太干，可以加水或加入含水量高的饲料；如太湿可加入切碎的秸秆。装填前先在青贮窖（壕）底部铺 10～15cm 厚的切碎秸秆或软草，以吸收青贮汁液。同时，四周加强密封，防止漏气、漏水。

3. 压实 装填过程中，每装 15～30cm 厚，用拖拉机或其他设备压实 1 次，特别要压实窖（壕）的边缘和四角，以造成理想的厌氧环境，保证青贮成功。

4. 密封 原料装填到高出窖（壕）上沿 1m 后，在其上盖 15～30cm 厚的秸秆或软草（用聚氯乙烯塑料薄膜覆盖更好），再在上面压一层干净的湿土，并踏实；要封成馒头形，以防漏气、漏水。这是调制青贮饲料非常关键的一步。

5. 管理 密封后，要经常检查。约 1 周后，青贮原料下沉，应立即用湿土填起；待下沉稳定后，再在顶上加 40cm 左右厚的湿土并压实（最好用泥封顶）。窖周围要挖排水沟，以防止雨水流入。

四、特殊青贮方法

（一）半干青贮

收割后要进行晾晒，使原料含水率迅速降到 40％～50％。然后切碎、装填。一般青贮要求切成 2～5cm 长，制作半干青贮时取其下限为好。装填时要充分压紧，其他步骤与一般青贮相同。

采用塑料袋装贮半干青贮料也可行。关键有两点：一是塑料袋（厚度 0.1mm 左右）质量好，应用聚乙烯薄膜（聚氯乙烯薄膜有毒，不能用作青贮）；二是要掌握好操作技术，做到原料质优、水分适宜、装袋迅速、隔绝空气、压紧密封，将发酵温度控制在 40℃ 以下。每袋装青贮原料量以 50～100kg 为宜，因原料和畜群的多少而异，一般经 30～40d 发酵即可完成。应将装好的青贮袋放在固定地点，不要随便移动；加强管理，特别要防鼠咬破，以免青贮失败。

（二）高水分原料青贮

对蔬菜类、根茎瓜果类和水生植物高水分的原料，可采用高水分青贮法来制作青贮饲料。

制作前，在条件允许情况下，将原料适当晾晒一下，除去过多的水分。亦可与水分含量较少的原料，如糠麸、干草粉、干甜菜渣等进行混贮，以降低青贮原料的含水量，提高其含糖量。

在装填原料之前,在青贮设备的底部铺垫10～15cm厚打谷副产品或切碎的软干草等,以吸收渗出的汁液。

酌情使用以上方法,可使原料中水分含量达到一般青贮方法的要求(60%～70%),保证按一般青贮方法能青贮成功。

(三)外加剂青贮

除在原料中加入外加剂以外,其余方法与一般青贮相同。加外加剂的目的,主要是为了保证乳酸菌在发酵中占优势,获得贮存良好的青贮料;其次,增加青贮饲料的粗蛋白质及矿物质等养分的含量,也引起了人们的关注。外加物质可分为以下几类:

1. 促进乳酸发酵的物质　可以直接添加乳酸菌制剂,保证乳酸菌尽快繁殖并发酵原料中糖类产生与积累大量乳酸,使青贮料的pH尽快下降至4.2以下,抑制丁酸菌与霉菌等有害菌;一般加乳酸菌培养物0.5%或每t青贮原料中加乳酸菌制剂450g。对含糖量较低,乳酸发酵产生的乳酸不足以使青贮料pH下降到4.2的原料,可添加含碳水化合物丰富的物质,如糖蜜、谷类、甜菜渣、柑橘渣、马铃薯。

2. 发酵抑制剂　加抑制剂的目的是使青贮原料的pH降低到使植物和微生物酶均受到抑制的水平(4.0以下),使青贮原料细胞呼吸与发酵均减弱,便于保存更多的营养物质。早期曾采用硫酸、盐酸等无机酸的混合酸作发酵抑制剂,近年多用有机酸,如甲酸、乙酸和丙酸;也有的将无机酸与有机酸按一定配比配制成混合酸。甲酸在混合添加剂中起发酵抑制剂的作用,特别是抑制青贮中不需要的细菌的增殖。甲醛曾被加入青贮原料,以防止原料中蛋白质被植物本身和青贮窖中的微生物水解。目前,甲醛仅与甲酸结合使用,证明比与硫酸结合效果更好。由于考虑到甲醛的致癌性,欧洲已禁止将甲醛作为添加剂。

3. 改善青贮饲料营养价值的添加物　在制备反刍家畜青贮饲料时,可在蛋白质含量低的禾本科牧草等原料中,每t加入2～5kg尿素或氨水,可增加青贮料中的粗蛋白质含量。尿素释放出的氨有抑菌效果,一定程度上影响乳酸菌发酵,但对含糖量足够且充分萎蔫(含水不高)的青贮原料,可保证青贮成功。

五、青贮饲料品质鉴定、营养价值及其取用

(一)青贮饲料品质鉴定

我国尚无统一的国家标准,多借用西方国家和前苏联的鉴定法。可分为感官评定和实验室评定。

1. 感官评定法　通过嗅气味、看颜色及茎叶结构、质地进行评定,快速而实用,但不能排除评定者的主观因素。按感官评定可将青贮料划分为优、良、可、劣四个等级(表4-9)。

2. 实验室评定　最普通的指标是青贮饲料的pH。在现场,用pH试纸蘸少许青贮料汁液,或将汁液滴在白瓷盘上加相应的指示剂显色,再按所显示颜色判定其pH。实验室细致的评定项目还包括总酸度、各种有机酸的含量、营养成分分析、微生物学分类培养等,有些指标仅用于青贮饲料的研究。

表 4-9　青贮饲料品质鉴定

指　标	等　级			
	优	良	可	劣
气　味	酸香，泡菜味，无丁酸臭味	醋酸味，有强丁酸臭味	酸且臭，刺鼻，有强丁酸臭味	霉烂，腐臭有氨味
颜　色	与原料色泽一致，通常呈绿色或黄绿色	色变深，呈深绿色或草黄色	色发暗，褐色或黑绿色	严重变色，暗黑褐色，烂草色
结构、质地	茎叶明显，结构良好	茎叶可分，结构尚好	叶片软，变形，结构不分明	叶片、嫩枝霉烂腐败，呈泥状
pH	<4.6	4.6～5.1	5.1～6.0	>6.0

引自韩友文主编.《饲料与营养学》. 中国农业出版社, 1997, 88

（二）青贮饲料的营养价值

从常规营养成分含量看，青贮饲料（尤其是半干青贮饲料）的含水量低于同名青饲料。因而从单位鲜重所提供的营养物质数量来讲，青贮饲料并不比青饲料差。常用的青贮饲料营养成分见表 4-10。

表 4-10　常用的青贮饲料营养成分　（干物质基础：％，MJ/kg）

饲　料	干物质	产乳净能	乳牛能量单位	粗蛋白质	粗纤维	钙	磷
青贮玉米	29.2	5.03	1.60	5.5	31.5	0.31	0.27
青贮苜蓿	33.7	4.82	1.53	15.7	38.4	1.48	0.30
青贮甘薯藤	33.1	4.48	1.43	6.0	18.4	1.39	0.45
青贮甜菜叶	37.5	5.78	1.83	12.3	19.7	1.04	0.26
青贮胡萝卜	23.6	5.90	1.88	8.9	18.6	1.06	0.13

引自韩友文主编.《饲料与饲养学》. 中国农业出版社, 1997, 88

若比较各种化学成分含量，青贮饲料变化明显的是碳水化合物与粗蛋白质组分。因植物细胞呼吸和微生物发酵耗用，碳水化合物中可溶性糖所剩无几，淀粉等多糖损失较少；一般青贮时纤维素和木质素不被分解，其相对含量增加。按干物质基础计，青贮料的粗蛋白质含量与原料相差不多；但绝大部分已被分解为非蛋白氮（主要是氨基酸氮）；青贮料的无氮浸出物含量低于原料，糖类基本转变为有机酸。因利用非蛋白氮需要提供有效能量，而有机酸不能在畜体内释能，故单独饲喂青贮料时，其氮的利用率不高。因此，用青贮饲料饲喂反刍家畜时，须搭配含淀粉丰富的饲料。

青贮饲料中矿物质和维生素有所减少，损失量与青贮过程的汁液流出密切相关。高水分青贮时可使钙、磷、镁等元素损失达 20％以上，而半干青贮则无损失。维生素中的胡萝卜素大部分被保留，微生物发酵还可能产生少量 B 族维生素。

(三)青贮饲料的取用

青贮饲料装填密封后,至少经 40～60d 方可开窖取用。从圆形窖取用时,应揭去上面的覆盖物,清除腐烂与霉变部分,然后从上至下逐层取用;从长方形窖(壕)中取用应从一端开始,分段取用;先揭除覆盖物和腐烂物,尔后从上至下切取青贮料。每日 1 次,取用层的厚度应不少于 10cm;取用应均匀,禁止挖坑掏洞;取用后,应用塑料布或篷布覆盖,以防二次发酵或雨水浸入。

家畜开始采食青贮料时可能不习惯,要逐渐加量,驯饲过渡。各种家畜每日每头的青贮饲料喂量大致如下:

妊娠成年母牛 10～15kg,产乳成年母牛 25kg,断乳犊牛 5～10kg,种公牛 15kg。成年绵羊 5kg,成年马 10kg,成年妊娠母猪 3kg,成年兔 0.2kg。

(四)饲喂青贮饲料应注意的问题

其一,青贮饲料带有酸味,在开始饲喂时,家畜不愿采食,经过短期驯饲,完全可以习惯。方法是:先空腹饲喂青贮料,再喂其他草料;先将青贮饲料拌入其他精料中喂,再饲喂其他草料;先喂少量青贮料,再逐渐增加喂量;或与其他草料拌在一起饲喂。

其二,青贮饲料具有轻泻作用,不宜单纯饲喂,妊娠家畜喂量要适当,在家畜妊娠后期尽量少喂,以防引起流产。

其三,禁止饲喂霉烂的青贮料。在冬季,青贮饲料容易结冰,应待冰融化后再饲喂家畜。

其四,喂量要适当,喂量过多可降低家畜的干物质采食量。必须与精料和其他饲料合理搭配,不可将青贮料作为唯一的饲料饲喂家畜。

第四节　粗 饲 料

粗饲料主要包括干草类、农副产品类(荚、壳、藤、蔓、秸、秧)、树叶类等。其共同特点是:体积大,干物质中粗纤维含量在 18% 以上,较难消化,有效能量浓度低,可利用养分少。但干草类的营养价值较高,优良的干草是牛、马、羊等草食家畜饲养中的重要饲料。秸秆与秕壳虽营养价值低,在牛、羊及马属动物饲养中也经常使用。

一、干 草

将结籽前的青草或其他青绿饲料植物的地上部分刈割,经自然或人工干燥而制成的粗饲料,被称为干草;因其具有绿色,常称为青干草。青干草具有青饲料的基本特点,也是营养相对平衡的饲料,可作为单一饲料饲喂草食家畜。

(一)干草的调制

1. 自然干燥　青草或青绿饲料被刈割后,经日光晒干或阴干称自然干燥。

(1)晒干　可将晒制干草的过程分为两个阶段:

第一阶段，将刈割后的青绿饲料平铺暴晒（草层厚 10～15cm），每隔 2h 翻 1 次。4～6h 后，青饲料中的水分由原来的 85％左右降低到 40％，植物细胞基本停止呼吸，第一阶段即完成。

第二阶段，将半干的草集成小垄或小堆，缓慢进行干燥，以保存较多的胡萝卜素和粗蛋白质。待草中含水量由 40％减少到 14％以下时，此阶段即完成。青干草的调制过程全部结束。

（2）阴干　把收割的青草放置在有棚场地的草架上自然通风晾干，可充分保存青草的营养成分。阴干虽仍有植物细胞的呼吸代谢损失，但无地面吸潮，通风良好，不用翻草集堆，也不会遭到雨淋，可完全避免掉叶和雨淋的损失。

2. 人工干燥　国外普遍利用各种能源进行青绿饲料脱水干燥。由于干燥快速，又免遭日晒和雨淋，几乎可以完全保持青绿饲料的营养价值（表 4-11）。

表 4-11　鲜青草与人工干草的化学成分与消化率

养　分	鲜　草		人工干草	
	含量（％干物质）	消化率（％）	含量（％干物质）	消化率（％）
粗脂肪	3.08	52.3	3.38	67.8
粗纤维	27.24	82.2	25.29	83.4
粗蛋白质	14.79	74.0	15.00	83.4
粗灰分	9.23	—	10.08	—
无氮浸出物	45.66	78.2	46.23	81.3
干物质	100.00	74.4	100.00	77.4

引自许振英等主编.《家畜饲养学》. 农业出版社，1979，147

（二）干草的营养价值

干草的营养价值取决于制作原料的种类、生长阶段与调制方法、技术等。

1. 天然草地干草　以禾本科草为主，如芨芨草、冰草、马蔺、垂穗披碱草、鹅冠草、芦苇等；其次为豆科、莎草科、菊科等。自然干燥的天然青干草，一般含水量为 8％～9％，粗蛋白质 5％～13％（豆科干草中较高），粗纤维 30％～38％，无氮浸出物 40％左右。矿物质中钙多于磷，每 kg 高山禾本科青干草中含胡萝卜素 35mg，消化能 7.95MJ。

2. 栽培青干草

（1）豆科干草　主要有苜蓿干草、红豆草干草、草木樨干草、箭筈豌豆干草等。按干物质计，此类干草中无氮浸出物含量为 30％～40％，粗蛋白质 12％～15％，钙 1.1％～1.3％，消化能为 8～10MJ/kg（牛、羊）。其营养成分见表 4-12。

（2）禾本科（禾谷类）干草　按干物质计，此类干草含无氮浸出物 40％～50％，比豆科干草高；粗蛋白质 6％～8％，钙 0.2％～0.3％，均比豆科干草低，但消化能与豆科干草相似。其营养成分见表 4-13。

表 4-12 几种豆科青干草的营养成分 （干物质基础:%,MJ/kg,mg/kg）

| 青干草种类 | 干物质 | 粗蛋白质 | 粗脂肪 | 粗纤维 | 无氮浸出物 | 粗灰分 | 消化能 | | | 钙 | 磷 | 胡萝卜素 |
							牛	绵羊	猪			
苜蓿青干草	91.4	15.5	1.7	28.0	37.1	9.0	9.1	9.5	5.9	1.29	0.21	65.2
草木樨青干草	91.3	15.0	2.2	27.4	38.6	8.0	9.9	9.0		1.31	0.30	
箭筈豌豆青干草	85.4	14.9	1.7	24.0	37.6	7.2	9.9	9.7		1.13	0.31	
蚕豆青干草	91.5	13.4	0.8	22.0	49.8	5.5	9.9					31.8
大豆青干草	88.9	13.1	2.0	33.2	33.6	7.1	8.5	8.9				
豌豆青干草	88.0	12.0	2.2	26.5	40.5	6.7	9.4	9.9				

表 4-13 几种禾谷类青干草的营养成分 （干物质基础:%,MJ/kg）

| 饲 草 | 干物质 | 粗蛋白质 | 粗脂肪 | 粗纤维 | 无氮浸出物 | 粗灰分 | 消化能 | | 钙 | 磷 |
							牛	绵羊		
玉米青干草	78.9	6.8	1.9	21.0	43.9	5.2	9.5	9.3	0.24	0.14
大麦青干草	87.7	7.7	1.9	23.7	47.8	6.6	9.0	9.3	0.25	0.22
谷青干草	90.6	4.3	1.6	27.9	47.6	9.0		9.3	—	—
糜青干草	90.3	9.4	2.1	24.4	46.8	7.6	9.3	9.9	—	—
燕麦青干草	90.7	7.7	1.9	27.9	45.7	7.5	10.0	8.8	—	—
黑麦青干草	91.8	6.7	2.1	36.7	41.2	5.0	7.6	8.0	0.32	0.29

（三）影响干草营养价值的因素

受多种因素影响,青饲料在干制过程中总干物质及有价值的营养物质含量降低。提高干草质量的实质,就是设法减少调制过程中营养物质的损失,以便更多地保存养分。造成干草营养价值损失的原因有:

1. 刈割时期 刈割过早,青饲料含水分多,干物质与粗纤维少,粗蛋白质多,消化率高,但产草量低;刈割过迟,产草量虽高,但营养价值降低。一般来讲,在生长的中期刈割最佳,禾本科青饲料为抽穗—开花阶段,各种豆科牧草的适时刈割期有所不同,苜蓿为现蕾—开花始期,草木樨应在现蕾前香豆素较少时刈割。

2. 生物化学变化 刚刈割的青草,细胞仍进行呼吸作用,由此损失的糖类和蛋白质一般占青草总养分的5%～10%。水分降到40%～50%时,细胞逐渐死亡,但氧化过程及微生物活动仍在进行,加上阳光暴晒,养分继续损失。水分减少到17%,酶类作用才停止。

3. 机械损失 由于搂草、翻草、搬运、堆垛,造成细枝、嫩叶折损、脱落。一般叶片可损失20%～30%,嫩枝损失6%～10%。豆科牧草损失更严重,如苜蓿叶片损失可达12%,蛋白质的损失达40%。

4. 阳光照射和暴晒 在阳光直接照射和暴晒下,植物中所含胡萝卜素与叶绿素因光化学作用而被破坏,维生素 C 也几乎全部损失。干草暴露于田间 1 昼夜,胡萝卜素可损失 75％；放置 1 周可损失 96％。但干草中维生素 D 含量显著增加。

5. 雨淋　雨淋使可溶解养分流失,蛋白质平均损失 40％,能量损失 50％；连阴雨天使草霉烂,营养物质损失达一半以上。雨淋使干燥时间延长,增加植物细胞呼吸作用产生的营养损失。

二、稿秕饲料

稿秕是秸秆和秕壳的简称。此类饲料总营养价值和粗蛋白质含量很低,粗纤维含量很高,几乎不含维生素,家畜需要的矿物质元素含量也不高。但在我国,稿秕饲料来源广、数量多,是草食家畜饲粮中重要的组分。

(一)秸 秆 类

秸秆类主要有稻草、玉米秸、麦秸、豆秸、高粱秸等。这类饲料不仅营养价值低,消化率也低。几种秸秆的营养成分见表 4-14。

表 4-14　几种秸秆的营养成分　(干物质基础:％,MJ/kg)

秸　秆	干物质	产乳净能	乳牛能量单位	粗蛋白质	粗纤维	钙	磷
玉米秸	85.0	5.56	1.77	6.6	34.4	—	—
小麦秸	91.6	2.34	0.74	3.1	44.7	0.28	0.03
大麦秸	88.4	2.97	0.94	5.5	38.2	0.06	0.07
粟　秸	90.7	4.27	1.36	5.0	35.9	0.37	0.03
稻　草	92.2	3.47	1.11	3.5	35.5	0.16	0.04
大豆秸	89.7	3.22	1.03	3.6	52.1	0.68	0.03
豌豆秸	87.0	4.23	1.35	8.9	39.5	1.31	0.40
蚕豆秸	93.1	4.10	1.3l	16.4	35.4	—	—

引自韩友之主编.《饲料与饲养学》. 农业出版社,1997,82

表 4-14 中数据和饲养实践都表明:禾本科秸秆中,粟秸和玉米秸的营养价值较稻草与麦秸高;大麦秸稍高于小麦秸,春播的小麦秸比秋播小麦秸好;生长期短的玉米秸粗纤维比生长期长的春播玉米秸少,易消化;同一株玉米秸,上部比下部营养价值高。玉米秸具有光滑的外皮,质地坚硬,粗粉碎后喂猪不仅难以消化,而且会损伤胃壁,严重者死亡。稻草灰分含量较高(15％左右),但钙、磷等元素所占比例较小;以稻草为主的饲粮,应补充钙及磷,其他禾本科秸秆也有类似问题。各种豆秸中,豌豆秸与蚕豆秸比大豆秸的蛋白质含量高。但新鲜的蚕豆秸、豌豆秸水分含量较多,易腐败变成黑色,一部分蛋白质分解,营养价值降低。因此,刈割后应立即晒干、贮存好。带荚壳的大豆秸营养价值较高,是家畜的优质饲料。

(二)秕 壳 类

秕壳类是农作物籽实脱粒的副产品,包括小麦壳、高粱壳、花生壳、棉籽壳、瘪谷以及其他脱壳副产品。一般来说,荚壳的营养价值高于秸秆(稻壳、花生壳例外)。各种秕壳的营养成分见表 4-15。

表 4-15　各种秕壳的营养成分　(全干基础:％,MJ/kg,g/kg 干物质)

饲料名称	消化能		可消化蛋白质	粗纤维	木质素	灰　分	钙	磷
	牛	猪						
大豆荚皮	10.8	—	20.0	33.7	—	9.4	0.99	0.22
大豆皮	11.8	—	76.0	36.1	6.5	4.2	0.59	0.17
豌豆荚	11.5	—	63.0	35.6	0.6	5.3	—	—
燕麦颖壳	6.4	—	13.0	32.2	14.2	6.8	0.16	0.11
大麦皮壳	10.7	—	38.0	23.7	9.3		—	—
玉米芯	9.7	2.7	−8.0	35.5	—	1.8	0.12	0.04
玉米苞皮	10.0	—	2.0	33.0	—	3.6		
粟谷壳	2.9	3.4	8.0	51.8		10.8		
稻谷壳	2.0	0.9	−3.0	44.5	21.4	—	0.09	0.08

引自陈喜斌主编.《饲料学》.科学出版社,2003,98

在秕壳类中,豆荚的营养与饲用价值较好,适于喂反刍家畜。谷类秕壳营养价值仅次于豆荚,但数量大,来源广;其中,稻壳的营养价值很差,消化率最低,仅能勉强用作反刍类家畜的饲料。棉籽壳、玉米芯经适当粉碎,不仅可以喂一般反刍家畜,也可以喂乳牛。

三、粗饲料的加工调制

(一)物理处理

1. 切短、粉碎与制粒　将秸秆切短便于家畜采食,也减少抛撒浪费。切碎的适宜长度,牛为 3～5cm,羊和马为 2～3cm。可将干草和秸秕饲料粉碎后加工成各种草粉颗粒。

2. 秸秆碾青　将麦秸铺在打谷场上,上边铺青苜蓿,苜蓿之上再盖一层麦秸(厚度均约0.33m);然后用碾磙碾压,苜蓿的汁液被麦秸吸收,使苜蓿经 1d 的暴晒就可干透(热天)。用这种方法处理,苜蓿茎叶干燥速度均匀,叶片脱落损失减少,并可提高麦秸的适口性和营养价值。

3. 水浸与蒸煮　用冷水浸泡只能将粗饲料软化,有利采食;如用热水、稀糖蜜水或酒糟液等浸泡切短的粗草,可起到调味作用,增加粗饲料的采食量;用沸水烫浸或常压蒸汽处理,能迅速软化秸秆与秕壳饲料;用高压(1～2MPa)蒸汽处理,可破坏细胞壁中木质素与半纤维素的键合,提高粗饲料的消化率。

4. 热喷或喷爆　这是利用爆米花的原理处理粗饲料的方法。我国内蒙古畜牧科学院发明并设计生产了专用的热喷成套设备。处理后,植物细胞结构裂解疏松,木质素和纤维素等高分子物质部分分解,可消化性提高。但耗能较大,设备投入也多。

（二）化学处理

1. 碱处理　用氢氧化钠（NaOH）、氢氧化钾（KOH）、氢氧化钙[Ca(OH)$_2$]溶液喷洒或浸泡稿秕类粗饲料，可提高其干物质、有机物质的消化率和有效能值（有机物质消化率提高20％）。碱处理后的植物细胞壁松软膨胀，出现裂隙，可发生酚、醌、醛和木质素间的脂键皂化反应。木质素也可部分溶解，使木质素与半纤维素间的键合断开。

（1）氢氧化钠处理　有喷雾与浸泡两种方式。

①喷雾：取相当被处理物重4％～5％的氢氧化钠，配成8％～27％的溶液，均匀喷入，经1周（至少3d），待碱的浓度降低后，再饲喂家畜。

②浸泡：将秸秆浸入1.5％～2.5％的氢氧化钠溶液中12h，取出后用水冲掉碱液再喂家畜（Beckman法）。改进法为：将秸秆浸入1.5％氢氧化钠中1h，取出沥干，"熟化"3～6d后再喂家畜。

（2）氢氧化钙（石灰）处理　按100L水加入生石灰1kg（或熟石灰3kg），制成石灰乳（用上清液，将不溶化的残渣弃去），然后放入麦秸8～10kg，浸泡24h后将麦秸捞出，沥干（2～3h）即可饲喂家畜。麦秸经石灰液处理，有机物质、粗纤维和无氮浸出物的消化率均有较大提高（表4-16），并使钙的含量增加。

表4-16　石灰水处理麦秸对牛消化率的影响　（％）

处　理	有机物质	粗纤维	无氮浸出物
未处理麦秸	42.4	53.6	26.3
处理麦秸	62.8	76.4	55.0

2. 氨处理　秸秆经氨化处理后，颜色棕褐，质地柔软，家畜喜食，采食量可增加20％～25％，干物质消化率提高10％左右，粗蛋白质含量有所增加，其营养价值相当于中等质量的干草（表4-17）。处理方法有以下几种：

表4-17　氨化麦秸纤维类成分消化率的变化　（陈杰，R. Daccord，1981）

动　物	饲　粮	消化率（％）		
		粗纤维	ADF	NDF
马	未氨化麦秸	40.05	36.69	32.30
	氨化麦秸	56.62	51.31	54.57
牛	未氨化麦秸	52.19	47.57	49.54
	氨化麦秸	67.98	61.12	66.97
绵羊	未氨化麦秸	45.78	40.67	41.68
	氨化麦秸	60.82	54.62	58.23
山羊	未氨化麦秸	45.78	39.99	41.47
	氨化麦秸	59.02	54.25	57.24

引自韩正康，陈杰编著.《反刍动物瘤胃的消化和代谢》. 科学出版社，1988，58

（1）无水液氨处理　在秸秆堆垛上覆盖 0.2mm 厚的聚乙烯薄膜,薄膜接触地面部分应较长,以便在其四周压泥土使成密闭状态。按秸秆重的 3％通入液氨。气温低于 5℃,需处理 8 周以上;5℃～15℃需 4～8 周;15℃～30℃为 1～4 周。喂前要揭开薄膜晾 1～2d,使残留的氨气挥发。不开垛则可长期保存。

（2）农用氨水氨化处理　将占秸秆重 10％的农用氨水(含氨量 15％～20％)喷洒秸秆(逐层堆放,逐层喷洒),然后用 0.2mm 厚的聚乙烯薄膜密封。

（3）尿素氨化处理　按秸秆重量的 3％加尿素,将 3kg 尿素溶解于 60L 水中,均匀地喷洒在 100kg 秸秆上(逐层堆放,逐层喷洒),最后用 0.2mm 厚的聚乙烯薄膜盖严、密封。

(三)微生物处理

是利用具有分解粗纤维能力的细菌或霉菌,在一定培养条件下发酵稿秕类饲草,使植物细胞壁被破坏,并且产生酶和菌体蛋白质,提高粗蛋白质的营养价值。从理论上讲,这是一种很有前景的粗饲料加工方法,关键在于找到适当的菌种,使其在发酵过程中不消耗或很少消耗被处理秸秆中有用的养分,产生尽可能多的有效的营养物质,并能使植物细胞壁破坏。

据报道,已发现一类既能分解木质素又不过多消耗粗纤维的白色腐败真菌（*Ganaderma applsnatum Arri Uarie* Llasp),这是很有前途的菌种。现时用于发酵秸秆的微生物有酵母菌(饲用酵母、啤酒酵母等)、木霉(拟康氏木霉 EA3-867,N2-79T 和木霉 2559、958、9023 等)和灰盖鬼伞菌。木霉中纤维素酶活力强,灰盖鬼伞菌能分解半纤维素。

第五节　能量饲料

能量饲料包括谷实类及其加工副产品,以及富含淀粉和糖类的根、茎、瓜果。糖蜜、乳清和油脂等液态饲料也属此类。

一、能量饲料的营养特性

谷类饲料的无氮浸出物含量特别高,按干物质计一般在 70％以上;粗纤维含量很低,通常在 5％以内,只有带颖壳的大麦、燕麦、稻谷和粟等可达 10％左右。谷实类的干物质消化率很高,故有效能值也高;粗蛋白质含量一般低于 20％,氨基酸不够平衡,色氨酸、赖氨酸和蛋氨酸含量较少;钙含量低;磷含量较高,但其大部分以植酸磷形式存在,单胃家畜对其利用率很低;维生素 B_1 和维生素 E 较丰富,缺乏维生素 C 和维生素 D。谷类饲料的加工副产品和其他饲料,按干物质计也具有相近的营养特性。

二、谷实类饲料

常用谷实类饲料的营养成分和营养价值见表 4-18。

表 4-18　常用谷实类饲料的营养成分　（干物质基础：％，MJ/kg）

饲料名称	玉　米	高　粱	小　麦	大　麦	粟	稻
干物质	86.0	86.0	87.0	87.0	86.5	86.5
消化能（猪）	16.74	15.31	16.32	14.52	14.94	14.06
代谢能（鸡）	15.94	14.31	14.60	12.97	13.72	12.80
产乳净能（牛）	8.79	7.70	8.62	8.03	7.99	7.49
粗蛋白质	10.0	10.5	16.0	12.6	11.2	9.1
粗脂肪	4.7	4.0	2.0	2.0	2.7	1.9
粗纤维	2.2	1.6	2.2	5.5	7.9	9.5
无氮浸出物	81.3	81.8	71.6	77.1	75.1	74.2
粗灰分	1.5	2.1	2.2	2.8	3.1	5.3
钙	0.02	0.15	0.20	0.10	0.14	0.03
总　磷	0.31	0.42	0.47	0.28	0.35	0.42
植酸磷	0.17	0.22	0.22	0.18	0.22	0.19
赖氨酸	0.28	0.21	0.34	0.48	0.17	0.34
蛋氨酸	0.17	0.20	0.21	0.22	0.29	0.21
色氨酸	0.08	0.09	0.17	0.14	0.20	0.12
苏氨酸	0.35	0.30	0.38	0.47	0.40	0.29

节引自韩友文主编.《饲料与饲养学》.1997.91

（一）玉　米

玉米有效能值高，适口性好，在配合饲料中用的比例很大。有黄玉米和白玉米，黄玉米含有 β-胡萝卜素、叶黄素和玉米黄素，能增加鸡蛋的蛋黄颜色和乳牛黄油颜色，以及保持鸡皮肤和脚趾呈黄色。除此之外，两种玉米的营养价值相同。

玉米中淀粉含量高，约为 72％；脂肪含量 4％～5％，其中以不饱和脂肪酸为主，故给肥育猪（尤其肥育后期）过量饲喂玉米导致其体脂变软和降低胴体品质。玉米的蛋白质含量低，饲喂状态下为8％～9％，且品质较差，尤其是色氨酸和赖氨酸严重不足。玉米中含钙量很低，磷含量虽高，但其 66％以植酸磷形式存在。

若收贮时玉米水分含量高或贮存于高温、高湿环境中，易遭霉菌污染而腐败变质；一般要求其水分含量在 14％以下，且应注意贮存环境的温湿度适宜，并加强通风。玉米粉碎后易致脂肪氧化酸败，不宜长期保存。

（二）大　麦

大麦粗蛋白质、赖氨酸、蛋氨酸含量以及钙、磷含量均比玉米高，但仍不能满足畜禽的需要。大麦外包一层坚硬的外壳，粗纤维含量相对较高，约为玉米和小麦的 2 倍，脂肪含量较低

（约为 2％）。大麦不适合于喂雏鸡和仔猪，却是饲喂肉猪和肉牛的理想饲料，特别在饲养后期，可增加瘦肉率，提高胴体品质。

（三）小 麦

直接用小麦喂畜禽较少，一般用其加工副产品麸皮、次粉和筛漏物作为饲料。小麦的能值与玉米近似，粗蛋白质含量为玉米的 150％，赖氨酸含量也较高。小麦适口性好，易消化；对于多数畜禽，其营养价值相当于玉米，用小麦取代鸡饲粮中 30％～50％的玉米，往往可提高饲养效果。

小麦粉碎过细，会引起粘嘴（特别对家禽易粘喙及致喙变形），影响采食，致采食量下降，甚至导致消化障碍。

（四）燕 麦

燕麦外壳占籽实重的 30％，故粗纤维含量高（为 10％～13％），有效能值较低。猪和禽饲粮中较少使用，却是马属动物及反刍家畜的优质饲料，马属动物自由采食燕麦不易引起疝痛等消化道疾病。

燕麦的蛋白质含量和品质都高于玉米，赖氨酸含量还略高于其他谷物饲料，但缺乏蛋氨酸、色氨酸、组氨酸等多种必需氨基酸。燕麦中的脂肪含量是谷实类饲料中最高的（可达 5％以上），其中主要是不饱和脂肪酸。饲喂燕麦过多易造成畜禽软脂，降低胴体品质。燕麦粉碎后其脂肪也易氧化酸败，不耐久存。

（五）高 粱

高粱籽实的营养成分与玉米相似，粗蛋白质略高于玉米，粗脂肪与有效能略低于玉米。高粱中含有单宁（褐色高粱尤高），具苦涩味，可降低适口性，且影响饲料蛋白质、氨基酸和矿物质的利用。在饲粮中的用量，褐色高粱一般不宜超过 10％～20％，黄色高粱可加到 40％～50％。

用高粱喂鸡，粉碎或整粒均可，用于喂猪须加以粉碎。将高粱压片、水浸、蒸煮后饲喂反刍家畜，可提高利用率 10％～15％。

（六）稻 谷

稻谷的外壳占稻谷重的 20％左右，故稻谷粗纤维含量高，有效能值低，营养价值近似于燕麦。去掉其外壳即为糙米，营养价值与玉米相似，含粗蛋白质 7％～9％，脂肪 2％，淀粉 70％左右。用糙米喂畜禽的饲养效果通常高于玉米。

三、谷实类加工副产品

此类饲料是碾米、制粉加工副产品。同原粮相比，除无氮浸出物含量较少外，其他各类养分含量都很高。米糠和小麦麸的含磷量常达 1％以上，其中 70％为植酸磷；B 族维生素比较丰富；粗纤维含量较高，故其干物质消化率低于原粮。谷实类加工副产品的营养成分见表 4-19。

表 4-19　谷实类加工副产品的营养成分 （干物质基础：％，MJ/kg）

饲料名称	细米糠	米糠饼	小麦麸	次　粉	玉米糠	高粱糠
干物质	87.0	88.0	87.0	88.0	88.2	91.1
消化能（猪）	14.52	14.22	10.75	16.78	11.76	14.47
代谢能（鸡）	12.89	11.55	7.82	13.81	8.44	9.78
产乳净能（牛）	8.47	7.57	7.15	8.49	8.35	9.04
粗蛋白质	14.7	16.7	18.0	16.1	11.0	10.5
粗脂肪	19.0	10.2	4.5	2.7	4.3	10.0
粗纤维	6.6	8.4	10.2	4.0	10.3	4.4
无氮浸出物	51.1	54.8	61.7	74.2	70.2	69.7
粗灰分	8.6	9.9	5.6	3.0	4.0	5.4
钙	0.08	0.16	0.13	0.06	0.09	0.08
总　磷	1.64	1.92	1.06	0.36	0.54	0.91
植酸磷	1.53	1.67	0.78	—	—	—
赖氨酸	0.85	0.75	0.67	0.48	0.33	0.43
蛋氨酸	0.29	0.30	0.15	0.17	0.16	0.31
色氨酸	0.16	0.17	0.23	0.17		
苏氨酸	0.55	0.60	0.49	0.45	0.37	0.39

引自韩友文主编.《饲料与饲养学》. 农业出版社,1997,93

（一）米　糠

米糠是去壳稻粒的加工副产品,主要由稻谷的种皮组成。脂肪含量高,为麦麸的 3 倍,长期贮藏（特别是高温高湿环境下）极易酸败变质,失去饲用价值。新鲜米糠适口性好,但喂量过多易使畜禽体脂变软,一般应控制在饲粮的 20％以下。

（二）小　麦　麸

小麦麸是生产面粉的副产品,由果皮、种皮、胚、糊粉层和少量胚乳组成。其成分和营养价值随出粉率而变化。小麦麸质地蓬松,适口性好,具有轻松性和轻泻性,可促进畜禽胃肠道的蠕动。给临产前和产后母畜饲喂适量的麸皮粥,有调养消化道及保健作用。用适量的麸皮喂肉猪,对改善肉品质,生产白色硬脂肪有益。其粗纤维含量高,幼猪和肉鸡的饲喂量不宜过多。

（三）次　粉

次粉为小麦细磨阶段产生的粉末性副产品,是介于麸皮和面粉之间的产品,兼有两者的特性,在畜禽饲养中可取代一部分谷实饲料。次粉的质量常不稳定,其品质取决于麸皮所占比例的多少。

(四)其　他

有玉米糠、高粱糠、粟糠等。不能单独用这些加工副产品饲喂家畜,可将其磨细与精饲料搭配饲喂。

四、块根块茎及瓜果饲料

此类饲料的含水量高达 75％～90％,每单位重量鲜品的营养价值低。但按干物质计,它们的粗纤维含量低,无氮浸出物含量很高,有效能含量较高,具有能量饲料的特点。几种根、茎、瓜类饲料的营养成分见表 4-20。

表 4-20　根、茎、瓜类饲料的营养成分　（干物质基础:％,MJ/kg）

饲　料	干物质	产乳净能	消化能	粗蛋白质	粗纤维	钙	磷
甘　薯	25.0	7.45	15.40	4.3	3.6	0.52	0.20
木　薯	37.3	7.85	16.94	3.3	2.4	—	—
马铃薯	22.0	7.37	14.79	7.3	3.2	0.09	0.14
甜　菜	15.0	6.57	13.51	13.3	11.3	0.40	0.27
胡萝卜	12.0	7.66	15.31	9.2	10.0	1.25	0.75
芜　菁	10.0	8.00	33.64	10.0	13.0	0.60	0.20
南　瓜	10.0	7.62	14.94	16.0	10.0	0.40	0.20

引自韩友文主编.《饲料与饲养学》. 农业出版社,1997,94

(一)胡 萝 卜

干物质含量 11％～13％。按干物质计,每 kg 代谢能 12.8MJ,属于能量饲料。生产中并不依赖它供给能量,多在冬春作为多汁饲料使用。胡萝卜的主要营养物质为无氮浸出物,蛋白质含量也较其他块根为多;红色胡萝卜含有大量胡萝卜素,每 kg 鲜品中为 50～100mg。钾、磷、铁等元素含量也较丰富。

(二)甜 菜

按其块根中干物质与糖分含量,可分为糖用甜菜、半糖用甜菜和饲用甜菜三种。糖用甜菜的干物质（20％～25％）和糖（含蔗糖 12％左右）的含量比饲用甜菜高 1 倍。一般用其副产品(甜菜渣)作饲料。

饲用甜菜可用于喂猪、牛及羊。刚收获的甜菜易引起腹泻,宜经短暂贮存后再喂。

甜菜渣粗纤维含量高,占干物质的 20.0％～24.8％,但其系未木质化纤维,故消化率较高(80％左右);其有效能略低于饲用甜菜,接近能量饲料的低值。甜菜渣主要用作反刍家畜饲料,可取代部分谷实类饲料。喂乳牛时给量应适当,过多则影响乳制品(黄油与干酪等)的品质。甜菜渣中有游离的有机酸,贮存时间长久的甜菜渣中更多,饲喂过多常引起家畜腹泻。干制的甜菜渣(干渣、甜菜粕)吸水性强,喂前宜用2～3倍重量的水浸泡,以免干饲后在消化道内大量吸水引起膨胀。

(三)马 铃 薯

马铃薯含干物质25％。干物质中主要成分是淀粉(80％以上),有效能值接近玉米。用马铃薯喂牛、羊、马,生喂、熟喂价值相似;对猪、禽宜熟喂,加热煮熟可使马铃薯淀粉颗粒膨胀,提高适口性和消化率。

马铃薯中含有龙葵精配糖体,芽、芽眼和因阳光直射变绿的表皮含量高,大量采食可导致家畜消化道炎症和中毒。将发芽、发绿的马铃薯煮熟,相当量的龙葵素即溶于水中,可降低其毒性。但煮过马铃薯的水不可饮用。

(四)瓜 类

我国各地栽培南瓜作饲用较多。南瓜干物质中无氮浸出物约占2/3,其中多为淀粉和糖类,故适口性好,易消化;南瓜还含有较多的胡萝卜素。

西葫芦、冬瓜、木瓜、西瓜和甜瓜等,都是供人食用的蔬菜或水果,但人不能食用的劣质和未成熟品常用作饲料。

五、液体能量饲料

本类能量饲料包括动物性脂肪、植物油和油脚(榨油的副产品)、糖蜜和乳清等,其营养成分见表4-21。

表 4-21　液体能量饲料的营养成分　(干物质基础:％,MJ/kg)

饲　料	干物质	消化能	代谢能	产乳净能	粗蛋白质	粗纤维	钙	磷
动物油脂	99.5	33.66	32.38	18.99	—	—	—	—
植物油	99.5	31.64	37.01	19.50	—	—	—	—
大豆油脚	98.2	—	28.46		—	—	—	—
甜菜糖蜜	73.2	10.51	10.36	7.11	—	—	—	—
乳　清	5.3	14.29	8.55	7.82	—	—	—	—

引自韩友文主编.《饲料与饲养学》.农业出版社,1997,96

(一)动物脂肪

动物脂肪含代谢能高达35MJ/kg,约为玉米的2.5倍。动物脂肪在乳猪、犊牛、羔羊的代乳料中可占15％～20％;肉仔鸡配合饲料中可占3％～5％。常温下保存时,动物脂肪易氧化酸败。为保持其品质,可按每t加200g抗氧化剂(如二丁基羟基甲苯、丁基羟基茴香醚)。

（二）植物油脂

最常用的是大豆油、菜籽油、花生油、棉籽油、玉米胚油、葵花籽油和胡麻油。植物油含有效能值高，代谢能可达 37MJ/kg。在配合饲料生产中喷加植物油不必先行加温熔化，较易实现。

（三）糖 蜜

糖蜜是甘蔗和甜菜制糖的副产品，其中仍残留大量蔗糖，含有相当多的有机物和无机盐（灰分占干物质的 8%～10%）。按干物质计，甘蔗糖蜜含粗蛋白质 4%～5%，甜菜糖蜜约 10%，其中非蛋白氮较多。

糖蜜的营养很不完善，必须与其他饲料混合使用，因其黏稠、流动性差，直接加在配合饲料中难以混均。糖蜜味甜，适口性好，但有轻泻作用，饲粮中用量大时，粪便变稀。我国将糖蜜大部分用于发酵和酿造工业，生产味精和酒精，用作饲料的比例很小。

（四）乳 清

乳清是生产乳制品（奶酪、酪蛋白、奶油）的液体副产物。其主要成分是乳糖，残留的乳清蛋白和乳脂所占比例较小。乳清含水分高，不宜直接作配合饲料原料；经喷雾干燥后压制的乳清粉，是哺乳期幼畜的良好调养饲料，已成为代乳料中必不可少的组分。

六、能量饲料的加工

（一）谷实类饲料的加工

禾本科籽实，尤其是大麦、燕麦、水稻等籽实的外壳坚实且不易透水，若家畜采食时咀嚼不完全即吞入胃肠道，不易被消化，常有整粒随粪排出，故在喂前必须加工处理。

1. 磨碎、压扁、破碎　磨碎、压扁和破碎，可不同程度地增加饲料与消化液、消化酶的接触面，便于消化液充分浸润饲料，提高饲料的消化率。适宜的磨碎程度，取决于饲料性质、畜禽种类、年龄、饲喂方式等。磨碎过细，家畜咀嚼不良，反而影响消化；特别是麦类饲料中含谷蛋白较多，磨碎过细易糊口，在胃肠内形成黏性面团而不利消化。粉碎过粗，则达不到粉碎的目的。一般喂猪要求细些（1mm 以下），喂牛可粗些（2mm 左右），喂马和鸡则以压扁或破碎（2～4mm）为宜。将大麦、玉米、高粱等去皮（喂牛不去皮），制成压扁饲料后喂猪、乳牛和肉牛，可明显提高消化率。

2. 干热、湿热及其他加工方法　现代化畜牧业已很少应用。烘炒、喷爆、蒸煮、浸润、浸泡及发芽、糖化、发酵等加工方法只有在个别情况下（仔猪诱食、母畜产后、疾病调养等）才可用到。但粉碎谷实或配合饲料经热压或蒸汽处理后压制成颗粒，则是现代化饲料工业经常采用的加工方法。

（二）根、茎、瓜类饲料的加工

根茎、瓜类饲料生喂时，喂前应洗净、切碎，以便于采食，并避免家畜贪食造成食管梗塞事故。也可将切碎的根、茎、瓜类同其他青贮原料混合青贮。将某些薯类煮熟后饲喂家畜,可提高淀粉的消化与利用率,农户养猪多采用。

(三)液体能量饲料的加工

一种方法是用水稀释(糖蜜)或加热熔化(动物脂肪),改善其流动性,再均匀喷洒入饲粮或配合饲料中。另一种方法是先将液体能量饲料均匀地加入载体饲料中,并除去多余水分和进行抗氧化等处理,使之适应大型饲料工业的配合饲料生产。

第六节 蛋白质饲料

蛋白质饲料包括豆类籽实、油料籽实、饼粕类、动物性来源的蛋白质饲料、微生物来源的各种饲料和食品及酿造工业副产品等。按干物质计,此类饲料蛋白质含量等于或大于 20%,粗纤维含量小于 18%,消化能在 10.46MJ/kg 以上。合成氨基酸和非蛋白氮类产品也属于此类饲料。

一、植物性蛋白质饲料

(一)豆类籽实

大豆主要供人食用或榨油,用其副产品(豆饼、粕)作饲用,黑豆、豌豆、蚕豆常直接用作饲料。几种豆科籽实的营养成分见表 4-22。

表 4-22　几种豆科籽实的营养成分　(干物质基础:%,MJ/kg)

饲料	干物质	产乳净能	消化能	粗蛋白质	粗纤维	钙	磷
大 豆	87.0	16.83	18.79	40.3	5.1	0.31	0.55
黑 豆	88.0	14.94	18.37	41.0	7.6	0.27	0.55
秣食豆	86.3	16.07	18.74	41.9	4.4	—	—
豌 豆	89.0	12.08	15.31	26.1	6.2	0.13	0.46
蚕 豆	87.0	11.69	14.64	30.7	8.4	0.16	0.62

引自韩友文主编.《饲料与饲养学》. 农业出版社,1997,98

1. **大豆** 大豆与其他豆类籽实一样,含有多种抗营养因子,如胰蛋白酶抑制因子、植物凝集素、皂角苷等。这些抑制物以不同方式和不同程度影响养分的消化、吸收和畜禽健康。榨油和浸提油过程中的热处理,基本破坏了原料中的抗营养因子,故大豆饼粕可安全地用作畜禽饲料。

将全脂大豆进行加工处理破坏其有害物质后,可以取代或部分取代豆粕喂仔猪。其不饱和脂肪酸含量高,生长肥育猪饲料中使用太多会造成软脂现象,故肉猪饲粮中添加比例宜在

10%～15%。

未经加工处理的大豆可用于喂牛,宜占精料的50%以下,且需配合含胡萝卜素高的饲料使用;否则,会降低维生素A的利用率,使牛乳中维生素A含量剧减。可用大豆作为肉牛饲粮的蛋白质和能量来源,但使用量太多会影响采食量。幼龄反刍家畜饲养中,应避免使用生大豆。

2. 豌豆和蚕豆 这两种豆类的粗蛋白质含量较低,在18%～26%;粗脂肪含量很低,1.5%左右;无氮浸出物可达50%以上。这两种豆类在我国西北、西南与华中一带较多用。

(二)饼粕及其他加工副产品

饼粕是大豆和油料籽实提油后的副产品。用压榨法提油后的残渣称为油饼,用溶剂浸提后的残渣为油粕。除脂肪外,饼粕类各种成分的含量均高于其原料。由于提油过程中残留的脂肪量不等(油饼6%～8%,油粕2%左右),故由同名原料制得的油粕中所含蛋白质及各种营养成分(脂肪除外)均高于油饼。生产玉米淀粉的副产品玉米蛋白粉也属蛋白质饲料。常用饼粕类的营养成分见表4-23和表4-24。

表4-23 常用油饼的营养成分 (干物质基础:%,MJ/kg)

饲料名称	大豆饼	菜籽饼	棉籽饼	花生仁饼	亚麻籽饼	芝麻饼
干物质	87.0	88.0	88.0	88.0	88.0	93.0
消化能(猪)	15.53	13.69	11.27	14.65	13.78	14.29
代谢能(鸡)	12.21	9.77	10.27	13.22	11.13	9.62
产乳净能(牛)	9.05	8.32	9.51	10.17	7.60	8.82
粗蛋白质	47.0	39.0	46.0	50.8	36.6	42.2
粗脂肪	6.6	10.6	8.0	8.2	8.9	7.7
粗纤维	5.4	13.2	11.0	6.7	8.9	7.7
无氮浸出物	34.5	28.5	28.1	28.5	38.6	27.8
粗灰分	6.5	8.7	6.9	5.8	7.0	11.2
钙	0.34	0.70	0.24	0.28	0.44	2.41
总 磷	0.56	1.09	0.94	0.60	1.00	1.28
植酸磷	0.29	0.72	0.63	0.25	0.57	—
赖氨酸	2.74	1.45	1.77	1.50	0.83	0.88
蛋氨酸	0.68	0.66	0.52	0.44	0.52	0.88
色氨酸	0.72	0.45	0.49	0.48	0.55	—
苏氨酸	1.62	1.53	1.44	1.19	1.14	1.39

引自韩友文主编.《饲料与饲养学》. 中国农业出版社,1997,99

表 4-24　常用油粕的营养成分　（干物质基础:％,MJ/kg）

饲料名称	大豆粕	菜籽粕	棉籽粕	花生仁粕	亚麻仁粕	向日葵粕
干物质	87.0	88.0	88.0	88.0	88.0	88.0
消化能(猪)	15.15	12.03	10.75	14.13	11.27	11.84
代谢能(鸡)	11.06	8.42	8.32	12.36	9.03	9.65
产乳净能(牛)	8.37	7.32	7.75	8.65	8.03	7.14
粗蛋白质	49.4	43.9	48.3	54.3	39.5	38.2
粗脂肪	2.2	1.6	0.8	1.6	2.1	1.1
粗纤维	5.9	13.4	11.5	7.0	9.3	16.8
无氮浸出物	35.6	32.8	32.0	31.0	41.6	37.9
粗灰分	6.9	8.3	7.4	6.1	7.5	6.0
钙	0.37	0.74	0.27	0.31	0.48	0.30
总　磷	0.70	1.22	1.10	0.64	1.08	1.17
植酸磷	0.34	0.72	0.73	0.26	0.60	0.99
赖氨酸	2.82	1.48	1.81	1.59	1.32	1.28
蛋氨酸	0.74	0.72	0.51	0.47	0.63	0.78
色氨酸	0.78	0.49	0.50	0.51	0.80	0.42
苏氨酸	2.16	1.69	1.49	1.26	1.25	1.30

引自韩友文主编.《饲料与饲养学》. 中国农业出版社,1997,98

1. 大豆饼粕　是目前使用量最多的植物性蛋白质饲料,其用量占饼粕类饲料的 70％ 左右。大豆饼粕风味好、色泽佳,适口性好,可用作各种畜禽的饲料,用于猪和鸡配合饲料的效果是其他饼粕类不能代替的。其蛋白质含量高于其他饼粕,在 40％～47％;必需氨基酸的组成和比例较好,赖氨酸含量较高,可达 2.5％,且与精氨酸的比例适宜,约为 1:1.3,异亮氨酸(2.3％)与亮氨酸(3.4％)的含量也较高;缺点是蛋氨酸和胱氨酸含量不足。大豆饼粕中钙、磷的含量高于其他植物性饲料,B 族维生素含量较低,生产实践中应注意补充 B 族维生素。

大豆饼粕的饲喂效果与其加工过程中热处理的程度有关。热处理不足,仍残留各种抗营养因子,显著降低蛋白质的消化率;处理过度,使赖氨酸、亮氨酸及异亮氨酸的有效性降低。

2. 棉籽饼粕　是棉籽提取棉籽油后的副产品。饲喂状态的去壳棉籽饼粕,粗蛋白质含量可达 41％,甚至 44％,代谢能可达 10.03MJ/kg 左右;未去壳的棉籽饼粕,相应为 22％ 和 6.27MJ/kg 左右。棉仁饼粕中赖氨酸含量不足,仅为 1.29％～1.39％,精氨酸含量高,为 3.5％～3.75％。棉籽饼粕中含钙量为 0.15％～0.35％,磷含量为 1.05％～1.40％;B 族维生素丰富。在反刍动物饲养中,棉籽饼粕蛋白质具有高的过瘤胃值。

棉籽饼粕中含有棉酚,大部分为结合棉酚,只有小部分以游离形式存在。游离棉酚对畜禽有毒害作用。榨油过程的高温高压处理,可使大部分毒性强的游离棉酚转变成结合棉酚,消解或降低棉籽饼粕的毒性。猪禽饲粮中棉籽粕的适宜用量为 5％～10％。

3. 菜籽饼粕 粗蛋白质含量为36%～38%,其含量和消化率均低于大豆饼粕;但含有较高的赖氨酸,约超出猪、鸡需要量的1倍,含硫氨基酸、色氨酸、苏氨酸等必需氨基酸也都能满足猪、鸡的需要量。

油菜籽实含硫葡萄糖苷类化合物,其本身无毒性。但籽实破碎后,其所含芥子酶在一定水分和温度条件下,对其水解产生噁唑烷硫酮和异硫氰酸酯,这些物质能引起甲状腺肿大和损伤。异硫氰酸酯具有刺激性气味,可降低采食量,并对肠黏膜有刺激作用。制油过程中经高温、高压处理,可使油菜籽实中的芥子酶失去活性,减少菜籽饼粕中异硫氰酸酯和噁唑烷硫酮等毒物的产生。油菜籽的品种、加工工艺不同,饼粕中残留的异硫氰酸酯和噁唑烷硫酮不等,双低型油菜籽中毒素含量很低。

菜籽饼粕在畜禽饲粮中的适宜用量主要决定于其中毒素的含量。幼雏饲粮中一般不用,产蛋鸡不应超过5%,青年鸡不高于2%～5%,成年鸡不超过5%～10%。肉猪用量宜在5%以下,母猪应在3%以下,仔猪用量在4%～5%,成年猪为5%～8%。反刍家畜对菜籽饼的毒性不很敏感,肉牛饲粮中用5%～20%无不良影响,乳牛饲粮中用量在10%以下,产乳量、乳脂率均正常。三低或双低型菜籽饼粕可较多地替代大豆粕,肉猪可用15%,种猪可用至12%。但为防止产生软脂,应控制在10%以下。

4. 花生饼粕 我国市场销售的花生饼粕,是去壳后榨油的副产品,故习惯上又叫花生仁饼粕。其粗蛋白质含量为38%～47%,粗纤维为4%～5%;其赖氨酸含量较低,蛋氨酸与胱氨酸也不高。花生饼粕中有抗生长因子与抗胰蛋白酶,管理不当时还可能含黄曲霉毒素。雏鸡及肉鸡饲养前期最好不用花生饼粕,育成期可用6%,产蛋鸡为9%。猪饲料中用量以不超过10%为宜,否则体脂变软,影响肉脂品质。花生饼粕饲喂乳牛、肉牛的效果不比大豆饼粕差,但不宜作为其唯一的蛋白质来源。

5. 向日葵饼粕 其营养价值取决于脱壳程度。我国的向日葵饼粕,一般脱壳不净,含粗纤维20%左右,每kg只有5.94～6.94MJ代谢能;带壳很少的向日葵饼粕,粗纤维含量为12%,每kg代谢能为10.03MJ。向日葵饼粕粗蛋白质含量一般在28%～32%,赖氨酸含量低,只有1.05%～1.16%,蛋氨酸含量较高。B族维生素含量丰富,钙、磷含量比一般饼粕多。

带壳的向日葵饼粕有效能低,不宜饲喂猪、鸡;部分去壳(粗纤维含量在18%以下)者,可少量用于肉鸡,蛋鸡用量以10%以下为宜。仔猪饲料中不宜使用向日葵饼粕,以免影响氨基酸的平衡;粗纤维含量低于18%的向日葵饼粕,能替代肥育猪饲粮中大豆饼粕的50%,但须补充赖氨酸和维生素。带壳向日葵饼粕多用于反刍家畜,若完全替代大豆饼粕饲喂乳牛,产乳量略有下降,饲喂过多还可使乳脂和体脂变软。

6. 亚麻仁饼粕 亚麻仁饼粕蛋白质含量为32.0%～37.0%,其粗蛋白质品质不及豆、棉仁粕,赖氨酸、蛋氨酸含量较少(1.2%和0.45%),但色氨酸、苏氨酸较高(0.45%和1.2%)。

未成熟的亚麻籽中含有亚麻配糖体和亚麻酶,亚麻配糖体本身无毒,但在pH 5左右和亚麻酶的作用下,亚麻配糖体水解产生的氢氰酸对畜禽有毒。喂生的或处理不充分的亚麻仁饼粕,可导致家畜中毒。此外,其所含亚麻籽胶(亚麻仁饼粕中的含量为3%～10%),不能被单胃动物利用。亚麻仁饼粕比例高时,降低饲粮适口性,采食量减少,并使家畜排黏性粪便。亚麻籽饼粕含抗维生素B_6因子,使维生素B_6的需要量增加。

雏鸡饲料中一般不用亚麻仁饼粕,成年鸡饲粮中用量以不超过10%为宜。仔猪饲粮中少用,生长肥育猪饲粮中可用至8%,用量大亦会导致软脂。亚麻仁饼粕是反刍家畜的高品质蛋白质饲料,用于肉牛、乳牛饲料中,可提高肥育效果和产乳量。饲喂亚麻籽饼粕,可使展览动物皮毛光顺,富有光泽,提高观赏效果。

7. 玉米蛋白粉　是生产玉米淀粉的副产品,主要营养成分是蛋白质;因加工工艺和精制程度不同,蛋白质含量的变化幅度很大,生产上通常分 40% 以上和 60% 以上两种规格。其赖氨酸和色氨酸含量严重不足(0.85%～0.86% 和 0.19%～0.30%),但蛋氨酸与胱氨酸含量较高(0.9%～1.78% 和 0.54%～0.90%)。玉米蛋白粉含叶黄素较高,为玉米的 15～20 倍,对蛋黄和皮肤的着色效果相当好。

玉米蛋白粉多用于养鸡,用量宜控制在 5% 以下。也可用于猪饲料。乳牛、肉牛饲料中也可适量应用,其过瘤胃蛋白质含量较高。

二、动物性蛋白质饲料

大多数动物性蛋白质饲料(血粉、水解羽毛粉和皮革粉等除外)不仅含有丰富的蛋白质,且蛋白质中各种必需氨基酸的组成平衡,生物学价值高,是配合猪、禽饲粮的重要蛋白质来源。B 族维生素丰富,特别是含有维生素 B_{12}。鱼粉和肉骨粉还是钙和有效磷的良好来源。动物性蛋白质饲料的营养成分见表 4-25。

表 4-25　动物性蛋白质饲料的营养成分　(干物质基础:%,MJ/kg)

饲料名称	鱼　粉	鱼　粉	肉骨粉	血　粉	羽毛粉	皮革粉	脱脂奶粉
干物质	88.0	88.0	92.6	88.0	88.0	91.4	90.0
消化能(猪)	14.17	14.83	12.79	13.0	13.17	12.59	14.96
代谢能(鸡)	13.26	13.02	8.86	11.69	12.98	6.77	13.36
产乳净能(牛)	7.70	7.84	7.05	6.47	6.69	—	8.20
粗蛋白质	71.4	59.7	54.0	94.7	88.5	84.9	36.4
粗脂肪	11.0	13.2	9.2	0.4	2.5	0.9	1.7
粗纤维	1.1	0.4	1.2	—	0.8	1.8	—
无氮浸出物	—	3.5		1.8	1.6		53.6
粗灰分	16.5	23.2	35.6	3.1	6.6	12.4	8.3
钙	4.40	6.52	9.94	0.33	0.23	4.81	0.93
总　磷	3.14	3.55	5.08	0.35	0.77	0.15	0.73
植酸磷							
赖氨酸	5.57	3.88	2.81	7.24	1.01	2.48	2.45
蛋氨酸	2.09	0.70	0.72	0.88	0.67	0.88	0.67
色氨酸	0.83	0.76	0.28	1.26	0.45	0.54	0.44
苏氨酸	2.97	2.42	1.76	3.30	3.99	0.78	1.62

引自韩友文主编.《饲料与饲养学》.中国农业出版社,1997,101.

(一)鱼　粉

鱼粉是品质及使用效果最好的蛋白质饲料。因原料和加工条件不同,其营养成分含量差异很大。优质鱼粉的粗蛋白质含量一般在53%～65%,蛋白质消化率为90%以上。其氨基酸的平衡性好,赖氨酸、色氨酸、蛋氨酸、胱氨酸含量高,精氨酸含量低。钙、磷含量丰富,且比例合适。维生素 A,维生素 E 和 B 族维生素丰富,尤其含植物性蛋白质饲料中所没有的维生素 B_{12}。鱼粉含有较高的能值,其代谢能(鸡)可达 11.70～12.54MJ/kg。

鱼粉主要用于配合猪、禽饲粮,其用量一般为 3.0%～10.0%,不能超过12%。用量过多,会导致肌胃糜烂症。一般进口鱼粉含盐量为 1.0%～2.0%;国产鱼粉含盐量变化很大,高的可达 30.0%。使用前应先测定鱼粉的含盐量,避免用量过大引起食盐中毒。

应对鱼粉妥善贮存,特别在高温、高湿季节易发生霉变、生虫或酸败,导致其变质,以致不能饲用。

(二)血　粉

血粉是屠宰业下脚料加工的副产品,为黑褐色粉状产品。其粗蛋白质高达 79.0%～85.0%,但适口性较差,消化率较低,氨基酸不平衡(赖氨酸高,异亮氨酸不足),生物学价值不高。仔猪和仔鸡饲粮中一般不用,成年猪、鸡饲粮中用量也不宜过多(猪 10%以下,鸡 3%～5%)。

(三)肉粉与肉骨粉

由屠宰场、罐头加工厂及其他肉品加工厂的碎肉制成,若其中骨含量大于10%,就称作肉骨粉。肉粉含粗蛋白质 60%～70%,而肉骨粉为 45%～55%;粗脂肪变化大,一般为 9%;肉骨粉比肉粉含更多灰分,是动物钙、磷、锰的良好来源;肉粉和肉骨粉都是 B 族维生素的良好来源。

用肉粉喂鸡和猪,其营养价值仅次于鱼粉和饲用乳制品。在猪饲粮中,肉粉可占 10%左右,鸡约为 5%。肉骨粉也主要用于猪、鸡饲粮,用量在 10%以下为宜。

(四)蚕蛹粉和蚕蛹粕

蚕蛹粉是缫丝工业的副产品,是一种高蛋白质动物性饲料。其粗脂肪含量高达 22.0%以上,故有效能高。蚕蛹粕是蚕蛹脱脂后的残渣,粗脂肪含量在 10%左右。二者氨基酸组成的共同特点是,赖氨酸、蛋氨酸、色氨酸含量高,精氨酸含量低。蚕蛹粉中还含有丰富的维生素 A 和核黄素。

蚕蛹粉和蚕蛹粕中脂肪容易酸败,产生恶臭味,大量用于饲喂猪、鸡会降低其产品品质。因此,在猪、鸡饲粮中的用量应控制在 5%以下。

三、微生物蛋白质饲料

本类饲料是由各种微生物体制成的,包括酵母、细菌、真菌和一些单细胞藻类,通常也叫单细胞蛋白质饲料。目前,可应用的微生物蛋白质饲料还不多,主要为饲用酵母,但发展潜力很大。

(一)微生物蛋白质饲料的特点

1. 营养价值高 粗蛋白质含量在50％以上,氨基酸组成与配比良好,尤其是赖氨酸含量高,但与畜禽需要相比蛋氨酸含量仍显不足,也低于鱼粉等动物性蛋白质饲料。此外,还含有较多的B族维生素、矿物质。

2. 生长繁殖快 在适宜条件下细菌0.5～1h、酵母1～3h、微型藻2～6h即可增殖1倍。繁殖速度和生产蛋白质的效率极高,远远高于养殖业。生产单细胞蛋白的原料资源也十分丰富。

3. 适口性与消化率较低 很多产品都有异味,如酵母一般有苦味,适口性不好,特别是牛不喜食,羊、猪、禽尚能适应。由于细胞外有一层较厚的细胞壁,影响单细胞蛋白质的消化率。故在生产上采用一系列措施去除异味和提高其蛋白质的消化率。饲用时可添加风味剂,以提高单细胞蛋白质的适口性。

(二)饲用酵母

应用最多的微生物蛋白质饲料是饲用酵母,目前工业化生产的也只有饲用酵母。饲用酵母的生产方式有两种,一种是工业化大生产的副产品,一种是有目的的专业化生产。在啤酒工业等生产过程中,酵母行使发酵任务后死亡或退化,或因工艺要求而作为副产品排出;将排出的酵母清洗、干燥或直接干燥即成饲用酵母。造纸工业的废液常被用于生产饲用酵母。

饲用酵母的蛋白质含量为40％～60％,蛋白质的生物学价值较高,其营养价值介于动物蛋白质和植物蛋白质之间。其营养成分见表4-26。

表4-26　几种酵母的营养成分　（％）

种　类	水　分	粗蛋白质	粗脂肪	粗纤维	粗灰分
啤酒酵母	9.3	51.4	0.6	2.0	8.4
饲料酵母（Ⅰ）	6.7	57.6	1.1	3.7	5.7
饲料酵母（Ⅱ）	8.0	61.0	1.8	3.5	5.3

从氨基酸组成特点看,饲用酵母氨基酸平衡较差,赖氨酸、异亮氨酸含量较高,而蛋氨酸、胱氨酸含量较低。

四、非蛋白质含氮饲料

这类饲料主要是指蛋白质之外的含氮化合物,它包括有机非蛋白氮化合物和无机非蛋白氮化合物。有机非蛋白氮化合物有氨、酰氨、胺、氨基酸和某些肽。无机非蛋白氮化合物包括氯化铵和硫酸铵等盐类。反刍家畜饲养中应用历史悠久、用量大、使用广泛的非蛋白含氮化合物是尿素。在天冬酰胺、甲酸铵、异丁叉二脲、羟二甲基脲、无机铵盐等方面的研究,已取得一定成效。反刍动物对有机与无机铵盐都能很好地利用,但由于经济上的原因,限制了一些产品在生产实践中的应用。反刍动物利用非蛋白氮的原理、应用原则与用量,已在第一章第三节中详述。下面介绍几种非蛋白氮化合物。

(一)尿 素

纯尿素中含氮量为 46.7%。饲用尿素中常加入其他成分以防结块,含氮量稍低,为 42%～45%。1kg 尿素的含氮量相当于 2.62～2.91kg 粗蛋白质。尿素味微咸苦,易溶于水,在瘤胃内可被微生物分泌的尿素酶迅速降解为氨。颗粒状尿素不黏结,一般可保存 8～10 个月。

(二)双 缩 脲

双缩脲含氮 35%,每 kg 所含的氮相当于 2.19kg 蛋白质。其适口性良好,在瘤胃内可缓慢水解释放出氨,使用安全,已成功地被用作以低品质牧草喂牛时的氮添加剂。但对喂足量高能饲粮的反刍动物,其效果并不优于尿素,且价格较高。

(三)磷 酸 脲

磷酸脲含氮 17.72%,磷 19.6%。纯品系一种络合物,白色透明柱状晶体,水溶液呈酸性。该产品可同时补充氮和磷,其氨的释放速率与强度低于尿素,用量可达尿素的 3 倍。

(四)亚硫酸铵

亚硫酸铵含氮 21.2%、硫 25.9%,为白色结晶粉末,易溶于水。合成的亚硫酸铵适于饲用,作为肥料出售的焦炭化学工业产品则不宜作饲用,因其内含有害杂质。不能单靠亚硫酸铵补足缺乏的全部蛋白质。在氮量相等的情况下,用 2～2.5 份尿素和 1 份亚硫酸铵混合,比单喂尿素更有效,尤其适于绵羊。

(五)磷酸氢二铵

磷酸氢二铵为白而稍带黄色的结晶粉末或颗粒,易溶于水,含氮 19%～20%,磷 48%～50%。此产品亦不可作为补充饲料氮的唯一补充物,否则会造成饲(日)粮磷水平过高。应以 1∶2～2.5 的比例与尿素混合饲用。

(六)二氰二酰胺

二氰二酰胺含氮 66%,1kg 中所含氮量相当于 4.12kg 粗蛋白质。对反刍家畜无毒,但尚未广泛用于反刍家畜的饲养实践。

(七)异丁基二脲

异丁基二脲含氮 32%,特点是氨的释放速率慢,比较安全,利用率高。此外,在释放尿素的同时转化为异丁酸,这是微生物必需的营养因素。据用乳牛进行的试验,其效果仅次于植物性蛋白质,优于尿素。

第七节 矿物质饲料

矿物质饲料包括提供钙、磷、钠、镁、氯等常量元素的矿物饲料,也包括提供铁、铜、锰、锌、钴、碘、硒等各种微量元素的无机盐类或其他产品。本节只介绍补充常量元素的饲料。

一、钙补充饲料

植物性饲料含钙量不能满足各种畜禽的需要量，尤其是产蛋家禽、产乳牛和生长幼畜。因此，在畜禽饲养实践中，必须在饲粮中补加钙源饲料。常用的钙源饲料有石灰石粉、贝壳粉、蛋壳粉、白垩等。

（一）石灰石粉

石灰石粉是天然的碳酸钙，含钙 35％左右（高品位石灰石含钙约 38％，中等的为 33％～35％，含钙低于 28％的白云石碳酸钙含镁高，不宜作产蛋鸡饲粮的钙源），是补充钙最廉价的矿物质饲料。用作钙源的石灰石中，铅、汞、砷、氟的含量必须不超过安全量。一般石灰石粉的化学成分见表 4-27。

表 4-27　石灰石粉的化学成分　（％）

干物质	灰 分	钙	氯	铁	锰	镁	磷	钾	钠	硫
99.0	96.8	35.48	0.02	0.349	0.027	2.06	0.01	0.11	0.06	0.04
100.0	96.9	35.89	0.03	0.350	0.027	2.06	0.01	0.12	0.06	0.04

猪用石灰石粉的粒度为 32～36 目，其饲粮中用量：仔猪为 1.0％～1.5％，肥育猪为 2％，种猪为 2％～3％；禽用石灰石粉的粒度为 26～28 目，其饲粮中的用量：幼鸡为 2％，蛋鸡和种鸡 7.0％～7.5％，肉鸡和填鸭等为 3％～4％。乳牛混合精料中一般为 1.0％～1.5％。

（二）贝 壳 粉

贝壳粉包括蚌壳、牡蛎壳、蛤蜊壳、螺丝壳等，是加工食品所余副产品，经粉碎制成的灰色或灰白色粉末。其主要成分是碳酸钙，优质者含碳酸钙在 95％以上；还含有少量的蛋白质和磷，可忽略不计。用死贝壳制得的贝壳粉不含蛋白质等。贝壳粉和石灰石粉的含钙量相近，在 34％～38％。二者在饲料配方中可以互换。

（三）蛋 壳 粉

蛋壳粉由蛋品加工厂或大型孵化厂收集的蛋壳，经灭菌、干燥、粉碎而成，含钙量为 30％～35％。蛋品加工后的蛋壳或孵化出雏后的蛋壳，都残留一些壳膜和一些蛋白质（约占 4％）。

二、磷源和钙、磷源饲料

（一）磷源饲料

只提供磷的矿物质饲料为数不多，仅限于磷酸、磷酸钠盐等。磷酸为液态，具有腐蚀性，青贮饲料时可喷洒加入,但配合饲料时使用不便,一般不用。磷酸二氢钠(NaH_2PO_4)和磷酸氢二钠(Na_2HPO_4)分别含磷 25％和 21％,同时也提供 19％和 21％的钠。

(二)钙、磷源饲料

1. 骨粉 动物杂骨经热压、脱脂、脱胶后,干燥、粉碎制成。其基本成分是磷酸钙,钙磷比例在适宜范围内,是钙磷较平衡的矿物质饲料。骨粉中含钙 30％～35％,含磷 13％～15％,另有少量镁和其他元素。骨粉中氟的含量很高,可达 3 500mg/kg,但因配合饲料中骨粉的用量有限(1％～2％),不致引起氟中毒。

简易方法生产骨粉,不经脱脂、脱胶和热压灭菌,直接磨碎而成。产品中有较多的脂肪和蛋白质,钙、磷含量较低,易酸败和变质,有传染疾病的危险,使用时应特别注意。

2. 磷酸钙盐 含钙和磷,是化学工业生产的产品。最常用的是磷酸氢钙($CaHPO_4$),可溶性较其他同类产品好,畜禽对其中的钙和磷的吸收利用率也高。磷酸氢钙含钙 20％～23％,含磷 16％～18％。

常用钙、磷源饲料中钙、磷与氟的含量见表 4-28。

表 4-28 常用钙、磷源饲料几种成分的含量

	石灰石粉	贝壳粉	骨 粉	磷酸氢钙	磷酸三钙	脱氟磷灰石粉
钙(％)	37	37	34	23	38	28
磷(％)	—	0.3	14	18	20	14
氟(mg/kg)	5	—	3500	800	—	—
磷的相对生物学效价(％)	—	—	85	100	80	70

引自韩友文主编.《饲料与饲养学》. 中国农业出版社,1997,107.

三、食 盐

钠、氯是动物所必需的矿物质元素,添加食盐可同时提供该两元素。海盐和矿盐中氯化钠含量均在 95％以上,商品食盐含钠 38％,氯 58％,另有少量的镁、碘等元素。

饲用食盐应有较细的粒度,美国饲料制造者协会(AFMA)建议,应 100％通过 30 目筛。食盐吸湿性强,易结块,可在其中添加流动性好的二氧化硅等抗结块剂。但此类物质不可超过1.5％。

畜禽饲养中也可用碘化食盐,即食盐中加入不低于 0.007％的碘,若加碘化钾则必须同时添加稳定剂;碘酸钾(KIO_3)较为稳定,可不加稳定剂。

畜禽饲养中也可用微量元素化食盐(添加铁、铜、锌、钴、硒等微量元素)。

通常将食盐添加入饲料中饲喂,还可压制成食盐砖块,供动物自由舔食。这种方式适于放牧家畜,但应注意供给充足的饮水。

第八节　饲料添加剂

一、饲料添加剂的概念及应具备的条件

(一)饲料添加剂

为了畜禽的某些特殊需要,向配合饲料或混合饲料中加入的具有不同生物活性的各种微量成分,称之为饲料添加剂。

在配合饲料中加饲料添加剂的目的是:补充饲料营养组成成分的不足,完善饲料的全价性;防止饲料品质劣化,改善饲料的适口性和畜禽对饲料的利用率;增强畜禽的抗病能力,促进畜禽正常生长发育;提高畜禽产品的数量和质量等。

(二)饲料添加剂应具备的条件

1. 安 全 性　长期使用或在使用期间,不对畜禽产生急性、慢性毒害作用和不良影响,不影响种用畜禽终生的繁殖能力和后代的生长发育;在畜禽产品中的残留量不能超过规定标准,不影响畜禽产品的质量和人体健康。

2. 经 济 性　在生产实践中必须具有生产效果和经济效益。

3. 稳 定 性　在饲料加工贮藏过程及畜禽体内具有良好的稳定性和生物学效价。

4. 适 口 性　添加后不影响畜禽对饲料的采食。

二、营养性添加剂

本类添加剂是为了补充动物性、植物性饲料中不足的营养成分,以便配制能满足畜禽营养需要的全价饲粮。维生素、微量元素、氨基酸均可归入营养性添加剂。

(一)维生素添加剂

作为添加剂的维生素有:维生素 A,维生素 D,维生素 E,维生素 K,维生素 B_1,维生素 B_2,维生素 B_6,维生素 B_{12},胆碱,叶酸,泛酸和生物素等。它们以单一或复合的形式,直接加入或与其他添加剂一起加入到饲粮中。

1. 常用维生素添加剂　此处主要介绍单体维生素添加剂。养殖业中常用的复合维生素添加剂,是在考虑畜禽维生素需要量和影响需要量各种因素的前提下,用单体维生素添加剂按一定工艺过程混合而成。

(1)维生素 A 添加剂　多用维生素 A 乙酸酯和维生素 A 棕榈酸酯制成。我国几个厂家生产维生素 A 乙酸酯。从德国巴斯夫和瑞士罗氏公司进口的有维生素 A 棕榈酸酯产品。每 g 常用维生素 A 单体中含维生素 A 50 万 IU。

(2)维生素 D 添加剂　用作添加剂产品的有维生素 D_3 微粒添加剂和维生素 A/D_3 微粒添

加剂。维生素 D_3 添加剂是用胆钙化醇乙酸酯为原料制成,为米黄色或黄棕色微粒。通常使用的维生素 D 单体中,每 g 含维生素 D_3 50 万 IU。

(3)维生素 E 添加剂　有维生素 E 粉和维生素 E 乙酸酯。常用的 DL-α-生育酚单体中,有效成分含量为 50%。

(4)维生素 K 添加剂　作为维生素 K 添加剂使用的是维生素 K_3 类的人工合成产品,主要有甲萘醌亚硫酸氢钠、甲萘醌亚硫酸氢钠复合物、甲萘醌二甲基嘧啶亚硫酸盐和甲萘醌烟酰胺亚硫酸盐。甲萘醌亚硫酸氢钠为白色或灰黄褐色结晶性粉末。

(5)维生素 B_1 添加剂　饲料工业中用盐酸硫胺素或硝酸硫胺素。前者为白色结晶粉末,后者为白色或微黄色结晶粉末。盐酸硫胺素添加剂中有效成分含量为 98.5%~101.0%。

(6)维生素 B_2 添加剂　饲料工业中用人工合成的核黄素,含量为 96.0%以上。

(7)维生素 B_6 添加剂　常见的商业制品为吡哆醇盐酸盐,含量为 98.5%以上。

(8)维生素 B_{12} 添加剂　为深红色粉末。其添加量很微,常是以维生素 B_{12} 为原料,加入玉米淀粉或碳酸钙载体稀释,含量为 1%。

(9)生物素添加剂　商品饲料添加剂含 1%~2%的 D-生物素,为白色到浅褐色的细粉。

(10)叶酸添加剂　常用添加物是叶酸,含量为 95.0%~102.0%。

(11)烟酸添加剂　其商品添加剂形式有烟酸与烟酰胺两种,在活性方面二者可互换,均稳定。含量为 99.0%~101.0%。

(12)泛酸添加剂　商品添加剂为泛酸的钠盐与钙盐,最主要的是 D-泛酸钙。

(13)胆碱添加剂　常用的商品添加剂为 70%的氯化胆碱水溶液,或以此水溶液为原料加入脱脂米糠或玉米芯粉等,制成的氯化胆碱为 50%的粉剂。氯化胆碱对其他维生素有破坏作用,尤其是存在金属元素时,对维生素 A、维生素 D、维生素 E、维生素 K 均有破坏作用,但可直接加入浓缩料或全价料中。

(14)维生素 C 添加剂　有 D 型和 L 型两种异构体,仅 L 型对动物有作用。饲料工业中的维生素 C 添加剂是用合成法或发酵法制得的,含量为 99.0%~101.0%。

2. 维生素添加剂效价的变化　确定维生素添加量时,除考虑维生素的需要量、饲料中维生素含量等因素外,还须考虑维生素添加剂本身的稳定性。尽管在每种维生素添加剂单体的制造工艺中做了一定的稳定化处理,但在贮藏过程中及与其他维生素预混或与全价饲料混合后,还会使维生素有效成分发生变化。为保证维生素添加剂的使用效果,应尽量缩短添加剂的贮存期,还应考虑维生素预混合料在全价饲料中的稳定性(表 4-29)。

表 4-29　维生素预混合料在全价饲料中的稳定性

维生素名称	稳　定　性
维生素 A(乙酸酯与棕榈酸酯)	与饲料贮存条件有关,在高温、潮湿以及有微量元素和脂肪酸败情况下,维生素 A 受破坏加速
维生素 D_3	与维生素 A 情况类似
维生素 E	在 45℃条件下,可保存 3~4 个月,在全价配合饲料中可保存 6 个月
维生素 K_3	与贮存条件有关,在添加剂预混料中对水分、微量元素、高温较敏感,在粉状全价料中较稳定,颗粒饲料制作过程中会损失
维生素 B_1	在饲料中每月损失 1%~2%,对热、氧、还原剂敏感,最佳 pH 为 3.5

续表 4-29

维生素名称	稳　定　性
维生素 B_2	在预混料中贮存 12 个月仅损失 1%～2%,存在还原性物质(硫酸亚铁,维生素 c)与碱性条件下,会降低稳定性
维生素 B_6	正常情况下,每月损失不到 1%,对碱、光、热敏感
维生素 B_{12}	一般每月损失 1%～2%,在粉状配合饲料中稳定,存在高浓度氯化胆碱、还原剂及强酸性条件下,分解加快
泛酸	正常条件下每月损失不超过 1%,但在高温、热和酸性条件下,损失加快
烟酸	每月损失一般不超过 1%
叶酸	在粉状饲料中较稳定,对光敏感,在酸性条件下及预混料或全价饲料中有氯化胆碱和微量元素存在时,稳定性较差
生物素	正常条件下每月损失不超过 1%,稳定性问题报道很少
氯化胆碱	在添加剂预混料中、全价料中都很稳定
维生素 C	在室温条件下贮存,每月损失约 5%,制粒、水分和光线可使维生素 C 失活加快

引自宋金昌主编.《畜禽营养与饲科学》.中国农业科技出版社,1999,251

(二)微量元素添加剂

微量元素通常是指占动物体重 0.01% 以下的矿物质元素。在饲料中需添加的微量元素包括铁、铜、锌、硒、碘和钴。猪、禽饲粮中添加了维生素 B_{12} 时,不再补钴。

理论上,微量元素的添加量应为饲养标准规定的需要量与饲料中可利用量之差。但饲料中微量元素受土壤、气候等因素的影响,变化幅度很大。在实际确定添加量时,通常不计算饲料中微量元素的可利用量,而是根据畜禽生产性能和饲养实践,参照饲养标准的推荐量,酌情加以调整。

1. 微量元素的需要量和最大安全量　畜禽饲粮中微量元素不足会出现缺乏症或亚临床缺乏,过量也会引起中毒。因此,在确定添加剂使用量时,要掌握畜禽的需要量和最大安全量(表 4-30)。

表 4-30　畜禽微量元素的需要量和最大安全量　(mg/kg)

元　素	畜　种	需要量	最大安全量	元　素	畜　种	需要量	最大安全量
铁	牛	40～60	1000	钴	牛	0.1～0.2	30
	绵　羊	30～40	500		绵　羊	0.1～0.2	50
	猪	50～120	3000		猪	0.1	50
	禽	50～80	1000		禽	—	20
铜	牛	5～15	100	碘	牛	0.2～0.5	20
	羊	5～6	15		羊	0.2～0.4	500
	猪	10～20	250		猪	0.1～0.2	400
	禽	3～6	300		禽	0.3～0.4	300

续表 4-30

元素	畜 种	需要量	最大安全量	元素	畜 种	需要量	最大安全量
锰	牛	40～100	1000	硒	牛	0.1～0.2	3
	羊	30～40	1000		羊	0.1～0.2	3
	猪	30～50	400		猪	0.1～0.2	2
	禽	40～60	1000		禽	0.1～0.2	4
锌	牛	50～100	400	钼	牛	0.5～1.0	6
	羊	50～60	300		羊	0.5～1.0	10
	猪	50～80	1000		猪	<1.0	20
	禽	50～60	1000		禽	<1.0	100

引自宋金昌主编.《畜禽营养与饲科学》.中国农业科技出版社,1999,252

2. 微量元素添加原料的选择   在选择微量元素添加剂时,要考虑有效性、价格、适口性等因素。常用的微量元素添加形式为相应元素的盐类或氧化物。硫酸盐的利用率一般较高,但多带有结晶水,流动性较差,不易与饲料拌匀,氧化物的长处是元素含量高,价格便宜,又不易吸湿结块,流动性和稳定性较好,容易加工。一般猪、牛饲料中使用微量元素的氧化物较多,硫酸盐多用于家禽饲料。表 4-31 列出常用化合物中微量元素含量和利用率。

表 4-31 微量元素的化合物形式、含量及利用效率 （％）

元 素	化合物形式		元素含量	利用率
铁	七水硫酸亚铁	$FeSO_4 \cdot 7H_2O$	20.1	100
	一水硫酸亚铁	$FeSO_4 \cdot H_2O$	32.9	100
	氯化亚铁	$FeCl \cdot 4H_2O$	28.1	98
	碳酸亚铁	$FeCO_3 \cdot H_2O$	41.7	23
铜	五水硫酸铜	$CuSO_4 \cdot 5H_2O$	25.5	100
	一水硫酸铜	$CuSO_4 \cdot H_2O$	35.8	100
	碳酸铜	$CuCO_3$	51.4	41
	氧化铜	CuO	80.0	—
锌	七水硫酸锌	$ZnSO_4 \cdot 7H_2O$	22.7	
	一水硫酸锌	$ZnSO_4 \cdot H_2O$	36.4	均为较好的锌源,以硫酸锌最佳
	碳酸锌	$ZnCO_3$	52.1	
	氯化锌	$ZnCl$	48.0	
锰	五水硫酸锰	$MnSO_4 \cdot 5H_2O$	22.7	100
	一水硫酸锰	$MnSO_4 \cdot H_2O$	32.5	100
	碳酸锰	$MnCO_3$	47.8	40
	氧化锰	MnO	77.4	60

续表 4-31

元　素		化合物形式		元素含量	利用率
钴	五水硫酸钴	$CoSO_4 \cdot 5H_2O$		24.39	
	一水硫酸钴	$CoSO_4 \cdot H_2O$		34.07	三者相同
	氯化钴	$CoCl_2$		45.36	
硒	亚硒酸钠	Na_2SeO_3		45.6	100
	硒酸钠	Na_2SeO_4		41.77	89
碘	碘化钾	KI		76.4	—
	碘酸钙	$CaIO_3$		65.1	—

引自宋金昌等主编.《畜禽饲养与饲料学》.1999；张力，郑中朝主编.《饲料添加剂手册》.2000

(三)氨基酸添加剂

由于我国氨基酸工业的限制，当前能大量使用的氨基酸添加剂只有赖氨酸和蛋氨酸；国外有色氨酸和苏氨酸工业产品，可供添加。

1. 蛋氨酸及其类似物添加剂 有 DL-蛋氨酸（DL-蛋氨酸含量≥98.5％，可按 100％计）、蛋氨酸羟基类似物（以 $C_5H_{10}O_3S$ 计，含量≥88.0％）、羟基蛋氨酸钙［以 $(C_5H_9O_3S)_2$ 计，含量≥97.0％］及 N-羟甲基蛋氨酸钙［以 $(C_6H_{12}NO_3S)_2Ca$ 计，含量≥67.6％］。N-羟甲基蛋氨酸钙适于反刍家畜，能避免在瘤胃中降解。

2. 赖氨酸添加剂 一般用 L-赖氨酸盐酸盐，含量≥98.5％；其赖氨酸含量为 79.5％（可取整按 80％计）。

3. 色氨酸添加剂 可采用 L-色氨酸和 DL-色氨酸。DL-色氨酸的效价仅为 L-色氨酸的60％～80％。

4. 苏氨酸添加剂 常用的是 L-苏氨酸。

三、非营养性添加剂

非营养性添加剂是指一些不提供基本营养素的化合物或药物。这类添加剂在配合饲料中占的比例很小，但其作用是多方面的。根据这些添加剂所起的作用，可区分为生长促进剂、驱虫保健剂、饲料保藏剂等。

(一)抑菌促生长剂

属于此类添加剂的有抗生素、抑菌药物、砷制剂、铜制剂等。这类物质的作用主要是抑制动物消化道内有害微生物的繁殖，增强消化道吸收能力，提高养殖动物对营养物质的利用，促进动物生长。

1. 抗生素类 抗生素对保持动物健康和促进生长有一定效果，特别是在养殖环境较差、饲养水平较低时效果显著。抗生素是某些种微生物生命活动的产物，能抑制其他微生物的繁殖。关于抗生素促进生长作用的机制，说法不一。通常认为是与肠道特定细菌相互作用的结果。

应选择安全性高,且不与人医临床共用的动物专用抗生素作为饲料添加剂。我国规定青霉素、链霉素、林可霉素、新霉素等只能用作治疗药物,不准许长期作饲料添加剂用。用作添加剂的抗生素种类很多,现将我国允许使用的主要抗生素分述如下:

(1)杆菌肽锌 是杆菌肽与锌的络合物。杆菌肽锌具有高效、低毒、吸收少、残留低等优点。

(2)土霉素 土霉素与钙、镁等金属离子形成稳定的络合物,从而提高稳定性,减少吸收,构成适宜的饲用形式。但对其作为促生长饲料添加剂仍有分歧意见。

(3)硫酸黏杆菌素 它对革兰氏阴性菌有强抑菌作用,在动物体内不产生耐药菌株。可促进动物生长,预防大肠杆菌和沙门氏菌引起的疾病,对环境无污染。但大量使用会导致肾中毒。

(4)恩拉霉素 是多肽类抗生素,对革兰氏阳性菌,特别是肠内有害梭菌抑制作用很强,长期使用无抗药性。它可改善动物对饲料中营养物质的利用,促进猪、鸡增重,提高饲料转化率。

(5)维吉尼霉素 其品质稳定,无代谢毒素,抗菌性高且无耐药性。它能影响肠道内菌落,减少有害微生物代谢产物,减缓肠蠕动,延长饲料在消化道内滞留时间,增加养分吸收机会,促进生长。其在饲料加工制粒过程中的稳定性好。

(6)泰乐菌素 泰乐菌素毒性小,在肠道内不易被吸收,适于作饲料添加剂。低剂量添加可促进生长,改善饲料利用效率;大剂量添加可控制猪痢疾、肺炎、萎缩性鼻炎和鸡慢性呼吸道病及小牛支原体肺炎等传染病。

(7)北里霉素 也叫白霉素。饲喂后迅速吸收,并经尿排出。经病理和毒理试验证明,此种抗生素是安全的,对猪、鸡有促进生长、提高饲料效率的作用。目前国内仅有医药用的白霉素生产,尚无饲料级产品。

除上述抗生素外,还有红霉素、青霉素、四环素、金霉素、螺旋霉素、阿伏霉素、竹桃霉素、拉沙洛西钠、莫能霉素钠等,我国目前未将其中某些抗生素作为添加剂使用。主要抗生素类添加剂的用量见表4-32。

表4-32 几种抗生素添加剂的用量 (g/t)

名　称	使用对象	用　量	停药期	注意事项
杆菌肽锌	猪(0～4 月龄)	4～40	—	
	蛋鸡(0～10 周龄)	4～20	—	
	肉鸡(0～7 周龄)	4～40	—	
	牛 3 月龄以下	10～100	—	
	3～6 月龄	4～10	—	
硫酸黏杆菌素	哺乳猪	2～40	屠宰前 7d	
	仔 猪	2～20	屠宰前 7d	
	鸡(蛋鸡 0～10 周龄)	2～20	屠宰前 7d	产蛋鸡禁用
	哺乳期犊牛(0～3 月龄)	5～40	屠宰前 7d	
土霉素	猪(0～4 月龄)	7.5～50	屠宰前 7d	
	蛋鸡(0～4 月龄)	5～7.5	屠宰前 7d	产蛋鸡禁用

续表 4-32

名 称	使用对象	用 量	停药期	注意事项
恩拉霉素	猪(0~10月龄)	2.5~20(效价)		
	鸡(0~10周龄)	1~10(效价)		产蛋鸡禁用
维吉尼霉素	猪(0~4月龄)	10~20	屠宰前 1d	体重>45kg 禁用
	蛋鸡(0~10周龄)	2~5	屠宰前 1d	产蛋鸡禁用
泰乐菌素	猪 4 月龄内	10~100	屠宰前 5d	
	4~6 月龄	5~20	屠宰前 5d	产蛋鸡禁用
	鸡 8 周龄	4~50	屠宰前 5d	
北里霉素	猪(0~4月龄)	5.5~55	屠宰前 3d	
	蛋鸡(0~10周龄)	5.5~11	屠宰前 2d	产蛋鸡禁用

引自韩友文主编.《饲料与饲养学》. 中国农业出版社,1997.119

2. 其他促生长剂

（1）喹乙醇　抗菌谱广,对革兰氏阴性菌及阳性菌均敏感,对革兰氏阴性菌中大肠杆菌、沙门氏菌、志贺氏菌和变形杆菌特别敏感,其抗菌活性优于四环素、氯霉素、杆菌肽锌等,同时不与四环素、氯霉素、青霉素产生交叉抗药性,在动物体内吸收迅速,排泄完全,无蓄积作用。鸡鸭对本品较敏感,国内鸡、鸭中毒报道较多,不能随意加大剂量。我国已明令禁止用于家禽和水产动物。其在畜体内作用为:

①提高体内氮的沉积量,促进生长,提高饲料利用效率。

②抑制肠道内有害微生物的生长繁殖,预防腹泻等消化道疾病。适用于仔猪、生长猪、蛋用雏鸡、肉仔鸡、肉牛、育成牛、羊和兔等。

（2）生长激素　是动物脑下垂体前叶分泌的一种蛋白质激素。在消化道内易被消化,不被吸收,无残留问题。生长激素由垂体分泌后,随血液循环至肝脏,促进肝脏中类胰岛素样因子的释放,此因子作用于肌肉组织,促进蛋白质的合成。猪使用生长激素,日增重提高 7%～15%,饲料利用率提高 8%～16%,瘦肉率提高 8%～13%;使用效果依次为阉猪、后备猪和公猪。牛、羊的增重幅度变异很大,日增重提高 5%～21%,饲料利用率提高 10%左右。使用生长激素的缺点是必须每日注射,不能口服,这给生产应用带来了许多不便。使用剂量一般猪每头每日 3~5mg,牛每日 2~6mg/kg 代谢体重。

生长激素具有种属特异性,牛生长激素对羊同样有效,但对猪效果不明显。鸡自身生长激素水平较高,使用生长激素的效果不显著。生长激素的主要作用是促进蛋白质合成,使用时须提高饲粮蛋白质含量,钙和磷供应量也相应增加。其提高饲料利用率的方式主要是降低采食量,最好对猪进行自由采食。应用生长激素使猪脂肪沉积减少、背膘厚度下降,故对环境温度变化敏感性增强,尤其是夏季要加强防暑降温措施。生长激素对胴体品质影响不大,但剂量大时肌肉内脂肪含量减少,肉的嫩度和口味有所下降。

(二)驱虫保健剂

驱虫保健剂的主要作用是驱除畜禽体内的寄生虫,防止畜禽寄生虫感染,促进畜禽生长,提高饲料转化率。

1. 驱蠕虫类药物 此类药物对于降低畜禽体内虫体负荷,减少环境中虫卵感染的机会具有重要作用。驱蠕虫类药物包括驱线虫药物、抗绦虫药物和抗吸虫药物。选用药物时要遵循药价便宜、高效安全、残留量少、便于投药的原则。

2. 抗球虫药物 猪、禽、牛、羊和兔都可感染球虫。对禽、兔的危害性最严重,急性暴发时常引起大批死亡。预防性投药是最经济的一种方法,但由于球虫种类繁多,至今没有一种抗球虫药能对所有球虫有效,长期用药也会产生耐药虫株。因此,生产中应采用轮流式用药。肉鸡屠宰前7d停止用药,产蛋鸡禁用。我国批准使用的抗球虫药物有氨丙啉、乙氧酰氨苯甲酰、磺胺喹噁啉、硝基二苯甲硫酸、氯苯胍、拉沙里霉素、莫能菌素等。

(三)饲料保藏剂

饲料加工、贮藏过程中,常有一些饲料成分发生变化或受霉菌污染,可在饲料贮存期间适当加入一些抗氧化剂和防霉、防腐剂。

1. 抗氧化剂 抗氧化剂可以防止饲料中有机物质(特别是不饱和脂肪酸)氧化和酸败,防止饲料中的维生素等活性物质氧化和效价降低,但不能防止细胞中的过氧化过程。目前常用的抗氧化剂有乙氧基喹啉、二丁基羟基甲苯、丁基羟基茴香醚、抗坏血酸及没食子酸丙酯等。其中用量最大的是乙氧基喹啉,其次是抗坏血酸、二丁基羟基甲苯。

2. 防霉剂 霉菌和霉菌毒素可使饲料营养与饲用价值降低,霉菌毒素还直接危害人和动物的健康。饲料中最常见、危害最大的霉菌毒素为黄曲霉毒素,其对幼年动物的毒性作用已受到广泛重视。

采用化学防霉剂是防止霉变的有效方法,防霉剂的种类很多,实践中最常用的是丙酸和丙酸盐,可抑制微生物繁殖,防止毒素产生和贮藏期间的养分损失。丙酸本身也含可利用能量,是最安全的防腐剂。丙酸的添加量依饲料含水量和贮存时间而定,表4-33所列为西德巴斯夫公司的建议用量。

表 4-33 丙酸的建议使用量 (%)

饲料中含水量	配合饲料	植物性饲料	动物性饲料
10.0~12.0	不加	不加	0.35
12.0~13.0	0.25	0.25	0.40
13.0~15.0	0.30	0.30	—
15.0~17.0	0.35	0.35	—
17.0~20.0	0.45	0.45	—

引自韩友文主编.《饲料与饲养学》.中国农业出版社,1997.123

通常在猪、鸡饲粮中添加丙酸盐0.3%,可有效防止饲料发霉。丙酸钠和丙酸钙均为白色粉末,易溶于水,具有很强的抑制霉菌生长作用。丙酸钠的添加量一般为0.1%,丙酸钙为0.2%。丙酸钠吸湿性强,易于结块,不适于湿度高的地区使用。饲料含水量多时,丙酸盐的添加量也应提高。

第九节　配合饲料的概念、优点及种类

一、配合饲料的概念和优点

(一)配合饲料的概念

在现代化饲料工厂中,参照畜禽饲养标准制定出饲料配方,并依此配方生产的均匀一致、符合营养要求的大批量饲料产品,即为配合饲料。在畜禽饲养中,饲料质量直接影响畜禽的健康和生产水平。采用先进的设备进行饲料产品的工厂化生产,能及时融入动物营养科学研究的最新成果,使生产出的产品优质化、规格化,为进行现代化、集约化的高效畜禽生产提供坚实的基础。

(二)配合饲料的优点

配合饲料的优点可概括为以下五个方面:

其一,配合饲料是按不同畜禽种类、性别、年龄、生产目的的需要和生理特点配制的饲料,能够满足畜禽的营养需要,最大限度地发挥畜禽的生产潜力。

其二,配合饲料是根据畜禽营养需要,按照饲料配方,用多种原料配制而成。由于营养平衡,饲料间营养互补,因而可提高饲料利用率。实践证明,用配合饲料代替单一饲料,可使饲料转化率提高 20%～30%,猪的饲养周期缩短 1～2 个月,蛋鸡产蛋率可提高 30% 左右。

其三,配合饲料是工厂化生产,它可将饲料添加剂等微量成分与饲料原料混合均匀,既可满足畜禽的营养需要,又可防止营养缺乏症的产生。

其四,配合饲料是采用先进的生产工艺制成的,能及时应用饲养科学研究的最新成就。由于饲料质量标准化,饲用安全、方便,显著提高了饲养业的劳动生产率和经济效益。

其五,配合饲料中添加了抗氧化剂、抗黏结剂等各种饲料保藏添加剂,延长了饲料的保存期,且其体积小,便于运输,可降低保藏、运输等费用。

二、配合饲料的分类

配合饲料的分类,可按营养成分及用途、饲料的物理形态或饲养对象进行。按饲养对象,可以分为猪用、鸡用、鸭用、鹅用、牛羊用、水生动物用配合饲料等。每一类均可再进行细分,如猪用配合饲料中有母猪饲料(空怀期、妊娠前期、妊娠后期、哺乳期)、种公猪饲料、后备猪料、生长肥育猪料等。

(一)按营养成分和用途分类

1. 添加剂预混料　是由一种或多种具有生物活性的微量组分(各种维生素、微量矿物质元素、合成氨基酸、非营养性添加剂)组成,将其吸附在一种载体上或用某种稀释剂稀释,并经搅拌机充分混合的产品。它是浓缩饲料或全价配合饲料的一种重要组分。生产饲料添加剂预混料的目的，是将添加量极微的添加剂经过稀释扩大，使其中有效成分能均匀地分布在浓缩饲料或全价配合饲料中。通常要求添加剂预混料的添加比例为最终产品的1%或更高。若添加比例较低，必须在生产配合饲料之前，再进行第二次预混、扩大，以确保微量组分在最终产品中均匀分布。

2. 浓缩饲料　浓缩饲料是指全价饲料中除去能量饲料的剩余部分。它是由蛋白质饲料、常量矿物质饲料（钙、磷、食盐）和添加剂预混料三部分构成，是配合饲料工厂生产的半成品。浓缩饲料中，除能量指标外，其余营养成分浓度很高，一般为全价配合饲料的3～4倍；必须按一定比例与能量饲料混合成全价饲料，再用于饲喂畜禽。

3. 全价配合饲料　又称全饲粮配合饲料。这种配合饲料营养全面，不需要再添加任何营养物质就能满足畜禽生长或生产的营养需要，可直接用于饲喂畜禽。

4. 精料补充料　这类饲料主要是为草食家畜（羊、牛等）生产的，是用多种原料按一定比例配制的非全价饲料；用于补足粗饲料与青饲料中的营养缺额，与粗饲料、青饲料共同组成全价饲粮。

（二）按配合饲料的物理形态分类

1. 粉状饲料　是目前仍普遍使用的料型。是先将各种原料粉碎至要求的细度，然后称重配料，混匀即成。这种饲料的生产设备和工艺流程较简单，耗电少，加工成本低，但饲喂时动物易挑食而造成浪费，如喂鸡浪费6%～10%；另外，在运输过程中容易产生分级现象。

2. 颗粒饲料　是将粉状饲料加水或通入蒸汽，或加入黏结剂，而后在颗粒机中压制成的颗粒状饲料。形状一般为小圆柱形和角状形两种，尤其适合喂肉鸡、蛋鸡，有时也用于饲喂猪、羊、兔。其密度大、体积小，饲喂方便，可防止畜禽挑食，确保采食的全价性和减少饲料浪费；运输过程中能保证饲料的均匀性、通透性；由于制粒过程中温度升高，故有一定的杀菌作用，可减少霉变发生，有利于贮藏运输。但制作成本较高，加热加压时还易使一部分维生素和酶等失去活性。

颗粒饲料产品的颗粒直径因畜禽种类、年龄而异。我国一般采用的直径范围是：肉仔鸡1～2.5mm，成年鸡4.5mm，仔猪4～6mm，肥育猪8mm，成年母猪12mm，小牛6mm，成年牛15mm。颗粒的长度一般为其直径的1～1.5倍。

3. 膨化饲料　以蒸汽形式向已混合均匀的配合饲料喷入水分，使其中淀粉糊化，并通过成型机以强大的压力挤出，使之迅速膨化发泡而形成的饲料产品。在膨化过程中原料中的淀粉部分熟化，提高了畜禽的适口性和消化率。这种饲料主要用于幼畜和水生动物。

此外，还有液体饲料、破碎料、压扁饲料和块状饲料等。

三、影响配合饲料质量的因素

影响配合饲料质量的因素很多，涉及到配合饲料生产的各个环节，其中饲料配方、加工工艺、原料检测的影响最为突出。

（一）饲料配方

饲料配方是否科学、合理，是决定配合饲料质量和成本的关键，也是饲料工业的核心软件。按设计配方制成的配合饲料，饲喂后动物健康安全，生产效果好，经济效益显著，即说明饲料配方合理，配合饲料质量好。

（二）加工工艺

1. 清理　饲料原料在收获、运输等过程中往往会混入一些灰土、石块、泥块、麻布片、麻绳头、金属等杂物。这些杂质的混入，会影响饲料的质量，进而影响畜禽的生长和生产，还会严重损坏饲料加工设备。故必须在加工配合饲料前清理杂质。

2. 粉碎　粉碎直接影响配合饲料的产量、质量、耗电量及成品饲料的成本。粉碎破坏了谷物的外壳，增加谷物的表面积，便于消化酶、消化液与饲料颗粒接触，可提高消化率；饲料原料被粉碎后，可提高配合饲料的均匀度。

饲养试验证明，并不是把饲料粉碎得越细越好。适宜的粉碎粒度因原料和饲养畜禽的种类而有差异。谷实饲料适宜的粉碎粒度为：猪，1mm；牛，2mm 左右；马与鸡，2～4mm。

3. 配料（计量）　配料就是按照设计的饲料配方准确地配给各种组分。有正确的配比成分，才能有良好的饲养效果。如果某种成分配比失误，就会降低整个配合饲料的营养价值。有的添加剂添加不足或过量，会导致畜禽生长发育不良，严重者造成中毒或死亡。因此，要求配料设备具有准确性、稳定性、灵敏性和示值不变性。对加入的药物和微量添加剂更须计量准确，并有详细记录。

4. 混合　就是把已配好的各种饲料组分充分混合，使之成为营养成分均匀的成品。这也是确保配合饲料质量和提高饲料利用率的重要环节。混合不均匀，影响畜禽的生长发育和生产性能，降低饲养效果，严重时可致畜禽死亡。

为了保证饲料的混合均匀度，饲料加工过程中分两步进行混合，即预混合和主流混合。

（1）预混合　就是将畜禽所需要的一些微量元素、维生素、氨基酸、抗生素、药物等添加剂与载体进行一次预先混合。其目的是使微量组分能逐步扩散，以便能在全价配合饲料中混合均匀。

（2）主流混合　就是在混合机中，将按配方要求计量的各个组分充分混合均匀。

（三）原料品质

没有合格的原料就不能生产出合格的产品。在原料进厂时，一定要对原料外观进行鉴定，要求色泽与形态正常，无霉变、虫蛀、结块、异味等；并应对原料的水分、粗蛋白质、粗纤维、粗灰分、粗脂肪的含量进行检测。对某些饲料原料及产品，还须根据其特殊性和要求进行相应的检测。所用各种原料均须达到国家标准的要求。

1. 大豆及其制品　必须测定尿素酶的活性，以判断其中抗营养物质（抗胰蛋白酶）的破坏程度。

2. 鱼粉　对鱼粉及配合饲料，除常规营养成分外，还应检测其食盐含量。

3. 饼（粕）类、木薯粉等　在配合饲料中使用这些原料时，必须测定其中有毒有害物质的含量，如异硫氰酸酯、噁唑烷硫酮、游离棉酚、氰化物、黄曲霉素 B_1、亚硝酸盐等。

4. 有毒有害元素及微生物 应进行检测的有毒有害元素有砷、铅、汞、镉、铬、氟等。对饲料原料中的沙门氏菌、霉菌及细菌也应依照国家标准进行检测。

此外，还应对原料中杂质、霉变、掺假等做定性、定量检测。

(四)成品质量检测

为了确保配合饲料的质量，在成品出厂前，须抽样进行检测，各检测项目均须达到国家标准的要求。

第十节 饲(日)粮配合

一、日粮、饲粮配合的概念

(一)日 粮

日粮是指满足 1 只动物 1 昼夜所需各种营养物质而饲喂的各种饲料的总量。选择适当的饲料原料，按饲养标准规定的每日每头(只)畜禽所需营养物质的数量进行搭配，即可配合出 1 头(只)畜禽的日粮。

(二)饲 粮

是按日粮中各原料组分的百分含量和畜禽群体中"典型畜禽"的营养需要(即营养物质浓度)而配制的大量混合饲料。在当今的畜牧生产中，除极少数畜禽仍保留个体单独以日粮饲养外，均采用群饲。特别是集约化畜牧业生产中，为便于饲料生产工业化及饲养管理操作机械化、标准化，多配制成能满足一定生产水平群体畜禽营养需要的混合饲料。

二、配合饲(日)粮的意义

各种天然饲料和工农业副产品所含营养物质均有其优势或不足，单独使用时不能满足畜禽的营养需要。在粗放饲养条件下，畜禽生产水平不高，所处的生活环境不佳，却有较大的生存空间，使其可通过寻觅、采食，一定程度上进行营养物质摄取的自我调控。在此种饲养方式下，对供给的营养物质种类及数量都不甚苛求；但舍饲条件下，仍须以日粮或饲粮满足畜禽基本的营养需要。随着集约化饲养业的发展，全封闭管理方式的出现，畜禽基本与自然环境隔绝，其所需营养物质完全取之于养殖者提供的饲料，全价营养供应成为突出问题。为此，就必需配合全价的饲(日)粮，以便相对精确地满足畜禽的营养需要，充分发挥其生产性能，提高饲料转化率，以获得较高的经济效益。

三、配合饲(日)粮的原则

(一)科 学 性

必须参照畜禽营养需要或饲养标准,再结合畜禽在具体饲养实践中的生产反应,对饲养标准的建议量进行适当调整,提出合理的营养物质供给量,作为配合日粮或饲粮的依据。

配合日粮或饲粮时,除考虑供给的营养物质数量外,还必须考虑所配合饲(日)粮的适口性。使生产出的饲(日)粮营养完全、饲喂对象又乐意采食。

在配合日粮时所用的饲用原料应既能满足所饲喂动物的营养需要,又具有与其消化道相适应的容积。

(二)安 全 性

日粮和饲粮不仅要对畜禽无毒害作用,且某些成分在畜禽产品中的残留量应在允许范围,畜禽排泄物对人和环境无毒害作用或不构成潜在威胁。在配合日粮和饲粮时,所选择的饲料原料质量和所用添加剂均应符合国家标准与规定。

(三)经 济 性

在畜禽饲养中,饲料占饲养成本的 70% 左右,提高畜牧业的经济效益首先应从降低饲料成本着手。在配合饲(日)粮时,须因地制宜,充分利用当地的饲料资源,合理利用饼粕糟渣等副产品,在保证营养供应的前提下尽量降低饲料成本。

四、配合饲(日)粮的几种方法

饲(日)粮配方设计,是应用数学方法,将动物营养学与饲料科学理论与新成就融入的过程。过去多用手工计算,速度较慢,涉及的营养指标较少,对成本的考虑也受限制。目前,国内外已普遍应用电子计算机优选最佳饲料配方,能更全面地满足畜禽营养需要,并有效地降低饲料成本。

(一)试 差 法

试差法是较普遍采用的方法之一。其具体作法是,先参照畜禽饲养标准(或结合实际设定欲配营养水平),初步定出各种原料的大致比例(可根据经验先确定食盐、预混料、磷酸氢钙及用量受限制饲料,如菜籽粕等的大致比例,再预设玉米、小麦麸、大豆粕等能量饲料与蛋白质饲料的比例,使总配比为 100%);将此比例乘以相应原料各种营养成分的含量(见表 4-35 中消化能的计算),得到每种原料提供的各营养成分的数量。将各种原料提供的各种营养物质量分别积加,即得到配方的每种营养成分的总量。将所得的结果与饲养标准或结合实际设定的欲配水平进行对比,若有任何一种营养成分超过或不足时,可通过增加或减少相应原料的比例予以调整或重新计算,直至所有的营养指标都基本满足畜禽营养需要时为止。这种方法简单易学,且有利于逐步掌握各种配料技术。缺点是计算量大,盲目性也较大,不易筛选出最佳配方,成本也可能较高。

现以配制体重 35～60kg 瘦肉型生长肥育猪的饲粮为例,方法步骤如下:

1. 确定营养供给水平 查中华人民共和国农业行业标准猪饲养标准(NY/T 65－2004)得知,35～60kg 瘦肉型生长猪饲粮的消化能浓度应为 13.39MJ/kg,粗蛋白质 16.45％,赖氨酸 0.82％,蛋氨酸＋胱氨酸 0.48％,色氨酸 0.15％,钙 0.55％,总磷 0.48％,非植酸磷 0.20％,钠 0.10％(相当食盐 0.25％,本配方按 0.3％计算)。以此为欲配水平。

2. 选择饲料原料 查出选用饲料的消化能与各种养分含量(本例查自中国饲料成分及营养价值表 2004 年第 15 版 中国饲料数据库。实际生产中饲料成分变化大,有时需要采样测定,用实测值进行计算)。见表 4-34。

表 4-34 所选定的各种饲料原料营养成分含量

饲 料	干物质 (%)	消化能 (MJ/kg)	粗蛋白质 (%)	赖氨酸 (%)	蛋＋胱氨酸 (%)	色氨酸 (%)	钙 (%)	总 磷 (%)	非植酸磷 (%)
玉米(一级)	86.0	14.27	8.7	0.24	0.28	0.07	0.02	0.27	0.12
麦麸(二级)	87.0	9.33	14.3	0.53	0.30	0.18	0.10	0.93	0.24
大豆粕(二级)	89.0	14.26	44.2	2.68	0.36	0.57	0.33	0.62	0.18
菜籽粕(二级)	88.0	10.59	38.6	1.30	1.24	0.43	0.65	1.02	0.35
L-赖氨酸盐酸	—	—	96.0	0.80	—	—	—	—	—
磷酸氢钙							23.29	18.08	18.08
石灰石粉							35.84		
1％预混料									
食 盐									

3. 确定饲料的比例 鱼粉价格较高,不能超过 6％;高粱含有单宁,不能超过 10％;叶粉适口性较差且含粗纤维高,不宜超过 8％。这几种原料百分比的规定范围主要是根据和参考同类配方而定。

4. 试配 先按消化能和粗蛋白质需要量试配,用含消化能高的玉米和粗蛋白质高的大豆粕进行平衡。若试配结果,消化能偏高,粗蛋白质偏低,可降低能量饲料的比例,相应提高蛋白质饲料的比例;反之也一样。调整后再进行试算,若钙磷不够,可增加富含钙磷矿物质饲料的比例,适当降低某营养成分过高的原料比例;若磷多钙少,可提高石灰石粉的比例,降低骨粉比例。反复计算,直至结果与饲养标准接近为止(相差不超过±5％),见表 4-35。

表 4-35 调整至接近欲配水平的饲粮配方

饲 料	配 比 (%)	消化能 (MJ/kg)	粗蛋白质 (%)	赖氨酸 (%)	蛋＋胱氨酸 (%)	色氨酸 (%)	钙 (%)	总 磷 (%)	非植酸磷 (%)
玉米(一级)	72.6	14.27×72.6％=10.36	6.32	0.17	0.20	0.05	0.01	0.20	0.09
小麦麸(二级)	2.0	9.33×2.0％=0.19	0.29	0.01	0.01	0.00	0.00	0.02	0.01
大豆粕(二级)	18.7	14.26×18.7％=2.67	8.27	0.50	0.23	0.11	0.06	0.12	0.03

续表 4-35

饲 料	配 比 (%)	消化能 (MJ/kg)	粗蛋白质 (%)	赖氨酸 (%)	蛋+胱氨酸 (%)	色氨酸 (%)	钙 (%)	总 磷 (%)	非植酸磷 (%)
菜籽粕(二级)	4.0	10.59×4%=0.42	1.54	0.05	0.06	0.02	0.03	0.04	0.01
L-赖氨酸盐酸	0.1	—	0.10	0.08	—	—	—	—	—
磷酸氢钙	0.3	—	—	—	—	—	0.07	0.05	0.05
石灰石粉	1.0	—	—	—	—	—	0.35	—	—
1%预混料	0.1	—	—	—	—	—	—	—	—
食 盐	0.3	—	—	—	—	—	—	—	—
合 计	99.1	13.64	16.52	0.81	0.50	0.18	0.52	0.43	0.19
欲配水平	—	13.39	16.4	0.82	0.48	0.15	0.55	0.48	0.20
相 差	—	+0.25	+0.12	−0.01	+0.02	+0.03	−0.03	−0.05	−0.01

(二)联立方程式法

利用数学上的联立方程求解法来计算饲料配方。优点是条理清晰,方法简单;缺点是饲料种类多时,计算较复杂。

例:某猪场要配制含 15％粗蛋白质的配合饲料,现有含粗蛋白质 8％的能量饲料(其中玉米占 80％,大麦占 20％)和粗蛋白质 35％的蛋白质补充料,其方法步骤如下:

第一步,设配合饲料中能量饲料百分比为 X％,蛋白质补充料为 Y％,则:

$$X+Y=100 \tag{1}$$

第二步,能量混合料的粗蛋白质含量为 8％,蛋白质补充饲料含粗蛋白质为 35％,要求配合饲料含粗蛋白质为 15％,则:

$$0.08X+0.35Y=15 \tag{2}$$

第三步,列联立方程式:

$$\begin{cases} X+Y=100 & (3) \\ 0.08X+0.35Y=15 & (4) \end{cases}$$

解上述方程式得出:Y=25.93(蛋白质补充饲料百分比)

$$X=74.07(能量饲料百分比)$$

第四步,求能量饲料中玉米、大麦在配合饲料中所占的比例:

$$玉米占比例=74.07×80％=59.26％$$

$$大麦占比例=74.07×20％=14.81％$$

(三)对角线法

又称四角法、方形法、交叉法。在饲料种类不多及拟计算营养指标少的情况下,采用此法较为简单。采用多种饲料及考虑多种营养指标时,须反复进行两两组合,比较麻烦,而且不能使配合饲粮同时满足多项营养指标。

1. 两种饲料配合　例如，以玉米、大豆饼为主，给体重 35～60kg 的生长肥育猪配制配合饲料。步骤如下：

第一步，从"生长猪饲养标准"查得，35～60kg 生长肥育猪配合饲料的粗蛋白质水平应为 14％。由"饲料营养成分表"查出，玉米含粗蛋白质 9％、豆饼含粗蛋白质为 40％。

第二步，作对角线交叉图，把混合饲料欲达到的粗蛋白质含量 14％放在对角线交叉处，玉米和大豆饼的粗蛋白质含量分别放在左上角和左下角；然后以左方上、下角为出发点，各通过中心向对角交叉，以大数减小数，并将得数分别记在右上角和右下角。

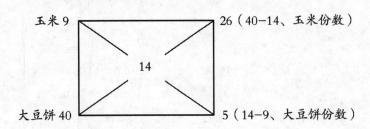

玉米9　　　　　　　　　　26（40-14、玉米份数）

14

大豆饼40　　　　　　　　5（14-9、大豆饼份数）

第三步，将上面所计算的各个差数，分别除以这两个差数之和，就可得出这两种饲料在混合料中的百分比：

$$玉米应占比例（\%）=\frac{26}{26+5}×100=83.9$$

$$豆饼应占比例（\%）=\frac{5}{26+5}×100=16.1$$

2. 两种以上饲料组分的配合　如欲用玉米、高粱、小麦麸、大豆饼、棉仁饼、菜籽饼和矿物质饲料，为体重 35～60kg 生长肥育猪配成含粗蛋白质为 14％的混合饲料。须先根据经验和各种饲料的蛋白质含量，把以上饲料组成三组比例确定的饲料，即混合能量饲料、蛋白质饲料和矿物质饲料。然后，把能量饲料和蛋白质饲料当作两种饲料做交叉配合。具体方法步骤如下：

第一步，分别算出能量和蛋白质饲料组的粗蛋白质平均含量：

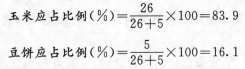

能量饲料 $\begin{cases} 玉米 60\%（含粗蛋白质 8.2\%） \\ 高粱 20\%（含粗蛋白质 8.5\%） \\ 麦麸 20\%（含粗蛋白质 13.5\%） \end{cases}$ 平均含粗蛋白质 9.32％

蛋白质饲料 $\begin{cases} 大豆饼 70\%（含粗蛋白质 41.6\%） \\ 棉仁饼 20\%（含粗蛋白质 41.4\%） \\ 菜籽饼 10\%（含粗蛋白质 36.4\%） \end{cases}$ 平均含粗蛋白质 41.04％

矿物质饲料，占混合饲料的 2％，其成分为骨粉和食盐。按饲养标准食盐宜占混合料的 0.3％，则食盐在矿物质饲料中应占 15％（0.3÷2×100），骨粉则占 85％。

第二步，算出添加矿物质饲料前混合料中粗蛋白质应有含量。

混合料的总量为 100％－2％＝98％

加矿物质前混合料的粗蛋白质含量应为：14/98％＝14.3％。

第三步，将混合能量饲料和混合蛋白质饲料当作两种料，做交叉。

即：

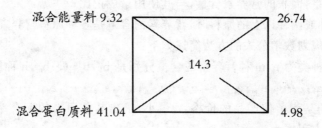

$$混合能量料应占比例（\%）=\frac{26.74}{26.74+4.98}=84.30$$

$$混合蛋白质料应占比例（\%）=\frac{4.98}{26.74+4.98}=15.70$$

第四步，计算出混合料中各种饲料应占的比例。即：

玉米	$60\times0.843\times0.98=49.6$
高粱	$20\times0.843\times0.98=16.5$
麦麸	$20\times0.843\times0.98=16.5$
大豆饼	$70\times0.157\times0.98=10.8$
棉仁饼	$20\times0.157\times0.98=3.1$
菜籽饼	$10\times0.157\times0.98=1.5$
骨粉	1.7
食盐	0.3
合计	100.0

（四）线性规划法

随着养殖业集约化和配合饲料工业产业化的发展，要求配方设计采用多种饲料原料，需要计算的营养指标增多，不仅要求单个配方的成本最低，而且期望厂的总体饲料成本最低，用手工方法已无法实现，故须借助计算机进行配方优化。用计算机进行配方设计，需要利用一定的数学模式，并编制相应的计算程序。国内外配方计算应用的数学方法有线性规划法、多目标规划法、参数规划法等。线性规划法应用最广泛，解法成熟、规范，通用性好，是其他规划方法的基础。此处仅对线性规划法作概括介绍，详细了解可参考有关饲料配合方面的专著。国内外在应用计算机配制饲料配方方面均不断发展，并开发出许多配方软件，可供使用者选购。使用者可在对计算方法了解的基础上，选用对自己适用的软件。

线性规划法(LP)研究的对象，实际上就是优化问题，即是为求某一线性目标函数，在一定约束条件下求最小值(或最大值)的问题。运用于饲料配方计算，则是在一定约束条件下，计算出的结果须满足畜禽营养需要，又要达到成本最低。用线性规划法配制配方须分三步进行。第一步，使问题变成计算公式；第二步，对数学公式的问题进行题解，求得未知数；第三步，对求得的题解进行分析，做出具体的规划。

在进行线性规划法计算时，必须满足以下前提条件：

其一，不管使用量多少，原料单价必须是固定的；

其二,原料在指定的范围内,用量多少都可以;

其三,由一种原料而来的营养素含量,与其使用量成正比;

其四,配合两种或两种以上的原料时,营养素的含量是各种原料营养素含量的总和。

可将制作线性规划数学公式的方法简述如下:

设使用原料的种类为 n,m 种营养素的含量分别是 b_1,b_2……b_m,n 种原料的 m 种营养素的含量分别是 a_{11},a_{12}……,a_{1m};a_{21},a_{22}……,a_{2m};a_{n1},a_{n2}……,a_{nm}……;各种原料的价格为 c_1,c_2……,c_n。目的是为了使产品的价格 Y 最小,求出其各原料的配合率 X_1,X_2,……,X_n。以上述假定条件的方程式为:

限制条件:

$$合计\ X_1 + X_2 …… + X_n = 100$$
$$a_{11}X_1 + a_{21}X_2 …… + a_{n1}X_n \geqslant b_1$$
$$a_{12}X_1 + a_{22}X_2 …… + a_{n2}X_n \geqslant b_2$$
$$……………………………………$$
$$……………………………………$$
$$a_{1m}X_1 + a_{2m}X_2 …… + a_{nm}X_n \geqslant b_m$$
$$X_1 \geqslant 0, X_2 \geqslant 0, ……, X_n \geqslant 0$$

目标函数:

$$Y = c_1X_1 + c_2X_2 …… + c_nX_n \rightarrow 最小值$$

可将以上饲料配方问题的线性规划数学模型的表达式归结为:

$$决策变量为\ X_i \geqslant 0 (j = 1,2,3,…,m)$$

约束条件的线性方程组成不等式组为:

$$\sum_{i=1}^{n}\sum_{j=1}^{m} a_{ij}X_j \leqslant, =, \geqslant b_i (i = 1,2,3…,n)$$

$$目标函数为\ f(x) = \sum_{j=1}^{n} c_jX \rightarrow min$$

在线性规划的运算中,约束条件的数学模型需要转化成标准型,即将约束条件中的不等式全转化为等式才能进行。这就要在约束条件中所有不等式的关系符号左侧增加一项非负变量 $X_{m+i}(i = 1,2,3,…,n)$。由此,以上约束条件变为:

$$a_{11}X_1 + a_{21}X_2 + …… + a_{n1}X_n + X_{m+1} = b_1$$
$$a_{12}X_1 + a_{22}X_2 + …… + a_{n2}X_n + X_{m+2} = b_2$$
$$………………………………………$$
$$………………………………………$$
$$a_{1m}X_1 + a_{2m}X_2 …… + a_{nm}X_n + X_{m+n} = b_m$$

约束条件:

$$a_{ij}X_i = b_j - X_{i+j} = Y_i$$

线性规划数学模型转化为标准型后,可通过图解法、单纯型法、改进单纯型法来求解。

第五章 饲料卫生安全及防范

第一节 饲料卫生安全与食品安全

　　饲草、饲料是畜禽赖以生存和生产产品的能量与养分来源,但其卫生与安全隐患也时刻影响着畜禽健康、养殖效益,同时还可能危及食品安全与生态环境。本书第一章中曾谈到维生素A、维生素D、维生素E、维生素K及多种微量元素过量时会引起中毒,第四章中也多处提及饲料中抗营养因子与有毒有害物质影响畜禽健康、生产性能等。但上述章节均系简述,难以使读者全面了解有关饲料卫生与安全的问题。本章就常用饲草、饲料中主要抗营养因子、有毒有害物质及合理使用添加剂与药物等方面,进行较系统、全面的论述,也涉及饲料运输、贮存与加工过程中环境及人为影响的部分问题。

一、食品安全关系到人类的生命安全

　　饲料卫生安全是生产无公害食品的前提,而食品安全关系着广大人民的生命安全,人们对食品安全性的要求随着生活水平提高而与日俱增。生产者或企业为防病及提高产量,往往在饲料中添加大量抗生素、激素及其他合成物,并在畜禽产品中残留,使畜产品消费者(人类)中毒或致病(癌、畸形、抗药性、食物中毒等)。一些企业不按国家标准组织生产,忽视产品质量及其对人民健康的危害,甚至在饲料中恶意添加有毒有害物质,其产品严重危害人民健康及生命安全。特别是近年受到国法处理的个别企业掺杂使假,逃避国家对其产品的质量监管,在全国范围内造成很大危害,影响极其恶劣。

　　近年来,世界范围内涉及食品安全特别是动物源性食品安全的事件层出不穷,引起各国的普遍关注。例如,西班牙、法国、意大利及我国等多个国家曾发生许多起"瘦肉精"中毒,我国仅2003年就有数千人因此中毒;"二噁英"中毒事件曾致比利时政府集体辞职;日本毒牛奶使上万人中毒;疯牛病曾一度造成"谈牛色变"的紧张局势,招致深刻的全球性公共卫生问题;饲料本身存在的抗营养因子及形形色色的有毒有害物质污染饲料,以及滥用药物添加剂等,不仅影响畜禽健康养殖,甚至延伸至危及人类健康与安全。显然,饲料卫生与安全不仅是养殖业和饲料工业存在的突出问题,而且是涉及人类健康亟待解决的问题。

　　我国政府一直重视饲料卫生与安全问题,曾发布过《饲料卫生标准》(GB 13078—2001),以及与添加剂使用的有关规定等多个文件。但仍存在诸多不足,例如,现行的《饲料卫生标准》(GB 13078—2001)中尚未纳入某些畜禽配合饲料和饲料原料标准,纳入标准的有毒有害物质仅16～19种,急需充实、完善;农业部公布的允许使用的饲料添加剂品种目录中,共173种(类),均无允许使用量标准,故常发生添加不当、滥用,甚至引发中毒性疾病或死亡;检测方法少且不统一,特别是缺乏生产企业急需的有毒有害物质的快速检测技术或仪器。

二、饲料卫生与饲料安全

"饲料卫生"与"饲料安全",是指饲料在转化为畜产品过程中对动物健康及正常生长、畜产品食用、生态环境的可持续发展,不会产生负面影响等特性的概括。饲料卫生是饲料安全的基础,饲料的卫生质量决定饲料安全状况;二者都是指饲料中不应含有危及畜禽健康与降低生产性能的有毒有害物质或因素,这类物质或因素不应在畜产品中残留、蓄积、转移致损害人体健康及破坏人类的生存环境。

(一)饲料卫生

主要是指饲料中有毒有害物质和抗营养因子产生与变化的规律、与动物健康的关系、预防与消除措施,以及卫生标准的制定和实施等有关问题。饲料卫生的内容既是预防兽医学的组成部分,又是饲料科学和饲料毒物学领域中近年发展起来的一门新学科,也是畜禽标准化饲养的重要组成部分。

饲料卫生的内容,包括政策性管理与畜禽生产实践两个层面:一是根据"预防为主"的方针,贯彻执行国家有关饲料和饲料添加剂的管理法规及配套措施,修订与完善国家饲料卫生标准;二是通过对饲料本身存在的毒物和抗营养因子的脱毒与清除,以及防止或清除外源性有毒有害物质的污染,提高饲料的卫生质量和营养水平,促进新饲料资源开发,降低动物饲料中毒病的发生率与死亡率,提高养殖效益,保证动物及人类的健康。

(二)饲料安全

着重于从行业管理和行政管理角度确保饲料安全可靠,是指按其规定的用途生产和使用时,保证不会危害畜禽安全与畜产品的食用安全。饲料安全的意义主要体现在三方面:一是对动物的饲用安全;二是对畜产品的食用安全;三是对环境的安全。

三、有毒有害物质的危害及影响因素

(一) 饲料污染和抗营养因子的危害

1. 危害畜禽健康和生产性能的发挥 畜禽摄入含有毒有害物质的饲料量若超过机体解毒能力(或超过饲料卫生与安全标准)或使用不当时,毒物即作用于机体组织或细胞,干扰和破坏正常生理生化过程,影响一些营养物质的消化吸收与代谢,损害动物健康甚至致死。饲料中毒具有暴发性特点,潜伏期短,较短时间内即可引起大量个体发病。

2. 污染食物链危及人类健康 饲料中有毒有害物质可蓄积和残留在畜禽体内或产品(如肉、乳)中,通过食物链危害人的健康。有毒元素引起大量畜禽个体或群体发病,甚至死亡。抗生素等药物添加剂会残留在畜产品中;沙门氏菌、大肠杆菌、朊病毒等微生物污染饲料,不但引起畜禽肠道感染,还可能发生外毒素中毒,且往往污染畜产品,对人类健康造成严重威胁。

3. 污染环境,破坏生态平衡 世界粮农组织(FAO)最新的一份报告称:畜牧业生产加剧了世界最紧迫的环境问题,包括全球变暖、土地退化、空气和水污染及生物多样性丧失。饲料污染铅、砷、汞等及过量添加的铜、锌等，均以粪尿形式从动物体内排出，污染土壤、地表水、地下水。饲粮营养不平衡或某些营养物含量过高，也使某些养分不能被充分利用而随粪尿排出，污染环境；粪便中氮、磷对环境的污染是国内存在的较严重问题。

(二)影响饲料卫生与安全的主要因素

影响因素甚多，且复杂多变，主要是人为因素和非人为因素。

1. 自有因素 自然界生存的饲料植物，生长过程中可在体内形成某些有毒有害物质或其前体物质(包括各种毒物和抗营养因子)。一些矿物质饲料并非纯品，或多或少含有一些有毒有害物质，特别是有毒元素。

2. 环境因素 一些有毒有害物质常可通过大气、水体、土壤，进入饲料作物体内，成为饲料的组成物质或夹带成分。

3. 人为因素 饲料生产的各个环节均可产生有毒有害物质，或将其带入饲料中。诸如，滥用饲料添加剂，饲料种植过程中施用农药未及时清除，饲料运输、加工、储藏过程中操作不当等，均可将有毒有害物质带入饲料。

4. 生物因素 饲料中存在各种有害微生物，其中一些致病微生物可使畜禽罹患各种疫病；另一些则可导致饲料变质，产生多种毒素。

四、清除饲料毒物与广辟饲料资源

随着畜牧业的快速发展，我国饲料需求缺口将不断扩大。据专家预测：到2030年，我国粮食产量的50%将用作饲料。届时，全国人口将增加到16亿，耕地面积反而会有所减少。据测算，2010—2020年能量饲料与蛋白质饲料的差额分别为4 300万～8 300万 t和2 400万～4 800万 t，饼粕类差额为2 560万 t左右。解决我国饲料资源匮乏应主要通过提高饲料利用率、开辟非常规饲料资源和调整农作物种植结构、畜种养殖结构等途径实现，这一切都要求更加强化饲料卫生安全。

(一)消除有毒有害因子，提高饲料利用率

采用相应脱毒和抗营养因子钝化技术，可提高现有含毒、含抗营养因子饲料原料(特别是蛋白质饲料)的营养价值和利用率。例如，清除大豆饼粕中抗胰蛋白因子，菜籽饼粕中的异硫氰酸酯、噁唑烷硫酮等，均能提高这些饼粕的利用率；使用外源酶技术可有效地提高饲料利用率。添加植酸酶可使禾本科饲料中磷的利用率提高40%，并减少排泄物中磷对环境的污染；大麦和小麦为基础的饲粮中添加β-葡聚糖酶和阿拉伯木聚糖酶，可使能量利用率提高10%～20%。

(二)避害趋利，开辟非常规饲料资源

一些非常规饲料资源数量巨大，但因含某种或几种有毒有害物质或抗营养因子而不能充作饲料，或用量受限制。例如，木薯含有氰苷，皮革下脚料含大量有害元素铬，有害物质被消除后即可饲用。

(三)防止加工、储藏、运输、饲喂过程中的生物性污染

这些过程中操作不当会导致沙门氏菌感染型饲料中毒;细菌产生的毒素可引起细菌毒素型饲料中毒。霉菌及霉菌毒素污染饲料是我国最突出的饲料生物性污染,且呈现一定的区域特点。减少上述环节中的生物性污染,可显著降低饲料损失,提高饲料资源的可利用性。

(四)正确维护环境,防止非生物性污染

工业废水、废气和废渣的排放,以及农药、化肥、兽药及饲料添加剂使用不当等,都严重地影响饲料的卫生与安全。对这类污染进行综合治理和清除,可有效减少饲料的非生物性污染。

五、饲料卫生安全与健康养殖的关系

(一)健康养殖的概念

健康养殖已成为国内外养殖业关注的焦点,近年已提升至福利养殖。健康养殖不仅涉及畜禽安危和生产力的提高,同时也影响着食物链的安全和人类健康。

健康养殖有广泛的内涵,至少包含了为畜禽创造一个舒适和谐的环境,使其能健康生长;为人类提供安全的产品;与周围环境和谐共存,促进生态良性发展,实现养殖生态体系平衡。有学者认为"健康养殖是指根据养殖对象的生物学特性,运用生态学、营养学原理指导生产,为养殖对象营造一个良好的、有利于快速生长的生态环境,提供充足的全价饲料,使其在生长发育期间,最大限度地减少疾病发生,产出的食用商品无污染,个体健康,产品营养丰富与天然鲜品相当"。

(二)饲料卫生在健康养殖中的重要性

1. 我国养殖业与健康养殖的差距 国内从事养殖或与养殖有关的企业数量庞大,集中度较低,较难实施标准化生产,产品质量难以控制。虽养殖畜禽数量及主要产品量居世界第一,但因产品质量和食品安全方面的问题,使我国养殖产品的国际贸易额还不到世界贸易总额的1%。

我国养殖业集中度低,且不少地区超过环境负荷,致养殖场所与人的居住环境恶化,畜禽极易感染各种疾病,也影响附近居民的健康。一旦疫情发生并蔓延,容易引起恐慌,市场价格"跳水"随之而来。

不遵守饲料卫生要求,滥用兽药、激素和饲用抗生素,直接或间接污染了环境,严重破坏地区生态良性循环。国家环保总局公布的调查情况显示,养殖业污染已经成为我国农村的主要污染源,在一些地区甚至超过了工业污染。

2. 饲料卫生与健康养殖的关系 饲料卫生及饲粮科学配制是健康养殖的重要组成部分,饲料中存在有毒有害物或饲粮配制不当,就会危及畜禽与人类健康、降低生产性能及产品质量,并污染食物链及破坏生态环境,健康养殖即无从谈起。不能把健康养殖片面地理解为净化畜禽疾病和保证畜禽不生病。实际上,净化措施主要是针对一些传染性疾病,而不能提供卫生与安全的饲料不仅降低畜禽抵抗力和提高对传染病的易感性,且不重视饲料卫生与安全方面

存在的许多隐患,则是直接影响畜禽健康或致病的根源,如自然与人为条件下饲料生物或非生物污染有毒有害物质,以及饲料本身存在的抗营养因子。

即使饲料原料符合卫生与安全要求,若饲粮配制不平衡,某些养分过多,而另一些养分不足,则会将饲料养分的吸收率和利用率限制到较低的水平,相当一部分本来可供利用的养分随粪、尿或呼出气排出,污染生态环境,也加大了饲料成本。

实施畜禽健康养殖,可能增加某方面的生产成本,管理难度相应加大。但是,畜禽健康养殖条件的改善,可使机体抗病力大大增强,防疫保健与饲料成本降低,且产出的产品更加安全无害,内在品质改善,销价相应提高,可以为养殖者带来更大的经济效益。

第二节　饲料中有毒元素的危害与防控

在已知的微量元素中,至今尚未发现铅、汞、镉有营养作用,被认为是毒性元素。已确定为畜禽必需的微量元素有 15 种,即铁、铜、锰、锌、硒、碘、钴、钼、铬、镍、锡、硅、氟、钒和砷;其中,前 7 种常用作畜禽饲粮的添加剂,过量添加亦可引起中毒;其他必需元素需要量甚微,铬、钼等添加效果的研究已取得可喜成果,但环境中此类元素浓度过大时也常致畜禽中毒。

一、铅、镉、汞的危害

(一) 铅

1. 对畜禽的危害　主要损害神经系统、造血系统和肾脏。

(1)损害神经系统　主要表现为大脑皮层的兴奋和抑制过程紊乱,导致皮层—内脏调节机制障碍,出现神经衰弱症候群及中毒性多发性神经炎,重者可患铅中毒性脑病。

(2)影响造血与凝血　铅最突出的作用是与蛋白质中的巯基(-SH)有高度亲和力,在血红素生物合成过程中能作用各种含-SH 的酶,能抑制一些与造血有关的酶的活性。例如,慢性铅中毒能抑制 δ-氨基乙酰丙酸脱水酶(δ-ALAD)和亚铁络合酶,最终影响血红蛋白合成;铅还可影响凝血酶活性,妨碍血凝过程。还通过与红细胞膜上的三磷酸腺苷酶结合,并对其产生抑制而引起溶血。

(3)损伤肾脏　肾是排泄铅的主要器官,畜禽接触铅量较多致肾小管上皮细胞变性、坏死,呈现中毒性肾病。

(4)影响公母畜生殖功能　铅可引起雄性畜禽的睾丸退行性变化,影响精子生成和发育;铅可使雌性畜禽阴道开口延迟,卵巢积液和出血性变化,影响性功能及着床过程,还可经胎盘转移对胚胎产生毒性。

(5)致畸与致癌　铅进入动物体,可通过与体内有机成分结合成金属络合物或螯合物而产生毒害作用。铅与核酸结合后会引起核酸立体结构变化和碱基错误配对,影响细胞遗传,并可能使生物体发生畸变或致癌。

(6)引起便秘　铅刺激消化道黏膜,导致便秘或便秘与腹泻交替出现。

2. 饲料中铅的污染源

(1)土壤中的铅　饲料中含铅量依土壤含铅量而转移,酸性土壤上生长的植物含铅量高。植物生长状况与生长季节影响铅含量,植物快速生长期含铅最低,成熟后植株中含铅量较高;深冬或早春牧草铅高达 30～40mg/kg。铅主要蓄积在植物根部,只有少量迁移到地上部分。

(2)环境铅污染　这是致饲料含高量铅的重要原因。饲料加工过程中使用的镀锡导管、器械或容器所含铅可污染饲料。铅矿及其冶炼厂排出的污水、废气会污染周边地区的作物、牧草、饲料,致含铅量增高。汽车尾气是最严重的铅污染源,公路两旁生长的牧草及农作物可受到污染。

(3)含铅农药等　用含铅农药(如砷酸铅)喷洒牧草或果园,可使牧草及附近生长的农作物铅含量升高。某些含铅杂质的矿物性原料,也可造成饲料铅污染。

(二) 镉

1. 对畜禽的危害　进入畜禽体的镉排泄很慢,可损伤肾、肺、肝、脑、骨等组织、器官。镉的毒性作用与其化学形态、摄入量、作用部位、与其他元素间的相互作用等有关。

(1)影响造血,损伤血管内皮细胞　镉进入血液可抑制骨髓造血功能而引发贫血和肌肉苍白。还可破坏血管内皮细胞结构,抑制内皮细胞的增殖、迁移与促其死亡,且有剂量效应关系。引起血管平滑肌水疱变性,严重时坏死。

(2)内脏器官受损伤　镉中毒后脾脏明显肿大,胃黏膜溃疡及坏死性肠炎,心脏明显肥大,心肌纤维、肝脏细胞及肾小管上皮细胞浊肿,肺泡气肿、充血、出血,肾呈土黄色、肾盂苍白。还可影响畜禽巨噬细胞,诱导细胞凋亡。

(3)干扰钙、磷、铁等元素的吸收　使肾脏对钙、磷的重吸收率下降,钙磷代谢受损致骨质疏松。干扰铁、铜、锌的吸收、代谢,致产生缺乏症;且摄入大量镉后尿铁明显增加。

(4)影响生殖功能　镉可引起雄性畜禽精子量减少、活力下降、畸形率上升,甚至睾丸萎缩、硬化。镉也可抑制母畜排卵,引起暂时性不育,或导致妊娠中止、胚胎死亡和畸变。镉还可影响部分生殖激素的合成与释放。

(5)免疫功能降低　摄入低剂量镉即可导致动物淋巴细胞增殖功能下降,细胞免疫功能降低。

此外,镉还可能引起畜禽致癌、致畸、致突变。

2. 饲料中镉的污染源

(1)镉工业"三废"和磷肥、药物污染　植物含镉量因地区和植物种不同而有很大差异。在镉工业污染地区,或在施用混有镉磷酸盐肥料或用氯化镉($CdCl_2$)处理过的土壤中生长的植物镉含量较高,其他地区植物则较低。含镉高的污泥也可直接污染土壤。工业生产排放的含镉废水可使水体镉含量增高。当水中镉化合物处于碱性环境时,可析出沉降于底层。水中的镉能被水生生物富集,藻类可富集 11～20 倍,鱼类为 $10^2～10^5$ 倍,贝类可达 $10^5～10^6$ 倍。使用含镉药物也引起污染,如部分猪用驱虫药、含镉杀真菌剂的使用等。

(2)饲料加工过程不当　可引起一些含锌矿物饲料的镉含量增高。使用经镀镉处理的饲料加工设备、器皿,也可引发配合饲料镉污染。

(三) 汞

1. 对畜禽的危害　汞是一种神经毒性重金属元素。饲料中的有机汞,特别是甲基汞可引起慢性中毒;无机汞污染引起的急性中毒较为罕见,长期低剂量摄入无机汞常引起慢性中毒。慢性汞中毒首先表现为神经症状,并干扰心血管系统的稳定性。各种畜禽对汞的敏感性有所不同,牛、羊最为敏感,猪、鸡较低。

(1)代谢障碍 汞离子在畜禽体内形成稳定的硫汞键,可使多种含巯基活性中心的酶失去活性,致体内一系列代谢过程发生障碍。汞易蓄积于脑组织中,达到一定程度后即可引起脑组织代谢障碍与损伤。如汞干扰大脑的丙酮酸代谢,表现与维生素 B_1 缺乏症相似。

(2)损伤神经系统 有机汞对神经系统的损害更甚。可引起中枢神经系统严重的、不可逆的永久性损伤。汞及其化合物作用于血管及内脏感受器,不断地使大脑皮层兴奋并转为抑制,出现一系列神经症状;运动中枢功能障碍致反射活动的协调紊乱,引发肌肉纤维震颤。

(3)口腔疾患 长期摄入汞化合物,可刺激、腐蚀口腔黏膜,致齿龈红肿、出血,黏膜充血,上皮细胞坏死以至形成溃疡。

(4)影响胎儿发育 甲基汞能使胎儿先天性汞中毒及易患先天性水俣病,胎儿发育不良、畸形,甚至发生麻痹而死亡。

2. 饲料中汞的污染源 植物均含有微量汞,禾本科植物含量最高,各部位含量依次为根>茎>叶>籽实。饲料汞污染主要通过以下途径。

(1)工、农业生产的"三废" 氯碱工业及电器、油漆、制药、造纸等企业的"三废"中含有汞,可致环境污染,燃烧矿物燃料可使汞进入生物圈;用含汞废水灌溉、施用含汞农药,均可使农作物的含汞量增高。汞污染饲料后,加工时很难去除。

(2)水产类饲料 水生生物富集汞的能力较强,利用鱼、虾等水产品作动物性饲料原料时,要注意汞在生物迁移过程中对畜禽的危害。

(3)水体中的有机汞 水体中的无机汞在微生物作用下,可逐步转化成毒性更强的甲基汞或二甲基汞等有机汞化合物,并进入食物链。

二、必需微量元素过量的危害

有关铁、铜、钴、锰、锌、硒、碘、氟等的缺乏量、中毒量、适宜供给量、缺乏与中毒症状等,请见第一章第七节的有关内容。此处仅讨论较晚发现的必需微量元素砷、铬、钼,重点阐述其过量中毒的危害。

(一)砷

1. 过量的危害 与硒、钼等元素一样,砷为畜禽必需的微量元素,而其化合物有剧毒(砷本身无毒)。正常情况下,畜禽从饲料、饮水、空气中摄入的砷量与随粪、尿、汗、乳汁排出的砷量基本相等,不会引起中毒;但当饲料、饮水受含砷化合物的杀虫剂、除草剂、灭鼠药等污染,或添加生长促进剂(氨基苯砷酸)不当时,致机体摄入量超过排出量,可引起不同程度的危害。一般三价砷的毒性大于五价砷,无机砷的毒性大于有机砷。不能仅依据砷总量评价饲料中砷对机体的影响,应区分其存在的形式。砷过量主要有以下危害。

(1)影响机体内酶的功能 三价砷(As^{3+})可与酶蛋白分子上的巯基结合,形成稳定的复合体,使酶失去活性,从而阻碍细胞正常呼吸和代谢,导致细胞死亡。五价砷也可与酶结合,抑制 α-甘油磷酸脱氢酶和细胞色素氧化酶,但与酶形成的复合物能自然水解,使酶的活性恢复,故对组织生物氧化作用的影响较小,毒性较弱。

(2)损伤神经细胞 砷化物首先危及最敏感的神经细胞,引起中枢神经及外周神经系统功能紊乱,出现神经衰弱症候群及多发性神经炎等症状。在砷的作用下,维生素 B_1 消耗量增加,而维生素 B_1 不足又会加重砷对神经系统的损害。

(3)血液系统受损 进入血液的砷化物可直接损害毛细血管,也可作用于血管运动中枢,引起血管壁通透性改变,导致脏器严重充血、器官实质损伤,胃肠道和其他脏器受损均与此有关。

(4)慢性中毒 长期少量经饲料摄入砷可致慢性中毒,主要为神经系统和消化功能衰弱与紊乱。表现为精神沉郁,皮肤痛觉和触觉减退,四肢肌肉软弱无力和麻痹、消瘦,被毛粗乱无光泽、脱毛或脱蹄壳,食欲不振,消化不良,腹痛及持续性下痢。母猪不孕或流产。

(5)致癌作用 砷化合物已被国际癌症研究机构(IARC)确认为致癌物。动物实验还表明,砷可使动物产生畸胎。

2. 饲料中砷的污染源

(1)土壤砷 植物的根系可从土壤中吸收砷,随后转运到植株各部位。如水稻各部位含砷量的顺序是根>茎>叶>稻谷。稻谷中的砷分布也不均匀,谷壳占 20%,糙米粒为 80%。植物对砷的吸收蓄积量取决于土壤中的含砷量,在砷污染的土壤中生长的植物能吸收富集大量砷。有机态砷被植物吸收后,可在体内逐渐降解为无机态。

(2)水中砷 用含砷量较高的地下水加工调制饲料或作饮水,均能增加畜禽的砷摄入量。

(3)水生生物的富集 水生生物,尤其是海洋生物中的贝类,有很强的富集砷的能力,其中某些生物的富集能力高达 3 300 倍。

(4)含砷量超卫生标准的添加剂 饲料添加剂或饲料加工辅料,例如,阿散酸和洛克沙胂,以及一些含砷化合物量较高的载体、稀释剂或添加物等含砷量超标,均会增加饲粮的砷含量。

(二) 铬

1. 过量的危害 过量吸收铬影响体内氧化、还原和水解过程,可使蛋白质变性,核酸、核蛋白沉淀,酶系统机制受干扰。体内六价铬被还原成三价铬过程中,可使血红蛋白转变为高铁蛋白,红细胞携氧能力下降而引起缺氧。铬化合物还能致突变和细胞遗传毒性。畜禽经饲料摄入过量铬化合物,可发生急性中毒,出现刺激胃肠道症状(如呕吐、流涎),呼吸和心跳加快等,并可致肝、肾受损。

2. 饲料中铬的污染源 植物均含微量铬,大多数陆生植物的含铬量在 0.5mg/kg 以下,籽实类饲料含量更少。铬通过根和叶进入植物体,但转移能力很弱,三价铬和六价铬均多积累于根部,其次是茎叶,籽实中含量最少。植物含铬量受土壤酸碱度影响,pH 高时有利于植物吸收铬。环境因子造成的饲料铬污染是导致畜禽铬中毒的根源,包括以下途径。

(1)含铬废水灌溉 用含铬废水灌溉农田可使作物含铬量显著增加。例如,用含铬工业废水灌溉可使胡萝卜和甘蓝中的含铬量比用河水灌溉提高 10 倍和 3 倍。

(2)铬富集的动物性饲料 动物组织有富集铬的作用,用铬污染区动物生产的饲料含铬量相应较高。

(3)饲用皮革粉 用未经脱铬的皮革废渣制成的饲用皮革粉,每 kg 含铬量达数百至数千毫克,可能造成饲料铬污染。

(4)含铬器具的污染 酸性饲料与含铬的器械、管道或容器接触时,也可提高饲料中的铬含量。

(三)钼

1. 过量的危害

(1)钼与铜的缺乏 钼能阻碍肠道吸收铜及干扰组织内铜的利用,摄入钼过多可造成铜缺乏症。钼促进铜与白蛋白结合,故可降低肝脏铜的利用率,致肝铜排出增加,引起铜缺乏症。反刍动物饲粮中铜和钼的合适比例应为 6～10:1。当摄入的铜钼比低于 2:1 时,即可发生钼中毒及继发性铜缺乏症。

(2)抑制酶的活性 过量钼可抑制动物体内琥珀酸氧化酶、谷氨酰胺酶、胆碱酯酶及细胞色素氧化酶等的活性,进而影响细胞的正常代谢。

(3)钼与钙磷的拮抗 饲料中钼过高可影响钙、磷代谢,引发佝偻病及骨软症,以及繁殖功能减退、精液品质降低、腹泻、脱毛、碱性磷酸酶活性降低等。

(4)破坏消化道微生态平衡 过量钼可对胃肠道微生态平衡产生不利影响,导致消化系统疾病,表现消化不良、腹泻等。

不同畜禽种对钼的耐受性存在明显差异,敏感性依次为牛(泌乳牛和青年牛最甚)＞绵羊＞家禽和兔＞猪。一般认为,引起钼中毒的饲草中钼含量为 3～10mg/kg。雏鸡和青年鸡出现生长抑制的饲粮钼浓度分别是 200mg/kg 和 300mg/kg。

2. 影响饲料钼含量的因素 钼广泛分布于土壤、植物和动物组织中。饲料和牧草的含钼量通常为 1～3mg/kg,随饲料种类及土壤中钼含量及酸碱度等不同而有差异。一般认为,引起钼中毒的饲草中钼含量为 3～10mg/kg。

(1)土壤酸碱度 植物对钼的吸收力很强,生长在钼含量较高土壤中(尤其是腐殖质土和泥炭土)的植物钼含量相应增高。中性或碱性土壤的钼易被植物吸收,而酸性土壤中的钼不易被吸收。施用含钼肥料或石灰(能提高土壤 pH,使植物对钼的摄取增加)能增加牧草含钼量。

(2)工业"三废" 工矿企业排放的含钼"三废"是钼的主要污染源,土壤被工业和矿业废渣污染等均能增加牧草的含钼量。

(3)季节 植物的含钼量存在季节性变化,一般 9～10 月含量最高,冬季最少。生长旺盛的青草及刈后再生的青草钼含量较高。

(4)植物种类 各种作物吸收和累积钼的能力明显不同,富集钼的能力依次为:大豆＞白菜＞小麦＞粟＞玉米及水稻。

三、饲料中有毒元素危害的预防和解毒

(一)调控饲粮营养成分

可根据各有毒元素对机体损害的特点,对饲粮营养成分进行调控。

1. 预防与减少铅危害的措施 钙、铁、锌、铬和硒可较大程度减少畜禽体内对铅的吸收和存留。研究表明,当猪饲料中的含钙量从 0.7% 提高至 1.1% 时,可明显降低机体组织中的铅存留量,并能缓解饲料中含铅达 1000mg/kg 时的毒副作用。壳聚糖有明显降低畜禽体内铅浓度的作用。沸石、膨润土等非金属矿物材料可降低铅在组织中的残留，缓解铅对畜禽的毒害。

乙二胺四乙酸钠钙（依地酸钙钠，Ca-EDTANa$_2$）、二巯基丁二酸钠、青霉胺、促排灵（Ca-DTPANa$_3$）等，可用于慢性铅中毒的解毒或排毒。

2. 预防与减少砷危害的措施　铁、铝、钙、镁的化合物可降低土壤砷的活性，使生成不溶性物质，从而减少植物的砷吸收量。二巯基丙磺酸钠、二巯基丁二酸钠和硫代硫酸钠可解除砷化合物的毒性，维生素 C 与葡萄糖联用也可一定程度上缓解砷的毒性。

3. 减少镉危害的措施　适度提高铁、锌、钙、硒等元素的供给水平，对降低镉的吸收和毒性有一定作用。

4. 预防与减少汞毒害的措施　适量的硒可减少汞与细胞及组织的结合，防止甲基汞引起的神经中毒。二巯基丙磺酸钠、二巯基丁二酸钠、依地酸钙和青霉胺等可降低汞的毒害作用。

5. 预防与减少硒中毒的措施　提高饲料中的蛋白质水平，可缓解动物硒中毒；饲料中添加硫酸盐、维生素 B$_1$、维生素 E 及含硫氨基酸也能减轻或预防慢性硒中毒，饲料中添加对氨基苯砷酸（阿散酸）或 3-硝基-4-羟基苯砷酸（洛克沙胂）对硒中毒也有预防作用。

6. 添加铜制剂防治钼中毒　钼与铜存在拮抗作用，故用铜制剂来防治钼中毒十分有效。可在饲料或饮水中加入硫酸铜，也可皮下注射甘氨酸铜；依据饲料中钼的含量确定铜的用量。另外，口服硫酸钾、硫酸钠等硫酸盐，可促进钼排泄，亦可在饲料中加入适量含硫氨基酸。

7. 补充维生素防止多种元素中毒　大量补充维生素 C 能保持谷胱甘肽（GSH）处于还原形式，还原型谷胱甘肽的巯基能与重金属离子结合，保护巯基酶免受毒物破坏而引起中毒。适当补充维生素 B$_1$ 和维生素 B$_2$，可预防铅、砷、汞等有毒元素损害神经系统，防止发生多发性神经炎。

（二）对工矿企业的"三废"排放进行监控

严格执行工业"三废"排放标准，控制"三废"排放量；有效进行"三废"治理，通过改革工艺、回收处理，最大限度地减少重金属元素的流失。

（三）减少有毒元素向植物体内的迁移

在可能受到重金属元素污染的土壤中，有针对性地酌情施加石灰、碳酸钙、磷酸盐、硅酸钙等改良剂和具有促进还原作用的有机物质（如绿肥、厩肥、堆肥、腐殖酸类等有机肥），以降低有毒元素的活性及向农作物体内的迁移和累积。

（四）尽量限制接触饲料的容器、导管等的含铅量

镀锡含铅量应低于 0.04%；限制使用含铅、镉等有毒元素的饲料加工工具、器械、管道、容器和包装材料。

（五）加强饲料中有毒元素的监控与管理

严格执行饲料（配合饲料、添加剂预混料和饲料原料）中有毒元素的卫生标准，加强相应的卫生监督与检测工作。

（六）加强农用化学物质的管理

严格控制使用含有毒元素的农药、化肥等化学物质（如含砷、含汞制剂）；严格控制农田施

用污泥或灌溉污水中的有毒元素含量和施用量,严格执行《农用污泥中污染物控制标准》(GB 4284—1984)和《农田灌溉水质标准》(GB 5084—1985),以减少其在饲料作物中的残留,应特别注意该类农药的使用量和收获前的安全间隔期。

第三节 常用饲料中有害物质的危害与消除

一、能量饲料中有害物质的危害与消除

(一)高粱中有害物质的危害与消除

1. 对畜禽的危害 高粱中的主要有害物质为单宁,又称鞣质,也广泛存在于多种植物中。按其结构与活性,可被区分为水解单宁(系毒物)与缩合单宁(为抗营养因子)。

单宁味苦涩、适口性差,咀嚼过程中使口腔干涩,影响食团吞咽。饲粮中单宁含量高影响动物的食欲,致采食量降低;还可与畜禽消化道及其内微生物分泌的酶结合,使之失活,从而影响营养物质(蛋白质、纤维素、淀粉及脂肪)的消化,降低饲料的营养价值。单宁在消化道中与蛋白质结合生成不溶性化合物,对氨基酸消化的负面影响甚至超过代谢能。

大量摄入单宁可刺激和腐蚀胃肠黏膜,引起出血性与溃疡性胃肠炎,表现腹痛、腹泻等;鸡超量采食单宁可致胫跗关节肿大,向外呈弓形,跛行或瘫痪。单宁中毒的主要临床症状为便秘、水肿、体温渐降,以及尿液 pH 与比重下降、出现蛋白尿等。

单宁对反刍动物具有双重作用。单宁可与反刍动物瘤胃细菌酶或植物细胞壁碳水化合物结合,形成不易消化的复合物致粗纤维消化率降低。但单宁又是蛋白质保护剂,可防止饲料蛋白质在瘤胃中过度降解,增加过瘤胃蛋白和氨基酸含量,减少非蛋白氮的产生量,从而改善牛、羊的氮营养。饲粮中含少量单宁还可预防反刍动物发生臌胀病。

高粱单宁含量随品种而异,常随籽粒颜色加深而增高,白色籽粒比有色籽粒低。一般变动在 0.02%~3.40%。单宁主要存在于种皮与果皮中,胚和胚乳内较低;单宁含量超过 1% 的称为高单宁高粱,多为深红色或褐色。大麦和谷子中也有少量单宁。

羽扇豆、蚕豆和香豌豆等豆科籽实以及红豆草、百脉根、胡枝子和沙打旺等豆科牧草中均含单宁较高,以缩合单宁为主。许多灌木含单宁也较多,如栎树叶与果中含量高,主要是水解单宁。

2. 消除危害的措施

(1)作物育种 通过选育可获得单宁含量低、蛋白质和赖氨酸含量高的新品种。

(2)合理利用与科学饲养

①严格控制高粱的用量。高单宁高粱在饲粮中不宜超过 20%,低单宁高粱可适当增加,但也不宜过多。

②添加甲基类饲料添加剂。添加蛋氨酸或胆碱,可克服单宁引起的生长受阻。

③添加络合剂。添加可与饲粮中单宁结合成不可逆络合物的化学物质,以削弱单宁与蛋白质结合的能力。例如,吐温 80(tween 80)、聚乙烯基吡咯烷酮(PVP)和聚乙二醇(PEG)等非

离子型化合物。

（3）脱单宁处理

①机械脱壳。谷物种籽外皮内单宁量最高，通过机械加工脱去外皮可清除大部分单宁。

②浸泡、煮沸。用冷水浸泡2h或开水煮沸5min可除去约70%的单宁。

③热处理。包括蒸汽加热、水煮、红外线加热、微波处理等。用105℃高温干燥处理高粱籽粒可除去80%以上的单宁。

④碱液处理。先用20%NaOH溶液在70℃下处理6min，然后除去籽实外壳，再浸泡于60℃温水内，边搅动边溢流30min，可完全除去单宁。

⑤氨化法。将高粱籽实放在塑料袋内，加入NH_4OH（含NH_3 30%），或向袋内输入氨气，密封保存7d，可去除大部分单宁。

⑥微生物降解。利用微生物产生的单宁酶将单宁分子中的酯键降解成倍酸（或称鞣花酸）和葡萄糖，达到除去单宁的目的。

（二）小麦中抗营养因子的危害与消除

小麦中的抗营养因子有阿拉伯木聚糖和β-葡聚糖。其中阿拉伯木聚糖含量约6%，β-葡聚糖仅0.5%左右。它们都属有黏性的非淀粉多糖，具抗营养作用，可阻碍其他营养物质的消化、吸收和利用。

1. 对畜禽的危害

（1）阿拉伯木聚糖对畜禽的危害

①增强食糜黏度。阿拉伯木聚糖可致小肠内容物黏稠度增加，显著延长食糜在肠道的停留时间，继而造成肠黏膜上不动水层加厚，内源氮排泄量增加；引起营养物质在肠道内积累，单位时间内对养分的消化作用削弱，养分的消化吸收率降低，最终导致畜禽生产性能下降。

②降低消化酶活性。小麦中的阿拉伯木聚糖能够直接与胰蛋白酶、脂肪酶等消化酶或消化酶活性必需的其他成分（如胆汁酸或无机离子）结合而使消化酶活性下降，从而降低食物的消化率。

③阻碍脂肪和脂溶性维生素消化吸收。阿拉伯木聚糖能够阻止胆汁酸盐的分泌和扩散，从而妨碍脂肪的乳化，影响脂肪和脂溶性维生素（A、D、E、K）的消化吸收。

④肠道微生物大量增殖。阿拉伯木聚糖等非淀粉多糖，可显著增强肉鸡小肠内容物的发酵强度。但若同时添加阿拉伯木聚糖酶，就可避免这种现象的发生。用阿拉伯木聚糖含量高的小麦喂小鸡，其肠内的微生物数量显著增加。

⑤降低能量饲粮能量浓度。阿拉伯木聚糖能降低肉仔鸡饲粮表观代谢能。

（2）β-葡聚糖对畜禽的危害 β-葡聚糖抗营养作用与阿拉伯木聚糖相似，但其含量少，因而其危害也较弱。

2. 消除危害的措施 对于小麦中抗营养因子的消除，主要有以下几种方法：

（1）酶制剂处理 小麦用作饲料时可添加一些酶制剂，如阿拉伯木聚糖降解酶、β-葡聚糖降解酶等，能降低或消除阿拉伯木聚糖、β-葡聚糖等抗营养因子的不良作用，这是当前应用较多的一种方法。

（2）浸泡处理 小麦在水中浸泡24h干燥后，可除去水溶性非淀粉多糖，同时还可活化降解这些多糖的内源酶，显著提高其表观代谢能。此法将导致其他水溶性营养物质大量丢失，且效果不显著。

（3）适当添加粗燕麦壳　在小麦中添加 10％粗燕麦壳可以显著提高食糜通过肠道的速度，减弱肠道发酵微生物的繁殖，致使小麦的营养价值得以改善。

（三）糠麸类中抗营养因子的危害与消除

糠麸类饲料系谷实经加工后形成的副产品，例如，米糠、小麦麸、大麦麸、玉米糠、高粱糠、谷糠等。糠麸的组成为种皮、外胚乳、糊粉层、胚芽、颖稃纤维残渣等。植酸是该类饲料主要的抗营养因子。

1. 对畜禽的危害　植酸是糠麸类饲料中的一种抗营养因子，饲料中的植酸主要以植酸磷的形式存在，植酸磷几乎不被畜禽利用，食入后大部分排出体外，造成磷对环境的污染；植酸与钙、铁、锌、锰、铜、钴等元素结合成不溶性的螯合物，降低矿物元素的吸收利用率；植酸能与蛋白质螯合，使蛋白质的可溶性明显降低，其生物学效价因而显著下降，影响了蛋白质的功能特性；消化酶的活性也可因植酸的存在而降低，从而降低蛋白质、淀粉和脂肪的消化率。

2. 消除危害的措施

（1）酶制剂处理　添加植酸酶是降解植酸盐的有效方法。植酸酶按其来源和作用方式可分为两类，一种是只存在于植物籽实中的 6-植酸酶，另一种是存在于植物体、霉菌和细菌中的 3-植酸酶。植酸酶对植酸降解的作用常受诸多饲粮因素的影响。例如，饲料中钙、磷水平及钙、磷比值，对植酸酶的使用效果有直接影响，当钙与总磷比值为 1～1.4：1 时，植酸酶效率最高。饲粮中维生素 D 含量较高时可提高磷酸盐的降解和利用，例如，在缺磷玉米—大豆粕饲粮中添加 1,25-羟基维生素 D_3 5μg/kg，磷存留量可从 31％提高到 68％，若补充 75U 植酸酶，可使磷存留量进一步提高到 79％。

（2）其他处理方法　采用发酵、热处理、酸处理、水浸等方法处理也可收到一定效果。微生物作用下植酸磷可被分解，故发酵法降低植酸磷的含量是可行的。如在饲料中添加酵母可提高植酸磷的利用率；糠麸类饲料喂前在热水中浸泡，可通过饲料自身植酸酶的水解作用，使部分植酸磷分解成无机磷；将含有植酸盐的饲料进行热压处理，也可使植酸盐部分发生水解。

（四）荞麦中有害物质的危害与消除

1. 对畜禽的危害　荞麦的种子、茎叶和花中都含有一种光敏物质——荞麦素，畜禽摄入后，通过血液循环送达皮肤，经日光照射后，即可引发中毒性感光过敏。轻者在其皮肤的无色素部分，特别是无毛部位，出现红斑、水肿和剧痒，患畜呈现不安。严重时皮肤上可产生水疱，破裂后多伴有细菌感染而化脓，甚至皮肤坏死。往往还并发口炎、鼻炎、结膜炎、阴道炎等，并出现体温升高、呼吸困难、共济失调等全身症状。母猪中毒后可通过乳汁引起仔猪发病。因摄食荞麦引起感光过敏一般称为荞麦中毒或荞麦疹。

荞麦中还有另一种过敏原（又称变应原），对过敏体质的畜禽可引起过敏反应。这两种过敏物质的致毒作用基本相同，但症状不尽相同。荞麦素的潜伏期很短，光照数小时后即可发病，症状类似日灼伤。荞麦过敏原则属免疫反应，即经光照射后荞麦过敏原可形成免疫原，引起变态反应。它需经一定时间（数天或数月）的潜伏期后，在再次接触同样物质和接受光照时才会发病。

2. 消除危害的措施

①荞麦饲喂前应先用热水浸泡或煮熟,在饲粮中的比例不宜超过25%。荞麦籽实的外壳中光敏物质的含量很多,故不宜用荞麦糠皮饲喂家畜。

②用荞麦的茎叶饲喂家畜时,应避免家畜受日光照射,可在阴天、夜间或早晚放牧;不给被毛和皮肤色浅的家畜饲喂;严格控制喂量,对幼畜尤应控制。

③妊娠后期及哺乳母猪不宜用荞麦茎叶、籽实及其副产品饲喂,因其可导致仔猪发病。

家畜发生感光过敏后,应迅速避开阳光照射,立即给予抗组胺药物及脱敏药物治疗,并投服泻剂,对受损皮肤进行局部治疗。

(五)马铃薯中有害物质的危害与消除

1. 对畜禽的危害 马铃薯整株有毒,尤以未成熟或发芽的块茎及果实为甚,其主要毒成分为茄碱,又名龙葵素、马铃薯素或龙葵碱。茄碱的含量以成熟马铃薯块茎中最低,仅含0.005%～0.010%,不致引起中毒。但绿色的未成熟马铃薯,储存不当而发芽或皮肉变绿发紫时,块茎中茄碱的含量显著增高,尤其在芽及芽眼周围毒素含量比正常块茎高5～6倍,达0.025%～0.060%,有时高达0.43%。

马铃薯的块茎,特别是未成熟的块茎含茄碱最多(约含1.0%),茎叶及花中含量次之(绿叶中为0.25%,花中为0.7%)。大量使用新鲜茎叶或块茎饲喂家畜可引起中毒。

茄碱对神经系统、心脏、肝、肾、血液均有毒害作用。抑制中枢神经系统,使呼吸中枢及运动中枢麻痹;茄碱具有类似强心苷的强心作用;进入血液的茄碱可促使红细胞溶解。

马铃薯中毒的症状可分为三种类型,即神经型－重度中毒者多为此类型,主要症状为沉郁及麻痹;胃肠型－常由轻度中毒引起,其症状为流涎、呕吐、腹痛、腹泻等;皮疹型－表现为口唇周围、四肢内侧、乳房、阴囊、尾根等皮肤较薄处出现湿疹,并发溃疡性口腔炎及结膜炎,常兼有腹泻等症状。家畜茄碱中毒多为神经型,也兼有胃肠型。

马铃薯块茎中含有多种水解酶抑制剂和植物红细胞凝集素。例如胰蛋白酶、糜蛋白酶、蔗糖酶等的抑制剂,可影响这些酶的活性,降低蛋白质和碳水化合物的利用率。马铃薯茎叶中硝酸盐也较多,可达4.7%,保存不当即可还原为亚硝酸盐而引起中毒。

2. 消除危害的措施 马铃薯宜避光保存,环境应干燥、凉爽,以防止发芽变绿。发芽或皮肉变绿发紫的马铃薯,应除去绿皮和嫩芽,并挖去芽眼周围的薯块,剩下的薯块应放在水中浸泡30～60min,再将薯块充分蒸煮,弃去蒸煮残水。处理后的马铃薯,应限制用量,饲粮中用量不超过25%。发芽变绿的马铃薯不宜喂妊娠母畜,以防流产。

马铃薯的茎叶,必须晒干或用开水浸泡后方可作为饲料,开水浸泡后应立即摊开晾凉;也可与其他青饲料混合青贮后供作饲用。茎叶的饲喂量不可过多。

(六)木薯中有害物质的危害与消除

1. 对畜禽的危害 木薯中含有生氰糖苷,又称为木薯毒苷。生氰糖苷本身不表现毒性,其毒性主要是其分解的氢氰酸和醛类化合物。生氰糖苷包括亚麻苦苷和百脉根苷,其中亚麻苦苷占总量的90%～95%。木薯分为苦味种及甜味种两大类,甜味种又称糯米木薯、面包木薯(马来红),块根表皮淡红,含氢氰酸较少,不易中毒。

首先危及中枢神经系统,尤以呼吸中枢及血管运动中枢为甚,主要症状表现为先兴奋后抑制。氢氰酸中毒是导致呼吸麻痹和致死的主要原因。据报道,CN⁻可抑制40多种酶的活性,其中细胞色素氧化酶最敏感。

单胃动物中毒主要引起呼吸频率加快且困难,呼出气体带苦杏仁味,随后全身衰弱无力,行走站立不稳或卧地不起,心率失常。严重中毒可导致全身阵发性痉挛,瞳孔放大,最后因呼吸麻痹而死亡。

长期少量摄入含生氰糖苷的饲料也能引起慢性中毒,主要表现为甲状腺肿大及生长发育迟缓。

由于CN⁻影响体内多种酶的功能,可降低饲料利用率和生产性能。同时,含氢氰酸较高的木薯(苦味品种)具有苦味,影响适口性,引起猪、禽等厌食,甚至呕吐。

2. 消除危害的措施

(1)去毒处理 可采取水浸、晒干及加热等方法去毒。根据木薯各部分利用情况的不同,可采取以下去毒措施。

①煮熟水浸法。将木薯去皮,切成小段,煮熟,放入清水浸漂1～2d,即可去毒;鲜薯加热约30min,氢氰酸可全部消失。

②生薯水浸、晒干法。木薯去皮后,放在流水中浸漂4～6d(或放在水池中,每日或隔日换水1次),然后切片晒干备用。水浸时间6d效果最好,HCN去除量达73.2%。

将生薯切片晒干,磨成薯粉保存,可在饲用前浸水去毒。

(2)控制喂量 用木薯块根作饲料时,饲粮中用量应控制在15%～30%。木薯渣的用量也不应超过30%。木薯粉在配合饲料中的用量,一般认为以10%左右为宜。按家畜种类不同,其安全限量为:猪30%,鸡20%,雏鸡10%。

(七)饲用甜菜中有害物质的危害与消除

1. 对畜禽的危害 饲用甜菜是很好的多汁饲料,茎叶是良好的青饲料。使用不当时其中的亚硝酸盐可引起高铁血红蛋白血症,造成全身组织,特别是脑组织的急性损伤,严重时可引起死亡。

甜菜中草酸盐可引起单胃动物低钙血症,并可沉积于血管壁,引发血管坏死;还可引起中枢神经系统的功能紊乱和肾功能障碍。

甜菜含有皂苷,可降低饲料的适口性和采食量,并能够刺激消化道黏膜,引起局部充血、肿胀和炎症,造成生产性能下降。

甜菜中含有胆碱酯酶、蔗糖酶抑制剂,可影响胆碱、蔗糖的代谢。

2. 消除危害的措施 甜菜块根和茎叶最好生喂,也可青贮。饲喂茎叶时,应配合给予1%的碳酸钙或石灰石粉,可使草酸变为不溶性的草酸钙而不被吸收。喂量不可过多,要与其他饲草、饲料混喂。

煮熟的甜菜块根和茎叶,应迅速摊开晾凉,不能堆积久存。

(八)饲用油脂中有害物质的危害与消除

油脂作为高能饲料在畜禽饲粮中的应用日益普遍。按照来源可将饲用油脂分为四类:从畜禽或鱼体组织(含内脏)提取的动物油脂;从油料植物种子中提取的植物油脂;制取食用油或生产肥皂过程中获得的饲料级水解油脂副产品,主要成分为脂肪酸;油脂经特殊处理成的粉末状油脂。

1. 对畜禽的危害　未经精炼的饲用油脂,在储存过程中,常受高温、紫外线、酶及饲料中存在的助氧化因子的催化,氧化酸败形成氢过氧化物、醛、酮、酸等过氧化降解产物,易危害畜禽。

(1)降低饲料的适口性和营养价值　油脂酸败后产生"哈喇味"及苦涩滋味,含有脂肪酸的氧化产物(如短链脂肪酸;脂肪聚合物、醛、酮、过氧化物和烃类),影响适口性和采食量,严重者会导致畜禽采食后中毒或死亡;酸败造成油脂中营养成分的破坏,使其营养价值降低或完全不能作为饲料。油脂酸败也可降低饲料消化率和营养价值,且采食后可引起中毒或死亡;油脂氧化能破坏维生素,特别是脂溶性维生素,导致维生素缺乏症;长期饲喂油脂酸败的饲料,会出现必需脂肪酸缺乏症;长期摄入酸败油脂可影响叶黄素等色素的吸收沉积,致使蛋黄及肉鸡皮肤、脚胫着色不佳。

(2)动物生产性能下降　采食含酸败油脂饲料后,大鼠、肉鸡增重降低,甚至失重、死亡;产蛋率急剧下降;畜禽肝、脾、胰、肾等内脏器官肿大,严重者内脏组织萎缩、坏死。

(3)影响免疫功能和肉产品质量　酸败油脂的副产物使免疫球蛋白生成下降,肝和小肠上皮细胞损伤,致使动物(尤其是幼雏)发生脑软化症,引起小肠、肝脏等器官肥大。氧化油脂可降低机体维生素 E 和多不饱和脂肪酸(PUFA)的含量,使肉产品在储藏期发生肌肉渗出性损失,产生异味和颜色消褪,形成有害过氧化物。

(4)影响生物膜的流动性和完整性　能使生物膜的正常功能失调,细胞正常代谢紊乱。

(5)致癌性　油脂的高度氧化产物可引起癌,尽管目前这种现象尚需进一步证实,但已引起高度重视。

2. 消除危害的措施

(1)妥善保存好油脂　油脂应低温厌氧保存于阴凉干燥处,减少油脂与空气中氧及紫外线的接触。盛油脂的容器尽量装满,避免与金属铜直接接触,开启后应及时盖紧并尽快用完,有条件的可向储藏室或包装袋中充入 CO_2、N_2 等气体。

(2)合理使用抗氧化剂

①酮胺类。乙氧喹(EMQ)是目前国内外广泛使用的单一抗氧化剂,对脂溶性维生素有很好的保护作用,在维生素 E 缺乏及饲喂高油脂饲料时,它能有效保护体内维生素 E。其缺点是色泽变化大,储存后可变成深棕色至褐色,导致饲料产品的色泽变深。乙氧喹还有防霉作用,对黄曲霉、串珠镰刀菌的抑制作用显著。

②抗氧化增效剂。有酒石酸、柠檬酸、乳酸、琥珀酸、延胡索酸、山梨酸、苹果酸和依地酸(EDTA)等,其作用是增强抗氧化剂酚羟基的活性,络合饲料中添加的金属离子,使金属离子失去对油脂氧化的催化作用。

③复合抗氧化剂。生产实践中多采用几种抗氧化剂的混合物,具有成本低、使用方便、效果好、避免出现相互拮抗作用等优点,如美国的抗氧安、西班牙的克氧、我国的克氧灵粉剂等,应先做试验,寻求不同组分的最佳配伍。

(3)注意原料的选用与饲粮的配合　生产配合饲料时应合理地选用油脂及含油量高的原料。特别是在炎热季节要谨慎使用鱼油、玉米油等富含高度不饱和脂肪酸的油脂以及全脂米糠、统糠。

饲料原料对饲料的氧化酸败具有重要的影响,油脂的不饱和程度越高,精炼程度越低,则越容易发生氧化酸败。饲料原料经过制粒可有效降低饲料氧化酸败的可能性。

在饲料中添加维生素 A、维生素 E 和维生素 C 能有效地保护脂肪免受氧化。据报道,维生素 E 配合维生素 C 或柠檬酸使用,其抗氧化效果更好。

二、蛋白质饲料中有害物质的危害与消除

蛋白质饲料中存在有多种有毒、有害物质,会不同程度地影响到畜禽的健康与产品品质。

(一)大豆及其饼粕中抗营养因子的危害与消除

大豆及大豆饼粕中含有一些有毒、有害因子,包括蛋白酶抑制剂、脲酶、脂肪氧化酶、红细胞凝集素、致甲状腺肿素、抗维生素因子、胃肠胀气因子、α-淀粉酶抑制剂等。

1. 对畜禽的危害

(1)蛋白酶抑制剂的危害 豆科籽实中的蛋白酶抑制剂对大多数畜禽均有不良影响,特别是幼龄畜禽。当蛋白消化酶在畜禽肠道内对蛋白酶抑制剂进行降解时,会与蛋白酶发生不可逆性结合,使蛋白酶失去活性,导致蛋白质消化率降低;另一方面,为补偿蛋白质消化率的下降,胰腺将增加内源性蛋白酶的分泌,内源性必需氨基酸损失随之增加,从而提高了畜禽对蛋白质的需要,并可导致家禽胰腺肥大。

大豆饼粕在加工过程中,过度加热(温度过高或加热时间过长)会导致蛋白质变性和氨基酸的消化率降低,尤其是赖氨酸、精氨酸的 ε-氨基与还原糖醛基结合生成氨基糖复合物,降低了赖氨酸等多种氨基酸的可利用性和蛋白质的生物学效价。

(2)红细胞凝集素的危害 红细胞凝集素的毒性主要表现为:抑制胞外与胞内肽酶的活性,阻碍了蛋白质与氨基酸消化吸收;干扰并破坏肠上皮细胞的正常生理功能,引起营养不良,畜禽生长发育受阻,严重时导致死亡。此外,红细胞凝集素还可导致胰腺肥大、胰岛素降低和胸腺退化。

(3)皂苷的危害 豆科植物中的皂苷主要为三萜类化合物。有研究者认为,皂苷是饲喂苜蓿造成反刍动物瘤胃臌气的原因,但另一些学者则认为造成瘤胃臌气,主要在于苜蓿胞内蛋白的快速释放和存在充足的可发酵碳水化合物。对于家禽,当有大量皂苷存在时,会降低饲料的适口性和采食量,并能刺激消化道黏膜,引起局部充血、肿胀和炎症,造成生产性能下降。

(4)其他危害 豆科植物中还含有致敏因子、脂肪氧化酶、致甲状腺肿大因子、抗维生素因子、单宁、脲酶等有毒有害物质。例如,大豆中的大豆抗原,能引起消化道的过敏反应。大豆球蛋白和伴大豆球蛋白可引发犊牛和仔猪的过敏反应,产生肠黏膜萎缩,影响营养物质的吸收。脂肪氧化酶可氧化降解亚油酸和亚麻酸,氧化物也会氧化脂溶性维生素。

2. 消除危害的措施

(1)高温钝化 是去除蛋白酶抑制剂的最有效、最简单的方法,常压蒸汽加热 30min 即可消除胰蛋白酶抑制因子的活性。此外,在大豆育种方面选育低胰蛋白酶抑制因子含量的大豆品种也是一种消除其不利影响的方法,但会导致农药杀虫剂使用量增加。

(2)红细胞凝聚素钝化 钝化采用高压蒸汽处理,而干热钝化不能完全去除凝集素活性。

(3)化学钝化法 还可用 Na_2SO_3、Na_2SO_4、戊二醛等破坏大豆蛋白质毒素的结构,如抗胰蛋白酶因子的二硫键,其缺点是造成化学物质残留。

目前应用最为普遍的钝化方法是热处理法中的干式挤压膨化法,能够显著改善大豆的适口性,去除大部分毒素的活性,应用效果良好。

(二)菜籽饼粕中抗营养因子的危害与消除

菜籽饼粕中含有硫葡萄糖苷、芥酸、芥子苷、缩合单宁等生物碱。禽类大量采食菜籽饼,还可污染其产品。此外,菜籽饼粕中所含的芥子碱具苦味,可降低饲料的适口性,甚至影响产品的风味。所含其他的抗营养因子如植酸和单宁,均可降低蛋白质、氨基酸和矿物元素的利用率,从而影响畜禽的生产性能。

1. 对畜禽的危害

(1)硫葡萄糖苷及其降解物的危害 硫葡萄糖苷可降解生成异硫氰酸酯、硫氰酸酯、噁唑烷硫酮、腈等有害物质。

噁唑烷硫酮可抑制甲状腺素的合成,导致甲状腺肿大;同时,干扰甲状腺球蛋白的水解,影响甲状腺素的释放。

异硫氰酸酯在体内与氨基化合物形成硫脲类化合物,也可致甲状腺肿大;此外,异硫氰酸酯与硫氰酸酯在体内能与I^-竞争性地浓集到甲状腺,造成甲状腺的碘缺乏,从而产生甲状腺肿大。

异硫氰酸酯和噁唑烷硫酮,还可引起胃肠炎、支气管炎、肾炎。

腈是有机氰化物,其毒性更大,可影响细胞呼吸,造成组织损失,并影响甲状腺功能。

(2)芥子碱、芥酸与其他有害物质的危害 在正常情况下三甲胺吸收后在体内被三甲胺氧化酶作用转化为氧化三甲胺,然后排出体外。但一些褐壳蛋商品鸡由于缺乏三甲胺氧化酶,不能变为氧化三甲胺,导致三甲胺在血液内积累并进入鸡蛋中,使鸡蛋含有鱼腥味。

芥酸是菜籽油中含有的一种脂肪酸,动物实验证明,大量摄入含芥酸高的菜籽油,可致心肌纤维化引起心肌病变,增重迟缓,发育不良,生殖力下降。

2. 消除危害的措施

(1)热处理法 包括干、湿两种热处理、高温高压处理等。热处理可破坏芥子酶的活性,但是不能去除硫葡萄糖苷,不能彻底清除其毒性,仍会产生一些不良影响。此外,高温处理还会降低菜籽饼粕的蛋白质品质。

(2)溶剂浸提法 利用含水乙醇(或异丙醇)浸提处理菜籽饼粕,能够除去大部分的硫葡萄糖苷、单宁。但菜籽饼粕中的干物质也会随之损失,其营养价值降低。

(3)硫酸亚铁法 硫酸亚铁在碱性条件下,能与异硫氰酸酯及噁唑烷硫酮结合生成无毒的螯合物,从而实现脱毒。

(4)微生物法 利用能够降解硫葡萄糖苷的一些微生物发酵处理,可减少菜籽饼粕中的硫葡萄糖苷的含量。

(5)氨、纯碱处理法 硫葡萄糖苷与氨结合后生成无毒的硫脲,纯碱(Na_2CO_3)可以破坏硫葡萄糖苷和芥子碱。

3. 菜籽饼粕的合理利用

(1)相关标准 我国饲料卫生标准(GB 13078—2001)对菜籽饼粕中异硫氰酸酯和噁唑烷硫酮的允许量,都按畜禽种类作了相应规定。我国饲料原料标准(NY/T 126—2005)规定:一级菜籽粕硫葡萄糖苷的含量≤40μmol/g;二级菜籽粕硫葡萄糖苷的含量≤75μmol/g;对三级及以下菜籽粕不做要求。

我国饲料用低硫苷菜籽粕标准(NY/T 417—2000)规定,异硫氰酸酯和噁唑烷硫酮含量之和不得大于4 000mg/kg。

(2)使用原则 我国生产的普通菜籽饼粕在畜禽配合饲料中的适宜使用量为:蛋鸡、种鸡≤5%,生长鸡、肉仔鸡≤15%,母猪、仔猪≤5%,生长育肥猪≤15%,肉牛≤20%,乳牛≤10%。

胱氨酸作为还原性物质谷胱甘肽的组成成分,对菜籽饼粕具有解毒作用;蛋氨酸可将高毒性的腈转化为低毒性的硫氰酸酯,通过尿排出体外,也有解毒作用。在使用菜籽饼粕饲料时,可适当添加上述两种含硫氨基酸。此外,饲粮中铁、铜、锌按正常需要量的3~5倍添加,碘按2倍以上供应,可改善甲状腺功能。

(三)棉籽饼粕中抗营养因子的危害与消除

1. 对畜禽的危害 棉籽饼(粕)中的有害物质主要是游离棉酚,其次为加工过程中产生的有害物质。

(1)游离棉酚的危害 游离棉酚可引起畜禽生长受阻、生产水平下降,严重时死亡。棉酚在体内可与蛋白质、铁结合,使某些酶失去活性,而与铁的结合会干扰血红蛋白的合成,引起缺铁性贫血;棉酚可使棉籽饼中赖氨酸的有效性降低;棉酚在消化道内可刺激胃肠黏膜,引发胃肠炎,还可损害心肌功能,造成心力衰竭,继发肺水肿和全身缺氧性变化;棉酚能够破坏睾丸生精上皮细胞,导致精子减少、畸形、死亡,受精率下降,并降低性激素含量。棉酚还可影响雌性畜禽卵子发育,造成子宫萎缩,并可影响蛋的品质;长期摄入能降低畜禽采食量,抑制畜禽的生长。

(2)其他有害物质的危害 棉酚与蛋黄中的铁离子结合,形成黄绿色或红褐色化合物,蛋黄色泽发生改变。棉籽饼粕加工时如遇湿热条件,可使游离棉酚与赖氨酸结合,降低赖氨酸的利用率,从而影响棉籽饼粕的蛋白质饲用价值。

棉籽饼粕中含有环丙烯脂肪酸,能使蛋品质量下降,产蛋率和孵化率降低。主要能提高卵黄膜的通透性,蛋黄中的铁离子进入蛋清中,与伴清蛋白结合而成桃红色的复合体,蛋变为"桃红蛋";抑制脂肪酸的氢化,提高脂肪熔点和硬度,并使蛋清中的铁转移到蛋黄中,致使蛋黄膨大,经加热蛋黄变硬,成为"海绵蛋"。

2. 消除危害的措施

(1)硫酸亚铁处理 硫酸亚铁法是一种成本低、效果好、操作简便的方法。用硫酸亚铁去毒时,其用量一般按亚铁离子与游离棉酚的质量比1∶1进行添加(相当于mol比9∶1),但不宜过多添加亚铁离子,以免造成浪费和防止影响其他微量元素的吸收与代谢。若在榨油厂去毒,可把硫酸亚铁配成水溶液直接喷洒在榨完油的棉籽饼粕上,应注意喷洒均匀,不能洒得太湿,否则不利于保存。也可以按上述同样比例,把硫酸亚铁干粉直接与棉籽饼粕或饲料混合,力求均匀。

(2)碱处理 用烧碱、纯碱或石灰乳处理棉籽饼粕,以破坏游离棉酚。可用2%熟石灰水溶液或1%氢氧化钠溶液或2.5%碳酸氢钠溶液,将粉碎的棉籽饼粕浸泡其中24h,再用清水冲洗4~5遍。此法较费时、耗能,并造成环境污染。

(3)热处理 棉籽脱油过程中的热处理即可使大部分游离棉酚与蛋白质、氨基酸等形成结合态棉酚。对棉籽饼粕进一步加热处理可以减少游离棉酚含量,但其代价是降低了氨基酸特别是赖氨酸的有效性。

（4）水煮沸法　是基于棉籽饼粕中的棉籽色腺体在水中被破坏，释放出游离棉酚，在较高温度下可与游离氨基团的蛋白质结合，变成对畜禽无毒性的结合棉酚而运用的。其操作是将粉状的棉籽饼粕，加适量的水煮沸 30～40min，经常搅拌，冷却后饲用。煮沸时若拌入 10％的麸皮或大麦，效果会更好。

（5）微生物处理　利用能够分解棉酚的微生物进行发酵处理，降低棉籽饼粕中的游离棉酚含量。反刍动物对棉酚的耐受性相对较高，表明自然界中有这类微生物存在。

3. 棉籽饼粕的合理利用　饲喂棉籽饼粕的原则就是将其危害控制在畜禽的耐受范围之内。一般说来，猪对棉酚的耐受力比鸡低，幼年动物比成年动物低，单胃动物比反刍动物低。

棉籽饼粕在生长鸡饲粮中的用量应控制在 20％以内，产蛋鸡宜控制在 5％以内；生长育肥猪饲粮中棉籽饼粕的用量不宜超过饲粮的 20％，母猪饲粮中的用量应控制在 10％以内。对种畜禽，饲粮中棉籽饼粕用量应控制在 5％以内。在使用棉籽饼粕配合饲粮时应注意补充赖氨酸。

游离棉酚对反刍动物的毒性较小，但长期大量使用也易产生危害，特别是对犊牛、羔羊危害更大。因此，成年牛棉籽饼粕的适宜用量可占补充精料的 30％左右，犊牛应控制在 20％以内。

我国饲料卫生标准（GB 13078－2001）规定棉籽饼粕中游离棉酚允许量为≤1 200mg/kg；产蛋鸡配合饲料≤20mg/kg；肉仔鸡、生长鸡配合饲料≤100mg/kg；生长育肥猪配合饲料≤60mg/kg。

（四）亚麻仁饼粕中有害物质的危害与合理利用

1. 对畜禽的危害　亚麻籽实及饼粕中主要含有生氰糖苷和亚麻素两种有害物质。

生氰糖苷主要是亚麻苦苷，本身无毒，但是在亚麻酶的作用下生成氢氰酸。过量使用亚麻仁饼粕，其生成的氢氰酸与细胞色素氧化酶中的三价铁离子结合，造成细胞缺氧，引起神经与心血管系统的功能障碍。还可引起家禽生长停滞、脱羽、产蛋下降甚至死亡。

亚麻素经水解后释放出 L-氨基-D-脯氨酸，与维生素 B_6 结合并使其失去生物学活性，导致猪禽发生维生素 B_6 缺乏症。

此外，在亚麻籽饼粕中还含有亚麻籽胶，含量为 3％～10％。亚麻籽胶的主要成分是乙醛糖酸，能溶于水，但不能被单胃动物消化，影响营养物质的消化吸收；反刍动物瘤胃微生物能够分解亚麻籽胶，因此，对反刍动物不具抗营养作用。

2. 亚麻籽饼粕的合理利用　我国饲料卫生标准（GB 13078－2001）规定，亚（胡）麻籽饼粕中氰化物的含量≤350mg/kg，在鸡、猪配合饲料中的含量不超过 50mg/kg。

（五）花生饼粕中有害物质的危害与消除

1. 对畜禽的危害　花生饼粕易于感染黄曲霉（*Aspergillus flavus*），产生黄曲霉毒素（*aflatoxin*）。黄曲霉毒素的毒性主要是细胞毒、致突变和致癌性。一般而言，幼年畜禽较成年畜禽敏感，畜禽种中家禽与猪较为敏感，家禽中雏鸭、雏鸡最为敏感。中毒后的表现为嗜睡、精神委靡，食欲废绝，羽毛脱落，步履不稳，粪便带血。病理变化表现为肝脏肿大、纤维化、脂肪浸润，脾脏、肾脏充血、肿大，胸腺和法氏囊萎缩等。

2. 消除危害的措施 在生产中常用的脱毒方法是在饲粮中添加吸附剂,如活性炭、沸石等,能够吸附黄曲霉毒素,阻止其经肠道吸收后造成机体中毒。我国饲料卫生标准规定,在花生饼粕中黄曲霉毒素含量不得超过 50μg/kg。详见第五节黄曲霉毒素相关内容。

第四节 饲料微生物污染的危害与防控

一、饲料细菌污染的危害与防控

(一)细菌污染的危害

造成饲料污染的微生物,主要有沙门氏菌、大肠杆菌、肉毒梭菌、葡萄球菌、魏氏梭菌等。生产动物性饲料时,若消毒不彻底或保存不当,可引发上述病菌的滋生和大量繁殖,污染使饲料适口性降低,颜色和气味异常,营养物质被破坏,生产性能下降,健康受损。细菌对饲料的危害主要表现在以下 3 个方面。

1. 细菌可导致饲料腐败变质 细菌体内含有多种酶,其中蛋白质分解酶和肽链内切酶,能使饲料中的蛋白质分解,最终产生胺类、酮类、不饱和脂肪酸及有机酸等,使饲料腐败形成难闻的恶臭。细菌还可使脂肪发生水解和氧化,产生难闻的气味,营养价值也因此降低。饲料中的碳水化合物亦可被细菌分解为醇、醛、酮、羧酸和水,饲料酸度随之升高。腐败变质大大降低了饲料的营养价值和适口性,并增加了致病菌存在的可能性。

2. 细菌污染对畜禽的危害 饲料中细菌对畜禽的危害可分为感染型和毒素型两类。感染型系病原菌污染饲料后大量繁殖,畜禽采食这种饲料后可导致消化道感染而造成中毒。可致肠道黏膜肿胀、出血、黏膜脱落。毒素型则是指细菌在畜禽体内大量繁殖后产生的毒素,可造成肠道黏膜肿胀、出血和黏膜脱落。细菌产生的内毒素可引起体温升高和血管运动神经麻痹,白细胞数量下降,最后可因败血症休克而死亡。遭受沙门氏菌污染的饲料,常导致畜禽下痢、死亡和生产性能降低。大肠杆菌在机体抵抗力下降或大肠杆菌侵入肠外组织或器官的情况下,则会变成条件致病菌,即致病性大肠杆菌,这种菌主要通过畜禽的消化道感染,可引起多种综合征,包括家禽败血症、慢性呼吸道疾病和输卵管炎;仔猪水肿病,羔羊和犊牛痢疾,马和绵羊流产等。猪的肠炎型大肠杆菌病和禽大肠杆菌性败血症、腹膜炎、输卵管炎等疾病,都给猪、禽业带来严重危害,造成重大的经济损失。

3. 细菌污染饲料对人类的危害 饲料受细菌污染后,一些病原菌可继续污染人类的食物链,引发人类罹患食源性疾病,又称食物中毒。

导致人类患食源性疾病的主要细菌,有沙门氏菌和致病性大肠杆菌。饲料尤其是动物性蛋白质饲料,经常受到沙门氏菌污染。1958 年,以色列暴发的食源性沙门氏菌感染,与进食鸡肝有关,后调查发现鸡饲用的骨粉遭同种沙门氏菌污染。1968 年,英国一个冷冻鸡肉包装厂暴发了一次大规模维尔肖沙门氏菌感染,研究证实供应该厂的大多数饲料含有携带维尔肖沙门氏菌的鸡肉,并从鸡饲料中分离到同种细菌。大肠杆菌也经常危害人类的健康,烹饪欠熟或生的汉堡包(碎牛肉),几乎与所有大肠杆菌 O_{157} 暴发及散发病例的发生有关。

(二)细菌污染危害的防控措施

由于细菌污染饲料的途径广泛,因此对污染的控制应以预防为主,特别是动物性饲料应从原料选择、生产加工、运输储藏乃至销售、饲喂各个环节加以控制,并正确使用防腐抗氧化剂。

1. 把好饲料关 严禁用被污染的原料生产饲料或加工成饲料原料。不得用传染病病死的或腐烂变质的畜禽、鱼类及其下脚料生产血粉、肉骨粉、鱼粉及液体鱼蛋白饲料。此外,对来自疫区的植物性饲料也应严格检验,禁止使用受病菌污染的饲料。

2. 加工用的动物性原料应新鲜 特别是鱼类、屠宰的下脚料及血液,这类原料极易滋生细菌,沙门氏菌数量也往往随之大幅度增长。

3. 改善仓储条件 贮存饲料原料的仓库应通风、干燥、阴凉。应严格控制进入仓库的饲料原料及成品饲料的含水量,南方地区不应超过 13%,北方可控制在 14% 以下,动物性饲料以不超过 8% 为宜。应定期清扫和消毒仓库,及时清除废料。严防鼠、鸟等进入仓库,定期灭鼠。

4. 适当添加防腐剂 目前饲料厂使用较多的是丙酸及其盐类,可有效抑制需氧芽孢杆菌和包括沙门氏菌在内的革兰氏阳性菌的繁衍。此外,苯甲酸、山梨酸及其盐类也是可用的防腐剂。

5. 选择正确的加工方法 为杀死细菌对动物性饲料原料进行高温处理,掌握好加热温度、时间和方法是成功的关键。采用发酵法生产畜禽屠宰废弃物饲料时,应掌握好方法以保证彻底消灭病原菌。如用乳酸杆菌发酵,应在短时间内将发酵物 pH 降至在 4.5 或 4.5 以下,可控制细菌的存活。

二、霉菌污染的危害与防控

饲料受霉菌污染较普遍,霉菌污染后饲料产生异味、结块、色泽异常、质地发生变化。营养价值和适口性下降,蛋白质溶解度降低,部分维生素遭破坏。霉菌产生的毒素可引发畜禽中毒。霉菌产生的毒素种类甚多,选择危害较普遍的四种毒素予以介绍。

(一)黄曲霉毒素(aflatoxin,AFT)

黄曲霉毒素及其衍生物多达 20 余种,其中 AFB$_1$ 数量最多。畜禽对黄曲霉毒素的敏感性因品种、年龄、性别和营养状况而异,幼龄、营养不良的畜禽较敏感。其对毒素的敏感性,大致顺序为:仔猪＞犊牛＞肥育猪＞成年牛＞绵羊,禽类为雏鸭＞雏火鸡＞雏鸡。

1. 危害 黄曲霉毒素能引起所有畜禽产生肝变,主要表现为肝细胞变性、肝小叶中心坏死、胆囊水肿、胆小管增生。黄曲霉毒素还能抑制磷脂及胆固醇的合成,导致脂肪在肝脏内沉积,引起肝肥大。

(1)家禽 慢性中毒主要产生食欲下降、消瘦、贫血、腹泻等;母鸡表现为脂肪综合征,产蛋率和孵化率降低。急性中毒多发生在雏鸡、鸭和育成鸡。2～6 周龄的鸡中毒后呈现食欲减退、步态蹒跚、颈肌痉挛、角弓反张等;蛋鸭则产生皮下出血,肝脏肿大。

(2)猪 有急性、亚急性和慢性之分,亚急性较常见。2～4 月龄仔猪易发生,表现食欲下降,消化功能紊乱,并有异食癖,精神沉郁,生长缓慢,发育停滞,全身性出血。严重时出现间歇性抽搐、过度兴奋、角弓反张、黄疸，但体温无异常。急性中毒可现贫血和出血，心外膜和心内膜有明显的出血斑点。而慢性中毒会造成死胎或畸胎。

（3）牛　慢性中毒的犊牛精神委靡、眼角膜混浊、厌食、消瘦，哺乳期抗应激能力和免疫力减弱，间歇性腹泻和腹水；乳牛中毒后产乳量明显下降，甚至停产；妊娠牛发生流产、死胎、早产；哺乳期犊牛的急性中毒可出现厌食、站立不稳；结膜炎症、发黄，脱肛，虚脱，2d内死亡。病牛死后剖检呈现肝脏硬化、纤维化，肝细胞癌变，胆囊扩张，腹腔积液。

（4）羊　慢性中毒后食欲减退，繁殖性能降低，皮毛略呈黄色，精神委顿，种公羊性欲降低。急性中毒可导致繁殖母羊和种公羊拒食、拒饮水，眼结膜发黄，心率及呼吸加快，短时内即死亡。尸体剖检发现肝、肾及肺肿大，且均有出血点。

2. 防控措施

（1）防止霉变　控制饲料原料水分，防止害虫侵袭，改善饲料储存条件，缩短储藏期，适当添加化学防霉剂等是最有效的方法。培养抗霉菌的农作物品种，选择适当的种植和收获技术以及射线辐射灭菌等也是行之有效的方法。

（2）严格控制饲料中黄曲霉毒素的含量　世界多国制定了饲料、食品及牛乳中黄曲霉毒素含量的限量指标。表 5-1 为我国饲料、谷物标准中规定的黄曲霉毒素允许量，表 5-2 为美国农业部发布的黄曲霉毒素允许量。

表 5-1　我国饲料、谷物标准中黄曲霉毒素允许量

项　目	种　类	指标($\mu g/kg$)
AFB1	仔猪、雏鸡、雏鸭等幼畜禽配合及浓缩饲料	≤10
AFB1	生长肥育猪、种猪、生长鸡和产蛋鸡配合及浓缩饲料	≤20
AFB1	肉用仔鸭后期、生长鸭和产蛋鸭配合及浓缩饲料	≤15
AFB1	肉牛精料补充料	≤50
AFB1	玉米、花生饼（粕）、棉籽饼（粕）、菜籽饼（粕）	≤50
AFB1	大豆粕	≤30

表 5-2　美国联邦农业部发布的动物饲料中黄曲霉毒素允许量

项　目	种　类	指标($\mu g/kg$)
AFT	乳	0.5
AFT	一般饲料	20
AFT	肉牛、猪和成年家禽食用的玉米和花生饲料	100
AFT	成年猪食用的玉米和花生饲料	200
AFT	成年牛、猪及家禽食用的棉花籽	300

引自瞿明仁等.《饲料卫生与安全学》. 2008

（3）黄曲霉毒素脱毒　轻度污染的饲料经脱毒处理后可利用。主要脱毒方法：

①加热法。虽然黄曲霉毒素对热稳定，但高温下也能部分分解。如将含 7 000$\mu g/kg$ 黄曲霉毒素的潮湿花生粉在 120℃、0.103MPa 处理 4h，其含量可下降到 340$\mu g/kg$。

②吸附法。在饲粮中添加 0.5%～1%水合铝硅酸钠钙盐（HSCAS），可消除或减轻黄曲霉毒素对畜禽的危害。

③碱处理法。用 1%NaOH 水溶液处理含黄曲霉毒素的花生饼 1d，可使毒素由 84.9μg/kg 降至 27.6μg/kg。对黄曲霉毒素污染的整粒玉米用石灰乳、纯碱水或草木灰水浸泡 2～3h，然后用清水冲洗至中性，2h 后烘干，去毒效果可达 60%～90%。

④氧化法。用氧化剂（如过氧化氢、氯气、漂白粉等）脱毒是较好的方法。在碱性条件下，过氧化氢去毒效果可达 98%～100%；5%的次氯酸钠在几秒钟内便可破坏黄曲霉毒素。但处理过程产生大量的热，会破坏饲料中耐热性低的一些营养物质，如维生素和赖氨酸。

⑤添加微生物菌体制剂。研究表明，枯草杆菌、乳酸菌和醋酸菌均能降解大部分黄曲霉毒素。用乳酸菌、黑曲霉、葡萄梨头菌等进行发酵处理，对去除粮食和饲料中黄曲霉毒素均可收到较好效果。

⑥添加酶制剂。用黄曲霉毒素脱毒酶处理，饲料中黄曲霉毒素含量锐减。真菌酶-2 的提取液可使黄曲霉毒素转化，或使其发光基因发生改变，降低其毒性。

⑦添加营养素法。在饲料中添加蛋白质或蛋氨酸，可弥补霉菌毒素脱毒过程消耗的蛋氨酸。在配合饲料中额外添加 1 倍的维生素，特别是维生素 A、维生素 D、维生素 E、维生素 K，可缓解黄曲霉毒素的中毒效应。补加烟酸或烟酰胺，可加强谷胱甘肽转移酶的活性，增强解毒过程中与黄曲霉毒素的结合。叶酸有破坏黄曲霉毒素的能力，可降低其毒性。

⑧生产中还常在饲粮中添加活性炭、沸石等吸附黄曲霉毒素，阻止其经肠道吸收后造成机体中毒。

（二）玉米赤霉烯酮

玉米赤霉烯酮（zearalenone，ZEA）主要由镰刀菌产生，粉红镰刀菌、串珠镰刀菌、二线镰刀菌、木贼镰刀菌等也能产生此毒素。

1. 危害 种猪对玉米赤霉烯酮非常敏感，且不同生理阶段公、母猪的中毒症状有别（表 5-3）。

表 5-3 玉米赤霉烯酮对种猪的毒性影响

种猪阶段	发生玉米赤霉烯酮中毒症状
成年母猪	生殖器官异常发育，出现假发情，阴门红肿，卵巢发生功能性障碍，主要表现为卵巢发育不良及卵巢内分泌紊乱。由于其功能发生障碍和内分泌紊乱，会使母猪出现屡配不孕、不排卵、发情不明显和流产等症状，并可造成产仔数减少
妊娠母猪	出现外阴部红肿，乳腺肿大，流产或早产。出现畸形胎、死胎、弱胎或干尸，产出的弱仔生后大部分死亡
哺乳母猪	乳腺肿大，泌乳量减少或无乳
后备母猪	由于玉米赤霉烯酮具有强大的雌激素特性，可使初情期前的小母猪出现发情症状，且屡配不孕，幼年母猪则出现外阴道炎
青年公猪	玉米赤霉烯酮可使青年公猪出现"雌性化"症状，如乳头肿大、睾丸萎缩、包皮水肿等，同时也可使雄性仔猪出现上述症状
成年公猪	给公猪饲喂含有此类毒素的饲料 32d 后，可使公猪射精量减少，比正常减少40.8%，且在用后一周内，精子数也减少，大大降低了公猪精液的品质

引自瞿明仁等.《饲料卫生与安全学》.2008

玉米赤霉烯酮可导致反刍家畜排卵减少，发情周期延长或长期不发情，受胎率下降，流产。还可引发牛阴道炎、阴道分泌物减少、繁殖性能下降和处女母牛乳腺增大等症状。

2. 防控措施　对受玉米赤霉烯酮污染的饲料或原料进行有效的处理，主要还是依靠防霉来控制其危害。

玉米赤霉烯酮的脱毒主要有物理吸附法和生物转化法两类。

（1）物理吸附法　用各种吸附剂吸附玉米赤霉烯酮，以达到脱毒的目的。研究表明，通过酶解法从酵母细胞壁提取的葡甘露聚糖可以结合饲料、谷物中大部分的玉米赤霉烯酮；加5%消胆胺，在pH 7.5、37℃下振荡1h，玉米赤霉烯酮含量大为降低；添加2%消胆胺可使其含量从32%降低到16%；添加2%活性炭，能使其含量从32%降低到5%；在配合饲料中添加水合硅铝酸钙钠（HSCAS）、沸石、酵母细胞壁等均可吸附霉菌毒素，降低毒性。

（2）生物转化脱毒法　此法是将玉米赤霉烯酮转变成无毒产物的全新脱毒技术。其先进性在于能将玉米赤霉烯酮彻底分解而不会有毒素残留；其次，特异性高，只对该毒素起作用，不会破坏饲料中的其他成分及降低营养价值；再则，对玉米赤霉烯酮特别有效，采用酯类水解酶能将该毒素的球形结构打开成为直链，使其不能与雌激素受体结合，从而消除高雌激素症。例如，毛孢子菌属中的一种酵母菌，具有降解玉米赤霉烯酮能力；还有一种能催化玉米赤霉烯酮水解的特异性内酯酶。

（3）加酶脱毒　一些酶可使玉米赤霉烯酮失活，如内酯酶可断裂其内酯环，环氧化酶可降解单端孢霉毒素12、13环氧组。通过酶分裂霉毒素的功能性原子团，使毒素降解成非毒性的代谢物，并不引起副作用。

（4）补充蛋氨酸　添加高于NRC标准30%～40%的蛋氨酸，并增加饲粮中维生素A、维生素D、维生素K添加量及其他营养物质含量，可有效降低玉米赤霉烯酮的毒性效应。

（5）氨化处理　据报道，在1.8MPa氨压、72℃～82℃状态下处理霉变饲料（原料），可大幅降低玉米赤霉烯酮等毒素，但氨化后适口性也下降。

（三）T-2毒素（单端孢霉烯毒素之一）

1. 危害　T-2毒素是常见于谷物和饲料的单端孢霉烯毒素中的一种，常通过污染农产品、饲料及食品而致人、畜中毒。

T-2毒素导致各种畜禽产生的病理变化基本近似，明显影响肠道分裂相细胞及淋巴系统。畜禽采食受T-2毒素污染的饲料后，表现精神委靡、呕吐、食欲下降甚至拒食；口腔和鼻腔发炎、溃疡、流涎；皮下、肌肉、浆膜和黏膜广泛出血，皮肤出现红斑，一些部位发生疥疮或坏死。

妊娠2～3个月的母猪易发生流产、弱胎、木乃伊胎或外观正常的死胎。慢性中毒造成生长缓慢、僵猪、慢性消化不良和再生不全性贫血等。在牛的饲料中人为加入T-2毒素50μg/kg，仅出现胃肠道充血与水肿。给泌乳牛投饲T-2毒素，在一段时期内可从乳汁中检出。用高剂量T-2毒素喂牛，前凝血时间延长，血液中谷草转氨酶升高，白细胞计数与骨髓无明显变化。雏鸡中毒后，增重转缓，羽毛欠光泽，膝关节略变粗，腿间距加大，站立不稳，步履蹒跚。

T-2毒素急性中毒主要危及小肠，中毒后1～9h肠腔内含水量增加，小肠黏膜上皮细胞数减少，血容量降低，血细胞比值上升。

2. 防控措施

(1)防霉措施　参照黄曲霉毒素相关内容。

(2)去毒或减少毒素含量的措施

①水浸法。按 1∶4 的比例向霉变饲料中添加水,搅匀,浸泡 12h,弃水并再重复操作 1 次,可清除大部分毒素。也可先用清水淘洗被污染饲料,再用 10% 生石灰水浸泡 12h 以上,重复 3 次,水洗滤干,小火炒熟(120℃ 左右)。

②去皮减毒。毒素多存在于谷物表层,除去表皮再加工成饲料即可减少毒素量。

③限制法。限制配合饲料中用量,减少单位饲粮中毒素含量。

④免疫学方法。国内外现已研制出 T-2 毒素的抗原,这会使免疫治疗和抗 T-2 毒素疫苗的发展更进一步。

(四)麦角毒素

麦角菌产生的一类毒素,通称麦角生物碱,广泛存在于小麦、大麦、燕麦、黑麦等禾本科籽实及禾本科牧草籽穗中,对畜禽的危害不容忽视,猪、牛和家禽对麦角毒素最敏感。

1. 危害　麦角中毒的主要临床症状有中枢神经系统兴奋型和末梢组织坏死型。急性中毒多为神经型,慢性中毒常为坏死型。

(1)中枢神经系统兴奋型　发生于肉食动物、马和羊,普遍出现痉挛,但牛不多见。急性中毒最初病畜显眩晕,经短时间兴奋和不安后,出现抑郁、行动失衡、肌肉震颤,继而暂时性麻痹和精神不振,消瘦、抽搐,最终死亡。

慢性中毒主要表现慢性抽搐,胃肠道功能紊乱(口腔黏膜发炎、流涎、腹泻或便秘),采食量下降,消瘦,严重时还出现中枢神经系统障碍。

(2)末梢组织坏死型　主要发生于鸡、猪和牛。病变多在末梢组织,特别是后肢下部、尾和耳等,身体各部出现坏死、脱落,局部出现淋巴结肿胀。病变部位最初有局部疼痛感、变凉,继之萎缩变黑紫色,皮肤干燥,最后导致动物肢端坏死脱落。

除上述特有症状外,还常伴有体温升高、呼吸困难、心跳加快等一般症状。畜禽生产性能下降,如牛、绵羊、猪产乳减少或不分泌乳汁(猪),妊娠母猪流产,乳猪缺乳致死亡率升高,生长猪增重减缓等。

2. 防控措施　一旦发现饲料和牧草被麦角菌污染,应立即停止饲喂。可采用机械净化或用 25% 浓食盐水漂洗,以去除谷类中含油较多的麦角;对受污染饲料采用阳光暴晒或紫外线照射,可减弱麦角毒素毒性。

第五节　药物添加剂、微生态制剂、激素和兴奋剂的安全使用

一、药物添加剂使用不当的危害与防止措施

(一)药物添加剂使用不当的危害

1. 抗生素类药物

(1)抗生素类药物的应用　用抗生素作饲料添加剂,在防病、促生长、增加畜产品产量和提高养殖效益等方面曾发挥过积极作用,但带来的不良副作用也不可忽视。例如,配合饲料中长期使用抗生素导致细菌产生耐药性;改变动物消化系统的微生态环境,抑制一些有益微生物在消化道的生存和繁衍;长期饲喂含抗生素的饲料,可通过动物产品传递,使人类对这些抗生素产生耐药性,影响疾病的治疗。某些抗生素还对人类有致癌、致畸作用;可随动物粪便排泄的残留抗生素,造成环境污染。今后应不用或少用抗生素作为饲料添加剂,改用益生素、低聚糖、酶制剂及中草药等添加剂,可达同样效果。

(2)畜禽常用抗生素及危害　常用抗生素多为四环素类。主要有金霉素(氯四环素)、土霉素(氧四环素)和四环素等。此外,还有一些半合成的四环素类抗生素,如强力霉素(多西环素,脱氧土霉素)。四环素类为广谱抗生素,在体内分布广泛,主要存在于肝和肾组织中,可蓄积于猪、家禽、牛和鱼的骨骼组织中,也可与蛋壳中的钙结合。

四环素类药物对畜禽的毒性较小,若饲料中大剂量或长期连续添加,常引起马、牛、羊、家禽等蓄积性中毒。主要表现为食欲减退、臌胀、下痢及维生素 E 缺乏症等,严重时死亡。猪内服过量可出现呕吐、腹泻、结膜黄染、呼吸频数增多或出现气喘。有时狂躁不安,肌肉震颤,全身痉挛,卧地不起,昏迷而死。牛羊表现为食欲减退或废绝,瘤胃停止蠕动,臌气,鼻镜干燥,腹泻或便秘,精神沉郁等。

(3)残留限量　四环素类抗生素易诱导耐药菌株和在畜产品中残留。为此,许多国家规定了其最大残留限量,并实施长期监控。

此外,各种抗生素滤渣是抗生素类产品生产过程中的工业"三废",含有微量抗生素成分,也易引起耐药性,对畜牧业的危害也不容忽视。其次,滤渣未经安全性试验,存在各种安全隐患。

2. 磺胺类药物

(1)磺胺类药物的应用　磺胺类药物能预防和治疗多种细菌感染性疾病及禽类和兔球虫病等,在养殖业中被广泛用作饲料药物添加剂。但这类药物可引起家禽、犊牛以及犬、猫等畜禽中毒。新型磺胺类药物的毒性作用较低。

(2)磺胺类药物的危害　长期应用治疗剂量或亚治疗剂量可干扰动物碘代谢,甲状腺功能减退、肿大,生长受阻。猪、牛过量服用可产生与四环素类药物相似的症状。

(3)残留限量　该类药物容易诱导产生耐药菌株和在畜产品中残留。我国对动物性产品

中磺胺类药物残留量作了规定。

3. 喹诺酮类药物

(1)常用喹诺酮类药物　主要有诺氟沙星(氟哌酸)、环丙沙星、培氟沙星、恩诺沙星、单诺沙星和沙拉沙星等,后3种为畜禽专用抗菌药物。

(2)喹诺酮类药物对动物的危害　在兽医临床上,喹诺酮类抗菌药物属于高效低毒药物。作饲料药物添加剂使用不当时,可能导致中毒。主要表现:①治疗剂量下,动物可能出现恶心、呕吐、腹泻和腹痛等消化道炎症;②大剂量或长期使用会损伤肝、肾;③具有生殖毒性,可降低繁殖率;④还可引起幼年和生长高峰期的犬和马关节炎、疼痛、跛行等症状。恩诺沙星10mg/kg体重可使犬出现癫痫症状,恩氟沙星50mg/kg体重可致猫中枢神经系统功能障碍。此外,动物还可能出现过敏和皮肤光敏反应。

(3)残留限量　为防止细菌的耐药性,不宜长期使用,且须严格控制用量。禁止与其他抗生素联合使用。严格遵守药物在畜产品中的最高残留限量。

4. 喹噁啉类药物　我国允许使用喹乙醇、喹烯酮和痢菌净等。鸡、鸭对喹乙醇敏感,较常见中毒。

(1)毒性作用　此类药物主要毒性作用是引起过敏性皮炎,肾上腺和醛固酮系统损害。对部分品种有致突变作用和致癌嫌疑。

喹乙醇具有较强的蓄积性,可致肝、肾损伤,肾上腺皮质功能减退,肾功能紊乱和电解质代谢发生失衡,致血中醛固酮含量下降,出现高血钠和低血钾现象,动物生长受阻。家禽和水产动物对喹乙醇尤为敏感,我国已明令在这两类动物中禁用。

喹赛多是本类药物中最安全的品种,无蓄积性毒性,无致畸性、诱变性、生殖及发育毒性,对血液中微量元素无影响,对醛固酮系统的副作用远远低于喹乙醇和卡巴氧,属于实际无毒物质。

(2)合理使用　须严格按照我国农业部168号公告规定的适用动物种类、阶段、剂量及休药期等使用药物饲料添加剂。我国规定猪使用喹乙醇的休药期为35d。

(二)防止药物添加剂危害的措施

1. 选择可长期使用的药物添加剂　表5-4列出的是农业部批准的具有预防疾病、促进生长作用,可在饲料中长时间添加的饲料药物添加剂品种[详见《饲料药物添加剂使用规范》(农业部168号公告,附录一"药添字"饲料药物添加剂],可从中选用。并须注意其添加量、适用范围、停药期规定及注意事项等。

多数药物添加剂对肉用畜禽的停药期一般为3~7d。在鸡产蛋期和乳牛产乳期,大多数药物添加剂应予禁用。

2. 选择可混饲给药的药物添加剂　《饲料药物添加剂使用规范》(农业部168号公告,附录二"兽药字"饲料药物添加剂)中,列出了已批准用于防治动物疾病通过混饲给药的饲料药物添加剂品种(表5-5)并规定了疗程。养殖场(户)须凭兽医处方购买、使用。所有商品饲料中不得添加此类兽药。

3. 使用注意事项

(1)不能直接使用原药　必须制成预混剂后再添加到饲料中。

(2)交替使用　为减少产生耐药性,应在动物不同生长阶段交替使用不同种类和性能的药物添加剂品种。平时应限制使用一些药物品种,以备疫情暴发时急需。

（3）执行畜产品残留量标准 我国及世界各国的卫生标准中,对畜产品中的药物残留均制定了严格的标准(表5-6)。

表5-4 "药添字"类饲料药物添加剂

序 号	名 称	序 号	名 称
1	二硝托胺预混剂	18	洛克沙胂预混剂
2	马杜霉素铵预混剂	19	莫能菌素钠预混剂
3	尼卡马嗪预混剂	20	杆菌肽锌预混剂
4	尼卡马嗪、乙氧酰胺苯甲酯预混剂	21	黄霉素预混剂
5	甲基盐霉素、尼卡马嗪预混剂	22	维吉尼亚霉素预混剂
6	甲基盐霉素预混剂	23	喹乙醇预混剂
7	拉沙洛西钠预混剂	24	那西肽预混剂
8	氢溴酸常山酮预混剂	25	阿美拉霉素预混剂
9	盐酸氯苯胍预混剂	26	盐霉素钠预混剂
10	盐酸氯丙啉、乙氧酰胺苯甲酯预混剂	27	硫酸黏杆菌素预混剂
11	盐酸氯丙啉、乙氧酰胺苯甲酯、磺胺喹噁啉预混剂	28	牛至油预混剂
12	氯羟吡啶预混剂	29	杆菌肽锌、硫酸黏杆菌素预混剂
13	海南霉素钠预混剂	30	吉他霉素预混剂
14	赛杜霉素钠预混剂	31	土霉素钙预混剂
15	地克珠利预混剂	32	金霉素预混剂
16	复方硝基酚钠预混剂*	33	恩拉霉素预混剂
17	胺苯胂酸预混剂		

* 现已禁用—编者注

表5-5 "兽药字"类饲料药物添加剂

序 号	名 称	序 号	名 称
1	磺胺喹噁啉、二甲氧苄啶预混剂	13	氟苯咪唑预混剂
2	越霉素A预混剂	14	复方磺胺嘧啶预混剂
3	越霉素B预混剂	15	盐酸林可霉素、硫酸大观霉素预混剂
4	地美硝唑预混剂*	16	硫酸新霉素预混剂
5	磷酸泰乐菌素预混剂	17	磷酸替米考星预混剂
6	硫酸安普霉素预混剂	18	磷酸泰乐菌素、磺胺二甲嘧啶预混剂
7	盐酸林可霉素预混剂	19	甲砜霉素散
8	赛地卡那霉素预混剂	20	诺氟沙星、盐酸小檗碱预混剂
9	伊维菌素预混剂	21	维生素C磷酸酯镁、盐酸环丙沙星预混剂
10	呋喃苯烯酸钠粉*	22	盐酸环丙沙星、盐酸小檗碱预混剂
11	延胡索酸泰妙菌素预混剂	23	噁喹酸散
12	环丙氨嗪预混剂	24	磺胺氯吡嗪钠可溶性粉

* 现已禁用—编者注

表 5-6 无公害畜禽肉中药物允许残留量 （摘自 GB 18406.3—2001）

项 目		最高限量(mg/kg)	
氯霉素		不得检出(检出限 0.01)	
盐酸克仑特罗		不得检出(检出限 0.01)	
恩诺沙星	≤	牛/羊：	肌肉 0.1
			肝 0.3
			肾 0.2
庆大霉素	≤	牛/猪：	肌肉 0.1
			脂肪 0.1
			肝 0.2
			肾 1
土霉素	≤	畜禽可食性组织：	肌肉 0.1
			脂肪 0.1
			肝 0.3
			肾 0.6
四环素	≤	畜禽可食性组织：	肌肉 0.1
			肝 0.3
			肾 0.6
青霉素	≤	牛/羊/猪：	肌肉 0.05
			肝 0.05
			肾 0.05
链霉素	≤	牛/羊/猪/禽：	肌肉 0.5
			脂肪 0.5
			肝 0.5
			肾 1
泰乐菌素	≤	牛/猪/禽：	肌肉 0.1
			肝 0.1
			肾 0.1
氯羟吡啶	≤	牛/羊：	肌肉 0.2
			肝 3
			肾 1.5
		猪可食性组织：	0.2
		禽：	肌肉 5
			肝 1.5
			肾 1.5
喹乙醇	≤	猪：	脂肪 0.004
			肝 0.05
磺胺类	≤	畜禽可食性组织：	0.1
乙烯雌酚	≤	不得检出(检出限 0.05)	

二、微生态制剂的安全性及其合理使用

(一)概　述

微生态制剂是近年逐渐研制、应用的通过有益的活菌制剂或相应的有机物质,帮助宿主动物建立新的肠道微生物群系,用于预防疾病、促进生长的饲料添加剂,又称为益生菌、微生物制剂、微生物促生长剂、促生素、生菌剂等。按其作用机制可分为微生态饲料添加剂和微生态调解剂。按菌种组成可分为单一菌制剂和复合菌制剂。

我国农业部饲料添加剂评审委员会于1999年6月讨论通过了12种微生物添加剂品种,其中杆菌类5种,球菌类4种,酵母菌2种,假单胞菌1种。常见的微生态制剂有:乳酸菌制剂、芽孢杆菌制剂、双歧杆菌制剂、光合细菌制剂、酵母复合制剂、EM制剂和其他微生态制剂等。微生物添加剂属于"绿色饲料添加剂"范畴,具有一定的应用前景。

(二)安 全 性

目前,人们关注大剂量摄入活菌制剂的毒性、益生菌耐药因子转移及益生菌易位并转变成病原菌等问题。研究显示,按正常剂量添加益生菌是安全的,细菌耐药因子转移问题是安全的。另有研究认为,关节炎、冠状动脉炎、心膜炎、心内膜炎等患者可能与所用的益生菌有关。但这些患者却都是免疫力低下或滥用广谱抗生素者,正常健康人群未发生过。据此认为,经过国家有关管理机构审批认可的益生菌菌株是安全可靠的。

(三)合理使用

1. 微生态制剂应具备的条件

①应是非致病性活菌制剂或是微生物发酵产生的无毒副作用的有机物质。

②应能对机体内有害菌群产生抑制作用,有利于提高抵抗力及促进生长发育。

③应是活的微生物,且能与动物消化道正常菌群共存互利,且自身具有抗逆能力。

④应在动物消化道环境中只对有益菌群有利,且其代谢产物对宿主无不利影响。

⑤微生物添加剂应有较好的包被技术,能顺利通过胃而不受胃酸的侵害。生产现场条件下可长期储存及保持良好的稳定性和货架寿命。

2. 使用方法

(1)为不同畜禽选择适用微生态制剂　优质微生态制剂应含一定数量的有益活微生物,能在肠道环境中繁衍生存,且有一定的抗逆能力,如防御低pH和适应肠道环境变异的能力。不同畜禽适宜的微生物种类各异,乳酸菌、芽孢杆菌、酵母菌等适用于单胃动物,反刍动物则以真菌和酵母菌为宜。

(2)用于克服应激　畜禽处在拥挤、运输、断喙、免疫接种、气候变化及极端气候等应激状态,喂给微生态制剂可促使消化道菌群恢复到正常范围,帮助动物安全度过应激期。在恶劣的饲养环境条件下,增加有益微生物的饲喂,可增强其竞争力,使其能在肠道繁衍。

(3)增强幼、弱畜禽抵抗力　幼畜及弱、病畜禽抗病或免疫力较弱,及时投喂微生态制剂,有助于完善或增强肠道有益菌群,提高畜禽的抵抗力和健康水平,促进生长发育。

（4）配伍禁忌　不能将微生态制剂与抗生素和化学合成抗菌药物同时使用，以免益生菌被杀灭。但在饲喂益生菌制剂之前，可先用抗菌性药物杀灭肠道中的有害菌群，为其创造良好的繁衍环境。

（5）用量应准　使用微生态制剂时一定要注意量效关系，每 t 饲料中添加的活菌数一般不少于 $3×10^8$ cfu（菌落数）。微生态制剂加入饮水中喂给畜禽效果较好。要注意查看产品说明书中标示的活菌含量。

3. 发挥综合效应　微生态制剂与寡糖类合用，能有效地刺激肠道有益微生物增殖，阻止有害菌黏附肠黏膜。与黄芪多糖、茯苓多糖、云芝多糖、枸杞多糖等联用，能增强微生态制剂的药理作用和生态效应。还可与酵母培养物及肽类等联合使用。

4. 妥善贮存　一般应在 5℃～15℃ 下避光贮存，乳酸杆菌类则宜低温保存。活菌数量会随保存时间延长而递减，使用时应注意保存期限，有效期一般为一年左右，因产品类型及质量不同而有差别。

三、激素和兴奋剂的危害与控制

虽然大部分激素和兴奋剂有提高畜禽生长速度和饲料报酬的作用，但可残留于产品中严重危害人类健康。含雌激素的动物产品，可扰乱人体内分泌，并可致癌、致畸、损伤人体免疫功能等。国家已明令禁止使用激素类添加剂，农业部、卫生部、药品监督管理局曾联合发布了禁止在饲料和动物饮用水中使用的药物品种目录（农业部 176 号公告），包括以下四大类 39 种。

第一类肾上腺素受体激动剂。有盐酸克仑特罗，沙丁胺醇，硫酸沙丁胺醇，莱克多巴胺，盐酸多巴胺，西马特罗，硫酸特布他林，共 7 种。

第二类性激素。有己烯雌酚，雌二醇，戊酸雌二醇，苯甲酸雌二醇，氯烯雌醚，炔诺醇，炔诺醚，醋酸氯地孕酮，左炔诺孕酮，炔诺酮，绒毛膜促性腺激素（绒促性素），促卵泡生长激素（尿促性素主要含卵泡刺激和黄体生成素），共 12 种。

第三类蛋白同化激素。有碘化酪蛋白，苯丙酸诺龙及苯丙酸诺龙注射液，共 2 种。

第四类精神药品。有氯丙嗪（盐酸），盐酸异丙嗪，安定（地西泮），苯巴比妥，苯巴比妥钠，巴比妥，异戊巴比妥，异戊巴比妥钠，利血平，艾司唑仑，甲丙氨脂，咪达唑仑，硝西泮，奥沙西泮，匹莫林，三唑仑，唑吡旦及国家管制的其他药品，共 18 种。

第六节　饲料企业的卫生安全与规范管理

饲料产品能否符合卫生安全要求，取决于产品的设计和生产过程，而不是事后的检验。可见，欲保证饲料的卫生安全，则应从生产的源头抓起，主要从以下三方面采取相应措施：首先，企业必须严格执行国家有关饲料卫生安全的相关标准和法规。其次，认真推行国内外普遍采用的质量控制体系与认证。再则，要加强饲料产品认可与安全性评价。唯有这样，才能保证饲料卫生与安全，保障畜禽健康和畜产品食用安全。

一、饲料厂的卫生与安全

饲料企业在建厂和生产时都必须遵循饲料卫生与安全的一系列要求,推行规范管理。我国已制定、颁布了饲料企业卫生与安全规范(GB/T 16764)。

(一)厂址选择与布局的卫生要求

1. 厂址选择

(1)地势　要高燥,以向阳背风的缓坡地较好。切忌在低洼潮湿地选址建厂。场地地形方整、开阔,不要过于狭长和边角太多,以便于车辆调转,减少道路、管道、线路的投资,易于管理。

(2)厂址　应远离居民区、学校、养殖场、屠宰加工厂等建筑物,最少相距1km,还应远离各种传染源及散布烟尘和有害气体的工厂。近几年曾发生过重大畜禽疫病的地区,不能选址建厂。有可靠的水、电供应,尽量少占或不占耕地,如在山区、丘陵地区建场应注意防止山洪的冲刷。

(3)交通　要求交通方便,位置适中,便于原料和产品运输。

2. 厂区卫生安全总体布局
饲料厂的生产区、生活区应严格分隔,进入生活区与生产区的道路也应分别设置。厂房、仓库与设施布局除满足饲料生产工艺流程的要求外,还应便于清扫、清洗、整理和维护。应有防鼠、防鸟、防虫害、防潮、防高温、通风等的有效措施,如门窗要能密闭,气窗要有防鸟网,墙面、地面要光滑平整、便于清扫、消毒,要能防止鼠类打洞等。仓库内应铺设防潮层和隔热层,仓库和厂房均应有完整的通风系统,不能堆放垃圾、废物等。

生产无公害绿色饲料或有机饲料,可建立专门的生产区,并进行有效隔离。

饲料厂入口处应设消毒池,长度应保证车轮在池内至少滚动一圈,还应准备喷雾消毒设备,对入厂车辆的车身进行喷雾消毒。厂区内可分别设置进道和出道,进出车辆各行其道。厂区和道路应有良好的排水设施。

(二)原材料采购、储存中的卫生要求

1. 制定饲料原材料采购的卫生指标
饲料原料采购是保证饲料加工产品卫生安全的关键之一,首先应制定饲料原材料采购的卫生指标。有下述可供选用的方法:一是直接采用国家饲料卫生标准的规定;二是自行制定高于国家标准的企业指标;三是目前国内尚无标准规定的,可参考国外相关指标确定。对不符合卫生标准要求的原材料,严禁采购和入厂。不得采购、使用未经国家批准使用的药物和添加剂。

2. 原材料采购、检验、入仓与管理
购进的原材料经检验合格后应及时转入仓库。对仓储的原材料,应严格控制储存的温度、湿度和通风,定期观测仓库的温湿度和通风状况,根据实际情况及时采取措施,进行必要的通风换气和降温、除湿,定期清洁消毒。仓库内不得存放与饲料无关的有害和无害物品。原材料的使用应采取“先进先用”的原则,分类堆放,标识清楚,防止破包、撒漏和交叉污染。

3. 审慎评估供货方
缜密考察其信用资质,严格检测提供的原材料品质及其来源,并评估其仓储和运输条件,确保购入的原材料安全、卫生。

(三)生产过程中的卫生要求

1. 配方应符合卫生要求 设计配方应严格遵守国家饲料卫生标准和饲料添加剂使用准则,严禁选用不合格或禁用的原材料。

2. 原材料清选 配料前应对原材料进行清选,去除影响机械运行和危害畜禽健康的杂质。各种原料用量一定要准确,特别是微量添加剂,以保证配方发挥最大效应。企业应建立确保正确配料的程序,并严格执行。

3. 选择有利卫生安全的生产工艺流程 一般多采用先配料后粉碎的生产工艺流程,该工艺有粒料先称量配料再粉碎和主、辅料与饼粕类一起称量配料,然后粉碎两种工艺。后者优点较多,生产中调整饲料配方很方便,对原料品种变化适应性较强;需要配置的配料仓少,占地少,可节省投资;当配料中谷物原料所占比例小时,粉碎量减少,优点更明显。其缺点主要为,粉碎机设置于配料之后,一旦粉碎机发生故障,则导致整个生产停顿;同时被粉碎的原料品种多,因而导致特性不稳定,电机负荷也因而不稳定,并增大能耗,原料清理要求高,对输送、计量都会带来不便。这种工艺多用于小型饲料厂。

条件允许的企业可推行机械化自动配料工艺流程,主要表现在配料仓的计量工具的配置上,常见的有多仓一秤、一仓一秤和多仓数秤等形式。

4. 保证均匀度 确保配合饲料混合均匀,才能确保安全和健康。购混合机时应根据产品对均匀度的要求选购,新购进的混合机应及时检测均匀度的变异系数,符合要求的才能使用。添加液体类原材料时,宜使用喷雾搅拌设备,以保证混合均匀。

5. 严防交叉污染 生产中一定要防止交叉污染或遵守交叉污染最小化的原则,实现高效率卫生安全生产。定期对配料系统进行必要的清洁冲洗,防止交叉污染。

6. 控制粉尘 采取有效的除尘手段和密闭措施,确保操作区内和排尘口粉尘浓度低于国家标准。

(四)成品及其包装、储存的卫生要求

1. 保证成品质量

(1)原材料质量检测 一方面要严格按国家制订的标准方法,逐项进行常规检查。另一方面对一些原材料还应进行特殊检查,如鱼粉除检测粗蛋白质、盐、砂的含量外,还应进行掺假检查;大豆粕还应检测尿素酶含量;矿物质原料除检测其主要成分含量外,还应检测氟、铅、汞等有毒元素的含量。一些特殊饲料还可根据具体情况增测一些项目。

(2)成品的检验 企业应参照国家或行业的配合饲料标准,制订更加严格的企业饲料质量标准。如果严格把好了原料关,成品可主要检测混合均匀度,即变异系数。

(3)保证成品质量的其他措施 原料投入混合机的顺序,将影响成品的均匀度。在粉碎工序中,采用一次粉碎还是二次粉碎,对产品的粒度和均一性,以及维生素的活性均有影响。应定期检验和校正计量工具,以保证计量准确。包装和标签必须符合国家饲料标签标准(GB 10648)的要求,成品与标签的各项指标必须一致。

2. 配置必要的检测设备和规章 饲料厂应配置卫生与安全检测的常规仪器设备和相应检测人员,建立完整的检测资料记录。检出不符合卫生、安全要求的原材料不得使用,不合格的产品不得出厂。

3. 成品包装要求　成品的包装材料要达到规定的强度要求,保证包装、搬运、输送过程中不会破损,并能防潮。包装材料要清洁卫生,不含有毒、有害物质,不会污染损害饲料。

4. 成品储存的卫生要求　参看原材料储存的相关要求。成品应及时转出,尽量缩短存放期。

(五)成品及原材料输送的卫生要求

使用的运输工具,包括汽车、火车、船舶和各种输送机械,应无污染,使用前、后均应彻底清洗消毒。不得与有害物品混装、混运,若散装车有分隔仓,则要求分隔仓之间隔离严密,不相互串料。

(六)厂区卫生要求

①每天按时清扫厂区四周环境和车间,定期清除粉尘,并进行彻底清洗和消毒。

②定期对厂区、车间、仓库进行灭鼠除虫,防止鼠虫危害。

③危险品,如杀虫剂和有毒、有害物品,应有专用的仓库,并远离车间和居住区。对杀虫剂和其他有毒、有害的物品,应有严格的领用审批制度,建立清晰的进出账簿。

④及时处理厂区、车间、仓库的废弃物,并清理废弃物存放地。厂区内不得饲养动物。

⑤厂区内应规划布局良好的绿化带,降低厂区粉尘,改善微气候。

二、规范企业的生产管理

(一)目的和意义

目的主要在于保证产品质量,着眼于成品出厂前的整个生产过程的各个环节,着重在饲料生产和储运过程中对微生物、化学性和物理性污染的有效控制,对全过程实施监控和治理,防止饲料生产过程中产生的人为错误,避免遭受污染或品质变劣,从根本上保证产品质量。为此,管理规范化将涉及与饲料质量安全有关的硬件设施的维护和人员管理,这是控制饲料安全的第一步。

(二)饲料生产企业应具备的条件

我国农业部为了强化饲料生产的安全性,于 2006 年 11 月发布了《饲料生产企业审查办法》,对饲料企业应具备的必备条件作了相应规定,要求 2007 年 5 月 1 日起实施,现摘要介绍于下:

1. 饲料生产企业应有与所生产饲料相适应的厂房、工艺、设备及仓储设施:①厂址与布局应符合卫生要求;②工艺设计能保证饲料质量和安全卫生要求;③设备符合生产工艺流程,便于维护和保养;④仓储设施与生产区保持一定距离,满足仓储要求,有防火、防鼠、防潮、防污染等设施;⑤兼产饲料添加剂和添加剂预混合饲料的企业,应当有专用生产线。

2. 饲料生产企业应有与所生产饲料相适应的专职技术人员。

3. 饲料生产企业应当有必要的产品质量检验机构、检验人员和检验设施。

4. 饲料生产企业应当建立下列制度:①岗位责任制度;②生产管理制度;③检验化验制

度；④质量管理制度；⑤安全卫生制度；⑥产品留样观察制度；⑦计量管理制度。

5. 饲料生产企业生产环境应当符合国家规定的安全、卫生要求，污染防治措施符合国家环境保护要求。

(三)饲料加工工艺标准化

1. 符合饲料卫生的生产工艺流程 首先要把好原料关，对选用的原料应通过检测、筛选和磁选，原料符合要求方能入库。

2. 制定操作规程 各个工艺环节均应制定相应的操作规程，并在生产中严格执行。

(四)饲料企业其他卫生管理措施

1. 制定人员培训计划 一线生产人员和品监人员，都应定期培训、考核，不合格者不能上岗。

2. 制定严格的控制措施 各个工艺流程应有严格的品质控制措施，明确执行责任人，保证各项措施、规程不折不扣得到贯彻，出现问题及时解决。

3. 设备的运转与保养 设备的选择、安装、运转等均应满足饲料安全生产的要求。应制订设备保养工作计划，按计划进行维护保养。

4. 做好各种记录、记载，强化档案管理 所有生产记录必须使用规定的格式，并按顺序存档；每批饲料必须留样并注明日期，备日后复查用；利用生产记录文件和样品来区别不同饲料产品以及确保产品的可追查性；饲料标签必须及时、准确地反映饲料配方和政府法规；附有最新日期和签名的配方原件必须存档。每日应核对药品的进出账，做好记录并妥善保存。发现异常必须查明原因，及时处理上报，否则饲料产品不能出库。

(三)规范管理的效果检查

饲料厂应建立完整的工作日志，作为检查生产管理、追踪和召回生产的全部饲料产品的重要依据。追查活动必须有详细的文字记录，以及必要的旁证材料，并以此证明追查程序的合理性和有效性；所有追查活动的文字记录应该存档，包括采取的纠正措施和跟踪检查结果。

第三篇

家畜、犬、茸鹿、水貉的标准化饲养

第六章 猪的营养与标准化饲养

第一节 种猪的营养与标准化饲养

种猪是指已经参与配种繁殖仔猪的公猪和母猪,前者称种公猪,后者称种母猪。饲养种猪的目的是使其不断提供大量优良的断乳仔猪,从而获得较多的商品肉猪,增加经济效益。可见,种猪是整个养猪生产的基础,养好种猪是养猪生产的关键。

猪的繁殖是个复杂的生理变化过程,不同生理阶段需要的饲养管理各异。种公猪饲养阶段比较简单,而种母猪怀胎产仔等生理变化较大,划分为空怀、妊娠和泌乳三个阶段。

一、空怀母猪的饲养管理技术

(一)空怀母猪的饲养

母猪由仔猪断乳到配种前的一段时间为空怀期。经产母猪经过上一个妊娠和泌乳期,体力消耗很大,仔猪断乳后能否正常发情,主要看饲养管理是否得当。经产母猪长年处于紧张的生产状态,应保证供给其全面而必需的营养物质,使之恢复到适度的膘情。如果断乳母猪能达到七八成膘,一般在仔猪断乳后 7~10d 都能正常发情配种,开始下一个繁殖周期。要特别重视空怀母猪配种准备期的蛋白质、矿物质和维生素的供给。

在配种准备期,不仅要保证饲粮蛋白质的数量,而且要注意其质量。一般要求饲粮粗蛋白质含量在 12% 以上,若蛋白质不足或品质不佳,不仅影响卵子的正常发育和减少排卵数,而且受胎率低。蛋白质品质的好坏,取决于饲粮中能否提供数量足够、配比适宜的必需氨基酸。

母猪对钙的供应极为敏感,当饲粮中供给不足或钙磷比例失调时,会影响受胎率和降低产仔数。饲粮中通常不会缺磷,要特别注意钙的补充,钙的水平应达到 0.7%,总磷 0.5%。食盐必不可少,应予补充。

维生素 A,维生素 D,维生素 E 对母猪繁殖力影响很大。饲粮中维生素 A 不足,会影响生殖系统上皮组织的正常功能,降低性功能活动,还会影响卵泡成熟和受精卵的着床。倘若缺乏维生素 D,会影响钙、磷吸收并造成代谢紊乱。缺乏维生素 E 可能导致不育。每 kg 饲粮中应供给维生素 A 4 000IU,维生素 D 230IU,维生素 E 11IU。

实践证明,母猪过肥比瘦的对其繁殖影响更大。为防止空怀母猪过肥,饲粮的能量水平不宜太高,每 kg 配合饲料含 11.7MJ 即可。

给空怀期母猪大量喂饲青饲料和多汁饲料十分有益。这类饲料富含蛋白质、维生素和矿物质,有利于母猪的排卵和受精。条件许可时,按每头每日饲喂 4~5kg 多汁饲料或 5~10kg 优质青饲料,并搭配一定数量的精饲料,会有良好的效果。

通常给空怀母猪饲喂湿拌料，定量饲喂，日喂 2～3 次。饲喂量因体重、膘情不同而异。一般 90～120kg 体重的母猪日喂 1.5～1.7kg，120～150kg 体重的母猪为 1.7～1.9kg，150kg 以上的母猪为 2.0～2.2kg。对于断乳后极度瘦弱的母猪，则应增加饲料量，促使其尽快恢复膘情，才能达到正常发情以便及时配种。

（二）空怀母猪的管理要点

1. 适宜的环境条件　空怀母猪同其他猪群一样，需要清洁、干燥、温度适宜、采光良好、空气新鲜的环境条件。阳光、运动和新鲜空气对促进母猪发情和排卵有很大影响。对体况良好的母猪，应在配种准备期加强运动和增加舍外活动时间，有条件时可进行放牧。

2. 合群饲养　空怀母猪的饲养有单栏和小群两种方式。工厂化养猪中采用单栏饲养较多；生产实践中，包括部分工厂化、规模化养猪场在内，通常实行小群饲养。一般将 4～6 头同时断乳的母猪养在同一栏内，可自由运动，设有运动场的猪舍运动范围更大些。群饲可促进空怀母猪发情，特别是群内出现发情母猪后，由于互相爬跨等刺激，可诱导其他空怀母猪发情，同时也便于饲管人员观察及及时发现发情母猪。

3. 发情观察和健康检查　饲管人员每天早晚 2 次，认真观察记录母猪的发情状况，必要时用试情公猪试情，以免失配。从配种准备开始，应对所有母猪进行健康检查，及时发现病猪并及早治疗。

（三）促进母猪发情排卵的措施

在合理的饲养管理条件下，多数配种期母猪能正常发情配种，但有的母猪却不能正常发情或不受胎。应针对不同情况，采用相应技术措施，促使其正常发情排卵并配种受胎。

1. 短期优饲　对配种前体况瘦弱不发情的母猪，可采用短期优饲法催情。实践证明，此法能明显地促进发情、排卵和胚胎发育。可在配种前 10～14d 开始进行短期优饲，加料的时间一般为 1 周左右。优饲期间，可在平时喂料量的基础上增加 50%～100%，每头每日大致增加喂料量 1.5～2.0kg。短期优饲主要是提高日粮的能量供给量，而不必提高蛋白质水平。

2. 加强运动　对过于肥胖不发情的母猪，进行驱赶运动，使其接受阳光照射，呼吸新鲜空气，促进新陈代谢，改善膘情。与此同时，采用限制饲养，减少精料喂量或不喂精料，多喂青绿饲料，能有效地促进母猪发情排卵。

3. 异性诱导　用试情公猪追逐久不发情的母猪，或把公、母猪关在一个圈内，由于公猪的接触、爬跨等刺激，通过神经传导，使母猪脑下垂体分泌促卵泡激素，促使其发情排卵。

4. 合群并圈　将不发情的空怀母猪，调到别的圈内，与正在发情的母猪合群饲养，通过发情母猪的爬跨等刺激，促进空怀母猪发情排卵。

5. 激素催情　利用激素催情是促进发情的有效措施。如肌内注射孕马血清 800～1 000IU，或注射绒毛膜促性腺激素，每 kg 体重 10IU 或肌内注射三合激素，每头猪 2～3mg。也可采用中药催情。

二、妊娠母猪的营养需要与饲养管理技术

母猪配种后，卵子受精是妊娠的开始，分娩则是妊娠的结束。母猪妊娠期一般为 108～

120d,平均 114d。饲养妊娠母猪的中心任务,是保证胎儿在母体内得到充分的生长发育,防止死胎、流产,使妊娠母猪每窝产出数量多、初生体重大、体质健壮和均匀整齐的仔猪,同时为母猪产后泌乳进行营养贮备。

(一)妊娠母猪的生理特点

与空怀母猪比较,妊娠母猪最突出的特点是体重增加和代谢旺盛。

1.体重增加　母猪妊娠后体重显著增加,这是动物的一种适应性反应。研究表明,妊娠母猪和空怀母猪在采食等量的同一种饲料的情况下,不仅可以生产一窝仔猪,而且增重较多(表 6-1)。

据测定,妊娠期母猪体重平均增加 40.5%;妊娠前 2 个月增重占总增重的 48.8%,妊娠后 2 个月占 51.2%,日增重前期高于后期(表 6-2)。另外,母猪妊娠期增重比例与配种时体重及膘情有关,配种时膘情差、体重小的母猪妊娠期增重比例较大。妊娠母猪所增加的体重是由体组织、胎儿、子宫及其内容物等三部分所构成。

表 6-1　妊娠母猪与空怀母猪体重变化比较　(kg)

项　目	采食量	配种体重	临产体重	产后体重	共增重	胎儿及附属物重	净增重	相　差
妊　娠	225	230	274	250	44	24	20	
空　怀	224	231	235	235	4	0	4	16
妊　娠	418	230	308	284	78	24	54	
空　怀	419	231	270	270	39	0	39	15
妊　娠	233	197	233	211	36	22	14	
空　怀	233	196	201	201	5	0	5	9

引自山西农业大学、江苏农学院主编.《养猪学》.农业出版社,1982.9.

表 6-2　妊娠期各阶段增重内容变化

妊娠期(d)	0~30	31~60	61~90	91~114
日增重(g)	647	622	456	408
骨与肌肉(g)	290	278	253	239
皮下脂肪(g)	160	122	−23	−69
板油(g)	10	−4	−6	−22
子宫(g)	33	30	38	39
子宫内容物(g)	62	148	156	217

引自山西农业大学、江苏农学院主编.《养猪学》,农业出版社,1982.9.

(1)体组织的增重　妊娠母猪对饲料营养物质的利用率明显提高,故在体内沉积的营养物质也增加;母猪产后初期由饲料获得的能量和营养物质难以满足充分泌乳的需要,妊娠期沉积营养物质即为产后泌乳进行必要的贮备。研究表明,母猪体组织内营养物质的沉积量超过胎儿沉积量的 1.5~2.0 倍或以上。

(2)胎儿的增重　在妊娠进程中,胎儿的发育是不均衡的,妊娠前期胚胎增重缓慢。随着胎龄增长而加快,临近分娩时增重最快。以二花脸猪测定结果为例,20d 胚胎重仅 0.058g,30d 时达 1.55g(为 20d 的 26.7 倍),60d 胎儿重 77.55g(仅为初生重的 11.36%),75d 时胎儿重 218.68g(为初生重的 32.03%)。可见,胎儿 60%～70% 的体重是在妊娠 80d 后增长的。故可以妊娠 80d 为界,划分为妊娠前期和妊娠后期。

(3)子宫、胎膜和胎水的增重 子宫是胚胎的生长发育场所,从妊娠开始子宫就发生一系列变化,为胚胎提供适宜的生长发育环境。妊娠初期子宫的变化并不十分显著,但随着胚胎的发育,其肌纤维不断增生,结缔组织和血管相应扩大,使子宫的形态显著变化,重量明显增加。据测定,空怀母猪子宫重仅为 0.2kg 左右,而妊娠末期的母猪,子宫重可达 2.9kg,胎膜和胎水重分别达 2.1kg 和 1.4kg。表 6-2 表明,子宫内容物增重是后期高于前期。

2. 代谢增强 母猪妊娠后内分泌活动加强,从而使机体新陈代谢活动增强,在喂给妊娠母猪与空怀母猪同等饲粮水平的情况下,妊娠母猪的增重明显较高,营养贮积也较妊娠前多。妊娠期母猪这种特殊的沉积能量和营养物质的能力,称为妊娠合成代谢。母猪在整个妊娠期代谢率增加 10%～15%,在妊娠后期更为显著,可达 30%～40%。据试验,其能量利用率比空怀母猪高 9%～18%,氮的利用率高 6.4%～12.9%。

(二)妊娠母猪的营养需要

母猪妊娠期的营养非常重要,适宜的营养水平,能保证正常的胚胎发育、仔猪初生体重,出生后生活力旺盛;母猪分娩后的泌乳性能良好,因而仔猪日增重高。

1. 能量需要 如前所述,母猪存在妊娠合成代谢,供给较高的能量水平时,体内沉积脂肪过多,结果如表 6-3 所示,可导致死胎增加、产仔数减少、难产和泌乳量降低等繁殖障碍,因此应当限制能量摄入量。但是,能量摄入量过低时,则会导致母猪消瘦,胎儿发育受阻,初生体重小或弱胎和死胎增加等。

表 6-3 初配母猪妊娠初期能量水平对胚胎存活的影响

试验次数	配种后饲养天数(d)	活胚数		活胚率(%)	
		限食(20.9MJ)	不限(38.1MJ)	限食(20.9MJ)	不限(38.1MJ)
13	25	9.7	9.9	77	74
12	28～31	11.6	11.8	78	74
15	37～43	9.3	8.8	80	69

引自张永泰主编.《高效养猪大全》.中国农业出版社,1994.12.

妊娠前期所需营养主要是用于自身维持生命和复膘,初产母猪还要用于自身的生长发育,而用于胚胎发育较少。妊娠后期,随着胎儿的迅速生长发育,母猪对营养需要相应增加。如果妊娠后期能量摄入不足,母猪就会丧失大量脂肪储备,从而影响下一个周期的正常繁殖。

我国饲养标准中,瘦肉型妊娠母猪按配种体重分为 3 个类型:120～150kg(适用于初产母猪和因泌乳期消耗过多的经产母猪)、150～180kg(适用于自身尚有生产潜力的经产母猪)以及 180kg 以上(指达到标准成年体重的经产母猪),其消化能需要在妊娠前期分别为 12.75MJ/kg、12.35MJ/kg 和 12.15MJ/kg;妊娠后期依次为 12.75MJ/kg、12.55MJ/kg 和 12.55MJ/kg。肉脂型妊娠母猪没有划分类型和阶段,只有一个能量参考值,消化能需要量为

11.70MJ/kg。

2. 蛋白质需要　妊娠母猪对蛋白质的需要，包括维持需要和妊娠需要两部分。维持需要部分为 50～60g/d，而妊娠需要则决定于妊娠产物沉积量和妊娠代谢强度。据测定，妊娠产物中平均含蛋白质 3kg，即平均日沉积蛋白质 26g。妊娠前期代谢消耗蛋白质很少，后期则显著增多，每天需要量高达 50～65g。根据上述参数，计算出妊娠前期蛋白质消耗量为 86g，妊娠后期为 151g。若饲粮蛋白质的消化率为 80%，生物学价值为 60%，则每天需要 143g 可消化蛋白质，或 179g 粗蛋白质。妊娠后期蛋白质生物学价值明显提高，假如为 70%，消化率仍为 80%，最后 30d 每天需可消化蛋白质 216g，或粗蛋白质 270g。

我国猪饲养标准规定，妊娠前期 3 种类型母猪（配种体重分别为 120～150kg、150～180kg 和 180kg 以上）的粗蛋白质需要量分别为 13%、12% 和 12%；妊娠后期依次为 14%、13% 和 12%。肉脂型母猪妊娠期未分阶段，全期的粗蛋白质建议水平为 13%。

对于妊娠母猪，不仅要满足粗蛋白质数量，还要考虑粗蛋白质的质量，也就是保证母猪对各种必需氨基酸的需要。饲养妊娠母猪通常以谷实和糠麸作为基础饲料，故赖氨酸经常为第一限制性氨基酸。妊娠期间增加赖氨酸的摄入量，可提高仔猪的初生重和断乳窝重。妊娠母猪摄入足够的氨基酸能刺激乳房产生较多的泌乳细胞，摄入不足时，则会影响乳腺的发育。我国现行瘦肉型妊娠母猪的饲养标准中，针对 3 种配种体重的母猪，分别规定了妊娠前期和妊娠后期饲粮中 12 种氨基酸的浓度；而在肉脂型妊娠母猪饲养标准中没有细致划分，且仅仅规定了赖氨酸、蛋氨酸＋胱氨酸、苏氨酸、色氨酸和异亮氨酸的需要量。详情可查阅饲养标准。

3. 矿物质需要　妊娠母猪对矿物质的需要，取决于妊娠期间体内物质的沉积量与其利用效率。

饲粮中钙会影响胎儿发育和母猪产后泌乳。试验表明，母猪体内钙、磷的沉积随妊娠进程而增加，故对钙、磷的需要亦随胎儿的生长而增加，至临产前达到高峰。我国猪饲养标准中规定，瘦肉型妊娠母猪饲粮中含钙量为 0.68%，总磷为 0.54%，非植酸磷为 0.32%，钙/磷比为 1.26∶1。肉脂型妊娠母猪饲粮中钙、磷量均低于前者，钙为 0.62%，总磷为 0.50%，非植酸磷为 0.30%，钙/磷比为 1.24∶1。同时，对其他 4 种常量元素（钠、氯、镁、钾）和 6 种微量元素（铜、铁、锌、锰、碘、硒）的需要量，按妊娠母猪类型分别做出了相应规定。

4. 维生素需要　影响母猪繁殖的维生素有维生素 A、维生素 E、生物素、叶酸、维生素 C 等。近年来的研究表明，在饲粮中补充与繁殖有关的维生素，不仅可以满足妊娠母猪的营养需要，保证母猪健康，而且还可以充分发挥母猪的繁殖潜能。其他各种维生素对于妊娠母猪也是必不可少的，尤其在工厂化养猪生产中，显得更为重要。我国饲养标准中对 4 种脂溶性维生素和 9 种水溶性维生素均给出了参考值，瘦肉型母猪在妊娠前期和后期不分体重类型，均为一个标准。肉脂型猪除了硫胺素和吡哆醇的需要量大于瘦肉型猪、维生素 D 与瘦肉型相同外，其余均低于瘦肉型。

（三）妊娠母猪的饲养标准

我国妊娠母猪的饲养标准有瘦肉型和肉脂型之分。瘦肉型妊娠母猪既有配种体重的划分，又有妊娠前期（妊娠前 12 周）和妊娠后期（妊娠后 4 周）之别。不同的配种体重和妊娠的不同阶段，对饲粮养分需求量各异。肉脂型母猪的饲养标准，则无配种体重和妊娠阶段的区分，只有一个标准，其对养分的具体需要量，请查阅《猪饲养标准》（NY/T 65－2004）。亦可参考美国 NRC 猪营养需要(1998)。

(四)妊娠母猪饲料配方实例

提供一组妊娠母猪饲料配方(表6-4),供参考。

表 6-4　妊娠期母猪饲料配方　（%）

饲料组成	1	2	3	4	5	6
玉　米	54.0	46.5	40.3	40.0	40.0	40.0
大　麦	—	12.0	—	10.0	—	10.0
麸　皮	—	17.0	8.1	30.0	8.0	17.0
豌　豆	—	—	—	4.0	—	—
秋食豆粉	25.0	—	—	—	—	—
豆　饼	12.0	5.0	2.5	—	20.0	11.0
花生饼	—	—	—	4.0	—	—
菜籽饼	—	—	12.8	—	—	—
葵花饼	—	—	2.5	—	—	—
鱼　粉	—	3.0	—	—	—	6.0
蚕　蛹	—	—	—	2.0	—	—
草　粉	—	15.0	—	—	—	14.5
脱脂糠	—	—	7.4	—	—	—
玉米糠	3.8	—	—	—	—	—
高粱糠	3.8	—	6.8	—	30.0	—
酒　糟	—	—	25.2	—	—	—
骨　粉	0.9	1.0	0.6	—	—	1.0
贝壳粉	—	—	0.6	2.1	1.5	—
食　盐	0.5	0.5	0.6	0.5	0.5	0.5
合　计	100.0	100.0	100.0	100.0	100.0	100.0
营养水平						
消化能(MJ/kg)	11.75	11.63	11.84	11.67	12.80	11.37
粗蛋白质(%)	13.0	12.5	14.3	13.5	15.6	15.5
粗纤维(%)	4.6	7.7	3.9	5.2	4.6	7.3
钙(%)	0.40	0.59	0.70	0.79	0.67	0.61
磷(%)	0.30	0.55	0.56	0.51	0.43	0.58
赖氨酸(%)	0.52	0.70	0.73	0.54	0.77	0.81
蛋氨酸(%)	0.13	0.38	0.88	0.31	0.41	0.65
胱氨酸(%)	0.15	0.15	0.15	0.18	0.18	0.65

注:配方 1~5 引自李文英编.《猪饲料配方 550 例(第二版)》.金盾出版社,1993.1.

配方 6 引自张俊生等.《猪配合饲料》.科学技术文献出版社,2007.1.

（五）妊娠母猪的饲养管理

1. 妊娠母猪的饲养技术

（1）饲养方式　妊娠母猪的饲养方式，要因猪而异，应兼顾母猪的体况与胎儿的发育规律。我国传统养猪在以青粗饲料为主的前提下，总结出以下三种饲养方式。

①"抓两头带中间"方式：对断乳后体况瘦弱的经产母猪，必须在妊娠初期加强营养，使其迅速恢复繁殖体况。这个时期连同配种前 10d 共计 1 个月左右，饲粮应全价、优质，特别是要含有高蛋白质的饲料，待体况恢复后才可按饲养标准喂养。直到妊娠 80d 以后，再提高营养水平。这种饲养方式，形成了高→低→高的营养供给模式，但后期的营养水平应高于妊娠前期。

②"步步登高"方式：这种方式适用于初产母猪。初产母猪本身还处在生长发育阶段，营养需要量较大，故整个妊娠期间的营养水平，应随胎儿体重的增长而逐步提高，产前 1 个月应达到高峰。临产前 3～5d，应将饲粮减少 10%～20%。这种方式既能保证胎儿的正常发育，又能满足初产母猪本身生长发育的营养需要。

③"前低后高"方式：适用于配种前膘情较好的经产母猪。国内外的一些研究表明，妊娠母猪膘情较好时，在妊娠前、中期适当降低营养水平，不但对生产无不良影响，反而有利。这种方式符合近年来国内外普遍推行妊娠期母猪限量饲喂、哺乳期充分饲喂的办法，是利用饲料最经济的方式。

为简化妊娠母猪的饲养方式，可采用限量采食和随意采食相结合的方式，即妊娠前 2/3 时期采用限量采食，妊娠后 1/3 时期改为随意采食。

（2）饲粮结构　妊娠母猪的饲料配合，要注意饲料种类多样，营养均衡，各类饲料应按适当比例搭配。前苏联学者提出的妊娠母猪饲粮饲料搭配比例（%）为：禾本科籽实 30～50，豆科籽实 0～10，糠麸类 10～25，油饼（粕）类 5～20，酵母 0～5，动物性饲料 1～5，草粉 1～7，石灰石粉、骨粉 1.5，食盐 0.5。根据胎儿生长发育的规律，在妊娠前期可给母猪饲喂较多的大容积饲料，此时饲粮体积虽较大也不致产生不良影响，但随着妊娠的进展，胎儿发育加快，则应减少大容积饲料的比例。一般饲养条件下，精料和粗料的比例为 1：0.2～0.4。而精饲料和青饲料比例，前期为 1：4～6，后期减至 1：2～3。饲喂妊娠母猪的粗饲料应是豆科干草粉，尽量不用或少用秸秆粉和秕壳粉。有条件的猪场给母猪补充一些青绿饲料，对其繁殖性能具有良好的作用。工厂化养猪场，在缺少优质草粉和青饲料的情况下，应特别重视向妊娠母猪饲粮补充矿物质、微量元素和复合维生素添加剂，确保母猪必需的各种无机元素和维生素得到满足。

（3）饲料日喂量　适宜的饲料日喂量既要能满足妊娠母猪的能量与营养物质需要，又要使其获得适量的干物质，以满足正常饱腹的需求。可根据其体重的百分比计算饲喂量。一般妊娠前期喂量为体重的 1.1%～1.6%，妊娠后期为 1.6%～2.6%。一般说来，从妊娠开始到妊娠 90d，每天应喂给优质全价配合饲料 2.0kg 左右，从妊娠 90d 到产前，每天喂料量可达 2.6kg以上。但实际喂量要根据母猪体重、膘情及其环境温度等而定，特别是寒冷季节，每天应给母猪增喂饲粮 500g 左右；对于体况较瘦的母猪，也应适当增加饲喂量。

（4）饲喂技术

①合理调制饲料：饲喂妊娠母猪的饲料，按料、水比 1：1 将其拌湿饲喂，或用水调制成稠粥料（料、水比例不宜超过 1：4），有利于消化。青饲料最好切短或打浆后投喂。

②切忌突然更换饲料：妊娠母猪的饲料要保持相对稳定，增减或更换饲料，应在 5～7d 逐

渐过渡;若突然更换饲料,可引起母猪便秘、腹泻,甚至流产。

③保证饲料质量:饲喂妊娠母猪的饲料应具有优良的品质,严禁喂霉烂变质、冰冻和带有毒性的饲料,以防招致流产。

④适时调整临产母猪日粮:从母猪产前10~15d起,需逐步更换为产后的饲料,以免产后初期变换饲料。从母猪产前1周开始,应逐渐减少饲料喂量,至临产前可削减到原喂量的50%~0%。不应饲喂难消化和易引起便秘的饲料。对临产前的母猪,应增加饲喂次数和减少每顿饲喂量,以减轻母猪消化负担。对于少数营养不良的瘦弱母猪,可减少青、粗饲料,增加精料饲喂量,使日粮体积缩小而总营养价值有所提高,有利于改善临产母猪的体况。

⑤保证饮水供给:妊娠母猪的日需水量较多,保证充足的清洁饮水是非常必要的,在采用干粉料和颗粒料时,绝不可忽视饮水,尤其是炎热的夏季,饮水更为重要。

2. 妊娠母猪的管理要点　妊娠母猪管理的中心任务是防止化胎、流产和死胎。胚胎在妊娠早期死亡后,被子宫吸收,称为化胎;在妊娠中、后期死亡,不能被母体吸收而形成干尸,称为木乃伊;在分娩前死亡,而在母猪分娩时随活仔猪一同产出,称为死胎;母猪在妊娠过程中胎盘失去功能,使妊娠中断,将胎儿排出体外,称为流产。造成胚胎死亡的原因很多,管理不当是重要的因素。对妊娠母猪的管理应注意以下几点。

(1)早期妊娠诊断　母猪配种后是否已妊娠,能愈早确定愈好。如果已经妊娠,即按妊娠母猪来管理。早期进行妊娠诊断的方法很多,如超声波诊断法等,但还有待在生产中普及。在生产实践中,若母猪配种20d后不再出现发情,食欲旺盛,增膘快,被毛日益光亮,性情温驯,行动稳重,且有贪睡现象,即可初步判断已妊娠。另有经验认为,凡是不过肥、阴户不太大的母猪,配种1周以后,如阴户收缩,阴户下联合向内上方弯曲的,即可认定为妊娠。

(2)合理分群饲养　妊娠母猪可按小群或单圈(单栏)饲养。采用小群饲养时,应根据妊娠时间长短、体重大小和性情强弱等合理组群,一般妊娠前期3~5头母猪在一栏圈饲养,饲养密度不宜过大,每头母猪占有面积至少不低于$1.6\sim1.7m^2$。到妊娠后期,必须将群养母猪转为单圈饲养,以利保胎。

(3)适当运动　应给予妊娠母猪适当运动,以增强体质,有利于胎儿的正常生长发育和防止难产。无运动场的猪舍,要赶到圈外适当活动。产前5~7d应停止驱赶运动。

(4)搞好环境卫生　应按要求进行环境清扫和消毒,保持良好的环境卫生。同时,要注意饲料和饲槽的清洁,应每天清洗饲槽。

(5)夏季防暑和冬季防寒　母猪妊娠初期对高温特别敏感,是造成胚胎死亡的重要因素。特别是妊娠第一周遭遇高温(32℃~39℃),即使仅24h也可能增加胚胎死亡。在炎热的夏季可采用水浴降温,并注意圈舍通风换气。冬季要防寒保暖,防止贼风侵袭,圈内铺设干净的垫草。

(6)耐心管理　饲养员对母猪态度要温和,调群、运动时,不要赶得太急,不能驱打、惊吓,避免拥挤、滑倒等,否则,易造成机械性流产。

(7)严格执行免疫程序　准时进行仔猪下痢等各种传染病的防疫接种。

三、泌乳母猪的营养需要与饲养管理技术

母猪产后泌乳,是整个繁殖周期中最后一个生产环节,且对其下一个繁殖周期的生产有显

著影响。合理饲养泌乳母猪,可有效地提高泌乳量,使仔猪健壮发育,具有高的成活率和断乳体重;同时使母猪断乳时保持适宜膘情,保证在下一个繁殖周期中按时发情配种。

(一)母猪分娩前后的护理

1. 临产征候与接产

(1)临产征候 猪的妊娠期平均为114d(108～120d),为了及早做好临产母猪的护理工作,多按112d计算。推算预产期,最简单的方法是配种日期的月份加4,日期减10,遇到2月份或连续2个大月(即31d)时要做适当调整。母猪在分娩前15d左右,乳房膨大、变硬,其基部与腹部呈现明显界限。产前5～7d,两侧乳房向外开张并呈潮红色。临产前3～5d阴户开始红肿,尾根下凹,骨盆开张。产前2～3d,乳头可以挤出乳汁。一般当前部乳头能挤出乳汁时,分娩时间不会超过1d;如最后一对乳头也能挤出乳汁,约在6h左右分娩。产前6～12h,母猪行动不安,出现衔草做窝等行为。当母猪表现起卧不安,频频排尿,阴户有羊水流出时,表示仔猪即将产出。

(2)接产护理 应根据母猪预产期,提前做好产房、接产用具、药品和值班人员的准备工作。尤其要对母猪的乳房和阴户清洗消毒,保持干净。分娩过程中,母猪子宫和腹部肌肉发生间歇性强烈收缩,逐渐把胎儿从阴道挤出。母猪多在夜间较安静时分娩。正常分娩每5～25min产出一个胎儿,产程持续2～4h。当全部仔猪产出后,经10～60min胎盘排出,分娩结束。如遇超过4h不排胎衣者,应请兽医进行诊治。

①接产方法:母猪分娩时,应保持环境安静,以防止难产并缩短产仔时间。仔猪出生后,立即用清洁的毛巾擦净口、鼻和全身黏液,接着进行断脐,即将脐带内血液反复向腹部方向捋挤,然后在距腹部4～5cm处用手掐断或剪断,用5‰碘酊消毒断面。断脐后进行仔猪编号、称重,并记入分娩哺育记录。然后将仔猪放在母猪腹部让其尽早吃到初乳,或先放入保育箱内。胎衣排出后应立即取走,以免母猪吞食,影响消化和养成吃仔猪的恶癖。

②假死仔猪急救:仔猪出生后不呼吸但心脏仍然在跳动,即为假死,必须立即采取措施使其迅速恢复呼吸才能成活。常用的急救方法主要有如下两种。

第一,人工呼吸法。使仔猪四肢向上,一手托肩部,一手托臀部,然后两手同时进行反复前后运动,使仔猪自然屈伸,同时有节奏地轻轻按压仔猪胸部,促使呼吸。或者向仔猪鼻孔内猛吹气,也可提起仔猪后肢,轻轻拍打臀部,促使仔猪呼吸。

第二,药物刺激法。可用酒精、碘酊等刺激性强的药液涂擦于鼻端,刺激鼻腔黏膜,促使呼吸。

2. 母猪分娩前后的饲养 如前已述,临产前的母猪,应视其体况适时调整其饲粮。体况良好者应减料,体况一般的母猪不减料,对体况较弱者可适当增加优质蛋白质饲料,以利母猪产后泌乳。临产前,可在母猪日粮中适量增加麸皮等轻泻性饲料,调制成粥料饲喂,并供给充足的饮水,以防母猪便秘导致难产。

母猪产后8h内可不喂料,仅喂少量的麸皮水或稀粥料。产后2～3d,母猪体质较弱,应选择易消化的饲料,并调成粥状饲喂;逐步增加喂量,产后5～7d恢复到泌乳期要求的营养水平。以上措施可避免母猪产后消化不良,或乳汁分泌过多,仔猪吃不完而患乳腺炎;也可避免乳汁过浓,导致仔猪消化不良而腹泻。

3. 母猪分娩前后的管理 临产前3～7d应停止舍外运动。圈内应铺上清洁干燥的垫草,并在母猪产仔后立即更换，以保持垫草和圈舍的干燥清洁。冬春季要防止贼风侵袭，以免因母猪感冒而缺乳。应保持母猪乳房和乳头的清洁卫生，减少仔猪哺乳时的污染。分娩后，应注意保持安静，减少舍外活动时间，让母猪得以充分休息，尽快恢复体力。要随时注意母猪的呼吸、体温、排泄、乳房和采食情况，如有异常应及时请兽医诊治。

(二)泌乳母猪的生理特点

泌乳母猪最显著的生理特点就是泌乳和泌乳期的体重变化。

1. 母猪的泌乳规律

(1)乳房无乳池，不能随时放乳　母猪一般有6～7对乳头，我国有些猪种可达7～8对。每个乳头有2～3个乳腺团，各乳头之间没有联系，母猪的乳房没有乳池，不像牛、羊等家畜那样，能在乳房中积蓄较多的乳汁，故不能随时挤出乳汁，仔猪也不是在任何时候都能吃到母乳。只有受到仔猪拱揉刺激后，才能引起母猪排乳反射，仔猪也才能吸吮到母乳。母猪每次排乳时间很短，仅为10～30s。

(2)日泌乳量不均衡　母猪在泌乳期内的泌乳总量在250～400kg，日泌乳量4～8kg。但日泌乳量不均衡，且呈现规律性变化。一般是产后最初几天的泌乳量较少，5d左右开始上升，产后3～4周时达到泌乳高峰期，以后泌乳量下降(表6-5)。第一个月的泌乳量占全期泌乳量的60%～65%。

表6-5　母猪各阶段日泌乳量　(kg)

品　种	产后天数(d)						平　均	全　期
	10	20	30	40	50	60		
金华猪	5.17	6.50	6.70	5.56	4.80	3.50	5.47	328.20
民　猪	5.78	6.65	7.74	6.31	4.54	2.72	5.65	339.00
哈白猪	5.79	7.76	7.65	6.19	4.10	2.98	5.74	344.40
枫泾猪	9.29	10.31	10.43	9.52	8.94	6.87	9.23	553.80
大约克夏猪	11.20	11.40	14.30	11.00	5.30	4.10	9.27	557.40
长白猪	9.60	13.33	14.55	12.34	6.55	4.56	10.31	618.60
平　均	7.81	9.33	10.23	8.00	6.21	4.12	7.61	456.90

引自陈清明，王连纯主编.《现代养猪生产》. 中国农业大学出版社，1997.1.

母猪泌乳量受很多因素的影响，如年龄(胎次)、品种、一窝仔猪数和饲养管理等。一般情况下，初产母猪的乳腺发育尚不完全，又缺乏哺育仔猪的习惯，其泌乳量低于经产母猪。从第二胎开始泌乳量上升，6～7胎以后下降。不同品种(或品系)的母猪泌乳量不同，大型肉用型或肉脂兼用型猪种的泌乳量较高，小型或产仔较少的脂用型猪种泌乳量较低。如表6-5所列6个品种母猪各阶段日泌乳量各不相同，金华猪平均日泌乳量仅为5.47kg，而长白猪高达10.31kg。泌乳母猪一窝哺育仔猪数与其泌乳量有着密切的关系，带仔头数多的泌乳量高。试验表明，母猪每多带一头仔猪，60d的泌乳量可相应增加26.72kg。大致的规律见表6-6。另外，饲养水平、饲料品质和饲喂方法是影响泌乳量的主要因素，如果不能满足其营养需要，母猪的泌乳潜力就不能充分发挥。管理对泌乳量也有很大影响,安静舒适的环境有利于母猪的泌乳,在潮湿炎热的夏天和严寒的冬天,母猪的泌乳量一般都较低。

表 6-6　一窝仔猪数对母猪泌乳量的影响

一窝仔猪数(头)	母猪泌乳量(kg/d)	仔猪吮乳量(kg/头·d)
6	5～6	1.0
8	6～7	0.9
10	7～8	0.8
12	8～9	0.7

引自陈清明,王连纯主编.《现代养猪生产》. 中国农业大学出版社,1997.1.

(3)乳成分变化很大　猪乳可分为初乳和常乳两种。初乳是产后 3d 之内所分泌的乳汁。常乳是产仔 3d 后所分泌的乳汁。初乳和常乳的营养成分差异很大(表 6-7)。初乳水分含量低,干物质和蛋白质含量较常乳高,乳脂、乳糖和灰分的含量均比常乳低。初乳蛋白质中 60%～70% 是免疫球蛋白(易被仔猪吸收),仔猪吃初乳得到免疫球蛋白后,可增强其抗病能力。初乳是初生仔猪营养最完善的天然食物。仔猪未能吃到初乳则抗病力很差,难于饲养甚至死亡。常乳的脂肪含量高,应给予进入常乳期仔猪充足的饮水,以利消化。

表 6-7　母猪初乳及常乳营养成分比较

营养成分(%)	初　乳	常　乳
干物质	25.76	19.89
蛋白质	17.77	5.79
脂　肪	4.43	8.25
乳　糖	3.46	4.81
灰　分	0.63	0.94
钙	0.053	0.25
磷	0.082	0.166

引自山西农业大学,江苏农学院主编.《养猪学》. 农业出版社,1982.9.

(4)泌乳次数多　母猪乳房无乳池,每次排乳的时间又短,所以每天的哺乳次数多。母猪的泌乳次数与品种、泌乳性能高低、泌乳期的长短和饲养管理等有关。据测定,嘉兴黑猪日均泌乳次数为 25.3 次,吉林黑猪日均泌乳次数为 21.0 次;产后 10～30d 期间泌乳次数多,约为 23 次,60d 时下降到 16.5 次,白天泌乳次数少,夜间次数多(表 6-8)。

表 6-8　吉林黑猪不同阶段日泌乳次数

泌乳阶段(d)	2	3	10	20	30	40	50	60	平　均
泌乳次数	20.8	21.8	23.8	21.3	23.0	19.5	19.3	16.5	21.0
白天次数	10.3	10.5	10.8	10.0	10.5	7.3	8.0	6.8	9.2
夜间次数	10.5	11.3	13.0	11.3	12.5	12.2	11.3	9.7	11.8

引自陈清明,王连纯主编.《现代养猪生产》,中国农业大学出版社,1997.1.

（5）不同乳头的泌乳量不等　同一头母猪不同乳头的泌乳量是不同的，一般靠近胸部的几对乳头比后面的乳头泌乳量高。如从表6-9可看出，前面3对乳头的泌乳量约占总泌乳量的67％，而后面4对乳头相应为33％。

表6-9　母猪不同对乳头的泌乳量

乳头顺序（由前向后）	1	2	3	4	5	6	7
泌乳量（％）	23	24	20	11	9	9	4

引自陈清明，王连纯主编.《现代养猪生产》.中国农业大学出版社，1997.1.

2. 泌乳母猪体重的变化　在泌乳期间，母猪负担很重，除维持本身活动需要营养物质外，每天还要泌乳5～8kg，如果营养物质供应不足，为了满足维持和泌乳需要，就会动用自身的贮备，导致失重。一般泌乳力高的母猪失重较多，仔猪生长发育良好；失重少的母猪往往泌乳量低，仔猪发育不良。妊娠期增重少的母猪，泌乳期失重也少，但失重多少与泌乳期营养水平和母猪采食量有很大关系（表6-10）。母猪60d泌乳期失重为产后体重的20％～30％。产后第一个月泌乳量高，体重下降亦多，为全期失重的70％～80％。泌乳期母猪失重太多，会影响断乳后的发情配种，应将失重率控制在15％～20％，以便缩短断乳到配种的间隔时间，顺利进入下一个繁殖周期。

表6-10　母猪泌乳期饲养水平与表现

喂量（kg/d）	哺乳4周失重（kg）	仔猪日增重（g）			配种间隔（d）
		0～21d	0～28d	21～28d	
1.51	44.5	180.9	169.7	136.2	29.8
2.21	30.8	177.1	171.8	155.6	25.0
2.90	27.4	191.9	189.9	184.0	21.2
3.58	19.6	181.2	187.2	193.2	14.6
4.21	15.8	209.7	205.7	193.5	15.5
4.83	9.0	192.9	192.8	192.7	7.8

引自陈润生主编.《猪生产学》.中国农业出版社，1995.

（三）泌乳母猪的营养需要

可根据泌乳母猪的维持需要、哺育仔猪数、泌乳量、猪乳化学成分和营养物质形成乳的利用效率来确定其营养需要量。现代高产母猪具有瘦肉率高、体脂水平低、窝产仔数多、泌乳量增加、采食量低等特点。因此，当代品种母猪更易遭受营养应激，应充分满足其哺乳阶段的营养需要。

1. 能量需要　泌乳母猪代谢旺盛，能量需求量大。能量需要是按维持需要和泌乳需要两部分来估计的，但初产母猪还须加上本身生长的需要。据测定，每kg猪乳平均能值为5.38MJ，按此计算，母猪每泌乳1kg需消化能8.77MJ。我国按每哺育1头仔猪需消化能4.49MJ估算母猪泌乳需要，再加上按体重估计的维持需要量，即为不同体重泌乳母猪每天消化能需要量。我国猪饲养标准中,瘦肉型泌乳母猪每 kg 饲粮应含消化能 13.8MJ,肉脂型为 13.6MJ。NRC(1998)的推荐量较高,为 14.23MJ/kg。泌乳母猪受胃肠容量制约,难以采食足够数量的饲料来充分满足泌乳需求,所以必须动用体脂,用以补充摄入能量的不足。故在生产实践中,经常见到泌乳母猪体重大幅度减轻的情况。鉴于上述情况,可添加适量脂肪(3%~5%)或优质大豆(4%~6%),以提高能量水平,减少泌乳母猪失重,提高乳汁中的脂肪含量。但脂肪高于 5% 时,不仅饲料不易保存,而且还增加了饲料成本。因此,一般脂肪添加量以 2%~3% 为宜。

2. 蛋白质需要 泌乳母猪对粗蛋白质的需要包括维持需要和泌乳需要。泌乳期母猪对粗蛋白质的需要量取决于泌乳量、乳蛋白质含量以及饲料蛋白质的利用率。我国猪饲养标准中规定,瘦肉型泌乳母猪分娩体重为 140~180kg、泌乳期体重变化为 0~-10kg 的情况下,饲粮中粗蛋白质含量分别为 17.5% 和 18.0%;而分娩体重为 180~240kg、泌乳期体重变化为 -7.5kg 和 -15kg 的情况下,饲粮中粗蛋白质含量分别为 18.0% 和 18.5%。肉脂型泌乳母猪没有阶段的划分,对粗蛋白质的需要量为 17.5%。

猪乳含蛋白质约为 6%,乳蛋白含赖氨酸 7.59%、色氨酸 1.30%、蛋氨酸 1.36%。因此,为了满足猪乳中各种氨基酸的需要,在配制泌乳母猪饲粮时,不仅要保证粗蛋白质的供应,还要考虑氨基酸的需要。赖氨酸是泌乳母猪的第一限制性氨基酸,为了保证窝仔猪生长速度达到 2.5kg/d,日需赖氨酸 50~55g,高产母猪泌乳量随着赖氨酸摄入量增加而上升,仔猪日增重提高,而母猪自身体重损失却减少。我国瘦肉型泌乳母猪饲粮赖氨酸的水平为 0.88%~0.94%,基本上可满足每天 50g 左右的需要量。缬氨酸是近年来受到重视的一种限制性氨基酸,与赖氨酸的比值为 1:1.15~1.20。现代繁育技术已使哺乳母猪的泌乳性能得到很大提高,同时也对现代高产哺乳母猪的氨基酸营养提出了新的要求。

3. 矿物质需要 猪乳中含矿物质约为 0.9%,为保证正常泌乳,必须满足其对矿物质的需要。钙和磷对于泌乳母猪特别重要。猪乳中约含钙 0.21%,磷 0.15%,钙/磷比为 1.4:1。钙磷供应不足或比例不当时,为了维持足够的泌乳量以保证仔猪发育,母猪只有动用骨中的钙和磷,呈现钙、磷的负平衡,长此下去,母猪可能发生瘫痪。我国猪饲养标准中规定,瘦肉型泌乳母猪饲粮中钙的含量应为 0.77%,肉脂型泌乳母猪为 0.72%;瘦肉型和肉脂型泌乳母猪对磷的需要量分别为 0.62% 和 0.58%,有效磷依次为 0.36% 和 0.34%。为提高植酸磷的利用率,可在饲粮中添加植酸酶。对于泌乳母猪,钠和氯同样必不可少,在饲粮中应添加适量的食盐。

猪乳中还含有多种微量元素,故须以饲粮形式满足需要。我国对瘦肉型和肉脂型泌乳母猪的推荐量基本相同,分别为(mg/kg):铜 5.0,铁 80.0,锌 51.0,锰 20.5,硒 0.15,碘 0.14。

4. 维生素需要 不仅泌乳母猪本身需要各种维生素,猪乳中也含有多种维生素,仔猪生长发育所需的维生素几乎都是由母乳中获得。如果母猪缺乏维生素 A,会造成泌乳量和乳的品质下降;缺乏维生素 D,会引起母猪产后瘫痪。此外,如维生素 E、生物素、维生素 B_1、维生素 B_2、维生素 B_6、叶酸、泛酸等,均为保证母猪正常繁殖性能所必需,特别在不良条件和封闭饲养下很有必要。在可能的条件下,应多喂些青绿多汁饲料,或者在饲粮中适量添加复合维生素,以满足泌乳所需。

(四)泌乳母猪的饲养标准

附表一所列我国猪饲养标准中,分别给出了瘦肉型和肉脂型泌乳母猪每 kg 饲粮的营养浓度及日采食量,请参考。

(五)泌乳母猪的饲粮配方实例

按营养需要配合泌乳母猪饲粮,保证每日营养供应,才能得到满意的生产效果。现列举饲粮配方如表 6-11,供参考。

表 6-11　泌乳母猪饲粮配方　（%）

饲料组成	1	2	3	4	5	6
玉　米	62.25	61.75	71.75	48.00	61.00	59.60
次　粉	20.00	—	—	—	—	—
麸　皮	—	20.00	—	30.00	22.00	25.00
大豆粉	14.25	15.00	15.00	—	—	—
豆粕（饼）	—	—	—	10.00	9.00	6.00
葵籽饼	—	—	—	9.50	2.00	4.00
苜蓿粉	—	—	10.00	—	—	—
鱼　粉	—	—	—	—	4.00	3.50
骨　粉	—	—	—	2.00	0.60	0.60
石灰石粉	1.50	1.50	0.75	—	1.00	0.90
磷酸氢钙	1.25	1.00	1.75	—	—	—
食　盐	0.50	0.50	0.50	0.50	0.40	0.40
预混料	0.25	0.25	0.25	—	—	—
合　计	100.00	100.00	100.00	100.00	100.00	100.00
营养水平						
消化能（MJ/kg）	13.63	12.86	14.37	12.55	12.80	12.84
粗蛋白质（%）	14.90	15.00	14.60	13.70	14.58	14.20
钙（%）	0.90	0.86	0.85	1.19	0.72	0.71
磷（%）	0.64	0.65	0.61	0.72	0.54	0.59
赖氨酸（%）	0.70	0.70	0.70	0.73	—	—
色氨酸（%）	0.18	0.20	0.18	—	—	—
蛋氨酸（%）	+0.40	+0.50	+0.52	0.39	—	—
胱氨酸（%）				0.22	—	—

注：配方 1～3 引自赵书广主编.《中国养猪大成》. 中国农业出版社,2001.

　　配方 4 引自李文英编.《猪饲料配方550 例（第二版）》. 金盾出版社,1993.1.

　　配方 5～6 引自张永泰主编.《高效养猪大全》. 中国农业出版社,1994.12.

(六)泌乳母猪的饲养管理

1.泌乳母猪的饲养技术

(1)饲养方式　泌乳母猪的营养消耗很大,每日从乳汁中分泌出大量能量和营养物质供仔猪的需要,尤其是泌乳期的前1个月为泌乳旺期。因此,要强化饲养。可将哺乳期精料量的60％～65％集中在产后第一个月使用,以后母猪泌乳量下降,适当减少精料用量,形成前高后低的营养供应方式。对于初产母猪,自身还在生长,整个泌乳期均应强化饲养,保持较高的营养水平。在生产实践中,泌乳母猪的营养供给须根据泌乳量和膘情等具体情况灵活掌握,适时调整。

(2)饲粮结构　科学地配合饲粮是保证母猪充分泌乳的首要条件。哺乳母猪的饲粮结构应以能量饲料和蛋白质饲料为主,多样搭配,并尽可能供给一定的青绿多汁饲料。有些饲料对促进泌乳具有良好的作用。如多汁饲料中胡萝卜、南瓜、甘薯、菊芋和甜菜,青饲料中的苜蓿、三叶草、紫云英,籽实饲料中的大麦、豌豆、大豆、蚕豆,动物性饲料中的鱼粉、肉骨粉和脱脂乳等,都是促进母猪泌乳的优良饲料,在配合饲料时可选用。各类饲料在哺乳母猪饲粮中的最高用量(％)为:玉米85,大麦80,高粱8,燕麦15,小麦85,麸皮20,大豆饼20,棉籽饼5～10,菜籽饼8,亚麻饼5～10,糟渣6,鱼粉10,血粉3,肉骨粉10,骨粉2,苜蓿草粉10。

(3)饲料喂量　泌乳期是母猪繁殖周期中营养需要量最大的阶段,所配饲粮的容积和干物质含量要适合猪的消化道容积。泌乳母猪对饲料风干物质采食量为体重的2.5％～4.0％。瘦肉型母猪日采食量因其体重和泌乳期体重变化的不同而异,体重140～180kg泌乳母猪为4.65～5.25kg,体重180～240kg者为5.20～5.65kg。肉脂型泌乳母猪则为5.10kg。

(4)饲喂技术　前面已提到,母猪分娩当天不需要喂料,可适当喂些麸皮水和鲜嫩青饲料,以后逐渐增加配合料的喂量,经5～6d过渡到正常饲喂量。应根据不同个体和情况确定喂料量。对带仔多的泌乳母猪要充分供给,防止因营养不足造成无乳或少乳;对于带仔少的,则要适当控制喂料量,防止断乳时体况过肥。应保持泌乳期的饲粮配合相对稳定。为保持母猪良好的食欲和采食量,应增加日喂次数,每次要少喂勤添;一般日喂3～4次,如能在夜间再喂1次则效果更好,每次间隔时间要均匀,做到定时、定量。对母猪投料量要掌握"吃饱、吃光、下顿还慌"的原则。切忌给哺乳母猪饲喂霉烂、腐败和变质的饲料,以免引起母猪和仔猪的下痢、中毒及其他疾病。猪乳含水分80％以上,故泌乳母猪需水量高。每日每头母猪需饮水12～14L或以上,应保证供应清洁饮水,自由饮水更好。

试验表明,泌乳不足的母猪所哺育的仔猪,断乳体重较正常断乳仔猪低40％～50％。因此,要经常检查母猪的泌乳情况。生产实践中,一般以仔猪生后20d的窝重来表示母猪的泌乳量,又称泌乳力。也可根据以下情况,来判断泌乳量的高低。凡泌乳量多的母猪所哺育的仔猪,出生后3d左右开始上膘,仔猪活泼健壮,被毛光亮紧贴皮肤;凡左右两排乳房膨大,乳头下垂,仔猪吃乳时,拱乳时间短,吮乳(母猪放乳)时间长,放乳前后乳房体积有显著差异的母猪泌乳量高;泌乳期掉膘快的母猪泌乳量高。如果仔猪随母猪开食早,哺乳时常咬架,以致仔猪面部带伤或母猪乳头有咬伤者,是泌乳量低的表现。

对泌乳量不足的母猪,应分析原因,改进饲养管理,进行人工催乳,如适当增加精料喂量,或增加富含蛋白质的催乳饲料,或用药物催乳。对产后泌乳过旺的母猪,可适当减少其精料喂量,以防乳汁过多、过浓,引起仔猪消化不良而下痢,或母猪发生乳腺炎。

2. 泌乳母猪的管理要点

（1）创造良好的生活环境　环境条件对泌乳活动及仔猪的健康影响很大。保持哺乳猪舍的安静，减少各种不利因素的干扰，让母猪得到充分休息，有利于泌乳。清洁、干燥、卫生、通风良好的环境，可减少母猪，特别是仔猪感染疾病的机会。炎热季节注意防暑降温，以免影响母猪采食量；冬季采取防寒保温措施，以利仔猪生长。

（2）乳房和乳头的护理　母猪乳腺的发育与仔猪的吸吮有很大的关系，应使母猪（特别是头胎母猪）的乳头得到均匀利用，否则就会出现乳房大小悬殊，发育好的泌乳多，发育差者泌乳少。当头胎母猪产仔过少时，可并窝。若无并窝条件，则应训练一头仔猪吸吮几个乳头，尤其要训练仔猪吸吮母猪后部的乳房，防止未被利用的乳房萎缩，影响下一胎仔猪的吸吮。同时，要经常保持哺乳母猪乳房的清洁卫生，特别要在断乳前几天内，通过控制精料和多汁饲料的喂量，使之减少或停止乳汁分泌，以防母猪发生乳腺炎。如在断乳前3～5d，应将体况好、泌乳量还高的母猪的料量减低。

（3）注意运动，多晒太阳　增强运动和多晒太阳是保证母仔健康，促进乳汁分泌的重要条件。

（4）细心观察　饲养人员要随时观察母猪采食、粪便、精神状态及仔猪的生长发育，以便判断母猪的健康状态。如有异常，应及时报告兽医查清原因，采取治疗措施。

四、种公猪的营养需要与饲养管理技术

种公猪的饲养，是养猪场实现多胎高产的重要生产环节之一。一个猪场的公猪头数很少，但作用却很大。猪是多胎动物，繁殖特别快，在本交的情况下，1头公猪可负担20～30头母猪的配种任务，1年可繁殖500～600头仔猪。若采用人工授精，1头公猪1年可负担400头母猪的配种，繁殖仔猪可达万头。因此，养好公猪，可提高配种受胎率，对繁殖更多更好的仔猪具有十分重要的意义。对种公猪的基本要求是体质健壮，具有良好的种用体况，精力充沛，性欲旺盛，精液品质优良，配种受胎率高。为此，必须抓好营养、科学管理和合理利用三个环节。

（一）种公猪的营养需要

和其他种公畜比较，种公猪具有射精量大、总精子数多、射精时间长等特点，故消耗体力较多。公猪一次射精量平均为250mL，高者可达500mL以上，总精子数达250亿个（表6-12）；其中含水分97%，粗蛋白质1.2%～2%，粗脂肪0.2%，灰分0.9%。每次交配的时间长，平均为10min左右，也有达15min以上者。为了保证公猪具有健壮的体质和旺盛的性欲，精液品质优良，必须全面满足公猪的营养需要。

1. 能量需要　种公猪能量需要是维持、配种活动、精液生成和生长需要（年轻公猪）的总和。公猪饲粮能量水平应适宜，不能长期饲喂高能量饲粮，以免使公猪体内沉积脂肪过多而致肥胖，性欲减弱，精液品质下降；相反，如果能量水平过低，可使公猪体内脂肪、蛋白质耗损，形成氮、碳代谢的负平衡，公猪过瘦，则射精量少，精液品质差，亦影响配种受胎率。我国猪饲养标准中，瘦肉型配种公猪每kg饲粮所含消化能为12.95MJ；肉脂型种公猪在10～20kg、20～40kg和40～70kg体重阶段依次为12.97MJ、12.55MJ和12.55MJ。

表 6-12　各种家畜的射精量和精子数

家畜种类	射精量（mL）	精子数（亿个/mL）	总精子数（亿个）
猪	250（150～500）	1（0.25～3）	250
马	70（30～300）	1.2（0.3～8）	84
驴	50（10～80）	4（2～6）	200
牛	4（2～10）	10（3～20）	40
羊	1（0.7～2）	30（20～50）	30

引自陈清明，王连纯主编.《现代养猪生产》. 中国农业大学出版社，1997.1.

2. 蛋白质需要　蛋白质占精液干物质的 60％以上。因此，蛋白质营养状况直接影响精液量、精液品质和精子存活时间。有试验指出，用低蛋白质饲粮（标准定额的 67％～69％）饲喂种公猪，其射精量减少 10.3％，精子活力降低 22％～25％，畸形精子增加 60％～65％。瘦肉型配种公猪每 kg 饲粮粗蛋白质水平应达到 13.5％；肉脂型种公猪在不同体重阶段饲粮的粗蛋白质水平不同，体重 10～20kg、20～40kg 和 40～70kg 阶段，依次为 18.8％，17.5％和 14.6％。在保证粗蛋白质数量的同时，要注意蛋白质的质量。参与精子形成的氨基酸有赖氨酸、色氨酸等，饲粮中缺乏赖氨酸可使精子活力降低；缺乏色氨酸使公猪睾丸萎缩，出现死精症；缺乏苏氨酸和异亮氨酸则公猪食欲减退，体重减轻，配种能力下降。

3. 矿物质需要　矿物质对公猪精液品质也具有很大影响，钙、磷不足，会影响公猪正常代谢，使性腺发生病变，精子活力降低，出现死精、发育不全或活力不强的精子。瘦肉型配种公猪对钙的需要量为 0.70％，总磷为 0.55％；肉脂型种公猪在 10～20kg、20～40kg 和 40～70kg 体重阶段，对钙的需要量依次为 0.74％、0.64％和 0.55％，磷为 0.60％、0.55％和 0.46％。另外，食盐和微量元素中的铁、铜、锌、硒等也不可缺少。

4. 维生素需要　维生素，特别是维生素 A、维生素 D、维生素 E 等，对精液品质也有很大影响。维生素 A 缺乏时，公猪的性功能衰退，精液品质下降，长期缺乏会丧失繁殖能力。维生素 D 缺乏时，影响对钙、磷的吸收利用，间接影响精液品质。维生素 E 缺乏，则睾丸上皮变性，而致精子形成异常。瘦肉型配种公猪每 kg 饲粮中维生素 A 不应少于 4 000IU，维生素 D 不少于 220IU，维生素 E 不低于 45IU。其他多种维生素对种公猪也是必不可少的。因此，在饲粮中一般都要添加复合维生素。研究表明，饲粮添加维生素可以降低应激对公猪精液品质的影响。

（二）种公猪的饲养标准

中国猪饲养标准中分别列出瘦肉型配种公猪每 kg 饲粮和每日每头养分需要量，肉脂型种公猪则按其体重阶段分别给出了每 kg 饲粮养分含量和每日每头养分需要量。也可参考美国 NRC 猪营养需要（1998）。

（三）种公猪饲料配方实例

表 6-13 列出公猪配种期与非配种期的部分饲粮配方，供参考。

表 6-13 种公猪饲粮配方 （%）

饲料组成	非配种期		配种期	
	1	2	1	2
玉 米	43.0	64.5	43.0	64.0
大 麦	35.0	—	28.0	4.2
麸 皮	5.0	15.0	7.0	—
豆 饼	8.0	15.0	8.0	28.3
干草粉	—	3.0	6.0	—
槐叶粉	8.0	—	—	—
鱼 粉	—	—	6.0	1.0
骨 粉	—	2.0	1.5	2.0
贝壳粉	0.5	—	—	—
食 盐	0.5	0.5	0.5	0.5
合 计	100.0	100.0	100.0	100.0
营养水平				
消化能(MJ/kg)	12.18	13.02	12.54	13.73
粗蛋白质(%)	12.7	14.06	15.4	18.96
钙(%)	0.59	0.71	0.84	0.76
磷(%)	0.47	0.65	0.68	0.59
赖氨酸(%)	0.55	—	0.80	—
蛋氨酸＋胱氨酸(%)	0.33	—	0.40	—

注:多维和微量元素另加

配方 1 引自赵书广主编.《中国养猪大成》.中国农业出版社,2001.

配方 2 引自张仲葛等.《中国实用养猪学》.河南科技出版社,1990.6.

(四)种公猪的饲养管理

1. 种公猪的饲养技术

(1)饲养方式 根据种公猪 1 年内配种任务集中或分散,可分别采用一贯加强和配种季节加强两种饲养方式。

①一贯加强的饲养方式:现代化养猪场,母猪实行全年均衡产仔,公猪需要长年负担配种任务。因此,全年都要均衡地供给公猪配种所需的营养,使公猪始终保持良好的种用体况。

②配种季节加强的饲养方式:传统的养猪生产,实行母猪季节产仔。在配种季节来临前 1 个月,开始提高公猪饲粮营养水平,并在配种全期持续保持较高的饲养水平,直到配种期结束,再逐渐过渡到非配种期饲养水平。但非配种期的饲养,仍应保证公猪维持种用体况的营养需要。

(2)饲粮结构 应以精饲料为主。组成饲粮的精料种类最好多样搭配,适当补充些鱼粉、肉骨粉等动物性饲料,以提高饲粮蛋白质水平。应根据配种负担调整公猪的饲粮结构。配种期间的饲粮,能量饲料和蛋白质饲料占到80%～90%,非配种期可降低到70%～80%。

(3)饲料喂量 种公猪的饲喂量,应根据年龄、体重大小、配种任务和季节等来决定。一般年轻公猪配种期内每日饲料喂量2.5～3.0kg,成年公猪则日喂2.5kg左右。非配种期喂量应低于配种期,为1.8～2.3kg。肉脂型种公猪体重较小,日喂量较少,根据我国猪饲养标准建议,一般为0.72～1.67kg。在生产实践中,一定要控制饲粮采食量,防止采食不足或过量。对过肥或过瘦的公猪,应酌情减料或加料,按个体情况调整喂量,以保持良好的种用体况。

(4)饲喂技术 公猪的日粮容积要适宜,切忌长期饲喂大容积饲料,否则会使其腹部下垂,影响配种。日喂3次,定时定量,每顿不宜喂得过饱,以八九成饱为宜。饲粮的适口性要好,切忌饲喂发霉、变质的饲料。饲料调制成湿拌料或干粉料均可,湿拌料料、水比例以1∶1～2为宜。必须供给充足的饮水。

2. 种公猪的管理要点 种公猪的管理与饲养同样重要。除保持清洁、干燥、空气新鲜、舒适的生活环境外,还应做好下列工作。

(1)良好的生活制度 合理安排公猪的饲喂、饮水、运动、放牧、刷拭、配种(或采精)、休息等生活日程,使其养成良好的习惯,便于管理操作,增进健康,提高配种能力。

(2)单栏饲养 种公猪以单栏饲养为宜,可减少外来的干扰和刺激,保持正常的食欲,杜绝爬跨和自淫的恶习。群养的公猪常会互相爬跨;一头公猪配种后回群时,因带有发情母猪的气味,刺激其他公猪的性冲动,引起全群不安,食欲不振,体质下降,配种能力降低。单栏饲养的公猪,不能贸然合群,也不能在任何场合相遇,以避免咬架、争斗和致伤,影响配种。

(3)适当运动 适度的运动可加强机体新陈代谢,促进食欲,帮助消化,增强体质,锻炼四肢,改善精液品质,从而提高公猪的配种效果。运动不足会使公猪贪睡、肥胖,性欲低下,四肢软弱,严重影响配种利用。种公猪一般都是单圈饲养,可在小运动场内自由运动,但运动量不够,最好每天上、下午各进行驱赶运动1次,每次行程不少于1 000m。夏天应在早晨和傍晚天气较凉爽时进行,冬天在中午进行。

(4)刷拭与淋浴 每天定时用硬刷子刷拭猪体,热天结合淋浴冲洗,是保持皮肤清洁,促进血液循环,加强新陈代谢,增进食欲,预防皮肤病和外寄生虫病的有效措施;也是饲管人员调教公猪的最佳时机,使公猪温驯而听从管教,便于采精和辅助配种。在炎热的夏季,经常给公猪淋浴和洗澡,还可起到防暑降温的作用。

(5)定期称重 应定期称重,根据公猪体重变化检查饲养是否恰当,以便及时调整饲粮的营养水平和喂量。成年公猪体重应无太大变化,但须经常保持中上等膘情。

(6)定期检查精液品质 实行人工授精的公猪,每次采精都要检查精液品质。采用本交时,最好每10d检查1次。特别要重视后备公猪开始使用前和由非配种期转入配种期之前精液品质的检查。根据精液品质的好坏,调整营养、运动和配种次数,这是保证公猪健壮和提高配种受胎率的一项重要措施。

(7)防暑降温 种公猪最适宜的温度为18℃～20℃。一般认为,低温对公猪繁殖力无不良影响,而高温则会使公猪精液品质下降,表现为精子数减少、活力降低、配种受胎率下降等,特别是持续高温会给公猪带来极为严重的影响。因此,做好防暑降温工作是十分重要的。防暑降温的措施很多,有通风、洒水、喷雾、洗澡、遮阴等方法,各地可因地制宜采取有效防暑降温措施。

(8)防止打架 公猪好斗,偶尔相遇就会咬架。如无人在场,会打得两败俱伤,甚至造成死亡,直接影响配种任务的完成。因此,日常管理工作中,一定要注意防范,如公猪的圈栏要高而坚固,栏门应严密结实;运动和配种时,避免两头公猪相遇。如遇公猪咬架,可迅速放出发情母猪将公猪引走;或用木板将两头公猪隔开,或用水猛冲头部,也可点火把置于两头公猪之间,公猪受惊后也会分开,再分头赶走。

3. 种公猪的合理利用 公猪精液品质的优劣和利用年限的长短,不仅与饲养管理有关,且很大程度上取决于初配年龄和利用强度。正确地利用公猪有助于延长种用寿命,利用不当不仅缩短种用年限,也会提高种猪的培育成本。

(1)初配年龄 我国地方品种公猪性成熟早,国外品种、培育品种和杂种公猪性成熟较晚,最适宜的初配年龄,要以品种、年龄和体重进行权衡而定。配种时的体重应达到该品种成年体重的50%～60%。小型早熟品种应在8～10月龄,体重达60～70kg开始配种,培育品种相应为10～12月龄,体重90～120kg。

(2)公母比例 配种的方式不同,每头公猪1年所负担的母猪头数也不同。在采用本交时,1头公猪可负担20～30头母猪的配种任务;采用人工授精时,每头公猪可负担500～600头母猪的配种任务。公、母比例不当,负担过重或过轻,都会影响公猪的繁殖力。

(3)利用强度 公猪配种利用过度,精液品质降低,影响受胎率。若公猪长期不配种,往往性欲不旺盛,精液品质差,造成母猪不孕。公猪的利用强度,因年龄不同而异。青年公猪每天配种1次,连续配种2～3d后要休息1d。2岁以上的成年公猪,最好1d配种1次,必要时可日配2次,但应是早、晚各1次。若公猪连续配种,每周应休息1d。

(4)利用年限 种公猪的利用年限一般为3～4a(4～5岁),因猪场的性质和任务不同而有别。一般繁殖场大多饲养到4～5岁,也就是说,种公猪群每年应更新20%～25%。育种猪场为缩短世代间隔,加快育种步伐,公猪的使用年限较短,一般为1～2a。

第二节　仔猪的营养与标准化饲养

养猪生产中,通常把出生至70日龄的幼猪称作仔猪。仔猪养育的成败,关系着猪群生产水平的高低,而且对提高养猪生产经济效益,加速猪群周转,起着十分重要的作用。因此,仔猪养育也就成了养猪生产中的一项关键技术。

根据不同时期生长发育的特点以及对饲养管理的特殊要求,生产上通常将仔猪养育划分为截然不同的两个阶段:一是靠母乳生活的哺乳仔猪养育阶段,二是由吸食母乳过渡到独立生活的断乳仔猪育成阶段。

一、哺乳仔猪的养育

哺乳仔猪是指出生到断乳期间的仔猪。养育哺乳期仔猪的基本任务是,尽可能减少哺乳期的死亡,获得最高的成活率,提高仔猪断乳窝重,获得最大断乳个体重,为以后养育成种猪和商品猪打下良好的基础。

(一)哺乳仔猪的生理特点

仔猪出生后新的生活环境与母体内截然不同,主要表现在三个方面:第一,在母体内依靠母体血液供给营养、氧气与排出二氧化碳,出生后则靠自身的消化、呼吸和血液循环系统的工作来完成;第二,体内是无菌环境,出生后要受到各种微生物侵袭;第三,出生前在母体内的温度是恒定的,出生后则要靠自身调节。因此,依据仔猪的生理特点,创造适宜的饲养管理条件,是搞好仔猪培育工作的关键。

1. 生长发育快,新陈代谢旺盛　仔猪初生体重不到成年体重的1%,但生后生长发育很快。一般仔猪初生重为1kg左右,10日龄时体重达初生体重的2倍以上,30日龄时达5～6倍,60日龄时为14～15倍,这是其他家畜所不能相比的。故应特别注意加强仔猪的哺乳期培育,以便充分发挥其最大生长潜力。

仔猪出生后强烈生长,是因其物质代谢旺盛,特别是蛋白质和钙、磷代谢比成年猪强得多。20日龄时,每kg体重可沉积蛋白质9～14g,相当于成年猪(0.3～0.4g)的30～35倍。钙、磷代谢也很旺盛,每kg体重含钙7～9g,磷4～5g。可见,仔猪对营养物质的需要,在数量和质量上都比成年猪高,对营养不全价饲粮的反应特别敏感。故保证仔猪营养的平衡供应十分重要。

2. 消化器官不发达,消化功能不完善　初生仔猪的消化器官重量轻、容积小、功能不完善,但随年龄增长而迅速增大、增强。初生时胃重仅5～8g,容积为30～40mL;20日龄时,胃重增长到35g左右,容积达100～140mL;断乳时小肠长度约为初生时的5倍,容积增加40～50倍。6～8月龄后,消化器官的生长速率开始下降。

消化器官的晚熟,导致初生时消化功能不完善。初生仔猪胃内只有凝乳酶,胃蛋白酶很少,仅为成年猪的1/4～1/3;胃底腺不发达,不能制造盐酸,缺乏游离盐酸胃蛋白酶就没有活性,呈胃蛋白酶原状态,不能消化蛋白质,特别是植物性蛋白质。肠腺和胰腺的发育比较完善,胰蛋白酶、乳糖酶的活性较高,食物主要在小肠内消化,但乳糖以外所有碳水化合物酶的水平都很低。所以,初生仔猪只能吃乳而不能利用植物性饲料。

由于仔猪胃和神经系统之间的联系还未完全建立,缺乏条件反射性的胃液分泌,在饲料直接刺激胃壁时才能分泌胃液。而成年猪已建立条件反射,到了喂食的时间,或者听到喂食的声音,胃内虽没有食物的刺激也能大量分泌胃液。随着仔猪年龄的增长和食物对胃壁的刺激,盐酸的分泌不断增加,到35～40日龄胃蛋白酶才表现出消化能力,仔猪才可利用多种饲料,进入了"旺食"阶段。直到2.5～3月龄时,盐酸浓度才接近成年猪的水平。

哺乳仔猪消化功能不完善,还表现在食物通过消化道的速度很快。食物进入胃到完全排空的时间,15日龄时约为1.5h,30日龄时为3～5h,60日龄时为16～19h。

3. 缺乏先天免疫力,容易得病　免疫抗体是一种大分子γ-球蛋白,它不能通过母体血液直接转运给胎儿,故初生仔猪缺乏先天的免疫力,自身也不能产生抗体。只有通过吃初乳,把母体的抗体传递给仔猪,并逐渐过渡到自体产生抗体而获得免疫力。初乳中蛋白质含量很高,每100mL中含总蛋白15 000μg以上,其中60%～70%是运载免疫抗体的球蛋白,但维持时间很短,3d后即降至500μg以下。

仔猪出生后24h内,由于肠道上皮处于原始状态,对蛋白质有很强的渗透性。仔猪吸吮初乳后,可不经转化即直接吸收到血液中,使血清中免疫球蛋白水平很快提高,免疫力迅速增强。但肠壁的吸收能力随肠道的发育而改变,36～72h后显著降低。因此,让初生仔猪在生后24～

36h 内吃足初乳,是防止其患病和提高成活率的关键。

初乳中免疫球蛋白的含量虽高,但下降很快。仔猪 10 日龄后自身才开始产生免疫抗体,且 30 日龄前产量很少。因此,仔猪在这 3 周内是免疫球蛋白青黄不接的阶段,易患下痢,是最关键的免疫期。同时,这时仔猪已开始采食饲料,由于胃液缺乏游离盐酸,对随饲料、饮水带进胃内的病原微生物没有抑制作用,也是造成仔猪多病和易于死亡的原因。

4. 调节体温的功能弱,怕冷　初生仔猪大脑皮层发育不全,加之被毛稀疏,皮下脂肪又少,故体温调节能力很差,特别是在 3～4 日龄内,自身尚不能随环境温度变化调节体温。研究证明,在 13℃～24℃ 的环境中,仔猪出生后 1h 体温可降低 1.7℃～7.0℃;尤其在出生后 20min 内,由于羊水蒸发,体温下降更快。吃上初乳的仔猪,在 18℃～24℃ 的环境里,约需 2d 才能恢复到正常体温。刚出生的仔猪若裸露于 1℃ 的环境中,2h 即可被冻昏,甚至冻死。为了防止上述现象发生,最好的办法是让仔猪生后尽快吃到初乳,得到脂肪和糖的补充,使血糖含量上升。如吃不到初乳即会发生低糖血症,出现昏迷现象。同时,必须做好保温工作。

随着日龄增长,仔猪调节体温的功能增强,一般从 7 日龄开始有调节体温的功能,到 20 日龄才能发育完善。初生仔猪最高临界温度是 35℃,其适宜温度随日龄的增长而下降,1～3 日龄为 32℃～30℃,4～7 日龄为 30℃～28℃,15～30 日龄为 25℃～22℃。由于仔猪群居生活,实际需要的温度可略低一些。

(二)哺乳仔猪的养护

如前所述,哺乳仔猪具有生长快、消化功能不完善、易病和怕冷的生理特点,从出生到断乳就成为养好仔猪的关键性时期。为获得最高成活率、最大断乳窝重和个体重,必须抓好哺乳仔猪的初生、补料和断乳三个关键时期。

1. 初生仔猪的护理

(1)吃足初乳　仔猪出生后,应尽快让其吃到初乳。刚出生的仔猪,尤其是弱小仔猪,不能及时找到奶头,寒冷季节有的被冻得不会吮乳,应进行人工辅助。及时扶助弱小仔猪尽早吃到初乳,减少饥饿时间,这是初生期仔猪养育的一项极为重要的措施。

(2)固定乳头　仔猪有固定乳头吃乳的习惯,一经认定直到断乳都不更换。利用这一习性固定乳头,使仔猪有序地在自己认定的乳头上吮乳。固定乳头还可以避免仔猪因争夺出乳多的乳头而互相咬架,甚至咬伤母猪乳头,影响母猪正常放乳或拒绝哺乳。所以,固定乳头也是提高仔猪成活率的重要措施之一。为了使同窝仔猪生长均匀、健壮,应在仔猪出生后 3d 内进行人工辅助固定乳头,一般是将弱小的仔猪固定在前边 2～3 对出乳多的乳头上吮乳,将强壮的放在后边乳头上。若仔猪少、乳头多时,可让仔猪吮吸两个乳头的乳汁,不仅对仔猪有益,又不留空乳头,有利于母猪乳腺的发育。人工辅助固定乳头,采用"抓两头顾中间"的办法较为省事,即将一窝中最强的、最弱和最爱抢乳头的仔猪控制住,强制它吮吸指定的乳头,一般的仔猪可让其自由选择乳头。经 2～3d 的人工辅助,仔猪就会在固定乳头安静地吮乳。

(3)保温防寒　初生仔猪对寒冷抵抗力差,低温会引起其感冒、肺炎甚至被冻死,保温防寒就成为提高仔猪成活率的又一重要措施。可采用厚垫草保暖,即在仔猪保育箱或仔猪栏内铺厚垫草。目前普遍采用红外线灯保暖,即将红外线灯吊在保育箱或仔猪栏上方;当 250W 的红外线灯的高度距睡卧处 50cm 时,睡卧处温度可达到 28℃～30℃,可根据仔猪不同日龄对温度的要求,调整红外线灯的高度。也可采用电热板保暖,即在仔猪睡卧处放置电热恒温保暖板,亦可根据需要调节温度。

（4）防压、防踩 初生仔猪行动不灵活（特别是 3 日龄内的仔猪），加之有些母猪体大笨重，行动迟缓或母性不好，常在母猪起卧时压死或踩死仔猪。据赵式文的统计资料，踩压致死的仔猪占死亡总数的 33.1％；据我国台湾省吴继芳引用资料，压死的仔猪占死亡总数的 44.8％（表 6-14）。在传统的平地饲养方式下，踩压致死的情况经常发生。养猪生产中，多在猪床靠墙的三面安装护仔栏，或在猪栏一侧设置仔猪保育补饲栏（或保育箱）等，以防压死仔猪。目前，集约化养猪场都有专用产房，产房内的每头母猪都被安置在产仔笼内，大大地降低了压死仔猪的可能性。

表 6-14 仔猪死亡原因

死　因	％	死　因	％
压　死	44.8	关节炎	1.7
溺　死	23.6	湿　疹	1.2
饿　死	10.6	猪流行性感冒	0.7
畸　形	3.8	咬　死	1.1
外翻腿	3.0	其　他	5.7
下　痢	3.8		

引自吴继芳著.《仔猪的营养与饲养》.美国饲料谷物协会北京办事处,1995.7.

2. 提高仔猪断乳体重的措施

（1）补充必需的微量元素 哺乳仔猪生长发育除需要常量元素外，还需要微量元素。在吃料前所需微量元素主要来自母乳，母乳不能满足需要的，则要单独补给，如铁、铜、硒等。

①补铁：仔猪出生时体内铁贮存量约为 50mg，正常生长每天约需铁 7mg；母乳含铁量很少，每天只能从母乳获得 1mg 左右。如不补铁，一般在 3～5 日龄就会耗尽体内贮存的铁，7 日龄会出现缺铁性贫血，表现食欲不振，生长缓慢，被毛粗糙，黏膜苍白，轻度腹泻，严重者死亡。预防仔猪缺铁的方法很多，简便、实用的方法是肌内注射铁制剂，如血多素、富血来、牲血素、右旋糖酐铁等。一般在仔猪出生后 2～3d 肌内注射 150～200mg，2 周龄时再注射 1 次。仔猪开食后，在饲料中添加亚铁盐即可。在有红壤土的地方，可挖些深层土晒干，让仔猪自由舔食，实为经济、实用的补铁方法。也有许多试验表明，给妊娠母猪和哺乳母猪饲粮中添加蛋白或氨基酸螯合铁，可提高初生仔猪体内铁的贮量，有效预防仔猪缺铁性贫血。

②补铜：铜参与造血过程，促进骨与胶原形成等多种生理生化过程。缺铜会影响铁的吸收利用，同样可引起贫血。仔猪对铜的需要量不大，通常不易缺乏。但高剂量铜对幼猪的生长和饲料利用率有促进作用。仔猪开食后，在饲粮中添加铜 150～250mg/kg，能有效地促进生长，改善饲料利用效率。但使用高剂量铜时，每 kg 饲粮添加铜不得超过 250mg，过量会引起中毒。

③补硒：硒和维生素 E 具有相似的抗氧化作用。缺硒地区的仔猪发生硒缺乏症，是一种以骨骼肌、心肌及肝脏组织变性、坏死为主要特征的疾病，严重时会造成仔猪突然死亡，营养状况良好或生长快的仔猪最易发生。在缺硒地区，于仔猪出生后 3～5 日龄肌内注射 0.1％亚硒酸钠溶液 0.5mL，断乳时再注射 1mL，可预防仔猪缺硒症。近来也有给仔猪注射硒与维生素

E合剂的,效果很好。

（2）提早开食,及时补料　初生仔猪完全依靠吸食母乳为生。但随其日龄增长体重迅速增大,对营养物质的需求越来越多。母猪分娩后泌乳量逐日增加,产后20d左右达到高峰期,随后逐渐下降,不能满足仔猪日益增长的营养需要。表6-15数据表明,仔猪3周龄时母乳已不能完全满足快速生长发育的营养需要。补充营养的唯一办法是及时给仔猪补充优质饲料,如不及时补料,势必会影响仔猪的正常生长发育,甚至形成僵猪。早期补饲能促进消化器官发育,增强消化功能,提高饲料利用率,是提高仔猪断乳体重的关键技术措施。

表6-15　母乳营养占仔猪营养需要量的比重

仔猪周龄	3	4	5	6	7	8
母乳满足仔猪需要量%	97	84	56	50	37	27

引自蔡幼伯等.《科学养猪问答》,(第二版).农业出版社,1989.2.

①仔猪开食的时间:训练仔猪吃料,叫开食。仔猪出生后5～7日龄前,离开母猪自由活动的时间增加,7～10日龄前白齿开始长出,牙床发痒,喜欢啃咬地面的硬物,或拱掘地面,此时正是训练吃料的最好时机。经过1周左右的训练,到15～20日龄,当母猪泌乳量开始下降之前仔猪已习惯采食饲料,就不至于影响其生长发育。试验证明,从7日龄开始训练吃料,30日龄采食量可达0.24kg,而14日龄开始训练吃料,相应采食量只有0.18kg。提早补料能有效地提高仔猪的断乳体重,促进胃肠发育。有试验证明,7日龄开始训练吃料,60日龄断乳平均体重在15kg以上,15日龄开始补料的为14kg,20日龄开食的为13kg,30日龄开食的仅10kg。补料仔猪断乳时胃容积达680～740mL,而未补料的仅为270～430mL。

②仔猪开食的方法:训练仔猪开食的方法很多,一般采用诱导和强迫相结合的办法。根据仔猪的探究行为和采食习性,生产实践中普遍采用的行之有效的办法有:将仔猪赶到补饲间内,利用仔猪的好奇和模仿习性,让其跟随已会吃料的仔猪学着吃料;将仔猪饲料用热水调成糊状,人工强制喂进仔猪嘴里,反复几次后就可学会吃料;无仔猪补饲间的情况下,将炒熟的豆类、大麦、玉米、高粱等撒在干净的地上,让母猪带领仔猪捡食粒料,训练仔猪开食;也可在仔猪啃食异物或拱掘土地时,将上述炒熟的粒料撒在仔猪活动的地方,训练仔猪开食。根据仔猪爱吃带有香甜味和带乳香味饲料的特点,训练开食时,可将籽实料焙炒,使其具有香味;或在仔猪饲料中添加甜味剂(糖或糖精)及香料,或者拌入牛、羊乳等,可使仔猪尽快学会吃料。

③加强旺食期补料:经过训练,仔猪在母猪泌乳高峰前即可学会采食,20日龄前后可主动吃料。30日龄以后,随着消化功能的日趋完善,食量增加,即进入旺食期。为了提高断乳体重,必须抓好旺食期的饲养。

仔猪学会采食后,应按其不同体重阶段营养需要配制饲粮。仔猪全价配合饲料应具有高能量浓度,含优质蛋白质,矿物质和维生素齐全,还要掺入各种添加剂。饲料搭配要多样化,要尽量选择适口性好、营养丰富、易于消化的饲料。通常,各种饲料在仔猪配合料中的最大用量(%)为:玉米70,小麦60,大麦25,高粱6,麸皮20,稻谷10,鱼粉10,豆粕(饼)25,蚕蛹10,肉骨粉5。饲粮营养水平因生长发育阶段和体重不同而异,日龄和体重越小,要求营养水平越高,随着日龄和体重增长,营养水平逐渐降低。一般应达到以下要求:每kg饲粮消化能13.6～13.8MJ,粗蛋白质18.2%～21.0%,赖氨酸1.05%～1.34%,钙0.74%～0.86%,磷

0.60％～0.67％,还应参考推荐标准添加微量元素和维生素。

表 6-16 列出体重 1～10kg 仔猪典型饲粮配方,供参考。

表 6-16　哺乳仔猪饲粮配方　（％）

饲料组分	体重 1～5kg		体重 5～10kg	
	1	2	1	2
玉 米	43.0	11.0	43.5	51.0
小 麦	—	18.0	—	—
高 粱	—	6.0	10.0	10.0
麸 皮	—	—	5.0	—
豆 饼	25.0	16.0	20.0	20.0
炒黄豆	10.0	—	—	—
全脂奶粉	—	30.0	—	—
脱脂奶粉	—	—	10.0	—
鱼 粉	12.0	12.0	7.0	10.0
砂 糖	5.0	3.5	—	2.0
酵母粉	4.0	3.0	2.0	4.0
碳酸钙	—	—	0.1	0.6
骨 粉	0.4	—	—	—
微量元素添加剂	—	—	1.0	1.0
维生素添加剂	—	—	1.0	1.0
淀粉酶	—	0.2	—	—
胃蛋白酶	0.1	0.3	—	—
乳酶生	0.5	—	—	—
食 盐	—	—	0.4	0.4
合 计	100.0	100.0	100.0	100.0
营养水平				
消化能（MJ/kg）	14.87	15.60	13.60	13.68
粗蛋白质（％）	25.2	25.0	22.0	21.8
钙（％）	—	1.04	0.79	0.78
磷（％）	—	0.77	0.62	0.61
赖氨酸（％）	—	1.80	1.34	1.23
蛋氨酸＋胱氨酸（％）	—	0.97	0.70	0.58
色氨酸（％）	—	—	0.30	0.32

注:配方 1 引自陈清明等.《现代养猪生产》.中国农业大学出版社,1997.1.

　　配方 2 引自李文英.《猪饲料配方 550 例》,(第二版).金盾出版社,1993.1.

　　配方 3 和 4 引自李汝敏等.《实用养猪学》.农业出版社,1992.10.

依据仔猪采食习性,补饲仔猪用全价配合饲料以制成颗粒料或湿拌料为宜。颗粒料符合仔猪咀嚼习性,能提高饲料利用率。湿拌料是将料与水按1:1的比例拌匀饲喂,也可拌入优质青绿饲料。哺乳仔猪生长快,需要营养物质多,但胃容积小,食物在胃中排空时间短,针对仔猪的这些消化生理特点,宜设置自动饲槽让其自由采食。对定时饲喂的,每天补饲数不应少于5~6次,其中1次宜放在夜间。在补料的同时,还要减少每天哺乳次数,一般可控制在4~6次。哺乳仔猪不同日龄补料量如表6-17所示。

表6-17 哺乳仔猪不同日龄补料量

仔猪日龄	10~20	21~30	31~40	41~50	51~60	哺乳期补料总量(kg)
补料量(g/d)	25~50	100	150~200	300~400	600~800	12~15

引自吴晋强.《猪的饲料和饲养》(第二版).安徽科学技术出版社,1995.5.

(3)供应充足的清洁饮水 哺乳仔猪的水代谢较成年猪旺盛,需水较多;同时,猪乳中脂肪含量高,仔猪常感口渴,如得不到充足的清洁饮水,就会喝脏水或尿液,引起腹泻。出生后3~5d,即应给仔猪设置水槽,让其自由饮用。应保持水槽清洁,经常更换饮水。安装仔猪自动饮水器,是保证饮水清洁卫生的有效措施。

(4)合理使用保健及促生长添加剂 这类添加剂有保障仔猪健康、促进生长、提高饲料利用率之功效。应用广泛,种类很多,仔猪饲养中常用的有:有机酸、化学合成促生长剂、益生素和抗生素等。

①有机酸:给仔猪添加有机酸,可提高消化道的酸度,激活某些消化酶,对提高饲料消化率,抑制有害微生物的繁殖,减少肠道疾病,提高仔猪增重都具有良好的效果。常用的有机酸有柠檬酸、乳酸、甲酸、延胡索酸等。以柠檬酸应用较普遍,添加量一般为饲粮的1%。添加有机酸的适宜时期为30日龄之前,最迟不得超过40日龄,否则可能出现副作用。

②化学合成促生长剂:这类添加剂中,目前批准使用且用得较多的主要是喹乙醇,亦叫快育灵或倍育诺。为广谱抗菌剂,对革兰氏阴性菌特别敏感,对仔猪的一些疾病有很好的预防和治疗作用,同时促进幼猪生长的效果明显。添加量为每t饲料50g,具有良好的作用,据报道增重可提高20%以上。

③益生素:是近20年发展起来的,能够用来促进生物体微生态平衡的有益微生物或其发酵产物。添加益生素,可通过对胃肠道有益菌的促生,间接抑制有害菌,从而保持微生态平衡,增强抗病能力,防止腹泻,促进生长,提高饲料利用率。其抑制有害菌的作用与抗生素类似,但作用方式不同,且具无残留、无污染、无毒副作用的特点。目前主要应用的菌剂有乳酸杆菌、枯草芽孢杆菌、双歧杆菌等。有试验表明,给20~35日龄仔猪日喂乳酸杆菌制剂(每mL含菌100亿以上)1mL/头,45~56日龄日喂0.5mL/头,日增重比对照组提高17%~18%,仔猪腹泻减少72%~78%。

④抗生素:抗生素有增强抗病力、促进生长发育的作用,其效应随年龄增长而下降,仔猪出生后的最初几周是抗生素效应最好的时期。仔猪饲料中添加抗生素,可提高成活率、增重速度和饲料利用率。目前应用于仔猪的抗生素主要有土霉素、金霉素、杆菌肽锌、硫酸黏杆菌素等。使用较普遍的是土霉素,一般每t饲料添加10~50g精制土霉素。国内大量试验证明,饲粮营养不平衡,蛋白质水平低,不含动物性饲料,猪场卫生条件差时,应用抗生素添加剂效果最显

著。但须注意,由于抗生素的应用可能导致抗药菌株的产生及畜产品中药物残留等不良后果,为了人类的健康与环境保护,需慎重从事,应遵守国家有关部门规定,合理使用。

(5)免疫接种,预防传染病 预防免疫接种是防制猪传染病发生的关键措施。不同地区、不同规模、不同饲养方式的猪场,免疫程序各异。集约化养猪,多采用猪瘟超早期免疫,即在仔猪出生后立即接种猪瘟单苗1头份,注射2h后再喂初乳,或在20日龄注射猪瘟单苗,断乳后重复注射1次,预防效果很好;根据本地区猪群疫病流行的实际情况,制定适合本场的免疫预防措施,是十分重要的。

(6)创造良好的生活环境 温暖、干燥和清洁的生活环境是减少疾病,有利仔猪生长、成活的重要条件。仔猪对潮湿敏感,我国北方地区冬、春季节的低温和潮湿,常常是造成仔猪死亡的重要原因。经常保持圈舍干燥、清洁,定期消毒,可减少疾病侵袭。随着养猪生产的集约化和现代化,改哺乳仔猪地面猪床为网床培育,已成为克服寒冷、防止猪圈潮湿、减少污染的一项重要措施,在仔猪培育中被广泛采用,效果极为显著。

二、断乳仔猪的营养需要与饲养管理技术

哺乳仔猪达一定日龄即停止哺乳,叫做断乳。在猪的一生中,断乳是生活条件的第二次重大转变,由依靠母猪生活过渡到完全独立生活。这时仔猪正处于骨骼和肌肉的快速生长阶段,消化功能和抵抗力还没有发育完全,如饲养管理不当,就会引起生长发育停滞,形成僵猪,甚至患病或死亡。因此,断乳是培育仔猪的又一个关键性时期。

(一)常规断乳仔猪的培育

传统养猪的仔猪哺乳期长,通常在45～60日龄时断乳,即常规断乳。从断乳到满4月龄的仔猪即为常规断乳仔猪,又称育成猪。常规断乳仔猪由于吃母乳时间长,体重大而健壮,断乳后能安全育成,发生意外较少。

1. 断乳方法

(1)一次断乳法 母猪膘情差、泌乳量少时,可采取一次断乳法。即在仔猪达到预定断乳日期时,将母猪调走,仔猪留在原圈饲养,断然使母仔分开。采用此法,由于突然改变生活环境和饲料,常会引起仔猪消化不良与不安,又易使母猪乳房胀痛和不安或发生乳腺炎。但方法简单,适用于工厂化养猪。为了能使母猪安全断乳,应于断乳前3d减少精料和青绿多汁饲料喂量,并适当控制饮水。如果母猪膘情不好,则不必减少精料,只需适当控制青饲料和饮水。

(2)逐渐断乳法 在仔猪预定断乳日期前4～6d,将母猪赶到离原圈较远的圈,每天定时放回原圈,逐渐减少哺乳次数,最后终止哺乳。如第一天哺乳4～5次,第二天减少为3～4次,经3～4d即可断净。此法适用于乳水较多的母猪。在逐渐减少哺乳次数的过程中,既逐渐锻炼了仔猪独立生活的能力,也可避免母猪发生乳腺炎,故亦称安全断乳法。

2. 断乳仔猪的营养需要 断乳仔猪仍处于强烈生长发育阶段,各组织器官还需进一步发育,功能尚在进一步完善,特别是消化器官。因此,要求断乳仔猪的饲粮营养完全,富含蛋白质、矿物质、维生素等,要限制粗纤维和碳水化合物的含量,以免仔猪消化不良或过早肥胖,每kg饲粮消化能为12.97～13.85MJ;蛋白质含量应为16%～19%;含钙0.60%～0.64%,磷

0.50％～0.54％,食盐按 0.3％～0.5％添加。

3. 断乳仔猪的饲养　断乳使仔猪遭受断乳应激,往往出现食欲不振、消化力减弱,增重缓慢甚至减重。必须选择适口性好、营养丰富和容易消化的饲料。能量饲料中的大麦、玉米、高粱,蛋白质饲料中的大豆饼(粕)、蚕豆、豌豆,青绿多汁饲料中的苜蓿、胡萝卜、甘薯等,都是断乳仔猪的优良饲料。

应按仔猪的营养需要配制断乳仔猪饲粮,以精料为主,饲料种类亦宜多样化。各类饲料的搭配可参考如下比例(％):禾本科籽实 36～60,豆科籽实 0～15,糠麸类 5～10,油饼(粕)类0～10,酵母 0～5,动物性饲料 3～10,草粉 1～5,食盐 0.5。表 6-18 为断乳仔猪(体重 10～20kg)饲粮配方实例,供参考。

表 6-18　断乳仔猪的饲粮配方　（％）

饲料组分	1	2	3	4	5
玉　米	70.00	77.00	66.00	57.00	56.00
大豆粕	22.00	16.00	25.00	29.00	28.00
小麦麸	—	—	3.00	—	5.00
进口鱼粉	5.15	4.15	3.15	4.00	3.00
次　粉				5.15	4.95
猪　油				2.00	
磷酸氢钙	1.00	1.00	1.00	1.00	1.20
石灰石粉	0.55	0.55	0.55	0.55	0.55
食　盐	0.30	0.30	0.30	0.30	0.30
预混料	1.00	1.00	1.00	1.00	1.00
合　计	100.00	100.00	100.00	100.00	100.00
营养水平					
消化能(MJ/kg)	14.20	14.20	13.80	14.19	13.70
粗蛋白质(%)	18.30	16.40	18.00	20.33	20.00
赖氨酸(%)	1.00	1.00	0.86	1.20	1.00
含硫氨基酸(%)	0.65	0.65	0.52	0.60	1.55
苏氨酸(%)	0.71	0.64	0.54	0.62	0.58
色氨酸(%)	0.21	0.20	0.19	0.20	0.18
钙(%)	0.72	0.70	0.70	0.80	0.80
磷(%)	0.61	0.56	0.55	0.62	0.50
钠(%)	0.15	0.15	0.15	0.15	0.15

引自高云航主编.《饲料配制》.吉林出版集团有限责任公司,2012.5.

仔猪断乳后半个月内，饲粮配方应与哺乳期仔猪补料相同，饲喂时间和饲喂方法不变，切忌突然变换饲料。逐渐过渡有利于断乳仔猪的正常生长，并可防止其消化功能紊乱。按风干饲料计，日饲喂量约为体重的5%。仔猪采食大量饲料后，常会感到口渴，必须保证充足的清洁饮水。

4. 断乳仔猪的管理要点　做好环境的过渡是养好断乳仔猪的重要措施。科学试验和生产实践证明，采用不调离原圈、不混群并窝的"原圈培育法"，是防止仔猪断乳应激产生不良影响的最好办法。有资料表明，60日龄断乳原圈饲养到3月龄的仔猪，其增重速度比移入另外圈舍重新组群的对照组高32.7%。经原圈培育后需要并群时，应先使仔猪在公共运动场内彼此熟悉，再按体重大小、吃食快慢等进行分群。

应给予断乳仔猪充分的运动和日光浴。圈舍内应保持干燥清洁，空气新鲜。为此，必须要训练定点排便，勤打扫、勤消毒、勤换勤晒垫草。要做好冬、春季断乳仔猪的防寒保暖，夏季高温时须注意防暑降温。

饲养是否适宜，可以从仔猪吃食快慢、粪便色泽及形态、被毛光泽、体况变化、行为和精神状态等判断。要注意观察，发现异常应及时处理。

（二）早期断乳仔猪的养育

可将仔猪早期断乳区分为超早期断乳和早期断乳，前者多指仔猪一出生或2～3周龄以内离开授乳母猪者，如隔离式早期断乳法（SEW）技术，有些仔猪在2周内即行断乳；后者通常是指仔猪出生后3～5周龄离开授乳母猪，开始独立生活。多数研究认为，在当前条件下，以35日龄断乳为宜。目前集约化养猪场多采用35日龄断乳。超早期断乳多出于特殊需要，如培育无特定病原体猪（SPF）等，需要创造特殊条件，否则难于成功，因为它超越了母仔双方的"断乳生理极限"，在生产中尚未得到普遍推广。

1. 仔猪早期断乳的优点

（1）增加母猪年产仔数　传统养猪生产母猪授乳期大多是60d，完成一个繁殖周期最快也需181d（60d＋7d＋114d）。假如一切顺利，1头母猪1年只能生产2胎，按母猪每胎产仔10头计，1头母猪1年只能生产20头仔猪。授乳期由60d缩短到35d，完成一个繁殖周期则仅为156d（35d＋7d＋114d），每头母猪可年产2.3窝，即年产仔23头，较前者多产仔猪3头。可见，仔猪早期断乳，缩短了产仔间隔，增加了母猪年产仔胎数，提高了母猪年繁殖利用强度。

（2）提高饲料利用效率　仔猪早期断乳后可直接利用饲料，比通过母乳再利用的效率高。母猪将饲料转化成乳汁供仔猪吮食的饲料利用效率约为20%；而仔猪自身食入和消化利用饲料，饲料利用率可达50%左右。另外，提早断乳使母猪哺乳期失重减少，并可降低哺乳期的饲料消耗量。

（3）有利于仔猪的生长和发育　仔猪断乳后，可根据生长发育的需要来配制饲粮，任其自由采食，不受母猪泌乳下降或营养不全的影响，故能提高仔猪增重。且因在人为控制环境中养育，可促进仔猪生长发育，防止落后猪的出现，使其体重大小一致。

（4）提高分娩猪舍和设备的利用率　仔猪早期断乳，可以缩短哺乳母猪在分娩舍的滞留时间，从而提高每个产仔栏的年产仔窝数和断乳仔猪头数，相应降低了每头断乳仔猪的产栏设备的分摊成本。

2. 早期断乳仔猪的消化生理特点　早期断乳有诸多优点，也存在很多问题。主要是幼龄仔猪消化道组织和功能发育尚未成熟,早期断乳使仔猪在心理、营养和环境等方面发生突然改变,易造成仔猪胃肠道功能紊乱,诱发仔猪早期断乳综合征,表现为采食量下降、抗病力降低、腹泻和增重缓慢等。这一应激反应在断乳前2周尤为明显,主要源于营养应激。为成功养育早期断乳仔猪,必须掌握其消化生理特点。

(1)消化道和消化腺发育尚未完善　据报道,3周龄和4周龄断乳仔猪的胃黏膜重分别为6.96g和10.88g,胰脏重量分别为5.54g和7.36g。这表明早期断乳仔猪的消化道和消化腺的体积及重量尚未发育成熟,其肠绒毛等微细结构正处于生长发育阶段。此时饲料对小肠绒毛的发育有显著的影响,如饲喂16d豆粕的仔猪小肠绒毛比饲喂脱脂奶粉的仔猪要短91μm(175μm与266μm)。

(2)消化酶分泌不足　早期断乳仔猪胃蛋白酶、胰蛋白酶分泌不足,淀粉酶活性较低。一般而言,仔猪胃肠道消化酶活性随着周龄增长而增强,但断乳使消化酶活性的增长有倒退趋势。如4周龄断乳后,1周内各种消化酶活性降低到断乳前水平的1/3,大约经过2周之后可恢复甚至超过断乳前水平。因此,早期断乳仔猪不具备消化大量植物性饲料的能力,在配合饲粮时,必须考虑原料的可消化性,使供作断乳仔猪使用的原料与仔猪分泌的酶相匹配。这一特点决定了,在早期断乳仔猪饲粮中只能逐渐增加植物性饲料。目前克服上述缺陷的主要措施之一,是使用外源性消化酶强化。

(3)吸收能力降低　小肠肠壁黏膜主要由绒毛和隐窝构成。养分的吸收主要发生在绒毛,隐窝主要分泌消化液。健康仔猪肠绒毛高度为隐窝深度的3～4倍。哺乳仔猪肠绒毛较长,对母乳营养物质的吸收能力很强。一旦断乳,可能是由于饲料中抗原成分的暂时过敏反应和肠道能源供应不足(乳中谷氨酰胺是肠道的重要能源,植物性饲料中缺乏谷氨酰胺),使肠绒毛高度降低(绒毛萎缩)和隐窝深度增加(隐窝增生)。断乳后绒毛萎缩既增加细胞损失,又引起细胞更新率降低。研究表明,21日龄断乳的仔猪,断乳24h后绒毛高度仅为哺乳仔猪的1/2,而隐窝深度为后者的2倍。绒毛萎缩导致吸收面积迅速减少,吸收能力降低。

(4)胃酸分泌不足　早期断乳仔猪胃酸分泌能力很差,胃内游离盐酸含量很少。胃蛋白酶原不能被激活,饲料中蛋白质消化率低,特别是植物性蛋白质;其次,胃液的杀菌力主要取决于胃液内游离盐酸的浓度,仔猪自40日龄左右开始,胃液才表现明显的抑菌和杀菌作用。早期断乳仔猪正处于胃酸分泌不足阶段,不能有效地抑制有害微生物的繁衍。为克服仔猪消化生理上的这一缺陷,目前多用有机酸酸化仔猪饲料,添加量一般为0.5%～3.0%,可获得很好的效果。

(5)胃肠道微生物区系变化　肠道微生物区系对维持动物健康有着重要作用。正常条件下,以乳酸杆菌占优势的胃肠道微生物区系有助于维持胃肠道健康。仔猪早期断乳,在断乳应激和营养应激的双重作用下,胃肠道环境发生变化,pH上升,一些致病菌有可能大量繁殖,微生物区系平衡遭到破坏,引起仔猪腹泻及其他不健康状况发生。

3. 早期断乳仔猪的营养需要　仔猪断乳时的日龄越小,抵抗力越差,消化功能越弱。要使早期断乳获得成功,必须根据仔猪消化生理的特点和营养需要,保证供给易于消化和营养全价的饲粮。目前对断乳仔猪营养需要的研究,多集中于蛋白质和赖氨酸的参数,但不同学者推荐的定额差异很大。

(1)能量需要　由于仔猪体内贮存的脂肪少,供应能量有限,加之断乳的应激反应,导致采食量下降,使之能量缺乏。为克服这些不利因素,须给予高能量日粮。根据我国现行瘦肉型仔猪(体重 3～20kg)营养需要,每 kg 饲粮消化能推荐水平为:3～8kg 体重阶段为 14.02MJ;8～20kg 体重阶段为 13.60MJ。据台湾省养猪研究所吴继芳等(1995)资料,仔猪 4 周龄断乳到 20kg 体重阶段,每 kg 饲粮最佳代谢能水平为 13.6MJ。NRC(1998)推荐的 3～20kg 仔猪饲粮消化能含量均为 14.23MJ。

(2)蛋白质需要 我国现行瘦肉型猪饲养标准仔猪(体重 3～20kg)粗蛋白质的推荐量为:体重 3～8kg,21.0%;体重 8～20kg,为 19.0%。NRC(1998)在玉米—豆粕类型饲粮基础上,仔猪粗蛋白质推荐水平分别为:体重 3～5kg,26.0%;体重 5～10kg,23.7%;体重 10～20kg,20.9%。

不仅须保证饲粮的蛋白质水平,而且要重视氨基酸的平衡供应。研究证明,赖氨酸是早期断乳仔猪第一限制性氨基酸,仔猪生长率和饲料效率随饲粮赖氨酸水平的提高而提高。我国瘦肉型猪不同体重阶段仔猪(3～20kg)赖氨酸的需要量分别为:体重 3～8kg,1.42%;体重 8～20kg,1.16%。隔离式早期断乳(0～14d)仔猪的赖氨酸需要量为 1.65%～1.80%(Owen 等,1995)。其他氨基酸必须保持与赖氨酸的适当比例,才能获得最佳生产性能。早期断乳仔猪的理想蛋白质模式与成年猪不同,详见表 6-19。

表 6-19　早期断乳仔猪的氨基酸模式 （%）

氨基酸名称	Baker(1997)	NRC(1998)
赖氨酸	100	100
异亮氨酸	60	55
蛋氨酸	30	29
苏氨酸	65	65
色氨酸	17	18

引自 P. A. ThacIer,郑君杰译. 养猪 .(4):10,1999.

一般认为,谷氨酸是猪的非必需氨基酸,它是母乳中最丰富的氨基酸。但断乳使主要的谷氨酸来源被切断,必须由外源补充。有试验表明,在 21 日龄断乳仔猪玉米—豆粕型饲粮中添加 1.0%谷氨酸,提高了断乳后第二周的饲料效率。基于有关研究,在 NRC(1998)《猪营养需要》中,谷氨酸已被定义为"条件性必需氨基酸"。

(3)矿物质需要 美国 NRC(1998)和我国猪饲养标准均列出 12 种矿物质元素的推荐量。根据我国瘦肉型猪饲养标准,分别列出体重在 3～8kg 和 8～20kg 仔猪的各种矿物质元素推荐量,其中钙相应为 0.88%和 0.74%,总磷分别为 0.74%和 0.58%。而肉脂型营养需要则分别列出 5～8kg 和 8～15kg 仔猪的各种矿物质元素推荐量。近些年来,早期断乳仔猪矿物质研究多集中于铜和锌的应用。有研究表明,添加高剂量的铜和锌,有促进仔猪生长、提高饲料效率、增强免疫能力的作用,但考虑到添加高铜、高锌可能造成环境污染的问题,现在不予提倡,只要按照饲养标准添加即可。

(4)维生素需要 有研究表明,NRC(1998)对 B 族维生素(核黄素、尼克酸、泛酸和维生素 B_{12})的推荐量不能满足早期断乳仔猪发挥最大生长性能的需要。有人认为须提高叶酸需要量;也有人认为,大剂量维生素无助于提高猪生长性能。我国猪饲养标准分别列出了瘦肉型和肉脂型断乳仔猪维生素的需要量。表 6-20 为早期断乳仔猪的维生素推荐量。

表 6-20　早期断乳仔猪维生素需要量

维生素种类	仔猪体重(kg)		
	3	5	7
维生素 A(IU/kg)	2553	2208	2022
维生素 D(IU/kg)	241	222	210
维生素 E(IU/kg)	19	15	14
维生素 K(IU/kg)	0.5	0.5	0.5
生物素(mg/kg)	0.08	0.05	0.05
胆碱(mg/kg)	0.71	0.56	0.49
叶酸(mg/kg)	0.30	0.30	0.30
可利用尼克酸(mg/kg)	21.7	18.1	16.1
泛酸(mg/kg)	12.8	11.2	10.4
核黄素(mg/kg)	4.30	3.83	3.54
硫胺素(mg/kg)	1.50	1.00	1.00
维生素 B_6(mg/kg)	2.22	1.83	1.63
维生素 B_{12}(μg/kg)	20.6	19.5	18.2

引自 P. A. Thacker,郑君杰译. 养猪.(4):12,1999.

4. 早期断乳仔猪的饲粮组成　合理配制饲粮是养好早期断乳仔猪的关键之一。为使营养尽可能完善,适口性好,易于消化吸收,有利于仔猪健康和生长,应特别注意饲料的选择。

对蛋白质饲料的选择要考虑蛋白质的消化率、氨基酸平衡、适口性以及免疫球蛋白含量是否丰富等。为满足早期断乳仔猪的高氨基酸需要量,须利用多种蛋白质饲料。常用的蛋白源有脱脂奶粉、喷雾干燥猪血浆、乳清蛋白粉、鱼粉、喷雾干燥血粉、豆粕以及深加工大豆产品(如大豆浓缩蛋白、大豆分离蛋白等)。其中,喷雾干燥血浆粉被认为是早期断乳仔猪唯一的必需蛋白质饲料。据报道,饲粮中添加喷雾干燥血浆粉的仔猪平均日增重提高 39％,进食量增加32％,饲料转化率提高 5.4％。有试验证明,在环境卫生条件愈差时,使用血浆粉的效果愈佳。猪血浆产品提高生产性能的机制可能有二:一是喷雾干燥血浆含有 22％的免疫球蛋白,可为仔猪提供外源免疫球蛋白,从而提高生长性能;二是作为风味剂。与其他蛋白源相比,喷雾干燥猪血浆明显提高断乳仔猪采食量。脱脂奶粉也被认为是早期断乳仔猪饲粮中必需的蛋白质,因为它能为仔猪提供高质量的蛋白质和乳糖。此外,鱼粉也是被广泛应用的高级蛋白质饲料。应严格控制豆粕用量。

早期断乳仔猪的饲粮中需要简单的碳水化合物,如乳糖、乳清粉、寡聚糖等。像淀粉这种复杂的碳水化合物很少被利用。乳清粉的用量一般为:体重 2.2～2.5kg 仔猪为 15％～30％;

5～7kg 仔猪为 10%～20%；7.0～11.0kg 仔猪为 10%。断乳仔猪饲粮中应用乳清粉的好处在于它除了乳糖外，还提供了以乳球蛋白质为主的蛋白质。乳糖价格比乳清粉便宜，也可用于断乳仔猪饲粮，一般推荐量为：体重 2.2～5.0kg 仔猪为 18%～25%；5.0～7.0kg 仔猪为 15%～20%；7.0～11.0kg 仔猪为 10%。

仔猪饲粮中添加脂肪的目的在于增加饲粮能量浓度。但研究表明，断乳后第一周添加脂肪的效果不明显，因断乳后胰脏和消化道内脂肪酶的活性较断乳前降低 30%～60%，从而限制了脂肪的利用；但添加脂肪使断乳后 5 周内日增重和饲料利用率得到显著提高。另外，为了把饲料制成颗粒料和减少粉尘，通常需要添加 5%～6%的脂肪。早期断乳仔猪对油脂的消化率，取决于脂肪碳链长短和其不饱和程度，对短链不饱和脂肪酸消化率最高。仔猪断乳后第一周，对含不饱和脂肪酸较高的植物油比动物脂肪有更高的消化率，断乳第四周则对二者的消化率差异不大。一般来说，仔猪能很好地利用椰子油、乳脂和猪油脂肪，豆油和玉米油次之，牛油的效果最差。

20 世纪 80 年代，美国学者提出了高营养浓度饲粮（HNDD）的概念，以后逐渐发展为断乳仔猪的三阶段饲养体系。即根据仔猪消化功能逐渐成熟的过程，分阶段饲喂不同饲粮，使仔猪从断乳前的高脂肪、高乳糖的母乳逐渐向以谷类和豆粕为主的低脂肪、低乳糖、高淀粉饲粮平稳过渡，消除或减少断乳后的营养应激。该体系第一阶段（仔猪体重在 7.0kg 以下）饲喂高营养浓度饲粮（含 1.5%赖氨酸和 40%乳产品的颗粒饲料）；第二阶段（仔猪体重 7～11kg），饲粮为谷物—豆粕型，含有一定比例的乳清粉；第三阶段（仔猪体重 11～23kg）采用谷物—豆粕型日粮。三阶段断乳仔猪饲粮的特征及推荐成分详见表 6-21，3 周龄断乳仔猪三阶段饲养饲粮配方（四川省）列入表 6-22，深圳市农牧实业有限公司三阶段饲粮组成及营养水平见表 6-23。另介绍美国畜牧工作者所配制的早期断乳仔猪料配方（表 6-24），供养猪生产工作者参考。

表 6-21 断乳仔猪三阶段饲粮组成

项 目	第一阶段（体重 7.0kg）	第二阶段（体重 7～11kg）	第三阶段（体重 11～23kg）
蛋白质(%)	20～22	18～20	18
赖氨酸(%)	1.5	1.4	1.25
脂 肪(%)	4～6	3～5	2～3
乳清粉(%)	20～25	10～20	—
喷雾猪血浆粉(%)	6～8	—	—
喷雾血粉(%)	0～3	2～3	—
铜(mg/kg)	190～260	190～260	190～260
维生素 E(IU/t)	40000	40000	40000
硒(mg/kg)	0.3	0.3	0.3
抗生素	+	+	+
物理形态	颗粒料	颗粒或粉料	粉 料

引自赵书广主编.《中国养猪大成》.中国农业出版社,2001.

表 6-22 仔猪三阶段饲养饲粮配方 （%）（四川）

饲料组分	21～34 日龄 （体重 4.5～5.9kg）	35～54 日龄 （体重 5.9～15.5kg）	55～74 日龄 （体重 15.5～25.8kg）
玉 米	48.5	31.5	46.5
小 麦	—	16.0	10.0
麦 麸	—	—	8.0
豌豆（炒）	15.0	20.0	20.0
黄豆（炒）	13.0	15.0	5.0
鱼 粉	5.0	—	—
全脂奶粉	4.0	—	—
蚕 蛹	—	4.0	—
豆 饼	4.0	—	—
菜籽饼	—	3.0	7.0
酵 母	2.0	2.0	—
蔗 糖	5.4	4.0	—
猪 油	—	0.7	—
磷酸氢钙	1.60	2.20	2.22
碳酸钙	0.20	0.15	0.43
食 盐	0.30	0.30	0.30
添加剂	1.00	0.95	0.55
消化能（MJ/kg）	14.6	14.7	13.8
粗蛋白质（%）	20.1	20.0	15.9
赖氨酸（%）	1.26	1.23	0.85

引自陈代文．养猪．(3):4,1997

表 6-23 断乳仔猪三阶段饲粮组成及营养水平 （%）（深圳）

饲料组分	100* 21～30 日龄	101* 31～40 日龄	102* 41～70 日龄
玉 米	49	58	66
豆 粕	16	18	25
鱼 粉	5	6	2
乳制品	20	10	—
油	3	3	3
添加剂	7	5	4

续表 6-23

饲料组分	100* 21～30 日龄	101* 31～40 日龄	102* 41～70 日龄
营养水平			
消化能（MJ/kg）	14.11	13.94	14.19
粗蛋白质（%）	21.33	21.45	18.68
赖氨酸（%）	1.45	1.38	1.10
蛋氨酸＋胱氨酸（%）	0.76	0.68	0.66
钙（%）	0.93	0.87	0.85
磷（%）	0.80	0.77	0.74
灰分（%）	7.76	8.28	6.52
粗纤维（%）	1.62	2.11	2.26
粗脂肪（%）	7.40	5.84	5.15

注：*料号   引自赵书广编.《中国养猪大成》.中国农业出版社,2001.

表 6-24　早期断乳仔猪饲料配方

饲料原料	配方（kg/1000kg）			
	1	2	3	4
黄玉米粉	440.5	326	275.5	265
大豆粕	227.5	250	300	250
压扁燕麦仁	—	—	—	100
脱脂奶粉	100	200	100	100
奶浆粉	100	100	200	200
鱼　粉	—	25	25	—
糖	100	50	50	50
固化动物脂肪	—	25	25	10
碳酸钙（Ca38%）	7	5	5	5
磷酸氢钙（Ca28%,P18.5%）	11	5	5	5
食　盐	2.5	2.5	2.5	2.5
混合微量元素	1.5	1.5	1.5	1.5
混合维生素	10	10	10	10
DL 蛋氨酸	—	—	0.5	1
添加剂（g/1000kg）	100～300	100～300	100～300	100～300

续表 6-24

饲料原料	配方(kg/1000kg)			
	1	2	3	4
营养水平				
代谢能(MJ)	12.72	13.14	13.05	12.93
粗蛋白质(%)	19.45	23.61	23.48	21.69
钙(%)	0.98	0.72	0.69	0.69
磷(%)	0.81	0.62	0.61	0.61
赖氨酸(%)	1.23	1.58	1.56	1.40
蛋氨酸(%)	0.33	0.43	0.44	0.45
胱氨酸(%)	0.37	0.35	0.36	0.34
色氨酸(%)	0.24	0.30	0.30	0.28

引自李汝敏等.《实用养猪学》.农业出版社,1992.8.

5. 早期断乳仔猪的网床培育　这是养猪先进国家于 20 世纪 70 年代发展起来的一项现代化仔猪培育新技术,将仔猪培育由地面猪床改为网床上饲养。利用网床培育仔猪的优点:其一,仔猪离开地面,减少冬、春寒冷季节地面传导散热损失,提高饲养温度;其二,粪尿、污水能随时通过漏缝网格漏到粪尿沟内,减少了仔猪接触污染的机会,床面清洁卫生、干燥,能有效地遏制仔猪腹泻病的发生和传染,仔猪的生产潜力能得到充分发挥,从而提高了仔猪的生长速度和成活率。

(1)网床饲养的具体方法　仔猪 28～35 日龄断乳立即上网,在每批上网前,对网笼(保育栏)进行彻底清扫消毒。一般是原窝转群上笼,每群 10 头左右,每头仔猪的面积为 0.3～0.4m²。也可将 2 窝同期断乳仔猪合并转群上笼。

应根据日龄和体重阶段,按其营养需要配制全价饲料,或喂给相应阶段的商品料,如仔猪体重 15kg 以前用正大 551 号乳猪料,15kg 后用 552 号仔猪料。仔猪断乳后完全依靠从饲料中获得营养物质,但早期断乳仔猪肠胃容积小,消化能力差,故饲喂次数不能少,最好用常备饲槽,任其自由采食。更换饲料要有一个过渡,如断乳当天,仍喂以乳猪料,第二天可加喂 20% 的断乳仔猪料(育成猪饲料),以后逐渐加大断乳仔猪料,到第七至第十天可全部饲喂断乳仔猪料。要保证充足的饮水,按免疫程序进行预防接种,70 日龄下网前进行驱虫。70 日龄转入育肥猪舍。

(2)高床网上保育栏形式与结构　现代化猪场多采用高床网上保育栏,通常为钢筋结构,虽其规格及形式因猪舍结构不同而异,但大体相似。常用的规格为:长 2m、宽 1.7m、栏高 0.6m,侧栏间隙 6cm,网底缝隙为 2.0cm,网底离地 30～60cm,相邻两栏在中间一侧设有一个双面自动食槽,供两栏仔猪自由采食,每栏安装一个自动饮水器。

(3)对仔猪培育舍的要求　仔猪培育舍是断乳仔猪育成的场所,应保持舍内通风干燥,空气新鲜;定时清扫网底粪便,清洗消毒,以保持舍内清洁卫生。冬春季节要注意保温,对断乳后 3～4d 的仔猪宜保持舍温 20℃左右,7～10d 可用红外线灯保暖。空气相对湿度以 65%～70%

为宜。在炎热的夏季,要注意通风和防暑降温。

(4)断乳仔猪网床饲养效果 据试验,在相同的营养与环境条件下,断乳仔猪35~70日龄网床饲养比在砖地面上饲养日增重提高51g(提高15%),日采食量提高67g(提高12.6%)。由于试验时的季节关系,加温与不加温的温差不很明显,所以增重速度之间没有明显差异(表6-25)。用网床培育哺乳仔猪,能提高成活率、生长速度和饲料利用率,其效果非常令人满意。

表 6-25 网床饲养对断乳仔猪增重速度的影响

项 目	加温培育		不加温培育	
	网上饲养	地面饲养	网上饲养	地面饲养
开始体重(kg)	7.15	7.24	7.05	7.24
结束体重(kg)	17.47	16.29	17.27	15.73
平均日增重(g)	346.8	301.7	340.6	282.6

引自陈清明,王连纯主编.《现代养猪生产》.中国农业大学出版社,1997.1.

第三节 后备猪的营养需要与标准化饲养

后备猪是指从育成阶段结束到开始配种以前留作种用的猪。为了使养猪生产始终保持较好的生产水平,每年必须选留或从种猪场引进和培育出占种猪群25%~30%的后备公、母猪,用来补充、顶替年老体弱、繁殖性能下降的种公、母猪。培育后备猪的任务,是获得体格健壮、发育良好、具有品种典型特征和高度种用价值的种猪。只有这样,整个猪场的生产水平才能逐年提高。

一、后备猪的营养需要

后备猪是成年猪的基础,它与商品猪不同。商品猪生长周期短(5~6月龄),抓住生长快的时期充分饲养,使其尽快达到上市体重,形成商品。而后备猪则要培育成优良种猪,不仅生存期长(3~5岁),而且要求体型外貌、身体各部位的发育具有种用特点。因此,饲养后备猪既要防止生长过快过肥,又要防止生长过慢发育不良。要根据其生长发育规律,通过控制生长发育不同阶段的营养水平,改变生长曲线,加速或抑制猪体某些部位和器官组织的生长发育。

后备猪的特点是生长发育快(主要是长骨骼和肌肉)。为了使其充分生长发育,又不过肥,在满足能量需要的前提下,特别要充分满足对矿物质、蛋白质和维生素的需要,绝不能采取喂肥育猪或成年猪的方法。后备猪的营养需要,因其生长发育阶段不同而异。我国猪饲养标准仅列出地方猪种后备母猪饲粮养分含量,而没有瘦肉型后备猪的营养需要指标,但可参照其生长肥育猪不同阶段的营养参数。根据猪的生长发育规律,6月龄以后,开始大量沉积体脂肪,应适时降低饲粮中的能量水平,以免其过肥,失去种用价值。

二、后备母猪饲养标准

　　我国猪饲养标准中规定了地方猪种后备母猪每 kg 饲粮中养分的需要量，按体重分为 10～20kg、20～40kg 和 40～70kg 3 个阶段。其饲粮消化能和粗蛋白质含量依次为：12.97MJ 和 18.0％，12.55MJ 和 16.0％，12.15MJ 和 14.0％。由上可见，两者随着年龄和体重的增长而递减。瘦肉型后备母猪没有单独的饲养标准，饲粮营养水平可参照生长肥育猪营养需要。

三、后备猪饲粮配方实例

　　后备猪的饲粮，应在满足骨骼、肌肉生长发育所需营养的前提下，少用含碳水化合物丰富的饲料，多用品质优良的青绿多汁饲料和干草粉。配合饲粮的原料至少应有 5 种以上，且原料种类尽可能稳定不变。后备猪的饲粮配合，可参照表 6-26 示例。

表 6-26　后备母猪饲料配方　（％）

饲料组分	1	2	3	4	5
玉　米	2.0	7.0	60.0	40.0	40.0
蚕　豆	—	—	—	10.0	12.0
黄　豆	—	—	—	5.0	—
三等粉	41.0	36.5	—	—	—
麸　皮	30.0	31.0	10.0	18.0	25.0
秣食豆草粉	—	—	3.0	—	—
二八统糠	14.4	13.6	—	—	—
统　糠	—	—	—	10.0	11.0
大豆饼	4.0	3.5	25.0	—	—
菜籽饼	—	—	—	15.0	10.0
鱼　粉	8.0	8.0	—	—	—
贝壳粉	0.5	0.3	1.5	—	—
骨　粉	—	—	—	1.0	1.0
添加剂	—	—	—	0.5	0.5
食　盐	0.1	0.1	0.5	0.5	0.5
合　计	100.0	100.0	100.0	100.0	100.0
营养水平					
消化能（MJ/kg）	11.30	11.42	12.97	11.55	11.25
粗蛋白质（％）	16.60	16.40	14.80	14.60	13.40
钙（％）	0.77	0.68	0.63	0.59	0.61
磷（％）	0.67	0.63	0.38	0.36	0.34

续表 6-26

饲料组分	1	2	3	4	5
赖氨酸(%)	0.74	0.85	0.82	0.73	0.63
蛋氨酸(%)	0.25	0.26	0.19	0.30	0.63
胱氨酸(%)	0.30	0.29	0.19	0.35	—

注:配方1~4引自李文英.《猪饲料配方550例》(第二版).金盾出版社,1993.1.

　　配方5引自张宏福,张子仪.《动物营养参数与饲养标准》.中国农业出版社,1998.5.

四、后备猪的饲养管理技术

(一)后备猪的饲养技术

要给后备猪喂全价饲粮,即要按照其不同的生长发育阶段配合饲粮。体重35~40kg以前,精饲料比例要高些,青粗饲料要相对少些,饲料搭配要多样化,要注意适当搭配大豆饼、花生饼、豆类、鱼粉等蛋白质饲料和骨粉、食盐等矿物质饲料。对4月龄前的后备猪一定要精心饲养,以全价配合饲料为主,以后可增加一定量的青粗饲料,能起到锻炼消化器官并防止过肥的良好效果。

后备猪的营养水平,一般为前高后低,同时采用前期敞开,后期限量的饲养方式。前期饲粮日喂量占其体重的2.5%~3.0%,体重80kg以后,为体重的2.0%~2.5%。适当的饲喂量,既可保证后备猪良好的生长发育,又可控制体重的高速增长。一般情况下,应将引入猪种和培育品种后备猪体重控制在以下范围内:5月龄70~80kg,6月龄90~100kg,7月龄110~120kg,8月龄130~140kg。

(二)后备猪的管理要点

1. 分群管理　按体重大小、强弱和性别分群饲养,每圈可养4~6头,随着年龄和体重的增长,可逐渐减少每圈头数。饲养密度不能过高,否则会影响生长发育,出现咬尾、咬耳的恶癖。

2. 加强运动　运动可以锻炼体质,增强代谢功能,促进骨骼和肌肉的正常发育,保证发育成匀称、结实的体型,防止过肥或肢体软弱,促进性活动能力。后备猪舍应有运动场。有条件的猪场可采用放牧运动,促进生长发育和增强抗病力的效果更佳。

3. 注意调教　要从小做好后备猪调教工作,使其养成定点采食、睡觉和排泄粪便的习惯。在日常管理中进行口令和触摸等亲和训练,为以后的采精、配种、接产打下良好基础。

4. 定期称重　最好按月称量后备猪个体重,通过各月龄体重变化可比较生长发育的优劣,以便适时调整营养水平和饲料投喂量,力争达到后备猪不同月龄发育标准的要求。

5. 精心管理后备公猪　后备公猪要比后备母猪难养,性成熟后常烦躁不安,互相爬跨,不好好吃食,生长迟缓,特别是性成熟早的猪种,更为突出。为克服这种现象,在后备公猪达到性成熟后,应实行单圈饲养。除自由运动外,最好采用放牧或驱赶运动,加大运动量,减少呆在圈内的时间,这样既可增进食欲、增强体质,又可避免恶癖的发生。后备公猪的营养水平,应比后备母猪高一些。饲粮中青粗饲料比例应比后备母猪低些,以免撑大胃肠形成垂腹,妨碍以后配种。

6. 日常管理　后备猪日常管理中,同样需要防寒保暖和防暑降温,保持干燥和清洁的环境卫生。

第四节　生长肥育猪的营养需要与标准化饲养

养猪生产可分为种猪生产和商品肉猪生产两部分。就整个养猪生产而言,猪的肥育是最后一个重要环节,猪肉为养猪生产的终结产品,用来生产猪肉的猪均称为生长肥育猪(20~100kg)。饲养这类猪的目的,就是要应用先进的科学技术,用最少的饲料和劳动力,在尽可能短的时间内,生产出量多、质优而成本低的猪肉供应市场,并从中获得较好的经济效益。

一、评定育肥效果的主要指标

目前评定育肥效果的指标有生长速度(平均日增重)、饲料利用率(料肉比)以及胴体品质和肉脂品质等。现仅就生长速度和饲料利用率的衡量方法介绍如下。

(一)生长速度

生长速度的衡量指标是生长肥育猪在一定时间内平均每天增加的体重,即平均日增重。平均日增重越高,肥育猪的生长越快,达到预定出栏的时间越短,经济效益也越高。计算方法是用某一段时间内的总增重除以饲养天数,如我国当前通常从仔猪断乳后体重达 20kg 时开始,上市体重达 90kg 或 100kg 时结束,计算整个测定期间(育肥期)的日增重。计算公式如下:

$$平均日增重 = \frac{结束体重 - 开始体重}{饲养天数}$$

(二)饲料利用率

饲料利用率,即通常所说的料肉比。它是指某一阶段内,育肥猪每增重 1kg 所消耗的饲料数量。

$$饲料利用率 = \frac{测定期间饲料消耗总量}{结束体重 - 开始体重}$$

计算该项指标时应注意,饲料消耗总量的概念很不统一。如国外多指混合料(包括干草粉和其他粗饲料),国内有的只算混合精料,不包括青、粗饲料;有的用消化能来表示。计算时必须加以注明。

在进行肉猪生产成本核算时,只需把某一时期所消耗的饲料量乘以当时的饲料单价,再除以同一时期增加的体重,就可以得出每生产 1kg 活重需要多少饲料成本。在养猪生产中,肥育猪的饲料成本占生产总成本的 70%~80%。因此,在其他投入基本相同的情况下,认真配制一个既经济、猪的生长速度又快的饲料配方,对降低肥育猪的生产成本是至关重要的。

二、生长肥育猪的营养需要

(一)生长发育规律及其营养需要特点

猪与其他动物一样,整体及其各部分的生长发育有自身的规律性。首先,猪的体重随年龄而增长,增长强度前期大于后期;增长速度(日增重)随体重增长而上升,达到一定体重时,生长速度达到高峰,经短暂稳定之后即下降。其次,猪体骨骼、肌肉、脂肪、皮的生长顺序和强度也是不平衡的。骨骼最先发育和最先停止,肌肉居中,脂肪最晚。幼年脂肪沉积最少,后期加快,直至成年。再次,猪体内化学成分随体重而变化,水分、灰分和蛋白质含量逐渐下降,脂肪含量大幅度增加。

由于生长肥育猪在不同时期表现不同生长特点,故不同阶段的营养需要也有别。在生长肥育前期,应特别重视蛋白质与矿物质(特别是钙、磷)的供应,以保证其骨骼与肌肉充分生长,后期则应提高能量供应,并适当降低饲粮蛋白质与钙、磷水平,为保证胴体品质,能量水平也不宜过高。

(二)生长肥育猪的营养需要

1. 能量需要　生长肥育猪的能量需要,是维持需要和增重需要之和,只有在满足其维持需要的能量以后,能量尚有多余时,猪才能增重。在一定限度内,日采食能量越多,日增重越快,饲料利用率越高,沉积脂肪亦越多,瘦肉率则相应降低(表6-27)。我国猪饲养标准规定,瘦肉型生长肥育猪每 kg 饲粮消化能需要为 13.39～14.02MJ,肉脂型为 11.70～13.80MJ。猪在生长前期的发育强度大,后期生长强度降低,所以前期所需的能量高于后期,瘦肉率越高,达到出栏体重(90kg)需要的时间越短,对能量的需要量也越多。我国猪饲养标准中肉脂型生长肥育猪,3 个类型达到 90kg 体重所需时间及其瘦肉率各异,一型需 175d 左右,瘦肉率为52％左右;二型相应为 185d,瘦肉率为 49％左右;三型约为 200d,瘦肉率为 46％左右。3 个类型猪的能量需要量则依次降低。

表 6-27　能量浓度与猪的生产表现

能量浓度(MJ/kg)	日采食量(kg)	饲料/增重	日增重(g)	背膘厚(cm)
11.00	2.50	2.91	860	2.48
12.30	2.40	2.67	900	2.65
13.68	2.35	2.48	949	2.98
15.02	2.24	2.37	944	3.02

引自罗安治主编.《养猪全书》.四川科学技术出版社,1997.3.

2. 蛋白质需要　饲粮蛋白质水平对商品肉猪的平均日增重、饲料利用率和胴体品质的影响,受猪的品种、饲粮的能量蛋白比制约。饲粮能量和赖氨酸均满足需要的情况下,日增重随着蛋白质水平的增高而提高,饲料消耗则降低;蛋白质水平超过 17.5％,日增重即不再提高,尔后出现下降趋向,但瘦肉率提高(表6-28)。通过提高蛋白质水平来改善肉质并不经济,故肥育猪饲粮的蛋白质水平一般不超过18%。我国瘦肉型猪饲养标准,将体重20kg以后的猪分为20～35kg、35～60kg 和 60～90kg 三个阶段,粗蛋白质需要量依次为 17.8%、16.4%和14.5%。而肉脂型猪粗蛋白质需要不仅较瘦肉型猪低,且三个类型间存在差异而各不相同(详见附录)。

表 6-28 粗蛋白质水平与生产表现

粗蛋白质(%)	15.0	17.5	20.0	22.5	25.0	27.5
日增重(g)	676	749	745	749	717	676
瘦肉率(%)	44.7	46.6	46.8	47.6	49.0	50.0

引自陈润生主编.《猪生产学》.中国农业出版社,1995.

对于生长肥育猪体蛋白质的生长,除需供给适宜的蛋白质营养外,还必须重视各种必需氨基酸的配比,特别是赖氨酸的水平;一般情况下,赖氨酸为猪的第一限制性氨基酸,对猪的增重速度、饲料利用率和胴体瘦肉率的提高具有重要作用(表 6-29)。当赖氨酸占粗蛋白质6%～8%时,蛋白质的生物学价值最高。许多学者研究了使用合成氨基酸节约蛋白质的效应。如补充 0.2%赖氨酸可节约蛋白质 2～3 个百分点。在生长猪饲粮中补充 0.35%赖氨酸、0.16%苏氨酸和0.07%色氨酸可降低蛋白质 4 个百分点而不影响生产性能,还可使氮的排出量减少29.3%。必需氨基酸的合理比例及每 kg 饲粮含氨基酸的克数如表 6-30 所示,供参考。

表 6-29 不同蛋白水平和补加赖氨酸对胴体品质的影响

组 别	对照组(13.9%)	高蛋白组(17.2%)	低蛋白+赖氨酸组(11.8%)
头数(头)	9	9	9
饲养天数(d)	60	60	60
日增重(g)	564.8	650	644.3
屠宰率(%)	73.4	73.6	73.4
膘 厚(mm)	42	44	42
瘦肉率(%)	47	46.7	49.7

引自赵书广主编.《中国养猪大成》.中国农业出版社,2001.

表 6-30 必需氨基酸的比例和需要量

氨基酸	赖氨酸	蛋+胱氨酸	色氨酸	异亮氨酸	亮氨酸	苏氨酸	组氨酸	苯丙+酪氨酸	缬氨酸	非必需氨基酸
以赖氨酸为100	100	50	15	55	100	60	33	96	70	
理想含量(g/kg)	7.0	3.5	1.0	3.8	7.0	4.2	2.3	6.7	4.9	59.6

引自李汝敏等.《实用养猪学》.农业出版社,1992.10.

3. 矿物质需要 现代养猪生产多采用封闭管理,使猪远离自然环境,不能从土壤中获得矿物质补充,故须在饲粮中添加;特别是生长很快的瘦肉型生长肥育猪,更需注意满足其矿物质需要。矿物元素缺乏时,导致机体物质代谢紊乱,轻者使猪增重缓慢,饲料利用率降低,重者可引起缺乏症,甚或死亡。应参考饲养标准建议量,并考虑地区特点、饲粮组成、肥育体重及其各种化合物中矿物质元素的有效性等,确定各种矿物质元素(常量与微量)的适宜添加量。

生长肥育猪必需的常量元素和微量元素有 10 余种。前者主要有钙、磷和钠等,后者中最重要的有铁、铜、锌、锰、硒等。

4. 维生素需要　维生素是猪正常发育不可缺少的营养物质。瘦肉型生长肥育猪对维生素的绝对需要量随体重的增长而增加。在集约化饲养条件下,猪生长迅速,加上各种应激因素的影响,猪对维生素的需要量也相应增加。若能经常供应一定数量的青绿饲料,可以满足猪对维生素 A、维生素 E 及某些 B 族维生素的需要。但集约化饲养往往不便于补饲青饲料,应补充维生素添加剂。

(三)生长肥育猪的饲养标准

我国现行猪饲养标准中,对肥育猪分为瘦肉型和肉脂型两大类:瘦肉型是指瘦肉占胴体重的 56% 以上,胴体膘厚 2.4cm 以下,体长大于胸围 15cm 以上的猪;肉脂型是指瘦肉占胴体重的 56% 以下,胴体膘厚 2.4cm 以上,体长大于胸围 5~15cm 的猪。肉脂型又根据胴体瘦肉率和达到 90kg 体重所需天数分为一型、二型和三型 3 个类型。瘦肉型生长肥育猪每 kg 饲粮养分含量和每日每头养分需要量,适用于瘦肉型品种和瘦肉型杂种猪;肉脂型饲养标准主要用于肉脂兼用型的培育品种猪、地方猪种与瘦肉型品种杂交的杂种猪。详见附录"猪饲养标准"。

三、生长肥育猪的饲养技术

(一)饲料调制

科学地调制饲料,对提高肥育猪的增重速度和饲料利用率,降低生产成本都有重要作用。特别是在肥育后期,猪沉积一定脂肪后,食欲往往下降,更应注意饲料的调制工作。

饲料调制的目的,在于改变饲料原来的体积和理化性质,降低或消除有毒、有害物质,改善饲料的适口性,提高其消化率和利用率,减少饲料浪费,降低饲养成本。用谷类籽实、油料加工副产品和粗饲料喂猪时,必须进行粉碎。用大麦、小麦喂肉猪时,用压片机压成片状比粉碎效果更好。豆科籽实和生豆饼则应焙炒或蒸煮,各种青绿多汁饲料或打浆或切碎后生喂等。

饲料调制中需要注意的另一个问题是饲料的形态。通常有干粉料、湿拌料、稀汤料和颗粒料等。就增重速度来看,一般颗粒料优于干粉料,干粉料、湿粉料和稀粥料优于稀汤料。但也有试验表明,喂湿料的效果并不比颗粒料差,颗粒料的成本高于粉状料。饲喂瘦肉型生长肥育猪,要改变以往"稀汤灌大肚"的饲养方式,以颗粒料、湿拌料和干粉料为好。

(二)饲粮配合及配方示例

在生产实践中,通常根据猪体生长发育规律和营养需要特点,把整个生长肥育期依体重划分为两个阶段,即前期 20~60kg,后期 60~90kg 或以上;也可分为三个阶段,即前期 20~35kg(俗称幼猪或小克郎猪),中期 35~60kg(俗称中猪或大克郎猪),后期 60~90kg 或以上

（俗称催肥猪）。应为不同月龄和体重阶段的猪设计相应的饲粮配方。

　　配制生长肥育猪的饲粮，还应结合本地、本场的实际情况，选用饲料时，还须注意饲料种类与胴体肉脂品质的关系。饲喂大麦、小麦、豌豆、蚕豆、甘薯等时，可使猪胴体肉脂紧密坚实，且风味较佳；肥育后期，当大量饲喂米糠、玉米、花生、大豆、大豆饼和亚麻饼等时，其胴体肉脂质地松软，风味较差；过多饲喂新鲜鱼屑、鱼粉、蚕蛹、南瓜以及霉烂玉米等，可出现松软欠坚实并有腥臭味的黄膘肉，外观很差，失去经济价值。生长肥育猪饲粮中常用饲料的一般用量见表6-31。表6-32与表6-33列出一些生长肥育猪的饲粮配方，供参考。

表 6-31　生长肥育猪饲粮中常用饲料的一般用量　（％）

饲料	玉米	大麦	高粱	燕麦	小麦	麦麸	大豆饼	棉籽饼	菜籽饼	亚麻饼	糟渣	鱼粉	血粉	骨粉	肉骨粉	苜蓿粉
生长猪	90	80	8	20	80	30	—	5~10	8~15	10	—	10	3	—	2	5
肥育猪	80	60	9	20	90	—	20	5~10	8~15	5	5	5	3	—	2	5

引自陈清明，王连纯主编.《现代养猪生产》. 中国农业大学出版社，1997.1.

表 6-32　生长肥育猪饲粮配方之一　（％）

配方体重（kg）	1		2		3		4	
	20~60	60~100	20~60	60~100	20~60	60~100	20~60	60~100
玉　米	36.0	42.0	68.2	79.2	50.1	50.4	59.0	59.0
大　麦	35.0	37.5	—	—	—	—	—	—
稻　谷	—	—	—	—	12.0	15.0	—	—
大豆饼	6.5	4.0	14.5	4.0	21.0	15.0	26.0	20.0
麦　麸	11.0	11.0	15.0	12.0	5.0	8.0	10.0	15.0
细麦麸	—	—	—	—	10.0	10.0	—	—
秣食豆草粉	—	—	—	—	—	—	3.0	4.0
鱼　粉	10.0	4.0	—	3.0	—	—	—	—
微量元素	—	—	—	—	—	—	0.1	0.1
骨　粉	—	—	—	—	1.0	0.4	—	—
贝壳粉	—	—	—	—	0.6	0.9	1.5	1.5
石灰石粉	1.0	1.0	—	—	—	—	—	—
磷酸氢钙	—	—	2.0	1.5	—	—	—	—
食　盐	0.5	0.5	0.3	0.3	0.3	0.3	0.4	0.4
合　计	100.0	100.0	100.0	100.0	100.0	100.0	100.0	100.0
营养水平								
消化能（MJ/kg）	12.63	12.76	13.19	13.41	13.28	13.17	13.03	12.80
粗蛋白质（％）	16.28	12.88	13.77	11.88	15.90	14.10	17.30	15.70

续表 6-32

配方体重 （kg）	1		2		3		4	
	20～60	60～100	20～60	60～100	20～60	60～100	20～60	60～100
钙（%）	0.86	0.62	0.70	0.66	0.59	0.50	0.66	0.67
磷（%）	0.60	0.43	0.65	0.60	0.48	0.41	0.42	0.44
赖氨酸（%）	0.86	0.59	0.70	0.60	0.77	0.65	0.88	0.77
蛋氨酸＋胱氨酸（%）	0.52	0.43	0.62	0.52	0.61	0.56	0.65	0.62
苏氨酸（%）	0.51	0.40	0.54	0.46	0.61	0.54	0.68	0.61
异亮氨酸（%）	—	—	0.52	0.41	0.62	0.53	0.70	0.62

注：配方1～3应添加维生素和微量元素；配方4应添加维生素制剂

引自陈清明，王连纯主编．《现代养猪生产》．中国农业大学出版社，1997.1.

表 6-33　生长肥育猪饲粮配方之二　（%）

配方体重	20～35kg			35～60kg			60～90kg		
	1	2	3	1	2	3	1	2	3
玉 米	52.00	58.00	47.00	52.30	57.00	51.00	51.00	59.00	52.50
麦 麸	17.00	21.00	19.00	15.00	16.50	18.00	19.00	15.50	18.50
小麦黑面	—	—	—	—	—	—	11.00		
蚕豆（炒）	7.00	2.00	4.00	—	6.00	4.00	—	7.00	4.00
豌豆（炒）	—	—	—	15.00					
菜籽饼	4.00	1.00	3.00	—	4.00	4.00	—	4.00	3.50
胡麻饼	5.00	2.00	8.00	—	4.50	4.00	3.00	4.50	8.00
鱼粉（进口）	6.00	6.00	6.00	2.00	3.00	2.00	1.00	1.00	0.50
苜蓿草粉	8.00	9.00	12.00	—	—	—	14.30	8.00	12.00
红豆草粉	—	—	—	14.70					
矿物粉（沪五四厂）	0.70	0.70	0.70	—	0.70	0.70	0.50	0.70	0.70
石灰石粉	—	—	—	0.70					
食 盐	0.30	0.30	0.30	0.30	0.30	0.30	0.20	0.30	0.30
合 计	100.00	100.00	100.00	100.00	100.00	100.00	100.00	100.00	100.00
营养水平									
消化能（MJ/kg）	12.65	12.71	12.37	12.84	13.05	12.55	12.67	13.05	12.73
粗蛋白质（%）	15.99	14.00	15.82	14.02	14.28	13.95	13.55	13.02	13.31
粗纤维（%）	5.90	5.30	8.77	7.34	6.50	8.68	7.40	6.20	7.90
赖氨酸（%）	0.74	0.62	0.72	0.62	0.59	0.56	0.50	0.52	0.50
蛋氨酸＋胱氨酸（%）	0.52	0.47	0.52	0.46	0.46	0.45	0.37	0.48	0.42
钙（%）	0.64	0.63	0.65	0.61	0.54	0.49	0.40	0.41	0.52
磷（%）	0.53	0.46	0.56	0.46	0.43	0.42	0.57	0.41	0.42

引自甘肃农业大学畜牧系饲料最佳配方的筛选研究课题组资料，1990.6.

(三)饲喂方式

一般分为自由采食和限量饲喂两种方式。大量试验证明,饲喂方式影响猪的肥育效果。不限量自由采食日增重高,沉积脂肪多,背膘较厚,饲料利用率降低;限量饲喂饲料利用率高,背膘较薄,但日增重较低(表6-34)。为了追求增重速度,以自由采食方式最好;而欲获得瘦肉率高的胴体和较高的饲料利用率,以限量饲养最佳。一般认为,瘦肉型生长肥育猪的饲养,采用"前敞后限"是最佳选择,即在前期(60kg以前)让猪自由采食,后期(60kg以后)限量饲喂。将两种方式巧妙结合,可避免过多沉积脂肪,达到增重最快、饲料利用率最好和胴体瘦肉率又高的目的(表6-35)。应在全面权衡生产效益基础上,确定限量采食的幅度,一般以限制自由采食量的20%~25%为宜。

表6-34 自由采食和限量饲喂方式比较

项 目	自由采食	限量饲喂
肥育期(d)	115	112
日增重(g)	726	705
饲料效率(kg)	3.85	3.32
平均膘厚(mm)	46	42.7

引自李汝敏等.《实用养猪学》.农业出版社,1992.10.

表6-35 饲喂方式对肥育猪增重和饲料效率的影响

饲喂方式		平均日增重	饲料效率	增加饲喂时间
肥育前期	肥育后期	(g)	(kg)	(d)
不限量自由采食	不限量自由采食	663	3.95	0
不限量自由采食	限量采食(自由采食量的75%~85%)	608	3.95	9
限量采食(自由采食量的75%~85%)	限量采食(自由采食量的75%~85%)	513	3.92以下	41

引自李汝敏等.《实用养猪学》.农业出版社,1992.10.

(四)日喂次数

自由采食的方法无须考虑饲喂次数,限量饲喂则须规定饲喂次数。一般是根据饲粮结构、饲料形态、饲粮营养浓度、饲料体积大小、猪只年龄或体重等,来确定日投料次数。饲粮含较多青、粗饲料或糟渣类饲料,营养浓度不高、体积较大时,可适当增加饲喂次数(3~4次/d);在小猪阶段,其胃肠容积小,消化力差,而相对饲料需要量较多,可适当增加日喂次数(以3~4次为宜)。据测定,在营养供应量相同的情况下,日喂1顿与分5顿饲喂,肉猪的生长速度没有差异。一般日喂2次即可,最多不超过3次,再增加次数不仅浪费人工,还影响猪群的休息。

(五)供应充足清洁的饮水

生长肥育猪的饮水量,随体重、采食量、饲料性质和环境温度的不同而异。冬季为采食饲料干物质的2～3倍或体重的10%左右,春秋季为3～4倍或体重的16%左右,夏季则为5倍或体重的20%左右。如果饮水不足,将影响肥育效果,严重缺水时会引发疾病。用自动饮水设施供水最好;或者单独设置饮水槽,经常保证清洁的水。切忌用过稀的饲料来代替饮水。

四、生长肥育猪的管理要点

(一)合理组群

饲养生长肥育猪均采用群饲,既能充分利用圈舍和设施,提高劳动效率,降低生产成本,又可利用猪群同槽争食的习性,促进食欲,提高其增重速度。但应注意,群饲时常发生猪只互相咬架,弱猪受欺,影响其采食和增重。因此。合理分群就成为肥育猪管理的重要环节。为了避免以强凌弱、以大欺小、相互咬架的现象,应尽量将来源、品种类型、体质强弱、体重大小相近的个体组为一群。有条件时按窝分群最好。组群后,要保持群体相对稳定,一般不要任意变动;若强欺弱严重、交锋频繁或个别猪生病,则应及时加以调整(只将弱者和病猪调出即可)。通常在组群几天后,便形成新的群居秩序,如不变动,即一直维持到出栏。至于猪群的大小,应根据猪的年龄、猪舍设施、猪栏面积和饲养方式等而定,一般在固定栏圈内饲养,每群以10～20头为宜,即将一窝或两窝育肥猪放在一个圈栏内饲养。

(二)及时调教

在将新组群调入新圈时,要及时进行调教,以便养成猪在固定地点排便、睡觉、采食和饮水的习惯。这样可便于管理,减轻劳动强度,保持圈舍清洁、干燥,增进猪只的健康。其方法是:预先把圈舍打扫干净,躺卧处铺上垫草,饲槽中放入饲料,并在排便区用尿或水泼湿,或者放一点猪粪尿。待猪进圈后,将全群赶到排便区,使其进圈后第一次就在排泄区排便,经2～3d调教后,就可形成采食、睡卧、排便三角定位的习惯。此外,还要防止强夺弱食,对霸槽的猪要勤哄赶,使弱者也能得到槽位,经几天之后,即可建立新的群居秩序。

(三)圈养密度

圈养密度是以每头猪所占猪栏面积来表示的。饲养密度的大小,直接影响猪舍温度、湿度和有害气体的含量,间接地影响猪只的采食、饮水、排泄、活动、休息以及咬斗等行为。饲养密度过高,猪的食欲减退,采食量减少,猪只间冲突增加,群居环境变差,使猪的增重速度和饲料利用率降低。为了充分利用圈舍面积和提高饲养效果,一般20～60kg的肥育猪所需面积为0.8～1.0m²,60kg以上的肥育猪为1.2～1.4m²。但具体的圈养密度,因所处环境条件不同而异,如夏季天气炎热,密度过大,不利于猪体散热,影响其采食和增重;冬季天气寒冷,适当增加圈养密度,有利于提高猪舍温度。我国的北方和南方气候条件差别很大,饲养密度也应有所区别。

(四)创造适宜的环境条件

肉猪的环境条件对其生产力和健康影响极大,现代肉猪生产是在高密度封闭猪舍条件下进行,舍内小气候就成为其主要的环境条件,包括舍内气候、光照、空气微生物、有害气体、尘埃等。

1. 温度与湿度　猪舍的温湿度是生长肥育猪的主要环境条件,直接影响其增重速度和饲料利用率(表6-36)。猪在育肥期的适宜温度一般为15℃~23℃,前期为20℃~23℃,后期为15℃~20℃,在此范围内增重最快、饲料利用率最高。当环境温度高于30℃时,必须采取降温措施,如淋浴、喷洒凉水、加强通风换气等;当舍温过低时,则应采取封闭门窗、增加垫草等防寒保温措施。

表6-36　温度对猪增重和饲料效率的影响

猪舍温度(℃)	日增重(g)	日采食量(kg)	每增重1kg耗料(kg)
7	610	1.61	2.64
23	640	1.33	2.07
33	400	0.91	2.23

引自施玉麟等.《实用养猪手册》.上海科学技术出版社,1990.4.

不同体重猪适宜的环境温度,可按下列公式推算。

$$T = -0.06W + 26$$

式中:T为获得最高生长速度需要的适宜温度(℃);W为猪的体重(kg);−0.06和26为计算常数。

空气湿度一般是和气温共同对猪产生影响。在温度适宜的情况下,猪对湿度的适应范围很大,即使空气相对湿度从45%上升到95%,对猪增重亦无明显影响。但当超过适宜温度时,湿度的增加会影响猪只增重,即低温高湿和高温高湿均对肉猪增重产生不良影响。

2. 光照　关于饲养肉猪的最适宜光照问题,目前还未取得一致的结论。一般认为,光照对肥育猪日增重和饲料利用率无显著影响。有研究表明,一定的光照强度有利于提高猪的日增重,但强烈的光照会影响猪的休息和睡眠,日增重降低,胴体较瘦;光照过弱能增加脂肪沉积。

3. 有害气体　在猪舍内,猪只呼吸及排泄粪尿、垫草、饲料等腐败分解而产生大量的氨、硫化氢、二氧化碳等有害气体,会损害肉猪的健康,导致增重速度和饲料利用率降低,发病率提高。为此,除了每天清扫圈舍、清除粪污等外,一定要注意猪舍的通风换气,使之达到清洁干燥、空气新鲜的要求。

(五)去　势

去势与否,不仅影响猪的增重速度和饲料利用率,而且还影响肉的品质。生产实践证明,公、母猪经去势后育肥,性情温驯,食欲旺盛,增重加快,脂肪沉积增强,肉的品质改善。但有试验表明,未去势的公、母猪比去势的日增重和胴体瘦肉率均高。用于育肥的猪是否去势,应依品种类型和性别而定。如果饲养的是性成熟晚的瘦肉型猪,育肥期缩短到6月龄左右即出栏,此时母猪仍无发情表现,可不必去势;未去势的母猪肌肉发达,脂肪较少,胴体瘦肉率较高。但公猪因含有雄性激素,有难闻的膻气味,影响肉的品质,通常是将小公猪去势生产肉猪。近年来,有些国家采用公猪不去势的方法生产肉猪,育肥效果较好。对性成熟早的品种,如我国地方猪种,为了减少发情对日增重、饲料利用率和肉品质的影响,凡供作肥育用的小公、母猪均去势为好。

(六)免疫与驱虫

同种猪生产一样,肉猪生产中也必须贯彻预防为主,治疗为辅的工作方针。为此,事先要制定科学的免疫程序,对危害猪群的主要传染病进行预防接种。对于漏防的猪只,应及时补接种。从市场购进的仔猪,无论购入前接种与否,都应按本场免疫程序,在隔离观察期间进行预防接种。

驱虫对提高肥育猪增重和饲料利用率关系很大,尤其是农村规模化猪场,由于喂一定数量的青绿饲料,且猪只接触泥土的机会较多,一般应在整个育肥期驱虫2次:即在刚进圈时驱虫1次,体重达50~60kg时进行第二次驱虫。对于全期不喂青绿饲料者,只须驱虫1次即可。除了体内寄生虫外,还要根据实际情况,重视体外寄生虫的防治工作。

五、肉猪的适宜出栏活重

肉猪养到多大出栏屠宰为宜,既取决于消费者对猪肉品质的要求,又要符合经济原则;应在产肉量高、胴体品质好(瘦肉多、脂肪少),饲养成本最经济的体重阶段出栏。确定适宜的出栏体重须考虑各种制约因素。

第一,要考虑市场需求。养猪生产是为满足各类市场需求的商品生产,不同市场要求各异。国际市场对胴体品质要求很高。如供香港地区和东南亚市场的活大猪以体重90kg、瘦肉率58%以上为宜,活中猪体重不应超过40kg;日本及欧美市场,瘦肉率要在60%以上,体重以110~120kg为宜。国内市场,大中城市及近郊农村消费者,要求瘦肉率较高的胴体,出栏体重为90~100kg;农村市场因广大农民劳动强度大,则需要肥度较高的胴体,出栏体重更大些。

第二,要以经济效益为核心确定出栏体重。肉猪作为商品生产,就必须考虑经济效益。肥育猪的月龄和体重不同,增重速度、饲料利用率、屠宰率、胴体品质等亦不同。就增重速度而言,正常情况下,在70kg以前随体重增长而上升,70kg以后采食量逐渐增加,而日增重却停留在一定水平上,体重超过100kg时增重速度下降。所以肥育出栏体重越大,维持营养需要所占的比重相对增多,饲料消耗越多(表6-37),胴体越肥,瘦肉率降低(表6-38),销售价格低,生产成本随之提高。虽然出栏月龄和体重越小,饲料利用率与胴体瘦肉率越高,饲养成本越低,但过早出栏未能充分发挥肥育潜力,且肉质欠佳,屠宰率亦低,其他成本(如种猪的饲料费、仔猪费等)的分摊额度也越大,显然极不经济。因此,一般应在增重高峰过后不久出栏为宜。

表6-37　生长肥育猪活重与日增重与饲料转化率的关系

活重（kg）	每头日增重（g）	每头日耗料（kg）	每kg增重耗料（kg）
10.0	383	0.95	2.50
22.5	544	1.45	2.67
45.0	726	2.40	3.30
67.5	816	3.00	3.68
90.0	839	3.50	4.17
110.0	813	3.75	4.16

杨公社主编.《猪生产学》. 中国农业出版社,2002,12

表6-38　北京黑猪不同体重屠宰时的屠宰率和瘦肉率

屠前体重（kg）	屠宰率（%）	膘厚（mm）	瘦肉（%）	脂肪（%）	皮（%）	骨（%）
70	69.99	28.4	55.66	26.32	7.41	10.48
80	71.63	32.1	53.73	29.08	7.10	9.89
90	72.41	35.0	51.48	32.31	6.60	9.57
90以上	74.00	41.0	49.29	36.50	7.85	8.34

杨公社主编.《猪生产学》. 中国农业出版社,2002,12

由上可见,育肥猪的出栏体重过大或过小都是不合算的。肉猪生产者应结合日增重、饲料利用率、每kg活重的售价、日饲养费、种猪饲养成本的分摊费用等诸因素进行综合分析,根据不同市场需要灵活确定适宜出栏体重。由于我国猪种类型复杂,各地饲养条件不同,消费者需求不一,很难确定统一的出栏体重。一般来说,早熟品种,如我国大多数地方猪种出栏体重宜适当提早,以70～80kg屠宰为宜;晚熟品种宜适当推迟,通常以90～100kg屠宰最经济。国外许多国家猪的成熟期推迟,肉猪的最佳出栏活重已由原来的90kg推迟到114～120kg。

为了确定适宜出栏体重,在肥育过程中,应定期称重和计算饲料转化率。当肉猪的增重速度开始下降,每kg增重所需饲料开始增加时,则应及时出栏。实践证明,凡是每头肉猪每日饲养成本费与每头每日增重价格相等时,就是出栏的适宜时期。

第七章 牛的营养与标准化饲养

第一节 幼牛的营养与标准化饲养

一、幼牛的生物学特性

幼牛是指犊牛（出生至 6 月龄哺乳期的小牛）和育成牛（犊牛断乳后至配种或初胎分娩前的牛，也有将 12 月龄至初胎产犊的牛称青年母牛），是牛群扩大再生产的基础。幼牛阶段生长发育强烈，生理功能变化很大，如果饲养管理不良，生长发育受阻，成年后难以补偿，直接影响成年后的体型、健康及其生产性能。因此，在幼牛阶段的营养与标准化饲养是提高牛群质量和生产性能的重要环节之一。

犊牛出生后 2～3 周龄，是营养、环境变化最大的时期。营养供应由母体（脐带、胎盘）转为自体（消化器官），由母体内稳定的环境转为外界变化的环境。组织、器官及体温的调节功能都很弱，黏膜和皮肤的保护功能低，易被细菌侵入，调节机体生活过程的神经系统反应不灵敏。总之，对变化的外界环境适应性差，抵抗力弱，容易致病甚至死亡。加强这一阶段的饲养和护理，特别是哺足初乳，是力争全活和培育健壮犊牛的关键。

初生犊牛瘤胃容积很小，与网胃及瓣胃的容积共占全胃容积的 30%，而皱胃则占到 70%；到 6 周龄时，前三胃的容积占全胃容积的 70%，而皱胃仅占 30%；以后瘤胃不断发育增大，在 1 岁时接近成年牛的大小（表 7-1）。实践证明，尽早训练和让犊牛采食植物性饲料，特别是品质好的粗饲料，是促进瘤胃及消化道发育的重要措施。

表 7-1 牛瘤胃发育过程中容积的变化

年　龄	瘤胃容积(L)	瘤胃占全胃总容积%
初　生	1.1	23.8
3 月龄	10.4	58.8
6 月龄	37.7	68.5
12 月龄	69.8	75.5
成　年	188.7	80.5

犊牛 3 周龄后，随哺乳和开始选食植物性饲料，消化、体温调节等功能增强，对环境也有了一定的适应能力，一些条件反射逐渐形成，对环境变化和疾病有了一定的抵抗能力。随着瘤胃微生物开始滋生，出现反刍，对植物性饲料的采食量随之逐步增加，犊牛迅速生长发育。

犊牛断乳后即进入育成阶段,断乳至12月龄的母牛习惯上称为育成牛。这一年龄段性器官及第二性征发育很快,尤其是乳腺系统在育成牛活重150~300kg阶段生长发育速度最快。13月龄至初产的阶段,习惯上称为青年母牛。这一年龄段体躯向成年牛的体型发育,消化器官特别是瘤胃的容积接近成年牛,能大量利用青粗饲料。一般在17~18月龄(活重达成年牛的70%以上)时开始配种并妊娠。妊娠后体躯明显向宽、深发展,体内易沉积脂肪。随妊娠期的进展,采食量不断增加,性情变温驯,活动量减少。

幼牛的可塑性比较大,这一阶段的饲养完善与否,会直接影响到牛体的长、宽和深度,以及初胎母牛、胎儿的健康,进而影响到成年后的生产性能。此外,幼牛继承双亲的遗传特性,是否能在其生命过程中完全表达出来,关键是幼牛阶段的培育水平。所以,根据幼牛的生物学特性,要实行标准化饲养管理和科学培育。

二、犊牛的饲料及参考配方

(一)初乳和发酵初乳

1. 初乳　母牛分娩后,最初7d所分泌的乳汁称初乳,色黄黏稠并带腥味。与常乳比较,初乳中不仅蛋白质、矿物质和维生素含量高,而且含有能增强犊牛抗病能力的免疫球蛋白(抗体)和溶菌酶(表7-2)。此外,初乳中还含有较多的镁盐,具有缓泻、排除犊牛胎粪的作用。初乳酸度高,它覆于胃、肠壁后,可以阻止细菌繁殖和侵入血液。初乳还能刺激皱胃分泌胃液,促进胃肠活动和消化功能。

表7-2　乳牛初乳与常乳成分比较　(%)

成　分	初　乳	常　乳
脂　肪	3.60	3.50
无脂干物质	18.50	8.60
乳　糖	3.10	4.60
矿物质	0.97	0.75
钙	0.26	0.13
磷	0.24	0.11
镁	0.02~0.04	0.01~0.04
维生素 A(mg/kg)	1.62	0.27
维生素 E(mg/kg)	438.10	70.00
蛋白质	14.30	3.25
酪蛋白	5.20	2.60
白蛋白	1.50	0.47
免疫球蛋白	5.50~6.80	0.09

犊牛出生后 7d 内为初生期,是能否成活和以后良好生长发育的关键时期,喂好初乳是初生期成活和以后健壮成长的重要措施。

犊牛出生后要尽早吃到第一次初乳,时间以不超过 1h 为好。人工哺乳时乳温不低于 36℃,日喂 3～4 次,每次喂量 1～1.5kg,或日喂量为活重的 10％～15％。初乳"多次少量"的喂法比 1 日 2 次的效果好。由于吞咽反射尚不完全,往往是吮乳动作缓慢,吃、停无常,甚至吐乳,应耐心仔细地辅喂。哺初乳 1 周后,可转为常乳(即全乳)。

若母牛产后生病或死亡,可给其犊牛喂同期分娩的其他母牛的初乳。如无此条件,则喂给常乳,但每日要补加鱼肝油 20mL(补充维生素 A)、蓖麻油(50g)或具有轻泻作用的其他物质、土霉素 250mg(5d 后减半)。也可配制人工初乳,参考配方为:鱼肝油 15g,鲜鸡蛋 2～3 个,食盐 9～10g,加水 1L(沸水冷却至 40℃～50℃),充分搅拌均匀。按犊牛每 kg 体重给 8～10mL,混入常乳中喂给。

2. 发酵初乳 通常乳用品种母牛产的初乳量多于自生犊牛的哺乳量,可将这些初乳制成发酵初乳,以代替全乳喂其他犊牛。一般情况下,2 头母牛的多余初乳可以喂 1 头犊牛(4～5 周龄断乳)。这样可节约大量的常乳或代乳料。

制作发酵初乳时,要有发酵剂。初次发酵可到乳品厂或附近牧场购买发酵剂或发酵乳,以后可用上次品质好的发酵初乳代替。发酵剂若连续使用,因接种代数过高而影响发酵效果,甚至使初乳污染,导致异常发酵或腐败败。因此,要定期更换发酵剂。初乳中按 5％加入发酵剂,搅拌均匀,室温 10℃,经 48h 即成。也可自然发酵,将初乳保存在室温下发酵,使其积累乳酸(类似加工青贮料的原理),酸度达 pH 4.5 以下,可使初乳品质不致变坏。自然发酵经 10～14d 即可完成。发酵初乳的保存时间一般不超过 30d,时间过长有可能使初乳变质。

制好的发酵初乳应具有酸香味。酸败乳、带血或患乳腺炎牛的初乳及产前 2 周或产后用过抗生素牛的初乳,不宜用作发酵初乳的原料。

此外,也可在初乳中添加保存剂(丙酸 0.7％～1.5％或甲酸 0.3％)保存初乳。

母牛分娩后,每次所挤的初乳含总干物质不同(表 7-3)。对含总干物质 14％以上的初乳在饲喂前要稀释。用 3 份初乳或 2 份初乳与 1 份水混合,待乳温降至 38℃时即可喂犊牛。稀释后的初乳也可代替常乳喂常乳期的犊牛。日喂量为活重的 8％～10％,具体喂量可参考表 7-4。有条件的牛场,也可将初乳冷冻保存,贮存期可达 6 个月,喂前须融化稀释。

表 7-3 荷斯坦乳牛初乳成分变化 （％）

分娩后的挤乳次数	总干物质	无脂干物质	蛋白质	脂 肪	乳 糖	灰 分
第一次	23.9	16.7	14.0	6.7	2.7	1.11
第二次	17.9	12.2	8.4	5.4	3.9	0.95
第三次	14.1	9.8	5.1	3.9	4.4	0.87
第四次	13.9	9.4	4.2	4.4	4.6	0.82
第五至第六次	13.6	9.5	4.1	4.3	4.7	0.81
第七至第八次	13.7	9.3	3.9	4.4	4.8	0.81
第十五至第十六次	13.6	9.1	4.3	4.4	4.9	0.78
第十七至第十八次	13.6	8.8	3.1	4.0	5.0	0.74

表 7-4　发酵初乳的喂量　（kg/d）

犊牛初生重	周　龄					合　计
（kg）	1	2	3	4	5	
23～29	2.50	3.00	3.00	2.50	1.50	90
30～34	2.75	3.50	3.75	2.50	1.50	100
35～38	3.25	4.00	4.25	2.50	1.50	110
39～43	3.75	4.50	4.75	2.50	—	110
44～47	4.25	5.00	5.00	2.75	—	120
48～52	4.75	5.50	5.50	3.00	—	130
52 以上	5.25	6.00	6.00	3.25	—	145

发酵初乳对促进常乳期犊牛的生长发育有良好的效果。据天津市塘沽农场的经验,用发酵初乳饲喂犊牛 75d,共喂发酵初乳 275kg,平均日喂量 3.67kg,平均日增重为 750g。

(二)全乳(常乳)和脱脂乳

1. 全乳　犊牛在初乳期后,开始喂给全乳(即常乳,指母牛分娩 7d 以后至干乳期所产的乳)。以往培育乳用犊牛,一般喂全乳 4～6 个月,全乳喂量高达 800kg(有的用部分脱脂乳代替全乳)。不仅饲养成本高,而且减少了鲜乳的上市量。近年来,国外一些乳牛业发达的国家,培育犊牛喂全乳量已降至 80～150kg。

美国一般在 40 日龄断乳,喂全乳量 80～158kg。我国在这方面进行了很多试验,已成功地将全乳喂量降至 200kg 左右。

在精、粗饲料质量差的情况下,不宜大幅度减少喂乳量,一般喂全乳的时间也不得少于 4 个月,喂量应控制在犊牛活重的 6%～10%。

2. 脱脂乳　提取乳脂肪后的乳为脱脂乳,可供配制人工乳或直接喂犊牛。从犊牛 21 日龄开始,逐渐喂给脱脂乳,代替部分全乳,以降低培育成本。脱脂乳因缺少脂肪,营养比全乳差或能量低,要适当多喂。5～6 周龄的犊牛可全喂脱脂乳,但要适当补充脂肪(或含脂肪高的饲料),并添加脱脂乳中缺乏的维生素(维生素 A,维生素 D,维生素 E),以促进犊牛生长发育。喂脱脂乳的犊牛膘情、被毛光泽不及喂全乳的犊牛。但搭配品质好的精、粗饲料,在断乳后加强饲养管理会逐渐补偿生长。

要求全乳和脱脂乳新鲜,2 月龄前乳温为 35℃～37℃,2 月龄后为 30℃,要定时、定量、定温喂给。喂液态饲料时,如果喂量、温度或间隔时间经常变动,容易导致犊牛腹泻或消化不良。

(三)人 工 乳

也叫代乳料、代用乳,是根据哺乳犊牛营养需要配制的人工乳料。用人工乳喂犊牛,可增加上市商品乳,降低犊牛的培育成本;试验证明,人工乳喂犊牛可促进生长发育,或弥补全乳中一些营养物质的不足。

1. 人工乳的参考配方　各国人工乳的配方不尽相同,但其主要组成为:脱脂乳、脱脂乳粉、酪乳、乳清等乳品加工副产品(约占8%,有降低的趋势)、动物和植物油脂(17%~20%)、大豆或植物蛋白(1%~3%)、矿物质(镁、铁、锰、钴、锌等)和维生素等。为提高人工乳的适口性,还加入适量的调味剂。

优质人工乳含粗蛋白质不少于22%,其中2/3最好由乳蛋白组成,植物蛋白和鱼粉蛋白质不超过1/3。脂肪含量不低于10%,因为高脂人工乳有利于预防犊牛腹泻和提高日增重。犊牛对动物脂肪(鱼肝油等)消化吸收较好,应多采用动物脂肪。参考配方:

(1)配方1(%)　脱脂乳粉80,鱼粉5,玉米粉4,牛脂2.5,鱼肝油2.5,维生素2,微量元素2,磷酸钙1,碳酸钙1。

(2)配方2(%)　脱脂乳粉69,动物脂肪24,乳糖或乳清粉5.3,磷酸钙1.2。每kg加四环素35mg和适量的维生素A,维生素D,维生素E等。

(3)配方3　用碱或酸处理大豆粉的人工乳配方,每50kg液体人工乳中的含量(kg):大豆粉5,氢化植物油0.75,乳糖1.46,蛋氨酸0.044,混合维生素0.124,微量元素0.037,丙酸钙0.304,5%的金霉素溶液0.008。

(4)配方4　以乳品加工副产品为主的配方见表7-5。

表7-5　犊牛用人工乳配方*

组　成	原料数量	
	人工乳-1	人工乳-2
脱脂乳(脂肪0.05%,干物质8.4%)(kg)	986	388
干酪乳清(脂肪0.3%,干物质6.5%)(kg)	—	400
酪乳(脂肪0.5%,干物质8.9%)(kg)		200
烹调用植物油(kg)	15	8
磷脂浓缩物(食用)(kg)	5	2
牛脂或猪脂(kg)	—	8
维生素A(百万IU)	3	4
维生素D₂、维生素D₃(百万IU)	1	0.4
维生素E(纯,g)		2
维生素B₁₂(mg)		5
盐酸金霉素(结晶,g)	5	5
硫酸铁(g)		7
硫酸锰(g)		8
硫酸锌(g)		2.5
氯化钴(g)		0.5
碘化钾(g)		0.2

注:＊按1000kg计,包括生产消耗

2. 人工乳调制及产品标准　生产人工乳用的脱脂乳、酪乳、乳清,酸度不得过高,必须新鲜。脂肪、维生素、抗生素及微量元素等应符合质量标准。为保证产品质量,要防止加热过程中乳蛋白质凝结和某些生物活性物质的破坏。

将脱脂乳等按配方混合和充分搅拌,并经 85℃～90℃,10～20s 高温处理后冷却,将脂肪熔成液态,然后按配方加等容量的酪乳,脂肪熔化及乳化的温度不超过 50℃～60℃,然后加入维生素、抗生素。微量元素或盐类以水溶液状态加入(加入前贮藏 7d)。然后用机器使乳料均质化,使脂肪球颗粒大小为 2～3μm。运输和贮存的要求基本上和牛乳相同。

在国外制定有液体人工乳的产品标准,如有的产品标准规定:干物质不低于 8.5%,酸度 22°T,密度不低于 1.030,总微生物数 1mL 中不超过 30 万个。

人工乳粉:便于长期贮存和运输,生产工艺除与人工乳基本相同外,增加浓缩、喷雾干燥工艺。成品包装与脱脂乳粉相同,干燥保存。如瑞典人工乳(袋装)可贮存 6 个月。

由于脱脂乳(粉)难购或价高,为降低人工乳成本,用大豆蛋白浓缩物和经处理的大豆粉(经处理除去胰蛋白酶抑制因子、抗原蛋白和不可消化寡糖等抗营养因子)来代替乳蛋白原料,以防止下痢或减重。一般处理方法是将大豆粉充分煮熟后,用 0.05% 氢氧化钠溶液处理,并在 37℃ 下焖 7h,再用盐酸中和至中性,然后再与其他原料混合并进行调制。

3. 人工乳喂量 犊牛喂人工乳的日龄各地区不尽相同,有的 3 日龄开始,有的从 11 日龄开始。一般认为,喂人工乳前一定要让犊牛吃足初乳,并喂一些全乳,逐渐用人工乳代替全乳。

液体人工乳配制好后,采用冷却或加过氧化氢(用量为人工乳的 0.08%～0.1%)贮存(时间可达 170h),喂前加温至 35℃～38℃,充分搅拌,并注意卫生。犊牛出生后喂 7d 初乳,喂初乳结束后的第一天喂全乳 2kg,人工乳 0.5kg;第二天喂人工乳 1kg,全乳 1kg;至第七天喂人工乳 3kg,全乳 1kg;第八天全喂人工乳;至 12 周龄时,人工乳可喂到 12kg。日喂量分 2 次喂给。一般 8～12 周龄转为犊牛料,即停喂液体饲料。

人工乳粉在饲喂前用水溶解、稀释,然后加温。人工乳粉与水的比例为 1∶5～6,喂量参考表 7-6。

表 7-6 犊牛人工乳粉的喂量 (kg/d)

犊牛初生重 (kg)	人工乳粉含脂量 (%)	人工乳喂量	周龄					35d 合计
			1	2	3	4	5	
23～29	10	1.15	0.15	0.40	0.45	0.35	0.25	11.0
	20	1.15	0.15	0.40	0.45	0.30	0.25	10.5
30～34	10	1.35	0.20	0.50	0.60	0.40	0.30	14.0
	20	1.35	0.20	0.50	0.60	0.40	0.25	13.5
35～38	10	1.60	0.20	0.60	0.65	0.45	0.35	16.0
	20	1.60	0.20	0.60	0.65	0.40	0.30	15.0
39～43	10	1.80	0.25	0.65	0.75	0.75	—	15.0
	20	1.80	0.25	0.65	0.75	0.45	—	14.5
44～47	10	1.80	0.25	0.70	0.80	0.60	—	16.0
	20	1.80	0.25	0.70	0.80	0.55	—	15.5

续表 7-6

犊牛初生重 (kg)	人工乳粉含脂量 (%)	人工乳喂量	周龄					35d 合计
			1	2	3	4	5	
48～52	10	2.00	0.30	0.80	0.90	0.65	—	18.0
	20	2.00	0.30	0.80	0.90	0.60	—	17.0
52 以上	10	2.30	0.35	0.90	0.95	0.75	—	21.0
	20	2.30	0.35	0.90	0.95	0.65	—	20.0

高脂人工乳粉适于喂肉用犊牛，不宜喂乳用犊牛，以防止其体内脂肪沉积过多。

(四)犊牛料

也叫开食料，是断乳(液体饲料)前后为适应犊牛营养需要而专门配制的混合精料。它起着促进犊牛由以乳(或人工乳)为主的营养，向以植物性饲料为营养来源的过渡作用。

犊牛料不同于人工乳，它是以适口性好的植物性高能量籽实和高蛋白饲料为主，也可用少量鱼粉、苜蓿粉或其他豆科草粉并添加需要量的矿物质、维生素等。要求粗蛋白质含量不低于16％～18％，粗纤维不高于6％～7％。因此，同普通混合精料相比，犊牛料具有适口性好、营养丰富和容易消化吸收等特点。有粗粉状和颗粒状两类，但颗粒不可过大，一般为0.3cm。

犊牛料(商品犊牛料)参考配方如下：

美国伊利诺大学处方(％)：大豆饼23，玉米40，燕麦25，糖蜜8，矿物质和维生素添加剂为4。

美国爱哥华大学处方(％)：大豆饼15，玉米32，燕麦20，鱼粉10，糖蜜20，矿物质和维生素添加剂为3。

日本的犊牛料分为前期和后期两种，后期犊牛料组成(％)：玉米42，高粱10，优质鱼粉4，大豆粕20，麸皮12，脱脂米糠2，苜蓿粉3，糖蜜4，矿物质和维生素添加剂为3。

孙国强等(1999)的处方(％)：大豆饼35，玉米22，麸皮20，高粱面20，骨粉、食盐、生长素各为1，并添加四环素。

可在犊牛1周龄后训练采食犊牛料，先置于饲槽或乳桶中任其采食，并逐渐增加喂量，在1月龄内尽量使犊牛多采食犊牛料，当日采食量稳定在1kg时即可断乳。一般0.75kg犊牛料可基本代替喂全乳或人工乳的营养。犊牛料喂至8周龄以后，即可逐渐转换为一般的混合饲料。

(五)精料和粗饲料

1. 精料　在喂给全乳，不喂犊牛料或不进行早期断乳的情况下，要使犊牛尽早采食混合精料，使其在断乳前所采食的混合精料量，基本上能满足其正常生长的营养需要。混合精料由大豆饼、玉米、麸皮和食盐、骨粉(或矿物质)组成。至少应含有16％的粗蛋白质，2％的脂肪，钙0.6％，磷0.42％，镁0.07％，钾0.8％，铁100mg/kg配合的精料。喂犊牛的混合精料要照顾到适口性，品质要好，要经过粉碎。早期喂的混合精料要过筛，不喂变质、酸败的饲料，以防引起犊牛腹泻。

2. 粗饲料 犊牛14～20日龄后,可让其自由采食青草、多汁饲料或青干草。2月龄后可喂给品质好的青贮料,3月龄时青贮料可喂到1.5～2kg/d。早期喂给切碎的胡萝卜等块根、块茎类饲料,具有增进食欲、改善消化的功能,2月龄时可喂到2kg/d,3～6月龄时可逐渐增加至3～7kg/d。总之,应尽早喂给犊牛各种粗饲料,不仅可补充乳或人工乳中缺乏的各种营养物质,而且可促进瘤胃发育和及早出现反刍,对犊牛的增重和以后采食大量粗饲料均有良好的影响。

三、犊牛的饲养管理技术

(一)哺乳方式

1. 自然哺乳 自然哺乳是犊牛随母牛直接哺乳。肉用牛、牦牛饲养中广泛采用。在乳牛业中也有利用低产母牛作为保姆牛,根据其产乳量哺喂2～4头犊牛。自然哺乳节省劳力,犊牛跟随母牛能及时哺乳,乳不被污染,可以预防一些消化道疾病,提高乳的消化率,有利于犊牛健康。缺点是母牛产乳量和犊牛哺乳量无法统计,几头犊牛由1头保姆牛哺育,会造成哺乳量及生长发育不均,母牛疾病也易传染给犊牛。

犊牛出生经初乳期哺育后,可转由保姆牛哺育,在转前10h,不再给犊牛哺乳。哺乳前要掌握保姆牛的产乳量,并进行乳房清洗和按摩,挤去第一、二把乳,调教母牛或辅助犊牛哺乳。每日定时哺乳2～3次,其他时间母牛、犊牛分栏管理。每头犊牛日哺乳量4～5kg,据此可掌握犊牛的哺乳时间及保姆牛所哺育的犊牛数。

2. 人工哺乳 人工哺乳是犊牛、母牛分开饲养。人工哺乳基本上用带胶皮乳头的乳壶或乳桶喂乳。犊牛哺乳每次需5～8min,饲养人员要掌握犊牛的哺乳速度,要缓慢、均匀,避免哺乳过急导致消化不良或下痢。

哺乳量及哺乳期应根据犊牛品种、用途和犊牛生长计划、饲养标准等制定的犊牛饲养及培育方案来确定。非早期断乳犊牛的哺乳期一般为100～150d,在犊牛舍分群(每群10～15头)管理。

每日哺乳量分2～3次喂给,目前国内外多用每天2次喂乳。如上海市第二和第六牧场的试验及多年实践证明,同样的乳量,每天分2次和3次喂给,断乳犊牛的增重和健康无差异,而2次哺乳的劳动强度却减轻1/3。

(二)犊牛的营养需要及饲养

1. 乳用母犊牛的营养需要及饲养

(1)营养需要 根据我国《乳牛饲养标准》(2004.9,见附录一,下同)进行饲养。将体重40kg、不同日增重的生长母牛(即母犊牛)营养需要摘录于表7-7。其中,增重"0"为维持需要。

表 7-7 生长母牛的营养需要

体 重 (kg)	日增重 (g)	乳牛能量单位 (NND)	产乳净能		可消化蛋白质 (g)	钙 (g)	磷 (g)	胡萝卜素 (mg)	维生素 A (KIU)
			Mcal	MJ					
40	0	2.20	1.65	6.90	41	2	2	4.0	1.6
	200	2.67	2.00	8.37	92	6	4	4.1	1.6
	300	2.93	2.20	9.21	117	8	5	4.2	1.7
	400	2.23	2.42	10.13	141	11	6	4.3	1.7
	500	3.52	2.64	11.05	164	12	7	4.4	1.8
	600	3.84	2.86	12.05	188	14	8	4.5	1.8
	700	4.19	3.14	13.14	210	16	10	4.6	1.8
	800	4.56	3.42	14.31	231	18	11	4.7	1.9

表 7-7 中,日增重范围 200~800g。生产实践中确定日增重和营养需要量,应根据品种、季节、饲料条件等。我国北方一些有实践经验的畜牧工作者认为,犊牛在 6 月龄前日增重 600g,不影响以后的产乳性能。英国学者认为,母犊牛出生后 12 月龄内进行强化饲养,会使脂肪沉积于乳房,血液中一些激素含量增加,导致性成熟过早来临,使乳房发育时间缩短。美国学者认为,犊牛饲养过度或饲养不足,特别是在乳腺迅速发育的 6~12 月龄间均不理想。乳牛场的技术人员一般均重视犊牛消化器官的发育,对生长速度或增重并不要求太快,一般要求 12 月龄体重达初生重的 7~8 倍,16 月龄达 350kg(成年体重的 70%)。因此,过多的哺乳量和精饲料虽然能取得较高的增重,但不利于犊牛消化器官的生长发育和功能增强,影响日后对粗饲料的消化能力和产乳水平。

(2)饲养 犊牛哺乳期以往多为 6 个月,现各地大型乳牛场多缩短为 3~4 个月,哺乳量 300~400kg。有的乳牛场哺乳期缩短为 2 个月,哺全乳 120kg,脱脂乳 200kg,搭配质量好的精、粗饲料,完全可以满足犊牛的营养需要。国内外大型牛场根据犊牛的营养需要及饲料等,制定犊牛培育方案,对哺乳期全乳及饲料喂量有明确规定,便于饲养人员操作。表 7-8 中为丹麦荷斯坦乳牛初生至 6 月龄饲喂方案。

表 7-8 丹麦荷斯坦乳牛初生至 6 月龄饲喂方案 (kg)

日龄或月龄	初乳或全乳喂量	脱脂乳或人工乳	混合精料	粗饲料*
0~4 日	初乳 4~5	—	—	—
5~15 日	全乳 5	—	—	训 练
16~21 日	5	1	训 练	0.2
22~28 日	5	1	0.2	0.4
29~35 日	4	1	0.4	0.8
36~42 日	4	2	0.6	1.0
43~60 日	3	2	0.8	1.4

续表 7-8

日龄或月龄	初乳或全乳喂量	脱脂乳或人工乳	混合精料	粗饲料*
2～3 月	2	5	1.0	1.8
3～4 月	—	—	1.5	2.0
4～5 月	—	—	1.7	2.6
5～6 月	—	—	1.9	2.7
合　计	181	105	197	300

注：＊以干草为主，36 日龄后逐步加玉米青贮或青草，但均以干物质为基础计算

　　乳、脱脂乳、人工乳（液体饲料）的温度应逐渐降低。2 月龄时乳温为 37℃～35℃，2 月龄后逐渐降至 30℃～26℃。乳温对犊牛的健康有较大的影响，乳温过低，乳在胃内凝结，可能导致消化不良；乳温过高（超过 37℃，时间超过 15s）也会降低在胃内凝块的特性，使乳变成羽毛状沉淀，同时会反射性地降低胃内盐酸及胃蛋白酶的分泌量，胃的消化过程遭破坏。未被消化的酪蛋白进入十二指肠，由于肠蛋白酶分泌量也相应减少，其消化过程也受到影响，引起消化功能紊乱和腹泻（williams 等，1976）。

　　饲料饲喂顺序是，2 月龄前先喂液体饲料，依次喂给精料、块根和青贮，自由采食干草。2 月龄后，为使犊牛多采食植物性饲料，应先喂粗饲料，再喂精料和液体饲料。

　　在减少全乳及液体饲料喂量的条件下，必须注意精、粗饲料的合理搭配。除提早训练采食外，应根据犊牛的采食能力和营养需要，调整各种饲料的喂量，以保证犊牛对各种营养物质的需要，尤其要注意生长发育所需的蛋白质、矿物质和维生素的需要。喂犊牛的各种饲料必须品质好，禁止喂发霉、变质及冰冻的饲料。初乳转换为喂全乳（牛群的混合乳）及各种饲料的转换应逐渐进行，防止突然转换造成食欲不振或消化障碍。

　　犊牛 20 日龄以后，应训练其采食犊牛料（开食料）或精料，开始日喂 20g，由少到多，使其逐渐适应并增加喂量。为了促进消化器官及早发育，还可在混合精料中拌入切碎的胡萝卜或其他多汁饲料、青饲料。从 2 月龄开始喂青贮料，最初每日 100～150g，3 月龄时可以喂到 1.5～2kg。

　　每天给犊牛供应充足的饮水。一般在 7～8 日龄时可训练饮温开水，水温不低于 35℃。开始采食植物性饲料时，可在每次喂料后 1～1.5h 让犊牛自由饮水。1 月龄后可设水槽自由饮水，但水温不应低于 15℃。

　　有的乳牛场给早期的犊牛饮干草茶，可以补充营养、促进消化和预防腹泻。干草茶的制法是，优质干草 1kg，食盐 5～6g，加入 70℃～80℃的水 5～6L，在容器中浸泡 5～6h 后过滤，即可饲喂。

　　为了预防营养性腹泻，喂给犊牛的碳水化合物（糖、淀粉）要适量，喂量过多在肠道内经乳酸菌发酵会产生较多的乳酸或其他有机酸，刺激肠壁并引起胃肠蠕动而出现腹泻；喂给过多的蛋白质或变性脱脂乳粉、非蛋白质所制成的人工乳时，在皱胃内凝固不充分或消化不完全，急速排入小肠而引起腐败，在所产生的氨和毒素的刺激下也会发生腹泻。

　　另外，全乳或人工乳品质不良，人工乳中碳水化合物或蛋白质的质和量不符合要求，脂肪质劣而且少，人工乳粉的稀释不当，乳和人工乳一次喂量过多，温度过高或过低，都会造成营养

性腹泻,应及早重视预防。

喂乳后要擦干犊牛嘴边的残留物,以免细菌繁殖进入消化道或发生皮肤病。群养犊牛喂乳时,常因犊牛互相吸吮耳、脐、乳房或体躯而食入被毛,在胃内形成毛球而致消化不良。所以,应在犊牛栏内单独喂乳或固定在颈枷内喂乳,喂后 0.5h 再放开。

一般的营养性腹泻,可采取减少喂乳量、喂给适量的温开水、喂给酸牛乳和温的浓红茶等措施即可恢复,但若在 1～2d 不见效,应请兽医处理。

为了预防犊牛腹泻,应在 30 日龄前的犊牛饲料中添加抗生素(如日补金霉素 10 000IU),以抑制有害微生物,降低腹泻等消化道疾病的发病率。

(3) 管　理

①初生犊牛的护理:犊牛出生后,先清除口鼻腔中的黏液,让母牛舔干犊牛体表黏液,不仅可促进犊牛迅速站立,而且有利于母牛排出胎衣。在距犊牛腹部 6～8cm 处用消毒剪刀剪断脐带,并用 5％碘酊充分消毒。产出时已自行断裂的脐带,进行同样处理,防止细菌感染发病。

②卫生管理:犊牛特别是 2 周龄内的犊牛抗病力弱,容易感染疾病,尤其是消化道和呼吸道疾病,因而应特别重视卫生管理。犊牛舍、牛栏应保持清洁卫生、光照充足、换气良好。垫草要勤换,犊牛舍、栏要经常消毒,要注意认真清洗或消毒饲喂用具,特别是奶壶、奶桶。

③运动及调教:暖季在犊牛 4～7 日龄,冷季在 7～10 日龄时,可放入运动场运动,开始时间不宜长,逐渐增加时间和运动量。2～3 周龄后,每天上、下午各运动 1 次,每次 1～2h,有条件的牛场,可进行放牧。饲养员要注意用温和的态度调教犊牛,如经常抚摸犊牛、刷拭牛体、不殴打等,使犊牛及早养成温驯的习性,为以后的挤乳等工作打好基础。

④去角及剪去副乳头:早期去角(7～10 日龄)对犊牛的食欲及生长发育影响较小。将犊牛保定,剪去角生长点处的被毛,在生长点附近涂些凡士林以保护皮肤,然后以棒状苛性钾或电烙铁烧烙角生长点至出血,使角不再生长。是否去角视牛的品种、用途及培育程度而定,一般培育程度低及大群肥育的牛应去角,以便于管理和安全生产。如果母牛乳房上有副乳头,可在 4～6 周龄时将副乳头处进行消毒,用剪刀从下方基部剪掉,然后消毒伤口,避免成年产乳后副乳头内分泌少量乳而引起炎症。

2. 肉用犊牛的饲养要点

(1) 随母哺乳犊牛的饲养　肉用犊牛(包括黄牛与肉用公牛等的杂种犊牛)出生至 5～7 月龄断乳,一直随母哺乳(自然哺乳),饲养管理不同于人工哺乳。我国各地都在建立肉牛牛源(母牛、犊牛或架子牛)基地,肉用母牛多在春季产犊。犊牛出生后,气候变暖,牧草返青,即可保证母牛的产乳量和犊牛的哺乳量,犊牛随母牛放牧,还可逐渐采食牧草,有利于犊牛的生长发育。

犊牛出生后,要使其尽快吃到初乳。初乳期后视气温或天气情况,可随母牛就近放牧或舍外活动,但要控制活动量,放牧行走时间不宜长,避免过分劳累,体力消耗过大。20 日龄后可随母牛群正常放牧。

肉用犊牛自然哺乳量,每日不应少于 5kg 或哺乳量为犊牛活重的 10％,通常用测定犊牛的增重来衡量母乳是否充足。一般大型肉用品种的犊牛哺乳期日增重应在 700～800g,小型肉牛品种应为 600～700g。若日增重达不到上述水平,应增加母牛的混合精料喂量,或为月龄大的犊牛直接补料(犊牛料、混合精料及品质好的粗饲料)。

我国黄牛一般产乳量300kg,难以满足杂种犊牛的需要,应特别注意对带犊母牛及杂种犊牛的补饲。在良好的饲养条件下,西门塔尔牛、夏洛来牛、海福特牛及其杂种母牛产乳量一般能满足犊牛的需要。常有人与乳用品种比较,认为肉用品种母牛产乳量低。实际上海福特等小型肉用品种母牛一般产乳量为1 000～1 200kg,夏洛来母牛达1 500kg,而西门塔尔母牛更高。

对犊牛一般采取隔栏补饲。在牛舍或运动场设犊牛能出入的坚固围栏,栏内设饲槽及饮水槽(或装置)。1月龄开始训练其自由采食精料,其后逐渐增加,2～3月龄每头日采食精料1～1.5kg;4～6月龄达2～3kg。除精料外,应同时喂给粗饲料,如优质的干草、青绿饲料及青贮料等。

(2)人工哺乳犊牛的饲养　肉用犊牛人工哺乳的饲养管理与乳用犊牛基本相同。1周龄内喂初乳。哺乳期喂乳量可参考表7-9。

表7-9　肉用犊牛喂乳量　(kg)

周　龄	1～2	3～4	5～6	7～9	10～13	14周以后	全期喂乳
小型牛	3.7～5.1	4.2～6.0	4.4	3.6	2.6	1.5	400
大型牛	4.5～6.5	5.7～8.1	6.0	4.8	3.5	2.1	540

黑龙江省八五三农场对海福特品种犊牛人工哺乳试验表明,哺乳期6个月,平均每头喂乳量950.6kg,15日龄后开始补饲草及精料,6月龄断乳时公犊活重180kg,母犊175kg,并测定了海福特母牛在一般饲养管理条件下,泌乳期(274d)产乳量为1 229.5kg。

四、犊牛的早期断乳

(一)早期断乳的意义

国内外的试验表明,过多的哺乳量和过长的哺乳期,虽然可使犊牛增重较快,但对犊牛的内脏器官,特别是消化器官有不利影响。乳和精料的水平适当和早期断乳,使犊牛早期习惯采食精、粗饲料,可以促进消化器官的发育。另外,犊牛哺乳期缩短,哺乳量减少,可以节约大量商品乳供应市场,节约劳动力,降低犊牛的培育成本。早期断乳的肉用犊牛,与常规断乳的犊牛相比,增重成本低,上市屠宰年龄早,肉中的脂肪含量低。随母牛自然哺乳,犊牛早期断乳,可使母牛早期发情配种,提高繁殖率。

(二)早期断乳注意事项

要求犊牛体质结实、健壮无病,出生后至少应喂给3～7d的初乳。管理条件必须合乎卫生要求,要搞好犊牛舍的卫生防疫工作。犊牛和成年牛不能同舍饲养,否则容易感染疾病。

乳和人工乳的喂量要适当,不能过量,可促使犊牛采食植物性饲料,特别是犊牛料和青粗饲料。因此,要求犊牛料和青粗饲料品质良好。但乳或人工乳也不宜过少,否则会增加犊牛腹泻或使犊牛的日增重下降,在断乳后难以补偿生长。乳或人工乳日喂2次,乳温35℃～38℃。

4～5周龄断乳是可行的,但如犊牛采食犊牛料未达到1kg时,必须延长哺乳至6～8周龄断乳。

(三)乳用犊牛的早期断乳

英国在犊牛出生后喂1周初乳,然后改为常乳,并训练其采食犊牛料,当日采食犊牛料达1kg左右时,即可断乳。此间任犊牛自由采食犊牛料和青干草,断乳时犊牛约30日龄,消耗全乳约96kg。美国南达科他州大学,按犊牛体型大小,最初3d日喂初乳1.8～2.7kg,第四天至第二十天改喂全乳或人工乳,日喂量2.2～3.2kg,第二十五天至第三十天减为1.4kg。1月龄断乳共消耗乳或液体饲料57～76kg,饲喂方案见表7-10。

表 7-10 美国乳用犊牛的饲喂方案 (kg)

日 龄	牛 乳*	有限的哺乳量**		早期断乳	
		小型品种	大型品种	小型品种	大型品种
0～3	初 乳	1.8	2.7	1.8	2.7
4～24	全 乳	2.2	3.2	2.2	3.2
25～31	全 乳	2.2	3.2	1.4***	1.4
32～38	全 乳	2.2	3.2	—	—
39～45	全 乳	1.8	2.2	—	—
46～52	全 乳	0.9***	0.9	—	—
合 计		98.7	133.8	57.3	76.4

注:*日喂量分2次等分喂给;**可用等量的人工乳代替;***日喂1次乳量

北京市德茂牛场和北京农业大学(现为中国农业大学)试验组犊牛喂全乳期30d,喂乳100kg,对照组相应为150d和650kg。试验组犊牛从7日龄开始喂混合精料,任其自由采食,直到每头日采食量达2kg为止,不再增加。混合精料配方(kg/1 000kg):大豆饼400,大麦麸150,玉米430,碳酸钙10,食盐10,含粗蛋白质24%。同时,根据季节不同,喂给青燕麦、苜蓿、青玉米、野青草及青贮等粗饲料。为了预防下痢,在喂乳期间,每天给试验组喂金霉素50mg。对照组5月龄后与试验组饲料相同,结果表明,6月龄试验组平均活重为175.65kg,对照组为199.35kg;试验组每头平均消耗精料为286.38kg,比对照组多消耗精料96.63kg,但节约全乳584.6kg。同时,试验组瘤胃、网胃发育提早。

前苏联学者比金克报道,从拉脱维亚各农场选购10对孪生母犊牛,每对各分入两群(每群10头)。哺乳期哺乳量试验群(早期断乳)为253kg,对照群400kg,精料相应为113kg和203kg,青干草均自由采食。6月龄断乳活重试验群为143.6kg,对照群为168.5kg。断乳后饲养管理条件相同,第一次发情时间试验群为337日龄,对照群为286日龄,说明哺乳期丰富的饲养,可促进犊牛性成熟提前。第一泌乳期产乳量试验群为3 326kg,乳脂率为4.25%,对照群相应为2 763kg和4.14%,说明断乳至第一泌乳期,试验群对饲料营养物质的消化利用要比对照群好。

（四）肉用犊牛的早期断乳

早期断乳用于肉用犊牛并不普遍，因其多为自然哺乳，哺乳期比乳用牛长，约 7 个月之久。最初 2～3 个月的生长发育在很大程度上依赖于母乳，以后则饲料占主导地位。自然哺乳的犊牛，如果母牛产乳量低，即使对母牛充分饲养，犊牛在 3 月龄后也经常处于半饥饿状态，一般日增重仅为 0.15kg，比喂饲料者日增重低 33%。因此，在肉用犊牛中也提倡早期断乳。当犊牛 2 月龄或活重达 55kg 时断乳，以后加强饲养或肥育一直到屠宰。用人工乳培育时，6～8 周龄的犊牛，平均每生产 1kg 牛肉，约需人工乳粉 1.3kg；而用全乳培育时，每产 1kg 牛肉需全乳 10kg，成本较高。

肉用品种犊牛早期断乳方案，依培育方式不同而异。例如，有"全乳→人工乳→犊牛料"、"全乳→脱脂乳→犊牛料"、"全乳→犊牛料"等。

"全乳→脱脂乳→犊牛料"培育方式效果较好。哺乳期 90d，喂全乳 28kg，脱脂乳粉 12kg，犊牛料 181kg，并喂给优质干草，平均日增重 0.92kg。肉用犊牛料含动物性脂肪要比乳用犊牛料高。

如果犊牛早期饲喂的粗饲料或精料营养水平低，犊牛的生长虽一时受到某些影响，但到肥育年龄时即可补偿生长。不过，需要较长的肥育期，上市或出栏年龄推迟。相反，犊牛早期的营养水平高，生长迅速或日增重高，到达肥育场时体格大，膘情好，在肥育场只需较短时间就能达到上市活重或等级。

五、育成牛的饲养管理及参考饲粮配方

（一）育成牛的生物学特性

犊牛断乳后进入育成牛阶段。饲粮由乳、犊牛料、精料占优势而转变为青粗饲料为主，由犊牛舍转入较为粗放的育成牛舍（群）。自然哺乳的犊牛恋母恋乳，会采食不安或哞叫。因此，要逐渐转变饲养和环境条件，避免转变过急而影响牛只健康或失重，甚至患病。

育成牛生长强度大，断乳至 1 岁时正处于性成熟期，是牛只生理上生长速度最快的时期，特别是 6～9 月龄生长最快，尤其是乳腺系统在育成母牛活重 150～300kg 阶段发育最快。育成阶段饲养管理条件的好坏，直接影响到牛体躯的长度、宽度和深度，进而影响到成年后的生产性能。因此，从体型、体重和产乳性能方面讲，比犊牛阶段更为重要。

在早期断乳情况下，哺乳期增重低，须在育成阶段补偿生长。若此阶段补偿生长不良，首先影响母牛的配种年龄，即达不到配种体重（350～370kg），初胎产犊年龄推迟，乳牛一生的产乳量降低，肉用牛的饲养成本增高。

12 月龄至初次配种的育成牛，消化器官发育已趋向成熟，又无妊娠和产乳负担，饲粮可基本上以青粗饲料为主，适当补充精料。妊娠后，本身的生长逐渐减弱，丰富饲养易于沉积脂肪。到妊娠最后 2～3 个月，体内胎儿迅速生长发育，营养需要增多，饲粮体积要小。总之，对育成牛饲养管理可粗放些，但不能降低饲养水平。

(二)乳用育成母牛的饲养管理及参考饲粮配方

按乳牛饲养标准及生长牛的营养需要配合饲粮。刚断乳的育成母牛,除喂青、粗饲料外,每天应喂混合精料2～2.5kg,以充分保证其营养需要。随月龄增加,逐渐增加青、粗饲料的比例,减少混合精料的喂量,可逐渐减少至1～1.5kg。如果所喂粗饲料中有50％以上的豆科干草,混合精料中含粗蛋白质12％～14％就能满足育成牛的需要。若以玉米青贮及禾本科牧草为主,混合精料中粗蛋白质的含量不应低于18％。即在这一阶段要满足其迅速生长发育对蛋白质的需要。

12月龄到配种阶段的育成牛,以粗饲料为主适当搭配精料。在粗饲料良好的情况下,日喂混合精料1～2kg即可。如粗饲料以秸秆为主,则混合精料的喂量应不少于2～4kg。混合精料组成(％):谷物30,豆饼20,糠麸29,糟渣20。矿物质按1％～2％加入。

在良好的饲养管理条件下,育成牛断乳至配种阶段,日增重应为0.6～0.8kg。妊娠后的育成牛,分娩前3个月应加强饲养或转入干乳牛群饲养,开始逐渐增加精料,为胎儿生长和第一个泌乳期的产乳打好基础,但不宜过肥。

通常,舍饲的育成牛日喂3次,在舍内喂给精料、块根和青贮料,干草和部分青贮可放在运动场饲槽中任其自由采食。运动场设长形水槽并盛清水,供牛随时饮用。对妊娠育成母牛要进行乳房按摩,每日2次,每次5～10min,以促进乳腺组织充分发育和及早习惯产后挤乳工作。

参考饲粮配方:

1. 北京双桥农场配方　7～18月龄母牛(始重192.8kg,日增重0.621kg,期末重379kg)的饲粮见表7-11,表7-12及表7-13。

表7-11　混合精料配方　(％)

月　龄	玉米粉	大豆饼	葵籽饼	麸皮	高粱	鱼粉	肉胶蛋白	碳酸钙	食盐	骨粉
7～16	50.0	30.0	—	10.0		2.0	5.0	1.0	1.0	1.0
17～18*	33.6	—	25.3	26.0	7.5	—	—	2.0	2.24	2.24

注: * 原文数据,总和为98.88,(编者注)

表7-12　各月龄育成母牛饲粮组成　(kg/d·头)

月　龄	混合精料	玉米青贮	青　草	甜菜渣	粉　渣
7～8	2.04	10.78	0.461	—	—
9～10	2.25	10.88	1.329	—	—
11～12	2.47	11.06	1.910	0.540	—
13～14	2.50	10.87	2.448	2.157	0.069
15～16	2.50	20.05	3.080	1.330	1.200
17～18	2.50	13.45	3.293	—	3.847
7～18月总计	856.44	4182.80	751.30	236.940	307.000

表7-13 各月龄体重与日增重

月　龄	7～8	9～10	11～12	13～14	15～16	17～18
体重(kg)	192.8	232.0	276.2	316.8	351.8	379.0
日增重(g)	—	653.0	737.0	677.0	583.0	453.0

2. 广州市华南农学院牧场配方 未妊娠及妊娠育成母牛(22～26月龄,始重分别为393.3kg、409.7kg、442.5kg)的饲粮组成见表7-14。体重变化见表7-15。

表7-14 饲粮组成 (kg/d·头)

育成牛类别	混合精料	稻　草
未妊娠牛	5.25	3.76
妊娠3.5月	5.09	4.01
妊娠6.5月	4.86	3.88

表7-15 体重变化 (kg)

育成牛类别	始　重	期末重	平均日增重(g)
未妊娠牛	393.3	413.4	570.0
妊娠3.5月	442.5	426.7	582.0
妊娠6.5月	409.7	436.3	750.0

摘引自《中国奶业发展战略研究》,湖北科技出版社,1990

混合精料组成(%):黄玉米粉45.7,豆饼16.2,麸皮33.3,蛎粉2.86,食盐1.94。

(三)肉用育成母牛的饲养管理及参考饲粮配方

肉用育成母牛指预留作种用的纯种肉用品种母牛或供繁殖用的杂种育成母牛。按附录一《肉牛饲养标准》(2004.9)生长母牛的每日营养需要配合饲粮。饲粮类型以青、粗饲料为主,使其充分采食粗饲料,适当补充混合精料。保持正常的生长发育,每天有0.4kg以上的增重,体内不能过多沉积脂肪,即不能按肥育牛进行饲养。生长发育良好的母牛在18月龄配种。妊娠后按妊娠牛的饲养标准进行饲养。

牧区春季产的犊牛,断乳或进入育成阶段正值冬天寒冷季节,在天然放牧条件下,一般不能满足母牛生长发育的营养需要,必须进行补饲。如断乳时体重为150kg,中等质量的禾本科牧草采食量(干物质)约3.42kg,日进食产肉净能13.22MJ,不能保证维持需要,体重就会逐渐下降。如果计划日增重300g,依靠冬季放牧场禾本科草,估计能满足其营养需要量的1/2。因此,在冬季要视放牧及粗饲料情况,及早进行补饲。如补饲玉米加尿素,满足育成母牛能量及蛋白质的需要。还要注意补充矿物质,特别是钙、磷的量和比例要搭配适当。

1. 齐齐哈尔种畜场配方 引进纯种肉用母牛(海福特、夏洛来、利木辛)的饲粮配方见表7-16。

2. 1周岁内育成牛的精料配方及日喂量

（1）混合精料配方 混合精料配方见表7-17。

（2）混合精料日喂量 青贮饲料的喂量一般为活重的1.2%～2.5%，要求品质良好，混合精料日喂量见表7-18。

表7-16 纯种肉用母牛不同饲养期的日粮

| 饲养期 | 精料（kg） | | | | 矿物质（g） | | 青草或青干草（kg） | 可消化粗蛋白质（g） |
	玉米粉	大豆饼	麸皮	合计	食盐	骨粉		
				放 牧 期				
育成期	0.50	0.50	0.50	1.50	40	60	30	852
配种期	0.33	0.33	0.33	1.00	40	60	35	817
妊娠期	0.50	0.50	0.50	1.50	50	75	40	1295
分娩期	0.50	1.00	0.50	2.00	50	75	40	1052
				舍 饲 期				
妊娠前期	0.87	0.75	0.75	2.37		75	11	901
妊娠后期	0.87	0.75	0.75	2.37	30	45	11	901

可根据母牛个体情况，酌情增减精料。摘自黑龙江双城农业学校主编.《养牛学》. 农业出版社, 1979

表7-17 混合精料配方 （%）

编号	玉米	糠麸	油饼	高粱	石灰石粉及贝壳粉	骨粉	食盐	维生素A（KIU/kg）	适用粗饲料
1	61.5	10.0	20.0	5.0	1.5	1.0	1.0	—	除豆科牧草外的各种青草、青贮料
2	66.5	15.0	—	15.0	—	2.5	1.0	5	豆科青草、青干草和青贮料
3	47.0	10.0	25.0	10.0	2.0		1.0	5	除豆科牧草外的青干草
4	57.0	10.0	30.0	—	2.0		1.0	10	各种秸秆

表7-18 混合精料日喂量 （kg/头）

| 活重 | 日增重 | 不同粗饲料补喂精料量 | | | 麦秸、稻草、豆秆及枯草 |
		青割料及青草	青贮料（多汁料青贮除外）	青干草、玉米秸、谷草、氨化秸秆	
150	0.6	0.4～0.6	0.8～0.9	1.5～1.6	2.4～2.5
	0.8	0.8～1.1	1.2～1.4	1.9～2.1	2.9～3.0
200	0.5～0.6	0～0.5	0.4～0.9	1.4～1.7	2.7～2.8
	0.8	0.3～1.2	0.9～1.5	1.9～2.3	3.4

续表7-18

活　重	日增重	不同粗饲料补喂精料量			麦秸、稻草、豆秆及枯草
		青割料及青草	青贮料（多汁料青贮除外）	青干草、玉米秸、谷草、氨化秸秆	
250	0.5～0.6	0～0.2	0～0.7	1.0～1.7	2.7～3.1
	0.8	0～0.5	0.1～1.1	1.6～2.1	3.5
300	0.4～0.5	0	0	0.7～1.1	2.6～2.8
	0.8	0～1.2	0.8～1.8	2.3～2.8	4.2
350	0.3～0.4	0	0	0.6～0.9	2.6～2.8
	0.6～0.75	0～1.2	0.8～1.8	2.2～2.9	4.2～4.5
400	0.2～0.4	0	0	0.6～1.0	2.5～3.1
	0.4～0.5		0～0.7	1.4～2.1	3.8～4.0
混合精料编号*		1	1或3	3或4	4

编号见表7-17。若粗饲料为苜蓿等豆科青草、干草和青贮，则用2号料

摘自李本亭等编著.《肉牛规模饲养配套技术》. 山东科技出版社，1997

　　育成公、母牛分群饲养管理。放牧牛只避免公、母混群，防止偷配、早配。肉牛繁殖场对育成母牛要按品种（或杂种）、年龄、活重进行分群饲养，便于饲料配合及投料，使采食、增重均匀。一般要求牛群个体活重差异不超过30kg，年龄差异不超过2～4个月。要保持牛舍、牛体卫生，及时清除粪尿，定期进行消毒。每天刷拭牛体1～2次，并有一定的运动或活动量，增强牛的体质，提高消化及抗病能力。

第二节　乳牛的营养与标准化饲养

一、产乳牛的营养需要与饲养标准

　　饲养乳牛的目的是获得数量多、品质好的乳，来满足人们对乳及乳制品的需要。1头高产乳牛一个泌乳期中排出的营养物质（干物质）量，相当于牛体内干物质量的3～4倍。可见，乳牛在泌乳期新陈代谢和乳腺泌乳负担十分繁重。

　　影响乳牛产乳性能的因素很多，但主要是遗传和环境，其中遗传因素占25%，环境因素（营养、饲养管理条件等）的影响占75%。饲养管理是发挥母牛产乳潜力的基本条件，应供给产乳所需的各类营养物质，使乳牛消化功能旺盛，保持高产、稳产和体质健壮，降低饲养成本，提高经济效益。

　　我国《乳牛饲养标准》（2004.9，见附录一，下同）对乳牛生长、产乳、妊娠等营养需要或有关养分的浓度，提出了数量要求，是乳牛饲养者制定饲养计划和配合饲粮的依据。饲养标准的数据是乳牛群体的平均需要量，它与乳牛个体需要量之间有一定的差异。特别是环境条件、个体

健康状况、饲料资源等因素的不同,个体与群体之间营养需要的差异一般为5%～10%。我国奶牛的饲养标准,是在大量科学试验研究的基础上制定的,并经过实践验证修订而成,对生产有重要的指导作用。忽视饲养标准的指导作用,将给乳牛养殖者带来损失,是不科学的。

(一)乳牛的营养需要

乳牛的营养需要包括能量需要、蛋白质需要、矿物质及维生素需要,此外,有时还包括粗纤维的需要等。

1. 能量需要 我国以产乳净能为能量单位。但为了把能量转化的科学概念与生产中的习惯结合起来,力求实践中应用时简便易行,采用乳牛能量单位(NND,汉语拼音字首,为便于国际交流,英语缩写为DCEU)。

1NND相当于1kg的乳脂率为4%的标准乳量的能量,即3 138kJ(750kcal)。各种饲料的产乳净能值可按以下公式计算:

$$NND = \frac{产乳净能(kJ)}{3138(kJ)}$$

例如:1kg干物质为89%的优质玉米,产乳净能为9 012kJ(2 154Kcal),按上式计算为2.87NND。

2. 蛋白质需要 一些国家在瘤胃蛋白质降解率研究的基础上,已提出蛋白质新体系。为便于从原可消化粗蛋白质体系向小肠可消化粗蛋白质过渡,在饲养标准中同时列出了可消化粗蛋白质和小肠可消化粗蛋白质。国外一些新蛋白质体系中对小肠可消化吸收氨基酸转化为乳氨基酸的效率,所用参数范围为0.65～0.80;国内根据乳牛氮平衡试验,建议参数为0.70。国外一些国家新体系中,对生长牛小肠可吸收氨基酸氮转化为体沉积氨基酸氮的效率,所用参数范围为0.5～0.8,国内建议采用0.6。

3. 钙、磷的需要

(1)钙需要量 乳牛机体中约99%的钙存在于骨组织中(钙的骨贮备库),活重500～550kg(骨重40～42kg)的产乳母牛,骨中的总钙量为6.5～7.5kg,并在代谢过程中呈动态变化。产乳母牛在泌乳盛期可从骨中动用40%的矿物质形成乳,即使摄入量接近标准,生理上仍可动用20%的矿物质(钙1 360～1 500g,磷660～730g,镁26～30g),其至更多。假若妊娠早期骨中灰分含量为100%,到产犊前降为88%～75%,泌乳中期为62%～80%,干乳期升至97%～100%。

产乳母牛钙吸收率平均为45%,依饲粮中钙的有效性、年龄及生理状况而变化。产犊后钙吸收率提高,60d可达最高值(能吸收摄入饲料钙的60%);在产乳后半期下降至最低(为20%)。泌乳期产5 000kg乳的乳牛,10个月共排出钙约6kg。日产乳量30kg的乳牛,每kg乳排出钙1.0～1.25g。

报道资料表明,饲料中钙与磷的比值,在泌乳期的前5个月中,钙：磷为3：1,钙接近平衡(-0.2g/d),似乎产乳牛能耐受较宽的钙、磷比值。在泌乳后5个月,日摄入较低的钙量(33～86g/头·d),钙：磷为1～2：1时,钙为正平衡。

(2)磷需要量 活重500～600kg乳牛体内总含磷量4.0～4.5kg,其中骨含3.3～3.7kg,约占总含磷量的82%。活重600kg、日产乳量30kg的乳牛,日维持磷需30g,每产1kg乳需磷1.7～1.9g,日总需磷量为81～87g。在妊娠的最后100d,建议给母牛饲粮中增加7～10g磷,以保证胎儿正常发育。美国、加拿大学者建议，日产乳量30kg的母牛磷需要量为82g。

产乳母牛磷吸收率平均为39％。每kg乳中含磷变化范围为0.80～1.16g。日产乳20～25kg，消耗摄入磷的26％，或吸收磷的73％。放牧期磷的日摄入量相当高（140～142g/头），钙：磷为1：1，磷的存留率也相应提高。母牛磷吸收率取决于维生素D及饲料中钙含量。钙过多时，磷的吸收率与存留率均下降，产乳牛饲粮中，缺磷比缺钙更常见。这时，产乳牛的食欲、饲料利用率、繁殖、抗病力及骨结实性均会下降。

（二）乳牛的饲养标准

根据我国《乳牛饲养标准》及其配套用的"乳牛常用饲料的营养成分与营养价值表"配合乳牛的饲粮（或称日粮），搭配各种饲料，使饲粮中的营养物质种类、数量及相对比例均能满足乳牛的营养需要。

生产实践中，除高产乳牛外，一般乳牛群按其活重、产乳量等的平均值（也有选择产乳牛群中有代表性的乳牛，以其营养需要代表全群）配合饲粮；饲喂过程中，饲养人员应灵活掌握每一头牛的喂量。如某牛场乳牛群平均活重550kg，日产乳脂率为3.5％的乳20kg。从乳牛饲养标准中成年牛维持需要表及每产1kg乳的营养需要表中查得营养需要量见表7-19。

表7-19　乳牛的营养需要量

营养需要	饲粮干物质（kg）	NND	可消化粗蛋白质（g）	钙（g）	磷（g）
①维持	7.04	12.88	341	33	25
②产乳	7.04（20×0.37）	18.60（20×0.93）	1060（20×53）	84（20×4.2）	56（20×2.8）
①+②	14.44	31.48	1401	117	81

上表中，维持加产乳营养需要（①＋②）为配合饲粮的标准。按标准依据本书第四章饲（日）粮的配合方法进行饲料搭配和配合饲料。

配合乳牛的饲粮或日粮（一昼夜所采食各种饲料的总量），应充分利用当地饲料资源，采用品质好、价格低的饲料原料，以降低饲养成本。并注意饲料多样化，使各种养分能互补，提高饲粮的全价性和饲料的利用率。饲粮要有一定的容积或粗纤维含量，以保证消化功能正常。近年来，各国乳牛饲养标准对饲粮干物质需要量标准均有所增加。如美国NRC要求乳牛日粮中干物质达乳牛活重的5.4％。我国乳牛饲养标准中，对干物质也有相应的规定。干物质虽然不是营养成分的概念，但饲料干物质包括各种营养成分。由于牛是反刍动物，饲粮须保持合理的精、粗饲料的比例，即保证一定的干物质采食量。

我国乳牛饲养标准中，产乳母牛干物质参考采食量，依如下公式计算：

$$干物质采食量（kg）＝0.062W^{0.75}＋0.04Y$$

（适合于偏精料型的饲粮，即精、粗料比为60：40）

$$干物质采食量（kg）＝0.062W^{0.75}＋0.45Y$$

（适于偏粗料型饲粮，即精、粗比约为45：55）

式中：$W^{0.75}$为牛的代谢体重（kg），Y为标准乳产量（kg）。

我国乳牛生产中，由于粗饲料品质较差或大量使用青贮料，致使乳牛干物质采食量一般低于其生理潜力。这是我国乳牛平均单产低的一个重要原因。卢德勋报道（2001），成年乳牛干物质采食量每日每头占体重的 3%～3.5%,干乳牛为 2%;高产乳牛干物质采食量一般要比普通乳牛高出 40% 以上,要求在泌乳高峰时,乳牛饲粮干物质采食量达到其体重的 4%。为此,设计乳牛配合饲料时,应符合乳牛营养生理要求、营养平衡及消化率较高的要求。要求控制饲粮组成中饲料的水分含量,饲粮内干物质含量不能低于 50%。高水分饲料、过分干燥或粉尘太多的饲料都会降低采食量。应注意提高饲料的适口性,避免由于一些饲料或添加剂适口性差而降低采食量。如尿素或碳酸氢钠占饲粮比例超过 1.5% 时,就会出现这种现象。还要用正确的饲喂方法或饲养管理操作规程,包括饲喂时间和次数、饲料喂量及顺序等。不能忽视饮水对采食量的影响,要保证乳牛充分饮水,并注意饮水清洁卫生。

二、乳牛的一般饲养管理技术

(一)饲料喂量及营养管理

1. 饲料喂量 乳牛饲养应以青粗饲料为基础,营养物质不足部分用混合精料(包括饲料添加剂)来平衡或满足。王文洲报道(1999),乳牛每 100kg 体重采食量:干物质 2.5～3.5kg,干草或秸秆 1～2kg,块根、茎类或青贮每 3～4kg 折 1kg 干草,精料用于平衡饲粮,可按每产 2.5～3kg 乳喂给 1kg。酒糟、淀粉渣、豆腐渣、甜菜渣等高水分饲料,要鲜喂并搭配适量的精料和足够的粗饲料,日喂量逐渐增加。一般成年牛日喂量:豆腐渣 5～10kg,甜菜渣 10～15kg,淀粉渣 30～35kg,白酒糟 25～30kg,啤酒糟 10～15kg。为防止酒糟中毒和酸性过大,可将白酒糟贮入密闭容器中发酵 1 个月后再喂,还可加 0.5% 的石灰水中和其酸度。

产乳牛多汁饲料日喂量,胡萝卜 10～20kg,马铃薯 10～15kg,甜菜为 10～35kg。饲粮中多汁饲料过多,则会影响采食其他饲料,不同活重乳牛粗饲料日喂量(中等量及最大量)见表 7-20。

表 7-20 不同活重乳牛粗饲料日喂量 (kg)

多汁料日喂量 (块根和青贮)		粗饲料中等日喂量				粗饲料最大日喂量			
		活 重				活 重			
		300	400	500	600	300	400	500	600
不喂多汁料		10	11	12	13	14	16	18	20
日喂多汁料量	5～10	9	10	11	12	13	15	17	18
	15～25	8	9	10	11	12	14	16	16
	30～47	7	8	9	10	11	13	14	15

根据乳牛饲养标准,为补充粗饲料营养物质的不足,要给产乳牛喂给一定量的精料(包括矿物质饲料)。

每日精料总喂量一般不应超过 14～16kg,如果发现乳牛粪的 pH≥6.0 时,说明精料喂量过多,应予以调整。每一次精料的喂量不得超过 3.2kg。不同品种、产乳量乳牛的精料日喂量见表 7-21。

表 7-21　乳牛的适宜精料喂量*

品　种	产乳量（kg/d）	精料：乳
荷斯坦牛及瑞士褐牛	<18	1：4.0
	18.9～32.2	1：3.0
	>32.2	1：2.5
高乳脂品种	<13.8	1：3.0
	14.3～27.6	1：2.5
	>27.6	1：2.0

* 引自卢德勋《乳牛八大营养工程技术》.《饲料广角》,2001,No:9）

大量喂给精料或干草太少,在青贮料过多等情况下,牛唾液分泌自我调控瘤胃 pH 稳恒的机制,不能充分发挥作用。在乳牛产乳高峰期,大量喂青贮料、每日喂 2 次精料,突然由高粗料型饲粮向高精料型饲粮过渡及炎热、潮湿气候情况下,要注意使用瘤胃缓冲剂:

碳酸氢钠 0.75%～1.0%（占饲粮干物质%）;

氯化镁 0.4%～0.6%（占精料量%）。

利用上述两种的混合物（按 2～3 份与 1 份混合）,使用量为 1.6%～2.2%（占精料%）。

此外,还可通过控制饲料的粒度来稳恒瘤胃内环境或 pH。一般乳牛最理想的粒度:精料 1～2mm,粗料 2～3cm。

为了使乳牛的生理功能正常,防止其消化功能紊乱及降低乳的品质,在所产乳供鲜乳出售的情况下,各种饲料的最大日喂量为:亚麻饼、葵花籽饼 4kg,豆类 1.2～1.5kg,小麦麸 6kg,鲜酒糟 30kg,燕麦及玉米等 4kg,大麦麸、玉米糠 3kg。

母牛分娩后发生产后瘫痪或幼牛佝偻病、成年牛骨软症及牛只舐食泥土、粪尿、炉灰等,都是缺乏矿物质的表现,应分析原因并予补充。除精料中混入外,在运动场上设盐槽,将食盐和骨粉等矿物质饲料混合,让牛自由舐食。但要注意防止食盐中毒,成年牛食盐致死量为 1.4～2.7kg。

挤乳前不喂青贮等带有气味的饲料,不能给产乳牛喂葱、蒜及艾蒿等,否则乳汁或乳制品产生异味。

据王根林等报道（2001）,各类牛的主要饲料全年估计喂量或需要量见表 7-22。其中成年牛的全年饲料需要量按单产 7 000～8 000kg、乳脂率为 3.1%～3.2% 的乳概算。精料中谷实类占 50%～55%,麸皮占 10%～12%,蛋白质饲料占 25%～30%,矿物质饲料占 5% 左右。

表 7-22　乳牛各阶段主要饲料全年需要量　（kg/头）

饲料种类	成年乳牛	各月龄幼牛			
		0～2	3～6	7～15	16 至投产
精　料	3000～4000	17～20	200～220	700～800	1400～1600
玉米青贮	5000～8000	30～40	500～600	2200～2400	5000～5400
干　草	1200～2000	30～40	250～350	800～1000	1400～1600
糟　渣	2000～2500	—	—	—	—

续表 7-22

饲料种类	成年乳牛	各月龄幼牛			
		0～2	3～6	7～15	16 至投产
青绿料	5000～6000	—	—	—	—
块　根	2500	—	—	—	—
牛　乳	—	300～400	—	—	—

2. 保持适宜的体况　卢德勋(2001)提出,用体况评分(BCS)体系来评定乳牛的体况或膘情,是衡量乳牛体况是否适宜的简便易行的方法。用此法评定乳牛体内能量储备状况,优于体重指标,因体重指标反映的是消化道食糜重与沉积物重的总和。乳牛保持适宜的体况(或体脂储备),对提高产乳量、繁殖率及利用寿命至关重要。过肥或过瘦均会发生代谢病,并致产乳、妊娠率下降,甚至发生难产等。乳牛 5 分制体况评分(BCS)体系见表 7-23。

表 7-23　乳牛 5 分制体况评分体系

分　值	具体描述
1	用手触摸腰部脊突有尖突感;在尾根部没有脂肪覆盖;肉眼可见髋骨、尾部和肋骨突出
2	用手触摸腰部脊突可以感知单个脊突,并有不太尖突的感觉;单个肋骨不能用肉眼看到
3	用手紧压腰部脊突,才可以感知脊突存在;在尾根部任一侧,均可容易地触摸到有脂肪沉积
4	用手紧压腰部脊突不能感知脊突存在;尾根处有脂肪沉积,外观呈圆润状;在肋骨和大腿部开始出现脂肪褶
5	不再能看出乳牛的骨骼结构,乳牛呈短粗形;尾根和髋骨几乎全部被脂肪组织包被;在肋骨和大腿部出现脂肪褶,脊突完全被脂肪覆盖;由于脂肪过多,牛只行动不灵活

一般每年对乳牛进行 4 次评分,要求达到标准体况或最佳分值:产犊时为 3.5(范围 3.0～4.0);泌乳初期为 2.5(2.0～2.5);泌乳中期或后期为 3.0(3.0～3.5);干乳期为 3.5(3.0～3.5)。

如果乳牛体况过瘦(BCS<2.0),分值低于标准,可能是饲料不足、患病或相互争抢采食不匀,未采食到饲养标准维持要求的饲料;乳牛可能会出现难产(BCS<1.5)、发情配种推迟或空怀,犊牛死亡率高或断乳体重低。如果乳牛体况过肥(BCS>3.5),分值超过标准,可能会出现产乳量过低,过量采食饲料;乳牛可能会难产(BCS>4.0),繁殖率下降,饲养成本增加。两种情况下,均应及时调整饲粮配合或采取营养调控措施。如干乳期 BCS>4.0,可能使泌乳后期增膘过多,应将饲粮的能量供应量减少 1/3;BCS<3.0,应将泌乳后期饲粮能量供应至少增加1/3。在相同的泌乳期及饲养管理条件下,一些乳牛过肥(>3.5)或过瘦(<2.5),主要是牛群遗传方面的原因,应按产乳量及 BCS 分群饲养,检查牛群是否采食均匀或淘汰遗传性能不良的牛只。

(二)饲喂方式

1. 定量饲喂　是一种传统的饲喂方式,即将饲粮组成的精料等分 2～3 次喂给,保证牛的营养需要和减少精料损耗,提高饲料报酬。但这种方式比较费时费力,劳动效率低。当所喂饲粮适口性不好时容易出现剩料,特别是粗饲料品质不良时,剩料会更多。因此,要按剩料量来调整饲粮或多喂一些饲料,以免采食量不足而影响产乳性能。

一般来说,每天乳牛不接近饲料的时间不能超过 6～8h,否则乳牛采食量会大幅度下降。在挤乳结束后,应给乳牛喂新鲜饲草。

2. 全混合饲料(TMR)自由采食　为 20 世纪 70 年代美国乳牛业采用的全混合饲料(Total Mixed Ration)饲喂法。是根据乳牛的营养需要,用 TMR 专用机组,将粗饲料铡短后加水,并拌入精料,调制成全混合饲料供牛昼夜采食。TMR 的优点:

①能使乳牛最大限度的采食粗饲料或干物质,满足瘤胃消化过程对粗饲料的生理需要,防止采食精料过多而致消化障碍或瘤胃疾病(瘤胃酸中毒、瘤胃角化不全等)。

②使用适口性好的精料与适口性差的粗饲料相混合,有效利用各种饲料,特别是秸秆等粗饲料,能基本消除牛只选剔性采食或偏食造成的剩草、剩料。

③由于按饲养标准配制的全混合饲料含有乳牛所需的各种营养物质,能提高牛只的产乳量,防止乳脂率或乳中干物质下降,使乳牛充分发挥其产乳的遗传力。

(三)饲喂次数与不同饲料的饲喂顺序

在定量饲喂时,一般日喂 2～3 次,每次 2h。对饲喂时间、次数要做出合理安排,严格执行,不得任意打乱。1d 的饲喂次数,对乳牛来说,在 1,2,3 次之间,其饲料效率并无差异。

不同饲料的饲喂顺序,一般精、粗饲料分别饲喂时,多采用先粗后精,即采食各种粗饲料后,再喂精料。这也是控制瘤胃 pH 稳定的重要措施。先喂粗料有助于启动咀嚼和促进唾液分泌,具有促进反刍、咀嚼及缓冲特性的正面营养作用,在每日早饲时尤为重要。在粗饲料品质、适口性差时,为使牛能均匀地采食各种饲料,采用精、粗饲料混合饲喂效果较好。

饲喂乳牛的饲料应新鲜、卫生和种类丰富,但以充分利用当地的廉价饲料为主。胡萝卜、甜菜、马铃薯及瓜菜等多汁饲料,对提高产乳量效果明显,应广开来源。切勿用发霉、腐烂、结冰和酸败的饲料喂牛,以防引起疾病。应将块根、块茎饲料洗净、切碎后饲喂,以免大块喂牛引起食管梗塞等。在定量饲喂条件下,一定要定时、定量,少喂勤添,让牛一气吃饱,中间不宜断草 30min 以上。要特别注意搞好草料的生产、贮备和供应。

因饲料供应、季节而变换饲料时,应逐渐进行。必须考虑牛瘤胃微生物对饲料有 2 周的适应期,避免突然变换饲料影响消化或致病。

(四)饮　水

充分供给饮水是提高乳牛饲料干物质采食量及产乳量的重要环节。试验证明,母牛自由饮水,其日产乳量要比限制饮水高 3%～10%。一般认为,乳牛每产 1kg 乳,要饮入 4L 水。

乳牛的饮水量与饲料的关系很大,如喂干草 1kg,需饮水 4.2L,采食青草相应为 2.3kg。此外,饮水量受采食量、环境温度及产乳量等因素的影响。乳牛日饮水量与产乳量、采食干物质的比例见表 7-24。

饮水温度一般为 8℃～12℃,冬季高产牛饮水温度应为 12℃～16℃。水温过低牛往往不愿喝足。运动场应设置水槽,供牛自由饮水。

表 7-24　乳牛日饮水量与产乳量、采食干物质的比例　（kg）

项　目	干乳牛	中等产乳牛（日产乳 13.7kg）	高产乳牛（日产乳 37.4kg）
日饮水量	33.37	49.8	86.89
乳：水	—	1：3.6	1：2.3
日食人总水量	46.58	63.6	105.0
乳：总水量	—	1：4.65	1：2.8
食人干物质：总水量	1：3.6	1：4.7	1：5.3

（五）运动、刷拭和修蹄

运动可使牛提高消化和代谢功能，有利于健康和更好地适应环境条件。对舍饲乳牛，每天应在运动场驱赶运动 2～3h，其余时间逍遥运动。

每天要刷拭牛体 1～2 次，以清除污垢，促进皮肤血液循环和新陈代谢，有利于提高生产性能。刷拭应认真、彻底，夏季除刷拭外，还可用水冲洗牛体。

牛在舍饲期活动少，牛蹄甲往往长得很长，致使蹄形不正或蹄变形，影响运动和健康，甚至站立困难，也容易发生蹄部破裂和折断等现象。每年（最好在夏季）进行一次修蹄。对种牛和妊娠后期的母牛，发现蹄甲长、蹄病时应及时削蹄治疗。对于变形蹄，尤其是过厚、过长的蹄，须经多次修削，逐渐矫正为正常蹄。

（六）牛舍卫生

牛在舍内时间长，由于呼吸及粪便分解等原因，经常会产生大量的有害气体，主要有氨气、硫化氢及二氧化碳等。氨及硫化氢浓度过大对牛的健康和生产性能有不良影响。故要注意牛舍的通风和换气，及时排除有害气体。

舍温一般保持在 6℃～8℃，冬暖夏凉。牛为恒温动物，在适宜的温度范围内，牛体产热、散热水平低，饲养效果好。如果牛舍温度过高或过低，对生产性能有不良影响，饲养成本增加，且容易致病。

牛舍的空气相对湿度以 50%～70% 为宜，要防止舍内潮湿，特别是低温高湿最易使牛受寒。每头成年牛每天呼吸排出的水分有 7～9kg，牛舍地面的水、粪、尿也要蒸发水分。在牛舍通风换气不良的情况下，湿度很容易增大。冬季牛舍墙壁上有水珠或很潮湿时，表明舍内湿度大而温度不低；如果墙壁挂霜或有冰，则证明湿度过大且舍温低。冬季不要在舍内洗块根饲料。要及时清除粪便，并运到距牛舍下风向 200m 远的积肥处。

牛舍门口要设消毒坑，出入人员要进行消毒，做好卫生防疫工作。要定期消毒牛舍、饲槽和饲养管理用具。

给乳牛铺垫草，能保持牛床和牛体清洁、干燥，并能使牛充分卧息。如无垫草，则牛的四肢、皮肤及乳房等处容易磨伤，冬季易患病。每头牛日需垫草 2～3kg。

垫草一定要无灰尘、不发霉和无污物，能吸水和尿液，为使厩肥处理容易，以低质秸秆、亚麻秆、沼泽苔藓等廉价和吸水力强者为好。每 100kg 秸秆吸水量为 220kg，亚麻秆相应为 260kg，沼泽苔藓为 1 000kg。

三、产乳牛的饲养管理技术及参考饲粮配方

(一)产乳初期(产后15d)母牛的饲养管理

母牛刚分娩后,消化功能和食欲差,乳房水肿,需要15d左右才能恢复。因此,此阶段应以恢复母牛健康为主,不得过多喂精料或过早催乳。

分娩后要让母牛站立,以减少产道出血和子宫外脱。并使之尽快饮麸皮粥或益母草红糖水。参考配方:

麸皮粥料:麸皮1~2kg,食盐50g,碳酸钙50g,水20L,温度25℃~30℃。

益母草红糖水:益母草粉250g,加水1500mL,煎成水剂后,加红糖1kg、水3L,温度40℃~50℃。每天1次,连服2~3d,以补充体内水分损失和消除疲劳,促进胎衣脱落。

此外,应任其自由采食优质干草和青贮料,精料要逐渐增加。必须注意观察母牛的食欲和乳房状况,若发现消化不良和乳房过分肿胀时,应减少精料喂量。一般分娩后8h左右胎衣自行脱落,如经24h不能脱落,应请兽医检查,不然泌乳初期发病,对整个泌乳期带来不良影响。

产乳初期母牛的饲养较难掌握,母牛产乳量逐日增加,但难以采食较多的饲料,特别是精料。高产牛的干物质采食量往往满足不了产乳的需要,喂给较多的精料容易引起消化不良。解决这一矛盾的关键是,产前(干乳期)要把牛养壮,并使其在分娩后习惯采食较多的精料。在产乳初期,对健康、消化功能正常、食欲良好、乳房水肿基本消失的母牛,要逐渐增加精料。但日喂量不能超过10kg。要适当控制多汁、青绿饲料的喂量,多喂优质干草,并且不宜较多增加精料喂量。此阶段精料和粗料的比例为40:60。参考日粮组成:玉米青贮料15kg,自由采食优质干草(最低饲喂量3kg)、块根3kg,混合精料最初3~4kg,逐日增加(可每日增加0.3kg),直至日喂量达6.5~7kg为止。

饲粮干物质进食量占活重的2.5%~3.0%,1kg饲粮干物质含能量2NND,粗蛋白质13%,钙0.6%,磷0.3%,粗纤维23%。

产后应尽早挤初乳,但在产后1~3d,不能将乳汁全部挤出,特别是产后第一次挤乳,挤出2~3kg即可,以后逐渐增加挤乳量,到第三至第四天后才可全部挤出。避免乳房内压急剧降低,微血管渗出现象加剧,引起母牛产后瘫痪。分娩后乳房有不同程度的水肿,挤乳前后要对乳房进行仔细热敷和按摩。要给母牛铺柔软、卫生的垫草,并注意舍外运动,使其尽快恢复健康。

(二)产乳盛期(产后16~100d)母牛的饲养管理

乳牛健康恢复正常,产乳量增加到泌乳高峰,此阶段的产乳量占全泌乳期产量的40%~50%。使乳牛尽早达到整个泌乳期最高的日产乳量(或产乳高峰),并使高产维持较长的时间(稳产),是提高泌乳期产乳量的关键。因此,这一阶段内饲粮的能量和蛋白质水平应高于以后各阶段;此阶段产乳量可达到高峰,但须动用体内贮存的营养物质补充部分产乳需要。为保持产乳牛的消化功能和健康,必须使其采食约占体重1%的粗饲料,并为其持续泌乳、发情和配种打好基础。要特别注意饲料的品质,多样化和适口性好,照顾不同个体,特别要考虑高产牛对饲料的爱好。有条件时多喂一些青干草、多汁料和青绿牧草,以促进食欲和提高消化率。

高产乳牛泌乳期内采食高峰一般要比泌乳高峰迟 6～8 周。产乳高峰期食入的营养小于产出的乳汁中所含养分,机体代谢出现负平衡,体重下降是难免的。据孙国强等报道(1999),在泌乳的头 8 周内,牛体失重 25kg 是正常的。研究表明,每失重 1kg,可满足 3kg 乳的能量、1.5kg 乳的蛋白质需要。大多数高产乳牛减重要持续到最大采食量到来之前,但此阶段靠消耗体内贮积(体重下降)来达到最高产乳量的营养补充是很有限的。应该在饲粮中补加额外的蛋白质、能量,力争达到代谢正平衡或减小负平衡的程度,把高产乳牛此阶段体重下降的速度和量控制在合理的范围内,是保证高产、稳产、正常发情配种和防止代谢疾病的重要措施。近年来,国内外提倡和推广在高产乳牛产乳盛期饲粮中补充脂肪和采取"引导"饲养方法或配套饲养管理技术等,增加产乳盛期乳牛的营养浓度、干物质采食量,使机体能量代谢达到正平衡。

1. 给产乳牛饲料中添加脂肪　脂肪是动物体的组成成分和体组织修复的原料,也是动物体内合成生物活性物质的先体,其能值是碳水化合物和蛋白质的 2.25 倍。给泌乳盛期的乳牛(能量代谢处于负平衡时)饲料中添加脂肪来代替部分谷物饲料,可在不改变精、粗饲料比例的条件下,提高饲粮能量浓度,使其泌乳高峰提前到来并保持平稳,达到高产、稳产和减少代谢病的目的。

(1)饲用脂肪添加量　一般用量应不大于精料量的 10%。库列洛夫报道,每产 1kg 乳添加 10～15g 脂肪,但总量不宜超过乳中排出乳脂量的 60%;美国康奈尔大学研究表明,在产乳牛精料中添加 3%～4% 的脂肪,可使产乳量提高 2%～10%;查鲁帕报道(1985,1991),每日饲喂 0.454kg(1 磅)软脂酸、硬脂酸和油酸混合物(47∶36∶14)或含棕榈仁油的钙盐,均能提高产乳量和乳脂率。谷物和牧草组成的普通饲粮约含脂肪 3%,对这类饲粮添加 3% 的油脂或保护性脂肪酸最适宜。据卢德勋报道(2001),饲粮脂肪水平控制在占干物质的 7%～8% 水平以下,饲粮内脂肪最高允许水平(占干物质%)为:来源于粗料、谷物籽实 3,天然脂肪(油料籽、动物脂肪)2～4,保护性脂肪产品 2。

(2)添加饲用脂肪的注意事项　在产乳牛饲粮中添加脂肪,须经灭菌处理,确保饲喂安全,防止传播疾病。添加脂肪会导致钙和镁的利用率下降。油脂日摄入量大于 1.5kg 时,会增加牛群患缺钙及缺镁症的危险,建议饲粮中钙、镁用量提高 50%。也有人建议在添加脂肪时,饲粮中钙、镁浓度相应为 0.9%～1.0% 和 0.3%。添加脂肪可提高产乳量,但却会导致乳蛋白率下降,所产乳不适宜作乳品厂加工某些乳制品的原料乳。乳牛饲粮中添加的油脂应采取保护措施(保护脂),未加保护的油脂在瘤胃中很快被微生物分解,其分解产物对瘤胃纤维素分解菌有抑制作用。

另外,乳牛饲粮中脂肪供应也不宜太多,否则会致牛体内分泌激素紊乱,导致不发情,出现持久黄体、卵巢脂肪浸润,有碍于卵泡的形成和发育而致不孕。还可因牛只过肥而产乳量下降或发生酮病。

2. 采用"引导"饲养法　又称"挑战"饲养法。在高产乳牛泌乳盛期给予超出正常饲养标准的饲粮,即额外补加 4～5 个 NND 的饲料,使乳牛尽早达到产乳高峰,不因能量代谢负平衡而限制泌乳,以实现高产、稳产目标,充分发挥乳牛产乳的遗传潜力。

(1)饲喂方法　两种方法,第一种从产犊前 2 周开始,日喂精料 4kg,以后每 2d 增加 0.7kg,直至每 100kg 体重吃到 1.0～1.6kg 精料为止。待产乳高峰期过后,精料喂量可减少到正常水平。例如:对体重 550kg 的乳牛采用"引导"饲养法饲喂期间,日喂给精料 5.5～9.0kg。产犊前精料的最大日喂量 5.7kg,产犊后 20d 喂量达 7.5kg,产乳高峰期喂量达 9kg,

并维持 1 个月。精料喂量还应随产乳量、乳脂率、乳蛋白率、体重等因素进行调整（王根林等，2001）。第二种从母牛产犊前（干乳期）2～3 周开始，在日给精料 2kg 的基础上，每日增加 0.5kg，直到母牛采食精料量达到每 100kg 体重 1.0～1.5kg 为止。例如体重为 500kg 的母牛，每日喂给 5～7.5kg 精料。在母牛产犊后仍按每日 0.5kg 的量增加，直至达到最高产乳量，或者达到母牛的最大自由采食量为止。在母牛产犊 2 周以后，每周测定 1 次产乳量，在达到最高产乳量后，不再按每日 0.5kg 增加精料，以免浪费（张国钧等，1992）。

（2）注意事项

①必须供给优质粗饲料："引导"饲养能使母牛瘤胃微生物在产犊前就适应高精料的环境，并在产犊后也能采食较多的精料，在高产母牛最需能量的产乳盛期，能获得丰富的能量及所需营养物质。但应注意，"引导"饲养期必须供给一定量的优质粗饲料或青干草，以防止乳牛消化代谢紊乱，甚至出现酸中毒或真胃异位等疾病。采用"引导"饲养法，须采取预防乳腺炎发生的一些措施。饲喂高精料饲粮，由于提高了泌乳量，加重了乳腺组织的生理负担，可引起隐性乳腺炎复发，或已经存在的乳腺炎加重，但不直接引起乳腺炎。张国钧等报道（1992），经多次试验证明，在分娩前分别饲喂高精料和低精料的母牛间，乳房水肿发生率的差异程度不显著。

②注意乳牛的健康状况和反应：并非所有乳牛对高精料水平都有增乳反应。对牛群中一些不适应"引导"饲养的个体，如低产牛、已患乳腺炎的牛等，可另行饲养或将精料减至与其产乳量相适应的水平。当饲喂的精料量和产乳量同步上升时，饲养人员应逐日仔细观察母牛的健康状况，如果母牛表现疲劳等迹象，要及时采取相应的对策。如矿物质量能否满足需要，应测定饲粮中的矿物质并补充不足成分或复合添加剂，以防不孕等。

泌乳盛期乳牛精料和粗饲料的比例一般为 60：40，粗饲料应为品质优良的干草、玉米青贮料。饲粮干物质进食量应占活重的 3.0％～3.5％，1kg 饲粮干物质应含能量 2.4 个 NND、粗蛋白质 13％、钙 0.7％、磷 0.45％、粗纤维 15％。

（三）产乳中（101～200d）后期母牛的饲养管理

进入产乳中期，乳牛产乳量按 6％～7％的速度逐月下降，有的牛只可达 8％～10％。泌乳高峰阶段已过去，采食量达到高峰。前期的失重状况终止或开始恢复（增重）；母牛对营养物质的需要量将逐渐减少，因而饲粮中的能量和蛋白质水平可逐渐降低。这一阶段允许喂给较多的粗饲料，但不能太多，以免产乳量急剧下降。此阶段牛只已妊娠，在整个泌乳期食欲是最好的。要注意调整饲粮组成，使产乳量缓慢下降。同时，也应注意牛只的运动。

产乳后期（201d 至干乳）乳牛的产乳量下降到较低的水平，即泌乳期将进入末尾。此期母牛虽妊娠，但胎儿的重量增加缓慢，乳腺活动明显减弱，母牛较温驯、安静，泌乳盛期的失重在不断恢复。可在泌乳中期基础上进一步降低饲粮的能量与蛋白质水平，但仍须按饲养标准满足其营养需要，并使其有所增重，即比泌乳盛期体重增加 10％～15％。对瘦弱母牛应增加营养，使其恢复体重，增强体力。但此阶段也要防止牛只过肥。

据研究表明，母牛在泌乳后期恢复体况或增重比干乳期更为有利或经济，此阶段将饲料转变为体脂肪的效率比干乳期高得多。因此，要重视在泌乳后期恢复牛只体况，不要过分依靠干乳期来恢复。

产乳中期、后期饲粮营养水平见表 7-25。

表 7-25　泌乳中、后期饲粮的营养水平　（%）

饲　粮	饲粮干物质	1kg 饲料干物质含 NND	可消化粗蛋白质	钙	磷	粗纤维	精：粗料比
产乳中期	3.0～3.2	2.13	13	0.70	0.40	17	40：60
产乳后期	3.0～3.2	2.00	12	0.45	0.35	20	30：70

四、高产乳牛的饲养管理

随着优秀种公牛冻精和胚胎移植等技术的广泛应用,国内外乳牛的产乳性能遗传进展很快,出现了不少牛群平均产乳量达 8 000kg 和单产 1 万 kg 以上的高产乳牛。高产乳牛泌乳功能非常旺盛,代谢过程十分紧张,相应的消化、乳腺、呼吸、心血管及神经等器官和组织的负担相当繁重。据报道,每产 1kg 乳,流经母牛乳房的血液 400～500L,饲养上的任何缺陷往往造成代谢障碍、健康不良,达不到高产的目标。

高产乳牛在泌乳盛期,由于营养入不敷出而体重下降,一般活重下降约 45kg。但失重现象不能拖延过久或失重过多,否则会损害牛只的健康,影响泌乳期的总产乳量。采取"引导"饲养法,使母牛超标准采食精料,以满足产乳量和维持体重的营养需要。高产牛对饲料的要求较为严格,产乳量越高对饲料的要求或挑食性也就越强,特别应注意喂给品质优良的干草或青干草,并及时按每头牛的特点调整饲粮配方或搭配适口性好的饲料。

在泌乳盛期,饲料中可添加脂肪,供应充足的能量。可适当增加饲喂次数,但要防止采食过量的青贮料、糟渣类及精料,而干草采食不足,导致消化紊乱,日喂干草不得少于 3kg。青、粗饲料可在运动场设饲槽让牛只自由采食。精料饲喂必须定时、定量。

高产乳牛对管理条件要求也高,牛舍应宽敞明亮,冬暖夏凉,定期消毒,严格执行防疫、检疫及各项兽医卫生制度。每天要让母牛保持一定时间的刷拭和运动,特别要注意搞好乳房卫生,挤乳时环境要安静,挤乳次数要根据泌乳阶段和产乳量决定,一般每天挤乳 3 次。定期进行健康检查,饲养人员要经常观察乳房和粪尿情况,并及时采取对策和措施。

国内外好的大型乳牛场,趋于采取全混饲料(TMR),按产乳量分群饲养,使乳牛任何时候采食饲料都是平衡饲料。多采用计算机或电子控制器控制采食量,使其与体重和产乳量相适应,充分满足高产乳牛的营养需要,避免挑食、剩料和不食粗饲料的现象。

全混饲料应分群和分阶段配合和饲喂。某试验用全混合饲料配方:紫花苜蓿干草(粗饲料)占 40%,精料由大麦、棉籽饼、动物脂肪、食盐和磷酸氢钙组成,占 60%。将整个牛群按产乳量分为三群(每群 100 头),高产群(泌乳期产乳 1 万 kg 以上)、中产群和低产群。经泌乳期 309d 用全混合饲料饲养,高产群产乳量超过 1 万 kg(表 7-26),结果表明所配全混合饲料可为高产乳牛提供所需的营养。

江西省畜牧良种场乳牛一场,1983 年 9 月份有 6 头第二至第七胎的产乳牛,泌乳期 305d 产乳量在 1 万 kg 以上。其经验或采取的措施是根据乳牛的饲养标准,利用常规饲料合理搭配饲粮。全期每头牛采食混合精料 3 801kg,平均每产 1kg 乳消耗混合精料 0.347kg。

表 7-26 母牛泌乳期自由采食全混饲料的生产性能

指 标	高产群	中产群	低产群
308d 产乳量(kg)	10972.00	6929.00	4556.00
乳脂率(%)	2.90	3.00	3.20
干物质摄入量(kg)	649.00	656.00	629.00
体重变化(kg)	48.00	33.00	59.00
千克乳/饲料(kg)	1.88	1.49	1.16

混合精料组成(%):麦麸 23.7,玉米 29,大麦 18,豆饼 15,花生饼和棉籽饼 7,鱼粉 3.6,骨粉 1.5,贝壳粉 0.7,食盐 1.5。除混合精料外,每头日补充玉米糊浆料 2 桶(每桶约 25kg,用玉米粉 4kg,红糖 0.25~0.50kg)。

保持饲粮或饲料稳定,按牛的特性,实行单槽饲养,4 次喂料,青粗饲料自由采食。除喂料、挤乳拴系外,其余时间牛只自由活动。泌乳盛期、中期挤乳 4 次,挤乳前认真热敷和按摩乳房。

泌乳期产乳量,前 100d 占 39.5%,后 105d 占 23.5%,第二泌乳月比第一泌乳月产乳量高出 17.6%,第三至第七泌乳月平均递减 6.5%,第七至第十泌乳月平均递减 19.7%。

五、挤乳技术及挤乳员的劳动卫生

(一)挤乳次数

挤乳次数应根据乳牛的产乳量高低或泌乳期前后决定。按日产乳量,一般 20kg 以下时,挤乳 2 次即可;20kg 以上挤 3 次;泌乳盛期的高产牛可挤 4 次,一般不超过 3 次为好,使乳牛有充分的卧息、反刍及消化饲料的时间。从年产乳量讲,年产 5 000kg 以下的乳牛,日挤乳 2 次;年产 5 000kg 以上的乳牛,挤 3~4 次。

根据人力和机械化程度作出挤乳次数和挤乳时间的具体安排,以利于提高产乳量为前提。挤乳时间要稳定、严格执行,不能随意改变。一般 2 次或 3 次挤乳的时间间隔,以接近均衡为好,使母牛夜间卧息 6~7h,即夜间有集中的卧息时间。如每日挤 2 次,在早晨 5 时和下午 5 时,间隔 12h;每日挤 3 次时,可安排在 5 时、12 时、19 时。

(二)清洗乳房

挤乳前用温水(40℃~50℃)清洗乳房,水温太低(20℃以下)或太高(60℃以上)均会使牛感到不适,影响乳房膨胀或产乳量。洗乳房时,先用带较多水的毛巾迅速擦洗 1~2 次,然后在水中涮洗毛巾并拧干,再将乳房仔细擦干。清洗乳房要彻底,乳房、乳头和乳房基部周围均要清洗干净,以减少挤乳过程中污染。在国外(如德国慕尼黑市郊区)出现超净乳牛场,除牛舍建筑、卫生及对乳牛健康要求高、饲喂无污染饲料等外,特别注意挤乳台及牛体、乳房清洗,挤乳前冲洗牛体,进入挤乳台(厅)后清洗消毒乳房,用特制消毒纸擦干,挤去乳头中的乳(含菌多)后套挤乳器。要求挤乳含菌不超过 1 000 个/mL,乳不经杀菌置温度 4℃下即可保存 6d。主要供应婴幼儿及医院病人,售价比普通牛乳高 2.5～3 倍。

用温水清洗乳房,能刺激乳房膨胀,促进血液循环,可以提高产乳量,故一定要认真、仔细地搞好这一操作环节。

(三)乳房按摩

经过清洗后的乳房已开始膨胀,接着用双手开始按摩,使乳房进一步膨胀和增加内压,乳头环状括约肌松弛,出现排乳反射,就可以挤乳。特别要挤尽最后的乳汁,因其含的乳脂高,对乳品质有良好影响。生产实践证明,正确的按摩,可以促进乳牛乳腺活动和提高泌乳功能,不仅可提高产乳量(包括乳脂率),而且还可预防乳腺炎。按摩乳房时,双手要用一定的力量,先按摩右侧两叶,后左侧两叶,也可先按摩前两叶,后按摩后两叶。双手由上而下并向内反复按摩、揉搓。对四叶要用力均匀,按摩动作反复 2～3 次。最后手握乳头向上顶撞(模拟犊牛哺乳时顶撞乳房)2～3 次。

(四)挤乳技术

要做好挤乳前的各项准备工作,挤乳时动作要快,使乳牛养成快速排乳的良好习惯。乳房经清洗、按摩等刺激膨胀后,形成排乳反射,牛大脑垂体后叶释放催产素,催产素作用的时间较短,一般为 4～6min。因此,清洗、按摩后应立即挤乳,并要一气挤毕,不允许拖长挤乳时间而影响产乳量。

挤乳时要按照牛群中每头牛的挤乳顺序,有条不紊地进行。开始挤的头两把乳要弃掉,因乳头孔与外界相通,含的微生物多而易坏乳。

挤乳期间禁止打扫牛舍卫生和刷拭牛体,以免干扰挤乳和污染牛乳。要给乳牛创造安静的环境,不能有突然惊扰和剧烈响动,禁止殴打和恐吓乳牛,否则会严重影响其产乳量和健康。挤乳后要喂一些粗饲料,不应立即放入运动场。

1. 手工挤乳

(1)指擦法 也叫滑下法,是用拇指与食指紧紧夹住乳头基部,向下滑动将乳挤出。由于用力大,很容易损伤乳头肌肉和血管,牛只表现疼痛或不安,长期用指擦法挤乳可导致乳头变形或损伤乳头肌肉。除乳头小不能用拳握法挤乳外,一般不用此法。

(2)拳握法 也叫压榨法。用拇指与食指紧握乳头基部,使乳不能回流,然后用中指、无名指和小指依次压榨乳头将乳挤出。用此法挤乳时,对牛乳头肌肉下扯力量较小,不使牛疼痛,长期挤乳不损伤乳头或致乳头变形,乳的污染相对较少,所以是手工挤乳普遍使用的方法。

手工挤乳是辛苦而比较繁重的劳动,挤乳员要采取正确的姿势坐着挤,使力量均匀地分布于手指、手掌及前臂的肌肉上。挤乳所需的力量有 147.1～196.1N,蹲着挤乳很容易疲劳。坐着挤乳时,两手的肌肉在很短的时间内反复握压和松开乳头,即工作和休息动作相互交替,减少了腰、腿的力量,故较为省力。

挤乳过程中,手的动作要轻快而有力,开始挤乳时,用力宜轻,速度可慢,待牛只排乳旺盛时,应加快速度,每分钟压挤 80～120 次,每分钟挤乳量 1～1.5kg。对高产牛还可采取两人同时各挤一侧乳头。

2. 机器挤乳 国内外大型乳牛场均采用机器挤乳。我国一些大型乳品企业,在乳源基地设若干挤乳站,将农户分散饲养的乳牛,按时间安排顺序到站挤乳,不仅可减轻挤乳员的劳动强度,提高劳动效率,而且可提高产乳量和乳的品质。

挤乳机从 1859 年问世以来,现有多种多样的类型,如有固定式、移动式等。均由两部分组成:真空部分由真空泵(电动机或柴油机)、真空罐、真空调节阀门、真空管道组成;挤乳部分由集乳桶(或由管道直接流入贮乳罐)、集乳器、脉动器、通气和通乳大皮管(各 1 条)、通乳和通气小皮管(各 4 条)和 4 个挤乳杯(俗称乳嘴)组成。我国生产的固定式挤乳设备,可同时挤 8~10 头乳牛,可供 100~120 头产乳牛群挤乳使用。牧场移动式(装在推车上)的可同时挤 2 头乳牛。

挤乳时真空表负压最好保持在 37 330.2~50 662.4Pa(280~380mmHg),才能保持正常的挤乳需要。脉动器是将真空管的不变真空变为挤乳时所需的可变真空。使挤乳杯的挤乳动作变为 2 节拍(吸吮、压缩,现代的挤乳机多为 2 节拍)或 3 节拍(吸吮、压缩和休息)。脉动器脉动次数为 48~60 次/min,可在脉动器附的调节钉上进行调节。脉动器的可变真空通过皮管与集乳器连接,对乳头进行吸乳、压缩,时间一般为 1∶1,集乳器将 4 个挤乳杯所挤的乳汇入通乳大皮管,流入挤乳桶或管道。

乳房的清洗、按摩与手工挤乳相同,挤乳后按照工序清洗挤乳机挤乳部分,特别是与乳接触的有关零、部件须拆卸清洗,然后挂在架上晾干备用。

(五)挤乳员的劳动卫生

挤乳员及参加牛乳生产的人员须身体健康,并定期进行健康检查,凡是患有传染病(如结核病、肝炎、痢疾及皮肤病等)或带菌者,在未彻底治愈之前,不能参加挤乳工作,以免使病菌通过牛乳传播给消费者。

挤乳员要注意个人卫生,挤乳时要穿工作衣,洗净双手,剪短指甲,长的指甲不仅使乳污染的机会增多,挤乳时也容易划破牛的乳头、乳房。挤乳过程中要注意避免手和用具被污染。

要注意安全,接近牛只须提高警惕,先用温和的声音打招呼,避免突然出现使牛只因惊恐而踢、顶伤人。对于胆小、易惊和有恶癖的牛更要注意。挤乳时手的动作不宜太重,对乳头上有瘊子和乳房有伤口的牛,挤乳前应将其周围的被毛剪短,并涂上油脂药物,以减轻伤痛,防止踢人。

对初学手工挤乳者,要让其逐渐掌握挤乳技术,不宜工作过量而使手臂过度劳累和疼痛。待技术熟练后,可以日挤乳 80~100kg。

挤乳员要注意保护双手,天气较冷时,特别是在牧场上挤乳时,不要脱去衣、袖,使臂外露受寒;不要长时间把双手浸在冷水中或清洗用具等;不要蹲、跪在地上或潮湿的圈地上挤乳,要保持正确的坐着挤乳的姿势。每天挤乳后用 40℃的温水浸泡手臂(每次 10~15min),浸泡后擦少许护肤用品,然后用双手轮换按摩、揉搓(或捏)手臂的肌肉或关节,以促进血液循环,增加新陈代谢和恢复肌肉力量。

六、干乳牛的饲养管理

(一)干乳的目的

在产乳牛妊娠后期,即在下一胎分娩前 2 个月,要停止挤乳,使乳腺组织不再泌乳的牛叫干乳牛。由停止挤乳到下一胎分娩前的这段时间叫干乳期。干乳期应不少于 60d。初胎、高产及体弱有病的牛,干乳期要适当延长(65～75d)。

干乳期是母牛的妊娠(或怀孕)后期,是胎儿生长发育最快的阶段,胎儿体重的 80% 在最后 2～3 个月长成。如果妊娠后期不干乳,就会严重影响胎儿的生长发育,甚至犊牛出生后患病或不易成活(表 7-27)。

表 7-27　乳牛干乳期长短对产乳量、犊牛初生重及其发病率的影响　(d、kg、%)

对下胎产乳量的影响		对犊牛初生重的影响		对犊牛发病率的影响	
干乳期	产乳量	干乳期	初生重	干乳期	发病率
30	2558	30	24.1	10	88.6
60～90	3078	30～44	26.5	30	54.3
90 以上	2871	45～74	28.9	40	15.6
		75	28.6	60	—

产乳牛经过泌乳期 305d 的产乳,乳腺组织和乳腺分泌细胞需要休息、再生或更新,以补充泌乳期的损伤和营养消耗。产乳牛泌乳后期未能补偿的失重、体力消耗,也需要在干乳期补充和贮备一定的营养物质,即保持良好的体况,使 BCS 为 3.5(3.0～3.5),为下一胎的高产打好基础。此外,干乳还可预防母牛下一胎分娩时发病和提高对疾病的抵抗力。

(二)干乳的方法

1. 快速干乳法　产乳牛在计划干乳前,如日产量还在 15kg 时,应实行快速干乳,即在 4～6d 内完成乳牛的干乳工作。从饲粮中去掉全部多汁料,将精料减到干乳牛的喂量以下,喂给干草,控制饮水量,停止乳房按摩,减少挤乳次数(如由 2 次减为 1 次,或隔日 1 次),到第六天时停挤。应加强运动,使母牛迅速干乳。目前,乳牛场多用此法干乳。

最后一次挤乳时,要将乳汁全部挤出,然后将乳房及乳头擦洗干净。为预防乳腺炎,应由乳头管向乳房注入抗生素等,此后即使乳房膨胀,也不再挤乳,经 4～7d 乳房中的乳汁被吸收而不再分泌,处于休止状态。

乳头注入药物参考配方:

第一:青霉素 20 万 IU,链霉素 1g,用蒸馏水 20mL 将抗生素溶解,再加入 20mL 甘油,每个乳头注入 10mL。

第二:花生油或大豆油 40mL,青霉素 20 万 IU,链霉素 100 万 IU,磺胺粉适量(用甘油稀释)。每个乳头中用注射器注入 10mL(北京双桥农场双桥牛场)。

第三:金霉素眼膏或干乳灵膏,注入乳头或封闭乳头。

2. 逐渐干乳法　在计划干乳前 10～20d,逐渐减少饲粮中的多汁饲料和精料,限制饮水,并逐渐减少挤乳次数,不按平常时间挤乳,打乱牛的生活规律,并加强运动使母牛逐渐干乳。这种方法较安全,不易得乳腺炎,对有乳腺炎病史的牛多用此法。但时间长,且减料减水,影响母牛健康及胎儿的生长发育,故采用较少。

3. 骤然干乳法　又称一次性干乳法。在计划干乳时,认真清洗并按摩乳房,一次彻底挤净乳后即不再挤乳，依靠乳房内压，压迫乳腺组织不再泌乳。据报道，乳腺容纳系统（乳腺泡腔、大小乳导管、乳池）充满乳后，内压逐渐上升，压迫乳腺组织、血管及淋巴管，阻碍血液供应，大约挤乳后经 35h，乳腺分泌细胞停止分泌乳汁，尔后乳汁被血液逐渐吸收，一般经 3～5d 乳汁被血液完全吸收达到干乳。也有对高产牛在停挤乳后 1 周再挤 1 次，挤净后从乳头孔注入抗生素或干乳灵膏并封闭乳头。有些学者认为：骤然干乳法不改变牛只的饲养管理条件，不影响母牛及胎儿的健康，可使胎儿的初生重提高 3kg 左右，母牛乳腺炎发病率下降约 25%。

无论采用何种干乳方法，最好在干乳前请兽医对母牛进行一次检查。停止挤乳后，最初几天要特别注意观察乳房，防止发炎。如干乳后乳房出现过分肿胀或滴乳现象，为防止感染，可再次挤净乳后注入抗生素，或用盛有 5% 碘酊的小杯浸乳头。

干乳是一项细致的工作，既要求快（采取快速干乳法），也要稳（细致），否则会造成乳腺发炎，甚至使乳牛丧失产乳能力。

（三）调节干乳后期乳牛饲粮中的离子平衡（DCAD）

国内外动物营养学者研究发现，干乳后期（或产犊前 3 周至产后 2 周的乳牛）饲喂酸性或称阴离子饲料，可提高血钙浓度。并提出给干乳牛饲粮中添加阴离子，可以防止或减少产后瘫痪（或称产褥热、乳热症）、酮中毒、胎衣滞留、子宫炎及真胃移位等主要发生在这一阶段的疾病。也有报道，这一阶段乳牛免疫功能下降，产犊后易感染乳腺炎。据刘庆平等报道，美国每年临床处理产后瘫痪及其引起的其他疾病的花费超过 1.2 亿美元；产后瘫痪可减少乳牛产乳寿命 3.4 年。

为了减少或预防产后瘫痪等症，动物营养学者给干乳牛饲喂阴离子（Cl^-）浓度高、阳离子（Na^+）浓度低的饲料，以提高乳牛血液中的游离钙的浓度，这种饲粮通常称为阴离子饲粮。

1. 饲料阴离子的平衡　大多数干乳期乳牛的饲粮中，阴阳离子平衡 $[(Na^++K^+)-(Cl^-+S^-)]$ 在每 kg 干物质中为 +50mEq 至 +300mEq。以美国饲养标准和分析计算（NRC，1989），一些乳牛常用饲料的离子平衡情况见表 7-28。

表 7-28　几种饲料的离子平衡（DCAD）

饲　料	Na^+	K^+	Cl^-	S^-	DCAD*
	干物质%				
苜蓿干草（晚期刈割）	0.15	2.56	0.34	0.31	+431.00
猫尾草干草（晚期刈割）	0.09	1.60	0.37	0.18	+232.00
玉米青贮	0.01	0.96	—	0.15	+156.40
玉　米	0.03	0.37	0.05	0.12	−18.30
燕　麦	0.08	0.44	0.11	0.23	−26.95
大　麦	0.03	0.47	0.18	0.17	−23.40
酒　糟	0.10	0.18	0.08	0.46	−219.38
豆　粕	0.03	1.98	0.08	0.37	−266.37
鱼　粉	0.85	0.91	0.55	0.84	−75.60

* 以 $[(Na^++K^+)-(Cl^-+S^-)]$ 所计算的每 kg 干物质毫当量

从表 7-28 可见,谷物饲料(大麦、玉米、燕麦)DCAD 为 -19~-27mEq/1kg 干物质,但从实际应用看,谷物饲料的平均 DCAD 大约为零。大多数蛋白质饲料的 DCAD 为负值。鱼粉含 Na^+、K^+ 均很高,故它的 DCAD 负值没有酒糟高。苜蓿的阳离子含量最高,由于阳离子是导致产后瘫痪和低血钙的首要因素,对于干乳后期的乳牛应禁喂苜蓿。

分娩前干乳牛的饲粮普遍为碱性,调整常用的饲料难以降低 DCAD。可通过添加阴离子盐类(含 Cl^-、S^- 离子相对高而含 Na^+、K^+ 离子低的矿物盐)或专用添加剂来平衡。添加单一阴离子盐类,一般适口性很差,会影响乳牛的干物质采食量,所以生产中可使用几种盐类的混合物,在分娩前 3~5 周喂给。如果干乳后期乳牛饲粮中牧草(或干草)DCAD 很高,添加阴离子盐类几乎不可能将饲粮中的 DCAD 降到正常水平,或对饲料的适口性有影响。在这种情况下,首先应去掉或停喂含钾高的饲料,然后添加阴离子盐类或添加剂。此外,每头乳牛每日应从饲粮摄入 120~150g 的钙。

2. 饲粮中添加阴离子的方法及注意事项

(1)对饲粮的组成成分进行化学分析 掌握钙、钾、硫、钠及氯的含量。首先通过降低饲粮中的钾含量来调节 DCAD。

(2)添加硫酸钙、硫酸铵、硫酸镁或几种盐类的混合物 使饲粮的含硫量达 0.4%。添加铵盐时应注意无机氮的含量,防止氨中毒。选择生物学效价高和适口性好的阴离子添加剂,配合成全价饲粮或与玉米青贮按一定比例混合后饲喂。使饲粮的 DCAD 维持正常水平。使饲粮中的钙占干物质的 1.2%~1.8%(每头牛饲粮中含钙 150~200g),磷占干物质的 0.4%(每头日采食量 35~50g)。

(3)注意喂量 在分娩前 2~3 周,至少应将含有阴离子的饲粮、混合精料及玉米青贮料的日喂量分 2 次喂给,并注意观察牛只的采食量。控制添加阴离子饲粮(或饲料)的喂量,防止饲喂不当而出现不良后果。对放牧牛或无法控制牛采食量的饲养管理方式,不能饲喂阴离子饲粮。

(4)保证乳牛采食足够或理想的阴离子饲粮 每周应测定尿液 pH 一次(采食后 2~6h 测定,5~6 头以上),尿液 pH 6.5 以上,说明饲粮中的 DCAD 不能显著改变产犊时的血钙浓度,pH 5.5~6.5,牛只采食量为可以接受的水平,应继续喂该饲料。pH 5.5 以下,而且采食量明显下降时,应降低饲粮的阴离子浓度。

(5)无需给育成牛、待产初胎母牛添加阴离子 因其低血钙和产后瘫痪的发病率很低。

一些资料表明,饲粮中添加阴离子可减少产后瘫痪 50%,在很大程度上杜绝亚急性低钙血症,改善瘤胃的消化功能。干乳后期添加阴离子可提高泌乳期产乳量 3.6%~7.3%,胎衣滞留明显减少(添加组发病率为 4%,对照组为 16%),繁殖功能也明显改善(妊娠率提高 17%~19%),产后空怀期减少 14d。

(四)干乳母牛的钙、磷供应与产后瘫痪

发生产后瘫痪时,血清中钙的浓度降至 0.25~0.31mmol/L,血镁高达 0.41~0.62mmol/L(钙:镁为 2:1,正常值应为 5~5.5:1)。分娩期乳牛血浆钙下降 0.13~0.25mmol/L,若降至 0.63mmol/L 以下,就有可能发生产后瘫痪(Jecobsen,1975)。

产后瘫痪的发病机制还未全面揭晓。一般认为:干乳牛饲粮钙水平过高,消化道和机体由骨中动员钙的机制受抑制。甲状腺产生的激素少,形成的降钙素(甲状旁腺的颉颃物)多;产犊

前后数天（或围产期）钙供应不足，当泌乳（包括初乳及常乳）期来临前，特别是高产牛，排出钙或对钙的需要量急剧增加，而机体调节机制不能保证泌乳旺盛对钙的需要。母牛在分娩前数日，乳房要形成约5kg初乳，含钙约20g。估计每天从牧草中进食50g钙的母牛，仍难以吸收足够的钙来满足此时泌乳的需要，因母牛消化道蠕动弱，导致食入钙吸收率低。还有一些报道认为，母牛分娩时雌激素水平高而阻碍骨钙的重吸收，分娩时大脑皮层处于抑制状态，影响甲状旁腺的分泌等。

为了预防产后瘫痪，除采取前述方法降低DCAD外，宜在干乳期喂给低钙、低磷的饲粮，或喂钙、磷比值为1：1的饲粮。除禾本科牧草、干草、青贮饲料外，喂给不添加矿物质的混合精料或压扁的大麦，在产犊前2～3d开始用正常的产乳饲粮逐渐代替低钙、低磷饲粮。多数的产后瘫痪发生于产后的48h内，此期间前后不仅要提高钙、磷的供应，防止血钙水平迅速下降，还要设法维持母牛的食欲，使母牛的干物质采食量和血钙保持在显著高于传统饲养的水平。另外，母牛从骨中动员钙的能力及利用率随年龄增长而下降，故年龄大的母牛更易发生产后瘫痪或对该病更为敏感。因此，产犊前提高其钙、磷的喂量，在血浆钙水平开始下降时就能吸收较多的钙来补充。据报道，母牛对镁进食量过高，也可能引起产后瘫痪，高水平镁对肠中钙的吸收有抑制作用。

（五）干乳牛的营养需要及饲养管理

对干乳牛一般可按日产乳10～15kg母牛的营养需要进行饲养。对体弱、膘情差（BCS>2.5）和初胎牛要适当提高标准，使其在临产前具有BCS 3.0～3.5的体况。为避免因过肥引起难产，导致乳腺内脂肪沉积及影响泌乳功能。也有人建议对干乳牛按日增重0.5kg的乳牛饲养（其中胎儿日增重0.25～0.38kg，其余为干乳牛的增重），使其体重比产乳盛期提高15%。

要保证干乳牛对蛋白质、矿物质及维生素的需要。任何营养不足，不仅会影响乳牛健康，而且最终将会影响到胎儿的生长发育，所产犊牛体弱、不易成活。

我国《乳牛饲养标准》中，对母牛妊娠最后4个月的营养需要作了规定。现摘录体重550kg、妊娠8～9个月的干乳牛营养需要（表7-29）。

表7-29　母牛妊娠8～9个月的营养需要

体重 （kg）	妊娠月份	干物质 （kg）	乳牛能量单位 （NND）	可消化粗蛋白质 （g）	钙 （g）	磷 （g）	胡萝卜素 （mg）	维生素A （KIU）
550	8	9.26	16.87	473	49	31	105	42
	9	10.72	19.53	535	57	34		

干乳牛的饲粮组成：一般喂给优质干草8～10kg，玉米青贮料10～15kg，多汁饲料5～7kg，混合精料3～4kg。多汁饲料及青贮不宜过多，以免压迫胎儿造成早产。干乳期最后2周，可对高产乳牛采用"引导"饲养法。

母牛在产前4～7d乳房膨胀、红肿或水肿较严重时，可适当减少混合精料的喂量。在混合精料中加入适量麸皮等轻泻性饲料，防止便秘。

上海牛乳公司乳牛场采用均衡补精料的方法，即从干乳后第五天开始，在每头干乳牛日喂精料1.5kg的基础上，每日增加产15kg乳所需的精料，共5.25kg（1.5＋15×0.25），直至分娩前 5d 再根据母牛的食欲等适当控制喂量。

干乳期饲粮精、粗比一般为 25∶75,饲料干物质进食量占体重的 2.0%～2.5%;1kg 饲料干物质含能量 1.75NND,可消化粗蛋白质含量为 11%～12%,钙 0.6%,磷 0.3%,粗纤维不少于 20%。

干乳牛处于妊娠后期(产前最后 2 个月),应特别注意保胎。不喂质地差或腐败、霉烂的饲料,冬季不能喂过冷或结冰的水(饮水温度以 15℃为宜),防止出入牛舍或出牧、归牧时互相挤撞。每天要有 2～4h 的运动(产前停止),并进行刷拭和乳房按摩 1～2 次。预产期前 7～10d 或乳房膨胀、红肿、乳头变粗时停止乳房按摩,转入产房饲养、护理,等待分娩。

七、乳品安全与可控乳源

我国的乳牛多由千万家养殖户分散饲养,乳源无序管理,乳品质量难以控制。一些乳品企业争乳源、争市场,对乳源基地置于无足轻重或投入很少,其结果是乳源质量失控,直至发生三聚氰氨的"三鹿奶粉"事件,使全国的乳业受到重创。

2008 年 7 月 17 日,国家发改委和工信部联合发布《乳制品工业产业政策》,明确乳制品工业必须有可控的乳源基地,改(扩)建项目可控乳源生产鲜乳量不低于原有加工能力的 75%。很明显国家非常重视牛乳或食品安全。

乳业的特点是产业链长,涉及科学规范的乳牛饲养管理,包括挤乳和乳源管理、饲料种植和加工、乳品加工和销售等多个环节,任何环节的不协调或出现问题,都会影响乳品安全。

在乳源基地设挤乳站,用现代化的挤乳设备统一挤乳,挤乳及后续工序在安全封闭的系统内完成,每个环节都有科学、严密的监控制度,从挤乳开始欲人为在乳中添加东西是不可能的。但千家万户手工挤乳、散装交售的乳源,往往存在着难以控制的疏漏,很难保证乳品安全。

由于鲜乳具有最易变质、难以贮存运输的特点,2009 年全球乳制品贸易仅占总产乳量的 7%,主要是乳粉、乳酪。乳牛业发达的国家如美国、欧盟等,鲜乳主要满足供应本国或当地的消费者。乳源距中心消费区或城市不超过 200km,并采取国际通用的"冷链控制系统",即牛乳从挤出到贮存、运输、加工和销售的全过程均在特定低温条件下进行,最大限度保持鲜乳的质量和风味,让消费者饮用新鲜、安全的牛乳。

欧盟的乳品集中于德、法、英、荷、丹麦等国,乳牛饲养户在自愿的基础上建有合作社,合作社兴办有乳品加工厂,统一加工、销售牛乳,养殖、乳品加工、销售形成利益高度一致的完整产业链,提高了生产效率,增强了市场竞争力。如 2008 年荷兰两合作社(Campina 与 Friesiand-Food)合并,其中包括荷兰、德国和比利时的 17 000 家乳牛户(场)为该合作社成员。这种乳牛户(场)与乳品企业的利益始终绑在一起,或乳品企业有自己可控的乳源基地,是国外乳业近百年的发展经验。

乳业企业没有可控乳源或自己的乳牛养殖基地,不是忙于建基地而是急于争市场。乳牛户的利益被弱化或受到侵害,一旦市场有变化或出现乳品不安全事件,风险就会转嫁到乳牛户,乳品企业与养牛户不能一荣俱荣,但会一损俱损,"三鹿奶粉"事件影响到全国乳及乳制品滞销,养牛户倒鲜乳、杀乳牛的严重教训是深刻的。

第三节 肉牛的营养需要与标准化饲养

一、肉牛的营养需要与饲养标准

我国的肉牛业虽起步晚,但发展很快。除黄牛良种向肉用方向选育外,主要是引进国外一些良种肉牛品种,广泛采用冷冻精液及胚胎移植技术,同黄牛进行杂交改良或扩大良种繁育,提高产肉性能。除黄牛杂交改良所产杂种牛外,牦牛、水牛也进行杂交改良,生产部分杂种牛。另外,还有乳牛业中的部分公犊牛、淘汰母牛等,共同组成我国肉牛生产的牛源。

我国肉牛的饲料大体可分为天然草原牧草或人工栽培牧草、作物秸秆等粗饲料,包括非蛋白氮(尿素等),是资源丰富的非竞争性饲料。如我国有草原 2 亿 hm²,草山草坡 0.67 亿 hm²,年产农作物秸秆 5 亿 t 以上,加上正在实施的退耕还林还草、人工牧草栽培及农副产品加工的糠麸、饼粕等,有人估计全国可养 3 亿头牛(全国现养牛 1.3 亿头)。关键是精饲料(谷物),即竞争性饲料(与猪、禽等竞争)总量不足,世界上也没有一个国家有能力出口谷物来解决我国精料不足的部分。这就需要我们调整畜种结构或在养殖业内部调控饲料,按营养需要及饲养标准进行肉牛饲养,即用粗饲料(牧草、秸秆等)与精饲料(谷物)有效搭配组成饲粮,来提高肉牛的产肉性能和经济效益。

我国《肉牛饲养标准》(2004.9)(附录一,下同),规定了生长肥育牛、妊娠母牛、哺乳母牛等的营养需要量。该标准以肉牛综合净能(NE_{mf})衡量肉牛的能量需要或评定饲料的能量价值,为便于在肉牛生产中应用,将肉牛综合净能值换算为肉牛能量单位(RND)表示,并以 1kg 中等玉米(二级饲用玉米,干物质为 88.5%,粗蛋白质 8.6%,粗纤维 2.0%,粗灰分 1.4%,每 kg 干物质的消化能为 16.40MJ)所含的肉牛综合净能(8.08MJ)为 1RND。各种饲料的肉牛能量值可按下述公式计算:

$$RND = \frac{NE_{mf}(MJ)}{8.08(MJ)}$$

式中:RND 为肉牛能量单位,NE_{mf} 为 1kg 某种饲料所含肉牛综合净能,8.08 为 1kg 中等玉米所含综合净能(MJ)。

例如:1kg 玉米青贮(干物质为 22.7%),其原样中综合净能值 1.05MJ,为 0.13RND(1.05/8.08),1 头活重 200kg、日增重 0.9kg 的生长阉牛,需要综合净能 25.90MJ,即需要 3.21RND(25.9/8.08)。

肉牛的蛋白质营养需要,以往所用粗蛋白质,特别是可消化粗蛋白质,不能反映牛蛋白质消化代谢的实质。现我国《肉牛饲养标准》采用小肠可消化粗蛋白质体系。进入小肠的可消化粗蛋白质是牛真正可利用的蛋白质,包括饲粮进入瘤胃的非降解蛋白质和瘤胃微生物蛋白质,二者进入小肠被消化利用。

牛饲粮进入瘤胃后,如果饲料可消化粗蛋白质过量或降解率很高,瘤胃微生物难以全部利用形成微生物蛋白质时,这些过量蛋白质将以氨的形式从瘤胃损失掉,造成剩下进入小肠的未降解蛋白不足。按照小肠可消化粗蛋白质指标配合肉牛饲料,包括组成饲粮饲料的多样化

(不同饲料及其组成在瘤胃中的降解率不同),才能满足牛对蛋白质的需要。

应用小肠可消化粗蛋白质指标配合饲粮时,若无饲料数据支持,仍暂用可消化粗蛋白质指标,但同一饲粮没有必要计算或平衡两种蛋白质指标。

根据《肉牛饲养标准》,对不同体重、计划日增重的牛只配合饲粮。体重300kg,日增重0.8kg及1.1kg的生长肥育牛的饲养标准见表7-30。

表7-30 生长肥育牛的营养需要*

体重(kg)	日增重(kg)	干物质(kg)	肉牛能量单位(RND)	综合净能(MJ)	粗蛋白质(g)	钙(g)	磷(g)
300	0.8	6.58	4.31	34.77	715	29	16
300	1.1	7.38	5.29	42.68	818	36	19

* 为简化起见,小肠可消化粗蛋白质的需要量可按表中所列粗蛋白质的55%计算

韩国将生长肥育牛分为两个阶段:育成期(12月龄前)是骨、内脏及消化器官生长发育阶段,肥育期(13月龄以后)是肌肉间及肌肉内脂肪贮积及肉质逐渐改善的阶段。分别按不同的饲养标准(表7-31)进行饲养。

表7-31 不同生长阶段的饲养标准*

	项目	育成期(月龄)		肥育期(月龄)	
		断乳至5	6～12	13～18(前期)	19～24(后期)
营养标准	可消化粗蛋白质(%)	18～19	14～16	11～12	10～11
	总消化养分(%)**	70	68～70	71～72	72～73
供给标准(%体重)	配合精料	2.0～2.5	1.2～1.5	1.7～1.8	1.8～2.0
	青草	3.0～5.0	6.0～8.0	3.0～5.0	—
	青贮	2.5～4.0	5.0～7.0	2.5～4.0	—
	干草	1.0～1.2	1.2～1.5	1.0～1.2	0.5～0.8
	稻草	0.8～1.0	1.1～1.5	0.7～1.1	0.4～0.6

注:* 摘引自韩国农林水产部等.《韩牛高档肉生产技术》.(1994.8)

** 总消化养分(TDN)=可消化粗蛋白质(%)+可消化粗脂肪(%)×2.25+可消化粗纤维(%)+可消化无氮浸出物(%),为美国1910年创始的评定饲料营养价值体系所用能值衡量单位

饲粮含食盐量0.15%～0.25%,即可满足肉牛对钠和氯的需要。植物性饲料一般含钠量低,含钾量高,青、粗饲料更为明显,钾能促进钠的排出。所以,放牧牛的食盐需要量高于饲喂干饲料或舍饲的牛,饲喂高粗料饲粮耗盐多于高精料饲粮。

二、肉牛的饲料喂量及参考饲粮配方

(一)饲料日喂量

干草一般含水分仅为10%～15%,品质良好的干草应呈绿色,具有清香味、柔软而保存着叶片。按干物质计,豆科干草含粗蛋白质为14%～21%,禾本科为8%～11%。优质干草适口性好,成年牛日喂量8～15kg,幼牛4～7kg。在给肉牛喂干草颗粒饲料时,仍应给予适量的铡短干草或长草,以防止瘤胃功能紊乱。

青草包括野生和栽培青草两大类,以豆科和禾本科青草的营养价值最高。青草随生长期的推移,逐渐老熟,适口性、采食量也逐渐下降。成年牛喂量40～50kg/d,幼牛为15～20kg/d。栽培牧草最好青刈喂给,可提高牧草产量和牛只的采食量,缺点是费劳力。

能量饲料,例如玉米、大麦、高粱、燕麦及糠麸类精料,有效能和无氮浸出物含量高,粗蛋白质含量较低,矿物质含量少,且磷多于钙。能量饲料的利用多限于肥育牛,对生长幼牛及其他牛仅在冬季给予有限的补饲。

蛋白质饲料,例如饼粕类、豆科籽实(蚕豆、豌豆)类等,含粗蛋白质20%以上,一般用于平衡肉牛混合精料(或饲粮)中的蛋白质。也可用少量尿素替代部分植物性蛋白饲料。

肥育牛采食较多混合精料时要注意补充钙,喂给大量禾本科干草时要注意补充钙、磷,喂豆科干草时要补充磷。当地土壤、水中缺乏某种微量元素,所产饲料中也相应缺乏,如缺碘地区应给牛补充适宜碘化合物(如碘化钾等)。

不同肉牛青、粗饲料的参考喂量见表7-32和表7-33。

表 7-32　肉牛在舍饲及放牧条件下精、粗饲料的参考喂量

牛别 (活重·kg)	饲料 (kg/d)	舍饲喂的粗饲料种类			放牧场牧草的等级		
		豆科、优质的豆科与禾本科干草及青贮(含蛋白质高)	豆科与禾本科干草及青贮(含蛋白质中等)	禾本科干草及青贮(含蛋白质低)	优　等	中、上等	下等,冬季牧草,包括一般干草
成年种用母牛(500)	粗　料	8～12	8～13	8～13	—	—	—
	精　料	—	—	适当补饲	—	—	适当补饲
	其中大豆饼	—	—	0.3～0.7	—	—	0.3～1.36
育成母牛(180～227)	粗　料	5.5～8	5.5～8	5.5～8	—	—	—
	精　料	0.9～1.8	1.1～1.8	1.1～2	—	—	1.1～2
	其中大豆饼	—	0.23～0.45	0.57～0.68	—	—	0.57～0.68
架子牛(活重180～227,冬季舍饲,日增重0.34～0.45,夏季拟放牧)	粗　料	5.5～8	5.5～8	5.5～8	—	—	—
	精　料	—	适当补饲	适当补饲	—	—	适当补饲
	其中大豆饼	—	0.12～0.45	0.57～0.68	—	—	0.57～0.68

续表 7-32

牛别 （活重·kg）	饲料 （kg/d）	舍饲喂的粗饲料种类			放牧场牧草的等级		
		豆科、优质的豆科与禾本科干草及青贮（含蛋白质高）	豆科与禾本科干草及青贮（含蛋白质中等）	禾本科干草及青贮（含蛋白质低）	优 等	中、上等	下等，冬季牧草，包括一般干草
肥育幼牛（开始活重180～227，出栏活重450～500）	粗料	1.8～2.7	1.8～2.7	1.8～2.7	—	—	—
	精料	5.5～6.8	5.5～6.8	5.5～6.8	4.5～5.55	5～6	5.5～6.4
	其中大豆饼**	0.45～0.68	0.68～0.8	0.8～1.0	—	0.68～0.8	0.8～1.0
肥育阉牛（开始活重360～370，出栏活重450～500）	粗料	2.7～5.4	2.7～5.4	2.7～5.4	—	—	—
	精料	7.3～10	7.3～10	7.5～10.3	6～8.6	6.3～9	6.8～9.5
	其中大豆饼	—	0.23～0.34	0.63～0.8	—	0.23～0.34	0.68～0.8

说明：＊饲料的喂量按干物质计，如喂青贮料，则 3kg 等于 1kg 干草

＊＊大豆饼粕含粗蛋白质为 41％～45％，或用其他蛋白质饲料代替

表 7-33 不同饲养阶段肉牛精料及粗饲料参考喂量

项 目	饲 料	育成期（月龄）		肥育期（月龄）	
		断乳至5	6～12	前期（13～18）	后期（19～24）
饲料喂量	精 料	2.0～2.5	1.2～1.5	1.7～1.8	1.8～2.2
（％体重）	粗 料	1.0～1.2	1.2～1.5	1.0～1.2	0.5～0.8

肉牛育成期或架子牛阶段，应多喂粗饲料，按占体重的 1.5％ 以内限制混合精料喂量时，自然会加大粗饲料的采食量，可促进瘤胃、消化器官及骨骼的充分发育，避免内脏、肌肉内及肌肉间过早沉积脂肪，进入肥育后期可保持较高的日增重，并为生产高档牛肉打好基础。肥育前期按体重的 1.7％～1.8％ 给予混合精料，肥育后期自由采食，达到相同体重可较全期自由采食组节约混合精料 13％，肉质量等级（A∶B∶C）为 0∶5∶1，而全期自由采食组肉质量等级比为 0∶1∶6。限制混合精料饲喂组 B 级肉显著增加，防止了早期过肥或减少了胴体不可食用脂肪（背脂、腹脂）的过多沉积。

肉牛日采食的饲料量（或进食的干物质量）相当于活重的 1.4％～2.7％，才能满足消化道容积或生理需要。采食量随喂给的精、粗料的比例及牛的年龄、况体而有所变化。年龄较大或较肥的牛，每单位体重所采食的饲料，比年龄较轻和较瘦的牛要少。如活重超过 800kg 较肥的肉用公牛，干物质采食量约相当于活重的 1.4％，比年龄不到 2 岁的瘦阉牛（2.8％）少 1/2。单纯喂给秸秆等，则采食量低。饲粮中粗饲料过多，而且品质低劣时，牛只每单位体重的采食量减少或粗料剩余增多。

在中上等放牧场上放牧，成年牛一般日采食量为 42～52kg（放牧 7～8h，采食量 6～8kg/h）；体重 250～350kg 平均日增重 0.6kg 的青年牛，日采食青草量 25～30kg；体重 120～160kg 平均日增重 0.6kg 的 1 岁以下牛，日采食青草量 13～18kg。

(二)参考饲粮配方

随着我国肉牛生产的发展,各地均根据当地饲料条件搭配肉牛的饲粮,筛选出当地适用的饲粮配方。这方面的报道较多,现摘引蒋洪茂《优质牛肉生产技术》(中国农业出版社,1995)所采用的部分配方,供参考(表 7-34,表 7-35)。

表 7-34　体重 300kg 以下肉牛的饲粮[*]

饲料组成(%)[**]	饲粮序号			
	1	2	3	4
黄玉米	17.1	15.0	15.0	10.0
棉籽饼	19.7	—	22.9	12.0
胡麻饼	—	13.6	—	—
鸡粪[***]	8.2	—	8.0	—
白酒糟	—	31.0	—	30.0
玉米青贮(带穗)	17.1	—	17.9	44.6
玉米黄贮	—	35.0	—	—
玉米秸	—	—	—	3.0
小麦秸	36.6	—	35.0	—
干草粉	—	5.0	—	—
食盐	0.3	0.4	0.2	0.4
石灰石粉	1.0	—	1.0	—

[*] 每头日采食干物质 7.2kg,预计日增重 0.9kg

[**] 配方中各种饲料用量均为饲喂状态重,下表同

[***] 鸡粪需经灭菌、脱臭、干燥及粉碎后才能作为饲料和保证饲喂安全。1g 鸡粪的代谢能与麸皮相似。日本资料指出,肉牛饲粮干物质中加入 5%～10% 鸡粪粉是安全的(摘注)

表 7-35　体重 300～400kg 肉牛的饲粮[*]

饲料组成(%)	饲粮序号			
	1	2	3	4
黄玉米	10.4	11.0	19.0	25.0
棉籽饼	32.2	—	—	13.0
亚麻籽饼粕	—	8.6	13.0	—
鸡粪	4.1	—	—	—
白酒糟	30.0	50.0	45.0	21.1
玉米青贮(带穗)	13.4	—	—	37.0
玉米黄贮	—	25.0	17.6	—

续表 7-35

饲料组成(%)	饲粮序号			
	1	2	3	4
干草粉	—	—	5.0	—
玉米秸	9.1	5.0		3.0
食盐	0.3	0.4	0.4	0.4
石灰石粉	0.5			0.5

* 每头日采食干物质 8.5kg，预计日增重 1.1kg

三、影响肉牛肥育的主要因素

(一)肉牛生产的有利及不利因素

农村及草原地区肉牛生产的有利因素：①牛能利用大量的粗饲料(如秸秆等)和农村的自产饲料，为自产饲料提供一个可变通的出路；②草原放牧，能充分利用不适于产粮的土地种草养牛，以增加农业生产的稳定性；③给农副产品饲料提供有利的出路；④能保持土地的肥力，牛粪肥施于土地，使土地回收养分，保持土壤生态平衡；⑤用劳力少，放牧条件下，1 人可管理肉牛 100 头以上。冬季舍饲时用工多，但处于农闲季节，有助于全年劳动力的调节；⑥需用的建筑和设备投资少；⑦发病少，死亡风险小；⑧不污染环境。

肉牛生产的不利因素：①建立牛源基地母牛群所需的投资多；②繁殖或周转慢，饲料转化率较低；③需要的土地面积较大；④受外来传染病的威胁大；⑤运输或交通不便，或无冷库时，牛肉不易贮存；⑥对技术、价格及成本的变化反应慢；⑦需要有一定的养牛知识和管理技能。

(二)品种与类型

肉用品种牛比乳用牛、兼用牛及役用牛能较早地结束生长期，能早期进行肥育和提前出栏，肉质好，屠宰率和胴体出肉率高，骨和结缔组织少。肉用品种牛在肥育过程中能在体内均匀地沉积脂肪，使肉形成大理石纹状，肉质和风味好。良种肉牛肥育后的屠宰率一般在60%～65%，兼用的西门塔尔牛可达 62% 以上。黄牛老、残牛屠宰率仅为 40%～45%，水牛 40% 左右，牦牛约 50%。

杂种牛生长快、肉质好、屠宰率高，比亲本可多产肉 10%～15%；美国两品种杂交所生的后代，其产肉比纯种高 15%～20%。

可将肉牛品种概括地分为大型晚熟型(如夏洛来牛和利木辛牛)、中型(如海福特牛)、小型早熟(如安格斯牛)三个类型。据 300 头牛的肥育试验，在断乳后充分喂给玉米青贮及玉米为主的混合精料条件下，饲养到一定胴体等级(体脂肪占 30%)，平均饲养期夏洛来牛 200d(活重522kg)，海福特牛 155d(活重 470kg)，安格斯牛 140d(活重 442kg)。

(三)年龄及性别

年龄越老，每 kg 增重消耗的饲料越多，成本也就越高。老牛不宜冬末时购入，因经过冬季于翌年秋末出售，饲养期太长，增重不经济。在有大量的青贮料等粗饲料时，肥育 2 岁以上的成年牛比肥育 1 岁以下的幼年牛好。2 岁以上的牛能利用大量的粗饲料，短期肥育即可出售。1 岁以下的架子牛，收购时投资少，经过冬、春季"拉架子"阶段，在翌年夏、秋季肥育出售，经济效益好。但冬季需要有保暖的牛舍，所需投资较多。

1 岁前的幼牛还处于生长发育阶段，增重主要为肌肉、骨骼及内脏器官，成年或淘汰的老牛肥育增重主要为脂肪。1 岁以上牛肥育前期的增重以肌肉、骨骼为主，肥育后期以脂肪为主。肥育牛脂肪沉积的顺序是网脂—皮下脂—肌间脂。随着年龄的增长，增重速度逐渐降低，如 2 岁后牛的增重为 1 岁时的 70%，3 岁的增重为 2 岁时的 50%。因此，成年牛不宜长期肥育，但短期(90～100d)肥育又不适于 1 岁以下的幼牛。

肌肉含脂肪较少，肉质较粗硬、风味差，含脂肪过多影响人体对营养物质的消化和牛肉的烹调特性，目前消费者喜食的牛肉含蛋白质与脂肪的比例为 1.3～1.7：1。

同龄的公、母牛比较，母牛的增重稍低于公牛，成本较高。母牛较适于短期肥育，特别是淘汰母牛，经 3 个月肥育，达较好的肥度即可屠宰。幼母牛肥育的不利因素是发情干扰，有的地区施行卵巢摘除手术。试验证明，卵巢摘除后增重速度比正常幼牛低，故此手术实无必要。事实上幼母牛的发情在肥育初期较频繁，达到一定肥度则减少。

过去认为，公牛去势(摘除睾丸)后性情温驯，容易肥育，产肉量高。但近年试验表明，育成公牛比同龄阉牛生长速度快，每 kg 增重饲料消耗比阉牛少 12%，且屠宰率高，胴体有较多的瘦肉。因此，国外有增加公牛肉生产的趋势。同龄幼牛在同样的饲养管理条件下，母牛的增重低于阉牛，阉牛的增重低于公牛。

虽对是否应去势尚有争议，但英、日、韩等国为了提高肉质和生产高档牛肉，仍对小公牛进行去势。韩牛肥育期内去势的效果见表 7-36。

表 7-36　韩牛肥育期内去势的效果[*]

项　目	公　牛	阉　牛	
	自由采食	自由采食	限制饲喂
始重(kg)	154.70	148.10	152.20
末重(kg)	550.70	551.30	548.90
肥育天数(d)	420	517	527
日增重(kg)	0.96	0.78	0.75
饲料转化效率(%)			
混合精料	7.30	9.10	7.80
粗蛋白质	0.90	1.20	1.10
总消化养分	5.70	7.10	6.90
体　脂(%)	12.7	20.30	16.00

续表 7-36

项 目	公 牛	阉 牛	
	自由采食	自由采食	限制饲喂
净肉率(%)	70.40	60.80	66.60
剪切值(kg/cm²)	9.40	6.20	6.50
肉质等级(1:2:3)	0:5:1	7:0:0	5:2:0
肉量等级(A:B:C)	0:5:1	0:1:6	0:6:1

* 摘引自韩国农林水产部等.《韩牛高档肉生产技术》.(1994)

从表 7-36 可见,同样自由采食条件下,体重达 550kg 时公牛需要 420d,阉牛需要 517d 或延长 3 个月。但阉牛肉的剪切值低(6.2~6.5kg/cm²),即肉的嫩度增加,肌纤维变细,肌肉脂肪沉积提高,多汁而且香味浓。

(四)营养水平及环境条件

营养水平高或按饲养标准饲养,是提高肥育效果的主要因素。在肥育期,营养水平高,肥育时间可缩短,用于维持的需要较少,单位增重的成本低,饲料及管理方面的开支少,经济效益高。据报道,肥育活重 500kg 的阉牛,肥育期增重 108kg,用丰富饲粮饲养时只需 90d,用一般饲粮(营养水平为丰富饲粮的 2/3)饲养时需 216d,饲料消耗比前者多 160%。

牛在肥育期的营养水平,对肉品质的影响也很大。丰富饲养、肥育程度好的牛,肉的营养价值高。如肥牛所产肉每 kg 的热值为 12.55MJ,膘情下等的瘦牛仅为 5.02MJ。

据蒋洪茂等报道(1995),肥育肉牛中一般采用高高型(从肥育期开始到结束,都是高的营养水平)、中高型(肥育前期中等营养水平,后期高营养水平)、低高型(肥育前期低营养水平,后期高营养水平)三种类型,其增重效果见表 7-37。从肥育期平均日增重及肥育天数看,高高型后期增重下降,中高型较为理想。肥育结束体重达 550~650kg,建议肥育期日增重模式:高、中、低营养水平时,中国肉牛的日增重(kg)依次为:1.00,0.80,0.60(美国相应为 1.2,1.0,0.8;日本为 0.9,0.75,0.5)。

表 7-37 营养水平与增重的关系

项 目	高高型	中高型	低高型
试牛头数(头)	8	11	7
肥育天数(d)	394	387	392
开始重(kg)	284.5	275.7	283.7
前期终重(kg)	482.6	443.4	400.1
后期终重(kg)	605.1	605.5	604.6
日增重(kg)			
前期	0.94	0.75	0.55
后期	0.68	0.99	1.13
全期平均	0.81	0.86	0.82

肥育时的适宜温度为7℃～24℃。在高温环境下，牛呼吸次数增加，采食量下降，甚至中暑，特别是肥育后期的牛只，受高温的危害较为严重。

在我国北方的冬季，无暖棚或舍饲条件时，不宜肥育肉牛。气温远低于牛体温时，维持体温的产热增加，增重或饲料利用率显著下降。加拿大西部的饲养试验表明，在冬季平均温度－17℃（其中－23℃以下有11d）的条件下，比夏季平均日增重下降32％，饲料利用率低75％（表7-38）。

表 7-38　气温对阉牛饲养效果的影响

月　份	平均体重 （kg）	气　温 （℃）	月　内 －23℃以下日数	风　速 （km/h）	日均增重 （kg）	日进食量 （kg）	饲料/增重
12～2	419	－17	11	15	1.03	8.95	9.8
3～5	390	2	1	16	1.33	9.18	7.2
6～8	372	17	0	17	1.51	7.97	5.6
9～11	431	3	1	15	1.30	10.68	6.9

引自冯仲廉.《实用肉牛学》.（1995）

北方冬季肉牛活重下降（俗称"掉膘"）时，实际不仅是损失脂肪，牛体各种体组织的下降大体是同时发生的，而且肌肉损失比脂肪要多。据对海福特牛的研究报道，阉公牛活重下降，体内脂肪损失8.5kg时，肌肉损失10kg，骨骼损失不到0.5kg。牛只在活重严重下降时，骨骼才会明显损失；在夏秋季体重恢复时，肌肉恢复比脂肪快。据试验，每沉积1kg脂肪时，约增加3kg肌肉，但这时的肌肉含水分较多。

（五）补偿生长及肥育技术

牛（特别是幼牛）在生长发育的某一阶段，因饲料喂量或营养不足及环境条件变化，造成生长速度下降或受阻，一旦恢复丰富饲养或满足牛的生长发育条件时，则生长速度比正常牛要快，经过一段时间的良好生长发育后，损失的体重会弥补回来，甚至超过正常生长水平，牛生长中的这种特性称为补偿生长。但并不是在任何条件下都能进行补偿生长，如生长受阻发生在胎儿期或出生后3月龄以前，在4～9月龄很难补偿或补偿不良；幼牛饲粮营养水平越低，或维持需要以下延续的时间越长（3～6个月），则越难补偿。如一些地区采用肉牛品种冷冻精液同黄牛杂交，所生杂种牛刚生下时像父本，长大后像母本（黄牛），主要是杂种牛哺乳不足或营养不良，甚至生长发育最快的时期在饲养上还处于半饥饿状态，使其以后长得像小型黄牛一样，有些牛成为俗称的"僵老蛋"。

对于不同品种或不同杂交代数、年龄和性别的牛只，应根据其特性和营养需要，采取不同的饲养或肥育技术，才能获得良好的肥育效果。例如幼牛的增重以肌肉、内脏及骨骼为主，要喂蛋白质丰富的饲料；成年牛主要是沉积脂肪，肥育期要短，喂较多的能量饲料。任何年龄的牛，肥育后期或体脂沉积到一定程度时，食欲及日增重均下降，再继续肥育就不经济了。特别是肥育的成年牛,要及时出栏上市。

肥育牛出栏体重越大,饲料的利用率越低。以体重 600kg 时出栏的饲料消耗量为 100,则活重 500kg 出栏为 94;活重 650kg 出栏为 109。各国或不同品种的出栏体重标准差异较大,有学者建议,黄牛及其杂种牛的出栏体重为 550kg 左右,小型黄牛为 400～450kg。美国肥育牛出栏体重为 500～600kg,日本阉牛出栏体重 550～750kg,母牛为 500～650kg。对 10～12 月龄的幼牛,或生长发育最快时期过后,可利用其补偿生长的特性,以低营养标准或喂给较多粗饲料饲养一段时间(俗称"拉架子",即增大体格),以后进行强度肥育。若掌握或运用得当,可达到节约饲料、降低饲养成本的目的,运用不当时反而会造成更大的损失。

四、架子牛肥育

(一)肥育前的准备

1. 架子牛的选购　我国尚无架子牛的统一分级标准。一般指 1～2 岁的牛,活重 300kg 左右。肉牛肥育场多由牧区或农区(牛源基地)收购架子牛。为减少架子牛对饲料、环境的不适应,收购地区距肥育场半径不超过 300km 为宜。顾名思义,架子牛应有较大的骨架,但肥度、体重达不到屠宰标准。我国各地黄牛、不同杂交组合的杂种牛差异较大,所以生产的架子牛参差不齐,这就需要认真选购,选购时评定失误会造成较大的经济损失。一般杂种牛(俗称"改良牛")比当地黄牛增重快。宜通过观察(外貌、口齿)、触摸、称重和询问牛只来源等,选购体型外貌、生长发育好,四肢短、体躯长、骨架大、被毛光滑、外貌和年龄相称、活泼、健康无病的架子牛,作肥育牛源。

架子牛背腰凹或凸表示体弱,背腰狭窄、两侧肌肉不丰满,显示肌肉发育不良,尖尻、斜尻表示后躯发育差,腹大而下垂表明消化功能不好,胸窄而欠深表示心、肺功能差,头大颈细与体躯不协调,说明犊牛生长阶段发育受阻。具以上特征及性情暴躁、有神经质的牛等,不宜收购。

2. 牛群的准备　要对准备肥育的牛进行健康检查,将有病等无肥育价值的牛只淘汰,以免浪费饲料。大群肥育时,为便于管理,对顶人、畜的牛要锯角。对拟放牧肥育的牛只要修整畸形蹄,以利于放牧行走和采食。无论放牧或舍饲肥育,都要对牛进行防疫接种、驱虫及药浴,以免影响肥育效果。

肥育前和每一肥育阶段结束时都要进行称重,以便按体重分群、计算个体增重和检验肥育效果,并通过称重淘汰那些增重低或无肥育价值的牛。

根据活重、年龄、性别、品种及膘情等情况进行分群和编号,使每群牛的状况尽可能类似,便于饲养管理和掌握肥育进度。若因牛只少而将公、母牛混群饲养时,应在肥育前 10～15d 对公牛进行去势。力争去势、分群、称重、编号、防疫等工作一次全部完成,减少因多次捉牛对牛产生干扰,而且省时、省力。

3. 饲料及牛舍的准备　肥育前,准备好肥育用的精、粗饲料。要力争饲料多样化、质量好。首先准备玉米(包括带穗青贮玉米),其次准备饼粕类、大麦、燕麦、高粱及麸皮。精料粉碎不要过细,粒度以 1～2mm 为宜,使通过瘤胃的速度减慢并促进瘤胃的蠕动和反刍,以利消化吸收,对运动量少的舍饲肥育牛好处更明显。

粗饲料以当地出产多或价格低的来源为主,首先准备玉米青贮料,其次为干草、玉米秸、谷草、麦秸及稻草等,并铡短(长 2~3cm)。

根据各地情况及肥育季节,准备合格的牛舍。如半封闭式(二面墙)、简易式棚或塑料暖棚、露天肥育场等。牛舍要防暑或防寒。牛床一般宽 1~1.2m,长 1.6~1.8m,坡度为 1.5%。宜采用低于走道(饲料通道)的半月式或弧形饲槽,上宽 0.7m,底宽 0.35m,槽内缘(靠牛床的一侧)高 0.35~0.4m。对头式饲养的双列牛舍,中间走道宽 1.4~1.8m,单列式走道宽 1.2~1.5m。以分发精、粗饲料用车能顺利通过为准。尿沟宽 0.3~0.6m,并向暗沟逐渐倾斜,以利排尿。

肥育牛运动场面积平均为 10m²/头,成年母牛 15~20m²/头,犊牛 5~10m²/头,供拴系及休息用,通常限制运动。在牛舍和运动场进出口设消毒池,与门同宽,长度应使所用车辆的轮胎可在池内转 1 周以上为宜。牛场在收购牛前,应全部出栏原有牛只,对牛舍及运动场进行清扫及消毒(用 10%~20% 石灰乳或 1%~2% 氢氧化钠溶液),饲养用具及车辆等可行日光暴晒 3h 以上(杀灭一般病原菌)。牛只进舍后每天要清除粪便,清扫干净,每月要彻底消毒 1 次,并建立严格的牛场防疫制度。

(二)参考肥育方案

1. 肥育目标　架子牛开始肥育平均活重 300kg,肥育期 12 个月。其中:前期(6 个月)日增重 0.9~1.0kg,期末重达 450kg 以上,淘汰前期增重低或无继续肥育价值的牛;后期(6 个月)日增重 0.7~0.8kg,期末重达 580kg 以上,屠宰率 63% 以上,牛肉大理石状标准(我国 6 级标准)达 1~2 级,胴体等级达 1~2 级。其中部分牛达生产高档牛肉的要求。

2. 肥育方案　除按饲养标准配合饲粮外,肥育前期(13~18 月龄)应喂给较多的粗饲料,使牛只肌肉和体脂肪均匀增长,但不宜过肥而限制后期获得 500~600kg 的屠宰活重。前期过肥还会引起代谢疾病。架子牛如果 12 月龄前采取限制饲养,肥育前期也是牛只补偿生长最快的时期,并为后期肥育或生产高档牛肉打好基础(方案见表 7-39)。

表 7-39　架子牛肥育前期的饲料喂量　(kg)

项　目	月　龄					
	13	14	15	16	17	18
预期活重	300	330	360	390	420	450
日增重	0.9~1.0	0.9~1.0	0.9~1.0	0.9~1.0	0.9~1.0	0.9~1.0
混合精料	5.5	6.0	6.5	7.0	7.5	7.5
粗饲料(任何一种)						
秸　秆	3.0~4.0	3.5	3.5	3.0	2.5	2.5
青干草	4.0~4.5	3.5~4.0	3.5	3.0	3.0	3.0
青　草	13.0~14.0	13.0~14.0	10.0	10.0	10.0	9.0
青贮料	8.0~10.0	8.0~10.0	8.0	8.0	8.0	7.0

肥育后期(19 月龄至屠宰)是脂肪向肌肉内均匀沉积、提高肉品质的阶段。要喂高能量精料,饲粮组成中还要有一定量大麦,使沉积的脂肪硬度好,呈白色。如果给予低能量饲料,肌内

脂肪沉积及硬度改善程度小,肉品质低。此外,在肥育后期不喂青贮料及青草,避免脂肪变蓝,影响肉品等级(方案见表7-40)。据韩国的试验报道,肥育前期、后期在混合精料中加入大麦,以前期加入20%、后期加入60%对改善牛肉品质的效果最佳。

表 7-40　架子牛肥育后期的的饲料喂量　(kg)

项　目	月　龄					
	19	20	21	22	23	24
预计活重	475	500	520	540	560	580
日增重	0.7~0.8	0.7~0.8	0.7~0.8	0.7~0.8	0.7~0.8	0.7~0.8
混合精料	8.0	8.5	9.0	9.0	9.5	9.5
粗饲料(任何一种)						
秸　秆	2.5	2.0	2.0	2.0	2.0	2.0
青干草	3.0	2.5	2.5	2.5	2.5	2.5

3. 注意事项

(1)注意精粗饲料在饲料中的比例　架子牛持续肥育喂给高精料的饲粮,肥育前期日增重逐渐上升,200d左右达到高峰,以后或肥育后期逐渐下降。据蒋洪茂报道(1995),精料和粗饲料在饲粮中的比例(%):肥育前期为60~65:40~35;肥育后期为75~80:25~20。粗饲料在饲粮中的最低比例为10%~15%。肥育后期粗饲料的采食量会逐渐减少,应注意喂给品质良好的粗饲料。后期粗饲料和精料均可自由采食,注意避免牛只食欲显著下降,以增加出栏体重。

(2)预防代谢疾病　肥育期为获得最大体重,精料喂量不断增加,要细心观察和预防代谢疾病。例如:

①尿结石(或称尿石症):牛尿路中形成结石,引起排尿困难或牛只反复排不出尿,多发生于6~24月龄的阉牛;母牛也可发生,但结石容易从尿路排出而不会发生阻塞。此症多发于秋季和冬季,特别是半干旱地区的冷季发病率较高。牛只表现出厌食、反复排尿、精神抑郁,直肠触诊发现牛膀胱肿胀。此病发病机制尚无一致意见,一般认为精料喂量过高,饲粮中磷超过0.6%(谷物精料含磷高),饲喂粗饲料及饮水不足而容易致病。饲粮中应至少含有4%(占干物质)的食盐,或在混合精料中加入2%氯化铵,能预防尿结石。对反复发生尿道阻塞的牛只,应停止肥育,进行屠宰。

②瘤胃角化过度症:病牛瘤胃乳头变硬、肥大,并粘连成褐色块状,似皮革样。临床上难以诊断,屠宰剖检可见角化病灶。主要是长期饲喂粉碎过细的饲料或块状料,喂高精料而粗饲料过少,是致病的主要因素。饲粮中至少应有一定量未粉碎粗饲料,如在牛舍或运动场内置成捆的干草,任牛自由采食,可有效缓解病情或预防该病。

(3)根据市场需要调节肥育期　同成年牛相比,架子牛肥育期长而精料消耗量多,但容易配合市场或消费者对高档优质牛肉的需求,经济效益高。肥育方案可变性大,根据市场、消费者的要求及饲料、架子牛、牛肉价格及时进行调整。如牛价好时,肥育期可适当延长,牛价低时,肥育前期结束或体重达450kg的牛只就可出售,但肉质等级不及550kg以上的牛只。对肥育牛每月称重,当连续2月体重不变,采食量(干物质)逐渐下降,达体重的1.5%或减少到正常采食量的1/3时,可判断为肥育结束或无继续肥育价值,应及时出售,以免浪费饲料。

(4)认真进行成本核算 为了尽可能缩短肥育期,减少架子牛维持需要的消耗,饲粮中必须保持一定量的精料。但精料属竞争性饲料,大量用谷物喂牛会受到一定的限制(局部地区除外),国内外都存在这种情况。因此,肥育架子牛要认真进行经济效益或成本核算。据蒋洪茂等(1995)报道,肉牛肥育成本(占肉牛总成本的%)中:购架子牛占26.34,饲料费占47.48,工资占8.13,折旧费占3.66,其他(贷款利息、共同生产费、水电费、兽药费等)占14.93。用自产饲料进行标准化饲养,可显著降低成本,提高经济效益。还应特别关注架子牛、饲料及牛肉的市场价格,认真核算或调整方案及肥育数量,尽量避免可能出现的亏损。

五、成年牛及淘汰牛肥育

(一)成年牛和淘汰牛的肥育特点

成年牛指体成熟以后的牛,年龄3岁以上;淘汰牛则指淘汰的役用牛、乳用牛(包括成年杂种母牛)等。除无齿、过老、采食困难、有消化系统疾病的牛外,一般均可短期肥育后出售。据估计,我国每年农牧区约有600万头淘汰牛,是我国生产普通牛肉的重要资源。如不经肥育,其活重及屠宰率低,肉质差。据报道,贵州省20世纪80年代每年淘汰的黄牛(4万头)平均产肉62kg/头。经过短期肥育可使2头牛的产肉量相当于3~4头。这类牛肥育过程中主要是沉积脂肪,饲粮应以能量饲料为主。成年牛脂肪多沉积于皮下结缔组织、腹腔及肾、肝、生殖腺周围及肌肉组织中,肉质差,内脏脂肪多,肌纤维粗,嫩度和风味差。成年阉牛经3个月肥育,活重由450kg增至540kg,屠宰率由45%增加至54%,但优质肉的比例及切块减少。成年牛肥育后的肉质、饲料转化率及经济效益不及架子牛。

成年牛肥育饲粮中,蛋白质含量不宜过高,使食入的饲粮蛋白质转变成牛体脂肪,经济上是不合算的。但饲粮中蛋白质不足或过低,会使饲料的消化利用率降低,并影响肥育牛的食欲。青贮料、糟粕类是我国传统肥育成年牛的主要饲料。

同架子牛相比,成年牛采食量大、耐粗饲,对饲料选择不严,短期肥育增重较快,肉质及屠宰率比屠宰前有明显提高,但不适宜延长肥育期,应短期肥育后立即出栏。

(二)肥育方法及参考饲粮配方

1. 酒糟育肥法 用酒糟为主的饲粮肥育肉牛,是我国传统肥育方法之一。成年牛肥育期为80~90d。肥育初期喂干草等粗饲料,只喂少量酒糟,以训练采食能力。经过15~20d后逐渐增加酒糟,减少干草喂量。酒糟日喂量可达20~30kg,并搭配少量混合精料和适口性好的青粗饲料,特别是青干草,以促使肥育牛保持旺盛的食欲。另外,每天须喂食盐50g。肥育期喂的干草等粗饲料宜铡短,将酒糟拌入草内让牛自由采食,采食到七八成饱时,再拌入混合精料,使牛尽量多采食。一般每日饲喂2~3次,饮水3次;肥育牛拴系管理,肥育后期缰绳要短(35cm为宜),以限制牛只的活动,避免相互干扰,影响反刍和增重。

(1)**参考饲粮配方** 酒糟类型肥育饲粮的配方较多,但经科学试验的较少。现介绍经李建国等(2000)试验筛选的配方(表7-41)。据蒋兆春等报道(2000),肥育2~3岁、体重为300kg

以上的牛,肥育期100d(或3~4个月),饲粮配方见表7-42。精、粗料比例(按饲粮干物质计)为1:1.2~1.5,日采食量(干物质)为体重的2.5%~3.0%。

表7-41　酒糟类型饲粮组成

体 重 (kg)	精料配方(%)						采食量(kg/头·d)		
	玉 米	麸 皮	棉籽粕	尿 素	石灰石粉	食 盐	精 料	酒 糟	玉米秸
300~350	58.9	20.3	17.7	0.4	1.2	1.5	4.1	11.8	1.5
350~400	75.1	11.1	9.7	1.6	1.0	1.5	7.6	11.3	1.7
400~450	80.8	7.8	7.0	2.1	1.5	1.5	7.5	12.0	1.8
450~500	85.2	5.9	4.5	2.3	0.6	1.5	8.2	13.1	1.8

摘引自桑润兹等《肉牛生产与产品加工》,(2000)

表7-42　酒糟为主的饲粮配方　(kg)

肥育期(d)	干草或玉米青贮	酒 糟	玉米粗粉	饼 类	食 盐
1~15	6~8	5~6	1.5	0.5	0.05
16~30	4	12~15	1.5	0.5	0.05
31~60	4	16~18	1.5	0.5	0.05
61~100	4	18~20	1.5	0.5	0.05

(2)注意事项　用酒糟肥育时应注意:①酒糟要新鲜,禁喂发霉变质及冰冻的酒糟;②开始牛不习惯采食酒糟时,必须进行训练,可在酒糟中拌一些食盐,涂抹牛的口腔;③如发现牛体出现湿疹,膝关节等红肿或腹胀时,暂时停喂酒糟,适当调剂饲料,增加干草喂量,以促进消化功能;④牛舍应保持适宜的温度和湿度,通风良好,及时清除粪尿,定期消毒,预防疾病;⑤喂饱后牵牛慢走,防止转小弯或跑、跳而致牛腹胀或减重;⑥各地酒糟的质量差异较大,用酒糟大批量肥育肉牛时,应采样送有关部门进行营养成分分析,按所含的营养配合饲粮,以达到饲养标准要求。酒糟中缺乏维生素A、维生素D,注意在饲料中添加相关的添加剂。

2. 青贮料肥育法　用青贮料肥育肉牛,再补喂一定量的精料,可降低饲养成本。肥育初期牛只不习惯采食玉米青贮料时,应逐渐增加喂量使其适应。

青贮料的喂量成年牛25~30kg,育成牛15~20kg。并搭配一些秸秆和干草,补饲一定量的食盐。如果青贮料品质好,可适当减少精料喂量。肥育后期增加精料和减少青贮料的喂量。

山西省五寨县畜牧局报道,用玉米秸秆青贮和亚麻饼肥育短角牛与黄牛杂交一代牛,年龄为16~20月龄,全部舍饲肥育61d(冬季),玉米秸秆青贮自由采食,日采食量约20kg,亚麻籽饼1kg,食盐50g,精料单独饲喂。试验期牛舍保持干燥、卫生,平均舍温为2.4℃。试验牛开始活重平均为245.7kg,肥育期总增重为37.8kg,平均日增重0.62kg(范围0.43~0.69kg)。屠宰率为53.9%,净肉率为41.8%。试验证明,冬季用玉米秸秆青贮加亚麻籽饼喂牛,日增重和屠宰率较高,成本低。

邱怀教授等报道(1988),对丹麦红牛与秦川牛的杂种一代公牛(体重150~400kg)进行持续肥育,平均饲料日喂量(kg):玉米青贮 5.6～16.5,麦秸 1.2～2.6,混合精料 1.2～3.0。混合精料配方(%):玉米粉 41.5,麸皮 35,大麦 15,糖蜜 3,尿素 3,骨粉 2,食盐 0.5。在 200d 的饲养中,5 头牛平均日增重 1.04kg,每 kg 增重饲料消耗量:混合精料 2.28kg,玉米青贮 11.61kg,麦秸 1.75kg。

据范增峰等报道,用玉米秸秆青贮料肥育鲁西黄牛(活重 300kg 以上),预试期 10d,单槽饲喂,日喂 3 次,日喂精料 5kg(配方见表 7-43);粗饲料全部为玉米青贮料,自由采食。在 60d 的试验期中,日增重为 1.36kg。

表 7-43　混合精料组成及喂量

项　目	玉　米	麸　皮	棉籽饼	骨　粉	食　盐	合　计
精料组成(%)	53.03	28.41	16.10	1.51	0.95	100
饲料喂量(kg)	2.56	1.42	0.89	0.08	0.05	5

据蒋兆春等报道(2000),饲喂在蜡熟期收割的玉米带穗青贮料,肥育初体重 300～350kg,肥育期 90d,日增重 1kg 的饲粮配方见表 7-44。

表 7-44　体重 300～350kg 牛育肥饲料配方　(kg)

饲　料	一阶段(30d)	二阶段(30d)	三阶段(30d)
玉米带穗青贮	30	30	25
干　草	5	5	5
混合精料	0.5	1.00	2.00
食　盐	0.03	0.03	0.03
无机盐*	0.04	0.04	0.04

* 为磷酸钙或碳酸钙

牛的饲料中玉米青贮应用最为普遍,加工存贮容易,大量饲喂不易发生臌胀病,能促进牛只的消化及食欲。但受玉米秸秆收割期及存贮技术的影响,其品质或所含的营养物质差异较大,应根据其品质及时调整饲粮或混合精料喂量,以获得较高的日增重。

3. 甜菜渣肥育法　我国北方产甜菜地区,利用制糖工业副产品——甜菜渣喂肥育牛是很经济的。按干物质计,甜菜渣含粗纤维 20%,无氮浸出物约 62%,粗蛋白质约 4%,钙、磷含量低。以甜菜渣为主肥育牛时,补充尿素及矿物质,能获得良好的肥育效果。

新鲜甜菜渣和干燥压制的甜菜渣颗粒均可作为饲料,但干渣在喂前须充分浸泡。喂甜菜渣时要合理搭配混合精料和干草,以补充营养物质和使牛保持良好的消化功能。

鲜甜菜渣日喂量:成年牛 35～40kg,架子牛 20～25kg。据报道,给杂种一代肉用牛饲喂湿甜菜渣青贮 15～30kg、干玉米秸 2～4kg、玉米 1kg、尿素 50～60g 组成的饲粮,冬季舍饲条件下平均日增重为 440.6g。另据报道,用干甜菜渣颗粒喂牛,对照组饲粮组成为干甜菜渣 95.95%,磷酸二钙 2%,食盐 0.5%,微量元素及维生素 A、维生素 D、维生素 E 添加剂占 1.55%,粗蛋白质含量为 7.3%;试验组饲粮是在对照饲粮基础上加入尿素 0.85%,将粗蛋白质水平提高到 12.4%。试验结果表明,无论在采食量、增重速度、饲料转化效率和屠宰率等方面,试验组比对照组均有显著提高。

4. 氨化秸秆肥育法 氨化后对改善秸秆干物质在瘤胃中的降解有重要作用。麦秸经氨化后作为基础粗饲料,与精料及其他饲料搭配,用于肥育肉牛也能获得较好的效果。

李本亭等报道(1997),对体重 350g 以上的肉牛,采用表 7-45 所列的日粮,在 100d 的肥育期中平均日增重可达 1kg 以上。具体饲喂方法是,1~10d 为训练采食期,开始喂氨化秸秆时,牛不习惯采食,只要不喂其他饲料,下一次喂时就会采食,并逐渐增加喂量。进入 11~100d 正式肥育期,要注意在饲料中补充维生素 A,维生素 E 和矿物质(包括一定量的微量元素添加剂)。

表 7-45 用氨化秸秆肥育肉牛的日粮组成 (kg)

肥育期(d)	氨化秸秆	干草	玉米粉	大豆饼	食盐
1~10	2.5~5.0	10.0~15.0	1.5	—	0.04
11~40	5.0~8.0	4.0~5.0	2.0~2.5	0.5	0.05
41~70	8.0~10.0	4.0~5.0	2.5~4.0	0.5	0.05
71~100	5.0~8.0	2.0~3.0	4.0~5.0	0.5	0.05

山东省嘉祥县用氨化秸秆为主要粗饲料,肥育鲁西黄牛,肥育期 80d,每头平均增重 86.83kg,平均日增重 1 085.4g,每头牛平均消耗饲料(kg):氨化秸秆 371.05,精料 258.35。每增重 1kg 消耗饲料 7.28kg,其中混合精料 2.99kg。

5. 放牧兼补饲肥育法

(1)肥育特点 利用天然草原及人工草地放牧兼补饲肥育肉牛,是最为经济的肥育方法。不仅可获得较高的日增重,而且成本低廉。但同以精料为主的饲粮舍饲肥育相比,一般增重低,肥育所需的时间长。

对肥育前营养良好的牛只,开始放牧时就应补饲精料,以使持续增重,否则可在放牧后期(牧草质量高峰过后)补饲精料,力争在进入冬季前获得较好的肥度而出栏。早期生长的牧草含蛋白质和水分高,快成熟时则逐渐降低。因此,早期放牧应补饲含碳水化合物丰富的饲料,以后充分利用夏、秋季牧场进行肥育。秋后牧草生长结束或快枯黄时,含蛋白质较低(豆科牧草除外),应补饲蛋白质较丰富的饲料。放牧兼补饲,对饲料的消化率有良好的影响,比单纯放牧牧草利用率要高。

放牧肥育中补饲精料,可使肥育牛提早上市,其胴体或肉质比无补饲的牛要高,但成本也相应增加。因此,应根据放牧牧草质量、出栏季节及市场牛肉价格等,确定补饲量及肥育程度。

放牧肥育中,牧草良好而无补饲的情况下,牛只每 100kg 活重日采食牧草约 10kg,或日采食干物质约相当于活重的 2%。幼牛、体重轻或膘情差的牛高于 2%,活重大、膘情好的牛则低于 2%。因此,要按牧场的产草量合理组织放牧。不要在牛只出牧前或刚归牧后就补饲精料,以免影响牛只放牧或减少对粗饲料的采食量。

(2)肥育方式及传统肥育技术 放牧兼补饲肥育的方式:①放牧兼补饲(包括全期补饲或牧草生长盛期补饲);②放牧末期进行补饲催肥。

我国农区对淘汰黄牛的肥育多采用先放牧(包括补青草),而至末期进行舍饲催肥的方法。对肥育牛只须进行认真选购:一是无病(特别是无消化道疾病或寄生虫病),被毛整齐;二是吃口好,嘴筒粗而口宽,放牧采食时走一步吃前边、左、右三路草,吃得多,增重快;三是身架好,能多挂肉,即体躯长,肩部及后躯宽,屁股齐。对选购的肥育牛只分三段饲养:

第一阶段:恢复体力,约15d。对刚解除劳役、身体瘦弱、采食和精神不好的牛,除放牧外,在最初半月内每日补少量精料或农副产品,以增强体力和适应第二阶段的饲养。

第二阶段:放牧兼补草(70～100d)。白天放牧,夜间补青草10～20kg,不喂精料,以降低成本。

第三阶段:舍饲加料催肥(60～90d)。改放牧为舍饲,补草加精料催肥。时值秋季,有利于肥育。现介绍王瑞生、刘金成的舍饲催肥经验供参考。

河北省尚义县王瑞生肥育肉牛的经验有5条:①实行舍饲,减少运动,缰绳拴得很短,但牛只食欲不振时,每天遛5～10min;②饲喂定时定量,每日饲喂饲料4次,每次2～2.5kg,喂精料2次,刚购入的瘦牛每次喂1～1.25kg,到半膘时喂1.5～2kg,出售前半月增加到2.5kg;③当牛不饮水时,往料中加入食盐50g,当牛鼻镜干燥、反刍减少时,料中拌入食用油100mL;④保持适当的舍温,肥育期宜选在不热不冷的季节;⑤每天刷拭牛体3次。

辽宁省北票县刘金成肥育肉牛的经验有2条:①各种精、粗饲料科学搭配,每头牛的饲粮为玉米1kg、棉籽饼3kg、酒糟10kg、食盐50g,不足部分用铡短的干草补充,每天定时喂料3次,饮水3次,牛的日增重在1.25kg以上;②管理精心,定时起圈,每天垫一遍新土,使牛舍始终保持干燥,每日刷拭2次,还要让牛在舍外晒太阳。

(3)放牧技术

①舍饲转入放牧的适应时期:应使舍饲牛只逐渐转向放牧,在放牧前10～15d应增加多汁料和青贮料的喂量,每天需喂给30～40kg。同时,应逐渐增加在舍外停留和运动的时间,以使其适应放牧条件。须防止因环境和饲养条件的突然变化,造成失重或患病。

开始放牧约1周内能量消耗量急剧增加,以后逐渐减少。进入放牧初期血液性状产生变化,到放牧2周后才能恢复正常。对饲料的适应,以瘤胃产生挥发性脂肪酸为指标,在2～3周才能正常。因此,从舍饲转向放牧需适应2～3周。对舍饲牛只应逐渐增加放牧时间,先在夹青带黄草的牧场上放牧,逐渐增加采食青草的时间,防止“抢青”致腹泻甚至造成死亡。

②放牧技术:应根据牧地或草原的具体情况,把不同品种的牛按年龄、性别、活重和健康状况等分别组群,以便使每头牛的采食和增重均衡,使牛群相对安静,减少放牧管理的困难。肥育牛群(包括淘汰牛)一般为100～150头,带犊产乳母牛群一般为100头,架子牛群性情活泼,合群性差,群不宜过大,一般为50头。一些地区为省劳力,将各龄公、母牛混群放牧很不合理,互相干扰大,不利于合理利用草原和提高牛只的生产性能。

合理的放牧作息时间是搞好牛群放牧不可缺少的条件。应根据不同的牛群、季节、气候和设备条件等做出具体安排,不能机械制定和统一不同牛群的作息时间,以免影响放牧效果。

完全放牧的牛群,一般全天放牧时间不得少于10h,放牧地质量差(牧草稀疏低矮)时,要适当延长放牧时间,以使牛只充分采食。反之,放牧时间可缩短为7～8h。根据季节和牛群,一定要严格执行所规定的出牧、归牧及补饲等时间。

在草原良好的牧场上分区轮牧时,出牧和归牧要控制牛群呈纵队前进,以免乱跑践踏牧草；当牛群进入放牧地后，应控制成横队采食（或称"一条鞭"）。放牧人员一人在牛群前控制和引导牛群前进，一人在后防止牛只掉队。这种队形能保证每头牛充分采食，避免乱跑践踏或浪费牧草。

在牧草生长不均匀或草质差的放牧地上放牧时，采用横队放牧就会使一些牛无草可食，则需改成"散牧"（或称"满天星"），让牛只在牧地上相对分散地自由采食，以便在较大的面积内每头牛都能同时采食较多的牧草。

牛群在放牧过程中，每天初牧时采食时间长，也比较安静，逐渐饱食后，游走时间也随之增多。放牧员应控制牛群，防止个别牛带动全群行进过快，使牧地利用不充分。

在大部分牛只饱食后，就会有牛只卧息，这时放牧员应控制牛群停止前进，让牛只卧息并反刍，休息 40～60min 后继续放牧。

夏季干旱、炎热，可能使牧草产量降低。在牧场上无遮阴或良好的饮水条件时，肥育牛的增重会明显下降，甚至停止增重。因此，要在地势高、通风好和牧草丰盛的高山、平滩放牧，此类牧地蚊蝇活动少，牛群能安静采食。天气炎热时要顶风放牧，但要避免日光直射牛只的眼睛，中午要将牛群赶到凉爽的地方卧息。夏季带露水的牧草适口性好，牛只喜欢采食，应早出牧，使之多采食露水草。在带有露水的豆科牧草地上放牧时，牛只容易发生臌胀和腹泻，特别是在栽培牧草地上，不宜放牧过久，一般不超过 20min，然后将牛群转入其他非豆科牧草地。在苜蓿或其他豆科牧地上放牧时，最初 3～4d 每次放牧不要超过 10min，全天不要超过 1h，以后每次不要超过 30min。

秋末天气渐凉，放牧要迟出早归。牛只采食带霜的牧草后，容易腹泻或引起母牛流产，要在霜消后出牧。

六、露天场肥育肉牛

露天场肥育肉牛，可不拴系饲养管理，更适合饲养架子牛，有利于生长发育或增重。它具有设备简单、容畜量大、牛只增重高、便于机械给料及清粪、节省劳力及投资少等特点。

国内外露天场的类型：①全露天肥育场，无任何挡风屏障及棚舍，适于气候温暖的地区；②有简易牛棚供防寒或乘凉的肥育场。

（一）露天场的设置

1. 场地选择　要求在地势平坦、排水顺畅、小气候好、有水源和距人工草地近的地方设场。气候寒冷的地区，避免建在易积水、雪和气流活动剧烈的高地；炎热的地区避免建在低洼或沼泽地区，以免使场地通风不良或闷热潮湿。

2. 建筑和设备　全露天肥育场（或夏季露天场），一般为圆形场地，半径约 83m，可容纳1 000 头肉牛。为了按照年龄、性别、活重等将牛只分群饲养，可对圆形场地按半径划分为若干分区，并用木板等制成分区隔栏（或墙）。

饲槽用木板或金属制成，以便移动（如长期固定也可以用水泥等砌成）。槽长为 2m，外缘高 1.5m、宽 0.5m，彼此连接固定在场地的圆周线上，成为饲槽兼围栏。

圆形场地的优点是分发饲料的机具沿圆形场地运行，节约时间和劳力，饲槽不易损坏。

每 1 000 头牛配备轮胎拖拉机 3～4 台，割草机 2 台，粗料分发机 3 台，精料分发机 1 台，饲养人员由 5 人组成。大部分青、粗饲料由饲养人员从距场地 1～2km 远的人工草地里刈割供应。以此方式利用人工草地比放牧利用好,放牧利用时牛会将草连根拔出,茎秆损失多,产草量减少 25％～30％,而且刈割饲喂所获得的增重要高。

有简易牛棚的肥育场,一般为长方形场地,长 102m,宽 44m,可容纳 8 月龄幼牛 500 头。纵向建有供牛只卧息的简易牛棚。运动场的围墙应不透风,高 2m。牛棚敞开,牛只自由出入。相邻两运动场之间设饲槽,两列饲槽之间有饲料机具通道,宽 2.8m,精、粗饲料由分发机分发,每一饲养员可养牛 150～200 头。

(二)肥育技术及效果

美国的露天场收购草原产的架子牛(活重为 250kg 左右)进行肥育。肥育前对牛只进行检查、编号、锯角尖,并进行驱虫、药浴等牛体卫生处理。经长途运输的牛只易患病,除搞好防疫卫生外,最初 3 周内在饲料中加入抗生素,以预防疾病。肥育 1 个月后,经详细检查,淘汰增重低的牛只,以降低肥育成本。肥育初期用保证日增重 1kg 的饲粮饲养,以后进行丰富饲养,整个肥育期日增重达到 1.1～1.2kg。肥育期长短多以市场价格而定。

前苏联露天场肥育架子牛时,多采用自由采食与卧息的管理方法。有简易牛棚的肥育场,冬季给牛只喂混合精料、青贮料与春播作物秸秆组成的饲粮,含可消化粗蛋白质 840g,8.6 饲料单位;平均日增重为 1 006g,每 kg 增重消耗 8.2 饲料单位(每 kg 饲料干物质含 10.46MJ 代谢能为 1 个饲料单位)。

露天肥育场的饲养密度,前苏联报道为 21～22m²/头(包括饲槽、水槽、分发饲料通道及分隔栏)。董玉京等报道(2000),1998 年 8～10 月在河北省固安县的一机械化露天场,进行不同饲养密度的肥育试验结果表明,饲养密度以 8～10m²/头为好(表 7-46)。

表 7-46　露天场肥育或饲养密度试验结果

饲养密度(m²/头)	始　重(kg)	终　重(kg)	增　重(kg)	日增重(g)
6	310.0	415.5	105.50	1147
8	309.5	424.8	115.30	1253
10	309.8	425.7	115.95	1260

七、高档牛肉生产

(一)犊牛肉生产

犊牛肉是以公犊牛及淘汰的少量母犊牛为生产牛源,通过乳或液体饲料、犊牛料或配合饲料饲养或肥育,达到一定月龄或活重,经屠宰及先进技术加工的高档牛肉,在国内外市场长期保持高价。

欧盟一些国家是犊牛肉的发源地,从 20 世纪 40 年代开始进行生产和不断发展,现已成为世界犊牛肉生产、消费的主要区域。据王敏等(2005)报道,欧盟年屠宰犊牛 600 万头,产犊牛肉80万 t(约占牛肉总产量的10%)。

我国犊牛肉生产从20世纪80年代起步,现处在深入试验及少数企业进入产业化生产的初步阶段。犊牛肉的分级及安全控制标准、饲料加工及饲养管理技术等同国外有一定差距,需要进一步全面开展研究及技术配套工作,逐步占领国内市场或改变长期依靠进口的局面。

1. 犊牛肉种类

(1)犊牛白肉(White Veal) 犊牛3月龄前喂乳,以后喂代乳料到4～4.5月龄,活重达182～204kg时出售或屠宰。平均日增重达1.0kg以上,肉色为白色或粉红色,肉质细嫩多汁,风味鲜美,属于高档牛肉。荷兰是世界上犊牛白肉、红肉主要生产国之一,年饲养与屠宰犊牛数量达140万头(其中1/2从周边国家进口),犊牛白肉产量占欧盟该种肉产量的23%,主要供出口。

(2)犊牛红肉(Pink Veal) 犊牛3月龄前喂乳,以后喂谷物及青干草等饲料,通常喂至5～6月龄,活重204～270kg时出售或屠宰。平均日增重达1.1kg以上。肉色较暗,并沉积脂肪,呈现大理石纹状。

(3)幼仔犊牛白肉(Bob Veal) 又称小犊牛白肉,出生至屠宰仅喂牛乳,不喂其他饲料。喂至3周龄屠宰,活重低于68kg,肉质松软,呈微红色(王敏,2006)。

2. 饲养管理技术

(1)犊牛品种及选择 国外多利用荷斯坦乳牛的公犊牛。欧盟主要利用荷斯坦乳牛、西门塔尔牛、皮埃蒙特牛及比利时兰白花牛等品种的公犊牛。

我国目前有荷斯坦乳牛、良种黄牛及杂种牛(不包括水牛和牦牛)约1亿头以上,其中繁殖母牛约0.4亿头,年产公犊牛1 800万头,供生产犊牛肉的牛源充足,收购乳牛公犊牛成本较低。要求公犊牛初生重35kg以上(美国要求45kg),健康、活泼,外貌无缺陷或无畸形。

(2)饲养及舒适管理 犊牛白肉的传统饲养技术是3月龄前喂全乳,后期逐渐由代乳品(代乳料)代替全乳,喂至4、5月龄左右,活重达182～204kg时出售。全乳或代乳品中添加油脂;为使犊牛更好消化,将加油脂的人工乳进行均质化处理。

丹麦犊牛代乳品组成(%):脱脂乳粉60～70,玉米粉1～10,猪脂15～20,乳清15～20,添加一定量的矿物质及维生素。

全乳及代乳品饲喂时乳温为38℃,2周龄后逐渐降低至35℃～30℃。全乳或代乳品的参考饲养方案见表7-47和表7-48。

为生产犊牛白肉,严格控制犊牛饲料、饮水中的含铁量,强迫犊牛在贫血状态下生长。不喂含铁丰富的饲料(鱼粉、葵花籽饼等饼类、米糠、豆科牧草粉等),甚至不喂粗饲料。

表7-47 肥育公犊牛全乳喂量参考方案

日 龄(d)	期末体重(kg)	平均日喂乳(kg)	日增重(kg)	总乳量(kg)
1～30	40	6.4	0.8	192
31～45	75	8.3	0.8	133
46～100	103	9.5	1.9	513～863

摘引自蒋兆春等.《养牛生产关键技术》.2000

表 7-48　丹麦、荷兰小公犊牛喂代乳品方案

周　龄	代乳品（kg）	水（kg）	代乳品（g/L 水）
1	0.30	3.0	100
2	0.66	6.0	110
8	1.80	12.0	145
↓	↓	↓	↓
12～14	3.00	16.0	200

引自蒋洪茂.《优质牛肉生产技术》.1995

20 世纪中期，欧洲一些国家依据动物福利相关法律与国际市场的要求，对传统饲养技术有很大改进。例如：瑞典 1997 年强制执行的《牲畜权利法》规定，在夏季必须把牛放出去吃草；德国《动物保护法》强调，凡是人为给动物造成痛苦的都要追究法律责任。动物福利已成为国际社会的共识，影响到人类健康及国际贸易等方面。在犊牛饲养中，犊牛单栏隔离饲养限定在 8 周龄以内，严格限定在犊牛阶段必须喂一定量的粗饲料，严格限定犊牛屠宰时血红蛋白量为 4.5mg/mL。代乳品配制与传统配方有较大差异，代乳品中不再添加乳脂肪、乳糖、乳粉等乳制品，以植物蛋白、淀粉、动植物油脂、乳清粉等配制而成。

对犊牛的饲养人员要有资质要求，具有犊牛饲养管理知识，了解犊牛的习性、生理等，爱护、善待犊牛，严格按操作规程操作，为犊牛生长创造舒适的环境条件（适宜的温度、湿度、光照、通风及噪声等），以满足犊牛的环境福利要求。

（二）高档牛肉生产

近年来，我国科技工作者重视高档牛肉生产的研究，主要因我国市场上所需的高档牛肉缺口大，价格高，经济效益好。根据我国黄牛牛肉的分割法，高档牛肉是指牛柳（又叫里脊）、西冷（又叫外脊）、眼肉三块，依次占屠宰牛活重（％）的 0.83～0.97、2.0～2.15 和 2.3～2.5，共计占 5.13％～5.62％。其价值占肉牛总收入的 45％；主要用作西餐的烤牛排或其他种烧烤食用以及中餐的熘炒。优质牛肉是指臀肉、大米龙、小米龙、膝圆、腰肉、腱子肉等，其价值占肉牛总收入的 16.25％。一般牛肉占收入的 27.5％，其余为脂、皮、内脏等收入（蒋洪茂，1995）。高档牛肉主要依靠肥育架子牛或肉牛来生产，不能用成年牛及淘汰牛。因此，要严格筛选肥育牛源和饲料配方，使高档牛肉质量达到国外高档牛肉或加工高档牛肉食品的标准。

1. 高档肉牛和牛肉的标准　目前，还无国际统一的肉牛及牛肉品质分级标准。但由于各国饮食习惯不同，对高档牛肉的需求也不一样。例如，美国消费者希望高档牛肉有适度脂肪，对屠宰肉牛及其胴体分级很细，如阉牛的胴体等级分 8 级；欧盟消费者希望高档牛肉脂肪含量少，根据屠宰肉牛胴体的肥度、胴体的结构分级，两者各分为 7 级；加拿大肉牛分级标准以胴体成熟度（屠宰年龄）、牛肉品质、牛胴体重中肉所占重量为依据。

我国尚无统一标准，为了尽快和国际接轨，生产高档牛肉供应国内市场和出口，已有部分畜牧科技工作者，通过对高档牛肉生产实践或研究，提出了我国高档肉牛及牛肉标准。现摘引以下两例，供我国高档牛肉生产者参考。

（1）标准方案之一（蒋洪茂提出）

①活牛的评估：牛年龄 30 月龄以内；屠宰前活重 500kg 以上；膘情满膘（即看不到骨头突

出点);体型外貌为长方形,腹部不下垂,头方正,面大,四肢粗壮,蹄大,尾根下平坦无沟,背平宽;手触摸肩部、背腰部及上腹部、臀部皮较厚,并有较厚的脂肪层。

②胴体的评估:胴体表面覆盖的脂肪颜色洁白;胴体体表脂肪覆盖率80%以上;胴体外形无严重缺损;第十二至第十三肋骨处脂肪厚10～20mm;脂肪坚挺。

③牛肉品质评估:牛肉嫩度,用特制的肌肉剪切仪测定的剪切值为3.62kg以下的出现次数应在65%以上;咀嚼容易,不留残渣,不塞牙;完全解冻的牛肉,用手指触摸时,手指易进入肉块深部。大理石花纹,根据我国试行的大理石花纹分级标准(1级最好,6级最差)应为1级或2级。

其他性状:多汁性,牛肉质地松软、多汁而味浓,风味具有我国牛肉鲜美可口的风味。肉块重量,每条牛柳2kg以上,每条西冷在5kg以上,每块眼肉应在6kg以上。

④烹调的评估:符合西餐烹调要求,用户满意。

(2)标准方案之二(蒋兆春等提出)

①活牛的评估:年龄为18～24月龄;屠宰活重450kg以上;膘情为满膘。

②胴体的评估:胴体表面脂肪覆盖率在80%以上;背部脂肪厚8～10mm或以上;胴体表面的脂肪颜色洁白。

③牛肉品质评估:牛肉嫩度用特制的肌肉剪切仪测定的剪切值为3.62kg以下;品尝时咀嚼容易,不留残渣,不塞牙。大理石花纹,根据我国试行的大理石花纹分级标准(最好为1级,最差为6级)应为1级或2级(南京农业大学肉类研究室编制的牛肉大理石花纹为5个等级,第五级最好)。

其他性状:多汁性,多汁而味浓。风味,具有我国牛肉鲜美风味。

④烹调的评估:能适应西餐的烹调要求,用户满意。

2. 高档牛肉生产体系

(1)生产特点或不利因素 高档牛肉生产对牛源(架子牛)、肥育、屠宰加工、产品销售各环节要求严格,技术含量较高,必须按产业化或"饲养—加工—销售"一体化经营。为了保证高档牛肉的质量,全年均衡肥育高档肉牛,必须建立稳定的牛源基地及专业化的肥育场,实行长年肥育和屠宰加工,直接按用户的订单长年均衡地供应产品(不通过中间环节)。用户对产品的要求可直接反馈或双方交流,及时改进有关的生产环节。

生产高档牛肉,一次性投资高,资金周转慢,需要较多的现代化设备,有些需要进口。屠宰和胴体处理设备不同于普通牛肉。普通牛肉实行热胴体剔骨,高档牛肉在0℃～4℃下吊挂7～9d后才能剔骨,对卫生条件要求十分严格。此外,给用户分送牛肉的冷藏车及牛源基地、肥育牛舍建设等投资高。购入的架子牛经10～12个月才能屠宰上市,即资金投入近1年才能周转1次。

牛胴体中高档牛肉比例小,脂肪产量高(韩国高档肉牛屠宰后肾周围脂肪及多余的脂肪,即非肌肉内脂肪约占28%,饲料成本加大,脂肪售价低或作为饲料用),是高档牛肉生产的重要特点之一。据李英等报道(2000),肥育西门塔尔牛与黄牛的杂种牛,屠宰前活重505.8kg,胴体重320kg,净肉率51.6%,产高档牛肉(牛柳、西冷和眼肉)三块共28.5kg,占牛活重的5.6%;产优质牛肉89.7kg,占活重的17.7%。蒋洪茂报道(1995),高档牛肉产量为27～28kg,占屠宰牛肉产量的10%;其余肉虽质量上乘,但受市场制约,卖不到高价。由于高档牛肉生产对肉牛的肥育程度要求高,肉牛体内没有足够数量的脂肪沉积,上述三块高档牛肉就不会有或达不到要求的大理石花纹。如西冷的脂肪太薄、太厚者都不行,要求 8～12mm,脂肪色泽要求洁白。

生产高档牛肉具有一定的市场风险性。随着全球经济一体化和我国加入 WTO,国内外牛肉市场面临更大的挑战和竞争,消费者对牛肉或高档牛肉的要求日益苛刻,质量、信誉达不到上乘就卖不到高价,甚至失去市场竞争力而拱手让出国内外市场。因此,要不断借鉴国外的先进生产技术,创造"品牌",不断开发新产品和开拓市场,是参与竞争而不败的唯一途径。

养牛生产受国内外牛传染病的威胁大,防疫制度不完善,喂污染的饲草、饲料等,感染传染病后就有全群覆没或销毁产品的危险(20 余个国家发生疯牛病的教训应该汲取)。各国对进口肉牛(活牛)的检疫很严或不断增加检疫指标。如向日本出售的活牛要经过 13 种疾病的检疫,全部达阴性方可通过海关。

(2)生产体系 根据国内外牛肉生产或高档牛肉生产的经验,欲提高产品质量或生产水平,参与国内外市场竞争,必须走规模化、产业化的生产模式,公司(或企业)＋农户或"饲养—加工—销售"一体化的经营发展途径。生产体系包括:

①牛源(母牛—犊牛、架子牛)基地建设:我国现阶段在农牧区仍以千家万户的分散饲养为主。其特点是生产积极性高,受益面大,劳力及自产饲料成本低,形成基地(千家万户连片)后,具有很大的发展潜力和竞争力。但起步阶段架子牛质量参差不齐,资金积累慢,抗风险力低,游离性大或稳定性差。

服务体系对牛源基地应加强扶持或统一指导,如推行经筛选的杂交组合或冻精配种、牛只的标准化饲养及统一饲粮配方和疾病防治等,使基地生产的断乳犊牛、架子牛质量趋于肥育场收购标准,为生产高档牛肉奠定基础。

②肉牛肥育场体系建设:在距牛源基地最近或中心处设肥育场,在基地或收购架子牛分散的情况下,肥育场设在饲料和环境条件好、运输方便或距屠宰加工厂最近的地方,以减少牛只在运输中减重或死亡。为减少运输失重或使架子牛很快适应肥育场的饲料和环境条件,肥育场距牛源基地以 300km 以内为最好。

根据国内生产高档牛肉的实践,肥育场收购的架子牛、杂种牛(西门塔尔牛×黄牛、海福特牛×黄牛、夏洛来牛×黄牛等)比当地黄牛好,一般增重速度比当地黄牛高 25％～30％。我国的五大良种黄牛(秦川牛、南阳牛、晋南牛、鲁西牛及延边牛)也是较好的牛源。

用于生产高档牛肉的架子牛,以阉牛为好。小公牛去势后虽生长速度、饲料效率有所下降(相应下降 8.7％和 12％),但肌肉组织易沉积脂肪,肉质及风味好。也有一些国家对小公牛不去势肥育,但要提高肥育后期饲粮中的能量水平,屠宰年龄以不超过 24 月龄为宜。否则,影响肉质及肉品风味。

高档肉牛肥育对饲养管理技术要求高,肥育场应在技术人员或服务体系的指导下,制定出高档牛肉生产的技术规范或操作规程,并严格执行。

③屠宰及产品加工体系建设:屠宰、分割、保鲜、贮存或深加工增值是高档牛肉生产的重要环节,设备及人员都要达到生产高档牛肉的水平。为适应市场,信息要灵,肉质、加工、包装等要满足国内外相关市场的需要或消费者的习惯。

④生产服务及供销体系:是政府业务单位或企业的服务部门,包括经营管理、畜牧兽医技术服务、饲料加工供应、产品营销等,由于高档牛肉技术含量高,离不开现代科学技术服务体系。因此,要有较完整的高水平服务队伍和一定的科技投入。

（3）高档肉牛肥育

①饲养方案：可参照本书架子牛肥育或韩牛高档肉生产饲养管理指导（表7-49，引自韩国农林水产部《韩牛高档肉生产技术》，1994）。肥育期依收购架子牛的活重、屠宰时活重、年龄及营养水平而定。如19月龄活重470kg，按韩牛肥育后期（19～24月龄）的标准和要求肥育，570kg时出栏。据蒋洪茂测定，按美国农业部对剪切值（牛肉嫩度指标之一）和高档（优质）牛肉相关规定，剪切值等于或小于3.62kg者应占65％左右，才能达到高档牛肉标准，去势后的秦川牛、晋南牛、科尔沁牛都能达到以上指标，而公牛则相差较远。因此，肥育牛均进行去势。

表7-49 韩牛高档肉生产饲养管理指导*

阶段			育成期（4～12月龄）									肥育前期（13～18月龄）						肥育后期（19～24月龄）					
月龄			4	5	6	7	8	9	10	11	12	13	14	15	16	17	18	19	20	21	22	23	24
体重(kg)			110	135	160	180	200	220	240	260	280	300	330	360	390	420	450	470	490	510	530	550	570
体组织发育	体重(5-12-21月龄)			●	●	●	●	●	●	◎	◎	●	●	●	●	●	●	●	●	●			
	脂肪组织(12-18-23)										●	●	●	●	●	◎	◎	◎	●	●	●	●	
	骨骼(－0.6-5-11)		●	○	○	○	○	○	●	●													
	肌肉组织(3-11-18)		●	○	○	○	○	○	○	◎	●	●	●	●	●	●	●						
	肌内脂肪(3-20-26)					●	●	●	●	●	●	●	●	●	●	●	●	◎	◎	◎	●	●	●
饲料日喂量	精料	犊牛期饲料	2.5	3.0	4.0	3.0	3.0	3.3	3.5	(4.0)	(4.0)	—	—	—	—	—	—	—	—	—	—	—	—
		肥育前期	—	—	—	—	—	—	—	4.0	4.0	5.5	6.0	6.5	7.0	(7.5)	(8.0)	—	—	—	—	—	—
		肥育中期	—	—	—	—	—	—	—	—	—	—	—	—	—	7.5	8.0	8.5	9.0	—	—	—	—
		肥育后期	—	—	—	—	—	—	—	—	—	—	—	—	—	—	—	(8.5)	(9.0)	9.0	9.0	9.5	10.0
	粗料	干草饲喂期	1.0	1.0	2.0	3.0	3.5	3.5	3,5	4.0	4.0	4.0	3.5	3.5	3.5	3.0	2.5	2.5	2.5	2.5	2.5	2.5	2.5
		青草饲喂期	5.0	5.0	8.0	12.0	15.0	15.0	17.0	17.0	17.0	13.0	13.0	10.0	10.0	10.0	10.0	—	—	—	—	—	—
		青贮饲喂期	3.5	3.5	5.0	9.0	11.0	11.0	13.0	13.0	13.0	10.0	7.0	7.0	7.0	7.0	—	—	—	—	—	—	—
		稻草饲喂期	1.0	1.0	1.5	2.5	3.0	3.0	3.0	3.0	3.0	3.5	3.5	2.5	2.5	2.5	2.0	2.0	2.0	2.0	2.0	2.0	2.0
不同阶段饲养要点			使骨骼、消化道、第一胃等器官发达起来是育成健康架子牛的基本条件 ·干草、青贮等优质粗饲料要供给充足 ·精饲料要限制供给，粗饲料自由采食，避免过肥									肌肉、脂肪等与肉质有关的要素全面发育的阶段 ·精饲料要逐渐增加，粗饲料要逐渐减少 ·由育成期逐渐向肥育前期转变						肌内脂肪沉积的肥育末期 ·为使肌内脂肪均匀增加，应增加配合饲料的供给量 ·自由采食高能量饲料，粗饲料要限制					

* 表7-49中：

1. 体重是去势牛各月龄的平均体重

2. 体组织发育期，各组织名称后括号内数字是指发育的开始月龄至最高速度月龄至停止发育月龄

3. ●表示发育旺盛时期，◎表示发育的最旺盛时期

4. 牛只共同的管理要点：

· 每月进行称重并记录

· 稻草铡成3～5cm长与精料混合喂给

· 料桶、水槽要经常清洗，使牛能饮上清洁水

· 饲养管理、饲喂量、疾病治疗等应每日进行记录

· 要防止水槽、供水管冻结

- 早晨要注意观察粪尿、鼻镜,发现异常的牛要及时进行治疗(尿结石、臌胀等)
- 垫草要定期更换,保持清洁
- 随时清洁牛体皮肤
- 肥育末期存在个体差异,应及时调节出售时间

②饲养管理:对购进肥育场的架子牛,重点是消除运输时的应激,使牛只尽快适应肥育场的饲料及环境。首次限量补水(每头牛 15～20L),以后可自由饮水。先喂干草(每头 4～5kg),逐渐增加其他饲料,约 1 周后过渡到标准方案或肥育计划的饲粮。

肥育前应称重、驱虫和编号,按体重或体格大小、采食、习性或性情等分群,使小群相对安静,便于采食均匀和管理。为减少对牛只的干扰,上述工作最好一次完成。

根据肥育场周围的饲料资源,按饲养标准或肥育计划配合饲粮。饲料必须无污染,禁止饲喂反刍动物源肉骨粉,以提高牛肉质量并保证达到高档牛肉肉质要求,最大限度降低饲养成本。

配合饲粮的关键是用大麦代替部分玉米和麸皮,特别是肥育后期,要求饲粮能量浓度高或脂肪含量高,大麦比例高,粗饲料只能用干草或秸秆(稻草或麦秸),使肌肉脂肪沉积良好,脂肪色泽呈白色,硬度或脂肪酸组成良好,以提高牛肉等级。肥育后期不喂青贮料或青草等多汁饲料,防止脂肪色泽变蓝,影响肉品等级。据韩国试验,配合饲料中大麦所占比例,以肥育前期 20％、后期 60％时效果最佳。

参考饲粮配方(％):

肥育前活重 300kg 的阉牛:大麦 18,豆类或饼类 8,玉米 55,麸皮 17,食盐和骨粉各 1。

肥育后期,活重 470kg 的阉牛:大麦 40,油脂 1,玉米 44,麸皮 12,食盐和骨粉各 1.5。

在肉牛饲料中补充维生素 E,抗肌肉细胞内氧化,维护细胞膜完整,能延长高档牛肉的色泽及货架寿命。

肥育期对牛只采取拴系管理,适当活动。体重在 230kg 前可散养,达 230～250kg 时拴系管理,有利于提高日增重。每月称重 1 次,增重低于要求、采食与消化不良或已达到肥育结束期的牛只,要及时出栏,以免体重下降或浪费饲料。每天刷拭牛体 1 次,充足供应饮水。要定期消毒牛舍,保持牛体及舍内卫生、干燥,通风良好。

第四节　牦牛的放牧及饲养管理

一、牦牛对青藏高原生态环境的适应性

(一)对少氧环境的适应性

我国有牦牛 1 377.4 万头,占世界牦牛总头数的 90％以上。牦牛分布于我国 210 个县(市),约占我国牛总头数的 11％(1995)。

牦牛生活在青藏高原海拔 3 000～5 000m 的地区。同海平面处比较,海拔 3 000m 处,空气含氧量减少 1/3;海拔 5 000m 处,空气含氧量约减少 1/2;海拔 4 500m 处空气含氧量仅为北京

地区(海拔 50～60m)的 58%。即海拔越高,空气含氧量越少。

牦牛胸腔容积大(比普通牛种多 1～2 对肋骨),心、肺发达,肺泡工作面积大,气管短而粗大,软骨环间距离也大,与犬的气管相似,能适应频速呼吸。同普通牛种比较,牦牛不仅呼吸、脉搏快,而且血液中的红细胞多、直径大,成年母牦牛红细胞直径为 4.83μm,成年黄牛为 4.38μm。即牦牛红细胞 1 次运载氧气的量远多于黄牛,增加其血液中的氧容量,获得必需的氧气。

同普通牛种相比,牦牛妊娠期短(250～260d),初生犊牛体小,体内保存着较多的携氧力更强的胎儿血红蛋白(HbF₂),能保证犊牛出生后所需的氧或不致缺氧死亡,这说明牦牛对青藏高原少氧环境具有分子水平上的适应性。为我国攀登珠穆朗玛峰的登山健儿运送物资的阉牦牛可以到达海拔 6 500m 处,这对其他家畜来说是望尘莫及的。

(二)对寒冷环境的适应性

青藏高原气候寒冷,年平均温度在 0℃左右。通常,自由大气中每上升 100m,气温下降约 0.6℃;珠穆朗玛峰北坡海拔 5 000～5 500m 处,每上升 100m,气温下降 0.9℃。青藏高原植物生长期仅 120d 左右,没有绝对无霜期。天寒草枯的冷季达 8 个月之久。这里虽然太阳辐射强,但热量的散失很快。因此,海拔越高,气温越低。

牦牛全身被毛丰厚,进入青藏高原的冷季后,被毛的粗毛间丛生出绒毛,体表凸出部位、腹部粗毛(又称裙毛)密而长,同蓬松的尾毛一起像“连衣裙”一样裹着全身。同时,牦牛的被毛由不同类型的毛纤维组成,具有相对稳定、保温良好的空气层(是一种热的不良导体),保暖性(或阻止体热散失的性能)高。再加上皮下组织发达,暖季容易沉积脂肪,在冷季可免受冻害。此外,牦牛体躯紧凑,体表皱褶少,单位体重体表散热面积小;加之汗腺发育差,可减少体表的蒸发散热。凡此种种,降低了牦牛体内热量通过辐射、对流、传导和蒸发的散失。在冷季气温远低于体温(37℃～38℃)的寒冷条件下,有利于保存体内能量,减少能量和营养物质的消耗,维持牦牛正常的生理功能。

二、牦牛的采食及反刍

(一)采食及放牧采食速度

牦牛和普通牛一样,放牧时在牧地上缓慢行进,可以不间断地采食牧草。牛虽然上腭无门齿(切齿),但舌发达而灵活,采食牧草时用舌卷住一束,用门齿和上腭齿板切断,不经仔细咀嚼即吞咽。因此,牛的采食很粗,对毒草及饲料中的异物(铁丝、塑料等)选剔性差,容易误食毒草及异物而发病。

牦牛采食比普通牛更靠近地面或留茬低,绵羊可以采食的矮草,牦牛皆可采食。除牧草外,还喜食灌木嫩枝。一般在牧草丰盛时不会采食毒草;但经过枯草季,对高山草原萌发较早、适口性好的毒草,容易误食中毒。

放牧采食速度是指每分钟内牦牛采食的口数或每分钟啃食牧草的次数,受遗传、牧草的适口性和牧草中所含有关物质等因素的影响。牦牛不仅特别喜食某些牧草,而且对同一种牧草的不同生长期或同一植株的不同部分也表现采食偏好,这种特殊的采食现象称为

"选择性采食"。

据青海省铁卜加草原改良试验站报道（1964），牦牛在 7～8 月份的放牧采食速度为 66.20～69.58 口/min；10 月份为 31.90～38.80 口/min，比 7～8 月份的采食速度约低 50%。10 月份已进入枯草期，草质变粗硬或纤维素增加，不利于采食。青海省大通牛场（1981 年 8～9 月）2.5 岁阉牦牛、阉犏牛和阉尕利巴牛的放牧采食速度，相应为 1.13 口/s，0.99 口/s，0.89 口/s。即牦牛高于犏牛，犏牛高于尕利巴牛。

在一天的放牧中，早晨初牧和晚牧时牦牛的采食速度快，相应为 67.3 口/min 和 68.4 口/min，定牧时仅为 43.0 口/min。这是因初牧时牛只饥饿贪食，采食速度快。定牧时，牦牛经过初牧时频繁而单调的采食动作，使口腔肌肉处于疲劳状态，故采食速度有所降低，经过卧息、反刍到晚牧时，牦牛又积极采食。

（二）放牧采食量

放牧采食量是指放牧条件下每口采食量和日采食的牧草量。据报道，当年产犊的母牦牛，在 8 月上旬放牧日采食量为 42.6kg（其中，白天采食 25.02kg，晚上为 17.62kg），约占活重的 17%。每口采食量为 0.7492g；混合牛群 7～10 月份放牧日采食青草 15.2～35.6kg，平均为 23.1kg。日采食口数为 15 486～37 573 口，每口采食量为 0.5826～1.2844g。

2.5 岁阉牦牛 8～9 月份放牧日采食量：牦牛（27.9kg）显著高于犏牛（23.3kg）和尕利巴牛（21.4kg）。每口采食量牦牛（1.12g）、犏牛（1.06g）和尕利巴牛（1.15g）之间无显著差异。

掌握草原的产草量和每头牦牛的日采食量，就可计算出当地草原适宜的载畜量。据有的地区计算，每一头牦牛年需高山草原面积 2.5hm^2，或 1hm^2 牧场可供 130～155 头牦牛放牧 1d。

（三）放牧行进速度

产乳母牦牛群放牧行进速度为 7.04～9.66m/min，初牧时因牛只贪食而行进速度慢（7.04m/min），定牧及晚牧时较快（9.66m/min）。混合牦牛群放牧行进速度（8.16～14.10m/min）比产乳牦牛快，初牧为 14.10m/min，定牧为 9.07m/min，晚牧为 8.16m/min。

2.5 岁的牦牛及其杂种牛放牧时平均行进速度：牦牛 10.73m/min，快于犏牛（8.56m/min）和尕利巴牛（7.11m/min）；而犏牛又比尕利巴牛快。可见放牧员放牧牦牛群比种间杂种牛群要辛苦和费力。

（四）放牧、采食和游走时间的分配

牦牛群放牧、采食和游走时间长短及其比率，关系着牛群的健康及草原的生产力。采食及卧息时间较长，而游走时间较短时，牛只营养状况或生产性能较好，草原利用充分。反之，游走时间较长，由于运动量加大，牛体用于维持的能量增加，营养状况或生产性能降低。牛在平地上行走时的能量消耗为站立时的 1.2～2 倍；上坡所消耗的能量随坡度的提高而增大，在倾斜角 10° 的情况下，比平地多消耗 5 倍的能量。下坡时消耗的能量与平地无差别。此外，游走增多，草原遭践踏，采食不匀，优良牧草易被取代，利于劣草滋生，影响草原生产力。

牦牛群在放牧过程中，一般用于卧息和采食的时间合占 2/3，用于游走的时间占 1/3。如产乳牦牛群采食及卧息时间约占日放牧时间的 65.47%（其中，采食时间占 33.7%，卧息时间的贮草量(加上补饲)与牛群的需草量大致保持平衡。

在暖季,产乳母牦牛、幼牦牛和肥育牛充分利用丰盛的牧草生产畜产品,冷季来临前及时将肥育牛和淘汰牛出售或转入农区继续饲养,尽量减少牧区冷季存栏牛只和肉用牛只的越冬次数,加速牛群周转,充分发挥牦牛直接利用暖季牧草的生长优势,提高由牧草到畜产品的转化率,增加畜产品的收获量。

(三)牦牛的组群

为便于放牧管理和合理利用牧场,应对不同性别、年龄、生理状态的牦牛分别组群,避免混群放牧,使群性相对安静,采食及营养状况相对均衡,减少放牧困难。牦牛群一般分为:

1. 产乳牛群(包括哺乳犊牛)　每群 100 头以内,分配给最好的牧场。产乳牛中有相当一部分为当年未产犊仍继续挤乳的母牦牛(藏语称牙日玛),数量多时可单独组群。

2. 干乳牛群(或称干巴群)　指未带犊而干乳的母牦牛,还可组入已达初次配种年龄的母牦牛,每群 150～200 头。

3. 幼牦牛群　指断乳至 12 月龄以内的牛只,性情比较活泼,合群性较差,与成年牛混群放牧时相互干扰很大,应单独组群,一般 50 头为宜。

4. 青年牛群　指 12 月龄以上到初次配种年龄的牦牛,每群头数与干乳牛群相同,除去势小公牛外,公、母牦牛应分别组群,隔离放牧,防止早配。

5. 肥育牛群　指肥育供肉用的牦牛,包括当年要淘汰的牛只,种公牦牛也可并入此群,每群头数 150～200 头。

四、冷季和暖季的放牧

(一)冷季放牧

1. 寒冷天气对牦牛生产的影响　牦牛对寒冷天气有一定耐受力,但毕竟有限度(牛只生命活动的极限),超过此限度,牛只就无法生存。一般最适宜牛只生存的温度为 8℃～12℃。气温低于适宜温度时,牛只会提高新陈代谢作用来增加热量释放,以维持体温,采食的饲料营养物质不足时,就要动用体内的贮备物质,活重便逐渐减轻(牧民称掉膘)。寒冷天气造成牦牛活重减轻的损失是很大的。

除寒冷天气因素的影响外,牛只还受其他环境因素的综合作用。个别因素对有机体的影响,往往依赖着与其他因素的结合和随牛只本身状况而变化。不同年龄、生理状况和饲养条件下的牛只,所要求的适宜温度不同,对寒冷天气的耐受能力也不同。如某一相同生理状况的牛只,在草料丰富的条件下,最适的温度可以在 10℃ 以下,在饥饿状况下,最适温度则为 18℃ 或 18℃ 以上。气温低于最适温度时,每下降 1℃,饥饿家畜的新陈代谢就提高 2%～5%,体表散热为 2.7kJ/m²;当气温降至 -20℃,平均风速为 2m/s 时,每天给活重 300kg 的牛补饲精料 1.1kg 或青干草 2.2kg,才能弥补寒冷天气造成的损失。因此,在寒冷天气,肥硕健壮、饲料丰富的牛耐寒力强,乏弱和饲料贫乏的牛容易冻死。据报道,当气温在 -35℃ 以下,并有 5 级大风持续 8h,可使无棚圈的牛只发生冻害或死亡。因此,在暴风雪来临前,应将放牧牛只收牧归圈,并做好补饲及保暖工作,对露天圈地卧息的牦牛,半夜时轰起来活动 1～2 次,能有效地预防冻害。

牦牛虽然全身被毛密长，保暖程度高，但在气温远低于皮肤温度的寒冷天气，仍然要散失大量的体热。这种热量散失的多少与风速有关。风速每增加1倍，体表散热会增加4倍。风速每增加1m/s，牛体表的热量损耗增加23.22kJ/m²。因此，修建棚圈、堵塞圈墙的洞隙、加高圈墙等，对防寒及预防疾病有很大作用。

牛只体热的散失，还与空气湿度有关系。低温情况下，空气相对湿度40%的空气导热性约比干燥的空气高出10倍。在冷季，不勤除粪，使圈内粪尿大量积存或圈地积水，棚圈内的湿度即显著增高，牛只散失的体热就会增多，使牛只受寒加剧。而且，湿度增大有利于病菌、寄生虫的繁殖与传播，会增加牛只的发病率。

寒冷天气对妊娠牛的影响也很大。喝冰雪水，吃冰冻的饲料，冰雪地上滑倒摔伤或受冻等，往往使一些乏弱妊娠母牛的子宫强烈收缩而引起流产。

2. 冷季放牧的任务和方法 冷季放牧的任务是减少牛只活重的损失（牧民称为保膘），防止牛只乏弱，使妊娠母牛保胎或安全分娩，提高犊牛的成活率，使牦牛安全越度冷季。

进入冷季牧场初始，一般牛只膘满体壮，尽量利用未积雪的边远牧场、高山及坡地放牧，迟进定居点附近的冷季牧场。冷季风雪多，要注意气象预报，及时归牧。如风力5~6级时，可造成牛只体表的强制性对流，体热的散失增多，牛只采食不安。大风（大于或等于8级时）可吹散牛群，使牛只顺风而跑，大量消耗体热。

冷季要晚出牧、早归牧，充分利用中午暖和的时间放牧，在午后饮水。晴天放阴山及山坡，还可适当远牧。风雪天近牧，或在背风的洼地或山湾放牧，即牧民所说的"晴天无云放平滩，天冷风大放山湾"。放牧牛群应顺风方向行进。妊娠牛不宜在早晨或空腹时饮水，并要避免在冰滩放牧行走。

在牧草不均匀或质量差的牧场上放牧时，要采取散牧（牧民俗称"满天星"），让牛只在牧场上相对分散地采食，以便在较大的面积内使每头牛都能采食到较多的牧草。

冷季末，牛群从牧草枯黄的牧场向牧草萌发较早的牧场转移时（也称季节转移），宜先在夹青带黄的牧场上放牧，逐渐增加采食青草的时间，约需2周的适应期。据报道，从能量消耗看，开始1周内逐渐增加，血液性状、瘤胃产生的挥发性脂肪酸在随后的2~3周才能正常。这样做可防止牛只贪食青草或"抢青"，避免误食萌发较早的毒草引起腹泻、中毒甚至死亡。草原牧草此阶段处于危机期，放牧强度不宜过大（达正常放牧强度的40%~50%），按以上方法放牧可使牧草增产1.2~2倍，否则可招致牧草大量减产。

冷季末或暖季初，是牦牛一年中最乏弱的时候，除跟群放牧外，还应加强补饲。特别是在剧烈降温或大风雪天，由于牛只乏弱，寒冷对牛只造成的危害比冷季更为严重，应停止放牧，在棚圈内进行补饲，保证牛只的安全。此外，雪后要及时清扫棚圈内的积雪，使棚圈保持干燥。此期间妊娠母牛开始产犊，一群牛最好由两人放牧，以便挡强护弱，接产和护理犊牛。

3. 牦牛安全度过冷季的一些措施

（1）种植、收购和加工供冷季补饲的草料 因地制宜地安排一些饲草料生产地，或从农区收购补饲的草料，是解决牦牛安全越度冷季行之有效的措施。如甘肃省天祝藏族自治县的一些牧民，利用冷季圈地或已有的一些"草园子"、饲料地，积极种植燕麦等饲草，一般按7~9头牦牛种植667m²青燕麦草，在正常年景就可满足冷季补饲的需要。

（2）搞好棚圈或塑料暖棚的建设 要统筹规划，合理布局，把棚圈建设同产业化生产相结合，要长远打算，从有利于生产出发，讲究实用，不要凑合。要注意维修原有的棚圈。冷季牛只进棚圈之前，要清扫和消毒，搞好防疫卫生。

（3）及早进行合理的补饲　贮备补饲草料较丰富的情况下，补饲越早，牛只减重（或落膘）越小。应遵循对体弱的牛只多补饲，冷天多补饲，暴风雪天昼夜补饲的原则，及早地合理补饲。在冷季虽有补饲草料，也要坚持以放牧为主、补饲为辅的原则，重视放牧工作。

（4）合理增加淘汰头数　暖季末或进入冷季初，是全年中牦牛活重的高峰时期，除迅速出售供肉用的牦牛外，应对牦牛群进行细致的检查，在确保基本繁殖母牛存栏数的前提下，依年景及贮备草料情况，对老龄、伤残、失去繁殖能力及有严重缺陷和无饲养价值的牛只，进行准确及时淘汰（出售或屠宰）。在冷季牧场质量差，难以安排全部牛只安全度过冷季的情况下，要增加淘汰头数，将可能在冷季乏弱死亡引起损失的那一部分畜产品及时收获。否则，如果冷季死亡，其所消耗的全部草原牧草和经营管理费用化为乌有。按牧民的话说："抓到手的鹿儿跑脱了"。

（二）暖季放牧

1. 青藏高原气象条件与牦牛生产

（1）太阳光照　青海高原太阳辐射强，日照时数长。如青海高原全年日照时数为 2 200～3 600h，日照百分率达到 60%～80%，仅次于西藏高原。这是因为空气密度随高度增加而变小，空气稀薄，云量较少，大气层透明度大，反射及吸收太阳辐射相对减少。

这一光照条件，对牦牛的生长发育有良好的作用，可促进新陈代谢，增强抵抗疾病和灾害性天气的能力。由于高原阳光中紫外线强杀菌力强，可减少病菌对牛只的危害，还能增强钙、磷的吸收和代谢作用，使骨骼结实，尤其对幼牦牛的生长发育有着重要作用。

（2）气温　牦牛产区气温的特点是日温差大，年温差小。如青海省年平均日较差 12℃～20℃，最大日较差 25℃～34℃。昼夜气温变化剧烈。暖季的气温适宜牦牛的生长和发育，加之牧草丰盛，有利于增重。

在暖季气温过高的情况下，牛只采食和代谢产热减少，皮肤血流量增多，皮肤、呼吸道的蒸发增强。从行为适应上看，本能地表现出找阴凉的地方、饮水、站在水里或向高山通风凉爽的地方奔跑，以及群体散开，运动减少等。

（3）降水　青藏高原降水量多集中在 5～6 月份，多夜雨，降水日数多而强度小，多冰雹及雷暴。

降水可清除空气中的灰尘，冲洗放牧牛只身上的污物，增强其抗病力。在炎热天气，降水可降低气温，使牦牛凉爽，代谢功能旺盛，可促进母牦牛的发情。但久雨可使土壤泥泞，草原遭践踏，牛只行走不便。还促进了病菌、寄生虫等的繁殖和传播。

2. 暖季放牧的任务及方法　暖季放牧的主要任务是增产牛乳，搞好母牦牛的发情配种，使供肉用的牦牛多增重，并为其他牛只的度过冷季打好基础。牧民说："一年的希望在于暖季抓膘"。

向暖季牧场转移时，牛群日行程以 10～15km 为限，边放牧边向目的地前进。

暖季要做到早出牧、晚归牧，延长放牧时间，让牛只多采食。天气炎热时，中午要在凉爽的地方让牛只安静卧息及反刍。出牧以后由山脚逐渐向凉爽的高山放牧，由牧草质量差或适口性差的牧场，逐渐向良好的牧场放牧，可让牛只在头天放牧过的牧场上再采食一遍，这时牛只因刚出牧而饥饿,选择牧草不严,能采食适口性差的牧草,可减少牧草的浪费。在牧草良好的牧场上放牧时,要控制好牛群,使牛只呈横队采食(牧民称"一条鞭")或为牧民说的"出牧七八行,放牧排一趟",保证每头牛能充分采食,避免乱跑践踏牧草或采食不匀而造成浪费。

暖季按放牧安排或轮牧计划,要及时更换牧场或搬圈。更换牧场或实行轮牧,牛只的粪便在牧场上得以均匀散布,对牧场特别是圈地周围的牧场践踏较轻,可改善植被状态,有利于提高牧草产量,还可减少寄生虫病的感染。

当宿营圈地距放牧场 2km 以外时,就应搬圈,以减少每天出牧、归牧所需要的时间和牛只体力的消耗。产乳带犊的母牦牛群,10d 左右应搬圈 1 次。

暖季应给牦牛在放牧地或圈地周围补饲尿素食盐舔砖。

(三)产乳母牦牛及犊牛饲养管理要点

1. 产乳母牦牛的放牧及挤乳

(1)放牧　产乳母牦牛挤乳及带犊或哺乳,因此,暖季放牧工作的好坏,不仅影响到产乳和牦牛犊的生长发育,而且影响到当年的发情配种。放牧工作要细致,应分配给距圈地近的优良牧场,最好跟群放牧。产犊季节要注意观察妊娠母牦牛,并随时准备接产和护理母、犊牛。

暖季母牦牛挤乳和哺育犊牛占用的时间多,部分母牦牛发情配种的干扰大,因而采食相对减少。要尽量缩短挤乳时间,早出牧,或在天亮前先出牧(犊牛仍在圈地拴系),日出后收牧挤乳。在进行 2 次挤乳时还可采取夜间放牧。要注意观察牛只的采食及乳量的变化,适当控制挤乳量,及时更换牧场或改进放牧方法,让母牦牛多食多饮,尽早发情配种。进入冷季前,要对妊娠母牦牛进行干乳,即停止挤乳并将犊牛隔离断乳。

(2)挤乳　挤乳是劳动量很大的一项工作。牦牛挤乳时先由犊牛吸吮,然后才能手工挤乳。在每次挤乳的过程中,吸吮和挤乳要重复 2 次,或排乳反射分两期。因此,牛群挤乳的时间长,劳动效率低。

母牦牛的乳头细短(乳头长 2.2～2.31cm),一般只能采用指擦法挤乳。牛群挤乳工作的速度,影响到产乳量和牛只全天的采食时间,所以挤乳速度要快,每头牛挤乳的持续时间要短,争取一头牛在 6min 内挤完。产乳母牦牛对生人、噪声、异味等很敏感,挤乳时要安静,挤乳人员、挤乳动作、口令、挤乳顺序及有关操作等不宜随意改变,否则影响牛只的排乳反射和挤乳量。

挤乳员挤乳技术的熟练程度和挤乳速度,对牦牛的挤乳量有一定的影响。据报道,一名挤乳员的手工挤乳速度平均为 146.2 次/min,牦牛日挤乳量为 2.7kg;当挤乳速度为 97.8 次/min 时,日挤乳量为 0.75kg。此外,牦牛自然哺乳及挤乳的间隔时间不同,挤乳量也不同。如间隔 8h,55 头牦牛的平均日挤乳量为 0.89kg/头;间隔 12h,57 头牦牛的平均日挤乳量为 1.25kg/头。

2. 牦牛犊的饲牧管理要点　牦牛犊一般均为自然哺乳,为使犊牛生长发育好,必需依牧场的产草量、犊牛的采食量及其生长发育、健康状况,对母牦牛的挤乳量进行调整。据蒙古人民共和国的试验,牦牛犊出生至 6 月龄的自然吮乳量为 248.1kg,其中 1 月龄(在 5 月份)吮乳量最多为 64.5kg(日吮乳量 2.18kg);2～6 月龄的吮乳量依次为 50.4kg,43.8kg,37.8kg,27.2kg,24.4kg。试验指出,此吮乳量喂养的牦牛犊生长发育正常。

牦牛犊在 2 周龄后即可采食牧草,3 月龄左右可大量采食,随月龄增长和吮乳量减少,或乳越来越不能满足其需要时,促使犊牛加强采食牧草。同成年牛比较,牦牛犊每日采食的时间较短(占日放牧时间的 1/5),卧息时间多(占 1/2),在放牧中应重视这一特点。要保证充分的卧息时间,防止驱赶或游走过多而影响生长发育。不让犊牛卧息于潮湿、寒冷处,应有干燥的棚圈供其卧息,不宜远牧,天气寒冷,遇暴风雨或下雪时应及时收牧。

犊牛哺乳至 6 月龄(即进入冷季),一般应断乳并与母牦牛分群饲养。如果一直随母牦牛哺乳,幼牦牛恋乳,母牦牛带犊,均无法很好地采食,甚至拖到下胎产犊后还争食母乳。这种情况,母牦牛除冷季乏弱自然干乳外,就无获得干乳期的可能,不仅影响母、幼牛的健康,而且影响妊娠母牛胎儿的生长发育。如此恶性循环,就很难提高牦牛的生产性能。

(四)牦牛的管理

1. 牦牛的系留管理　牦牛归牧后将其系留于圈地内,使牛只在夜间安静休息,不致相互追逐和随意游走,减少体力消耗,不仅有利于提高生产性能,而且便于挤乳、补饲及实施其他畜牧兽医技术措施。

(1)系留圈地的选择　系留圈地随牧场利用计划或季节而搬迁。一般选择有水源、向阳干燥、略有坡度或有利于排水的牧地,或牧草生长差的河床沙地等。暖季气温高的月份,圈地应设于通风凉爽的高山或河滩干燥地区,以利于放牧或抓膘。

(2)系留圈地的布局　系留圈地上主要布以拴系绳,即用结实而较粗的皮绳、毛绳或铁丝构成,每头牛平均约需 2m。在拴系绳上按不同牛的间隔距离(表 7-51)结上小拴系绳(牧民称为母扣),其长度母牦牛和幼牦牛为 40～50cm,驮牛和犏牛为 50～60cm。一般多用毛绳。

表 7-51　不同牦牛拴系的间隔(或母扣)距离　(m)

牛　别	有角母牦牛	无角母牦牛	牦牛犊	驮　牛
拴系距离	1.9～2.2	1.8～2.0	1.7～1.9	2.5～3.0

拴系绳在圈地上的布局多采取正方环形系留圈,也有的采用长方并列系留圈,但前者应用广泛。拴系绳之间的距离为 5m。

牦牛在拴系圈地上的拴系位置,是按不同年龄、性别及行为等确定的。在远离帐篷的一边,拴系体大、力强的驮牛及暴躁、机警的初胎牛,紧靠的第一圈拴系绳拴系有角母牛;不拴系的种公牦牛,均在外圈担当护群任务,兽害不易进入牛群。母牦牛及其犊牛在相对邻的位置上拴系,以便于挤乳时放开犊牛吸吮和减少恋母、恋犊而卧息不安的现象。

牛只的拴系位置确定后,不论迁圈与否,每次拴系时不要任意打乱。据观察,牦牛对自己长期拴系的位置,有一定的识别力,归牧后一般能自动站准位置。如站错嗅后即离开,拴错位置即表现不安。新迁圈后第一次拴系较困难,但拴系 1～2 次在其位置上排过粪尿后,大部分牛只能站准位置。

(3)拴系方法　在牦牛颈上拴系有带小木杠的颈拴系绳,小木杠用坚质木料削成,长约 10cm。当牛只站立或被牵入其拴系位置后,将颈拴系绳上的小木杠套结于母扣上,即拴系妥当。

2. 剪毛　牦牛一般在 6 月中旬左右剪毛,因气候、牛只膘情、劳力等因素的影响可稍提前或推迟。剪毛顺序是先驮牛(包括阉牦牛)、成年公牦牛和育成牛群,后剪干乳牦牛及带犊母牦牛群。患皮肤病(如疥癣)等的牛(或群)留在最后剪毛。临产母牦牛及有病的牛应在产后2周或恢复健康后再剪毛。

牦牛剪毛是季节性的集中劳动,要及时安排人力和准备用具。根据劳力的状况,可组织捉牛、剪毛(包括抓绒)、牛毛整理装运的作业小组,分工负责和相互协作,有条不紊地连续作业。所剪的毛(包括抓的绒),应按色泽、种类或类型(如绒、粗毛、尾毛)分别整理和打包装运。

当天要剪毛的牦牛群,早晨不出牧,也不补饲。剪毛时要轻捉轻放倒,防止剧烈追捕、拥挤和放倒时致伤牛只。将牛只放倒保定后,要迅速剪毛,1头牛的剪毛时间最好不超过15min,可两人同剪。兽医师可利用剪毛的时机对牛只进行检查、防疫注射等,并对发现的病牛或剪伤及时治疗。

牦牛尾毛2年剪1次,并要留一股用以摔打蚊、虻。为防止驮牛鞍伤,不宜剪鬐甲或背部的被毛。母牦牛乳房周围的被毛留茬要高或留少量不剪,以防乳房受风寒龟裂和蚊蝇骚扰。对乏弱牦牛仅剪体躯的长毛(裙毛)及尾毛,其余留作御寒,以防止天气突变而冻死。

五、牦牛及其杂种牛的肥育

(一)牦牛体重增长

1. 初生重　青海牦牛初生重一般为10.7~13.4kg,天祝白牦牛公犊牛为12.74kg,母犊牛为10.96kg;而海福特牛犊初生重约为牦牛的3倍,公、母犊相应为36.7kg和32.8kg。牦牛初生重虽然低,但仍占母牦牛分娩时体重的7.6%,即相对指标和普通牛种几乎一样。

在牦牛犊胎儿期,与产肉性能相关的肌肉、脂肪组织及体躯生长差,头、内脏、被毛和四肢等出生后维持生命活动的重要器官和组织生长发育好。初生重除受遗传因素的影响外,还与母牦牛的活重、年龄、妊娠期的饲养等因素有关。活重大、壮龄的母牦牛比初胎及老龄的母牦牛所生犊牛的初生重大。

2. 终年放牧条件下牦牛各年龄段的活重　牦牛在终年放牧的条件下,暖季迅速增重,暖季末活重达一年中的高峰。相反,在冷季末为一年中的低谷。据吕光辉报道,在甘肃省祁连山东段北坡(海拔3 000m以上,年均气温0℃)放牧的各龄牦牛中,随机抽样180头(戴耳标),分别在冷、暖季称重。结果表明,12月龄前生长快,冷季减重少,随年龄的增加,冷季的减重开始增大(表7-52)。据四川省康定县畜牧兽医站报道,母牦牛在4~5岁时,暖季增重和冷季减重接近持平(表7-53)。

暖季牧草生长期短而集中,牦牛形成在暖季增长或抓膘快的特性,完成一年中的活重增长过程,并积累或贮备越冬的部分营养。冷季漫长,牦牛营养消耗大,饲养成本高。据徐天德报道,青海省以植物生物量为100计,家畜实际采食量为10,转化为畜产品仅为1.0左右。青海省每生产1kg牛羊肉与消耗干物质的比率为1:54~64(国外为1:36~44)。

3. 改善饲牧条件后牦牛各年龄段的活重　改善牦牛犊哺乳期的饲养,对幼牦牛冷季进行补饲,是提高牦牛生产性能或冷季活重增长的重要措施。

表 7-52　各龄阉牦牛的体重增长　（kg）

月　龄	期初重	活　重　增　减					期末重	活重增长（%）
		暖季增重	暖季末重	冷季增重	净增重	平均日增重		
初生至12	14.5	87.0	101.5	−16.0	71.0	0.1945	85.5	489.6
13～24	85.5	72.5	158.0	−38.0	34.5	0.945	120.0	40.4
25～36	120.0	88.0	208.0	−53.3	34.7	0.951	154.7	28.9
37～48	154.7	143.8	298.5	−78.3	65.5	0.1795	220.2	42.3

表 7-53　各龄公、母牦牛的体高及活重增长　（cm、kg）

年　龄	公牦牛				母牦牛			
	测定头数	体高	活重	活重增长（%）	测定头数	体高	活重	活重增长（%）
初　生	14	55.9	13.9	—	20	54.0	13.1	—
4月龄	20	75.0	49.3	254.7	33	72.7	43.6	232.8
1	44	90.0	93.4	89.5	45	87.8	88.0	101.8
2	36	101.4	154.0	64.9	44	100.4	145.1	64.9
3	33	107.5	218.2	41.7	43	107.2	205.0	41.3
4	10	114.0	256.3	17.5	48	109.7	218.0	6.3
5	3	113.0	290.1	13.2	44	110.5	244.0	11.9

孔令录等报道，青海大通牛场在牦牛犊初生重基本相似的情况下，不同培育方式获得的效果不同。母牦牛不挤乳，以全哺乳方式培育犊牛，供试犊牛 106 头 6 月龄平均活重为 95.02kg；母牦牛日挤乳 1 次，其余乳供犊牛哺食的传统方式，6 月龄平均活重为 75.20kg。按经济效益比较，犊牛当年被屠宰时母牦牛的收入要高于日挤乳 1 次的母牦牛。

哺乳期全哺乳，冷季补饲青干草（100～150kg/头）的天祝白牦牛公犊牛 11 月龄平均活重为 92.3kg。按传统方法（日挤乳 1 次，挤乳量 0.5～1kg，其余供犊牛哺食，冷季不补饲）饲养的同龄公牦牛平均活重仅为 61.34kg。

前苏联捷尼索夫报道，母牦牛不挤乳（全哺乳）、日挤乳 1 次、日挤乳 2 次方式下，培育出的 12 月龄公牦牛平均活重相应为 142.0kg，118.6kg 和 87.6kg（表 7-54）。

（二）放牧肥育

1. 全放牧肥育　是牧区的传统肥育方式。肥育期长、增重低，但不喂精料，成本低廉。利用暖季的牧草，放牧肥育 100～150d。早出牧，中午在牧地休息，晚归牧，每天放牧 12h。放牧中控制牛群，减少游走时间，放牧距离不超过 4km。选择牧草好及水草相连的放牧场，让牛只多食多饮，以获得高的增重。

表 7-54 不同培育条件下的幼牦牛活重

月龄	不挤乳（全哺乳）群		日挤乳一次群		日挤乳二次群	
	活重（kg）	平均日增重（g）	活重（kg）	平均日增重（g）	活重（kg）	平均日增重（g）
幼公牦牛						
初生	16.3	—	15.5	—	16.3	—
6	117.2	560.6	102.4	482.8	57.3	227.8
12	142.0	349.2	118.6	286.4	87.6	198.1
18	255.5	442.9	231.6	400.2	164.4	274.3
幼母牦牛						
初生	16.4	—	16.2	—	15.8	—
6	112.9	536.1	98.8	458.9	64.0	212.2
12	127.4	308.2	110.5	261.9	85.7	194.2
18	222.5	381.6	213.3	365.0	154.8	257.4

　　据四川省草原研究所、四川省龙日种畜场的试验,选择 12 月龄的公牦牛、公犏牛（黑白花公牛×母牦牛）各 11 头（均未去势）,于 1981 年 4 月 27 日至 10 月 24 日全放牧 180d。平均日采食天然牧草,公牦牛为 7.42kg（8 月最高,为 8.75kg,10 月最低,为 4.94kg）,公犏牛为 13.56kg（8、10 月相应为 15.95kg 和 7.72kg）。肥育期共采食牧草公牦牛为 1 335kg,公犏牛为 2 441.4kg。肥育期增重公牦牛为 63.98kg,公犏牛为 123.73kg,平均日增重相应为 355g 和 687g（表 7-55）。

表 7-55 放牧肥育期牛只的增重 （kg、g）

牛别	开始活重	结束活重	180d 增重	日增重	相对增重（%）
公牦牛	69.45	133.43	63.98	355.44	92.12
公犏牛	124.45	248.18	123.73	687.39	99.42

　　放牧期牛只的日增重以 6 月份（或 14 月龄）为最高,公牦牛为 482g,公犏牛为 1 167g（表 7-56）。每 kg 增重消耗天然牧草公牦牛为 20.87kg,公犏牛为 19.73kg;消耗饲料干物质依次为 7.07 和 6.56kg（表 7-57 和表 7-58）。

表 7-56 放牧肥育期牛只各月龄的日增重 （g）

牛别	月份	5	6	7	8	9	10
	月龄	13	14	15	16	17	18
公牦牛		340	482	439	430	388	54
公犏牛		630	1167	761	818	530	212

表 7-57　放牧肥育期各月天然牧草的营养成分　（％）

采样日期	干物质	粗脂肪	粗蛋白质	粗纤维	灰　分	无氮浸出物	钙	磷
6 月 9 日	24.00	1.10	4.50	6.70	1.20	10.50	0.12	0.08
6 月 30 日	28.00	0.64	3.92	8.37	1.43	13.64	0.12	0.07
7 月 30 日	33.00	1.06	4.06	9.11	2.01	16.76	0.14	0.11
8 月 30 日	38.00	0.99	3.88	11.67	3.31	18.15	0.23	0.10
9 月 29 日	42.00	1.01	3.36	13.99	2.44	21.20	0.26	0.06
10 月 31 日	62.00	1.18	2.98	21.58	3.10	33.16	0.33	0.10

表 7-58　每 kg 增重的天然牧草及营养物质消耗

牛　别	混合牧草(kg)	干物质(kg)	粗蛋白质(g)	粗脂肪(g)	钙(g)	磷(g)
公牦牛	20.87	7.07	817.54	197.21	36.82	18.34
公犏牛	19.73	6.56	776.25	i84.93	33.85	17.30

据前苏联的报道,在全放牧期不同年龄的牦牛的日增重也不同。1～2 岁的幼牛增重最高(为 56.0～69.1kg),3～7 岁的母牦牛增重低(28.8～39.7kg,见表 7-59),可见幼牦牛较适宜于放牧肥育,成年母牦牛最好是放牧后期集中短期强度肥育。

表 7-59　前苏联某场母牦牛及幼牦牛的放牧肥育结果

开始放牧肥育年龄 （岁）	春季平均活重 （kg）	秋末平均活重 （kg）	放牧肥育期增重	
			增重量(kg)	相对增重（％）
1	85.7	154.8	69.1	80.6
2	185.8	241.8	56.0	30.1
3	222.8	254.3	31.5	14.1
4	232.8	272.0	39.7	17.1
5	242.3	279.7	37.4	15.4
6	247.7	283.6	35.9	14.5
7	240.2	279.0	28.8	16.2

2. 放牧兼补饲肥育　为缩短肉用牦牛及种间杂种的饲养期和提高产肉量,饲料条件好的地区,可在暖季采取放牧兼补饲肥育方式。对冷季已进行补饲而膘情较好的牛只,为保持其继续增重,在暖季继续补饲,冷季过后膘情较差的牛只,可在暖季中后期(牧草质量高峰过后)给予补饲。

早期生长的牧草含蛋白质多,应补饲一些碳水化合物丰富的饲料。牧草生长结束或近枯黄时,蛋白质含量降低,应补饲含蛋白质丰富的饲料。放牧兼合理补饲对饲料消化率和肥育期增重都有明显的影响,可使肉牛提早出栏,其胴体及肉品质要比未补饲的牛高,但成本也相应增加。因此,除考虑牧场天然牧草的质量外,应依肉价、上市屠宰季节、牛只的个体状况等综合因素,确定补饲量及肥育程度。

青海省大通牛场和甘肃农业大学的试验(1978),在青海省宝库草原暖季条件下(海拔3 200m,7~9月气温为6.9℃~13.9℃,空气相对湿度63.5%,放牧场为阴坡,牧草生长良好,水源充足),放牧兼补饲肥育种间杂种阉牛15头,日放牧12h(包括中午在牧场阴凉处休息2~3h),行程3~4km,日补饲精料2kg/头,试验期70d(6月5日至8月14日),每头共补精料140kg。肥育试验结果:尕利巴牛每头增重63.16~65.34kg,日增重为902.3~933.4g,每kg增重消耗补饲精料2.15~2.20kg;同龄的犏牛相应为50.75~64.9kg,725~972.1g和2.76kg(表7-60)。可见暖季放牧兼补饲肥育尕利巴牛比同龄的犏牛效果好。

舍饲肥育参照本书架子牛、成年牛肥育。

表7-60 放牧兼补饲肥育期牛只的增重

杂交组合	月　龄	开始活重 (kg)	结束活重 (kg)	70d增重量 (kg)	日增重 (g)	相对增重 (%)
尕 利 巴 牛						
海×黑犏牛	24	224.66	290.00	65.34	933.4	29.08
海×黄犏牛	24	205.34	268.50	63.16	902.3	30.76
犏　牛						
海×牦牛	24	241.75	292.50	50.75	725.0	20.99
黄×牦牛	60	256.60	321.50	64.90	972.1	25.29

第八章 羊的营养与标准化饲养

第一节 绵羊的营养与标准化饲养

一、绵羊的营养需要和饲养标准

(一)绵羊的营养特点

羊是反刍动物,最突出的特点是具有共生着庞大微生物区系的瘤网胃。饲料中各种营养物质,特别是纤维物质和非蛋白氮在这里进行着发酵,即分解和合成等生化过程。碳水化合物(包括纤维素)经过发酵,最终以挥发性脂肪酸的形式为羊提供能量(约占羊从吸收营养物质所获能量的 70%);饲料中蛋白质和内、外源非蛋白氮经过发酵,最终生成挥发性脂肪酸、二氧化碳和氨,大部分氨被微生物用于合成蛋白质;一部分氨由瘤胃壁吸收进入血液并在肝脏中转变为尿素,其中一部分可再返回瘤胃(内源非蛋白氮)。发酵过程中产生甲烷是能量的损失;但反刍动物借助此发酵过程,可以很好地消化利用粗饲料和农作物秸秆,以及将非蛋白氮和低质的植物蛋白质转化为高品质的微生物蛋白质,还可合成某些维生素。人们根据这一特点,将低质粗饲料和尿素等非蛋白氮化合物用于反刍动物饲粮,以获得高质量的产品。

羊和牛均属食草家畜,饲粮以粗饲料为主,但采食牧草的方式和行为有所不同。羊的口唇薄而灵活,虽无上切齿,但下切齿锋利,采食时不像牛那样用舌将牧草卷入口中,而是用口唇将牧草纳入口中,用上颌板压住下切齿,头向前抬切断牧草。所以,羊能够采食接近地面的短小牧草使牧草留茬较低。羊对饲料及牧草的选择性比牛强,不易食入铁钉等异物。羊能将整粒谷物饲料嚼碎,故有些饲料可不粉碎。据报道,反刍动物食性分三类,即选择浓缩饲料(果实、嫩枝叶)动物、中间类型动物和选择牧草与粗饲料动物。绵羊属中间类型,以选择禾本科牧草为主,山羊也属中间类型,喜欢采食杂草和灌木枝叶。

羊的食性造成其特有的胃结构。采食大容积粗饲料的牛,其瓣胃大于网胃,便于在瓣胃中更进一步研磨、过滤和压榨由网胃进入的草料;而羊的瓣胃小于网胃,瓣胃容积平均为 0.9L,网胃容积约为 2.0L,故对高粗纤维粗饲料的消化能力较牛差,饲粮粗纤维增加到 25% 或以上,会对消化产生不利的影响。与其他反刍动物相似,羊饲粮中也应含适当数量的易消化碳水化合物,这对提高瘤胃微生物发酵效率,保证羊体健康,提高营养物质的消化率、利用率及生产水平都是十分必要的。据报道,牛、羊的瘤胃微生物区系并不完全相同,如新月单胞菌是牛瘤胃内形成丙酸的唯一数目繁多的细菌,而绵羊瘤胃中此生化过程是由生碱费荣氏球菌执行的。研究还表明,相同饲粮蛋白质在绵羊瘤胃中的降解率高于牛,大约在绵羊饲粮粗蛋白质水平较牛低 2 个百分点时,牛、羊瘤胃氨浓度相等。因此,在羊饲粮中添加非蛋白氮化合物的效果低于牛。

(二)绵羊的营养需要

绵羊所需营养物质包括能量、蛋白质、矿物质、维生素和水等,主要靠采食和消化青草、干草等粗饲料获取。仅在需要与可能时,给予高能量谷物饲料、高蛋白豆类和饼粕类饲料及某些矿物质和维生素预混料,以补充其营养物质不足部分。常见的绵羊营养缺乏,多是因草地过牧、干旱及牧草被大雪覆盖等,造成饲草供给不足或质量低劣所致。

绵羊营养需要因品种、体重、年龄及妊娠、泌乳和生长阶段不同而有差异,同时也与环境温度、湿度、风速以及剪毛、应激等因素有关。其对营养物质的需要,包括维持需要和生产需要(生长需要、妊娠需要、泌乳需要和产毛需要等)。

1. 能量需要 能量是绵羊生命活动和生产过程的第一营养要素,主要来源于饲粮中的碳水化合物、脂肪和蛋白质。科学、合理地供给能量,对保证绵羊健康,提高生产水平和降低饲料消耗有重要意义。能量供应不足时,生长缓慢或停滞,体重下降,繁殖力低,泌乳量下降或泌乳期缩短,羊毛产量减少、品质下降,抗病力低,易引起死亡;但摄入过多能量也可引起羊过肥,对健康产生不良影响。目前,表示绵羊能量需要的方式有代谢能和净能体系,两者之间通过转换系数进行互换。由于饲粮品质的差异和绵羊生理状态的不同,转换系数的差异也较大。转换系数用英文字母 K 表示。英国农业与食品研究委员会(AFRC,1993)公布的绵羊不同生理状态 K 值为:

$$K_m = 0.35 \times q_m + 0.503 \text{(用于维持)}$$

$$K_f = 0.78 \times q_m + 0.006 \text{(用于增重,也用 kg 表示)}$$

$$K_L = 0.35 \times q_m + 0.420 \text{(用于产乳)}$$

$$K_c = 0.133 \text{(用于妊娠胎儿生长)}$$

$$K_w = 0.18 \text{(用于产毛)}$$

上述式中,q_m 为饲料总能(GE)代谢率,是代谢能(ME)与总能的比值(ME/GE),GE(MJ/kg)$\times q_m$ 将 GE 转化为 ME(MJ/kg)。如无饲料 GE 值,可采用其平均值 18.4MJ/kg,一般低质饲料 q_m 值采用 0.4,优质饲料为 0.7,中等饲料为 0.5 或 0.6。

(1)维持能量需要 有关绵羊维持能量需要量的研究资料较多。中国美利奴羊不同生理阶段的维持代谢能需要量计算式如下:

$$妊娠前期 \, MEm(MJ) = 0.43W^{0.75}$$

$$妊娠后期 \, MEm(MJ) = 0.62W^{0.75}$$

$$泌乳前期 \, MEm(MJ) = 0.53W^{0.75}$$

$$育成公羊 \, MEm(MJ) = 0.48W^{0.75}$$

$$育成母羊 \, MEm(MJ) = 0.45W^{0.75}$$

美国全国科学研究委员会(NRC,1985)计算成年绵羊维持代谢能需要的公式为:

$$MEm(MJ) = 0.418W^{0.75}$$

上述公式中,MEm 为维持代谢能需要量;$W^{0.75}$ 为绵羊代谢体重(kg)。

英国农业研究理事会(ARC,1980)建议母羊维持净能需要量(E_m)计算公式为:

$$Em(MJ/d) = 0.226(W/1.08)^{0.75} + 0.0096 \times W$$

W 为活重(kg),0.0096 为圈养母羊活动增量,低湿地放牧羊为 0.0109,丘陵牧地为 0.0196,而绝食代谢为 0.007。

（2）生长能量需要 生长期绵羊代谢能需要量为维持代谢能需要量和生长代谢能需要量之和。中国美利奴羊生长代谢能需要量（MEg）计算公式为：

$$MEg = \frac{Eg}{0.0414M/D}$$

式中：MEg 为生长代谢能需要量（MJ）；M/D 为饲粮代谢能浓度（MJ/kg 风干物），日增重低于 100g 取值 8.0MJ，日增重高于 100g 取值 10.5MJ；Eg 为增重所沉积的净能（MJ），计算式为：

$$LogEg = \frac{logLWg - 0.0036W - 1.91}{0.9}$$

式中：LWg 为日增重（g）；W 为体重（kg）。按公式求出 logEg 后，再取反对数。

美国 NRC 基因型羔羊生长净能需要量计算公式为：

$$NEg = 317W^{0.75} \cdot LWg（小型）$$
$$NEg = 276W^{0.75} \cdot LWg（中型）$$
$$NEg = 234W^{0.75} \cdot LWg（大型）$$

式中：NEg 为增重净能需要量（kcal）；$W^{0.75}$ 为代谢体重（kg）；LWg 为日增重（kg）。应用此公式时，须乘以 4.184，将 kcal/kg 换算为 kJ/kg。

据英国农业研究理事会（ARC）测得的数据显示，性别对增重能值的影响较大，而品种只有很小的影响。不同性别羊的增重净能计算式为：

$$阉羊 EVg = 4.4 + 0.35W$$
$$母羊 EVg = 2.1 + 0.45W$$
$$公羊 EVg = 2.5 + 0.35W$$

式中：EVg 为增重净能需要量（MJ/kg），W 为体重（kg）。

（3）妊娠能量需要 在妊娠期间，胎儿和胎产物生长速度不同，妊娠初期胎盘首先生长发育，胎儿主要在妊娠后期生长发育，所以母羊妊娠前、后期能量需要存在差异。妊娠期能量需要由维持需要、母羊本身增重需要和胎儿及胎产物生长需要组成。中国美利奴羊妊娠期能量需要量计算公式为：

妊娠前期：MEm 计算公式见维持能量需要部分。

$$MEg = 0.10W^{0.75}$$
$$MEf = 0.02W^{0.75}$$
$$MEr = 0.55W^{0.75}$$

妊娠后期：MEm 计算公式亦见维持能量需要部分；MEg 为零（妊娠最后 6 周母羊沉积净能为负值，校正到零后计算日代谢能需要量）。

$$MEf = 0.14W^{0.75}$$
$$MEr = 0.76W^{0.75}$$

上述各式中：MEr 为代谢能需要量（MJ）；MEg 为母羊自身增重代谢能需要量（MJ）；MEf 为胎儿及胎产物增长的代谢能需要量（MJ）；MEm 为维持代谢能需要量（MJ）。

美国 NRC 绵羊营养需要中，怀单羔母羊妊娠期最后 6 周能量总需要量按维持需要量的 1.5 倍计，怀双羔母羊相应为 2 倍。

英国 AFRC（1993）建议母羊妊娠净能需要量计算式为：

$$NEc(MJ/d) = 0.25 \times W_0 \times E_t \times 0.07372 \times e^{-0.00643 \times t}$$

式中：NEc 为妊娠净能需要量(MJ/d)；

W₀ 为羔羊初生重，对绵羊取 4kg；

Eₜ 为妊娠第 t 天胎儿的燃烧热量(MJ)。

$$\log E_t = 3.322 - 4.979 \times e^{-0.00643 \times t}$$

(4)泌乳能量需要　能量水平对绵羊的泌乳量有重要影响，特别是产后 12 周内影响更明显，代谢能的 65%～83% 用于泌乳(NRC)，因饲料营养价值不同而有很大差异。成年母羊泌乳能量需要包括维持需要和产乳需要，对未成年羊还应包括生长所需要的能量。中国美利奴羊泌乳前期代谢能需要量计算式为：

$$ME_r = 0.53W^{0.75} + 6.61L$$

式中：MEr 为代谢能需要量(MJ)；W⁰·⁷⁵ 为代谢体重(kg)；L 为日产乳量(kg)。

据试验报道，母羊自身日增重 50g 时，每日需要代谢能 1.47MJ，以此作为调节标准。

英国 AFRC(1993)建议泌乳净能需要量计算公式为：

$$NE_L(MJ/d) = \frac{Y \times (41.94 \times MF + 15.85 \times P + 21.41 \times ML)}{1000}$$

式中：Y 为每日产乳量(kg)；

MF 为乳脂率含量(g/kg)；

P 为乳蛋白质含量(g/kg)；

ML 为乳糖含量(g/d)。

(5)产毛能量需要　能量水平高，产毛量增加，毛纤维变粗；能量水平低，则相反，能量缺乏使毛纤维变细并形成"饥饿痕"。但测定能量进食量与产毛量之间的数量关系很困难。有资料表明，美利奴羊平均产 1g 净毛消耗 150kcal(627.6kJ)代谢能，有人估计用于产毛的能量约为维持能量需要的 10%。据报道，一只产 4kg 羊毛的绵羊，每日毛中存留的能量为 0.23MJ。对代谢能转化为羊毛净能的效率还知道的不够精确，但估计约为 0.18。因此，这只绵羊用于羊毛生长的能量应为 0.23/0.18=1.3MJ(P. 麦克唐纳等,1988)。

(6)种公羊的能量需要　中国美利奴种公羊能量需要可用下式计算：

非配种期　$ME_r = 0.64W^{0.75}$

配种期及配种前 50d　$ME_r = 0.76W^{0.75}$

式中：MEr 为代谢能需要量(MJ)；W⁰·⁷⁵ 为代谢体重(kg)。

2. 蛋白质需要　绵羊饲粮中蛋白质不足，会影响瘤胃微生物的活性，导致采食量减少，饲料利用率降低，羊生长发育缓慢，繁殖率降低，产毛量和乳产量下降。严重缺乏时，消化紊乱，体重下降，贫血，抗病力减弱。饲喂过多的蛋白质，既不经济，又加重身体负担，还可能造成氨中毒。绵羊对蛋白质的需要量，因品种、生产目的、生理状态不同而有差异。目前，多数绵羊营养需要中仍采用粗蛋白质体系。

(1)维持蛋白质需要　维持蛋白质需要一般采用内源蛋白质法和氮平衡法测定。可用下述公式计算维持蛋白质需要量。

$$CP_m = \frac{EUP + MFP}{BV + TD}$$

式中：CPm(g/d)为维持蛋白质需要量；EUP(g/d)为内源尿蛋白质等价(尿 N×6.25)，由算式 0.14675×体重＋3.375 求出(ARC,1980)；MFP(g/d)为代谢粪蛋白质，由算式 33.44×

干物质采食量得出(NRC,1984);BV 为蛋白质生物学价值,采用 0.66(NRC);TD 为蛋白质真消化率,采用 0.85(NRC)。

应用氮平衡试验法,测出羊体内蛋白质为零沉积时的蛋白质进食量后,可利用回归公式计算维持蛋白质需要量。

(2)生长羊蛋白质需要　是维持蛋白质需要量和生长(增重)蛋白质需要量之和。生长蛋白质需要量是通过饲养试验和比较屠宰试验测定的。

中国美利奴育成羊蛋白质需要量计算公式为:

$$CPr(公羊)=CPm+CPp=0.8679\times6.25W^{0.75}+\frac{12\%LWg+8.41}{32.66\%}$$

$$CPr(母羊)=CPm+CPp=0.5721\times6.25W^{0.75}+\frac{12\%LWg+6.98}{41.24\%}$$

式中:CPr 为蛋白质需要量(g/d);CPm 为维持蛋白质需要量;CPp 为生长蛋白质需要量;$W^{0.75}$ 为代谢体重(kg);LWg 为日增重(g)。

(3)妊娠母羊蛋白质需要　妊娠前期胎儿增重缓慢,故母羊对蛋白质的需要量较低;妊娠后期,胎儿迅速生长发育,对蛋白质的需要量随之迅速上升。据报道,母羊妊娠 90d、120d 和 145d 每 kg 代谢体重,日沉积蛋白质分别为 0.32g、0.88g 和 1.41g(卢德勋,1993)。通过比较屠宰试验测得,中国美利奴羊妊娠初期到 100d 每 kg 代谢体重,日沉积蛋白质为 0.985g;妊娠 100~148d 相应为 1.624g。

中国美利奴羊妊娠期蛋白质需要量采用美国 NRC 推荐的计算公式求得:

$$CPr=\frac{PD+MFP+EUP+DL+WOOLP}{NPV}$$

式中:CPr 为粗蛋白质需要量(g/d);PD 为蛋白质沉积量(g/d),包括母羊本身和胎儿及胎产物沉积量,由屠宰试验测得;MFP 为代谢粪蛋白质;EUP 为内源尿蛋白质等价;DL 为皮肤脱落物蛋白质(g/d),由 $0.1125W^{0.75}$ 计算(NRC,1985);WOOLP 为羊毛中沉积蛋白质,由屠宰试验测得;NPV 为蛋白质净效率,取 0.56(NRC,1985)。

根据试验结果求出体重 52kg 母羊妊娠前期各参数为:

$$PD+WOOLP=19.11(g/d)$$

$$MFP=51.86(g/d)$$

$$EUP=11.03(g/d)$$

$$DL=2.18(g/d)$$

$$CPr=150.3(g/d)$$

体重 40~65kg,母羊蛋白质日需要量为:

$$CPr(g/d)=7.7W^{0.75}$$

妊娠后期的相应参数为:

$$PD+WOOLP=30.88(g/d)$$

$$MFP=57.79(g/d)$$

$$EUP=10.79(g/d)$$

$$DL=2.13(g/d)$$

$$CPr=180.2(g/d)$$

体重 40~65kg,不同体重母羊蛋白质日需要量为:

$$CPr(g/d)=9.5W^{0.75}$$

怀双胎母羊妊娠后期的需要量应提高 10%～15%。

(4)泌乳母羊蛋白质需要量　按妊娠期蛋白质需要量公式计算泌乳母羊的粗蛋白质需要量。泌乳前期母羊本身很少或不沉积蛋白质。沉积蛋白质(PD)主要指乳中蛋白质,可由泌乳量(g)乘以乳中蛋白质含量获得。NRC 推荐乳中蛋白质含量按每 L 47.875g 计算。中国美利奴羊乳中蛋白质(实测)含量为 5.24%,ARC(1980)对 22 次试验结果进行总结,绵羊乳的蛋白质含量为 5.13%。据测定,每 kg 代谢体重每日羊毛中沉积蛋白质(WOOLP)为 0.63g。

将上述参数及泌乳量等参数代入公式,可求得体增重为零时,不同体重和不同泌乳量绵羊的粗蛋白质需要量。并以日增重50g 每日增加粗蛋白质 8.7g 作为调节型标准。

(5)种公羊蛋白质需要　中国美利奴种公羊蛋白质需要量按下列公式计算:

$$非配种期:CPr=9.3W^{0.75}$$

$$配种期:CPr=14.0W^{0.75}$$

式中:CPr 为日粗蛋白质需要量(g),$W^{0.75}$ 为代谢体重(kg)。

(6)产毛的蛋白质需要　根据资料分析,年产毛 6kg 的绵羊,毛生长日沉积蛋白质约为 6.7g,需要由 22g 可消化蛋白质来满足。根据屠宰试验测得,中国美利奴羊每 kg 代谢体重每日羊毛中沉积蛋白质 0.63g。

羊毛纤维几乎全部由角蛋白组成,角蛋白质具有含硫氨基酸(胱氨酸)高的特点;胱氨酸不是必需氨基酸,但其不足的部分却须依赖必需氨基酸蛋氨酸的转化来满足。每 kg 角蛋白中胱氨酸和蛋氨酸的含量为 100～200g,而在每 kg 植物性饲料和瘤胃微生物蛋白质中相应为 20～30g。可见,饲料蛋白质转化成羊毛的效率取决于其中胱氨酸和蛋氨酸含量的高低。为使羊毛以最大速率生长,饲粮中应有充足的瘤胃不可降解含硫氨基酸,同时应补充硫以满足瘤胃微生物合成含硫氨基酸的需要;补饲非蛋白氮时,更要注意添加硫。

(7)小肠可消化粗蛋白质需要　由于旧的反刍动物蛋白质体系有许多不合理性,国内外动物营养学家在这方面进行了卓有成效的研究工作,提出了一系列新的反刍动物蛋白质体系。其中,小肠可消化粗蛋白体系已在我国乳牛饲养标准中应用。所谓小肠可消化粗蛋白质就是进入羊或他种反刍动物小肠,并在小肠被消化的粗蛋白质,由饲料瘤胃非降解蛋白质、瘤胃微生物粗蛋白质及小肠内源性粗蛋白质组成。在具体测定中,小肠内源性粗蛋白质可暂忽略不计。小肠可消化粗蛋白质需要量是在消化代谢试验、比较屠宰等试验的基础上,采用析因法得到不同生理状态下饲粮小肠可消化粗蛋白质供给量转化为不同生理状态的净蛋白量和转换效率后获得。具体计算方法可参阅我国肉羊饲养标准(NY/T 816—2004)(附录)。

3. 碳水化合物的需要　如第一章第四节所述,羊饲粮中碳水化合物应有合理的结构,即易消化碳水化合物(糖与淀粉)和纤维性物质的含量均应适宜。纤维性物质虽是重要能源,但它释放能量较慢,故需要适量降解快的糖和淀粉,才能在任何时间满足瘤胃微生物的能量需要,提高微生物的发酵效率。羊体内正常生理必需一定量的葡萄糖,其相当部分靠丙酸异生获得,在饲粮中有适量易消化碳水化合物时,瘤胃发酵酸中丙酸比例增高。羊体能否获得所需葡萄糖,对其健康和生产潜力的发挥有显著的影响。据报道,每合成 100g 乳糖需 105g 葡萄糖,合成 100g 脂肪酸需 9g 葡萄糖(卢德勋,1993)。每天给饲喂低蛋白质干草的绵羊添加 50～100g 淀粉或蔗糖,粗纤维消化率可从 43% 提高到 53.9%～54.5%,但将淀粉和糖增加到 200g,消化率就降到 34.1%(В. Р. Эелькер,1974)。这表明,饲粮中糖和淀粉不足或过量,均可降低瘤胃中蛋白质的合成强度与饲料氮利用率。一般估计,成年羊每日葡萄糖的维持需要量为 32g,怀单羔母羊每 kg 代谢体重葡萄糖的需要量为 3g,怀双羔母羊为 5g(Leng,1970)。А.В. Модянов(1978)推荐成年绵羊每 kg 活重的适宜供糖量为 2.3g,生长和肥育绵羊为 2～4g 和 1.0～1.2g。一些国家的饲养标准中对饲粮粗纤维含量也做出规定,前苏联建议 2～6 月龄、6～12 月龄和成年绵羊饲粮中粗纤维含量分别为 7%～11%、17%～22% 和 20%～23%。概略养分测定法的测定结果可指示碳水化合物结构的合理性,无氮浸出物与粗纤维含量的适宜比例应在 2.3～3.3。

4. 矿物质需要 已知绵羊必需 26 种矿物质元素,其中常量元素 7 种,微量元素 19 种。将绵羊不同生理阶段对各种矿物质元素的需要量列于表 8-1,供参考。表 8-1 中所列数值系通过试验得出,并经实际应用检验,具有适用性。但由于牧草与饲料中矿物质含量存在季节性和地域性差别,确定补饲量时,应考虑各地饲料、牧草中矿物质盈缺情况,同时应考虑各种矿物质元素间的比例。因为,元素间存在着相互协同或相互颉颃的关系,会降低或提高某种(或某些)元素的需要量(详见本书第一章第七节)。

表 8-1　绵羊常用矿物质元素推荐需要量

元　素	空怀、妊娠前期	妊娠后期	泌乳期
常量元素(g/kg 干物质)			
钠	0.4	0.6	1.0
钾	3.6	4.5	5.0
镁	0.4	0.6	0.8
钙	4.0	5.5	5.3
磷	2.3	2.8	3.2
硫	2.5	3.0	4.5
氯	0.5	0.9	1.0
微量元素(mg/kg 干物质)			
铜	5.0～10.0	6.0～10.6	8.0～10.0
铁	40.0	50.0	30.0～40.0
锰	40.0～50.0	50.0～60.0	40.0
锌	20.0～30.0	20.0～40.0	50.0
钴	0.3～0.4	0.3～0.5	0.1
碘	0.2～0.4	0.3～0.4	0.4～0.6
硒	0.1	0.1	0.1

绵羊营养中容易缺乏或不足的元素有钠、钙、磷、镁、硫、铁、铜、锌、钴、碘和硒,其中有些是全年性缺乏,有的是季节性缺乏;有些元素处于亚临床缺乏,不表现明显的临床症状,不易被查觉,但会影响绵羊的健康和生产力。对放牧绵羊普遍需补饲的元素是钠、硫、钴,不同地区还需补饲该地区缺乏的元素。

我国放牧绵羊全年承受着钠不足或缺乏的营养应激,其症状是食欲不振或反常,舔食泥土及采食有毒植物,饲料利用率低,甚至引起某些其他元素的缺乏。据 Masters,D. G 的调查研究,我国放牧绵羊大多缺钠(未补盐),因而啃土并从土中摄入大量铁,导致普遍缺铜(铁与铜相互颉颃);并断言,若中国放牧绵羊能获得钠的合理添加,生产力可大大提高。给舍饲羊补盐较易,可在补饲精料中配入 1.0%的食盐或按饲粮的 0.5%补饲食盐;对放牧羊,可在其归牧后以自由舔食食盐的方式补给。美国 NRC 推荐的绵羊钠需要量为每 100g 饲粮干物质 0.09～0.18g(即食盐 0.23～0.46g)。

粗饲料和牧草中含磷量均低于钙,虽然牧草中所含钙量并不总是能满足羊的需要,但磷不足的程度更甚。然而,实际饲养中一般多注意钙的补充,对磷的补充未引起足够重视。通常,牧草中钙、磷含量均随生长阶段的推移而降低,故放牧羊在冬春枯草期钙、磷的缺乏更为严重。与其他畜种相似,羊饲粮中钙、磷比例在 1～2∶1 较为适宜。钙过高会加速磷、镁、铁、锌和碘的缺乏;相反,磷过高也会影响钙的吸收与利用。植物性饲料中以糠麸饲料含磷量最高,但多以植酸磷形式存在,不易被瘤胃尚未发育完全的羔羊消化、利用。妊娠、泌乳母羊和处于生长阶段的羊对钙、磷的需求量高,应特别注意补充。怀双羔母羊的钙、磷需要量高于怀单羔母羊;泌乳母羊的钙、磷需要量与其泌乳量有关。畜体骨骼中有一定的钙、磷贮备,母羊泌乳前期从饲粮中摄入的钙、磷往往不能满足泌乳的需要,需动员骨中贮备供泌乳之需,但可动员的量有一定限度。当骨中贮备的钙、磷被耗尽时,泌乳量即下降。NRC 推荐钙的需要量为每 100g 干物质中钙为 0.20～0.52g,磷为 0.16～0.38g。

硫在牧草中的含量一般不低于 0.1%,在牧草成熟期和干草中含量较低。硫为绵羊产毛所必需。据报道,绵羊每天合成 3～4g 净毛需要增加 0.5g 含硫氨基酸。饲粮中含硫量为 0.15%～0.20%,即可维持瘤胃微生物的正常功能。NRC 推荐的成年羊硫需要量为 0.14%～0.18%,羔羊为 0.18%～0.26%。通常,饲粮中硫、氮比为 1∶10 时,有利于羊毛生长。

一般情况下,牧草和饲料中的铁可满足绵羊的需要。但哺乳期羔羊和舍饲在漏缝地板上的羊容易缺铁。NRC 推荐铁的需要量为每 kg 饲粮干物质 30～50mg。

牧草中铜的利用率较低,且差异较大,一般在 10%～35%。饲料中钼和硫的含量会影响铜的利用率,高浓度的钙、锌和铁也会降低铜的吸收,绵羊饲粮中铜和钼的适宜比例为6～10∶1。羔羊缺铜时运动共济失调,或称羔羊蹒跚症;成年羊缺铜时毛变粗,毛的弯曲和弹性变差。绵羊对铜中毒较牛敏感得多,每 kg 饲粮含铜高于 25mg,即可能引起中毒。中毒症状为:流涎,呕吐,腹泻,溶血等。NRC 推荐的绵羊铜需要量为每 kg 干物质 5～11mg。

钴是瘤胃微生物合成维生素 B_{12} 的原料,且对瘤胃微生物分解粗纤维有促进作用。钴直接影响微生物的合成效率,缺钴时瘤胃中合成的维生素 B_{12} 不足。缺钴绵羊表现食欲减退、异嗜癖、严重消瘦、贫血、毛干易折断和脱毛。NRC 推荐的绵羊钴需要量为每 kg 干物质 0.1～0.2mg。

锌对公羊睾丸中精子形成及羊毛生长等具有重要作用。绵羊缺锌的主要症状是食欲降低、生长缓慢、脱毛,临床表现为表皮增生、皮肤龟裂。NRC 推荐的绵羊锌需要量为每 kg 饲粮干物质 20～33mg。

硒和维生素 E 具有相似的生理作用,但维生素 E 不能代替硒。硒的缺乏常具有地域性,与土壤中含硒量及其酸碱度有关。缺硒地区绵羊常患白肌病,在严重缺硒地区常导致羊群损失惨重。也有少数地区土壤含硒量超过 4mg,对羊及其他畜种均有潜在性中毒的危险。羊长期采食含硒量超过 3mg/kg 的牧草,可能发生慢性中毒(见第一章第七节)。NRC 推荐的绵羊硒需要量为每 kg 干物质 0.1～0.2mg。

碘与绵羊的基础代谢有密切关系。羔羊缺碘时,甲状腺肿大,产后体弱无毛。成年羊缺碘时的外观变化很小,但产毛量减少,受胎率降低。正常成年羊每 100mL 血清含碘 3～4mg,低于此值可视为缺碘。NRC 推荐需要量为每 kg 饲粮干物质 0.1～0.8mg。

5. 维生素的需要　羊体内能合成维生素 C,其瘤胃内微生物能合成 B 族维生素和维生素 K,故一般不需从饲粮中补充这些维生素。养羊实践中,一般只注重维生素 A、维生素 D 和维生素 E 的供给。

绵羊主要依靠从植物性饲料中获得胡萝卜素来满足其维生素 A 的需要。夏、秋季节,绵羊从采食的青绿牧草中获得的胡萝卜素超过其需要量,可贮存在肝脏中供以后动用;冬春季节,羊可从优质青干草或青贮料中获得胡萝卜素,缺乏这类饲料时应补充人工合成的维生素 A。给妊娠期母羊供应充足的胡萝卜素,可大大提高羔羊的成活率。NRC 推荐的绵羊维生素 A 需要量为每天每 kg 体重 47IU 或 6.9μg β-胡萝卜素,妊娠后期和泌乳期相应为 85IU 和 125μg,带双羔母羊泌乳前期维生素 A 需要量为 100IU 或 β-胡萝卜素 147μg。

散养和放牧饲养的绵羊,一般很少缺乏维生素 D,因其皮肤内的 7-脱氢胆固醇经紫外线照射可形成维生素 D_3。但对妊娠母羊、初生羔羊及快速生长的羔羊要补充维生素 D,以满足胎儿和羔羊骨骼快速生长的需要。NRC 推荐的维生素 D 需要量为每 100kg 活重 555IU;早期断乳羔羊为 666IU。

维生素 E 的需要量与饲粮含硒量、不饱和脂肪酸及硫含量有关,需要量变化范围较大,每 kg 饲粮干物质为 10～60mg。生长羊和妊娠羊最低需要量为 10～15mg,如饲粮硒水平低于 0.05mg/kg,维生素 E 需要量提高到 15～30mg。

6. 水的营养　水是羊正常生命活动和一切生理活动的基础。水的需要量随绵羊生长阶段、生产水平、环境温度及饲料性质不同而有差异。如妊娠和泌乳期比空怀期需水量高,环境温度高时需水量增加。一般成年羊需水量是采食干物质的 2～3 倍,羔羊需水量高于成年羊。绵羊的饮水夏季宜凉,冬季宜温。据试验,饮 0℃ 的水能抑制绵羊瘤胃微生物的活性,并可降低饲粮营养物质的消化率。

(三)绵羊的饲养标准

我国绵羊饲养标准研究始于 20 世纪 80 年代初,目前已制定了中国美利奴羊饲养标准、湖羊饲养标准、内蒙古细毛羊饲养标准和新疆细毛羊肥育饲养标准。这些饲养标准的研究制定,对绵羊科学化、标准化饲养和生产水平的提高起了积极作用。为了使读者参考应用,在此基础上经过修改、完善,已正式颁布了中华人民共和国农业行业标准《肉羊饲养标准》(NY/T 816—2004)。其中,肉用绵羊营养需要量见附录一的表四(一)。本节已列中国美利奴羊饲养标准中计算能量、蛋白质需要量的公式,可选用相应的公式进行计算。

二、绵羊的放牧饲养管理技术

(一)放牧方式

绵羊的放牧方式是指对草地的利用方式。随着历史的推进和科学技术的发展,放牧方式也在改进和发展,由游牧、定居游牧和定居轮牧逐渐发展成为分区轮牧和围栏轮牧。目前,我国绵羊放牧方式有以下几种。

1. 固定放牧 即是一年四季将羊群固定在一个特定的区域内,让其自由采食牧草。这是一种传统的放牧方式,不利于草地合理利用和改良,容易造成放牧过度,绵羊常处于夏饱、秋肥、冬春乏弱,以致死亡的状态,经济效益不高,是现代化养羊业不可采取的方式。

2. 季节轮牧 根据一年四季的气候和牧草变化划分牧地,按季节轮流放牧。这是我国北方牧区普遍采用的放牧方式,能够合理利用草地、防止过度放牧,可充分利用冬春不能放牧的草地,使冬春牧地有休闲、恢复生机的时间,提高放牧效果。

3. 围栏放牧 根据牧地的地形和羊群大小,用围栏把牧地围起来,将羊群限制在特定的围栏内采食牧草。可根据一个围栏内牧草的产量和质量,安排羊群数量和放牧时间。这种放牧方式能合理利用草地和保护草地,还可提高产草量。内蒙古自治区的草库伦就是围栏放牧的一种形式,库仑内产草量提高 17%～65%。

4. 划区轮牧 又称小区轮牧,是合理利用草地的一种科学放牧方式。根据绵羊的营养需要、牧草产量和质量,将牧地划分成若干小区,羊群按一定的顺序在小区内轮回放牧,逐区采食,并保持经常有几个小区休养生息,牧草长到一定高度后方可再进行放牧。可利用天然屏障或用围栏将小区分开。这种放牧方式的优点是,能够合理利用和保护草地,提高载畜量,减少羊群行走消耗的能量,提高增重效果,同时还可减少寄生虫的感染。

划区轮牧技术是一项系统工程。首先,根据草场类型、面积、地形和产草量确定载畜量;第二,按羊的数量、放牧时间和牧草再生速度划分小区,确定小区面积和小区数,一般轮牧 1 次需 6～8 个小区,每个小区轮牧 3～6d;第三,根据牧草再生速度确定放牧周期,牧草再生速度取决于当地的水热条件,一般干旱草原 30～40d,湿润草原 30d,森林草原 35d,高山草原 35～45d,半荒漠草原和荒漠草原 30d;第四,确定放牧频率,即在一个放牧季节内每个小区放牧的次数,一般干旱草原 2～3 次,湿润草原 2～4 次,森林草原 3～5 次。此外,还需要有饮水、补饲设施,羊群休息、遮阴防风雨等配套设施,以及草场的小区管理如补播、施肥、灌溉设施等。

(二)放牧绵羊营养季节性障碍

1. 营养物质食入水平低 我国广大牧区和农牧交错地区的绵羊均以放牧为主。夏、秋青草季节完全放牧;冬、春枯草期,除少数育种羊场对核心群进行舍饲外,大多数地区的羊群是以放牧为主加补饲的方式,且补饲量常不足,一年内约有 6 个月以上营养消耗大于摄入。枯草期牧草干枯,可食部分减少,有效营养物质含量大大降低,严重影响绵羊采食和对牧草的消化利用。据测定,在新疆和内蒙古某些羊场,12 月到翌年 3 月期间,中国美利奴羊每 kg 代谢体重日采食牧草干物质 36～47g,代谢能 0.15～0.26MJ,粗蛋白质 3.45～3.94g。此期间,每 kg 牧草干物质代谢能浓度为 3.26～6.11MJ,粗蛋白质含量为 5.80%～6.23%,干物质消化率为 27.5%～44.0%。即使在青草期,由于气候干旱、雨量不足,牧草生长和再生速度降低,加之草场退化,放牧过度,也使绵羊不能采食到足量的牧草。如新疆乌鲁木齐羊场,6 月下旬绵羊每 kg 代谢体重采食干物质 74.9g,粗蛋白质 13.2g,代谢能 0.52MJ,除蛋白质接近需要量外,干物质和代谢能均不能满足需要。

2. 营养物质供给与绵羊生理需要失衡 天然牧草中营养物质随季节变化与绵羊随生理状态对营养物质需要的变化,形成明显的供求不平衡。枯草季节(12 月到翌年 3 月)是我国北方绵羊妊娠和泌乳期,对营养物质需要量达到最高峰,而牧草中有效营养物质含量及供给量则下降到一年中的最低值。据测定,12月到翌年3月间,新疆天山北坡某羊场牧草粗蛋白质含量在7.2%～6.1%,每kg干物质代谢能浓度为4.69～4.56MJ;放牧绵羊日采食干物质1.08～0.86kg,代谢能5.94～4.27MJ,粗蛋白质93.2～71.1g,与绵羊的需要量相距甚远。

3. 蛋白质营养不足　我国北方草原牧草以禾本科牧草为主,豆科牧草相对较少,牧草中所含蛋白质常不能满足羊的需要;尤其在枯草季节,不仅蛋白质含量低,而且木质化组织中的蛋白质不易被消化。由于牧草提供的可发酵氮不足,往往影响瘤胃微生物的发酵效率,降低了对各种营养物质的消化率。

4. 葡萄糖营养障碍　放牧条件下,绵羊以粗饲料为主,易发酵碳水化合物不足,瘤胃微生物发酵类型多为乙酸型,丙酸产量较低,异生的葡萄糖不能满足需要。除影响机体某些部位的能量供应外,还不能合成足够的还原性辅酶Ⅱ和磷酸甘油,使乙酸合成长链脂肪酸和进一步合成体脂肪的过程阻断,造成能量浪费,降低了绵羊的增重。另一方面,由于体内丙酸缺乏,体内氨基酸不得不被用于异生葡萄糖,更加剧了绵羊体内氨基酸的缺乏。

5. 某些矿物质营养缺乏　我国北方牧草中硒、铜和锌均不能满足绵羊最佳生产性能的需要(余顺祥,1983);缺钠很普遍,绵羊经常舔食碱土;成熟的牧草和枯草中也缺乏磷。据测定,在新疆、内蒙古和甘肃一些牧区,每kg牧草中钠含量为0.01～1.6g,均低于绵羊的需要量(卢德勋等,1993)。有些矿物质缺乏表现为亚临床症状,不易被发现,但对绵羊生产带来严重损失。

6. 气候变化引起绵羊应激性营养消耗　北方冬春季气候多变,寒冷、雪灾、沙尘暴等给养羊生产带来威胁。由于应激,增加了绵羊的维持需要,绵羊动用体内贮备物质以获取能量供应和维持体温。另外,寄生虫的侵袭也增加绵羊的营养消耗。

(三)绵羊的放牧技术

放牧绵羊饲养管理科学化,是合理利用草地和提高养羊业生产效益的基础。熟悉羊的生活习性,掌握羊的采食规律,善于照护羊群,通晓牧地和牧草特性是牧羊人所必须具备的条件。

1. 合理组群　应根据绵羊的品种、性别、年龄、生理状态、生产水平以及草场情况和放牧人员数目组织羊群。组群合理与否,对放牧效果影响很大。绵羊采食能力、采食速度、游走速度及卧息等,因品种、性别、年龄、生理状态和生产水平而有差异。混群放牧或羊群过大,会因相互干扰导致采食不均,影响生产性能,并给管理带来困难。羊群过大时,羊出牧和归牧行走快、密度大还会造成羊圈附近草地的破坏。

在牧区,细毛羊和半细毛羊的幼年公、母羊群以200～300只为宜,成年母羊群的适宜头数为200～250只;杂种羊和粗毛羊群可适当扩大。

农区放牧多在山坡、田坎、路渠边等处,羊群宜小,否则不易放牧和管理,草地也难以容纳。

2. 羊群放牧的队形　在放牧过程中,通过一定的队形控制,可使羊群少走路多采食。放牧队形基本有两种,即"一条鞭"和"满天星"。可根据地形、草场情况、季节和气候灵活应用。

"一条鞭"是将羊群排成类似"一"字形状的横队,牧羊人在羊群前面控制羊群前进速度,并随时命令离队羊只归队。此队形适合于牧地较平坦、植被较均匀的草场。春季采用此队形有利于防止羊群"抢青",即因抢食或争食青草而增加游走时间与体力消耗。

"满天星"是将羊群控制在草地一定范围内,并让羊只较均匀地散开自由采食。这种队形适用于任何类型和地形的草地及围栏放牧。

3. 四季放牧技术要点 在长期放牧实践中,牧羊人和专业技术人员对四季放牧的要点进行了高度概括,如"春放洼,秋放沟,六月七月放岗头";"春放平川免毒草,夏放高山避日焦,秋放满山吃好草,冬天就数阳坡好";"一天三个饱,过冬安全好,一天一个饱,性命也难保"。牧羊人应做到"三勤"、"四稳"和"四看",即腿勤,眼勤,嘴勤;出牧稳,放牧稳,收牧稳,饮水稳;看地形,看草场,看水源,看天气。总之,要保证羊群少跑路,多采食,抓好膘。

(1)春季放牧 春季放牧的关键是防止羊群"抢青"。可采取以下措施:第一,推迟出牧,对冬季舍饲羊群应延长舍饲时间,早饲后再出牧,开始放牧时每天放牧的时间宜短,逐步延长,使羊群逐渐适应采食青草,对放牧羊群则推迟出牧,先在圈内补喂一些干草,降低其对采食青草的渴求;第二,在约2周内,先在青草尚未完全萌发的阴坡放牧,使羊同时采食青草和干草,尔后逐渐向青草地过渡;第三,严格控制羊群,挡好强羊,护好弱羊,防止羊群奔跑。采取上述措施可减少羊群过多行走造成的体能消耗,使羊的消化功能逐渐适应采食和消化青草,防止由于突然采食青草引起腹泻,并使牧地牧草有较充分的生长时机。

应选择较为平坦的草地作为春季放牧地。不要让带羔母羊远离羊舍,应将瘦弱母羊和待产母羊安排在羊舍附近较好的草地上放牧,若遇风雪天气,可迅速赶回羊舍。

(2)夏季放牧 夏季牧草丰茂,营养价值高,是羊抓膘及为下一个繁殖期贮存营养的最佳期,应认真管理羊群,组织好放牧。但夏季气温高、雨多、湿度大,蚊蝇干扰羊群采食。故夏季应在高山牧场或山岗地放牧,充分利用冬、春季不能利用的牧地。要早出牧、晚归牧,延长放牧时间,中午天气炎热,羊只"扎堆"(相互将头伸入对方腹下,不采食),应将羊群赶到高山岗有风处或其他阴凉处休息。南方地区可实行一日两牧制。夏季放牧要保证供应充足的饮水,并补饲食盐或含多种矿物质的盐砖。不要在大露水地,特别是有露水的豆科牧草地放牧,以免引起瘤胃臌气。

(3)秋季放牧 秋季是羊群增重的黄金时期。应由夏季牧场向秋季牧场转移,由高山向低山、山腰或山脚地转移,延长放牧时间,尽量让羊多采食。也可在牧草刈割地和作物茬地上抢茬放牧。秋季早霜来临时,不宜过早出牧,以免妊娠母羊食入结霜草后流产。

(4)冬季放牧 冬季气候寒冷、风雪较多,应选择地势较低、背风向阳的牧地放牧。冬季放牧的任务是保膘、保胎和安全越冬。但冬季枯草期长,牧草有效营养物质含量低,绵羊生理需要和营养供给的矛盾突出。除贮备足够的饲草饲料外,还应尽量延长在秋季牧地放牧时间,推迟进入冬季牧场。牧地利用上应先远后近,先阴坡后阳坡,先高后低,先沟后平。出牧不宜过早,归牧不宜太晚,控制羊群游走速度不过快,防止拥挤、跳沟和惊吓。注意天气预报,及时预防风雪袭击。进入冬场前,应将无繁殖能力、老弱、营养不良的羊只淘汰。

(5)农区绵羊放牧 农区多为农户养羊,一般羊只数量较少,放牧地为草山草坡、田埂、路旁、地头、林下等零星草地,需2人放牧,一前一后控制羊群,青草期日放牧2次,枯草期日放牧1次。

(四)绵羊季节性补饲

1. 季节补饲的必要性和措施 我国广大牧区枯草期长达5个多月,高海拔地区一年有6~8个月为冷季,牧草干枯,品质低下,加之草原退化,气候干燥,放牧羊难以获取足够的营养物质。据测定,新疆某羊场在天山北坡中段低山丘陵的蒿属荒漠和荒漠草原上放牧的母羊,妊娠前期(12月)每日采食牧草干物质为 0.91～1.08kg,代谢能为 5.17～6.18MJ,粗蛋白质为60.1～71.1g;妊娠后期(2月)相应为 0.64～0.86kg、3.16～4.27MJ 和 71.3～96.2g。经计算,上述营养物质采食量相当需要量的比例分别为:妊娠前期依次为 70%～83%、54%～64%和 45%～53%,妊娠后期相应为 43%～57%、24%～32% 和 43%～58%。可见,完全依靠放牧,绵羊采食的营养物质远不能满足需要。

营养的季节性不平衡是绵羊生产的限制因素。所以,贮备足够的饲草、饲料,适时足量补饲是十分必要的。

(1)生产和贮备优质饲草　优质禾本科和豆科干草是绵羊冬春获得能量、蛋白质、矿物质和维生素的良好来源。为获得优质干草,必须把握好种、收、藏三个环节。首先,要建立青干草生产基地,根据不同生态环境,种植不同的牧草;第二,要适时刈割,豆科牧草最适宜刈割期为孕蕾到开花初期,禾本科牧草是抽穗初期;第三,采用科学的干燥和贮藏方法。调制干草的方法有田间干燥、草架干燥和人工干燥,可根据条件选用。采用任何干燥方法都须避免长期暴晒、风吹雨淋,减少嫩枝叶损失,并应及时打捆,妥善保藏。对适于制作青贮料的青饲料可进行青贮,提倡制作半干青贮。

(2)贮备一定比例的精饲料　玉米、大麦、燕麦、青稞、豆类和油饼(粕)、糠麸都是羊补饲的常用饲料,也可为种公羊准备少量动物性蛋白质饲料(鱼粉、肉粉)。补充料中加少量能量饲料和蛋白质饲料,可促进羊只较好地采食和利用粗饲料,尤其是低质粗饲料。

(3)合理搭配　科学配制补充饲料是提高补饲效果的重要手段。配制补充饲料应参照饲养标准,并考虑羊只从牧地上获取牧草的数量、质量和补饲草料的质量;应以粗料为主,用精料和某些添加剂补充调整,提高其营养物质的平衡性。在无条件按饲养标准配制补充料时,应用多种饲料配成混合料,使营养物质互补,改变有啥喂啥和补喂单一饲料的习惯做法。

根据当地情况,补充一些矿物质添加剂,对改善羊只健康和提高生产力会有明显的作用。可将相应的矿物盐混合在精料中补饲(一定要混合均匀),也可制成含盐的舔块,供羊自由舔食。经检测确定缺乏的元素,可按需要量的 100% 加入;不能确定是否缺乏的元素,可按需要量的 50% 加入。

(4)合理补饲　对实行放牧加补饲的羊群,既要使羊只充分采食草地牧草,又要保证绵羊健康、胎儿正常生长发育和生产潜力的发挥,还要考虑经济效益,不是补饲越多越好。补饲量多,牧草采食量就少,但不能因此就少补或不补。要根据营养需要、历年补饲经验、牧草状况、羊的膘情及生理阶段来确定补饲量。补饲应有侧重,优羊优饲,优先保证基础羊群正常生产、安全过冬。

(5)做好越冬的管理工作　注意防寒保温,减少能量的维持需要消耗。据测定,中国美利奴羊绝食产热量随温度降低而增加,气温由 9.4℃ 降低到 0.63℃ 和 -11.75℃ 时,绝食产热量(kJ/W$^{0.75}$kg)由 217.57 增加到 300.62 和 339.57(杨诗兴,1994)。改变饲养方式和饲粮类型要逐渐进行,特别是补饲精料时要逐渐增加给量。应定期驱虫,减少寄生虫的危害。

2. 不同生理阶段绵羊的补饲技术

(1)配种前催情补饲　产春羔母羊的配种期一般在 10～12 月间,此时天气逐渐变冷,牧草质量降低,绵羊体重也开始下降。故在配种前应给予一定的补饲,以提高受胎率和胎儿的存活率,对体质较弱的绵羊更要加强补饲。据测定,秋末绵羊从牧草中获得的能量,较 NRC 催情营养需要低 40% 左右,补饲一定量(0.3～0.4kg)谷物籽实,可补充能量不足。

（2）妊娠母羊的补饲 母羊配种后 1 个月内，应给予较好的营养，以维持母羊体重稳定，防止体重急剧下降，以利胎儿在子宫壁上着床。妊娠前 3 个月胎儿体重仅为初生重的 15％左右，但胎盘及胎产物生长发育很快，子宫重量增加 6～7 倍，如果母羊体重不增加，实际已动用体组织营养物质供应胎儿及胎产物的发育。妊娠前期营养不良，会导致胎盘组织发育不足，影响胎儿后期生长发育。妊娠后期胎儿发育很快，此期间的增重占羔羊初生重的 90％左右。胎儿体内能量沉积量迅速增加，而饲料代谢能转化为胎儿沉积能的效率低（仅为 13％左右），加上母羊乳房组织快速发育及其维持需要，使母羊对能量和其他营养物质的需要量急剧增加。为不使母羊体组织损失，怀单、双羔母羊需要的饲料几乎是非妊娠羊的 2 倍和 2.5 倍以上。然而，在实际饲养中难以满足这样高的需要量，胎儿体积逐渐增大会影响母羊采食量，经济上也不合算。故母羊须在一定程度上利用体组织的营养物质来补足进食量与需要量之间的差额，这是母羊在妊娠后期减重的原因之一。体况好的母羊可以承受这种负担，而体弱的母羊就会因此严重消瘦，影响胎儿和乳房发育，产出的羔羊初生重小、体弱，母羊泌乳量低，影响羔羊生后的生长发育。所以，对体弱母羊应在妊娠前期加强营养，改善其体况，以利后期胎儿的发育。

根据对中国美利奴羊放牧采食营养物质量的测定值进行统计分析，按其中值和上、下限设计出母羊妊娠前、后期补饲方案（表 8-2）。

表 8-2　中国美利奴羊母羊每日补饲方案

阶 段	体 重 (kg)	置信区间 (上、中、下限)	干物质 (kg)	代谢能 MJ	代谢能 Mcal	粗蛋白质 (g)	钙 (g)	磷 (g)
妊娠前期 （前期15周）	40	上	0.8	6.3	1.5	75	1.7	1.9
		中	0.6	4.6	1.1	67	—	0.6
		下	0.3	3.3	0.8	59	—	—
	50	上	0.9	7.5	1.8	89	0.8	1.8
		中	0.6	5.4	1.3	80	—	—
		下	0.4	3.8	0.9	71	—	—
	60	上	1.0	8.0	1.9	102	0.3	1.9
		中	0.7	6.3	1.5	92	—	0.2
		下	0.4	4.2	1.0	81	—	—
妊娠后期 （后期6周）	40	上	1.1	9.6	2.3	110	2.9	2.1
		中	0.9	9.6	2.3	88	1.9	0.1
		下	0.7	9.2	2.2	66	0.9	—
	50	上	1.2	11.3	2.7	131	2.2	2.3
		中	1.0	11.3	2.7	105	1.0	—
		下	0.8	10.5	2.5	79	—	—
	60	上	1.4	13.4	3.2	149	1.9	2.5
		中	1.1	13.0	3.1	120	0.5	—
		下	0.9	12.1	2.9	90	—	—

一些种羊场在冬春季节均进行补饲，其补饲量为：新疆巩乃斯种羊场对产冬羔母羊进行舍

饲,对山区产春羔母羊每只每天补饲混合精料 0.35～0.60kg;新疆紫泥泉种羊场对产春羔母羊每只每天补饲混合精料 0.54kg 和少量青贮料;吉林查干花种畜场对中国美利奴羊妊娠前期进行抢茬放牧,妊娠后期每只日补饲混合精料 0.2kg、干草 0.5kg、青贮料和块根饲料各 0.5kg。

(3)泌乳母羊的补饲　泌乳母羊从饲料中获得的营养物质,除用于维持外,还用于产乳。每产 1kg 乳需 6.61MJ 代谢能。泌乳羊的营养需要比妊娠羊高,在产乳头几周,母羊须动用体组织的营养物质提供产乳的部分需要,应给予足够的补饲。我国大部分绵羊产春羔,此时虽气候逐渐变暖,牧草开始萌发,但补饲仍是十分必要的。将中国美利奴羊泌乳期补饲方案列于表8-3。

表 8-3　泌乳羊补饲方案

体　重(kg)	置信区间	干物质(kg)	代谢能(MJ)	粗蛋白质(g)
40	上	0.8	6.7	56
	中	0.6	6.7	
	下	0.4	6.3	—
50	上	0.8	7.5	42
	中	0.6	7.5	
	下	0.4	7.1	—
60	上	0.9	7.9	29
	中	0.6	7.5	
	下	0.3	7.5	

(4)育成羊的补饲　4～18 月龄是育成羊生长发育较快的时期,饲养管理好坏,对成年体重、生产能力和种用价值有直接影响。育成羊有两个关键时期须特别注意:一是刚断乳后的一段时间,由于羔羊生活方式的突然改变,不能适应新的环境和饲养方式,焦躁不安,影响采食和增重,甚至减重。羔羊对新饲养方式的适应,与体重和日龄有关,但最关键的是羔羊采食饲草饲料的能力,故一定要在断乳前尽早训练羔羊习惯采食固体饲料。断乳羔羊的放牧采食能力还较差,要继续补饲精料,有条件的地方在青草期也应补料。二是第一个越冬期,这是羔羊出生后经受的第一个寒冷的枯草期,必须加强饲养管理,可采取舍饲或补饲为主的饲养方式,供给优质青干草、青贮料、多汁料、混合精料和矿物质、维生素补充料等,使营养平衡并满足其需要。一些育种场在冬春对育成羊实行舍饲或补饲,如吉林查干花种羊场美利奴育成羊的冬春补饲量为:混合精料 120kg(公羊)和 100kg(母羊),干草和青贮料各约 200kg,对特培羊施行长年补饲。在 150d 补饲期中,东北细毛羊公、母羊的补饲定额粗料分别为 230kg 和 155kg,青贮料各相应为 300kg 和 50kg,块根饲料相应为 80kg 和 50kg,精料均为 50kg。中国美利奴育成羊补饲方案见表 8-4。

表 8-4　中国美利奴育成羊每日补饲方案

阶　段	体重 (kg)	日增重 (g)	干物质 (kg)	代谢能		粗蛋白质 (g)	钙 (g)	磷 (g)
				MJ	Mcal			
育成母羊	20	50	0.6	5.0	1.2	51	1.2	1.0
		100	0.5	6.7	1.6	65	2.1	1.4
		150	0.7	7.9	1.9	80	3.1	1.9
	30	50	0.7	6.3	1.5	58	1.5	1.3
		100	0.6	7.9	1.9	73	2.4	1.8
		150	0.8	10.0	2.4	87	3.3	2.2
	40	50	0.8	7.5	1.8	64	1.8	1.6
			0.7	9.2	2.2	79	2.7	2.0
		150	0.9	11.3	2.7	93	3.6	2.4
育成公羊	20			5.4	1.3	84	3.3	1.0
		100	0.6	6.7	1.6	103	2.3	1.4
		150	0.8	8.8	2.1	121	3.3	1.9
	30	50	0.8	7.1	1.7	99	3.6	1.3
		100	0.7	8.4	2.0	117	3.6	1.8
		150	0.9	10.5	2.5	136	3.6	2.2
	40	50	0.9	8.3	2.0	122	3.2	1.7
		100	0.8	10.0	2.4	131	3.1	2.1
		150	1.0	12.1	2.9	149	4.1	2.5
	50	50	1.1	9.6	2.3	125	2.7	1.9
		100	0.9	13.8	3.3	143	3.6	2.3
		150	1.2	16.3	3.9	162	4.5	2.8

　　(5)种公羊的补饲　种公羊的营养水平必须全年均衡或适中。在冬春枯草期对种公羊采取全舍饲加运动的饲养方式,在青草期以放牧为主,补饲混合精料。春末夏初,牧草含水量较高,采食的干物质和能量不足,应增加精料补饲量,随着牧草生长期推移,其干物质含量增加,可逐渐减少精料补饲量。应从配种前 1.5 个月逐渐增加含蛋白质较高(15%)的混合精料,补饲量为 1.0～1.4kg,并应经常补饲食盐、骨粉或石粉,并根据不同地域的特殊性给予不同的矿物质添加剂。

　　(6)农区放牧羊的补饲　农区放牧绵羊的补饲与牧区绵羊相似。在秋末冬初可利用作物茬地放牧。粗饲料以作物秸秆为主,有条件的地方可对秸秆进行加工调制,如切短、粉碎(不要过细),氨化处理。补饲秸秆时应加喂一定数量的混合精料、少量青贮料和青干草,以提高秸秆的采食量和消化率。

　　(7)补饲方法和注意事项　粗饲料一般日补 1 次,归牧后先喂精料,然后补饲粗料。在牧草萌发期,可于出牧前增喂 1 次粗料。最好将长草铡短后置于饲槽,并应防止羊踏入饲槽,污染饲料,造成浪费。

氨化饲料应启封后 2～3d,待氨味散尽再喂羊。饲喂氨化饲料要有半个月左右的适应期,每次喂量不能多,要和非氨化粗料按 7:3 的比例混合饲喂。另须注意,氨化时不能加入糖蜜。

用尿素喂羊一定要控制给量,放牧羊日喂量应低于 10g,分 2 次饲喂,最好均匀地混入含碳水化合物丰富的精料中喂给,且应增加饲粮中硫和磷的供给量。同时,要使羊采食均匀,防止少数羊抢食过多而中毒。绵羊饲粮中粗蛋白质含量低于 7%,补饲尿素才有效;应切记,不能将尿素与生豆饼等含脲酶的饲料混合饲喂。

日补饲精料的次数决定于喂量,日补 0.4kg 以下可在归牧后喂 1 次,0.5kg 以上日喂 2 次,1kg 以上日喂 3 次。开始补饲精料时一定要逐渐增加喂量,须防止羊只拥挤,采食不均,最好将体弱和采食慢的羊分群补饲。

不宜给妊娠后期的母羊饲喂过多的青贮料,产前 15d 应停喂青贮料。饲喂多汁饲料时,应洗去泥沙,除去腐烂部分,切碎后与精料拌合饲喂或单独饲喂。

3. 补充饲料的配制及参考配方 应选择来源广、价格便宜、适口性较好的饲料作为配制补充饲料的原料。

补充饲料的配制,应参考绵羊饲养标准、饲料营养成分及营养价值表,考虑放牧地牧草质量及预测的放牧采食量进行。实际生产中,较难确定绵羊的放牧采食量,故将中国美利奴羊不同生理阶段冬春放牧采食的营养物质量列于表 8-5,供配制补充料和确定补饲量时参考。

表 8-5 中国美利奴羊冬春放牧采食营养物质量

阶 段	体重 (kg)	置信区间	干物质 (kg)	代谢能 MJ	代谢能 Mcal	粗蛋白质 (g)	钙 (g)	磷 (g)
妊娠前期	40	下	0.54	2.64	0.63	47.1	3.83	1.10
		中	0.76	4.11	0.98	54.9	6.51	2.40
		上	0.97	5.56	1.33	62.6	9.18	3.71
	50	下	0.64	3.13	0.75	55.7	4.53	1.30
		中	0.89	4.85	1.16	64.8	7.80	2.84
		上	1.14	6.57	1.57	74.0	10.85	4.39
	60	下	0.74	3.69	0.88	63.9	5.19	1.50
		中	1.02	5.57	1.33	74.3	8.82	3.25
		上	1.31	7.54	1.80	84.8	12.44	5.03
妊娠后期	40	下	0.40	2.28	0.54	40.7	3.49	0.96
		中	0.58	2.80	0.67	62.7	4.48	2.98
		上	0.78	3.00	0.72	84.7	5.46	5.00
	50	下	0.48	2.69	0.64	48.1	4.13	1.13
		中	0.68	2.80	0.67	74.1	5.30	3.52
		上	0.89	3.55	0.85	100.1	6.45	5.91
	60	下	0.55	3.08	0.74	55.2	4.73	1.30
		中	0.78	3.22	0.77	84.9	6.07	4.04
		上	1.02	4.07	0.97	114.7	7.40	6.78

续表 8-5

阶 段	体 重 (kg)	置信区间	干物质 (kg)	代谢能 MJ	代谢能 Mcal	粗蛋白质 (g)	钙 (g)	磷 (g)
	40	下	0.920	7.51	1.80	176.4	4.42	2.55
		中	1.116	7.72	1.85	237.9	9.09	3.97
		上	1.311	7.88	1.88	299.4	13.76	5.40
	50	下	1.088	8.88	2.12	208.5	5.23	3.01
泌乳前期		中	1.319	9.10	2.18	281.2	10.75	4.69
		上	1.549	9.31	2.23	353.9	16.27	6.38
	60	下	1.247	10.18	2.43	239.1	5.99	3.45
		中	1.512	10.44	2.49	322.4	12.32	5.39
		上	1.777	10.68	2.55	405.8	18.65	7.31
	20		0.224	1.37	0.32	14.0	1.20	0.07
育成母羊	30		0.304	1.84	0.44	18.9	1.63	0.10
	40		0.377	2.28	0.55	23.5	2.02	0.12
	20		0.187	1.15	0.28	10.5	0.99	0.06
育成公羊	30		0.254	1.54	0.37	14.2	1.35	0.08
	40		0.316	1.91	0.46	17.7	1.68	0.10
	50		0.373	2.26	0.54	20.9	1.98	0.12

将不同生理阶段母羊补饲饲粮配方列于表 8-6。

表 8-6 中国美利奴母羊冬春补饲范例*

饲料名称	妊娠前期	妊娠后期	泌乳前期
禾本科青干草(kg)	0.5	1.0	—
混合精料(kg)	0.2	0.4	0.3
青贮玉米(kg)	—	—	2.0
合 计	0.7	1.4	2.3
营养水平			
干物质(kg)	0.63	1.26	0.75
代谢能(MJ)	5.69	11.38	7.32
粗蛋白质(g)	77	153	37
钙(g)	2.5	4.9	4.1
磷(g)	1.1	2.2	2.3

注：* 以 50kg 体重母羊为例

表 8-6 中妊娠期混合精料的配比(%)为：玉米 50，葵花籽粕 20，棉籽粕 20，麸皮 9，食盐 1。

每 kg 风干物的代谢能为 10.63MJ,粗蛋白质为 26.9%。泌乳期混合精料配比(%)为:玉米 75,葵花籽粕 15,麸皮 9,食盐 1。每 kg 风干物代谢能为 10.96MJ,粗蛋白质为 11.4%。

育成公、母羊补饲料配方见表 8-7。表中育成公羊混合精料配比(%)为:玉米 69,豆饼 10,葵花籽粕 10,麸皮 7,贝壳粉 1.5,尿素 1.5,食盐 1,硫酸钠 0.5;每 kg 风干物代谢能为 12.22MJ,粗蛋白质为 13.4%。育成母羊混合精料配比(%)为:玉米 71,葵花籽粕 18,麸皮 7,骨粉 1,尿素 1.5,食盐 1,硫酸钠 0.5;每 kg 风干物代谢能为 11.84MJ,粗蛋白质为 12.4%。

表 8-7　中国美利奴育成羊冬春补饲料配方范例　(kg/d)

月　份	育成公羊			育成母羊		
	混合精料	青干草	草　粉	混合精料	青干草	青贮玉米
11	0.40	0.50	—	0.15	0.35	—
12	0.80	0.50	0.15	0.50	—	—
1	0.80	0.50	青贮 0.60	0.35	0.60	0.45
2～3	0.90	0.50	0.65	0.45	0.60	0.45
4	0.80	0.50	0.65	—	0.60	—
5～6	0.80	—	0.65	0.38	0.20	—

4. 提高低质粗饲料消化利用的组合新技术　许多学者在秸秆调制方面进行了大量研究,但至今仍未能充分挖掘出秸秆饲料的营养潜力。动物营养学家卢德勋将有关理论和技术成果进行系统组合,形成一项提高低质饲草利用效果的新技术。其核心是通过营养综合调控,提高瘤胃微生物发酵效率,促进羊增加秸秆的采食量和提高消化率,进而改善绵羊营养状况,使生产水平升高。此项技术主要由以下部分组成。

(1)满足瘤胃微生物的营养需要　①提供可发酵氮源,冬春放牧或补饲低质粗饲料的绵羊缺乏可发酵氮源,宜补充尿素等非蛋白氮化合物,保证瘤胃微生物最大生长对氨氮的需要;②供给瘤胃微生物必需的矿物质,如钙、磷、钠、硫、钴、锌和铜等,使饲粮的氮硫比不超过 15:1;③提供可发酵能源,应使尿素和能量物质的比例适宜(尿素和糖蜜或谷物饲料的添加比例应为 1:8～10),并同步添加。

(2)提供过瘤胃蛋白质、淀粉　添加天然过瘤胃蛋白质饲料鱼粉、血粉、经甲醛处理的豆粕和棉籽粕等,可提高牛、羊对低质饲草的采食量,并可增加从小肠吸收的蛋白质量。玉米是理想的过瘤胃淀粉来源,给牛、羊饲喂玉米,增加进入小肠的淀粉,可提高从小肠吸收的葡萄糖量和蛋白质的利用率。

(3)青饲催化性补饲技术　每天给绵羊补饲不超过 0.5kg 的青绿饲料,特别是豆科牧草,能刺激纤维分解菌的繁殖及提高其对纤维素的降解能力。同时,还能给家畜提供胡萝卜素及少量矿物质、氨基酸和肽。

(4)秸秆饲料的加工调制　氨化处理是最节省能源、成本低、易推广的方法。牛、羊对氨化秸秆的采食量与消化率均较未处理秸秆显著提高。冯仰廉建议用液氨或尿素和氢氧化钙复合处理秸秆,可降低成本,减少氨挥发造成的浪费。

欲合理地进行营养调控,应采用先进手段检测羊的一些代谢参数,在对检测结果进行分析、判断的基础上提出正确的调控措施,这是整体调控技术的重要组成部分和优化饲养决策的主要依据。要求综合检测、早期检测和掌握动态变化,但在大多数生产单位尚难于进行。

这项技术还包括组织代谢调控和提高畜群的管理水平。组织代谢调控涉及许多方面,如正确使用支链必需氨基酸(亮氨酸、异亮氨酸、缬氨酸)对组织中蛋白质代谢进行调控;利用锌和铜在组织细胞层次代谢调控方面的显著作用;注射生长激素,促进肝脏内蛋白质、DNA 和 RNA 的合成,增加血流中游离脂肪酸的浓度,降低氨基酸的分解;降低生长激素抑制因子在体循环内的水平,提高生长激素的分泌量,从而导致促进生长等。提高管理水平主要是,设置冬春保暖设施,减少畜体维持消耗,以及防止春季"跑青"等。

三、舍饲绵羊饲养管理技术与参考饲粮配方

养羊是草地畜牧业的重要组成部分,以草地放牧为手段获取羊产品。但受自然条件,特别是气候因素的影响极大,具有季节性和不稳定性。为避免上述因素的影响,许多羊场和养羊户采取冬春补饲或舍饲方式,取得了较好的生产效益与经济效益。为了防止放牧过度引起草原生态的恶化,有些地方已提出采取全年舍饲方式。但全年舍饲养羊绝不是简单地将羊圈起来饲养,而是包括许多技术、方法和设施在内的系统工程,有许多问题还需要试验研究。目前,对冬春季节舍饲已有较成熟的经验,如枯草期无青草香味刺激绵羊的视觉和嗅觉,能使其安心采食,容易饲养。

(一)一般的饲养技术和管理原则

1. 一般饲养技术

①参照饲养标准、饲料成分及营养价值表,选用多种饲草饲料科学配制饲粮,确保各种营养物质平衡并满足需要。

②改变饲养方式和饲粮类型须逐渐过渡。如由放牧转为半舍饲或全舍饲,由采食青草转变为采食青干草,或增加精饲料、喂青贮饲料,均须逐渐进行,使羊及其瘤胃微生物均有适应的过程。否则,会引起消化不良、食欲废绝,甚至死亡。

③应按先粗后精的顺序饲喂,要少量勤添,精、粗均应分次饲喂(精料一般分 2 次喂)。有条件的地方可制成颗粒饲料。

④应将粗饲料切短后饲喂,以减少浪费;也可在喂前将秸秆进行氨化处理。粗饲料品质低劣时,一定要根据羊的生理状态和生产用途,补充精料(如谷类、籽实、饼粕类等饲料)和必需的矿物质及维生素补充饲料。

⑤注意饲料和饮水卫生,严禁饲喂发霉变质的饲料和给予不符合卫生标准的饮水。

⑥建立合理的饲养制度,确保定时、定量、定质地进行饲喂,使绵羊形成良好的条件反射,以提高饲料的消化和利用效率。

2. 一般管理原则 除保证饲料和饮水卫生外,羊舍及周围环境还要保持清洁卫生,羊舍要通风、干燥,并定期消毒;羊舍及周围环境要安静,避免因惊吓引起应激反应,影响采食和消化;要防止寄生虫感染,定期药浴和驱虫,注射相关疫苗,防止传染病发生;应将不同生理阶段及体弱的羊分群饲养;制定饲草饲料生产及供应计划,确保冬春有充足的饲草饲料;要有保暖措施和设备,减少维持消耗;注意羊只运动和晒太阳,每天对种公羊进行驱赶运动,给母羊配置

足够面积的运动场,让其自由活动。

(二)种公羊的饲养管理

应保持种公羊长年健康,具有种用体况,精力充沛,性欲旺盛,精液品质优良。对非配种期和配种期公羊应给予不同的饲养管理,配种期开始前 1.5 个月应逐渐过渡到饲喂配种期饲粮。

可供配制公羊饲粮的饲草、饲料种类很多,应选择适口性好、易消化的饲料。种公羊的饲粮亦须满足营养需要,注意各种营养物质间的平衡,对瘦弱公羊和过肥公羊应适当调整能量水平。应保证种公羊对蛋白质数量与质量的需求,饲粮中含一些过瘤胃蛋白质,如优质鱼粉、大豆饼(经处理),可提高种公羊射精量和精子总数。注意饲粮的钙、磷比例。谷物饲料,尤其是饼粕类含磷较高,若钙不足,可能引发尿结石。干草中含钙量较高,在调制过程中易混入泥土和沙粒,影响钙的有效性。

要使公羊每天有足够的运动时间,防止一些应激因素的刺激,建立科学的饲养管理规程,使公羊形成牢固的条件反射。配种期采精次数要适中,不宜过于频繁。

表 8-8 中列出中国美利奴种公羊非配种期和配种期的饲粮配方,供参考。

表 8-8　中国美利奴种公羊日粮配方

饲料及营养物质	配种期	非配种期
禾本科青干草(%)	30	70
苜蓿青干草(%)	30	—
混合精料(%)*	40	30
合　计	100	100
营养水平		
干物质(%)	90	90
代谢能(MJ/kg)	9.08	8.28
粗蛋白质(%)	15.9	11.7
钙(%)	0.93	0.88
磷(%)	0.34	0.32

注:混合精料配方(%):玉米籽实 48,豆饼 20,鱼粉 9,亚麻籽油粕 15,燕麦籽实 7,食盐 1。含干物质 90%,代谢能 11.0MJ,粗蛋白质 22.8%,钙 0.7%,磷 0.59%

以体重 100kg 种公羊的饲粮和营养物质日食入量为例,配种期日粮应由禾本科青干草 0.80kg、苜蓿青干草 0.80kg、混合精料 1.07kg 组成,含干物质 2.40kg,代谢能 24.23MJ,粗蛋白质 425g,钙 24.8g,磷 9.1g;非配种期饲粮为禾本科青干草 1.71kg、混合精料 0.69kg,含干物质 2.20kg,代谢能 20.21MJ,粗蛋白质 285g,钙 21.5g,磷 7.8g。

(三)繁殖母羊的饲养管理

繁殖母羊的妊娠期和泌乳前阶段正值枯草期,必须给予良好的饲养与管理,才能满足其营养需要。

1. 妊娠期饲养管理 母羊在妊娠期内要增重 7.5～12kg，应喂以营养丰富而平衡的饲粮。将中国美利奴妊娠母羊的精料配方、饲粮配方及体重 50kg 母羊日食入量分别列入表 8-9、表 8-10 和表 8-11，供参考。饲粮必须能满足能量、蛋白质、钙、磷和食盐的需要；其他矿物质的补充量，应根据当地饲料、饲草中的含量确定。若干草质量差，应补充维生素 A 或富含胡萝卜素的饲料。

表 8-9 妊娠母羊精料配方

饲料组分	妊娠前期		妊娠后期	
	配方1	配方2	配方1	配方2
玉 米(%)	33	62	52	80
葵花籽粕(%)	50	26	35	11
麸 皮(%)	15	10	10	—
大豆饼(%)	—	—	—	6
骨 粉(%)	1	1	2	2
食 盐(%)	1	1	1	1
合 计	100	100	100	100
营养水平				
干物质(%)	90	90	90	90
代谢能(MJ/kg)	9.46	10.54	9.96	11.00
粗蛋白质(%)	19.6	13.9	15.9	11.9
钙(%)	0.48	0.40	0.66	0.56
磷(%)	0.66	0.51	0.83	0.74

表 8-10 妊娠母羊饲粮配方

饲料组分	妊娠前期		妊娠后期	
	配方1	配方2	配方1	配方2
禾本科野干草(%)	85	70	75	60
苜蓿青干草(%)	—	20	—	15
混合精料(%)	15	10	25	25
合 计	100	100	100	100
营养水平				
干物质(%)	90	90	90	90
代谢能(MJ/kg)	7.49	7.45	7.82	8.24
粗蛋白质(%)	9.6	9.1	9.3	9.5
钙(%)	0.74	0.96	0.46	0.56
磷(%)	0.24	0.22	0.26	0.27

表 8-11　体重 50kg 妊娠母羊日食入量

饲料组分	妊娠前期		妊娠后期	
	配方1	配方2	配方1	配方2
禾本科野干草(kg)	1.33	1.10	1.42	1.14
苜蓿青干草(kg)	—	0.30	—	0.28
混合精料(kg)	0.23	0.16	0.47	0.47
合　计	1.56	1.56	1.89	1.89
营养水平				
干物质(kg)	1.41	1.41	1.70	1.70
代谢能(MJ)	11.63	11.63	14.77	15.56
粗蛋白质(g)	150	142	176	180
钙(g)	11.5	14.9	11.3	10.6
磷(g)	3.7	3.4	4.9	5.1

在实际饲养中,应将饲喂量加上 5％的安全量,以保证采食量较大的母羊的需要。在以粗饲料为主的前提下,可根据粗饲料的质量调整精、粗料比例;妊娠前期母羊饲粮中精料比例为15％~30％,妊娠后期为 20％~40％。一般情况下日喂 2 次,每次饲喂时均应保证母羊有足够的时间采食粗饲料。对妊娠后期的怀双羔母羊,营养水平应提高 15％。禁止给妊娠母羊饲喂发霉变质及冰冻的饲料,防止引起流产。要注意保暖,每天让母羊适量运动和晒太阳,并防止相互拥挤。应将已产羔母羊和未产羔母羊分群饲养。

2. 泌乳母羊的饲养管理　泌乳母羊的营养需要高于妊娠期,尤其是泌乳前期。应选用优质的饲草、饲料,按其营养需要配制饲粮,对带双羔母羊的营养物质供给量要增加 15％。若不能满足泌乳母羊的营养需要,会影响其泌乳量、乳品质,进而使羔羊的生长发育受阻,还会降低其羊毛的产量和品质。泌乳后期已值青草期,可喂一些青草,附近有牧地时可适当放牧。将中国美利奴羊泌乳前期饲粮配方及日食入量分别列入表 8-12 和表 8-13。

表 8-12　泌乳前期饲粮配方

饲料组分	配方1	配方2
禾本科青干草(％)	40	25
苜蓿青干草(％)	25	20
青贮玉米(％)	—	40
混合精料(％)*	35	15
合　计	100	100
营养水平		
干物质(％)	90	45.6
代谢能(MJ/kg)	8.41	4.02

续表 8-12

饲料组分	配方 1	配方 2
粗蛋白质(%)	12.1	5.4
钙(%)	0.69	0.27
磷(%)	0.38	0.16

注:混合精料配方(%):①玉米 52,葵花籽粕 36,麸皮 9,骨粉 2,食盐 1(含代谢能 9.92MJ/kg,粗蛋白质 16.1%,钙 0.66%,磷 0.83%);②玉米 43,葵花籽粕 25,棉籽粕 20,麸皮 9,骨粉 2,食盐 1(含代谢能 9.67MJ/kg,粗蛋白质 20.4%,钙 0.69%,磷 0.79%)

表 8-13　泌乳母羊日食入量

饲料组分	配方 1	配方 2
禾本科青干草(kg)	0.84	1.04
苜蓿青干草(kg)	0.53	0.83
青贮玉米(kg)	—	1 67
混合精料(kg)	0.74	0.63
合　计	2.11	4.17
营养水平		
干物质(kg)	1.90	1.90
代谢能(MJ)	17.70	16.78
粗蛋白质(g)	257	225
钙(g)	14.6	11.3
磷(g)	8.0	6.7

注:以体重 50kg 母羊为例

　　母羊产羔后,应主要喂以优质青干草,精料喂量不宜过多,待产羔 4～5d 后逐渐增加精料,使之达到泌乳前期营养水平。有青贮饲料的羊场可在饲粮中加入青贮料,以促进泌乳。

(四)哺乳羔羊的饲养管理

　　从出生到断乳这一生理阶段的小羊被称为羔羊。我国北方羔羊哺乳期一般为 4 个月。目前,国内外均提倡和推行羔羊早期断乳,以利于母羊恢复体况和下次配种,并可促进羔羊瘤胃和网胃的发育。若在羔羊出生 1 周后断乳,应人工喂代乳品。在 45 日龄或 50 日龄断乳,可给羔羊饲喂植物性饲料或在优质草地上放牧。

　　羔羊出生后,待母羊舔干其身上的黏液时即能站立和寻找乳头,应尽早让羔羊吃上初乳,对初产母羊和体弱羔羊需人工辅助吃初乳。按时吃上初乳,对增强羔羊的免疫功能和抗病能力及促进胎粪排出有十分重要的作用。出生后,让羔羊与母羊在一处生活数日,自由哺乳,以建立母仔感情。以后则与母羊分开,定时哺乳,也可使其晚上与母羊在一起。一昼夜哺乳 4 次,30 日龄后减为 3 次。只要能吃饱母乳,羔羊就不会缺乏营养。母乳不足或哺育双羔时,可找保姆羊,也可饲喂牛乳或代乳品。喂牛乳或代乳品时,要定时、定量、定温(与母乳乳温一致)。羔羊哺乳 2 月龄内生长速度很快,日增重与哺乳量呈线性关系,且羔羊身上 30%～40% 的毛是哺乳期长出的。母羊的泌乳高峰一般在产后 20～30d,以后泌乳量缓慢下降,45～50d 后下降较快,所以羔羊 30 日龄后单靠母乳已不能满足生长需要,应从出生后 2 周左右开始,训练其采食饲草和饲料,如优质豆科青干草和谷物饲料。至 30 日龄左右母羊泌乳量不足时,羔羊已习惯采食饲料、饲草,逐渐由以母乳为主转向以固体饲料为主,不会影响羔羊的生长发育。羔羊学会采食饲料到瘤胃成熟之前,是精料型饲粮最有效的转化时期,可饲喂营养全面、适口性好的优质精料型饲料,充分发挥其生长潜力。

饲喂精饲料要少量多次,每次采食量不宜过多,否则会引起消化不良、腹胀、腹泻。初次喂的精料可炒一下并加些食盐饲喂。开始采食时,羔羊喜欢吃磨碎的饲料,4～5 周龄后喜欢吃颗粒饲料,6 周龄以后谷物可不经粉碎(NRC,1985)。30 日龄前的羔羊可自由采食优质干草,每日喂精料 50～140g(饲喂 2～3 次)。1 月龄后精料喂量可逐渐增加到 150g,2 月龄后可增加到 200g。春羔 2 月龄以后牧草已茂盛,可加喂青草。附近有牧地时,可以放牧为主,补加精料,哺乳为辅。最好将羔羊与母羊隔离放牧,但距离不能太远,防止奔跑,在母羊出牧前和归牧后应让羔羊吃 2 次乳。冬羔 2 月龄时,气候仍较寒冷,应继续饲喂青干草和精料,直至断乳。

最方便的羔羊代乳品是奶粉或牛乳。也可配制其他代乳品,如前苏联羔羊代乳品配方(%):脱脂乳 68,脂肪 26,磷脂 3,微量元素、维生素、氨基酸预混料 3。

将羔羊 6 周龄前的补充饲料配方列入表 8-14,供参考。

表 8-14 NRC 建议的幼羊补充饲料配方 (饲喂状态,%)

饲　料	A	B	C
大麦籽类	38.50	—	—
黄玉米(碎)	40.00	60.00	88.50
燕麦籽实	—	28.50	—
小麦麸	10.00	—	—
亚麻籽粉、大豆粉或葵花籽粉	10.00	10.00	10.00
碎石灰石粉(含钙 33%)	1.00	1.00	1.00
含硒微量矿物化盐	0.50	0.50	0.50
合　计	100.00	100.00	100.00

注:①三种饲粮均按每 kg 添加维生素 A 500IU、维生素 D 50IU、维生素 E 20IU,金霉素或土霉素 15～25mg
②上述补充料的粗料基础是自由采食紫花苜蓿干草

应安排好羔羊的哺乳时间,以免其饥饱不均和舔食泥土;同时,要防止羔羊狂奔乱跑。羔羊舍应宽敞、干燥、通风良好,并应防止贼风侵袭;冬季室温不低于 5℃(也不能过高),夏季应不闷热。要搞好舍内外卫生,定期进行消毒,及时隔离病羔,以免相互传染。

(五)育成羊的饲养管理

羔羊断乳后进入育成期,此时正是羊生长旺盛的阶段,配制的饲粮应能供给其生长发育所需要的营养物质。将中国美利奴育成羊精料配方和饲粮配方列入表8-15和表8-16,供参考。

表 8-15　育成羊混合精料配方

饲料及营养物质	配方 1	配方 2
玉　米(%)	68	70
大豆饼(%)	28	—
葵花籽粕(%)	—	26
尿　素(%)	1.5	1.5
矿物盐(%)	2.5	2.5
合　计	100	100
营养水平		
干物质(%)	90	90
代谢能(MJ/kg)	11.84	10.92
粗蛋白质(%)	20.50	16.60
钙(%)	0.57	0.47
磷(%)	0.45	0.48

注:矿物盐配方:NaCl 40%,CaCO$_3$ 17%,CaHPO$_4$ 2%,MgSO$_4$ · 7H$_2$O 12%,K$_2$SO$_4$ 8%,混合微量元素 3%

表 8-16　育成羊饲粮配方

饲料组分	配方 1	配方 2
优质青干草(%)	53	65
混合精料(%)	47	35
合　计	100	100
营养水平		
干物质(%)	90	90
代谢能(MJ/kg)	9.83	7.91
粗蛋白质(%)	13.8	9.3
钙(%)	0.54	0.39
磷(%)	0.21	0.21

以体重40kg的育成母羊为例,日采食配方1饲粮1.24kg,预计日增重100g以上;日采食配方2饲粮1.41kg,预计日增重100g以上。

育成羊是整个羊群的未来,其质量如何,是改变羊群整体质量的关键。必须加强饲养管理,不能认为育成羊不配种、不怀羔,也不产乳,而放松饲养管理。公羊较母羊生长快,饲粮中精料比例应高于母羊。

(六)湖羊的独特饲养方式

湖羊是我国珍贵的羔皮绵羊品种。在产区自然环境和社会经济条件影响下,形成了独特的习性和饲养方式。

1. 终生舍饲 一般都是分群小栏饲养。农民家庭饲养多为 2～5 只,羊舍面积 5～6m²。羊场的羊舍多为双坡式屋顶,长方形,舍内设双列式羊栏,中间为走道,窗户用砖砌成花格式,可通风透光,但光照不强。长期饲养在光线阴暗的屋内,使湖羊形成畏光、胆小懦弱、不习惯放牧的特点。但舍内光线阴暗,可减少蝇和牛虻对羊的侵扰。

2. 夜食性 据测定,湖羊的夜间采食量约占全天采食量的 2/3,夜间反刍时间占全天反刍时间的 56%～62%。

3. 四季发情 由于长期在南方亚热带湿润地区生活,湖羊形成了耐湿热和四季发情、配种及产羔的特性。

4. 湖羊的饲草饲料 青草期多喂以刈割的青草和田间杂草,冬季以干草和稻草为主要的粗料;有桑田的地方,以枯桑叶和蚕砂作为饲料,羊粪又被用作桑田的肥料。一些羊场将稻草粉碎并加适量水拌以精料饲喂;一般农户均饲喂长草,剩余部分与羊粪一同沤肥。

湖羊的主要产品是羔皮,影响湖羊羔皮质量的因素很多,除遗传等因素外,营养水平也有明显影响。营养水平过低,影响胎儿生长发育和毛的形成,被毛稀疏,毛过短;营养过高时,胎儿初生重过大,毛生长过长,被毛蓬松,降低羔皮等级。通过营养控制技术可大大提高湖羊羔皮的质量。著名动物营养学家杨诗兴教授及其同事,在研究湖羊营养需要的基础上,制定了在湖羊妊娠 127～147d 期间限制营养的方案,控制其胚胎和被毛生长,不使毛过长和蓬松,结果使甲级羔皮率在选育的基础上又提高 21.7%。此项技术的关键是在胎儿和被毛生长旺盛期,即母羊妊娠 127～147d 期间,将能量食入量限制到通常需要量(2 岁母羊 16.7MJ,3 岁母羊 12.6MJ)的 72.5%。

四、肥育羊的饲养管理与参考饲粮配方

(一)肥育方式

1. 放牧肥育 是我国农牧区最普遍且经济的一种肥育方式,投资少,若安排得当可获得理想的经济效益。主要是利用天然草地、人工草地和秋季作物茬地,对当年非种用羔羊和淘汰的公、母羊进行肥育。这种肥育方式具有较强的季节性,一般集中在夏末至秋末,入冬前后上市出售。

2. 舍饲肥育 这种肥育方式是根据市场供销动态安排肥育规模和时间,一般不受季节限制,能够适应市场羊肉供应不均衡状态。舍饲肥育规模的大小不等,农牧民家庭或农牧场可视具体情况进行不同规模的肥育。可在牧区繁殖,在农区肥育。牧区通过商业渠道将繁殖的羔羊或成年羊销售到农区,农区利用当地丰富的农副产品和谷物饲料进行肥育,供应市场消费。这样做既可减轻牧区天然草原的压力,也可充分利用农村饲草饲料资源。大规模集约化肥育在国外较为普遍。工厂化生产不受季节限制,一年四季可按市场需求进行有计划的规模化、产业化生产,操作高度自动化、机械化,生产周期短,但需要的投资大。

3. 混合肥育 是放牧肥育和舍饲肥育相结合的方式。在放牧肥育的基础上,对秋末尚未达到所要求体重或膘情的羊,进行一段时间的舍饲肥育,使其在短期(30～40d)内达到上市标准。与放牧肥育一样,此种方式亦有季节性特点。

(二)早期断乳羔羊肥育

羔羊早期断乳强化舍饲肥育是一项新技术。一般在羔羊出生后7～8周龄断乳，随即进行肥育。

此项技术是利用羔羊瘤网胃功能尚未发育完全，生长最快和对精料利用率最高的生理阶段，采用高能量、高蛋白全精料型饲粮进行肥育，以减少瘤胃微生物降解饲料营养物质的损失，提高饲料转化效率和产肉率。

实行羔羊早期断乳，母羊和羔羊对营养水平和饲养管理的要求均更高，断乳前母羊要有较高的泌乳量，以促进羔羊充分发育。在羔羊断乳前15d实行隔离补饲、定时哺乳，使其习惯采食固体饲料，为断乳后肥育奠定基础。断乳前补充饲料与断乳后饲料应相同，避免因饲粮类型改变而影响采食量和生长。

早期断乳羔羊采用以整粒玉米为主的饲粮，其配方(%)为：整粒玉米83，黄豆饼15，石灰石粉1.4，食盐0.5，微量元素和维生素添加剂0.1(折合每kg饲粮中含硫酸锌150mg，硫酸钴5mg，硫酸钾1mg，氧化镁200mg，硫酸锰80mg，维生素A 5 000IU，维生素D 1 000IU，维生素E 20IU)。使用自动饲槽饲喂，自由采食与饮水。新疆畜牧科学院的科研人员曾用上述配方对7周龄断乳羔羊进行肥育试验，72d共增重18.6kg，平均日增重258.3g，出栏活重30.2kg，料重比为3.7∶1，屠宰率50%，胴体脂肪含量28%。

羔羊活动场应干燥、通风良好、能遮雨，在卧息处铺少量垫草。肥育前接种有关疫苗，以防传染病发生。

(三)3～4月龄断乳羔羊肥育

这是羔羊肥育生产的主要方式。断乳羔羊除少量留作种用外，大部分出售或用于肥育。断乳羔羊肥育的方式灵活多样，可根据草地状况和羔羊断乳时间以及市场需求，选择放牧肥育、舍饲肥育或放牧加补饲肥育。冬羔在4～6月份断乳，可进行放牧肥育。春羔在7～9月份断乳，可分批进行舍饲肥育或放牧加补饲肥育。农区可利用秋末冬初的作物茬地进行放牧肥育。受产羔时间的制约，羔羊肥育也具有季节性。

要合理搭配舍饲肥育羔羊的饲粮，根据肥育要求、羔羊体况及饲料种类和市场价格高低调整饲粮能量和蛋白质水平，或采取不同饲粮类型。一般饲粮的粗蛋白质含量应在14%左右，不低于10%，每kg干物质的代谢能浓度不宜低于10MJ，各种矿物质和维生素均应按标准供给。月龄小的羔羊以长肌肉为主，饲粮蛋白质含量应高些，且品质要好；随月龄和体重增加，蛋白质含量可逐渐降低，相应提高能量水平，以利于体脂肪沉积。国外肥育羔羊饲粮多为精料型，美国羔羊全精料强度肥育饲粮配方(%)为：玉米89，蛋白质补充料10，矿物质1；含蛋白质10.8%，代谢能12.68MJ/kg。其蛋白质补充料组成(%)为：大豆粕50，麸皮33，糖蜜5，尿素3，石灰石粉3，磷酸氢钙5，微量元素1。维生素按每t添加量计，维生素A 150万IU，维生素D 15万IU，维生素E 1.5万IU。强化肥育期为40～45d。

我国细毛羊品种羔羊冬季短期舍饲肥育饲粮配方(%)：玉米50.2，苜蓿干草15.9，菜籽饼14.1，麦衣子皮10.6，湖草2，玉米青贮料6.7，食盐0.5；其代谢能浓度为11.72MJ/kg，含粗蛋白质14.9%，钙0.41%，磷0.37%。饲喂88d，日增重161g(胡坚，1990)。

羔羊肥育应有2周左右的预备期，让羔羊熟悉环境和适应肥育饲粮。经长途运输的羔羊，入舍后须保持安静,充分供应饮水,开始 1～3d 只喂干草,不喂精料;4～15d 分 2～3 个阶段肥育,逐渐改变饲粮组成,使羔羊逐渐适应采食肥育期饲粮。

(四)成年羊的肥育

在我国较普遍多用农牧区不能繁殖的母羊和部分羯羊进行肥育。根据具体情况采取不同的方式,目标是提高肥育效果,降低成本,增加经济效益。成年羊肥育主要是增加体脂肪,改善肉的风味。饲粮中能量水平应较高,每 kg 风干料代谢能在 9～10MJ,蛋白质含量为 10% 左右。以农作物秸秆作为粗饲料,应配制能量和蛋白质平衡的混合精料,以满足瘤胃微生物对氮源和能源的需要,提高粗饲料的消化率。有些地方将秸秆切碎或粉碎,洒适量水拌以混合精料饲喂,可提高秸秆采食量。成年羊体况及体重有差别,应分群进行肥育饲养。对较瘦的羊应增加精料比例,提高能量食入量,加快其脂肪沉积,使之按期达到上市标准。成年羊肥育饲粮参考配方(%):玉米 50.2,菜籽饼 14.1,苜蓿干草 15.9,麦衣子皮 10.6,湖草 2.0,玉米青贮料 6.7,食盐 0.5;每 kg 饲料含代谢能 11.72MJ,粗蛋白质 149g,钙 4.1g,磷 3.5g。

第二节　山羊的营养与标准化饲养

一、奶山羊的营养需要与饲养管理

(一)奶山羊的营养需要与饲养标准

1. 能量需要

(1)维持能量需要　据金公亮报道的中等饲养水平奶山羊每 kg 代谢体重的维持代谢能需要量为 543.9kJ;陈嘉斌(1998)测得 134 日龄的萨能奶山羊的相应值为 0.41MJ。NRC(1981)推荐的山羊每 kg 代谢体重维持代谢能需要量为 424.2kJ;英国农业和食品研究委员会(AFRC)推荐的断乳山羊羔的相应值为 444kJ。产乳山羊空腹维持净能平均每日需要量为 315kJ/kg 代谢体重,维持需要量受环境条件影响较大,室内饲养的乳山羊增加 10%,低洼地放牧增加 20%,丘陵地放牧增加 30%,非常干燥的地区放牧增加 100%。

(2)生长能量需要　萨能奶山羊每 kg 代谢体重生长净能和代谢能需要量为 60.5kJ 和 167.7kJ(陈嘉斌,1986)。NRC(1981)推荐每 g 增重需 20.3kJ 代谢或 17.1kJ 净能。

(3)妊娠能量需要　萨能奶山羊妊娠前期也处于泌乳中后期,除按产乳量供给营养外,还要供给胎儿及胎产物生长发育的营养需要。试验测出,妊娠期母羊每周约增重 1.5kg,每天应增加净能 3.47MJ,相当 5.98MJ 代谢能;这与 NRC 规定的山羊妊娠后期每天额外增加净能 3.45MJ(代谢能 5.94MJ)基本一致。

(4)泌乳能量需要　萨能奶山羊每产 1kg 标准乳需净能 3 158.9kJ,相当于代谢能 5 095.0kJ。NRC 规定每产 1kg 标准乳供给 5.23MJ 代谢能,乳脂率每增减 0.5%,需相应增减 68.1kJ 代谢能。

2. 蛋白质需要

(1)维持蛋白质需要　NRC 从一些研究中得出,每 kg 代谢体重的维持蛋白质需要为2.82g。据刘荫武报道,奶山羊维持蛋白质需要和其他反刍动物相差不大,每 100kg 活重需要可消化蛋白质 60～80g,或每 kg 代谢体重为 1.9～2.53g。

(2)生长蛋白质需要　生长山羊体内各组织的增长以沉积蛋白质为主,蛋白质需要量较高。有关奶用山羊生长期蛋白质需要量的资料缺乏。陈嘉斌(1988)报道,青年奶山羊每增重1g 需要 2.1g 粗蛋白质。美国山羊营养需要量中规定,日增重 50g 需额外增加粗蛋白质 14g或可消化蛋白质 10g。

(3)妊娠蛋白质需要　如前所述,奶用山羊妊娠前期正值泌乳中后期,应按泌乳期相应阶段供给营养。美国山羊营养需要量中规定,妊娠后期在维持和不同活动量需要的基础上,应额外增加57g 可消化蛋白质或82g 粗蛋白质。

(4)泌乳蛋白质需要　NRC(1981)规定每产 1kg 乳脂率 4% 的乳,需粗蛋白质 72g 或可消化蛋白质 51g。研究指出,奶山羊每产 1kg 乳脂率 4% 的乳,至少需 84g 粗蛋白质,平均需要量为 100g。

3. 矿物质需要　矿物质对泌乳山羊十分重要。据报道,年产 600kg 乳的奶山羊,乳中所排出的矿物质是体内矿物质的 2 倍(刘荫武,1990)。通常,奶山羊较易缺乏钙、磷和钠。每100g 初乳含钙 353mg,常乳相应为 214mg,钙是奶山羊需要量最大的矿物质。据研究,奶山羊每 100kg 体重每日维持需要钙 8g,每产 1kg 乳需可利用钙 1.23g,胎儿增长 1kg 需可利用钙13.7g,在妊娠后期需钙 12g。泌乳早期每日需 30g 钙,泌乳后期相应为 10g。饲粮中钙的利用率不同,一般钙的吸收率约为 30%,所以按饲粮钙的总量计算需要量是不精确的。

山羊乳中含磷量较高,按每 100g 乳计,初乳中含 157mg,常乳中含 96mg。奶山羊每日每100kg 体重磷的维持需要为 5g,妊娠后期需 13g,泌乳期需 8g。

植物性饲料中通常含钠量少,须注意补充。大约奶山羊每 100kg 体重每日需钠 8g。气候炎热的夏季或处于快速生长和泌乳期,钠的需要量相应增加。将有关奶山羊常量矿物质需要量的资料列入表 8-17 中,供参考。

表 8-17　奶山羊常量矿物质元素需要量

生理阶段	需要量(g/d·只)					
	钙	磷	镁	钾	钠	硫
维持和妊娠 1～3 个月*	3.7	2.5	1.0	3.1	1.0	—
妊娠 4～5 个月*	7.9	4.0	1.7	5.4	1.5	—
泌乳(含维持)1kg*	7.9	4.0	1.7	5.4	1.5	—
2kg*	12.1	5.5	2.4	7.8	2.0	—
4kg*	20.5	8.5	3.8	12.4	3.0	—
6kg*	28.9	11.5	5.2	17.1	4.0	—
幼年羊**	4～6	2～4	0.4～0.8	—	7～12	1.8～3.5
种公羊**	6～11	4～7	0.6～1.0	—	10～17	3.0～5.7

*摘自《中国草食动物》.2001 专辑

**摘自王建民.《波尔山羊饲养与繁育新技术》

奶山羊的微量元素需要量（mg/kg 干物质）为：铁 40，铜 8～10，锌 50，锰 40，硒 0.1，钴 0.1，碘 0.4～0.6。

4. 维生素需要　和绵羊一样，山羊瘤胃微生物能够合成 B 族维生素及维生素 K，必须由饲料或添加剂提供的是维生素 A、维生素 D、维生素 E。按每 kg 饲料干物质计，奶山羊需要的维生素 A、维生素 D、维生素 E 不少于 5 000IU，1 400IU 和 100IU。法国 AEC(1993)建议奶山羊每天需要量（IU）为维生素 A 10 000～20 000IU，维生素 D 2 000～4 000IU，维生素 E 40～60IU。

5. 水的需要　非泌乳羊在气温 12℃～20℃时，饮水量相当稳定，每采食 1kg 干物质需要水 2L，而泌乳羊则需 3.5L。当气温上升到 35℃以上时，饮水量大量增加。在寒冷地区和温带的冬季，当气温下降到 0℃以下时，应供给不低于 5℃的温水。

6. 饲养标准　我国乳山羊的饲养标准还未形成统一的行业标准，西北农林科技大学的金公亮等专家对乳山羊营养需要进行了多年的研究，制定了乳山羊的建议饲养标准，需要时可在乳山羊网上查阅（西北农林科技大学动物科技学院主办）。也可参阅美国 NRC(2007)建议的山羊营养需要量（张洪福编：《动物营养参数与饲养标准》第二版，中国农业出版社，2010）。

(二)奶山羊的饲料、饲粮配制及参考配方

1. 奶山羊的饲料

(1)青绿饲料　包括各种新鲜的野生草、栽培牧草、刈割饲料作物和树叶嫩枝等，其含水量高（一般在 80%左右），干物质含量及能量浓度低，若以干物质为基础计算，其蛋白质含量较高，品质较好，富含多种维生素，特别是胡萝卜素含量高。单用青饲料喂奶山羊，难以满足其营养需要，必须补充精料。青绿饲料可用于放牧，也可刈割后青饲。喂量要适宜，特别是初春开始饲喂时要控制喂量。农区利用田间杂草饲喂奶山羊时，要注意防止农药中毒。

(2)青贮饲料和多汁饲料　这类饲料是奶山羊冬春枯草季节不可缺少的补充饲料。特点是水分含量高，蛋白质含量低，不宜单一饲喂，且喂量要适当。泌乳羊每天可喂青贮料 1.5～3.0kg，青年母羊和母羊为 1.0～1.5kg。

(3)青干草　青干草是奶山羊饲粮的主要组成部分，一年四季均可饲喂。尤其是枯草季节，优质的豆科和禾本科青干草，如苜蓿青干草、猫尾草、苏丹草、燕麦草及野生杂类草等，均是奶山羊重要的营养物质来源。

(4)农作物秸秆和秕壳饲料　这是农区饲养奶山羊的主要粗饲料。单纯用这类饲料喂奶山羊，很难满足需要，在奶山羊饲粮中比例不宜过大。应搭配青绿饲料、青贮料或多汁饲料，并补充混合精饲料。

(5)能量饲料　主要是谷类籽实，如玉米、燕麦、大麦等，体积小，无氮浸出物高达 70%～80%，营养价值和消化率高。但蛋白质含量较低，缺乏赖氨酸和蛋氨酸，大多不含胡萝卜素，B 族维生素较丰富。

(6)蛋白质补充饲料　奶山羊主要利用植物性蛋白质饲料，如大豆、蚕豆、豌豆及饼粕类（大豆粕、花生粕、棉籽粕、菜籽粕等），也可利用少量动物性蛋白质饲料，如鱼粉、血粉、肉粉等。

能量饲料和蛋白质饲料是组成奶山羊精料补充料的原料，一般精料补充料的比例低于粗饲料，但其营养作用大，高产奶山羊饲粮中精料应占较高的比例，以满足其营养需要。

(7)糠麸类饲料　这类饲料粗纤维含量较低（<18%），粗蛋白质含量在 8%～19%，含磷

量高而钙低,质地疏松,是混合精料的重要组成部分。但易发霉变质,不宜长期贮藏。

(8)饲料添加剂 以矿物质和维生素为主。钙、磷、钠补充饲料,如骨粉、磷酸氢钙、食盐等,应按需要配入饲粮中饲喂。微量元素添加量应根据当地情况确定。在冬春及夏秋缺少青饲料与青贮料时,应给舍饲奶山羊添加维生素 A 和维生素 E。

喂给奶山羊的粗饲料应切短,若粉碎则不宜过细,精饲料可压扁或粗粉碎。有条件的地方可采用全饲粮混合料,颗粒料的饲喂效果好,可减少饲料的浪费。

2. 奶山羊饲粮配制 奶山羊的主要产品是羊乳,产奶量取决于品种、个体、胎次、泌乳期,其他因素一致时,营养水平对产乳量有明显的影响。配制营养全价、平衡的饲粮是养好奶山羊,获得高泌乳量的重要环节,这对高产舍饲奶山羊更为重要。

要根据奶山羊不同生理阶段的营养需要量(饲养标准),选用优质饲草、饲料进行配制。应遵循配制饲粮的科学性与经济性原则,同时须考虑适口性、容积性和符合饲料卫生要求(详见第四章第九节)。一般奶山羊的干物质采食量约为体重的 4%。对生长羊和高产羊的营养供给量应有 15%的安全系数。有关专家建议泌乳乳山羊饲粮粗蛋白质含量一般以 13.5%为宜。日产 1~2kg 乳的低产羊以 11%~12%为佳,日产 5~6kg 乳的高产羊则以 13%~14%为佳。精料型饲粮的精粗料比例一般为 55∶45 或 60∶40,有放牧条件和有优质青干草或青草或优质青贮料的情况下,精粗比例可调近 50∶50 或 40∶60。

3. 参考饲粮配方 将原西北农学院奶山羊泌乳期饲粮配方和混合精料配方列入表 8-18 和表 8-19,供参考。

表 8-18 泌乳奶山羊饲粮配方

原料	配比(%)	营养水平	
混合精料	45.2	消化能(MJ/kg)	13.56
黑豆	4.6	代谢能(MJ/kg)	11.00
大豆饼	4.2	粗蛋白质(%)	16.1
青贮料	18.1	可消化蛋白(g/kg)	124
干草	27.9	粗纤维(%)	17.2
合计	100.0	钙(%)	0.53
		磷(%)	0.62

注:体重 65.4kg,平均日产乳量 3.12kg/只,日采食量(kg/只):混合料 1.41,青贮 1.70,干草 0.73

表 8-19 泌乳奶山羊混合精料配方

原料	配比(%)	营养水平	
玉米粉	53.0	消化能(MJ/kg)	15.52
小麦麸	30.0	代谢能(MJ/kg)	12.55
大麦	10.0	粗蛋白质(%)	12.3
高粱	3.0	可消化粗蛋白(g/kg)	97
骨粉	1.0	粗纤维(%)	5.2
磷酸氢钙	1.0	钙(%)	0.70
食盐	2.0	磷(%)	0.93
合计	100.0		

资料来源:林东康.《常用饲料配方与设计技巧》

表 8-20 中为魏怀芳(1991)推荐的美国奶山羊混合精料配方,并以这 3 种精料与不同粗饲料配合组成 4 种饲粮。

表 8-20 泌乳奶山羊精料配方 （%）

饲 料	粗蛋白质水平(%)		
	14	16	18
玉 米	37	35	32
燕 麦	37	35	32
麸 皮	16	14	15
豆 粕	9	15	20
磷酸氢钙	0.5	0.5	0.5
微量元素含量	0.5	0.5	0.5
合 计	100.0	100.0	100.0

资料来源:魏怀芳.《山羊及产品加工》

①三叶草或豆科干草 1.4kg,14％蛋白质的精料 0.45～1.8kg(随产乳量而异);
②禾本科和豆科混合干草 1.4kg,16％蛋白质的精料 0.45～2.3kg;
③混合牧草 0.5kg,青贮玉米 2.3kg,18％蛋白质的精料 0.9～1.8kg;
④豆科干草 0.9～1.4kg,青贮料或块根类 0.7～0.9kg,16％蛋白质的精料 0.45～0.9kg。
30～60 日龄乳用山羊羔的饲粮配方见表 8-21。

表 8-21 30～60 日龄乳用山羊羔饲料配方

原 料	配 比(%)	原 料	配 比(%)
玉米粉	34.0	废糖蜜	5.0
大麦粉	24.8	微量元素	0.5
大豆饼	18.6	石灰石粉	1.1
麸 皮	10.4	食 盐	0.6
脱脂奶粉	5.0	合 计	100.0

(三)奶山羊饲养管理技术

1. 泌乳母羊的饲养管理

(1)泌乳前期的饲养管理 母羊产后 6～20d 为泌乳前期,也称恢复期,以体力、生殖器官和消化功能的恢复为主。母羊产后常有饥饿感,但消化力弱,1 周内应主要喂易消化的饲草,如自由采食优质干草。同时,喂温盐水及米粥或小麦麸粥,并根据母羊体况、食欲等灵活掌握精料和多汁料的喂量。1 周后逐渐增加精料、青贮料及多汁料的喂量,2 周后应达到饲养标准规定的营养水平。喂量增加多少和增速的快慢,要依据母羊体况、食欲和产乳量来决定,不能操之过急,每天增加精料量不宜过多(一般不能超过 0.2kg),以免引起消化不良、肠胃功能紊乱等病症。对体弱消瘦、消化力弱、食欲不振、乳房膨胀不够的母羊,可喂少量含淀粉多的薯类饲料。

泌乳母羊饲粮的粗蛋白质含量以12％～14％为宜,粗纤维含量宜在16％～18％,干物质采食量为体重的3％～4％。

对乳房水肿的高产母羊,在产羔5d后,要注意运动并按摩或热敷乳房,每次3～5min,促使乳房消肿。初乳为羔羊必需的饲料,应尽早让其自然哺乳,要辅助羔羊均匀采食双侧乳房,把吃不完的一侧乳房中的初乳挤掉,每天3～4次。要保持圈舍干净,勤换垫草,防止乳房和阴道被感染。初乳期让母羊在圈内自由运动,7d后放牧或进行驱赶运动。

(2)泌乳高峰期的饲养管理　产后20～120d为泌乳高峰期,以40～70d的产乳量最高。随着产乳量上升,母羊从饲粮中获取的营养物质不能满足产乳需要,须动用体内贮备的营养物质,致使体重呈下降趋势。此阶段应精心饲养管理,充分发挥母羊泌乳潜力,以达到高产、稳产。饲粮应由优质青干草(占体重2％)、青草或青贮料、块根块茎类和混合精料组成。青草和青贮料的喂量要适中,粗饲料中能量、蛋白质、矿物质和维生素不足部分由混合精料(包括矿物质和维生素添加剂)来补充。要根据粗饲料的质量和产乳量调节精料的喂量。饲粮组成应多样化、适口性良好、体积小。饲粮营养水平高时,可增加饲喂次数和挤乳次数,并让母羊进行适量运动。最好是舍饲加放牧,在优质的天然或人工草地上放牧,可使母羊有相当的运动量,接受充足的阳光,并可降低饲养成本。

推荐的营养需要量是群体的平均量,对高产母羊或产乳高峰期母羊要特殊对待,应在规定的营养水平基础上,采取超标准饲喂法进行试探性加料催乳奶(或称引导饲养法)。母羊产乳量对能量摄取量的反应较敏感,一般用增加精料喂量来实现催乳的目的。具体方法是从产后20d开始,每天在原来精料基础上(0.5～0.75kg)增加混合精料50g,只要产乳量增加就继续加料,直到产乳量不再增加时即停止增加精料,并将该精料喂量维持5～7d。随后,根据母羊产乳量、乳脂率、体重、食欲调整精料喂量,按泌乳母羊营养需要量供给。在催乳过程中要注意观察母羊的食欲、粪便及产乳量变化,如果食欲不佳、腹泻或粪便中带有饲料颗粒,是消化不良的表现,就应停止增加精料喂量。

母羊产乳高峰和采食高峰往往不同步,产乳高峰出现得早而采食高峰来得晚,为防止母羊体内贮存的营养损失过多,影响健康,应在干乳后期增加营养,使体组织贮存一定量的营养物质,供下胎产乳高峰期利用。产前15～20d应逐渐增加精料喂量,由原来的0.5～0.75kg逐渐增加到1.0～1.5kg。

在产乳高峰期,要根据粗饲料质量确定饲粮的精粗比例,粗饲料质量优良时,可按1∶1的比例饲喂。精料过多可引起消化紊乱、酸中毒和乳脂率下降等,但饲粮中粗纤维含量也不宜超过15％～17％。应均衡供应优质青干草,让泌乳母羊自由采食,精料、青贮料、多汁料则定时、定量饲喂。要精细管理,使之保持旺盛的食欲、适量运动及良好的血液循环功能,经常刷拭羊体,定期修蹄。注意圈舍卫生,防止发生乳腺炎,并供应充足的饮水。

(3)泌乳稳定期的饲养管理　产后120～210d为泌乳稳定期。此时母羊产乳量缓慢下降,是正常的泌乳规律,但要精心饲养管理,保证饲粮的全价性和充足的饮水。在天气干燥炎热的地方,要预防中暑和防止蚊蝇侵扰;在阴雨潮湿的地方要防潮。应尽量避免饲料、饲养方法和管理程序的急剧改变,转变饲粮类型要逐渐进行,随产乳量下降而减少精料的喂量。若放牧,宜早晚放牧,中午休息。

(4)泌乳后期的饲养管理　泌乳后期是指产后210d到干乳这一时间段。多因发情、配种的影响,母羊这一阶段产乳量下降较快,通过精心饲养管理,有可能使产乳量下降得缓慢一些,并逐渐向干乳期过渡。此阶段母羊获得的营养物质有双重用途,既要满足产乳和胎儿胎产物生长发育的需要,又应保证营养物质的平衡性和全价性。

对群饲的奶山羊,应按个体产乳量分群饲养。给高产母羊饲喂高营养水平的优质饲粮,对低产羊群可采用低饲料成本、提高乳脂率、改善瘤胃功能和促进泌乳持久的饲养方式。

泌乳期奶山羊的饲养管理是细致烦琐的工作。日常饲养管理中要做到圈净、料净、饮水净、饲槽净和羊体净。夏季和秋季要注意羊舍通风换气、防暑、防潮、防蚊蝇。不要轻易改变工作日程、饲养程序及挤乳方法,非变不可时也要逐渐进行。要特别注意保护母羊乳房,不要让羊睡在潮湿的垫草上,要及时将乳头上粘着的粪土等污染物擦洗干净。要采用正确的挤乳方法,挤乳前要用温水擦洗乳房,并经充分按摩后再挤乳,每日挤乳次数不少于2次。

据刘荫武介绍,西北农业大学泌乳母羊饲粮的基础饲料为青贮玉米和青干草,四季不断。每天喂玉米青贮料2.5kg,禾本科干草和毛苕子干草1.0kg(泌乳期内,青绿饲料占2/3,干草占1/3)。混合精料由玉米50%、麸皮20%、豆类或豆饼20%、大麦10%组成,一般每产1kg乳喂0.35～0.4kg混合精料。骨粉和食盐分别按精料的1.5%～2.0%和1%供给。冬季日喂胡萝卜1.0kg,4月份喂青刈油菜,5～7月份喂少量青苜蓿,8～9月份饲喂青刈玉米。

2. 干乳期母羊的饲养管理　干乳期正是妊娠最后2个月,虽不产乳,但胎儿生长发育快,需要足够的营养物质;同时,母羊在泌乳期消耗营养较多,需要恢复体况,干乳期母羊体重比产乳高峰期增加20%～30%,可为下一个泌乳期贮存一定量的营养物质。加强干乳期母羊的饲养管理,对胎儿生长发育和下一个泌乳期产乳都具有重要的作用。要求饲粮干物质含量高,干乳期前5～6周以青干草和适量精料为主,精粗比例一般为20∶80～15∶85,应给体弱的母羊多喂一些精料。对体重50kg的母羊,每天可喂优质青干草1kg、多汁料2～3kg、混合精料0.6～0.8kg。不宜过多饲喂青贮料和多汁料,以免压迫胎儿,引起流产。

在干乳期最后2～3周可逐渐增加精料喂量,相应减少粗料喂量,青干草任其自由采食,适量供给多汁料和青贮料。干乳后期增加精料喂量,可使瘤胃微生物在产羔前适应高精料饲粮,为产后继续采食大量精料打下基础,也有利于胎儿生长和乳房的发育。母羊产前4～7d若乳房过度膨胀或水肿严重时,可适当减少精料喂量;产前2～3d,可在饲粮中增加小麦麸等轻泻饲料,以防便秘。

冬季不可喂饮过冷的水(水温不低于8℃～10℃),不能喂冰冻的块根块茎饲料和发霉饲料。注意让母羊适当运动,并防止相互顶撞和出入舍时拥挤。

3. 羔羊的饲养管理　奶山羊羔的饲养管理要点与绵羊羔基本相同。

(1)出生后尽早让羔羊吃上初乳,随母羊5～6d,让其吃足初乳。

(2)15日龄开始训练采食青干草,20日龄开始投喂精料,30日龄由吃乳逐渐向吃草料过渡。

(3)50日龄以后喂乳量逐渐减少,增加草料喂量。

(4)60～90日龄阶段,乳与草料并重。

(5)90日龄后逐渐过渡到以草料为主、以乳为辅的饲养方式。在羊群规模大的羊场和养羊户,都实行奶山羊羔人工哺乳,有专门的人工哺乳室;羔羊出生6d后就转到羔羊舍进行人工哺乳。人工哺乳的方法有三种:

①碗饮法：用小碗盛上加热到 40℃～42℃ 的洁净鲜乳，训练羔羊自饮。开始训练时，先让羔羊饥饿半天，使其产生饥饿感；尔后，饲养员一手抱羔羊一手持碗，让羔羊嘴伸入碗中自饮，要防止将乳吸入鼻内。一般经 1～2 次训练，羔羊就能学会自饮。对个别体弱的羔羊较难训练，可将剪短指甲并洗净的食指伸入乳中，让羔羊在手指上吸吮，然后慢慢将手指取开，重复几次后就可学会。

②哺乳器法：哺乳器用铁皮或塑料制成，直径约 50cm，高 60cm，加盖，其下部四周等距离安装 4～8 个吸吮嘴，将加热到 40℃～42℃ 的鲜乳加入，让羔羊自饮。训练数次即可学会。

③奶瓶法：此法简单、卫生，可控制哺乳量，但费工费时，大群难以应用，对多病、体弱的羔羊宜采用此种方式。

人工哺乳要求定羊、定时、定量、定温、定质和保持清洁卫生。定羊是按年龄、性别、强弱分群哺乳；定时是开始每 6h 喂 1 次，日喂 4 次，随月龄增加，减少喂乳次数；定量是要严格掌握喂（哺）乳量，过少会导致营养不良，过多会引起消化不良。开始饲喂时，每只羔羊每次喂 0.25kg，但须根据个体大小及运动量酌情增减。通常，40 日龄前日哺乳量以体重的 20% 左右为宜，40 日龄达到高峰，以后羔羊开始采食固体饲料，哺乳量应逐渐减少；定温，就是乳温以 38℃～42℃ 为好，吃到羔羊口中时应不低于 38℃；定质，就是保证鲜乳质量，清洁卫生，无变质及污染。羔羊哺乳用具应干净，每次喂后用开水冲洗，用前再次冲洗，每隔 2d 煮沸消毒，要及时将病羊隔离哺乳。羔羊舍要干燥、温暖、空气新鲜，注意防潮保温。

西北农业大学经过多年生产实践，制定了一套切实可行的羔羊培育方案，摘列于表 8-22，供参考。

表 8-22　羔羊哺乳期培育方案

日　龄	日增重 (g)	哺乳次数	日喂量(g)			
			乳	混合精料	青干草	青草或块根
1～5	体　重	自　由	—	—	—	—
6～10	150	4	880	—	—	—
11～20	150	4	1200	30	60	—
21～30	150	4	1400	30	70	50
31～40	150	4	1400	60	80	80
41～50	150	4	1400	90	100	100
51～60	150	3	1050	120	120	150
61～70	150	3	900	150	140	200
71～80	150	3	600	180	170	250
81～90	140	2	400	220	190	300
91～100	140	1	200	240	210	300
101～110	140	—	—	270	230	350
111～120	140	—	—	300	250	350

资料来源：刘荫武.《应用奶山羊生产学》

羔羊哺乳期除食天然乳外,还可饲喂代乳品,以节约羊乳。美国全国通用的代乳品(生后1周)配方(%)为:脂肪30~32,乳蛋白22~24,乳糖22~25,维生素1,矿物质5~10,抗生素添加剂5。实际使用时,用4倍的水进行稀释。

4. 青年羊的饲养管理 也称育成羊。此阶段的正确饲养对未来的体型结构、生长发育及产乳量有决定性意义。饲养管理应符合青年羊的生长发育特点,应给予优质豆科青干草或在优质草地上放牧,混合精料的蛋白质水平应为15%~16%;干草质量较低,精料的蛋白质含量应提高到18%~20%。放牧加补饲是培育青年羊较理想的方法,在放牧的基础上每只日补饲0.4kg混合精料,青年公羊较母羊生长快,精料补饲量应多一些。饲粮类型对青年羊的体型和生长发育影响较大,饲喂优质青干草并进行充足的运动,是培育青年羊的关键。喂大量优质青干草可促进消化器官发育,羊成年体格大,乳用体型明显,产乳多;充分运动可使体壮胸宽,心肺发育良好,食欲旺盛。在正常饲养条件下,青年母羊8~10月龄体重达35kg以上,青年公羊10月龄体重达40kg以上。

5. 种公羊的饲养管理 配种期种公羊处于高度兴奋状态,食欲下降,加上配种,一般营养入不敷出。要精心饲养管理,少量勤添,饲料品质要好,易消化适口性好。粗饲料以优质豆科和禾本科混合青干草为主,夏季加喂青草;秋末冬初无青饲料时,喂青贮料、胡萝卜和大麦芽等。精料中玉米比例不宜过高,蛋白质饲料如大豆饼、花生饼、豆科籽实及动物蛋白质饲料(如鱼粉)应占20%以上。同时,要满足钙、磷等矿物质和维生素的需要。精料应含粗蛋白质20%左右。每天自由采食青干草1.0kg和牧草0.8kg,精料0.75~1.0kg。

非配种期的饲养是为配种期打好基础。要保证种公羊有较好的繁殖体况,精力充沛,雄壮有力。夏季可放牧,采食青草并补饲混合精料。非青草期的饲粮主要由优质干草和混合精料组成,并饲喂适量青贮料和多汁料。自由采食干草,每天喂精料0.6~0.75kg。配种前2个月开始加强饲养,提高精料喂量,为配种做好准备。任何时候都须供给充足的清洁饮水。

饲养种公羊的环境要清静干净,防止外来因素的骚扰。应保证种公羊有足够的运动,经常刷拭羊体,及时修蹄,保证其健康无病。

6. 奶山羊的放牧饲养 有放牧条件的地区,除枯草季节外,还可采取放牧或放牧加补饲的方式,以利提高羊群健康水平和降低饲养成本。

(1)放牧前的准备工作 ①对羊群进行健康检查、防疫、驱虫,并将乏弱、病羊隔离放牧;②给羔羊去角,青年羊去角不彻底的也应补行截除,防止羊只抵架受伤或造成流产;③按羊的生理阶段、草场面积大小和草质合理组群,一般每群不宜超过100只,高产羊群不超过50只,农村山区放牧羊群应更小,高产羊和妊娠后期羊距牧地不应超过1.5~2km;④清除草场杂物及有毒植物,如垃圾、腐败物、铁丝及影响乳汁品质的野葱、毛茛、大戟等;⑤做好母羊乳房保护工作,可用布包套住乳房,以免擦伤。

(2)放牧技术 ①由舍饲向放牧过渡要逐渐进行,放牧前10~15d多喂些青贮料和多汁料,以免饲养方式改变造成产乳量下降,逐渐增加放牧时间,开始放牧的第一、第二天可放牧半天(下午,2~3h),4~5d后全天放牧(6~8h);②最好将高产母羊和妊娠后期母羊安排在较平坦、牧草质量好的天然草地或人工草地,进行划区轮牧(具体技术可参见绵羊放牧饲养);③青年羊可在较远的山坡地放牧;④不要将饥饿的羊直接放牧到豆科牧草地上,放牧前先喂一些干草;⑤下雨天不要放牧,有露水时要迟出牧(以防引起瘤胃臌胀),秋天应于霜冻前停止放牧。

二、毛用和绒用山羊的营养需要与饲养管理

(一)毛用和绒用山羊的营养需要

我国尚无毛用和绒用山羊的饲养标准,实际饲养中可参考或借用国外山羊饲养标准的。美国 NRC 推荐的山羊营养需要量,适用于各种类型的山羊。我国绒山羊饲养中也有应用前苏联的绒用和毛用山羊饲养标准。我国曾对青山羊的营养需要进行过研究,测出泌乳母羊每 kg 代谢体重维持需要代谢 502.7kJ 和可消化粗蛋白质 2.79g,每产 1kg 标准乳需要 5.07MJ 代谢能和可消化粗蛋白质 90.42g。

山羊绒和毛生长对营养物质的需要量很难单独测定,但生产实践中营养对山羊绒的生长确实有影响。经试验建议,在维持需要的基础上,增加的能量和营养物质使羊体重略有增加,就能满足绒山羊绒纤维生长的需要(贾志海,1997)。母羊发情、配种、妊娠和泌乳期均是绒的生长期,满足上述生理阶段的营养需要亦足够长绒的营养需求。美国 NRC 依照安哥拉山羊羊毛年产量规定了每日应额外供给的营养物质量,如年产 4kg 毛,每日应增加 0.5MJ 代谢能和 17g 粗蛋白质。

放牧山羊一般不会缺钙,但在冬春季饲喂大量秸秆或玉米青贮料时,可能发生缺钙,也可能是维生素 D 缺乏而致钙吸收率降低,引起缺钙。天然牧草、青贮料和秸秆均含磷不足,应注意补充。精料含磷较高,是磷的主要来源。钠也是绒用和毛用山羊普遍缺乏的矿物质元素。和绵羊一样,也应注意给毛用和绒用山羊补硫,一般要求饲料中氮硫比为 10∶1～7.2∶1。毛用和绒用山羊的矿物质需要量,亦可参考表 8-17。

在各种维生素中,脂溶性维生素 A、维生素 D、维生素 E 的供应对毛用与绒用山羊最重要。维生素 A 对保持皮肤及毛囊的健康有重要作用,因而影响毛和绒的生长。冬春舍饲期以秸秆为饲粮主要成分的山羊,容易造成维生素 A 缺乏,应饲喂适量胡萝卜等富含胡萝卜素的饲料,或添加维生素 A 添加剂。Kessler(1991)推荐山羊维生素需要量(IU/d·只)为:维生素 A 3 500～11 000IU,维生素 D 250～1 500IU,维生素 E 5～100IU。对瘤胃未发育完全的羔羊应添加 B 族维生素,可按每 kg 饲粮添加维生素 B_1 3～8mg,维生素 B_{12} 0.02～0.05μg。

我国于 2004 年发布了中华人民共和国农业行业标准(NY/T 816—2004)——肉羊饲养标准,本书将其中肉用山羊营养需要列入附录一的表四(二)。此标准适用于产肉、产毛和产绒的山羊。

(二)毛用和绒用山羊的放牧饲养与补饲

1. 放牧方式 放牧是山羊的主要饲养方式。毛用和绒用山羊的放牧方式基本与绵羊相同,主要有固定区域自由放牧、季节性轮牧、划区轮牧和驱赶放牧。我国目前以固定区域自由放牧和季节性轮牧为主,驱赶放牧主要用于少量羊在林间草地及农村田间、地边、路旁的放牧。从发展和合理利用草地的要求出发,应逐渐推行划区轮牧或小区轮牧的方式(参考绵羊放牧方式部分)。

2. 放牧技术 必须以草定羊,力求草畜平衡,有计划、有组织地放牧,防止过牧、重牧,造成草地退化。

（1）合理组群　要根据山羊的数量、年龄、性别、生产性能、生理状态和牧地情况进行组群。合理组群有利于放牧管理和草地保护，可发挥羊和草地两方面的生产潜力。一般原则是公、母分群，成年羊和幼年羊分群，不同品种分群，杂交改良羊也应单独组群。农区羊群要小（50～60只），半农半牧区可稍大（80～100只），牧区可更大些（150～200只），公羊群要小，育种核心群要比一般繁殖群小。

（2）四季放牧地选择和放牧要点　毛用和绒用山羊四季放牧地选择和放牧技术与绵羊相似，可参考本章第一节。

我国饲养的毛用山羊，多为从国外引进的安哥拉山羊，其弱点是体躯单薄，体质较弱，行动和攀登跳跃能力差，对不良环境和疾病抵抗力较弱，耐受营养不良的能力较差，采食速度较慢，容易发生营养性流产。其产毛量高，故对饲养条件的要求比绒山羊高。应将安哥拉山羊单独组群放牧，行走要慢，牧地要较平坦，草质较好，以免影响采食，导致营养不良。放牧山羊应处理好以下2种关系：

①正确处理羊与草的关系：我国多数山羊（含绒山羊）产区的生态条件较差，使山羊对不良环境的适应能力超过其他家畜（包括绵羊），能忍耐干旱和缺水的环境，可在干旱荒漠等贫瘠土地上觅食，甚至刨地吃草根，使草原生态环境恶化，加速了生态环境脆弱草地的沙化速度。有些地方将此归罪于山羊。事实上，这是人贪图眼前利益、盲目发展、超载过牧引发的后果。所以，在山羊放牧饲养中，要坚持以草定畜，控制羊只数量，提高其质量。应合理地利用草地资源，实行划区轮牧，一定要给牧草以恢复生机的时间和空间。在枯草期应减少放牧时间，采取半放牧半舍饲的方式，减少对草地的践踏与破坏。

②正确处理造林和放牧的关系：山羊喜食树木枝叶，有的山羊还爱啃食树皮，带角山羊也常用角蹭脱树皮，损害幼小树木，影响造林效果。可采取以下办法减少或避免养羊与种树间的矛盾。

统一规划林、牧坡地，划定林坡地和牧坡地。将林坡地封山育林，牧坡地供放牧；待林坡地的树木长大、不致被羊破坏时，开坡放牧，再将牧坡地封山育林。育林时，可在林地种植多年生牧草，供刈割和放牧。

建立和完善养羊和护林措施。在羔羊离乳时对有角山羊去角，以利保护幼树；在山羊数量较多的地区，选择一些羊不喜食的树种；对路旁、田边的树林可用羊粪泥或白灰涂抹（或刷树）；青草季节可集中放牧，放牧人员可到林地边看护，防止山羊采食树枝、啃树皮；加强管理，发现有羊只破坏树木，可用口令斥责及掷土块加以制止；育林时可妥当安排树木的株距和行距，采取林灌结合和林草结合，灌木可防止水土流失，也可供山羊采食。

3. 季节性补饲　从山羊本身讲，冬春枯草期仅靠放牧不能满足山羊的营养需要，妊娠、泌乳和生长羊营养缺额更大。据南泥湾安哥拉山羊试验场测定，在林间草场放牧的公羊，12月到翌年4月采食的消化能和可消化蛋白质分别为需要量的43%和16%，足见冬春补饲十分必要。另一方面，草原大范围退化、沙化、盐碱化，迫使人们不得不减轻草原放牧载畜量和缩短放牧时间，提出了"禁牧"、"半禁牧"，提倡放牧加补饲或全舍饲的饲养方式。

（1）适宜补饲时期　要适时补饲，补饲过早造成人力和饲料的浪费，过晚则影响山羊的生长和生产。应根据地域和气候变化、牧草情况和山羊生理阶段决定补饲时间。妊娠母羊和育成羊的补饲宜早不宜晚，空怀羊和羯羊的补饲时间可推迟。若遇天气突变，草地被大雪覆盖，应立即补饲。

（2）补饲草料种类　冬春枯草期应以补饲粗饲料为主，搭配一定量的精饲料。牧区的基本饲草为人工栽培禾本科和豆科青干草，农区以农作物秸秆、秕壳、薯类藤叶等为主。制作青贮饲料，是解决牧区或农区冬春青绿饲料的重要途径。在不喂干草时，成年山羊的青贮饲料日喂量为2～2.5kg，育成羊1.0～1.5kg，哺乳期羔羊0.5～0.75kg，喂量过多会引起腹泻，有干草补饲时，应适当减少其喂量。

常用精饲料为谷物籽实、豆类籽实、油饼粕及糠麸类，也可补充少量动物性蛋白质饲料（如鱼粉、肉粉等）。精饲料可补充粗饲料的营养缺陷与不足，虽占补料的比例不高，却是能量和蛋白质的重要来源。在饲喂低质粗饲料时，必须补充精料。

要注意补饲钙、磷和食盐及当地最感缺乏的微量元素。种公羊和羔羊的补料中应有维生素饲料（如胡萝卜），或添加维生素添加剂。

（3）补饲量　有条件的羊场，可根据放牧采食量来确定冬春山羊的补饲量。一般羊场或农户，可根据以往补饲经验和当年牧草生长情况制定补饲方案，也可参考有关研究结果和某些羊场的补饲方案。南泥湾安哥拉山羊试验场测出，12月到翌年4月，体重40～50kg、日增重50g的安哥拉山羊，每天需补充消化能9.67MJ（需要量的57%），可消化蛋白质81.8g（需要量的84%）；即每只羊日需补饲玉米青贮料1kg，混合精料（玉米60%，棉籽饼20%，大豆饼20%）0.5kg，另加食盐1%。

将辽宁绒山羊和杂种绒山羊补饲定额列于表8-23，供参考。

表8-23　每只杂种绒山羊的补饲定额　（kg）

	干　草	多汁料	精　料
当地母山羊	100～150	30～50	10～15
一代当年羔羊	50	10	4～5
一代成年母羊	150～200	40～50	15～20
二代当年羔羊	50	15	10～15
二代成年母羊	150～250	60～70	20～25

资料来源：董维官（1989）

辽宁绒山羊产区为山地草甸，生态条件较好，属暖温带湿润气候，年降水量700～900mm，无霜期150～170d，植被覆盖率在80%以上。相比之下，内蒙古绒山羊、河西绒山羊生活在气候寒冷、干旱的荒漠、半荒漠草原，冬春补饲量应不低于辽宁绒山羊。也可参考本章第一节中绵羊的补饲方案。

美国得克萨斯州农业试验站较系统地研究了安哥拉山羊的营养，推荐了3个草原山羊的补饲精料配方（表8-24）。应根据粗饲料质量选择相应的精料配方，如果粗料为优质青干草，宜补谷类籽实，粗料为一般干草时可选择A型精料配方，如在荒漠草原放牧仅补精料或在农区补饲秸秆时，宜选择B型或C型精料配方。

（4）各类饲料的补饲方法　一般每天归牧后补饲1次粗饲料，若粗饲料充足，可加补1次夜草，遇大雪或产羔期不能放牧时，应早晚各补饲1次。用饲槽饲喂切短或粉碎的粗饲料，未切短的饲草须用干草架饲喂，防止羊只抢食时踏脏饲草，造成浪费。也可将粉碎或切短的秸秆用水拌湿，将精料混入拌匀饲喂。

表8-24　山羊的补充精料配方　（%）

成　分	A（20%蛋白质）	B（30%蛋白质）	C（40%蛋白质）
玉米或高粱	82	58	25
棉籽饼或大豆粕	14	37	70
尿素	2	3	3
磷酸氢钙	2	2	2
总消化养分（%）	75	72	70
消化能（MJ/kg）	13.8	13.4	12.9
粗蛋白质（%）	20	30	40
可消化蛋白质（%）	16	24	32
磷（%）	0.55	0.65	0.77

注：每kg补充料加维生素A 5 500IU

摘自美M.E.恩斯明格著，泰让礼等译《饲料与养分》

每日喂1次青贮料，要现取现喂，防止冻结和霉变。母羊产羔前15d少喂或停喂青贮料。

宜将精料配制成混合料饲喂。日喂量0.4kg以下，应在归牧后1次喂完；超过0.4kg应分2次饲喂。开始补精料时每次喂量不宜过多，逐渐达到补饲量，以保证消化正常。

喂块根块茎类饲料时，喂前应将泥土洗净，切去霉烂部分，切成块状或条状单独饲喂或与精料混合饲喂。

食盐和矿物质添加料可与精料混合饲喂，但一定要搅拌均匀，也可加辅料制成舔砖，让羊自由舔食。

(三)毛用和绒用山羊的饲养管理技术

山羊的饲养管理与绵羊基本相同（可参看本章第一节）。

1. 种公羊的饲养管理

（1）非配种期饲养管理　非配种期长达10个月左右，经历枯草期和青草期两个阶段。枯草期应采用舍饲加运动的方式，青草期采取放牧加补饲的饲养方式。

公羊经2个月的配种后，已进入冷季，维持营养需要增高，又要恢复体力，应减少运动量，宜在配种期饲养标准的基础上，缓慢减少精料喂量至配种期的80%～90%，使体况得到恢复后，再按非配种期营养水平饲喂。可日喂优质青干草1kg，青贮料1.0～1.5kg，混合精料0.35～0.45kg，胡萝卜0.5kg。青草期以放牧为主，按体况适当补饲精料。应在整个非配种期使种公羊保持中上等体况。配种前1.5～2个月，除加强放牧外，还应增加运动量，并提高精料喂量到配种期的70%～80%。要逐渐增加精料，同时要定期采精，检查精液质量，以便有针对性地改进饲养管理，为配种打好基础。

（2）配种期饲养管理　配种期一般为10月中旬到12月中旬。此期牧草已变黄并逐渐干枯，公羊营养需要主要靠补饲草料提供。要求饲粮全价，饲料组成应多样化，适口性好，体积小，代谢能应在10MJ/kg以上，粗蛋白质含量高于15%。在有充足优质禾本科和豆科青干草的基础上，一般日喂0.8kg混合精料（分2～3次）。蛋白质饲料的品质要好，除大豆饼粕等外，还应加一定量的优质鱼粉。

2. 繁殖母羊的饲养管理 在生态极度恶化的干旱草原上繁殖山羊，冬春应采用舍饲方式，由放牧向舍饲转变须逐渐进行。舍饲期间每天应有舍外运动，以增强山羊体质。同时，增加体内维生素D的合成，也可适应山羊活泼好动的习性。

(1)母羊配种前的营养水平应略高于维持需要 对体况差的母羊要增加营养，以提高排卵率。配种前母羊一般在草地上放牧，根据绵羊放牧经验，补饲适量的谷物饲料即可满足需要。

(2)妊娠期饲养应注意以下几点 第一，配种后1个月，为保证胚胎在子宫壁上着床，供给的营养物质应维持母羊体重较为稳定，不要突然降低营养水平；第二，妊娠前期营养水平应稍高于维持需要，除供胎儿及胎产物生长需要外，母羊本身还沉积一定量的营养物质。从妊娠第二个月开始，每日给每只羊饲喂禾本科和豆科青干草1.0～1.2kg、青贮料1.0kg，可满足需要；第三，妊娠后期胎儿生长发育快，且天气寒冷，维持需要增加，营养水平应较妊娠前期高20％～30％，怀双羔母羊比怀单羔母羊再提高15％左右。如舍饲母羊日食入优质干草1.2kg，青贮料1.0kg，混合精料(粗蛋白质20％)0.25kg，胡萝卜0.5kg，可提供代谢能13MJ，粗蛋白质180g，接近前苏联毛用和绒用山羊的饲养标准。

(3)泌乳前期营养需要高于妊娠后期 饲料质量和营养平衡性要好。哺乳单羔母羊可日采食野青干草1.0kg，豆科干草0.5kg，青贮料1.5kg，混合精料(含粗蛋白质30％)0.35kg，胡萝卜0.3kg。约含代谢能18MJ，粗蛋白质288g；再给哺乳双羔母羊增加精料0.25kg和胡萝卜0.2kg。饲粮中钙、磷和食盐含量应能满足需要。

3. 育成羊的饲养管理 供给育成期幼羊优质禾本科和豆科青干草、青贮料和混合精料，以保证在5个月的枯草期内体重稳定增加。如体重28～30kg的育成羊日采食豆科和禾本科青干草0.5kg，青贮料1.0kg，混合精料(粗蛋白质20％～25％)0.25kg。含代谢能约10MJ，粗蛋白质150g左右，预计日增重50g左右。现将前苏联绒用和毛用山羊的典型饲粮配方列于表8-25，供参考。

表8-25 前苏联山羊饲粮典型配方 (只·d)

饲料组成	配种期公羊(体重60kg)	母羊(体重50kg)		幼母山羊(体重27kg)	幼公山羊(体重35kg)
		妊娠最后7～8周	第一个泌乳期		
禾本科干草(kg)	0.70	0.30	0.40	0.20	0.20
豆科干草(kg)	0.60	0.40	0.50	0.30	0.50
秸 秆(kg)	—	0.30	—	—	0.20
玉米青贮(kg)	—	2.00	2.50	1.50	1.50
精饲料(kg)*	0.80	0.20	0.40	0.20	0.25
向日葵油粕(kg)	0.05	—	—	—	0.05
胡萝卜(kg)	0.50	—	—	—	—
食盐(g)	15	13	15	10	12
磷酸氢钙(g)	—	12	12	—	—

续表 8-25

饲料组成	配种期公羊 (体重 60kg)	母羊(体重 50kg)		幼母山羊 (体重 27kg)	幼公山羊 (体重 35kg)
		妊娠最后 7~8 周	第一个泌乳期		
营养水平					
饲料单位**	1.6	1.1	1.5	0.87	1.04
代谢能(MJ)	19.7	13.2	17.5	10.3	12.6
干物质(kg)	1.90	1.54	1.75	1.13	1.39
粗蛋白质(g)	300	170	290	170	230
可消化粗蛋白质(g)	194	117	173	100	140
钙(g)	15	12.4	15.6	9.3	13
磷(g)	7.5	5.9	7.1	3.0	4
镁(g)	5.2	5.1	6.8	3.9	4
硫(g)	4.3	3.3	4.5	2.5	3.1
胡萝卜素(mg)	90	63	78	33	42

* 精饲料由大麦、燕麦、麸皮、大豆组成

** 以 1kg 中等品质燕麦所含营养价值为 1 个饲料单位

4. 羔羊的饲养管理 毛用和绒用山羊羔的饲养管理大体与绵羊羔和乳山羊羔相同,其饲养要点为:

(1)羔羊出生后 接产人员应清洗、消毒母羊乳头,辅助羔羊尽快吃上初乳,1~3d 应尽量让羔羊吃好吃饱初乳,这是羔羊成活、健康和正常生长发育的关键环节。对母乳不足的羔羊可人工饲喂代乳料或牛乳。

(2)及时补饲草料 羔羊出生后 2 周开始训练其采食优质豆科青干草,20 日龄开始补饲混合精料,1 月龄精料日喂量为 50~75g,3 月龄可达 200g 左右。混合精料可由玉米粉(60%)、豆饼(30%)和麸皮(10%)组成。按精料量另加食盐 0.5%~1.0%,骨粉 1%~2%,自由采食青干草。

(3)羔羊出生到 40 日龄以哺食羊乳为主 40~80 日龄阶段羊乳和饲料并重,80 日龄后以草料为主、羊乳为辅。

(4)适时断乳 可使羔羊摆脱对母乳的依赖,也可减轻母羊负担。我国一般在 4 月龄断乳,有些地方在 3 月龄断乳。

(四)山羊肥育技术

山羊的肥育技术与绵羊肥育基本相同,此处仅简述其要点。

1. 早期断乳及羔羊肥育技术要点

(1)羔羊断乳时间 一般在出生后 7~8 周龄,断乳前 15d 对母羊与羔羊实行隔离饲养,让羔羊在设有饲槽和饮水器的运动场自由采食和运动,以适应离开母羊的生活环境。要逐步限制哺乳次数和哺乳量。在 15d 内逐渐减少哺乳次数,促使羔羊采食固体饲料的能力增强,逐步

达到以采食固体饲料为主。所用饲料与肥育期相同,仅开始补饲时须将谷物饲料稍加压碎,待习惯采食后再喂整粒谷物饲料。

(2)免疫接种　肥育前要接种有关疫苗,防止传染病的发生。

(3)肥育羔羊的饲粮　由谷物类能量饲料和饼粕类蛋白质饲料和矿物质及维生素添加剂组成,应保证营养平衡和全价。能量饲料以玉米最好,蛋白饲料以大豆饼和少量优质鱼粉最佳。饲粮的粗蛋白质含量应在16%左右。可参考绵羊羔早期断乳饲料配方。

(4)饲养方式　为全舍饲。羔羊自由采食、饮水。肥育期一般为50~60d。断乳体重和出栏体重与品种有关。

2. 哺乳羔羊肥育技术要点　其饲养方法与早期断乳羔羊肥育相似,特点是肥育期不断乳,隔离补饲,定时哺乳。此种肥育方法主要用于秋末冬初出生的羔羊,生产市场所需羔羊肉。用此种方式肥育,可减少断乳造成的应激反应,保持羔羊稳定地生长或增重。

3. 断乳羔羊肥育技术要点

(1)肥育方式　可根据各地不同情况,选用放牧肥育、舍饲肥育或混合肥育方式。

(2)羔羊肥育前要有7~15d的适应期　以适应饲养环境、饲粮和饲喂方法。非异地肥育适应期约7d。异地肥育羔羊在运输前12h停喂饲料和饮水,装车要轻而快。进入新羊舍后应保持安静,给予饮水和易消化的干草,待适应新环境后再逐渐增加精料或改变饲粮类型。适应期要进行驱虫、接种疫苗。羔羊入舍前要对羊舍和运动场进行消毒。

(3)根据饲料情况和育肥要求确定饲粮类型

①全精料型饲粮配方(%):玉米粒96,蛋白质平衡剂4。蛋白质平衡剂组成(%)为:上等苜蓿62,尿素31,黏固剂4,磷酸氢钙3,经粉碎混合均匀后,制成直径0.6cm的颗粒。矿物质饲料自由舔食,其组成(%)为:石灰石粉52,氯化钾15,硫酸钾5,微量元素盐28(其中食盐32%,骨粉65%,多种微量元素3%)。该饲粮含代谢能12.8MJ/kg风干料,蛋白质含量为12.5%。此种饲粮适用于短期强度肥育。

②粗料型饲粮配方(%):玉米58,干草30(以豆科青干草为主,粗蛋白14%以上),蛋白质补充料12(由豆饼50%,麸皮33%,稀糖蜜5%,尿素3%,石灰石粉3%,磷酸氢钠5%,微量元素盐1%组成,每kg另加维生素A 33 000IU、维生素D 3 300IU、维生素E 330IU)。该饲粮含代谢能10.8MJ/kg风干料,粗蛋白质12.9%,钙0.63%,磷0.36%。

③青贮料型配方(%):碎玉米粒27,青贮料67.5,黄豆饼5,石灰石粉0.5,维生素A和维生素D分别为每kg 1 100IU和110IU。每kg风干料含代谢能10.7MJ,粗蛋白质含量为11.3%,钙0.47%,磷0.29%。

4. 成年羊肥育技术要点　一般是用夏秋季节不能配种或老弱羊只进行肥育,肥育期一般为50~60d,主要饲喂碳水化合物丰富的饲料,使肌肉间脂肪增加,改善肉的品质和风味。夏秋季节可在天然草地、人工草地或农作物茬地放牧肥育,秋末冬初可采取放牧加补饲肥育,冬季必须进行舍饲肥育。可采用下述饲粮配方(%):玉米50,菜籽饼14,苜蓿干草15,麦衣子皮11,湖草2,玉米青贮料7.5,食盐0.5。每kg饲粮含代谢能11.2MJ,粗蛋白质含量约11%。

第九章　马驴骡的营养与标准化饲养

第一节 马的营养需要与标准化饲养

我国是世界上养马历史最悠久的国家之一,千百年来劳动人民不仅培育了许多优良的马品种,也积累和总结了丰富的养马经验,使我国的养马生产取得了丰硕的成果。现代养马是根据马的生物学特点和生产力类型,合理地满足马匹营养需要,进行科学的饲养管理,保证其健康,有效地提高马的工作能力,延长其使用年限,使马能更好地为人类的生活与生产服务。

一、马的营养需要

(一)采食与消化生理特点

马是单胃草食动物,其消化道的特点是:胃容积小,贲门紧缩,幽门通畅,不易呕吐。马靠灵活的唇和切齿采食,并依靠强有力的咀嚼肌和臼齿来研磨粗硬的饲料。我国的一些地方马品种,牙齿比较发达,耐粗放饲养管理。马的采食量很大,一匹体重 500kg 的成年马,每天可采食青干草约 15kg;但其每口摄入的食料量却很少,并且要经过细致的咀嚼后才吞咽。据报道,马每口采食的饲料量仅 20～100g,每 kg 青干草需咀嚼 30～50min,故每天最少需要 5～8h 的采食时间。马胃的容积比较小,仅相当于牛胃的 7%(表 9-1)。饲草料在胃内停留的时间相对较短;采食后仅 7～9min,饲草料就开始向肠道转移;2h 内,60% 的饲草料可转移到肠,4h 可基本转移完毕。可见,马是容易饱又容易饿的动物。一次采食量不能过多,而两次采食的间隔又不能过长,这是马匹饲养上很重要的特点。应遵循定时、定量、定质和少量勤添的原则;饲喂后应让马适当休息,否则易引起疾病,损害马匹健康。生产中最常见因饲喂量过多,引起胃扩张,甚至胃破裂,后果不良。用于喂马的饲料应具有疏松、易消化、不致在马胃内黏结的特点,如可选用燕麦、麸皮或其他精料与饲草拌匀饲喂,以利于马的消化和适应马胃容积小、食料停留时间短的生理特点。

表 9-1　马与牛胃肠道容积和长度相比较

	马	牛
肠道容积(L)	193.8	104.1
肠道的长度(m)	22～40	39～64
胃容积(L)	17.96	252.5
全消化道容积(L)	211.34	356.4
胃容积(%)	8.5	70.8

马的食量大,采食时间长,但马在白天多忙于使役,加强夜间饲喂就十分必要。所谓"马无夜草不肥",夜喂可增加马1/3的采食量。对于饲养水平低、精料喂量少、使役时间长的役马,夜喂就更有必要。夜间喂马并不会影响马的休息,因为马睡眠的时间较其他动物短,一天6h就已足够,且分散在一天的多次休息中,夜间的深睡大约只有2h。由表9-1可见,马的肠道容积较大,饲料消化、吸收主要在肠道进行。由于食量大,饲草料在肠道内滞留的时间很长,肠道负担很重,故消化系统常发疾病亦较多。根据马的消化生理特点进行正确饲养,对减少马的疾病有重要意义。

马的盲肠很大,其功能与反刍动物的瘤胃相似,对粗饲料起着重要的消化作用。饲草料在马的盲肠中滞留的时间为18～24h,大概占消化道总滞留时间的1/3以上。盲肠中有大量的微生物,可以将饲料中不能被马直接消化吸收的纤维素发酵成挥发性脂肪酸而吸收。在马的营养供给中,由盲肠消化纤维素获得的部分可占40％～50％,来自蛋白质的占39％,易消化碳水化合物提供的为24％。然而,由于马的盲肠位于小肠之后,微生物降解形成的产物的吸收与利用似乎比反刍动物低。马的肠道粗细极不均匀。盲肠、胃膨大部、大结肠内径相当粗大,可达30cm以上,但小肠、小结肠内径却很小,只有5～6cm,尤其是一些肠道的入口部,如盲结口、回盲口、结肠起始部都是这样。因此,消化道内容物容易在这些比较细的部位形成秘结而致病,即所谓便秘疝(中兽医称结症)。故在养马生产中,必须注意对马进行科学饲养。据研究调查,我国农区舍饲养马多有便秘症发生,除使役任务过重外,饲养管理不当是主要原因,诸如饲料骤变、不能按时按点定量饲喂、气候突然变化以及缺水等情况下都容易形成秘结,造成便秘。

马是容易缺水的动物,其活动量大、汗腺发达,体内水分蒸发损失量大(同时排出较多的盐分);马消化道在一天内分泌消化液的数量也很大,其中唾液约40L,胃液约31L,胆汁约6L。为了增强马的消化能力,应供给充足的饮水,使马能够分泌足够的消化液和维持正常的水代谢。马的消化液分泌,除与饲料种类及品质有关外,饲粮中含有一定的盐分也有利于消化液的分泌,因此在马的饲料中必须添加一定量的食盐,以满足马的使役、代谢、消化液分泌的需要,并可增进马对食物的消化吸收。

(二)对饲料营养物质的消化与吸收

马虽然是草食动物,但消化粗饲料的能力,特别是对劣质粗饲料的消化能力不及反刍动物。马对饲料营养物质的消化和吸收有以下特点:

1. 对碳水化合物的消化利用

(1)消化粗纤维的能力 马利用饲料中粗纤维的能力介于反刍动物和杂食动物之间。马对粗纤维的利用率与饲料品质、粗纤维含量有密切关系,对粗纤维含量相对较低,质地柔软的青草、苜蓿干草和青干草的消化率与牛相似;但对含木质素较多、质地较硬的饲草,如秸秆类,消化率低于牛。如对麦秸粗纤维的消化率,马为18％,牛为42％,故秸秆类饲草适于喂牛而不宜喂马。饲粮粗纤维含量若超过30％,会使饲粮营养物质的消化率降低。

(2)过量碳水化合物降低消化率 饲粮中含过量碳水化合物而蛋白质不足时,会降低饲粮养分的消化率。

2. 对粗蛋白质的消化利用 马消化精饲料中粗蛋白质的能力与牛近似,马对玉米粗蛋白质的消化率为76％,而牛为75％;但对粗饲料中粗蛋白质的消化率略低于反刍动物,如马对苜稽粗蛋白质的消化率为68％，牛为74％。其主要原因是反刍动物对非蛋白氮的利用能力高于马。可以从两方面来解释这一问题：从饲草料粗蛋白质组分看，青饲料及其加工产品的粗蛋白质中包括相当一部分非蛋白氮化合物，而籽实及其加工副产品的粗蛋白质中主要是纯蛋白质；马的盲肠中进行着类似瘤胃内的微生物蛋白质合成过程，此过程中应能利用非蛋白氮，但其合成强度不及反刍动物瘤胃，合成的微生物蛋白质的吸收也差。

3. 消化脂肪的能力　马消化饲料粗脂肪的能力较低。例如，马对青草脂肪的消化率为35％，而反刍动物可达57％；对油饼类饲料的脂肪，马与反刍动物的消化率分别为53％和92％。所以，喂马的饲料，应尽量选用脂肪含量低的；黑豆、黄豆等均应先榨油，用大豆饼、豆粕喂马效果较好，既便于消化，又较经济。但也有研究证明，马可消耗添加脂肪10％～20％的饲粮。美国科罗拉所做耐受试验的结果表明，给马喂添加脂肪9％的补充饲料的效果胜过喂补充淀粉和蛋白质的饲料。由此推测，增加脂肪适宜于重役马（赛马、长久骑乘的马）的要求。

4. 影响马消化能力的因素　马对饲料营养物质的消化吸收受多种因素的影响。例如，饲粮组成的不合理，粗纤维含量超过30％，能降低其消化率；含蛋白质适量的饲粮，能提高其消化率；饲粮中含有青草等多汁料可以提高其消化率。

饲养试验证明，饲料给量过多、缺乏运动、喂法不当以及马本身食欲不振等，都能降低饲料的消化率。适当的运动和轻使役可提高饲粮的消化率。马的品种与个体对同一饲料的消化力也有差异，地方品种马略高于培育品种马。驴和骡对饲料的消化能力都高于马。

（三）马的营养需要

1. 能量需要　马的能量需要取决于体重、作业种类、工作量及紧张程度、体况和调教状况、驭手的技术以及外界环境条件的影响等多种因素。表9-2列出不同使役强度下马的能量消耗情况。马获取能量的来源主要是碳水化合物，它容易被马消化吸收。饲料中多余的能量会转化成体脂肪储存在马体内。但若能量供给不足，则会引起幼驹生长缓慢，成年马体重减轻、体况下降、被毛粗硬、劳役时易疲劳。

表9-2　役马每100kg体重的能量消耗

役　别	净能（kJ）	消化能（kJ）
休　闲	5916.2～7690.2	11560～14957.8
轻　役	8874.3～10058.3	17259～17560.2
中　役	11832.4～13016.4	23012～25313.2
重　役	14790.4～15974.5	28765～31066.2

2. 蛋白质需要　一般休闲马体重300kg，对饲粮粗蛋白质的需要量为159～204g；体重400kg和500kg的马分别为216～272g和270～340g。役马劳役、幼驹生长发育、母马泌乳和妊娠期间，代谢率都相应提高，会增加蛋白质的消耗。如果蛋白质供应不足，可引起马食欲减退、膘情下降、缺乏体力；繁殖马性功能减退，诸如种公马精液量减少、精子密度降低，母马发情不正常、繁殖成活率低、泌乳量减少等。对配种公马、发育中的青年马、妊娠马和泌乳母马都应当供给足量的蛋白质，以保持其正常的生长、生产能力。马饲粮中应含有高质量的蛋白质和充

足的必需氨基酸,这对幼驹更为重要。

3. 矿物质需要 马匹在生长发育、劳役、繁殖等各项生产、生理活动中,要消耗大量的矿物质。如出生马驹四肢骨骼的长度,接近成年马的1/2以上,说明马驹在胚胎发育的胎儿期骨骼有快速的发育,因此应供给妊娠母马充足的钙和磷等矿物质。役马在作业时,肌肉活动增强,消耗多量的磷和钾,同时由于肌肉的收缩,所产生的乳酸和磷酸需要钠离子来平衡。在马担当重役时,出汗很多,随之排出大量盐分,应及时予以补充。泌乳母马也从乳中排出大量的矿物质。给不同用途的马匹提供各种必需的矿物质元素,对保持马匹体内的矿物质平衡和健康状况,以及发挥其生产能力有重要的意义。

(1)食盐 马汗腺、消化腺发达,对食盐的需要量大。饲粮缺盐,马表现食欲减退、被毛粗硬、生长缓慢、生产力降低,役马缺盐容易疲劳。体重500kg的马,在中等劳役情况下,每天应补充食盐50~70g,补盐量为精料量的0.5%~1.0%。

(2)钙和磷 钙和磷都是马体最需要的营养物质。成年马需钙量,按每天每kg体重计为45mg,磷为32mg。在给马补充钙和磷时,除注意给量外,还应注意二者间的比例和维生素D的供给。正常的钙磷比例应保持在1.0~1.3:1.0。钙和磷在混合精饲料中的适宜比例相应为0.6%~0.7%和0.5%。

(3)镁 缺镁时马表现精神紧张、易兴奋等神经过敏现象。通常,饲粮组成中含有50%的饲草时,即能满足马对镁的需要。

(4)微量元素 马正常生命活动中亦需要多种微量元素。表9-3列出成年马维持和幼驹生长对微量元素的需要量。

表 9-3 马饲粮中微量元素适宜浓度

微量元素	成年马维持需要(mg/kg)	幼驹生长需要(mg/kg)
铁(Fe)	40	50
锰(Mn)	40	40
锌(Zn)	40	40
铜(Cu)	9	9
碘(I)	0.1	0.1
钴(Co)	0.1	0.1
硒(Se)	0.1	0.1

4. 维生素需要 马需要维生素A、维生素D、维生素E和B族维生素等。马在运动和做工时,肌肉活动增强,能量需要加大,会促进碳水化合物的代谢,因而增加维生素B_1的消耗。马可以从青草、青干草和谷物饲料中获得所需要的维生素。必要时可给予维生素添加剂预混料。

二、马的饲养标准与参考饲粮配方

在马匹日常饲养管理中,应根据不同用途或不同生长发育阶段马匹的饲养标准配制饲粮,以满足其对能量、蛋白质、矿物质和维生素的需要；并注意饲料的多样性，尽可能选用适口性好、易消化的饲料原料。我国尚未制定马的饲养标准，现将美国 NRC(2007)建议的马营养需要列入附录一表五，供参考。

三、马的饲养与管理

加强马的饲养管理，能使马保持营养良好，体格健壮，易于使役，正常地发挥其工作能力，并延长使用年限。因此，必须针对不同用途马匹的生理和生产特点，掌握对各种类型马匹饲养管理的基本原则，认真做好马的饲养管理工作。

(一)种公马的饲养与管理

加强种公马的饲养管理，旨在提高和充分发挥其配种能力，为此应使种公马保持强健的体质、种用体况、充沛的精力、旺盛的性欲，才能产生品质良好的精液，提高受胎率。必须根据种公马的生理要求和配种特点，在不同配种阶段，给予不同的饲养管理。

1. 配种期的饲养管理和利用　种公马在配种期一直处于性活动的紧张状态。为了保证马的种用体况和旺盛的配种能力，应在配种工作开始前 2～3 周完全转入配种期的饲养，加强管理，注意饲粮配合、运动量和精液品质三者之间的关系，并在保持以上三者稳定性的基础上，保证种公马的配种体况与精力。

(1)配种期的饲养　在配种期必须给种公马增加精料，满足公马对能量、蛋白质、矿物质和维生素的需要。据国内经验，精料应按 100kg 体重 1.5～2kg 给予。饲粮以燕麦、大麦、麸皮为主，酌情加大豆饼、胡萝卜和大麦芽等，有益于种公马精液的生产。对配种任务繁重的公马，饲粮中适量加入鸡蛋和肉骨粉等动物性饲料，能有效地改善精液品质。粗饲料以优质的禾本科和豆科(应占 1/3～1/2)干草最好。实践证明，在配种期喂予青绿多汁饲草(如青苜蓿)或酌情补饲富含蛋白质、维生素、矿物质的其他青饲料，对公马精子的生成和活力有良好的效果。有条件的地区，可用刈割青草代替 1/2 的干草喂量，或者每天坚持一定时间的放牧，既采食了青绿饲料，又可在阳光下自由运动，对恢复公马体力、促进性欲极为有益。为保证种公马的体况，必须做好夜饲，这也是养好公马的重要措施之一。国外对种公马的饲养亦格外重视，强调配种期的营养平衡。表 9-4 列出美国加利福尼亚州 polytechnic 学院提供的种公马配种期混合精料配方，供参考。

表 9-4　种公马配种期混合精料配方

饲料	占饲粮的(%)	饲料	占饲粮的(%)
燕麦(蒸压碾碎)	15	脱水苜蓿粉	7
玉米高粱(碾压)	10	黑糖蜜	7
大麦(蒸压碾碎)	26	磷酸氢钙	1.25
小麦麸	14	石灰石粉	0.75
黄豆粉	13	食盐	1
亚麻饼	4	维生素	1

（2）配种期的管理　配种期对种公马加强运动锻炼，是发挥公马配种能力和有效利用公马的重要措施。但必须恰当掌握运动量，应依据公马的膘情、肌肉坚实性、精液品质、性功能状况等确定运动量，以运动后耳根、肩部稍出汗为宜。乘用型公马实行骑乘运动，每天 1.5～2.5h，用 1/3 步度行进 15km；兼用型马可挽轻驾车，挽力 30kg 以内，每天 2～2.5h，日行 15～20km。必须结合运动合理安排种公马的饲养管理操作规程，以便于公马采精或配种后，生理功能得到有效的恢复与调整。表 9-5 列出种公马的饲养管理工作日程，供参考。

表 9-5　种公马饲养管理工作日程

项　目	配种期	非配种期
饮水、饲喂	3:00—4:00	5:00—6:00
清扫、检查、刷拭	4:00—5:00	6:00—7:00
运动	5:00—7:00	7:00—9:00
日光浴	7:00—7:30	9:00—10:00
采精	7:30—8:00	—
饮水、饲喂	9:00—11:00	10:00—11:00
午休	11:00—13:00	11:00—13:00
饮水	13:00—13:30	13:00—13:30
清扫、检查、刷拭	13:30—14:30	13:30—14:30
运动	14:30—16:00	14:30—16:00
休息	16:00—16:30	16:00—17:00
采精	16:30—17:00	—
饮水、饲喂	18:00—19:00	17:00—18:00
投草	21:00	21:00

创造良好的厩舍条件，对种公马的饲养管理也十分重要。种公马应单厩饲养，厩舍宜宽敞、空气流通、光照适宜，舍温在 5℃ 左右为宜。种公马可在厩内自由活动和休息，不拴系；厩外应建逍遥运动场，使公马自由活动，行日光浴。实践证明，在坚持饲养管理和作息制度的同时，严格遵守采精制度是有效利用种公马、发挥其配种能力的重要措施。接触公马要温和、耐心，态度粗暴会抑制公马的性反射，使其精液品质下降。采精和配种应定时，一般每天 1 次为宜。连续配种或采精 5～6d 后应休息 1d。要认真检查精液的品质，发现不合格者，应立刻停止采精和配种，究其原因，以谋补救。

2. 非配种期的饲养管理　非配种期的饲养管理直接影响配种期公马的配种能力，故绝不能忽视种公马在非配种期的饲养管理。根据公马的生理功能和体况，非配种期可以分为恢复期、增健期和配种准备期。

（1）恢复期　指配种后 1～2 个月，是在每年的 8～9 月份。在这一阶段，主要是使种公马恢复体力。可酌情减少精料，特别是蛋白质饲料，增加大麦、麸皮等易消化饲料和放牧，并减少运动时间和运动量。乘用马每天的运动时间可保持 1～1.5h，1/5～1/4 步度，去掉快步，尽量使马安适。对个别在配种期体力损失过大的瘦弱公马,应细心喂养,经 1～2 个月,体力即可恢复。

(2)增健期　指公马体力恢复后,在饲养管理上进入以增进健康、增强体质为宗旨的锻炼期。此时正值秋末冬初时节,天高气爽,可逐步增加公马运动量和精料喂量,使公马体力、体质、精力强健旺盛起来,为来年配种打下良好基础。

增健期内精料喂量可比恢复期增加 1～1.5kg,特别应增加能量较高的碳水化合物饲料,如玉米、麸皮等。要逐步增加运动时间,加强锻炼。乘运马每天运动 1.5～2h,用 2/5～1/2 步度,每次 2 000～3 000m,后期甚至可以每周增加 2 次跑步。在精心饲养管理下,经 2 个月左右的培育,公马的体力即可明显增强。

(3)配种准备期　通常在每年初的 1～2 月份,种公马将逐步进入配种准备期。此期饲养管理的目标是要增强公马的配种能力。应将公马的饲喂量逐步增加到配种期水平,并偏重于增加蛋白质与维生素饲料。要正确判定种公马的配种能力,每周对种公马进行 3 次精液品质检查,每次间隔 24～28h,发现问题应及时采取补救措施;并相应减少运动量,配种前 1 个月要停止跑步,以储备体力,保持种用体况,使其具备旺盛精力和理想的配种能力。

(二)繁殖母马的饲养管理

饲养母马不仅是为繁殖,亦兼役用。母马有空怀、妊娠及泌乳等生理时期,必须根据各阶段的具体特点,给予妥善安排。

1. 空怀母马的饲养管理和配种　各种不良的生活条件,都会影响母马的繁殖力;其中,营养不良、使役过重的影响最大。长期将母马饲养在厩舍内,喂给劣质干草,缺乏多汁饲料,加之运动不足、缺乏阳光,会因矿物质和维生素不足而致生殖功能紊乱,出现发情不正常现象。为了保证母马正常发情配种,应从每年配种开始前 1～2 个月改善饲养管理,提高营养水平。饲粮应符合母马的营养需要,须补充所需要的蛋白质、矿物质和维生素饲料,并适当减轻使役,使马的营养与使役相适应,以逐步恢复母马的体况,使其及时进入配种状态。生产中,母马体况过肥或生殖系统疾病是造成不能正常发情、影响配种的另一重要原因。保持中等膘情,加强管理,增强体质,及早检查、预防生殖疾病,是搞好母马配种受胎的有效措施。

2. 妊娠母马的饲养管理　饲养妊娠母马不仅要满足它本身的营养需要,而且须满足胚胎发育的需要,并在体内贮备一定量的营养物质供产后泌乳。在胚胎发育细胞分化和器官形成的不同阶段,对母马的饲养管理应有不同的特点。

(1)妊娠初期　指母马妊娠后的前 3 个月。对妊娠初期又不使役的母马,因其胚胎的增重不大,饲喂量可与空怀母马基本一致;但胚胎发育分化强烈,应注意给予品质优良、营养完善的饲粮,以促进胚胎发育和预防母马出现早期流产。胚胎发育的前 3 个月是强烈的细胞发育阶段,经过急剧的细胞分化形成了各种组织器官的雏形;胚胎的相对生长很强烈,但绝对生长量不大,故母马对营养物质数量的要求并不高,而对营养质量有很高的要求。对妊娠早期的母马,要注意饲以优质干草和含蛋白质丰富的饲料,给予营养完善的饲粮。有条件的地方,应尽可能加强放牧,使母马能摄食营养丰富的青绿多汁饲料,以促进胚胎的良好发育。

(2)妊娠中期　指母马妊娠的第 4～8 个月。此时,胚胎已发育形成各种组织器官的原基,逐渐表现出种和品种的特征,胎儿生长发育加快,体重增长至接近初生重的 1/3。为了满足胎儿生长发育的营养需要,应在母马饲料中增加品质优良的精饲料,如谷子、麸皮、大豆饼等;饲以沸水浸泡过的黄米和盐煮的大豆,对增进妊娠母马的食欲、营养和保胎都有良效。入冬后应给予胡萝卜、马铃薯、饲用甜菜等块根块茎饲料,以促进消化,并有预防流产的良好作用。在有条件的地区,还可对妊娠母马实施放牧加补饲的饲养方式。表 9-6 列出美国加利福尼亚州立大学农学院提供的妊娠母马混合精饲料配方。

表 9-6　妊娠母马混合精料配方　（%）

饲　料	配　比（%）	饲　料	配　比（%）
燕麦(蒸压碾碎)	30.0	干苜蓿草	10.0
玉米高粱(碾压)	10.0	黑糖蜜	7.0
大麦(蒸压碾碎)	12.25	磷酸氢钙	2.0
麦　麸	10.0	石灰石粉	0.75
黄豆粉	11.0	食　盐	1.0
亚麻粉(含脂 4.5%)	4.0	维生素	2.0

对妊娠中期的母马应精心护理,注意厩舍卫生,坚持每天刷拭。日喂量可分 3 次给予,每日饮水应在 4 次以上,但不能空腹饮水;更忌热饮,饮水温度应以 8℃～12℃为宜。妊娠母马可轻度使役,有利于胎儿发育和分娩时顺利产出。不可让妊娠母马驾辕、拉碾、套磨或快赶、猛跑、转急弯、走冰道、爬陡坡,更要防止打冷鞭。对不使役的孕马,每天至少进行 2～3h 运动,对增强母马体质、防止难产有积极意义。

(3)妊娠后期　指母马妊娠的第 9～11 个月,是胚胎发育的胎儿期。此阶段胚胎发育进入快速增长阶段,胚胎的累计增重可占初生重的 2/3。国外有资料表明,在妊娠的最后 3 个月,胚胎的总增重可以达到母马体重的 12%,且母马体内还需要贮存一定量的营养物质用于产后泌乳,母马的营养需要量因而急剧增加。此期间因营养不足造成胎儿生长发育受阻(胚胎型)的事例屡见不鲜。因此,在母马妊娠的最后 3 个月,必须喂以品质优良、营养丰富、易消化的饲料。每天应给每匹母马喂精饲料 1.6～2.4kg,否则不能满足母马和胎驹的营养需要。

在妊娠的最后 1～2 个月加强饲养,对提高母马产后泌乳量有重要作用。但临近分娩前 2～3 周要相对减少粗饲料和蛋白质饲料,以免造成母马消化不良及产后母乳分泌量过多,引起幼驹过食下痢,影响生长和健康,也可防止母马发生乳腺炎。为保证母马顺利分娩,在产前 15～30d,应停止使役,每天进行刷拭,保持适当运动,或在放牧地任母马自由游走。应对母马单圈饲养,厩舍宜宽大、干燥、清洁,铺以较厚的垫草,并应保持厩舍内温度适宜。

母马分娩是一项受神经、体液双重调节的生理过程,应尽可能让其自然分娩;但工作人员要做好接产工作。在母马出现分娩征状时,应由专人值班,加强护理,随时准备助产。母马分娩多在夜间,应保持安静,严防干扰。对胎衣不下的母马,应及时请兽医人员处理。产后 3～5d,要将母马养在厩舍内,应注意产圈消毒、卫生,夜间多铺垫草,并预防贼风吹袭;天气暖和时,可将母马及幼驹放在小运动场中行日光浴。

3. 哺乳母马的饲养管理　为保证分娩后母马的健康和给新生驹正常哺育,应注意在妊娠最后 1～2 个月满足母马的营养需要。哺乳母马的营养负担很重,除须满足自身的营养需要外,还须保证哺乳的需要。据测定,我国地方品种马 8 个月的泌乳量为 1 300～2 000kg,乘用型马为 2 400kg。影响母马泌乳能力和泌乳量的因素很多,除品种、年龄、泌乳期的长短及母马本身的体况外,饲粮结构和营养水平影响也很大。必须保证母马获得足够的能量、蛋白质、维生素和矿物质。产后第三个月是母马泌乳的高峰期,按干物质计,饲粮蛋白质含量至少应保持在 12.5%～14%。表 9-7 列出美国加利福尼亚州立大学农学院哺乳母马泌乳前 3 个月的饲料摄入量及消化能浓度,供参考。

表 9-7　母马日粮干物质摄入量及消化能水平

母马体重 (kg)	干物质摄入量		消化能 (MJ/kg)	日产乳量 (kg)
	kg	体重(%)		
199.32	5.21	2.61	26.07	7.97
398.64	8.34	2.09	26.07	11.96
498.3	10.06	2.02	26.07	14.95
597.96	11.78	1.97	26.07	17.94

　　国内饲养哺乳母马,常在精料中配合油饼类饲料 30%～40%,麦麸 15%～20%,其他为谷实类饲料。粗饲料中优质豆科干草约占 1/2,其余部分为少量阴干玉米青饲草或谷草。青绿多汁饲料中胡萝卜、饲用甜菜、马铃薯及青贮饲料对母马产后复壮、提高泌乳量有良好作用,应酌情配给。有条件的地方,应组织实施放牧,通过放牧能明显提高泌乳量,促进幼驹生长。

　　哺乳母马需水量很大,必须供给充足的饮水。通常,白天饮水不应少于 5 次,夜间可自由饮水。为了加速母马产后的子宫恢复,在产后的头 1 个月,要饮温水,水温以 5℃～15℃为宜。同时,应给母马补足食盐和钙质。将舍饲哺乳母马的日粮参考配方列入表 9-8。

表 9-8　舍饲哺乳母马日粮配合表　(kg、g)

品种	干 草	干苜蓿	谷 草	大豆饼	谷 子	玉 米	麸 皮	胡萝卜	青贮料	食 盐	骨 粉
轻型品种	6	4	2	1.0	1.5	0.5	1.0	4.0	—	40	40
地方品种	—	—	9	1.5	1.0	0.5	1.0	1.5	2.5	40	40

　　对个别泌乳量不足的母马,可喂炒熟的小糜子 0.25～0.5kg,连喂几天,有明显的催乳作用。母马在产后 1 个月内应停止使役,1 个月后开始轻役,但在使役中要勤休息,以便于幼驹吮乳。

(三)幼驹的饲养管理

　　马驹出生后,生活条件发生了很大变化,幼驹的血液循环、呼吸、消化系统乃至各种组织器官也都发生了很大变化。加强对幼驹的饲养管理,对提高新生幼驹的适应性、增强体质、促进生长发育十分重要,是发展养马生产、培育优良马匹个体的基础。

　　1. 哺乳驹的饲养管理　马驹从出生至断乳为哺乳期,是幼驹生长发育最强烈的时期,必须高度重视对马驹的饲养管理。在哺乳期,马驹饲养管理不善、营养不足会导致马驹发育不良,严重者甚至死亡。在马驹出生后 1h 内就应让其吃到初乳,以提高新生驹的抗病能力,并尽快排出胎粪,清理消化道,预防发生便秘。出生后的头 1～4d 马驹视力较差,应加强护理,防止发生意外。1 月龄内的马驹依靠母乳可满足营养需要,只要喂好母马,使其有充足的泌乳量,即可满足马驹的营养需要。

马驹 1 月龄后,对环境已适应,日增重加快,营养需求增多,应开始给其补料。应采用易消化的麸皮、磨碎的大麦、燕麦、高粱、大豆饼等作补料,1d 2 次,每次 50g,并加喂胡萝卜等青绿多汁饲料和食盐、钙、磷等矿物质饲料。可以给适量的粗饲料,如禾本科或豆科干草,让其自由采食,以促进其消化道的发育。

春夏时节,光照充足,温度适宜,可让马驹跟随母马放牧,自由采食、奔跑、休息,对马驹的健康发育非常有益。在放牧期可减料或不补料。给幼驹补料的时间,应与母马饲喂时间一致,但要单设补饲栏,与母马分开饲喂。哺乳驹的饮水易被忽视,应予注意,可在补饲栏内设水槽,让幼驹自由饮用。水质要清洁。在母仔同饮时,要分小群,使马驹饮足、饮好。对母马因特殊原因死亡而留下的的新生驹,要设法让其他母马代行哺乳。

2. 断乳驹的饲养管理　幼驹的哺乳期一般为 6 个月。断乳后经过的第一个越冬期是饲养管理中最重要的时期。在我国北方,为了便于管理,对马驹都采取强制性一次断乳。由于生活条件突然变化,要注意加强对断乳驹的饲养管理,不可有任何疏忽,否则会造成马驹营养不良,生长发育受阻,体质衰弱甚至患病死亡。

断乳前,必须做好各项准备工作,如检查欲断乳驹的营养状况和体况、修缮厩舍与围栏、准备饲料与用具、选好放牧地和幼驹习惯采食的草料等,以便在幼驹的断乳过程中,进行科学的饲养管理。为保证断乳驹的发育,在断乳后第一个冬季来临前,必须保证马驹有良好的营养状况,满足马驹对蛋白质、能量、维生素和矿物质的需要。对断乳马驹的管理,主要包括运动、刷拭、削蹄、量体尺、称体重等日常工作,应按形成的制度和规程进行。断乳驹的日粮配方可参考表 9-9。

表 9-10 所列为美国加利福尼亚州综合大学农学院牧场断乳马驹饲粮配方,供参考。

表 9-9　轻挽型马幼驹日粮表　（kg）

饲　料		7～9 月龄		10～12 月龄		13～14 月龄		15～16 月龄		17～18 月龄	
		公	母	公	母	公	母	公	母	公	母
精料	大豆饼	0.75	0.75	1.0	0.75	1.0	0.75	1.0	0.75	1.0	0.75
	玉　米	1.25	1.25	1.25	1.25	1.25	1.25	1.25	1.0	1.25	1.25
	高　粱	0.75	0.5	0.75	0.5	1.0	0.75	0.75	0.5	1.0	0.75
粗料	青干草	7.5	8.0	8.0	8.0	8.0	8.0	8.0	8.0	9.0	9.0
	干苜蓿	2.0	2.0	2.0	2.0	2.0	2.0	—	—	—	—
青绿多汁料	青草	—	—	—	—	—	—	10.0	10.0	7.5	10.0
	青苜蓿	—	—	—	—	—	—	5.0	5.0	3.0	3.0
	青贮料	2.0	2.0	3.0	3.0	2.0	2.0	—	—	—	—
	胡萝卜	3.0	3.0	3.0	3.0	2.0	2.0	—	—	—	—
鱼　粉		0.1	0.1	0.1	0.1	0.1	0.1	0.1	0.1	0.1	0.1

表 9-10　断乳马驹饲粮配方

饲　料	配比（%）	饲　料	配比（%）
燕　麦	25.5	黑蜜糖	5.0
玉米或大麦（或混合料）	30.3	碳酸氢钙	2.0
高粱（或玉米，大麦）	15.0	石灰石粉	0.5
黄豆粉	15.0	维生素	0.7
干苜蓿粉	5.0	食　盐	1.0

第二节　驴和骡的营养需要与标准化饲养

我国驴的数量居世界第一位,其在全国分布很广,黄河中下游各省农业区为数最多,在长江以南、松花江以北较少。骡的分布以华北、西北各省区及东北的辽宁、吉林两省的农区最多。驴和骡都是我国的主要役畜;驴除作役用外,其肉也是人的美食品,驴肉极为细嫩,味道鲜美,营养价值高。

一、驴和骡的生物学特性

（一）驴和骡的生物学特性

1. 驴　驴是从远古的野生状态经不断进化和人类的驯化而来的,其驯化历史至当代约有5 400多年。我国新疆在殷商时期(在公元前3700—4000年)就已养驴,并繁殖其杂种。

驴具有热带或亚热带共有的特征和特性;其外表比较单薄,耳长大、颈细、四肢长、被毛细短;喜生活在干燥温暖地区,相对而言不耐寒冷,但能耐饥、耐渴,有的个体能数天不食;驴饮水量小,冬季耗水量约占其体重的 2.5%,夏季约占 5%;抗脱水能力较强,当脱水达其体重的20%时,食欲下降,脱水达体重的 25%～30%时,尚无显著不良表现。驴还能通过一次饮水补足所失去的水分,最多饮水量为脱水体重的 30%～33%。驴对粗纤维的消化能力高,耐粗饲,消化道疾病少。

驴的抗病力强,吃苦耐劳,性成熟早,繁殖力高。其性格温顺,胆小而执拗,一般缺乏捍威和自卫能力。在工作中行动灵活,善走对侧步,骑乘平稳舒适。驴较马少一个腰椎,横突较短而厚,故腰短而坚强,利于驮用。驴的正常体温比马低1℃,卧下休息的时间比马多。当饲料充足、营养丰富时,有在身体局部如颈椎、前胸、背部、腹部等处贮积脂肪的能力。

2. 骡及馲騠（俗称驴骡）　均属种间杂种,具有杂种优势,生活力强,体质结实。多数骡都比其双亲高大,馲騠大于母驴,而接近于公马。俗话说,"骡大于驴而健于马,其力在腰"。骡寿命较长,一般可活到 30 岁左右,在良好的饲养管理条件下,有活到 50 岁者,使役年限可达到20 岁以上。骡耐寒性不如马,但耐热,抗病力也强于马,普通病少;使役较马早,2 岁即可做轻役。骡血液氧化能力强,富有持久力,速度均匀,运步稳健而确实,能适应海拔较高地区。公骡均不育,个别母骡能受胎生驹。

骡和驮骡都具有马和驴的某些特征与特性,表现耳中等长,鬃鬣毛较驴长而较马短,也较稀疏。它们二者在外形上很相似,不易区别。一般来说,驮骡较多像驴,马骡较多像马。

(二)驴、骡对饲料的消化与利用

驴和骡的食量都比马小,驴较马少 30%～40%,骡少 20%。二者的神经类型都较均衡稳定,采食慢、咀嚼细、不贪食,驴对饲料的消化能力约比马高 30%,骡约比马高 10%。驴和骡对饲料的利用也比马广泛,对饲养管理条件的要求不过于严格,放牧中的采食速度不如马快。一般认为,驴和骡较马容易养。饲养中应考虑驴和骡食量少、咀嚼细的特点,草要铡短,料应拌匀,分槽饲养。

二、驴与骡的营养需要和日粮组成

在我国,目前还没有制定驴与骡的饲养标准,亦缺乏对驴、骡科学饲养的详细报道。驴与骡在我国均主要作为役畜,为补充使役中的体力消耗,应在饲(日)粮中供给富含碳水化合物的饲料。当劳役强度高、工作繁重时,其肌肉活动量大,能量消耗多,加强了畜体蛋白质代谢和消耗,应及时在饲(日)粮中补加蛋白质与脂肪含量较高的饲料。通常,应按每头每日给予驴、骡粗蛋白质 180～210g,约占精料量的 10%;食盐 16～35g,占精料量的 0.8%～1%;夏秋时节劳役强度显著增大,饲料粗蛋白质和食盐给量还可增加 30%～50%。此外,可按每 100kg 体重供给钙 4～5g,磷 2～3g,胡萝卜素 10～15mg。

在骡日粮中,可按每 100kg 体重给予饲草 1.5～2kg,喂驴的精料量少,可适当提高喂草量;精料喂量可占有效能值的 25%,并按工作轻重和体况适当调整喂量。工作轻时增加饲草,减少精料;工作重时,适当减草增料。精料组成大致为:麸皮 30%,谷类饲料 50%,豆类和油饼类 20%。

在我国,农区喂驴、骡的饲草主要是作物秸秆,一般应铡短至 2～3cm,或粉碎成丝状,以水湿润后拌精料喂饲。驴每天喂草量 4～5kg,骡 6～7kg。夏秋可加喂青饲料。精料一般须磨碎后饲喂;应将豆类炒熟或煮成半熟后饲喂。驴农闲时的精料喂量一般为 1～1.5kg,农忙时为 2.0～2.5kg,可根据驴体格大小酌情增减。骡的体格比驴大,担任的工作任务较重,所喂精料量应比驴多 1～2kg。在有放牧条件的半农半牧区,不使役时可赶出放牧。驴合群性不及马,放牧时应加强看护,晚上要补饲干草及精料。

三、驴和骡的饲养管理

(一)饲养原则

一般认为,驴和骡较马容易饲养,因为驴和骡采食速度慢、咀嚼细、不贪食,对粗饲料的消化能力强,抗逆性好,疾病少。但在日常饲养管理中还是应当按照驴和骡的生物学特性,加强饲养管理,保持其健康的体质与体况,发挥其生产能力。

对驴和骡的饲料应当精心调制,注意饲草饲料的品质与组成。驴和骡都具有咀嚼慢的特点,所采用的作物秸秆不应过于粗硬,更不能采用腐烂霉变的饲草料;草料种类应尽可能多样化,以禾本科和豆科的混合干草最好。俗话说,"寸草铡三刀,没料也上膘",说明只要对饲草精心加工调制,使符合驴、骡的生理要求,就会获得较好的饲养效果。同时,饲养中应注意使驴、骡有充足的采食时间。

饲喂上应努力做到定时、定量、固定槽位,分槽饲养,少给勤添。这样做,既便于驴和骡养成规律的采食习惯,保持其消化系统健康,亦可使其在采食时处于强烈的采食兴奋中,产生良好的食欲,促进消化液的分泌,提高对饲草饲料的消化率。

在拌料时,应先少后多。拌料加水要适量,以精料能附着在粗料上为宜。在饲喂顺序上,应先喂适量的干草,再饮水,然后再喂拌好的草料,直到吃饱为止。在驴、骡下槽或使役前要再饮水1次。饮水要清洁,每次应饮足,水温一般应保持在8℃~12℃为宜。在刚结束使役、体温尚高或身体有汗时,切忌急饮冷水,以免引起驴骡胃肠道痉挛及腹痛。

在平时的饲养管理中,一般不要轻易改变饲养程序,包括饲喂、饮水的时间与次数,投喂草料的数量、种类和顺序等。任何时候都不要突然投喂大量豆科饲料,特别是豆科作物的鲜草,以防发生胃肠道臌胀病等消化道疾患。

(二)日常卫生管理

做好日常卫生管理,可增进驴、骡体质与健康。夏天应及时清除驴、骡厩舍内的粪尿,更换褥草或勤换垫土,保持舍内清洁干燥。要注意时常敞开窗户,使舍内通风良好,空气清新。有条件时可每月采用熏蒸等方式对厩舍进行1次消毒,消除蚊蝇和各种病原菌。冬季要做好厩舍内的保温工作,舍温应保持在4℃~8℃,过低过高都不好。

除厩舍外,保持驴骡体表清洁也很重要,还应定期刷拭,清除脱落的皮屑、被毛,促进皮肤血液循环,增进健康。对驴、骡蹄要定期修整和钉掌。

(三)种公驴的饲养管理

一头优良健壮的公驴,在人工辅助交配时,一个配种期内可以交配75~80头母驴。所以,采取改善饲养、增强体质、改进配种技术等措施,使外界条件适应有机体的生理需要,防止抑制性反射的不良影响,对提高种公驴的性欲和繁殖力是十分重要的。

1. 营养和饲养 通常在配种期开始前1.5个月,就应对种公驴加强饲养管理,使其具有中上等膘情,保持良好的体况。为此,必须满足种公驴的营养需要,进行科学饲养。饲(日)粮中应有充足的能量、丰富的蛋白质、矿物质和维生素,这是保持种公驴旺盛的代谢功能和产生优良品质精液的重要条件。配种任务大时,饲粮蛋白质水平可提高到15%。必要时,可喂给适量的动物性饲料,如鸡蛋、鱼粉、脱脂乳等。每天每头食盐喂量为30~50g,骨粉或贝壳粉40~60g,干草应由豆科和禾本科干草组成。实践证明,当提高饲粮中蛋白质、矿物质和维生素水平时,就能迅速提高精液的品质。

2. 增强体质 体质是种公驴各种组织器官之间以及公驴有机体与外界环境之间保持统一性和协调性的综合表现。体质是可以遗传的,但一头公驴体质的形成还受到其所在环境的影响。具备结实的体质是保证健康、旺盛的性欲和配种能力的基础。在其培育中应十分注意体质的培养和锻炼。运动不足、休闲过度或缺乏锻炼、过于肥胖,都会导致公驴性欲降低,精神委靡,精液品质下降。可采取骑乘运动(每天1.5~2h),或每天从事2~3h轻度劳役;亦可采用运动架,把公驴系在架上,上、下午各进行 1h 的驱赶运动。对配种任务过于繁重的公驴,要适当控制运动量,避免因运动量过大,影响公驴的体力和配种。

3. 控制交配次数　对公驴的使用应有所控制,可根据其体况、年龄和以往的使用情况适度掌握。如果公驴的交配或采精次数过少,会降低公驴的性反射,使精子衰老、数量减少,以至降低或完全丧失受精能力;相反,过度交配,同样会降低公驴的精液质量,影响繁殖力或造成不育。一般年轻公驴每天交配 1 次为宜,壮龄公驴 1d 可交配 2 次(间隔 8～10h),每周应休息 1d。

为了安全,在饮水和饲喂后,不宜立即进行交配。而每次交配后应由专业人员牵蹓 15～20min,然后让公驴安静休息。

(四)繁殖母驴的饲养管理

1. 妊娠母驴的饲养管理　加强对妊娠母驴的饲养管理,不仅有利于保持母驴的健康和体况,对其分娩后的体况恢复也有积极的意义,而且对保持母驴哺乳和新生驴驹的生长发育也非常重要。在妊娠初期,即胚胎发育的胚期和胎前期,胚胎尚小,绝对增重不大,但分化生长非常强烈。因此,在饲养上应重视饲料的营养与质量;讲究科学配比,饲粮应具有全价与平衡的营养,但饲喂量与配种前期可基本保持一致。至妊娠的最后 1/3 时期,胚胎发育进入胎儿期,胚胎的生长速度和生长强度均迅速增大,必须及时增加母驴的营养供给量,保证饲粮的数量和品质能满足母体和胎儿的需要。特别是在妊娠的最后阶段,应保证满足母驴对矿物质、蛋白质和维生素的需要。应在增加精饲料的同时,尽量喂以青绿多汁饲料和品质良好的青干草。

在母驴妊娠后期,缺乏青绿饲料,精料给量少,饲料组成单一,不使役和缺乏运动,往往导致母驴肝脏功能失调,形成高脂血症及脂肪肝;体内产生的代谢产物不能及时排除,易造成全身中毒症状(妊娠中毒),表现为产前不吃,称为产前不吃症或脂血症,死亡率很高。为防止母驴在妊娠期出现以上情况,在妊娠的后半期要及早适当加料,并应使饲料结构合理、多样化,多喂青绿多汁饲料,加强运动,增强代谢功能。一般在母驴分娩前 2 个月,要逐渐减少精饲料中豌豆和玉米的用量,而喂给易消化、有轻泻性、质地柔软的饲料。在母驴临近分娩前几天,应将饲喂量减少 1/3,但须多饮水,以适应其代谢率提高、需水量增加的生理特点。为了保证母驴分娩安全,每天都应保证母驴有缓慢的驱赶运动,有利于保持母驴正常代谢与功能,预防难产,顺利分娩。

2. 产后母驴的饲养管理　分娩是高度紧张和劳累的生理过程。分娩结束后,母驴多非常劳累和虚弱,甚至通身有汗,应将分娩后的母驴及驴驹安置在温暖宽敞的圈舍内,铺以清洁柔软的褥草,以便于母驴卧息。应及时用干布将母驴体表的汗擦干,以免产后虚弱,又外感风寒,伤风感冒,造成后患;更要防"过堂风"和"贼风"侵袭驴体。应用淡盐水清洗母驴阴户及尾根部,每天 1～2 次,以防污物引起感染,发生阴道炎和子宫炎,直至阴户再无恶露出现。有条件时,可每天给母驴肌内注射青霉素 2 次,每次 160 万 IU。

为使母驴能及时恢复体况,分娩结束后,待母驴稍事休息即可喂给适量的淡盐水、小米粥,帮助母驴恢复体力。在产后最初几天内,应特别注意加强对母驴的饲养管理。由于母驴此时消化器官的功能还未恢复,吸收能力很弱,在保证母驴充分休息的同时,可多喂给面汤、米粥等稀食料。粗饲料以青干草为好,铡碎后拌以碎玉米等禾本科籽实饲料;但不要拌湿,使母驴能充分咀嚼,减轻胃肠的消化负担。据报道,用湿草料喂产后母驴,将会影响以后的配种受胎,群众称之母驴不能"受凉"。母驴产后1周左右,应逐渐增加各种精料(大豆、高粱、玉米、大豆饼等)的喂量,所使用的豆类籽实应预先煮成半熟、加盐拌入干草内饲喂;1周后才可用麸皮拌草饲喂。要遵循少量多次的原则,每天坚持喂4~5次,每次都应少量勤添。

母驴产后1个月左右,每天精料喂量应达到2~3kg。精料组成应尽可能多样化,大豆饼、胡麻饼、豌豆等蛋白质饲料大致可占25%,玉米、大麦、高粱等能量饲料点68%,麸皮5%,骨粉1.5%,食盐0.5%。

自产后1周开始,可在天气良好时将母驴和幼驹牵至舍外放牧和适当活动。应让母驴多晒太阳,但时间不应过长,每次2h左右即可。1个月后还可以酌情让母驴进行适当的轻役,以增强其体质。但使役中要勤歇息,并要给幼驹一定的吮乳时间,保证幼驹的发育。

(五)幼驹的饲养管理

幼驹出生后,生活环境与其自身各种器官在结构与功能上的变化,对新生幼驹的生长发育会产生深刻的影响。根据幼驹的生理特点和营养需要进行科学饲养,对幼驹的培育十分重要。

1. 哺乳期幼驹的饲养管理

(1)胎儿期的生长发育　驴与骡在胎儿期具有食草动物的共同特征,生长发育非常快,可完成其成年体尺50%以上的生长量。正常饲养管理条件下,驴驹出生时体高已达到成年驴的65%以上,体长和胸围分别达到成年驴的45%与51%,而体重仅达10%左右。为了保证胎儿的发育,必须加强对妊娠母驴(骡)的饲养管理,特别是在母驴(骡)妊娠期的最后2~3个月,胚胎发育进入快速发育阶段,对各种营养物质的需要急剧增加。对母驴进行科学饲养,将为幼驹出生后的生长发育奠定良好的基础。

(2)哺乳期新生幼驹的饲养　新生幼驹的哺乳期约6个月,是幼驹生长发育最快的时期,可完成生后体格增长值的1/2以上。该阶段驴骡驹对营养条件的变化最为敏感,应高度重视饲粮营养水平和构成的稳定,加强对哺乳期驴骡幼驹的饲养管理。

在生产中,若新出生驴驹出现便秘、胎粪不下,可用温水1 000mL加甘油10~20mL进行灌肠;如果幼驹腹泻,粪便呈灰白色或带绿色,应减少母驴精料量,同时要控制新生幼驹吮乳;如果幼驹下痢(腹泻、稀水状),多因母驴乳房不干净,或吃了带有害细菌的饲料,或因天气寒冷、幼驹久卧湿处所致,应保持厩舍干燥,勤换干褥草,防止幼驹吃霉变的饲料,并应时常擦净母驴的乳房,预防幼驹发生消化道感染。

据测定,驴骡驹出生后1~2个月,每增重1kg,需要吮母乳10kg。而在1个月龄以前,幼驹每天要吮乳50~60次。如我国的大型驴品种——德州驴,哺乳期的日增重可达到0.4kg,母驴平均每天可泌乳4kg。因此,必须让新生驹随时和母驴在一起,以满足幼驹吮乳的需要。如果母驴泌乳量不足或无乳,有条件时可试行寄养或代乳,或者喂予牛乳或羊乳。但与牛、羊乳相比,驴、马乳的乳脂率相对较低(驴为1.37%,马为2.0%)而乳糖含量较高(驴为6.1%,马为6.7%),故在用牛、羊乳喂驴骡驹时,要按1:1的比例加水稀释,并加少量的食糖。为了预防驴骡驹食入牛羊乳后出现腹泻,建议在稀释后的牛羊乳中再另加少许石灰水(0.5L牛羊乳中加2~3汤匙)。对驴骡驹的人工喂养方式,应尽可能模仿母驴的自然哺乳,开始使间隔时间保持在1~1.5h,乳温保持在35℃~37℃,以后喂乳次数可逐渐减少。骡驴驹出生后20d左右,便可以学习采食草料,1~2月龄时即可试喂精饲料。开始可将小米煮至八成熟,或将麸皮、大麦粉用温水调成糊状饲喂,每天供给精料150~200g,2月龄时逐渐增加到0.5kg,6月龄时增加到 0.75～1kg，而骡驹可以增加到 1.5～1.7kg；同时，每天喂给食盐和骨粉（或贝壳粉）15g。有放牧条件时，最好让幼驹跟随母驴或母马放牧。

2. 断乳驹的培育 幼驹一般在 6～7 月龄时断乳。断乳是幼驹生后的转折点。断乳后的第一年正是幼驹生长发育最强烈的阶段。据测定，在良好的饲养条件下，驴驹在 1 周岁时，体高发育可以达到成年体高的 90％以上，体重可以达到 60％以上。群众说，"是驴不是驴，一岁长成驴"，可见对断乳驹饲养的重要性。

应给予断乳驹全价的营养。幼驹断乳后到 3 岁龄是体长、胸围和体重相对生长较重要的阶段，应给其创造良好的饲养管理条件。一般公驹比母驹生长强度大，容易受到营养不良的影响，特别是在 1.5～2 岁性成熟前后，营养不良的后果更为突出。表 9-11 列出适合于不同年龄驴驹的日粮给量，供参考。

表 9-11 不同年龄驴驹日粮给量 （kg）

	6～12 月龄		12～30 月龄		30～36 月龄	
	精料	干草	精料	干草	精料	干草
公驹	1	2	1.5	4.5	2.0	6
母驹	0.75	2	1.2	3.5	2.0	5

驴与骡在我国主要是作为役畜使用，故对驴骡驹的饲养管理，还应包括驯致和调教。在幼驹生长发育阶段，及时进行调教，可以影响其体质、体型和秉性，并可提高其工作能力。但在调教之前，必须首先经过驯致。从哺乳期开始饲养人员要经常接近幼驹，轻微的刷拭或搔其尾根部，或给幼驹喜欢的食物，会使幼驹能主动与人接触，不会对饲养人员的接触产生惧怕或形成警惕。至此，可在人驹亲和的基础上，逐渐进行举肢、扣蹄、检温、戴笼头、牵行、拴系等训练。

第十章　家兔的营养与标准化饲养

第一节　家兔的营养需要与饲养标准

一、家兔的生活习性、食性与消化特点

兔是非反刍单胃草食小家畜,其生活习性、食性独特;消化器官的结构和功能,有类似于反刍家畜的某些特性,并独具特点。

(一)生活习性

1. 打洞穴,昼伏夜行　这是家兔的祖先在野生条件下,为了生存挖掘地洞、预防敌害,白天在洞中休息,夜间出洞寻找食物,经长期自然选择形成的特性。在实际饲养管理中应顺应这一特性。据测定,家兔夜间采食和饮水均多于白天,约占全天的70%,所以应注意在夜间供给足够的饲料和饮水。母兔发情和妊娠后爱打洞,一夜之间可打成1个,所以笼养兔应在兔笼中设产仔箱,地面散养兔应设产仔窝,供产仔用,场舍建筑应选择兔不易挖掘的建筑材料,以防打洞逃跑。

2. 胆小怕惊　家兔是一种胆小怕惊的动物,且听觉和嗅觉发达,对声音和气味非常敏感,能辨识饲料是否新鲜,有无异味,仔兔是否为亲生。突然的声响、喧闹声及陌生动物都会使其惊恐不安,奔跳乱撞,采食量下降,甚至流产。在饲养管理中应创造安静舒适的环境,防止别类动物侵扰,避免嘈杂声响的影响。

3. 喜干燥清洁,怕潮湿炎热,较耐寒　在饲养管理中要保持笼舍的干燥清洁,高温季节采取有效措施防暑降温,严寒冬日防寒保温。

4. 啮齿行为　家兔有像鼠类动物那样的啮齿行为,必须靠啃咬硬物来磨损牙齿,保持上下门牙齿面的吻合。在饲养管理中,应适当喂硬质颗粒饲料,建筑笼舍时应选择硬质无毒材料,笼面平整,不留棱角,在笼内放一些树枝类物品供其磨牙。

5. 合群性差　家兔合群性差,成群放牧很困难。成年兔饲养在一处,同性争斗激烈,重新组群表现更突出,特别是雄性之间斗架互不相让。因此,幼兔可群养,3月龄以上兔以单笼饲养为好。

(二)食性与食粪特点

1. 食性　和其他草食家畜一样,家兔喜食植物性饲料,不喜食鱼粉、肉粉、肉骨粉等动物性饲料。因此,动物性饲料在饲粮中所占比例不宜过大,一般不超过5%,否则会影响家兔的食欲。

家兔能采食各种杂草、野菜，某些草对其他种家畜有毒害，但兔采食后不表现中毒症状。据报道，这是家兔肝脏解毒能力较强的缘故。但是，家兔仍有选择性，偏爱多叶性饲草、野菜，如豆科牧草（苜蓿草、三叶草、红豆草）、菊科和十字花科等多种野草，而不喜食具平行叶脉的草类，如禾本科的猫尾草、燕麦草等。

在谷类饲料中，家兔喜食整粒大麦、燕麦，而不喜食整粒玉米。与粉料相比，家兔喜欢吃粒料。故现代养兔生产中，多采用包括草粉及各种饲料的颗料饲料；既可适应先进的饲养方式，又符合家兔食性和喜欢啃咬硬物借以磨牙的习性。

萝卜类也是家兔喜好的饲料，但其含水分较多，易引起腹泻（特别是秋季的新鲜胡萝卜等），故应控制其喂量。

家兔还喜食带有甜味的饲料，国外常在家兔饲粮中加入少量糖类或蜂蜜。目前，我国尚无生产糖蜜饲料的工厂。广大农户养兔，可利用制糖业的副产品，或者把甜菜丝拌入饲料中，以提高饲粮的适口性。

另外，家兔还特别喜食含植物性脂肪5％～10％的饲粮，不喜欢吃含脂肪5％以下或20％以上的饲粮。国外普遍在兔饲粮中添加5％玉米油，对改善饲粮适口性和提高兔增重速度都有显著的效果。

2. 食粪特性　兔食粪行为（或称食粪癖），是正常的营养生理行为。生后会吃硬饲料不久，即会吃粪；除疾病状况外，兔终生保持这种生理习性。兔排泄两种类型的粪，大肠中产生的硬粒粪（粪球）于白天排出；盲肠中产生的团状软粪（进入大肠时被裹上一层白色胶冻液，形成葡萄状）于夜间排出，排至肛门口时兔便自食入口内。兔软粪的蛋白质和水溶性维生素含量高于硬粪，而纤维素较低（表10-1）。

表 10-1　兔的软粪与硬粪成分比较

	粗蛋白质	脂　肪	灰　分	纤维素	其他碳水化合物	烟　酸	核黄素	泛　酸	维生素B$_{12}$
			(%)					(μg/g)	
软　粪	37.4	3.5	13.1	27.2	11.3	139.1	30.2	51.6	2.9
硬　粪	18.7	4.3	13.2	46.6	4.9	39.7	9.4	8.4	0.9

食粪特性使饲料多次通过消化道，所含营养物质被充分消化、吸收，兔对饲料蛋白质等非纤维物质的消化率高，可能与此有关；兔从软粪中得到的大量微生物蛋白质，在生物学上是全价的。但食软粪习性对粗纤维的消化率没有明显的影响，因为盲肠中有选择性地富集了食糜中的非纤维性组分，排出了纤维性组分。兔食粪量占总排粪量的26％左右，通过食软粪所获营养物质可占营养物质总吸收量的5％～8％。禁止家兔食粪会导致微生物数量减少或微生物区系多型性减少。

食软粪有助于饲料营养物质充分吸收与利用。例如，食粪情况下，家兔口服硫酸盐形式的^{35}S被大量吸收入血液，并积聚在肾和肝中，肝中^{35}S的29％以硫酸盐形式存在，71％为胱氨酸和蛋氨酸形式；而被禁食粪的兔，肝中85％的^{35}S以硫酸盐形式存在，只有15％的^{35}S是胱氨酸和蛋氨酸形式。

食粪时，饲料通过家兔消化道的时间延长。采食量相同情况下，禁止食粪使消化器官内容物填充较少,饲料通过消化道的速度加快,因而降低饲粮营养物质的消化率。例如,不套颈圈家兔(食粪)对颗粒饲料养分的消化率为:干物质 64.6%,粗蛋白质 66.7%,粗脂肪 73.9%,粗纤维 15%,无氮浸出物 73.3%,灰分 57.6%;套颈圈家兔(禁止食粪)第 2～5 天相应为 59.0%、50.3%、71.7%、6.9%、70.6%、46.1%,而在第 26～30 天为 59.5%、56.2%、73.4%、6.3%、71.3%、51.8%。套颈圈 25d 后养分消化率略有提高,某种程度上是因形成硬粪时营养物质滞留时间延长(表 10-2)。

表 10-2 食粪和禁止食粪 30d 时家兔消化器官(含内容物)的重量

组 别	平均活重(kg)	消化器官平均重量(g)				
		总 重	胃	小 肠	盲肠与阑尾	大 肠
禁止食粪,采食颗粒饲料	2.67	276	44	98	90	134
禁止食粪,采食颗粒饲料加青草	2.75	320	69	97	104	145
食粪,采食颗料饲料	3.00	485	132	113	168	239

注:在食粪和禁止食粪时,家兔采食相同数量的饲料

禁止食粪时,软粪的损失对兔代谢产生不利影响(表 10-3)。

表 10-3 家兔食粪和禁止食粪时的氮、磷、钙、硫的代谢

指 标	食粪(正常条件)				禁止食粪的第 26～30d			
	氮	钙	磷	硫	氮	钙	磷	硫
采食量(g)	3.47	0.609	0.666	0.354	4.20	0.738	0.845	0.449
随粪排出:								
随软粪排出(g)	—	—	—	—	1.00	0.119	0.270	0.107
随硬粪排出(g)	1.15	0.294	0.406	0.137	0.81	0.399	0.324	0.122
合 计(g)	1.15	0.294	0.406	0.137	1.81	0.518	0.594	0.229
随尿排出(g)	1.13	0.023	0.002	0.121	1.26	0.020	0.002	0.124
排出总计(g)	2.28	0.317	0.408	0.258	3.07	0.538	0.596	0.353
吸 收(g)	1.19	0.292	0.258	0.096	1.13	0.200	0.249	0.096
吸收率(%)	34.29	47.95	38.73	27.12	26.9	27.10	29.46	21.38

禁止食粪的综合影响可导致家兔生产性能下降,生长兔增重减少,成年兔消瘦,有时死亡。禁止妊娠母兔食粪,对妊娠过程和胎儿发育亦产生不良影响。一试验中在食粪时,14 只配种母兔有 13 只产仔,共产出 125 只发育正常的仔兔,其平均初生重为 53.1g;给 16 只母兔配种后立即套上颈圈,直至第 28 天,结果有 3 只流产,2 只死产,3 只胎儿被吸收,仅 5 只正常产仔,产出 46 只仔兔,仔兔平均初生重 45.7g。

（三）消化器官结构特点

1. 口腔构造特异 具有草食动物的齿型，凿形的门齿便于切断饲草，无犬齿，臼齿极发达且齿面较宽有横嵴，适于研磨植物性饲料。第一对门齿为恒牙，出生即有，以后不出现换牙现象，且不断生，须常靠啃咬硬物磨损。

上唇正中央有一纵裂，形成豁唇，使门齿易于露出，便于采食地面上的植物或啃咬树枝叶。

口腔内有 4 对唾液腺，除一般哺乳动物都具有的耳下腺、颌下腺、舌下腺外，眶下腺系家兔特有。眶下腺位于眼窝底部前下角，导管穿过面颊，开口于上颌第三臼齿部位的齿龈处。

2. 胃肠发达 胃容积较大，约为消化道总容积的 36%，一次可采食较多的饲料。肠管较长，约 5m（大肠约 2m，小肠约 3m），相当于体长的 10 倍左右。盲肠很发达，长度与体长相近，约 50cm（盲肠与体长的比例属家畜中最大者），容积约占消化道总量的 42%。盲肠有 26～27 个螺旋状皱褶的螺旋瓣，内栖居大量微生物，能发酵与消化粗饲料，类似反刍家畜瘤胃。回肠和盲肠连接处肠管凸起形成一个厚壁的圆囊，长径约 3cm、短径约 2cm，这是家兔特有的，名为圆小囊，又称淋巴球囊，具有消化功能。兔结肠亦发达，其内的微生物有发酵分解粗纤维的作用。

（四）消化功能特点

1. 纤维的消化 兔能消化利用部分纤维素和半纤维素，与其他草食动物相比，兔消化粗纤维的能力较低（表 10-4）。但兔对干物质的消化率并不低，甚至高于羊和马，说明兔对非纤维性组分（粗蛋白质、粗脂肪、淀粉等）的消化率高于其他草食动物。

表 10-4　几种草食动物对牧草消化能力的比较

畜种	消化率（%）				
	中性洗涤纤维	纤维素	半纤维素	木质素	干物质
牛	51	53	57	21	52
山羊	44	46	49	19	49
绵羊	44	46	49	15	48
矮马	37	37	42	21	45
马	33	33	40	11	42
兔，大型品种（＋）	7	4	11	6	52
兔，大型品种（－）	9	7	13	6	51
兔，小型品种（＋）	11	10	12	14	53
兔，小型品种（－）	11	9	13	10	52

注：（＋）允许食软粪；（－）限制食软粪

兔消化粗纤维主要在盲肠中进行,但其内纤维分解酶的活性比牛瘤胃纤维分解酶活性低得多;且消化过程中,肠道肌肉收缩将纤维性组分迅速挤入结肠,随后排出体外,同时通过逆蠕动将非纤维性组分送入盲肠发酵。纤维性组分在盲肠中发酵的概率很低,是其消化率低的主要原因。

粗纤维的消化率还受饲料中纤维组分特性、饲料加工方法、家兔品种的影响。纤维素和木质素含量高的饲料(如苜蓿草粉、秸秆草粉),其粗纤维消化率很少超过 15%,而含非木质化纤维饲料(如甜菜)的粗纤维消化率可达 60%。兔对谷物磨粉过程中的副产品,如麸皮、米糠等的消化率也较高,这些饲料用于喂兔的消化能浓度要高于猪、鸡。粉碎使饲料颗粒变小,延长食糜在盲肠中的停留时间,也可提高消化率,但有时会因缺少长纤维组分引起盲肠炎。

家兔对饲粮纤维性组分的消化率低,其作为能量来源的意义并不重要,主要功能是构成合理的饲粮结构,维持正常的消化生理。饲粮中缺乏粗纤维(低于 5%)时,胃内容物通过消化道的时间为正常的 2 倍,易引起消化紊乱,采食量下降、腹泻,死亡率升高;但粗纤维含量升高时,饲粮中所有成分的消化率都下降,且因体积膨大,使家兔能量食入不足,生产水平随之降低。纤维性饲料通过消化道速度较快,在通过消化道过程中非纤维成分被消化吸收,以此来补偿粗饲料的低营养价值。所以,在确定兔饲粮适宜的粗纤维含量时,应兼顾这两方面的变化。大致可以总结为:家兔饲粮中比较适宜的粗纤维含量为 12%～20%,酸性洗涤纤维为 15%～25%。

2. 淀粉的消化 兔盲肠内淀粉酶活性较高,故消化、利用饲粮淀粉、糖产生能量的能力较强。但是,其盲肠中淀粉酶活性高有可能引起肠炎。

盲肠发酵的主要产物是挥发性脂肪酸,可提供家兔维持所需能量的 12%～40%,是消化系统组织中能量代谢的主要供能物质。挥发性脂肪酸的产生和饲粮组成有密切关系,淀粉含量增高,纤维性组分相应降低,挥发性脂肪酸的产量就越高(表 10-5)。

表 10-5 饲粮对兔盲肠挥发性脂肪酸产量(mmol/mL)的影响

饲 粮	乙 酸	丙 酸	丁 酸	总挥发性脂肪酸
高淀粉	36.3	5.7	13.6	55.6
高纤维	24.0	4.3	6.3	34.6
18%淀粉,17%粗纤维	24.7	6.2	3.3	34.2
20%淀粉,14%粗纤维	61.3	5.8	16.6	83.7
35%淀粉,10%粗纤维	52.4	5.2	17.3	74.9

正常情况下,后肠中不会有较高量的淀粉,它们大部分已经在小肠中被消化吸收。但若给兔喂富含淀粉的饲粮,进入后肠的淀粉量即增加;在高活性淀粉酶作用下,这些淀粉为微生物提供了丰富的发酵底物,如果存在产气荚膜杆菌或致病性大肠杆菌,它们产生的毒素就会引起兔腹泻。3 月龄以内的幼兔,消化道发生炎症时具有可通透性,容易吸收有害物质,易患肠炎,且症状比成兔严重,死亡率较高。这种因进入后肠的淀粉量过高引起的腹泻现象,被国外学者称为"后肠碳水化合物负荷过重",饲养管理中要特别注意防止此种现象的发生。

3. 饲草中蛋白质的消化 家兔能有效地利用饲草中蛋白质,甚至对低质饲草中蛋白质也有较强的利用能力。兔盲肠蛋白酶活性远高于牛瘤胃,盲肠和其中的微生物都产生蛋白酶,而牛瘤胃蛋白酶仅来自微生物。

4. 圆小囊淋巴组织的消化功能 兔小肠通入盲肠处的末端有一个中空壁厚的圆形球囊，名叫淋巴球囊，也叫圆小囊，此囊肌肉发达，能机械地压榨粗饲料；盲肠壁上有许多淋巴组织，如回盲瓣口周围的盲肠壁上有 2 块明显的淋巴组织，较大的称为大盲肠扁桃体，较小的称为小盲肠扁桃体；逐渐变细而壁厚的盲肠游离端（蚓突），组织结构与盲肠扁桃体相似，含有丰富的淋巴组织。圆小囊和盲肠的淋巴组织能分泌碱性液体（pH8.1～9.4），可中和微生物发酵产生的有机酸，维持盲肠中适宜的酸碱度，提供微生物适宜的生存环境，使盲肠消化粗纤维过程正常进行。

圆小囊和蚓突都可向消化道分泌大量淋巴细胞（每分钟分泌的淋巴细胞数，圆小囊为 55 400 个，盲肠淋巴组织为 600 000～900 000 个）。盲肠淋巴组织每昼夜分泌 19～40mL 液体，圆小囊分泌 7～22mL，两种液体的成分没有差异（钠 132～150、钾 6.7～6.9、钙 0.35～0.95、碳酸氢盐 64～82、氯化物 68～85mEq/L，含磷 0.4～1.6mg/10mL）。淋巴成分是分解纤维素微生物生命活动所必需的蛋白质来源。盲肠和圆小囊液含少量淀粉酶和脂肪酶，但不含蛋白质分解酶。

兔盲肠中的吸收作用比胃中强烈，因盲肠食糜中有很多气体产物和易溶解的含氮物；盲肠壁发生一系列代谢过程，包括从盲肠食糜中吸收的有机酸被转化成乳酸。盲肠壁从盲肠内容物和流经的血液中贮聚一部分氨基酸，当食糜的氨基酸不足时可将部分积聚的氨基酸分泌到盲肠腔，再通过盲肠黏膜吸收，随血流经门静脉进入肝脏。

二、家兔的生长发育特点

仔兔出生时全身裸露，眼紧闭，耳闭塞无孔，趾间相互连结，不能自由活动，但其生长发育迅速。出生后 3～4 日龄即开始长毛，30 日龄左右被毛形成；4～8 日龄脚趾开始分开；6～8 日龄耳根内出现小孔与外界相通；10～12 日龄眼睛睁开，出巢活动并随母兔试吃饲料；21 日龄左右即能正常吃料。仔兔初生体重 50g 左右，1 月龄体重相当于初生重的 10 倍，初生至 3 月龄增重几乎呈直线上升，3 月龄以后增重相对缓慢（表 10-6，表 10-7）。

表 10-6 幼肉兔体重增加情况

日　龄	体　重(g)
初　生	50～70
6	100～140
30	500
60	1800

家兔性成熟较早，小型品种为 3～4 月龄，中型品种 4～5 月龄，大型品种 5～6 月龄。体成熟年龄约比性成熟推迟 1 个月以上。

表 10-7 德系安哥拉兔体重增加情况

日 龄	平均体重(g)	平均日增重(g)	相对生长率(%)
初生	58.0	—	—
15	264.4	13.76	127.70
30	666.0	26.77	86.64
45	1074.4	27.23	46.93
60	1518.0	29.57	34.22
90	2209.0	23.03	37.08
120	2674.0	15.50	19.05
150	2966.5	9.35	10.37
180	3238.5	9.06	8.77
210	3629.0	13.01	11.37
240	3729.0	3.73	2.80

三、家兔的营养需要

家兔生活和生产过程中需要从饲料中摄入能量、蛋白质、矿物质、维生素等,满足各种生命活动和各种生产功能(生长、哺乳、妊娠、产肉、产毛、产皮)的需要。

(一)能量需要

家兔的能量来源是饲料中的碳水化合物、脂肪和蛋白质,最主要的来源是植物中的碳水化合物(淀粉和纤维素)。

1. 维持能量需要 将家兔维持能量需要的一些数据列于表 10-8。

表 10-8 家兔的维持能量需要

品种及生理状态	维持能量(kJ/$W^{0.75}$kg)	资料来源
兔	基础代谢 295.0	Brody,1964
新西兰白兔空怀母兔	消化能 326.4	Partridge 等,1983
新西兰白兔妊娠母兔	消化能 355.6	Partridge 等,1986
新西兰白兔哺乳兔	消化能 514.6	Partridge 等,1986
新西兰白兔生长兔	消化能 485.3	Parigi-Bini 等,1985
安哥拉毛兔妊娠兔	消化能 481.2	刘世民等,1989

2. 生长的能量需要

(1)每日平均需要量 生长过程中兔体内能量沉积的主要形式是脂肪和蛋白质。蛋白质的含量比较稳定,通常占空腹体重的18%。脂肪含量变化较大,一般随年龄增长和体重增大而上升。所以,增重所需要的能量也随之发生相应变化。即体重(W,g)越大,增重所需的能量(RE,kJ/g)越多,相应的关系为:

$$RE = 0.569W^{0.1721}$$

式中:RE为增重中的净能量。生长过程中饲料消化能用于家兔生长的利用效率为0.525,可按此值转化成增重对消化能的需要量。

(2)饲粮中消化能浓度 绝大多数试验都证实,生长兔饲粮中消化能浓度在10 460～19 878kJ/kg(2 500～2 600kcal/kg)较适宜。低于此浓度,饲粮体积膨大,受胃肠容积所限,消化能摄入量不足,兔的生长速度也相应减慢。用不同消化能浓度7 531～12 552kJ/kg(1 800～3 000kcal/kg)的饲粮饲喂生长兔试验得出,以生长速度衡量,11 297kJ/kg(2 700kcal/kg)为生长兔饲粮消化能含量的上限;超过11 297kJ/kg,生长速率反而下降。

3. 妊娠和哺乳的能量需要 妊娠前期主要是母体增重沉积营养成分,胎产物的沉积量可忽略不计。

每日哺乳量乘以乳成分含量即为每日产乳的净营养需要。兔乳的净能含量为7.53kJ/kg,若每日哺乳量为200g,则每日产乳所需净能量为1 506kJ(360kcal)。

安哥拉毛兔妊娠期,消化能用于胎儿生长的利用效率为0.278,用于母体能量沉积的效率为0.747。代谢能用于产乳的能量利用效率为0.6～0.7,换算成消化能的利用效率,为0.57～0.67。

母兔在哺乳期间会出现失重,即体内分解脂肪以满足产乳需要。克服或减少失重的办法主要是提高饲粮的消化能浓度,使之至少达到10 878kJ/kg(2 600kcal/kg);其次,可提高饲粮的适口性(如加入糖蜜)与在自由采食颗粒料的同时加喂一定量的优质青绿饲料。家兔在采食最大量颗粒时,还可采食一定的优质青饲料,总的营养摄入量将超过单喂颗粒料。

母兔妊娠期间营养负担并不很重,对饲粮消化能浓度要求也不很高,一般认为10 460kJ/kg(2 500kcal/kg)已足够。提高能量水平虽可增加母体的营养贮备,有利于产后泌乳,尤其是有利于提高乳脂率,但高营养水平会使仔兔死亡率增加。其原因是,胎儿初生重过大,难产率高;母体腹脂沉积过多,影响胎儿在母体内的活动;胎儿过度发育,妊娠期延长,亦使死亡率提高。相反,饲粮能量浓度太低,妊娠期间母兔体况不良或有失重,受胎率和仔兔成活率都会受到影响。所以,妊娠期间的能量供应宜控制到使母体有少量营养物质贮备或母体略有增重即可。

4. 产毛的能量需要 每g兔毛含净能约21.13kJ(5.05kcal),消化能用于毛中能量沉积的效率为0.19。所以,每产1g毛需要供应大约113kJ(27kcal)的消化能。

5. 公兔的能量需要 种公兔的能量需要除用于维持需要外,还要用于补偿生产精子所需能量和配种期间的体力消耗。有研究资料表明,生产中非连续配种情况下种公兔日食入消化能1 423～1 506kJ(平均1 464kJ)较为适宜。饲料消化能浓度在9 648～10 326kJ/kg(平均10 000kJ/kg)。饲粮纤维在16%～17%为宜。

(二)蛋白质需要

1. 蛋白质的维持需要 国外学者用成年新西兰兔测出,为满足其维持需要,每天最少需摄入1.02g氮,即6.4g粗蛋白质,这大约相当于每kg代谢体重($W^{0.75}$)2.5g粗蛋白质。另外两个试验的测值为 3.7～3.8g。所以,肉兔蛋白质的维持需要量为每日 8～12g 粗蛋白质。

根据安哥拉兔的氮平衡试验结果,成年毛兔每日维持的粗蛋白质需要量约为 18g,可消化粗蛋白质为 12g。事实上,即使机体其他组织氮平衡为零,兔毛的生长仍在继续。所以,毛兔的蛋白质最低需要量要高于肉兔。

2. 生长兔的需要 根据目前绝大多数试验结果,生长兔(肉兔或毛兔)饲粮中比较适宜的粗蛋白质水平为 15%～16%,但赖氨酸和其他几种必需氨基酸的含量应能满足需求。低于此水平,兔的生长潜力得不到充分发挥。许多试验试图通过提高饲粮粗蛋白质含量来提高日增重和饲料利用率,但几乎都未能如愿以偿。

3. 妊娠、哺乳母兔的需要 兔的妊娠期短,只有 30d,而胎儿的生长发育主要在最后 10d。由于时间短,营养水平的变化对妊娠兔的生产性能影响并不很大。根据连产 5 胎的试验资料,用粗蛋白质 16%～21% 的饲粮饲喂妊娠与哺乳母兔,粗蛋白质水平对受胎率、产仔间隔时间、每窝仔兔数、窝重、平均仔兔重、死亡率及断乳前、后仔兔的生产性能都没有明显的影响。但当饲粮粗蛋白质含量低至 10% 时,妊娠期间肉兔母体增重少,甚至出现失重,粗蛋白质水平 13% 也明显不能满足妊娠兔对蛋白质的需要。而饲粮粗蛋白质水平高至 17% 时,死胎率有增加的趋势(李宏,1990)。同样的结果在安哥拉毛兔的试验中也得到了证实(刘世民等,1990)。所以,妊娠兔对粗蛋白质的需要量并不很高,15%～16% 即可满足需要。

虽然,在有的试验中,给予哺乳兔 16% 的粗蛋白质获得了较满意的结果,但大部分试验在粗蛋白质水平高达 22% 时,仍有提高哺乳母兔泌乳量的作用。所以,哺乳母兔饲粮中的粗蛋白质含量应不低于 18%。粗蛋白质食入量(CPI)和消化能食入量(DEI)与产乳量(L)之间的定量关系可用下式(Horniche 等,1984)表示:

$$L(g) = 17.61 + 0.985CPI(g) + 33.3DEI(MJ)$$

4. 产毛的蛋白质需要 有关产毛蛋白质需要量的资料极少。刘世民等(1989)测出,每 g 兔毛中含有 0.86g 的蛋白质,可消化粗蛋白质用于产毛的效率(产毛的效率=兔毛中蛋白质÷用于产毛的可消化粗蛋白质)约为 0.43,也即每产 1g 毛需要 2g 的可消化粗蛋白质。

5. 公兔蛋白质需要 根据有关研究资料,公兔饲粮中粗蛋白质适宜含量介于 17%～20%,生产中可取 17%,可消化蛋白质 13%。每日需要粗蛋白质 26g,可消化粗蛋白质 19g。

6. 氨基酸需要量 研究表明,家兔需要从饲料中获得 10 种必需氨基酸,此外,还需要半必需氨基酸——甘氨酸。在生产中,研究最多的是赖氨酸、精氨酸、含硫氨基酸(蛋氨酸和胱氨酸)。

用肉兔进行的大部分试验表明,生长兔饲粮中赖氨酸和含硫氨基酸的最佳水平应为 0.60%～0.65%。赖氨酸的最佳水平与非最佳水平之间的差异较大,其供应过量造成的不良影响并不严重。许多试验反映出高赖氨酸(超过 0.7%)对繁殖兔的生产性能并无改善作用;在低蛋白质饲粮中添加赖氨酸和含硫氨基酸可提高生长兔的生产性能;安哥拉毛兔饲粮中的含硫氨基酸一旦过量,很易引起生产性能下降,一般饲粮的含硫氨基酸含量不宜超过 0.8%。在我国的饲料条件下,用常用饲料配制的毛兔饲粮的含硫氨基酸量一般为 0.4%～0.5%,故需要常规性地添加 0.2%～0.3%。

兔毛中精氨酸含量较高,它和赖氨酸的相对比例为 249/100,而饲粮中的相应比例大约为 100/100。显然,饲料中的精氨酸不是唯一来源;已证实兔体内可合成精氨酸,但至今未对体内合成精氨酸的能力进行定量估计。试验结果显示,精氨酸的适宜量一般为 0.56%～1.0%,达到 0.56％以上，即可获得良好的增重。尚未见到精氨酸含量对安哥拉产毛量影响的报道。

7. 非蛋白质氮的利用 兔盲肠中微生物能利用非蛋白质氮(NPN)合成蛋白质，这些细菌蛋白质随软粪排出，兔食入后可作为其蛋白质的补充来源。尿素水解主要发生于盲肠，其内有水解尿素的细菌，但也有试验证实尿素在胃中水解。尽管如此，尚未见添加尿素明显改善兔生产性能的报道。一些用肉用仔兔进行的试验结果见表 10-9。

表 10-9 肉用仔兔饲粮中添加非蛋白质氮的效果

资料来源	饲 粮	平均日增重(g)
	基础饲粮(12％粗蛋白质)	20.0
	基础饲粮＋尿素	22.8
Cheeke,1972	基础饲粮＋双缩脲	24.0
	基础饲粮＋柠檬酸二钠	22.1
	基础饲粮＋鱼粉	29.4
King,1971	基础饲粮(低蛋白质)	22.7
	基础饲粮＋尿素	21.5
Lebas 和 Colin,1973	基础饲粮(低蛋白质)	20.4
	基础饲粮＋尿素	21.1

(三)矿物质需要

1. 常量矿物质元素 包括钙、磷、镁、钾、钠等，这些元素在兔机体内的作用、缺乏与过多症等已在本书第一章中叙述，此处只谈家兔对这些元素的吸收、排出、代谢与需要量等特点。

与大多数动物不同，家兔对饲粮中钙的吸收效率特别高，不受体内钙代谢需要的制约。血钙水平也不受体内钙平衡调节，而与饲粮中钙水平呈比例，维生素 D 对家兔钙吸收和骨化作用的调节作用还不完全清楚；肾脏对血钙的清除率很高，过量钙并非通过胆道而是随尿排出体外，常见兔笼下白色沉积物就是尿中排出的钙盐。兔因此能忍受高钙饲粮，饲粮中钙含量高达 4.5％、钙磷比 12：1 时也不影响其正常生长与骨质；但对磷超量敏感，超过 1％时即影响采食量，甚至绝食。一般饲粮中钙、磷含量分别为 1％和 0.5％，就能满足需要。母兔和仔兔共同采食时，饲粮磷含量应为 0.8％，最佳水平是 0.64％～0.67％，低至 0.42％或高至 1％均使产仔数降低。但也有资料表明，长期饲喂高钙饲粮(4％)可能引起主动脉和肾脏钙化。豆科牧草中含有丰富的钙，谷物籽实中富含磷，苜蓿和谷物配合在一起一般可满足兔对钙、磷的需要量。

植物性饲料，尤其是豆科牧草富钾，故家兔几乎不可能缺钾；兔饲粮钾的推荐量为 0.6％(NRC)，高至 1％使其生长减慢。饲粮含氯量 0.17％为不足；从生长速度判断，0.32％～0.47％已足够。在饲粮中补充 0.5％的食盐就可满足钠和氯的需要，高于 1％则对兔的生长产生抑制作用。镁的推荐量为每 kg 饲粮含 300～400mg(NRC 和德国)；兔一般不发生缺镁症，因豆科牧草是镁的优质来源。饲粮中钙含量提高会引起镁需要量增加，故添加镁有利于对高比例苜蓿饲粮的利用。

2. 微量矿物质元素　微量元素铁、锌、锰、铜、钴、硒、碘等都是家兔所需要的,在第一章中也已分别叙述了其生理作用、缺乏症与过量中毒等问题。国内外兔饲养标准中对这些元素需要量的推荐值不同。一般推荐每 kg 饲粮中含铁 50mg(幼兔为 100mg);大多数兔饲料富铁,故家兔不可能缺铁。乳中含铁量很低,很多种动物仅食入乳可能引起贫血;但仔兔初生时有很高的铁贮备,并不完全依赖乳中提供的铁。铜的推荐量是 3～5mg(也有高达 10～30mg 者);采用高铜,即铜 400mg/kg 饲粮,可明显改善兔的生长速度及饲料利用率,腹泻引起的死亡率降低;对生长有抑制作用的铜毒性剂量为 500～1 000mg/kg。锌水平为 30～50mg(也有高达 70mg 的);喂予缺锌(3mg/kg)饲粮 2 周后,断乳兔停止生长,母兔采食此低锌饲粮时黑色毛变灰、掉毛,体重减轻,食欲下降,嘴周围肿大等,拒绝交配致不排卵而不生殖。缺锌妊娠母兔自发流产率高,分娩过程出现过量出血,胎盘功能减弱,血浆雌激素和孕酮含量降低,前列腺素 F_{2a} 增加。锰推荐量是 2.5～8.5mg(也有的高达 30mg)。亦有报道称:每日食入 1～4mg 锰可满足兔的最适生长需要,达到 8mg 时对生长有抑制作用。钴推荐值为 0.1mg;钴是维生素 B_{12} 的组成成分。兔通过食软粪可获得后肠微生物合成的维生素 B_{12},满足其需要的大部分。兔后肠细菌利用钴的效率远高于瘤胃微生物。通过食软粪,家兔吸收维生素 B_{12} 的效率也高于人、鼠或羊,其血清维生素 B_{12} 含量比人高 150 倍。每天仅供给钴 0.1μg,兔也能存活,似乎兔不可能缺钴。硒推荐值为 0.08mg;给兔喂亚麻酸和干草组成的饲粮时,其对抗氧化物的需要增加,兔出现严重的肌肉损伤,补硒无效,只有加入维生素 E 才有效果。兔对碘的需要量尚无确切的数据。一般每 kg 配合饲料中至少含碘 0.2mg,或者经常在饲粮中添加碘化食盐。法国建议的每 kg 饲粮微量元素量为:钴 1mg,铜 5mg,铁 30mg,碘 1mg,锰 15mg,硒 0.08mg,锌 30mg。各地土壤中微量元素含量与存在形式的可吸收程度有差异,其上生长的同种植物的相应元素含量可能因此而不同;这可能是造成各推荐值间差异的重要原因之一,实际生产中也须考虑这些因素而适当予以调整。

(四)维生素需要

本书第一章已详述各种维生素的营养缺乏与中毒症状,此处仅谈兔有别于其他畜种的特有情况及其需要量。

1. 脂溶性维生素　脂溶性维生素中,只有肠道微生物合成的维生素 K,可通过食软粪满足兔的需要;在可获得紫外线照射的常规饲养条件下,兔体内合成的维生素 D_3 能满足需要,但密闭饲养时需从饲粮中获得。维生素 A 与维生素 E 均需从饲粮供给,饲料中的胡萝卜素可在兔体内转化为维生素 A。国内外推荐每 kg 饲粮中应含维生素 A 6 000～12 000IU。一般应达到 10 000IU/kg,降至 1 160IU/kg 时会发生缺乏病。

维生素 D 对家兔钙吸收的调节作用不像其他畜种那样有效,故需要量可能比其他畜种高。苜蓿草粉的维生素 D 含量为 650～2 200IU/kg,含苜蓿草粉饲粮的维生素 D 可以达到满意的水平。国内外的维生素 D 推荐量为 800～1 000IU/kg。家兔饲养中存在的问题是维生素 D 中毒,表现进行性消瘦和虚弱,无食欲,腹泻,共济运动失调,终致死亡。软组织(肝、肾、动脉管壁、肌肉)高度钙化。骨盐重吸收,沉积于软组织中。中毒剂量是 23 000IU/kg。给妊娠后期(第 26～28 天)母兔大剂量(每天 10 000IU,连续 3d)维生素 D,母体血浆钙含量升高,胎儿死亡率提高(试验组 18%,对照组 3%)。

家兔缺乏维生素 E 的主要症状是肌肉营养不良,大约 4 周后出现肌肉损伤、后肢麻痹、

1～2d 后死亡。幼兔通常在产后 3～10d 毫无临床症状即整窝死亡。硒对兔的维生素 E 的需要量似乎没有特别的影响，与其他畜种明显不同。国内外推荐的兔维生素 E 需要量是 30～50mg。

2. 水溶性维生素 后肠中微生物可合成全部 B 族维生素，家兔体内可合成尼克酸、维生素 C。兔可通过食软粪满足对 B 族维生素的需要，故兔极少发生 B 族维生素缺乏症。

表 10-10 列出法国 AEC 的兔维生素建议量，供参考。

表 10-10 法国 AEC 的兔维生素建议量

维生素或微量元素需要量	
维生素 A (IU/kg)	10000
维生素 D_3 (IU/kg)	1000
维生素 E (mg/kg)	30
维生素 K_3 (mg/kg)	1
维生素 B_1 (mg/kg)	1
维生素 B_2 (mg/kg)	3.5
泛酸 (mg/kg)	10
维生素 B_6 (mg/kg)	2
维生素 B_{12} (mg/kg)	0.01
尼克酸 (mg/kg)	50
叶酸 (mg/kg)	0.3
生物素 (mg/kg)	—
胆碱 (mg/kg)	1000

(五)采 食 量

家兔采食量是营养需要量的一项重要指标。营养物质摄入量是饲粮营养浓度与采食量的乘积，根据营养需要量和采食量确定适宜的营养浓度，才能保证家兔吃饱并满足对营养物质的需要。影响家兔采食量的因素较多，主要有饲粮营养浓度(首先是能量，其次是蛋白质，消化能浓度在 9 204～12 970kJ/kg 范围内，家兔可有效调节采食量)、饲粮组分、适口性、物理状态、环境条件和饲养方式等。

家兔各生理阶段的采食量不同，在饲喂粒状饲料时，安哥拉毛兔采食干物质量为 55～60g/kg 代谢体重；妊娠兔和 4～6 月龄兔为 65～70g/kg 代谢体重；哺乳母兔的采食量随泌乳量而变化，高泌乳量母兔可达 100g/kg 代谢体重，日采食量达 300g。表 10-11 列出了不同生理阶段兔每日的饲料最大供给量，供实际饲养和饲粮配合时参考。

表 10-11 家兔每日最大饲料供给量 （单位：g）

饲 料	母兔状态(体重 4kg)			幼兔					
	休情期	妊娠期	泌乳期	生后 18～20d	1～2 月龄	2～3 月龄	3～4 月龄	4～5 月龄	5 月龄以上
青饲料	800	800～1000	1200～1500	30	200	350～400	450～500	600～750	750～900
青贮料	300	200	300～400	—	—	—	—	150	200
块茎类	250	200	300～350	20	50	75	100～150	150～200	200～250
胡萝卜	300	300～400	400～450	50	100～150	150	175～200	200～250	250～300
甜菜、萝卜	300	200～300	200～400	—	30	75	150	200	250～300
干草	175～200	175	250～300	10	20	50～75	75～100	100～150	150～200
嫩枝饲料	100	100	100～150	—	—	50	75～00	100～2400	150～200
禾本科籽实	50	75～100	100～140	8	30	—	60～75	75～100	100
豆科籽实	40	50～60	75～100	5	12～20	20～30	30～40	40～60	40～60
油料籽实	10	10～15	15～20	—	3～5	5～6	6～8	8～10	10～12
糠麸类	50	50～60	75～100	—	—	10～15	20～25	30	30～40
油饼类（菜籽饼除外）	10	20～25	30	2	—	5～10	10～15	15～20	20～25
油粕类	20	25～30	40～60	—	3～5	50	10～15	15～29	20～30
甘蓝叶	400	400	500～600	20	—	100	150～200	300	300～400
蔬菜副产品	200	200～250	250～300	—	—	50～75	75～100	100～150	150～200
脱脂乳	—	50	100	20	30	—	—	—	—
肉骨粉	5	5～8	10	—	—	3～5	5～7	7～9	9～12
矿物质饲料	2	2～3	3～4	—	0.5～1	1～1.5	1.5	1.5～2	2
蛋白质、维生素	—	—	—	5	5～8	10	15	15～20	20～30

引自白跃宗，王克健主编.《新编养兔手册》. 中原农民出版社，2002，第 300 页

四、家兔的饲养标准

家兔饲养标准是合理配制饲料的重要依据，在饲养标准中对不同品种家兔的六个生理阶段(维持、生长、妊娠、哺乳、产毛、种公兔)饲粮营养物质适宜含量作了具体规定，只要参照饲养标准和家兔饲料营养价值表配合的饲粮饲喂家兔，就能够达到高产节料的目的。本书附录一的毛、肉兔两个标准基本上反映了现代养兔业的饲养水平，随着科学技术的进步和生产的发展，它们还将被不断修订和完善，以适应更高生产水平的需要。

（一）肉兔或皮肉兼用兔的饲养标准

中国农业科学院兰州畜牧研究所，参考国外拉巴斯(Labas)家兔饲养标准数据(1990)，结合我国实际情况，验证了肉兔对能量、粗蛋白质、主要矿物质等的需要量，取得了良好的生产效果。附录一列出的肉用兔或皮肉兼用兔饲养标准，综合了法国 INRA(1984)、NRC(1977)、拉

巴斯(1990)推荐标准与该验证结果。

(二)毛兔饲养标准

中国农业科学院兰州畜牧研究所,在"长毛兔营养需要及配套饲喂技术"研究成果基础上,制定了我国"安哥拉兔饲养标准"农业部部颁标准(附录一)。

第二节　家兔常用饲料与饲料配方

一、常用饲料及其合理应用

(一)青 饲 料

青绿饲料包括各种蔬菜、牧草、杂草等。

常用喂兔的蔬菜有甘蓝、白菜、油菜等,它们的消化率特别高,但其含水量很高,导致干物质食入量低,影响兔生产性能的发挥。蔬菜中淀粉含量也较高,喂量过高很容易导致后肠碳水化合物负担过重,引起腹泻;所以,最好与颗粒饲料配合使用。

用于喂兔的豆科牧草主要有苜蓿、三叶草、红豆草、紫云英等。换算成绝干基础,豆科牧草所含粗蛋白质可满足家兔对蛋白质的需要,但能量严重不足,故蛋白质相对过剩。钙的含量较高,可不用补加。禾本科草的粗蛋白质含量较低,其能氮比较豆科牧草合理。按干物质计,牧草的粗纤维含量在20%以上,对兔的生产性能有不良影响。

其他可用作兔青饲料的还有葵花叶、玉米叶、萝卜叶、绿豆藤等。有些青绿树叶(如槐树叶)亦可用作青饲料。近年从国外引入的一些饲草品种(如聚合草),是个体养兔户比较好的青饲料作物。田间杂草也是我国小规模养兔户的主要青饲料来源。

迄今为止,还没有一个试验证实给兔单喂青饲料能获得好的生产效果,营养不平衡和低干物质采食量是其两个制约因素。所以,青饲料只能代替颗粒料的一部分。也有试验证实,颗粒料加青绿饲料,可获得更高的采食量,兔的生长速率和母兔的哺乳量比单喂颗粒料还好。对安哥拉毛兔,饲喂青饲料还有预防毛球病的良好作用。

(二)粗 饲 料

包括农作物的秸秆、秕壳、干草、干树叶等。兔饲粮中加入一定比例的粗饲料,是为提供适量难消化的粗纤维和参与构成合理的饲粮结构。在我国的饲养条件下,特别是在冬、春季,粗饲料往往是养兔户的主要饲料资源。

1. 干草　豆科干草中粗蛋白质、钙、胡萝卜素的含量都比较高,是喂兔的理想饲料。常用豆科干草有苜蓿、三叶草、红豆草、紫云英等,其中苜蓿干草的饲用价值最高。苜蓿干草的纤维素很难被消化,对预防兔肠炎有良好的作用。给妊娠哺乳兔分别喂含28%、54%和74%苜蓿草粉的饲粮时,低苜蓿草粉组56日龄仔兔的总窝重和仔兔数都低,54%苜蓿草粉组的生产效果最好。有人将苜蓿草粉和小麦麸配成饲粮,长期用以喂繁殖母兔,仍能获得高的生产效益。

禾本科干草的营养价值低于豆科草,纤维性组分的结构和组成在品种间差异较大,消化率的变化也大。

2. 作物秸秆及残渣　农作物秸秆如小麦秸、大麦秸、燕麦秸、玉米秸、稻草等,营养价值均非常低,但亦可作为兔饲粮的组分,以补充粗纤维。

直接饲喂秸秆的适口性极差,消化率也很低。最好将作物秸秆粉碎后与其他精料混合制成颗粒料饲喂,可延长饲粮在肠道中的停留时间,提高消化率。用玉米秸喂兔的报道很少。玉米秸纤维组分的消化率比较高,消化能含量在秸秆饲料中也是较高的,粉碎后可用作颗粒饲料组分。稻谷壳也可用作兔粗纤维的来源,但其含有较多的硅酸盐,会对压制颗粒的机械造成磨损,也会刺激消化道引起溃疡;稻壳中某些成分还有促进饲料酸败的作用。故其在饲粮中的用量以低于10%为宜。

家兔对粗纤维的消化率很低,故用碱处理或氨化处理秸秆喂兔几乎没有明显的效果。

3. 树叶类　许多阔叶落叶树种的树叶都能用于喂兔,最常用的是槐树叶、紫穗槐叶和刺槐叶等,其蛋白质含量一般达15%以上(干物质基础);因单宁和粗纤维含量高,不利于兔对营养物质的消化,所以树叶蛋白质和能量的消化利用率很低。在没有粗饲料来源时,可在饲粮中加少量树叶。

(三)能量饲料

1. 谷物籽实　常用作兔饲料的有玉米、大麦、燕麦、小麦、高粱等。这类饲料含大量淀粉,粗纤维含量较低,喂量过多易引起肠炎。饲喂生长兔和哺乳兔时,燕麦和大麦的适口性、生产效果都比小麦和玉米好。

玉米的消化能含量很高,粗蛋白质含量只有8%~9%,且品质不佳,赖氨酸、蛋氨酸和色氨酸含量都很低;它的淀粉含量很高(72%),在小肠中消化很慢,粗纤维含量仅2.5%。兔饲粮中玉米用量过高时,可使进入后肠的淀粉量增加,致微生物区系变化和病原体增加,很易造成后肠碳水化合物负荷过重而引发肠炎和腹泻。故不能像猪、鸡饲粮那样,在兔饲粮中使用大量的玉米。蒸汽处理、喷爆和挤压都有助于降低这种不良影响,使玉米在饲粮中的比例提高。稻谷的特点与玉米相似,也应适当控制其在兔饲粮中的比例。

在谷物籽实中,燕麦的粗纤维含量最高,淀粉含量最低,适口性好,适于兔的饲养。

高粱中含有较多的单宁,适口性和饲用价值低,在养兔业中并不常用。

2. 谷物和食品加工副产品　最常用的是小麦麸,其质量因面粉加工程度而异。通常,粗蛋白质和总磷含量较高;其纤维性组分容易被兔消化,故消化能含量和有些籽实相近;因其能量和蛋白质都接近家兔的营养需要,故可在家兔的饲粮中加入较高比例的小麦麸,也可单独用作家兔饲粮。

糖蜜是甘蔗和甜菜制糖过程中的副产品,含46%~48%的糖(主要是果糖)。兔饲粮中加入糖蜜可改善适口性与颗粒料的质量,减少粉尘。糖蜜的主要阳离子是钾,主要阴离子是氯,故饲粮中加糖蜜易引起软便。家兔颗粒饲料中糖蜜的最大加入量为3%~6%。

甜菜渣鲜喂、干燥后喂均可,是一种较好的兔饲料,在生长兔饲粮中加入0%、10%、20%、30%的甜菜渣,各组兔的日增重、饲料转化效率和死亡率近似;但其适口性低于苜蓿粉。按干物质计,甜菜渣中粗蛋白质含量较低,消化能浓度较高;其纤维组分容易消化,消化率可达70%。

3. 块根、块茎类　胡萝卜中胡萝卜素含量非常高,可达 41.3mg/100g 鲜样。在冬季无青饲料时,每天给每只兔喂 100g 胡萝卜即可满足其对维生素 A 的需要量。

马铃薯、甘薯、木薯的品质相近,按干物质计,均具有高能量、高淀粉、低蛋白质的特点。它们均含有毒素。马铃薯中含龙葵素,一般含量为 0.1％～0.7％,绿皮、发芽处和茎叶中含量较高,中毒症状为呆痴、沉郁、呕吐、腹泻和皮肤溃疡性症状。木薯中含有氰苷,可导致氰化物中毒。正常加工过程中可去除其中绝大部分氰化物,干燥过程中产生的挥发性氢氰酸可逸失到空气中。

(四)蛋白质补充料

1. 豆类　常用豆类饲料有大豆、蚕豆、黑豆、豌豆等,它们的营养特点已在第四章第六节详述。这些饲料均含有一些抗营养因子,使用前最好炒熟或以其他方式进行热处理。

2. 饼粕类　大豆饼(粕)在兔饲粮中的用量变化很大,可高达 30％。不宜用生豆饼(粕)喂生长兔。菜籽饼(粕)有辛辣味,适口性较差,且含致甲状腺肿物质。大量饲喂时易引起腹泻、甲状腺肿大和泌尿系统炎症。

用菜籽饼替代生长兔饲粮中大豆饼的 50％,对饲料消耗和日增重都无不良影响。热处理低芥子酸菜籽饼占饲粮的 15％时,仍能获得良好的饲喂效果。坑埋、蒸熟、紫外线处理等,都有脱去菜籽饼(粕)中异硫氰酸酯和噁唑烷硫酮毒性的效果。

棉籽饼(粕)含游离棉酚,高于 100mg/kg 能引起中毒,引起心、肝、肺等组织损伤和心脏失调,影响某些动物精子的生成,造成公畜不育。在蒸料锅上喷入一定剂量的硫酸亚铁溶液可使游离棉酚含量降至 0.02％～0.04％,其在饲粮中的比例可达 15％。用棉籽饼喂兔的效果不及大豆饼,加入赖氨酸和蛋氨酸,有利于消除棉籽饼对增重的不利影响。

亚麻饼(或胡麻饼)赖氨酸含量低,含亚麻籽胶、硫氰酸苷和抗维生素 B₆ 因子。硫氰酸苷水解释放出的氢氰酸有致命毒害作用,引起肠黏膜脱落、腹泻,动物很快死亡。饲喂含亚麻饼 20％以上的饲粮时,一周后即可观察到兔消化失常。一般情况下,热榨或经热处理的亚麻饼在兔饲粮中的比例不宜超过 10％,最好和其他饼类配合使用。

3. 动物性蛋白质饲料　在家兔饲粮中使用不广泛,仅用于调整和补充某些必需氨基酸。鱼粉在兔饲粮中的用量很低,因其具特殊的鱼腥味,不宜用于肥育兔的饲粮。羽毛粉在兔饲粮中的使用量可达 3％。肉骨粉的品质变化较大,一般在饲粮中的用量为 5％～10％。

二、饲料饲粮营养价值估测

我国在 20 世纪 80 年代后期开展了家兔常用饲料营养价值的评定工作,实际评定了近百种饲料,并根据试验数据推导出估测各类饲料或饲粮消化能、可消化粗蛋白质及饲粮粗纤维组分与养分消化关系的回归方程式,列于表 10-12 和表 10-13 供参考应用。

常用于估测的成分有粗纤维(或酸性洗涤纤维)、粗蛋白质、粗脂肪、有机物质或粗灰分、总能等,这些成分可实际测定,也可在一般的饲料成分表查出;估测公式大都为线性回归方程,计算简单。表 10-12、表 10-13 列出近年来研制的一些估测公式,使用时须根据饲料种类选择相应的公式。例如,估测大豆饼的消化能时,应选择蛋白质类饲料的回归方程式,而估测饲粮的营养价值时应选择饲粮的公式,绝对不能混用。

表 10-12　估算饲粮与饲粮消化能和可消化粗蛋白质含量的回归方程

种　类	回归方程
能量饲料(绝干基础)	DE＝(386－114.53CF＋0.812GE)×4.184
	DE＝(3516－35.62CF)×4.184
	DCP＝0.92CP－0.42CF＋0.65
蛋白质饲料(绝干基础)	DE＝(1730－558.24LnCF＋0.871GE－32.88CP)×4.184
	DCP＝0.81CP－2.63LnCF－2.66
青绿块根块茎饲料	DE＝(70－78.20CF＋0.89GE)×4.184
	DCP＝0.66CP－0.23
粗饲料(绝干基础)	DE＝(5914－1249LnCF)×4.184
	DE＝E(4563－1635.55LnCF＋0.64G)×4.184
	DCP＝0.77CP－1.85
饲粮(风干基础)	DE＝(3317－792LnCF＋0.33GE)×4.184
	DE＝(0.88GE－27.53CF－507)×4.184
	DCP＝0.83CP－2
豆科牧草	DE(＝4340－68CF)×4.184
禾本科牧草	DE＝(4340－79CF)×4.184
饲粮(风干基础)	DCP＝0.85CP－2.5
粗饲料与青绿饲料	DCP＝0.772CP－1.33
饲粮(风干基础)	DE＝(2333－166.16CF＋251.87ASH)×4.184
	DE＝(4253－32.6CF－114.4ASH)×4.184
	DE＝[1.10GE－7.25CF(g/kg)－880]×4.184
	DE＝[7.10CP(g/kg)＋12.01FAT＋5.59NFE(g/kg)－1801]×4.184

注：GE,总能,kJ/kg;DE,消化能,kJ/kg;CP,粗蛋白质,%;DCP,可消化粗蛋白质,%;CF,粗纤维,%;NFE,无氮浸出物,%;FAT,脂肪,%;ASH,粗灰分,%;Ln,自然对数

表 10-13　饲粮粗纤维组分与养分消化率的关系

回归公式	回归公式
DE＝115.16－19.74LnCF	DE＝84.8－1.16ADF*
DE＝144.178－29.124LnCF(自由采食)	DE＝92.35－1.47ADF*
＝134.533－24.912LnCF(限饲)	DOM＝93.86－2.93CF
DE＝86.1－1.48CF*	DOM＝90.41－1.32ADF*
DE＝84.77－1.66ADF*	DCP＝84.49－0.64ADF*
DE＝37.34－1.28ADF*	

注：1.＊为干物质中的含量

2.DE、DOM、DCP 为消化能(MJ/kg)、可消化有机物质(%)、可消化粗蛋白质(%);CF,粗纤维(%);ADF,酸性洗涤纤维(%);Ln,自然对数

　　在有些试验中,已观察到大型品种兔和小型品种兔间消化率有差异,大型兔的消化率略高一些。在同型品种中消化率的差异比较小,而生理阶段(生长、妊娠和哺乳)有明显影响。李宏

等(1990)比较了安哥拉毛兔和新西兰白兔对10余种不同类型饲粮能量与粗蛋白质的消化率，品种间非常接近，其差异小于品种内个体间的差异。可见，从不同品种测得的饲料营养价值数据基本可互相借用。

三、常用饲料成分、营养价值及消化率

以表格形式将家兔常用饲料成分和营养价值数据列出，以便于使用者查阅；有的表中也列出了某些养分的消化率。这些数据对科学养兔有重要作用，它和家兔《饲养标准》均是配制饲粮的基本依据。根据实测数据整理出的我国家兔饲料成分、营养价值及消化率表，适合于肉兔、毛兔及皮肉兼用兔，基本上可满足养兔生产的需要。详见附录二中附表2-2。

使用饲料成分和营养价值表时，须根据样品说明选择数据。样品说明饲料的可利用部分（籽实、秸秆、茎叶等）、主要的加工方法、收割季节等。所用饲料的基本特征和样品说明越接近，所选数据的可靠程度就越高。产地、收割季节、加工方法、使用条件不同，同名饲料的营养成分和营养价值有一定差异，特别是青绿饲料和粗饲料变异比较大，选用数据时要谨慎。随着试验次数增多，数据积累丰富，数据的可靠程度会越来越高。为此我们也收录了一些其他数据来源（包括一些国外的数据），以方便使用者选择、参考和掌握饲料的特性。

在养兔生产的各种开支中，饲料费用占的比例最大，一般占到60%～80%。所以，生产者的主要任务之一是掌握各种饲料的饲用特性、价格和营养特点，合理地选择和搭配使用，这样才可达到降低成本、提高经济效益的目的。

四、家兔的参考饲粮配方

设计家兔饲粮配方需要具备下列知识和数据：家兔的营养需要和采食量，家兔饲料成分和营养价值，饲料的非营养性特征，如适口性、毒性、加工制粒特性等，以及饲料成本。理论上，应使所配饲粮的各种营养成分尽可能达到标准所要求的水平。但饲养标准反映的是家兔群体的平均生产水平，对特定的兔群和饲料条件可做灵活处理，配合饲粮的营养指标达到近似程度即可。

配合饲粮必须考虑家兔和饲料双方的特点。例如，家兔消化粗纤维的能力很低；粗纤维含量相等的不同种饲料，粗纤维的消化率有时差异很大。青饲料、麸皮、块根块茎中的粗纤维消化率较高，豆科牧草、秸秆中的粗纤维特别难以消化。若一律按营养需要中对粗纤维含量的规定处理，则实际饲喂效果可能差异较大。

再如，玉米是优质的能量饲料，在别的畜种饲粮中都可大量使用，唯独对家兔的用量要控制，因用量过大会造成腹泻。类似的问题不胜枚举。在当前的饲料成分和营养价值表中，未能完全反映出饲料的许多品质特性，需要在生产实践中不断地摸索和总结。

本书中所选择的家兔不同品种各个生理阶段的饲粮配方，都是在科研和生产中筛选出，并经过实际饲喂试验检验，证实饲喂效果良好，也适应各地饲料条件的，可供家兔养殖者参考使用。

(一)种公兔的饲粮配方

家兔常年发情配种和繁殖,很难区分和按配种期与非配种期供给营养物质。所以,对种公兔的饲料应保持较适宜的营养水平,既要保证种公兔较强的配种能力,又要防止营养供给过度造成的浪费与影响配种能力(过度肥胖)。如按本书所列的种公兔的饲养标准配合种公兔的饲粮就可达到上述目的。现推荐一组配方(表 10-14)。

表 10-14　种公兔常用配合饲粮配方　（%）

饲 料	安哥拉兔			肉兔(皮肉兼用兔)	
	1	2	3	4	5
玉 米	—	16.0	20.0	17.0	12.0
燕 麦	—	—	—	—	14.0
小 麦	16.0	—	—	—	—
小麦麸	16.0	31.0	31.5	15.0	15.0
大豆饼(粕)	4.0	13.5	11.0	15.0	15.0
菜籽饼(粕)	4.0	—	—	—	—
胡麻饼(粕)	5.0	—	—	—	—
鱼 粉	3.0	4.0	2.0	3.0	3.0
苜蓿草粉	50.0	31.5	31.5	49.0	40.0
石灰石粉	—	1.0	1.0	—	—
骨 粉	1.5	0.7	0.7	0.8	0.8
食 盐	0.3	0.3	0.3	0.2	0.2
预混料	0.2	2.0	2.0	—	—
合 计	100.0	100.0	100.0	100.0	100.0
营养水平					
消化能(MJ/kg)	9.67	11.45	11.48	9.79	10.28
粗蛋白质(%)	16.8	17.9	15.7	18.0	18.0
粗纤维(%)	19.0	14.9	14.9	19.0	18.3
钙(%)	1.29	1.27	1.21	1.30	1.16
磷(%)	0.70	0.60	0.55	0.50	0.51
含硫氨基酸(%)	0.68	0.78	0.73	0.89	0.86
赖氨酸(%)	0.79	1.13	0.97	0.61	0.60
精氨酸(%)	0.88	1.19	1.05	0.92	0.99

注:配方1适于日配种1次,连配3d、休息1d的成年德系安哥拉种公兔。每只日采食155g,另供给100g胡萝卜。预混料中含有(g/kg)硫酸锌0.3,硫酸锰0.3,蛋氨酸1.0,多种维生素按产品使用说明添加。公兔精液品质良好,体重不减

配方2、配方3适用于安哥拉种公兔配种期,隔日采精。日采食量不低于160g。预混料中含蛋氨酸、赖氨酸、维生素和微量元素等。此配方能量偏高,不适合非配种公兔

配方4、配方5适用于成年肉兔及皮肉兼用配种期公兔。可适应公母比例1∶8的配种强度,受胎率60%以上,种公兔体况良好,性欲旺盛。配方中每10kg添加多种维生素1g,氯苯胍和微量元素按使用说明添加

(二)母兔的饲粮配方

主要分为妊娠期与哺乳期,空怀产毛母兔按成年维持加产毛需要量供给。母兔妊娠前期主要是母体增重与沉积养分;妊娠最后10d胎儿发育迅速,营养需要急剧上升,是胎儿发育的关键时期,此时营养物质的供应显著影响胎儿生长发育,对母兔哺乳期的乳量也有影响。但妊娠母兔饲粮能量水平不可过高,否则易引起过肥,酮病增加,应使母兔在妊娠期间肥瘦适中,有一定的营养贮备为宜。对妊娠母兔配合饲料适宜消化能水平为10.46MJ/kg,粗蛋白质为15%~16%。母兔在哺乳期由乳输出的营养物质很多,在哺乳期间供给母兔充足的营养,才能保证仔兔在哺乳期内得到充足乳量。哺乳期母兔配合饲料的消化能浓度不应低于10.88MJ/kg,粗蛋白质不应低于18%。在仔兔断乳前应尽量让母兔自由采食配合饲料,并加喂一定量的优质青绿饲料,以保证泌乳量。

1. 妊娠母兔的饲粮配方　将妊娠母兔的参考饲粮配方列入表10-15。

表10-15　妊娠母兔常用饲粮配方　(%)

饲料	6	7	8	9	10
玉米	28.0	30.5	37.0	21.5	10.0
燕麦	—	—	—	22.0	11.0(小麦)
小麦麸	18.0	12.5	17.0	9.0	35.0
大豆饼	3.0(黄豆)	5.0	16.0	9.8	7.5
菜籽饼	—	7.0	—	—	4.0
亚麻饼	—	—	—	—	—
菜亚混合饼	11.0	—	—	—	—
棉籽饼	—	—	—	—	3.0
蚕沙*	—	—	—	—	3.0
鱼粉	1.0	1.0	—	0.6	—
苜蓿草粉	37.0	42.0	—	35.0	—
大豆秸粉	—	—	7.0	—	—
青干草粉	—	—	19.0	—	17.0
松针粉	—	—	—	—	6.0
石灰石粉	—	—	0.7	—	1.2
骨粉	1.5	1.0	1.0	1.5	—
食盐	0.3	0.3	0.3	0.28	0.5
其他	0.2	0.2	2.0	0.32	0.8
合计	100.0	100.0	100.0	100.0	100.0
营养水平					
消化能(MJ/kg)	10.21	10.38	10.63	10.46	10.63

* 蚕沙是蚕粪及吃剩的桑叶、稻壳、稻草等的混合品,其成分因混入桑叶等的比例而异。其水分含量高,应干燥后再用作配合饲料原料

续表 10-15

饲料	6	7	8	9	10
粗蛋白质(%)	16.7	16.1	15.1	15.0	15.2
粗纤维(%)	18.0	16.2	11.7	16.0	12.1
钙(%)	1.08	1.05	0.85	1.25	1.12
磷(%)	0.64	0.54	0.52	0.57	0.68
含硫氨基酸(%)	0.75	0.82	0.65	0.73	0.55
赖氨酸(%)	0.60	0.60	1.03	0.65	0.86
精氨酸(%)	0.70	0.68	1.31	0.79	0.94

注：配方6、配方7适用于安哥拉兔(毛兔)妊娠期。配方6中苜蓿草粉为盛花后期，每kg饲粮添加硫酸锌0.06g，硫酸铜0.15g，硫酸锰0.06g，预混料为蛋氨酸，可保证母兔繁殖正常，体重不减，90d剪毛量200g。配方7、配方8中苜蓿草粉粗蛋白质约12%，粗纤维35%，每kg饲粮添加硫酸锌0.1g，硫酸锰0.05g，其他为蛋氨酸、多种维生素等。兔用多种维生素按使用说明添加。母兔繁殖正常，体重不减，80d剪毛量160g

配方8适于安哥拉兔妊娠期，其他毛兔也可使用。配方中青干草含粗蛋白质7.46%，粗纤维29.35%。母兔妊娠期增重和繁殖正常，平均窝产仔7只以上，平均初生窝重420g以上

配方9和配方10适用于肉兔妊娠母兔，皮肉兼用兔也可使用

2. 哺乳母兔饲料配方　哺乳母兔的一组饲粮配方详见表10-16。

表 10-16　哺乳母兔饲粮配方　（%）

饲料	11	12	13	14	15	16
玉米	30.0	29.0	24.8	27.8	30.0	29.0
燕麦	5.0	—	—	—	10.0	14.5(燕麦)
小麦麸	15.0	19.0	30.0	32.0	3.0	4.0
大豆饼	5.0	5.0(黄豆)	19.0	19.0	17.5	14.8
菜籽饼	7.0	—	—	—	—	—
亚麻饼	4.0	—	—	—	—	—
菜亚混合饼	—	11.0	—	—	—	—
鱼粉	1.0	1.5	2.0	—	4.0	4.0
苜蓿草粉	31.0	32.0	—	—	30.5	29.5
青干草粉	—	—	18.0	15.0	—	—
松针粉	—	—	—	—	—	—
大豆秸粉	—	—	3.0	3.5	—	—
骨粉	1.4	2.0	2.7	2.2	2.8	2.0
石灰石粉	—	—	—	—	2.0	1.8
食盐	0.2	0.3	0.3	0.3	0.2	0.2
蛋氨酸	0.3	0.2	0.2	—	—	0.2
赖氨酸	0.1	—	—	—	—	—

续表 10-16

饲　料	11	12	13	14	15	16
合　计	100.0	100.0	100.0	100.0	100.0	100.0
营养水平						
消化能(MJ/kg)	10.88	10.72	10.55	10.76	11.30	11.30
粗蛋白质(%)	16.5	17.0	18.4	17.3	18.0	18.0
粗纤维(%)	14.1	15.3	10.7	10.2	12.8	13.5
钙(%)	1.00	1.00	1.22	1.02	1.40	1.39
磷(%)	0.59	0.66	0.91	0.81	0.65	0.66
含硫氨基酸(%)	0.85	0.75	0.72	0.68	0.89	0.84
赖氨酸(%)	0.70	0.65	1.24	1.14	0.76	0.74
精氨酸(%)	0.74	0.78	1.25	1.21	0.98	0.96

注：配方 11、配方 12 适用于安哥拉兔(毛兔)哺乳期母兔，每 kg 饲料中添加硫酸锌 0.1g，硫酸锰 0.05g，多种维生素按使用说明添加

配方 11 中苜蓿草粉含粗蛋白质 12%，粗纤维约 35%，使用此配方全哺乳期平均哺乳量不低于 90g，母兔体重不减

配方 12 中苜蓿草粉为盛花中期，每只母兔每天加喂优质青饲料 100g，使用效果同上

配方 13、配方 14 适用于安哥拉兔(毛兔)哺乳期。仔兔育成率达 95%以上，断乳窝均 5 只，窝重 3 400g 以上，母兔体重不减

配方 15、配方 16 适用于肉兔，皮肉兼用兔也可以使用。抗球虫药及微量元素和多种维生素均按产品使用说明使用。

21 日龄仔兔体重达 300g 以上

（三）生长兔饲粮配方

家兔在断乳至 6 月龄前生长强度大，代谢旺盛，尤其是商品肉兔 2.5 月龄体重可达 2.0kg 以上。因此，必须从饲粮中供给较高营养物质，才能满足其生长需要。

国内外大量研究资料显示，饲粮消化能浓度为 10.46～10.88MJ/kg，粗蛋白质为 15%～16%时，可满足生长兔快速生长的需要，且消化道疾病少，死亡率低，经济效益高。现推荐经实践检验的生长兔饲粮配方（表 10-17、表 10-18 和表 10-19），供参考。

表 10-17　毛用兔生长兔饲粮配方　（%）

饲　料	17	18	19	20	21	22
玉　米	—	—	—	31.0	25.0	37.5
大　麦	32.0	22.3	22.0	—	—	—
小麦麸	32.0	37.0	32.0	19.0	32.5	14.0
大豆饼	4.4	6.2	4.6	5.0	9.0	12.0
菜籽饼	—	—	—	6.0	—	—
胡麻饼	—	—	3.0	4.0	—	—
鱼　粉	—	—	2.0	—	—	—
苜蓿草粉	30.0	33.0	35.0	33.0	22.0	22.0

续表 10-17

饲 料	17	18	19	20	21	22
大豆秸粉	—	—	—	—	8.0	11.0
骨 粉	1.0	1.0	1.0	1.5	—	—
石灰石粉	—	—	—	—	1.2	1.2
食 盐	0.3	0.3	0.3	0.3	0.3	0.3
蛋氨酸	0.2	0.1	0.1	0.2	—	—
赖氨酸	0.1	0.1	—	—	—	—
其 他*	—	—	—	—	2.0	2.0
合 计	100.0	100.0	100.0	100.0	100.0	100.0
营养水平						
消化能(MJ/kg)	10.67	10.33	10.08	10.84	10.36	10.22
粗蛋白质(%)	15.4	16.1	17.1	15.9	17.8	15.0
粗纤维(%)	13.6	15.6	16.0	13.9	14.9	15.1
钙(%)	0.84	1.15	1.02	0.99	0.92	0.95
磷(%)	0.62	0.69	0.69	0.58	0.43	0.33
含硫氨基酸(%)	0.73	0.78	0.69	0.75	0.65	0.66
赖氨酸(%)	0.60	0.75	0.70	0.66	0.85	0.88
精氨酸(%)	0.70	0.76	0.79	0.75	0.91	0.81

注:配方 17～19 适用于(毛兔)断乳 3 月龄生长兔,每只仔兔日采食量不低于 80g,日增重不低于 25g

配方 20 适用于 3 月龄以上的安哥拉兔青年兔使用,日采食量不低于 160g,日增重不低于 12g 或 17g,80d 剪毛量不低于 168g,苜蓿草粉粗蛋白质约 12%,粗纤维约 35%。每 kg 饲粮中添加硫酸锌 0.07g,硫酸锰 0.02g,硫酸铜 0.15g。多种维生素及抗球虫药按使用说明添加

配方 21、配方 22 适用于安哥拉兔(毛兔)断乳至 5 月龄生长兔使用。苜蓿草粉含粗纤维 35.7%,粗蛋白质 9.5%,大豆秸粉含粗纤维 40.1%,粗蛋白 4.6%

* 配方中"其他"为预混料,含抗球虫药、蛋氨酸、微量元素和多种维生素等。采食量每日不低于 80g,平均日增重不低于 23g(夏季除外)

表 10-18　肉兔(或皮肉兼用兔)生长期常用饲粮配方

饲 料	23	24	25	26	27
玉 米	22.0	21.0	21.5	10.0	14.0
大 麦	14.0	—	—	—	—
小 麦	—	—	—	7.0	9.0
燕 麦	—	20.0	22.1	—	—
小麦麸	13.8	8.3	8.6	29.0	30.0
大豆饼	11.5	12.0	9.8	17.0	11.5
菜籽饼	—	—	—	2.0	4.0

续表 10-18

饲　料	23	24	25	26	27
棉籽饼	—	—	—	2.0	2.0
蚕　沙	—	—	—	3.0	3.0
鱼　粉	0.3	1.0	0.6	—	—
苜蓿草粉	36.0	35.3	35.0	—	—
松针粉	—	—	—	6.0	6.0
青草粉	—	—	—	21.0	17.5
石灰石粉	—	—	—	0.7	0.67
骨　粉	2.0	2.0	2.0	1.1	1.07
食　盐	0.2	0.2	0.2	0.3	0.5
蛋氨酸	0.2	0.2	0.2	0.15	0.21
赖氨酸	—	—	—	0.1	0.05
其　他	—	—	—	0.65	0.5
合　计	100.0	100.0	100.0	100.0	100.0
营养水平					
消化能(MJ/kg)	10.46	10.46	10.46	10.63	10.88
粗蛋白质(%)	15.0	16.0	15.0	17.2	16.0
粗纤维(%)	15.0	16.0	16.0	12.3	11.9
钙(%)	1.29	1.14	1.31	1.13	0.98
磷(%)	0.65	0.64	0.63	0.69	0.65
含硫氨基酸(%)	0.64	0.67	0.61	0.60	0.57
赖氨酸(%)	0.67	0.68	0.65	0.90	0.86
精氨酸(%)	0.76	0.84	0.79	1.10	0.98

注：配方 23、配方 24 和配方 25 适用于肉兔或皮肉兼用兔断乳至 3 月龄。其中,添加硫酸铜 50g/t,多种维生素及抗球虫药按使用说明添加。使用效果为平均日增重 29g。料肉比 3∶1,2.5 月龄体重可达 2kg 以上

配方 26 和配方 27 适用于肉兔或皮肉兼用兔。用 31 号配方兔平均日增重 27g,料肉比 3.9∶1

表 10-19　肉兔(或皮肉兼用兔)生长育肥期饲粮配方　(%)

饲　料	28	29	30	31	32	33	34
玉　米	39.1	15.0	15.0	17.0	38.0	38.0	15.0
大　麦	—	—	10.0	—	—	—	—
小麦麸	24.0	25.0	25.0	45.0	17.0	30.0	50.0
米　糠	—	—	—	—	—	—	10.0
大豆饼	3.0	10.0	10.0	—	14.5	14.5	—
大　豆	—	—	—	12.0	—	—	7.0

续表10-19

饲 料	28	29	30	31	32	33	34
菜籽饼	9.0	—	—	—	—	—	—
鱼 粉	5.1	2.5	2.5	4.0	—	—	3.0
青干草粉	18.0	—	—	—	28.5	—	—
稻草粉	—	25.0	25.0	20.0	—	—	13.0
绿萍粉	—	20.0	10.0	—	—	—	—
玉米秸秆	—	—	—	—	—	15.5	—
石灰石粉	—	2.0	2.0	1.5	1.5	1.5	1.7
骨 粉	1.3	—	—	—	—	—	—
食 盐	0.38	0.5	0.5	0.5	0.3	0.3	0.3
添加剂	0.12	—	—	—	0.2	0.2	—
合 计	100.0	100.0	100.0	100.0	100.0	100.0	100.0
营养水平							
消化能(MJ/kg)	11.46	10.74	11.18	10.61	10.65	11.42	10.83
粗蛋白质(%)	16.1	16.0	15.5	14.4	15.0	14.9	14.6
粗纤维(%)	11.0	12.5	11.9	11.3	13.5	10.36	10.4
钙(%)	1.09	0.94	0.95	0.93	0.81	0.77	0.94
磷(%)	0.70	0.46	0.45	0.59	0.46	0.58	0.68
含硫氨基酸(%)	0.82	—	—	0.77	0.77	0.64	0.70
赖氨酸(%)	0.62	—	—	0.65	0.60	0.65	0.65
精氨酸(%)	0.88	—	—	1.05	0.85	0.88	0.98

注:配方28适用于肉兔或皮肉兼用兔生长肥育期。3月龄平均日增重21g,料肉比4.82∶1,配方中添加剂含蛋氨酸50%

配方29和配方30适用于2月龄肉兔和皮肉兼用兔。平均日增重20g,料肉比5.1∶1和5.2∶1。其配方的特点是用水生饲料绿萍代替原配方中的部分精料

配方31适用于肉兔或皮肉兼用兔生长期。日增重27g,料肉比5.45∶1

配方32和配方33适用于肉兔或皮肉兼用兔生长育肥期。配方32青干草粉为黑麦草和球茎草,添加剂中蛋氨酸和赖氨酸添加量分别为0.05%和0.15%,另外每只兔每日喂青草150g。日增重27g,料肉比3.86∶1和3.96∶1。配方33中,用玉米秸秆代替配方32中的青干草粉,生长速度不变

配方34由沈维华、曹光辛等使用,适用于2月龄断乳仔兔。每100kg饲料添加生长素300g,主要成分为微量元素和痢特灵。使用效果为日增重24g,料肉比4.5∶1

(四)配制家兔饲粮应注意的问题

本章中所列兔常用饲粮配方的生产效果都经过饲养实际验证,使用者可根据当地的饲草饲料资源,以及气候环境特点酌情选用。因气候、收获季节、加工程度等不同,各地饲料的营养

成分变化较大,所列配方不一定适应各地家兔饲养者;各地饲料原料不尽相同,不同品种、不同生产性能的家兔对饲粮要求也不一样。因此,使用本章所列配方配制家兔饲粮时应注意以下几点:

①通常饲养者不可能测定所用饲料原料的营养成分含量,按上述配方配制出的饲粮不一定和原配方相同,也未必适合自己饲养的家兔。可通过实际饲喂试验,验证饲粮质量及饲喂效果,而后酌情进行调整。

②青粗饲料用量较多时,应按青粗饲料不能满足的营养物质量,选择或设计精料补充料配方,有目的地进行补饲。

③饲料原料应多样化,尽量用当地饲料资源,充分考虑各种原料的营养特点、适口性和价格等因素。如果当地缺配方中的某些原料时,可以用类似的原料代替,如大豆粕、棉籽粕、菜籽粕等可互相代替,玉米、大麦、青稞等可互相代替,然后补足相互代替所缺的营养成分。

④若家兔养殖者所拥有的饲料不适于本章中所列的配方,可参照家兔饲养标准、家兔常用饲料营养价值表及家兔常用饲料营养价值估测公式,参考本书和有关书籍介绍的方法计算饲粮配方,并进行饲喂试验,确定其效果。

⑤使家兔饲粮具有适宜的纤维水平甚为重要,配制饲粮时应参照饲养标准中适宜的纤维推荐值。

⑥配制饲粮时应严把原料关,严禁用霉变、腐烂或被污染的饲料。

第三节　家兔的饲养管理技术

家兔的饲养管理,是家兔繁殖、育种、营养、饲料等知识的综合应用。搞好饲养管理是充分发挥良种家兔生产潜力和提高养兔经济效益的关键措施。应当根据家兔的生活习性与食性,采取适宜的饲养管理措施。饲养管理不当,往往使家兔产生各种疾病。显然,养兔生产是否能取得高效益,很大程度上取决于是否实行科学的饲养管理。

一、饲养管理的一般原则

根据家兔的生物学特性,饲养管理过程中必须遵守下列基本原则,才能把兔养好。

(一)家兔饲养的一般原则

1. 科学选用饲料、合理搭配　家兔是单胃草食动物,但对粗纤维的消化能力并不强。因此,一定要注意所喂青粗饲料的品质与数量。只喂青粗饲料而不喂精料,会使家兔生产力低下,还可能染病。反过来,如果大量投放精料,少喂或不喂青粗饲料,其后果比只喂青粗饲料还要严重。为了使养兔生产取得高效益,应根据家兔的生理时期(肥育、产毛、产皮等)选用饲料。根据我国国情和家兔生理特点,应以青、粗饲料为主,再适当补以混合精料(补充青粗料中营养不足的部分),这是饲养家兔的基本原则。

一般在家兔饲养中,混合精料占饲粮的20%~30%,其余70%~80%由青粗饲料组成,即可满足家兔的营养需要。每天补给50~150g混合精料,300~500g品质优良的青草即可。家兔的混合精料应由几种饲料组成,各种饲料所含营养物质均不平衡,单独饲喂时不能满足家兔对各种营养物质的需要,饲料转化率低,还会影响兔食欲,甚至引发营养缺乏症。喂家兔的饲粮由多种多样的饲草、饲料组成,各饲料所含养分可取长补短,能较好地满足家兔的营养需要。配合饲粮若以禾本科籽实及其加工副产品为主时,要加入 10%~20% 的饼粕类(大豆饼、花生饼等)饲料。青粗饲料也应多种搭配。

2. 定时定量、少喂勤添、看季节喂料 每天喂兔的饲料数量、饲喂时间、次数和喂料次序都应是一定的,以使家兔养成良好的采食习惯。久而久之,家兔在每次饲喂之前,即可分泌出大量的消化液,提高其胃肠的消化能力,充分利用饲料中的营养物质。在家兔生理发育的不同阶段,每天饲喂的次数和时间略有区别。如幼兔的饲喂次数多于中兔,中兔又多于成兔。所以,对每种家兔都要有一个具体的安排。一般每天饲喂次数以 3~5 次为宜。家兔是夜行性动物,夜间采食量大,晚上喂的饲料多于白天,饲养效果会更好。

定量,即根据家兔的需要,规定出每天应喂给家兔的饲草、饲料数量。原则是让兔吃饱吃好,不能忽多忽少。特别是喂混合精料时,一定要根据家兔每天的采食量,严加控制,既不能过多,也不能过少;要让兔在短时间内吃净饲槽内的饲料,不足部分再用粗料补充。

青、粗饲料也是如此,不但质量要好,数量也应该充足。在给家兔喂青草、野菜或干草时,最好将其放在饲草架内,或者吊挂起来,并要根据时间长短和家兔的采食情况,掌握投喂数量,以免浪费饲料。

夏季中午炎热,食欲降低,早晚凉爽,胃口较好,此时中午给料要精而少,晚上要吃得饱,早晨要喂得早。冬季夜长日短,晚上要喂得多,早上要喂得早。另外,还应根据季节特点和粪便情况,及时调整饲料。梅雨季节宜适当增加干料喂量。冬季的喂量应提高 20%~30%,适当增加高能量饲料的比例,并应喂一些菜叶、胡萝卜、大麦芽等,以补充维生素。兔粪便太干时,应适当增加青饲料喂量;粪便太软,则适当多喂干料,减少青饲料供给量。

3. 更换饲料要逐步进行 家兔饲粮包括多种饲料,组成相对固定。不论夏季以青绿饲料为主,还是冬季以干草或根茎多汁饲料为主,改变饲料都要逐步过渡。应先更换 1/3,过 2~3d后再更换 1/3,再过 1~2d,才能全部更换过来,使家兔的消化功能有一个逐渐适应的过程。饲料突然改变,容易引起兔食欲下降,或者因贪食过多造成胃肠疾病等。

喂家兔的饲料应经过比较严格的选择,凡是腐烂、发霉变质、打过农药或被粪便、污水、泥沙污染的草料,发芽的马铃薯、染上黑斑病的甘薯,未经蒸煮、焙烤的豆类饲料,有毒的草料等,都不能饲喂家兔。不能给家兔饮污浊的水。总之,喂家兔的饲草、饲料一定要新鲜、优质,饮水要清洁。同时,还应按照家兔的消化特点和饲料的性质,进行合理调制,以促进家兔的食欲和消化功能,防止疾病发生。

(二)家兔管理的一般原则

1. 注意卫生、保持干燥 家兔体格小,很爱干燥,但抗病力弱。因此,每天必须打扫兔笼、兔舍,清理粪便,洗刷饲料用具,勤换垫草,定期消毒(可用高锰酸钾溶液消毒用具,用 3%~5% 过氧乙酸喷洒笼、舍),经常保持兔舍的清洁和干燥,抑制病原微生物的繁殖和滋生。这是增强家兔体质、预防疾病不可缺少的措施,也是一项经常化的管理规程。

2. 保持安静、防止惊扰 家兔胆小怕惊,突然惊吓易引起母兔流产,对哺乳、配种等也会产生不利影响。所以,在日常饲养管理工作中,或者在接近兔笼、兔舍和兔群时,都要轻手轻脚,禁忌高声喧闹、众人围观,要保持安静的环境,以免家兔受惊。此外,笼舍要有防止兽害设施,还应注意犬、猫、鼬、鼠、蛇等的侵袭。

3. 合理分群、便于管理 为了有利于兔的生长发育、配种繁殖及便于管理,应按兔群品种、生产方向、年龄、性别等合理分群喂养。生长兔按年龄、性别和强弱分群饲养。种公兔、妊娠母兔、哺乳母兔应单笼饲养。对个别体弱的兔,最好单独管理、个别照顾,以促进其恢复健康。在秋末冬初应全面整顿兔群,留优淘劣。

4. 夏季防暑、冬季防寒、雨季防潮 家兔全身被绒毛覆盖,怕热、怕潮湿。夏季气温较高时,要注意防暑;冬季气温较低,特别是北方各省,气候比较寒冷,对仔兔威胁很大,要注意兔舍、兔笼的保温和防寒工作,天气晴朗时,应开启门窗通风换气,驱除有害气体。

5. 搞好疫病防制工作 除感冒、腹泻等常发疾病外,兔还可能发生多种传染病和寄生虫病。特别要做好兔瘟、巴氏杆菌和魏氏梭菌疫苗、菌苗的接种工作。在寄生虫病中,球虫病对兔的危害最大。因此,每天都要检查兔群的健康情况,发现问题及时处理。对食欲不佳、腹部膨胀、腹泻拱背的兔子要及时隔离治疗,应将病死兔集中销毁,并做好笼舍的清理、消毒工作。

(三)家兔一般管理技术

1. 捕捉方法要正确 初学抓兔者,往往只抓两个耳朵,这是不对的。耳朵主要由软骨组成,不能承担全身重量,加之耳朵神经、血管丰富,家兔会感到疼痛而挣扎,常损伤耳朵。提兔也不能单拎后腿,兔后腿发达,骨质轻脆,善于跳跃,单拎后腿时,兔会剧烈挣扎,极易造成骨折和后肢瘫痪,孕兔则易造成流产。倒拎后肢和抓背部皮肤也不对,抓住后肢倒拎势必使家兔头部挣扎向上,轻则扭伤背脊,重者可导致脑溢血而死亡;抓背部皮肤易使皮层与肉分离,且会压迫和损伤内脏而影响家兔的健康。

捕捉兔的动作要稳重敏捷。待兔较为安静时,先用手在头部顺毛抚摸,然后抓住两耳与颈皮轻轻提起,用另一只手托住兔的臀部,并使兔的体重主要落在托臀部的手上。这样做既不伤害兔,也不致兔抓伤人。

2. 正确鉴别年龄 不清楚出生日期时,可根据趾爪颜色、长短和弯曲程度,牙齿生长情况、皮板厚薄及其松弛程度来鉴别家兔的年龄。兔的门齿和爪随年龄增大而增长,这是鉴别其年龄的重要根据。青年兔的门齿洁白短小、排列整齐,老年兔的门齿暗黄、长而厚、排列不整齐,有时有破损。白色兔的仔、幼兔阶段,爪呈肉红色而尖端略发白;1岁时爪的红色和白色的长度几近相等;1岁以下,红色长于白色;1岁以上,白色长于红色。鉴别有色兔的年龄可依据爪的长度和弯曲情况。青年兔的爪较短且平直,隐在脚毛中,随着年龄的增长、爪渐露出脚毛外,露出的爪越长,则年龄越大;同时,随着年龄增大,其爪也越弯曲。白色兔的爪也有与有色兔相同之处,爪越长越弯曲则年龄越大。

此外,有经验的人也以兔的眼神和皮肤的松紧厚薄作为鉴别兔年龄的依据。青年兔的皮薄而紧,眼光明亮有神,行动活泼;老年兔则眼神发滞,行动迟缓,皮厚而松。兔的年龄鉴别只能是大概,较难做到十分准确。若需准确,最好采用刺耳号和做好记录的方法。

3. 公母鉴别 这是家兔养殖过程中常用的技术,鉴别成兔的性别并不难,鉴别仔兔或幼兔的性别则需要有一定的经验和技术。

(1)初生仔兔 主要根据阴部孔洞形状及其肛门之间的距离。用拇指与食指将阴部孔洞打开,孔洞圆形小于肛门,二者距离较远(约2mm),肛门附近还有一对褐色斑点者为公兔;孔洞为扁形,大小与肛门相似,且距肛门较近(约1.2mm),在肛门附近没有褐色斑点者为母兔。

(2)开眼后仔兔　直接检查外生殖器,其方法是,以拇指与食指呈纵向轻轻捏住外阴部,并缓慢向下揿,使露出阴部开口,开口为圆形、下为圆柱体者是公兔;开口呈"V"形,顶端前联合圆,后联合尖,且裂缝及于肛门者为母兔。

(3)青年兔(3月龄以下)　打开外生殖器,公兔呈圆柱状突起(阴茎),母兔则露出朝向肛门的阴门。

(4)育成兔和成兔　检查有无阴囊即可鉴别。

4.公兔去势　肉用公兔长到10～12周龄,毛用公兔长至3～4个月时,性活动增强,出现互相争斗与追逐母兔现象,影响增重。欲使公兔性情温驯、生长快、产毛多、省饲料、提高皮毛的质量,生产中除留种公兔外,应在2.5～3月龄时将其余公兔阉割。阉割的方法较多,下面介绍3种有效且简便的方法:

(1)皮筋缠绕法　左手捏住睾丸,右手拿一根扎发橡皮筋,在睾丸上方阴囊颈部缠绕数周,箍紧为止,阻碍血液流通。数天后,睾丸逐渐萎缩,阴囊干瘪,自行脱落。

(2)阉割法　抓住雄兔,使其腹面朝天躺着,按住四肢。用手将睾丸从腹腔中挤出,捏住不让其滑动,用酒精在准备切口处消毒。用消过毒的刀片在两睾丸中间切0.5cm的小口,用力挤,睾丸即露出,将其摘除。用酒精或碘酊涂擦消毒刀口处,3d后即可愈合。

(3)药骟法　向兔睾丸内注射MC-1药骟液,通常幼兔每只注射量0.1mL,青年兔0.2mL,成年兔0.3mL;药骟有效率为100%。此法安全简便,不分季节,用药后不需特殊处理。

二、不同生理阶段家兔的饲养管理技术

家兔在不同生理发育阶段,对外界环境和饲养管理的要求也各异,除家兔饲养管理的基本原则外,尚存在不同的要求。

(一)种公兔对饲养管理的要求

饲养种公兔,是要用它与母兔配种、繁殖仔兔,故种公兔的优劣对兔群质量的影响很大。必须加强种公兔的饲养管理,使其不过肥,也不过瘦,生长发育良好,体质健壮,性欲旺盛,配种效果好。

喂种公兔的饲料不仅要多种多样,而且要注意饲粮的营养价值与平衡。特别是蛋白质、矿物质、维生素等,对保证精液品质有重要的作用。实践证明,对精液品质不好的种公兔,若能喂予大豆饼、麦麸、花生饼以及豆科牧草(紫云英、苜蓿)等,精液质量会有显著提高。据观察,种公兔若能获得充足的蛋白质,则性功能旺盛,精液品质好,受胎率高。维生素对精液品质也有重要的作用。种公兔饲粮中缺乏维生素时,精子数量少,异常精子多。幼公兔饲粮中若维生素含量不足,其生殖器官发育不全,甚至睾丸组织退化,性成熟推迟,若能及早补给青草、南瓜、胡萝卜、大麦芽、菜叶等饲料,即可得到纠正。饲粮中缺乏矿物质,精子的形成亦不正常。要注意补加矿物质饲料,应在每天喂的精饲料中加入1～2g食盐和少量蛋壳粉或蚌壳粉等。

不仅要注意营养的全面性,还应注意营养供应的长期与持续性。精细胞的发育过程需要较长的时间,故须较长期地均衡供应所需营养物质。实践证明,饲料变更对精液品质的影响比较慢。对精液品质不佳的种公兔,若欲用优质饲粮来提高其精液品质,要长达 20d 之久,才能见效。因此,若集中在一段时间内使用种公兔配种时,应在配种前 20d 调整饲粮的配合比例。在配种期间,要相应增加饲料的喂量,如种公兔每天早、晚配种 2 次者,需增加 25％,在全日的饲料量中,应增加 30％～50％的精料。同时,宜根据配种负担,适当增加动物性饲料,以改善精液品质,提高受胎率。

此外,饲喂种公兔的饲粮中不应含大量体积过大或水分过多的饲料,特别是幼公兔。如果饲粮完全由秸秆或大量多汁饲料组成,不仅兔增重缓慢、体重小,而且品质差,这样的兔不能作种用。

在管理方面,要根据不同品种和个体的具体情况,合理使用。不要用未达到配种年龄的公兔进行配种,过早参加配种会影响公兔的发育,造成早衰。据实践观察,成年公兔 1d 可交配 2 次,连续交配 2d 后,应休息 1d。对初次参加配种的青年公兔,可实行隔日配种,配种日交配 1 次。若使种公兔连续配种,不予休息,就会降低其配种能力和使用年限。实践证明,种公兔的性活动在傍晚和清晨表现最强烈,故早、晚配种比较适宜,受胎率也较高。种公兔须一笼一兔,以防互相咬斗。公兔与母兔笼要保持较远的距离,以免异性刺激,影响性欲。要经常清扫与消毒公兔笼,使之保持清洁、卫生,防止生殖器官疾病发生。在春季换毛季节,种公兔体质较差,最好不要参加配种;夏季高温季节应停止配种,否则影响种兔健康和受胎率。

(二)种母兔对饲养管理的要求

种母兔是兔群的基础。养好母兔的目的在于提供数量多、质量好的仔兔。母兔有妊娠、哺乳和空怀三个生理阶段,要根据每个生理阶段的特点,采取相应的饲养管理措施。

1. 空怀期对饲养管理的要求　空怀期是指仔兔断乳到再次配种妊娠这段时间。经过 40～50d 的哺乳期,母兔消耗了体内大量的营养物质,身体比较瘦弱。为使其尽快恢复体力,能够正常发情,需要供给其各种营养物质。应多喂一些优质青绿多汁饲料和少量混合饲料,使母兔维持中等膘情,以便其正常发情、排卵受胎,防止不育症。对上一个繁殖期产仔多、膘情差的母兔,在配种前 15d 就应加强饲养。在生产实践中,人们往往忽视此时期的饲养管理,造成母兔不发情,受孕率低,或使胎儿发育不良等。年产 4 胎的种兔,妊娠期 30d,哺乳期 40～50d,每胎的休产期为 10～15d;年产 7 胎者,就没有休产期,在仔兔断乳前就得配种,断乳之后,紧接着就是妊娠期。家兔生产中,若母兔体质过于瘦弱,就应适当延长休产期;不要单纯追求繁殖率,忽视母兔健康,以免最终导致繁殖力下降,母兔早衰,利用年限缩短,甚至死亡。

2. 妊娠期间对饲养管理的要求　母兔由交配受胎到产仔的这段时间,叫妊娠期。一般母兔的妊娠期多为 30d 左右,但也有提前或延后 1～2d 者。对妊娠母兔饲养管理的好坏,明显影响胎儿正常发育、产仔数、仔兔初生重以及母兔分娩后的泌乳力等。应根据妊娠兔的生理特点和胎儿生长发育规律,采取正确的饲养管理措施,提供全价营养,加强护理,防止流产。妊娠前期(妊娠前 20d),因母体器官和胚胎增长速度很慢,需要的营养物质不多,饲养水平应为空怀期的 1～1.5 倍。妊娠后期(妊娠最后 10d),胎儿生长最快,胎儿增重占整个胚胎的 90％左右,必须供应充足的营养物质,以保证母体健康和胎儿的发育。供应的饲料数量要足,且必须优质,具有全价性。对于膘情好的母兔,妊娠前期以青饲料为主,到妊娠后期加喂精料,以满足胎儿的生长需要。对第一次受胎的青年母兔,妊娠初期即应逐渐增加精料,喂量要比空怀青年母兔多 10％～20％,以满足胎儿正常发育和母兔自身生长发育的需要。对膘情较差的母兔,应在空怀期间把膘抓上去,妊娠期的营养水平也应略高于其他母兔。无论采取哪一种饲养方式,临产前3~5d都要多喂鲜嫩的青饲料,减少精料,并注意饮水(每天2~3次),以防便秘或发生乳腺炎。

妊娠母兔的管理工作,主要是做好护理,防止流产。母兔流产多发生在妊娠后15~25d。引起流产的主要原因为捕捉、惊吓、挤压,或营养不足、饲喂霉烂、冰冻饲料等,或因巴氏杆菌、沙门氏菌及生殖器官疾病等。为了杜绝流产的发生,饲养妊娠母兔要一兔一笼,防止挤压;不要无故捕捉,摸胎时动作要轻;饲料及饮水要清洁、新鲜。

笼养时,产前要把消毒好的产仔箱放入母兔笼内,箱内垫放柔软的干草,让母兔熟悉。当发现母兔采食量下降,甚至停食、拉毛营巢时,应做好接产的准备。母兔分娩时,最好在兔笼门上挂一块黑布遮光。其产仔过程快,只需20min左右。分娩后,母兔都感到口渴,应及时喂给掺有少许食盐的清洁饮水或新鲜青绿饲料。应及时整理巢窝,清点仔兔,除去污草、血毛和死胎,取出母兔拔下的长毛,换上质量较差的短毛或干净的棉花。对没有拉毛或拉毛不干净的母兔,要在分娩后把其乳房周围的毛拔光,以刺激母兔乳腺泌乳和便于仔兔吮乳。

产后3d内,每日给母兔口服0.5g的长效磺胺1片,以预防乳腺炎等疾病发生。

3. 哺乳期对饲养管理的要求 母兔分娩以后即进入哺乳期,一般哺乳期为40~50d。除哺乳母兔本身的需要外,还必须保证泌乳的营养需要。泌乳期母兔营养不足时,仔兔生长发育受阻,还可能导致繁殖性能的恶性循环。

母兔分娩后1~2d,食欲不振,体质虚弱,应多喂些鲜嫩青绿饲料,少喂精料,3d后逐渐增加精料喂量,以防止母兔乳汁过多,新生仔兔吃不完,引起母兔乳腺炎。如果母兔产乳汁不足,可适当增加精料喂量,至产后1周可恢复正常喂量。

母兔产后泌乳量逐渐增加,至17~20d达到泌乳高峰,仔兔的哺乳量也逐渐增加;28d后泌乳量明显下降。在泌乳高峰期,母兔的采食量迅速增加,青绿饲料采食量可达1~1.5kg,还须提供混合精料150~200g,应有充足的蛋白质补充料。哺乳母兔每天泌乳60~150g,高产母兔可达150~250g。兔乳营养丰富,除乳糖含量较低外,其他营养成分都较高。乳蛋白质中赖氨酸含量较高,应在哺乳母兔饲粮中适当增加大豆饼等赖氨酸含量较高的饲料,其量应占混合精料的15%以上,还可添加少量(不超过5%)的鱼粉等动物性饲料。乳的形成也必需各种矿物质和维生素。母兔从乳中排出大量钙、磷,若饲粮供应不足,母兔过度动员骨骼、牙齿中的钙、磷来泌乳,可能引起瘫痪症,所以应注意在饲料中补充。如果饲喂颗粒饲料,可任兔自由采食,同时提供充足、清洁的饮水。

在哺乳期内,要经常检查母兔的哺乳情况,若母兔泌乳旺盛,仔兔吃饱后,腹部胀圆,肤色红润光亮,安睡不动。如果仔兔乱爬乱抓,有的还发出"吱吱"的叫声,就要检查母兔是否有乳。若有乳而不喂,就要进行人工辅助喂乳,一般训练3d后,母兔就会自动喂乳。如果母兔无乳,要立即给母兔喂豆浆、米汤或红糖水及鲜蒲公英等多汁饲料,也可喂"催乳片",每日2次,连服3~4d,均可奏效。若发现母兔乳房中有硬块,乳头上出现肿胀,就要及时治疗,以免引起仔兔患脓毒败血症或黄尿病等。应按照仔兔的周龄,及时调整母兔的饲料喂量。分娩后,分别称母兔、仔兔体重;哺乳前3周,每周称重1次。若仔兔1周龄体重比初生体重增加1倍,第三周又在第二周的基础上增加1倍,母兔体重也无下降现象,说明仔兔生长良好;反之,则说明饲料配合不当,应立即增加营养丰富的饲料。

还可根据仔兔的粪便来调整母兔的饲粮。开眼前仔兔所食乳汁大部分被吸收,粪尿很少,说明母兔的饲养比较正常；若巢内尿水很多，说明母兔的饲料含水分太多；若仔兔粪多，则说明饲料水分太少。母兔产仔后的哺乳时间，多数是 1d 2 次，即早、晚各 1 次，中间相隔 12h。但也有 1d 定时哺乳 1 次的母兔。以后将随着仔兔日龄的增加，母兔的哺乳次数也随之增加。

此外，在哺乳期间，要注意防止母兔患乳腺炎。比较好的办法是：在产前 2～3d，减少混合精料，补加青绿多汁饲料，待产后 3～4d 时，再逐渐增加精料；同时，每天喂给磺胺噻唑和苏打片，根据母兔的大小，可投给磺胺噻唑 0.3～0.5g，苏打 1 片，每日 2 次，连喂 3d。

要注意笼舍清洁卫生，保持干燥。产仔箱不清洁或有异味，有可能使母兔产生扒窝现象，扒死仔兔，有的甚至咬死仔兔。遇有这种现象，应将仔兔取出，清理产仔箱，更换垫草垫料。产生乳腺炎的原因，除饲料变质、乳汁过多外，还与乳房受机械损伤有关，如乳头被仔兔咬破或产仔箱、兔笼等锋利物划伤等都可引起乳腺炎。患有乳腺炎的母兔不再哺乳，应及早发现、及时治疗。

(三)仔兔对饲养管理的要求

从出生到断乳的小兔称为仔兔。

1. 不同阶段的饲养管理要点　依仔兔生长发育特点可分为睡眠期和开眼期，不同阶段的饲养管理要求不同。

(1)睡眠期　仔兔从出生到 12 日龄左右，全身无毛，耳孔闭塞，眼睛紧闭，除了吮乳就是睡觉，故称为睡眠期。这一时期的工作重点是抓早吮乳，吃足乳。仔兔出生后从母乳摄取营养，但须自身进行体温调节。而此时仔兔大脑皮层发育不完善，调节体温的功能差，神经反应迟钝，加之周围环境中无数致病微生物的侵袭，仔兔抵抗力差，如果不很好地护理，很容易发生死亡。

仔兔在睡眠期的代谢非常旺盛，食入的乳汁大部分被消化吸收，很少有粪排出；只要能吃饱乳、睡好觉，就能正常发育。睡眠期仔兔生长发育快，初生重仅 50～60g，1 周龄体重可增加 1 倍，10 日龄体重可为初生重的 3 倍。出生后，应尽早让仔兔吃上初乳，吃足乳。若母兔乳汁不足，仔兔经常处于饥饿状态，生长发育不好，死亡率高。尽管仔兔在胎儿期已从母体获得抗体，但兔乳营养丰富，仔兔生长发育快，应使仔兔在出生后 5h 之内吃上乳。对不会吮乳的仔兔和母兔不哺乳的(特别是初产母兔)，应及时查明原因，用人工方法强制哺乳。

母兔初乳的营养价值很高，并含有丰富的抗体，还能帮助排泄胎粪，所以应让仔兔及时吃到初乳。若发现母兔产仔后 4～5h 不去喂乳时，要进行人工强迫喂乳。即把母兔仰面固定，露出乳头，防止踏伤仔兔，再把仔兔对好乳头，这样即可哺乳；1d 辅助哺乳 1～2 次，训练几天后母兔就可以自动喂乳了。还可把母兔伏在巢箱上，用手轻捉母兔的背部，使仔兔能在腹下吮乳，亦可防止母兔踩踏仔兔。据作者实践，两种方法均可奏效。另外，每天要检查仔兔吮乳的状况。

对产仔太多，或母兔乳汁少，超过母兔哺育能力的，应实行寄养。选择健康、乳汁多、产仔少和分娩时间相近的母兔作为寄母。在拟寄养的仔兔身上涂以寄母乳汁，或者将寄养仔兔与原窝仔兔同放入一个窝内任其密切接触，数小时后再让寄母哺乳。寄母嗅不出异味，即可获得寄养成功。

(2)开眼期　仔兔出生后 10～12d，眼睛就能全部睁开，但也有少数仔兔仅能睁开一只眼睛，另一只眼睛有眼眵粘住，必须及时用棉花蘸温水洗去眼眵，分开眼睑，协助睁眼。从开眼到断乳这一阶段叫开眼期。

仔兔开眼之后，精神振奋，在巢箱内来回蹦跳，数日后便跳出巢箱，叫做出巢。仔兔出巢的迟早，依母乳多少而定，母乳多的出巢迟，母乳少的出巢早。这时仔兔体重日渐增加，母兔的乳汁已不能满足仔兔的需要，常紧追母兔吸吮乳汁。所以，这一时期也叫追乳期。这个时期的仔兔要经历一个从吮乳到采食植物性饲料的变化过程，对仔兔是一个剧烈的转变。由于仔兔的消化系统发育尚不全，如果转变太突然，容易造成死亡。所以，此时期的工作重点，应放在仔兔的补料和断乳上。实践证明，这项工作做得好，可促进仔兔健康生长；否则，会导致仔兔死亡。

仔兔从16～18日龄即开始吃料。此时仔兔生长发育更快，母兔泌乳量逐渐达到高峰，光靠母乳已不能满足仔兔需要。因此，无论从仔兔生长发育需要，还是从母兔泌乳特点来看，都应在母兔泌乳高峰到来之前开始给仔兔补料。仔兔16～18日龄时，就可喂给少量新鲜、优质、易消化、营养丰富的饲料，如麸皮、豆渣、煮熟的大豆、胡萝卜及鲜嫩青绿饲料等。此时仍以吮乳为主，吃料为辅；往后逐渐增加投喂量，到1月龄以后则转为吃料为主、吮乳为辅。

开食后，仔兔最易患消化道疾病，应保持笼舍清洁干燥，饲料品质要好，并保证供给充足、洁净的饮水。

2. 提高仔兔成活率的措施

（1）人工哺乳 在同窝仔兔中，因乳头数不足或抢不到好的乳头，而使有的仔兔吃不饱乳、发育瘦弱时，可单独训练哺乳，或者实行人工哺乳。

用5～10mL的玻璃注射器或眼药水瓶，在管的一端安一节自行车气门芯，即成了仔兔的哺乳器。使用前要煮沸消毒，每次用后都要及时冲洗干净。人工哺乳时应注意乳汁的浓度、温度和喂量。若喂给牛、羊的鲜乳，最初可混入1～1.5倍的水，1周后可混入1/3的水，半个月后可喂全乳。应根据粪便情况，随时调节乳的浓度，喂豆浆时应加入少许食盐，温度保持在37℃～38℃为宜。每日哺喂1～2次。喂时，左手握住仔兔，右手持乳瓶，将橡皮管塞入仔兔嘴里，将乳瓶放平，使仔兔吸吮均匀。若发现仔兔吸吮费力时，右手可轻压橡皮管，使乳汁慢慢滴入仔兔嘴里，用力不可太大，以免乳汁误入气管，呛死仔兔。每次的喂量以吃饱为限，但乳汁切勿过浓，以防消化不良。

（2）夏天防暑、冬天防寒 仔兔出生时体表无毛，体温随着外界温度的变化而改变。冬季和春季气温偏低，特别是北方各省，兔舍内需进行保温。在南方各省，可关闭门窗、挂草帘、堵风洞，或拉起塑料薄膜作挡风墙，防贼风吹袭，以提高室内温度。巢箱内放置干燥松软的垫草，或铺盖保暖的兔毛，保持箱内干燥温暖。若有条件，最好设立仔兔哺育室，使母仔分开（母仔间有小洞相通，洞口设有插板，能自动关闭，室外安装笼门，检查方便），按时将母兔放入哺乳。仔兔在哺育室内安全、温暖。

在冬季，北方各省大多停止配种繁殖。近几年来，因养兔业发展的需要，冬繁仔兔的现象日渐普及，采取的保温方式多种多样。设备好的兔场或养兔户，在舍内设置取暖保温设备，使笼养兔群正常繁殖仔兔。规模较小、设备较差的养兔单位或养兔户，多在分娩时临时将母兔移至温暖的房间，甚至饲养人员的住房，待产仔后让母兔回到原来的笼、舍，将仔兔放在纸箱、箩筐或木箱里，用棉花或兔毛盖好，哺乳时将母兔放入仔兔处。待仔兔睁眼、被毛长全、抗寒能力增强后，再与母兔放在一起，自由哺乳。此种方法简便易行，仔兔成活率高，颇受养兔户的欢迎。

夏季天气炎热，阴雨天较多，蚊蝇猖獗，仔兔因出生后无毛易被蚊蝇叮咬。在夏天，最好将巢箱放在安全的地方,用纱布遮盖,注明母兔号码,按时送进笼内哺乳。并做好室内通风、降温工作。

(3)防止鼠害　出生后1周内的仔兔易遭鼠害。消灭老鼠,是兔场和养兔户的一项重要任务。防止鼠害的方法有:下毒饵于洞穴;养猫,但也要防止猫吃兔;夜间把仔兔箱放到安全的地方,早晨再放回母兔笼吮乳等均可。

(4)防止感染球虫病　患有球虫病的母兔,虽本身未达到致病程度,但可使仔兔消化不良、腹泻、贫血、消瘦,死亡率很高。要注意笼内清洁卫生,及时清理粪便,经常清洗或更换笼底板,并用开水浇或日光晒等方法杀死卵囊。要保持室内通风干燥,使卵囊没有适宜的条件孵化成熟。经常在饲料中混入一些葱、蒜等物,增强兔肠道的抵抗力。如发现粪便异常,要及时采取药物防治措施。

(5)防止发生黄尿病(仔兔急性肠炎)　出生后1周以内的仔兔易发生黄尿病。这是仔兔吃了患乳腺炎母兔的乳汁而引发的急性肠炎,排出腥臭而黄色的稀粪,沾污后躯被毛,即所谓仔兔黄尿病。防制此病的方法,主要须保证母兔健康无病,饲料卫生、清洁,笼内通风干燥。应经常检查仔兔的排泄状况,若仔兔精神不振、粪便异常,要立即采取防制措施。

(6)防止仔兔吊乳至箱外　泌乳量不足的母兔,往往在仔兔还未吃饱时,就突然起身跳到巢箱外面,这时有的仔兔仍咬住乳头不放而吊于箱外。如不及时收回到箱内,因仔兔体表无被毛、气温低,很快就会冻死。因此,要注意巢箱的高度,一般不应低于18cm,并及时做好检查工作。

(7)防止仔兔窒息或残疾　长毛兔产仔做巢时拔下的长毛,受潮湿和挤压后就结毡成块,难以保温。另外,由于仔兔在巢箱内爬动,容易将细毛拉长成线条,这些线条若缠结在仔兔颈部,就会使仔兔窒息而死,若缠结在腿部可引起仔兔残疾。因此,应将长毛兔拔下的营巢长毛及时收集起来,改用短毛兔的毛垫窝。短毛蓬松、保温,又不会缠结。平时还可以收集起来放在阳光下晒干消毒,除去气味,贮存备用。

(8)注意清洁卫生　应经常保持笼舍清洁、干燥,通风良好,应随时更换巢箱垫草。定期消毒笼舍,尤其是经常换洗、消毒笼底板,以防感染球虫病。

3. 断乳　仔兔断乳时间,低水平饲养条件下为40～50日龄,在集约化、半集约化条件下为28～35日龄。我国仔兔大多在40～45日龄断乳,这时仔兔体重为500～600g,大型品种的仔兔可达到1000～1200g。断乳时间和方法对仔兔今后的生长发育影响很大,如不采取特殊措施,断乳愈早,死亡率愈高。但断乳时间过迟,又会影响下一个繁殖周期。

断乳方法有一次断乳法和分期断乳法。若全窝仔兔生长发育匀称、体质强壮,可采取一次断乳法,即在同一天将母兔、仔兔分开饲养。在2～3d,只喂给断乳母兔青粗饲料,停喂精料,使其停乳。如果全窝体质强弱不等、生长发育不均匀,可采用分期断乳法,可先将体质强的仔兔分开,体弱者继续哺乳,几天后视情况断乳。如果条件允许,也可采取捉走母兔的办法断乳,防止环境骤变对仔兔产生不利影响。

(四)幼兔的饲养管理

从断乳至90日龄的小兔,称为幼兔。幼兔期生长发育快,食欲旺盛,消化力强;对疾病的抵抗力和环境的适应能力差,容易得病,死亡率高。

刚断乳时,应保持断乳前的饲养、环境与管理等条件;隔开母兔,让仔兔仍留在原来的兔笼,可减少仔兔对新环境的应激反应。对刚断乳的幼兔,仍喂给断乳前的饲料,要求容积小、营养好和易消化。随着年龄的增长而逐渐改变饲料,但不要突然改变,数量以吃饱为宜,防止贪食而引起消化道疾病。选作种用的后备兔,还要注意防止过肥。

仔兔断乳后经过短时间的适应后转入幼兔群,分群时可按窝分成小群或按日龄、强弱和大小分开饲养,每小群 4～5 只为宜。幼兔阶段易发病,特别是球虫病发病率和残废率都较高。为了预防球虫病,断乳后普遍投给磺胺二甲基嘧啶,按精料 1% 的比例混入喂给。同时,要保持笼舍的清洁卫生、干燥。

(五)育成兔的饲养管理

3 月龄到初配这一阶段的兔称为育成兔。这一时期的特点是,消化系统得到进一步锻炼,吃得多,生长快,骨骼系统的生长尤甚,死亡率较低;生长发育良好的育成兔,6 月龄时体重可达到 3kg 以上。因此,必须保证各种营养物质的供给,尤其要注意矿物质的补充。应以青粗饲料为主,适当搭配精料,但不能喂得过肥或过瘦,以免影响种用价值。

3 月龄以后的兔逐渐达到性成熟,进入初情期。为防止早配、乱配,要将育成兔按性别分开,进行小群饲养,每小群 2～3 只,有条件的可一兔一笼,防止斗殴。初配前进一步做发育鉴定,合格者入繁殖群,不合乎种用的划入生产群。

三、不同用途家兔的饲养管理要点

(一)商品肉兔饲养管理要点

肉用家兔产肉性能较高,其生产管理的目的就是要多产仔、多产肉,提高经济效益。常规饲养管理与前述相同,应重点注意以下几点。

1. 母兔的繁殖制度　母兔的繁殖制度一般有三种,即传统繁殖法、半频密繁殖法和频密繁殖法。饲养户要根据自己的管理技术水平选择繁殖制度。

传统繁殖法,是在仔兔断乳后进行配种,一般仔兔断乳日龄为 35～45d,有的甚至更长。

半频密繁殖法,即在母兔产仔 10d 左右(8～14d)配种。仔兔断乳可在 26～30 日龄进行,一般在 28 日龄(4 周)断乳。

频密繁殖法就是母兔产仔后的 1～3d 配种,仔兔断乳在 24～27 日龄进行,一般为 25 日龄。

密集繁殖制度要求饲养者管理技术水平高,对上述每个饲养管理技术环节都要精心安排,对母兔和仔兔的饲养管理技术水平要求更高。母兔养得过肥和过瘦都不利于配种,仔兔饲养技术水平低则死亡率高,生长速度慢,影响经济效益,即失去了频密繁殖的意义。

繁殖结果的好与坏,直接影响养兔者的经济效益,一般以每只母兔每年提供的断乳兔总数,来判断母兔是否得到最佳利用。该指标取决于配种率(%)、情期受胎率(%)、每胎产仔(活的或死的)总数、每胎活仔数、产仔间隔时间、产仔和断乳期间的仔兔死亡率(应把头 3～4d 仔兔的死亡率计算在内)。另有两个重要指标,一是 30d 断乳时仔兔的体重,它一定程度上决定着肥育期间的生长速度;另一个是断乳兔平均每 kg 体重的饲料消耗量(包括母兔、仔兔和公兔的饲料消耗量)。断乳仔兔的数量指标与饲料的节省程度直接有关,对生产成本起着不可忽视的作用。将以上繁殖指标参数列于表 10-20,供参考。

表 10-20　繁殖参数(加框的为重要的指标)

生产指标	最低水平	最佳水平
每只母兔每年断乳兔总数(只)	40	50
每只母兔笼每年断乳兔总数(只)	45	55
配种率(%)	70	85
情期产仔率(%)	55	85
每胎产仔数(只)	8	9
每胎产仔的存活数(只)	7.5	8.5
每个母兔每年的仔胎数	6	7.5
两次产仔间的间隔时间(d)	60	50
产仔和断乳之间的死亡率(%)	25	18
每窝断乳兔数(只)	6	7
怀胎期断乳的兔数(只)	6.5	7.5
30d 断乳仔兔的重量(g)	500	600
断乳仔兔每 kg 重的饲料消耗(kg)	4.5	4.0
每月淘汰的母兔(%)	8	5

2. 肉兔育肥　育肥是肉用和皮肉兼用品种兔用于兔肉生产的最后环节。其目的是生产大量的优质兔肉。在肉用兔出售之前,用最少的劳力和饲料进行育肥,获得大量优质兔肉是比较经济的。据测定,在短期育肥期间,脂肪可增加 500g 以上,并且还可以生产品质优良的兔皮。用于肥育的兔有两种,一种是专供育肥的幼兔,另一种是淘汰的种兔。

(1)育肥幼兔　用于育肥的幼兔,可以是纯种或兼用种的后代,也可以是杂种一代兔。在养兔发达的国家,像集约化养鸡那样,采用专门化品系进行肉兔生产。

(2)育肥淘汰种兔　可将淘汰的种兔经过短时期肥育再出售。是否进行肥育,视具体情况而定,过肥过瘦者都不宜再进行肥育。对过肥的淘汰种兔,停止繁殖后饲养一段时间可直接上市。膘情过差的也不必再肥育,对其催肥需要较长时间,消耗较多的饲料,经济效益不高,应将其尽早淘汰、上市。肥育淘汰种兔,应选择肥度适中的兔,经过 1 个月左右的肥育,体重可以增加 1kg 左右。

(3)育肥兔的生长发育和饲料效率　前已述及,家兔生长发育很快,以新西兰白兔为例,出生后生长率虽低于出生前,但仍很迅速。仔兔初生时体重仅 50g 左右,3 周龄可达 450g。在以乳为唯一饲料时(初生至 20 日龄),日增重 10~20g;8 周龄以后,生长速度开始下降,至 10~12 周龄生长曲线变平。

随着体重增加,单位增重所需饲料量则相应提高,饲料转化效率随之降低。3 周龄时,饲料转换率为 2∶1;8 周龄降至 3∶1;8 周龄以后,饲料转换率急剧下降,10 周龄时约为 4∶1;12 周龄时降至 5∶1。为了经济有效地生产兔肉,在养兔业发达的国家(如法国),商品肉兔通常

10周龄达到2.4kg,11周龄达到2.5～2.7kg。

商品兔生产中,有传统方法饲养与集约化饲养之分,采用传统方法饲养时,通常在3月龄体重达到2.5kg时上市较为适宜(表10-21)。

表10-21 胴体与活重的关系

月 龄	活重(kg)	带头胴体重(kg)	屠宰率(%)
2	1.53	0.84	55
3	2.50	1.45	58
4	3.15	1.92	61
5	3.65	2.30	63
6	3.96	2.46	62

3. 育肥技术

(1)品种 肉用品种优于兼用品种,杂种一代兔优于纯种兔,采用专门化品系培育的商品兔优于纯种。因此,根据饲养管理条件和技术水平,选用不同的品种进行肥育,是提高肉兔生产经济效益的重要措施之一。

(2)饲粮 肥育可分前期和后期两个阶段,采用传统的饲喂方法,即以青粗饲料为主适当搭配精料的方法。前期以青粗饲料为主、精料为辅,使消化功能得到锻炼,进入肥育后期(上市前20～30d)逐渐增加精料的喂量,但粗纤维不能低于10%,以免引起消化紊乱。肥育期饲料品种要相对稳定,不要轻易改变饲料的组成。

用全价饲料肥育肉兔,其效果显著优于单一饲料。在进行饲料配合时,应至少用3种以上的饲料,且要求营养符合需要。在养兔发达的国家,通常采用全价颗粒饲料饲喂商品肉兔,肥育效果更加明显。

(3)饲喂方法 通常有两种饲喂方法,一种是限制饲喂法,另一种是自由采食法。传统肥育大多采用限制饲喂法,青粗饲料和精料交替投喂,定时定量,使家兔养成按正常规律采食的习惯。集约化或半集约化条件下,多采用全价颗粒饲料或粉料自由采食,肉兔增重快,饲料效率高。采用颗料饲料喂兔时,要特别注意饮水的供给。除按需要供给营养外,限制兔运动(刚断乳的幼兔可适当运动)有利于肥育。

(4)温度与光照 适于肥育的环境温度为5℃～25℃,低于5℃或高于25℃都不利于育肥。减少光照,可改善肥育效果。

(5)去势 用幼兔作为肥育兔饲养,可不用去势。若用成兔肥育,施行去势可改善兔肉品质和提高肥育效果。

4. 育肥指标 通常用生长速度、饲料消耗(生产1kg商品兔肉所需饲料的kg数,简称料肉比),肥育期限(活重达2.5kg即可以出售)、屠宰率(胴体重和宰前活重之比)、死亡率(断乳到屠宰)作为评定肥育效果的指标(表10-22)。

表 10-22 肥育指标

生产指标	最低水平	最佳水平
生长速度（g/d）	33	38
饲料消耗（kg/kg）	3.5	3
屠宰日龄（d）	80	75
屠宰率（%）	58	62
死亡率（%）	7	4

（二）毛兔的饲养管理要点

除以上介绍的管理技术外,长毛兔的饲养管理还应注意以下几点。

1. 遗传 长毛兔产毛性能遗传力较高。也就是说,产毛性能高的长毛兔,该优良性状遗传给后代的可能性也大。因此,可望通过不断选择来提高长毛兔的产毛量。

2. 体型与兔毛密度 体型大的长毛兔产毛量一般高于体型小者,因体型大者皮肤表面积也大,着生的兔毛也多;但也不完全如此。若体型大而兔毛稀疏,产毛量不一定高。相反,兔体型虽小,但被毛密度大,产毛量也不一定低。因此,选种时要兼顾体型和被毛密度。

在饲养实践中,饲养体型较大的兔较为合算。不论体型大小,每兔都得独占一笼,体型大者虽饲料消耗多,但产毛量高。

3. 性别 母兔(非繁殖用)比公兔产毛量高 25% 左右。据报道,法国多用母兔产毛,而将公兔淘汰。将非种用公兔去势可使产毛量提高 13%。

4. 营养水平 长毛兔是产毛量很高的动物,营养水平对兔毛的生产影响很大。营养不足,生长发育受阻,体质下降,影响其产毛量。饲粮中蛋白质充足、氨基酸平衡,可促进毛囊生长和提高单位皮肤面积毛囊数,增加兔毛直径和密度,从而提高毛兔产毛量。长毛兔每 3 个月剪毛 1 次。剪毛后第一个月因散发大量热能,食量显著增加,每天喂 190～210g 颗粒饲料;第二个月毛生长速度最快,要保证供应足够的营养,每天每兔喂 170～180g;第三个月因毛长体表散热减少,毛的生长速度减缓,食量也相应减少,每天每只兔颗粒饲料喂量为 140～150g。

含硫氨基酸水平对产毛量有明显影响,一般要求蛋氨酸、胱氨酸水平占饲粮的 0.7%。

5. 剪毛间隔 剪毛间隔短的比间隔长的产毛量高。兔毛每天平均生长速度为 0.7mm,而剪毛后的 60d 内平均生长速度为 0.81mm,60～120d 仅 0.57mm。以兔毛生长 80～90d 剪毛为宜。2 月龄幼兔正处于换毛期,其新陈代谢旺盛,需要营养物质较多,但其消化功能尚不能很好地适应植物性饲料,从饲料中摄取的营养物质还不能满足其生长发育和长毛的需要,故不宜剪毛过早,否则会引起幼兔死亡。40～45 日龄断乳的长毛兔,应在满 70～80 日龄时再剪胎毛。母兔临近分娩时不要采毛,以免营养供应不及时而影响胎儿发育。可安排母兔在配种时采毛,至分娩时兔毛较短,便于仔兔吮乳。冬、春季节,要选择晴暖的中午剪毛,剪毛后要注意防寒保温,精心喂养,防止冻害。夏季要注意防止剪毛后兔体受太阳光直射。

平时要及时清除笼中或混入饲料中的兔毛,防止因食入兔毛引起毛球病。疥癣病可使产毛量降低 10% 左右,并使兔毛品质变差,发现病兔要及时隔离治疗。

6. 季节 季节影响的主要因子是环境温度,环境温度高则采食量下降,饲料效率不高,产毛量随之下降；环境温度低，采食量增加，加之自身体温调节的本能反应，使饲料效率提高，产毛量增加。长毛兔的产毛量有着明显的季节变化（表10-23）。

表 10-23 产毛量季节性变化

季 节	春	夏	秋	冬
产毛量（%）	27.22	17.59	23.42	31.77
优级毛（%）	75.71	47.38	57.79	84.72

7. 光照 据试验，采用人工光照可以提高产毛量，其结果如表10-24所示。

表 10-24 光照对产毛量的影响

组 别	试验只数	平均每天产毛量（mg/60cm²）		
		1～14d	14～21d	35～132d
自然光照	6	215	488	295
黑 暗	6	26	94	263
灯 照	6	121	671	2209

8. 繁殖与产毛量的关系 兔毛生长限制了体温调节，对繁殖力有着明显的影响。长毛兔繁殖力低与产毛量高有一定的关系。在公兔配种前应将阴囊周围的毛剪短，有利于提高毛兔繁殖力。另据观察，缩短配种公兔的剪毛间隔，可以改善繁殖性能。

9. 长毛兔特殊管理技术 长毛兔在管理上同其他兔种既有共同处，但又有区别。其主要产品是兔毛，为获得体型大、毛绒浓密和产毛量高的兔群，除一般的科学饲养管理外，还必须采用特殊的管理技术——梳毛、剪毛和拔毛。

（1）梳毛 梳毛是长毛兔管理中的一项经常性工作，也是采毛的一种方式。因长毛兔兔毛柔软、细密、含脂率低，遇湿、遇热容易毡结。梳毛目的是梳掉毛中杂质，防止兔毛毡结，提高兔毛质量。仔兔断乳后开始梳毛，以后每隔10～15d 1次。成年兔每次剪毛后，长到3.3cm左右开始梳毛，以后隔15d左右1次。梳毛的方法是将兔放在剪毛台或小桌上，左手轻握两耳，右手用梳子按顺毛方向自上而下梳通。梳毛的顺序是从颈部开始，即颈、两肩、背部、两侧、臀部、尾部，然后提起两耳梳下颚、前胸、腹部、大腿两侧、脚，最后梳理额和耳毛。一次梳毛时间约3min。如有毡结毛，用手撕开再梳，不能撕开的用剪刀剪去毡块。梳毛要慢，不可猛力硬梳。将梳下的毛按长短、疏松度分别装放，以便分级出售。

（2）剪毛 剪毛是采毛的重要方法，一年四季都可以使用。剪毛时，先将毛兔放置在剪毛台上，左手抓住家兔两耳，右手持剪刀，先从兔臀部被毛开剪，沿背部中线至后颈部，然后再剪体躯左右两侧及头部、臀部和腿部的毛，最后剪腹毛。

在剪毛过程中应注意以下几点：第一，剪刀要放平，紧贴毛根一刀剪下，切忌剪二刀毛，更不要去修剪；第二，应将被剪部位的皮肤绷紧，以免剪伤皮肤。尤其剪腹部毛时应特别小心，切不可剪伤母兔的乳房和公兔的阴囊。若剪伤皮肤，要及时用碘酊消毒；第三，要留下妊娠母兔的腹部毛，以备营巢需要。不宜给妊娠后期的母兔剪毛，以防流产；第四，应选晴天和在无风处进行剪毛，并搞好笼舍的保暖工作，以防家兔感冒；第五，应将剪下的毛按等级标准分别存放。

剪毛的优点是速度快，节省时间，剪一只兔毛只需5～10min（技术熟练者仅用4～5min），费力小，对兔子无不良影响。缺点是毛较短，易产生二刀毛。

（3）拔毛　拔毛的优点是能够取长留短，提高兔毛的商品等级；缺点是花费工时。

拔毛时将毛兔放在台子上，先用梳子梳顺被毛，左手保定好家兔，右手的食指、拇指和中指把符合规格的长毛一小撮一小撮地拔下；多采用拔长留短，即拔下长毛，留下短毛继续生长。一般30～40d拔1次毛。在换毛季节和冬季适宜拔毛。幼兔皮肤嫩，第一次采毛不宜用拔毛，妊娠及哺乳母兔、配种公兔亦不宜采用。

（三）皮兔饲养管理要点

皮兔品种多，如獭兔、银狐兔、玄狐兔、亮兔和哈瓦那兔等。其中以獭兔最著名，与其他皮兔相比，在我国饲养较多。饲养獭兔的最终目的是用其毛皮，商品獭兔的饲养管理直接影响毛皮质量，进而影响经济效益。以下主要介绍商品獭兔饲养管理要点及与毛皮质量等方面的关系。

1. 掌握獭兔毛皮生长规律

（1）皮毛类型　獭兔被毛的特点是绒毛含量高，短密柔软，枪毛含量低。若一张獭兔皮上枪毛含量过高，且突出于绒毛面，就失去了獭兔毛皮的特点。

（2）取皮年龄　通常，成年兔皮的质量比幼龄兔皮和老龄淘汰兔皮要好。4月龄前的幼龄兔，绒毛不够丰满，胎毛褪换未尽，毛粗绒稀，板质轻薄，商品价值不高；5～6月龄的成年兔，绒毛浓密，色泽光润，板质结实，厚薄适中，质量最佳；老龄兔皮板质厚硬、粗糙，绒毛空疏、枯燥，色泽暗淡，商品价值很低，且毛皮品质随产仔胎次增加而逐渐下降。青年兔最好在第一次年龄性换毛之后、第二次换毛之前（5～6月龄，体重2.5kg左右）宰杀取皮，皮张面积基本可达0.11m²，其毛皮的物理机械性能可达到国家部颁标准，优良一级毛皮比重较大。从毛皮成熟度而言，养到第二次年龄性换毛后更佳，但延长2个月的饲养期将会大大增加饲养成本，降低经济效益。第二次年龄性换毛多在6月龄左右开始，8月龄结束，换毛持续时间较长，且受季节影响较大。

（3）取皮季节　取皮应避开獭兔的换毛季节。季节不同，皮板与毛被的质量也不同。獭兔在完成两次年龄性换毛后，就转入了季节性换毛（一般在春季和秋季）。换毛期取的皮，毛皮质量最差，绒毛长短不齐，极易脱毛，故不取换毛皮。

成年兔的春季换毛，北方地区多发生在3月初至4月底，南方地区则为3月中旬至4月底；秋季换毛，北方地区多在9月初至11月底，南方地区则为9月中旬至11月底。季节性换毛的持续时间与季节变化有关，一般春季换毛持续时间较短，秋季换毛持续时间较长。剥皮季节最好选择在秋末或冬季，要少剥春皮，禁剥夏皮。

2. 繁殖与配种　一般獭兔1年内繁殖4～5胎为宜，每窝仔兔数宜控制在6～7只，超过部分可让产仔数较少的兔代乳。

獭兔生长迅速。饲养3个月的獭兔体重能达到成年兔体重的1/2，7～8月龄即能达到成年兔体重，可进行正常繁殖。獭兔4月龄时性成熟，7～8月龄时达到体成熟。不应在未达到体成熟时，过早配种繁殖。

3. 饲养管理与缺陷皮　饲养管理对毛皮品质影响很大。营养良好的獭兔皮，毛绒丰富，色泽光润，板质厚实。但是，营养过度则会导致皮下脂肪贮积过量，影响皮板质量。营养不良，如蛋白质、矿物质、维生素缺乏，常导致短芒和引起毛纤维强度下降，被毛褪色、脆弱，甚至产生褪毛现象；还会引起獭兔生长受阻，体型瘦小，致皮板面积达不到等级皮要求。尤其是獭兔换毛期间体质较弱，消化能力降低，对气候环境的适应能力也相应减弱，容易受寒感冒。因此，换毛期间应加强饲养管理，供给易消化、蛋白质含量较高，特别是含硫氨基酸丰富的饲料。在生产中，饲养管理不当和疾病造成的缺陷皮，主要有尿黄皮、伤疤皮和癣癞皮等。

（1）尿黄皮　因笼舍潮湿，卫生条件差，使兔腹部及后躯被毛被粪尿污染成棕黄色。轻度污染（仅危及毛尖）者影响皮张外观；严重污染（腹毛呈深棕色）者被毛脆弱易断，降低制裘价值。

（2）伤疤皮　因兔在群养中互相撕咬斗殴，损伤皮板，伤口感染溃烂，愈合脱痂后成伤疤。轻者毛绒不够平整影响外观，重者因伤及皮层，制裘后多出现孔洞。

（3）癣癞皮　因栏舍等饲养环境不良，兔体染有疥癣、兔虱等寄生虫。患疥癣的獭兔，被毛粗乱，缺少光泽，甚至皮肤结痂，被毛成片脱落。患有兔虱的獭兔，被毛粗乱、脆弱，缺少光泽。

另外，笼舍通风不良、氨气浓度过高、阳光直射和潮湿等，均可导致被毛色泽减退、品质下降。其他条件基本相同时，同龄公、母兔相比，公兔皮总比母兔皮的张幅大、皮板厚，但毛绒要比母兔皮粗糙，板质也较松弛，尤其是性成熟后的种公兔板质更差一些。青年母兔的皮张品质相对较同龄公兔皮好，但产仔后的母兔皮质明显下降，且母兔产仔越多，皮张越瘦薄，纤维组织越松弛，质量也越差。

4. 催肥　冬季是取獭兔皮最好的季节。取皮的具体时间在小雪到冬至之间。为取得好皮，可以通过短期（约 1 个月）的催肥，迅速达到改善皮张质量、增加产肉数量、提高经济效益的目的。催肥的措施有改善饲料品质、公兔去势和限制运动等。

第十一章　犬的营养与标准化饲养

第一节　犬的营养需要与参考饲粮配方

犬是人类最早驯养的动物之一,从原始狩猎时代到现代化的今天,数千年来犬对人的生产、生活做出了特殊的贡献,成为人类亲密的朋友,深得人们的喜爱。通过人类大量的育种工作,现今世界上已有 300 多个犬品种,它们体型大小悬殊,外貌千差万别,用途各异(有伴侣犬、玩赏犬、工作犬),饲养方式多样,饲养管理上也各有独特的要求。因此,在字数有限的一章中难以涵盖各类犬的标准化饲养问题。但它们具有共性,即均属肉食动物,在长期驯养下也渐渐增强了杂食性;故犬对蛋白质消化能力比较强,亦可有效利用多种养分。杂食性这种能力使犬能从来源广泛的各种食料中获得蛋白质、脂肪、碳水化合物、矿物质与维生素等,满足其对能量和多种营养物质的需求。本章正是从犬的共性入手,叙述其营养需要与标准化饲养。在实际饲养中,养殖者还须参考有针对性的资料,考虑犬的品种特性、年龄、体重、健康状况、运动量等,喂以营养全面、比例均衡、加工合理的犬用饲粮,并给予相应的管理与训练。

一、犬的生物学特性

(一)犬的生理特点

犬是高等哺乳动物,在漫长的生物进化进程中,形成了犬类动物共有的生理特点。了解这些特点对科学饲养犬有积极的意义。

1. 大脑发达　犬脑的形状圆而短,其重量因品种、年龄而有别,一般为 30～150g,占犬只体重的 1/40～1/30,脑灰质与脑白质之比为 61.1：38.9。所以,犬的大脑皮层很发达,整个中枢神经系统的功能都处于大脑皮层的控制之下。按个体基本神经活动过程的特征,可将犬的高级神经活动分为以下四种类型:

(1)兴奋型　这类犬的特点是兴奋过程相对比抑制过程强,表现急躁、暴烈,不易受约束并带有攻击性,能迅速建立条件反射,但对相似的刺激辨别能力弱。这种神经类型的犬难以驯服。

(2)安静型　这类犬表现安静、温顺,具有较强的忍耐性,对周围的变化反应迟钝,能缓慢地建立精细的条件反射。这种神经类型的犬可能是宁静生活者的良伴。

(3)活泼型　这类犬表现活泼好动,反应灵敏,能很快地形成条件反射,对相似的刺激辨别能力强,对环境的变化有良好的适应性,是完善的神经类型。这种神经类型的犬也适合做工作犬与伴侣犬。

(4)怯弱型　这类犬表现为胆小、怯弱、畏缩不前,易发生消极防御反应。这种神经类型的犬不适合做工作犬与伴侣犬养殖。

2. 嗅觉灵敏 犬鼻腔黏膜的后上方有嗅区,分布有大量能感受气味的嗅细胞。据研究,犬大约有 2 亿个嗅细胞,其数量是人类的 4 倍,嗅觉超过人类上百倍。所以,犬无论是辨认自己的幼崽、主人、求偶,还是鉴别食料,主要是辨别气味。在犬的饲养中,一定要注意食料的气味符合犬的喜好,以免引起拒食和厌食。

3. 视力较弱 犬眼睛晶状体的调节能力较差,故一般认为其视力较弱,只及人的 1/5～1/3。实验也表明,犬很难看清楚相距 100m 的固定目标,但却能看到相距 800m 的活动目标。犬的视野很宽阔,全景视野可以达到 250°～290°。犬视觉的另一特点是色盲。由于犬的视网膜上视杆细胞占绝大多数,视维细胞数量极少,因此对颜色的敏感度很低,辨色能力很差。一般而言,犬只能识别黑、白两种颜色,或者说在犬的眼中,无论物体原来是什么颜色,犬都只能看到黑、白两种颜色。和一般犬科动物类同,犬的暗视力很发达,在很微弱的光线下也能看清物体。

4. 味觉迟钝 犬的味觉实际是由味觉和嗅觉综合构成的。犬摄食粗糙,故其味觉一般不会影响对食料的选择。一般而言,犬不喜食酸辣食料。

5. 听觉灵敏 犬的听觉十分灵敏,远远超过人类。据实验,人在 6m 外听不到的声音,犬却在 24m 外就能听到。犬的听觉是人的 16 倍,能分辨出来自 32 个不同方向的声音。

6. 汗腺不发达 犬的汗腺不发达,主要依靠呼吸和分泌唾液散发体热,在夏季炎热季节应采取降温措施。

7. 消化道特点 犬的消化道具有肉食动物的特点,短而简单、蠕动较快、消化腺发达等。因而,犬能很好地消化蛋白质和脂肪,但对粗纤维的消化力较弱。

8. 呕吐现象 犬的消化道具有逆向蠕动的能力,因此在食入有毒有害物质时,往往会出现呕吐现象,借以将进入消化道的有害物质经口排出,实现对犬体的一定保护。但犬呕吐过于剧烈和频繁时,可导致消化液大量流失,引起机体水盐代谢和酸碱平衡紊乱,此时应及时给予治疗。

9. 排泄 犬每天排便 2～3 次,食料通过犬消化道的时间为 6～8h;每天排尿 4～6 次。犬排粪尿受大脑神经中枢控制,容易形成条件反射,因此在犬的饲养管理中,可以训练犬在一定地点和时间排泄,以利于清扫。

(二)犬的行为特征

1. 食性 在驯化历史上犬科动物几乎都是肉食性的,但在人类的驯化和长期影响下,发生了较大改变,除了仍保留肉食性外,犬还具有杂食性乃至广食性。各种畜肉、禽蛋、动物骨血、内脏等动物性食料,各种粮食作物加工的产品诸如玉米粉、小麦粉、大米、高粱、各种豆类籽实(熟制、粉碎),以及各类蔬菜、果品等,犬均可摄食。由于犬味觉和消化道的特点,对酸、辣食品表现厌食,对粗纤维含量较高的食物不能充分消化和吸收利用。

犬摄食十分粗糙,"狼吞虎咽",只用门齿或犬齿将食物咬断,但不能充分咀嚼,并有"暴食"的习性,一次能食很多,但又可连续几天不吃不喝仍安然无恙。

2. 社群行为 犬是群居动物,通过累代的进化和适应,形成了特殊的社群行为,特别是存在序位排列,或称争斗序列。即在群养条件下,犬群内有首领和序位排列。序位的高低一般要经过争斗才能决定;但序位决定后,犬只会相对遵守各自的排序,包括在摄食、交配、领地等方面,低序位犬只服从或避让高序位犬,使自己处于屈从地位,此时才有可能避免相互撕咬或争斗。犬争斗序列的存在有两重性,一方面可在争斗序列形成以后,犬只双方会各自相安相处,不会再次发生争斗,利于保持犬群的安宁;另一方面,也由于犬群内存在争斗序列,在集群饲养条件下,有可能在摄食时因强犬霸食,弱犬很难吃到食料,以致造成摄食不均、发育不匀。故应按犬只的大小、强弱和公母分群,体质强弱、体型大小和性别相同或相近的犬只可以分在一起,以便于饲养管理。须特别注意,不要将新犬或外犬放入已建立争斗序列的犬群中,以免群起而攻之,造成不测。

3. **领地行为**　无论是护卫犬还是其他用途的犬,都有保护自己领地的行为。犬的领地行为或领域行为的含义与许多动物一样,是指犬表现有占据一定的地域空间、不许其他犬只特别是生犬进入的特性。对各种动物而言,领域行为的生物学意义在于,能促使同种动物的个体均匀地分布在繁殖地区里,保证各有一定的食料资源和繁殖场所,并会使动物熟悉所占据地域的情况(食料、安全隐蔽场所、逃跑的道路等)。犬领域的形成,多半都是通过争斗来划定的势力范围,一经确定便各守一方。因此,犬领地的建立,有减少争斗的作用。

犬对其领地有"标记行为",通过排出的粪、尿、唾液,向其他犬只示警其领地的占有。犬的序列行为与领域行为有共同之处,但序列行为中的优先特权是随时随地都有的,而领域行为则不然,只要在自己的领域以内,弱者也敢向强者发动攻击,直到把外来者驱赶出去。犬的护食性,在一定程度上也被看作是其领地行为的特殊表现,在摄食时绝不许其他犬接近自己的饲槽,否则一场争斗在所难免。在群养条件下,为了避免争斗,尤其对于成年犬,应尽可能单圈单栏饲喂。

犬的领域还可以分为:包括采食、居住、繁殖的"全面领域"和各种"单项领域",如采食领域、栖息领域、交配领域和繁殖领域。在犬的饲养中,应当高度重视犬的领域行为,有强烈领域行为的犬只一般不适合大规模密集饲养。在犬的养殖中,个性强悍、不能与其他犬只共处的个体,一般也不适合作为犬培育;但对争斗性相对较弱的幼年犬或育成犬,采用小群分圈饲养,保持一定的争食性,有利于提高食欲或相争采食,促进犬的生长和发育。

4. **母性行为**　犬的母性行为是关系犬群发展和形成一定规模的重要保证。目前,犬的养殖基本还是采取由母犬自然繁殖和哺育后代的形式,人类的干预主要体现在包括母犬在内的各类不同用途犬只的科学饲养和管理中。因此,重视犬的母性行为更显重要。

犬的母性行为是由一系列行为组成的,或者可以称其为行为系列。如母犬在分娩前会自行筑窝,分娩中本能地咬破胎衣、咬断脐带、舐新生仔犬、吃掉胎衣和仔犬的粪尿。哺乳中母犬会采取最合适的姿势,既便于仔犬吮乳,又不会压死仔犬,并能保证为仔犬供暖。犬的母性行为还表现在幼犬开食后,母犬会吐出半消化状态的食物喂给仔犬,引导仔犬逐渐减少对母乳的依恋,并习惯于自己摄食食料,有利于保证幼犬的生长和发育。

二、犬的营养需要

为了保证犬的健康和正常生长发育,必须为犬只提供所需要的各种营养物质。犬和其他家畜、家禽类同,需要的营养物质包括蛋白质、脂肪、碳水化合物、矿物质、维生素和水分等。

(一)蛋白质的需要

除水分之外,蛋白质是犬体含量中最多的物质,占其干物质的1/2以上。所以,饲粮中含足够的蛋白质,对维持犬的正常生理功能、新陈代谢、组织与细胞的修复、更新,以及提高犬的抗病力和生产性能,都有至关重要的作用。普通犬饲粮的蛋白质含量应为16%左右,种用犬、妊娠母犬和哺乳母犬需要的比例较高,约为22%。与观赏犬相比,其他用途犬的蛋白质需要量较低,但亦须满足其需要量。若饲粮蛋白质偏低,可致生长缓慢、发育不良、消瘦、降低抗病力。

饲粮蛋白质的质量,即氨基酸的平衡十分重要。犬的必需氨基酸有9~10种,即精氨酸(精氨酸不是成年犬的必需氨基酸)、组氨酸、亮氨酸、异亮氨酸、赖氨酸、色氨酸、蛋氨酸、缬氨酸、苏氨酸和苯丙氨酸。其中,蛋氨酸、赖氨酸和色氨酸为限制性氨基酸。

一般而言,各种动物性食料,如家畜家禽的内脏、血液、肉、蛋、乳及其加工副产品,不仅含有丰富的蛋白质,而且必需氨基酸全面、比例适当,对犬有较高的营养价值。各种植物性饲料中也含有蛋白质,甚至有较高含量的蛋白质,但对犬而言,其可消化性差,还可能缺乏赖氨酸、蛋氨酸、胱氨酸、色氨酸、苏氨酸等,营养价值较低。长期单纯使用植物性蛋白质饲料饲喂犬,往往导致犬只生长缓慢、发育不良、被毛粗乱、贫血、免疫力下降、繁殖性能降低、胎儿发育不良等。通常,在犬的饲粮总量中,动物性蛋白质饲料应提供1/3以上的蛋白质,如成年犬每kg体重每天需要可消化蛋白质4g,其中动物性蛋白质不应少于1.5g。

(二)脂肪的需要

犬体内脂肪占体重的10%~20%。脂肪是构成犬体细胞、组织的重要成分,脑磷脂、胆固醇对组成各种细胞和调节各种代谢过程均十分重要,故脂肪是形成新组织与更新旧组织所不可缺少的。虽然犬体内相当部分的脂肪是由被消化吸收的碳水化合物和蛋白质转化而来的,但从饲粮中获得的脂肪是必需脂肪酸的来源,也是脂溶性维生素的溶剂。与其他动物一样,幼犬在生长发育过程中必须从饲粮中获得3种必需脂肪酸,即亚油酸、亚麻酸和花生四烯酸。当犬不能从饲料中获得足够的这些脂肪酸时,就会引起严重的消化紊乱和中枢神经系统的功能障碍,犬只表现倦怠无力、被毛粗乱、性欲降低、睾丸发育不良,或母犬发情异常等现象。脂肪也是犬机体能量的重要来源之一,其生理氧化产生的能量是相同重量的碳水化合物和蛋白质所产能量的2.25倍,且饲粮脂肪转化为犬体脂肪的效率显著较高。然而,从经济角度考虑,犬从饲粮脂肪合成体脂肪不及用碳水化合物作原料合算。因此,在犬的饲粮中,必须含有一定量的脂肪。但犬由饲料所摄入的脂肪过多也对犬只有不利的影响,会导致消化不良和代谢障碍;犬体过肥会影响其正常的生理功能,特别是对犬的繁殖性能会产生不利的影响。

一般认为,犬饲粮中脂肪的含量不应超过50%。摄入脂肪过高,会使营养失衡,使食料摄食量减少,相应降低了蛋白质、无机盐及维生素的摄入量;还可能引起脂肪肝、急性胰腺炎等疾病,或降低公、母犬的生殖功能。通常幼犬,每kg体重每天需要脂肪1.1g左右,成年犬1g即可满足需要;折合成干物质计算,成年犬饲粮的脂肪含量以12%~14%为宜。美国NRC(2006)犬饲养标准中,对断乳后生长期幼犬与成年犬维持的脂肪建议供给量分别为每kg代谢体重5.9g和1.3g。

(三)碳水化合物的需要

碳水化合物可提供犬所需要能量的80％,多余的碳水化合物消化产物可以糖原和脂肪形式贮存,在机体需要时再分解供能;碳水化合物也是构成体组织不可缺少的原料。犬的碳水化合物来源非常广泛,在各种植物性饲料中含量最多,诸如各种禾本科作物的籽实等。粗略地说,碳水化合物可分为无氮浸出物和粗纤维两大类。前者主要由淀粉和糖类组成,具有适口性好、易消化的特点,对犬的营养作用也相应较高;但饲料中的生淀粉不易被犬消化,必须煮熟后才可饲喂。粗纤维是植物细胞壁的主要成分,其中含有纤维素、半纤维素和木质素。对犬而言,纤维素不仅适口性差,更是犬难以消化或完全不能消化的物质;但在犬的饲料中含适量的粗纤维,能起一定的填充作用,促进肠胃道的蠕动,有助于推进食料通过和从消化道排出,提高犬的食欲。尤其是纤维素对结肠的刺激作用,可预防和治疗犬的便秘。犬饲粮中粗纤维含量不应超过10％,秸秆类不适合作犬的饲料。

当获得的碳水化合物不足以满足能量需要时,犬就会动用体内储存的各类物质以保证或维持基本的生命活动,首先动用糖原,长时间供应不足时即动员脂肪及体蛋白质供能,此时犬的生长发育会受到严重的影响。犬的饲粮蛋白质含量较低,允许食料中碳水化合物占55％～65％。一般成年犬饲粮中碳水化合物的含量,应占其饲料干物质的75％;幼年犬每天每 kg 体重需要碳水化合物17.6g。

(四)矿物质的需要

矿物质是犬体组织,特别是骨骼和牙齿的重要组成成分,也是许多酶、激素和维生素的重要成分,对维持体液酸碱平衡、渗透压,促进新陈代谢、血液循环、神经调节和维持心脏的正常功能都有重要的作用。

当犬由饲料中吸收的钙、磷量不能满足需要时,幼犬会发生佝偻症,冬季喂以钙少磷多的饲料,又很少接触阳光时最易发生;成年犬则易患骨软症或骨质疏松症,妊娠后期和产后更易发生。同时,还常发生异食癖,缺磷时尤为明显;继而出现食欲不振、皮毛乏光、生长缓慢、生产力降低等。但钙、磷供给量过多亦有害。喂犬过多的钙质,会使脂肪消化率下降。钙、磷比例以1.5～2∶1为宜。犬习惯啃咬,故要经常喂骨头,以利磨牙;但不可让其一次食入太多骨头,以防造成钙、磷过量。

食盐可提供犬所需要的钠和氯,为正常消化代谢所需。食盐又是佐味剂,食料中添加一定量食盐,可提高适口性。饲粮中食盐的配比以0.25％～0.5％为宜,可加到精料中,混匀后给予。

犬对微量元素的吸收率一般很低,且受供给水平与化学结合形式等多种因素影响。故在犬养殖中,常出现缺乏微量元素的疾病。犬的微量元素缺乏症状大体与其他家畜相同。如缺铁时仔犬发生贫血;缺锌致生长受阻,皮肤不全角化,公、母犬的生殖功能异常;缺铜时贫血,四肢软弱、共济失调;缺锰使生长犬骨骼异常,母犬发情周期紊乱,胎儿存活率下降,幼仔虚弱;缺碘引起甲状腺增生肥大,基础代谢率下降,幼犬生长缓慢,母犬胚胎早期死亡、吸收、流产及分娩弱小仔犬;缺钴时食欲不振,幼犬生长停滞,生命力弱,成犬消瘦、贫血;缺硒时,仔犬患营养性肝坏死、白肌病,生长停滞,公犬睾丸萎缩,繁殖功能紊乱。但各种微量元素过量也会引起中毒症状,造成不良后果。

(五)维生素的需要

维生素是维持犬健康、正常代谢和生长不可缺少的微量活性有机营养物质,对蛋白质、脂肪、矿物质、碳水化合物等物质的代谢有十分重要的作用。犬体内只能合成少量维生素,大多数依靠饲粮补给,故对维生素缺乏亦非常敏感。维生素缺乏时表现代谢紊乱,健康水平下降,生长缓慢,体质衰弱,发生各种维生素缺乏症,甚至死亡。缺乏维生素 A 易引起夜盲症、皮肤硬化症、神经功能紊乱、母犬流产、公犬性功能降低,且易发尿路结石等;缺乏维生素 D,可能导致仔犬患佝偻症,成年犬患骨软症,母犬产后瘫痪和乳热症;缺乏硫胺素时犬食欲不佳,胃功能紊乱;缺乏核黄素易患口腔溃疡、生长停滞和体重减轻等;缺乏维生素 B_{12} 可引起贫血;应激条件下可提高维生素 C 的需要量,若不补予,可能表现维生素 C 缺乏,会导致犬细胞间质合成受阻,引起出血性素质,影响伤口愈合与骨形成等。

(六)水的需要

水是一切生命的基础。水是犬机体的组成成分,其体内的各种生物化学反应和生理功能的进行都离不开水;水在犬体温调节中又有独特的意义和作用。犬的皮肤缺乏汗腺,犬所应具有的膘情和适度的皮下脂肪也阻碍其通过皮肤散发体热和维持体温恒定,故犬以加强呼吸、增加呼出水汽来散发体热的方式调节体温。为此,无论盛夏或寒冬,都须随时给犬补水。冬天补水的意义在于保持犬机体内正常的生理生化活动与反应,借此也有保持体温恒定的作用。

因饮水不足引起机体缺水时,会使犬体内的新陈代谢遭到破坏,使饲料的消化、吸收发生障碍,营养物质和代谢产物的运输与排除发生困难,血液会变得黏稠,体温会升高,引起一系列生理不适表现。据测定,犬在缺水 5% 时会感到不适,失水 10% 会出现生理失常,失水 20% 即会死亡。正常情况下,成年犬每天每 kg 体重需要 100g 水,幼犬需要 150g 水;高温季节、运动以后或饲喂较干的食料时,要相应增加犬的饮水量。实际饲养中可采用自动饮水器全天供水,任其自由饮用。一般每采食 1kg 干物质需饮水 3L 左右。

三、犬饲养标准与参考饲粮配方

(一)饲养标准

犬的饲养标准是指根据犬的品种、年龄、性别、体重、不同生理状态和使用情况等,结合能量与物质代谢试验和饲养试验,科学地建议应给予饲粮的能量浓度、蛋白质水平以及其他各种营养物质的数量。简而言之,就是参照饲养标准提供可保证犬一昼夜内获得必需营养物质的一份饲料。饲养标准是犬的饲养中应参照的饲料供应尺度。参照饲养标准饲养犬,可避免饲养的盲目性,克服营养不足或过剩,有利于犬的健康和发挥其各种性能,节省饲料支出,降低饲养成本。

一般来说,犬的饲粮应是配合饲料,在使用非配合饲料的情况下,应参考饲养标准正确选择饲料种类,使犬获得营养平衡的全价饲粮,以满足机体正常物质代谢和能量代谢的需求。如不重视标准化饲养,饲料单一,可造成营养不良症,犬表现出消瘦、发育不良、工作能力低下、体质下降、抗病能力低而患病。营养过剩可造成犬过于肥胖,也会影响其生产和工作性能。可见,确定犬的饲养标准,对于保证其健康和生长发育,发挥其各种性能是非常重要的。同时,在选择饲料时,也要注意饲料原料的质量、适口性、容积、干物质含量以及犬消化道和机体对营养物质的吸收能力,按犬体的需要合理搭配。

我国饲养犬的历史虽悠久,但始终沿袭着一种传统的养殖方式,饲养粗放,缺乏科学管理,使犬生产长期在较低下的水平徘徊,对规模化生产制约很大。国内目前对犬的营养需要的试验研究尚不够系统和全面,还没有统一的犬饲养标准;仅有些学者和单位根据当前养犬状况,提出各自的营养需要建议量。

美国 NRC 曾颁布犬营养需要量的多个版本。为方便犬饲粮配制,本书将美国 NRC(2006)犬的饲养标准列入附表一,以供养殖者参考。不同品种犬的体格大小相距甚远,一些大型品种最高体重达 80～90kg,而小型品种中有的最高体重只有 2.5～3kg。故该标准仅列出饲粮的能量与养分浓度,如每 kg 干物质(相当代谢能 4 000kcal/kg)中、每 1 000kcal 代谢能中或每 kg 代谢体重的各种养分最低需要量。请使用者详细阅读该标准的注释。

(二)饲料加工与调制

犬是杂食动物,摄食范围十分广泛。生产中除了维生素、矿物质饲料外,常用于饲喂犬的饲料原料大体可分为动物性饲料和植物性饲料两大类。对这两类饲料进行科学的加工和调制,不仅可提高饲料的适口性,增进犬的食欲,提高饲料的消化率和利用率,并且有利于防止饲料中有毒有害物质和各种致病细菌对犬可能造成的危害。

适合作犬的动物性饲料包括各种动物的肉、骨和内脏,但主要是畜禽屠宰过程中产生的各种残肉、碎骨和下水等。这些产物用于饲喂犬前,需要进行相应的加工与调制,包括清洗、切碎、熟制等。其熟制一般采用煮沸的形式,肉汤可用于搅拌食料,以增加食物的香味。

植物性饲料除各种蔬菜外,主要还是淀粉类饲料,包括各种禾本科作物籽实加工后的产品及部分副产品,如玉米粉、小麦粉、大米、麦麸等。在使用淀粉类饲料饲喂犬时,必须经过熟制。犬类动物对不经加工熟制的淀粉类食料很难消化吸收,食后多引起消化不良和腹泻,影响犬的健康和生长。将各种淀粉类饲料蒸煮后饲喂,可明显提高饲料的适口性和消化率。

(三)参考饲粮配方

1. 人工乳配方 鸡蛋 1 个、浓缩肉骨汤 300g、婴儿米粉 50g、鲜牛乳 200mL,混合后煮熟,待凉后加赖氨酸 1g、蛋氨酸 0.6g、食盐 0.5g。

2. 仔犬哺乳期饲粮配方 瘦肉或内脏 500g(绞碎)、鸡蛋 3 个、玉米粉 300g、青菜 500g(绞碎)、生长素适量、食盐 4g,混合均匀后加水做成窝头,蒸熟后拌肉汤,再补加赖氨酸 4g、蛋氨酸 3g,充分搅拌,供仔犬舔食。

3. 仔犬断乳期饲粮配方 玉米 55%、麸皮 10%、黑面 14%、豆饼 8%(或胡麻饼)、鱼粉 7%、肉骨粉 4%、乳粉 1%、食盐 0.5%、生长素 0.5%。

4. 幼犬饲粮配方 玉米 55%、豆饼 10%、麸皮 8%、黑面 10%、蔬菜 3%、生长素 1%、鱼粉 7%、肉骨粉 5%、食盐 1%。

5. 青年犬饲粮配方

(1)配方 1 玉米 45%、豆饼 10%、麸皮 12%、黑面 15%、鱼粉(或动物内脏)8%、骨粉 4%、蔬菜 5%、食盐 1%,外加适量微量元素和牧乐维他(复合维生素)。

（2）配方 2 玉米 50％、麸皮 20％、黑面 10％、豆饼 10％、胡麻饼 5％、鱼粉 2％、肉骨粉 2％、食盐 0.5％、生长素 0.5％。

6. 肉用犬育肥阶段饲粮配方

（1）配方 1 玉米 40％、大米 30％、麸皮 17％、肉类或动物内脏 10％、骨粉 2％、食盐 1％，青饲料每日每犬 150g。

（2）配方 2 玉米面 25％、碎大米 15％、米糠 20％、麦麸 20％、豆饼 10％、鱼粉 7％、骨粉 2％、食盐 0.5％～1.0％，青饲料每日每犬 150g。

第二节 不同生理阶段犬的饲养管理

一、种公犬的饲养管理

加强对种公犬的饲养管理和培育，对保持犬群整体的繁殖水平，提高其生产能力和经济效益都是极其重要的。

对种公犬饲养管理的基本要求是：健康的体格，旺盛的性欲和配种能力；精液品质良好、精子密度大、活力强。对种公犬饲养管理的关键措施，包括合理营养、运动充足和科学配种三个方面。

（一）种公犬的营养需要特点

为了获得或培育优良的种公犬，必须根据种公犬生长发育规律及工作特点，充分满足其在不同生理与工作状态下对食料营养物质的要求，进行各种营养的科学搭配与组合，以保证公犬充分发挥其配种能力。

犬是季节性发情的动物。种公犬的饲养分休产期与配种期两个阶段。一般休产期较长，配种期较短。休产期营养需要较低，每 kg 配合饲料中应含消化能 12MJ，粗蛋白质 13％～14％。应在配种期前 10～15d 逐渐将饲粮营养浓度提高到配种期的水平（消化能 14MJ、粗蛋白质 16％～18％），饲粮给量则应视其体重大小与配种任务而定。处于配种期的种公犬，产生与排出精液较多，体力消耗甚大，对饲料能量和蛋白质的要求，特别是对动物性饲料蛋白质的要求，要高于其他犬。配种期种公犬的能量需要约是其维持需要的 1.2 倍，每 kg 体重应获得 5.7g 蛋白质，饲粮干物质中钙、磷含量分别为 1.1％和 0.9％；应按每 kg 体重每天给予锰 0.11mg、维生素 A 110IU、维生素 E 50IU（白景煌等，1999）。

为了使种公犬性欲旺盛、精液品质良好，除供给所需数量的蛋白质外，还须改善饲料蛋白质的品质。在配种期，喂给生鸡蛋、动物肝脏等动物性蛋白质食料，能明显提高公犬射精量、精子密度及活力，这对提高母犬受胎率有重要作用。

（二）种公犬的饲养管理

1. 饲养"四定"原则 除在配种期根据种公犬的配种任务、体重等实际状况调整其营养水平外，还应注意坚持科学的饲养制度，以保证公犬体质健壮，具有正常的配种能力，保质保量地完成配种任务。对种公犬的饲养，应遵循"四定"原则。

(1)定时 饲喂要定时，一般多在配种期每天喂 3 次，即于早晨 8：00，中午 12：00 和下午 6：00 饲喂。定时饲喂可使种公犬养成规律的摄食习惯，有利于保持犬的食欲及消化道的健康，并对食料有良好的消化率与利用率。

(2)定量 为使种公犬养成定时摄食的良好习惯，应坚持实施定量饲喂。参照饲养标准确定每只种公犬的日饲喂量后，不宜随意改变，以便于公犬对食料量逐渐调整并适应。开始时，犬对食料的气味和组成不适应，可能会有剩食；可限制一定的采食时间，到时间就撤去食盘，不让犬吃剩食和残食。不久，犬即可形成按时按量摄食的习惯，到饲喂时间即产生强烈的食欲，采食积极，增强消化液分泌，营养物质的消化率高。

定量饲喂不仅能保证公犬不同生长阶段和生理状态下的营养需求，而且有利于公犬体型、体况的培育及提高其配种能力。

(3)定质 为种公犬准备的食料必须保证相应的品质，不仅能满足公犬在不同生理状态下的营养要求，食料的构成也应符合公犬的消化生理和生物学特点。必须将所饲喂的碳水化合物类食料熟制，以防止引起犬腹泻。切记犬不能消化饲粮中的粗纤维，不宜在公犬食料中添加含粗纤维含量过高的饲料原料，如一般的粗饲料和精饲料中的麦麸、稻糠等。应尽可能多用动物性蛋白质和动物性脂肪食料；有条件时，每天应给配种期种公犬补加鸡蛋 4 枚；必须杜绝用发霉、变质的饲料喂种公犬。犬不喜食酸、辣的食物，对过热的食物也非常敏感，饲喂中要注意食温，食料过冷、过热都不好。

(4)定点定器具 犬的嗅觉和其他感觉器官都较灵敏，对自己的食盘、卧息地点的气味和环境十分熟悉；一旦改变，即坐卧不宁，甚至丧失食欲，严重影响公犬的睡眠、卧息、摄食和营养，进而影响其健康。故在种公犬饲养中，不要随意更换犬圈、饲养员、食料甚至食盘；应为每只公犬固定食盘、饮水槽等器具，不使公犬因生活环境改变而产生应激反应，保持其脾性稳定，情绪安定，正常摄食和栖息。

2. 适当运动 应坚持使种公犬每天进行适当的运动，以增强其新陈代谢及血液循环系统、呼吸系统、运动系统和中枢神经系统的结构与功能，提高犬的食欲和消化能力，增强体质；通过适当的运动，可显著提高种公犬的性欲，改善精液的品质，提高精子活力，增强公犬的配种能力。

一般要求公犬上、下午各运动 1 次，每次运动时间应保持在 2h 左右。可按季节确定具体的运动时间，夏季应在清晨和傍晚，避开暑热；冬季可安排在上午和下午，在日照充足、气温适宜时进行。每次的运动量也要适当，应多采取慢跑的形式，或者采用跑步加游走的形式，使公犬有微汗即可。

3. 科学配种利用 利用公犬配种，发挥其种用价值，获得性能突出的后代是饲养和培育种公犬的目的，也是对种公犬进行科学饲养和培育的依据。首先，应当对公犬进行充分的培育，待其各种器官的结构和功能发育成熟和完备时，才可将其用于配种。种公犬适于初次配种的年龄在 1.5~2 岁，但在本交条件下，公犬此阶段的配种能力是十分有限的；种公犬的最佳配种年限在 2~7 岁，个体间存在差别；8 岁以后，公犬的配种能力已显著下降。即使是适龄种公犬，每天也至多配种 1 次，且连续本交 2d 后，应让公犬休息 1d，以便能尽快恢复体力。

二、繁殖母犬的饲养管理

在犬养殖生产中,加强繁殖母犬的饲养管理是提高经济效益的关键措施。根据母犬生理状况的变化,可将繁殖母犬的饲养管理区分为空怀母犬、妊娠母犬和哺乳母犬三种状况,并按此进行饲养管理。

(一)空怀母犬的饲养管理

空怀母犬是指完成了上一个繁殖期哺育幼犬的任务,暂时处于休情期的母犬;或简言之,是处于幼犬断乳后至下次配种前的成年母犬。通常,经过上一个哺乳期的紧张哺乳后,母犬的体况明显下降,体力与体能几乎损耗殆尽。故对空怀母犬饲养管理的首要任务,是改善母犬健康状况,尽快地恢复机体各种组织与器官的生理功能,并使其在新一轮繁殖期来临之前,体内能贮备必需的养分,包括母犬体内对蛋白质、脂肪、矿物质及各种抗体的贮备,使在整体上达到配种前应有的体况(体重、膘情),能按时发情、排卵,受胎率高。生产中,对那些母性好、在紧张的哺乳过程中体内贮备营养损失较多、体况较差或体质较弱的母犬,一定要作为重点,给以精心的护理和饲养。这些母犬都十分瘦弱、消化能力差、消化道蠕动弱,难消化的食料易停留在消化道,使其几乎丧失食欲,更加速了母犬体况的恶化。因此,开始时应尽量少给较油腻、坚硬的食料,如动植物油、畜骨等,而应喂给易消化吸收、营养丰富的食料。对这类母犬,宜先喂以柔软、稀质、易消化的食料,如牛乳、豆浆、生鸡蛋、青菜(煮)和少许食盐。食料应新鲜、食温适宜、不冷不烫,坚持少给勤添,每日饲喂 3～4 次。为防止母犬体弱生病,可在断乳后的最初 1 周内,每天给母犬肌内注射青霉素 2 次,每次 80 万 IU;1 周后,待母犬体况有所恢复时,将饲喂次数保持在每天 3 次,食料构成中逐渐添加面食或米饭等碳水化合物含量较高的种类,以增强母犬体力和消化能力。通过精心护理,断乳后体质过分虚弱的母犬大都能在 10～15d 得到较快的恢复。

俗话说,"空怀母犬八成膘,容易怀胎产仔高",说明对空怀母犬的体况或膘情应有适当的控制。母犬不宜太肥,但也不能太瘦,否则都会导致不发情、排卵少、卵子生命力弱,易出现空怀等情况。可使空怀母犬保持维持营养水平,只对体况过差和产仔过多的母犬,在发情季节来临前相应增加营养;相反,对个别营养过剩、表现过肥的母犬,在配种之前应限制食量,控制营养水平,降低膘情,以促其按时发情、配种。

此外,应保持空怀母犬每天有适当的运动,运动量不应过大,以每天 2～3h 为宜,让母犬获得适宜的阳光和新鲜空气,增强其体质和性活动的能力,使其能按时发情配种。

(二)妊娠母犬的饲养管理

1. 胚胎期的划分　一般将配种至分娩期间的母犬称为妊娠母犬。犬是对环境变化较为敏感的动物,一旦地域气温下降、气候转凉,健康的母犬即会发情,配种后开始妊娠。对妊娠母犬加强饲养管理的目的在于保证妊娠正常进行,防止发生流产、早产,同时促进胚胎良好发育和健康,并保持妊娠期母犬不塌膘,有较稳定适宜的体况;亦有利于母犬产后正常哺乳,保证新生幼犬的正常发育和有高的成活率。

在母犬交配后的第一、第二周内,受精卵逐渐由输卵管向子宫移行,不断加强与母体的联系。在营养方式上,受精卵形成的第 1～6 天,主要依靠自身的营养进行发育;约 10 天,受精卵逐步移行进入子宫后,则通过渗透的方式由母体子宫腺体的分泌物——子宫乳中获取营养。为了便于根据母犬的生理状况调整其营养水平,应实行科学饲养,可将母犬的妊娠期划分为三个阶段:即将妊娠期的第 1～14 天称为妊娠前期,第 15～45 天称为妊娠中期,第 46～63 天称为妊娠后期。在配种后 14～17d,胚胎已附植在子宫里,胚胎与母体间建立了胎盘联系,从而可以从母体血液中吸取营养,并把代谢废物排入母体血液。按形态而言,犬的胎盘为带状,环绕在卵圆形的尿膜绒毛膜中部,母体子宫内膜上也形成了相应的带状母体胎盘。配种 21d 后(妊娠中期),胎儿胎盘内开始充满液体,从子宫外面可看到明显的卵圆形胚胎鼓起,每一卵圆形胚胎鼓起的直径为 15～18mm。至第 28 天,胚胎鼓起变成球形,直径达到 30mm。到第 35天,胎膜和子宫进一步扩大,各胚胎鼓起之间的分布界限变得不明显。同时,由于胎儿不断发育、长大,其重力向下牵拽,使子宫占据从盆骨前缘到肝脏的全部空间,并向背部和体躯后部发展(妊娠后期)。从藏獒等大型母犬配种后胚胎发育的过程和形态变化分析,对配种后前 2～3周的母犬,由于胎儿较小,每天给予母犬食料的营养水平和数量都无须做调整,保持平日的水平即足够。但配种 4 周以后,随着胚胎的快速发育,母犬对饲粮营养物质的需要日益增加,食量也日渐增大,必须按母犬的生理状况及时调整其饲粮营养水平,以保证满足母犬的营养需要,使其健康、安全地进行妊娠。

2. 妊娠母犬的营养特点及需要　首先应该强调,在配种后 1～2 周,加强对受胎母犬的管理十分重要。尽管此时已配种,母犬卵巢上仍可能有卵泡发育,母犬仍继续表现出求偶、欲交配的一系列性行为,在母犬的尿液中也仍然有较高浓度的雌激素,能吸引公犬嗅闻并导致公犬性激动。母犬仍表现出脾性急躁和起卧不安,时时寻机外出,不思饮食,频繁饮水等一系列继续发情的行为表现。为了寻机外出,母犬可能跳过较高的围墙,钻过较小的墙洞或篱笆间隙,有可能发生再次交配,也可能因为过度活动、挤压而发生早期流产。同时,刚形成的胚胎与母体尚未建立稳定的联系,母犬子宫扩约肌强烈收缩或腹部受挤压,都会使妊娠中断,或发生早期隐性流产。因此,必须对完成交配时间不长的母犬细心观察护理,保持环境安静,避免嘈杂惊扰母犬。母犬应单栏圈养,并保持圈舍内通风、清洁和干爽。

母犬妊娠 1 个月后,只要细心观察,可见其体型已开始发生变化。外观上,前胸部变粗壮,后腹部开始下垂,乳房四周的犬毛开始脱落,母犬的食欲和食量逐日增加,体况与体重有明显的变化;到妊娠后期,母犬体重几乎较妊娠初期增加 30%～50%。及时调整和提高母犬的营养水平已很必要,可通过定期称重以确定母犬对饲粮的需要量。以配种时的初始体重为基础,如果每天体重的相对增长量能达到 1%～1.5%,说明食料的营养水平和数量均基本达到要求;体重相对增长超过 1.5%或低于 1%,都会对妊娠母犬产生不良影响。表 11-1 列出妊娠期母犬各阶段的营养供给量,该表以妊娠期开始的营养水平为 100%,随着妊娠期的推进,逐步增加饲喂量。

表 11-1　妊娠母犬的营养供给量

饲粮营养组成 （妊娠开始）	妊娠各阶段喂量（％）	
	妊娠周数	饲喂量
蛋白质 20％～25％	1～3 周	100％
碳水化合物 50％～60％	4～6 周	120％～140％
脂肪 3％～7％	7～9 周	140％～160％
钙 1.5％～1.8％		
磷 1.1％～1.2％		
维生素 A 5000～10000IU		
维生素 D 500～1000IU		
维生素 E 50IU		

引自王顺宝．《肉犬饲养新技术》．中国农业大学出版社，131～132

3. 妊娠母犬的饲养管理要点　妊娠母犬处于比较特殊的生理阶段，随着胚胎日渐发育，母体的负担日益加重，对饲粮、环境的要求亦渐严格。饲养管理不善，极易使其体况日差，甚至出现流产等不良后果。妊娠母犬的饲养管理有以下要点。

（1）给予全价饲粮　如前所述，除按各妊娠阶段的营养需要供给全价饲粮、相应增加食料量外，还应当给妊娠母犬补充一些易消化，富含蛋白质、维生素和矿物质（特别钙和磷）的饲料，如肉类、动物内脏、鸡蛋、乳类和新鲜蔬菜，以充分满足母犬及胚胎的营养需要。

（2）适时注射疫苗　为了确保母犬的健康，除在其发情前后（每年 9～10 月份）注射"犬五联"等疫苗外，还应尽可能在母犬妊娠期的最后阶段（即临近分娩 20d 时），补加注射 1 次疫苗，使母犬因分娩致体质虚弱时，也足以免除犬瘟热、犬细小病毒性肠炎等烈性传染病的侵袭。同时，有助于产后新生幼犬通过吮食母乳获得较充足的母源性抗体，断乳时（恰逢春天疫病发生阶段）仍有较强的抗病能力，能有效地抵抗所流行的各种犬传染病。实践证明，能从母乳中获得较高水平抗体的幼犬，断乳后都有较强的体质，并得到良好的生长发育，显著降低了发病率和死亡率。

（3）饮水清洁卫生　若给予妊娠母犬不清洁的饮水，极易造成消化道疾病，导致胃肠道炎症或痉挛，犬会因呕吐、努责等原因而致流产。给母犬喂冰冷的食料和冰水，亦易使母犬胃肠道产生痉挛而发生流产。在冬天寒冷季节，饲喂妊娠母犬必须注意食温、水温。一般喂饮的食料或饮水应保持在 18℃～25℃为宜。

（4）适当运动　每天保证妊娠母犬有 2～3h 的户外活动，多晒太阳、多活动，不仅可以增强母犬的食欲，提高消化能力，提高母犬的营养水平和体况，还可促进胎儿的发育，协调母犬各种组织器官的功能，促进各种组织器官在功能上的联系与配合；当母犬完成妊娠阶段时，能在激素或体液的协调下，有条不紊、顺利有序地进行分娩，安全地完成整个分娩过程。应当注意，母犬在妊娠阶段性情比较孤傲，喜单独活动，故不能将 2 条母犬同时放至户外，否则极易发生咬斗造成不测。妊娠母犬的户外活动应适度，时间不宜太长，也不宜过于剧烈；不应快跑、蹦跳、过坎、越沟，以免发生流产。大型犬种的妊娠母犬，如藏獒在妊娠 50d 以后，行动明显不便、缓慢、好静不好动,不应再以牵引等形式强迫活动,应任其自由游走,多晒太阳。

(5)圈舍与体表清洁 妊娠母犬的产圈应宽敞、光照充足、背风向阳、安静、干燥,应坚持每天清扫和消毒。产窝内垫以干净、柔软的干草,让母犬及早入窝休息或睡眠,切忌让母犬卧在冰冷坚硬的地面。在母犬妊娠的后期,应十分注意其体表卫生,每天梳刷犬体,梳去脱毛和犬身上粘连的污物,促进皮肤血液循环,增进犬体健康。在母犬临近分娩的前几天,应尽可能用消毒液或肥皂水为母犬擦洗腹部和外阴部,尔后用清水洗净并擦干。这样做不仅可避免母犬产后感染,减少初生幼犬感染寄生虫卵,同时可改善母犬乳房的血液循环,防止发生乳腺炎症;使新生幼犬一出生就能吃到充足的初乳,保证其健康、正常发育。

(三)哺乳母犬的饲养管理

1. 哺乳母犬的生理特点 哺乳母犬是指分娩后,处于哺育新生幼犬阶段的母犬。从安全分娩开始,母犬的妊娠即已结束。此时母犬面临两方面的压力和任务:其一,母犬刚刚结束分娩的剧烈刺激,体液大量损耗,体力严重下降,体质十分虚弱,此时极易受各种不良因素的影响而发生意外。应密切观察母犬产后的表现和反应,发现问题及时采取相应措施。其二,几乎分娩一结束,母犬即开始了对新生幼犬的哺乳和护理。在原始而强烈的母性驱使下,母犬全心身地投入到对新生犬的哺育中。幼犬稍有异常、几声不适的吠叫,都会使母犬感到压力,引起不安。母犬日以继夜地护理仔犬,往往使其极端疲劳。对哺乳母犬加强饲养管理,将关乎到母仔平安、幼犬的生长发育及其日后的生产性能。

2. 哺乳母犬的饲养管理 应从母犬分娩时开始,按哺乳母犬的特殊要求进行饲养管理。哺乳阶段是母犬营养需要最高的时期。有资料报道,哺乳母犬的营养需要量应是维持需要的3倍或更多;饲粮营养要平衡、适口性好、易消化。要高度注意预防母犬发生产后感染,诸如破伤风、子宫内膜炎、败血症以及感冒、肺炎等。在母犬临产前,应做好产窝消毒、清扫等各项准备工作,包括产窝的地面、墙壁、褥草及对母犬身体的清理、清洗与消毒等。母犬产后体质与免疫力下降,容易感染疫病;消化功能下降使母犬食欲不佳、几近废绝;分娩中大量损失体液使母犬口干舌燥,脾性烦躁,体温升高。及时给母犬补水、补盐、补充能量,对维持产后母犬的体液平衡、体内酸碱平衡和正常的生理功能,尽快恢复体力,都是极为重要的。

对刚完成分娩过程的母犬,一般应任其自行休息,尽量避免人为干扰。至少在产后4～6h,一定要保持周边环境安静,让母犬安心静卧,调养心境,安息脾性。在此期间,母犬会逐渐从分娩的极度兴奋与紧张中松弛下来,使机体功能开始恢复,逐渐进入正常的生理状态;同时,母犬逐渐将注意力集中到对新生幼犬的护理中,将幼犬放在怀中搂定开始哺乳,并避免风寒侵袭仔犬。因此,应尽可能减少对产后的哺乳母犬的干扰,保持环境安静。饲养者应注意堵塞好产窝门缝、窗口、窝棚,禁绝贼风侵袭,保证母仔平安。

母犬完成分娩4～6h以后,就应开始给母犬喂清洁适温的饮水。饮水不可太烫,也不能过凉,过凉会刺激母犬胃肠道过敏,引起痉挛或腹痛。可在水中加入少许食盐和葡萄糖或民间常用的红糖,后者还有促进母犬血液循环、排除子宫内淤血的作用。母犬产后口干,可适当使之多饮,以促进体内生理功能的调整。

饮水后母犬多即出窝排粪便,此时饲养人员应抓紧时机给母犬肌内注射青霉素,每天2次,每只犬每次80万IU,连续注射3～5d,以防母犬发生产后感染。同时,应利用此时间给窝更换垫草。分娩造成产窝内垫草浸湿,对新生幼犬和母犬都极为不利,会严重影响母犬健康和对新生幼犬的护理,应力求保持产窝干燥。

产后最初一二天内,可喂给母犬适温的牛乳或其他营养丰富的流质食料,并加入少量的食盐;应坚持少量多次的原则。自产后第三天开始,可在牛乳中加入少量碎肉、蔬菜和玉米面,并给母犬加喂复合维生素 B、维生素 B_{12}、维生素 C、维生素 A、维生素 D 和酵母片、健胃消食片等助消化制剂。在整个哺乳期间,切忌给母犬喂硬骨、过量的动物脂肪和酸辣有刺激性的食料。母犬产后的恢复需经一定过程。正常情况下,产后 1 周左右母犬的体况才开始逐渐好转,食量也逐步增大。饲养人员不应操之过急,要坚持对母犬逐步调理,待母犬的各组织与器官功能逐渐增强、食量日渐增加时,才可加大饲喂量。

据报道,每天应供给哺乳期母犬含消化能 16.74MJ/kg 以上的饲粮,从产后的第 3 周至第 6 周,可增加 25%,以后则可逐渐减少。白景煌等(1999)建议,哺乳母犬饲粮(干物质基础)中各种营养物质的含量应为:粗蛋白质>29%,粗脂肪≥17%,粗纤维<5%,钙 0.8%~1.6%,磷 0.8%~1.6%,代谢能 16.3MJ/kg。

为了尽快恢复母犬的体质,产后 1 周若天和日暖、光照条件好,就可让母犬进行适当的户外运动,但应避免剧烈运动。对泌乳不足或缺乳的母犬,可按剂量喂给有催乳作用的中药或催产素,并经常按摩其乳房,促进母犬乳房的血液循环,提高其泌乳能力。

三、仔犬、幼犬的饲养管理

(一)仔犬的护理

初生仔犬软弱无力,两眼闭合,除吮乳外整天处于睡眠状态,10~13d 才开始睁眼,20 日龄以后视力、听力才明显增强,开始能自由活动。应根据仔犬的特点做好护理工作。

1. 加强护理 为了提高新生仔犬的成活率、减少意外事故发生,对 1 周龄内的仔犬,必须由专人昼夜值班看护,特别是在寒冷的冬季更需精心护理。要加强保温、防压,严防弱犬被母犬踩死或出窝冻死。3~5 日龄后,可在暖和无风的天气,将仔犬与母犬一同移至舍外晒太阳,每日 2 次,每次约 30min。20 日龄后可随母在舍外活动。

2. 适时给仔犬补饲 仔犬出生后 2 周左右,母犬泌乳量即开始下降,故应对出生后 10d 左右的仔犬进行补饲,以满足其营养需要,保证仔犬正常生长发育。在 20 日龄内可每天补饲 3 次,给每头仔犬每日补饲 50mL 乳汁;可在乳汁中加入 5g 多维葡萄糖粉,乳温以 30℃ 为宜。20 日龄后,每日补饲 4 次,每次 100mL 乳汁,并可在乳中加少量玉米、面粥、碎鱼、碎肉,促其逐步适应吃配合饲料。

仔犬 15 日龄后应予补铁。出生后 8~10d 可开始给仔犬补水,要喂带甜味的水,可在水中加少许蔗糖、葡萄糖。

3. 采用人工哺乳及保姆犬代哺 母犬分娩后,把仔犬排列在母犬乳头旁,通过其主动选择和个别人为调整相结合,使仔犬在固定的乳头上吮乳。一窝产仔数过多时,可采取分批喂乳的方法。可将仔犬分成两批,轮流吮乳,第一批食后再让第二批吃,避免因饥饱不均影响生长。7d 后,将其中一批留给母犬哺育,另一批进行人工哺乳。此种做法可使新生仔犬均吃到初乳,保证仔犬健康成长。

也可将仔犬交给事先安排好的保姆犬代哺。最好在夜间将仔犬放入保姆犬圈内,放入前给仔犬身上涂保姆犬的尿及乳,迷惑母犬的嗅觉,使其易于接受代哺仔犬。放入后必须由专人看管,避免意外损失。为防止母犬撕咬或吞食仔犬,必要时可给母犬戴口罩,待母仔相融洽后再摘除。

(二)幼犬的饲养管理

幼犬是指断乳到 7 月龄左右的犬,是犬生长发育的重要时期。良好的饲养管理条件可促进幼犬的生长发育,使其增重快、成活率高并有良好的体质。

1. 饲养方法　仔犬于 45 日龄断乳后,开始独立生活。饲养人员必须精心喂养与照料,并按阶段施行相应的饲养方式,采用不同的饲粮配方。

(1)按阶段调整饲养方式及配方　刚断乳的犬虽已有进食能力,但适应此时胃肠的消化能力,仍应将食料加工成流汁状态;随年龄增大,逐渐增加流汁食料的浓度,最后接近正常。

应在 2～3 月龄幼犬食料中添加脂肪含量较多的饲料,如内脏、油渣及大豆饼等。还应补加适量的维生素和钙、磷源,如骨粉、鱼粉、鱼肝油等。

4～6 月龄的幼犬食欲旺盛,食量增大,应定时定量饲喂,日喂 3 次,每次喂到八九成饱即可。此期间的饲粮应以植物性饲料为主,适当添加动物性饲料。

(2)搞好饲料与饮水卫生　喂幼犬的饲料必须新鲜、现做现喂,严禁饲喂发霉变质的饲料。开始喂幼犬的饲料不宜过硬,切忌过早给幼犬喂谷粒、骨头等坚硬的饲料。要供给充足的清洁饮水,特别是夏季要注意水质,不能让幼犬喝污水、剩水。

2. 幼犬的管理　应特别加强犬舍与犬体卫生、运动、驱虫、防疫等工作。

(1)分群饲养　幼犬生长到一定阶段后,犬舍变得拥挤,必须按性别、体格大小、采食情况及体质强弱分群饲养。可根据犬舍面积决定群的大小。一般情况下,种用幼犬不宜超过 4～6 头,肥育幼犬不宜超过 8～12 头。

(2)犬舍及食具卫生　应于每天早、晚各清扫犬舍 1 次,其他时间应随时清除粪便,并定期进行冲洗与消毒。要保持舍内干燥、通风,经常更换被幼犬弄脏与弄湿的垫草。应训练犬养成在指定地点排泄的良好习惯。要经常清洗与消毒饲槽及饮水器具。

(3)犬体清洁卫生　幼犬好动,易弄脏身体,必须经常给幼犬擦身与洗澡。夏天要经常洗,春秋季可选晴暖的天气洗澡,洗后立即擦干,以防感冒。

(4)运动与日光浴　可引导幼犬在舍内或运动场自由活动,每天在户外活动的时间以0.5～1h 为宜。

(4)驱虫　幼犬有啃食东西的习惯,如舔食粪便等,容易感染各种寄生虫,如蛔虫、钩虫等。一旦感染,轻者腹泻便血,重者引起贫血甚至死亡,故必须定期驱虫。一般于仔犬 20 日龄时首次进行驱虫,以后每月驱虫 1 次。

(5)预防接种　犬瘟热、犬传染性肝炎、细小病毒以及支气管炎等都是幼犬易感染的疾病。应根据各种传染病的预防要求及时进行预防接种。通常在幼犬 1～2 月龄进行犬五联苗或六联苗的第一次接种,间隔 2～4 周再接种 1 次,以后每半年接种 1 次。

四、肉用犬养殖技术

追溯历史,犬曾是六畜之一,自古以来就与我国的饮食文化有密切的联系,这在《山海经·

补注》和《汉书·樊哙传》等著作中都有记载。犬肉亦有极好的药物滋补作用。古时的名医李时珍在《本草纲目》中记叙"白狗、乌狗入药，黄狗肉大补虚痨"，可"安五脏，补绝伤，轻身益气，益补胃气；壮阳道，暖腰膝，益气力，补五劳七伤；益阳事，补血脉，填精髓……"。

同时，犬作为人类最忠诚的朋友，一向被人类所喜爱。近年来一些爱犬人士发起倡议，建议人们拒绝食用犬肉，甚至要求立法禁止屠宰、销售犬肉。但终因中西文化差异，吃犬肉在中国有传统已几千年，目前仍然很流行。对一些食犬人来说，犬和鸡没什么区别，并不是被溺爱的宠物。因此，犬肉在中国仍然有很大市场，供给远远不能满足市场需求。

为了能按计划完成肉犬的培育，及时将达到一定标准的犬肉产品推上市场，满足市场供应，对商品肉用犬应实施短期集中育肥的方法和措施，以便减少饲养场财力和物力的消耗。为此应贯彻有关肉犬快速育肥的综合措施。

（一）肉用犬应具备的条件

目前，我国还没有专门的肉用犬品种，更没有统一的肉用犬标准。各地在饲养肉用犬的过程中，总是根据当地的市场需要，决定上市肉犬的规格大小或标准。但统一规定肉用犬所应具备的条件，对制定规范的饲养管理制度、确定合宜的饲养管理条件、开展肉用犬的科学饲养具有十分重要的意义。一般而言，作为肉用犬应具备以下四个条件。

1. 繁殖性能好 高繁殖率几乎是对肉用家畜的共同要求，肉用犬亦同。为了能使肉用犬养殖生产在一定时间里产生较高的产品量，同时降低生产每单位犬肉产品的成本，生产厂家必须选用繁殖性能好的犬品种开展养殖。如该品种犬应能 1 年发情 2 次、产仔率高、母性好、泌乳力强、善护育仔犬、幼犬断乳成活率高等，以保证在每个生产季后有大量的育成犬可供肥育肉用。

2. 幼年期生长发育快 幼年期的快速生长，不仅可以缩短饲养周期，加快生产周转，而且可提高饲料的转化率，降低饲养成本，最终提高肉用犬的生产效益；同时，也有利于获得优质的犬肉产品，改善犬肉的品质风味，提高其品质档次。据测定，用于屠宰的肉用犬，年龄应在 1 岁龄以内为好，尤以 6 月龄以内为佳，处于该年龄阶段的犬肉，肉质细嫩、口感好、味鲜美，最便于加工调制，也最受市场欢迎。

3. 性格沉稳、温顺、易管理 目前，国内肉用犬生产多采用地面小群饲养方式，为了避免犬只相互间因争食撕咬而发生意外，所选用的肉犬品种或犬只个体都应脾性温顺、合群、不相欺，好静不好动。我国的多数地方犬品种实际具有性格暴烈、争斗性强、互不相让等特点，故在不考虑其他因素的条件下，我国的绝大多数地方犬品种并不适合单独作为肉用犬饲养。相反，近年来由国外引进的某些犬品种，如圣伯纳犬、玛士提夫犬等品种，经过长时间的系统选育，不仅性格温顺，而且个体大，幼年期生长快，可直接作为肉用商品犬或肉用种犬，都有较广泛的利用价值。

4. 耐粗放的饲养管理 由于人类长期的饲养和驯化，各类犬品种几乎都适应于在户外饲养。户外饲养的犬只食量大，生长快，发育充分，体质强健，抗病力好。尤其是在寒冷的环境条件下，犬只个体为了保持体温恒定，往往会发挥和调动机体各种组织器官的功能，保持旺盛的生命力和代谢功能。所以，群众也总结出"冬狗好，春狗差，夏秋的狗娃别看它"，说明天气越热，小犬的发育越差。肉用犬养殖亦然，一般都不宜在室内饲养。应采用冷培育的方法，使犬只在相对寒冷的气温条件下，受到刺激和锻炼，增强体能与体质。因此，所饲养的犬只应具有耐粗放饲养管理的特点,对相对粗放的环境条件、饲养条件能较好适应,保持健康和正常的生长强度。犬类动物具有喜爱清凉而怕热的生物学特点,故对肉用犬采用敞圈户外饲养的方式是适宜的。

(二)利用杂种优势提高育肥效果

利用杂种优势是提高肉用犬育肥效果的有效措施之一。杂种犬生活力强,生长发育快,日增重和饲料利用率高,饲养成本低。因此,在对肉用犬的养殖过程中,必须以杂种优势利用为宗旨。杂种优势利用环节很多,首先在于科学地选择杂交组合,为此应当选取大型良种犬与国内的地方品种犬杂交,以提高后代的增重速度和对饲料的转化率。目前,国内公认比较好的杂交组合形式有:藏獒等大型犬♂×♀地方品种犬、国外品种♂×♀国内品种,一般都会获得较好的杂交效果。

(三)实施快速育肥技术

快速育肥是根据肉用犬的生物学特点和生长发育规律,在肉用犬发育的最佳阶段,集中资金和物质条件,科学饲养管理商品犬,促进犬只快速增重和发育,缩短饲养周期,使犬早出栏、早上市的养犬方法。一定意义上,可以把肉用犬的快速育肥视为杂种优势利用的继续,其中包含以下主要的生产环节。

1. 采取早期去势　实践证明,对肉用犬进行早期去势是培育肉用犬非常重要的步骤。犬经去势后,性情会变得温顺,好静不好动,食欲好,增重快,脂肪沉积增强,肉质细嫩。特别是去势后,犬的性功能丧失,避免了相互间的撕咬,物质同化能力加强,更利于饲料营养的消化和增重。在肉用犬40～45日龄时去势最佳,过早会影响仔犬的发育,过迟不仅会影响犬的生长,而且因精索及卵巢增粗,血管壁脆弱,容易引起出血,术后多出现不良。

2. 提高仔犬初生重和断乳重　实验证明,肉用犬初生重和断乳重的大小,对犬只断乳后的生长发育有直接的影响。一般初生重大的新生仔犬,生活力强,适应出生后环境的过程较快,健康、健壮,生长快,断乳体重大,达到出栏体重所需要的时间相应较短,饲养效益也较明显。应从母犬妊娠期开始加强饲养管理,保证仔犬在胚胎期能得到良好的发育;加强哺乳母犬的饲养管理,是提高仔犬断乳重的重要环节。新生仔犬代谢旺盛,生长快,食欲强,必须使其获得充足的母乳。科学地饲养母犬,使其保持健康的体况,在肉用犬的培育中十分重要。

3. 注重断乳幼犬的饲养管理　幼犬断乳后,受脱离母乳等一系列生活条件变化的影响,生长发育和体况会受到较大的影响,如果不加强饲养管理,幼犬多表现出生长缓慢、发育不良、体质和抗病力下降,甚至生病或死亡,对肉犬生产造成较大损失。

对断乳幼犬可采用原舍培育或转入育肥舍培育的方法。前者是在断乳时,将母犬牵走,幼犬仍留在原来的犬舍内继续饲养。开始应先用哺乳期的饲料继续喂养10～15d,对幼犬不分群、不并群,尽可能不变换饲养人员,以减少断乳对幼犬所形成的刺激和不安。在对母乳的依恋情绪逐渐减缓后,即可逐步改换使用适于幼犬生长需要的饲料。

4. 满足幼犬营养需要　实施肉犬快速育肥法要求必须为幼犬提供全价的营养和饲料,竭力满足幼犬在断乳后快速发育对各种营养的强烈需要,从而最大限度地发挥幼犬的生长潜力,达到快速育肥的目的。特别是随着日龄的增长,幼犬在对能量需要不断增加时,对蛋白质的需求水平会逐渐降低,在饲粮配合中应不断根据肉用犬的营养需要特点,调整其营养配比,以保证犬只的营养需要,发挥其生长潜力,实现快速育肥。

第十二章 茸鹿的营养与标准化饲养

第一节 茸鹿的生物学特性

一、概　述

鹿是世界上现仅存的可再生茸动物，有很高的经济价值。我国古代即进行鹿的人工养殖，鹿是继家畜（猪、马、牛、羊、骆驼等）之后，驯化程度最高的经济动物。在我国，由于沿袭古代传统，鹿的主要产品是具有特殊药用及保健作用的鹿茸，被称为东北的"三宝"之一。明朝的《本草纲目》中就记载了"鹿茸能生精补髓，养血益阳，强筋健骨，益气强智"；现代科学进一步证实，鹿茸具有调节机体新陈代谢、促进各种生理活动的功能，其药理作用非常广泛。鹿的其他产品，如肉、血、鞭、胎、皮及心、肾、肝等，都有很好的食用、药用、保健价值。鹿肉以其高蛋白、低脂肪、低胆固醇及独特的风味等特点，深受人们喜爱，特别是在欧美市场享有盛名。

世界上的鹿科动物有 41 个种。除獐、麝不长茸角及驯鹿雌雄均长茸角外，其他种只有雄性个体生茸。我国饲养的鹿主要有梅花鹿、马鹿、白唇鹿与水鹿等，主要的茸用鹿种为梅花鹿和马鹿，我国传统医学中所指的医用鹿茸也仅指梅花鹿茸和马鹿茸。

梅花鹿为中型鹿，头颈清秀，四肢细长。成年公鹿体重 120～140kg，体长 120cm 左右，肩高约 100cm；成年母鹿体重 70～90kg，体长 90cm 左右。被毛呈明显的季节性变化，一般呈棕黄色或棕红色，有白色斑点散落其间，似梅花（具体特征见彩页）。

马鹿属大型茸用鹿种。东北马鹿和天山马鹿体型较大，成年公鹿体重 280～350kg，体长 125～135cm，肩高 130～140cm；成年母鹿体重 150～220kg，体长 118～123cm，肩高 115～130cm。塔里木马鹿体型较小，成年公鹿体重 200～280kg，体高 120～135cm；母鹿相应为 120～160kg 和 110～120cm。马鹿以体型大、耐粗饲、生产性能好、产茸量高而著称，我国饲养数量呈逐年上升趋势，目前国内存栏数达 5 万头左右（马鹿的形态特征见彩页）。

世界养鹿业在 20 世纪 70～90 年代发展迅速，饲养较多的国家有新西兰、俄罗斯、中国、澳大利亚、美国、加拿大、韩国、日本等。新西兰、俄罗斯等草地资源丰富的国家，多为放牧饲养，夏季放牧在草质好的草原或林地上，很少补充精料；冬天以干草粉为主，添加少量精料。我国草地资源相对匮乏，多采用圈养（也有少量采用圈养放牧及半散放方式），饲喂牧草、树叶、青贮等粗饲料，并补饲精料。经济产品以鹿茸为主，主要饲养方式为圈养，决定了我国茸鹿的营养供给与饲养标准有独有的特点。标准化饲养有利于养鹿业的健康发展，促进科学技术在鹿饲养上的普及。

二、茸鹿的生物学特性

(一)食性广、耐粗饲

鹿为反刍动物,食性广,耐粗饲。野生梅花鹿春季以嫩草为主,夏天多采食青草、树的嫩枝叶,秋季以落叶及果实为主,冬季采食落叶、细小枝条、树皮及苔属植物(在南方,冬季也采食一些常青树树叶及竹叶等)。野生东北马鹿采食的植物多达 200 余种,主要食各种植物的嫩枝叶。冬季主要采食杨、桦、柳和一些灌木植物,很少吃草本植物及枯叶、枯草;春季以草本植物为主要食物,夏秋季则以各种树叶为主。天山马鹿较东北马鹿更耐粗饲,喜食植物与梅花鹿相似。马鹿采食速度慢,对饲料和生活条件的挑剔较少,适应性较强,易于管理。

人工饲养时,除补加精料饲养外,青干草、青饲料、青贮料及树叶、花生苗、红薯秧、氨化稻草及柳条、梨树叶等均可作为粗饲料。

(二)反应敏捷、善跑跳

梅花鹿反应敏捷,善跑跳,情急时跑跳可达 2m 多高。马鹿善奔跑,但其体大笨重,没有梅花鹿善跳跃,反应也较迟钝。

(三)胆　小

梅花鹿非常胆小怕人,易惊,多与人保持一段"安全"距离,有"鹿回头"之特性。在惊恐或惊觉时,两耳直竖,臀毛倒立,踩足咬牙,处于紧张状态。野生状态下,鹿受惊逃跑时,尾部散发一种分泌物,在身后留下有特殊气味的气流,其他鹿可据此判断逃跑方向;在视觉受限的树林中,对群体保护起很重要的作用。马鹿听觉和嗅觉比较发达,天性机警,行动谨慎小心。但经人工驯化的梅花鹿性情很温顺,人可触摸,有的鹿可接受人骑。

(四)生茸期谨慎

鹿在生茸期很注意保护自己的茸角,行动谨慎。

(五)对气候敏感

梅花鹿对气候变化特别敏感,在气温下降及降雨、下雪时,常异常活跃。

(六)群　居

梅花鹿喜群居,母鹿常年群居,活动范围相对稳定。马鹿的雌鹿及幼鹿常三五成群,多时可达 10 余只;雄鹿平时多单独活动,配种期发出长鸣,借以呼唤母鹿。马鹿多栖息于混交林或森林草原中,较梅花鹿迁移性大,活动地点不固定。

(七)争偶相斗

配种期公鹿为争夺配偶相斗十分激烈。梅花鹿公鹿配种期颈毛直立,颈粗皮厚,性情暴躁,易争斗。

第二节　茸鹿的营养需要与标准化饲养

一、茸鹿的营养需要特点

因驯化时间短,鹿在生理与行为方面仍保留着很多野生特性。其生理变化有规律性,公鹿出生第二年会长出毛桃茸,第三年生分枝茸,一般成角茸为4～5枝;人工利用情况下,多收二杠茸及三叉茸。一般情况下,公鹿于4～5月份脱盘生茸;秋季(9～11月份)为配种期,鹿茸骨化成鹿角;翌年春鹿角自然脱落,再循环生茸。母鹿秋季发情配种,妊娠鹿于第二年5～6月份产仔,7～8月份是仔鹿哺乳的高峰时期;在人工养殖中,一般于秋季发情前断乳。鹿在各生理时期的营养需要有不同的特点。

(一)公鹿营养需要特点

1. 生茸期营养需求较高　鹿茸中含有较高的蛋白质(占鹿茸有机物质的70%以上)和矿物质(主要是碳酸钙与碳酸铵等无机盐类)。故公鹿生茸期需要较高的能量、蛋白质和矿物质水平。

鹿体重变化具有季节性特点。即使采食能量与蛋白质丰富的饲粮,成年鹿冬季体重仍下降;夏季,野生鹿采食到营养丰富的饲料,体重逐渐恢复,公鹿鹿茸快速生长;配种前达到最大体重,鹿茸也达最大,骨化程度非常迅速,为争偶配种做准备。鹿生茸期能量需要较易满足,养殖中人们往往忽视蛋白质的供应,致使因蛋白质摄入不足而影响鹿茸的生长。生茸期仅70～100d,鹿茸生长非常迅速,生长快者每天可长2～3cm长,重量增加达200g;此期鹿增重也非常快,故蛋白质营养不足会限制鹿茸生长,甚至达不到正常生长量的1/2。鹿生茸期对微量元素与维生素的需求也较高,野生或放牧鹿在夏季采食的饲料种类相对较多,不易造成缺乏;人工圈养时,有些鹿场或养殖户所用饲料单一,很容易缺乏某些微量元素或维生素,应补加维生素及微量元素添加剂,以增强鹿的体质和抗病力,最大限度地发挥鹿的生茸潜力。

2. 发情期及越冬期营养需要量低　公鹿在发情期采食少,性情暴躁,爱顶斗争偶。圈养条件下,为保证配种公鹿精液品质优良,一般将其与母鹿同圈饲养,补饲较高营养水平的精饲料,以补偿其体能消耗。对非配种公鹿,为了减少其相互顶斗,要减少精料补饲量或不补饲,仅给予一定量的粗饲料,以满足其能量与蛋白质的维持需要。公鹿越冬期的营养需求低于生茸期,可按维持需要水平供给能量及蛋白质,不影响其第二年的生茸性能即可。饲料单一的鹿场,有时会发生鹿的咬毛症,主要原因是缺乏某些微量元素和维生素。所以,在非生产季节也应注意给公鹿补充微量元素及维生素,以维持鹿体健康及基本的生命活动,保证翌年正常脱盘生茸。

(二)母鹿营养需要特点

1. 配种期及妊娠期　应给予配种期母鹿较高的营养水平,以补偿其在刚结束的泌乳期中过多的营养消耗,使尽快恢复体况,促进其正常发情和排卵。但不能使配种期母鹿过肥,以免影响发情及受孕。妊娠早期,胎儿生长对营养物质的需求量不多,但须保证质量;妊娠后期应增加能量及蛋白质的供给量,以满足胎儿快速生长发育及母鹿自身贮备的营养需求。在整个妊娠期,均应供给适量的微量元素及维生素。

2. 泌乳期　像所有哺乳动物一样,母鹿泌乳期营养需求是所有生理阶段中最高的,对各种营养物质的需求量都显著增加,蛋白质和能量的需要量增加的幅度更大,以满足泌乳的需要,保证仔鹿健康成长。

(三)仔鹿生长期营养需求特点

仔鹿从出生到成年,始终处于生长发育状态,应持续地给予高营养水平的饲料,以保持其健康及正常生长。

二、茸鹿的饲养标准与参考饲(日)粮配方

(一)茸鹿的饲养标准

虽然我国鹿驯养已有几千年的历史,但近几十年才进行鹿营养方面的研究。我国养鹿的主要产品为鹿茸,对其营养需要研究的目的独特。目前,我国还没有全面的茸鹿饲养标准。中国农业科学院特产研究所经几十年的工作,初步提出了我国饲养条件下鹿营养需要建议量,列入附表1,供参考。并列入放牧鹿及美洲马鹿的估计营养需要量,供比较。

(二)茸鹿的参考饲(日)粮配方

人工养殖条件下,鹿的饲(日)粮亦应以粗料为主,并添加适宜比例的混合精料。粗料可以是营养较好的人工栽培牧草,也可饲喂多种农作物的秸秆、树枝叶及青贮饲料。应充分利用当地丰富的饲料资源,用多种饲料进行搭配,既要满足鹿的营养需要,又应降低饲料成本。由于各地可供喂鹿的粗料种类繁多,这里只提供精料补充料配方、精料喂量及精粗比的建议(表12-1,表12-2和表12-3),供参考。

表 12-1　成年梅花公鹿不同生产时期精料补充料及日粮参考配方

饲料名称	精料补充料配方(%)		
	生茸期	配种期	休闲期
玉米面	45	50	55
大豆饼	30	27	20
麦麸	10	10	10
玉米胚芽粕	12	10	12
食盐	1	1	1
添加剂	2	2	2

精料补充料配方（%）

饲料名称	生茸期	配种期	休闲期
营养水平			
代谢能（MJ/kg）	10.06	10.02	9.81
粗蛋白质（%）	21.41	20.05	17.54
钙（%）	0.96	0.92	0.94
磷（%）	0.64	0.63	0.60
日粮组成			
建议精粗比	65：35	55：45	35：65
精饲料建议量（kg/d）	1.75～2.2	0.75～1.0	0.8～1.2

注：添加剂为钙、磷、镁，微量元素铜、锌、铁、硒、锰、碘等，维生素 A、维生素 D、维生素 E 等

表 12-2　成年梅花母鹿不同生产时期精料补充料及日粮参考饲料配方

精料补充料配方（%）

饲料名称	配种期和妊娠前期	妊娠后期	泌乳期
玉米面	55	45	40
大豆饼	20	30	32
麦　麸	10	10	10
玉米胚芽粕	12	12	15
食　盐	1	1	1
添加剂	2		2
营养水平			
代谢能（MJ/kg）	9.76	10.30	10.58
粗蛋白质（%）	17.54	21.41	22.47
钙（%）	0.86	0.92	0.94
磷（%）	0.61	0.62	0.63
日粮组成			
建议精粗比	40：60	55：45	50：50
精饲料建议量（kg/d）	0.6～0.75	0.8～1.0	0.9～1.1

注：添加剂同表 12-1

表 12-3 梅花鹿离乳仔鹿及育成鹿精料补充料及日粮配方

饲料名称	精料补充料配方（%）	
	离乳仔鹿（3～8 月龄）	育成鹿（8～24 月龄）
玉米面	20	20
膨化玉米	20	20
大豆饼	35	32
麦 麸	10	10
玉米胚芽粕	12	15
食 盐	1	1
添加剂	2	2
营养水平		
代谢能（MJ/kg）	10.58	10.17
粗蛋白质（%）	23.64	22.47
钙（%）	0.96	0.92
磷（%）	0.61	0.60
日粮组成		
建议精粗比	70 : 30	70～50 : 30～50
精饲料建议量（kg/d）	0.2～0.5	0.6～1.5

注：添加剂同表 12-1

（三）鹿的全混合日粮（TMR）及其应用

我国传统养鹿业一般以圈养为主，精、粗饲料分开饲喂，在生茸期采取大量饲喂精饲料的方式来增进鹿的产茸，容易使短时间内精饲料采食过多，导致瘤胃发酵不平衡甚至发生酸中毒的现象。精、粗饲料分开饲喂有时也导致粗饲料采食过少，消化不良、鹿瘤胃发育迟缓、生产性能下降，最终经济效益下降。

鹿的全混合日粮（TMR）饲喂技术主要是采用科学配方，根据鹿不同生理时期的营养需要，精、粗饲料搭配，混合均匀（有时经制粒）后饲喂。采用 TMR 饲喂技术有以下优点：能避免鹿对质量稍差粗饲料的挑剔，提高粗饲料的采食量和利用率，促进对低质粗饲料的利用，减少精饲料用量与降低饲养成本，并可增加饲喂频度；使瘤胃 pH 稳定维持在较高水平，有利于纤维素的分解，提高营养物质利用率；同时，能降低人工喂鹿的劳动强度，减少粪便对环境的污染。近年开展了较多全混合日粮的试验研究表明，对成年梅花鹿应用 TMR 技术能够显著增加采食量，提高营养物质（特别是纤维）消化率及鹿瘤胃微生物蛋白产量，并显著增加鹿茸产量。王凯英等研究表明，TMR 技术的应用能促进仔鹿生长发育、提高其成活率，对仔鹿成龄后的生产性能影响正在跟踪研究中。表 12-4 给出鹿不同时期 TMR 推荐配方。

表 12-4　鹿不同时期 TMR 推荐配方 （%）

原　料	公鹿休闲期	公鹿生茸期	仔鹿育成期
玉　米	20	20	25
豆　粕	15	18	25
麦　麸	5	5	0
玉米胚芽粕	10	12	10
苜　蓿	12	12	12
玉米秸秆	35	30	25
添加剂	2	2	2
食　盐	1	1	1
营养指标			
代谢能（MJ/kg）	12.51	12.52	12.54
粗蛋白质（%）	14.37	15.96	18.43
钙（%）	1.02	1.02	1.01
磷（%）	0.67	0.68	0.69

三、公鹿的饲养管理技术

　　成年公鹿的生理活动有很强的季节性,依据各时期不同的生理特性,把成年公鹿的生产分为四个时期:生茸前期(1 月下旬至 3 月上旬)、生茸期(3 月中旬至 8 月上旬)、配种期(8 月下旬至 11 月上旬)和恢复期(11 月上旬至翌年 1 月中旬)。不同生产时期各有其特点,但又不是截然分开的,而是相互联系、相辅相成的。公鹿的生茸期正值春、夏季,饲草料丰富,公鹿代谢旺盛,体重明显增加。从 3～4 月份脱盘生茸开始至 8 月上旬,成年公鹿一般可增重 15～30kg;秋季是交配季节,公鹿性活动频繁,食欲明显下降,体重减轻;配种期结束后,公鹿性活动处于相对静止状态,食欲开始增强,体况也逐渐恢复,为翌年的生茸做准备。在生产中应依据这一规律,分期进行科学饲养管理,才能收到好的效果。

（一）生茸前期的饲养管理

　　鹿生茸前期一般在春季,马鹿为 2 月中旬至 3 月下旬,梅花鹿相对较晚,为每年的 3 月上旬至 4 月中旬,生茸前期应为生茸期做准备,饲养管理应注意以下几个方面。

　　1. 增加营养　公鹿经过一个漫长的冬季,体能消耗较大,体重下降,身体较弱。在我国北方,生茸前期粗饲料资源相对缺乏、品质较低,一般鹿场多饲喂玉米秸、树叶、青贮等粗饲料,营养品质好的牧草短缺,故应补加精饲料,以促进鹿提前脱盘,延长鹿茸生长的时间。在粗饲料自由采食的情况下,梅花鹿生茸前期的精饲料喂量为 1.5kg 左右,马鹿应达到约 3kg,精饲料适宜的蛋白质含量为 22% 左右。一般在生茸前期饲喂鹿生茸期预混饲料,以补偿越冬期鹿体的消耗,并为生茸做准备。

2. 调整圈舍 将不同体况的鹿饲养在同一圈舍,会相互顶斗或致使弱小的鹿不能正常采食,影响鹿茸的生长。故应及时调整鹿群,将体况、年龄相近的鹿养在同一圈舍,以减少生茸期鹿之间发生以大欺小、以强凌弱的现象;并使鹿相互熟悉,形成一个和谐的群体,促进鹿群生茸性状的正常发挥。

3. 圈舍修整、消毒 要及时修整圈舍,平整圈舍地面,清除尖锐物障,保证鹿生茸期间不受伤害;同时,要对整个鹿场的圈舍进行全面消毒,为健康顺利的生产做好充分准备。

(二)生茸期的饲养管理

生茸期是公鹿发挥其生产性能的关键时期。饲养管理应注意以下几点。

1. 加强营养 成年公鹿生茸期是一年中生长与代谢最旺盛的时期,其体重增加和生茸都需要较高的能量及蛋白质水平。按鹿的营养需要,全价饲粮是养好生茸期公鹿的关键措施。芬内西(Fennessy)等试验表明,与饲喂蛋白质水平14%的饲粮相比,饲喂蛋白质水平为23%的饲粮,使鹿茸产量提高了25%。笔者也发现,生茸期鹿的蛋白质需要量比其他时期高得多;营养不足,特别是蛋白质营养不足,易使鹿茸生长缓慢、产量下降,鹿毛粗糙等;公鹿这一时期对矿物质及维生素的需要也增高。因此,除供给鹿高能高蛋白质的精饲料外,还应饲喂鲜嫩的树枝叶,尽量使饲料多样化,以防矿物质及维生素等营养物质缺乏。存在地方性微量元素缺乏的鹿场,还应添加鹿用添加剂,以减少因矿物质缺乏导致鹿茸减产、疾病等问题。

一般生产单位收完头茬茸后,将精料喂量减少1/3～1/2,以降低成本。这对6岁以上的鹿不适宜,因其脱盘时间早,二茬茸生长的时间较长,应继续保持相应的营养水平;已查明,在20多天中保持相应的营养水平,可使二茬鲜茸产量增加100～150g,收益远高于增加的饲料费用。可见,在生茸期加强营养的措施,应视具体情况而定,不能采取一种模式。

2. 变更饲料要循序渐进 因各季节饲料资源及鹿营养需要均不相同,饲粮也必然随之变化。鹿采食饲料有一定的习惯性,其瘤胃中的微生物区系适应饲粮变化也至少需要2周时间。故变更饲料时,要逐渐转换,这一原则对任何生理时期的鹿都适用。突然变更饲粮类型和组成,易引起鹿消化不良、采食量降低甚至拒食,也可能因此诱发某些疾病。从生茸前期较低的营养水平转换到生茸期的高能高蛋白饲粮,主要是增大了精料在饲粮中的比例,一定要防止加料过急而发生顶料现象或胃肠疾病。梅花鹿生茸期精料日喂量为1.5～1.75kg,马鹿可达2.5～4kg。同时,须注意使鹿采食一定量的粗饲料,一般以粗料占日粮干物质的40%～60%为宜。

3. 减少应激,防止撞伤 应保持环境安静,避免噪声,饲养程序要稳定,定人定时喂料、扫圈,尽可能减少对生茸期公鹿的干扰,以防止惊群而损伤公鹿茸角。茸角受损不仅影响茸形,降低茸的等级,而且会使产茸量下降,造成经济损失。在管理中应经常观察鹿群,及时制止顶斗、啃茸等恶癖;应尽可能减少调圈,必要时可将某些鹿隔离饲喂或调入其他鹿群;同时,应随时清除圈中的突出物,减少损茸事件发生。

4. 加强卫生防疫,减少疾病 应及时清除粪便及残物,定期消毒圈舍与免疫接种,防止疾病(特别是传染病)发生。可用3%烧碱溶液消毒水槽、料槽及地面,用0.5%漂白粉消毒饮水,做到食槽、水槽及饮水清洁卫生。

5. 防暑降温,保证饮水 夏季炎热时期,鹿一般在早晚采食,应考虑这一特点,于早晚给料,并供给充足、清洁的饮水(最好是清凉的井水)。圈舍内应设遮阳棚,必要时应采用井水喷洒降温(要通过驯化使鹿习惯),有条件的可设置淋浴设备或浴池。

6. 做好市场调查,合理收取鹿茸 饲养公鹿最主要的目的是获得与销售鹿茸。做好市场调查,根据鹿茸生长发育特点及市场需求,合理收取二杠茸或三叉茸,是取得良好经济效益的关键,鹿场管理中应重视这一环节。

(三)配种期的饲养管理

配种公鹿的饲养管理影响鹿群的整体品质,是长期保持鹿场高产、稳产的重要环节之一。对配种期公鹿的饲养管理应注意以下两个方面。

1. 合理供给营养 种公鹿的繁殖力除受遗传和环境因素影响外,适宜的营养供给也十分重要。按营养需要提供充足、全价、平衡的营养,是保证配种鹿性欲旺盛、精液品质良好、配种能力强的关键。配种梅花公鹿每日精料喂量为 0.8~1.2kg,种用马鹿为 1.8~2.0kg;并应给种公鹿多喂一些优质粗饲料。要使种公鹿保持种用体况,不可太肥,否则也会降低配种能力。

2. 加强管理,防止顶斗 配种期公鹿性欲旺盛,顶斗、爬跨及穿肛现象严重。一定要加强管理,责任到人,勤于观察,防止受配多次的母鹿被公鹿追逼,以致穿坏阴道和肛门。要保持环境安静、稳定,严格按饲养规程操作,防止惊扰,减少鹿闹圈、顶斗及伤亡。增减饲料亦须逐渐进行,以免影响采食及消化吸收。应将配种结束或中途替换出的公鹿单独组群或小圈饲养,以减少争斗与爬跨。对生产群公鹿,应减少或停止饲喂精料,降低其膘情,控制顶斗、爬跨现象,减少伤亡;但也不能使其过度消瘦,以免影响翌年的生茸。要及时把已穿肛或被顶伤的鹿隔开单独饲养或治疗,以防再次受到伤害。

(四)恢复期的饲养管理

从 11 月上旬到翌年 3 月为公鹿恢复期。这一时期鹿的饲养管理应注意以下三点。

1. 逐渐恢复营养,确保安全越冬 由于配种期体能消耗及季节性体重下降,此时鹿体质相对较弱。12 月份后,鹿的性欲逐渐减退,食欲随之增强;但天气寒冷,体能消耗仍较大。应逐渐提高精料的补饲量,一般成年梅花公鹿为 1.2~1.6kg,马鹿为 2.0~2.5kg,并应供给充足的粗饲料。冬季无青绿粗饲料,可饲喂树叶、秸秆、青贮料等。同时,应保证供给充足的清洁饮水,最好是温水。一般情况下,即使营养不太好,青壮年公鹿也能越冬;但老、弱鹿则需补饲精料,否则易衰竭死亡。

2. 调整鹿群,适当淘汰 越冬期前,应对老、弱且产茸太低的鹿适当淘汰,将老弱但产茸好的鹿单独组群,加强饲养,保证其安全越冬,以延长其利用年限。要减少或杜绝老、弱鹿因吃不到饲料而死亡的现象。

3. 防潮保温,保持清洁 冬季雨雪多,潮湿、寒冷。应及时清扫,清除粪便、污物,保持圈舍清洁与干燥。在北方,冬季圈舍内常积有冰雪,应及时清扫,以防鹿滑倒造成伤亡;在南方,冬季也是病原微生物滋生的季节,保持清洁、定期消毒,对预防疾病发生甚为重要。应在圈舍地面铺上干燥的垫草,并经常更换与晾晒。同时,应在晴天驱群,让鹿进行适当的运动,以保持其健康与旺盛的生命力。

四、母鹿的饲养管理技术

梅花鹿和马鹿的母鹿均不产茸，其主要任务是繁殖后代。保证母鹿具有健康的体况、良好的种用价值，对扩大鹿群和提高鹿群质量有重要意义。按母鹿的生理变化、营养需求与管理特点，常将母鹿全年的生产过程划分为三个时期：配种与妊娠初期（9～11月份），妊娠期（12月份至翌年4月份），产仔泌乳期（5～8月份）。

(一)配种与妊娠初期的饲养管理

使母鹿配种期能正常发情、排卵，受胎后能正常孕育胎儿，是这一时期饲养母鹿的主要目标。为此，主要应注意如下几个方面。

1. 及时断乳，加强营养　母鹿配种期与上一个泌乳期相衔接。应在8月中旬进行断乳，使母鹿在9月份进入配种前有短暂的恢复时间，以补偿泌乳期的消耗，使它能及时发情排卵，进入下一个繁殖循环。

配种期母鹿性活动功能增强，营养供给充足时即可正常发情、排卵。在生产中，一般对刚断乳的母鹿实行"短期优饲"的饲养方法（在2个月内，将营养水平提高到维持需要的110%），使其尽快恢复体能，保证正常的激素分泌水平，促使其正常发情、排卵、受胎和妊娠。能量、蛋白质、矿物质元素及维生素缺乏，均会导致母鹿发情不明显或只排卵不发情等，导致失配，缩短了一生中的有效生殖时间；再则，营养缺乏时，即使受胎也可能招致胚胎吸收或胎儿早期死亡。配种初期梅花鹿母鹿精料添加量为1.2～1.5kg，马鹿达2.0～2.4kg；同时，应补充优质的粗饲料。应使配种期母鹿保持中等体况，不可太肥，过肥的母鹿配种困难。

2. 勤观察，减少漏配　要防止个别公鹿顶撞母鹿、乱配及多次配，造成阴道受伤或穿肛。配种后，要及时将公、母鹿分群管理；发现漏配或再次发情的母鹿，应及时补配，保证最大程度地使母鹿受胎。对育种鹿群还应该观察、记录参配公母鹿，做好育种记录，为推算产仔日期及日后育种奠定基础。

(二)妊娠期的饲养管理

母鹿妊娠期是胚胎在母体子宫内生长发育为成熟胎儿的过程，这一时期母鹿除维持自身的体能需要外，还必须供给胎儿各种营养物质，使胎儿健康地生长发育，这一时期应注意以下几点。

1. 加强营养　母鹿妊娠前期正是严寒的冬天，母鹿本身的能量消耗增高，同时要供给胎儿早期生长发育所需的营养物质。在妊娠前期，胎儿的绝对增重小，但器官分化发育快，这一时期对母鹿的营养供应要注重质量。应选用多种饲料配制营养平衡的饲粮，使能量、蛋白质、矿物元素及维生素营养均能满足母鹿及胎儿的需要。有地方性微量元素缺乏的鹿场，应使用鹿专用营养添加剂，以减少胚胎吸收及早期死亡。妊娠后期胎儿增重加快，母体自身的营养贮备也加强，应提高营养物质的供应量，并应注意饲粮的全价性与平衡性。为此，须提高精料的质量与喂量；同时，应考虑日粮容积，避免因日粮容积过大而挤压胎儿。但妊娠后期母鹿的营养水平也不可过高，在产前半个月应适当限食，以防过肥造成难产。除增加精料给外，还应供给妊娠期母鹿多种粗饲料，最好有多汁饲料或青贮料，以促进鹿的消化功能。

2. 创造舒适的生活环境 应对妊娠母鹿加强管理,做好保胎工作。每圈养殖的母鹿不宜太多,以防拥挤、采食不均,甚至造成流产。应保持圈舍及周围安静,避免各种惊动和骚扰;圈舍要清洁、干燥,妊娠后期应在圈内地面加铺垫草;要及时清除圈舍内粪尿及冰雪,防止妊娠鹿滑倒造成流产。

3. 适当运动,做好产前准备 应每天定人定时驱群,驱群可增加运动,增强鹿体质,促进胎儿生长发育,减少难产。要进行驱群驯化,驯化前应先给予信号,稳定鹿群,防止发生炸群与伤鹿事故发生。在妊娠后期应做好产仔的各项准备工作,如设置护仔栏、检修圈舍、加铺垫草等。

(三)产仔、泌乳期的饲养管理

此期饲养管理的目标,是使母鹿顺利产仔并在产仔后分泌丰富的乳汁,提高仔鹿的成活率和保证其正常生长发育。这一时期母鹿的饲养管理应着重以下几点。

1. 配制合理饲粮,加强营养 泌乳期是母鹿负担最重的时期,也是营养需要量最高的时期。母鹿通过分泌乳,要排出大量的营养物质;特别是泌乳高峰期泌乳量高,常处于营养入不敷出的状态,体贮消耗大。一般梅花鹿1昼夜可分泌800～1000mL乳,马鹿则更高;维持这样的泌乳量需要精料0.6kg左右,加上维持能耗及产后体能恢复,其泌乳期正常采食量应比妊娠后期多20%～30%。鹿乳营养浓度高,富含脂肪、蛋白质、矿物质与维生素。故饲粮的能量、蛋白质、矿物质(如钙、磷等)和维生素的水平都要相应提高。母鹿泌乳期饲粮的蛋白质平均水平应达到15%,前期约为14%,后期为16%左右;同时,应添加微量元素及维生素添加剂。

为促进母鹿多产乳,除精料与粗料外,饲粮组成中还应包含充足的青绿多汁饲料;为提高母鹿采食量,必要时还需进行夜间补饲。

2. 勤观察,精护理 产仔期管理人员应勤观察鹿只,及时发现难产母鹿,并进行人工助产;要严格看管有弃仔或扒仔恶癖的母鹿,必要时将其关进小圈单独饲养;预防母鹿乳腺炎和仔鹿脐炎等疾病,及时发现、及时处理。圈内鹿只密度不能过大,以免因拥挤而踩死仔鹿。

3. 保持环境安静、清洁 在产仔泌乳期,一定要保持周围环境安静,以免因应激造成母鹿难产或母鹿扒仔现象,并防止惊群导致混乱中踩死仔鹿;管理中应加强母鹿及仔鹿的调教驯化,增强鹿的适应性。产仔泌乳期为夏季,雨水较多,易发生仔鹿胃肠疾病,应注意保持鹿舍的干燥、洁净,定期消毒,预防传染病的发生。

五、幼鹿的饲养管理

幼鹿处于生长发育旺盛阶段,这一时期的饲养管理,影响仔鹿成活率、生长速度及成年后的生产性能,进而影响鹿群的整体质量。一般将幼鹿的饲养管理分为三个阶段:人工养殖鹿一般在每年8月中旬一次性进行断乳,断乳前为哺乳仔鹿;断乳至当年末的幼鹿被称作离乳仔鹿;第二年开始至成年的幼鹿一般为育成鹿。

(一)哺乳期的饲养管理

仔鹿培育是制约养鹿业发展的重要环节,已有一套严格的饲养管理方法。现将其要点分述如下。

1. 接生　一般健康母鹿均能正常产仔,管理人员的责任是做好卫生防疫工作,在产仔圈铺上干燥、清洁的垫草。对难产母鹿须进行人工助产,一般也可顺利产仔。接生时,要尽量减少机械损伤;应对受机械损伤的鹿注射一定剂量的抗生素,以防仔鹿及母鹿感染。仔鹿出生后,应立即清除口及鼻孔中的黏液,以免仔鹿窒息死亡,随后将其全身的黏液擦拭干净;同时,应消毒好脐部,防止发炎。出生1～2d给仔鹿打号钉牌,打号前先用碘酊消毒耳部,并做好产仔记录。

2. 吃足初乳　同其他哺乳动物一样,初乳对仔鹿非常重要。初乳营养丰富,含有母源抗体,可提高仔鹿的抗病力,促进胎粪排出等。仔鹿出生后,要尽早使其吃到初乳;对吃不到初乳的仔鹿,要人工辅助其吃到初乳。若仔鹿被母鹿遗弃或母鹿死亡,可用牛、羊的初乳代替;最好用新鲜的牛、羊初乳,如果找不到新鲜的,也可用冻贮的初乳;实在找不到时,可用新鲜蛋黄代替。自然哺乳时,要防止哺乳混乱现象,以防个别仔鹿吃不到或吃不饱;并及时引导弱仔哺乳(或行人工哺乳)。

3. 人工哺乳　对于母鹿死亡或被弃的仔鹿,可在吃足初乳后进行代养或采用人工哺乳。可用牛、羊乳喂仔鹿,在1～4周龄,应注意少量多次,逐渐增加喂量;5周龄后,随着固体饲料采食量的增加,可逐渐减少喂乳量。1～8周龄日喂乳量(mL)分别为:800、1 000、1 200、1 400、1 200、1 000、800、500。应注意定时、定质、定量喂乳,乳温应在40℃左右。对仔鹿进行早期人工哺乳,可使仔鹿被扒死的情况减少,因仔鹿肠胃疾病及母鹿乳量不足产生的仔鹿营养不良等问题也可得到减缓,提高仔鹿的成活率和断乳重。

4. 及时补饲　2周龄后,即可给仔鹿补饲精料,每日3次,自由采食。其补料参考配方(%)如下:玉米面50,豆饼36,麦麸10,食盐1,磷酸氢钙2,微量元素及多种维生素预混料1。并供给青草或树叶,任其自由采食。

5. 勤观察、加强调教　管理人员应经常进行观察,谨防母鹿咬、扒打仔鹿。每天定时对圈养仔鹿驱群,使其充分运动,增强体质,并加速其消化及运动器官的发育。要对1月龄的仔鹿进行驯化,管理人员要多与仔鹿接触,以便于日后放牧及管理。

6. 卫生及防病　仔鹿对疾病的抵抗力弱,应采取相应措施,以减少疾病的发生。要保持圈舍洁净、干燥,及时更换、晾晒和消毒垫草,阴雨天须特别注意。也可定期在饮水中添加适量消毒药物。

(二)断乳后的饲养管理

仔鹿养殖中,一般在8月中旬一次性断乳。因仔鹿是在5～6月份间相继出生,断乳时仔鹿年龄相差较大,有的已约100日龄,而有些仅50日龄左右;断乳体重也很悬殊,如年龄较大的马鹿可达60kg,小的仅36kg。仔鹿突然离母,从哺乳状态过渡到完全采食植物性饲料,心理和生理上都有一个适应过程。必须加强饲养管理,使幼鹿顺利度过离乳关,才能安全越过生命中的第一个严冬。

1. 离乳仔鹿的饲养管理要点

(1)精心护理、加强驯化　仔鹿离乳开始的3～5d,由于思母而鸣叫、不安,食欲下降,采食量减少,1周后才能逐渐恢复正常。管理人员应精心护理,经常进入圈内呼唤与亲近仔鹿,缓慢驱群,稳定仔鹿情绪,使其尽快适应新的环境和饲料条件,减少伤亡事故的发生。刚离乳时,有的仔鹿还不到2月龄,消化道功能发育尚不完善,故应给其饲喂营养丰富且易消化的饲料;

必要时,可进行熟化处理,提高饲料的适口性与可消化性。应遵循少喂勤添的原则,变换饲料要逐渐进行,以防仔鹿发生胃肠道疾病。冬季应适当驱群,以提高仔鹿食欲,增强其体质,以便安全越冬。

(2)营养充足、平衡 离乳仔鹿处于旺盛的生长发育时期,对能量和营养物质(蛋白质、矿物质与维生素等)的需求量高,而且要求各营养素间平衡,应参考推荐的饲养标准配合饲粮。要防止仔鹿发生营养缺乏症,如佝偻病、白肌病等常见营养缺乏症;必要时,可在饲粮中添加矿物质与维生素添加剂。随着年龄增长,离乳仔鹿的采食量也随之增加,可根据采食情况决定增加或减少饲喂量。除精料外,还可给离乳仔鹿饲喂一些品质良好的青贮料、干草粉等。在严寒的冬季,更应注意满足仔鹿的营养需要,使其在冬季也能生长,尽早达到性成熟。

(3)分群管理 3~4月龄后,公、母仔鹿的生长速度、采食量有明显的差异,为防止鹿群中以大欺小的现象发生,使仔鹿生长发育均衡,应将公、母仔鹿分群进行饲养管理。有条件的鹿场,也应对年龄差别较大的仔鹿分群饲养。

(4)保持清洁 应经常清扫仔鹿圈舍,随时清除粪便与污物,定期进行消毒。同时,要注意饲料及饮水卫生,防止胃肠道疾病。在冬季,尤其要保持圈内干净、无粪尿、无积雪,必要时加铺垫草,以防寒保暖,使仔鹿有良好的生活环境,安全越冬。

2. 育成鹿的饲养管理 育成鹿仍在生长发育,其生理功能渐趋完善,性器官发育加快,迫近生茸、配种及产仔期。在饲养管理良好的条件下,育成公鹿第二年就可长出分枝茸,育成母鹿16月龄即可配种、妊娠。育成鹿具有独立生活能力,比哺乳期和离乳期仔鹿的适应性与抗病力强,生产者常常因此而忽视对育成鹿的饲养管理。除一般饲养管理技术外,对育成鹿还要特别注意以下两点。

(1)保证营养供给 育成期幼鹿生长发育快,应适当添加精料,保证营养供给。育成期梅花鹿精料喂量范围为0.8~1.5kg,马鹿为1.5~2.5kg,应视生产时期及膘情而定。精料的给量应以能满足其正常生长发育的需要,但不宜喂过多的精料,以免影响胃肠道(特别是瘤胃、网胃)的发育,降低其利用粗饲料的能力。可给育成鹿饲喂适量的优质树叶,也可给予少量青贮饲料;随着其瘤胃容积逐渐增大,其消化功能增强,应逐步增加饲粮中粗饲料的比例。发育好的母鹿16月龄即可初配,受胎的育成母鹿肩负着自身生长发育和孕育胎儿的双重任务,应对其加强营养。特别是在妊娠后期,还要为产后泌乳贮备一定量的营养需要。具体饲养管理注意事项,可参考妊娠母鹿饲养管理部分。给未受胎母鹿及育成公鹿充足的优质粗饲料,基本能满足其营养需要;可视其膘情、体型及发育特性适当补饲精料。

(2)分群分期加强管理 应公、母分群进行饲养管理。要根据季节、生产目的采取相应的饲养管理措施。到翌年秋季配种时,应依据每1头育成母鹿的月龄及发育情况决定其是否参加配种。对参加配种的育成鹿,应在配种前加强饲养,提高营养水平,保证其在配种期达到繁殖体况,并正常发情、排卵。育成期公鹿在配种期有相互爬跨现象,可能会因穿肛而死亡。应加强管理,防止个别早熟鹿乱配现象发生。同时,应加强卫生、防疫及冬季保暖防寒,以及运动与调教驯化,使其体质增强,减少死亡。

第十三章　水貂的营养与标准化饲养

第一节　水貂营养特点与需要量

一、水貂的生物学特性

水貂是食肉目中的鼬科、鼬属、水貂亚属动物。目前,该亚属有 2 种,一种是分布在欧洲的欧洲水貂(Mustela lutreola),另一种是分布在北美的美洲水貂(Mustela vison)。人工养殖的水貂是由美洲水貂驯养繁育而来,这里主要介绍其生物学特性。

(一)外貌特征

水貂外貌与黄鼬很相似。体细长,头粗短,眼睛小,耳壳小;四肢短,脚底有毛,但脚垫无毛,每脚具五趾,趾基间有微蹼;尾较长,约为体长的1/3;毗邻肛门有一对高度发育的臭腺,亦称为肛门腺,是鼬科动物特有的腺体,其分泌物具强烈不愉快气味,用来标记其领地边界,在攻击或防御时喷射对方。

家养水貂经过多代选育,毛色加深,多为黑褐色,背腹毛颜色趋于一致,称之为标准色水貂。此外,20 世纪 30 年代以后,人工选育出许多新的毛色突变型彩色水貂。

各种毛色的家养水貂,雌性体重1000~2000g,平均1400g;雄性体重2000~4000g,平均2700g。

(二)食　　性

水貂属排他性的食肉动物,是捕猎的多面手,特别选择捕食动物群中容易捕获的个体。饲料组成随栖息地和季节的不同而有很大变化,主要是小型哺乳动物,如麝鼠、兔子和小型啮齿类动物等,其次是鱼,而后是鸟类和无脊椎动物。在夏季,主要捕食水禽、湿地筑巢的雀形目鸟、喇蛄和其他无脊椎动物。家养条件下饲料范围要广泛得多。

(三)繁　　殖

每年 2~3 月份繁殖,母貂发情持续 3 周左右。随着配种季节来临,公水貂离开栖息地寻找母貂。一只公貂可交配几只母貂,每只母貂也可接受几只公貂的交配。当一只母貂被几只公貂配种时,最后一次配种将产生更多的后代。这提示,在野外一直将配种能力保持到配种季节末的强壮公貂的后代最多。配种季节为争夺配偶,公貂间经常发生激烈的攻击,咬伤头和颈部,但很少发生死亡。

(四)寿 命

受饲料不足、疾病和天敌的制约,野生水貂的寿命为 1~3a;那些能够长到成年且能够获得足够饲料的水貂可活 4a,个别水貂长达 7a。当年水貂即可取皮;用作种貂一般繁殖利用 2~3a;作为宠物养殖的水貂,寿命一般为 7~12a。

二、水貂的消化和生长发育特性

(一)消化器官结构和功能特点

水貂的消化系统组成和其他哺乳动物基本一样。其特点是:

口腔容积较小,舌狭长,借舌下中线的舌系带与口腔底部相连。舌表面的黏膜上有乳突,一些乳突上有味蕾。味觉较灵敏,采食混合饲料时常将适口性差的饲料剔出。有 4 对唾液腺开口于口腔,唾液的主要功能是润滑食物,几乎不含淀粉酶。

嘴的主要功能是咬住猎物、撕开及撕裂食物,齿的结构和生长特点很好地适应了此功能。门齿短小、排列紧密整齐,犬齿粗壮发达,适于咬住和撕裂捕获物;前臼齿发达、齿缘锐利,齿面是锋刃状,有利于将动物性食物切成碎块,故也称为裂齿;臼齿不发达。水貂的这种牙齿结构不能用于咀嚼食物。

胃为单室,位于腹腔偏左侧,呈口袋状横置于腹腔内,分为贲门、胃体及幽门三部分,容量仅为 75mL 左右。胃壁很薄,有弹性,胃肌不发达,证明胃很少参与食物的研磨过程。进入胃的饲料与胃液混合。胃液主要由盐酸(胃酸)、胃蛋白酶和黏液组成。胃酸可激活胃蛋白酶原,使之转化成可分解饲料蛋白质的胃蛋白酶。蛋白质在胃中消化得不完全,被消化吸收的量很少。包括水貂在内,食肉动物胃内也分泌部分脂肪酶,脂肪的消化从这里始,这是与其他食性动物的区别之一。

肠道短且细。小肠包括十二指肠、空肠和回肠,各段间无明显界限,空肠长 13~26cm,回肠为 110~147cm;无盲肠。消化道长度约为体长的 4 倍,而猪和牛分别是其体长的 14 倍和 20 倍。肠液中含有蛋白酶、脂肪酶及消化各种糖类的酶。食糜进入小肠后,与来自小肠、胰腺的各种消化酶,以及来自肝脏的胆汁充分混合,随着小肠的蠕动,其中的蛋白质、脂肪和碳水化合物进一步降解为小单位物质,被小肠壁吸收。小肠也是水溶性维生素、脂溶性维生素以及一些矿物质的主要吸收部位。被吸收的营养物质通过血液运送到肝脏,并被加工成水貂所需的物质。肝脏也是从血液中排除杂质的器官。大肠的主要功能是吸收水分和矿物质,也是食物未消化部分形成粪便排出体外前的储存处。

水貂胃小、肠道较短,食糜会很快通过消化道,且短时间内不能采食大量食物。实验表明,饲料通过水貂消化道的时间为 3~5h,通过速率受饲料成分制约。无盲肠及肠道内微生物活性很低,决定了水貂不具备借助微生物消化植物纤维素的能力,合成 B 族维生素的能力也很弱。

水貂消化系统结构与功能的特点,使其被限制到只能利用特别容易消化的饲料。

(二)饲养时期的划分

水貂出生后经 6 周的哺乳期和 5 个月的育成期,从初生体重仅 8～12g 生长发育到成年,冬毛发育成熟,可以处死取皮;留种貂至 10 月龄达到性成熟,并可参加繁殖,从此进入以年为单位的季节性繁殖和换毛周期。显而易见,从初生到成年,以及到以后每年的季节性繁殖和换毛,水貂在各生理或生产阶段的营养需要量和组成是不同的。人工饲养条件下,为便于饲养管理和制定科学的饲粮配方,依水貂一年中不同时期的生理和饲养管理特点,人为地将一个生产周期划分为几个特定的饲养时期(表 13-1)。

表 13-1　水貂饲养时期的划分

生物学时期	时　间
准备配种期	9 月下旬至翌年 2 月份
配种期	3 月上中旬
妊娠期	3 月下旬至 5 月中旬
产仔哺乳期	4 月下旬至 6 月下旬
种貂恢复期	4～8 月份(公貂),7～8 月份(母貂)
生长前期(育成期)	6～9 月份
生长后期(换毛期)	11～12 月份

实际上,各饲养时期很难截然分开,而是相互联系、相互影响的。例如:准备配种期生殖器官正处于迅速生长发育阶段,如果饲养管理粗放、饲粮中粗蛋白质太低,到配种期即使提高饲粮中各种营养物质的含量,正常配种条件下也难获得高的配种效果;忽视妊娠期饲养,必将严重影响到产仔;忽视恢复期的饲养,必然给翌年水貂生产带来损失。可见,水貂的每一饲养时期都是以前一时期为基础的,只有重视每一时期的饲养管理工作,才能获得丰产或高的经济效益。

(三)生长发育及各饲养时期的生理特点

1. 幼龄貂生长发育特点

(1)哺乳期/生长前期　出生至 90 日龄,为直线生长期。此时食欲旺盛,生长发育迅速,体重增加很快。据报道(黑龙江,1986),水貂各年龄阶段体重为:初生重 8～11g;40 日龄达 300g 左右;90 日龄公貂为 1 228g,母貂 780g,均达到成年体重的 80% 以上,而胸围达成年标准。因此,加强此阶段的饲养管理,保证供给其生长发育的营养需要,是培育出的水貂体型大或生产性能高的关键。营养供给不足导致生长发育受抑制,以后难以完全补偿生长。

(2)生长后期/换毛期　当年 9～11 月,此时增重缓慢或体躯生长基本结束,但生殖系统发育较快;10 月中旬至 11 月末,是被毛(冬毛)生长快或皮肤、被毛生长发育趋于成熟的阶段。此阶段的饲养管理决定着生殖系统的发育程度及皮毛的质量。忽视此阶段的饲养管理,将影响貂群的繁殖或扩大再生产,以及皮张的经济效益。

2. 准备配种期的生理特点　进入 9 月后,天气渐凉,日照渐短,水貂生殖激素分泌活动逐步增强,卵巢及睾丸结束休整或萎缩状态,逐渐恢复正常的生精、排卵功能,特别是睾丸不断增大。这期间夏毛脱落,冬毛长出,冬皮渐渐成熟,此阶段为准备配种前期。

进入 12 月,尤其冬至(12 月下旬)以后,日照或白昼渐长,水貂的生殖系统及内分泌活动进一步增强,至翌年 2 月下旬为水貂的准备配种期。公貂睾丸进一步增大并下降至阴囊,生成具有受精能力的成熟精子。母貂的生殖系统,特别是卵巢已具备正常生殖功能,产生成熟的卵泡,为以后交配妊娠做了必要的准备。

水貂在这近半年的饲养期里,由于气温低,机体需热量增多,食欲及采食量增加。体内为越冬贮备了一定的营养物质,体况逐渐丰满。

3. 配种期及妊娠期的生理特点

(1)配种期 临近配种期,公貂睾丸已形成具活力的精子及分泌雄性激素。在配种期一直处于性兴奋、发情或交配状态。

母貂此期卵巢已产生卵子及雌性激素,引起发情。因卵泡产生、发育及成熟是分阶段或分批的,母貂在配种期间可出现 2～4 个发情周期;每个发情周期为 6～9d,其中发情持续期 1～3d,间情期为 5～6d。配种期生殖系统产生一系列生理变化,以适应交配。特别是公貂,配种期日配种 1 次以上,消耗大,食欲差,故应搞好饲养管理,以提高繁殖率。

(2)妊娠期 母貂配种受胎至分娩这段时间为其妊娠期。个体间妊娠天数变动范围极大,通常在 40～55d,平均为 47d。其主要原因是水貂胚泡存在一个长短不一的滞育期。妊娠期分为 3 个阶段:第一阶段为卵裂期,是卵子受精后经 5～6 次分裂形成的桑椹胚并继而形成胚泡的阶段 6～8d;第二阶段为滞育期,是胚泡在子宫角内游离尚未附植阶段,一般 6～30d;第三阶段为胚泡附植并迅速发育至成熟胎儿的阶段,通常为 30d 左右。胚泡附植的时间是在 3 月末4 月初以后,故 4 月上旬前无须明显增加营养供给,宜从 4 月中旬开始增加。

三、水貂的营养需要

(一)能量需要

1. 维持需要 水貂个体间维持能量需要变化很大,主要受下列因素影响。

(1)体重 体重不同所需维持需要也有差异,如成年公貂体重比成年母貂大,所以需要更多的维持代谢能,但维持能量需要并非与体重而是与代谢体重($W^{0.75}$)成比例关系;每 kg 代谢体重需要的维持代谢能稳定在一定范围,为 126～148kcal(或 527～619kJ)。可据此估算水貂的维持能量需要。例如,一只 1.2kg 的母水貂每天维持代谢能为:

$$126～148\text{kcal}×1.2^{0.75}$$
$$=144～170\text{kcal(或 602～711kJ)}$$

而一只体重 2.5kg 的公水貂每天需要维持代谢能为:

$$126～148\text{kcal}×2.5^{0.75}$$
$$=251～295\text{kcal(或 1 050～1 234kJ)}$$

(2)环境温度 成年水貂在环境温度 20℃～25℃对能量的需要量最低,低于该温度范围则需消耗更多的能量来维持体温。温度每降低 1℃,代谢能的需要量就增加 4kcal(或16.7kJ)。故当环境温度在 0℃时,维持代谢能需要将增加 80～100kcal(或 335～418kJ)。风速 1～5m/s 的情况下体热散失增加,用于维持的代谢能增加 15%～20%。另外,环境温度过高也需要消耗额外的能量以使多余的热散失。提供冬季能挡风御寒且加垫草的不透风小室,夏季能遮阴避雨的貂棚,可使水貂生活在适宜的温度下,既满足其正常生长发育的需要,又能降低维持正常体温的能量消耗。

(3)饲料消耗 水貂维持代谢能的需要还与其采食的饲粮数量有关,随着采食量增加,为消化和代谢这些饲料需要的能量也相应增加。一般情况下,饲粮采食量增加而额外需要的能量不是太多,但是哺乳母貂采食量大增,不应忽略这部分能量需求。

(4)活动水平 水貂运动时需要多少能量尚无实验证明。加拿大研究者的实验表明,水貂笼的尺寸增加约1倍时,每天的能量需要从原先的844kJ增加到1078kJ。不同水貂个体能量需要差异的主要原因,很可能是它们的运动量的不同所致,活动量越大能量的需要即越高。

表 13-2 不同气候条件下水貂每日对维持代谢能需要的估计 （kcal）*

气候条件	性别和体重	
	成年母貂(1.2kg)	成年公貂(2.5kg)
20℃~25℃下基础代谢需要	144 ~ 170	251~294
随活动水平增加(+10%)	14 ~ 17	25~ 29
20℃~25℃下需总维持代谢能	158 ~ 187	276 ~ 323
0℃时为维持体温需增加	80 ~ 100	80~100
—20℃时为维持体温需增加	160 ~ 180	160 ~ 180
风速1~5m/s时维持体温需增加(+15%)	22 ~ 26	38 ~ 44
0℃、无风时总维持需要	238~ 287	356 ~ 423
0℃、风速1~5m/s时总维持需要	260~ 313	394 ~ 467
—20℃、无风时总维持需要	318~ 367	436 ~ 503
—20℃、风速1~5m/s时总维持需要	340~ 393	474 ~ 547

引自 Rouvinen-Watt 等.2005(并做部分修改)

* 原表中以 kcal 为单位,将其数值乘以 4.184 即可换算为 kJ

2. 准备配种期、配种期和妊娠期的需要 每年11月下旬或12月初,留种水貂转入准备配种期。从翌年2月中下旬开始,配种季节由南(山东、河北)向北(吉林、黑龙江)逐渐来临,至3月中旬依相同顺序陆续结束,转入妊娠期。

准备配种期,营养供给重点是调整种公貂和繁殖母貂的体况,避免过肥或过瘦,以使其性器官得到充分发育;配种季节即将到来前对母貂进行催情补饲,以增加排卵数;配种季节内须保持种公貂良好的配种体力。

对体况调整到理想状态的母水貂催情补饲,是指配种季节前2周开始节食,饲粮量比正常下调20%,即提供维持需要代谢能的80%;到配种前3~5d开始大幅提高饲粮量,使高于节食前50%,即达到维持代谢能的150%,直到配种结束再恢复到妊娠期能量水平。国外实验表明,这种催情补饲既能增加排卵数量、提高产仔数(平均每窝可多产1只仔貂),又不会使母貂体况发生突然或极端的变化。尤以青年母貂催情补饲效果最好。

在妊娠期,母貂产热并非随妊娠期的进程而增高,其总能量沉积平均值很低,一些个体甚至呈负平衡,表明妊娠期的部分能量需要可能是通过动员体内储存而提供的。其中,体脂肪氧化产热占总产热的 42%，蛋白质氧化产热为 38%。妊娠期子宫重量呈对数函数增长。妊娠 47d 胎儿组织中沉积的能量平均仅为 350kJ。尽管如此，在适当控制体况的情况下，也须给妊娠期母貂适当增加营养供给，以保证胎儿发育并防止流产。

每年 12 月份到产仔前，应在维持能需要基础上，根据当地气候状况（气温、风速）、种貂性别、活动强度、食欲和体况等，适当调整饲粮成分和喂量。丹麦研究者推荐，12 月份到产仔时，母水貂鲜饲粮（干物质 23%～33%）代谢能浓度应为 5 021～5 439kJ/kg；以干物质基础计，饲粮代谢能应为 15.45～16.74MJ/kg。根据我国有关研究结果，母水貂繁殖期饲粮代谢能应为 16.30MJ/kg。目前，国内大型貂场准备配种期和配种期饲粮代谢能需要的经验标准是 800～1 200kJ/只·d。

然而，近期研究发现，在妊娠植入期间，棕色母貂喂以比植入前期较高能量（即高于维持水平）的饲粮，有显著提高窝产仔数和减少空怀的效果。这提示，在妊娠植入期增加能量可导致更多的胚胎植入。但此措施对黑色水貂影响较小且不显著。另外，在妊娠期最后 3 周限制饲养可导致母貂乳腺发育减缓。

全年的大部分时期内，可给体况良好的成年种公貂饲喂维持水平饲粮，但繁殖期需饲喂高质量饲粮，以保证其最佳繁殖效果。

3. 哺乳期的需要

（1）哺乳仔貂的需要　出生后生长发育速度很快，1 周龄日均增重为 2.9g，4 周龄达 5.4g；4 日龄体重比初生重增加 1 倍，3 周龄时（此时开始采食固体饲料）达到初生重的 10 倍。出生后头 3 周龄所需营养完全依靠母乳，随着仔貂的快速生长发育对母乳的需求量不断增加。仔貂出生后头 2 周，每增加 1g 体重需要 4.1～4.5g 乳汁，平均日吮乳量为 10.9±0.4g/只；出生后第 4 周每增加 1g 体重的吮乳量增加到 5.3～5.6g，平均日吮乳量增加到 27.7±1.0g/只。

国外研究表明，在环境温度 25℃下，1 日龄、29 日龄和 43 日龄仔貂的基础静止代谢能平均值分别为 37.19±69.14、42.16±22.51 和 29.75±11.66J/g 体重·h；在寒冷环境下，1 日龄和 43 日龄仔貂该指标分别增加 86% 和 92%；57 日龄时，仔貂的自主活动也使代谢能增加 1 倍。仔貂维持代谢能需要量为 448kJ/kg 代谢体重（体重 $^{0.75}$），代谢能用于体生长的效率为 0.67。另一个研究中，通过对每增加 1g 体重摄取的乳量和代谢能的重新计算，估计出仔貂维持代谢能为 458kJ/kg 代谢体重，乳的代谢能用于生长的利用效率是 0.71。

（2）泌乳母貂的需要　为维持仔貂的正常代谢率及支持其快速生长发育，母貂须每天生产相当其体重约 20% 的乳汁。2 岁母貂产后第 1 周日平均分泌乳汁 87±7g，第 4 周增加到 190±15g/d。其乳中干物质、能量和蛋白质含量很高，第 1 周分泌乳中平均含代谢能 450kJ/d，第 4 周增加到 990kJ/d。所以，泌乳期水貂的饲粮在满足维持代谢能需要的基础上，须额外增加足够供泌乳的代谢能。良好体况的母貂，虽然也能通过增加低能量饲粮的摄取量满足其每日能量的需要，但若采食受到其他因素的限制（例如饲粮适口性及卫生质量差、高温环境、饮水不足），其能量需求就会得不到足够的补偿。因此，在泌乳期要为母貂提供高能量饲粮，并保证其随意采食。

泌乳母貂每天通过提高代谢能摄取量满足仔貂持续生长所增加的营养需要。在达到最大采食极限后，必须动用自体的能量储备以分泌更多的乳。哺育较多仔貂的母貂，授乳 2 周后就得动员体内脂肪，因而泌乳后期母貂体重常严重下降。此外，仔貂 3 周龄左右开始采食代乳补饲料，可从中获得其对能量和营养的额外需要，并且逐渐过渡到完全断乳。因此，应配制出营养丰富、全价,饲料新鲜、卫生,适口性好且易于消化的高能饲粮,以满足母貂泌乳期产乳量高、体重损失最小、泌乳期长和仔貂后期补饲的需要。

丹麦研究者推荐,水貂泌乳期饲粮(鲜基)代谢能浓度应达到 5 648~6 067kJ/kg,以干物质基础计应达到 17.38~18.67MJ/kg。我国有关研究结果推荐,母貂泌乳期饲粮代谢能应为16.72MJ/kg。国内大型貂场相应的经验标准是 960~1 300kJ/只·d。

佩雷尔·迪克(Perel'dik)等(1972)对前苏联和北欧水貂场的生产数据计算后,提出了以10d 为单位,每哺育一只仔貂,母貂每天应增加的代谢能推荐量分别为:21kJ,84kJ,209kJ,460~628kJ。丹麦研究者也提出了在满足泌乳母貂维持能基础上,随仔貂体重增长额外增加的代谢能需要量:仔貂每增重 1g,泌乳母貂的代谢能需要平均增加 11kJ。加拿大劳瓦南—瓦特(Rouvinen-Watt)等根据丹麦的实验结果,提出了以周为单位的母貂泌乳期每天代谢能和饲粮的摄取量(表 13-3)。

表 13-3　泌乳母貂每日代谢能和饲粮摄取量

泌乳期	摄取代谢能的大致数量[1]		满足能量需要须采食饲料量(g)[2]	
	kcal/d·只	kJ/d·只	1350kcal(5648kJ)/kg 饲粮	1450kcal(6067kJ)/kg 饲粮
第 1 周	262	1096	194	181
第 2 周	282	1180	209	195
第 3 周	349	1460	259	241
第 4 周	429	1795	318	296
第 5 周	466[3]	1950	345	321
第 6 周	637[3]	2665	472	439

引自 Rouvinen-Watt 等(2005)。[1] 引自 Hansen (1999)。[2] 以饲喂鲜饲料为基础。[3] 这 2 周增加的代谢能摄取量主要是仔貂开始采食饲料所致

4. 生长前期和生长后期/换毛期的需要　断乳后到取皮这段时间分成两个主要阶段,即生长前期和生长后期/换毛期。断乳后(6~7 周龄)到 8 月中下旬(10~11 周龄)是生长前期。在此期间,随着持续生长发育和生长夏毛,幼貂体尺快速增长,8 月末 9 月初达到成熟体重的85%~90%。从 8 月下旬到取皮时为生长后期,生长速度下降,且体重增长主要是脂肪沉积的结果。生长后期主要是冬毛的生长和发育。从 9 月下旬开始,幼貂的生殖系统也开始缓慢发育。

经过断乳后的初期选种、8 月末 9 月初的重复选种后,9 月开始将幼貂区分为取皮貂和种貂,分别进行饲养。因此,8 月末前主要是满足幼貂快速生长的需要;9 月份开始,在满足取皮貂和预留种貂最后生长发育和冬毛生长所需营养的同时,对前者的着重点是取皮期获得尺码最大和质量最优的皮张,对后者则强调一直保持适宜的体况。所以,制定水貂生长和冬毛生长期饲粮配方时,要根据养殖时期和饲养目的来确定代谢能需要量及各种营养物质在总代谢能中的分配比率。

断乳后的快速生长,使仔貂的能量需要迅速增加,特别是头几周,其通过增加高能量饲粮的采食量以满足能量需要。因仔貂增重特别快,能量推荐量一般以平均每天需要量,而不是以

每 kg 体重需要量表示。加拿大劳瓦南一瓦特(Rouvinen-Watt)等(2005)根据有关研究结果，总结出公、母仔貂生长期和冬毛期不同月份每日代谢能需要量及相应的采食量(表 13-4)。一般公貂的代谢能需求比母貂高 33%。

表 13-4 仔貂生长前期和生长后期/换毛期日代谢能和饲粮需要量

时 期	雄性仔貂				雌性仔貂			
	代谢能(kcal/d)[1]	不同代谢能水平饲粮日采食(g)[2]			代谢能(kcal/d)[1]	不同代谢能水平饲粮下日采食(g)[2]		
		1100kcal/kg	1300kcal/kg	1500kcal/kg		1100kcal/kg	1300kcal/kg	1500kcal/kg
5.15~31	30[3]	27	23	20	30[3]	27	23	20
6.1~15	80[3]	73	56	53	80[3]	73	56	53
6.16~30	160[3]	145	123	107	160[3]	145	123	107
7.1~15	250	227	192	167	190	173	146	127
7.16~31	320	291	246	213	240	218	185	160
8.1~15	350	318	269	233	260	236	200	173
8.16~31	370	336	285	247	270	245	208	180
9 月份	380	345	292	253	280	255	215	187
10 月份	390	355	300	260	290	264	223	193
11 月份	350	318	269	233	250	227	192	167
12 月份	310	282	238	207	220	200	169	146

引自 Rouvinen-Watt 等(2005)，[1] 引自 Hansen 等(1991)。[2] 以鲜饲料为基础。[3] 公、母貂平均值。表中能量单位为 kcal，其值乘以 4.184 可换算为 kJ

丹麦研究者推荐：以干物质为 37%~38% 的鲜饲料计，生长期饲粮代谢能浓度为 6 276~6 485kJ/kg；以干物质基础计，为 16.74~17.29MJ/kg。水貂冬毛生长期干物质 39%~40%，鲜饲粮代谢能为 6 694~6 904kJ/kg；以干物质基础计，为 16.95~17.48MJ/kg。

我国有关研究推荐：水貂生长期(生长前期)饲粮代谢能为 16.74MJ/kg，冬毛生长期为 16.32MJ/kg。国内大型貂场水貂生长期(生长前期)饲粮代谢能需要的经验标准为 1 000~1 400 kJ/只·d，其中公貂为 1500kJ/只·d，母貂为 900kJ/只·d；冬毛生长期饲粮代谢能的经验标准是 1 400~2 000kJ/只·d，其中公貂为 2 300kJ/只·d，母貂为 1 400kJ/只·d。

(二)蛋白质的需要

水貂是食肉动物，对蛋白质比其他家畜有更高的需求。蛋白质几乎参与了所有的代谢和生理功能，饲粮中含有充足的优质蛋白质对水貂更为重要，尤其是在哺乳期、生长期和换毛期等关键阶段。

1. 准备配种期、配种期的需要 准备配种期到妊娠中前期，可消化粗蛋白质所含代谢能量占饲粮代谢能需要量的 35% 即可。既可满足水貂体细胞更新、性腺发育、激素和酶合成等重要生理功能的需要，又不致降解过多的氨基酸引起氧化应激，从而使氮排泄所需要的水分减少到最低限度。以鲜饲粮（干物质 32.0%～33.0%，代谢能 5 021～5 439kJ/kg）为基础，粗蛋白质应不低于 11.0%～12.0%；以代谢能为 15.45～16.74MJ/kg 干物质为基础计，粗蛋白质含量应不低于 34.0%～37.0%。我国有关研究结果推荐，雌性水貂繁殖期饲粮代谢能为 16.30MJ/kg 时，粗蛋白质应达到 38%。国内大型貂场水貂准备配种期和配种期的经验标准是，每 100g 饲粮中蛋白质应达到 22～28g。

2. 妊娠期的需要　研究指出，妊娠期采食或机体吸收的蛋白质品质与数量是决定仔貂出生后成活率的重要因素。妊娠后期胎儿的快速发育需要更多的氨基酸进行细胞合成。研究也发现，妊娠期吸收的蛋白质的质量和数量是决定 7 月份仔貂成活数的重要因素。妊娠期饲喂低蛋白质会导致空怀母貂数增加。根据蛋白质的质量，妊娠后期的可消化粗蛋白质所含能量应达到总代谢能需要的 37%～40%。我国大型养貂场水貂妊娠期经验标准是 100g 饲粮中含蛋白质 26～32g。据姜殿武报道（1985），妊娠前期 15d 饲粮中蛋白质给量为 20～28g，妊娠后期 15d 为 25～32g。

3. 哺乳期的需要　哺乳期是水貂营养需求最主要的阶段，哺育 6～8 只仔貂的母貂对能量和蛋白质的需求更是如此。格莱姆—汉森（Glem-Hansen）（1979）研究了采食蛋白质所含代谢能占 21%～54% 饲粮的母貂哺育的仔貂出生至 42 日龄的生长发育状况，结果 42% 组仔貂的生长速度高于其他水平。因此，认为泌乳期水貂需要的可消化蛋白质所含代谢能应占饲粮的 40% 以上。但是，后来用高、中、低水平蛋白质饲粮（分别占代谢能的 63%、45% 和 29%）饲喂产后头 4 周的高产母貂（哺育 6 只仔貂）。结果显示，在哺乳期的第 3 周和第 4 周喂低蛋白和中蛋白饲粮母貂的乳产量和乳中氨基酸含量（g/16g 氮）显著高于高蛋白组，而其他化学成分未受饲粮处理影响，导致该两组母貂哺育的仔貂因摄取了更多的氨基酸而获得更大的体重。上述结果表明，蛋白质水平含代谢能 29% 的饲粮，给产后头 4 周泌乳母貂提供了足够的必需氨基酸，满足了其合成乳蛋白和产生血糖的生糖氨基酸的需要。饲粮中蛋白质水平超过母貂的需要，过量的蛋白质将增加肝脏分解过量氨基酸的负担，增大代谢压力，反而会对乳的分泌和乳中氨基酸水平产生负面影响。高饲粮蛋白导致尿氮排泄增加，提高了对水分的需要。过量的饲粮蛋白质还可能增加母貂罹患哺乳病的敏感性。长期给哺乳母貂饲喂单一的优质动物性饲料也会得到很差的饲养效果。

适宜的饲粮蛋白质也是仔貂所需要的，哺乳后期母貂泌乳量开始下降及仔貂开始采食饲粮时更是如此。

丹麦、芬兰和加拿大的研究者推荐，哺乳期鲜饲粮（干物质 32.0%～33.0%、代谢能 5 648～6 067kJ/kg）为基础时，粗蛋白质不能低于 14.0%～15.0%；以干物质为基础计（代谢能为 17.38～18.67MJ/kg），粗蛋白质含量不能低于 43.0%～47.0%。我国有关研究推荐，水貂哺乳期饲粮代谢能为 16.72MJ/kg 时，粗蛋白质应达到 42%。现行国内大型貂场经验标准是，100g 饲粮中粗蛋白质为 26～32g。然而，芬克（Fink）等（2006）研究证实，产后头 4 周饲粮中可消化蛋白质代谢能占 29% 时，也可得到与占 45% 同样的产乳量和仔貂生长水平。哺乳母貂产后 1～4 周的可消化氨基酸需要量见表 13-5。

表 13-5　哺乳母貂产后 1～4 周每 kg 代谢体重($W^{0.75}$)可消化氨基酸需要量估计值

氨基酸种类	需要量估计值(g/d)			
	第 1 周	第 2 周	第 3 周	第 4 周
必需氨基酸				
赖氨酸	0.76	0.85	1.04	1.31
苯丙氨酸	0.44	0.53	0.68	0.81
蛋氨酸	0.34	0.37	0.43	0.55
组氨酸	0.28	0.33	0.41	0.53
缬氨酸	0.64	0.77	0.90	1.20
异亮氨酸	0.48	0.58	0.7	0.93
亮氨酸	1.23	1.4	1.71	2.28
苏氨酸	0.53	0.61	0.76	0.97
精氨酸	0.76	0.98	1.13	1.41
必需氨基酸量[1]	5.46	6.49	7.76	9.99
非必需氨基酸				
胱氨酸	0.27	0.32	0.38	0.48
甘氨酸	0.46	0.51	0.56	0.66
天冬氨酸	1.08	1.23	1.49	1.99
丙氨酸	0.64	0.74	0.83	1.15
酪氨酸	0.35	0.41	0.48	0.72
谷氨酸	2.14	2.52	2.91	3.85
丝氨酸	0.59	0.67	0.80	1.03
非必需氨基酸量[2]	5.53	6.40	7.45	9.88
氨基酸总量[1+2]	10.99	12.89	15.21	19.87

引自(Fink 等,2006)

4. 生长前期和生长后期/换毛期的需要　虽然仔貂在 3 周龄时就开始采食固体饲料,但 10 周龄前消化道蛋白酶数量和活性还不足,7～9 周龄幼貂的蛋白质消化力远低于成年貂。不易消化的蛋白质饲料将导致消化紊乱和生长受阻。应只用易消化的优质蛋白质饲料配制仔貂哺乳期后期补饲和断乳后的饲粮。许多研究表明,水貂生长前期(9～13 周龄)和生长后期/换毛期(14～30 周龄)饲粮中,来自蛋白质的代谢能不低于 30% 就可满足机体生长和毛皮发育的需要。然而,蛋白质质量非常重要,即应具有良好的氨基酸平衡和消化率。特别是消化能力尚未充分发育完全的 8～10 周龄前,给仔貂喂高度易消化的蛋白质饲料非常关键。研究证实,此时期若饲喂低水平或低质蛋白,水貂对其消化利用率很低,严重影响生长率、仔貂成活率和毛皮质量。

研究表明,生长前期鲜饲粮(干物质 37.0%~38.0%、代谢能为 6 276~6 485kJ/kg)为基础,粗蛋白质含量不能低于 11.5%~12.0%;以代谢能为 16.74~17.29MJ/kg 干物质为基础时,不能低于 31.0%~32.0%。我国有关研究表明,生长期饲粮代谢能为 16.72MJ/kg 时,粗蛋白质应达到 38%。国内大型貂场生长前期水貂 100g 饲粮中提供的蛋白质的经验标准为 24~30g,其中公貂为 20~35g,母貂为 15~20g。

生长后期/换毛期,鲜饲粮(干物质 39.0%~40.0%、代谢能 6 694~6 904kJ/kg)为基础时,粗蛋白质含量不能低于 12.0%~13.0%;以代谢能为 16.95~17.48MJ/kg 干物质计,不能低于 31.0%~33.0%。我国有关研究表明,水貂生长后期/换毛期饲粮代谢能为 16.30MJ/kg 时,粗蛋白质应达到 34%。国内大型貂场生长后期(换冬毛期)水貂蛋白质需要的经验标准为每 100g 饲粮 20~30g,其中公貂为 26~30g,母貂为 20~30g。

5. 氨基酸营养 水貂等毛皮动物氨基酸需要的显著特点,是含硫氨基酸需要量远高于其他家畜。据测定,成年水貂毛中蛋白质含量占其整个胴体蛋白质的 16%,而毛中含硫氨基酸为其体内总量的 49%。含硫氨基酸主要指蛋氨酸和胱氨酸,构成水貂被毛角蛋白的 17%。胱氨酸由半胱氨酸转变而来,半胱氨酸是由蛋氨酸转化成的。水貂体内不能合成蛋氨酸,只能由饲料中获得,因此称蛋氨酸是毛生长的第一限制性氨基酸。所以,饲粮中适宜水平的蛋氨酸和半胱氨酸对水貂被毛的生长发育特别重要。此外,蛋氨酸还通过提供甲基的功能,参与水貂能量周转中的许多关键反应,在体内多种重要化合物的合成中发挥作用,例如参与磷脂合成、协助肝的脂肪代谢与防止脂肪肝的发生。另外,水貂毛中精氨酸、异亮氨酸、亮氨酸、丙氨酸、甘氨酸和丝氨酸等也较多。

饲料蛋白质中蛋氨酸的含量和可消化性,决定该饲料是否适合用于配制水貂生长和换毛期饲粮。质量好的肉和鱼含有高水平和易消化的蛋氨酸,生长和换毛期饲粮中大部分蛋白质应该来自这类饲料。屠宰厂的低质下脚料和低质鱼加工副产品、含有毛和羽毛的禽加工副产品、血制品、大豆粉和鲭鱼等,所含蛋氨酸数量和可消化性都很低,使用时要严格限制用量。尽管玉米蛋白质的蛋氨酸可消化性也很低,但含量却相当高。因此,使玉米蛋白质占到饲粮可消化粗蛋白质的 20%将显著提高蛋氨酸水平。

还可直接添加合成的胱氨酸、蛋氨酸等来提高饲粮中含硫氨基酸水平。有关研究结果表明,D-蛋氨酸不能用于水貂的被毛生长,而 L-胱氨酸和 L-蛋氨酸则能被有效利用,且利用率略高于饲料中的含硫氨基酸。在蛋白质水平过低的饲粮中加入合成氨基酸时,尽管水貂生长率有一些改善,但还是不及高蛋白组,且死亡率和脂肪肝发生率也较高。胆碱和甜菜碱也具有提供甲基、改善水平衡、降低氮排泄的功能,可选其作甲基供体添加剂,以替代部分蛋氨酸。

研究表明,水貂生长前期(10~13 周龄)饲粮中,含硫氨基酸至少应为饲粮蛋白质含量的 3.3%,在生长后期和换毛期的不同阶段(15~19 周龄、20~24 周龄和 25~30 周龄)应分别达到 3.1%、4.6%~5.1%和 3.7%~3.8%。在饲料蛋白质和氨基酸消化率为 85%的情况下,水貂生长期和换毛期对必需氨基酸的需要量见表 13-6。

表 13-6 水貂生长期和换毛期可消化氨基酸的需要量

氨基酸	单位代谢能需要量	参考文献
蛋氨酸	1.59g/Mcal	
半胱氨酸	0.71g/Mcal	
赖氨酸	2.72g/Mcal	
色氨酸	0.50g/Mcal	
苏氨酸	1.72g/Mcal	
组氨酸	<1.59g/Mcal	Børsting 和 Clausen (1996).
苯丙氨酸	<2.89g/Mcal	
酪氨酸	<1.80g/Mcal	
亮氨酸	<5.02g/Mcal	
异亮氨酸	<5.29g/Mcal	
缬氨酸	<3.51g/Mcal	
精氨酸	饲粮的 2.2%	Damgaard (1997)

引自 Rouvinen-Watt 等(2005)

(三)脂肪的需要

水貂具有比杂食和草食动物摄食更多动物脂肪的习性。在各饲养期,脂肪是水貂保持最适能量平衡的最有效、最经济的能源。脂肪对某些色型的水貂更为重要,如蓝宝石、紫色、蓝彩虹、粉红和野生型水貂对能量的需要量比标准貂高,其任何饲养期饲粮的脂肪都比标准貂多2%~4%。脂肪还与许多营养因素引起的水貂特殊疾病的起因与预防有关,包括黄脂肪病、尿湿症、哺乳期贫血、食仔癖、棉毛症和臀毛缺陷症等。

1. 准备配种期、配种期和妊娠期的需要 水貂在不同饲养期对脂肪的需求有较大变化(占代谢能的 20%~50%),主要依其体况和环境温度适度调整。既使水貂得到足够的代谢能以抵御冬季寒冷,又须考虑到过胖的水貂不需要高脂肪饲粮,以防配种季节到来前种貂因过肥而影响配种或繁殖。

在准备配种期与妊娠期,鲜饲粮(干物质 32.0%~33.0%、代谢能 5 021~5 439kJ/kg)为基础时,粗脂肪可在 3.0%~7.5%调整。以代谢能为 15.45~16.74MJ/kg 干物质饲粮计,应在 9.0%~23.0%调整。我国有关研究认为,水貂繁殖期饲粮脂肪水平应占代谢能的 14%。国内大型貂场准备配种期和配种期的经验标准是 100g 饲粮中含脂肪 4~8g,妊娠期为 8~12g。

2. 产仔/哺乳期的需要 饲料中的脂肪为哺乳母貂提供浓缩能源,并为乳脂肪合成提供一些脂肪酸,有助于乳腺分泌细胞高水平分泌乳汁,满足仔貂快速生长的需要。同时,提供饲料脂肪可减少体脂分解,使母貂保持良好的体况。

哺乳仔貂的胃中能产生胃脂肪酶以消化乳脂肪。但尚不知道可消化其他脂肪的胰脂肪酶的活性何时充分发育,也缺乏使脂肪乳化的胆汁的分泌信息。已知仔貂不能很好地消化动物性脂肪中的硬脂酸(例如牛脂),但可很好地消化鱼油和植物油。因此,配制仔貂补饲料时应优选鱼油和植物油,避免使用含硬脂酸的动物性脂肪。

哺乳期饲粮应该有40%～50%的代谢能来自脂肪。以鲜饲粮(干物质32.0%～33.0%,代谢能浓度5 648～6 067kJ/kg)为基础时,粗脂肪可在6.3%～8.5%调整;以代谢能为17.38～18.67MJ/kg干物质计,应该在19.0%～26.0%调整。我国有关研究认为,水貂哺乳期饲粮脂肪代谢能应占饲粮的22%。国内大型貂场此期的经验标准是100g饲粮中脂肪含量为8～12g。也有报道,脂肪日喂量应为6～8g。

3. 生长和换毛期的需要　研究表明,水貂生长期饲粮代谢能的35%～55%来自可消化粗脂肪。饲粮中必须有足够的脂肪,以支持和满足断乳水貂快速生长的要求。

以生长期鲜饲粮(干物质37.0%～38.0%,代谢能6 276～6 485kJ/kg)为基础时,粗脂肪可在6.0%～10.0%调整;以代谢能为16.7～17.3MJ/kg干物质计,应在16.0%～27.0%调整。我国大型貂场生长期水貂脂肪需要的经验标准为:代谢能为1 200～1 400 kJ的100g饲粮中含脂肪6～10g。

换毛期期间,脂肪所含代谢能应减少到总代谢能的36%左右,防止高脂肪饲粮引起脂肪肝、湿腹症和局部毛皮成熟度差等。仔貂断乳后的消化能力仍在发育完善中,饲粮中的脂肪必须来自特别容易消化的饲料原料,例如植物油。植物油中所含相当数量的必需脂肪酸可以满足水貂生长的需要。

在被毛发育的最后几周,脂肪是使水貂被毛颜色稳定的关键因素。多年前人们就已知道,马肉、鱼和禽副产品中存在的不饱和脂肪酸氧化后,能使11月份和12月份水貂被毛褪色。例如采食了冷库中储存时间过长的马肉,可使标准貂被毛产生"锈色"或"火红色"。可以肯定,褪色是由于毛皮结构内的脂肪氧化所致。而补加少许芝麻或芝麻油,将会明显增强水貂毛绒光泽与华美度。

脂肪对某些色型的水貂更为重要。一些色型水貂,如蓝宝石、紫色、蓝彩虹、粉红和野生型水貂,对能量的需要量比标准貂高,这些水貂任何饲养时期饲粮的脂肪含量都应比标准貂多2%～4%。

脂肪与许多营养因素引起的特殊疾病的起因与预防有关,包括黄脂肪病、尿湿症、哺乳期贫血、食仔癖、棉毛症和臀毛缺陷症等。

换毛期以鲜饲粮(干物质39.0%～40.0%,代谢能6 694～6 904kJ/kg)为基础时,粗脂肪可在5.5%～10.5%调整;以代谢能为17.06～17.75MJ/kg干物质计,粗脂肪含量应该在14.0%～27.0%调整。我国大型貂场冬毛生长期水貂脂肪需要的经验标准为:含1 271.4kJ代谢能的100g饲粮中含脂肪12.25g左右。

(四)碳水化合物的需要

像所有动物一样,水貂必须精确地维持稳定的血糖水平,否则会患低血糖或高糖血症。但水貂是食肉动物,食物通过消化道速度快,肠道α-淀粉酶水平和微生物活性低,不能有效地利用淀粉等复杂碳水化合物中的葡萄糖,也不能消化纤维;野生状态下几乎不采食碳水化合物类饲料,而是通过糖异生作用,将生糖氨基酸转化成其所需的葡萄糖。但在家养条件下,通过粉碎和熟制加工处理,有效地提高了淀粉类碳水化合物的消化率,使水貂可大量利用饲料可消化碳水化合物中的葡萄糖,以致相对廉价的谷物饲料也能应用于水貂饲粮。通过消化吸收,水貂可将碳水化合物中的葡萄糖用于能量代谢、转化为糖原、非必需氨基酸、储存脂肪或用于合成乳糖,节省了部分蛋白质的供给,降低了饲料成本。碳水化合物也有利于水貂正常粪便的形成,防止腹泻。此外,碳水化合物对水貂饲料加工调制后的结构和黏稠度也有很大帮助。可见,碳水化合物在水貂营养中仍具有重要作用。

1. 准备配种期、配种期和妊娠期的需要　在准备配种期,水貂对可消化碳水化合物的需求可达饲粮代谢能需要量的 25%。另外,最好有一定比例的可消化纤维饲料(例如蔬菜),为处于调控体况的水貂提供一些饱腹感,减少喂饲间隔中水貂的刻板重复行为,降低应激反应和不安活动的能量需求。以鲜饲粮(干物质 32.0%～33.0%)为基础时,碳水化合物应达到11.0%;以全干物质计,应达到34.0%。我国一些貂场经验标准是 100g 饲粮中碳水化合物为12～16g。

水貂配种期和妊娠期对碳水化合物的需求基本与准备配种期相同。但国内一些养貂场的妊娠期碳水化合物需求的经验标准略高,为 14～18g/100g 饲粮。

2. 哺乳期的需要　哺乳母貂葡萄糖需要量很高,主要用于生产足够乳汁的乳糖合成和能量代谢。通常,水貂主要通过利用饲料或体内生糖氨基酸转化为葡萄糖(糖异生),保证体内血糖平衡,故喂以几乎无碳水化合物的高蛋白质饲粮也能产生足够乳汁,支持仔貂正常生长。然而,饲粮中提供一定水平的可消化碳水化合物,有利于减少氨基酸分解产热,降低尿中氮排泄量及氧化应激,改善了水平衡。已经证明,饲粮中添加碳水化合物可改善哺乳母貂体重下降的状况,有助于降低哺乳期疾病的发病率。

然而,哺乳母貂对高蛋白和高脂肪的需要限制了饲粮中碳水化合物的给量。目前,北欧推荐的哺乳期水貂来自蛋白质和脂肪的代谢能最低要相应达到 40% 与 40%～50%,而碳水化合物提供部分不得超过 20%。加拿大研究者推荐,以哺乳期鲜饲粮(干物质 32.0%～33.0%,代谢能 5 648～6 067kJ/kg)为基础时,碳水化合物最高不能超过 9.0%～10.0%;以饲粮全干物质(代谢能为 17.38～18.67MJ/kg)计,不超过 28.0%～30.0%。我国大型养貂场的经验标准是:代谢能为 900～1 300kJ 的 100g 哺乳期饲粮中,碳水化合物为 14～18g。

北美几十年的饲养经验表明,哺乳期给水貂提供 15% 加工后的谷物,可使其呈现最佳状态。

3. 生长和换毛期对碳水化合物的需要　碳水化合物约能提供这两阶段饲粮代谢能的30%。碳水化合物仍须来自容易消化的饲料,如熟制谷物、糖蜜或玉米糖浆。

秋季饲喂高脂肪饲料能导致水貂湿腹症的发病率增高,使毛皮质量降低。在毛绒生长期的最后几周(10月份到打皮),用加工后的谷物增加饲料中的碳水化合物水平,可减少水貂湿腹症,并使毛绒色泽稳定。

研究表明,生长期鲜饲粮(干物质 32.0%～33.0%,代谢能 5 648～6 067kJ/kg)中,碳水化合物不能超过 15.0%～16.0%;以干物质为基础(代谢能为 17.38～18.67MJ/kg),应不超过41.0%～42.0%。我国大型养貂场的经验标准是:代谢能为 1 000～1 400kJ 的 100g 生长期饲粮中,碳水化合物含量为 12～16g。

换毛期以鲜饲粮(干物质 39.0%～40.0%,代谢能 1 600～1 650kJ/kg)为基础时,碳水化合物含量最高不能超过 16.0%～17.0%;以全干物质(代谢能为 16.95～17.48MJ/kg)为基础,碳水化合物含量不能超过 41.0%～43.0%。我国大型养貂场生长期饲粮中碳水化合物水平的经验标准是:含代谢能 1 271.4kJ 的 100g 饲粮中,碳水化合物为 20.01g。

(五)维生素和矿物质的需要

1. 维生素的需要　用于配制水貂饲粮的许多饲料原料(例如动物内脏器官)富含脂溶性和水溶性维生素。水溶性维生素不能在体内储存,当饲粮中供给水平低时,会很快表现相关缺乏症。脂溶性维生素可储存在体内,饲粮中脂溶性维生素供给不足时,体内储存可预防或延缓相关缺乏症的发生。实践中,无论饲料中是否缺乏,都在饲粮中添加脂溶性和水溶性维生素,这是预防维生素缺乏症最经济的办法。水貂饲粮中维生素的推荐量见表13-7。

表 13-7　水貂鲜饲粮(干物质 30%～35%)中维生素的推荐添加量

脂溶性维生素推荐量		水溶性维生素推荐量	
维生素 A (IU/kg)	2500～5000	硫胺素(维生素 B_1)(mg/kg)	1.0～3.0
维生素 D(IU/kg)	500	核黄素(维生素 B_2)(mg/kg)	2.0～3.5
维生素 E(mg/kg)	5.0～25.0	烟酸(mg/kg)	7.5～15.0
维生素 K(mg/kg)	1.5	吡哆醇(维生素 B_6)(mg/kg)	2.3
		泛酸(mg/kg)	3.0
		叶酸(mg/kg)	0.2～0.3
		生物素(mg/kg)	0.1
		维生素 B_{12}(氰钴胺)(mg/kg)	0.02

引自 Atkinson (1996)

确定维生素添加种类和数量时须注意以下几点。

(1)保险系数　表13-7中每种维生素的推荐量比水貂实际需要量高一些,为不同饲粮和养殖状况提供了一定保险系数。在单独配制的水貂预混料中,某些维生素须有更高的保险系数。

(2)毒性　大多数情况下,水溶性维生素中毒风险很小,除非饲粮水平大大超过需要量。脂溶性维生素有毒性,添加时不要超过推荐量。为防止中毒,要准确称量、正确添加、充分搅拌,确保添加的维生素均匀地分布到饲粮中。

(3)生产阶段　繁殖期、妊娠期和哺乳期需要较高水平的维生素以保证繁殖成绩、支持胎儿发育和泌乳。在这些阶段,应该使用特别配制的预混料,或者增加预混料的添加量。一些饲料配方制定者也可能在某一特别时期提高某些维生素的水平。例如,叶酸对细胞分裂特别重要,有时在妊娠期和生长早期的饲粮中增加其添加量,有时也在妊娠期和哺乳期增加维生素 K 的添加量。

(4)脂肪氧化　如某些饲粮原料(如鱼加工副产品)中多不饱和脂肪酸含量高,能够破坏维生素 E,故在预混料中增加维生素 E 并加入抗氧化剂(例如乙氧喹)有助于确保饲喂时饲粮中含有充足的维生素 E。

(5)抗营养因子　某些鱼类中的硫胺素酶和鲜卵白中的卵白素能分别引起硫胺素和生物素缺乏症。当这些原料为饲粮组成成分时,要相应提高上述维生素的添加水平。

(6)酸贮饲料　酸贮饲料能引起对维生素 A、维生素 D、维生素 E、硫胺素(B_1)、核黄素

（B_2）、吡哆醇（B_6）和维生素 B_{12} 的破坏。高浓度抗霉剂亚硫酸钠也能破坏饲料中的维生素 B_1，而甲酸、丙酸增加了体内维生素 B_{12} 的代谢。所以，采用酸贮法储藏饲料时，要注意保证上述维生素的额外添加。研究表明，水貂能代谢甲酸，但需要四氢叶酸参与；四氢叶酸由叶酸衍生而来，饲喂用甲酸酸贮的饲料时，若饲粮中叶酸水平较低或处于临界水平，容易导致生长水貂叶酸缺乏。在此情况下，每 kg 鲜饲粮中叶酸添加量应该增加到 2.0mg（5.7mg/kg 干物质）。

（7）海鱼肝脏　海鱼肝脏中含有大量维生素 A，饲粮中海鱼肝脏用量过高可能导致维生素 A 中毒，须对饲粮配方进行相应调整。

（8）维生素 C　维生素 C 是体内重要的抗氧化剂。虽然水貂能合成维生素 C，但它相对便宜，故仍常在维生素预混料中添加，以增强抗氧化应激的能力。维生素 C 也参与胶原蛋白的合成，对皮张的强度也可能有一定作用。

（9）胆碱　胆碱对预防水貂脂肪肝起重要作用，在水貂专用维生素添加剂中也添加该种维生素。

2. 矿物质的需要　多种水貂饲料原料富含常量和微量元素，也有许多饲料原料中某种或多种必需元素含量较低。所以，饲养实践中须在饲料中额外添加。表 13-8 为水貂饲粮中常量和微量元素推荐量。

表 13-8　水貂鲜饲粮（35％干物质）中常量和微量元素推荐量[1]

矿物质	生理或生产阶段	推荐量	
常量元素			
钙	生长期	1.40g/kg	0.140%
	维持期	1.05g/kg	0.105%
	妊娠期	1.40g/kg	0.140%
	哺乳期	2.10g/kg	0.210%
磷	生长期	1.40g/kg	0.140%
	维持期	1.05g/kg	0.105%
钙磷比	所有时期	1.0～1.8∶1[2]	
盐（NaCl）	所有时期	1.75g/kg	0.175%
镁	所有时期	0.154g/kg	0.0154%
钾	所有时期	1.05g/kg	0.105%
微量元素			
铁	所有时期	7.0～32.0mg/kg	
铜	所有时期	1.6～2.1mg/kg	
锌	所有时期	21.0～23.0mg/kg	
锰	所有时期	14.0mg/kg	
碘	所有时期	0.07mg/kg	

注：[1] 根据 NRC（1982），[2] 根据 Tauson 等（1992）　　　　　　引自 Rouvinen-Watt 等，（2005）

表 13-8 的推荐量已经考虑了不同的饲粮和养殖状况，已具有一定保险系数。个别的预混合料配方可能对一些矿物质提供了更大的保险系数。然而，常量和微量元素也有毒性，且多种矿物

元素间相互颉颃,会妨碍一种或多种矿物元素的吸收或利用,故须确保饲粮中的矿物元素水平不超出推荐量的高限。从尿中排泄的多余矿物元素也能影响尿的 pH,并可能形成尿道结石。

　　应该针对每个生产阶段的特殊需要,进行矿物质添加或配制预混料与饲粮。

　　(1)钙和磷　生长期需要提高钙和磷的水平,以满足正常的骨生长和发育需要。为了胎儿发育和产乳,需要给妊娠和哺乳母貂增加钙的供应。以高骨骼含量副产品为基础的饲粮通常不需要另外添加钙和磷。若饲粮含高比例屠宰下脚料、内脏或低骨骼含量的鱼加工副产品,应适当添加钙和磷。钙磷比应该是 1.0～1.8：1,以防止该两种元素或其中一种元素吸收和利用失衡。当使用钙或磷单一含量高的饲料原料(如用磷酸保存饲料)时,应该调整另一种元素的添加量。

　　(2)铁　一些鱼类含高水平三甲胺氧化物,其可被细菌转变为二甲胺和甲醛(特别是冷冻保存时)。甲醛与铁结合形成不溶性络合物,以致铁不能被机体吸收,导致棉毛症发生。如果饲粮中含有这些饲料原料,应增加铁的添加量。有些螯合剂型(例如半胱氨酸加上延胡索酸亚铁盐)能保护铁,使其在未被干扰的情况下吸收。在饲喂这些鱼时添加维生素 B_{12} 也有助于促进铁的吸收。

第二节 水貂的主要饲料与加工调制

一、水貂的主要饲料

　　家养水貂可利用的饲料资源很多,依其来源和营养成分主要包括动物性饲料、植物性饲料和添加饲料(表 13-9)。

表 13-9　水貂饲料种类和分类

分　类		包括的饲料种类
动物性饲料	鱼类饲料	各种海鱼和淡水鱼
	肉类饲料	各种家畜、家禽和野生动物肉
	鱼、肉副产品饲料	水产加工副产品(鱼头、鱼骨架、内脏及下脚料等)
		畜禽屠宰场下脚料(骨架、内脏、头、蹄、骨、血等)、软体动物和虾类
	干动物性饲料	肉粉、肉骨粉、羽毛粉、肝渣、血粉、干鱼、鱼粉、蚕蛹粉、干蚕蛹、干蛤肉等
	乳类及蛋类饲料	牛乳、羊乳、鸡蛋、鸭蛋、毛蛋、石蛋等
植物性饲料	作物籽实类饲料	玉米、高粱、大麦、小麦、大豆、大米、小米等
	果蔬类饲料	次等水果、各种蔬菜和野菜等
添加饲料	维生素类饲料	麦芽、鱼肝油、棉籽油、维生素 E、维生素 A、维生素 B、维生素 C、维生素 D 等粗制品和精制品
	矿物质类饲料	骨粉、骨灰、石灰石粉、白垩粉、食盐及微量元素混合剂
	氨基酸	蛋氨酸、赖氨酸等
	抗氧化饲料	抗生素类、羟丁酰茴香醚、羟丁酰甲苯、乙氧基喹啉、益生素等

二、水貂对各种饲料的利用

(一)动物性饲料

1. 鱼类饲料　是水貂动物性蛋白质的主要来源之一,且价格较低廉。我国水域辽阔,沿海地区、内陆江河和湖泊、水库出产大量的小杂鱼,除了河豚鱼等有毒鱼类外,绝大多数的海鱼和淡水鱼均可作为水貂的饲料。但鱼的种类和大小不同,其营养价值也各异,含热量也有差别。一般海杂鱼的发热量为 70～90kcal/100g,平均 84kcal/100g;可消化蛋白质 10～15g/100g,平均为 13.8%。

(1)海杂鱼　常用的有比目鱼、小黄花鱼、黄姑鱼、红娘鱼、银鱼(面条鱼)、真鲷、二长棘鲷、棱鱼、海鲶干鱼、鳗鱼和鲅鱼等 30 余种。

鲐鱼(鲐巴鱼)、竹荚鱼(刺巴鱼)等青皮红肉鱼类一般组氨酸含量高,一定条件下经脱羧酶和细菌作用使组氨酸脱羧基产生组胺,组胺含量高的鱼能引起水貂中毒。沿海地区饲养水貂的经验证明:给水貂饲喂新鲜鲐鱼不会发生中毒,切忌饲喂鱼眼发红、色泽不新鲜、鱼体无弹力或夜间着了露水的(脱羧细菌已活动)鲐鱼。因此,利用海鱼饲养水貂时,要高度注意青皮红肉鱼类(鲐鱼、秋刀鱼、鲭鱼、沙丁鱼等)的新鲜程度。

皮青白肉的鱼类(鲈鱼等),仅能产生少量的组胺,不易中毒;皮不发青、肉也不红的鱼类(比目鱼、鲽鱼等)不产生组胺。

黄鲫鱼(油扣子)、青鳞鱼含水分和内脏多,不易消化,营养价值低,水貂在繁殖期应利用少量。

青鱼(海鲱)含脂肪高,且含有硫胺素酶,大量饲喂易引起水貂的维生素B_1和维生素 E 缺乏症。

给水貂饲喂鳕鱼类和明太鱼类时间较长、数量较大,能引起贫血和绒毛呈棉絮状。新鲜的明太鱼能致水貂呕吐,但经过 6～7h 的冷冻保存后,就能消除此种现象。

新鲜的海杂鱼最好生喂,蛋白质的消化率达 87%～92%,适口性也非常好。轻微变质腐败的海杂鱼,需要经蒸煮消毒处理后饲喂,但蛋白质消化率大约降低 5%。不能给水貂饲喂严重腐败变质的鱼,以防中毒。夏季为了预防胃肠炎,若鱼的质量较差、貂群又小,必要时可摘除内脏(较大的鱼保留心和肝)。有些鱼的体表带有较多的蛋白质黏液,影响水貂的食欲。加0.25%食盐搅拌或用热水浸烫除去黏液,能明显地提高适口性(加食盐搅拌后应注意用清水洗净,以免食盐中毒)。

(2)淡水鱼　主要有鲤鱼、鲫鱼、白鲢、花鲢、黑鱼、狗鱼、泥鳅、红鳍鱼等。这些鱼类多数含有硫胺素酶,所以对淡水鱼多采用高温蒸煮方法破坏硫胺素酶。鲤鱼不新鲜时也能产生大量的组胺(160mg/100g),易引起水貂中毒;而鲫鱼、鲶鱼、泥鳅鱼等鱼类仅能产生少量的组胺,不易引起中毒。

利用单独一种鱼的生产效果,不如利用杂鱼好;单用大鱼的饲喂效果不如大、小鱼结合的好;单一利用脂肪含量高的鱼类的效果,不如与脂肪含量低的鱼类搭配起来饲喂好。其主要原因是利用蛋白质的互补作用,有利于提高蛋白质的生物学价值,避免脂肪过多或过少的危害。

在水貂的繁殖期,应当以含脂肪低(不超过 4%)的鱼类为主,如海鱼中的比目鱼、小黄花鱼、黄姑鱼、梭鱼和鳗鱼等；淡水鱼中的鲫鱼、鲤鱼、草鱼、鲢鱼和狗鱼等，生产效果较好。如果以含脂肪高的鱼类（带鱼、黄鲫鱼、青鳞鱼、鲭鱼和红鳍鱼等）为主，种貂的运动量减小，体况偏胖，食欲不正常，发情推迟；公貂性活动能力降低，母貂妊娠障碍，泌乳量降低，这与蛋白质不足和多种维生素缺乏有直接关系。

水貂饲粮中全都利用鱼为动物性饲料时，其比例可占重量的70%～75%。如果利用含脂肪高的鱼（鲭鱼、带鱼、红尾鱼和青鱼等）时，可降到55%～60%。全鱼蛋白质含所有必需氨基酸，但某些必需氨基酸的比例和含量与肉类蛋白质有明显的区别，故饲粮中动物性蛋白质全部用鱼蛋白质代替时，用量要比利用肉类饲料时增加20%～30%（100g肉类的可消化蛋白质与130g全鱼相等），才能保证水貂对蛋白质的需要。

（3）软体动物肉（河蚌、赤贝和乌贼类）　除含部分蛋白质外，还含有丰富的维生素A和维生素D原。据分析，去壳的生蚌肉含蛋白质6.8%，脂肪0.8%，无氮浸出物4.8%。但软体动物肉蛋白质多属于硬蛋白，生物学价值低，难消化，并含有硫胺素酶，须采取熟喂方式，喂量占动物性蛋白质的10%～15%。

（4）虾和螃蟹加工副产品　这些副产品甲壳的比重大，代谢能水平很低，粗蛋白质含量变化很大，通常为25%～45%，大量蛋白质以甲壳素的形式存在，很难消化；此外，虾和螃蟹灰分含量也很高。所以，水貂饲粮中的用量应限制为重量的5%～10%。但虾肉和螃蟹肉中的甲壳素和灰分含量比较低，饲用价值较大，用量可占饲粮的30%。由于含钙水平相对较高，利用这类副产品时要注意饲粮最终的钙、磷平衡。

2. 肉类饲料　营养价值高，是水貂全价蛋白质的重要来源与理想的蛋白质饲料，其全部必需氨基酸的数量和比例均与水貂机体相似，同时还含有脂肪、维生素和矿物质等养分，特别是有机铁的含量很高。但质量好的肉类价格一般较鱼类昂贵。

在水貂的生产实践中，可充分利用人类不食或者少食的畜禽肉，特别是牧区淘汰的马、牛、羊、驴及骆驼肉，还有患非传染病但可经高温处理为无害的肉类。肉类加工厂的废弃肉一般食盐含量较高，在饲喂时要注意避免水貂食盐中毒。

牛、马、驴、骡的肌肉，一般含脂肪较少，可消化蛋白质含量高（13%～20%）。其中蛋白质利用率很高，是肉食性动物的理想肉类饲料。但因其价格高，用量最好不要超过动物性饲料的50%。生喂健康新鲜的肉类，蛋白质消化率高（生马肉91.3%），适口性也好。不新鲜的肉类应熟喂，但熟制（蒸煮）会使蛋白质凝固，消化率相应降低，饲喂时用量须比生肉增加8%～10%。

利用淘汰的非传染病猪肉时，需经过高温或高压热处理，消除病原微生物。淘汰病猪肉蛋白质含有全部必需氨基酸，脂肪中不饱和脂肪酸含量也比牛、羊肉高，容易氧化变质，要尽可能设法剔除脂肪。若油脂过多，超过了水貂的正常的吸收能力，易造成消化系统障碍或拒食。

兔肉（包括野兔肉）和禽肉蛋白质含量高（20%～22%），脂肪含量低，是水貂全价的动物性饲料，对其繁殖、生长和毛皮质量有良好的作用。新鲜、健康的兔肉和禽肉可以生喂。但家兔或禽类，特别是野兔的巴氏杆菌病，可致水貂死亡率达20%～40%。因此，不新鲜的禽兔肉必须熟制。

肉类饲料是营养价值高的全价蛋白质饲料，价格较高，应合理利用。例如，在妊娠期、哺乳期和幼貂生长发育期，将肉类饲料同其他饲料搭配能提高饲粮蛋白质的生物学价值，弥补其他饲料中某些必需氨基酸的不足。饲粮较佳搭配比例（重量比）是：肉类10%～20%、肉类副产品30%～40%、鱼类40%～50%。在水貂的繁殖期，严禁利用经乙烯雌酚处理过的肉类，以免造成生殖功能紊乱，使受胎率和产仔数明显降低，严重时可使全群不受胎。乙烯雌酚耐热性强，熟喂也能引起繁殖障碍。当然，也不宜用淘汰公牛和公马的肉饲喂水貂。

3. 鱼、肉类加工副产品饲料　是水貂动物性蛋白质饲料的来源之一。除肝脏、肾脏、心脏外，此类饲料大部分蛋白质消化率低，生物学价值不高。其原因是矿物质与结缔组织含量高，某些必需氨基酸含量过低或比例不当。

（1）鱼副产品　沿海地区和水产品厂有大量鱼头、鱼骨架、内脏及其他下脚料，都可用来饲养水貂。新鲜骨架可生喂，繁殖期饲喂量不能超过饲粮中动物性饲料的30%，幼貂生长期和冬毛发育期可增加到40%，下余部分须以质量好的海杂鱼或者肉类满足，否则易造成不良的生产效果。新鲜程度较差的鱼类副产品应熟喂，特别是内脏保鲜困难，熟喂比较安全。

（2）畜禽屠宰和加工副产品　包括头、蹄、骨架、内脏和血液等。已被广泛应用到水貂等毛皮动物的饲粮中，用量占水貂饲粮动物性饲料的40%～50%，对种貂的繁殖性能、幼貂生长发育及毛皮质量无不良影响。

①肝脏：畜、禽、兔的肝脏（摘除胆囊）是水貂等毛皮兽的全价蛋白质饲料。鸡肝和鸭肝中粗蛋白含量（17.84%和6.54%）低于猪肝和牛肝（20%），但鸡肝和鸭肝中必需氨基酸含量丰富，尤其含硫氨基酸（蛋氨酸＋胱氨酸）超过0.5%。鸡肝与鸭肝氨基酸组成相近，但鸡肝的脂肪含量高。动物肝脏除了生物学价值高和含有全部必需氨基酸外，还含有多种维生素和微量元素，特别是维生素A和维生素B_1的含量非常丰富，此外还含有肝糖（糖原）。因此，在水貂等毛皮兽的妊娠和哺乳期饲粮中，加入新鲜肝脏（5%～10%）能显著提高适口性和蛋白质的生物学价值。泌乳水貂饲粮中加入10%左右的鲜肝，能提高泌乳量，促进哺乳幼貂的生长发育。秋季屠宰的牛、羊肝脏，含维生素A特别高，在水貂饲粮中加入5%～10%，可以满足机体对维生素A的需要量。但肝脏有倾泻作用，饲喂量要适宜，特别是熟的肝脏占饲粮中动物性饲料50%以上时，可引起动物消化不良。水貂饲粮中鲸鱼肝脏含量由5%提高到10%，可产生毒性作用，导致繁殖性能下降。通常，水貂饲粮中肝脏用量为每天15～30g。

②心脏和肾脏：是水貂等毛皮兽的全价蛋白质饲料，还含有多种维生素，但生物学价值不如肝脏高。健康动物的心脏和肾脏可以生喂，且适口性好，消化率高。在繁殖期使用此类饲料可以提高饲粮蛋白质生物学价值和维生素含量，但不宜用肾上腺，以防造成生殖功能紊乱。

③胃：牛、羊和兔等动物的胃是水貂等毛皮兽的好饲料，但其蛋白质不全价，生物学价值较低，须与肉类或鱼类饲料搭配使用。在繁殖期，胃可占水貂饲粮中动物性饲料的20%～30%，仔貂生长发育期可占30%～35%。如果比例过高，对繁殖和仔貂生长都会造成不良影响。新鲜的牛、羊胃可以生喂，而猪、兔胃必须熟喂。

④肺、肠、脾和子宫：家畜的肺、肠、脾和子宫的蛋白质生物学价值不高，但可以和肉类、鱼类等混合搭配饲喂，能取得良好的生产效果。肺脏含较多的结缔组织，不易消化，所以单纯利用过高比例的肺脏，能使水貂食欲减退，体况逐渐消瘦，有时发生呕吐和下痢现象，使生长发育受阻。子宫、胚盘及胎儿在幼貂生长发育期可大量利用，一般不要在准备配种和配种期利用这些副产品，以防其内繁殖激素引起生殖紊乱。肠系膜含脂肪较多，用肠作为饲料时应将其摘除，否则影响适口性，易引起消化异常。肠管蛋白质的某些必需氨基酸含量低，应与其他动物性饲料搭配饲喂。幼貂饲粮中，肠占动物性饲料30%左右时，生产效果较好。脾脏不能单独作为水貂的动物性饲料，它不易消化且有导致腹泻作用。在仔貂生长期可占动物性饲料的

30%左右,繁殖期降到 20%～25%。

鸡肠因其价格低廉,在水貂养殖生产中被广泛应用。但分析结果表明,鸡肠营养价值很低,粗蛋白质仅为 12.62%,氨基酸总量不足 10%,而且某些必需氨基酸如蛋氨酸、赖氨酸、精氨酸和胱氨酸含量均偏低。肠的营养不全价,利用时可占饲粮中动物性饲料的 20%～25%。肠中脂肪含量较高,在种貂繁殖期使用易造成体况过肥。育成期利用时最大用量为 30%～40%,可以提高饲粮的能量水平,满足幼貂生长发育的需要。鸡肠中灰分含量高且钙、磷比例失调(3∶4)。长期大量饲喂鸡肠容易引起钙缺乏症,还会出现因含硫氨基酸缺乏导致的食毛症和自咬症,影响毛皮质量。所以,在冬毛生长期应与其他的优质动物性饲料搭配,同时注意补充含硫氨基酸。禽肠中含有许多腐败菌和致病菌,同时也含有高水平的组织酶和肠酶,如果保管储存不当,非常容易腐败。

⑤鸡骨架和鸭骨架:也称鸡架、鸭架,灰分含量都比较高,骨架中肉剔得越净灰分含量越高。饲喂量过高会引起毛皮动物蛋白质、脂肪消化率降低。生产实践表明,在繁殖期和换毛长绒期会造成饲粮中蛋白质不足,导致精液品质下降,胚胎发育不良,泌乳不足及毛绒品质低劣、易折断;还会致水貂性情暴躁,易发生自咬症和食毛症。鸡架和鸭架中钙、磷含量丰富而且比例合适(2∶1),用海杂鱼和鸡架或鸭架搭配,能调节钙、磷的比例。鸭架粗蛋白水平高于鸡架,但氨基酸总量(即有效蛋白质的量)则鸭架低于鸡架,且鸭架中蛋氨酸的含量低于鸡架,仅为鸡架的 65%,鸭架的脂肪含量比鸡架高 35%。可见,鸡架的品质要优于鸭架。一般每只成年水貂供给量以 40～50g 为宜。

⑥鸡头:鸡头的粗蛋白含量仅次于鸡肝和鸭肝,且氨基酸的组成相对比较平衡,赖氨酸、精氨酸含量较丰富,精氨酸是乳汁的主要成分,因此可以提高母貂的泌乳力。鸡头中还含有丰富的脑磷脂,在准备配种期内添加 5% 的鸡头可以改善精液品质。

⑦兔头、兔骨架等:除含有蛋白质(15%)和脂肪(4.4%)外,还含有丰富的矿物质,特别是钙、磷比例恰当。在繁殖期,可占动物性饲粮的 10%～15%,仔貂生长期喂量可达动物性饲料的 40% 左右。研究发现,如果在繁殖期和冬毛生长期饲喂过多,可引起蛋白质的不足,导致胚胎发育不良、泌乳量下降、毛绒弹性差、易折断和针毛弯曲等。

⑧血液和脑:血液含较高的蛋白质(尤其是含硫氨基酸)、脂肪及丰富的无机盐类。健康动物的新鲜血液可以生喂,能提高饲粮的适口性,增加食欲,但喂量过多,无机盐有倾泻作用,易引起水貂腹泻。血液极易腐败变质,饲喂鲜血不得超过屠宰后 5～6h。饲喂量,繁殖期可占饲粮动物性蛋白的 10%～15%,仔貂生长期为 30%。利用猪血时,最好熟制彻底,否则易引起伪狂犬病。各种动物的脑含有丰富的蛋白质,不仅有全部的必需氨基酸,还有丰富的脑磷脂。但其脂肪含量过高,饲喂过量能引起食欲减退。

4. 干动物性饲料

(1)鱼粉　鱼粉蛋白质含量一般在 60% 左右,含盐量为 2.5%～4%。因鱼粉消化率较鲜动物性饲料低,仔貂采食量要比喂鲜鱼的高 10%～15%。据报道,水貂对含灰分 20% 的鱼粉蛋白质的消化率为 80%,而对鲜鱼蛋白质的消化率为 92%;采食鱼粉水貂肠道中的游离氨基酸水平比喂鲜鱼的高,而对鱼粉氨基酸的吸收强度低于鲜鱼。鱼粉干制过程中,部分氨基酸将被破坏,降低了蛋白质的消化率;对各种鱼粉营养价值的评价与其氨基酸组成有关。但鱼粉作为一种常规饲料,便于长途运输,改变了水貂等肉食动物养殖场必须建在沿海地区的惯例,而且饲喂鱼粉不用再添加抗氧化剂。

（2）干鱼　干鱼的体积小，发热量高，但消化率低。晒制前鱼质量和晒制过程对干鱼的质量影响很大。晒制过程中，某些氨基酸、脂肪酸和维生素遭到不同程度的破坏，因而饲粮中动物性饲料单纯用干鱼时，对性器官的发育有不良影响。所以，从准备配种到断乳前后（12月初至翌年6月末），饲粮中必须搭配全价的鲜动物性饲料，增加维生素的添加量，特别要补饲酵母或者B族维生素制品。泌乳期应用干鱼时，要在饲粮中加入乳、蛋、肝脏和肉汤等，以促进乳汁分泌，有利于哺乳仔貂的生长发育及减少死亡率。在仔貂生长期和冬毛生长期，大量饲喂含脂肪低的干鱼，能因脂肪不足从而影响仔貂的发育和毛皮质量。

（3）肝渣粉　肝渣粉是生物制药厂的副产品，其营养物质含量为：水分7.3%左右，粗蛋白质65%～67%，粗脂肪14%～15%，无氮浸出物8.8%，灰分3.1%。水貂对肝渣粉的消化率特别低（经过2～3h浸泡），干物质与粗蛋白质的消化率分别为30.7%和11.6%。饲喂前应将肝渣粉进行浸泡和煮沸软化处理。尽管如此，喂量过大也能引起腹泻，一般在繁殖期可占动物性饲料的8%～10%，仔貂育成期和毛绒生长期占20%～25%。

（4）血粉　在仔貂生长期和冬毛生长期，经煮沸的血粉可占饲粮动物性饲料的20%～25%，与海杂鱼、肉类副产品或兔头、兔骨架搭配，其生长发育及毛皮质量都较好。当喂量提高到30%～40%时，会出现消化不良现象。在繁殖期，质量好的血粉经煮沸后可占动物性饲料的10%左右，与其他动物性饲料混合饲喂，对繁殖无不良影响。

（5）蚕蛹和蚕蛹粉　蚕蛹和蚕蛹粉是肉、鱼饲料的良好代替品。全脂蚕蛹或蚕蛹粉含丰富的蛋白质和脂肪，营养价值高。蚕蛹粉的蛋白质含量为60%左右，脂肪为21.4%，灰分为2.8%。另外，蚕蛹含有4%～6%的甲壳质，由角化蛋白质构成，水貂等毛皮兽不易消化。蚕蛹蛋白质含全部必需氨基酸，但异亮氨酸、苯丙氨酸等含量低，某种程度上影响其生物学价值。蚕蛹蛋白质不能高于仔貂育成期和毛绒生长期饲粮蛋白质的30%，可占繁殖期饲粮蛋白质的5%～15%。饲喂蚕蛹时，应彻底浸泡以除掉残存的碱类，再经过蒸煮加工后，与肉、鱼类饲料一起通过绞肉机粉碎，以提高饲料消化率及预防胃肠道疾病的发生。

（6）羽毛粉　禽类的羽毛，经过高温、高压和焦化处理后粉碎即成羽毛粉。一般含粗蛋白质80%，脂肪1%～2%，灰分7%～8%。蛋白质中含丰富的胱氨酸及大量的谷氨酸、丝氨酸。这些氨基酸为水貂等毛皮兽毛绒生长所必需的物质。在春季和秋季水貂脱毛的前1个月开始，在其饲粮中加入羽毛粉（占动物性饲料的1%～2%），连续饲喂3个月左右，可减轻水貂自咬症和食毛症。水貂对羽毛粉所含大量角蛋白的消化吸收比较困难，可将其混在谷物饲料中蒸煮处理，可使干物质与粗蛋白质的消化率分别达到43.9%和33.9%。酸处理后，其消化率还会提高。

（7）干配合饲料　以质量好的鱼粉、肉粉、肝粉、血粉作为动物性蛋白质的主要来源，配合谷物粉及氨基酸、矿物质、维生素等添加饲料制成，分为粒状和粉状两种。由于配合饲料基本满足了水貂的营养需要，配方中注意了各种营养物质的配合，保证了全价性，故具有较好的饲养效果。

5. 乳及蛋类

（1）鲜乳　牛乳和羊乳是水貂繁殖期和仔貂生长发育期的优良蛋白质饲料，饲粮中加入一定量的鲜乳，可以提高饲粮适口性和蛋白质的生物学价值。在母貂妊娠期的饲粮中添加，有自然催乳的作用，可以提高母貂的泌乳性能和促进仔貂的生长发育。一般妊娠期母貂饲喂量为30～40g，占饲粮重量的20%。鲜乳中含有较多的乳糖和无机盐，有一定的轻泻作用，不宜过多供给。

（2）脱脂乳和酸凝乳　脱脂乳是将鲜乳中的大部分脂肪脱去后的剩余部分，一般含脂肪0.1％～1％、蛋白质3％～4％，对水貂繁殖和生长有良好的作用。脱脂乳是饲粮蛋白质生物学价值的强化饲料。每日可给断乳仔貂喂脱脂乳40～80g，占饲粮总量的20％～30％。

酸凝乳可以用全乳或脱脂乳制成。含可消化蛋白质15％，通过压榨的脱脂酸凝乳含有可消化蛋白质30％左右，干燥的脱脂酸凝乳的可消化蛋白质可达75％。

（3）乳粉　乳制品厂生产的乳粉或次乳粉，是水貂的浓缩蛋白质饲料。全脂乳粉含蛋白质25％～28％，脂肪25％～28％。1kg乳粉可加水7～8kg调制成乳粉汁，与新鲜乳成分基本相同，只是维生素和糖类稍有损失。用量可参照鲜乳。

（4）蛋类　鸡蛋、鸭蛋是生物学价值最高的蛋白质饲料，并含有营养价值很高的脂肪、多种维生素和矿物质。在准备配种期给种貂喂蛋类，能提高精液品质和增强精子活力。按每日20g/kg体重供给哺乳期高产母貂蛋类，能维持较高的泌乳量。蛋类占到妊娠母貂饲粮动物性蛋白质的8％～10％，对胚胎发育和提高出生仔貂的生活力有显著的作用。因价格较贵，一般仅在繁殖期少量利用，当喂量超过每日50g/kg体重时，常有消化不良的现象。蛋类应熟喂，因生蛋的蛋清中含有抗生物素蛋白，能与生物素相结合形成无生物学活性的复合体。因此，长期饲喂生蛋会使水貂发生皮肤炎和毛绒脱落等症。鸡蛋至少要在91℃下加热5min，才能使抗生物素蛋白变性。

（二）植物性饲料

植物类饲料分为禾本科谷物、豆科籽实及果蔬类等，营养成分有很大差异。

1. 禾本科谷物　在水貂饲粮中利用禾本科谷物非常广泛，如玉米、高粱、小麦、大麦等。它们所含碳水化合物（70％～80％）主要是淀粉，是能量的主要来源。水貂可以很好地消化熟制谷物中的淀粉，消化率达91％～96％，但对生谷物淀粉的消化率低。熟制能破坏细胞壁，并把淀粉变成易于消化的糊精。禾本科谷物的糠麸，含丰富的B族维生素和较多的纤维素，肉食性动物对纤维素的消化最差（消化率为0.5％～3％）。

2. 豆类籽实　豆类是植物性蛋白质的重要来源，且含有一定量的脂肪。豆类中利用较多的是大豆。大豆的营养价值较高，其蛋白质含有全部必需氨基酸，但其蛋氨酸、胱氨酸和色氨酸含量低于肉类饲料，影响了其蛋白质的生物学价值。大豆中含脂肪丰富，水貂饲粮中利用过多会引起消化不良，一般占饲粮籽实饲料的20％～25％，不得超过30％。

此外，当前水貂等毛皮兽饲料中也有用油料作物的（如芝麻、亚麻籽、花生、向日葵等），但应用尚不广泛。

3. 果蔬类饲料　这类饲料能供给水貂等毛皮兽所需的维生素E、维生素K和维生素C等，同时能供给可溶性无机盐类及能促进食欲、有助消化的纤维素。

（三）添加饲料

主要有维生素、矿物质、抗氧化剂、酶制剂（蛋白酶、纤维素酶、葡聚糖酶、果胶酶）、益生素（双歧杆菌、乳酸菌、酵母菌）、氨基酸、营养肽和活性小肽等。

三、水貂饲料的加工与调制

(一)水貂饲料的加工

在配制饲粮前,大部分饲料原料都须进行相应的加工处理(表 13-10)。目的是改善营养物质的消化和利用、破坏抗营养因子、改善卫生质量、提高饲料的均匀度和黏度或延长饲料保存期。但加工也增加了饲料成本,且过度加工也会对饲料中养分产生有害作用(如过度加热处理会降低蛋白质氨基酸的消化率)。

表 13-10 水貂饲料加工方法及建议

加工方法	目的和优势	加工建议	存在的问题和注意事项
粉碎研磨(适用所有饲料)	增加消化表面积 破坏纤维性种子种皮,破裂淀粉颗粒,改善谷物、油籽和豆类的消化率 改善饲料的稠度和均匀性	大麦、燕麦:过 0.5mm 筛 玉米、小麦、豌豆、大豆粉:过 1.0mm 筛 鱼粉、肉粉:过 1.0mm 筛	增加了能耗
蒸煮(适用鲜料)	杀死病原和腐败微生物 破坏硫胺素酶 破坏抗生物素蛋白	100℃,5min 90℃,10min 91℃,5min	增加了能耗 还可能再污染。如果不能立即用完,须冷藏、冷冻或酸处理保存
脱水(适用于水产、家禽和屠宰副产品)	杀死病原和腐败微生物 减低储存时微生物的生长 浓缩饲料养分 降低运输和储存成本	鱼粉:用小于 80℃的蒸汽干燥消化率最好 肉骨粉:用小于 130℃~136℃蒸汽干燥消化率最好	过热能降低氨基酸消化率,特别是肉骨粉 脱水饲料增加了饮水的需要,改变了粪便的体积和构成
热处理(适用于谷粒、含油种子、豆类)	改善谷物种子淀粉消化率 破坏大豆、豌豆中的胰蛋白酶和胰凝乳蛋白酶	特别建议随着谷物种类、加工方法,以及磨碎细度的不同采用不同的热处理方法 大豆:110℃焙烤或在挤出口温度为140℃膨化机中膨化 豌豆:在130℃中烘焙3~4min	增加了能耗 为了破坏抑制因子所进行的热处理也能降低氨基酸的消化率;通过低温干燥处理后进行酶促消化有较好的效果
制粒(适合混合饲粮)	增加了饲料的均匀度和稳定性 增加了饲粮的密度 某种程度提高了淀粉、氨基酸的消化率 一些毒素和抑制因子被破坏	依不同的动物年龄和制造商而有变化	增加了成本

引自 Rouvinen-Watt 等,2005

(二)水貂饲粮的配合及调制

要参照水貂所处不同饲养时期的营养需要标准,结合当地所用各种饲料原料的代谢能及营养物质含量制定该饲养时期的饲粮配方。

1. 水貂各饲养期饲粮组成参考配方　拟定水貂饲粮配方通常有以热量为计算依据(简称热量配比法)和以重量为计算依据的两种方法。在实践中,一般采用两种方法相结合的简便计算方法。即先确定饲粮中动物性饲料的供应量及各种动物性饲料所占比重,计算出饲粮中各种动物性饲料的供给量,经核算调整使可消化蛋白质和其全价性达到饲养标准的要求;然后再计算动物性饲料中所含代谢能(或热能);与营养标准所要求的总代谢能(或热能)相比较,差额部分再用谷物饲料补充,即可确定添加的谷物饲料量。表 13-11 是来自国内大型水貂养殖场的水貂饲粮配合的经验标准情况。

表 13-11　水貂饲粮配合经验标准

饲　料	准备配种期和配种期		妊娠期和产仔哺乳期		幼貂育成期(生长前期)		换毛期	
	热量比(%)	重量比(%)	热量比(%)	重量比(%)	热量比(%)	重量比(%)	热量比(%)	重量比(%)
鱼　类	55～60	50～55	35～40	35～40	30～35	35～40	30～35	30～35
肉及肉类副产品	15～20	15～20	25～30	25～30	25～30	25～30	25～30	25～30
膨化谷物	15～20	6～8	30～35	10～12	35～40	10～15	35～40	10～15
蔬　菜	1～2	3～5		3～5	3～5	3～5	1～2	3～5
水	—	15～20	—	15～20	—	15～20	—	15～20
添加饲料								
大葱(g)	2							
酵母(g)	4		4		3		3	
羽毛粉(g)	1		1		1		1	
食盐(g)	0.5		0.5		0.5		0.5	
氯化钴(mg)	1		1		1		1	
鱼肝油(IU)*	1500		1500		1500		1500	
维生素 E 油(mg)*	10		10		10		10	
维生素 B_1(mg)**	10		10		10		10	
维生素 C(mg)**	25		25		12.5		12.5	
复合维生素 B(mg)	—		5					
微量元素添加剂			0.5					

引自佟煜仁等.《怎样提高养水貂效益》. 金盾出版社,2008

* 每周一、三、五饲喂。** 每周二、四、六晚逐只饲喂,肉及肉类副产品中以副产品为主

2. 饲粮加工调制及饲喂

(1)严格按配方称量饲料　按配方将各种饲料称重准备好,用绞肉机分别绞碎;如果饲料

量不大也可以把各种饲料混在一起绞碎。然后,加入牛乳、维生素、矿物元素、食盐水等,进行充分搅拌。调制均匀的混合饲料应迅速按量分发到各貂群。

(2)严格控制饲料质量,必须在每次饲喂前调制混合饲料 最大限度缩短饲料调制与分发到各貂群的时间间隔,以避免多种饲料混合过久所致营养成分破坏的损失。

为防止饲料腐败变质,在调制过程中严禁温差大的饲料相互配合,特别是炎热的夏天。在饲料运输、加工、调制和分发过程中要保持冷链完整。

肉类饲料易腐败变质,引起水貂中毒,应饲喂新鲜的或冷藏的肉类饲料,尤其夏季不能喂隔夜的饲料,否则将带来危害。对于新鲜的牛羊肉、鲜肝等,在确定无变质时可鲜喂。海杂盐渍的鱼,应浸泡脱盐后再饲喂,以免招致食盐中毒。应去掉淡水鱼的内脏,以防止寄生虫感染。严格控制饲料质量,做到无毒无害。禁用发霉变质的谷类与果蔬饲料。水貂的饲粮组成不应当突然改变,变换组成时须有一个过渡阶段,比如在春季以海杂鱼为主的饲料单向肉类为主过渡时,就应逐渐减少鱼类比例,同时增加肉类比例,使其有一个适应的过程。

(3)饲喂技术 水貂有夜行性,一般日喂 2 次,早饲可供饲粮的 40%,晚饲为 60%。在配种期、妊娠期或产仔哺乳期,为提高水貂的采食量,可早、中、晚喂 3 次,其喂量分配依次为日饲粮量的 30%、20%与 50%。

目前,一些大型养貂场采用把饲粮投放到笼网上的方法饲喂,故调制后的饲粮应有一定的黏稠度,使其既不能通过笼网网眼漏下来,又不能太过黏稠而使水貂难以采食。因此,水的添加量要适当。放到食盆中饲喂时也要防止水量过多、饲粮过稀,一方面造成干物质采食不足,另一方面造成剩余饲料的浪费。

每天饲喂后都要观察水貂个体或群体采食情况。剩食过多表明饲粮中存在适口性差的饲料、饲料腐败、饮水不足或水貂发病等。也可结合每天水貂体况观察判断水貂对饲粮的需求量。

夏季炎热天气的应激会降低水貂的日采食量,特别是哺乳母貂。剩余的饲料在高温下很容易腐败,应采取少量多次喂的方式。也可把喂食时间相应提前或延后。每天须清洗饲料调制机具、食盆或投食笼网处,并建议定期消毒。

冬季饲粮应适当增加水含量,使其投放到笼网上时容易压到笼下便于水貂采食。饲粮中增加一定比例的植物油类的脂肪,可改善食物的黏稠度,延长冷冻时间。投食时间在下午气温最高时进行也有助于缓解食物冻在笼网上的问题。

第三节 水貂的饲养管理

一、准备配种期的饲养管理技术

9 月初,留种水貂的饲养管理就进入了准备配种期。实际上,水貂性腺发育早在 8 月末 9 月初即开始,实践中一般将 8 月末到 11 月中下旬正常取皮前留种水貂的养殖时期称为准备配种期前期,将取皮后(也有人认为应该从冬至开始)到繁殖季节前留种水貂养殖时期称之为准备配种期,或准备配种后期。准备配种期的饲养管理工作主要是调整种貂体况,做好配种前的一切准备工作。

(一)准备配种前期的饲养管理

经 9 月份复选后,就应将预留种貂与取皮貂分开饲养,同成年繁殖水貂一起进入准备配种前期的饲养管理。主要任务是:成年公貂体力已恢复较长时期,维持正常饲粮,使其保持繁殖体况。成年母貂经妊娠、产仔哺乳,体力消耗大,需要加强饲养,使机体贮备一定的越冬养分,为配种越冬奠定基础;当年预留的种貂仍处在生长发育时期。这两种貂群的营养需要,特别是对蛋白质的需要量很高。应供给平衡饲粮,满足绒生长发育或机体恢复需要,并有贮备的蛋白质、脂肪,达到中上等繁殖体况,冬毛生长好,性器官发育正常,并确保安全越冬。

日饲喂 2 次,高纬度地区上午投喂饲粮的 35%～40%,下午喂 60%～65%。低纬度地区 9～10 月气温高,饲料易变质,必要时可增加饲喂次数,以缩短饲料在貂笼内的存放时间。投料时分配要合理,如对瘦弱貂可适当多喂。

种貂复选工作结束后,应立即将挑选出的种貂集中到笼舍的南侧和双层笼舍的下层单独饲养,让其接受充足的光照。

分群后,种貂(尤其是新选的当年貂)体生长尚未结束,应注重饲粮中全价蛋白质饲料的供给。秋分以后,随着冬毛生长成熟,种貂性器官也开始生长发育,须适时供给繁殖所需要的维生素饲料。9 月份饲粮平均饲喂量 350g,10 月份 375g。种貂体况应达中上等或略偏上,不宜过肥,对肥胖者应少喂。

(二)准备配种期的饲养

此阶段的饲养任务是促进性器官迅速发育,并产生成熟的精、卵细胞。饲粮数量应低于前期,并降低脂肪给量。母貂的饲粮基本同前期,但须补充维生素 A、维生素 E 等。公貂在此阶段形成大量的精子细胞,同时须为配种期体力消耗大、食欲低而有一定的营养贮备,故需要加大饲粮中动物性饲料(如鱼、蛋、肝、牛乳等)的比例,并满足其对维生素和矿物质的需要。参考饲粮配方(摘引自中国土产畜产进出口公司主编.《水貂》.科学出版社,1978)如下。

1. 公貂(100 只)的饲粮组成(以鱼为主)

动物性饲料(kg)为海杂鱼 13.3、牛肉 3.6、牛肝 1.3、牛脑 0.5、牛乳 1.9;

植物性饲料(kg)为玉米粉 0.8、小麦全粉 0.4、大豆粉 0.1、包心菜 3.1、胡萝卜 1.3;

矿物质、维生素饲料为食盐 0.07kg,并补充维生素 A、维生素 D、维生素 E、维生素 B_1。

全群饲粮总重 26.3kg,每日早上喂 10.5kg(其中蔬菜 1.8kg),晚上喂 15.8kg(其中蔬菜 2.6kg)。

2. 母貂(100 只)的饲粮组成(以鱼为主)

动物性饲料(kg)为海杂鱼 53.4、牛肉 8.6;

植物性饲料(kg)为玉米粉 3.8、小麦全粉 1.8、豆浆 8.0、包心菜 10.0、胡萝卜 6.0;

其他(kg)为酵母 1.2、麦芽 4.0、食盐 0.3,并补充维生素 A、维生素 D。

全群饲粮总重 24.3kg,每日早上喂 9.5kg(其中蔬菜 6kg、豆浆 3.5kg),晚上喂 14.8kg(其中蔬菜 10kg,豆浆 4.8kg)。

（三）准备配种期的管理

1. 水貂体况的鉴定与调整 种貂的体况与繁殖成绩显著相关,过肥过瘦都严重影响水貂的发情、排卵和妊娠。水貂体况的调整最好在 8 月末 9 月初选分群后就开始进行,使其到第二年繁殖期前一直保持良好的繁殖体况。但在实践中,留种的种貂应该在 2 月底之前调整到理想体况(表 13-12),其中公貂体况应该达到中等略偏上,母貂应该达到中等略偏下。

表 13-12　水貂体况 5 分制评分方法[1]

体况分数[2]	描述
1分 非常瘦	水貂体质瘦弱,肌肉减少 颈部细,身体呈明显的"V"形 没有体脂,腹部凹陷 能看到肩骨和臀骨,并且容易触觉到肋骨
2分 瘦	水貂颈部细,腰呈"V"形 没有皮下体脂层 能容易地触摸到肩骨、臀骨及肋骨
3分 理想	水貂颈部细长,身体直 皮下有一定量的体脂 能容易地触摸到肩骨、臀骨及肋骨
4分 稍肥	水貂颈部粗,身体呈梨形 不容易触摸到肋骨 肩骨和臀骨覆盖着中等厚度的脂肪层 腹部有脂肪垫
5分 过肥	水貂颈部粗壮,胸部稍粗,身形滚圆 肋骨非常难触摸到 肩骨和臀骨被覆着一层中等厚度的脂肪 腹部和尾部有脂肪垫 四肢和面部可见脂肪沉积

注:[1] 引自 Rouvinen-Watt 等(2005)。[2] 水貂全年体况评分随其不同生产阶段而呈规律性变化

（1）体况鉴定

①目测法:在光线良好的条件下,观测者站在水貂饲养棚外侧笼网旁,用笤帚等物品逗引水貂在笼中靠近网壁处站立,使其两后肢呈自然分开状态后进行观察。根据水貂的整体外貌、腹部和腹股沟等部位特征,以及行为特点,将水貂体况分为:

肥胖型:水貂躯体圆胖丰满,腹围大于臀围,后腹部凸出、脂肪堆积明显并向腹股沟部位下垂。行动笨拙,反应迟钝,食欲不旺。

适中型:水貂躯体前后匀称、清秀,运动灵活自然,食欲正常。腹围与臀围平齐或略小于臀围,后腹部平展或略丰满,但不至向腹股沟部下垂,或腹部略显有沟但不严重。

瘦弱型:水貂躯体瘦细、脊背隆起、拱腰、肋骨显见,腹围明显小于臀围,后腹部收缩,腹股沟部明显凹陷成沟形。活动时多做跳跃式运动,采食迅猛。

用目测法评估水貂体况方便快捷。应该成为每天饲养管理工作的一部分,随时监测水貂

的体况,可以及时解决和处理出现的问题。在准备配种后期该方法尤为适用。

②称重法:最好在11月下旬精选定群时就开始进行称重。每个色型中至少抽样称量25只有代表性的母貂。从12月至翌年2月份,每半个月称重1次。一般体型的公貂中等体况时,体重应在1800～2200g,全群平均为2000g。母貂应为800～1000g,平均在850g。如果公、母貂分别超过2200g和1100g,即为过肥。如果公、母貂分别不足1700g和700g,即为过瘦。

③体重指数法:由于不同品系或色型的水貂体型大小不同,体重不可能绝对反映出体况的实际水平,故通常是采用与体长相结合的体重指数法评估。将水貂捕捉保定在测量平台上,使其身躯自然伸展,在鼻端和尾根部的桌上用粉笔分别做好记号,再用直尺测量两点间的距离(cm),即为体长。再称量活重(g)。体重指数计算公式为:

$$体重指数 = \frac{体重(g)}{体长(cm)}$$

国外统计分析表明,母貂临近配种之前的体重指数在24～26g/cm时其繁殖力最高,此值已被我国很多貂场验证。

④目测与触摸结合评分法:先按前述方法进行目测,然后将水貂捕捉在手上用手指尖触摸或手压肩、肋骨和脊椎等部位的方法,按照表13-12的描述内容评分。但随着配种季节的临近,应该尽量不用触摸法评估母貂体况,以免因捕捉对其正常繁殖产生不利影响。

要记录每只水貂的体况检测情况,以便对有问题的水貂做进一步监测和管理(将有颜色的衣夹或塑料带夹系在需增加或减少投食量的水貂笼上,以便于辨认)。

(2)体况调整 体况鉴定后,根据水貂的体况和气候条件调整饲粮配方和饲粮量,再加上其他管理措施,以使其被调整到中等体况。

因为在打皮时大部分公、母水貂体内储存约30%的脂肪,所以根据调整前的水貂体况,母貂从11月至翌年2月份减肥15%～20%,最高减肥25%,或者使母貂体重调整到900～1000g目标体重。

为降低肥度,主要应设法使种貂加强运动,消耗脂肪。如人工逗引或推迟喂食,均可刺激其加强运动。同时,减少饲粮中的脂肪含量,适当减少饲喂量。对明显过肥者,可每周断食1～2次。不太寒冷的地区,亦可暂时撤除小室内的垫草。

适当增加饲粮中优质动物脂肪的比例和总的饲料量是增加肥度的主要方法,也可单独补饲。同时,给足垫草,加强保温,减少能量消耗。

因病消瘦的水貂,必须从治疗入手,进行适当催肥。个别种貂不论怎样调控体况,始终过肥或过瘦,将影响繁殖和哺乳的成活率,应该淘汰出种貂群。

须特别强调,准备配种期不能忽视种公貂的体况调整,因为其精子在12月至翌年2月份形成。肥胖公貂的不育率较高,产仔时有死产增多的趋势,且其交配率比中等体重的公貂低。公貂太过剧烈的减肥对精子的生成也有不良影响,会产生非常差的繁殖结果。所以,要通过适当的饲养管理措施,使种公貂到配种季节开始前一直保持理想的繁殖体况。

2. 做好配种前的管理工作

(1)防寒保暖 在实践中,封闭的貂棚、充满垫草的小箱、防风罩或产仔衬里能在某种程度上抵御准备配种期期间的低温气候。国外实验表明,防风罩能减少约10%的饲料消耗,温度每降低1℃,每只水貂每天额外需要2g饲料。假如气候寒冷,水貂将过瘦,经验表明,笼内添满垫草有助于建造庇护所和保暖的环境。应该在飘落到小室的雪融化和弄湿垫草前将其清理掉。要及时更换湿垫草。

(2)光照管理　由于水貂生殖系统发育成熟和交配有赖于短日照的周期变化过程,即从上年昼夜相平的秋分节气开始,逐步走向日照的最低点冬至节气,然后,再慢慢地回升到翌年昼夜相平的春分节气,当日照达到11.5h时才开始配种,达到12h以后配种陆续结束。因此,在管理上要注意两方面:

一是既不可人为地延长或缩短光照时间,否则都会抑制性腺活动,阻碍水貂生殖系统的发育成熟,造成发情紊乱、交配率低、大批失配和空怀等不良后果。

二是在不进行人工光照的前提下,如把种貂养在南侧笼舍,也能相对增加光照强度,使种貂多受到一些直射的太阳光照,促进水貂的性腺活动和发情求偶。

(3)睾丸检查　就窝产仔数来说,睾丸大小是不重要的,但隐睾公貂(阴囊内没有睾丸或仅有1个睾丸下降到阴囊内)和睾丸发育不正常的公貂不育率较高,应予以淘汰。检查时间越晚,睾丸状况与不育率相关性越高。当然,最好在11~12月份精选定群时就能发现无睾或睾丸发育不正常的公貂,以适时取皮。实践中,一般在12月至翌年1月进行睾丸检测评估,但种公貂是否有不育症问题最可靠的检查时间是配种即将开始时。检查时要触摸储存完成发育精子的附睾是否是软的和充盈的。因为正常情况下大约5%公貂睾丸存在发育问题,必须淘汰,所以在留种时应额外多选择5%~10%的种公貂。

(4)催情补饲　做好母貂特别是青年母貂的催情补饲工作。催情补饲对公貂没有效果,因为精子在12月至翌年2月份形成,所以对公貂没有像母貂那样的减肥需要,且减肥对精子的生成有不良影响。从实践和理论两方面来看,中等体重的公貂是首选。在准备配种期应该给种公貂和种母貂同样的优质饲粮。

但要特别注意,绝不要在配种季节前饲喂催情类药物(如类固醇类激素),以免造成繁殖失败。

(5)加强异性刺激　水貂达到性成熟后,通过雌雄接触的异性刺激,能提高中枢神经兴奋性,增强性欲,明显提高公貂配种效率。有关实验已经证明,母貂间隔离放置、母貂与公貂间隔离放置,母貂的卵泡发育得既小又少。所以,要根据配种计划将种公貂穿插放置在将要配种的5~8只母貂之间的笼舍,既加强了种公貂和种母貂间的异性刺激,又便于配种工作的顺利进行。也有人从配种前10d开始,每天把发情好的母貂用串笼送入公貂笼内,或者手提母貂在笼外逗引,通过视觉、听觉、嗅觉等相互刺激促进发情。但是,异性刺激不能过早开始,以免过早地降低公貂食欲和体质。另外,可以每隔2~3d在饲料中添加少量的葱、蒜类等刺激性食物,促进其发情。

(6)做好配种的准备工作　根据选配原则,做出选配方案和近亲系谱备查表,大型貂场应做出配种方案;准备好配种登记表(存档用)和配种标签(临时贴在小室上用);准备好各种工具、物品,如捉貂手套、捕貂笼(箱)、串笼、显微镜、记录本等。

二、配种期的饲养管理技术

(一)配种期的饲养

配种期白天大部分时间用于放对配种,故饲养要与放对配种协调兼顾。配种期的饲养工作,直接影响公貂的配种能力和母貂的妊娠、产仔。要密切观察种公貂的体况,确保不因繁重的配种或营养不良而体重降低。公貂一旦开始配种,可以自由采食,但一段时间后,很可能食欲不好,要在 3 月 5 日或 9 日(主要看配种开始的早晚)每天晚饲时增加牛乳、肉、蛋、肝类饲料,并添加维生素 A 和维生素 E,饲粮平均饲喂量 250g 左右。配种结束后,未打皮继续留种公貂的饲粮就可转为维持水平。

从催情补饲开始到交配结束前,应该让母貂随意采食,大约 1 周后达到顶点。饲粮同准备配种期,但须保证其蛋白质和维生素的需要。配种后要防止母貂发生过肥或过瘦现象,尤其不能偏肥,以免影响产仔和成活。

饲粮的稀稠度要适中,饲喂次数与饲粮的分配比例,应配合配种工作并考虑当地的气候条件。一般饲喂 2 次,早 6 时(或配种后 1h)和晚 16～17 时。早、晚饲粮比为 4：6。除保证常规饮水外,配种前、后还要各增加 1 次饮水。

(二)配种期的管理

1. 一般管理 配种期是水貂场貂舍内人员最多、工作最为繁忙的时期。为提高效率,要按照母貂发情时间顺序,于头一天安排好次日的种貂放对次序,防止水貂逃跑和咬伤。放对结束和完成必要的饲养管理工作后,除值班人员外,其他人员一律撤离貂舍,给种貂创造一个安静环境,使人、貂都得到充分休息。

2. 掌握配种技术要点 配种工作的目的是使所有的母貂妊娠,并尽可能多地产仔。可以通过使所有的青年母貂在 2 次排卵时(间隔 7～9d,也称异期复配)配种,而老母貂在一次排卵时(连续 2d 配种,也称同期复配)配种达到同一目的。为了缩短滞育期,提高产仔数,最好使所有母貂在 3 月 15 日以后进行最后一次配种。

需要注意的是,水貂排卵发生在配种后的 36～48h。如果配种 2～3 次,复配过程本身能导致第一次配种的胚胎损失,大部分仔貂来自最后一次配种。然而,养殖场往往只注重配种开始时公貂精液品质的检测,对复配公貂的精液质量重视不够。而在一些貂场,有 15% 的公貂精子数量减少。

不可强制放对交配。由于母貂具有周期性发情的特点,只有在发情期交配,才能排卵受胎。若在发情前期急切追求交配进度,采取强制交配措施放对,则很容易造成咬伤、失配甚至死亡,即使交配也很难受胎。

不可盲目频频放对。母貂具有刺激性排卵的特点。除交配刺激外,频频放对、公貂追逐爬跨等因素,亦可诱导其排卵,故不可持侥幸态度。否则,会干扰排卵,影响受胎产仔,也容易造成咬伤和失配。

初配阶段公貂每天上午只放对 1 次,复配阶段有必要放对 2 次时,须至少间隔 4h。

3. 做好配种记录 在母貂卡片上登记上公貂号和试情及成功配种日期。为了能评价放对过程,记录母貂与公貂放到一起时的时间和开始配种的时间。在公貂卡片上记录其交配的母貂号和配种日期。

4. 及时淘汰不合格种貂 到 3 月 20 日,应该将一直未进行一次配种的母貂淘汰取皮。也要对交配能力低、精液品质差、有撕咬母貂恶习的种公貂及时淘汰取皮。

三、妊娠期的饲养管理技术

(一)妊娠期的饲养

母貂妊娠期的营养需要是全年最高的时期。饲粮必须营养全价,由新鲜、易于消化的饲料原料组成。绝对不能饲喂含激素过高的动物性产品,如难产死亡的动物肉、带甲状腺的气管和雌激素化学去势的畜禽肉及下杂等,因其中含有的催产素和其他激素,能干扰水貂正常繁殖而导致大批流产。

玉米烯酮(一种由粉红镰刀菌产生的霉菌毒素)和黄曲霉毒素是毒性最强的真菌毒素,能直接影响繁殖性能;其他真菌毒素也能影响健康和采食。不要给水貂喂品质低劣的谷物或在不良环境下加工或储存的谷物。

添加维生素、微量元素和矿物质,可用信誉好的厂家提供的商业水貂添加剂,也可自己配制,要请有关科技单位及专业人员审查自定的饲粮配方是否合理。确信添加剂称量准确,并均匀搅拌到饲粮中。注意阅读添加剂各成分含量和使用注意事项,避免过量中毒和产生抗营养因素问题。

一旦参照饲养标准,并结合天气和体况制定了饲粮配方,并按配方加工调制好饲粮,就要保证水貂能够吃进去。如果喂后有剩料或大部分饲料未吃完,水貂体况又不肥时,就要对饲粮配方、饲料原料、加工和饲喂各个环节进行检查或调整。假如饲料冻结在笼网上,应该让饲料更稀一些,以便饲料能压到笼网下。加一点植物油类将有助于饲料的流动。要在下午温度最好的时候喂食,可减少貂食冻结问题。

饲料调制须稍稀一些。日喂 3 次,饲粮分配比例为 3∶2∶5。气候较热地区,每次喂后2～3h 将食盘撤出,防止水貂食入变质饲料。

水貂(100 只)妊娠 15d 以后的参考饲粮配方(摘引自中国土产畜产进出口公司主编《水貂》,科学出版社,1978):

动物性饲料(kg)为小杂鱼 15、牛肉 2.7、肝 0.9、乳 1.9、蛋 0.8;

植物性饲料(kg)为玉米粉 0.8、小麦全粉 0.4、大豆粉 0.1、包心菜 3.1、胡萝卜 1.3;

矿物质、维生素为食盐 0.07kg,并补充维生素 A、维生素 D、维生素 E、维生素 B_1、维生素 C。

全群饲粮总重 27.07kg。早、中、晚相应喂量(kg)为 8.15、5.53、13.39。

(二)妊娠期的管理

1. 适当控制体况 及时评价妊娠母貂的体况是重要的管理环节,能极大地影响窝产仔数和仔貂成活。整个繁殖期内体况都是非常重要的。应从 11 月份的等级评定开始到整个产仔期反复进行体况评估。水貂妊娠期间,天气日趋温暖,妊娠貂营养好而活动少,易于出现过肥而造成胚胎吸收、难产、产后缺乳、仔貂死亡率高等不良后果。故从 2 月份直到产仔,应通过饲养管理技术控制母貂体况,勿使肥胖或超重。妊娠期须经常逗引母貂自然运动,将体况控制在中等偏低下水平。母貂体况评分从 2 月下旬的 2 分增加到 3 月份的 3 分和 4 月下旬的 4 分,与活产仔数相关。过肥的母貂因产仔困难、身体虚弱,不能照顾好仔貂。

体况也与母貂的乳腺发育和泌乳能力相关。乳腺发育与妊娠期最后 3 周的饲养有密切联系,同母貂妊娠后期体况上升的观念是十分一致的。80％的乳腺在妊娠期的最后 3 周开始发育。

2. 适当增加光照 妊娠期已转入长日照周期,此时适当延长光照时间或增加光照强度,对繁殖是有利的。光通过视神经发射到大脑中枢后,能增加下丘脑黄体释放激素的活性,促进垂体促黄体激素分泌,增加卵巢孕酮的产生和分泌,这是促进胚泡及早着床发育必需的条件。故适当增加光照能缩短妊娠期,提高产仔率。

3. 保持环境安静 妊娠母貂喜静厌惊,要确保养殖场环境安静,杜绝外来人员、车辆和其他畜禽进入貂场,避免突发噪声对妊娠母貂的惊扰。

4. 做好产前窝室消毒和产箱絮草工作 刚出生的仔貂抗病能力极弱,故要杜绝一切致病源。彻底消毒产箱,为水貂母仔提供干净的生活空间,能有效预防仔貂某些疾病。刚出生的仔貂无体温调节能力,须在产仔前做好产箱的保暖。产箱消毒完毕后,将其四周漏风处封好,用洁净柔软的干草絮好窝,对产仔保活很有必要。最好用喷灯火焰消毒产仔箱的笼网,也可用环保消毒剂消毒。

产仔箱絮草最好选择当年的柔韧干草。用稻草时须经碾压或打稻机击打,使其变得柔软蓬松。禁用陈旧发霉的草。往小室内絮草时,须先将草抖落成相互交错的薄片状,成片压进产箱,并压实箱底和四角的草。四周草须弯压在产箱内,以便于母貂在中间空隙处做窝。目前,多采用在产箱内用铁丝网围草的办法,即用铁丝网在产箱内做有一定空隙的夹层,将垫草塞进箱板和铁丝网之间,以起到防寒保暖的作用。

5. 杜绝引起胚胎损失的因素 在妊娠期,使用多氯联苯(PCBs)污染的饲料,或干扰叶酸合成的抗生素(如磺胺类药物或磺胺甲氧苄胺嘧啶药品)可能引起胚胎损失。还有大量的致病源,包括空肠弯曲菌(常来自不干净的鸡内脏)、大肠杆菌(常来自污染的水源)、弓形虫(来自年轻的猫)、李斯特菌,以及其他感染源,能引起胎儿后期死亡或初生弱仔。

6. 供应充足的饮水 要经常保持水盒内有充足的清洁饮水。

四、哺乳期的饲养管理技术

(一)产仔保活

仔貂出生后 3 日龄内生命力很脆弱,死亡率达 10％。大部分死亡发生在出生后的 24h 内。所以,提高断乳成活率或年末成活数的关键是要做好产仔保活工作。

1. 保证仔貂尽早吃上初乳 仔貂出生时自身能量储存非常有限,体内仅有 1％的脂肪,肝糖(动物淀粉)存储量仅能持续 1h 左右。因此,需要帮助新生仔貂尽早哺食充足的初乳,以获得度过这一关键时期所需要的营养。初乳也将来自母貂的抗体传递给仔貂,在仔貂本身主动免疫体系建立之前,这些抗体为其提供了对疾病的免疫力。

正常情况下,母貂能为一窝新生的所有仔貂提供充足的初乳。对于仔貂来说,产后头几个小时的初乳营养和热应力最好,故应使新生仔貂尽早吃上初乳。为此必须做到:

(1)保持母貂体况和泌乳能力 哺乳期内每天监测母貂体况,特别是那些为较多仔貂哺乳的母貂。喂食时要格外给这些母貂适当多喂一些,如果采食不足,将很快消瘦。相反,对产仔和哺乳较少仔貂的母貂,如果剩食或过肥,要相应减少饲料喂量。

母貂泌乳能力与仔貂生长和成活密切相关。母貂平均有8个乳头(或泌乳乳腺叶),仔貂吮乳时,每个乳腺叶都是动态的并变得活跃。如果仔貂死亡,乳腺叶就变得不活跃。所以,活动乳头的数量是与哺乳仔貂数一致的。直到产后12d,乳腺都能变得活跃起来,并被证明具有令人吃惊的代养新生仔貂的能力。

仔貂吸吮并刺激乳头,是启动母貂乳汁开始分泌的先决条件。若仔貂不能接触并吸吮乳头(仔貂体弱或是母貂神经质不配合),要注射催产素刺激母貂泌乳。催产素也有使母貂母性增强从而接受仔貂的作用。注射剂量是5~10IU。

个别母貂产仔后有胎盘滞留现象,滞留的胎盘影响初乳和常乳的分泌,当产仔后一直没有观察到排黑便时,要及时注射催产素促使滞留的胎盘尽快排出体外。

(2)提供温暖的产箱,避免不良干扰　一个温暖、干燥、铺有洁净柔软垫草的产箱将给仔貂提供一个温暖的环境,有利于母貂的照看和仔貂的成长。

在产仔期将舍内外噪声和干扰降低到最小程度。如果母貂焦虑不安,或不愿意离开产箱让饲养人员观察仔貂,应暂时不打扰它,过段时间试用饲料引诱其出来。

2. 产仔检查　这是仔貂保活的重要措施,可采取听、看、检相结合的方法进行。听仔貂叫声,看母貂的采食泌乳及活动情况。若仔貂很少嘶叫,嘶叫时声音短促洪亮,母貂食欲越来越好,乳头红润、饱满、母性强,则说明仔貂健康。检就是直接打开小室检查。先将母貂诱出或赶出室外,关闭小室门后检查。健康的仔貂在窝内抱成一团,体躯圆胖、温暖,拿在手中挣扎有力,反之则为不健康。检查时饲养人员最好戴上手套,手上不要有强烈异味(香脂、香皂、烟味等),以免仔貂沾染异味被母貂遗弃。

第一次检查应在母貂排出食胎衣的油黑色粪便后及时进行,主要看仔貂是否健康和吮入母乳。吮过乳的仔貂鼻镜发亮,周围的毛上有灰尘(吮乳时沾染的)、嘴巴里有母貂腹部的绒毛,腹部饱满。可隔着皮肤看到淡色型仔貂的胃、肠内充满黄色的乳块。如仔貂未哺乳,要检查母貂是否缺乳或者无乳;如母貂自己未拔掉乳头周围的毛绒,可人工辅助拔毛;如因仔貂体弱未吮乳或母貂神经质不让仔貂吮乳时,可注射催产素。母貂确实无乳或缺乳,可将部分或全部仔貂代养。检查出有肿泡的仔貂(新生水貂颈部和腹股沟部位的皮腺葡萄球菌感染),要及时治疗处理。出生3~5d要密切注视母貂、仔貂个体的情况,发现母貂不护理仔貂或仔貂嘶叫不停,且叫声越来越弱时,要果断地及时检查与采取抢救措施。仔貂叫声正常,母貂的母性好,可不必频频检查。产仔3~5d以后可减少检查的次数,但仍要密切注视母貂泌乳情况,遇有泌乳不足或仔貂质量不佳者,要随时采取代养措施。

3. 仔貂代养　如果母貂因产后死亡、生病、弃仔等原因而不能哺乳仔貂,要将仔貂及时代养。另外,有的母貂产仔过多(8~10只),也要将一部分仔貂代养出去,以减轻母貂的哺乳负担,降低潜在哺乳病危险。要选产仔与被代养仔貂出生日期接近代养母貂(2~3d)、母性强、乳汁分泌多、本身产仔数少(2~3只)。当需代养的仔貂较多、而代养母貂有限的情况下,最好将那些已经吃过自己母亲初乳的、长的较大和比较强壮的仔貂代养,增加在新仔貂窝中成活的机会。可将代养仔貂放到代养母貂笼内,让母貂自己把仔貂叼进小室。如果母貂迅速把仔貂叼进去,即可离开,以后须经常检查。如果母貂迟迟不将仔貂叼进小室,就应及时取出再找别的代养母貂。代养时须避免代养仔貂身上沾染异味。

4. 仔貂补喂　仔貂3周龄开始采食饲料,而这时尚未睁眼,由母貂向小室内叼送饲料。

从此时起,每天上午或中午要额外给仔貂补饲一次营养丰富易消化的饲料,做成粥状。特别是产仔多、母乳不足时,适时补饲有助于仔貂生长发育。补饲饲料由乳 40g、蛋 20g 和肉 40g 组成。喂给母貂的饲料也要调制得稠一些,以便于母貂叼入窝室喂给仔貂。

(二)哺乳期的饲养

1. 饲喂次数　哺乳期采用少量多次的饲喂制度,可保持饲料新鲜并鼓励母貂和仔貂多采食。每天最好喂 3～4 次。随着气温逐渐升高,为防止饲料腐败,可将喂食时间尽量安排在清早和傍晚。

2. 饲喂量　在整个哺乳期,每天都要增加饲料喂量。每次喂食量要比其采食量稍多一些,虽然可能会造成一些浪费或损耗,但是比起母貂和仔貂的营养不良还是值得的。特别是要给抚养大窝仔貂的母貂额外增加喂食,否则体况会迅速下降。相反,对抚养仔数少的母貂如果剩食或体况过肥时,要适当减少投食量。总之,要根据不同母貂的仔貂数量和日龄的差别分别投喂,切忌平均分配。

在饲粮不平衡的情况下,母貂经妊娠、产仔及泌乳营养消耗,特别是产乳量高致机体失去盐分及水分多,使水、盐平衡失调。表现出皮毛无光泽,严重时步态不稳或摇晃,未及时发现拒食饲料会饿死。实际上,这是母貂产后多发的一种疾病(哺乳症)。发现病貂应及时将其仔貂分出或代养。喂新鲜适口性及富营养的饲料,如鲜肝、鸡蛋、牛肉、牛乳等。饲粮中加入 0.4%～0.5% 的食盐,并补充酵母(5～7g))或 B 族维生素及铁、铜等微量元素添加剂。

断乳后 10～20d 仍按泌乳期饲粮标准饲养,使其尽快恢复到繁殖体况,为翌年繁殖打好基础。

3. 投食地点　目前,国内许多水貂养殖场采用在笼网上面投食的方法。有些貂场为哺乳母貂采食和采食固体饲料后的仔貂采食方便,将饲料投放在窝箱上面的网上,这造成窝室的卫生状况很差,最好投放到浅食盆中。

(三)哺乳期的管理

1. 注意观察貂群动态　在产仔期要昼夜值班,目的是通过监听及时发现母貂产仔,随时添加饮水,对落地、受冻、挨饿的仔貂和难产母貂要及时救护。但必须保持场内安静,值班人员应最少每 2h 巡查 1 次。

哺乳期每天喂食后要观察水貂的行为,注意观察食欲差的个体或群体。食欲不好、剩料过多,表明可能存在貂舍温度过高、饲料某个成分适口性不好、貂群或个体健康出现了问题、食物酸败或饮水不足等原因,应及时分析、解决。

2. 注意天气骤变,保持环境安静　在春寒地区,要注意在小室中加足垫草,以利保温。在温暖地区,垫草不宜过多。遇有大风雨天气,必须在貂棚迎风一侧加以遮挡,以防寒潮侵袭仔貂,招致感冒继发肺炎而大批死亡。

产仔母貂喜静厌惊,过度惊恐容易造成母貂弃仔、咬伤甚至吃掉仔貂,所以要严防噪声刺激。

3. 搞好卫生管理　单纯哺乳期间,仔貂的粪便由母貂舔食。但从 20 日龄左右开始采食饲料以后,母貂不再食其粪便。此时仔貂排便尚无定点,母貂还经常向小室内叼入饲料喂仔,加之天气渐暖,各种微生物易于孳生导致仔貂下痢等疾病。另外,饲料和笼舍卫生差也增加了母貂感染乳腺炎及其他传染病的机会。故仔貂 20 日龄后必须加强小室的卫生管理,及时清除粪便、湿草、剩余饲料等污物,更换垫草。每天要认真洗刷和消毒饲料加工、运输、分发用具和食具。

4. 严把饲料质量关 母貂和仔貂对受到污染的饲料非常敏感,仔貂因免疫功能差更容易受到伤害。且仔貂开始采食固体饲料后也是风险最大的时期。所以,要杜绝一切低质饲料,加强饲料卫生管理。

5. 做好哺乳期的各项记录 要准确记录每只母貂的产仔数、产活仔数、断乳成活仔数等数据;抽样测量仔貂初生、4 周龄、断乳体重和体长,以及哺乳期母貂和仔貂健康情况。研究发现,4 周龄的体重和体长能够反映母貂的哺乳性状遗传力,这是选择母貂的重要性状。

(四)断乳管理

产仔哺乳 6～7 周后,母貂泌乳能力不断下降、显著消瘦,而仔貂采食固体饲料能力不断增强,可以适时断乳。仔貂断乳时经历失去母貂照料并从哺乳完全转到采食固体饲料的过程,会有一个短暂的应激反应期。对于母貂,主要是与仔貂分离的应激和 5～7 周的大量泌乳后造成的体质严重下降。通过良好的饲养管理,可明显降低母、仔貂断乳过程的应激反应,使其尽快恢复正常。

1. 做好断乳分窝的准备工作 在 5 月底前做好仔貂断乳分窝的准备工作。准备好笼箱、棚舍、饲养器具等物品。在整个哺乳期提供高质量饲粮并自由采食,这将保证仔貂有机会适应固体饲料,当母貂泌乳减少时仔貂可获得需要的养分,以及降低母貂的体重损失。

2. 断乳方法 如果母貂泌乳能力好,体重损失少,仔貂可以在 6～7 周龄断乳;母貂窝产仔数和哺育仔貂数较多,或母貂身体或泌乳能力比较差时,都应在 5 周龄断乳。分窝过早的仔貂日后患自咬症的概率较大。

如果仔貂在 5～6 周龄断乳,移走母貂,同窝仔貂一起留在原窝室饲养 8～10d,然后按配种或选育计划,1 公 1 母配对饲养。若仔貂在 7 周龄断乳,同窝仔貂在一起饲养几天后分开,成对饲养(窝仔数多的断乳时就可分开)。1 公 1 母成对饲养避免了配对公貂间竞争导致的发育不一致问题。

同窝仔貂发育不一致的,可视情况将健壮的幼貂先分出来,弱小的留给母貂再代养一段时间,但最迟应在 60 日龄前分出。

3. 断乳仔貂的饲养过渡 断乳后不要突然改变饲料配方,以免引起消化紊乱或拒食。断乳后每天至少给仔貂饲喂喜食的新鲜饲料 2～3 次。保证随时能喝上清洁的饮水。食具和水具设计得要让仔貂容易采食和饮水。

保证饲粮质量和卫生。每天应及时撤掉剩食并尽可能保证小室和笼子的清洁。

训练仔貂养成在笼网前部排便的习惯,可将一点貂粪抹在笼网的前部或前角处,仔貂就会将该地方认作粪便排泄处。

4. 断乳后母貂的饲养管理 假如母貂断乳时体况较差,可皮下注射 10～15mL 葡萄糖电解质溶液,将其放到温暖、絮好草的小箱中,供给新鲜的饮水和营养丰厚的优质饲料,搞好卫生。

刚断乳的母貂若乳房仍较大且充盈,应在断乳的第一周内少喂一些饲料,以防发生淤滞性乳腺炎。断乳后母貂思仔不安,要加强笼舍的维护,严防跑貂。断乳后,喂养母貂逐渐恢复其在哺乳期失去的体重,应该在秋季开始调整体况之前恢复到适度良好的体况。

5. 种貂初选 养貂场通常在6～7月份仔貂分窝前后进行种貂的初选工作。对经产母貂和成年公貂,主要根据其繁殖能力和繁殖成绩进行选择。需要注意是,对水貂繁殖性状进行选择时,应更集中那些达到最佳窝产仔数,而不是最大窝产仔数的母貂。应该对胎儿和仔貂死亡率、初生重、育仔能力,以及功能乳头数等重要的亚性状给予更多的考虑。幼貂选择主要根据发育情况进行。符合初选条件的经产母貂和种公貂全部留种,幼貂初选数须比计划留种数多40%。

五、仔貂生长期和换毛期的饲养管理技术

从水貂分窝断乳(6～7周龄)到8月末(10～11周龄)的早期生长阶段,饲养管理的任务是充分满足其生长发育所需营养,提供舒适卫生的生长环境。从9月初到取皮阶段的任务是保证其毛皮最佳质量和最大的皮张尺寸,并育成优良的种用貂。因此,该阶段的饲养管理不仅影响当年的经济效益,而且影响种群质量或扩大再生产。

(一)生长期和换毛期的饲养

断乳后直到8月中旬或下旬都要让其不限量采食饲粮,以满足充分生长和发育的需要。断乳后就可将饲料投放到笼网上面,7月份每天喂2～3次,8月份开始每天喂2次。

由于公貂比母貂大,生长速度快,故对代谢能的需求也高于母貂,需要采食更多的饲料。断乳后,公、母水貂成对养在一个笼子里可以充分地采食需要的饲料。但2只公貂养在一起时,由于争食易导致发育不一致,故实践中采用1公1母对养的方法。到8月下旬9月初,可以日喂1次,防止过肥。

在断乳时和8月末,抽取全群5%的仔貂称量体重,然后与标准生长曲线比较。如此有助于判断断乳后仔貂生长发育是否正常、饲养管理技术是否适宜,并为种貂复选提供依据。

9月初到取皮阶段,要提高饲粮标准或营养水平,特别须提高饲粮中蛋白质(包括含硫氨基酸丰富的蛋白质)和脂肪水平。为此,应增加屠宰场的鲜血、豆浆、油脂等以利冬毛生长,增加被毛色素和光泽。日喂2次。天冷后,早晨喂料时间要比夏天拖后,晚喂要提前。饲料须比夏天稠,并须加温后投饲。要给种貂喂必要的补充饲料,但种貂的肥度须略低于取皮貂,但不能太低,要保持中上等肥度或健壮的繁殖体况,被毛光泽好,生殖或性器官发育正常。

水貂(公、母各500只)分窝后130～190d(期)参考饲粮配方(摘引自中国土产畜产进出口公司编《水貂》,科学出版社,1978)如下:

动物性饲料(kg)为海杂鱼126.1、牛肉19.4、肺30.2、血35.6;

植物性饲料(kg)为玉米粉11.1、小麦全粉5.4、豆浆39.4、包心菜45.1、胡萝卜20.3;

其他补充饲料(kg)为食盐0.7、酵母2、麦芽10、油脂3,并补充维生素A、维生素D。

全群饲粮总重348.3kg(每只日喂量348.3g),早、晚相应喂量(kg)为138.4和209.9。

要保证饲料质量,不能在冬毛期为降低成本而采用低质饲料或营养不全价的饲粮,以免出现大批带有夏毛、毛峰勾曲、底绒空疏、毛绒缠结、后裆缺针、食毛、自咬症等明显缺陷的皮张,严重降低毛皮质量或售价。

(二)生长期和换毛期的管理

1. 种貂复选　到9月份,幼貂的生长发育已经基本完成,对经过初选的种貂,根据其9月份的体重、体长、是否开始换毛和行为等性状确定是否留种。复选留种的数量比计划留种数多20%。复选完成后,留种水貂与未留种水貂分开饲养。需要强调,有关研究已证明,幼貂9月份体重与取皮时其皮张毛绒质量及翌年春季的繁殖成绩成反比。

2. 光照管理和埋植褪黑激素　水貂生长冬毛是短日照反应,因此一般饲养中不可增加任何形式的人工光照,并应把皮貂养在较暗的棚舍里,避免阳光直射,以保护毛绒中的色素。

在7月初至7月中旬,给计划取皮的幼貂埋植一定量的褪黑激素缓释剂,以使水貂毛皮提前1~2个月成熟取皮,节约饲料和人力。在埋植褪黑激素20d后就应该调整为毛绒生长期饲料配方,在饲粮中加肝和优质蛋白以提高蛋白水平并稍许降低脂肪水平。通常在7月5日开始埋植褪黑激素的当年生水貂,到8月1日就应开始逐渐增加饲粮中优质蛋白饲料及降低脂肪水平,因为7月底以前仔貂就开始发育产生绒毛和针毛的毛囊了。一般8月初饲粮中的脂肪高达24%左右,8月中旬前将其降到20%~22%;而蛋白质将上升到38%~43%,一直持续到9月份。总之,饲料成分的改变应逐步进行,通常需要几周时间。对埋植褪黑激素的水貂采用这种饲喂程序,既可保证其毛皮提前成熟,又不影响毛皮质量,特别是不影响毛绒的密度。

3. 保证卫生　因为夏季气温高,微生物繁殖很快,要严格执行卫生标准,须在完整的冷链中进行饲料生产。建议对饲料酸化,使高温下饲料中的微生物减少到最低限度。然而,青年水貂的酸碱平衡容易受到干扰,导致肝和肾损伤,引起贫血。所以,要特别注意保证生长早期饲粮的pH不低于5.5。在应用传统食盆喂食时,每天用过后须清洗干净。

秋季换毛期也要继续坚持严格的卫生管理,以助保持水貂食欲,防止发生胃肠道疾病(下痢等)。这个时期水貂若发生下痢和食欲减退,将影响毛皮质量并易发生黄脂肪病。

从9月份开始换毛以后,应在小室中添加少量垫草,以起自然梳毛作用。同时,要搞好笼舍卫生,及时检修笼舍,防止锐利刺物损伤毛绒。将饲料投在笼网顶上喂貂时,要确保饲料中足够高的干物质含量(37.0%~38.0%),使饲料不至于从网上滴落到笼内,污染水貂被毛或致毛缠结,影响貂皮质量。10月份应检查换毛情况,遇绒毛缠结现象应及时活体梳毛除掉。

4. 防暑防寒及保证饮水　环境温度高于水貂适宜温度时,水貂需要消耗额外的能量以消除过多的热量。另外,夏季酷热天气水貂极易患日射病和热射病,死亡率很高。所以,夏季很有必要给水貂提供能遮挡阳光的棚舍和遮蔽物。

厌食的水貂,特别是过肥的水貂可能患脂肪肝。要避免应激或饲粮改变,引起厌食。

此外,要确保水貂随时能得到符合人饮用水标准的饮水,特别是饲喂干饲料或含有较高脱水类饲料成分时。安装了自动饮水器的貂场,要保证断乳后的所有仔貂都会用饮水装置。在炎热的夏季要经常开循环泵冷却水管里面的水,以避免细菌生长和形成绿苔。随着天气逐渐寒冷,应每天在水盒内加温水。

5. 做好取皮工作　正常水貂一般在11月中旬至12月上旬取皮。不同毛色水貂的毛皮成熟时间有所差异,白色水貂成熟时间为11月10~15日,珍珠色和蓝宝石色为11月10~25日,暗褐色和黑色为11月25日至12月10日。相同毛色的成熟顺序为老年公貂、育成公貂、老年母貂、育成母貂。如果过早取皮,皮板发黑,针毛不齐;过晚取皮,毛绒光泽减退,针毛弯曲。因此,取皮前须进行毛皮成熟鉴定,同时做好取皮的各项准备工作。貂皮为珍贵的毛皮,收购、加工要求很严格,必须认真按国家相关标准精心操作,使貂皮尽可能达到优质标准。

6. 接种疫苗　断乳分窝后 15～21d,应及时给幼貂接种犬瘟热、病毒性肠炎和脑炎等疫苗,以预防这几种疫病的发生。

第四篇

家禽、珍禽的
标准化饲养

第十四章 鸡的营养与标准化饲养

第一节 蛋用型鸡的营养需要与标准化饲养

一、蛋用型鸡的营养需要特点

（一）鸡的消化生理特性

家禽的消化器官缺少唇、齿、软腭、结肠等。口腔仅用于采食,坚硬食物的软化及磨碎靠嗉囊和肌胃完成。两条发达的盲肠在消化过程中起较重要的作用。

1. 口腔 禽类口腔无唇、齿、软腭,故无咀嚼运动。鸡喙尖而硬,适于采食粒形饲料,可撕裂较大食物、啄破果壳、捕捉虫类。舌较硬,舌黏膜无味觉乳头。味蕾比家畜少(雏鸡 8 个,3 月龄增至 24 个),味觉不敏感。味蕾触及咸、苦和酸三种水溶液时,舌神经产生冲动,但缺乏对甜的感觉。家禽对水温极其敏感,不喜饮高于气温的水,但不拒饮冰冷的水。

2. 食管和嗉囊 鸡的食管位于气管右侧,比家畜食管更具扩展性,故能吞咽较大食物。分上食管(颈段)和下食管(胸段)两段,黏膜上食管腺所分泌的黏液,起湿润和软化食物的作用。上食管在进入胸腔前,其腹侧扩张形成膨大的嗉囊。嗉囊是食物的暂时贮存处,唾液和食管黏液可使混有细菌的饲料保持适当的温度和湿度,被进一步发酵和软化。嗉囊的收缩节律和振幅变化很大,受神经状态、饥饿程度、饲料种类和数量等多种因素影响,极度兴奋、惊恐、挣扎可抑制或中止嗉囊收缩。通常,上、下食管的收缩间隔期约为13s 和50~55s,通过收缩将食物送入胃。当嗉囊和胃充满食物时,食管停止蠕动,再食入的饲粮就贮存在嗉囊内。食物在家禽嗉囊内停留3~4h,最长可达16~18h。健康家禽的嗉囊饱满、软而不充气,多种疾病或管理不当会引起嗉囊积物,充气膨大(气囊)或积水(水囊),可借此判断鸡体是否健康。

3. 胃 鸡胃分前、后两部分。前胃为腺胃,呈纺锤形,壁软而厚,内腔不大;其内分泌胃酸和胃蛋白酶,食物混入胃液后立即进入后胃(肌胃)。肌胃略呈扁圆形,黏膜上厚的类角质膜起保护黏膜的作用,药名鸡内金;肌胃内经常有吞食的沙砾,因此也称砂囊;通过沙砾和发达肌肉的强大收缩力[收缩压为 13.33~19.995KPa(100~150mmHg)],磨碎和搅拌食物,胃蛋白酶在此处继续作用。肌胃内无沙砾,使饲料消化率下降 25%～30%,故应在鸡育雏育成期补饲沙砾。细软食物在肌胃停留约 1min 即送入十二指肠,坚硬食物的停留时间可达数小时之久。

4. 肠管 肠管分小肠(十二指肠、空肠和回肠)和大肠(盲肠和直肠)。小肠分泌肠液,肝和胰腺分泌的胆汁和胰液流入十二指肠;在小肠中,受胰液、肠液所含各种消化酶和胆汁的共同作用,大部分饲料营养素被消化并吸收。采食后 15min 内,门静脉血中即出现碳水化合物和蛋白质的吸收形式葡萄糖与氨基酸,但高峰是在 2h 之后。肠的上皮细胞 48h 就更新,脱落肠细胞占内源粪氮相当大的部分。

在小肠与直肠交界处，有一对约 10cm 长的盲肠，从小肠下行的物质仅有 6%～8% 进入盲肠；在微生物作用下，从小肠流入的未消化碳水化合物、蛋白质及少部分纤维物质（主要是谷物中的）被发酵、消化，并吸收水分和电解质。鸡对粗纤维的消化能力较低，故饲粮中粗纤维含量应在 3%～5%，但粗纤维含量过少，肠蠕动不充分，易发生啄羽、啄肛等恶癖。盲肠内容物每隔 6～8h 排空 1 次。直肠是大肠的最后一段，食物残渣在此被吸收水分和电解质后进入泄殖腔。

与哺乳动物相比，禽类小肠较短（约 140cm），为体长的 5～6 倍；而直肠仅 8～10cm，其比例为 14∶1。这是鸟类为减轻体重、适应飞翔，不在肠内贮存粪便的相应结构。因此，饲料通过消化道的时间非常短，依饲料种类、形状和家禽的生理状况而异。按粉料通过消化道的时间计，生长鸡和产蛋鸡大约 4h，休产鸡约 8h，就巢鸡 12h。由此产生的禽类随时排粪便的习性，给防止疾病传播和管理带来诸多不便。

禽类消化管中含有大量非致病微生物。初生雏消化管内无菌，但很快从孵化器内蛋壳碎片或其他异物中感染微生物，以后继续从饲料、饮水及周围环境接触中获得。嗉囊中有大量乳酸菌，还有肠球菌、大肠需氧杆菌等。腺胃、肌胃内的强酸环境（pH2.0～4.0）不利于微生物的生长繁殖。在接近回肠、盲肠接合部时，肠内容物运行很慢，pH 适宜，微生物得以大量繁殖。盲肠内的 pH 是 6.5～7.5，且每隔数小时才排空 1 次，是微生物生长繁殖的理想环境。

5. 泄殖腔　是消化、泌尿和生殖三个系统末端的共同通道，即粪道、泄殖道和肛道。肛道背侧壁上有腔上囊（法氏囊），其功能与免疫有关。

(二)蛋用型鸡的营养需要特点

鸡体格小、体温高、活动量大、生长速度快、生产量高，故代谢旺盛，需要的营养浓度高（比家畜相对要高）。其生长周期短，一旦营养缺乏，则较难补偿。1 只年产蛋 17.2～18.2kg 的高产母鸡，可为人类提供蛋白质 2.10kg，脂肪 1.90kg，矿物质 1.90kg，水 11.40L。鸡蛋中含有的各种必需氨基酸的相对含量，很接近人体的需要。蛋中含磷脂和固醇物质，是人体生长发育及大脑和神经活动的重要营养素。鸡蛋中富含各种维生素和矿物质。

鸡为维持正常的生命活动、生长和产蛋，需要 40 多种营养素，包括能量、蛋白质、13 种必需氨基酸、13 种维生素和 16 种常量与微量元素，所需营养素的绝大部分须从饲粮中获得。鸡肠道短，微生物合成的 B 族维生素和维生素 K 少，故须以饲粮形式供给。

鸡的生长阶段分为幼雏（0～6 周）、中雏（6～14 周）、大雏（14～20 周）和成鸡。按饲养阶段分为育雏期、育成期和产蛋期。

1. 对能量的需要　鸡的能量需要由维持需要和生产需要组成，维持需要所消耗的能量约占 75%。鸡的能量需要和饲料的能量价值均用代谢能表示。用析因法可测出鸡维持、增重、羽毛生长或更新、产蛋所需代谢能，而后积加得出总的代谢能量需要。由于鸡系群饲，饲养标准中能量和各种营养素均以其在饲粮中的浓度表示，是依据每只鸡每日需要量的测定值和群体平均耗料量计算的。如白壳蛋系幼雏、中雏和大雏饲粮的能量水平依次是 11.92MJ/kg、11.72MJ/kg 和 11.30MJ/kg（2.85Mcal/kg、2.80Mcal/kg 和 2.70Mcal/kg），褐壳蛋系 0～8 周龄和 8～20 周龄相应为 12.38～11.97MJ/kg 与 11.51～11.30MJ/kg（2.96～2.86Mcal/kg 与 2.75～2.70Mcal/kg）。无论小母鸡，还是成年母鸡，其单位体重所需代谢能并无太大差别，每天约摄入 1 255kJ(300kcal)。白壳和褐壳蛋系的母鸡,每天每只的代谢能需要分别是 1 172~1 339kJ 和 1 339~1 464kJ(280~320kcal 和 320~350kcal)。适宜的能量供应水平是取得理想增重和产蛋率最重要的因素。能量不足,生长阶段增重慢,严重不足时造成生理功能障碍,免疫力下降等,产蛋鸡则产蛋成绩不佳。但能量供应过度亦有害。育成鸡饲粮能量浓度过高,采食量减少,易引起啄斗;摄入过多能量虽增重快,但鸡易过肥(90 日龄后),过肥的育成母鸡产蛋期易发生脱肛,且难恢复;产蛋期能量过高,鸡体大量沉积脂肪(开产 6 个月后),影响产蛋量和蛋壳质量,且易患脂肪肝综合征。自由采食情况下,家禽往往是为满足其能量需要而采食,故在生理范围内能按能量需要和饲粮能量浓度调节采食量,如气温升高时采食量下降,气温低时采食量增加。因此,按与饲粮代谢能的特定比例,加入水以外的各种营养素,有可能在一定程度上调节这些营养素的采食量。实践中应根据鸡群采食量的变化,相应调整其他营养素在饲粮中的浓度,以保证各种营养素的绝对食入量能满足鸡的需要,这是一条重要的原则,也适用于其他禽种。

2. 对蛋白质的需要 鸡的蛋白质需要以饲粮中粗蛋白质的百分率表示。如幼雏、中雏和大雏的需要量分别是 18%、16% 和 12%~15%。产蛋母鸡对蛋白质的需要随阶段不同,用于维持生命、产蛋和形成羽毛的消耗见表 14-1。产蛋母鸡每天需要蛋白质 16~18g。饲粮蛋白质不足,造成雏鸡生长缓慢、食欲减退、羽毛生长不良,性成熟推迟,产蛋量和蛋重减少,严重时体重下降,卵巢萎缩,产蛋停止。蛋白质采食量低也可能提高饲料消耗量。因此,使人们对以另一种表示蛋白质和氨基酸需要量的方式替代饲粮浓度产生兴趣。表示需要量的蛋白质和氨基酸浓度,是指能促成最高生长和生产率的浓度,但最高的经济报酬不可能总是与最高的生长和生产率一致,尤其是在蛋白质饲料价格高的情况下。于是,可将蛋白质浓度降低一些,来保持高的经济效益。

表 14-1 产蛋鸡每只每天对蛋白质的需要量 (g)

用 途	饲养阶段		
	初产至 20 周龄	20~40 周龄	41 周龄后
维持生命	2.1	5.3	5.3
增 重	5.3	0	0
形成蛋	9.9	10.5	9.5
形成羽毛	0.7	0.2	0.2
合 计	18	16	15

引自《农业科技信息》专辑之四,52 页

鸡对蛋白质的需要,实质是对氨基酸的需要,必须以饲粮提供其所需的必需氨基酸。同时,饲粮的蛋白质水平应能满足机体合成非必需氨基酸对氮的需要。家禽最易感缺乏的是蛋氨酸、色氨酸、赖氨酸 3 种限制性氨基酸,由于羽毛生长和更新对含硫氨基酸需要量高,故蛋氨酸成为其第一限制性氨基酸。在配制饲粮时,采用饼类等多种蛋白质饲料有利于氨基酸的互补,动物性蛋白质饲料对鸡有良好的效果,但只要能使氨基酸平衡良好,添加的微量元素和维生素适当,完全以植物性蛋白质和合成氨基酸满足鸡的需要,也能获得理想的效果。饲粮中蛋白质过多也是有害的,不仅造成蛋白质浪费,提高饲粮成本,而且增加机体清除过量氮的能量消耗和肾与肝的负担；同时大量氮随粪便排出造成对环境的严重污染。蛋白质的有效性还受能量的影响，故保持蛋白质和能量在饲粮中的适宜比例（蛋能比）是十分重要的。配合饲粮是按照鸡的营养需要配制的全价平衡料，任意在其中添加豆饼或其他饲料会破坏营养平衡，有害无益。

3. 对矿物质的需要　家禽需要各种常量与微量矿物质元素，这些元素的生理作用及缺乏、过量时的后果，在第一章第六节中已有叙述。蛋用型鸡各生理阶段的矿物质需要量列入附录一。

（1）钙和磷　蛋用型鸡生产中，常发生钙、磷供应失衡（缺乏或过量），给生产和经济效益带来重大损失，养鸡生产者须对此高度关注。雏鸡须从饲粮中获得其骨骼生长及机体其他功能必需的钙和磷；但1～3周龄幼雏对过高的钙十分敏感，饲粮中钙过高会影响磷、锰、锌等元素的吸收；育雏育成期饲粮钙水平超过1.4%，会影响机体控制钙反馈抑制腺体或器官的发育，对产蛋期钙的生理调节不利。雏鸡和产蛋母鸡饲粮中钙过高（特别是粉状钙源），均会降低饲粮采食量，影响生长和产蛋率。为获得最高产蛋率，产蛋鸡饲粮钙水平应为2.25%，但3%以上才能获得质量良好的蛋壳，饲粮钙降低至0.5%左右可导致停产；但饲粮钙提高到4.5%～5%时，采食量减少，产蛋量下降。

蛋用型鸡不同生理阶段钙需要量差别甚大，幼雏、中雏、大雏饲粮钙水平分别是0.8%、0.7%、0.6%，而产蛋鸡为3.2%～3.5%；从育成期过渡到产蛋期也包括对钙需求转变的生理适应。小母鸡在产蛋前期（18周龄至产蛋率达5%），伴随着性成熟，长骨中髓质骨发育并在其中贮备钙；髓质骨是产蛋母鸡所特有的，其中所贮存的钙可供形成蛋壳时动用。为此，在产蛋前期就应逐渐将饲粮钙水平提高到2%，并继续提高到产蛋期的水平。产蛋母鸡形成蛋，特别是形成蛋壳需要大量的钙（每产蛋60g排出5g钙），处于钙代谢十分紧张的状况，需合理补钙。产蛋母鸡对钙的需要随产蛋率变化，当产蛋率为100%、90%、80%和70%时，每天每只鸡需钙量分别是4.6g、4.1g、3.7g和3.2g。一个蛋壳的形成需要约20h，主要在下午和夜间；但一般饲养制度下，鸡只能在从早晨饲喂开始的18h内从摄入的饲粮获得钙（为形成蛋壳需要的60%～75%），夜间形成蛋壳的6h中则靠动员髓质骨中贮存的钙。产蛋母鸡饲粮中的一部分钙以颗粒状（贝壳粒、石灰石粒等）供应，其在肌胃中可停留3d左右，能在24h内释放钙满足蛋壳形成的需要，提高蛋壳品质。钙的吸收与蛋壳形成有关。已测得在形成蛋壳时，小肠前段钙的吸收率为70%，后段为10%，不形成蛋壳时相应为36%和0%。非产蛋鸡整个小肠吸收率为23%或更低。

育雏期、育成期及产蛋期总磷的需要量分别是0.8%、0.7%和0.5%，各阶段间的变化不大。籽实类构成鸡饲粮的绝大部分，其中磷主要为植酸磷，而鸡对植酸磷的利用差，故应重视有效磷的需要量。育雏期、育成期及产蛋期饲粮的有效磷水平为0.4%、0.35%、0.3%。饲粮磷亦不能过高，特别是产蛋期饲粮中磷过多影响钙吸收，致使蛋壳品质下降，并且从粪便中排出较多的磷，增加对环境的污染。补充磷的饲料较紧缺、价格高，提高饲粮中磷水平还会加大饲料成本。

值得注意的是，钙、磷的补充饲料中钙、磷含量变化大，最好对每批原料进行分析，按其钙、磷的实测值确定添加量。石灰石粉有三种品位，即高品位石灰石含钙38%，中等者为33%～35%，含钙低于28%的白云石灰石。不仅钙含量低，且其生物学效价低，镁含量高，不宜作产蛋鸡饲粮的钙源。骨粉与磷酸氢钙中钙、磷的含量也因厂家或加工方法不同而有差异，如脱胶骨粉含钙、磷量高,而未脱胶骨粉则较低。

(2)钠和氯　钠和氯有重要的生理作用。缺钠时,雏鸡生长受阻,成活率低,血液浓稠,呈现神经症状;轻度缺钠可使母鸡增加采食量,产蛋量下降,鸡过肥;严重缺钠,采食量降低,产蛋量减少甚至停产。资料证明,缺乏食盐会使产蛋率损失 95%～100%,引起鸡换毛,尤其是玉米—豆粕型饲粮极度缺钠。鸡饲粮中含食盐 0.37% 左右即可满足钠和氯的需要,在饲喂鱼粉和肉骨粉时,应计入其中的食盐量。鸡对过量的钠敏感,饲粮中食盐超过 3%,雏鸡饮水中超过 0.5%,均会使其中毒、致死。产蛋母鸡饮水中食盐达到 1%,会使产蛋率下降。食盐过多,鸡饮水量增加,粪便变稀。一般养鸡户中,仅对食盐中毒关注较多,提醒大家也要加深对缺乏食盐危害性的认识。

(3)微量元素　鸡需要多种微量元素,但考虑其需要量和饲粮本身的含量,经常添加的有铁、铜、锌、锰、碘、硒、钴。雏鸡中出现滑腱症是由于缺锰,或因钙、磷过高影响锰吸收所致,还可能与生物素、维生素 B_{12} 等有关。母鸡饲粮缺锰蛋壳脆弱,缺乏铁、铜、锰时孵化率降低。鸡对锰的利用率低,故需要量高于家畜。养鸡生产中也有可能缺镁,缺镁时产蛋量下降。但微量元素添加量过多也不利,如铜、锌、硒等过多,对鸡生长、产蛋、孵化均有不良影响,严重时还会造成中毒。

4.对维生素的需要　几乎第一章所讲述的那些维生素均为鸡生理所需。与家畜相比,鸡容易表现维生素缺乏症,因其需要量高,而肠内微生物合成维生素量很少,加之鸡处于密集饲养的应激环境,进一步增加了对维生素的需要量。在用玉米—大豆粕型饲粮中,饲料中含有较多的维生素 B_1、维生素 B_6、生物素和叶酸,而其他维生素不足,必须添加,以保证其足够的饲粮水平。鸡的维生素推荐量见附录一。

实际养鸡生产中,必须合理保存与使用维生素添加剂。笔者曾遇到一鸡场因误用过期的维生素添加剂,而使鸡群患严重的痛风(严重缺乏维生素 A)等而导致产蛋量显著下降,死亡率升高的情况。在密闭饲养条件下,维生素 D_3 对产蛋母鸡尤为重要,缺乏时蛋壳变薄,产蛋量下降,蛋重也减轻,种蛋的孵化率降低。气温的增高或过低会增加鸡对维生素的需要,夏季补给维生素 C 有防应激和防止产软蛋的作用。

5.对水的需要　尽管鸡的饮水量低于哺乳类家畜,但仍是极为重要的营养素。鸡缺乏汗腺,水有助于通过肺和气囊进行蒸发散热。鸡缺水后,明显表现循环障碍,体温升高,代谢紊乱。若雏鸡孵出 48h 后才饮水,就会影响增重;若 10～12h 不给鸡饮水,采食量减少,增重达不到正常要求。产蛋母鸡断水 24h,产蛋率下降约 30%,需 20 多天才能恢复;48h 饮不上水,使部分鸡换羽或暂时停产。经常供给鸡充足的清洁饮水是十分重要的,对饮水管理疏漏还可能成为养鸡场的污染源。

水的消耗量是鸡群健康与否的重要标志,当鸡群发生疾病或处于应激期间,往往在采食量减少前 1～2d,饮水量先减少。饲粮中含盐量过高或其他原因引起鸡群中毒时,饮水量增加。因此,最好在鸡舍安装水表或记录每日耗水量。

二、蛋用型鸡的饲养标准与参考饲粮配方

(一)我国鸡的饲养标准

由于鸡是群饲,只能按其对营养物质的需要量和每日每只鸡的进食量来推算应配饲粮的

浓度。所以,鸡的饲养标准中,主要规定饲粮的能量、蛋白质、氨基酸、维生素和矿物质的浓度。现将我国 2004 年颁布的农业行业标准鸡饲养标准 NY/T 33—2004 列入附录一,供使用。该标准适用于轻型白来航鸡品系。其他鸡种的需要,可参考各品种或品系的饲养指南。

美国 NRC 家禽营养需要(1994)亦可供参考,需要时请查阅有关文献。

(二)蛋用型鸡的饲粮配制与参考饲粮配方

1. 蛋用型鸡的饲粮配制 鸡饲粮配制的方法同其他家畜(见第四章第十节)。鸡饲粮中饲料种类力求多样化;各类饲料大致比例为:谷实饲料(2～3 种)45％～75％,糠麸类 5％～15％,植物性蛋白质饲料 15％～25％,动物性蛋白质饲料 3％～7％,矿物质饲料 5％～7％,草粉 2％～5％,维生素和微量元素预混料 1％。表 14-2 列出鸡饲粮中各种饲料适宜用量范围,供参考。

表 14-2　各种饲料在鸡饲粮中的适宜用量与最高允许量

饲料种类	成年鸡		育成鸡	
	适宜量(%)	最高允许量(%)	适宜量(%)	最高允许量(%)
玉 米	40～50	70	30～40	60
燕 麦	20～30	40	15～20	30
去皮燕麦	40～50	60	30～40	50
小 麦	40～50	70	35～40	60
粟	20～25	40	15～20	30
稻 米	20～30	40	15～20	30
黑 麦	5～6	7	3～4	5
大 麦	30～40	50	15～20	40
豌 豆	10～15	25	7～10	15
大 豆	10～15	20	7～10	15
小麦麸	7～10	15	5～7	10
米 糠	3～5	7	3～5	7
花生饼	15～17	20	8～10	15
胡麻饼	5～6	8	2～3	4
向日葵饼	15～17	20	8～10	15
大豆饼(粕)	18～20	30	15～20	30
饲用酵母	5～7	10	3～5	7
血 粉	2～3	5	2～3	5
肉骨粉	5～7	10	5～7	10
羽毛粉	3～4	4	3～4	4
鱼 粉	5～7	10	5～7	10
动物性脂肪	3～4	7	2～3	5
骨 粉	2～3	5	1～2	2
贝壳粉	5～6	7	3～5	5
石灰石粉	5～6	7	3～5	5
去氟磷酸盐	2～3	3	1～2	2

2. 参考饲粮配方　蛋用鸡饲粮配方已大量见诸于各有关书籍与资料,此处除列出海兰褐壳蛋鸡参考饲料配方(表14-3)外,还给出按我国农业行业标准鸡饲养标准 NY/T 33－2004 设计的产蛋鸡饲粮配方一套(表14-4)。表14-3 所列配方系笔者及同事共同配制,并在兰州某鸡场多次使用,确证效果良好。在施行规范的饲养管理措施前提下,使用该套配方达到以下成绩:雏鸡和育成鸡体重达标,育成率96%,整齐度好;蛋鸡开产至高峰期(20～42 周龄)平均产蛋率为92.85%,最高98%,高峰期日只均耗料 115.79g,蛋料比 1∶2.12;全程日只均耗料 119.53g,蛋料比 1∶2.41。

表 14-3　海兰褐壳蛋鸡参考饲料配方

饲　料	配　比(%)			
	0～8 周龄	8～15 周龄	15～36 周龄	36 周龄以后
玉　米	64.70	73.30	63.10	61.30
鱼　粉	2.00	—	—	—
大豆粕	25.40	12.40	17.00	15.30
菜籽粕	2.50	4.00	4.00	4.10
胡麻粕	1.00	4.00	4.10	4.10
小麦麸	—	3.20	1.30	4.30
石灰石粉	0.50	—	7.40	7.80
磷酸氢钙	2.60	1.80	1.80	1.80
维生素与微量元素预混料	1.00	1.00	1.00	1.00
食　盐	0.30	0.30	0.30	0.30
合　计	100.00	100.00	100.00	100.00
营养水平(计算值)				
代谢能(Mcal/kg)	2.96	2.75	2.75	2.70
粗蛋白质(%)	18.54	15.01	15.89	15.51
钙(%)	1.03	1.00	3.30	3.41
有效磷(%)	0.45	0.39	0.39	0.39

注:1. 以上饲料原料的下述成分用实测值:鱼粉的粗蛋白质 38.95%,菜籽粕粗蛋白质 35.70%,大豆粕粗蛋白质 44.66%,胡麻粕粗蛋白质 31.50%;石灰石粉含钙 37.00%,磷酸氢钙含钙、磷为 22.53%和 16.18%
　　2. 维生素与微量元素预混料系天津正大饲料集团生产的料精

表 14-4　参考 NY/T 33－2004 设计的产蛋鸡饲粮配方

饲　料	0～8 周龄	9～18 周龄	19 周龄至开产	开产至高峰(>85%)	高峰后(<85%)
玉米,一级	65.74	—	66.15	66.14	67.40
玉米,二级	—	70.36	—	—	—
小麦麸,一级	4.00	—	2.00	—	—
小麦麸,二级	—	4.00	—	—	—
大豆粕,一级	20.00	—	—	17.00	15.50

续表 14-4

饲　料	0～8周龄	9～18周龄	19周龄至开产	开产至高峰(＞85％)	高峰后(＜85％)
大豆粕,二级	—	14.00	16.50	—	—
菜籽粕,二级	4.00	4.00	4.00	4.00	4.00
棉籽粕,二级	—	4.00	4.00	2.00	2.00
鱼粉,62.5％	2.50	—	—	—	—
玉米蛋白粉,63.5％	—	—	0.50	—	—
磷酸氢钙	1.00	1.10	1.00	1.00	1.00
石灰石粉	1.30	1.20	4.50	8.50	8.80
L-赖氨酸盐酸盐	0.08	—	—	—	—
DL-蛋氨酸	0.08	0.04	0.05	0.06	—
预混料	1.00	1.00	1.00	1.00	1.00
食　盐	0.30	0.30	0.30	0.30	0.30
合　计	100.00	100.00	100.00	100.00	100.00
营养水平					
代谢能(MJ/kg)	11.83	11.78	11.45	11.15	11.16
粗蛋白质,％	19.16	15.52	16.96	16.42	15.55
赖氨酸,％	0.99	0.68	0.74	0.74	0.69
蛋氨酸＋胱氨酸,％	0.75	0.55	0.63	0.63	0.56
色氨酸,％	0.24	0.18	0.20	·0.20	0.18
钙,％	0.91	0.79	1.94	3.39	3.49
有效磷,％	0.40	0.32	0.31	0.31	0.31

三、雏鸡的饲养管理技术

　　雏鸡的生理特点是:体温调节不完善,生长发育迅速,代谢旺盛,胃容积小,消化力弱,抗病力差,群居力强。故育雏期必须供温,采用优厚的饲养和精心管理。育雏和育成期是养鸡的关键时期,因为产蛋母鸡的最佳生产力,取决于幼雏生长初期的良好发育。

(一)必备的育雏条件

　　1. 温度适宜　初生雏的体温是 39.41℃～39.62℃,比成鸡约低 1.96℃。开食后体温逐渐上升,如洛岛红雏鸡 1 日龄体温为 39.62℃,到 4 日龄上升为 40.95℃,10 日龄已接近成鸡体温(41.10℃)。3 周龄左右体温调节功能趋于完善,7～8 周龄已具有适应外界温度变化的能力。

　　育雏温度是育雏成败的关键。温度与雏鸡的体温调节、运动、生长发育、抗病力、采食和饲料利用率等均有密切关系。当室内温度降至 14℃时，初生雏体温降至 20℃，引起死亡。育雏温度的标准，因品种、育雏方式、季节和营养水平不同而有差异。1 日龄雏鸡的适中温度(等热区)是 35℃，也就是说，雏鸡在此温度条件下，其正常代谢所产生的热量恰好同它所散发的热量平衡，使雏鸡感到不冷不热，消耗饲料也少。1 日龄育雏伞温度应为 35℃或 33℃，2～7 日龄为 33℃～32℃，以后每周下降 2℃～3℃。育雏舍内室温不低于 24℃，至 6 周龄降至 21℃～18℃。

采用地面平养、高床网上或网上加保姆伞的育雏方式较好，因为育雏舍内有高、中、低的温度，便于雏鸡选择适合自己的温度区活动，也有利于空气交换和增加雏鸡的抗寒能力。掌握育雏温度的原则是：高低适宜，平衡均匀，防止忽高忽低，否则易引起雏鸡感冒或诱发其他疾病。雏鸡感冒或患有其他病时，多表现为不饮水、不采食，有时死亡率也比较高。据报道，将两组人工感染中等剂量白痢杆菌的洛岛红雏鸡(4 周龄)，分别饲养在 32℃和 28℃条件下，结果高温组雏鸡的发病率和死亡率均大大低于低温组。斯科尔斯和赫特(Scholes and Hutt，1942)早已证实，白来航鸡出壳后 1 周的体温高于洛岛红鸡，故其对白痢杆菌具有较好的抵抗力。疾病可以影响机体的新陈代谢，从而扰乱体温的调节。赫里克(Herrick，1950)曾发现，感染球虫病的鸡比健康鸡抗寒力低。雏鸡在饥饿、厌烦和不活动时，其体温也下降。以上例证均说明育雏温度至关重要，不容忽视。育雏期一般应供温 4～6 周。

应经常观察记录育雏舍的温度。在育雏舍悬挂温度计的高度，应比鸡的背部高 5cm。温度计并不是测定雏鸡是否感到舒适的最好工具。雏鸡本身的状态、姿势才是它们自己舒适与否的标志。温度适宜时，雏鸡均匀地散睡在热源周围，伸着脖子、伸着腿躺着，表现很舒展的甜睡样；温度低时，雏鸡挤成一团，紧靠热源，而温度过低时还会发出"叽叽"叫声并挤堆；过高时则展开翅膀，张口喘气，远离热源，并频频饮水。

2. 湿度适中 空气中湿度大小对雏鸡体热的散发、水分的蒸发、羽毛生长、健康状况均有影响。正常情况下，从开始出雏到出雏结束，前后相差 18～24h。若因其他原因，如雏鸡转运到育雏舍时间过迟，又不能及时饮到水，育雏舍温度过高，会加大雏鸡因脱水而死亡的数量和速度，很不利于它们的生长和发育。据观察，雏鸡转运到育雏舍至开食，其体重比刚出壳时约减轻 15%，严重时可减轻 30%。脱水死亡的雏鸡，脚趾干瘪、体重轻是典型特征。

湿度过低时，雏鸡皮肤干燥，不利于绒毛脱换和羽毛生长。雏鸡的羽毛生长特别快，3 周龄时占体重的 4%，4 周龄上升为 7%。羽毛生长良好更有利于雏鸡保温抗寒。湿度过低，舍内尘埃飞扬，刺激雏鸡的呼吸道黏膜，易诱发呼吸道疾病；湿度过高，舍内空气污浊，有害气体含量增加；当温度高、湿度低时，雏鸡饮水量增加，食欲欠佳，消化不良，生长发育受阻。

鸡对湿度的耐受范围较大，不像对温度要求那样严格，但 1 周龄内的湿度很重要，必须采用人工增湿才能满足雏鸡的生理需要。加湿的办法很多，如在暖气片上挂湿麻袋、向网下洒水(1～3 日龄)；在水中加消毒剂进行喷雾(1～3 日龄)，既增加了湿度，又进行了消毒。注意消毒剂要选择得当。1～3 日龄舍内相对湿度约为 75%，4～7 日龄为 70%，以后维持在 55%～60%，不低于 40%。建议湿度低的干旱地区在育雏舍内加塑料棚，既提高了舍内湿度和温度，又节省了能源。笔者曾多次采用此措施，效果不错。

3. 空气新鲜 鸡的呼吸器官除肺和呼吸道外，还有肺的衍生物——气囊，它是家禽的特殊器官。它可作为空气贮存器，加强肺的气体交换，气体可以进入某些骨骼中。从颈部、胸部至腹部均有气囊与机体相连。雏鸡每分钟每 kg 体重需要的空气量是 0.5L，比家畜高 3 倍。

雏鸡的需氧量和二氧化碳排出量也较成鸡高。由于呼吸器官结构上的特征,家禽气体交换效率较高,通风不良,常常诱发呼吸系统疾病,其危害性远比对家畜严重。

通风换气的作用,一是提供氧气,二是排除舍内有害气体和羽毛屑(马立克氏病的重要传染源)。现代化养鸡场多采用全进全出制,待鸡转出后才清粪。鸡粪中约有25%为鸡不能利用的物质,分解后会产生大量有害气体。10日龄后,雏鸡采食量、饮水量和排粪量逐渐增加,舍内温度相应升高。雏鸡在夏季达1周龄后,冬季10日龄或2周龄后,要进行自然通风和间歇性通风,逐步过渡到连续性通风。通风的方式有机械强制性通风和自然通风。通风的方式、次数、时间视舍内温度高低、湿度大小和有害气体浓度而定。舍内二氧化碳浓度不应超过0.5%,氨的浓度不应超过20mg/L。鸡的通风换气量与体重有关,最大和最小换气量分别是7.8m³/kg·h和1.98m³/kg·h。

饲养员操作的认真程度,对掌握好通风这一环节很重要。要特别注意,通风时不能使育雏舍内温度下降过快,低于育雏温度则关机,高于此温度则开机通风。除观察温度计外,还应看雏鸡的表现,因为每批雏鸡的健康状况和抗寒能力是有差异的。通风时,可能温度略低于预定值时,雏鸡仍表现正常,无挤堆现象;也可能温度并不低,但雏鸡有挤堆现象,应立即停止通风。

4. 光照适度 育雏和育成期光照时间的多少,对鸡的性成熟和其后的产蛋性能均有影响。这里强调的光照要适度,系指光照时数和光照强度不能超过该阶段生理和生长发育的最佳需要。1～3日龄光照时数为24h,强度10～30lx,以使雏鸡熟悉周围环境,缩短学会饮水和采食的时间。从4日龄开始,逐渐由24h降至10～8h,强度逐步降至5lx。光照管理原则是:育雏和育成期光照时数只能缩短,不能延长,强度只能降低。

5. 密度合理 密度是指每m²面积所饲养的鸡数。密度小,育雏效果好,但不经济。密度过大,鸡群拥挤,采食不均,弱者少食,强者多食,结果是前者体重轻,后者体重超标。雏鸡生长发育不良,整齐度差,啄癖发生率高,还易感染疾病,育雏成活率不高。

饲养密度应随品种、饲养方式、日龄和通风等相应调整。蛋用型鸡0～20周龄的饲养密度见表14-5。

表14-5 蛋用型鸡育成期饲养密度 (只/m²)

地 面 平 养		网 上 平 养		立 体 笼 养	
周 龄	只 数	周 龄	只 数	周 龄	只 数
0～6	13～15	0～6	13～15	1～2	60
7～12	10	7～18	8～10	3～4	40
12～20	8～9			5～7	34
				8～11	24
				12～20	14

6. 槽位足够 槽位指每只鸡所占有的饲槽或饮水槽的长度。槽位不足对鸡群的危害性与密度过大相似,甚至对雏鸡的增重和整齐度影响更大。在实际生产中可以看到,有的鸡场免疫接种规范,饲粮营养平衡,但雏鸡生长发育不良,体重大小参差不齐,鸡群发病率和死亡率均高。究其主要原因就是密度过大,槽位不够,卫生状况差,育雏温度掌握得不好。温度偏低或温度忽高忽低,可诱发感冒或呼吸系统其他疾病。如某鸡场由于上述原因,有时雏鸡发病率高

达 70%,死亡率约 30%,育成鸡质量低下。

蛋用型鸡每只需食槽长度为:1～4 周龄 2.5cm,5～10 周龄 5cm,11～20 周龄 7.5～10cm。饮水槽长度为 1～2.5cm。用真空饮水器(1～3L,直径 160～220mm),每个可供 70～100 只雏鸡饮用。也可用普拉松饮水器。

(二)育雏前的准备

1. 雏鸡的培育计划 制订培育计划时,应按成年母鸡舍能容纳的母鸡数,来确定育雏时间、次数和每批应进母雏的数量。育雏设施与鸡场其他设施要配套,以确保鸡群正常周转。防止频繁育雏和每批育雏之间的间隔时间过短等弊端,否则育雏舍将成为疾病滋生的温床。

育雏次数=1年内饲养母鸡数÷1次育雏的能力。如某鸡场成鸡舍1年饲养量为2万只,育雏舍每批的育雏能力为5000只,则该鸡场每年应育雏4批。育雏数量的多少主要根据当年应补充或扩群的育成母鸡数,同时参照本场历年的育雏成绩来推算。一般雏鸡20周龄育成率为91%～93%,合格率为90%。仍以上述鸡场为例,育雏开始应饲养的母雏数为:预计成年母鸡数÷20周龄育成率÷合格率÷育雏次数,则20 000÷91%÷90%÷4=6 105只(每批应进母雏数)。

育雏季节与鸡的健康、生长发育、性成熟、产蛋持续性密切相关。密闭饲养受季节影响较小,开放式鸡舍则因育雏季节的不同,其育雏效果和成年后的产蛋时间有很大差别,见表14-6。1年只育雏1批的养鸡户,以养春雏最为有利。

表 14-6 育雏季节与性成熟和产蛋时间的关系

育雏月份	开产月份	大量换羽月份	实际产蛋月数
3	当年 8 月	翌年 8 月	12
6	当年 11 月	翌年 11 月	10
9	翌年 2 月	翌年 10 月	8
1	当年 6 月	当年 10 月	5～6

2. 彻底消毒 家禽的许多病毒性疾病可用接种疫苗来预防,而目前对家禽危害最大的还是细菌性疾病。因此在消毒时,要针对各自鸡场的常发病和周围已发生的疫情,选用消毒方法和消毒剂。进雏前必须对育雏设施、用具、垫料等进行消毒。首先要彻底清扫、反复冲洗,将用具置太阳下暴晒及墙壁用石灰乳粉刷等。据测定,用这些物理方法可达到约70%的消毒效果。若选用几种消毒剂进行喷雾消毒时,必须等前一种药液干燥后,再用第二种药物进行消毒。熏蒸消毒则在室温高、湿度大的条件下进行效果才好;卫生间隔期应封闭育雏舍,待进雏前才打开。反复多次消毒,是成功育雏的开始。这样做只是多投入了一些劳力和药品,有百利而无一害。

(三)初生雏的老化、选择与运输

1. 初生雏的老化 从出雏器拣出的雏鸡,绒毛尚未全干,腹部柔软,不能站立。应装入雏鸡盛放箱中休息 2～4h,此过程称为初生雏的老化。雏鸡在孵化厅的待运室老化,室内适宜的温度为 28℃,相对湿度为 70% 以上。

2. 雏鸡的选择　　在生产中,常有雏鸡症状不明显的早死情况发生,在很大程度上是因未对初生雏选择(见母雏就留)或选择不严格造成的。7日龄前死亡的雏鸡,多数属于弱雏和残雏,如腹泻、脐部发硬、上下喙交错、瞎眼等病症的个体。有这些病症的雏鸡,本应在检雏、性别鉴定、装箱时淘汰,但在管理不严的孵化场一般很难做到。故育雏的第一关,就是要把那些由不健康种蛋孵出的或在孵化过程中已感染的雏鸡严格淘汰。重点是将体质弱、体重轻、绒毛干枯或粘有蛋壳皮、脐部有炎症、脐部发紫或发绿、肛门有白色粪便、发育畸形或有维生素缺乏症者,坚决淘汰并火化。

3. 雏鸡的运输　　经过性别鉴定的母雏,在接种马立克氏疫苗后,应装入专用的雏鸡运输箱内待运。所有运输用具均应严格消毒,运输途中防止过热过冷,并勤检查,车速不能过快,以减少损伤。

(四)雏鸡的标准化饲养

1. 接雏与消毒　　在进雏前3~5d,打开育雏舍,强制通风排除熏蒸消毒后的残留气体,并提前供暖使育雏舍温度达到24℃。保姆伞温度调控在33℃~32℃。当雏鸡入舍后,由于它们散发一定的热量,舍温和伞温均会随之升高。应采用人工增湿的方法来提高舍内湿度。在对育雏区周围环境再次消毒后,应对饲养员进行封闭,整个育雏期执行隔离饲养。

进雏当天,应向饮水器加满凉开水或含有保健药品的饮水。雏鸡运到时,应在育雏区外对车辆消毒后方可让其驶入。将雏鸡运输箱搬入育雏舍,先对运输箱进行消毒;然后打开箱盖,待鸡稍做休息后,选用适合的消毒液对雏鸡进行喷雾消毒。将鸡放入保姆伞下,每个保姆伞收容的雏鸡数最好相同。放鸡过程还可淘汰弱、残雏。淘汰工作应贯穿在整个养鸡过程中,发现并及时淘汰有问题的雏鸡,对防病非常重要。将用过的雏鸡运输箱烧掉,防止重复使用。

2. 饮水与驱赶　　雏鸡由温度和湿度都高的孵化室,转入温度相对较低的育雏舍,体内水分已损失不少,故在开食前应尽量让雏鸡学会饮水。初次饮水中应按每升加入50g葡萄糖和1g维生素C,这有助于雏鸡尽快恢复体力和减少早期因脱水而发生死亡。应将饮水器均匀地放在保姆伞周围。要注意饮水卫生,每天清洁消毒饮水器。开始供水后不能断水,若断水时间过长,再供水时容易引起雏鸡暴饮,即一次饮水过多,能引起雏鸡突然死亡。有资料将这种异常症状叫暴饮综合征或称醉水综合征。

刚孵出的雏鸡两腿疲软,一些弱雏则昏睡,在此期间就是怕它们躺下不动,故在开食前供水的4~6h中,要人为驱赶雏鸡奔跑,方法是赶赶停停。要使雏鸡尽快度过腿疲软期,能站立行走自如,以适应新的环境,熟悉饮水的位置,增加饥饿感,增进食欲,并锻炼其耐受能力。经过驱赶训练的雏鸡,显得健壮有力,特别是加快了饮水的次数和速度,使一些昏睡的雏鸡度过了脑昏迷期,减少了弱雏因低血糖和缺水而早期死亡的数量。进行驱赶运动使雏鸡学会采食的时间明显缩短,且采食整齐,这对日后增重和提高体重整齐度是很有利的。

3. 适时开食　　给雏鸡第一次喂食称开食。开食过早或过晚都不好。刚出壳雏鸡肌胃内壁柔软,含水分多,消化功能不健全。直到孵出36h后,整个肌胃紧缩,消化能力即会逐渐增强。实际上,从出壳到育雏舍一般已超过36h。所以,在饮水补充水分和驱赶运动4~6h后,大约在孵出48h后就可以开食。开食可用食盘或将饲料撒在塑料布上,最初几次投料时,必须人工诱导雏鸡采食。方法是用手指敲击食料盘或别的器皿,发出短而急促的响声,雏鸡对此较敏感,它们会奔向声响处、啄食。反复多次,一听见类似的声响,雏鸡便蜂拥奔向投料处,这样做可以缩短学会采食的时间和提高采食整齐度。

　　开食最初1周内，尤其前3d，投料时总有少数雏鸡仍呆在保姆伞下，一定要将这些雏鸡赶至喂饲料处。可拍打保姆伞或用别的办法将其赶出，认真做好诱导采食工作。由于雏鸡偏好黄色、圆形饲料，为便于雏鸡学会采食，可作如下的安排：第一、第二和第三顿喂料时，全价饲料和小米的比例依次是70∶30、80∶20和90∶10，第四顿过渡到完全用配合饲料。生产实践表明，这样做的好处多。若用碎玉米粒取代小米时，一定要粒度小、均匀度好，过大的碎玉米粒经消化液浸润后发胀，易造成消化道堵塞。曾有这样的事例发生，补救的办法是停食1～2顿。有的养鸡户爱用煮熟的小米或开水浸泡过的小米喂雏鸡，这种做法不够科学。一是不利于锻炼胃的功能；二是水分过多，雏鸡进食的干物质量相对减少，会影响早期增重。所以，从开食起就要用干粉料，还要严格控制饲粮的含水量，即便是在饲粮中拌药时也应注意。

　　4. 饲喂与投料　任何动物，它们的营养需要和进食量都有一定的范围，没有准确的数量，就谈不到高质量的饲喂。饲养者应树立量的观念，对任何年龄段的鸡，每日的饲喂量都是要控制的；掌握好饲喂量和提高投料技术，是养好鸡、降低饲料消耗的诀窍之一。要一算、二看、三检查、四无剩料。一算就是按雏鸡日龄和鸡数，算出每天应供给的饲喂量，再按每天饲喂次数进行投料。白壳和褐壳蛋系0～20周龄的饲料量见表14-7。从表中可以看出，饲喂量随日龄而增加，但每日增幅不大于1～2g。影响采食量的因素很多，如饲粮的营养浓度、鸡的品种、体重、环境温度、饲粮含水量、适口性及雏鸡的食欲等；二看是指喂料时，饲养员要注意观察雏鸡的采食情况和速度；三是检查小鸡嗉囊；四是看饲槽中有无剩料。如投料后，雏鸡抢食，很快把料吃光，嗉囊中存料不多，饲槽中又无剩料，说明投料量不够，应酌情增加投料量；反之，则饲喂量过大，下一顿应酌情减少。

表14-7　0～20周龄白壳、褐壳蛋系雏鸡体重与饲料量

周　龄	白壳蛋系			褐壳蛋系		
	体重（g）	日饲料量（g/只）	累计料量（kg/只）	体重（g）	日饲料量（g/只）	累计料量（kg/只）
1	65	12.0	0.08	70	14.0	0.10
2	110	16.0	0.19	115	20.0	0.24
3	180	21.0	0.34	190	25.0	0.41
4	250	27.0	0.53	260	29.0	0.62
5	320	31.0	0.75	360	33.0	0.85
6	400	35.0	0.99	480	37.0	1.11
7	500	39.0	1.27	590	41.0	1.39
8	580	44.0	1.58	690	46.0	1.72
9	680	48.0	1.91	790	51.0	2.07
10	770	51.0	2.27	890	56.0	2.46
11	870	53.0	2.64	990	61.0	2.89
12	950	55.0	3.02	1080	66.0	3.35
13	1000	57.0	3.42	1160	70.0	3.84
14	1050	59.0	3.84	1250	73.0	4.35

续表 14-7

周　龄	白壳蛋系			褐壳蛋系		
	体重 (g)	日饲料量 (g/只)	累计料量 (kg/只)	体重 (g)	日饲料量 (g/只)	累计料量 (kg/只)
15	1100	61.0	4.26	1340	75.0	4.88
16	1140	63.0	4.70	1410	77.0	5.42
17	1190	65.0	5.16	1480	79.0	5.79
18	1240	67.0	5.63	1540	82.0	6.55
19	1290	69.0	6.11	1600	84.0	7.13
20	1340	72.0	6.62	1650	86.0	7.73

0~6 周龄，由每日饲喂 6 次，逐渐降为 4~3 次。最好按雏鸡日龄和日饲料量，把 1d 的饲料量称出来，按饲喂次数等分为若干份。每次投料时用 1 份，这 1 份也要分几次撒在食料盘或塑料布上。多次投料可刺激雏鸡食欲，让它们意识到不赶快采食就会吃不饱肚子。在饲养中保持鸡的食欲非常重要，要坚持勤添少喂，饲槽中无剩料。投料时要求布料均匀，速度快。就是要让鸡吃好、吃饱，但又不过饱。这样雏鸡不仅生长发育好，而且消耗饲料也少。雏鸡的食欲不可能每一顿都一样，一般来说，早上开灯后、晚上关灯前的食欲较好。因此，饲养员在投料时，就应根据情况，酌情增加或减少投料量，做到槽中无剩料。一旦有剩余料，尤其是剩余料过多，就会影响鸡的食欲，出现挑食，造成雏鸡营养不平衡和饲料浪费。有剩余料时，可少喂 1 次，若这样做剩料仍是吃不光，解决的办法是把剩料全部收回，将饲喂时间推后，问题就迎刃而解。方法说来简单，但确有实效。

(五)雏鸡的习性与精心管理

育雏期是鸡的一生中最重要的阶段，而 2 周龄内更是育雏的关键时期。此时在饲养管理上的任何失误和疏忽所造成的后果，将是难以补偿的。管理的重点是：

1. 防止腹部受凉　育雏开始 1 周内，最好在保姆伞下铺上消过毒的耐用纸，防止雏鸡腹部受凉，这样对于减少腹泻或诱发其他疾病、减少早期雏鸡死亡的数量都有益处。2~3d 换 1 次垫纸，将用过的纸烧掉。

2. 防重于治　严格执行防重于治的原则，应按程序做好免疫工作，尽可能防止或减少雏鸡感染疾病。对细菌病，应结合鸡场具体情况，选择有效的预防药物。施药时，剂量要准确，防止中毒。每周应带鸡消毒 1 次。

3. 剩余卵黄营养　刚孵出的雏鸡体内有在胚胎期未利用完的卵黄约 6g。卵黄囊柄与肠相通，剩余卵黄仍可继续被雏鸡利用，大约在 6 日龄被吸收完。它是雏鸡运输和开食前的营养物质来源，且雏鸡可从中获得抗体，帮助其抵抗疾病，直到建立了自己的免疫力。影响雏鸡从卵黄囊内容物中获得抗体的因素：一是在从孵化器检雏、性别鉴定和选择时，若用力过度以及将雏鸡抛入雏鸡箱时，卵黄囊会受损或破裂；二是管理不善所造成的应激，可使卵黄囊周围的血管收缩，从而妨碍雏鸡对卵黄物质的吸收。凡是卵黄囊中营养物质没有被吸收、并残留腹腔中的雏鸡，生命力均弱。所以，应尽量减少应激，确保雏鸡正常的生长发育。

4. **雏鸡的印象期**　刚孵出的小鸡有一个短暂的印象期,最初产生的印象能较长久地"铭记",故应将育雏和育成期所要使用的饲喂用具等,均放入育雏舍,让其熟悉,以减少应激。

5. **采食选择性**　雏鸡出壳1周内,采食没有选择性,既采食营养性的物质,也采食非营养性的物质;随着日龄增大,选择性也在增加,料槽中有剩料时选择性更强。因此,应注意饲料卫生,防止饲料过剩和酸败变质。

6. **饲粮和饮水卫生**　鸡虽有嗅觉,但区别臭味能力相对较差。刚孵出不久的雏鸡,常啄食同伴刚排出的粪便。散养的鸡在粪堆、垃圾堆中啄食、扒食的行为随处可见,这也是鸡的一种习性。开食后最初几天,饲料是撒在食料盘或塑料布上,很容易粘上粪便,所以应注意饲粮和饮水卫生,每天应清洗和消毒饮水器与饲料用具。

7. **重视夜间管理**　在人工育雏时,缺乏母鸡诱导的吸引力。雏鸡远离保姆伞后,有部分鸡挤在一起,散落在育雏舍的各处。要加强夜间管理,关灯后,应把离群的鸡捉回放在保姆伞下或热源处,不然雏鸡会因感冒影响生长发育。

8. **强化日常管理**　管理包括温度、湿度、光照、通风等一系列育雏条件的具体施行过程。对其中每一个环节都要做得很到位,并认真做好记录工作。荷兰尤里布里得公司,通过200万只鸡的统计发现:越是早期的发育状况,越能决定蛋鸡的产蛋性能。5周龄左右雏鸡有一个短暂的高度生长期,在此时期生长不可受到抑制。在育雏最初几周内,饲养管理得当,其器官就能充分生长发育,功能较好。因此,从育雏开始应每2周称重1次,每次称50~100只。体重是健康的标志,根据称重结果,可发现问题,调整饲管措施。

9. **勤于观察**　加强观察,及时淘汰弱雏和病雏。开食后1~2周,是最易辨别的时间。应淘汰有以下表现的雏鸡:开灯后或投料时,凡呆卧或站在保姆伞下,或呆站鸡群中不去采食者;远离鸡群,缩着脖子,两翅下垂,嗉囊中无食或充气或水囊,腹泻者;看不出症状,但体重特轻,脚爪干瘪者均应淘汰。投料是最好的观察时间,应每天、每次饲喂时坚持观察,将有隐患的雏鸡及时剔除,这对减少发病率十分重要。要将淘汰的鸡放入置于育雏舍外的专门收集箱中,由专人负责将雏鸡烧掉;收集箱使用后要严格消毒。实践证明,有的鸡场发病率高,往往与鸡场废物处理不当、消毒不严有关。

10. **更换饲粮**　当6周龄体重达不到该品种要求标准时,应继续饲喂育雏饲粮,绝不能机械地按周龄更换饲粮。凡没有定期称重的养鸡户,在6周龄或更换饲粮前必须称重,并在与标准体重比较后,方可决定是否调整饲粮营养浓度。

(六)啄癖的预防

啄癖是鸡群对环境不适引起的反常行为。有的行为是在成长中通过学习形成的。当其需要不能满足或行动受挫时就会产生不愉快的情绪,这种情绪的外部反应常表现为异常行为,如啄肛、啄尾、啄趾、啄羽、食血、啄蛋等恶习,通称为啄癖。鸡是群居动物,牠们通过鸣叫和行为互相传递信息。在鸡群中经过啄斗较量而自然形成的顺序叫啄斗顺序(群序)。强者即顺序在前,可优先饮水、采食和配种等;弱者依次排后。鸡群建立啄斗顺序的时间从1周龄开始,到11~12周龄结束,3~5周龄为高峰期。鸡群中这种等级关系,一旦建立可一直保持下去。这种结构能促进个体间友好相处,并有利于雏鸡正常生长发育和蛋鸡的高产。为建立群序,啄斗是难以避免的。对已建立起来的群序的任何干扰和破坏,都会诱发啄斗加剧。诱发啄癖的因素及预防措施有:

1. 营养因素 饲粮中蛋白质不足或氨基酸不平衡；矿物质缺乏，尤其缺钙或钙磷比例不当，食盐不足；饲粮能量高而粗纤维含量低等。这些都是营养性因素诱发啄癖的重要方面。要尽量按营养标准配制饲粮。

2. 管理因素 诸如光照时间过长和强度过高，或光色不适宜，湿度过小或过大，通风不良，密度过大，槽位不够等。这些因素不但诱发啄癖，还容易引起产蛋鸡脱肛。育雏育成期光照强度不宜超过 5lx。利用自然光照的高密度鸡群，1d 内从 8 时开始啄斗，中午发生最多。开放式笼养鸡舍，靠窗户的笼位中发生啄斗的现象较多，这都与光照过强有关。鸡的眼睛对光色的吸收强度和光波反应不一样，对颜色有偏好的倾向。在红色、绿色光下啄癖发生率几乎为零；在橙黄色和透明光下（白炽灯）分别是 52% 和 13%。开放式鸡舍窗户贴上红纸或红布，可防止啄癖发生和降低其危害程度。

家禽可以根据鸡冠、肉垂和羽毛颜色等第二性征互相识别。1 只雏鸡可识别 50 只同类，这就是鸡群小、啄斗少、生产性能高的原因之一。因此，不要随意合群，不能将少数鸡往大群中放。笼养最忌并笼，也不宜经常更换饲养人员。

3. 生理因素 雏鸡在 4 周龄时绒羽换为幼羽，11 周龄性器官发育逐渐加强，18 周龄时全身换为青年羽，毛芽长出时皮肤发痒。湿度过低，皮肤干燥，不利羽毛生长。19 周龄时第二性征形成加快，21 周龄时临近开产，这些生理上的变化使鸡精神亢奋、敏感。故应保持养鸡的一切条件相对稳定，操作有序，以减少应激。

4. 疾病原因 由于寄生虫病、炎症和泄殖腔脱出等，引起鸡精神不好，身体不适，皮肤发痒，鸡自己鹐啄。鹐啄和啄斗是有区别的，啄斗是同类间的斗争，有时是玩耍；而鹐啄是相残或自残，常常造成外伤、流血。禽类有食血的习性，见血见红就追逐啄食。在几只鸡的围鹐下，有时几秒种就可把被害鸡的腹部啄开，将内脏拉出来。这种情况，尤其是在开放式饲养时，中午下班后若无人照料时更易发生。

另外，断喙可以降低、防止啄癖所造成的伤害，对减少饲料浪费也有作用，一般在 6 周龄进行。断喙不当也有负面影响，如影响增重、推迟性成熟等。断喙应由经过专门训练的熟练技工来操作。笔者对一个商品蛋鸡场连续 10 年的统计表明，只要进行标准化饲养管理，不断喙也可以；该鸡场育雏育成期鸡群几乎没有发生过有伤害性的啄斗，就是一个很好的例证。

四、育成鸡的标准化饲养

（一）育成鸡的培育

1. 育成鸡生理特点 20 周龄育成鸡羽毛已经脱换 5 次，长出成羽，体温调节功能健全，适应能力增强，该阶段是鸡群一生中死亡率最低的时期。整体生长仍迅速，各器官生长发育逐渐健全；消化系统迅速生长，消化能力增强，采食量增大。育成期是长骨骼、长肌肉最多的时期。如 6 周龄雏鸡的胫骨长度和体重分别约为 20 周龄的 61% 和 24%，到 10 周龄已分别增至 82% 和 47% 左右。机体脂肪随日龄增长逐渐积累。育成中、后期生殖系统发育加快，少数鸡已性成熟。此阶段饲养管理不当，易致早熟或推迟开产，有的母雏过肥。

2. 高产鸡群的要求 育成鸡的主要培育目标是：体重与胫骨同步增长，体重增加与开产日龄同期，即体重达标时，育成母鸡也同时开产，二者同期化程度越高越理想。要达到上述目标是不容易的,因影响因素太多。研究已证实,体重受孵化季节的影响,5月份孵化的雏鸡18周龄体重最轻,11月份孵出的雏鸡同期体重最大,两者相差约100g。这是因为前者育成期处于高温应激期等因素所致。断喙与不断喙的雏鸡,6周龄体重增长相差约20%,不断喙的雏鸡增重快。在生产中,往往可以看到育雏期前几周体重达不到标准,到育成期要赶上是有困难的,即使赶上也不是高产母鸡。

鸡的胫骨生长与体格相关,有的鸡群体格小易出现过肥(脂肪鸡),有的骨架大而体重相对较轻,肥度不够,这都是没有同步增长的结果。良好的育成母鸡群,应该是体质健壮,发育整齐,体重达标,按时开产。18周龄转群时,白壳蛋系母鸡体重应达1280g,褐壳蛋系母鸡体重应达1500g。育成期满白壳和褐壳母鸡体重应分别达1550g和1750g。

3. 体重与定期称重　体重大小与开产日龄、蛋重、饲料转化率和死亡率等有关。体重是鸡健康与否的标志,体重增长是否达标和均匀度(整齐度)好坏,是衡量鸡群品质的数量和质量指标,也是衡量饲养管理水平的标志之一。均匀度更具意义,例如有一鸡群体重达标而均匀度很差,而另一鸡群体重没有完全达标但均匀度好,个体间差异小,显然后者更易用饲养管理等措施来促其生长发育。均匀度多用鸡群平均体重±10%范围内鸡只所占百分比来表示。另一种方法是用平均数±标准差或转换为变异系数来表示。两种表示鸡群整齐度方法之间的换算关系如表14-8。

表 14-8　整齐度表示方法的换算

变异系数(%)	5	6	7	8	9	10	11
进入平均值10%范围内个体的比例(%)	96	90	85	79	73	68	64

越来越多的养鸡实践者和研究者重视鸡的骨骼发育,认为这应是衡量鸡生长发育的重要指标,甚至比体重更重要。迪卡褐壳母鸡1、6、10和18周龄的胫骨长分别为33mm、65mm、87mm和105mm。实际上到10周龄时,骨骼发育已接近完成。有人建议从4周龄开始,每1周对有代表性的样本跖骨长度进行测量,以掌握鸡群骨骼发育状况,这对育种群或种鸡更有必要。

应定期称重。称重以及称重后,对资料统计分析,提出进一步改善鸡群质量的措施,是养鸡技术和管理者的一项重要工作。在育成期内,最好每周或每2周称重1次,产蛋期每月1次。定期称重对种鸡尤为重要。称重应注意的要点是:多点取样,样本要具有代表性;每次至少称50～100只;使用精确度为10g的秤;每次称重开始的时间应固定;要对称重资料进行统计分析。如果变异系数为7%,说明有85%的个体在平均值±10%的范围内,可以认为该鸡群整齐度良好。

(二)育成鸡的饲养

1. 调整营养水平　育雏期和育成期的饲养是连贯的,前者对后者有决定性影响。育成期的生长与产蛋性能高度相关,研究表明,雏鸡5周龄体重大者,其未来的产蛋性能也好。16周龄鸡群的整齐度十分重要,产蛋期内死亡的母鸡与此有关。体重轻者所产的蛋小,体重大而过肥者产的蛋大,但二者的产蛋性能都不好。育雏期满,白壳和褐壳蛋鸡体重分别应达440g和500g。一般规定当体重达标时,中雏(7～14周)饲粮中代谢能和蛋白质应降为11.72MJ/kg

（2.80Mcal/kg）和 16％。若幼雏阶段体重明显不足，就应继续饲喂幼雏料。这种办法对生长发育正常鸡群是可行的，但不够周全。有经验并懂养鸡科学的养鸡者，绝不会按周龄或孤立地按体重来更换饲粮，而应该综合鸡群各方面的表现来适时、适度地调整营养水平。营养仅仅是影响生长发育的重要因素之一，故除注意各营养因素间的关系外，还应找出鸡群生长发育落后的其他因素并予解决，才能取得好的效果。当鸡群整体状况、体重和整齐度均达标，并达到生长曲线的上限值时，饲粮营养浓度就可以下调。

2. 限制饲喂与过渡饲养　8～16 周龄是鸡体脂肪沉积较多的时期，应采用限制饲喂，防止过肥。过肥的母鸡不仅产蛋性能差，蛋壳品质也不好。过肥对钙的代谢有所影响。过肥的鸡产蛋时容易脱肛，而所需恢复时间也较长，且抗热应激的能力也差。限制饲喂的具体方法可被概括为：控制每日每顿的投料，投料量一般控制在自由采食量的 85％ 左右。前期生长发育差、体重小的鸡群，不宜限制饲喂。也有用隔日饲喂法的，但此法对密度大、槽位不足、鸡群体况不好、管理水平不高的鸡场不适宜。

过渡饲养是适应母鸡 19 周龄前后，其性成熟生长高峰期的饲养方式。鸡在这一阶段增加的全部体重中，40％～70％ 是由繁殖器官的生长带来的。母鸡开产前要进行钙储备，饲料中钙含量要由 0.6％～1.0％ 增加至 3.5％ 左右，因为产蛋母鸡钙的需要量是生长鸡的 3～4 倍。这个过程不能一次完成，否则由于饲粮含钙量突然增高，反而影响采食量和钙在体内的存留率，从而影响母鸡的增重和开产。在实践中采用的补钙方法是：当鸡群"见第一枚蛋"时，或开产 2 周（约 18 周龄）时，在饲粮中加一些贝壳粉或颗粒钙；对散养鸡群可设矿物质饲料盒，任需要的母鸡啄食。笔者在某鸡场经过 5 年的实践，总结出另一种补钙的方法，即从 17 周龄或 18 周龄至开产达 5％～10％ 时，采用过渡饲养，即逐步减少生长料的比例，提高产蛋料的比例，渐进性地增加钙在饲料中的含量。这样做的好处是：避免了一次增加钙过多的营养性应激的负面影响，提高了鸡群整齐度，使开产日龄更趋于同期化，高峰期产蛋率高且稳定。过渡饲养期需视鸡群生长发育整体状况而定。对优秀（体重和整齐度都达标）、良好（体重比标准略低，整齐度尚可）和发育欠佳（体重和整齐度都不好）的鸡群，其过渡期可以考虑用 2 周、3 周或 5 周时间。具体做法是：以褐壳蛋鸡为例，在过渡饲养期，要同时配制出 15～18 周龄的生长料和 18～36 周龄的产蛋期料，确定分几次把钙增至预期值，计算出降低生长料和提高产蛋料百分率的具体方案。每天将两种饲料按需要称出，充分拌匀后再饲喂（表 14-9）。

表 14-9　过渡饲养方案举例

饲　粮		调整次数（每隔 3d 调 1 次）										
		1	2	3	4	5	6	7	8	9	10	11
过渡饲粮	大雏[1]	95	85	75	65	55	45	35	25	15	5	0
中比例（%）	产蛋[2]	5	15	25	35	45	55	65	75	85	95	100
过渡饲粮含钙	（%）	1.12	1.35	1.58	1.81	2.04	2.27	2.50	2.73	3.00	3.19	3.30

注：1. 大雏饲粮含钙 1.00％。2. 产蛋饲粮含钙 3.30％

3. 饲喂次数与运动量　在 6 周龄以后，雏鸡培育的着眼点是长骨架，以及内脏器官的充分发育，如心脏、肾脏等。这些器官能得到充分发育和功能健全，对于母鸡高产十分重要；反之，母鸡会逐渐衰竭。无疑，运动也起重要作用。开灯后，往往可以看到鸡群展翅拍打、奋飞或跳跃运动,1d有几次之多,这是心理和生理的需要。鸡舍高度低于0.6m,它们飞起来就会碰着头。一般育成期饲喂次数减少至日喂2次,让鸡有饥饿感。这样,鸡就会在鸡舍内到处转窜找食,无形中增加了运动量。饿了的鸡不挑食,同时也节省了饲料。

有条件的鸡场可以采用降低饲养密度,增加饲养面积的方法来达到促进运动的目的。散养时,可将青饲料悬挂起来,让鸡跳起来啄食,除增加运动量外,还可减少啄癖的发生。

4. 光照管理 前面已谈及育成期的光照,这里要说明的是如何掌握18～20周龄时的光照,即什么时间开始光刺激,这是至关重要的。原则是:18周龄称重后,若体重达标就可以开始光刺激。一般应在10h基础上每周延长0.5～1h。应注意,体重低于1 000g的鸡群,即便是年龄到了,也不能延长光照。一旦光照达12h,母鸡便会逐渐开产,后果不良。延长光照与增加饲喂量和提高饲粮钙水平应同时进行。

5. 沙砾喂量 1～4周龄,每周每千只鸡喂细粒2.2kg,4～5周龄为4.5kg,8～12周龄和12～20周龄,每千只鸡应相应喂9kg和11kg,用中粒。应将沙砾洗净、消毒后再饲喂。

(三)转群前的饲养管理要点

目前我国蛋鸡多为笼养,由育成期平养转到笼养会产生较大的应激。故在转群前2～3d,不要增加饲喂量,以防消化不良;并应在饮水中添加维生素C等抗应激的营养性保健药品。鸡群若有寄生虫,应投药驱虫。应加强整个鸡场的消毒和预防工作,也应对转入的蛋鸡舍内外同期彻底消毒。转群时,工作人员用的衣服、鞋和运输工具,均应提前消毒好,备用。

五、产蛋期的饲养管理技术

(一)转群后一周内的特殊管理

一般在育成鸡养至18周龄,最迟在开产前2周由平养转入笼养。这对鸡来说是"生活方式"的一大改变,必须有一个适应期。在转群当天,育成鸡舍只供水、不供料,抓鸡应在关灯条件下进行。蛋鸡舍食槽中,应均匀布料,让转入的鸡想吃时,就有料可吃。这一工作应在当天鸡未转入前完成。转群后3d内,所喂饲粮应与育成舍相同。为减少嗉囊积食的发生,转群后增加料量速度不能过快。

有的鸡场转群后,直接用产蛋期的光照强度是不妥的,易造成应激。加上笼养,它们不"情愿",有的鸡就从笼内跑出;蛋鸡舍成了"海陆空",即粪坑、走道和鸡笼上都有逃出的鸡。它们来回走动,对鸡群也是一种干扰。转群使鸡的啄斗顺序被打破,若光照强度突然增强,易诱发啄斗,常伤及头部、翅膀、尾部,有的鸡为逃脱被啄,奋力挣扎想逃出笼外,容易造成骨折。因此,转群当天的光照强度应与育成舍相同,然后逐渐增加。有条件的鸡场可采用光控装置来调节光照强度,也可以用黑布将每个灯泡包起来。从转群第二天开始用6d时间,每天等量、等距离地去掉1/6灯泡上的黑布,到第七天就过渡到蛋鸡舍应有的光照强度。这个方法的使用,对减少和克服应激非常有效。跑出笼外的鸡数大为减少,鸡群很安静,情绪稳定。

鸡能识别饲养员的言谈举止。转群时,最好让育成舍的饲养员随鸡群去蛋鸡舍帮忙几天,让它们逐渐熟悉新主人。有的鸡场实行育雏至产蛋期一贯制,即不更换饲养员,这样对提高鸡群生产力是有利的。

转群当天,鸡排白色粪便,其后1~2d粪便变稀,属正常。为预防疾病,转群当天晚上关灯前应带鸡消毒,并对周围环境及转群用过的工具、衣服等彻底消毒。

转群后,特别是1周内要勤检查鸡群,把啄伤、挂伤、站不起来和卡死的鸡拣出淘汰,烧掉死鸡。尤其晚上关灯前,应逐行、逐笼检查,帮助那些脚趾、跖部或别的部位被鸡笼卡住的鸡复位。关灯后,待鸡群安静时,再用电筒照明检查1次,看有没有个别弱鸡或转群时受伤的鸡被压,并把笼外的鸡抓住、放回笼内。检查时,光源不能直接照射鸡笼,以免惊群或炸群。

(二)开产前期的饲养管理

1. 母鸡开产前后主要生理变化 母鸡卵巢和输卵管的体积、重量与其功能密切相关。1日龄母鸡的卵巢平均重0.03g。未成熟母鸡的卵巢长约15mm,宽约5mm。卵巢内含有大量的卵母细胞,其数量由600~500 000个不等(泊尔1921,肖普1921),用显微镜可观察到12 000个,但仅有少数达到成熟排卵。据记载,母鸡一生产卵最高可达到15 000个(罗马诺夫、罗马诺娃),到4月龄和5月龄时,母鸡卵巢重量分别增至2.66g和6.55g。

卵巢和输卵管从11周龄起逐渐生长发育,16周龄加快,19周龄前后达到高峰。在开始性成熟时,卵巢重量增至40~60g。这是由于发育较快的4~6个滤泡和卵黄物质积聚的结果。输卵管在静止期长度是15.4cm,产蛋期变为65~81cm不等,重量约为41.5g。在开产前期,母鸡体重要增加400~500g,其中有40%~70%为生殖系统的增重;骨骼增重15~20g,有4~5g为钙的储备。小母鸡大约在产第一枚蛋的10d前,开始沉积髓质骨,髓质骨约占小母鸡全部骨骼重量的72%。随着生殖系统的生长发育,心脏、肝脏等也在增大,为母鸡开产后旺盛的代谢"服务"。

母鸡开产前后,由于雌激素的作用,耻骨扩大,促使肠道对钙的吸收,对形成母鸡性行为等均有影响。开产后,泄殖腔变大而润湿,耻骨尖变薄,间隙变宽,龙骨与耻骨间距离变宽;头部皮肤变薄,冠和肉垂鲜红,触摸时有温感;喙、跖骨等部位黄色逐渐变淡。当大部分鸡开产后,凡不具有上述特征的鸡,可认为是未开产鸡而加以淘汰。

2. 开产前期饲养管理要点 通常把18周龄至产蛋率达5%的时间称为产蛋前期。实际上,无论从饲养和管理上讲,它都属于一个短暂的调整时期。因为母鸡开产必须具有基本的生理和环境条件,即鸡的羽毛脱换完全和长齐,体重达到一定标准,饲粮中钙要由1%提高到2.4%以上,光照时数不低于12h等。而鸡群生长发育受诸多因素影响,一批和一批都不一样。因此,饲粮钙水平提高的速度、日粮喂量增加的幅度,以及光照延长的梯度等都应根据鸡群质量来调整。而这些又与体重、整齐度、适时开产、产蛋量、蛋重等性状有关。最重要的是饲养管理条件的变动,要与母鸡的生长发育和生理需求相一致,与上述性状协调或同步进行。

(1)光照递增梯度的确定 从18周龄开始,发育良好的鸡群,就可以开始光刺激,但对体重达不到标准的鸡群应推后。首先参阅所饲养品种的指南要求,来确定每周增加光照的时间,是15min、30min或1h,这点很重要。若增加过快,母鸡过早开产,不仅蛋重小,产蛋期也不长;过早开产的鸡群在产蛋中、后期死亡率偏高。在开产前期,母鸡既产蛋又要增重,一般到32周龄以上才基本达到体成熟。从遗传的角度看,母鸡产蛋繁殖是其本能。因此,可以把开产至高峰前期(21~26周龄)视为母鸡的"生理产蛋高峰期"。据笔者多年实践观察统计,在此阶段并不需要太长的光照时间(表14-10)。

表 14-10　某鸡场 19～26 周龄光照时数与产蛋率

周　龄	19	20	21	22	23	24	25	26	……	40	42
光照(h)	10.3	11.3	12.0	12.3	13.0	13.1	13.2	13.3	……	15.5	16.0
周均产蛋率(%)	2.15	13.4	46.7	82.9	94.5	95.9	95.7	96.0	……	92	—
周均耗料(g/只)	73	87.5	102.3	106	110.3	113	114.2	115.5	……	125.5	126

注:笔者根据兰州芦草山鸡场 1997 年生产记录整理

　　从表 14-10 看出,该鸡场增加光照的速度,比一般标准要慢。这样做的好处是增强了鸡群的体质,使开产日龄的同期化程度更好。20 周龄的平均产蛋率是 13.41%,到 21 周龄为 46.70%;当鸡性成熟后,仅用 7d 时间(到 22 周龄)产蛋率就由 46.70% 跃升到 82.90%;而 23 周龄时光照才达 13h,但产蛋率已攀升到 94.50%。这表明,在"鸡的生理产蛋高峰期",的确不需要太长的光刺激。在母鸡由性成熟向体成熟过渡这一阶段,不能使其体能消耗过多,否则母鸡容易早衰,并对后期产蛋不利。

　　产蛋母鸡在产蛋期,光照时数应是每日 16h,光照强度为 10～30lx。生长发育好的鸡群,随产蛋率的升高,光照时数也在延长,一般在 32 周龄达到每日 16h,以后不再增加。当产蛋后期,鸡群仍保持较高产蛋率,且母鸡体况好时,光照可增至 17h。要记住,产蛋期光照时数只能延长,不能缩短。这是光照程序控制的一条重要原则。

　　(2)掌握好日喂量　在开产前 1 个月左右,母鸡采食量增加幅度不大;从开产到产蛋率达 50% 之间增幅较大;当产蛋率达高峰后,每周的增幅相对较稳定(表 14-10)。让鸡吃饱,是掌握每日投料量的原则;在开产前期和产蛋高峰期,第二天早晨开灯时,饲槽无剩料即为适量;在产蛋高峰后期,在关灯前 1～2h 料槽中无剩料或剩料很少,即饲喂量适度。

　　母鸡的采食量,也随气候和产蛋量的变化而有增减,无论是增加还是减少,都要逐渐进行。一般是随产蛋率上升,日饲喂量应是增加的,但不是每天都增加。第二天的增加量,应以第一天的投料量为依据,若头一天鸡把料吃完,看来还欠一点,就应增加。每调整 1 次饲喂量,要稳定 3～4d。若饲喂量增加了,产蛋率还在继续上升,就可继续增加饲喂量,尤其是高峰期。若气温很适宜母鸡产蛋,母鸡的采食量增幅就是每周 0.5～1g。到高峰后期就不再增加或增加甚微。若产蛋后期是处于气温回升的季节,母鸡采食量可能略有减少,那么投料也要酌情减少,这比增加投料更应稳妥,速度要慢。无论增加或减少都不能影响产蛋率。

　　(3)加强观察与适应拣蛋的操作　育成鸡于 18 周龄转群时,已有少数母鸡开产,随着光照时间的延长,开产母鸡逐渐增多。因初产蛋小,商品价值低,多不出售,有的鸡场在此阶段不拣蛋,因此易造成个别鸡啄食鸡蛋。这种恶习一旦形成,很难纠正。所以,转群后,就要一边推着蛋车拣蛋使鸡适应拣蛋操作,一边观察哪个笼位上有被啄破的蛋和空的蛋壳,及时把破蛋和空蛋壳拣出。重要的是要找出经常偷吃蛋的母鸡,将其淘汰。有时可以看到偷吃者喙上粘有蛋黄,但多数情况不易被发现。推着蛋车走,可使新转入的鸡,适应拣蛋过程;人走来走去,可分散鸡的精力,使之不敢轻易偷吃,即便个别鸡敢于啄蛋,也容易被发现。

(三)产蛋高峰期饲养管理关键环节

1. 母鸡产蛋的规律　母鸡在产蛋年中,按产蛋情况分为始产期、主产期和终产期。

(1)始产期　母鸡从开始产第一枚蛋到正常产蛋,经 1～2 周或稍长一段时间,称之为始产期。此期间的主要特点是：产蛋无规律，常产特大蛋（双黄蛋）、特小蛋、无壳蛋或畸形蛋等。

（2）主产期　母鸡在标准化饲养条件下，约于21周龄或22周龄开产。开产后，产蛋率呈跳跃式上升，4～5周即到达高峰期。主产期是产蛋年中最长的时间。在此期间，每个母鸡均有自己的产蛋模式即产蛋周期。

（3）终产期　高峰期后，产蛋率逐渐下降，至72周龄结束产蛋年。所以，应尽力延长主产期、缩短终产期，以提高全年产蛋量。

2. 高峰期的界定　母鸡产蛋率超过90%以上，不低于80%的时期，即为产蛋高峰期。高峰期维持时间的长短，因育成鸡质量、品种遗传潜力、环境和饲养管理条件的适宜程度及稳定性而有差异。较差的鸡群，可能没有明显的高峰，或有高峰但维持时间短。一般高峰可维持7～10周，好的鸡群可维持20周。在冬季长的兰州地区，某鸡场饲养的褐壳海兰蛋鸡（喂无鱼粉饲粮），产蛋率在95%～90%和80%以上的周数分别是18周和20周。国外最高记录是95%以上和90%以上，分别长达11周和29周。目前，国外有的育种公司在为来航母鸡拟订的生产标准中，要求60周龄时，产蛋率超过90%和80%以上的周数，分别应保持在19周和20周。

3. 高峰期饲养管理关键环节

（1）保持环境条件的稳定性　母鸡由开产跃升到高峰期，并保持高产，这是很大的生理变化，也是艰辛付出的过程。高峰期是母鸡处于代谢最旺盛、物质转化最快的时期，也是抵抗力相对较弱，精神亢奋，易受应激影响的时期。若饲养管理不当，使高峰期受挫后，将影响鸡群全年的产蛋量。其饲养管理应注意的环节如下：

①最佳温度：适合母鸡产蛋的最佳温度为13℃～23℃。鸡体温高，又没有汗腺，高温对产蛋极为不利。气温在30℃以上，产蛋率急剧下降；气温短时间在27℃以下，产蛋率没有明显变化，仅蛋重减轻；气温在7℃左右，会产生低温应激，对产蛋有一定影响；气温在16℃以下，饲料利用率开始下降。故夏季要防暑降温，冬季应保暖。解决此问题的根本途径是：鸡舍设计要规范，并有环境控制设备，通风良好，光照布局合理。

②居住舒适：无论平养或笼养，对母鸡来说，居住环境尤为重要。鸡舍或鸡笼既是采食、饮水、运动的场所，又是睡眠之处。所以，无论何种饲养方式，都要让鸡舒适才能提高产蛋潜力。研究表明，笼养密度与产蛋母鸡死亡率的关系密切（表14-11）。从表中可以看出，笼养密度不仅对产蛋量、料蛋比有影响，而且对死亡率影响最大。当每笼养鸡数增至5只时，有22.50%的鸡，在约305日龄前死亡。

表14-11　笼养密度与死亡率　（305日龄）

每笼鸡数（只）	料蛋比	产蛋数（枚）	死亡率（%）
2	1.82	230	9.60
3	1.86	229	8.25
4	1.97	221	14.80
5	2.11	204	22.50

引自《家禽科学》，5卷48期，1855页

③严禁并笼：产蛋期的母鸡最为敏感。有的养鸡户为了省钱，饲养员为了省力，在产蛋中、

后期,将两栋鸡舍的母鸡并舍饲养。其结果诱使鸡群发生啄斗,死伤鸡数增多,产蛋量大幅度下降。必须记住,笼养和平养的鸡,在开产后是不能并笼、也不能合群的,这是一条管理的重要原则。

④ 通风良好:空气无须花钱,随处可得,但空气质量往往被忽视。高的物质代谢,必须与高质量的气体代谢协同作用时,才能收到最佳的效果。高峰期也是耗氧量最多的时期,一定要保持舍内有充足的新鲜空气。因此,应倍加重视对通风换气的管理,这对防病也有重要意义。某个饲养量为 10 万只鸡的蛋鸡场,曾为提高"效益",错误地采用了"三改四"的方法,即将 3 层全阶梯笼养改为 4 层,使每栋母鸡数由 1 万只增加到 1 万 3 千多只,鸡笼高度和深度都变小,通风量明显不够;结果导致鸡群频频发病,被迫一次性屠宰了数万只鸡,鸡场关闭数日之久,造成严重损失。

⑤光照稳定:产蛋高峰期光照程序一定要稳定,任何微小的变动,均会引起产蛋量的波动。此期光照管理的原则是:光照时数只能按预定程序延长,绝对不能缩短。

⑥营养均衡:营养物质是母鸡重要的内部环境,更应稳定。饲粮营养水平及饲粮配合,在产蛋高峰期不能随意变动。新进的原料最好经分析,并对配方做相应调整后再使用。

(2)控制好供水系统　新鲜的空气和足够卫生的饮水,是任何生物的基本要求,至关重要。控制供水系统的要求是:保证饮水卫生、不断水和不"跑水"(即水不从槽中溢出)。在养鸡的所有条件中,水的管理经常被忽略,跑水现象屡见不鲜。鸡吃了水浸泡过的或变质饲粮,不仅影响产蛋量,还会诱发疾病。饮水卫生(含水槽)和跑水是鸡场管理中最麻烦又难做好的一个重要环节,要高度重视,认真对待。

目前,规模化饲养的蛋鸡场,一般采用乳头式或槽式饮水装置。乳头会因堵塞不下水,或关闭不严形成常流水,水槽则常发生跑水。控制好饮水系统,关键在于购买设备时,要选用合格产品,安装要认真。当鸡群淘汰后,要在转入新鸡前彻底维修。要用仪器标定水槽的坡度。在产蛋高峰期,供水系统一旦出现问题,维修人员和维修过程都会对鸡产生较大的应激,对防病也不利。

(3)保持操作的有序性　产蛋期日常管理有:开灯、关灯、开水、关水、擦水槽、均料、集蛋、开关风机及带鸡消毒等,在从事这些操作时,要求时间固定,按规定的先后顺序依次进行,以减少应激。这对保持高产和稳产十分重要。

(4)投料与均料的要求　了解鸡的采食习性,有助于更科学的饲养。据研究,采食高峰出现在傍晚,傍晚采食量是决定鸡采食频率的主要因素。因为鸡属于禽类,为了夜间不挨饿和不受冻,必须储备食物。在家养条件下,在天亮或开灯后 1～2h 还有一个采食高峰。产蛋鸡与不产蛋鸡之间,采食量也有差异,当天产蛋的母鸡采食量多于不产蛋的鸡。产蛋前 2～3h,母鸡情绪不安,采食较少;产蛋后 1～2h 采食量增加。日采食量的增加或减少与产蛋有关。

在产蛋期,一般日投料 2 次。早上最好在开灯后和日产蛋高峰前,即早上 7～8 时,早投料比晚投料效果好。不能推迟投料时间,否则会影响产蛋量。下午投料应放在绝大多数母鸡产完蛋之后,即下午 3～5 时。投料要按顺序进行,速度要快,布料要均匀,边投料边均料。投料过程中应同时观察鸡群采食状况是否正常。

均料的目的是,使饲槽中每个笼位前的饲料分布均匀,尽可能让每 1 只鸡都能均衡采食到较为全面的营养物质。细心的饲养员都知道,料槽中有的地方料多,有的地方料少,甚至有的笼位前料成堆。饲粮成堆处的母鸡就会挑食,造成进食营养不平衡。在日常管理中,除做好投料外，均料也是很重要的一个环节。均料认真，母鸡采食的营养就全面均衡，同时还可以节省饲料。每日应多次均料，才能收到预期效果。

(5)产蛋习性与定时拣蛋

①产蛋习性：掌握母鸡产蛋习性，对加强管理、降低蛋的破损率和减少食蛋癖的发生均有好处。在散养或平养时，母鸡下蛋的过程分为四个阶段：第一，母鸡不安或找窝；第二，检查许多产蛋箱，选中一个窝，并进入其中，啄食整理羽毛和休息；第三，母鸡坐下来。用喙翻动窝内垫料，使它成一个凹形，然后产蛋；第四，产蛋后，或短或长仍坐在蛋上，观察并用喙仔细检察蛋。母鸡产蛋多有定位性，即第一个蛋在什么地方产的，以后产蛋多在那里。平养时，产蛋箱不够，为争抢蛋窝，常常踏破鸡蛋，并诱发食蛋恶癖。母鸡产蛋时，喜暗喜静。所以，产蛋箱应放在舍内南墙下。在日产蛋高峰上午9时至下午3时，更应保持鸡舍安静，饲养员不得大声喧哗。

②定时拣蛋：蛋的形成和母鸡产蛋周期是有规律的，这就决定了鸡群每天产蛋时间的规律性。定时拣蛋是为了掌握生产情况和便于对比分析，也是为了减少对鸡群的干扰。母鸡日产蛋量与产蛋时间的关系见表14-12。

表14-12 母鸡日产蛋量与产蛋时间的关系

开灯后时间(h)	1	2~3	4~5	6~7	8~9	10~11
北京时间(h)	8	9~10	11~12	13~14	15~16	17~18
产蛋百分率(%)	少量	40	30	20	10	少量

注：一般早上7时开灯

从以上育雏、育成鸡和产蛋母鸡标准化饲养的叙述可见：彻底贯彻防重于治的方针，是鸡场的生命线、效益线；保持养鸡条件的稳定性和操作的有序性是高产、稳产的根本保证；控制好饲粮营养水平和日饲喂量及供水系统是关键；投料、均料和拣蛋是技巧，至关重要。经营者和饲养员熟练地掌握这些原则与技巧，可显著提高蛋用型鸡生产水平和经济效益。

(四)产蛋期生产质量动态分析及对策

1. 动态分析的必要性 规模化养殖条件下，鸡的产蛋量将接近遗传极限，其生理与代谢处于极度紧张的状况，而所处环境条件均依赖人为提供与控制，存在较多的应激，自身调节受到极大的限制。实践证明，鸡的生产性能随鸡群体质、周龄、生产强度、技术管理水平以及环境条件的变化而变动。若各种条件合理且相互协调，就能保持鸡体健康，因而能发挥鸡的遗传潜力，其生产性能、产品质量和鸡场的经济效益就越高。养鸡场的各种条件构成一个有机整体，缺一不可，任何一种条件的变化，均会牵一发而动全身，导致整个养鸡系统紊乱，使鸡群的总体情况和生产性能受到不同程度的影响。因此，养鸡者要有危机意识和防患于未然的紧迫感。在养鸡生产系统中，有些因素的影响显而易见并好控制；相反，某些因素引起鸡体内部和生产性能的改变，往往有一个量变到质变的过程，在初期不易察觉。就鸡对各种因素的反应而言，有的性状特征明显(产蛋量下降)，有的却很不明显(潜在疾病)。因此，只有进行全程的动态分析，逐日、逐周、逐月和逐群地分析与掌握生产情况，才能及时发现和解决问题，把损失降到最低限度。对情况掌握得越系统、清楚，判断的准确性就越高，对策的针对性越强，取得的效果也就越好。动态分析的实质,就是在已建立的生产系统基础上,针对出现问题的原因,及时调整与完善饲养管理,并控制与保证各个技术环节的切实执行,不断提高产品数量、质量,实现稳产、高产、优质、无公害、低成本的目标。动态分析工作是养鸡场最重要的、技术性很强的管理措施,应引起鸡场经营者的高度重视。

2. 动态分析的基础

(1)广泛的专业知识 现代化养鸡业是技术含量很高的行业。目前,饲养的蛋鸡均属高度培育的专门化品系,生产性能高。因此,从事该项工作的人员,应具备相关的学科知识,如品种特征与特性、遗传与生产性能、环境和营养需求与生产力、饲料原料与饲粮配制的规格、预防和疾病等。这些知识的获得,一方面是通过培训和查阅资料,另一方面则要注意在生产中学习和积累经验,经常深入实际观察,与饲养员交流,与鸡"对话"。人、鸡虽无共同语言,但鸡的精神状态、生产性能(产蛋多少)、行为(饮水、采食是否正常)以及粪便状况等,会敏锐地反映出鸡群是否异常。在广泛的专业知识和丰富的生产经验基础上,就比较容易区分哪些现象是正常的,哪些是异常的。

(2)系统、真实的生产记录 真实可靠的生产记录,是发现和分析问题的重要依据之一,也是解决问题的重要钥匙。产蛋期应有以下记录:每日死亡(外观状况)、淘汰(淘汰原因)和存栏母鸡数;每日每只鸡的耗料和饮水量;每日产蛋数(含破蛋、软蛋)和总蛋重;气温和舍温;光照时数和通风量;饲料原料购入种类、数量和时间;饲粮配制的料号、数量、送入各舍的料号、数量和日期等。每日有记录,每周有报表。同时,应记录异常情况,如停电、停水……,并报告生产主管。

(3)绘制标准生产图 为便于管理和分析生产情况,规模化养鸡场至少应绘制所饲养品种的标准产蛋曲线图、死亡率和耗料曲线图等;每周应将本场平均产蛋率、死淘率和耗料量也绘于图上,并与标准进行比较。在对生产全过程监控下,一旦出现问题,就比较容易发现、找出原因和寻求对策。

(4)了解产蛋率升降和死淘率变化的正常规律 如果无条件绘制标准产蛋曲线和死亡率与耗料线条图,可参考鸡群产蛋率和死淘率正常的变化规律进行判断。

①产蛋率正常升降规律:标准化条件下饲养的鸡群,在始产期和产蛋高峰期,产蛋量应当是逐步上升的。即便有变动,其幅度也很小,一般不超过 0.5%。至高峰期后,每周下降0.5%~1%属正常。

进行分析时,要先分清楚产蛋率下降是真下降(持续下降、幅度大)还是假下降(今天降,明天又回升,幅度小,时间很短)。有时假下降的幅度偏大,是由于部分母鸡产蛋周期(产蛋天数+休产期的天数)同期化所致。假若鸡群中有 3%~5% 的鸡都在这一天休息不产蛋,那么这一天的产蛋量有可能下降 3%~5%。

②正常死淘变化的规律:鸡场几乎每天都会有死鸡或被淘汰的母鸡。死亡和淘汰率,受许多因素的影响,变幅相对较大。在科学饲养管理规范化的鸡场,正常情况下,月平均死亡率不超过 0.5%~1%。在产蛋初期及高峰期死淘率是低的(20~40 周龄),300 日龄后死亡和淘汰率随日龄增加而上升,此阶段死淘数约占全程的 2/3。表 14-13 所列兰州芦草山鸡场的数值,与文献中报道的母鸡产蛋率和死淘率正常变化相近。该鸡场母鸡产蛋期周平均死亡率为0.09%,淘汰率是 0.13%,累计年死淘率为 11.45%;其中,有 74.63% 和 74.55% 的母鸡是在51~72 周龄死亡和被淘汰的。

表 14-13　产蛋期母鸡每阶段累计死亡率和淘汰率

周　龄	21～30	31～40	41～50	51～60	61～72	合　计
死亡率(%)	0.44	0.22	0.54	1.04	2.49	4.73
淘汰率(%)	0.32	0.60	0.79	1.42	3.59	6.72

注：笔者根据兰州芦草山鸡场 1997—1998 生产报表统计

3. 动态分析的方法　当异常情况发生后，可采用排查式对比的方法。首先，列出可能影响的因素，然后认真加以对比，逐一排除非事故因子，最后很自然地就集中在某一个或几个因素上，便于判断。如产蛋量突然下降，可从三大方面考虑。

(1)管理与应激因素　如停电、停水、投料推迟及更换饲养员等，都会引起产蛋量下降或略有波动，但鸡群一切正常。在有记录可查和对有饲养经验者，容易找出原因。纠正后，产蛋量回升快。

(2)饲粮与营养因素　一般发生在更换饲料原料或使用不同厂家的配合料后，且数群鸡的产蛋量同时下降，但死淘率正常。对策是立即停喂原饲粮，重新配制饲粮，并迅速检查饲料或饲粮，明确何种营养物质缺乏。一般而言，缺某种维生素对产量的影响是逐渐的；而缺钙或食盐后，其下降速度较快，下降的幅度也大。蛋白质不足首先引起蛋重变小。

(3)疾病因素　许多细菌性疾病或病毒性疾病的发生，都会引起产蛋量突然下降，严重时死淘率升高。病状典型时较易区分，无典型症状时则很难判定。发生疾病的特征是：首先鸡群饮水量减少；而后采食量降低或伴有腹泻，继而粪便形状、颜色异常或呈现病状(在不同疾病，这两种情况出现的顺序可能相反)；接着死淘率升高；最终鸡群产蛋量大幅度下降或蛋品质出现问题。应采取的对策是，根据本鸡场历年发病及周边疫情做出初步判断，将病鸡送检验部门确诊；加强消毒、隔离或封锁，以防扩散；在饲料中拌入预防性或保健性营养药。应牢记，在未确诊前切忌乱投药或紧急接种。

4. 产蛋率和死淘率异常分析　为便于检索对比，将已公布和发表的文字资料进行归类，列入表 14-14，供参考。

表 14-14　产蛋率和死淘率异常分析

类　别	原　因	影　响	对　策
管理与应激	暂时停水	产蛋量损失 2%～3%	立即纠正，产蛋率迅速回升
	投料推迟，光照程序失误	产蛋量约损失 10%	立即纠正
	停电 6d[A]	鸡群产蛋率平均下降 7.12%	设法利用其他可照明的光源补充光照，光照恢复 10d 后，产蛋量回升至原水平
	供电不正常[A]	产蛋量损失 15%～20%	
	突然更换饲粮[A]	产蛋量损失 3%～15%	不要随意更换不同品牌的饲料或配合料，必须更换时，应逐渐进行
	接种疫苗(抗应激措施不当)[A]	产蛋量损失 2%～21%	严格按疫苗说明书执行，接种疫苗前、后，可在饮水或饲料中加入多种维生素

续表 14-14

类 别	原 因	影 响	对 策
营养失衡	钙缺乏[B]	换料后 1~2d 产蛋率开始持续下降,蛋壳变薄,破蛋率与软蛋率急速上升;饲粮钙严重低于标准时可引起停产;缺钙持续期长时,可能有少数鸡不能站立	查明饲粮钙不足的确切原因(未补加钙源或钙源含钙量低等),立即纠正(换平衡料或舍内补钙),产蛋量和蛋壳情况迅速回升
	维生素 D 不足	换料约 10d 后蛋壳质量下降,破、软蛋率增高,但饲粮钙含量正常	立即换维生素 D 添加量正常料,蛋壳质量的回升可能需 1 周
	维生素 A 不足[C]	鸡群产蛋率不高(某鸡场仅为 50%~60%),鸡死淘率约为 30%,部分鸡不能站立,出现痛风的病鸡多	查明维生素 A 不足的原因(未添加或添加剂失效),立即纠正
营养失衡	严重缺盐[C]	换料后采食量与产蛋率均显著下降(持续下降 8~9d,产蛋率降低 15%~24%),突发啄羽、啄肛等	立即换正常料,2~3d 后蛋壳品质改善,约经 10d 产蛋量恢复到原水平
	轻度与中度缺乏食盐[D]	换料后采食量增加,产蛋率下降,鸡体肥胖;检测饲粮中食盐低于标准	立即换正常料(使钠水平不低于 0.15%),产蛋量可逐渐回升
	食盐过多[C]	换料后采食量与产蛋率显著下降(20%~40% 不等),饮水增多,腹泻,可能出现神经症状	找出食盐过多的原因(鱼粉或肉骨粉中盐分太高、食盐添加超量或未混匀),立即更换正常饲粮,饮水中加多种维生素和电解质
	霉菌毒素	产蛋率下降,蛋壳出现问题,可能死亡与淘汰数增加	停喂原饲粮,使用抑霉菌剂,测定谷物中毒素含量
中毒与用药不当	连续用药 15d 以上[A]	产蛋率由 83% 降至 71%	停止投药,约 20d 后,产蛋率恢复至原水平
	将鸡饲养在蔬菜温棚中,灭虫喷农药[A]	鸡流泪、精神不振、昏迷,个别鸡死亡;产蛋率由 88.46% 降至 46.31%	加强通风换气,可喂 5% 糖水和提高维生素添加量
	氯气泄露[A]	死亡率增加,产蛋率由 92% 降至 10%	不能把鸡场建在农药厂、造纸厂和有污染的场地附近
疾病	减蛋综合征(EDS76)[C]	产蛋量突然大幅度下降(7%~30%);软蛋突然增多(10% 以上),蛋壳质量出现问题。持续 4~10 周后逐渐恢复	从无感染鸡场购买种蛋或雏鸡;经常发生此病的鸡场,应在转群时接种疫苗,剂量酌增
	鸡脑脊髓炎(AE)[C]	短暂性(1~2 周)产蛋率突然下降(10d 内产蛋率由 95.7% 下降到 71%),而后自然恢复	育成期接种 AE 疫苗
	鸡败血性霉形体(Mg)滑液霉形体(Ms)	产蛋率约下降 10% 以上	保证鸡群无 Mg、Ms 感染,每 t 饲料加泰乐霉素 50g
	新城疫[C]	严重时完全停产,有神经症状,排黄绿色粪便等相关症状,死亡与淘汰率因感染发病程度而异	接种疫苗,监察鸡群

续表 14-14

类　别	原　因	影　响	对　策
疾 病	支气管与喉气管炎	产蛋率大幅度下降,严重时下降90%～100%(易感鸡群),死、淘率因病情而异	接种疫苗,隔离饲养
	传染性鼻炎C	产蛋率达不到高峰,有相关症状	接种疫苗,隔离饲养
	禽痘	产蛋略有下降(皮肤型)或产蛋下降幅度大(湿痘),有明显相关症状	接种疫苗,并检查接种的有效性
	球虫病	产蛋损失 10%～20%,淘汰率为25%～30%	转群前用抑球虫剂驱虫

注：A. 中国动物保健,2001,第 12 期

B. 甘肃畜牧兽医,1995,第 2 期

C. 系笔者收集于鸡场(1985—1998)记录及周报表

D. 国际家禽(中国版),1990,第 9 卷

第二节　肉用型鸡的营养需要与标准化饲养

　　肉鸡业是现代畜牧业最热门的产业之一。它因具有规模化、产业化和高效化的特点而为世界各国所接受。现代肉鸡在 1923 年始创于美国的德尔马瓦(Delmarva)半岛,特拉华州的斯费尔思(Sfeels)夫妇。1938 年开始将当时饲养的新汉县、白洛克、芦花洛克、洛岛红等品种与科考尼什鸡杂交培育现代肉用鸡种。现代肉用仔鸡是指肉用配套品系杂交产生的雏鸡,由于各国消费习惯和烹调方式不同,其出售体重和饲养期也不同,一般在 1.1～1.3kg(德国、欧洲)至 1.9～2.74kg(日本);美国在肉鸡业发展初,按饲养期和体重大小分为:肉用仔鸡(Broiler),系指 8 周龄左右的小鸡,体重不超过 1.5kg;炸用仔鸡(Fryer)指 9～12 周龄,体重 1.8kg 的肉鸡;烤用仔鸡(Roaster)指 4～6 月龄,体重为 2.95～3.6kg 的肉鸡。从 1961 年起,肉用鸡饲养实行"全进全出制",这一举措进一步推动了肉鸡生产的发展。我国于 20 世纪 70 年代开始引进肉鸡,目前总产量名列世界第二位,仅次于美国。快大型白羽肉鸡也是我国肉鸡生产的主体,黄羽肉鸡在我国占有相当的比重。随着人们生活水平的提高,肉鸡消费有向着优质化与小型化发展的趋势,我国原有的土种鸡颇受重视。

一、肉用型鸡的营养需要

(一)现代肉鸡的生长规律与营养需要

　　20 世纪初,人们在研究肉用型鸡的生长过程时,发现 8 周龄是育成乃至整个生长过程中,相对生长最快的折点,此后生长曲线下滑。于是,70 年代的肉仔鸡生产和研究,均追求 8 周龄体重 1.5kg、料肉比 3：1 以下。目前,已发展到 6 周龄公鸡体重达 2.65kg、母鸡体重 2.35kg,

料肉比 1.6：1。现代肉鸡生长阶段的研究还发现：组织和器官的最大生长速度以消化道、内脏器官（指心、肝、脾、肺、肾、胰脏之总重）、骨骼肌、骨骼、皮和羽毛为顺序；达到 20 周龄重量 60％ 的先后排序是：脑、腔上囊、消化道、内脏器官、骨骼、肌肉、皮和羽毛，揭示出生长期器官组织的生长与生命过程的重要性相一致。鸡脑在 4 周龄末生长基本完成，羽毛生长完成最晚。肉鸡越是幼小，供生长发育的营养物质越是重要，若有不足即可导致缺乏症发生；如果雏鸡 6 周前遭受营养不足，即使外观无明显症状，亦会给以后的生长、发育和生产留下隐患。所以，肉鸡 6 周前的饲养是第一个关键阶段中的重要环节。其次，肉鸡年龄越小，饲料利用率越好，耗费的饲料成本也越低。而在肉鸡育肥期，有些养殖户降低微量元素投量，却并未降低育肥效果和鸡胴体质量。因为鸡体内，主要是肝脏中贮存了足够此阶段所需要的微量元素。现代肉鸡饲料配方的代谢能和粗蛋白质水平的变动范围在 12.5～13.5MJ/kg 和 16.5％～23.5％。

（二）黄羽肉鸡的营养需要特点

黄羽肉鸡是由我国原有土种鸡和现代肉鸡杂交改良而成。目前，我国育成的黄羽配套系主要为仿土鸡类型。所谓优质肉鸡，也是相对于引进的现代肉鸡而言，其品质、风味远不及我国原有的土种肉鸡，只是生长速度加快、饲料效率提高；故其生长速度和营养需要也介于二者之间，饲粮能量浓度和粗蛋白质水平可较现代肉鸡降低 2％～4％ 和 5％～8％，氨基酸、维生素和微量元素水平与蛋白质水平也同步下降。

（三）土种肉用鸡的营养需要特点

土种肉用鸡指我国原有的地方品种肉用鸡（又称柴鸡、笨鸡），它与引进的现代肉鸡或优质肉鸡相比，体型小、生长慢。所需营养成分的种类与现代肉鸡相同，只是营养浓度较低；其饲粮代谢能浓度的大致范围是 11.2～12.5MJ/kg，饲粮粗蛋白质含量应在 12.0％～20.0％。这一范围内适合于放牧加补饲的饲养模式，可用现代肉鸡的同期饲料作为土鸡放牧前后和间隙的补充饲料。

二、肉用型鸡的饲养标准与参考饲粮配方

（一）肉用型鸡饲养标准

目前我国通行的饲养标准大致有三类，即我国农业部颁布的农业行业标准 NY/T 33—2004 中给出的肉用鸡饲养标准，包括现代白羽肉鸡和黄羽肉鸡的营养推荐量（附录一）；1994 年发布的美国 NRC 鸡的饲养标准；第三类是各公司对具体肉鸡品种生产的专用标准，此类标准更贴近生产、使用更加方便。台湾畜牧学会（1993）和李东教授均提出优质肉鸡的建议标准，需要时可参考有关文献。

（二）正确应用饲养标准

应用饲养标准，选择适合的饲料原料，按照市场价格，通过手工或电脑计算，实现优化配方，其主要技术问题如下。

1. 安全系数　饲养标准是依据在最适宜环境中，用符合标准、完全健康的鸡群和在标准

化饲养与精心管理条件下,所获取的相关数据制订的,只是提供了各种营养物质需要量的估计值。在实际生产中,有诸多不确定因素,如饲料营养成分与营养价值变化无常、加工贮存条件不良、饲喂不当等,都能使饲料营养物质的有效含量降至提供的估计值以下。所以,应当对规定的"需要量"加一个安全系数,以确保鸡群获得足够的营养。安全系数为表中规定的需要量的10%或15%～20%,须视具体情况而定。

2. 适应季节变化 不言而喻,在寒冷季节,鸡体消耗能量多,采食量则增加;而炎热季节,采食量则减少。由于饲料中营养物质都是按百分比或重量中的含量配制的,鸡食入这些养分的绝对数量就随着采食量而变化,寒冷时超过需要的数量,炎热时则不足。因此,在不同季节,应根据实际采食量调节能量以外的各种养分的浓度。一年四季,应随季节变化配制不同的饲粮。

3. 适应饲料原料变化 我国幅员辽阔,饲料原料众多,品质参差不齐。在配制饲粮时,一是尽可能利用当地资源,二是有条件的养殖场(户)对所用饲料最好先经成分测定,用实测值按营养需要量来配料。对鱼粉、油饼粕及石灰石等矿物质原料更应慎重,因其成分变化幅度有时过大,甚至有掺假、掺杂。

4. 视需要适当降低肉仔鸡饲粮的营养水平 肉用仔鸡生长速度之快,超过其心、肺功能所能承担的水平,常常因发生腹水综合征招致大量死亡。在高海拔地区,养鸡环境较差、鸡疾病多发地区的养殖场(户),更应采取适当降低饲粮营养水平的措施。维生素添加量不仅不能降低,还应适量增加。虽然肉仔鸡的生长速度可能因此而放慢,上市时间延长,但却提高了肉仔鸡的商品合格率和经济效益。

(三)肉鸡参考饲粮配方

1. 现代肉仔鸡的参考配方 表14-15列出肉仔鸡三个生长阶段(56日龄出栏)的饲粮配方。其代谢能与粗蛋白质的浓度可能参考了美国NRC家禽营养需要(1984)的肉仔鸡营养建议量,但做了适当调整。这三个配方均有较高比例的高品质鱼粉(含粗蛋白质68%),反映出我国肉仔饲养开始阶段饲粮配方的特点。20世纪90年代以来,受鱼粉价格高扬、掺杂掺假及高鱼粉对鸡健康、肉品风味有不良影响等,国内肉鸡饲养趋向于用低鱼粉或无鱼粉饲粮配方;表14-16和表14-17列出的配方均属此类。2004年前,除参考NRC鸡饲养标准外,多依据我国鸡的饲养标准(ZB B 43005—86)设计饲粮配方。在总结多年应用情况基础上,已修正、颁布了中华人民共和国农业行业标准 鸡饲养标准(NY/T 33—2004)。表14-18中是参考本标准设计的肉仔鸡饲粮配方,其中配方1是按标准推荐的营养水平,用高质量饲料原料配制的,配方2是用较低质饲料原料配出的(其营养水平为标准推荐值的95%)。肉鸡也具有在消化道生理容量范围内按饲粮营养水平调节采食量的能力,使营养水平降低一点大致不会降低肉仔鸡的增重;且在投料量适宜时,有可能降低腹水综合征的发病率。

表14-15 肉用仔鸡饲粮配方 (%)

饲　料	0～3周龄	4～6周龄	7～8周龄
玉　米	58.08	61.13	63.33
大豆粕(44%)	26.00	24.50	23.00

续表 14-15

饲　料	0～3 周龄	4～6 周龄	7～8 周龄
鱼　粉(68%)	7.00	6.00	5.00
血　粉	2.00	—	—
苜蓿粉	1.50	1.50	1.50
骨　粉	1.80	1.50	1.00
石灰石粉	1.20	1.00	0.80
油　脂	1.00	3.00	4.00
食　盐	0.37	0.37	0.37
DL-蛋氨酸	0.05	—	—
预混料	1.00	1.00	1.00
合　计	100.00	100.00	100.00
营养成分			
代谢能(MJ/kg)	12.20	13.10	13.30
粗蛋白质(%)	22.0	20.0	18.0

表 14-16　国内 0～4 周龄肉用仔鸡饲料配方(一)　(%)

饲　料	配合比例(%)		
	配方 1	配方 2	配方 3
玉　米	65.95	61.90	—
糙　米	—	—	52.20
大　麦	—	—	5.00
米　糠	—	—	3.00
油　脂	—	—	1.00
大豆饼	10.50	—	15.00
大豆粕	—	17.17	—
棉籽粕	5.00	—	15.00
菜籽粕	5.00	3.30	—
槐叶粉	4.00	—	—
鱼　粉	2.00	—	2.00
血　粉	2.00	—	—
蚕蛹粉	—	2.00	3.00
肉骨粉	4.00	12.40	—
骨　粉	—	—	1.80
石灰石粉	—	—	0.40

续表 14-16

饲 料	配合比例（%）		
	配方 1	配方 2	配方 3
DL-蛋氨酸	0.20	0.31	0.20
L-赖氨酸盐酸盐	0.05	0.12	0.10
添加剂预混料	1.00	2.50	1.00
食 盐	0.30	0.30	0.30
合 计	100.00	100.00	100.00
营养水平			
代谢能（MJ/kg）	12.13	12.55	11.92
粗蛋白质（%）	21.7	22.0	19.8
钙	0.9	1.25	1.10
总 磷	0.78	0.84	0.76
赖氨酸	1.17	1.17	1.05
蛋氨酸＋胱氨酸	0.86	0.91	0.80

引自李德发主编.《现代饲料生产》. 中国农业大学出版社，1997

表 14-17 国内肉鸡饲粮配方（二）（%）

饲 料	育雏料		中雏料		后期料	
	配方 1	配方 2	配方 1	配方 2	配方 1	配方 2
玉 米	58.8	59.5	61.7	64.1	65.1	67.8
大豆粕	33.0	34.0	30.0	28.0	27.0	20.0
膨化大豆	—	—	—	—	—	6.0
棉籽粕	—	—	—	2.0	—	2.0
小麦麸	—	—	—	—	—	—
鱼 粉	2.0	3.0	1.5	2.0	1.5	—
磷酸氢钙	1.46	1.40	1.40	1.52	1.40	1.44
石灰石粉	1.2	0.6	1.3	0.8	1.4	1.1
食 盐	0.3	0.3	0.3	0.3	0.3	0.3
油 脂	2.0	—	2.5	—	2.5	—
胆碱（50%）	0.1	0.1	0.1	0.1	0.1	0.1
赖氨酸	—	—	0.06	0.08	0.06	0.14
蛋氨酸	0.14	0.10	0.14	0.10	0.14	0.12
添加剂	1.0	1.0	1.0	1.0	1.0	1.0
合 计	100.00	100.00	100.00	100.00	100.00	100.00

引自房振伟，赵永国主编.《肉鸡标准化饲养新技术》，中国农业出版社，2005

表 14-18　国内肉仔鸡饲粮配方(三)　(％)

饲　料	配方 1		配方 2	
	0～3 周	4～6 周	0～3 周	4～6 周
玉米(一级)	59.91	64.02	—	—
玉米(二级)	—	—	59.22	62.43
碎　米	—	—		
菜籽油	3.00	3.00	1.50	1.50
大豆粕(一级)	30.00	25.00	—	—
大豆粕(二级)	—	—	25.00	21.00
菜籽粕(二级)	—	—	4.00	4.00
棉籽粕(二级)	—	—	4.00	4.00
鱼粉(62.5％)	3.00	2.00	—	—
玉米蛋白粉(63.5％)	—	2.00	2.00	3.00
DL-蛋氨酸	0.19	0.08	0.20	0.10
L-赖氨酸盐酸盐	—	—	0.18	0.17
磷酸氢钙	1.30	1.10	1.50	1.20
石灰石粉	1.30	1.50	1.10	1.30
预混料	1.00	1.00	1.00	1.00
食　盐	0.30	0.30	0.30	0.30
合　计	100.00	100.00	100.00	100.00
营养水平				
代谢能(MJ/kg)	12.70	12.96	12.05	12.38
粗蛋白质(％)	21.57	20.4	20.46	19.06
赖氨酸(％)	1.15	0.99	1.10	0.95
蛋氨酸＋胱氨酸(％)	0.91	0.76	0.87	0.72
色氨酸(％)	0.27	0.24	0.25	0.22
钙(％)	1.00	0.91	0.95	0.86
有效磷(％)	0.45	0.39	0.41	0.38

2. 土鸡参考饲粮配方　我国地方品种鸡有上百种,由于形成的地域、气候、饲料资源不同,导致各地土种肉鸡的体形大小差别很大,饲粮配方不尽相同。计算土鸡饲料配方有两种办法,一是用市售各龄现代肉鸡配合饲料,再添加 10％～15％ 的玉米和麸皮,混合均匀后作为放牧的肉用土鸡的补加饲料;其次,参考相关的营养需要推荐量设计配方。本文列出北方中型土种边鸡(山西右玉地区)配方一套(表 14-19),供参考(配方中添加剂选用与现代肉鸡相应年龄的品牌)。

表 14-19　边鸡饲粮配方　（％）

饲　料	0～4 周	5～8 周	9～12 周
玉　米	48.27	52.97	52.99
小　麦	5.00	20.30	20.00
大豆粕	32.15	16.38	7.36
菜籽粕	—	—	4.94
禽下脚料	5.00	5.00	5.00
大豆油	5.00	1.86	5.00
石灰石粉	1.17	0.96	1.07
磷酸氢钙	1.22	0.18	0.98
赖氨酸	—	0.17	0.48
蛋氨酸	0.24	0.23	0.23
食　盐	0.23	0.23	0.23
小苏打粉	0.22	0.22	0.22
沸石粉	0.50	0.50	0.50
预混料	1.00	1.00	1.00
合　计	100.00	100.00	100.00
营养水平			
代谢能（MJ/kg）	12.76	12.55	13.26
粗蛋白质（％）	21.20	17.00	15.60
赖氨酸（％）	1.10	0.90	1.03
蛋氨酸＋胱氨酸（％）	0.95	0.80	0.80
钙（％）	1.11	1.00	1.00
有效磷（％）	0.52	0.50	0.47

三、肉用仔鸡的饲养管理要点

　　目前,肉用仔鸡规模化生产通常为 7 周,多数分两阶段饲养,即 0～4 周和 5～7 周。肉用仔鸡饲养管理技术成熟,养鸡场(户)可参考出售雏鸡场家所提供的饲养指南,结合本场生产实际进行饲养。与蛋用鸡相比,肉仔鸡有以下特点:一是对营养物质缺乏反应敏感;二是 1 周内要求温度较蛋鸡略高;三是光照时间长,光照强度弱;四是不好动,贪吃,调节进食量能力稍差;

五是饲养周期短;六是饲养方式对肉仔鸡品质有影响。

(一)肉用仔鸡的管理

1. 温度与湿度　适宜和正确的温度控制是首要的管理因素。1~3日龄为36℃~33℃,4~7日龄为33℃~32℃,第二周32℃~30℃,第四周30℃~27℃,第四周后控制在25℃以内。为防雏鸡脱水,1~3d相对湿度宜保持65%以上,10d后为55%~50%,不低于45%。

2. 光照　肉鸡光照方案较多,一般养鸡户与规模不大的养鸡场,可采用1~2d 24h光照,从第3天起实施间歇光照,逐渐增加黑暗时间。1~2周用1h黑暗,23h光照,以后每周增加黑暗1~2h,让鸡适应黑暗的环境。规模化养鸡场多采用进雏头2d每天24h光照,从第3天开始为23h光照,晚间1h黑暗。光照强度:1~2周每m²地面2~3W,2周后0.75W。如20m²地面安装1只40~60W灯泡,2周后换成15W即可。用lx表示光照强度,则0~3d为25lx,4~35d为10lx,35d后为5lx。

3. 密度与通风　第一周30只/m²,2周后不得高于25只/m²。垫料饲养通风条件不好,炎热的夏天密度宜低。网上饲养密度可略高一点,但通风条件要好。对于环境控制鸡舍,每小时每kg体重的通风量要求为3.6~4m³。

4. 疾病防制　特别要做好免疫接种。免疫程序最具地域性或偶发性,必须结合本场实际。若饲养期是42d,应接种新城疫传支二联苗2次(7d与21d),法氏囊苗2次(14d和28d)。若饲养期超过80d,则应在35d与60d再接种新城疫传支二联苗。首次免疫最好是点眼滴鼻。肉鸡饲养量大时,为减少应激采用饮水免疫,剂量为1.5~2倍份,饮水中加5%的脱脂乳。另外,为预防沙门氏菌和大肠杆菌等细菌的感染,在前3周内饮水中加入防菌药物。

5. 断喙　大群养殖时5~7日龄间实施断喙,一次切好。如果个别雏鸡第一次断喙不彻底,可行补切。在断喙后,于每L饮水中添加维生素C、维生素E各60mg及5mg维生素K₃制剂;断喙后,雏鸡不便采食,故料槽中饲粮层应厚一些。

(三)肉用仔鸡的饲养

1. 接雏与开食　在对车辆、雏鸡转运箱等彻底进行消毒后,方可将雏鸡转运入育雏舍,并放入保姆伞下或热源处休息。进入育雏室后,须尽快供给清洁的温水。可在3~5d,于每L饮水中添加5mg环丙沙星,以预防沙门氏菌(特别是雏鸡白痢)感染;饮水中还应添加3%~5%的乳糖或红砂糖和60~120mg/kg维生素E和维生素C,以提供容易利用的能量及微量活性物质,并促进卵黄吸收。鸡密度以每m²30~40只为宜。开始饮水4~6h后,喂开食料(又称诱食料)或用破碎的雏鸡料替代。使初生雏尽快学会饮水和采食技能是非常关键的环节。

2. 饲喂与投料　养鸡户鸡群不大时,可采用少量多次饲喂原则,保持鸡只旺盛的食欲,减少饲料浪费。1~3日龄将饲料撒在硬纸、塑料布或料盘上。每次的饲喂量控制在使雏鸡30min左右吃完,从每次0.5g/只·次开始,逐渐增加。从4日龄开始逐步换用料桶或料槽喂料。2周内每日投料6次,第3周减为5次,4周后为4次。

规模化饲养肉仔鸡为自由采食,每天加料4次。据研究,饲料形状对肉仔鸡生长和饲料利用有一定影响。如分别用颗粒和细粉料、全颗粒料、较细的粗屑料和全粉料进行公母混养时,8周龄出栏体重依次为1.92kg、1.90kg、1.90kg和1.84kg,料肉比相应为2.15、2.16、2.2和2.19(1974年的水平)。

肉鸡采食特点之一是以饱为度。虽然是自由采食,但也应注意投料的管理,关灯前和开灯后应无剩料。

在出栏前1～2周,将饲养密度降低到18～14只/m²以下。此期饲粮中应添加2%～5%的油脂,充分饲养和控制饮水,每日停水1～2次,每次2～3h,光照保持每日20h。室温宜维持在21℃～24℃。此时,绝不能在饲粮和饮水中添加药物,尤其是抗菌类和促生长药物;准备外销的鸡场更应严格遵守这一要求。最后1～2周的饲粮中也不应添加动物内脏加工产品,如肉粉或肉骨粉。微量矿物元素不能过量,沸石粉之类的矿物质饲料亦须停用。

3. 饮水　水是任何动物的第一需要。供给新鲜、清洁而充足的饮水,对肉鸡生长至关重要。试验证明,如果肉鸡饮水量比正常少10%,则8周龄采食量少345g,体重低181g。采用乳头饮水装置效果好,要注意供水箱水压,并应定期消毒,还须经常检查乳头是否存在堵塞不供水或质量欠佳,或关闭性能不好形成长流水等问题。

(三)肉用仔鸡饲养中应注意的技术

1. 公、母分饲技术　公、母鸡生理基础不同,使二者在脂肪代谢、饲料转化效率方面产生明显的差异。母鸡在40日龄以后,体脂及腹脂沉积较公鸡严重,饲料利用率相应下降,经济效益降低。因此,母鸡应尽可能提前上市;由于公鸡能更有效地利用高蛋白质饲料,中、后期饲粮粗蛋白质提高至21%、19%,母鸡则降低至19%、17.5%。大部分养殖户是在雏鸡初生时进行雌雄鉴别,而后分圈或分栏饲养;另一种方法是同圈分料桶喂养,公鸡料桶适当提高,并将母鸡食料桶栅栏调窄,使公鸡只能采食公鸡料桶内的饲料。

2. 预防过度沉积体脂肪　适度的肌间脂肪会增加鸡肉的适口性和改善风味。但集团脂肪过度沉积(包括腹脂、皮下脂和肠脂肪团)不但影响食用价值,而且降低饲料效率。集团脂肪的存在是禽类在野生条件下储存能量和维持体温所必需的,人工养殖条件下过量脂肪块则成为负担。试验和生产实践均表明,就增重和料肉比而论,以高蛋白、高能量饲粮组合为佳;从脂肪蓄积来看,以高能、低蛋白为宜;而从经济效益考虑,低蛋白、中能量最好。防止集团脂肪过度沉积的办法是:①降低育肥期饲粮能量浓度,避免过度追求生长速度和体重;②选择低肉鸡品种或品系,这是解决肉鸡过肥的途径;③注意饲粮的粒度,采食粒度大的饲料脂肪沉积较多,喂颗粒料时最好破碎;④加强通风,夏季脂肪肝较冬季多发,高温使机体甲状腺功能下降,促进脂肪沉积。夏季用2～3m/s的风速,配合使用中能或低能饲粮,可望得到既防止脂肪过度蓄积又提高生产性能的效果。

3. 预防肉鸡胸囊肿病　肉鸡体重大、活动少,约2/3的时间处于伏卧状态,胸部承受着体重的60%,易遭摩擦和压迫,引起胸骨滑液囊发炎形成胸囊肿,又称胸积水症。此病可使鸡群损失3%～5%的产品,并影响产品品质。在发病鸡群,于第2周或更早见到胸部水肿或囊肿,若控制不当,5周龄时高发。应加强管理,对症施治,以降低损失。最主要的预防措施是改善环境,确保通风良好;重视垫料的选择和管理,避免垫草潮湿和结块。可在饲料中添加强化维生素C和维生素E,有针对性地选择适宜的消毒剂,每周对鸡舍带鸡消毒1次。对已发病鸡,用利尿剂对症施治(如每只鸡每日2次50mg双氢克尿噻口服)也见一定效果。

4. 预防肉鸡腹水综合征　该病又称动脉高压综合征,国外发病率平均为4.2%,国内报道发生本病的死亡率为1%～3%不等。遗传、营养、环境及管理因素可能都会影响其发病。①肉鸡由于体重增长速度大于心肺功能,造成供氧不足,缺氧是本病发病的根本原因;②饲料中钠离子过多、维生素 E 和硒不足,均会使发病增多;③据观察,3 日龄肉鸡就有腹水综合征发生,公鸡比母鸡更容易患此病,高海拔(1 300m 以上)、寒冷、通风不良、舍内有害气体超标等因素,都会导致肺损伤和增加血液的脱氧合作用。此外,机体免疫力下降、疾病等也有影响。据称,在 8～18 日龄适当降低投料量(为参考喂量的 80%),可降低发病率,且不影响上市体重。

5. 预防腿病　肉鸡腿病发生比较普遍又难以根治,死亡率多达 3%～5%。其主要原因有传染病、营养缺乏和机械损伤等。可引起腿病的传染病有马力克氏病、新城疫、禽流感、传染性脑脊髓病、病毒性关节炎、滑液囊霉形体和葡萄球菌病等。为此,应遵照既定的免疫程序,按时、正确实施免疫,定期监测抗体水平。一旦发生传染病,应按病情处理,单纯的腿病治疗效果不会明显。许多维生素,如维生素 A、维生素 D、维生素 B_2、维生素 B_6、生物素、烟酰胺等缺乏,微量元素锰、锌以及钙、磷不足、过量或比例失衡等,都可导致营养缺乏性腿病发生,往往因此而酿成一个正常管理鸡群的损失。除了配方或饲料不当外,有时加工过程出现问题,如搅拌不均或颉颃因子过量而造成某种营养成分局部不足,也会使部分肉鸡患腿病。若饲槽设置不足,部分弱雏被动限食或强者先食、弱者后食(尤其是粉料),会造成部分鸡腿病。采用强化的营养剂量,能使已患腿病病鸡的症状减轻或不加重病程,但很难恢复到完全正常状态。一旦肉眼观察到腿病发生,病鸡即终成废品。鸡笼、网床质量及网眼大小不合格,均会造成肉鸡外伤。创伤性腿病发生比例一般较少,只要找到发生致病原因并加以纠正,则不会继续发病。预防本病的综合措施,可参照防止过度沉积脂肪和肉鸡胸囊肿病的办法。

(四)管理技术中的营养问题

1. 注重空气质量(氧气是首要养分)　试验表明,禁食后成年鸡可存活 15d 以上;停止饮水也能存活 3～5d;但断绝鸡的呼吸,不足 2min 鸡即窒息而死。故氧气是动物机体的第一养分,维持、生长、运动和繁殖无一不是消耗氧气的过程。因此,要防止过高密度饲养,按品种饲养指南提出的饲养密度建议或再低一些比较合适。在冬季,养殖户为保温常关窗闭户,造成空气不良,给养殖业带来很大危害。一定要在通风良好的前提下保持鸡舍的温度,如果人进入鸡舍眼睑有刺痒欲流泪感,说明舍内氨等有害气体浓度超过 20mg/L,应加强通风换气;否则,可诱使发生各种疾病。

2. 断喙、免疫与营养　断喙和免疫都会产生强应激而引起不良反应。所以,现行的养鸡户多于断喙和免疫前 2d 和后 3d,在鸡群饮水中添加维生素 C、维生素 E 和 B 族维生素强化剂,取市售品添加到饲粮中即可。

3. 暑热和营养　鸡没有汗腺,高温暑热条件下,鸡群过量饮水并降低采食量,降低生长速度甚至暴发疾病。除了采取降低鸡舍温度的措施外,在鸡饲粮中添加抗应激营养素(维生素 C 和维生素 E),还可在饮水中添加 0.1% 小苏打缓解热应激状态。

四、土鸡的饲养管理

近十多年来,由于经济实力增强,人们越来越注重饮食质量;地方品种鸡肉质鲜美、滑嫩,适于中餐烹调,鸡肉品质的许多优点是引进品种无可比拟的,就连用其杂交的"优质鸡"亦倍受喜爱。现在已被开发利用的土鸡品种有北京油鸡、辽宁庄河大骨鸡、山西与内蒙古交界处的边鸡、浙江仙台的仙居鸡、上海浦东鸡、湖南桃园鸡、广东惠阳鸡和清远麻鸡、山东寿光鸡、江苏粟阳鸡、河南固始鸡、云南茶花鸡、海南文昌鸡、西藏的藏鸡,以及河南的斗鸡。

毋须质疑,随着物质文化水平生活的提高,土鸡养殖将进一步发展;农作物品种和动物育种的质量优化趋势进一步证明,人类解决了温饱以后,品质和风味以及纯天然性和无公害将成为发展的主流目标。

(一)土鸡的特点和阶段划分

土鸡羽毛多杂色与黄色,体型紧凑,偶有就巢性或冬休性,生长远较现代肉鸡慢,习惯散养。种公鸡成年的体重约 2.0kg,母鸡约 1.5kg;年产蛋 120 枚左右,蛋壳褐色,蛋重约 55g。肉仔鸡生长期 90～150d,出栏体重:母鸡 1.2kg,公鸡 1.5kg,料肉比 3.0～4.5:1.0。不同品种生长速度差异很大,通常分为三阶段,即 0～4 周龄、5～9 周龄、10～15 周龄及以上。

(二)土种肉鸡的养殖方式

饲养方式也影响产品质量和市场价格。目前,市场上走俏的是那些散养 120d 以上的土种肉鸡,其价格最高,肉品上佳。

1. 农户小群散养 小群散养在山区、半山区和丘陵地带广为采用。每户房前院后建鸡舍,开放散养每群 50～100 只,最多不超过 300 只。冬春季以火炕土法育雏,中南部地区也有的用电热笼育雏的。雏鸡 1 月龄后,在院内、山坡、草地散养,以牧食青草及饲喂清洁的青菜为主饲料,配合精料和 30%～50% 的农副产品为辅料。

2. 300～500 只户养技术 每群土鸡超过百只后,放牧养殖难度增大。笼养育雏,1 月龄后可行网上散养,但除饲喂 70%～80% 的全价配合饲料外,还必须补充青菜或青干草粉。到 9 周龄以后仍须草地放养。可以是天然草地,也可以是人工种植草地,按周轮牧,早、中、晚 3 次放牧,间歇期中饲喂肉鸡全价配合饲料,自由采食,充分供水。

(三)土种肉鸡管理中的几个技术问题

1. 放牧技术 百只以下定点放牧,百只以上划区轮牧。放牧方式下训练饲喂精料时,可以不同口令训导出牧和回圈。山区放牧还必须时时防备狐狸、山鼠等野生动物的扰害。野生动物可致鸡群死亡损失,惊吓后还可使鸡群产生应激。

2. 蛆虫类养殖技术 主要指蚯蚓、蛆、蛐蟮类速生虫蛹类。其土法养殖投资少、见效快,并可分批分期饲喂,除冬季外均可养殖。挖深 60cm,长、宽各 100cm 的土坑若干,将坑底夯实;自下而上分层添置牛、马圈粪和沃土,每层 10～20cm,中间再撒一层枯烂的树叶、杂草;把有蚯蚓、蛐蟮等虫卵的湿土撒布于每层土中,最上层覆盖麻袋片保温,温度保持在 20℃～30℃,相对湿度在 60% 左右;40～60d 收获,取决于地温和添加的饲料养分。补饲虫蛹类可大大提高土鸡生长速度并改善鸡肉风味。

3. 种草轮牧技术 选用豆科牧草(如紫花苜蓿或黄花草木樨等),并混播矮生禾本科牧草类(如冰草等)。放牧前用丝网将牧草地圈成四块,每周放牧一块;此块牧毕可移网至其他地段,周而复始循环利用。房前屋后、坡下、崖下均可。牧草地不易过远,应在 100m 以内,最好人工施肥和浇水,以保高产;大群养殖放牧不便,可刈割舍饲。

五、肉种鸡的饲养管理技术

父母代种鸡是商品肉鸡生产的主体。其饲养管理的目标是提高种公鸡的性功能、保证精液质量与数量，母鸡群最佳年龄开产、产蛋多、蛋重达标，以利于提供健康、优质的雏鸡。

（一）饲养方式与饲养密度

父母代种鸡的饲养，有地面垫料与混合地面平养和笼养等方式。土种鸡多采用散养或地面平养。

1. 混合地面平养 为2/3板条棚架加1/3地面垫料，鸡舍入深等分3份，中间为垫料，两边建木条漏粪棚架，产蛋箱、饮水器和料桶（或链条）等均设在木板条棚架上，板条也可用硬塑料。棚架边设斜的上下坡道。此种方式有利种鸡交配，缺点是更换垫料不方便，容易惊吓鸡群；于夜间关灯后更换垫料可避免鸡群应激。公、母鸡比例以1∶8～10为宜。成鸡饲养密度5只/m²，南方炎热地区饲养密度降低10%。

2. 笼养 中小型父母代种鸡多采用笼养、人工授精方式，便于管理，养殖成本低。饲养密度为6～8只/m²。此种方式的关键在于掌握好人工授精技术，包括采精、精液处理和输精技术。通常种公鸡30周龄后开始使用；临近配种前1周左右，实施背部按摩训练，一人保定，另一人按摩采精，精液保温35℃左右。精液中混入尿、粪、血和其他污物时，应予废弃。公鸡隔日采精1次，或连续采精5d休息2d，以隔日采精为好。采精人员和采精时的服装必须固定，以形成良好的条件反射，随意改变会影响采精效果。通常，每只公鸡每次可采集约0.8mL精液，经稀释后可输25～30只母鸡；2倍稀释后，每次应输0.06mL精液，也可输原精液。每隔5～7d给母鸡输精1次，在下午2～3时开始进行。输精时应注意卫生，以防交叉感染。采用人工授精技术的鸡场应严格净化鸡群白痢等类传染病，发现带病鸡后必须立即淘汰。

3. 肉种鸡饲养密度与设备 因肉鸡父母代种鸡类型、品种、性别、年龄、养殖方式和所处地域的气候等不同而有差异，表14-20列出现代肉鸡父母代鸡育雏、育成和产蛋阶段的饲养密度及饲喂、饮水器械合理使用的建议。改良优质肉鸡的体型较此小20%～30%，推荐的密度和饲喂、饮水器具数量可上下变动15%～20%。我国本地土鸡体重为现代肉鸡的1/2左右，亦可参照表14-20进行调整。

表14-20 现代父母代肉种鸡饲养密度和饲料、饮水用具的建议

项　目		饲养密度（只/m²）		
		育雏期 10	育成期 5	产蛋期 4
饲料槽位	圆形料桶（只/个）	20～30	10～12	8～10
	盘式喂料器（只/个）	26～30	12～15	8～10
	链条喂料器（cm/只）	4～6	15～20	18～20
饮水槽位	条式水槽（cm/只）	1.5～1.8	3～8	10～12
	钟式饮水器（只/个）	80～100	60～80	50～60
	乳头饮水器（只/个）	10～15	8～10	6～8

（二）育雏、育成期母雏的饲养管理

肉鸡父母代种鸡生长阶段是从初生到大约 25 周龄开产（产蛋 5％）之间的全过程，饲养管理包括喂料、供水、控制体重、限制饲养等，环境管理包括光照、温度、湿度、通风，疾病防治包括免疫、防病、消毒和清洁以及选择、淘汰等技术。

1. 种鸡入舍前准备

（1）鸡舍、用具及其消毒 目前，多数种鸡场采取全进全出制。当鸡群转出后，立即清除粪便及残留物，洗涤地面、舍壁和顶棚，清洗饮水器和食具，再用 1∶100 的"84"消毒液（或过氧乙酸）浸泡 20～30min，而后洗去消毒液并晾干（消毒液，尤其是过氧乙酸，对金属设备有较强腐蚀性）。初步消毒并检修全部设备后，关闭鸡舍所有门窗、风道等孔口；一切就绪后视鸡舍污染严重程度，可采用不同用量的甲醛（mL）和高锰酸钾（g）熏蒸消毒（即每 m³14∶7、28∶14 或 42∶21，消毒时在容器内先倒入少量水，再加入高锰酸钾，然后再倒入 40％甲醛），密闭 1～3d；进鸡前 5d 打开门窗晾晒或强制通风以排除残留的甲醛气体。采用育雏笼育雏时，应在进雏前 3d 把室温调至 30℃～33℃，相对湿度保持 65％左右；供水供料设置试运行畅通，准备开食料和饮水及水中抗应激维生素添加剂（同肉仔鸡），并配备饲养管理人员，备好各种记录表格，以及雏鸡入舍后的称重器具。

（2）垫料及其他准备工作 地面平养或 1/3 地面混合饲养都需铺设 15～20cm 厚的垫料（麦秸、稻草、稻壳或刨花等）。准备各种疫苗和必要药品。安置笼内、床面和鸡舍内温度计。育雏观察用的温度计的水银球要与雏背部等高。

（3）开食料和补液准备 大型鸡场用雏鸡破碎料或小米、碎大米作开食料。如果是经长途运输后，应给雏鸡充分饮配方补液，常用配方是在 1L 凉开水中溶入氯化钠 3～3.5g、氯化钾 1～1.5g、碳酸氢钠 2～2.5g、葡萄糖 20～25g。此液可消除运输途中的不良影响，并促进卵黄吸收及胎粪排出。雏鸡孵出后处于失水状态，及早、充分地饮水是育雏开始的关键技术，对鸡的成活、生长影响很大。父母代肉种雏鸡的参考饮水量（mL/只·d）为：1～2 周龄为 5～10,3、4、5、6 周龄相应为 40～45、45～50、50～60 和 60～70。

2. 育雏期饲养管理

（1）育雏条件 温度、湿度、光照、通风、断喙、饲养密度、饲喂方式、饮水等均参考肉仔鸡部分。

（2）公、母雏分群饲养 这是肉种鸡管理上的重要措施。公雏羽毛生长较慢，易受环境影响，要求稍高的舍温和较为干燥而蓬松的垫料（公雏胸囊肿发生率较高）；母雏沉积脂肪能力强，增重慢，饲料效率相对较差；公雏对蛋白质及赖氨酸等能很好地利用，故增重快；公、母雏在维生素及钙的需要量方面均有差异。分养有利于增重，提高鸡群均匀度和饲料利用率。以肉仔鸡为例，公、母混养时，二者体重相差达 500g 之多，分养后一般只相差 125～256g。

（3）饲喂沙砾 1～4 周每 1 000 只鸡每周喂 2.2kg 沙砾，4～6 周喂 4.5kg。应将沙砾洗净、消毒、漂去残留消毒液后再喂。沙砾大小随鸡龄而异，2 周龄应像绿豆大小，后 4 周改用如大豆大小的沙砾。

3. 育成期饲养管理 肉用种母雏达 7 周龄时转入育成鸡舍，进入育成阶段（7～24 周龄）。此期间，消化系统发育完善，采食量渐增，性器官发育加快，直至达到性成熟。所以，肉种鸡生长阶段饲养管理技术的关键是控制好体重，严格执行限制饲养计划，使其在品种标准规定的范

围内生长发育。

(1)标准体重和推荐饲喂量　每个品种都有其生长阶段适宜的体重标准和和建议方案,养殖户必须循此建议培育育成鸡。表14-21是肉种鸡初生到22周龄的体重和给饲量的建议表,供参考。每周末应从种鸡群抽样10％～15％称个体重,用以检验体重变化与标准体重的差异。在抽样称重的基础上,还可以计算鸡群的体重均匀度,均匀度对种鸡尤其重要,它关系到种鸡产蛋前期上高峰的速度,均匀度越高上高峰越快,并可保持平稳、有效和较长的产蛋高峰期,这是肉种鸡生产最重要的指标之一。

表 14-21　种鸡目标体重及饲料推荐量(参考)

周 龄	公 鸡			母 鸡		
	体重(g)	日 龄	饲料量(g/d 只)	体重(g)	日 龄	饲料量(g/d 只)
1	108	1～11	任食至 24g	108	1～7	任食至 22g
					8～9	23
2	195	12～13	25	195	10～11	24
3	295	14～15	26	295	12～13	25
					14～15	26
4	410	16～17	27	405	16～17	28
5	545	18～19	28	505	18～19	30
					20～21	32
6	690	20～21	29	605	22～24	34
7	840	22～23	32	705	25～27	36
					28～30	38
8	990	24～26	35	805	31～33	40
9	1140	27～29	38	905	34～36	42
					37～39	44
10	1290	30～32	40	995	40～42	46
11	1445	33～35	42	1085	43～45	48
					46～49	50
12	1580	36～38	44	1175	50～56	52
13	1700	39～43	48	1255	57～63	54
					64～70	56
14	1820	44～49	53	1335	71～77	58
15	1930	50～56	58	1420	78～84	58
					85～91	58
16	2025	57～63	64	1525	92～98	58
17	2120	64～70	70	1640	99～105	58
					106～112	65
18	2205	71～77	76	1760	113～119	67

续表 14-21

周龄	公鸡			母鸡		
	体重(g)	日龄	饲料量(g/d 只)	体重(g)	日龄	饲料量(g/d 只)
19	2285	78～84	80	1880	120～126	73
					127～133	80
20	2360	85～126	82	2005	134～140	85
21	2435	127～140	85	2130	141～147	94
22	2510	141～154	93	2260	148～154	105

注：表中饲料量是日粮能量为 11.51MJ/kg 时的进食量

（2）肉种鸡生长阶段限制饲养　基本原则是控制种鸡能量的摄入量，限饲的尺度是以既不影响身体和生殖系统的正常发育，又能达到控制公鸡不过肥或早熟，母鸡在最适宜体重和适时开产为目标。

①限制饲养的方法：常用限饲的方法有每日限量、隔日限量和每周喂 5 停 2（周日和周三禁食）。隔日限制饲养是最常采用的方法，即将 2d 的饲料合在 1d 喂，另 1d 停料只供水。但隔日饲养法种鸡在停料日耗用的能量源于前 1d 合成脂肪的分解，其能量利用效率较每天限饲（直接利用饲料能量）差，故隔日限饲时鸡群耗费饲料和啄癖发生率都可能多一些。因而，欧洲和南美一些国家从 1980 年开始恢复每天限量饲喂法。限饲前必须断喙，饲料和槽位应配置够。

②限饲期体重控制：影响鸡群增重和体重的因素很多，最主要的是营养浓度、采食量和温度等。在限饲期可按品种饲养指南的建议量喂料，并根据每周抽称的实际体重与标准体重之差，酌情增减喂料量。在一定范围内，舍温每上升或下降 1℃，喂料量则减少或增加 0.5%。雏鸡满 6 周龄后转入育成舍，为减少应激，转群可在入夜后进行。转群时结合从严淘汰不合格的种雏，大于或小于鸡群平均体重 20% 者也应淘汰。转群后，更换饲粮可采取 5d 制，即逐日按 1/5 的份额以育成料替代 1/5 的育雏料，第五日全部换为育成料。

应强调的是，各周龄体重控制的要求不同。7 周龄控制在标准范围之内；2～12 周龄控制其体重在标准的下限，并略有下降；12～15 周龄控制体重沿标准体重的下限增长，此为限料最严格的时段，稍不注意就会出现超重或脂肪沉积过多；15 周龄至开产前，使鸡群平均体重沿标准上限增长。欲达到上述要求，必须精心饲养管理。因为，18～24 周龄是生殖系统快速生长和性成熟的重要阶段，种鸡此时对光照和饲粮营养水平反应特别敏感。可以根据种鸡的胸肌发达情况（胸肌 U 形发育者占 80% 以上）来确定光照刺激和加料多少（此时不可减料）。随着开产鸡增多，应由育成料变为产蛋前期料，再更换为高峰期料。换料也应逐渐进行，过渡时间应比换育成料适当延长。

（三）种母鸡产蛋期的饲养管理

父母代种鸡产蛋期饲养技术包括开产期、上高峰期、高峰期和高峰后期四个阶段，每个阶段都须关注种鸡产蛋率、体重和体重变化、鸡舍温度和气温变化。以 AA 肉鸡为例，18～24 周龄为预产期，24～25 周龄开产（产蛋率达 5%），28 周龄产蛋 50%，30 周龄左右（1 周的跨度）达到产蛋高峰(80%以上);至38周龄左右产蛋率开始下降,每周下降约1%,在62~66周龄产蛋率降到55%以下,即行淘汰。开产体重2.4~2.6kg,日采食饲粮140g(粗蛋白质15.5%和代谢能11.8MJ/kg)。可根据下述情况调整和确定喂料量。

1. 饲粮更换与饲喂量控制

(1)按产蛋率变化换料 开产后日产蛋率上升3%以上的鸡群,当产蛋率达到35%即可换成高峰产蛋料;而日上升2%~3%的鸡群,产蛋率达50%时换成高峰料;日上升1%~2%时,推迟至产蛋率达到60%时换成高峰产蛋料。也就是说,日产蛋率上升快的鸡群换高峰料的时间早,反之应推迟。这三种条件下每只母鸡每日各增喂饲粮0.62g、0.51g和0.43g。同时,观察鸡采食饲料的速度,3h吃完给料量时,每只鸡再增加0.5~1g饲料;吃料时间超过4h,每只鸡每日降低1g料。

(2)按日增重加料 如果开产后平均日增重超过10g,每只鸡每日增加2.79g。

(3)按气温增减饲料 气温在20℃以下时,每降低1℃每日每只鸡增加给料量1.74g;相反,气温超过27℃时,每上升1℃减少给料1.74g。

(4)减料幅度 高峰期后投料应逐渐下降,如AA鸡推荐的饲喂量标准,高峰期投料154~181g/只·d,36~39周、40~49周和50周后相应为145~172g/只·d、145~163g/只·d和136~154g/只·d。

2. 加强种蛋管理

(1)初产期管理 由于母鸡产蛋有定巢性,即第一个蛋产在那里,一般以后产蛋也不变动地方,所以应按4只母鸡设一个产蛋箱位,并在窝内放入伪蛋,诱鸡入内产蛋。采用垫料平养时,开始垫料不要太厚,防止母鸡产窝外蛋。发现鸡冠、肉垂鲜红有温热感,并在鸡舍四处串游者,应抓捉检查泄殖腔,若有蛋即放入窝内待产。饲养员应经常入舍观察,应及时捡回垫料上的窝外蛋,防止母鸡啄食而形成恶癖。

(2)产蛋高峰期管理 鸡蛋的蛋壳上有成千上万个气孔,细菌可以通过气孔进入蛋内,蛋内水分亦可通过它向外蒸发。所以,应减少种蛋在鸡舍内的时间,以减少污染。为此,要增加捡蛋次数(4次/d);对种蛋进行初选,将不合格的种蛋捡出另放。种蛋绝不能在鸡舍过夜,每天集中消毒后应存放在清洁卫生的专用贮存室内,室温不能高于23.9℃(此为胚胎发育的临界温度)。保存期为短期、7d、14d以上时,其种蛋保存温度应依次为18.3℃、12.15℃和10.5℃,相对湿度为75%~80%。

(3)产蛋箱管理 定期更换产蛋箱内的垫料,晚上关灯后应检查产蛋箱,防止母鸡在产蛋箱内过夜,一旦发现应捉出箱外。

(四)种公鸡的饲养管理

父母代种公鸡只占种鸡群的6%~10%,但对后代生产力的影响超过母鸡。生产中往往忽视对种公鸡的饲养管理,尤其是公、母混群的饲养方式不能满足种公鸡的特殊要求,造成种蛋受精率低,以致公鸡存活率降低。

1. 育雏期饲养管理

(1)特殊管理 育雏前4周应为自由采食和充分饮水,促进其机体健康发育。1日龄或5~7日龄切趾和剪冠,7日龄左右断喙,切毕用烧烙方法完全止血。断喙要点参照肉用仔鸡。

(2)严格挑选 育雏过程中应随时淘汰次、劣公雏。6周龄末称全部公鸡个体重,将大于或小于平均体重 15％者淘汰。若平均体重距标准体重差距加大,可对淘汰范围做上下移动,可参照品种建议标准。首次选留应高出留种数的 30％～50％,母鸡开产时再进行第二次选择。

2. 育成期管理　为了遏制父母代与商品代生长,以利产蛋,须采取限制饲养控制其体重。种公鸡的限饲技术与母鸡限饲管理类似。

限制饲养本身会使鸡群产生应激。鸡群发生疫病时,应改隔日限饲为每日给食。应根据每周鸡群抽样称重与表 14-21 标准体重指标,决定增加或减少喂料量或调整配方。限饲过程中应该关注的另一指标是种公鸡群个体间体重的均匀度和性器官生长发育的程度。每日给料量应分 2 次饲喂,须使种公鸡上槽率达 100％。

在 20～22 周龄时对种公鸡进行最后选择和淘汰。按标准体重和健康无残疾为条件进行选留,尤其应选留符合本品种特征的公鸡。最后选留的种公鸡应为母鸡数的 13％左右,配种用 10％,3％作备用公鸡。

3. 种公鸡的补饲营养技术　现代父母代肉种鸡场多采用公母混饲、自然交配的生产方式;实际上,公母分群、人工授精的办法有利于合理利用种公鸡并提高种蛋受精率。

成年种公鸡饲粮含代谢能 11.7MJ/kg、粗蛋白质 12％～14％、钙 0.85％～0.90％即可,而种母鸡饲粮粗蛋白质高达 16％以上,钙相当于种公鸡的 4 倍多。所以,种公鸡采食种母鸡饲粮很容易发生肥胖、早衰,失去种用能力,过量钙也容易使公鸡发生脚疾、尿酸盐沉积和肾衰。24～30 周龄母鸡体重增加 450～480g,24～34 周龄每周蛋重增加约 1g,此阶段母鸡日采食量约 160g,而公鸡采食量比母鸡低约 20g。据观察,从 30 周龄起,种蛋受精率和孵化率不断提高,而从 40～45 周龄开始逐步下降。一定程度上,种公鸡体重随周龄增大,变“懒”,交配次数减少;加之体重对脚腿压力增大,脚病增多,导致配种频率降低。此时,应将鸡群中体况不好的公鸡淘汰,补充年龄比母鸡略小的公鸡,以利于提高种蛋受精率。脂肪沉积多使产精量减少,也是种蛋受精率下降的原因之一。处理办法是公、母分饲,实施人工授精。如果只能同圈喂养,也应采取分槽供料,实现公、母鸡分饲。即在母鸡的食盘或料槽设栅栏,限制公鸡采食;提高公鸡料盘(桶)高度,控制母鸡采食。

许多研究表明,种公鸡饲粮中添加可利用硒化合物(氨基酸态硒效果更好)0.8mg/kg,22 周龄时公鸡的睾丸发育正常,睾丸精细管发育充分,精子活力高;相反,硒不足或过量会使睾丸组织发育受阻或中毒,精子活力降低。配种期种公鸡饲粮中增添维生素 A、维生素 E、B 族维生素和维生素 C,有明显促进精子生成及提高精子活力的作用(可加入市售鸡维生素添加剂,使饲粮配方中维生素添加量提高 5％～10％)。应每日诱导种公鸡增加运动量,并继续控制备用公鸡体重。公、母鸡分饲条件下,最好把种公鸡养在看不到种母鸡、也听不到其鸣叫声的地方。应在开始采精 2 周前进行采精训练。本交时,20 周龄最后一次选择种公鸡,在 22 周龄按母鸡数的 10％放入种公鸡。公鸡有占地行为,愿意与它领地内的母鸡交配,故应在夜间将公鸡均匀地放入母鸡鸡群中。母鸡之间均有喜偶性,即第一次与某鸡交配,以后也喜欢和它交配。因此,放入公鸡后应注意观察,将失去竞配能力的公鸡淘汰,否则会影响种蛋受精率。

(五)光照管理

光照强度和光照时间影响种鸡(包括公鸡和母鸡)的性成熟。强光和日渐变长的光照会促进种鸡性成熟,弱光和日渐缩短光照时间则会延迟性成熟。初生到 24 周龄光照逐渐缩短,以控制性成熟,避免早产及产小蛋。开产前(25、26 和 27 周龄期间)延长光照时间并加强光的强度,以促进性成熟,并使鸡群较快达到产蛋高峰。28 周龄以后至淘汰前,可保持 17h 光照。开放鸡舍照在鸡背的光强度不得低于 30lx,而密闭鸡舍可以弱至 10lx,只要鸡能看见采食、饮水即可。光照时数和强度的阶段划分见表 14-22。

表 14-22 种鸡光照制度

周 龄	光照时间(h)	光照强度(lx)
1～3 日龄	24(或 23)	30
4～8 日龄	20 降到 8	30(全密闭鸡舍可降到 10～20)
2～22	8	20
23～26	14	20
27～28	16	30
29	17	30

注:开放鸡舍黑暗时间计算以当地当时落日到次日日出为基数

第三节 火鸡的营养与标准化饲养

火鸡原产于拉丁美洲的墨西哥北部,当时是印地安人的主要食品,并以其翼羽制作美丽的头饰,成为印地安人装束的特征。当地人把火鸡称作"Toka",16 世纪 20 年代传入西班牙,进而遍及欧洲大陆,英文改称为"Turkey"。火鸡头颊如鸡,肉瓣似绶,故有"吐绶鸡"、"绶鸟"之称。其皮瘤和肉垂常因情绪激动而变色,故又称"七面鸡"。早在 1850 年引入我国,但未受到重视和发展。1980、1982 和 1984 年先后从加拿大、美国、法国依次引进海布里德白钻石火鸡、大型尼古拉和贝蒂纳火鸡种蛋,并在北京、上海及广州等地建立了种火鸡场和饲养场。火鸡肉的蛋白质含量较牛肉、羊肉、猪肉、鸡肉等高出 3%～10%,而脂肪和胆固醇含量低于其他畜禽肉品,所含人类必需脂肪酸量也高于其他畜禽。在西方,每年感恩节各家都要吃烤火鸡。可见,火鸡是优质肉禽种,具有很大的发展优势和良好的前景。

一、火鸡的生理特性与营养需要特点

(一)生理特性

火鸡驯化时间较短,野生状态特征保留较其他家禽多,具有如下生理特性。

1. 适应性强 能适应较冷或较热温度地带,能够在高山、半高山条件下饲养。火鸡耐寒性特别强,能在风雨中过夜、在雪地上觅食。

2. 具好斗性 鸡群个体间互啄现象较其他禽种普遍,尤其是公火鸡非常好斗,但并不做殊死的搏斗,只要一方屈服逃避,争斗即停止。因此,养殖火鸡须施行断喙、切趾等措施,每群数量也不宜过大。

3. 就巢性强　春夏气温超过16℃时容易抱窝,每产10～15枚蛋(即一窝蛋)时可能开始抱窝。故应将产蛋箱置于通风明亮处,并增加收蛋次数。

4. 耐粗饲　火鸡食性很杂,消化粗纤维能力强,可以放牧养殖,商品代火鸡也可以放牧加补饲的方式饲养(轮牧方法参看土鸡饲养部分)。此外,火鸡是生物灭虫的能手。

5. 嗜辛辣食物　特别喜欢采食葱、蒜、韭菜、洋葱等植物,定期饲喂此类饲料可改善其消化功能及其肉品风味。

(二)火鸡的类型与营养需要特点

火鸡品种分大、中、小三种类型,饲养管理也应区别。

1. 大型　如美国尼古拉白羽宽胸火鸡,成年公火鸡体重20～22kg,母火鸡9～11kg。29～31周龄开产,年产蛋70～92枚,少数超过100枚,蛋重85～90g,受精率可达90%。24周龄商品代公火鸡重14.36kg,母火鸡8.44kg,饲料转化率约2.7∶1。最佳屠宰时间是12～14周龄,体重5～7kg,料肉比2.7∶1。

2. 中型　由加拿大育成的海布里德火鸡有四个类型。白羽宽胸属中型火鸡,成年体重公、母分别是14kg和8kg。18周龄出栏料肉比为2.4∶1。

3. 小型　以法国贝蒂布火鸡为例,20周龄公、母平均体重6kg,料肉比2.5∶1。

火鸡生长迅速,有很高的屠宰率,全净膛屠宰率高达82.79%;可食部分的比例占77%(鸡34%),主要与其丰满的胸肌、腿肌有关。雏火鸡饲粮粗蛋白质高达30%,饲粮中豆粕类饲料达50%以上;火鸡饲粮中脂肪含量不应超过5%,否则会降低饲粮的可消化性;对维生素和微量元素的需要相对高于鸡,尤其是锰、锌,雏火鸡可能还需要钛。使用市售禽用维生素和微量元素添加剂配合饲粮时,其添加量应为鸡的1～2倍;母火鸡产蛋期钙、磷的需要量低于鸡。雏火鸡对辛辣食物及青绿饲料特别偏好,如韭菜、葱、大蒜和椒类。有人认为是火鸡从中摄取超微量元素钛,以满足羽毛生长需要;也可能是拉美草地存在辛味植物形成的食性。在饲喂幼火鸡时一定要给予切碎的辛味植物补料,以促进其生长。应按比例添加青饲料,避免添加过多影响全价饲粮的日进食量,进而降低生长速度。除饲养方式、环境温度等影响火鸡代谢能需要量外,火鸡体重越大增重越快,产蛋率越高蛋重越大,亦对其代谢能需要量有影响。在配合饲粮时应注意能量与其他营养素的平衡,特别是蛋白能量比。

火鸡饲养中也须喂沙砾,可在饲喂间隙(如早晚)投予;每只火鸡每周补饲沙砾100g;须用硬质沙砾,且随着火鸡长大,其粒度要不断加大(从豌豆大小到大豆大小)。

二、火鸡的饲养标准与阶段饲养

(一)火鸡的饲养标准

我国目前还未制订火鸡的饲养标准,国际上多参考美国NRC火鸡的营养需要。NRC推荐的营养需要是在标准条件下测定的火鸡各生长阶段的最低营养需要,可参考使用。各育种公司推荐的某品种饲养指南中的营养水平较NRC推荐水平高,也是生产中可采用的标准。附录一中列入了NRC火鸡营养需要建议量(1994)。

(二)火鸡阶段饲养

1. 种火鸡的阶段划分

(1)育雏期(0～8周龄)的饲养 又分育雏前期(0～4周龄)和育雏后期(5～8周龄)。此阶段与鸡的育雏期饲养管理类似,应早饮水、开食、勤喂料,保温、通风良好是关键,尤其应照管好0～4周龄的幼火鸡。须严格施行防病、免疫按程序。育雏期每只雏火鸡应有5cm和2cm的饲料和饮水槽位;1、2、3～6和7周龄后的饲养密度,分别是30、20、10和4～6只/m²;密度应随饲养方式而调整。这些要求是保证雏鸡正常生长发育所必需的。曾有报道,2～4周龄雏火鸡因营养不良、管理不善、疾病感染等因素,出现发育迟缓、少毛和软骨营养不良等。病因和防治办法仍在研究中。这也是育雏时值得关注的,应加强带鸡消毒等措施。

(2)育成期(9～28周龄)的饲养 此期又分为育成阶段(9～18周龄)和限制生长阶段(19～28周龄)。在此阶段,可行粗放管理,有条件的火鸡场可采用放牧加补饲的饲养方式。实行划区轮牧,每公顷可牧养620只育成火鸡。建议自然条件适合地区栽种苜蓿、三叶草、兰草、白露草和果园草等,牧草地可混播少量高秆作物如向日葵、苏丹草等用以遮阴。火鸡体型大而重,不宜网上养育。舍饲技术可参照肉鸡和蛋鸡育成期管理。育成后期(9～18周龄)火鸡即开始在体内沉积脂肪,尤其是腹脂、皮下和胃肠脂肪块,故必须实行限制饲养。此期饲粮含粗蛋白质12%～14%、代谢能11.0MJ/kg即可,但不能减少维生素和微量元素添加量,以免影响机体正常发育。限制饲养技术亦可参考肉种鸡育成阶段的方法和程序。为防止种火鸡早熟,还必须减弱光照强度,具体办法亦见肉种鸡部分。据观察,育成期生长中的火鸡有啄羽的习性,有人建议在距饲料槽底4cm处拉一根铁丝,让火鸡能随时在铁丝上擦啄;在运动场挂上青草或舍内放置干草包让火鸡啄食等措施,均可减少啄羽的发生。

(3)产蛋期(29～54周龄)的饲养 种火鸡产蛋期可以放牧、半牧半舍饲、舍饲或笼养。舍饲时,种火鸡群不宜过大,以30～50只为宜,不超过100只为好,种母鸡和种公鸡的密度以1.5～3只/m²和1～1.5只/m²为宜。无论哪种饲养方式,采用人工授精的受精率都较高。

(4)种公火鸡的饲养 种公火鸡的营养水平直接影响母火鸡的受精率,应充分、合理地满足其需要。配种阶段种公鸡饲粮中应含充足的精氨酸(占饲粮粗蛋白质的6%以上),每只每日精氨酸食入量应不低于50mg。同时,应强化维生素A、维生素D、维生素E的供给量,如果采用鸡的维生素和微量元素添加剂,须按鸡添加量的1.5～2.0倍使用,才能满足种公火鸡的需要。种公火鸡日12h光照,强度为10lx以下,弱光照可使公火鸡安静,有利于提高精液品质和防止格斗。

(5)种母鸡的饲养 影响母鸡产蛋量和种蛋品质的因素很多,种母鸡饲养管理过程中必须注意。

①最适宜母鸡产蛋的温度是16℃,火鸡舍冬季和夏季舍温不能低于6℃或高于29℃,否则应采取保温和降温措施。

②母火鸡有就巢性,每产一窝蛋可能出现抱窝现象,尤其夏季气温高时。为防止和减少母鸡抱窝,可采取的措施有:正确的光照管理,产蛋箱内应比较明亮,那样不容易抱窝;增加捡蛋次数,防止母鸡产后卧蛋,扒蛋的母鸡会诱发抱窝,夜间关闭或堵住产蛋箱门,防止母鸡在内过夜;隔离已抱窝的母火鸡,用强光刺激或电击,喂"醒抱灵"之类止抱药物,并频繁更换饲养管理条件,造成强的应激,促其醒抱。

光照时数和强度对母火鸡的就巢性影响较大，产蛋期切忌缩短光照时数或降低光照强度，开产至 40 周龄、40～44 周龄和 44～54 周龄的光照时数是 14h、16h 与 17h，强度比鸡高得多，为 100lx，最低不能少于 50lx。

③集蛋和加强种蛋管理尤为重要。开产初应在产蛋箱中放入"拟蛋"诱鸡入箱下蛋；发现想下蛋的母鸡要捉住，关入产蛋箱内；及时收集窝外蛋；每日应收蛋 4～6 次；母火鸡产蛋后卧蛋休息时间比鸡长，蛋上常粘有母鸡的绒毛或污物，每天应将种蛋集中进行消毒后再贮存。

④火鸡有夜间在高处栖息的习性，应在舍内一侧设置可移动的栖架（夏季必要时，将栖架移入运动场）。

2. 肉用仔火鸡的阶段饲养 肉用仔火鸡分三阶段饲养，包括育雏（0～8 周龄）、育成（9～12 周龄）和育成后期（13 周龄至上市）。应在中、大型火鸡上市前 2 周喂催肥饲粮。各项管理技术均与种火鸡相同。

肉用仔火鸡肉的生产可因生产目标不同而予以区分：

①小型或中型火鸡为生产油炸火鸡，常于 14～16 周龄出栏；生产烤用火鸡于 20～24 周龄出栏。

②大型火鸡生产油炸火鸡，到 12 周龄出栏；生产肉用火鸡在 18～22 周龄出栏。

③少数大型火鸡到 30 周龄出栏，在国外称超重型火鸡。

肉用仔火鸡育雏阶段，一般多采用地面垫料平养，唯肉用仔火鸡要求垫料更清洁、松软和干燥，育雏温度多高于种雏。最好从育雏开始公、母分群或分舍饲养，公、母分别养至 7 周龄和 9 周龄即转入育肥舍饲养。通过喂高能饲粮、控制光照和减少运动量等措施，达到催肥并改善肉品质的双重目的。育肥期采用 1h 光照、3h 黑暗的光照方法。光照时间内喂料、饮水，其余时间育肥鸡处于休息状态，鸡生长快、饲料效率高。育肥鸡饲养密度相对较高，应注意通风换气和环境卫生。

三、火鸡常用饲料原料及其合理使用

火鸡常用饲料的种类与鸡、鸭、鹅等家禽大致类似，但各种原料在火鸡饲粮中的用量有较大差别。火鸡所用饲料原料因其生长阶段、饲喂方式和所用饲料形态不同而有差别。

(一)不同生长阶段的用料特点

1. 育雏期（0～8 周龄） 饲粮中粗蛋白质含量要达到 26%～28%，比肉鸡饲粮蛋白质含量高得多；故饲粮中大豆粕或其他蛋白质饲料（鱼粉或肉粉）要占 50% 左右。蛋白质较低的蛋白质饲料，如菜籽粕、向日葵粕、玉米蛋白粉等，都无法配入使用。

2. 育成期（9～18 周龄） 生长火鸡可以放牧，补饲料的质量须视牧草品质而予以调整。但补饲的精料可以是低蛋白、高能量、高脂溶性维生素的。因牧草所含粗蛋白质的可利用率高，且含较多的 B 族维生素和胡萝卜素，故补饲部分的营养水平一定要依牧草质量而定。

3. 产蛋期 产蛋火鸡饲粮的原料与蛋鸡、肉鸡无大区别。

(二)不同饲喂方式和饲料形态的区别

全舍饲或以舍饲为主的饲养方式，必须饲喂全价配合饲料。以放牧为主的火鸡群，补料可以是粒料类谷物或其他糠麸类。若是喂颗粒配合饲料,火鸡的采食量要比粉料高3%~6%,增重也明显加快;喂粉料容易造成挑食,故喂全价颗粒饲料火鸡群的均匀度要比喂粉料者高2%~3%,喂颗粒料还有利于降低火鸡营养缺乏症的发生率,但互啄率会高一些。将颗粒料破碎喂,可减少不良影响,但成本相应增加。表14-23列出几种常用饲料原料在火鸡饲粮中的适宜用量,供参考。

表14-23　常用原料火鸡日粮中配比范围

饲料类别	饲料原料	配比范围(%)
谷物类	玉米、碎米、麦类、杂谷	40~60
蛋白质饲料类	大豆粕、棉籽仁粕、花生仁粕、鱼粉	20~45
糠麸类	麸皮、米糠	2~20
钙质饲料	石灰石粉、贝粉、骨粉	2~4
食　盐		0.2~0.4

四、火鸡参考饲粮配方及其使用技术

火鸡产业在我国还处于初始阶段,除北京火鸡场外,国内大型火鸡场还不多。将仅有的火鸡配方列出(表14-24,表14-25,表14-26,表14-27和表14-28),供养殖业者参考。

表14-24　火鸡饲粮配方示例　(%)

饲　料	0~4周	5~8周	9~18周	19~28周	29~54周
玉米粉(%)	44	49	60	67	65
大豆饼(%)	40	38	23	10	18
鱼　粉(%)	12	10	6	3	7
麸　皮(%)	2	2	10	18	5
骨　粉(%)	2	1	1	1	1
石灰石粉(%)	—	—	—	1	4
合　计	100	100	100	100	100
食　盐(g/t)	1500	1500	2000	2000	2000
多种维生素(g/t)	100	100	75	75	100
硫酸锰(g/t)	250	250	200	200	250
硫酸锌(g/t)	200	200	150	150	200
代谢能(MJ/kg)	11.72	11.84	12.09	12.34	11.97
粗蛋白质(%)	27.0	24.8	18.5	13.6	16.72
蛋氨酸(%)	0.45	0.42	0.30	0.23	0.35
赖氨酸(%)	1.51	1.40	0.98	0.65	0.87
胱氨酸(%)	0.42	0.40	0.34	0.28	0.28
钙(%)	1.12	1.08	1.00	0.80	2.19
有效磷(%)	0.67	0.60	0.50	0.40	0.45

表14-25 育雏期火鸡饲粮配方示例 （%）

饲 料	0~4周龄				5~8周龄			
	1	2	3	4	5	6	7	8
玉 米	40.10	—	21.60	40.54	51.26	—	27.65	52.07
小 麦	—	45.20	21.60	—	—	57.50	27.20	—
大豆粕	54.13	49.00	51.42	48.90	43.70	37.80	40.40	37.90
肉 粉	—	—	—	2.00	—	—	—	2.10
鱼 粉	—	—	—	2.00	—	—	—	2.00
油 脂	—	—	—	2.00	—	—	—	2.00
石灰石粉	1.30	1.30	1.30	0.90	1.00	1.00	1.00	0.70
磷酸氢钙	2.70	2.70	2.70	1.90	2.30	2.30	2.40	1.50
食 盐	0.30	0.30	0.30	0.30	0.30	0.30	0.30	0.30
添加剂	1.00	1.00	1.00	1.00	1.00	1.00	1.00	1.00
蛋氨酸	0.07	0.10	0.08	0.06	0.04	0.10	0.05	0.03
氯化胆碱	0.40	0.40	—	0.4	0.40	—	—	0.40
合 计	100.00	100.00	100.00	100.00	100.00	100.00	100.00	100.0
代谢能(MJ/kg)	12.39	12.23	12.32	12.55	12.81	12.61	12.70	12.96
粗蛋白质(%)	29.0	29.0	29.0	29.0	25.0	25.0	25.0	25.0
钙(%)	1.15	1.16	1.16	1.14	0.95	0.97	0.96	0.94
有效磷(%)	0.69	0.70	0.69	0.67	0.59	0.61	0.60	0.59

表14-26 育成期火鸡饲粮配方示例 （%）

饲 料	8~12周龄		13~16周龄		17~23周龄		24周龄至上市	
	9	10	11	12	13	14	15	16
玉 米	58.50	—	38.00	73.53	—	—	80.56	82.66
小 麦	—	66.00	37.90	—	75.06	83.73	—	—
大豆饼	32.45	25.35	16.00	15.14	15.40	6.30	10.30	8.20
肉 粉	—	—	—	2.00	—	—	—	—
鱼 粉	—	—	—	2.00	—	—	—	—
油 脂	4.00	4.00	4.00	4.00	5.00	6.00	5.00	5.00
石灰石粉	1.40	1.40	1.08	0.60	1.20	1.20	1.20	1.20
磷酸氢钙	1.90	1.90	1.70	1.00	1.60	1.40	1.60	1.60
食 盐	0.30	0.30	0.30	0.30	0.30	0.30	0.30	0.30

续表 14-26

饲　料	8～12 周龄		13～16 周龄		17～23 周龄		24 周龄至上市	
	9	10	11	12	13	14	15	16
蛋氨酸	0.05	0.05	0.02	0.03	0.04	0.07	0.04	0.04
添加剂	1.00	1.00	1.00	1.00	1.00	1.00	1.00	1.00
氯化胆碱	0.40	—	—	0.40	0.40	—	—	—
合　计	100.00	100.00	100.00	100.00	100.00	100.00	100.00	100.00
代谢能（MJ/kg）	12.96	12.70	13.28	13.58	13.76	13.63	13.93	13.89
粗蛋白质（%）	21.0	21.0	16.1	16.1	14.0	14.0	12.1	12.1
钙（%）	0.97	0.99	0.78	0.78	0.80	0.80	0.80	0.80
有效磷（%）	0.50	0.50	0.46	0.43	0.40	0.40	0.40	0.40

表 14-27　肉用仔火鸡饲粮配方示例　（%）

饲　料	8～12 周龄			12 周龄至上市（中小型）			大型上市前 2 周		
	1	2	3	4	5	6	7	8	9
玉　米	70.20	—	36.26	74.60	—	39.80	79.50	—	43.11
小　麦	—	77.50	36.26	—	83.00	39.80	17.91	84.00	43.11
大豆粕	27.42	20.10	25.10	23.04	14.62	18.00	—	13.40	11.20
石灰石粉	1.00	1.00	1.00	1.00	1.00	1.00	1.20	1.20	1.20
蛋氨酸	0.05	0.10	0.08	0.03	0.08	0.10	0.05	0.10	0.08
氯化胆碱	0.03	—	—	0.03	—	—	0.04	—	—
食　盐	0.30	0.30	0.30	0.30	0.30	0.30	0.30	0.30	0.30
添加剂	1.00	1.00	1.00	1.00	1.00	1.00	1.00	1.00	1.00
合　计	100.00	100.00	100.00	100.00	100.00	100.00	100.00	100.00	100.00
营养水平									
代谢能（MJ/kg）	13.62	13.35	13.49	13.78	13.48	13.64	13.94	13.61	13.81
粗蛋白质（%）	18.0	18.0	18.0	16.0	16.0	16.0	14.0	14.0	14.0
钙（%）	0.80	0.81	0.80	0.79	0.80	0.79	0.79	0.79	0.77
有效磷（%）	0.46	0.47	0.46	0.46	0.47	0.45	0.39	0.39	0.38

表 14-28　产蛋期火鸡饲粮配方示例　（%）

饲　料	开产至淘汰			
	1	2	3	4
玉　米	60.55	72.82	30.05	67.69
小　麦	—	—	24.50	—
大　麦	15.50	11.20	25.00	10.00
大豆粕	16.50	8.80	13.30	12.20
肉　粉	—	—	—	2.00
鱼　粉	—	—	—	2.00
油　脂	1.00	1.00	1.00	1.00
石灰石粉	4.50	4.50	4.50	4.00
磷酸氢钙	1.30	1.30	1.30	0.50
DL-蛋氨酸	0.05	0.08	0.05	0.01
食　盐	0.30	0.30	0.30	0.30
氯化胆碱	0.30			0.30
合　计	100.00	100.00	100.00	100.00
营养水平				
代谢能（MJ/kg）	12.21	12.04	11.92	12.13
粗蛋白质（%）	15.0	15.0	15.1	15.1
钙（%）	2.06	2.01	2.04	2.01
有效磷（%）	0.42	0.45	0.44	0.41

参照使用上述配方时，须注意如下问题：

其一，价格因素。这是应优先考虑的因素，包括火鸡产品市场价格高低和原料价格贵贱，以及产品市场价格走势。当市场价格高时，不可能立即生产出火鸡肉来，故预测市场的发展至关重要；万不可随风走势，看到火鸡肉涨价才扩大养殖，待产品上市，很可能价格回落，使养殖失败。但畜牧产品生产并非绝对无序，根据多年循环反复比较每个畜种（包括火鸡）可见，每3～5a 有一个价格波动，而每一年中的节假日，如中秋节、国庆节和元旦、春节是肉品消费与价格高峰。在价格高峰期来临前，应选择促进快速生长的高浓度营养配方进行饲养；而在价格低迷期，应采用低营养水平饲粮，以便降低生产成本。

其二，原料价格的选择。原则上应首选当地所产的大宗原料。但当今市场已不分省份、国籍，若某种原料，如大豆粕的当地价格高于从国外进口加运费的价格，就应选用进口产品。

其三，灵活运用。运用配方须活用变通，本文列出多种配方供选择。如按营养成分计算小麦价格低于玉米，可选择小麦而搭配玉米；在火鸡生长限饲阶段还可选用多种杂粕类，如花生粕、棉籽仁粕等，取代部分大豆粕。

第十五章　鸭、鹅的营养与标准化饲养

第一节　鸭、鹅的营养需要特点与饲粮配制

一、鸭、鹅的消化、习性与营养需要特点

(一)消化器官特点

鸭、鹅消化器官的组成和主要生理功能与鸡大致相同,但亦有差异。鸭、鹅的喙长宽而扁平,末端钝圆,呈凿状;喙的边缘有许多沟脊,便于在水中觅食时滤水、撕断青草和压碎食物;舌较宽而大,较柔软,边缘有许多突起,可使捕获的鱼、虾不至于逃脱;颈端的食管仅有纺锤形的扩大部分(嗉袋),不及鸡嗉囊发达,贮存食物较少,故饲喂次数应较多,夜间一定要补饲。鸭、鹅肌胃收缩时的压力分别是 24KPa(180mmHg)和 35～37KPa(265～280mmHg),均大于鸡。

鹅的盲肠比鸭更发达,故鹅消化粗纤维的能力最大,鸭次之,鸡最小。鹅对青草中粗纤维的消化率可达 45%～50%,消化青饲料中蛋白质的能力很强。所以,鹅的饲养应以放牧或半放牧为主,以便充分地发挥其利用野生饲料的特性。鹅无嗉囊,须有足够的采食次数,一般应每隔 2h 采食 1 次,小鹅则应日采食 7～8 次或以上,夜间补饲更为重要。为增强鸭、鹅肌胃的功能,降低死亡率,应定期补饲砂砾。

(二)主要生活习性

鸭、鹅的生活习性极为相似,均是"肯吃、好动、喜水、爱干净"。

1. 生活力强　对疾病有较强的抵抗力,且常见疾病比鸡少。对养禽业威胁较大的常见传染病,鸭、鹅自然感染发病的概率比鸡少 1/3。无论舍饲或放牧饲养,只要按照卫生防疫程序正常进行预防注射,鸭、鹅因传染病受到的损失要比鸡小得多。

2. 喜水怕潮　鸭、鹅均为水禽,喜水是其显著不同于鸡的特点。常在水中嬉戏、觅食、洗浴、交配、梳理羽毛、清洗鼻孔等。虽喜水却怕潮湿,休息和产蛋时即上岸寻找干燥、清爽的地方。因此,宽阔的水域、良好的水源是养鸭、鹅的重要环境条件之一。鸭、鹅有水中交配的习性,特别是在早晨和傍晚,水中交配次数占 60%以上。鸭、鹅经常用喙压迫尾脂腺,并将挤出的分泌物涂抹全身羽毛,用以滋润与保持羽毛油亮,使羽毛不被水浸湿,以防水御寒。

3. 耐寒怕热　成年鸭、鹅无汗腺,皮下脂肪较厚及羽绒保温性能良好,故耐寒怕热;尤其是雌禽,炎热的夏季常喜长时间待在水中,或者在树荫下休息,觅食时间与采食量减少,产蛋量下降。一些鸭、鹅种往往在夏季停止产蛋。

4. 摄食性 鸭喜荤,鹅喜素,食谱广。鸭、鹅嗅觉、味觉不发达,对食物选择性不强;肌胃发达,消化力强,耐粗饲。可充分利用河塘、湖泊、海滩、稻田等区域的水生动植物和落谷作饲料。

5. 合群性 鸭、鹅都有合群性,鹅的合群性更强,有群居的习惯。因此,鸭、鹅适于大群放牧饲养和圈养,比较容易管理与调教。经调教后,对饲养员的引叫、吆喝声敏感,便于驱赶和指挥,也为围栏养鸭提供了方便。

6. 敏感性 鸭、鹅均对外界环境反应敏感,警觉性强,其视觉、听觉灵敏,反应快。均较易受惊而高声鸣叫,导致互相挤压、践踏,影响产蛋,甚至造成伤残或死亡。故应给鸭、鹅创造一个良好、安静环境。不要轻易搬迁或更换产蛋期种鸭、鹅的饲养场地;否则,产蛋率将大幅度下降,甚至脱毛停产。

7. 就巢性 大多数鸭已不存在就巢性。鹅经长期选育,有的品种也丧失了就巢性(如太湖鹅、豁眼鹅等),但多数鹅种仍保留了就巢性。

8. 夜间产蛋性 母鹅产蛋常在夜间,主要集中在凌晨,这一特性为种鹅的白天放牧提供了方便。鹅仅在产蛋前 30min 左右进入产蛋窝,产蛋后稍歇片刻即离去。若窝被占用,宁可推迟产蛋时间,以致影响了鹅的正常产蛋。

9. 择偶性 鹅有"一夫一妻"的特性,公鹅多与认准的母鹅进行交配,不与群体中的其他鹅交配。鸭也有类似特性,但不普遍。

(三)营养需要特点

第一章所讲述的各种营养素均为鸭、鹅所需。与鸡相比,鸭、鹅将摄入的部分脂肪和碳水化合物转化成体脂肪的能力较好,其体内脂肪含量较高,因而所需的饲粮蛋白质浓度较低。鸭、鹅容易消化富含淀粉的饲料,肥育期可多供应这类饲料。在鸭、鹅饲粮中添加一定量的脂肪,能提高饲料的适口性和利用率。鸭脂肪代谢能力更强于其他家禽,对米糠中油脂(含量大于16%)的消化率极高。对种用和生长期的鸭、鹅及蛋鸭,应少喂碳水化合物和油脂丰富的饲料,以免过肥,影响生长和繁殖。鸭、鹅对低能量饲粮的耐受力及对纤维素的消化能力均较鸡强,故其饲粮中糠麸类饲料可占较大的比例(12%～25%)。

二、鸭、鹅的饲养标准与参考饲粮配方

(一)饲养标准

将不同国家和地区北京肉仔鸭营养需要量、蛋用鸭的推荐饲养标准、美国 NRC 鹅的饲养标准(1994)和澳大利亚建议的鹅营养需要量列入附录一,供参考。

(二)饲粮配方示例

鸭、鹅的饲粮配方见表 15-1、表 15-2、表 15-3、表 15-4 与表 15-5。

表 15-1　北京鸭饲粮推荐配方

饲　料	2 周龄前※	3 周龄后※	种　鸭※	0～3 周龄	4～8 周龄
玉　米	63.80	39.00	65.10	63.25	63.40
碎　米	—	10.00	10.00	—	—
次　粉	—	34.30	—	7.00	7.00
小麦麸	7.90	—	1.00	—	8.00
大豆粕	1.30	5.00	5.00	24.00	18.00
花生仁粕	20.00	6.20	7.70	—	—
菜籽粕	—	—	—	—	—
鱼粉(进口)	4.00	2.00	2.80	2.00	—
蚕蛹(未脱脂)	1.00	0.99	1.00	—	—
油　脂	—	—	—	1.00	1.00
石灰石粉	1.16	—	6.83	0.80	0.80
磷酸氢钙	—	1.90	—	1.00	1.00
加碘食盐	0.37	0.37	0.37	0.30	0.30
蛋氨酸	0.10	0.04	—	0.08	—
赖氨酸	0.17	—	—	0.07	—
添加剂预混料	0.20	0.20	0.20	0.50	0.50
合　计	100.00	100.00	100.00	100.00	100.00
代谢能(MJ/kg)	12.12	12.54	12.12	12.47	12.05
粗蛋白质(%)	20.0	16.0	15.0	21.6	16.7
钙(%)	0.65	0.60	2.75	1.0	0.9
有效磷(%)	0.28	0.27	0.21	0.43	0.38
赖氨酸(%)	0.90	0.65	0.60	1.08	0.76
蛋氨酸(%)	0.40	0.30	0.27	0.08	—

注：※ 依据 NRC 标准

表 15-2　蛋鸭饲粮推荐配方(国家标准)※

饲　料	3 周龄前*	4 周龄后*	0～3 周龄	4～8 周龄	育成鸭	种　鸭
玉　米	40.6	40.0	43.0	52.1	59.6	51.7
大　麦	10.0	10.0	10.0	10.0	10.0	10.0
碎　米	20.0	—	—	—	—	—

续表 15-2

饲 料	3 周龄前*	4 周龄后*	0～3 周龄	4～8 周龄	育成鸭	种 鸭
次 粉	—	39.9	—	—	—	—
小麦麸	9.6	—	5.0	5.0	5.0	5.0
大豆粕	5.0	9.1	28.5	24.0	16.8	19.5
花生仁粕	20.0	2.3	—	—	—	—
四号面粉	—	—	5.0	5.0	5.0	5.0
鱼粉(进口)	0.3	4.9	2.0	—	—	—
干草粉	—	—	2.0	—	—	—
蛋氨酸	0.1	0.06	0.06	0.025	0.03	0.025
氯化胆碱	—	—	0.006	0.025	0.03	0.025
石灰石粉	—	—	0.60	1.25	1.25	4.45
磷酸氢钙	3.85	3.19	0.55	1.3	1.0	1.0
加碘食盐	0.35	0.35	0.35	0.35	0.35	0.35
添加剂预混料	0.2	0.2	1.0	1.0	1.0	1.0
合 计	100.00	100.00	100.00	100.00	100.00	100.00
代谢能(MJ/kg)	11.70	12.10	11.77	12.00	12.27	11.60
粗蛋白质(%)	19.0	17.0	22.9	18.9	16.1	17.0
钙(%)	1.00	1.00	0.78	0.82	0.74	2.0
有效磷(%)	0.28	0.38	0.41	0.39	0.32	0.40
赖氨酸(%)	0.8	0.65	1.32	0.98	0.76	0.87
蛋氨酸(%)	0.35	0.35	0.46	0.36	0.33	0.34

表 15-3 大型肉鸭饲粮推荐配方

饲 料	0～3 周龄	4～8 周龄	9 周龄至开产	产蛋高峰	产蛋高峰后
玉 米	57.30	63.65	58.21	48.46	66.20
次 粉	5.00	0.01	—	20.00	—
小麦麸	15.00	19.47	30.81	5.87	3.80
大豆粕	13.10	5.00	—	5.00	5.00
花生仁饼	0.45	4.20	2.00	2.00	—
菜籽粕	—	—	2.62	2.62	9.78
鱼粉(进口)	6.60	5.16	5.00	8.00	5.00

续表 15-3

饲料	0～3周龄	4～8周龄	9周龄至开产	产蛋高峰	产蛋高峰后
蛋氨酸	0.06	0.02	0.11	0.07	0.05
赖氨酸	—	—	0.11	0.02	0.13
石灰石粉	1.52	1.94	0.12	6.09	3.46
磷酸氢钙	0.42	—	3.09	1.32	6.03
微量添加剂	0.20	0.20	0.20	0.20	0.20
食 盐	0.35	0.35	0.35	0.35	0.35
合 计	100.00	100.00	100.00	100.00	100.00
代谢能(MJ/kg)	11.50	11.50	10.80	11.30	11.10
粗蛋白质(%)	18.0	16.0	14.0	17.0	15.0
钙(%)	1.0	1.0	1.0	3.0	3.0
有效磷(%)	0.35	0.30	0.29	0.40	0.27
赖氨酸*(%)	0.90	0.70	0.70	0.85	0.80
蛋氨酸(%)	0.40	0.30	0.35	0.35	0.35

表 15-4 种鹅饲粮推荐配方 （%）

饲 料	3周龄前*	4周龄后*	种 鹅*	配方 4	配方 5	配方 6
玉 米	40.60	40.00	23.70	40.60	28.20	55.00
大 麦	—	—	—	10.00	10.00	10.00
碎 米	20.00	—	50.00	—	26.40	—
次 粉	—	39.90	—	—	—	—
小麦麸	9.60	—	2.80	10.00	10.00	10.00
大豆粕	5.00	9.10	5.00	33.20	21.00	24.00
花生仁粕	20.00	2.30	5.00	0.90	—	0.35
菜籽粕	—	—	5.70	0.50	2.00	—
鱼粉(进口)	0.30	4.90	—	2.00	2.00	0.60
蚕蛹(未脱脂)	—	—	1.00	—	—	—
蛋氨酸	0.10	0.06	0.10	0.10	0.05	0.025
赖氨酸	—	—	0.02	—	—	—
石灰石粉	—	—	5.00	2.00	—	—
磷酸氢钙	3.85	3.19	1.13	0.35	—	—
加碘食盐	0.35	0.35	0.35	0.35	0.35	—
添加剂预混料	0.20	0.20	0.20	—	—	0.025
合 计	100.00	100.00	100.00	100.00	100.00	100.00

续表 15-4

饲 料	3周龄前*	4周龄后*	种 鹅*	配方4	配方5	配方6
代谢能(MJ/kg)	12.55	12.10	12.13	11.59	11.90	11.99
粗蛋白质(%)	18.0	17.0	15.0	22.7	18.9	18.9
钙(%)	1.00	1.00	2.25	0.80	0.80	0.82
有效磷(%)	0.28	0.38	1.97	0.39	0.38	0.39
赖氨酸(%)	0.95	0.80	0.60	1.29	0.97	0.98
蛋氨酸(%)	0.30	0.35	0.36	0.46	0.36	0.36

表 15-5 鹅饲粮推荐配方 （%）

饲 料	产 蛋	产 蛋	产 蛋	1～3周龄	4～7周龄	8～9周龄
黄玉米	40.25	40.8	55.0	37.0	38.0	59.0
次 粉	—	—	—	8.0	10.0	9.0
粉碎大麦	10.0	—	—	—	—	—
稻 谷	—	—	8.0	—	—	—
小麦麸	25.0	8.0	12.0	14.0	16.0	2.0
大豆粕	13.25	18.0	6.7	17.0	9.0	9.0
高 粱	—	19.6	—	—	—	—
菜籽饼	—	4.0	6.6	—	—	—
血 粉	—	—	3.4	—	—	—
米 粉	—	—	—	15.0	17.0	12.0
鱼 粉	—	—	—	8.0	8.0	7.5
青干草粉	4.0	—	—	—	—	—
贝壳粉	—	—	3.5	—	—	—
石灰石粉	4.5	3.8	—	—	—	—
蚝壳粉	—	—	—	1.0	2.0	1.5
磷酸氢钙	—	4.9	3.9	—	—	—
二磷酸钙	1.5	—	—	—	—	—
加碘食盐	0.5	0.4	0.4	—	—	—
微量添加剂	1.0	0.5	0.5	—	—	—
合 计	100.0	100.0	100.0	100.0	100.0	100.0
代谢能(MJ/kg)	9.78	10.53	10.69	11.66	11.70	12.70
粗蛋白质(%)	15.3	15.7	15.25	19.58	17.02	15.73
钙(%)	2.22	2.71	2.03	0.70	0.97	0.78
有效磷(%)	0.47	1.09	0.91	0.43	0.42	0.39
赖氨酸*(%)	0.45	0.67	0.70	0.96	0.80	0.73
蛋氨酸(%)	0.20	0.26	0.24	0.29	0.25	0.25

注：带※肩号者为利用上海交通大学自动化系提供的饲料配方软件配制，其余系引用他人经验配方，均供配制饲粮时参考

第二节　雏鸭、雏鹅的标准化饲养

一、舍饲条件下的饲养方式

(一)地面平养

雏鸭、雏鹅的采食、饮水、活动、休息、保暖加温均在地面进行。用砖或水泥铺砌地面,其上撒铺铡短的稻(麦)草、稻壳等副产物(干燥、无霉变)。垫料厚度最初应达 5cm 以上,每天视垫料的污染、潮湿程度,添加或更换新的垫料,必须保持表层垫料干燥、松软。应将饮水器(槽)设在舍四周的漏空网上,使溅出的水通过网下通向舍外的排水沟及管道流出,尽量避免饮水溅到垫料上。

(二)网上育雏

育雏舍地面由架空的镀塑金属网或塑料网垫构成,也可用竹条或树条(表面应光洁无毛刺)做成漏缝地板。网眼直径或条板缝隙应不超过 1.3～1.5cm,过大容易造成伤亡。

网面或漏缝地板应距地面 0.8～1.2m;地面最好用水泥铺砌,并向排水沟方向倾斜,使之有良好的排水性能,以便清除积粪和冲洗。网面应坚固,四周设置人行道。网上育雏易保持干燥、清洁,育雏成活率高;但投资大于地面育雏,且易损伤雏鸭、雏鹅腿部。

还有将以上两种方式结合的半网上育雏。育雏舍地面被分为两部分,1/3 地面覆盖育雏网,网上置饮水器,网下设排水沟,其余 2/3 为垫料地面,两部分之间设水泥坡面斜通道,供雏鸭、雏鹅上下。

(三)塑料大棚育雏

应在靠近河边、水库、塘坝,地势开阔平坦,排水性能良好,四周无污染源的地方建造大棚;切忌将大棚建在风口、山洪冲刷之处,更不可建在疫区;且应在棚与水面间留有活动场地。以钢材或木棒做支架及顶棚骨架,用厚塑料布盖顶,也可用麦草、稻草、玉米秸、高粱秸覆盖;两侧斜面宜离地 80～100cm,四周用玉米秸做围墙或用厚塑料布圈围;地面构造同地面平养。棚一般长 20～30m、宽 8～10m,顶高 2～3m,朝向以坐北朝南为好;可养肉鸭或肉鹅 1 000～2 000 只,每 m² 饲养密度以 8～12 只为宜,炎热地区密度应小一些。

(四)笼　养

将雏鸭、雏鹅养在铁丝笼或竹、木制的笼内,一般分四层。各层均分为两部分:一部分供休息用,有加温保暖设施;另一部分为采食、饮水、活动处,所占面积是休息部分的 2～3 倍。这种方式虽能充分利用房舍空间、增加饲养量,但造价高,多不采用。

二、雏鸭、雏鹅的饲养管理技术

(一)雏鸭、雏鹅的生理特点

4周龄或30日龄前的鸭、鹅被称作雏鸭或雏鹅。其体质较脆弱,适应外界环境和调节体温的能力均较差;消化器官尚不健全,容积小;而新陈代谢十分旺盛,生长发育很快。因此,对雏鸭、雏鹅应少量多餐,给予的饲料应营养丰富、全面,以充分满足其生长发育的需要。雏鸭、雏鹅的免疫系统和抵御疾病的功能亦不健全,抗病能力很差,应特别注意做好卫生防疫工作。这个时期的饲养管理,关系着雏鸭、雏鹅的成活率和生长发育,显著影响产蛋期的产蛋量和经济效益,应给予高度重视。

(二)育雏前的准备工作

1. 育雏舍及设备的维修、清扫、消毒　开始育雏前,应对圈舍(屋顶、墙壁、门、窗、地面)及设备(供暖、供水、供电、供料)进行检修,彻底清洗和消毒;并堵塞天棚、墙壁、地面的洞穴,防止鼠、鸟侵入。可用5%生石灰乳或2%烧碱水,也可用百毒杀、煤酚皂等药液喷洒消毒墙体、地面及舍外四周。对密闭式育雏舍,可在清洗干燥后,密闭门窗和密封缝隙,用高锰酸钾、甲醛熏蒸消毒24h(每 m^3 空间用高锰酸钾15g、甲醛30mL),然后打开门窗排走烟雾。

2. 准备育雏用的工具、设备、物资　应备有足够的加热保温设备、垫料、围栏、水槽、料盘(槽)、清洁工具,配制好饲料,备足所需药品、疫苗和消毒剂。

3. 做好管理工作和人员培训　首先要制订严密的育雏操作规程和各种记录表格。选择能吃苦耐劳、认真负责的饲养人员承担育雏工作,并通过培训使他们熟练掌握育雏操作规程和能正确填写记录表格。

4. 育雏舍的加温与调试　无论采用哪种方式供暖升温,都必须在5d前开始加温、试温,进雏时应达到要求的温度,并保持稳定。

(三)育雏必要的环境条件及控制

1. 温度　初出壳的雏鸭、雏鹅对温度十分敏感,对寒冷的抵御能力差,过热也会导致其喘息、不安。因此,要特别注意温度的控制,不可忽冷忽热。随着日龄增长,其对温度变化的适应能力逐渐增强。3周龄后,若气温在15℃以上时,可不用人工加温。在温暖地区,用普通白炽灯供暖即可,灯泡应悬挂在离地面约0.5m处;但夜间气温若大幅下降,则需在育雏室内提供额外的热量。在寒冷地区或冬、春季育雏,应采取保温伞供暖,也可用地下烟道或电热板室内供暖。育雏温度随供暖方式不同而异。采用保温伞供暖时,雏鸭、雏鹅1日龄时伞下温度宜控制在31℃~33℃,育雏室内温度为24℃;如用地下烟道和电热板供暖,育雏室内温度应保持在29℃~31℃。北方昼夜温差较大,晚间育雏温度应比白天高1℃。应随着雏鸭、雏鹅日龄增加逐渐降低育雏温度,20日龄时降到17℃或与外界温度一致。应经常观察雏鸭、雏鹅的行为变化,这是调控育雏温度的最佳依据。

小规模养殖户可采用雏鸭、雏鹅的自温供暖。每次饲喂和饮水后,把雏鸭、雏鹅放入有垫料的纸箱、木箱或箩筐等容器内,并加覆盖物保温。覆盖时注意保留气孔以保证箱内通气,每个容器内雏鸭、鹅数应控制在 20～30 只,太少达不到需要的温度,太多可能发生压死。雏鸭、雏鹅最适宜的育雏温度见表 15-6。

表 15-6　育雏期的温度

禽 种	日 龄	温度(℃)	日 龄	温度(℃)
蛋 鸭	1～3	30～28	12～16	24～21
	4～7	28～26	17～21	20～17
	8～11	26～24	22～25	16～15
肉 鸭	1～3	31～28	11～15	22～19
	4～6	28～25	16～20	19～17
	7～10	25～22	21～25	<17
鹅	1～5	28～27	16～20	22～19
	6～10	26～25	21～28	19～16
	11～15	24～22	>28	<16

2. 湿度　鸭、鹅虽是水禽,但其居住环境仍需保持干燥,特别在雏鸭、雏鹅阶段,必须勤换垫料,保持卧息处干燥。长期生活在潮湿阴凉的圈舍内,可致雏鸭、雏鹅消化吸收受阻,还会发生烂毛。过分干燥对其生长发育也不利,雏鸭 1 周龄前舍内空气相对湿度保持在 60％～65％,1 周龄后降至 50％～55％为宜。2～3 周龄期间允许逐步上升至 65％～70％(也有人建议相对湿度保持在 50％～55％)。若过分干燥可喷洒水或在火炉上烧一壶水并打开壶盖,以增加湿度。

3. 通风　雏鸭、雏鹅生长快,新陈代谢旺盛,不断排出大量二氧化碳;据测定,鸭每 kg 体重每小时可呼出 1.5～2.3L 二氧化碳,鹅则更多。一般多在密闭式舍内育雏,如果不注意舍内通风换气,会使二氧化碳大量积聚,造成缺氧。育雏过程还产生大量有毒有害气体,尤其在高温高湿情况下,排出的粪便分解产生出大量的氨气和硫化氢等有害气体,刺激眼、鼻、呼吸道,影响雏鸭、雏鹅生长发育,也有碍工作人员健康,严重时可致中毒。故育雏舍的通风换气甚为重要,可在舍内安装排风扇。每天应定时开启换气;朝南的窗要适当打开,但要严防穿堂风和贼风,避免风直接吹到鸭、鹅身上。尤其是在冬春季节,冷风直接吹向鸭、鹅体会诱发感冒。勤换垫料,保持其清洁、干燥,也有助减轻对空气的污染。

4. 光照　在适宜的光照下,雏鸭、雏鹅才能学会采食和饮水。当不能利用自然光照或自然光照不足时,可采用人工光照补充。1 周龄内,每天可维持 20～23h 光照;第二周龄开始,逐步缩短光照时间至 18h,并降低光照强度;从 15 日龄起,需视具体情况调节(如上半年育雏,白天利用自然光照,夜间以较暗的灯光通宵照明,只在喂料时间用较亮的灯光照 30min;如下半年育雏,由于日照短,可在傍晚适当增加 1～2h 的人工光照,夜间仍用较暗的灯光通宵照明,30m² 的房舍装 1 只 15W 的普通白炽灯泡即可)。温度适宜的情况下应尽量让雏鸭、雏鹅到户外运动场活动,接受阳光照射。

5. 密度　是指单位面积鸭、鹅床上容纳雏鸭、雏鹅的数量,对雏鸭、雏鹅的生长发育影响甚大。饲养密度小,对雏鸭、雏鹅健康及生长发育有利,但过小则不经济;饲养密度过大,造成雏鸭、雏鹅群拥挤,一些个体无法采食和饮水,导致生长发育不整齐。由于饲养方式、品种、年龄、季节、通风状况等不同,饲养密度也有一定的差异。鸭、鹅育雏期合理饲养密度见表15-7。

表 15-7　育雏期的饲养密度 （只/m²）

饲养方式		日　龄	
		0～7	8～28
地面平养密度	蛋鸭	40	20～18
	大型肉鸭	20～15	15～7
	肉鹅	18～12	12～6
网上饲养密度	蛋鸭	50～40	40～30
	大型肉鸭	25～20	20～10
	肉鹅	22～16	16～8

(四)育雏期的饲养要点

1. 饲料调制　有关育雏前期饲料的调制,农村传统的做法是将大米煮沸 3～5min 后过滤、晾凉、搓散,或把粗玉米碎粒中的细粉和种皮筛去后,以沸水焖泡 30min 后晾凉、搓散,沸水用量以略淹过玉米碎粒为度。育雏中后期是以给饲为主、放牧为辅,每次放牧之前应先以配合饲料喂至七成饱为宜。放牧雏鸭、雏鹅可从稻田中采食天然动植物,特别是青草或虾虫类,从中获得丰富的蛋白质和多种维生素,能促进其生长。

2. 喂食方法和次数　喂料在舍内进行,将地面清扫干净,铺上洁净的竹制晒席或塑料薄膜,将饲料均匀地撒在其上,让雏鸭、雏鹅自由采食。仍遵循少量勤添的原则,以保持饲料的清洁和新鲜,增进雏鸭、雏鹅食欲。喂料次数随日龄增加而减少,通常 1 周龄日喂 5～6 次,2 周龄日喂 4～5 次,3 周龄日喂 3～4 次。

3. 放牧时间和次数　雏鸭、雏鹅不耐酷暑,放牧应避开高温时段,多在早晨和下午较凉爽的时候进行;气温高时,可让雏鸭、雏鹅在舍周围阴凉处休息。每次放牧时间 2～3h,随着雏鸭、雏鹅日龄增长逐步延长放牧时间。

(五)育雏期的管理要点

1. 及时分群　进入育雏舍后,要按雏鸭、雏鹅体格大小、体质强弱进行分群饲养,每群之间用隔栏分隔。围栏高 30～40cm,应牢固,四角宜呈弧形,严防围栏倒下或雏鸭、雏鹅在角落里互相挤压造成伤亡;每个围栏的面积应随鸭、鹅日龄增长而逐渐扩大。应将体弱的雏鸭、雏鹅单独组成一群,安排在舍内温度较高处饲养,以便使强雏、弱雏都能得到适合的饲养环境,逐渐缩小其生长发育的差距。若育雏舍采用均匀加热的方式,可用竹木制围栏分隔成数群,每群300～500 只;如果以保姆伞供热,也应以保姆伞为中心用围栏围成几小群饲养。用保姆伞育雏时,开始不能围得面积太大,以防夜间雏鸭、雏鹅远离热源冻死。

随雏鸭、雏鹅日龄增大,要及时调整和逐渐降低饲养密度,减少每群的数量。停止供温后群不可过大;降温时容易扎堆,应每隔 1h 左右,用手轻轻驱赶雏鸭、雏鹅群,让它们轻微活动,以免压伤、压死。

还应考虑雏鸭、雏鹅各阶段体重和羽毛生长情况,可以定期随机抽称 10% 雏鸭、雏鹅的体重,结合羽毛生长情况,进行分群饲养。未达到标准时要适当增加饲料量,超过标准的可适当减少或暂不增加饲喂量;分群和细致的管理,可使整个雏鸭、雏鹅群发育整齐,有利于日后的产蛋和肥育。

2. 适时下水与放牧 将雏鸭、雏鹅赶到水面上游泳、洗浴、饮水被称为下水,其目的是为尽早发挥水禽的特性,加强运动,促进消化、新陈代谢和生长发育,并保持鸭、鹅体清洁。同时,也可锻炼鸭、鹅不怕惊扰,增加与人接触和增进与人的亲切感,以便遇到环境变化时不致于产生太大的应激和骚动。

(1)下(放)水 雏鸭、雏鹅出壳后3d可下水。因雏鸭、雏鹅尾脂腺不发达,羽毛防湿性能较差,下水时间不宜过长;否则,羽毛湿透易受凉感冒。每天2次,将雏鸭、雏鹅盛于竹篮内,放入水中使淹至脚蹼(踩水);开始约10min,5d后逐步延长下水时间,让其在水中自由活动。还应视天气情况,雨天、气温低时可适当减少下水次数和时间。要根据雏鸭、雏鹅日龄、体质强弱、气温、喂料性质等的差异,灵活掌握放水次数及持续的时间。如果雏鸭、雏鹅体质强壮、气温高、喂动物性饲料多,放水时间可长一点,次数也可多一些。下水活动应避开夏季中午烈日和冬季阴冷的早、晚。每次下水后,都要让其在暖和无风处梳理羽毛,使湿毛尽快干燥,然后再进入育雏舍,绝不允许带着湿毛入舍休息。

(2)放牧 1周龄以上的雏鸭、雏鹅,就可开始进行放牧运动训练,使其逐渐适应外界环境,增强体质和觅食能力。初始可选择晴朗、暖和、外界温度和舍内温度相近的天气,让雏鸭、雏鹅在舍外运动场或舍周围活动,不宜远放,放牧时间每次20～30min。待雏鸭、雏鹅适应后,可逐步延长放牧时间和距离。2周龄后,气温适宜、天气晴朗时,白天均可让圈养雏鸭、雏鹅在运动场活动;放牧饲养雏鸭、雏鹅每天上、下午各放牧1次,中午休息,放牧时间由短及长,但最多不超过1.5h。雏鸭、雏鹅在稻田活动后,都应到清水中洗游10～15min,然后上岸、梳理羽毛,羽毛干后入舍休息。

要仔细观察雏鸭、雏鹅群放牧运动时的觅食情况,若放牧场地食料丰富,可暂不补喂饲料;如果雏鸭、雏鹅在牧地上游来游去,个别雏鸭、雏鹅边游边叫,表明牧地食料不够,应及时补喂饲料;如果雏鸭、雏鹅游来游去,不时潜水,非常活跃,放牧时间可以适当长一些。

3. 夜间管理 夜间管理不当常发生挤压、"烧棚",导致大量死亡。不要让放牧归来的雏鸭、雏鹅群立即卧地休息,应在舍内来回驱赶,直至羽毛上的水汽烘干;驱赶不能过度,当雏鸭、雏鹅的喙接触人眼皮略感烫时即可终止。为防挤压和能相互供暖,每天入舍后用竹围隔成若干小间,每个小间关雏鸭、雏鹅20～25只;这样的分隔一般要持续到40日龄左右。坚持夜间巡视与观察雏鸭、雏鹅动态,应每隔2～3h把雏鸭、雏鹅拨动1次,以防挤压。

4. 防止兽害 猫、鼠、蛇、黄鼠狼均对雏鸭、雏鹅有威胁。育雏前期夜间照明,可有效防止兽害;同时,应堵塞育雏舍各处孔洞,杜绝害兽侵入。如夜间鸭、鹅群发生骚动,可能有野兽入侵,要立即驱赶或捕捉。

5. 把好种鸭、种鹅选种关 育雏结束时,应对鸭、鹅进行第一次选择,将品种特征明显、健康无病、健壮、腿脚挺直、腿胫较长,且体重、体型较好的个体留作种用。

6. 加强清洁与消毒 必须经常打扫圈舍,勤换垫料,保持舍内干燥;圈舍周围也应经常打扫和定期消毒;同时,应每天清洗、消毒食槽及饮水器。要十分注意保持雏鸭、雏鹅羽毛的干燥,防止互相啄羽。

7. 搞好疫病预防 雏鸭、雏鹅抵抗力差,易感染疾病。应以预防为主,制订全面、实用、有效的免疫程序,按时进行免疫注射及投药防病。寄生虫对生长发育的影响也大,用煤油或2%除虫菊粉涂抹或撒在雏鸭、雏鹅的羽毛上,能驱除体外寄生虫。

8. 建立稳定的管理程序 鸭、鹅均具群居性,合群性很强,应从育雏阶段开始调教和培养,使鸭、鹅群的饮水、采食、游水、羽毛梳理、入舍休息、放牧等活动定时定点,形成规律,并据此建立一套科学的饲养管理程序。饲养管理程序一经建立,不能随意更改;必须改变时,应逐步进行。骤然或频繁改变饲料和饲养管理程序,会造成应激,影响生长或诱发疾病,降低成活率。

(六)肉鸭放牧育雏的特殊要求

1. 育雏宿营地的选择 宿营地最好设在沟渠的弯道处,便于设立水围;坡度愈小愈好,便于设陆围;营地附近若有丰富的天然动植物饲料,则是雏鸭放牧的理想场地。

2. 育雏宿营地的组成

(1)水围 包括水面和给料场两部分,用于雏鸭白天休息、避暑和饲喂。放牧鸭的育雏多在夏季,稻田水浅,暴晒后水温急速升高,极不利于雏鸭的生长。应在沟渠处设置水围,围高应高出水面30cm左右,围内水深在50cm以上,其上设置遮荫棚。紧接水篱围设一略倾斜的陆地饲喂场,把饲料撒在洁净的晒席或塑料布上,给料后用水将其洗净、晾干。

(2)陆围(干围) 供雏鸭过夜用的,地势应高燥、避风、平坦,紧邻水围。用竹编的方眼围篱,高约50cm,依雏鸭群的大小决定陆围的面积。为防止敌害,可在围篱外面再加一层用竹片编成的高1m左右的"高围"。

(3)棚屋 棚屋是放牧人员食宿、休息的地方,紧接陆围。棚屋门应面向陆围,以便晚间观察鸭群动态。

3. 放牧肉雏鸭的饲养管理要点 与其他鸭、鹅基本相似,放牧时应尽量让雏鸭多采食,特别是昆虫一类的动物性饲料。每次喂料后,可在饲喂场上留少量饲料,让嬉水后的雏鸭随时都能采食到饲料。肉雏鸭放牧多在夏季,应避开高温时段。每天雏鸭进入陆围后,要用竹围把陆围隔成若干小间。

第三节 育成鸭、育成鹅的标准化饲养

一、舍饲条件下的饲养方式

(一)网上饲养

类似网上育雏,木条或竹条之间的间隙宽2～2.5cm;用镀塑金属网的网床,网孔径为1.5～2cm。饲养密度较地面平养大。

(二)地面平养

同地面育雏,随年龄增长应逐渐降低饲养密度。

(三)露天饲养

适于气候温暖的地区或季节。饲养场地应排水良好,土壤以沙壤土为好,地势应略倾斜。场地四周应用 1.5～2m 高的竹竿或尼龙网圈围,以防野兽侵袭。露天饲养场的面积应按每 m² 养 2～4 只,可保持相对清洁;场地上应有简单的遮阳凉棚,按每 m²12～15 只鹅、鸭建造。

(四)半舍饲饲养

鸭、鹅舍为开放式,舍外运动场是舍面积的 2 倍,舍内外地面最好是沙壤土,切忌重黏土,运动场有一定斜度,以利排水。冬季舍内可铺垫料,夏季可铺一层粗沙,舍外运动场最好用粗沙铺垫。

二、育成鸭、鹅的饲养管理技术

5～16 周龄为鸭、鹅的育成期,通常称为青年鸭(鹅)阶段,此阶段约 3 个月。大型肉鸭多采用舍饲,兼用和蛋用型宜放牧,鹅应充分利用放牧饲养。

(一)育成鸭、鹅的生理特点

1. 生长发育迅速 鸭、鹅此阶段主要是长骨骼、羽毛和内脏器官,为进入产蛋期做好准备。一般情况下,鸭、鹅 16 周龄已接近成年体重。只要饲养管理正常,体重、羽毛生长特征会按时出现,鸭、鹅群表现整齐一致。内脏器官在此时期发育很快,尤其是性器官。10～12 周龄时,卵巢上的卵泡已逐渐长大;12 周龄后,性器官的发育更快。

2. 活跃好动、食欲旺盛、喜睡 育成鸭、育成鹅十分好动,放牧时若所处环境周边有丰富的天然饲料,会不停地来回奔走、觅食、嬉闹。应适当控制其活动,保证有充分的休息,以免体力消耗过大而影响生长发育。

3. 食量大、不择食、易调教 应及早对育成鸭、育成鹅进行调教,使其尽快适应各种饲料。

(二)育成鸭、鹅的饲养管理技术

这个时期饲养重点,是使鸭、鹅的身体得到充分发育,要特别注意鸭、鹅的生长速度、体重和开产日龄,使之适时达到性成熟,在最佳时期开产,并迅速达到产蛋高峰。生长过快、体重超标、提前开产,都会缩短产蛋高峰期,降低整个产蛋期的产蛋率。

1. 舍饲育成鸭、鹅的饲养管理

(1)群大小适当,饲养密度合理 育成鸭、育成鹅群以 300～500 只为宜,分群时要结合淘汰病、弱、残的鸭、鹅,应尽可能使一群鸭、鹅日龄相近、体格大小一致、品种相同。饲养密度应随日龄、季节和气温的变化适当调整(表 15-8):网上饲养密度可适当加大,每 m² 可多养1～2只肉仔鹅或肉鸭,或多养 2～4 只蛋鸭。在每 m² 面积上,寒冷的冬季可多养 2～3 只,炎热的夏季则少养 2～3 只。

(2)饲粮营养平衡 舍饲时,只能通过饲粮来满足育成鸭、鹅生长所需的各种营养物质,饲料应尽可能多样化,宜粗不宜精。应采用全价配合饲料,并补加一些多汁饲料;条件允许时,可给鹅饲喂含 30%青干草或槐树叶粉的全价颗粒饲料。18 周龄后应适当提高种公鸭、种公鹅饲粮中的蛋白质含量,补充维生素E及B族维生素,增加氯化胆碱的使用量,以提高种鸭、种鹅开产初期的受精率。

表 15-8　育成鸭、鹅的饲养密度

饲养方式	禽　种	饲养密度(只/m²)		
	蛋　鸭	22~10(5~10周龄)		10~8(11~20周龄)
地面平养	大型肉鸭	7(4周龄)	6(5周龄)	5(6周龄)
	肉　鹅	6~5(2月龄前)		5~4(2月龄后)

(3)限制饲养　舍饲鸭、鹅活动较少,应进行限制饲养,以避免种用育成鸭、育成鹅体重超标或性早熟,对日后产蛋产生不利影响。一般从8周龄开始限饲,16周龄结束。可采取限量饲喂或限时饲喂的方法。限量饲喂即限定每只鸭、鹅的日喂量,一般以充分饲喂量的85％为宜。限时饲喂可隔日饲喂,或饲喂2d停喂1d,或每周停喂2d。也可通过自配,控制饲粮质量,降低其营养浓度(但要充分供应常量、微量元素和维生素),增喂青粗饲料。要根据体重变化及时调整饲养方式及喂量。应定期抽测体重,限饲开始时于早晨空腹称体重,以后每2周称1次。应将体重控制在适宜范围,一般小型蛋鸭开产体重应为1 400~1 500g,后期体重超过1 500g可视为超重;中型鹅体重应控制在3.2~3.5kg。对发育差、体重轻的鸭、鹅要适当提高饲料质量和数量,补加少量鲜活的动物性饲料,促其正常生长发育。

不能对发育欠佳的育成鸭、育成鹅进行限制饲养;设置的料槽、水槽要保证所有鸭、鹅能同时采食和饮水;应对照标准体重,适当调整饲粮喂量;限制饲养时,饲粮中各种营养物质的比例必须保持平衡,以免影响鸭、鹅的正常发育。

小型蛋鸭育成期各周龄的体重和参考饲喂量见表15-9。

表 15-9　小型蛋鸭育成期各周龄的体重和参考饲喂量

周　龄	体重(g)	平均喂料量[g/(d·只)]
5	550	80
6	750	90
7	800	100
8	850	105
9	950	110
10	1050	115
11	1100	120
12	1250	125
13	1300	130
14	1350	135
15	1400	140
16	1420	140
17	1440	140
18	1460	140

(4)光照合理　育成期光照不宜太强,光照时间应控制在8~10h。为便于鸭、鹅夜间休

息、饮水以及防止害兽侵害,舍内应通宵以弱光照明(每 30m² 设置 1 只 15W 的灯泡)。停电时,应立即用煤油灯(马灯)照明,以免惊群。冬季自然光照不足 8h,需人工补充光照。对留种用的育成鸭、鹅,从 17 周龄开始逐渐增加光照,至每日光照 16h,光照强度为 5W/m²,以促进性成熟。

(5)适当加强运动　运动可促进育成鸭、鹅的骨骼和肌肉发育,增强体质,并防止过肥。每天要定时驱赶鸭、鹅在舍内做转圈运动。附近若有放牧场地,可定时进行放牧活动;于每天早、中、晚,定时赶鸭、鹅下水运动 1 次。

(6)保持安静,减少应激　育成鸭、鹅胆小、敏感,饲养人员宜利用喂料、喂水、换草等机会,加强与鸭、鹅接触,使其逐渐与人熟悉。在舍内操作时,动作要轻,切勿大声喧哗,以避免惊群。舍内环境、饲料和饲养管理操作规程要相对稳定,不可随意变更;应注意通风换气,保持舍内空气新鲜(以不刺鼻为宜)。经常更换与添加垫料,并保持干燥。

(7)预防疾病　制定并严格执行科学的消毒与免疫程序,防止鼠类和昆虫危害及传播疫病,严防传染病发生。每次免疫注射前后,可在饮水中加入多种维生素供鸭、鹅饮用,以减少应激。严禁饲养员互相串舍,以免疾病扩散。饲粮营养要平衡、全面,严禁用霉烂、酸败的饲料,保持饮水卫生,防止营养缺乏症与中毒症发生。

(8)适时混群　20 周龄时,种公鸭、鹅就可与母鸭、鹅混群。混群前再次对其进行选择,标准基本同第一次选择,应特别注意腿和脚趾的状况。混群要充分,此前公、母分开饲养,公鸭、鹅已习惯于原先的饲养环境;混群后,尤其是大群饲养而没有进行小群分栏饲养的种群,种公鸭、鹅往往过多地集中在原来的运动场上,这时应停止在原来公鸭、鹅场地饲养(2 周后再使用),将公鸭、鹅全部投放在母鸭、鹅栏中,以确保混群均匀;有些公鸭、鹅在交配过程中容易受到伤害,造成阴茎损伤或垂缕不收,尤其是体重过大或过小和在陆地上交配的公鸭、鹅。因此,在 26 周龄前应饲养一定数量的后备种公鸭,其数量一般为定群公鸭、鹅数的 5%。

2. 大型肉鸭及肉鹅生长—肥育期的饲养管理　采用两阶段饲养方式,肉鸭 22 日龄、肉鹅 28 日龄后即进入生长—肥育期。此时生长发育速度较快,对外界的适应能力增强,死亡率低,食欲旺盛,较易饲养管理。最好喂给专用的生长肥育颗粒料,也可用加水拌湿的混合粉料,亦可适量加喂一些青绿饲料。转入生长—肥育期的前 3~5d,即应逐渐更换成生长—肥育期的饲料。饲喂颗粒料时,每群应放置 4~6 个沙砾盘;如系粉料,可在料中另加 1% 的沙砾。应供给充足的清洁饮水,饮水器(盆)中水深应超过鸭、鹅的眼部,以便其能浸入水中清洗眼内的分泌物。

应在转群前 4h 停料,刚转群时,饲养面积应适当小些,2~3d 后再逐渐扩大。此期仍应实行强弱分群饲养,用 50cm 高的竹编围栏分隔,每群控制在 300~500 只。生长—肥育期不再保温,如开始几天逢寒冷季节,可适当保温。

生长—肥育期光照不宜过强,对增重和防止啄羽均有利。白天利用自然光,整个夜间仍用弱光照明,每 m² 1.5W,灯距地面 2m 左右。肥育期宜尽量减少鸭、鹅的运动量,以降低能量消耗。

3. 防止啄癖　生长—肥育期是啄羽最严重的时期。造成啄癖的原因很多,应采取综合防治措施。一旦发生,应立即将患啄癖与被啄的鸭、鹅隔离饲养;及时检查与调整饲粮,保证供给足够的蛋白质、必需氨基酸、常量与微量元素和各种维生素,饲粮中粗纤维含量应不低于 3%~5%。若引起啄癖的原因是缺盐,可在饲料中连续 2~3d 添加 1%~2% 食盐;如系缺硫引起,可补硫酸锌、硫酸钙(石膏),每只每天 1～4g。实践证明,在饲料中添加 DL-蛋氨酸及维生素 B_1、维生素 B_{12},能起到预防啄癖的作用;对改善环境条件也有一定效果。鸭舍温度、湿度要适宜,加强通风,舍内空气应对鼻、眼无刺激;将不同品种、日龄及强弱鸭、鹅分群饲养,密度适当;适量运动、降低光照强度(能看见吃食和饮水即可),低照明度常可有效减少啄癖;还应尽量减少噪声干扰和应激。此外,雏鸭 8～10 日龄时进行断喙,也可有效地防止啄癖;添加羽毛粉、啄羽灵、啄肛灵、硫酸钠(芒硝)、体脱康、啄癖康等都可在一定程度上防治啄癖症。

第四节　鸭和鹅的放牧饲养技术

一、产蛋鸭的放牧饲养管理

放牧条件下鸭受季节变化的影响更频繁,应随季节变化调整饲养管理技术。

(一)春季放牧饲养管理

春季天气逐渐转暖,白昼逐日延长,天然饵料日趋增多,受气温和日照影响,蛋鸭开始进入产蛋高峰期。早春应在浅水塘、溪河、沟渠放牧,并适当延长放牧时间,早出晚归,使蛋鸭多采食。同时,应根据每天的产蛋及采食情况,适当补充配合饲料(其粗蛋白质含量在 20% 左右),并增喂一些富含钙的矿物质和青饲料。

早春须严防"倒春寒"的危害,加强保温。晚春出现早热天气或连绵阴雨天时,要注意防暑、防潮。

鸭放牧期间,放水、采食、休息常常交替进行,1d 会出现 3 次采食高潮及相应的休息与嬉水,应组织好放牧活动程序。若在放牧途中个别鸭离群独行并不停地鸣叫,很可能是产蛋时间推迟,此刻临近产蛋,可将其捉出放回鸭棚待产。

春末夏初正值梅雨季节,温度高、湿度大,应重点抓好防霉、通风,严防饲料发霉变质,并加强对宿营地的消毒;有条件的,可在休息地面铺砻糠灰,以助吸潮和消毒。

(二)盛夏放牧饲养管理

6月底至8月,是一年中最热的时期,此阶段饲养管理的重点是防暑、降温,使蛋鸭营养状况逐步恢复。春季产蛋高峰期蛋鸭已消耗很多,此时常可出现营养不良及生理上的换羽,若饲养管理跟不上可导致停产。上午放牧应早出早归,下午则晚出晚归,但必须在天黑前归牧。中午应将鸭群驱赶至阴凉处休息,避免烈日暴晒,要特别注意防止日射病;也不要让鸭群在灼热的地面行走,以免烧伤脚蹼。应根据放牧地野生饲料供应情况,适时补充配合饲料,早饲要早,晚饲要晚,夜间还应添加清洁饮水。夜间鸭群鸣叫不安,可能是气候闷热所致,应及时疏散,降低密度,并外出放水。

为使母鸭在秋季能提前恢复产蛋,缩短休产期,要组织好人工强制换羽。

(三)秋季放牧饲养管理

9～10月份,秋高气爽,母鸭进入一年中的第二个产蛋旺季。应随着气温下降与白昼变短,逐渐缩短放牧时间。金秋时节应充分利用稻茬田放牧,尽量让鸭采食其上的遗谷、昆虫、青草;在稻茬田觅食一段时间后,要将鸭群驱赶至有清洁水源处饮水和放水。秋季湖泊、沟壑中的动物性饲料逐渐减少,应减慢放牧速度,让鸭群有充分的时间采食。类似于春季,也要早出晚归,归牧途中一定要控制鸭群行进速度,防过急受惊产畸形蛋与软壳蛋。若条件允许,可在夜间休息的棚舍内补充人工光照,使每日光照时间(自然光照加人工光照)不少于16h。

(四)冬季放牧饲养管理

冬季气候寒冷,日照短,鸭的产蛋量下降,甚至停产。为使蛋鸭仍能有较好的产蛋成绩,并为来年春季产蛋做好准备,应采取以下综合措施。

1. 防寒保温 鸭舍门窗应能兼顾防寒保暖与通风换气。鸭床及鸭舍内墙四周放置厚层垫草(5~10cm),每天收蛋后,再添加适量新草,但不清除旧草,使垫草逐渐积累,数日后清除1次,既保温、又省力。可在鸭群活动场的西北面设挡风屏障,高约2m,以便挡风保温。

2. 调整饲粮 应适当提高饲粮的能量浓度。一般情况下,冬季蛋鸭饲粮代谢能要在11.92MJ/kg以上,粗蛋白质19%,钙2.7%~3.0%,有效磷0.5%~0.6%,赖氨酸0.8%,蛋氨酸0.28%,食盐0.35%,并适当供给青绿多汁饲料,保证蛋鸭获得所需的各种维生素。

3. 夜间补充光照、补饲和"噪鸭" 冬天日照短,可补充人工光照,使日光照时间不少于14h。夜间增补1次料,同时供给充足的饮水。适时"噪鸭",每晚至少4次,将棚内的鸭群定时驱赶3~5圈,以增加运动量和增强御寒能力,同时可提高冬季产蛋率。

4. 放牧、放水 冬季放水应在避风暖和的河滩、塘坝、水渠地进行,不可在空旷的田野和水塘停留过久,以免因受冻而停产。一般情况下,每天放牧应不超过4h,晚出牧,早归牧,不可在冰雪中行走觅食。

二、肉鸭、肉鹅的放牧饲养技术

肉鸭放牧肥育适用于我国地方品种及其与大型快速肉鸭的杂交后代,南方农区多采用此法,长途跋涉是其特点;大型快速肉鸭一般不采用放牧饲养。放牧肥育与农作物收获季节紧密结合,是一种较为经济的肥育方法。通常在春末、夏初开始放牧育雏,确定育雏地及肥育上市地后,在育雏地到肥育上市地之间的沿途逐步行进放养,经过一个夏季的放养,到中秋节或国庆节即可上市。

(一)肉鸭生长—肥育期的放牧

1. 放牧路线 生长—肥育期肉鸭的觅食能力增强,可进行长途野营放牧。选择放牧路线时,要充分考虑该路线内水稻的收割期,按稻田收割的先后,依次放牧前进;当到达预先选定的上市地时,鸭群应正好达到上市体重。若放牧路线选择正确,沿途饲料丰富,可以节省大量补充饲料,鸭群也可按时达到预计体重。

2. 按鸭的生活规律组织放牧 早上放牧的第一个小时鸭群主要是游弋,继而出现第一次采食高潮,之后休息和游弋。上午9~11时及下午2~3时和傍晚,又相继出现3次采食高潮及随后的休息与游弋。秋后至初春天气转凉,白昼变短,只出现早、中、晚3次采食高潮。根据这一规律,可把天然饲料丰富的稻田安排在鸭采食高潮时放牧,而天然饲料少的稻田供休息与游弋。

3. 放牧鸭群的调教　放牧能否有条不紊地进行，关键在于选好和控制好"头鸭"。选择"头鸭"在稻田中进行，用放牧竹竿从鸭群中"拨出"10～20只活泼健壮的鸭作为"头鸭"，走在最前面，叫做"头竿"，余下的鸭群就会跟着上路。只要控制好"头鸭"，鸭群就会按预定路线行进。行进中，放牧人员和鸭群要保持3.5～5m的距离，相距太近会迫使鸭群快走，不能充分采食，离群太远则难以控制。归牧时，必须控制鸭群缓慢行走，尽量让鸭群多采食，使其饱嗉过夜。出牧和归牧时鸭群常常发生拥挤，牧鸭人应站在围篱门侧，用放牧竹竿控制鸭群出入速度。

(二)稻田养鸭

稻田养鸭是一种绿色农业，据文献记载，此法首创于1597年(明万历丁酉年)，20世纪80年代得到进一步改善并推广应用。稻田养鸭是生产有机水稻必不可少的措施，鸭可大量捕食昆虫，有效防治水稻虫害，减少农药的施用量。放牧鸭还是有力的"生物除草剂"，可减轻除草的负担，避免大量施用化学除草剂的弊端，且对杂草的控制效果(98.5%～99.3%)比施用化学除草剂高6.9%～16.1%。既清除杂草与节省人工、药物和大量饲料，且大量鸭排泄物回归稻田，又改善了土壤肥力和结构，可保持农田生态良性循环。

1. 稻田的选择　用于养鸭的稻田应具备以下条件。

①有丰富的天然饲料资源，近几年周边无重大禽病流行；应便于给鸭投食及稻田管理。应远离铁路、公路、工厂、居民集聚地，有利于防疫。

②水源充足，排灌方便，旱季不干涸，雨季不涝；水质无严重污染，不能含有农药、疫病病原体、禽类寄生虫和有毒有害化学物品；水体酸碱度以中性或偏碱性较好，pH在6.8～8.2。

③以保水强、呈中性或微碱性的壤土或黏土为好，高度熟化、高肥力、灌水后能起浆、干涸后不板结和保水保肥能力较强的稻田最为理想。沙土及重砂壤土的田块漏水漏肥，湿时板，干时散，土壤不稳定，肥料流失快，有机质含量少，土壤贫瘠，这样的田块养鸭效果较差。

④用来养鸭的稻田面积，主要以稻田饲料可供给量为依据，鸭的最佳放养量为每667m²10只。以鸭对稻田内杂草和病虫害控制效果为依据，则最佳放养量为每667m²15只，田块大小以400～667m²为宜。为兼顾两方面，人们通常主张每667m²稻田放养12只鸭，大于1 000m²的稻田宜用围网进行隔断。

2. 宿营地的建造　在稻田的中心部位垒一块略高出水面的陆地，面积不宜太大，以能容下计划饲养鸭数为度。

3. 饲养管理要点　稻田养鸭适用于小型品种的生长—肥育鸭。当稻田秧苗能覆盖整个稻田时，将育雏结束后的生长鸭移放到稻田中心的陆地，夜间露宿于稻田，每日早、晚可在稻田边撒放一些配合饲料，给予补饲；最初几天应撒放引诱生长鸭采食补饲的饲料。经过50d左右的放养，即可肥育上市。

(三)鹅的放牧肥育

鹅的放牧肥育有放牧和放牧加补饲两种方式。

1. 放牧　常采用昼牧夜宿。大多数常见牧草都适于鹅，但其不喜食苜蓿。鹅采食牧草常连根拔除，对草地破坏很大，故不能在一块草地上放牧时间过长。轮牧是保护草地的最好办法,应视草地的大小、植被生长状况,将牧地分成若干小区,每个小区以放牧 5~7d 为宜。

2. 放牧加补饲　如果牧地不够或牧草数量与质量不能满足需求,或收牧时鹅群未达到十成饱,或育成鹅正处于换羽期间,都应该采取以放牧为主、补饲为辅的饲养方式;通常在中午或傍晚进行补饲。刚由育雏转为育成时,应适当进行补饲,并逐步减少补饲量。可用单一的稻谷、玉米籽粒等作为补料,也可用配合饲料,每天每只应补饲 50g 左右。每周还应给予每 100 只鹅约 900g 不溶性沙砾。

第五节　商品蛋鸭及种鸭的标准化饲养

一、商品蛋鸭的标准化饲养

鸭产蛋的特点是,开产后几乎每天产蛋,连产期比鸡长,消耗体能多,应加强产蛋期的饲养管理。

(一)产蛋初期(150~200 日龄)和前期(200~300 日龄)的饲养管理要点

1. 精心养护　要严格按饲养标准配制饲粮,注意夜间补饲。产蛋初期产蛋率波动(甚至下降),产蛋前期蛋重增幅过小或过大,产蛋时间推迟,甚至白天产蛋或产蛋不集中(系采食不够,应补喂精料),体重较大幅度增加或下降,均应从饲养管理上查找原因,并及时调整。鸭怕下水,下水后不梳理羽毛,羽毛沾湿,甚至沉下,上岸后双翅下垂,行动无力,预示产蛋将下降。应立即加强营养,增加动物性饲料,或补充脂溶性维生素,可加喂鱼肝油,每只每日 0.5mL,连续喂 10d。

2. 合理的光照制度　开产后,在自然光照的基础上,酌情逐渐增加光照至 16h,强度以 5~8lx 为宜。当灯泡距地面 2m 高时,每 m² 按 1.3~1.5W 计算配置灯泡,灯之间距离应相等。

3. 掌握产蛋规律　据观察,母鸭产蛋有定位性,应在舍内地面铺细沙,设产蛋窝,勤捡蛋。产蛋多集中在凌晨 1~5 时。饲养管理正常、无应激干扰的情况下,早 7 时产蛋结束,放牧应安排在其后。傍晚收牧后应补足精料,可减少白天产蛋。应统计每天的产蛋量和总蛋重,做好记录;最好能绘成产蛋曲线图,并与标准比较,作为改善饲养管理的依据之一。

4. 减少应激和注意观察　产蛋期不宜注射疫苗、不驱虫,不使用对产蛋有影响的药物,如喹乙醇等。粪便是否正常,常常是健康和饲粮适当与否的标志。粪便在水中呈蓬松状,白色不多,表示动物性饲料喂量恰当;反之,表明动物性饲料未被吸收。

(二)产蛋中期(301~400 日龄)的饲养管理要点

产蛋中期产蛋率一般高达 90% 以上,应力求使产蛋高峰维持到 400 日龄以后。因此,应提高饲粮营养浓度,粗蛋白质含量应达 19%~20%,并适当增喂颗粒状矿物质饲料(石灰石、牡蛎壳)和青饲料。饲养管理合理时,此期产蛋率应保持不降,蛋重不低于 62g 或稍有增加,体重亦基本稳定。体重增大,可降低饲粮代谢能浓度,增加青饲料,控制饲料补饲量;若体重减轻,可增喂动物性饲料。要使鸭产蛋多,最好采用放牧加补饲的饲养方式;在开产后按 2%~

3%或5%的比例投入公鸭,以嬉水促"性",可增加产蛋量。

(三)产蛋后期(401～500日龄)的饲养管理要点

当产蛋率维持在80%左右时,可参照中期的饲养管理原则,做适当调整。若产蛋后期处于炎热夏季,当气温超过29℃以上时,母鸭会自然换羽或产蛋率降至60%左右。有利用价值的鸭群,可由人工强制换羽逐步过渡到休产期的饲养。而绝大多数鸭农在无利润时,均采取淘汰、上市作食用鸭销售。

二、种鸭的标准化饲养

(一)种鸭繁殖期的饲养管理

1. 种母鸭的饲养 饲养种母鸭的主要任务是防止早熟或过肥,提高种蛋的合格率和受精率。

(1)提高饲粮的饲养水平 邻近性成熟时,应终止限制饲养,按产蛋期的饲养标准配制饲粮。母鸭对矿物质的需要量大,特别是钙的需求大于公鸭,应适当增加矿物质饲料。可在运动场或鸭舍的一角,设粒状钙源饲料盒,任其自由啄食。

(2)定时喂料 种鸭产蛋期一般日喂4次(白天3次、晚上1次);每天饲喂量约200g/只。高峰期或雨天不能下水觅食时,可酌情增加(约250g)。休产期的种母鸭日喂2次即可。

2. 种公鸭的饲养 与母鸭相同,但公鸭采食量大于母鸭。在配种季节,应保证公鸭有健壮的体质,但不能过肥。饲养不当造成过肥,可致公鸭爬跨困难。体重过大或过小均影响其精液品质,降低种蛋的受精率,应通过饲养管理来调整。

3. 种鸭的管理技术

(1)配偶比例与利用年限 配偶比例适当,可以保证种蛋的受精率。重型鸭、中型鸭、轻型鸭的配偶比例(公:母)依次为1:8～10,1:10～15,1:15～20;可视公鸭的活力和种蛋实际受精率酌情调整,产蛋高峰可用上限。种鸭利用年限一般为2～3a,但产蛋量和受精率呈逐年下降的规律。因此,种母鸭以利用一个产蛋年最经济,特别优秀的鸭群,可适当延长其使用年限。

(2)妥善安排留种 留种的公鸭外貌特征应符合品种标准,体质强壮,性欲旺盛,精子活力好。年龄要比母鸭早1～2个月。每年3～4月份选留种母鸭,10月份开产,产蛋高峰处在11月至翌年2月最理想,还可利用秋季出现的第二个小旺季延长产蛋期,填平"驼峰"。

(3)确保种蛋受精率 受精率高低是公鸭质量好坏和饲养管理是否正确的标志。当公、母鸭混群后,应注意观察,将受伤及失去竞配能力的公鸭及时替换。进入产蛋后期,公鸭性欲减退,也应部分更换。孵化期内应统计鸭群种蛋受精率,若发现偏低,应立刻查明原因。首先要抽查公鸭精液品质,将不合格者淘汰。在留种时除按外貌特征选留外,更重要的是通过精液品质检查,就能确保种蛋受精率和后代的质量。

早、晚是种鸭频繁交配的时期,且交配常在水上进行。因此,应早放鸭,迟关鸭,延长下水活动时间,提高受精率。

(4)预防种公鸭的腿脚病 正常的脚趾(尤其是中趾)对公鸭交配极其重要,患腿脚病会影响交配，降低种蛋受精率。应保持鸭舍和运动场清洁卫生，舍内空气流通、垫料干燥；冬季防寒保暖，夏季及时防暑降温，但应避免洒水造成湿度过大。同时，须防止公鸭因外伤、感染而引起跛行或脚趾弯曲变形等。

（5）减少种蛋污染　被污染的种蛋，不仅污染孵化环境，而且对孵化率和雏鸭的品质影响较大，故种蛋的管理不容忽视。应保持鸭舍及产蛋窝清洁，减少种蛋污染；垫料不清洁、产蛋窝不足及未经训练的初产母鸭随处产蛋或产窝外蛋，也会造成污染，有时破蛋会增多；应及时收集种蛋，避免受潮、暴晒和被粪便沾污。拣蛋时应将破蛋、软蛋及污染严重的蛋取出，不能存放在种蛋室内；应定期消毒种蛋保存室，其温、湿度应符合要求，种蛋应按产出日期存放，最好不超过5d。

（6）加强防疫与疫病净化　种鸭场严禁参观，无关人员不得进入鸭舍；饲养人员也不能互相串舍，以防形成交叉感染。应对一些可通过蛋垂直传染的疾病进行定期检疫，严格淘汰检出的阳性个体，确认为阴性个体的才能留种，以求净化。

（二）种鸭休产期的饲养管理

为了获得更多的优良后代，常常延长优秀种鸭的利用年限。欲促使第二个产蛋期及早到来，生产更多的种蛋，必须做好休产期的饲养管理工作，最重要的是推行人工强制换羽，缩短休产时间。

1. 种鸭的人工换羽　换羽是鸭的天然习性，但受外部环境变化的影响很大，多在秋季进行。人工强制换羽可调节种鸭换羽期及盛产期，做到各个季节按需供种。人工强制换羽，可使整个换羽期缩短为40～50d；经人工强制换羽后，鸭群产蛋率比自然换羽有较大提高，蛋的质量也较好。

（1）限饲、限饮、限光、限动　人工强制换羽的第1天，将鸭赶入遮光的鸭舍（只有弱光），停止供应饲料和饮水，不除粪，也不换垫草；第2天只在上午喂1次水；第3天让鸭充分饮水；第4、5天，分1次或2次喂予每只鸭糠麸类饲料100g和少量青饲料，并供给充足的饮水；第6～10天，分上、下午喂给糠麸类饲料2次，其量增至125g，另给少量的青绿饲料。10d内不让鸭群出舍、不放水。10d后，每隔3d放水1次，促使鸭自行换羽。

（2）人工拔羽　限饲、限饮、限光、限动后的第15～20天，鸭开始换羽，一般先换小羽，后换大羽。为缩短换羽进程，可拔去鸭的主翼羽、副翼羽和尾羽。必须在两翼肌肉收缩，主翼羽的羽轴干枯与毛囊开始萎缩时进行拔羽；过早或过晚拔羽都会影响鸭体重和新羽生长。拔羽宜选择晴天的上午进行。应沿着羽毛尖端的方向，用瞬时力拔除所有未脱落的主、副翼羽和尾羽。拔羽后第1天，禁止鸭群下水。

（3）加强饲养管理　拔羽后应尽快改善饲养管理，逐步增加饲料喂量和改善饲料质量。拔羽后第2天即开始运动和放水，放牧鸭的放牧地应由近及远，逐渐延长放牧时间。在拔羽后20d左右，恢复蛋鸭的正常饲养管理。一般在拔羽后的30～40d蛋鸭开始产蛋。亦应及时清扫鸭舍，保持其清洁、干燥，适宜的温湿度和通风良好。

2. 人工强制换羽注意事项　实施人工强制换羽的鸭群第1个产蛋期的生产水平较高，身体应健康。应淘汰病、瘦、弱、残鸭，并将开始换羽的鸭隔出单独饲养。人工强制换羽前1～2周，应对未进行免疫注射的鸭群补注鸭瘟、禽霍乱等疫苗，并进行驱虫、除虱，以适应人工强制换羽所造成的应激，并保持下一产蛋年鸭群的健康。

第六节　商品肉鹅及种鹅的标准化饲养

一、商品肉鹅的标准化饲养

(一)肥育商品鹅的饲养管理技术

育成鹅达 70 日龄左右时,肌肉比较丰厚,并沉积少量脂肪,体重在 2kg 以上,大型鹅可接近 4kg,此时即可上市出售。为获得肉质更佳、风味更美、体重更大、经济效益更好的肥仔鹅,应进行短期肥育,肥育期以 20~30d 为宜。经短期肥育的仔鹅脂多肉嫩,胸肌丰满,味道鲜美,可食部分增加。

1. 肥育前的准备

(1)肥育鹅的准备　育成期结束后,优秀的育成鹅被转入后备种鹅群,可选剩余鹅中活泼健壮、无病、觅食力强的个体进行短期肥育,挑剩的育成鹅即可上市销售。若系购进仔鹅进行短期肥育,必须隔离饲养 3~5d,确认健康无病后再合群肥育。

(2)分群饲养　欲使鹅群肥育速度相近,具一定规模的肥育场最好按体质强弱分为若干群,按群调整饲粮及饲养管理规程;对体质较差的鹅群应给予更多的关注,以缩小各群之间的差距,使全部肥育鹅能达到最佳生产效益,同步肥育、出栏。

(3)驱虫　经过 2 个多月的育雏、育成期饲养,仔鹅感染各种内外寄生虫的可能性较大,如球虫、蛔虫、线虫、绦虫、前殖吸虫以及鹅虱等。为了提高肥育效果,应在开始肥育前进行驱虫。宜选用广谱、高效、低毒的驱虫药。

2. 肥育方法　常用的有放牧加补饲肥育和围栏肥育,此处重点叙述围栏肥育。

围栏肥育是将仔鹅圈养于舍内的围栏内;为节省劳力和防止潮湿,可采用网上平养或养于漏缝地板上,应适当控制光照强度和运动,每 m² 养鹅 4~6 只;要保持围栏干燥(饲槽和饮水槽应放在围栏之外),通风良好,环境安静。肥育期 20d 左右,每天饲喂 3~5 次,晚间必须喂 1 次,并供给清洁而充足的饮水。饲料仍以青绿、多汁饲料为主,并补充一定量配合饲料或玉米、麦粒、稻谷之类富含碳水化合物的饲料。按饲养方式,又可将围栏肥育区分为填饲肥育和随意采食肥育。

(1)填饲肥育　特点为严格限制运动,强制性饲喂。一般加少量热水,将配制的肥育用配合饲料拌匀,调制成直径 1~1.5cm 的条状,每节长约 6cm(严防杂物混入)。填饲时先固定鹅,使其背部向着人,左手握住鹅头并用手指将嘴撑开,右手持条状饲料,蘸少量清水,缓慢地将饲料送入食管;每喂入 1 条后,用右手将饲料从颈部轻轻推向胃部;每次喂 5~6 条,视情况可逐渐增至 8~10 条(注意防止误入气管)。开始 3d,每日填饲 3~4 次,不宜填得太饱;以后可逐渐增至 6 次,平均每 4h 填 1 次,填后供足饮水。有条件的地方也可使用专门的填饲机。每天傍晚应放水 1 次,约持续 30min,以促进消化、清洁羽毛、防止生虱和其他皮肤病。每天应清扫围栏,更换湿垫草;北方习惯用土垫围栏,应每天添加新干土,每 7d 彻底清理 1 次。

这种肥育方式劳动强度较大,但投资少,肥育效果较好。

（2）随意采食肥育　有高床双层笼养肥育和地面肥育两种方式。

高床双层笼养肥育,是实施肥育鹅集约化饲养的较好形式。双层笼底在距地面 50～60cm 高处,每层笼高 60～70cm(因品种而不同),两层之间(相距 8cm)放置承粪板;笼的底板用竹板或树条,板条间距 2～2.5cm;笼外设置饲槽和饮水槽,供鹅自由采食和饮水。将笼分成若干小区,每个小区饲养肥育鹅 25～30 只,每 m² 饲养肥育鹅 6～8 只。笼养肥育采用全日粮型颗粒饲料效果更佳。应每天清除承粪板上的鹅粪 1 次,地面上的鹅粪可在肥育结束时一次清除。

地面肥育是用竹棍或树条将肥育舍隔成若干小区,饲槽和饮水槽亦设在小区围栏外。

地面随意采食方式,应先喂青饲料再喂精饲料。应注意观察肥育期鹅粪形态和色泽的变化,当粪便变黑并呈结实的细条状时,可增加精饲料的喂量,减少青绿、多汁饲料的饲喂量,以加快肥育进程,提高肥育效益。

3. 肥育效果的鉴别　肥育鹅的体躯应呈长方形,羽毛丰满、光亮,后腹下垂,前胸丰满、圆润。根据翼下体躯两侧的皮肤和皮下脂肪,可确定肥育效果。皮下沉积较多的富有弹性的脂肪,遍体皮下脂肪增厚,尾椎丰满,胸肌肥厚、圆润,羽根呈透明状,即属上等肥度鹅;体躯两侧能摸到板栗大小的稀松小块脂肪,属中等肥度鹅;皮下脂肪增厚,皮肤可以滑动,则表示肥育较差,属下等肥度鹅。

二、鹅肥肝生产简述

（一）鹅肥肝简述

鹅肥肝是一种特殊的肝脏,对已达体成熟,且生长发育良好的肉用仔鹅,实施人工强制肥育,大量填饲高能量的玉米,使其肝脏中沉积大量的脂肪,形成比正常鹅肝脏大几倍至十几倍的特大脂肪肝。鹅肥肝与病态的脂肪肝不同,它是人为改变鹅采食习惯,迫使所需要的各种营养素失去平衡,将多余的脂肪沉积在肝脏内所形成的。鹅肥肝可达到 350～1 400g,大者达 1 800g。

（二）鹅肥肝的营养价值

鹅肥肝中脂肪含量显著高于正常肝,蛋白质含量相对较低,肥肝脂肪含量比正常肝高出 6～9 倍,且脂肪中为不饱和脂肪酸占 65%～68%,其中油酸 61%～62%,亚油酸(人的必需脂肪酸)1%～2%,棕榈油酸 3%～4%;甘油三酯含量较正常肝高 176 倍,卵磷脂增加 4 倍,脱氧核糖核酸与核糖核酸增加 1 倍,酶的活性提高 3 倍,并含有多种维生素,营养丰富,对促进人体生长发育十分有益(表 15-10)。

表 15-10　鹅肥肝与正常肝的营养成分比较

名　称	重量(g)	水分(%)	蛋白质(%)	脂肪(%)	矿物质(%)	卵磷脂(%)
正常肝	60～100	66.99～68.49	22.30～23.89	6.40～6.60	1.46～1.68	1.00～2.05
肥　肝	350～1400	35.70～47.49	6.90～12.56	37.50～56.53	0.80～0.94	4.26～6.90

(三)生产鹅肥肝的主要措施

1. 肥肝鹅的选择　品种对肥肝的大小影响很明显,应尽可能选择大型品种填饲。一般讲,凡肉用性能好的大型鹅种都可用于生产肥肝。国际上用于肥肝生产的鹅种,主要有法国土鲁斯鹅、朗德鹅、玛瑟布鹅、莱茵鹅、匈牙利白鹅、意大利鹅、以色列鹅、德国埃姆登鹅等;其中,首推土鲁斯鹅。我国用于生产肥肝的鹅种,除豁眼鹅外,都具有较好的肥肝生产性能;其中,以狮头鹅和溆浦鹅表现最好,已达到国际先进水平,且肝质较好、繁殖力高,平均肥肝重可达700g左右。在实践中,为了提高肥肝的生产能力,常采用杂交方式,即以生产肥肝较好的品种为父本,以产蛋性能较好的品种为母本,用杂交仔鹅生产肥肝。这种方式可获得较多的肥肝雏鹅,加之杂交仔鹅生长发育快、适应性强,更有利于肥肝生产。目前,常用的母本鹅有太湖鹅、四川白鹅、五龙鹅等。

应选用颈粗而短的鹅作肥肝鹅,便于操作,不易使食管伤残。填鹅的体躯要长,胸腹部大而深,使肝脏增长时体内有足够的空间。

2. 肥肝鹅的体重　供生产肥肝鹅的体重因体型而异,大、中型品种填饲体重以 4～5kg,小型品种相应以 3～3.5kg 为宜。若体重较小,肝脏中沉积的脂肪相对较少,生产的肥肝较小,饲料转化率也较低。

3. 肥肝鹅的性别　一般来说,母鹅比公鹅易肥育,与其雌性激素分泌有关,但母鹅的耐填性与抗病力较差。

4. 肥肝鹅的年龄　选择适宜的填饲年龄,不仅关系着肥肝的品质和重量,还影响胴体质量和肥肝的填饲成本。应在体成熟后,即肌肉组织停止生长时,用于生产肥肝。就我国鹅种来看,大、中型品种宜在 4 月龄开始,发育良好的肉用仔鹅养至 3 月龄、体重达到 4 500～5 000g时,也可以提前进入填饲期,小型品种或杂交种宜在 3 月龄时开始填饲;成年和老年鹅也可用来生产肥肝,但必须体格健壮,还应有 2～3 周的过渡预饲期,以调整体况。此外,在填饲前2～3 周,应给放牧的鹅供应粗蛋白质 20% 的饲粮,促使其骨骼、肌肉更好地发育,内脏器官得到充分的锻炼,为填饲打下良好的基础。

5. 肥肝鹅的饲粮及加工

(1)肥肝鹅的饲粮　整粒玉米是填饲肥肝鹅最理想的饲粮,适当添加肉禽微量元素、维生素添加剂、食盐和油脂效果更佳,但肥肝的颜色常因玉米颜色而异,对肥肝质量有一定影响。饲喂黄玉米生产的肥肝呈深黄色,而以白玉米生产的肥肝呈粉红色。生产 1kg 肥肝,需用玉米 35～40kg。

(2)饲粮加工调制　玉米须加工处理后才能用于填饲生产肥肝鹅。加工玉米的方法主要有炒和煮两种。

①炒玉米法:这是我国四川民间的传统调制方法。将玉米过筛去除杂质后,放在铁锅内用文火不停地翻炒,至玉米粒呈深黄色,大约八成熟(切忌炒焦);将其冷却后装袋备用。填饲前,用温水浸泡炒玉米 1～1.5h,若用冷水浸泡则应适当延长时间,以玉米粒表皮泡涨为度;然后,滤去水分,加 0.5%～1% 的食盐,搅拌均匀,装入盛料箱填饲。炒玉米易于保存,存放时间较长,但加工较费劳力,焙炒时火候不易掌握。

②煮玉米法:将清除泥砂、石子等杂物后的玉米放入水中浸涨,水面应淹过玉米粒 10～15cm。加热煮沸 5～10min 后滤去水分,趁热向玉米中加入 1%～5% 的动植物油和 0.3%～

1%的食盐，并按肉鹅标准添加肉禽微量元素和复合维生素，经充分搅拌后即可填饲。

（四）肥肝鹅的饲养管理

肥肝鹅在育成期内，最好放牧饲养，多喂青饲料，以扩大食管容积。其饲养管理分为培育期（初生至 110 日龄）、预饲期、填饲期三个阶段。

1. 预饲期的饲养管理　预饲期通常为 2～3 周，是填饲期的准备。从饲养群中选出体大、健壮、无病的个体组成填饲群。预饲期以舍饲为主，但每天要放出活动 2 次，逐天减少活动时间，至填饲开始前 3～5d 停止活动。每日饲喂 3 次，自由采食，并补充一些青绿饲料。预饲期配合饲料可参考以下配方：玉米 65%，麸皮 6%，大豆饼 20%，菜籽饼 5%，石灰石粉 2%，骨粉 1.4%，食盐 0.5% 和 0.1% 的复合维生素。填饲前 15d，应接种禽霍乱疫苗，并用左旋咪唑或丙硫苯咪唑或吡喹酮驱除体内寄生虫。

2. 填饲期的饲养管理

（1）填饲期与日填次数　鹅的填饲期因品种和填饲方法而略有不同，大型品种填饲期稍长，小型品种较短，但个体之间也有很大差异，一般控制在 3～4 周。填饲期的长短与日填料量和增重关系密切，每日填饲次数多为 4～5 次，有达 6～7 次的。大型鹅日填饲量为 700～1 000g，小型鹅为 500～650g，应在 1 周内逐步达到此量。当填饲至 3～4 周后，体重迅速增加，腹部下垂，皮下和腹腔脂肪大量积聚，行动迟缓，步态蹒跚，精神委靡，眼睛无神、常半睁半闭，呼吸急促，羽毛潮湿而零乱，体躯与地面的角度从 45° 变成平行状态。食欲减退，出现积食或消化不良症状，这是肝已成熟的表现，应立即停填、及时屠宰。

（2）填饲的方式　有手工和机械两种方式。目前，普遍采用机械填饲机，填饲机有立式和横式两类。一般由 2 人操作，由助手固定鹅体，填饲员坐在填饲机的座凳上，右手抓住鹅头部，并将鹅舌压向下腭，然后将鹅嘴移向机器，将事先涂上油的填饲胶管小心地插入鹅食管缓缓向上拉，直至插入食管深部（膨大部），然后启动电动机，将饲料送入食管中；左手在颈下部（填料管口的出料处）不断向下推移，把饲料推向食管基部；随着饲料填入，右手同时将鹅颈徐徐往下滑，保定鹅的助手相应地将鹅向下拉，待填到食管 4/5 处时（距咽喉处 4～5cm），即关闭电动机，从鹅食管取出填饲胶管。为防止饲料掉进喉部引起窒息，填饲员可将鹅嘴捂住，将颈部垂直地向上拉，用右手食指和拇指从颈部将饲料向下推送 3～4 次。整个填饲过程需 20～30s。

横式填饲机可 1 人操作，填饲员用左臂肘抵住鹅体固定架前缘，保持鹅颈伸直，右手拇指和食指置于颈部，随填饲胶管向食管前移而移动，当胶管到达鹅颈 S 状弯曲部时，须协助推拉，以保证食管伸直，使填饲胶管能顺利地到达食管深部；填饲饲料的方法与立式相同。填饲量一定要足，但不能过多，以免堵塞食管，引起食管破裂。

填饲需要 5～7d 的适应期，填喂次数和填喂量要由少到多；最初 2～3d，每天只填饲 2 次，每次饲料量宜少，3d 后逐步增加饲料量。开始时不可填饲过多过猛，适应后要尽量多填，且要根据不同个体状况灵活掌握。每次填饲前应检查鹅的颈下部，观察消化情况。如饲料没有被消化，可减少填饲量或停填 1 次。对体质好、消化快的鹅可增加填饲量。

（3）填饲期的管理　以舍饲为好，舍外不设运动场，也不让鹅下水洗浴。鹅舍须保持干燥、安静，光线略暗，通风良好，并加铺干燥的厚垫草，并及时更换。供给充足的清洁饮水，应经常清洗、消毒饮水器。填饲鹅的饲养密度以每 m² 2～3 只为宜。驱赶鹅只宜缓慢，避免挤压、碰撞。

（4）填饲期的温度　气温影响肝脏内脂肪的沉积，最适宜温度为10℃～15℃，20℃～25℃尚可填饲；填饲鹅的皮下贮存着大量脂肪，不利于体热散发，故气温超过25℃时不能填饲。相反，填饲的仔鹅对低温的适应性较强，但舍温低于0℃时，一定要做好防寒工作。

（5）肥肝鹅的运输　应由专业工厂负责屠宰、取肝与分级，此处不作介绍。但运输肥肝鹅应特别留意，经数十天的强制填饲，鹅体质已十分虚弱，若装卸、运输不当，可导致大量伤亡或肝脏大量出现淤血。

应尽量通过水路运输。若采用车辆运输，应用专门的运输笼，每笼放鹅3～4只，笼内铺设清洁、干燥、柔软的垫草。绝对禁止将肥肝鹅堆放在车箱中，以免车辆启动时肥肝鹅挤集一处，造成大批伤亡；应尽量减少车辆的颠簸，以免使鹅腹腔内的肥肝受损淤血；装车或卸车都要轻捉轻放，并由专人押运。屠宰前应停食12～18h，只供足饮水。可结合运输停食，一般运输都在清晨，经整夜停食后，早上将填鹅运到屠宰场，正好赶上集中屠宰。

三、种鹅的饲养要点

（一）后备种鹅的饲养管理

经过第二次选留的种鹅，即后备种鹅，仍处于生长发育阶段，也是羽毛更换期。饲粮调配应根据其生长发育速度、羽毛生长与更换速度，以及健康状况等加以确定。后备种鹅的饲养阶段属育成期；育成前期，即10周龄前还应给予营养浓度较高的饲粮（按照NRC的饲养标准，4周龄后饲粮中粗蛋白质含量为15%；而前苏联饲养标准中，8周龄后饲粮粗蛋白质供应水平减至14%）。10周龄后可全面转入限制饲喂阶段，主要喂给青饲料和粗饲料，适当补给少量能量饲料和蛋白质饲料。这一时期应以放牧为主，每天补给100～150g的稻谷与粗糠的混合料或50～100g配合饲料；应根据种鹅的生长发育及羽毛更换情况调整喂量；15周龄后，应将后备种公鹅与后备种母鹅分开饲养；要保证种公鹅的正常发育，使其有强壮的体质，同时要防止过度饲养招致后备种公鹅过肥，影响日后的配种能力。育成期公鹅的饲养可略优于母鹅，饲粮中蛋白质饲料的比例可稍大。运动对种公鹅比母鹅更重要，公、母鹅分开饲养后，放牧地可距鹅舍稍远。后备种鹅的游水和夜间管理可参照肉用种鹅的方法进行。

（二）种公鹅的饲养管理

结束育成期后，后备种公鹅即转入繁殖期，开始与母鹅交配，繁衍后代。为了保证受精率和后代的品质，应在育成期结束后再对公鹅进行一次选择，留优去劣。要特别注意性功能的选择，有条件的地方可进行人工采精，检测其精液质量，包括精子的活力、密度、畸形率等。在配种期内还可进行1～2次检测。公鹅一般可利用5a，2～3岁时配种能力最强，以后逐渐减弱。

1. 配种期的饲养管理　经选择留作种用的公鹅，在开始配种前1个月仍应单独饲养，喂以蛋白质和维生素A、维生素E较丰富的饲粮，搞好配种前的营养贮备。此时仍应以放牧为主，充分的运动是保证其精子活力的重要措施。配种开始，公、母鹅即合群饲养，喂给同一饲粮，但仍应注意加强公鹅的运动。每天应让公鹅有2～3次游水。配种期游水可改善公鹅的精液品质，增强其性欲，有利于交配。应给配种期的公鹅提供足够的青绿饲料和清洁饮水，注意避免公鹅过肥。

2. 非配种期的饲养管理 配种后期，公鹅性欲减退，配种能力减弱，种蛋受精率下降，应及时转入休产期。经过一个配种期，种公鹅已十分疲乏，急需恢复体力。此期的饲养管理，应围绕恢复种公鹅健康和提高下一个配种期的配种能力进行。配种结束时，即应将公、母鹅分群饲养，1周内继续喂给配种期饲粮，以后逐渐减少喂量，转入以放牧为主的阶段。保证下一个繁殖期种蛋受精率较高的关键，是使公、母鹅同时进入配种高峰期。人工拔羽可促使公、母鹅的换羽同步完成，母鹅开始产蛋时，公鹅即可适时配种。公鹅的人工换羽应比母鹅提前1个月，主要通过限制饲养、人工拔羽、加强饲养三个阶段，详细方法将在"母鹅休产期的饲养管理"中叙述。人工换羽还可与活体拔绒结合，以增加养殖者的经济效益。

(三)种母鹅的饲养管理

1. 开产前的准备 母鹅的产蛋时间主要集中在春、秋两季。在温暖地区，饲养管理好的优良鹅种(如四川白鹅)，冬季仍维持较高的产蛋量。育成期母鹅多处于比较低的饲养水平，体况较差。欲获得较长的产蛋高峰期和更多的种蛋，必须从开产前1个月开始，适当补充配合饲料，提高饲养水平，使母鹅体质恢复、体重增加，并有足够的营养物质贮备；母鹅采食量明显增加，可以吃较多的饲料。但仍应以放牧采食青绿饲料为主，每天补充100～150g配合饲料；可于收牧回舍后一次喂给补料，也可在放牧地拌少许切短的青饲料分2～3次补给。应视羽毛的生长速度和体况调节补饲量，使鹅群的换羽时间缩短，全群换羽整齐，体况良好；若羽毛生长缓慢，体况欠佳，可适当增加补料量。放牧应早出晚归，尽量延长采食时间。

2. 产蛋期的饲养管理 经过1个月的预备期饲养，母鹅体况日渐正常。这时，其羽毛紧贴躯体，富有光泽，尾背部羽毛呈平直状，腹部下垂、丰满且富有弹性，耻骨间距离增大至3～4指宽，食欲大增，并主动接近公鹅。以上现象表示母鹅即将开始产蛋，应注意做好开产前和产蛋期的饲养管理。

(1)开产调教 准备好产蛋窝，内铺柔软、干燥的垫草。发现有产蛋征候的母鹅，应立即行触摸检查，将确认即将产蛋的母鹅关入产蛋窝，产蛋后再将其放出。经过2～3次调教，母鹅就能自动进窝产蛋，这对收蛋、防止蛋丢失、污染和保证种蛋品质有积极作用。在放牧过程中如发现母鹅有临产表现，应立即送入产蛋窝，切勿养成随地乱产蛋的恶习。

(2)适当提高饲粮营养浓度 产蛋期内母鹅的食欲不如准备期旺盛，为了保证其能摄入足量的营养物质，可适当提高配合饲料的营养浓度，增加喂量至200g，相应减少一些粗饲料的喂量。

这个时期的饲养以舍饲为主，放牧可在早上和午后进行，牧地最好选在鹅舍附近。放牧应行进缓慢，此时一些鹅的腹部下垂严重，几乎接近地面，行走过快易擦伤腹部。

(3)公、母鹅比例适当 为了刺激母鹅的性欲，使之多产蛋和种蛋有较高的受精率，应注意公、母鹅的比例，一般大型鹅1∶4～5，中小型鹅1∶5～7。公鹅数量不足，受精率可明显下降；但公鹅过多不仅不会提高受精率，还常引起斗殴，且增加饲养成本。

此外，应参照鸭的管理要点，做好饮水与放水，冬季防寒保暖，夏季防暑降温，春、秋两季适当补充光照等工作。

种母鹅的使用年限多为4～5a，2～3a时进入产蛋高峰期。应注意整个鹅群各个年龄层母鹅的比例。一般当年鹅占25％，2～3岁鹅达50％～60％，4～5岁鹅占20％～25％。当前农村出于经济上的原因，一般养1a后即行淘汰。

3. 停产期的饲养管理　一年有两个停产期,即夏初的5～9月份和严冬的12月份至翌年的2月份。经过较长时间的产蛋后,母鹅体况普遍较差,很快进入停产期。此期的饲养主要采取放牧方式,供给数量较多的粗饲料,促其体况恢复和贮备营养物质。停产期母鹅开始换羽,为使整个鹅群换羽一致、开产基本同步,应辅以人工换羽。

人工换羽分两个阶段进行:第一阶段为限制饲养阶段。与鸭的人工换羽相同,约经1周,鹅的主翼羽根部开始干枯、萎缩,体重明显减轻,体态也趋消瘦。第二阶段为人工拔羽阶段。经第一阶段自然换羽后,即可开始人工拔羽。将鹅的主翼羽逐根拔掉,如少数羽毛难以拔掉,可等待2～3d再拔,注意防止损伤皮肤。小型鹅的拔羽可提起两翅悬空进行,顺主翼羽生长的方向用力,将主翼羽逐个拔去,最后拔尾羽。大型鹅体重大,可将其固定于地上进行。拔羽可与拔绒结合。

人工拔羽后的饲养管理,可参看鸭的部分。特别要注意公、母鹅羽毛生长速度的一致性,防止母鹅已开产、公鹅羽毛还未长齐或者恰好相反的情况。一般人工换羽可使母鹅比自然换羽提前20～30d开产。

换羽结束后,公、母鹅仍应以放牧为主,适当补充精饲料,直至开产前1个月再增加饲料供应量。

第十六章 肉鸽与鹌鹑的标准化饲养

第一节 肉鸽、鹌鹑的生物学特性

一、肉鸽简述与生理特性

(一)鸽的简述

鸽又称家鸽、鹁鸽,其品种繁多,用途各异(信鸽、观赏鸽)。在我国,肉鸽是近十几年才发展起来的特种养殖业,其发展得益于市场需求和自身的特性。饲养肉鸽比养鸡、养猪经济效益均高,乳鸽的饲料转化率为 2:1;养鸽的设备、投资也相对较少,便于运作。

目前,饲养肉鸽主要是为市场供应肉用乳鸽。美国王鸽(包括白羽王鸽与银羽王鸽等)是当今世界公认的大型肉用鸽,广泛分布于世界各地,我国饲养量很大。其 1 岁鸽体重 0.73～0.84kg,优秀者可达 0.8～1.02kg。上市乳鸽平均体重 0.45kg。繁殖力强,种鸽年产乳鸽 6～8 对。此外,国外肉鸽品种还有原产于法国和意大利的蒙丹鸽和驰名世界的贺姆鸽;国内常见品种有石歧鸽、佛山鸽和广东肉鸽。

(二)鸽的生理特性

1. 恋巢性 鸽对自己的巢窝十分眷恋,能在几百只群鸽中找到自己的配偶和雏鸽,有高度辨别方向和归巢的能力,变换舍巢后很长时间才能适应。所以,不要频繁地变换巢窝和鸽舍,以免引起应激,造成损失,

2. 记忆力强 鸽对方位、鸽舍、巢盆、饲料、饲喂程序、饲养者的呼叫声,以及周围环境都有较深的记忆,故不应随意改变鸽的生活习惯和环境。

3. 占区性 笼养鸽有很强的占区性,当其他鸽子进入时,便可引发啄斗,造成伤害,甚至死亡。

4. 择偶性 成鸽的配对需经过选择实现,且配对后公、母鸽便共同负担起繁衍、哺育后代的责任。若其中 1 只丢失或死亡,另 1 只鸽需经很长一段时间后,才与其他鸽配对。

5. 繁育特性 公、母鸽共同筑巢,母鸽产蛋后,公、母鸽轮流孵化。白天以雄鸽为主,夜间以雌鸽为主。当孵化环境遭破坏后,亲鸽便会终止孵化,故应尽量保持安静。孵出乳鸽后,雌、雄亲鸽共同哺育幼鸽。

6. 群居喜浴 合群性很强,常群居、群飞、群食。鸽子要求居住环境清洁、干燥、向阳、通风,一日中频频进行水浴和日光浴。

7. 素食嗜盐 鸽以植物性饲料为主,且有嗜盐的习惯,特别在哺育幼鸽时。

8. 择食性　肉鸽对饲料的择食很严格。若饲喂粉状饲料，鸽嗉囊中常黏结成块，影响消化。

9. 反应敏捷　舍内外的任何异常响声都会使鸽惊群，故应将鸽饲养在安静、安全、固定的环境中。

10. 强抗逆性　鸽能在酷暑和严寒的环境中很好生存，对食物、气候、声音，以及长途运输都有很强的适应性，很少患病。

二、鹌鹑简述与生理特性

(一)鹌鹑的简述

鹌鹑简称鹑，经过 100 多年的驯化与选育，它已成为高产的禽种之一；鹑与鸡同属鸡形目，素有"动物人参"之美称。就世界的饲养量估计，鹑仅次于鸡。我国饲养鹑的历史悠久，远在战国时期已被列入"六禽之一"。自 20 世纪 30 年代引进良种鹌鹑进行繁殖，但未普及，至 70～80 年代才得以发展和推广。经过多年的选育，已育成多个蛋用型与肉用型鹌鹑品种。

鹑蛋的营养成分非常近似鸡蛋，而鹑肉中所含蛋白质、脂肪、能量高于鸡肉，钙、磷与铁的含量极为丰富，与鸡肉的比例依次为 20.4∶11.0，227∶190 和 6.2∶1.5。

1. 蛋用型　优秀的品种包括：①中国白鹌鹑：从朝鲜鹌鹑突变个体中（隐性白色鹌鹑）选育而成，45 日龄开产，年产蛋 265～300 枚，蛋重 11.5～13.5g；②日本鹌鹑：由中国野生鹌鹑选育而成，35～40 日龄开产，年产蛋 250～300 枚，蛋重约 10.5g；③朝鲜鹌鹑：从日本鹌鹑中选育而成，适应性好，生产性能高，限饲条件下 45～50 日龄开产，年产蛋 270～280 枚，蛋重 11.5～12g，料蛋比 3∶1，种蛋受精率 85%。

2. 肉用型　驰名中外的品种有：①法国巨型鹌鹑：其体型硕大，6 周龄活重 220～240g，肉用仔鹌鹑适宜的屠宰日龄为 45d。35 日龄即可开产，年平均产蛋率 60% 以上，蛋重 13～14.5g；②美国加利福尼亚鹌鹑：成年时体羽有金黄色和银白色两种，成年母鹑体重不小于300g，生活力及适应性较强，适宜的屠宰日龄为 50d；③中国白羽鹌鹑：系我国从法国迪法克（FM 系）肉鹑突变的杂白色个体中选育而成，体羽白色偶有杂色，成年体重 200～250g，开产日龄 40～45d，受精率 85%～90%。

(二)鹌鹑的生理特性

1. 繁育特性　性成熟、体成熟均较早，6～7 周龄达性成熟，开始产蛋。生长发育快，生长周期短，无就巢性，孵化期短，仅 17d，一年可繁殖 4～5 世代。

2. 抗逆性强　能适应不同的环境条件，有旺盛的生命力和较强的耐受力，对疾病的抵抗力较强，适宜高密度笼养，易于集约化生产。

3. 耐热畏寒　鹌鹑代谢旺盛，体温高而恒定，喜生活于温暖干燥的环境，对寒冷和潮湿的环境适应能力较差。鹌鹑适宜的生理温度范围为 20℃～28℃，24℃～25℃为最佳产蛋温度。气温低于 10℃，产蛋锐减，甚至停产，并出现脱羽。气温超过 30℃，食欲下降，产蛋减少，蛋壳变薄易碎。

4. 反应敏捷　对环境变化十分敏感，富神经质，活泼好动。容易发生骚动、惊群、啄癖等，要求安静的环境。

5. 配偶特性 鹌鹑多为1公1母的单配偶制,仅在母鹌过剩的情况下1只公鹌可与多只母鹌交配,一般以不超过3只母鹌为宜。母鹌产蛋多集中在午后至傍晚,以午后3~4时较多。公鹌的泄殖腺肥大,进入交配状态时能分泌一种黏液样泡沫,并表现出强烈的求偶行为。

6. 食性广泛 鹌鹑味觉灵敏,较喜爱甜和酸味,对饲料变化十分敏感。食性较广,特别喜食粒料、昆虫和青饲料。采食频繁且较有规律,傍晚进食与饮水特别多,母鹌产蛋前后1h停止采食。

7. 富斗性 群养时公鹌好斗,母鹌有时也会发生啄斗。

第二节 肉鸽的饲养标准与参考饲(日)粮配方

一、肉鸽的饲养标准与参考饲(日)粮配方

(一)肉鸽的饲养标准

目前,国内尚无统一的肉鸽饲养标准,将推荐标准列入本书附录一中。

(二)肉鸽的常用饲料和饲粮配方

1. 常用饲料

(1)能量饲料 玉米、稻谷、小麦、大麦、燕麦、高粱、小米等。

(2)蛋白质饲料 豌豆、蚕豆、火麻仁、黄豆、绿豆、黑豆、赤豆、向日葵饼、花生仁饼、鲜牛乳、乳粉等。

(3)保健砂与矿物质饲料 贝壳粉、骨粉、石灰石粉、食盐、木炭末或草木灰、红土或者黄土、砂粒、氧化铁、石米、磷酸氢钙等。

(4)添加剂 各种微量元素、维生素、氨基酸以及预防保健药物。

2. 肉鸽饲粮配方的组成 主要由能量饲料(谷粒)和蛋白质饲料(豆类)组成。饲粮配比常因年龄不同而异,幼鸽阶段谷粒饲料比例(为75%~80%)高于哺育阶段种鸽(为70%~80%);豆类饲料则相反,幼鸽阶段为20%~25%,种鸽哺育阶段为20%~30%。饲粮形态有粒状、粉状和液态;粒状又包括粒状原粮和颗粒配合饲料;液态饲料主要用于乳鸽,又分为浓稠、稠、稀薄三类。各地采用的饲粮配方甚多,此处择优介绍部分配方供养鸽者参考。

3. 肉鸽饲粮及人工食糜配方示例

(1)肉鸽饲粮参考配方 见表16-1、表16-2。

表 16-1　肉鸽饲粮参考配方　（％）

饲　料	肉鸽[1]	肉鸽[2]	幼　鸽*	非种用鸽*	育雏种鸽*
稻　谷	—	50.00	23.85	3.86	40.44
玉　米	35.00	20.00	44.60	56.60	37.80
小　麦	20.00	10.00	10.00	10.00	5.20
燕　麦	5.00	—	—	—	—
高　粱	15.00	—	—	—	—
大豆粕	—	—	8.10	14.30	5.00
豌　豆	20.00	20.00	—	—	—
绿　豆	—	—	—	—	—
火麻仁	5	—	—	—	—
鱼　粉	—	—	10.30	10.00	9.00
石灰石粉	—	—	1.18	3.30	0.77
磷酸氢钙	—	—	0.40	0.51	0.65
赖氨酸	—	—	0.46	0.34	—
蛋氨酸	—	—	0.24	0.22	0.27
添加剂	—	—	0.50	0.50	0.50
食　盐	—	—	0.37	0.37	0.37
合　计	100.00	100.00	100.00	100.00	100.00
代谢能(MJ/kg)	12.12	11.14	11.9	11.9	11.73
蛋白质（％）	20	22	16	18	14
钙（％）	0.15	0.17	1.2	2.0	1.0
有效磷（％）	0.28	0.30	0.45	0.45	0.4
赖氨酸（％）	1.03	1.0	1.2	1.2	0.9
蛋氨酸（％）	0.24	0.24	0.5	0.5	0.4

注：带※肩号者为利用上海交通大学自动化系提供的饲料配方软件配制，其余配方分别摘自刁有祥等编著《肉鸽饲养与鸽病防治》39 页,上海绿洲经济动物科技公司编《肉鸽．竞翔鸽》24 页和陈益填编著《肉鸽养殖新技术》90 页

表 16-2　商品型王鸽各季节不同日粮配合表　（％）

肉鸽类型	春		夏		秋		冬	
	亲　鸽	青年鸽	亲　鸽	青年鸽	亲　鸽	青年鸽	亲　鸽	青年鸽
玉　米	38	53	34	44	34	47	32	52
小　麦	13	12	12	15	17	15	17	14
高　粱	13	18	15	17	13	16	15	12
豌　豆	30	15	28	18	27	16	30	20
绿　豆	0	0	6	3	4	3	0	0
火麻仁	6	2	5	3	5	3	6	2

（2）乳鸽人工食糜配方　见表16-3、表16-4。

表 16-3　乳鸽人工食糜参考配方之一　（％）

饲料	日龄				
	1～4	5～7	8～10	11～15	16～24
乳　粉	50	40	15	10	5
蛋　清	35	20	—	—	—
蛋　黄	—	—	20	10	—
植物油	5	5	4	5	5
雏鸡料	—	25	50	65	80
速补-14	5	5	4	3	3
骨　粉	2	2	3	4	4
酵母粉	1	1	1	1	1
蛋白消化酶	1	1	1	1	1
鱼肝油	1	1	1	1	1
另加食盐	0.1	0.1	0.1	0.2	0.2

引自陈洪成等"优质肉鸽高产高效技术".《中国畜牧杂志》.2002年第38卷第3期.

表 16-4　乳鸽人工食糜参考配方之二　（％）

饲料	日龄		
	1～5	6～10	11～26
肉雏鸡料	24.0	43.5	62.0
大豆粕粉	57.0	43.5	32.0
乳　粉	10.0	5.0	—
骨　粉	4.0	4.0	3.0
食用油	5.0	4.0	3.0
合　计	100.0	100.0	100.0
额外添加部分：			
发酵粉（％）	2.0	1.5	1.0
速补14（g/100g）	1.0	0.5	2.0
蛋清（个/100g）	1.0	1.0	—
禽用微量元素	按产品说明书添加	按产品说明书添加	按产品说明书添加

引自陈洪成等"乳鸽料配方".《农村养殖技术》.2002年第1期.

4. 配制饲粮和食糜的注意事项

①玉米宜用粉碎的黄色粗粒，饲粮中的配比不超过50％。

②小麦用量不应超过 15％。

③高粱用量不应超过 10％，以防便秘。

④绿豆和竹豆可互相代替，用量不宜超过 20％。

⑤缺乏火麻仁时，可用花生仁或芝麻代替。

⑥不宜用精米，最好用糙米，越粗糙越好。

⑦1 月龄内的乳鸽不宜喂稻谷。

(三)保健砂的配制与使用

保健砂是肉鸽的特殊补充饲料，是多种矿物质、维生素等的混合物，主要功能是补充养分、保健、防病、促消化，帮助肉鸽更好的生长发育与繁殖。

1. 配制　应选择清洁干净、纯净、新鲜、没有杂质的原料，按配合百分比混合，充分搅拌均匀，制成不同类型的保健砂。食盐和硫酸铜等结晶颗粒类原料，应先研成粉状或用水溶解后才能拌入保健砂，以免部分鸽只采食过量而导致中毒。

2. 类型　目前，各地用的保健砂有 3 种类型。

(1)粉型　将按配方比称取的各种原料堆放在一起，充分搅拌均匀后即成。配方中的原料，绝大部分是较粗颗粒和小片(块)状的。其特点是既便于鸽子采食，又省工省时。

(2)球型　称好所有原料并搅拌后，按料水比 5∶1 加水并搅拌均匀；全部粉料湿透后，用手捏成重 200g 左右的圆球，放入室内阴干后，存放于容器中。喂时将保健砂圆球压碎，放入鸽笼或鸽舍中让鸽子自由采食。

(3)湿型　先称取食盐以外的其他原料并拌匀，然后把应加的食盐溶化成盐水倒入粉状保健砂中，用铁铲充分拌匀。按每 100kg 粉状保健砂加 25kg 水。应现配现用，不宜久存，且要求原料的颗粒较粗或呈小片状。

3. 保健砂推荐配方　近年保健砂的研究有不少成果，现择要介绍一些配方，供读者参考。

配方一　河沙 60％，贝壳粉 31％，旧石膏 1％，木炭末 1.5％，骨粉 1.4％，食盐 3.3％，明矾 0.5％，龙丹草 0.5％，二氧化铁 0.3％，甘草末 0.5％。

配方二　中粗砂 25％，贝壳粉 35％，黄泥 12％，木炭末 4.5％，陈石灰 8％，骨粉 10％，食盐 4％，红铁氧 0.5％，龙胆草 0.5％，甘草 0.3％，穿心莲 0.2％。

配方三　贝壳粉 30％，黄泥 30％，细砂 28％，熟石膏粉 10％，炭粉 1％，食盐 1％。每 50kg 另外加龙胆草粉 25g，甘草粉 25g，红铁氧 50g。

配方四　贝壳粉 20％，陈石灰 6％，骨粉 5％，黄泥 20％，中砂 40％，木炭末 4.5％，食盐 4％，龙胆草粉 0.3％，甘草粉 0.2％。

配方五　贝壳粉 15％，陈石灰 5％，陈石膏 5％，骨粉 10％，红泥 20％，粗砂 35％，木炭末 5％，食盐 4％，生长素 1％。

配方六　贝壳粉 25％，骨粉 8％，陈石灰 5.4％，中粗砂 35％，红泥 15％，木炭末 5％，食盐 4％，红铁氧 1.5％，龙胆草 0.5％，穿心莲 0.3％，甘草 0.3％。

配方七　贝壳粉 34.5％，骨粉 16％，石膏 36％，木炭末 5％，食盐 4％，红铁氧 1％，生长素 2％，穿心莲 0.5％，龙胆草 0.7％，甘草 0.3％。

配方八　蚝壳片 15％，陈石灰 5％，陈石膏 5％，骨粉 10％，红泥 20％，粗砂 35％，木炭末 5％，食盐 4％，生长素 1％。

配方九　黄泥 30％，细砂 25％，贝壳粉 15％，食盐 5％，陈石膏 5％，陈石灰 5％，木炭末 5％，骨粉 10％。

配方十　石米 35％，蚝壳片 30％，骨粉 8％，红泥 10％，陈石灰 5％，木炭粉 6％，食盐 4％，龙胆草粉 0.6％，甘草粉 0.4％，红铁氧 1％。

配方十一　蚝壳片 35％，骨粉 15％，石米 35.5％，木炭末 5％，食盐 5％，红铁氧 1％，生长素 2％，穿心莲 0.5％，龙胆草 0.7％，甘草 0.3％（广东省家禽科学研究所配方）。

产鸽对保健砂的要求也受季节影响，表 16-5 列入四季的不同保健砂配方。

表 16-5　产鸽保健砂四季配方　（％）

配料	春	夏	秋	冬
蚝壳片	37.0	36.0	38.0	37.0
中粒砂	35.0	35.0	32.0	33.0
过磷酸钙	7.0	8.0	8.0	7.0
木炭粉	3.0	2.0	2.0	1.0
食盐	3.0	2.5	2.2	2.0
酵母粉	3.0	3.0	2.5	2.5
微量元素	1.0	1.0	1.5	1.5
红铁氧	0.5	0.5	0.5	0.5
红泥(土)	5.0	5.0	10.0	10.0
大得快	0.5	0.4	0.5	0.5
啄羽灵	0.6	0.6	0.7	0.7
龙胆草粉	0.6	0.5	0.5	0.5
穿心莲粉	0.6	0.6	0.6	0.6
甘草粉	0.6	0.5	0.6	0.6
赖氨酸	0.6			0.6
蛋氨酸	0.4	0.4	0.4	0.4
禽康Ⅱ号	0.7	0.5	0.5	0.5
多种维生素	0.5	0.5	0.5	0.5
维生素 E 粉		0.2	0.2	0.2
土霉素碱	0.2	0.2	0.2	0.2
红糖	—	—	—	1.5

引自陈益填"肉鸽保健砂的配方及供给方法".《中国畜牧杂志》.2001 年第 37 卷第 5 期.

4. 保健砂投放和使用效果的判断

①用于配制保健砂的原料一定要纯净、无杂质和霉变，搅拌时应采取逐步稀释的方法，尽量让各种原料充分混匀。

②应现配现用,一般以3~5d配1次为好;不应配制后久存不用,致使某些物质氧化、分解或发霉,降低饲喂效果。

③应定时定量投喂,多在上午喂料后给予。一般2~3d投放1次,也有每天投放1次的。每次给量不宜过多,对哺育亲鸽可多给一些,休产鸽给量可适当减少,一般每对鸽每次给量为15~20g,即一茶匙左右。

④每周应清理1次剩余保健砂,并更换新的保健砂,以保证质量。

⑤保健砂配方并非一成不变,应随鸽的生长阶段、生产情况、季节等进行调整。

⑥须经一段时间应用后方能判断保健砂的优劣,不宜随便更改,可按下列几方面检查保健砂的优劣:其一,蛋壳质量的优劣,畸形蛋比率的高低及种蛋孵化成绩;其二,消化是否正常,有无消化道疾病;其三,种鸽的健康及乳鸽的生长发育状况,鸽群的成活率。

第三节　鹌鹑的饲养标准与参考饲(日)粮配方

一、蛋用、肉用鹌鹑的饲养标准

(一)鹌鹑的饲养标准

将美国NRC(1994)建议的日本鹌鹑的饲养标准、中国白羽鹌鹑饲养标准等列入附录一,供参考。

(二)鹌鹑的常用饲料

1. 能量饲料　主要有谷实类饲料及糠麸类等粮食副产品。常用能量饲料在饲粮中的比例为:玉米55%~60%或以上,碎米和小麦为10%~20%,小米10%~30%,米糠5%~10%,小麦麸不宜超过7%。其他能量饲料,如高粱、荞麦、糙米、元麦等也可利用,但须注意加工方法和控制用量。

2. 蛋白质饲料　此类饲料在鹌鹑饲粮中的配比为20%~25%。按来源可区分为动物性蛋白质饲料和植物性蛋白质饲料。

(1)**动物性蛋白质饲料**　鱼粉是高品质蛋白质饲料,因价格较高,食盐含量也高,宜控制用量。肉骨粉约含蛋白质45%,并含有丰富的钙和磷。血粉蛋白质含量约80%,其氨基酸平衡性差,却是赖氨酸的最佳来源,宜控制用量。脱脂后的蚕蛹渣含蛋白质60%~70%,消化率高,营养价值与鱼粉相似。经高温高压水解作用制成的羽毛粉,蛋白质含量在70%以上,但其品质差,不宜多用。其他动物性饲料,如用死胚蛋、家禽孵化厂副产品(无精蛋和淘汰雏禽经高温处理、干燥、磨碎而成),以及蚯蚓粉、蝇蛆粉及昆虫、小鱼虾、肉品与乳制品厂的各种副产物等,均可利用。

(2)**植物性蛋白质饲料大豆饼(粕)**　是优质植物性蛋白质饲料,可占饲粮的20%~25%。花生饼(粕)可替代部分大豆饼(粕),与大豆饼(粕)一起使用效果较好。菜籽饼(粕)蛋白质含量为31%~38%,但代谢能与赖氨酸的含量均比大豆饼少,饲粮中用量不宜超过5%。玉米蛋白粉、粉浆蛋白粉等也是高蛋白质饲料,玉米蛋白粉含赖氨酸少,蛋氨酸较丰,可与大豆饼(粕)互补。

3. 矿物质饲料　单纯补钙的饲料有贝壳粉、石灰石粉、蛋壳粉等;同时,补钙和磷的有骨粉、过磷酸钙($CaH_2PO_4 \cdot H_2O$)、磷酸氢钙($CaHPO_4 \cdot H_2O$)等。食盐可补充钠和氯元素,其大饲粮中的配比为 $0.25\% \sim 0.30\%$。

沙砾可帮助鹌鹑肌胃研磨饲料,提高饲料消化率。$1 \sim 30$ 日龄饲粮中可加 $0.2\% \sim 0.5\%$ 细沙砾,30 日龄后可加 1%。

4. 青绿饲料和草粉　包括各种鲜嫩蔬菜、牧草、瓜果等。宜切碎打浆后拌料饲喂,但须严格控制喂量。草(叶)粉饲料包括苜蓿粉、槐叶粉、针叶粉等。

5. 饲料添加剂　同其他家禽,此处不再赘述。

(三)鹌鹑的参考饲粮配方

1. 0～3 周龄雏鹑配方

配方一　玉米 51.45%,大豆饼 25%,鱼粉 15.28%,麸皮 7.57%,叶粉 0.5%,骨粉 0.2%。另外添加适量添加剂。此配方用于生产颗粒饲料较宜。

配方二　玉米 55.4%,大豆粕 29.5%,鱼粉 11.0%,蚕蛹 0.2%,叶粉 3.5%,骨粉 0.4%。另外添加适量添加剂。

2. 4～5 周龄仔鹑配方

配方一　玉米 61.85%,大豆饼 15.02%,小麦麸 8.0%,鱼粉 6.02%,菜籽饼 8.0%,磷酸氢钙 0.71%,碳酸钙 0.2%,添加剂预混料 0.2%。

配方二　玉米 62.1%,大豆粕 24.2%,鱼粉 3.4%,小麦麸 8.0%,蚕蛹 0.2%,骨粉 1.9%,赖氨酸 0.04%,蛋氨酸 0.16%。

3. 种鹌鹑的配方

配方一　玉米 61.96%,大豆粕 5.0%,次粉 1.0%,鱼粉 19.94%,小麦麸 3.10%,骨粉 3.0%,干草粉 6.0%,适当补给添加剂预混料和小颗粒石灰石。

配方二　玉米 60.3%,大豆粕 13.1%,蚕蛹 8.5%,鱼粉 8%,小麦麸 1.0%,骨粉 9.0%,蛋氨酸 0.1%。

4. 商品蛋鹑的配方

配方一　玉米 58.68%,大豆饼 11.87%,小麦麸 0.4%,鱼粉 23.36%,葵花籽饼 1.39%,骨粉 0.2%,石灰石粉 4.1%。

配方二　玉米 54.9%,大豆粕 0.2%,蚕蛹 9.09%,鱼粉 22.4%,麸皮 8%,贝壳粉 4.4%,石灰石粉 1.0%,蛋氨酸 0.01%。

以上配方中有些鱼粉配比偏高,请参用时做适当调整。

表 16-6 列出的一套鹌鹑饲粮配方也可供参考。

表16-6 鹌鹑参考饲粮配方

饲 料	雏 鹑		仔 鹑		鹌 鹑	
	1	2*	1	2*	1	2*
玉 米	54.00	51.80	56.00	23.80	50.50	54.29
大豆饼	25.00	25.90	24.00	15.40	22.00	16.10
小麦麸	—	—	3.90	—	3.50	—
鱼 粉	15.00	15.00	13.00	9.20	14.00	13.20
稻 谷	—	6.23	—	25.26	—	—
小 麦	—	—	—	25.00	—	10.00
糠 麸	3.50	—	—	—	—	—
叶 粉	1.50	—	—	—	4.20	—
干草粉	—	—	1.00	—	—	—
骨 粉	1.00	—	1.50	—	2.00	—
石灰石粉	—	—	—	—	3.80	5.00
磷酸氢钙	—	—	—	0.28	—	0.50
食 盐	—	0.37	0.30	0.37	—	0.37
赖氨酸	—	0.01	—	0.05	—	0.02
蛋氨酸	—	0.19	—	0.14	—	0.02
添加剂	适量	0.50	0.30	0.50	—	0.50
代谢能(MJ/kg)	12.12	11.92	11.42	11.72	11.57	11.72
蛋白质(%)	20	24	22	19	20	20
钙(%)	0.15	0.96	0.17	0.70	0.17	2.71
有效磷(%)	0.28	0.79	0.30	0.45	0.29	0.55
赖氨酸(%)	1.03	1.30	1.00	0.95	1.00	1.20
蛋氨酸(%)	0.24	0.55	0.24	0.45	0.24	0.50

注:带*肩号者为利用上海交通大学自动化系提供的饲料配方软件配制,其余配方引自王琦主编《鹌鹑养殖》29页

第四节　鸽、鹌鹑的标准化饲养技术

一、乳鸽、雏鹌鹑的标准化饲养技术

（一）乳鸽的饲养技术

乳鸽系指出壳后1个月内的幼鸽,按日龄可分为初生(7日龄前)、雏鸽(8~20日龄)、乳鸽(21~30日龄)三个年龄段。乳鸽依靠亲鸽嗉囊中的乳状食糜提供其生长所需营养物质。

1. 亲鸽的哺喂　出壳3~4h后,雏鸽就出现受喂行为,亲鸽即频频地用嘴对嘴的方式给乳鸽哺饲。亲鸽哺饲给乳鸽的食糜,第一周为纯液态,称为鸽乳,量很多;第二周的食糜呈浆粒状,一半是鸽乳,另一半是经亲鸽嗉囊软化的谷粒或颗粒饲料;第三周开始,亲鸽哺饲的食物基本都是粒料。4周龄以后,亲鸽不再哺饲,乳鸽开始独立采食。乳鸽每日获得的哺喂量以上午最多,其次是下午,中午最少,夜间极少哺喂。每只乳鸽日平均受喂量见表16-7。

表 16-7　乳鸽日平均饲喂量　（g/只）

日龄	日喂量	日龄	日喂量	日龄	日喂量
1	7.1	11	62.5	21	59.1
2	10.0	12	61.4	22	47.2
3	17.8	13	76.4	23	63.4
4	24.6	14	65.0	24	56.9
5	43.6	15	73.9	25	43.4
6	45.1	16	85.4	26	59.8
7	45.3	17	80.7	27	49.2
8	48.6	18	68.2	28	32.5
9	56.3	19	48.3	29	26.8
10	57.7	20	66.3	30	29.4

(1)哺饲的调教　少数亲鸽不会哺饲,可人为地辅助。将乳鸽嘴轻轻放入亲鸽口中,重复数次后,亲鸽就能自行哺饲。

(2)调整生长速度　为了避免同窝两只乳鸽生长发育差异过大,可使发育较差的一只乳鸽靠近亲鸽,让亲鸽先对其哺饲;也可将几窝出壳日期相同的乳鸽按大小进行调整,重点护理发育较差的乳鸽;或对同窝中个体小的仔鸽每天人工补饲(包括人工乳)1~2次。

(3)调整并群　若一窝只有一只乳鸽,应及时调整并群,将其调整至日龄和生长发育相近的其他单雏或双雏窝内饲养,以免乳鸽接受过量哺饲而致消化不良,也可促使停止哺饲的亲鸽提早产蛋。

(4)乳鸽的离亲 3周龄后对乳鸽进行一次分群,留下种用的优秀乳鸽,将其余乳鸽分出单独饲养肥育。应及时将4周龄后的种用童鸽与亲鸽分开饲养,以促使亲鸽按时产蛋。

(5)适时调整饲料 哺饲期内,最好给亲鸽饲喂小颗粒的或经浸泡并晾干的籽粒饲料。为了促进乳鸽对食糜的消化,可每天给1周龄后的乳鸽喂一些助消化的药物,如酵母片等。

(6)加强保温、勤换垫料 刚出壳的乳鸽,体温调节能力较弱,适应性也差,容易罹病或冻死。必须加强巢盆保暖和清洁,并保持干燥。如不及时清理巢盆、更换垫料,容易积聚粪便,致垫料受潮发臭,引起乳鸽感染疾病。

2. 乳鸽的人工哺育 进行人工哺育可缩短亲鸽自然哺育乳鸽的时间,提前进入下一个繁殖期。

(1)人工食糜的配制 随着乳鸽日龄渐增,其人工食糜的组成及食糜形态也应相应变化。可参考前述人工食糜配方配制。用时须在配好的乳鸽食糜中加适量温开水,搅拌均匀。食糜形态随日龄而变,由流质状逐步过渡到稠状乳液,再到干湿糊状,最后呈水拌料状。

(2)哺饲工具

①注射筒灌饲器:将20mL或50mL的注射器去针头,改装成小容量灌饲器,需2人操作。每次仅喂1~2只乳鸽。

②吸球灌饲器:是目前应用最广泛的灌饲器。用医用吸球制作,吸球大小可随日龄而异。使用时,先排尽吸球内空气,吸入乳鸽食糜,然后将吸球口放入乳鸽食道,挤压吸球使食糜进入乳鸽嗉囊内。

③吊桶灌饲器:在塑料桶底部开一直径30~50mm的孔,连接长约1m的透明塑胶管,用弹簧夹封闭管口。将桶悬挂在育雏笼的前方,通过吊绳上端的滑轮,可以左右移动吊桶,依次灌饲各笼乳鸽;可借助开闭胶管弹簧夹,控制食糜的饲喂量。

④塑瓶灌饲器:用500mL或1000mL的塑料瓶,用橡皮塞或瓶盖封口,在塞或盖上开一直径30~50mm的小孔,插入长5~10mm的塑胶管,在塞或盖处另插一针头至瓶内,作进气用。通过挤压塑料瓶给乳鸽灌饲。

⑤脚踏灌饲机:参照填鸭机改制而成,速度快,饲喂量较准。先将食糜倒入脚踏灌饲机的盛料漏斗内,将胶管插入乳鸽食管,右脚启动开关,食糜便进入嗉囊。

(3)哺饲方法 刚出生的乳鸽宜用注射筒灌饲器。一人固定乳鸽,另一人将注射筒灌饲器的小软胶管缓慢插入鸽口腔。须防止胶管插入气管和损伤食管,推挤注射筒中的食糜时动作要轻。分别于7时、11时、16时、21时进行哺饲,每次喂量不要太多。也可仿照亲鸽哺饲,让乳鸽逐步学会自己吸吮。

4~10日龄的乳鸽,可用吸球灌饲器或塑瓶灌饲器哺饲。哺饲方法或时间基本同1~3日龄乳鸽。

10日龄以后乳鸽的填喂可用塑瓶灌饲器,或用吊桶灌饲器、脚踏灌饲机。若用脚踏灌饲机,可参照1~3日龄乳鸽的哺饲方法。日喂3次,时间分别为7时、14时、21时,每次喂量亦不可太饱。

3. 童鸽的饲养技术 童鸽是指30日龄至2月龄,开始独立生活,准备留作繁殖用的幼鸽。

(1)童鸽的选留 选留符合品种特征、发育良好、体型外貌无缺陷、体重达到品种标准的乳鸽作为童鸽。应防止近亲配对,可建立系谱档案,记录亲代号及生产性能、留用童鸽的出生年月、性别、重量、足环号码、羽装特征等。

(2)采食与饮水 开始几天,童鸽的饲料种类、数量和饲喂时间应与亲鸽哺育期一致,逐步训练童鸽自行啄食。应给童鸽喂细颗粒籽实,先将粒料浸泡于水中,而后晒干。刚离巢最初几天的童鸽可能不会饮水,需将其嘴轻轻地放入饮水器内,让其学会饮水。

(3)注意保温 产后,亲鸽和雏鸽体质均较弱,应注意鸽舍保温,最初15～20d应在有保温功能的育床上,必要时加热升温。酷暑时节应防暑降温,加强通风,防止中暑。要求童鸽舍地面保暖、干燥、清洁,铺设柔软、清洁的垫料,并要勤翻动和勤更换垫料。雨天勿将鸽放进运动场,以防受雨淋。

(4)童鸽换羽期 50～60d时开始第一次换羽,此期间童鸽的抵抗力下降。应供给优质饲料,增加一些能量饲料,如玉米、小麦和麻仁等,以增强童鸽的御寒能力。也可在饲料或保健砂中添加一些预防感冒、球虫及消化道疾病的药物。

(二)雏鹌鹑的饲养技术

1～21日龄的鹌鹑称为雏鹑。雏鹑生长发育迅速,羽毛脱换快。出壳重7～8g,1周龄体重20～23g,2周龄达40～42g。

1. 开水和开食 应尽早开水开食,先开水,后开食。开食料可用碎玉米或碎米,2日龄后饲喂全价料(粉料或破裂料)。1～3日龄每100只雏鹌鹑饲料中可加入4～5只熟鸡蛋黄或15只熟鹌鹑蛋黄。

2. 饲喂方法 1周龄内将配合饲料撒在硬纸板或料盘上,任其自由采食,2周龄起用食槽饲喂,干喂、湿喂均可。1周龄日喂6～8次,2～4周龄日喂5～6次,4周龄后日喂4～5次。

3. 采食量 饲喂量的大致范围见表16-8。

表16-8 饲喂量的大致范围 (g)

日　龄	日喂量	日　龄	日喂量	日　龄	日喂量	日　龄	日喂量
3	3～4	11～14	13～15	23～26	18	31～34	21
5～6	5～7	15～20	16～18	27～30	20.5	35后	23
7～10	9～11	21～22	17				

肉雏鹑采食量略高于蛋用雏鹑,一般白羽母鹑期耗料量为400g,在相同体重情况下,朝鲜蛋鹑耗料量为450～500g。肉仔鹑育雏育肥40d,耗料800g左右。

4. 饲料调制 可将配好的粉料直接加入料槽内饲喂,也可将配合饲料加水拌湿饲喂。

二、育成鸽、鹌鹑标准化饲养技术

(一)育成鸽的饲养技术

育成鸽是指 3～6 月龄的后备种鸽,又称青年鸽或后备鸽。此时已进入稳定生长期,骨骼发育迅速,新陈代谢旺盛,食欲增强。为了防止生长发育过快,出现过肥、早熟、早产等现象,应进行限制饲养。以日喂 2 次、每天 35～40g/只为宜,并喂给保健砂 1 次,每只 3～4g。

1. 及时调整饲料组成　3～4 月龄的育成鸽饲料中,豆类蛋白质饲料占 20%,能量饲料占 80%,有利于新羽生长。5～6 月龄的青年鸽的生长发育已基本完成,主翼羽已脱换 7～8 根。应适当调整饲粮组成,使豆类蛋白质饲料增加至 25%～30%。并应通过饲粮调整与控制,使全群育成鸽同步成熟,开产期趋于一致,种蛋质量好。

2. 公母分群饲养　3～4 月龄时,开始出现第二性征,并逐渐进入性成熟阶段,应将育成雌、雄鸽分群饲养,以防止早配、早产,影响生长发育。

3. 限制饲养　对 5 月龄前的育种鸽,既须保证其正常发育,又要防过肥及日后早产、产无精蛋、畸形蛋等不良后果。故必须实行限制饲养,宜减少饲粮中能量饲料的比例,增加蛋白质饲料,适当增加保健砂中微量元素和维生素的比例。对增重特别快的个体,可减少饲喂量和饲喂次数。

4. 运动与驱虫　青年鸽应有较多的时间停留在运动场,以沐浴日光,增强体质。地面平养的青年鸽,接触地面和粪便的机会较多,易感染体内外寄生虫,应在 3 月龄和 6 月龄各进行 1 次驱虫。

5. 及时配对　10 根主翼羽更换完时,即表示青年鸽已成熟,应进行 1 次选种和驱虫,淘汰不符合种用要求的个体,并将被选留的种鸽进行雌雄配对,转入种鸽舍饲养。表 16-9 列出乳鸽雌雄鸽的特征,供鉴别时参考。

表 16-9　乳鸽雌雄识别特征比较表

雄　性	雌　性
体格较大,喙短而阔	头颈较粗,鼻瘤大而平
伸手抓时遭喙啄,性凶	胸骨较长,耻骨较窄
肛门向上方突出	体格较小,喙细而长
头颈较细,鼻瘤小而窄	伸手抓时退缩避让,性温
胸骨较短,耻骨较宽	肛门向下方突出

(二)育成鹌鹑的饲养技术

育成鹌鹑指 21 日龄后,准备留作种用和或产蛋用的雏鹑,育成期 2～3 周。

1. 种用育成鹌鹑的选择　从血缘清楚、生产性能优秀的鹌鹑所产后代中,选留体型外貌符合品质要求、生长发育良好、体重正常的雏鹑作种用育成鹑。

2. 育成鹌鹑的饲养

(1)脱温　育成舍脱温应逐步实施,先在中午气温较高时停止供温,继而按下午、上午、上半夜、后半夜的顺序逐步分段停止供温。如遇天气突然降温,还应继续供温。

(2)分群饲养　此时雌雄应分群饲养。3周龄时雄鹌的胸部出现红褐色胸羽,分布有少量黑色斑点。雌鹌胸羽呈淡灰褐色,密布黑色斑点。4周龄时体羽已换成永久羽,雄鹌的脸、下颚、喉部呈赤褐色,胸羽为淡红褐色,其上分布有少量小黑斑点,至腹部呈淡黄色,胸部较宽,组成一个鸡心图形,腹羽为淡白色。雌鹌鸣叫低而细。雄鹌鹑性成熟比雌鹌鹑早12～14d,但体重却比雌鹌鹑轻,40日龄左右便有交配行为,泄殖腔腺分泌泡沫状物。

(3)适当限饲　后备种鹌和后备产蛋鹌都应限饲,可将饲粮蛋白质含量降至18％～19％,或只喂正常饲喂量的90％。限饲期间应按周龄抽测10％个体的体重,以掌握限饲效果。

(4)及时转群　40日龄时,大约已有2％的鹌鹑开产,应及时转入成年鹌鹑舍,并做好转群的各项准备工作。

3. 种用青年鸽和育成鹌均应建立系谱　为防止近亲交配,应对其编号(翼号或脚号),建立系谱档案,记录父母及祖代的生产性能,该鹌的出壳时间、性别、体重、外貌特征等。

此外,也应参照童鸽和雏鹌的方法,对种用青年鸽和育成鹌加强防御与清洁卫生。

三、种用肉鸽、鹌鹑标准化饲养技术

(一)种用肉鸽的饲养技术

1. 产蛋孵化期的饲养　肉鸽的扩群速度是规模化养殖禽类中最慢的,因其繁殖主要依靠种鸽自孵。一般情况下每对种鸽年产蛋14～16枚,正常孵出12～14只乳鸽,其中符合留种条件的只有20％～30％。种鸽存栏量扩大需要近2a时间。因此,加强种鸽产蛋孵化期的饲养至关重要。在孵化期间,还应注意以下各要点。

(1)准备巢盆　种鸽配对交配几天后,应及时在合适的地方安放巢盆,铺以柔软的垫料,引诱其产蛋和孵化。笼养鸽活动范围小,一般会自己跳到巢盆里产蛋和孵化。在群养鸽舍,可在巢盆内放一枚假蛋,待种鸽表现出能在盆内安静孵化时,再取出假蛋,放入真蛋。对少数不能找到巢房的雌雄鸽,可关入预定的巢房(定时放出采食和饮水),经3～4d后,就会固定在这个巢房里。

(2)安静的孵化环境　为使亲鸽专注孵化,应保持环境安静,这对初产种鸽尤为重要。对不能专注孵化,或者不愿意孵化的青年鸽,可先关入巢箱或巢笼,用布或木板遮挡,并阻止其外出活动,采食和饮水可在其内。待亲鸽静心孵化后,再除去遮挡物,让其自由活动。

(3)定期捡蛋　应通过照蛋,定期检查种蛋受精及胚胎发育情况。第一次照蛋在孵化的4～6d,取出无精蛋;第二次在孵化的10～13d,拣出死胚蛋。可按产蛋日期相同或相近原则,将发育正常的种蛋并窝。

(4)人工助产　对已破壳久未出壳的雏鸽,应人工辅助出壳。轻轻剥离部分蛋壳,小心地将鸽头部拉出,使之暴露在空气中,以免闷死,而后让雏鸽自己挣扎破壳而出。出壳后,应取出巢内残留蛋壳,以免弄伤雏鸽。

(5)注意保温　产后,亲鸽和雏鸽体质均较弱,不耐低温侵袭,应注意鸽舍保温,必要时可加热升温。酷暑时节,应采取防暑降温措施,加强通风,防止中暑。

2. 哺育期的饲养

(1)巢盆设置与整理　繁殖性能良好的亲鸽,在仔鸽达16~18日龄时即开始产第二窝蛋,故须增设一个巢盆。巢盆中的垫草应呈碗状,以防鸽蛋受冻或出现破蛋。对笼养的亲鸽,可把有蛋的巢盆放在上半部小铁架上,乳鸽巢盆放在笼底,避免乳鸽干扰与踏破种蛋,亲鸽也能安心孵蛋。对群养的亲鸽,可把蛋和仔鸽放在相邻的两个巢箱内,防仔鸽干扰。若亲鸽不能兼顾孵化和哺育仔鸽,可将第二窝蛋取走,让亲鸽专心哺育乳鸽;也可让亲鸽孵蛋,将乳鸽进行人工哺育。对繁殖性能好的亲鸽要精心管理,喂给营养全面的饲料。

(2)定时清理鸽巢　注意清洁卫生,哺育期结束乳鸽离巢后,应对鸽笼及巢盆彻底清洁与消毒。

3. 换羽期的饲养　夏末秋初,产鸽开始换羽,换羽可持续1~2个月,期间生产鸽多停止产蛋。可采取以下措施使换羽顺利完成。

(1)强制换羽　为了缩短休产期和使产鸽换羽后正常进行生产,可在鸽群普遍开始换羽时,进行强制换羽。

减少饲料喂量或饲喂次数,或降低饲料质量,可促使提早脱羽。通常是减少饲粮中蛋白质含量,或停食1~2d(只给饮水)。当所有产鸽都完成换羽时,即可逐渐恢复相应的饲粮水平。为促进羽毛生长和恢复体力,可在饲粮中添加一些大麻仁、向日葵仁、油菜籽之类的粒料。

(2)换羽期不一致的产鸽　对换羽时间不一致的配对产鸽,可把两只原配对产鸽单独饲养在笼内,待整个鸽群换羽结束后再放入大群。

(3)换羽期的孵蛋育雏　换羽期内,个别亲鸽可能边换羽边孵蛋育雏,此时也应单独在笼内饲养,并给予优质全价饲粮。

(4)换羽期的配对　换羽期也可按照需要对部分亲鸽重新配对。还可进行一次留优汰劣,并补充优质种鸽。

(二)种用鹌鹑的饲养技术

一般指40日龄后的鹌鹑为成年鹌鹑,视生产目的不同可区分为种用鹌鹑和蛋用鹌鹑,二者间除笼具规格、饲养密度、饲养标准等有所不同外,其他饲养技术基本相似。

及时调整饲粮营养浓度,提高蛋白质含量(其中蛋氨酸和赖氨酸可提高10%),傍晚补充含钙颗粒矿物质饲料(补饲量一般是饲粮的1%~1.5%),适当增加青绿饲料和维生素C,可明显提高蛋壳厚度,减少破壳蛋、薄壳蛋。抗热应激添加剂除维生素C外,使用最多的是电解质,包括碳酸氢钠、氯化铵、氯化钾、碳酸化水。饲粮或饮水中添加B族维生素,可降低因热应激引起的死亡。

一些中草药有抗应激作用,例如柴胡、石膏、黄连、五味子、朱砂等,在饲料中添加0.1%的刺五加浸膏,可有效缓解热应激。

1. 种鹌鹑的选择与利用　要求种鹌鹑目光有神,姿容优美,羽毛光泽,肌肉丰满,皮薄腹软,头小而圆,嘴短,颈细而长。

(1)雌鹌鹑　体格健壮,活泼好动,食量较大。蛋用型年平均产蛋率在80%以上,肉用型不低于75%。成年体重130~150g。腹部容积大,耻骨间宽约两指,雌鹌鹑年龄越大,腹部容积越大,产蛋量却越小。

(2)雄鹌鹑　声音洪亮,稍长而连续。体格健壮,胸部宽阔,体重110～130g。肛门呈深红色隆起,用手挤压肛门出现白色泡沫。

(3)雄、雌配比　有1雄1雌单配,或1雄多雌的轮配(例如,1雄3雌,2雄5～7雌)。雌雄配比合理是提高受精率的关键措施之一。配置数量过多,会增加饲养成本,还可引起雄鹌鹑之间相互争配,干扰鹌鹑群的正常繁殖。

(4)成年鹌鹑的利用年限　笼养条件下,蛋用鹌鹑与种雄鹌鹑利用1a,优秀的种雌鹌鹑可用2a。

2. 种鹑的饲养要点

(1)不同产蛋期饲粮的营养浓度

①产蛋初期:蛋鹑全群产蛋率达5％后,即应换用产蛋前期饲粮,必须根据产蛋率和蛋重及时调整饲粮营养水平为防止鹌鹑过肥和脱肛,产蛋初期饲料中粗蛋白质以20％为宜。

②产蛋高峰期:迅速调整为高峰期饲粮,其中蛋白质含量应达到22％～23％,不宜超过24％。每天饲喂4次,最后一次宜在晚间熄灯前1h。

③产蛋后期:随产蛋量减少,应相应降低饲粮中粗蛋白质水平。产蛋率降到59％左右时,及时剔除已经换羽、停产、瘦弱的鹌鹑。

(2)产蛋期饲养　散养、笼养均可。雌鹌鹑日耗配合饲料25～30g,应按饲料量的2％加入沙砾,或在食槽中添加沙砾,任其自由采食。既可用干粉状,也可用湿料。产蛋旺季夜间,可给产蛋鹌鹑加喂1次。

(3)饮水　充分供应饮水,冬季宜饮温水,产蛋鹑每只每天饮水45mL左右。

四、商品肥育鸽与鹌鹑标准化饲养技术

(一)肉用乳鸽的肥育

3周龄时经1周短期肥育,可获得品质更佳的肉用乳鸽。

1. 肥育鸽的选择　应选用身体健康,羽毛丰满富光泽,体重在350g以上的3周龄乳鸽供肥育。

2. 育肥饲料　应以含碳水化合物丰富的能量饲料为主,辅以蛋白质饲料和矿物质饲料以及微量添加剂。常用的饲料有玉米、小麦、碎米、大豆粕、豌豆,以及保健砂、食盐和健胃药。

3. 饲料调制与喂量　将粒料破碎成小料,用温水浸泡软化,滤去水分后晾干喂给。最好采用多种饲料配制成的颗粒料或粉料,粉料应加水拌湿,水与料之比为2：1。每只肥育鸽每次的投饲量以50～80g为宜,每日投饲2～3次。

(二) 肉用鹌鹑的肥育

1. 肥育原则　公、母分群饲养,散养、笼养均可。

2. 肉用鹌鹑的肥育要点

(1)肥育鹑的选择　除种用鹌鹑外,其余身体健康的25～30日龄鹌鹑均可转入肥育笼,进行肥育。

(2)饲料和饮水　能量饲料占饲粮的75％～80％,蛋白质饲料18％,食盐0.5％,酌量增喂一些青绿饲料。每日喂 4～6 次,自由采食,充分供应饮水。

(3)改善肉质风味 在肉仔鹌饲粮中加入 1%～2% 的大蒜粉,可增加鹌肉的芳香味,且对仔鹌生长、防治肠胃疾病、增强食欲有益;饲粮中加入 3% 腐植叶,也可以提高鹌肉的风味。腐植叶是用无害的腐败落叶,经烘干磨粉后制成。应减少鱼粉、蚕蛹用量,避免其腥味影响鹌肉和鹌蛋的风味,肥育后期应停止使用鱼粉和蚕蛹。

五、鸽、鹌鹑标准化饲养的密度、食槽和水槽

无论饲养何种禽类,都要获得最佳生产效果和经济效益,必须具有三大要素:其一,全价均衡的营养;其二,环境条件的控制要完全符合禽类生理和生产需要;其三,饲养密度合理,食槽和饮水槽位足够。

(一)鸽的饲养密度

1. 种鸽笼养 应配对单笼饲养,常用层叠式鸽笼,每组笼单长 50cm、深 50cm、高 45cm,承粪板层高 5cm(承粪盘高 2cm),每笼 1 对种鸽,占笼面积为 0.25m²。

2. 其他类鸽的饲养密度 参见表 16-10。

表 16-10 不同类型鸽的饲养密度 (只/m²)

鸽群	乳鸽	童鸽	青年鸽	肥育鸽
密度	20～30	8～12	7～8	40～50

(二)鹌鹑的饲养密度

1. 雏蛋鹑和雏肉鹑的饲养密度 应随日龄调整,不同饲养方式的养殖密度详见表 16-11 和表 16-12。

表 16-11 雏蛋鹑的饲养密度 (只/m²)

日龄	1～7	8～14	15～21	22～35
散养密度	100～130	80～110	60～80	50～60
笼养密度	120～150	100～120	80～90	60～70

表 16-12 雏肉鹑的饲养密度 (只/m²)

日龄	1～7	8～14	15～21	22～35
密度	120～150	110～130	90～100	70～90

在以上表列范围内,可根据饲养方式、生长情况、季节、气温、用途予以调整,增减幅度为 10%～15%;笼养条件下可适当增加饲养量。

2. 其他类鹌鹑的饲养密度 参见表 16-13。

表 16-13　不同类型鹌鹑的饲养密度　（只/m²）

鹌鹑群	育成蛋鹌	蛋鹌及种蛋鹌	肥育肉鹌	育成肉鹌
密　度	80	20～30	70～90	70

3. 肥育淘汰的成鹌　多采用笼养，单层饲养的密度按 50～60 只/m² 设置。每个面积为 0.3m² 的层叠式笼养肥育箱，可饲养 30～40 只淘汰成鹌。

（三）鸽、鹌鹑标准化养殖的食槽和饮水器

1. 鸽的食槽与水槽　一般可选用白铁皮、尼龙编织布、薄木板、竹筒或塑料布制作。群养鸽宜用长 100～150cm、下宽 5cm、上宽 7cm、高 6～8cm 的长食槽，安装在鸽笼前面距笼底约 12cm 处，食槽顶部宽 15～17cm，底部深度 8cm 左右。食槽的下方安装开放式水槽，其顶部与饲料槽底部相距 4～5cm。可用纤维板或木板封闭水槽与食槽间的笼面空隙，每个鸽笼的封闭板留 2 个直径约 4cm 的孔，供鸽饮水。保健砂杯可安放在饲料槽上 3～4cm 处近巢盆的一边。为防止鸽粪污染，食槽两头安装高 6cm 的梁，顶部加盖，宽 7cm。

笼养鸽以用短槽为好，槽长 42cm，隔为 3 格；两头格子大（长 18cm），用于放置饲料，中间格子小（长 6cm）放保健砂，食槽挂在两个笼中间，供 2 对鸽子合用，槽下宽 5cm，上宽 7cm，高 6cm，外口高 8cm。

2. 鹌鹑的食槽　制作食槽的材料同鸽槽，一般要求槽宽 7.5cm、边高 1.5cm，长度可根据鹌舍（笼）长度确定。雏鹌所需食槽长度因日龄不同，每 10 只雏鹌所需的食槽长度为：1～5 日龄 8cm，6～15 日龄 20cm，16～40 日龄 25cm。40 日龄后，可在笼外进行喂料。

常用的食槽形态有料水兼用型食槽、"凹"字形食槽和"山"字形食槽 3 种。为保持饲料清洁，添加饲料后可在饲料上覆盖一块孔眼为 1～1.5cm² 的铁丝网。

3. 鸽、鹌的饮水器

（1）饮水器的类型　为防止雏鸽、鹌饮水时弄湿被毛或掉入饮水器淹死，应采用专门的小型饮水器，或在饮水器内四周加一些石子，或在饮水器表面加盖铁丝网；也可采用吊桶形自动饮水器。

（2）饮水器的长度　前期使用真空式饮水器，长度按每只雏 0.5cm 设置。后期使用水槽，按每只雏长 1cm 左右设计。有条件时可使用自动饮水器，饮用水不与外界接触，安装盖板后鸽粪和饲料掉不进饮水器，可大大减少细菌和疾病传播的渠道。

第五节　鸽、鹌鹑标准化养殖的环境控制

一、标准化养殖的环境质量

适宜的环境包括正确选择场址，合理的场地规划，鸽、鹌舍的布局以及鸽、鹌舍的建筑设计等。

(一)场址选择

场址选择应根据其生产任务及当地自然与社会条件综合考虑。要符合卫生防疫要求,场区内空气清新,既要考虑物资进出方便,又要考虑环境安全。应远离污染源、交通要道、居民区、工业区和污染区,尽量选用荒山、荒坡地。有充足的清洁水源,水质符合无公害鸽、鹌生产的要求,不含病原微生物、寄生虫卵、重金属、有机腐败产物。不在高山风口、阴暗、低凹湿地建场。在高燥利水的半山腰建场最有利于鸽、鹌的健康。

(二)场地规划和建筑物布局

规划和布局应严格按鸽、鹌场的卫生要求,第一考虑防疫;第二要为鸽、鹌生长发育创建良好的生存环境;第三要便于组织生产,节约投资,利于减轻劳动强度和提高劳动效率。

鸽、鹌舍朝向应长轴南北向,向东偏15°有利采光。各幢鸽、鹌舍之间必须有足够的卫生、防疫、消防间隔,一般应不小于10m。生产区进口处应设车辆消毒池,深度为30cm,长度以车辆前后轮均能没入并转动一周为宜。

场内道路可划分为料道(净道)及粪道(污道)。料道主要运送饲料及鸽、鹌产品并供工作人员行走,不应受到污染,一般设在场的中心部位通往鸽、鹌舍一端;粪道用来运送鸽、鹌粪便、淘汰鸽、鹌等,可从鸽、鹌舍另一端通至场外。料道与粪道不要交叉使用,以免传播污染物。

大型鸽、鹌场应建造污水处理池,通过处理使排出的水各项指标达到卫生排放标准。还应建干性化尸窖,化尸窖应选择高燥无水的地方,深度在5m以上,远离生产区,留有投入口并能全封闭。

二、标准化养殖的温湿度控制

(一)温湿度对鸽、鹌健康养殖的影响

必须保持鸽、鹌舍适宜的环境温度。温度对雏鸽、雏鹌的成活率,蛋鸽、鹌的产蛋量、蛋重、蛋壳品质、种蛋受精率,鸽、鹌的育肥效果以及饲料转化率,都有较大的影响。蛋鹌鹑在室温低于15℃时产蛋率下降,10℃以下则停止产蛋。肉鸽生长、繁殖的适宜环境温度为27℃～32℃;鹌鹑喜温暖,怕寒冷,舍内的适宜温度为17℃～28℃,最佳产蛋温度为24℃～26℃。

(二)温湿度的调控

1. 育雏期温湿度的控制　肉鸽多为自然育雏,由亲鸽哺育,不需过多考虑加热供暖,只需为亲鸽创造一个适宜的温度环境;大群人工育雏可参考雏鹌的方法供热保温。

鹌鹑大群育雏需要专门的育雏室和育雏器,用育雏器加热供暖,也可采用火炕加热保温。小群可用育雏箱,利用雏鹌自身的体热保暖,在严冬或早春季节应采取保温增温措施,夜间使用电灯泡加热或在箱上加盖棉毯保温。

(1)温度控制　温度应随日龄而变,总原则是小雏宜高,大雏宜低;小群宜高,大群宜低;气温低宜高,气温高宜低;夜间宜高,白天宜低。育雏的适宜温度见表16-14。

表 16-14　雏鹑所需要的适宜温度　（℃）

日　龄	育雏器温度	日　龄	育雏器温度
1～6	35～37	13～18	26～30
7～12	31～34	19～25	20～25

4 周龄后,当育雏器内温度和室温相同时,即可脱温,室内温度应不低于 20℃。一般春秋育雏 14d 左右脱温,夏季 4～5d 即可脱温,而冬季 20d 才能脱温。

(2)温度适宜的判断　生产中育雏温度是否适宜,主要靠观察雏鸽、鹑的状态。温度适宜时,雏鸽、鹑活泼好动,均匀分布在育雏室内,互不挤压,食欲旺盛,饮水适量,羽毛光滑整齐,粪便正常,休息和睡眠时安静,很少尖叫;温度过高时,雏鸽、鹑远离热源,集中在育雏器边缘,张口呼吸,抢水喝,气喘,羽毛蓬松,饮水量增加而采食量降低。温度太低时,雏鸽、鹑靠近热源,打堆挤压,活动少,饮水减少,羽毛竖立,闭眼尖叫,身体发抖。

肉用鹌鹑的保温与育雏鸽的保温相似,主要是“看鹌鹑施温”。室内温度以 18℃～25℃为宜。

保温主要通过关闭门窗,升温则利用火炉、火墙、火炕、电热板、暖气、红外线灯等设备,舍内温度应维持在 15℃以上。同时,应注重通风,定时开窗换气。夏日酷暑应注意降温,适当减少垫料,开启门窗,使用排风扇,有条件的地区可安装水帘降温;同时,应避免阳光直射鸽体。

2. 适宜的相对湿度

(1)适宜的湿度　育雏期间一定要保持适宜的相对湿度,7 日龄前为 60%～65%,10 日龄后 55%～60%,以后保持 50%～60%。要特别防止高温高湿、低温高湿等的不良影响。

(2)湿度的调节　可用空罐头盒之类的器皿做沙盘,其内加入沙和水,通过水蒸发提高空气湿度,沙盘数可视需要增减;也可在室内喷洒水。湿度过高时加强舍内通风,减少用水量,堵塞饮水器的滴、冒、漏等现象,降低饲养密度。

(三)繁殖期鸽、鹑舍温湿度的控制

在保温性能良好、高密度饲养的鸽、鹑舍内,春秋两季鸽、鹑舍的温湿度一般能符合鸽、鹑的生理要求,但冬季气温偏低,夏季则偏高,应重点做好冬季的防寒保暖、夏季的防暑降温。

1. 夏季的防暑降温　鸽、鹑处于 30℃的高温环境下就会出现热应激,导致生长缓慢,产蛋率下降,死亡率增高,应及时采取一系列降温措施。

(1)降低舍内温度　加大舍内通风量是降低舍温最常用的方法,但温度超过 30℃时其效果不明显。可适当降低饲养密度,一般笼养鸽、鹑的饲养密度可比冬季降低 20%。

在有条件的地区密闭式鸽、鹑舍内可安装水帘,能使舍温降低 5℃～8℃,气温越高降温效果越好;开放式鸽、鹑舍,采用机械纵向通风也可收到较好的降温效果;对进入的空气进行热交换既有助于热天降温,也有助于冷天取暖;还可在舍内采用喷雾降温;避免相对湿度过高(不超过 50%～60%);降低饲养密度,提供充足的清洁、凉爽的饮水。选用隔热建筑材料有利于夏季降低舍内温度,也可防止冬季温度过低。

(2)及时清除粪便,降低有害气体浓度　夏季高温可促使鸽、鹑粪便迅速发酵,产生有害气体,诱发呼吸道疾病。应及时清除粪便,加强通风。

2. 冬季的防寒保暖　加强鸽、鹌舍的保温设计是防寒的根本措施,可增加迎风面的墙壁厚度,降低鸽、鹌舍净高,适当增加饲养密度等。日常管理中可于入冬前对鸽、鹌舍进行维修,堵塞屋顶、门窗、墙壁的所有缝隙,寒冷地区还可用透明度好的塑料薄膜遮挡窗户,增设棉门帘,加设天棚,迎风面用麦秸或玉米秆做成风障,阻挡寒风袭入;特别寒冷的严冬也可参考前述方法提高舍温。

三、标准化养殖的光照调控

光照除为鸽、鹌提供采食活动的照明外,还通过眼睛刺激鸽、鹌脑垂体,增加激素分泌,促进性腺的发育和产蛋。通常采用自然光照与人工光照。自然光照除上述作用外,阳光还可以杀菌,保持舍内干燥温暖。人工光照多以灯光为光源,用于补充舍内自然光照的不足,除促进鸽、鹌的生长发育和性成熟外,还便于鸽、鹌采食和饮水,以及饲养管理人员工作。将鸽、鹌适宜光照时间列于表 16-15。

表 16-15　鸽、鹌适宜光照时间

鸽鹌种类	光照时间(h)	光照强度(lx)
1～7 日龄雏鸽、鹌	24	10
7 日龄后雏鸽、鹌	14～15	10
产蛋期	15～16	5～10
高产蛋鹌鹑	20	5～10

光照时间的增加应逐渐进行,直至达到要求的光照时间,并保持恒定。

四、标准化养殖环境中有害物质的控制

(一)有害气体

由于鸽、鹌的呼吸,排泄以及饲料、粪便的发酵分解,改变了鸽、鹌居住环境的大气组成,氨、硫化氢、甲烷、粪臭素等明显增加。这些有害气体对鸽、鹌和工作人员都会产生不良影响,危害健康。

鸽、鹌舍的各种有害物质应严格控制在允许范围(表 16-16)。

表 16-16　鸽、鹌舍有害气体充许含量　(mg/m³)

有害气体	最高允许含量	适宜允许含量
氨气	30	15
硫化氢	15.58	10
一氧化碳	3	1
二氧化碳	2947	—

（二）微生物和粉尘

鸽、鹑舍内湿度较大，生产活动使舍内空气中粉尘浓度大大提高，且空气流动缓慢，无紫外线照射，故空气中微生物的含量远远高于大气。有人在鸡舍观察发现，空气中1g尘埃中含有大肠杆菌20万～250万个，这些微生物被吸入呼吸道，侵入黏膜会引起多种疾病。饲养方式与饲养密度等影响舍内空气中灰尘和微生物的数量，干粉饲料饲喂方式、持续照明、厚垫草、密集饲养等，会使舍内灰尘及细菌数量增多。

五、减少应激增强标准化养殖效果

（一）应激的产生

一切能引起鸽、鹑非特异性体态反应的外界不利因子，都是应激因子，诸如过度拥挤、捕捉、转群、运输、天气骤变、暑热、寒冷、更换饲养人员、外来参观、饲料突然改变、缺料断水、免疫注射、异常声响等。

（二）防止应激的途径

1. 为鸽、鹑创造良好的生活条件　饲养密度过大而料槽、水槽又不足时，鸽、鹑会因抢料、争饮、发生啄斗等现象，引发应激。保证适宜的密度，可减少应激。

2. 防止热应激　鸽、鹑舍内温度超过30℃，散热受阻，体温升高即可发生热应激。

（1）加强舍内降温　参考"温湿度控制"一节。

（2）调整饲粮浓度　天热鸽、鹑采食量下降，应提高饲粮主要营养物质的浓度。保证饲料质量，不喂霉变、陈旧的饲料。

（3）加喂益生菌　可减缓应激时消化道紊乱的状况。

（4）电解质　饲粮或饮水中添加电解质，常用的电解质有碳酸氢钠、氯化铵、氯化钾等。

（5）中草药添加剂　可在饲粮中添加一些抗热应激的中草药。调节体温中枢的抗热应激添加剂，如柴胡、石膏、黄芩等；抗惊厥的有钩藤、菖蒲、僵蚕、地龙等；镇静催眠的有延胡索酸、酸枣仁、朱砂等；调节代谢的有海藻、党参、五味子、麦冬等；调节中枢神经功能的有刺五加、五味子、人参等；增强及调节免疫功能的有黄芪、党参、大枣、淫羊霍、补骨脂、白花蛇等；具类似激素作用的中草药，如人参、黄芪、刺五加、甘草、猪苓、生地黄等。

（6）添加有机酸　在鸽、鹑饲粮里添加一些参与代谢的物质，如维生素C、延胡索酸、苹果酸、氨基酸等，对缓解热应激有一定效果。

3. 防止冷应激　严寒的冬季特别是高湿环境下，极易引发鸽、鹑冷应激，应加强防寒保暖，适当提高饲养密度。

4. 清洁卫生　保持饲养环境清洁卫生，勤除粪便，可减少舍内粉尘和微生物的含量，使各种有害气体保持在允许的标准范围内，防止各种病原微生物侵袭鸽、鹑。

5. 操作应细心　对鸽、鹑进行接种、淘汰和转群时，应尽量安排在气温比较适中的时辰，并群宜在夜间。捕捉鸽、鹑时要轻拿轻放，捉腿，不捉翅或头颈，以避免损伤鸽、鹑或造成严重应激。

6. 防止惊群　鸽、鹑均属神经敏感型家禽,对噪声十分敏感,尽量避免在鸽、鹑舍内外产生异常的声响与光影。进舍后用鸽、鹑习惯的声音与手势先给鸽、鹑信号,使鸽、鹑保持安静。

第十七章 珍禽的标准化饲养

第一节 珍禽生物学特性及生理特点

一、珍禽的概述

珍禽是指那些珍贵、稀有、能满足人们某些特殊需要,如保健食品、狩猎、观赏、资源保护等,经济价值高的半家化饲养或野生的禽类。以珍禽作为饲养对象,进行商品化生产的产业即为珍禽饲养业。

珍禽及其饲养业兼有以下几个主要特征:第一,数量和规模较小,多为稀有或濒危的种类;第二,经济价值均较高,其产品多属于稀有消费品;第三,是满足人们的特殊需要,非生活所必需的大众化或一般化产品;第四,养殖历史不长,多数是野生驯养和半家化饲养的禽类。正因为如此,珍禽饲养业在当代的商品经济中成为一项新兴的产业。

珍禽作为大农业中特产农业的组成部分,大大丰富了肉食产品,而且其肉质与家禽相比,具有高蛋白、低脂肪、低胆固醇和独具风味等特点;有的珍禽肉、骨、内脏还具有一定的医疗作用;有的珍禽羽毛和毛皮也可加工成高档工艺品或作为轻工产品的优质原料。珍禽饲养业在世界范围内的发展趋势,一是向着食用和狩猎方向发展,二是向着观赏和保护资源的方向发展。随着物质文明不断提高,人们对食品的要求也在发生变化,对野味和绿色食品有逐渐增加的趋势,回归自然也是一种倾向,狩猎更是一种时尚。因此,近些年来,珍禽养殖业有了相应的发展。但是,欲将某种珍禽作为专业或副业生产时,一定要遵照国家有关保护野生动物的法规,考虑当地生态环境、经济发达的程度,以及人们对饮食的喜好,因地制宜地选择适合当地发展的禽种。目前,珍禽食品的主要消费群体是在高档宾馆和专卖店。在考虑饲养规模和饲养方式时,以销定产可能更稳妥和有效。珍禽饲养业与家禽饲养业相比,虽然其经济效益更为显著,但在发展上一定要把握其季节性强、信息性强、技术尚未成熟、市场不稳定和风险性较大等特点。

过去对珍禽的营养需要、规模化饲养及疾病防疫等研究不多,但可借鉴多年积累的家禽饲养管理经验。雉鸡与鸡同属鸡形目,家鸭是由野鸭驯化而成,珍珠鸡在人工授精方面与火鸡相似,故可参考的资料也不少。

二、珍禽的生物学特性

鹧鸪、雉鸡、野鸭、珍珠鸡和孔雀均属珍禽类,在消化生理、营养需要、饲养条件的要求及生物学特性等方面极为相似。其特性有:

(一)属早成鸟

出壳待绒毛干后,便可走动、寻食、饮水和斗架等,故应适时供水和开食。

(二)适应性强

雉鸡(山鸡)在野生条件下,常栖息在海拔 300m 的草原、半山区及丘陵地带林缘的灌木丛至 3 000m 的高山阔叶混交林中,随季节变化有小范围的垂直迁徙,同一季节相对固定。孔雀常栖息在海拔 2 000m 以下和年平均温度在 15℃～22℃的稀疏树林、草原或灌木丛、竹丛等开阔地带。经人工驯化后,已适应寒冷的环境。野鸭除适应性强外,其抗病能力比其他野禽更强,在家养条件下,一般只进行鸭瘟疫苗的免疫接种,其他疫病很少发生,成活率高。

(三)群居性好

野生条件下,雉鸡在冬季集体组群越冬。但在繁殖季节,以公雉鸡为核心开始分群,组成相对稳定的小群。幼雏出壳后,由母雉鸡天然育雏,当幼雏长大、能独立生活时,又重新组成新的群体而到处觅食。此外,野鸭、珍珠鸡和孔雀均具有较好的群居性,具有此种特性的珍禽适合于群养或规模化饲养,如经过训练的野鸭群可以招之即来、呼之即去。若将野鸭翼羽剪去一段,在放牧饲养中可以远行数十里而不紊乱。为方便管理,有的养鸭户在野鸭驯养初期,将野鸭与家鸭饲养在一起,白天任其自由飞出觅食,晚上它们会自动飞回。

(四)飞翔力强

鹧鸪和雉鸡的飞翔速度快、持续时间短。雉鸡是世界上优良的猎禽之一,经人工育成后,也可放养到狩猎场。野鸭被驯养后,仍保持较强的飞翔能力。珍珠鸡两翅肌肉发达,善于飞翔,3 月龄时就能飞上屋顶,休息时爱攀登于高处,夜间更是如此。

饲养具有飞翔能力的珍禽时,应注意的共同点如下:

1. 防飞设施　禽舍和运动场应有塑料网或金属网等设施,以防飞逃。

2. 断翅(剪羽)　雏禽孵出后,可将翅膀的最后一个关节(第三指的第一指节骨)断去,或将主翼羽剪短几根,但左、右主翼羽的长度不能相等。

3. 防突然光亮　如鹧鸪在黑暗中发现有光,就会向光亮处飞窜,或伤及自身,或撞坏用具。因此,禽舍的玻璃及灯泡上都要加金属网罩。

(五)具好斗性

无论是家禽或珍禽均具有好斗的天性。平时表现为大欺小、强啄弱,或者互啄。在繁殖季节,多表现为争偶斗架行为。如雉鸡,在野生条件下,当有其他群公雉鸡侵入自己的"婚配群"占区,该群的公雉鸡就与之激烈争斗,打得头破血流,死不相让。占区的大小取决于当地适宜的栖息地面积、植被、种群密度和雄禽的争配能力。人工饲养条件下,经过公禽一定时间的争斗,确立出"王子禽"和群序(啄斗顺序),才能使配种群稳定下来。据此,不能任意变动饲养管理和配种群体,以防诱发啄斗的发生;公、母禽之间有喜偶性,故应将失去竞配能力的公禽淘汰,以免影响种蛋受精率。

(六)具嗜血性

几乎大多数禽类(包括鸡在内),见血迹就啄,一旦群中有受伤流血者,其同类就会群起而攻之,在众多同类围攻下,有时几分钟就会将受害禽啄得肚破肠断、流血不止而死亡。所以,饲养珍禽时要经常观察,发现伤情应立即进行隔离饲养。关于啄癖的诱因及预防,可参看第十四章第一节。

(七)食 性 广

珍禽是杂食性鸟类,其采食的种类有杂草、籽粒、果实、树叶、昆虫等。雉鸡以植物性饲料为主,据野外考察发现,在其采食总量中植物性饲料约占97%,动物性饲料占3%。野鸭常以虾、鱼、甲壳类、昆虫、藻类及植物茎、叶和谷物等为食,耐粗饲。珍珠鸡特别喜食青饲料。家养时,应尽量采用多种饲料搭配饲喂珍禽,充分发挥其食性广和耐粗饲的特性,以降低饲养成本。

(八)性情胆怯而机警

在野生条件下,为防敌害,禽类警觉性高,反应敏捷,必要时向同伴发出"警报",这是自我保护的本能。鹧鸪在笼养时往往焦躁不安(尤其是成年期),生人出现易引起惊慌。在笼中喜欢频频走动,善于钻空隙逃跑,只要有一鹧鸪带头跳跃、受惊,就会引起全群骚动。雉鸡遇类似情况,会腾空而飞,撞击网壁,常常因创伤造成死亡。在繁殖季节,珍禽更喜欢安静环境,故应尽量减少应激导致的生产性能下降。

三、珍禽的生理特点

(一)珍禽的营养生理特点

鹧鸪、雉鸡、野鸭、珍珠鸡和孔雀的体温高(41.1℃～42.6℃),代谢旺盛,活动力强,呼吸脉搏快,维持消耗所占比重大;同时,生长快、成熟早(鹧鸪、雉鸡、野鸭、珍珠鸡和孔雀分别于4.5～5.0、7.5～8.0、5.0、8.0和22.0月龄达到性成熟),饲料转化效率高,单位体重产品率高。因而,按单位体重计算,比家畜需要更多的能量、蛋白质、氨基酸、矿物质和维生素。

(二)珍禽的消化生理特点

鹧鸪、雉鸡、野鸭、珍珠鸡和孔雀的消化道构造类似于家鸡,但显然与家畜不同。其消化道较家畜的消化道短得多,口腔无唇、无齿而有角质的喙,也具有嗉囊和肌胃。用喙啄食饲料进入口腔,再借舌的协助很快吞咽进入食管,先在嗉囊内存留。野鸭的舌与家鸭的舌结构类似,具有可滤过食物的突起。嗉囊分泌液没有消化能力,仅起软化饲料的作用,并且根据胃的需要有节奏地把食物送进胃内。腺胃容积很小,饲料通过快。腺胃内壁黏膜上的乳头,是消化腺的开口,能分泌胃液(蛋白酶)和盐酸,用于消化蛋白质和矿物质。肌胃能借助于食入的沙砾磨碎饲料,以代替牙齿的咀嚼功能。

从胃中流出的酸性食糜在肠液、胰液、胆汁等共同作用下,大部分在小肠中被消化吸收。虽然在小肠与直肠交界处有一对细长分叉的盲肠,但从小肠流出的食糜只有一小部分进入盲肠,其他大部分直接转入直肠,故上述珍禽对纤维的消化能力很低,其饲粮必须以精料为主。若饲粮中搭配过多的粗饲料,就不能满足其营养需求。但野鸭的盲肠较鹧鸪、雉鸡、孔雀和珍珠鸡的盲肠发达,在消化功能上起一些作用,可消化部分纤维素。勒普林斯等(Le Prince etal. ,1979)和斯克拉恩(Sklan,1980)的研究表明,野鸭等鸟类吃进的食物通过在小肠和胃之间的来回运动,加以消化和吸收。这一生理特点可以使其肠道在长度与重量较小的情况下发挥较大的消化效能。

第二节 鹧鸪的营养与标准化饲养

一、鹧鸪的驯养及经济价值

鹧鸪原为野鸟,在 20 世纪 30 年代,美国内华达州等地从印度引入野生鹧鸪,经过人工驯养和繁殖首先获得养殖成功。我国目前饲养的鹧鸪是从美国引进的肉、蛋兼用培育品种(ChukarPartridge),也称美国鹧鸪。

鹧鸪的肉和蛋具有很高的营养价值及食疗作用,是高级营养滋补保健品和野味香郁的佳品。古籍中记载,鹧鸪肉具有"利五脏,开脾胃,益心神"等滋补强壮作用。在广东和福建等地,病人痊愈后多以沙参、肉竹、枸杞子、桂圆等与鹧鸪肉共炖食用,据说有滋补的功效。

鹧鸪生长发育快,饲养周期短,饲料效率高,繁殖力强。肉用鹧鸪养到 90 日龄可上市,其平均活重可达 500g,为初生体重 12～14g 的 40 倍;1 年可饲养 3～4 批;饲料效率(F/G)为 3.5：1。种鹧鸪养至 7 月龄即可产蛋,一般年产蛋量 80～100 枚;若饲养管理水平高,年产蛋量可达 100～150 枚。

鹧鸪也是国际上驰名的猎禽,在游猎区繁殖和放养,供狩猎旅游者猎取,进行烧烤娱乐。我国发展人工狩猎场,繁殖和放养鹧鸪猎禽是有广阔前景的产业。

二、鹧鸪的推荐饲养标准与参考饲粮配方

(一)鹧鸪的推荐饲养标准

合理地饲养鹧鸪,既需满足其营养需要,充分发挥它们的生产能力,又要不浪费饲料,降低饲养成本。为此,必须对各种营养物质的需要量,规定一个大致的范围,以便实际饲养中有所遵循。

国内外对鹧鸪营养需要的研究报道较少,且饲养阶段的划分很不一致。中国农业科学院特产研究所根据我国的生产实际,提出种用鹧鸪和肉用鹧鸪的推荐饲养标准(附录一),可供养殖场(户)参考。

(二)鹧鸪饲粮配方实例

下面给出的鹧鸪饲粮配方实例(分别见表 17-1,表 17-2,表 17-3,表 17-4 和表 17-5),供养

殖者参考,应因地制宜地选择使用。

表 17-1 种用鹌鹑饲粮配方 （%）

饲　料	育雏期		育成期		产蛋期
	育雏前期 （0～3 周龄）	育雏后期 （3～6 周龄）	育成前期 （6～13 周龄）	育成后期 （13～21 周龄）	
玉米面	52.22	58.01	61.97	63.61	58.08
豆粕面	28.00	23.00	19.00	17.50	20.40
小麦麸	8.00	11.00	14.00	15.00	10.00
鱼粉(进口)	8.00	4.00	1.00	—	3.00
磷酸氢钙	2.90	2.80	2.96	3.02	3.17
石　粉	—	0.29	0.22	—	4.46
食　盐	0.30	0.30	0.30	0.30	0.30
蛋氨酸	0.08	0.10	0.05	0.07	0.09
添加剂预混料	0.50	0.50	0.50	0.50	0.50
合　计	100.00	100.00	100.00	100.00	100.00
营养水平					
代谢能(MJ/kg)	11.95	11.88	11.80	11.78	11.40
粗蛋白质(%)	23.90	20.01	16.98	15.96	18.03
钙(%)	1.27	1.20	1.10	1.00	2.80
有效磷(%)	0.65	0.60	0.60	0.60	0.65
赖氨酸(%)	1.39	1.09	0.86	0.78	0.97
蛋氨酸(%)	0.50	0.45	0.35	0.35	0.40
粗纤维(%)	3.40	3.61	3.81	3.88	3.83

注:该配方是按照附录一推荐的饲养标准配制,由中国农业科学院特产研究所提供

表 17-2 肉用鹌鹑饲粮配方 （%）

饲　料	育雏期(0～3 周龄)	育成前期(3～6 周龄)	育成后期(6～13 周龄)
玉米面	52.19	57.18	61.31
豆粕面	31.20	27.51	24.00
小麦麸	4.80	6.00	8.00
鱼粉(进口)	8.00	5.00	2.00
磷酸氢钙	2.89	2.75	2.95
植物油	—	0.64	0.86
食　盐	0.30	0.30	0.30
蛋氨酸	0.12	0.12	0.08
添加剂预混料	0.50	0.50	0.50
合　计	100.00	100.00	100.00

续表 17-2

饲 料	育雏期(0～3 周龄)	育成前期(3～6 周龄)	育成后期(6～13 周龄)
营养水平			
代谢能(MJ/kg)	12.11	12.34	12.33
粗蛋白质(%)	25.04	21.99	19.04
钙(%)	1.28	1.12	1.06
有效磷(%)	0.65	0.60	0.60
赖氨酸(%)	1.47	1.25	1.02
蛋氨酸(%)	0.55	0.50	0.40
粗纤维(%)	3.22	3.25	3.37

注:该配方是按照附录一推荐的饲养标准配制,由中国农业科学院特产研究所提供

表 17-3　种用鹧鸪饲粮配方　(%)

饲 料	幼雏料	中鸪料	种鸪料
黄玉米	46.22	54.04	61.25
黄豆粉	47.47	26.84	18.59
小麦麸	—	14.19	10.46
蛋氨酸	0.10	0.17	0.23
石 粉	1.65	1.76	7.38
脂 肪	1.56	—	—
食 盐	0.50	0.50	0.50
磷酸钙	2.00	2.00	1.09
添加剂预混料	0.50	0.50	0.50
合 计	100.00	100.00	100.00
营养水平			
代谢能(MJ/kg)	11.72	11.30	11.30
粗蛋白质(%)	25.00	20.00	16.00
脂肪(%)	3.70	2.70	2.80
纤维素(%)	4.50	3.80	3.20
钙(%)	1.20	1.20	3.00
磷(%)	0.80	0.70	0.50

引自美国加州大学

表 17-4 种用鹌鹑饲粮配方 （％）

饲 料	0～2周	3～6周	7～13周	后备鹑至成鹑	鹑产蛋期
玉 米	35.5	38.5	40.0	42.0	46.0
小 麦	10.0	10.0	10.0	16.0	15.0
3号粉	16.5	18.0	22.0	14.0	9.0
豆 粕	28.0	25.0	20.5	17.0	18.0
鱼粉(进口)	8.0	6.0	5.0	5.0	5.0
石 粉	1.0	1.0	1.0	4.0	4.5
微量元素	0.5	1.0	1.0	1.5	2.0
食 盐	0.2	0.2	0.2	0.2	0.2
添加剂	0.3	0.3	0.3	0.3	0.3

引自上海农科院畜牧兽医研究所

表 17-5 肉用鹌鹑饲粮配方 （％）

饲 料	0～2周龄	3～6周龄	7～13周龄
玉 米	45.0	47.5	50.0
小 麦	12.0	14.0	14.0
麸 皮	5.0	6.0	8.0
豆 粕	28.0	24.0	20.0
鱼粉(进口)	8.0	6.0	5.0
石 粉	1.0	1.0	1.5
微量元素	0.5	1.0	1.0
食 盐	0.2	0.2	0.2
添加剂	0.3	0.3	0.3

引自上海农科院畜牧兽医研究所

三、不同生理阶段鹌鹑的饲养管理技术

（一）鹌鹑育雏期的饲养管理技术

1. 育雏方式 鹌鹑的人工育雏可分为平面和立体育雏，而平面育雏又分为更换垫料、厚垫料和网上平面育雏。

（1）更换垫料育雏 将雏鹌鹑养在铺有5～6cm厚的清洁而干燥的垫料上，可采用刨花、稻草、麦秸等作垫料。垫料被粪便污染后，要随时更换。垫料应新鲜，既不能发霉，也不能结块。

（2）厚垫料育雏 在进雏鹑前，应将育雏舍打扫干净，并进行消毒；先在地面铺一层熟石灰，再铺上8～10cm厚的垫草，之后随垫料被污染，应逐渐增添至20cm厚为止。此法比更换垫料育雏好,可省去经常更换垫料的繁重劳动,垫料发酵产生的热可供雏鸽取暖,在育雏结束后一次清除垫料,可减少对鸽群的应激。但是,当通风不良时,氨浓度过大,易诱发疾病或引起体弱者脱肛,此为厚垫草的弱点。应随着雏鸽日龄增长逐渐拉宽围栏或挡板。雏鸽能飞、能跳时,可将围栏或挡板去掉。

(3)网上平面育雏　网上平面育雏是最成功的鹧鸪育雏方式。大型工厂化鹧鸪场,常采用网上平面育雏;小型鹧鸪场及农户,一般采用小床网育雏。可根据鹧鸪日龄不同而采取不同的底网,0～21 日龄用 0.5cm×0.5cm 网眼,21 日龄后用 1cm×1cm 网眼;最好采用塑料压花网或镀塑电焊网。底网距地面高度应为 50～70cm,其上应用围网分成若干小区。

(4)立体育雏　目前普遍采用的方式是重叠式多层育雏笼,一般由 2～3 层构成。大型饲养场多采用这种方式育雏,可节省房舍的建筑面积。重叠式鹧鸪笼由笼架、笼体、食槽、水槽和承粪板组成。这种育雏笼除用于育雏外,还可饲养商品鹧鸪至 90 日龄。

2. 育雏环境条件

(1)温度　温度是鹧鸪育雏期的关键条件之一。刚孵出后,雏鸽的体温调节功能还未发育健全,且体小、采食量少、消化功能较弱及产热量不多,而单位体重的表面散热量比雏鸡、雏雉还要多。因此,鹧鸪育雏期需要较高的温度,且需要保温的时间较长。育雏温度见表 17-6。

(2)湿度　鹧鸪育雏期的环境湿度也很重要,湿度过大,体表散热困难,对腹中剩余的卵黄吸收不利,食欲不振,也有利于病菌的繁殖;湿度过小,体内水分蒸发快,脚趾干瘪,空气浑浊,不利于生长发育。育雏湿度见表 17-6。

(3)光照　光照时间与强度对鹧鸪一生都有很大的影响。第一周光照强度应为每 m^2 4W,以后为每 m^2 2W;光照太强会引起啄羽、啄趾、啄肛等恶癖。表 17-6 列出鹧鸪适宜的光照时间。

表 17-6　鹧鸪育雏期对温度、湿度等环境条件的要求

周　龄	温度(℃)	相对湿度(%)	通　风	光照时间(h/d)
1	37～35	60～70		23
2	34～32	55～65	在保温的前提	18
3	31～29	50～60	下,力求空气清新,	18
4	28～26	50～60	避免缝隙冷风及空	自然光照
5	25～24	50～60	气污浊、闷热	自然光照
6	23～22	50～60		自然光照

(4)密度　育雏密度与雏鸽的生长速度及经济效益有关。鹧鸪的一般饲养密度为:0～1 周龄每 m^2 饲养 70 只,1～4 周龄为 50 只,4～12 周龄为 30 只。

3. 饮水与饲喂　鹧鸪出壳后 24h 内,应先给予饮水。若经长途运输,最好先饮 5％葡萄糖水和电解质水(含钠离子、钾离子),为预防细菌病,必要时可在水中加入抗生素。开始时,雏鸽不会饮水,可以教饮,即抓 1 只健壮的雏鸽,将喙浸到水槽中蘸上水,这只雏鸽很快就会自己饮水,其他雏鸽也会学样而饮。在水槽或饮水器中放入一些色泽鲜艳的石子,能引诱雏鸽饮水;同时,要防雏鸽浸进水里湿身,以免生病。

雏鸽第一次吃料叫开食。雏鸽饮水过后,就可开食。开食时,可将饲料撒在厚纸板上或纸

盘上,让雏鸪寻食。网养或笼养的雏鸪,头1d喂料前,应在铁丝网上铺几层柔软清洁的草纸垫底。饲料可撒在草纸上,以预防脐炎发生,3d后,逐渐用食槽代替,要将食槽放在灯光下,使雏鸪能看到饲料。食槽和水槽要错开放,相互距离不要超过1m。第一天开食就可直接喂全价粉料,为便于采食,可将粉料加水拌潮,要勤喂少添。表17-7列出雏鸪每日给料量和供水量参考标准。

表17-7　鸪每日给料量和供水量参考标准

周　龄	需水量(L/1 000 只)	需料量(kg/1 000 只)	每日给料次数
1	15	10	6
2	20	14	5
3	25	18	4
4	30	22	3
5	35	24	3
6	40	26	3

4. 日常管理工作

(1)诱导　鹧鸪野性较大,但通过人的频繁接触和细致管理,可以诱导使之温顺,从而较好地适应人工饲养的环境。

(2)断喙　雏鸪的啄癖常发生在25～30日龄期间,因此20日龄前必须断喙1次。最好采用断喙器断喙,因断喙器切断喙的同时,还能烙烫伤口,使其不至于出血和造成感染。

(3)清洁　经常搞好育雏舍内的环境卫生,定期消毒饲养用具,及时清理粪便。

(4)观察和记录　每天应观察鸪群的精神状态、采食、饮水和粪便状况,做好鸪群变动、温度等环境条件、采食量、疫苗接种、喂药及称重等详细情况的记录。

(二)鹧鸪育成期的饲养管理技术

1. 饲养方式

(1)地面散养　饲养舍的玻璃窗及门户,都必须附加铁丝网,并有围栏和围网遮护的运动场,使鹧鸪既可在舍内吃食和睡眠,又能在运动场进行飞翔活动和获得阳光,还可呼吸新鲜空气。散养法比网上饲养成本低,但在预防疾病方面不如网上饲养方式。

(2)飞翔栏网上饲养　根据美国的试验,把育成期鹧鸪养在飞翔栏中生长状况最好。鹧鸪在飞翔栏中能晒到太阳光,其空间大,也有利于预防疾病的传染。飞翔栏网上饲养法又可分为半露天式和室内法。前者是由能遮挡风雨的房舍和室外围网运动场组成,房舍和运动场都设有离开地面的底网;后者完全是在房舍内设底网饲养。

(3)牧养　在美国和加拿大等国的狩猎区,鹧鸪育成期以牧养为主。牧养地区很大,为防止野兽侵袭,设置鹧鸪隐蔽地,一般用多刺野玫瑰构筑围篱。放牧饲养的鹧鸪,一般是90日龄后的中鸪。每公顷灌木林牧地,可放养1 500～3 000只。由于鹧鸪集群性好,应在牧区内设固定饲喂地点。在未放牧前,先进行小区围网调教饲喂,使其认识饲喂地点或饲喂信号后,再行放牧。鹧鸪是当今世界狩猎协会最重视发展的鸟类,最适于在半干旱、开阔、多石的原野牧养。

2. 环境条件　育成期适宜温度是 20℃～22℃。每天应有 14h 的光照,强度为每 m²0.5～1W,白天利用自然光照,不足时辅以人工光照。6～12 周龄密度为每 m² 30 只,12 周龄后为 15 只。

3. 饲养管理要点

(1)修喙　应定期给育成期鹧鸪修喙,不能任其生长,当发生啄羽、啄肛时,极易碰伤,发生裂喙或脱喙。

(2)饲喂与饮水　育成期鹧鸪饲喂制度为自由采食和自由饮水,但要注意保持留种育成鸪的标准体重,以免过肥而影响繁殖。

(3)换羽　鹧鸪在成熟前共有 4 次大换羽。出壳时雏鹧鸪的毛色像雏鹌鹑,但随着日龄的增长,绒毛脱落,换上黄褐色的羽毛,羽毛上伴有黑色长圆斑点。7 周龄后,再次换羽,长成灰色羽毛,覆盖全身,这时喙、脚及眼圈都呈黑褐色。12 周龄后,喙、脚、眼圈开始出现橘红色,羽毛再次更换,以灰色为基色并掺杂褐红色羽毛。至开产前再次换羽,此次长出的羽毛与换羽前虽无大的区别,但显得更加艳丽丰满。在换羽期应加强饲养,特别是在饲料中添加含硫氨基酸等,以促进羽毛的生长。

(三)种鹧鸪的饲养管理技术

1. 饲养方式

(1)立体笼养　笼养具有温度和光照易控制,血缘和系谱清楚,饲喂方便及易于控制疾病等优点。种鸪笼的大小和形状多种多样,可根据具体情况和饲养目的自行设计。

(2)平面饲养　地面平养种鸪要有房舍和运动场。房舍应为水泥地面,有排水系统,沿墙边排列蛋箱;运动场应设有沙坑以供鹧鸪"沙浴"。

2. 产蛋期的环境条件

(1)温度　鹧鸪产蛋期对环境温度比较敏感,温度低于 5℃或高于 30℃时,对产蛋率和受精率均有较大的影响。产蛋期适宜的温度是 16℃～24℃。

(2)光照　鹧鸪产蛋期光照时间应为 16～17h,光照强度为每 m² 3W。灯泡间距要相等,以便使光线分布均匀。在光照时间内,光的强度不要忽高忽低,否则会使鹧鸪烦躁不安,导致产蛋量下降。

(3)密度　平面大群饲养时,每 m² 饲养数以不超过 5～8 只为宜。饲养密度过大不利于交配,也容易发生啄羽、啄肛癖。

(4)公母比例　鹧鸪平面散养的适宜公母比例为 1∶2～3,笼养方式为 1∶3～4。

3. 饲养管理要点

(1)个体选择　入产蛋舍前,应对全部鹧鸪进行个体检查,要剪掉长喙,剔出毛色不符合种用要求者,淘汰瘦弱和病残鸪,将太肥者隔离进行一个阶段的限制饲喂。

(2)疫苗接种　产蛋前要进行鸡新城疫、传染性支气管炎和减蛋综合征疫苗的接种。

(3)清扫消毒　要在入舍前,将鹧鸪产蛋舍进行彻底的冲洗和消毒,包括墙壁、地面、笼具、垫草、产蛋窝、饲喂及饮水用具等的消毒。

(4)环境稳定　在饲养过程中,务必保持室内安静。应在产蛋前调教,使鹧鸪对必要的清洁工作习惯,不会引起应激。

(5)饲喂与饮水　鹧鸪产蛋期的饲料要新鲜,不限量饲喂,并供给清洁充足的饮水。天气炎热时鹧鸪采食量降低,应相应提高饲粮的营养浓度,在饮水中加入适量的维生素 C。

(四)肉用鹧鸪的饲养管理技术

目前,肉用鹧鸪一般在 13 周龄、体重达到 500g 以上即可上市。从出肉率和饲料效率来看,鹧鸪养到 500～600g 时出售最经济合算,并且肉嫩味美。如果继续饲养,则会浪费饲料、人工、房舍,增加成本,影响经济效益。

1. 环境条件　2 周龄内实施全日光照,2～6 周龄实施 16h 光照,6～13 周龄实施 8h 光照。光照强度为每 m² 4W。0～6 周龄的温度要求参见表 17-6,6 周龄以后应在 20℃以上。要求室内相对湿度为 55%～60%。肉用鹧鸪 0～9 周龄的饲养密度应为每 m² 笼底面积 50 只,9 周龄后至出售为 40 只。

2. 饲养管理要点

(1)饲喂方式　肉用鹧鸪的饲喂方式为自由采食和自由饮水,每天饲喂 4 次。其饲粮的蛋白质水平和能量浓度都应比种用鹧鸪高,以促进其充分发挥生长潜力和迅速肥育。饲喂方法有干喂法、湿喂法和干湿兼喂法 3 种。

(2)肥育技术　肉用鹧鸪 8～9 周龄时,应转到肥育笼中进行育肥饲喂。肥育笼也就是一般的鹧鸪笼,但其每层笼的高度不要超过 30cm,以防鹧鸪跳跃,消耗体力;同时,应能保证笼中的鹧鸪同时进食。笼内光线要暗,通风量适宜。要取得良好的肥育效果,也应设法提高鹧鸪的食欲,促使其尽量多吃料。

(3)坚持全进全出　必须严格执行全进全出的饲养管理制度,即每批全进同龄鹧鸪,到出售时全部清出,以利于控制传染病的发生。

(4)保持环境清洁、安静　要定期清洗和消毒饲养用具;应经常保持环境安静,不得惊扰鹧鸪而使其跳跃和消耗体力。

第三节　雉鸡的营养与标准化饲养

一、雉鸡的养殖概况及经济价值

雉鸡,又称野鸡、山鸡、环颈雉。据沃乌利(1965)的研究,雉鸡在野生状态下可分为 30 个亚种,其中分布于我国境内的就有 19 个之多。

据《周易》、《礼记》、《汉书》等古籍中记载,我国早就有苑囿养殖雉鸡的历史。但真正大规模研究雉鸡人工驯养繁殖,是于 1978 年由中国农业科学院特产研究所首先开始的。该所对河北亚种雉鸡的驯养繁殖小试研究于 1981 年获得成功;1982—1985 年期间又进行了中试研究;继此之后,又于 1989 年完成了雉鸡选育提高及其配套饲养管理技术研究。

我国目前饲养的雉鸡品种主要有河北亚种雉鸡、左家改良雉鸡,以及由美国引入的中国环颈雉、黑化雉鸡(也称孔雀蓝雉鸡)、特大型雉鸡、白雉鸡和浅黄色雉鸡。雉鸡养殖业在我国虽然起步较晚,但发展速度很快,自 1992 年以来年生产商品雉鸡稳定在 600 万只左右。随着人们物质和文化生活水平的提高,这一新兴的特禽饲养业必将得到长足的发展。

世界上放养雉鸡最早的国家是美国。1881 年美国驻上海领事把 28 只中国雉鸡送到美国俄勒岗,经人工驯养繁殖后进行放养获得成功。因此,我国目前饲养的所谓的美国七彩雉鸡,实际上是我国的环颈雉在美国经过 100 多年的选育后形成的品种,美国人仍称作中国环颈雉。西欧、北美等国雉鸡养殖业的最大特点是,紧紧同本国发达的狩猎运动相结合,大量放养。

雉鸡肉质细嫩,味道鲜美,富含人体必需氨基酸,且胆固醇含量极低。雉鸡的食疗及药用价值也较高,其肉能补中益气和治脾虚泄泻、腹胀、下痢、尿频等。雉鸡也为世界上著名的猎禽。饲养雉鸡是一项高效益的"短、平、快"项目,同时还是我国传统的珍禽出口产品。

二、雉鸡的推荐饲养标准与参考饲粮配方

(一)雉鸡的推荐饲养标准

中国农业科学院特产研究所经过 20 多年的科学研究和总结生产实践经验,提出了中国雉鸡的推荐饲养标准;美国 NRC、法国 AEC 和澳大利亚也提出了雉鸡的饲养标准(分别见附录一)。

(二)雉鸡饲粮配方实例

下面给出的雉鸡饲粮配方实例(表 17-8 和表 17-9),供读者参考、选用。

表 17-8　中国雉鸡各饲养阶段饲粮配方　(%)

饲　料	育雏期 (0~4 周龄)	育成前期 (4~12 周龄)	育成后期 (12 周龄至出售)	种雉休产期 或后备种雉	种雉产蛋期
玉米面	48.90	57.50	67.18	61.40	54.63
豆粕面	30.00	25.00	18.50	19.00	21.50
小麦麸	8.00	9.00	10.00	15.00	13.00
鱼粉(进口)	10.10	5.00	—	1.00	3.50
磷酸氢钙	1.30	1.71	2.75	2.54	2.33
石　粉	0.90	1.01	0.75	0.26	4.22
食　盐	0.35	0.40	0.45	0.45	0.40
蛋氨酸	0.20	0.13	0.12	—	0.17
复合维生素	0.05	0.05	0.05	0.05	0.05
复合微量元素	0.20	0.20	0.20	0.20	0.20
合　计	100.00	100.00	100.00	100.00	100.00
营养水平					
代谢能(MJ/kg)	11.99	12.03	12.05	11.77	11.31
粗蛋白质(%)	25.99	21.27	16.09	17.12	19.05
赖氨酸(%)	1.54	1.18	0.79	0.86	1.03
蛋氨酸(%)	0.65	0.50	0.40	0.40	0.50
钙(%)	1.25	1.20	1.20	1.00	2.50
有效磷(%)	0.65	0.55	0.55	0.55	0.60
粗纤维(%)	3.47	3.47	3.41	3.92	3.70

注:该配方是按照附录一推荐的饲养标准配制,由中国农业科学院特产研究所提供

表 17-9　雉鸡饲粮配方　（g/kg 饲粮）

饲　料	育雏期		育成期	种雉鸡休产期	种雉鸡产蛋期
	不加肉粉	加肉粉			
玉　米	469.92	420.89	429.54	717.48	575.66
豆饼粉(48%CP)	320.33	199.62	229.22	99.56	100.23
稻　糠	7.55	107.06	145.03	—	148.93
小麦麸	—	—	—	130.11	—
玉米蛋白粉	99.96	100.07	100.14	5.77	50.83
肉　粉	—	97.90	—	9.12	—
棉籽饼粉	49.98	50.04	50.07	—	50.11
碳酸钙	13.66	7.08	12.21	15.98	43.66
磷酸氢钙	21.69	16.65	7.90	15.44	—
复合维生素	9.47	9.47	9.48	9.43	9.50
脂　肪	—	—	—	—	0.59
食　盐	2.25	2.25	2.25	2.25	2.25
氧化锌	1.08	1.08	1.08	1.08	1.08
硫酸锰	0.90	0.90	0.90	0.90	0.90
蛋氨酸	—	—	—	0.42	—
赖氨酸	3.21	3.64	3.43	0.82	—

引自《Game Bird Breeders Handbook》，Allen Woodard，1993（美国）

三、不同生理阶段雉鸡的饲养管理技术

(一)雉鸡育雏期的饲养管理技术

1. 育雏环境条件

(1)温度　刚出壳的雏雉，腹内的卵黄还没有吸收完，神经系统和生理功能还不健全，体温调节功能特别弱，难以适应外界温度的变化。出壳后的头 5d,雏雉的体温比成雉鸡的体温(42.5℃)低 1.5℃～2℃,10 日龄后才能达到成雉鸡的体温，且 3～8 日龄是决定存活率的关键时期，故 10 日龄内的保温更为重要。伯切尔特和林格(Burchelt、Ringer,1973)的研究表明，雏雉鸡大约在出生 20d 后才能完全控制深部体温。

育雏保温方法有电热、火墙、火炕、水暖等，可单独使用一种，也可将几种方法结合使用。若提高整个育雏舍温度进行立体笼式育雏，其舍温开始时应为 34℃,10 日龄内每隔 2d 降低 1℃,之后每隔 4d 降低 1℃。

(2)湿度　雏雉从相对湿度 70%的出雏器转入干燥的育雏舍中，其体内水分随着呼吸大量蒸发,导致腹中剩余蛋黄吸收不良,脚趾干瘪,羽毛生长也慢,饮水过多,易发生下痢。因此,育雏头 10d 内应在育雏舍内放置饮水桶,可兼顾提高舍内湿度和饮水预温,使相对湿度保持在 60%～65%。10 日龄后,随着体重增大,呼吸量和排粪量增加,育雏舍内容易潮湿,可以通过打开门窗适当通风,及时清除粪便和擦干溅洒的地面水等方法降低湿度。

(3)密度　密度对于雏雉的正常生长发育有很大影响。密度过大,发育不整齐,易感染、激发疾病,发生啄肛、啄羽癖,死亡数量也增加。育雏头 2 周一般控制在每 m² 笼底面积 40～50 只,之后应减半。

(4)光照　育雏舍窗户应宽大,房舍应坐北朝南,使舍内获得充足的阳光,提高雏雉的生活力,刺激其食欲,以促进雏雉的生长发育。每日的光照时间应达到 16h。补充光照的目的主要是使采食和饮水的时间延长。光照强度不要太大,每 m² 约为 0.8W,以免引起啄肛、啄羽癖的发生。

2. 饲养管理要点

(1)分群　出壳雏雉进入育雏舍时,要按强弱分别装笼,以便采取不同的饲养管理办法。如果强弱雏混养在一起,往往使弱雏的采食和饮水困难,导致其死亡率升高。

(2)开食　开食时间关系到雏雉的存活率,一般在出壳后 12～24h 开食比较合适;但在开食前约 1h,须先给予饮水,以补充在出雏器内所损失的水分,刺激食欲,促进胎粪的排出,有助于饲料的消化和吸收。雏雉鸡饮水后,逐渐活跃起来,有啄食行为,此时喂食恰到好处。若开食过早,强雏雉先会吃,而大多数雏雉还不会吃,会影响雏群的整齐度;但开食过晚,不仅影响雏雉的生长发育,还会增加死亡率。

(3)饲喂制度　喂雏雉适宜用湿料(以用手握成团但不出水为度),每天喂 8 次,每 2h 1 次(0～4 周龄,粉料通过消化道时间平均为 2h),要求定时和不限量饲喂;饮水要充足,用 30℃左右的温水为宜。

(4)环境卫生　除严格控制好育雏舍的温、湿度和通风换气等育雏条件外,还应抓好育雏舍的清洁卫生和饲料、饮水卫生。

(5)预防性投药　因雏雉抗病力差,一旦发现患病,用药治疗往往效果不佳,有时还会加速死亡,故做好雏雉的预防性投药(主要针对脐炎、肺炎、副伤寒、白痢等疾病)工作是提高育雏率的关键措施。

(二)雉鸡育成期的饲养管理技术

雉鸡育成期是指 4～20 周龄阶段,可区分为育成前期(4～12 周龄)和育成后期(12 周龄以上),育成后期也称肥育期。20 周龄时,平均体重可达 1 180g,为初生体重的 65 倍。

1. 饲养方式　均采用地面平养。育成前期要求有普通房舍,并与有铁丝网舍或塑料网舍的运动场连通;育成后期不需要房舍,养在铁丝网舍或塑料网舍内即可,但网舍内要搭建避雨棚。育成期内,宜给雉鸡喂干粉料(4～20 周龄粉料通过胃肠道的时间为 3.5h)或颗粒饲料,以便于管理和防止夏天饲料酸败。饲料和饮水均须供应充足,以充分发挥雉鸡的生长发育潜力。

2. 饲养管理要点

(1)消毒及垫草铺法　从育雏舍转出雏雉前,应将育成房舍地面清扫和冲洗干净,干后铺上垫草,然后用 3% 来苏儿或菌毒敌消毒。刚转入育成舍时,雏雉对新环境不熟悉,喜欢在墙角下集堆,使局部密度增大,特别是夜间气候较凉,雏雉扎堆取暖,极易造成压死事故。为此,在铺垫草时,应顺四个墙角铺成坡形(坡度 30°左右),并将垫草踩实。因在坡形垫草上站立不稳,雉鸡挤靠取暖时不易起堆;雉鸡钻不进踩实的垫草,也会减少压死的机会。刚转入育成舍的 2～3d,夜班人员须经常巡视,发现雉鸡起堆时应及时拨开。

(2)驱赶驯化　转入育成鸡舍的头 1 周内应把舍门关好,将雉鸡养在铺垫草的房舍内,以免雉鸡受凉腹泻。1 周以后,天气晴朗时可把雉鸡赶到运动场内自由活动,夜间再赶回房舍内休息。如遇雨天,应在下雨前把雉鸡赶到房舍内,以免被雨淋湿。经过舍内、舍外反复驱赶驯化,雉鸡在 2～3 周即可形成条件反射,适应房舍内和运动场的环境,提高抵御不良环境的能力。以后,无论白天黑夜和刮风下雨,房舍通向运动场的门都应打开,如遇风雨袭击,雉鸡就可自动到房舍内躲避。

(3)降低密度,适时分群　育成期密度过大,雉鸡互相叨啄严重,发育不整齐,死亡率高。育成前、后期的饲养密度不应高于 2 只/m² 和 1.2 只/m²。11 周龄时,从羽毛上已能明显区别公、母雉鸡,应按公、母和强、弱分别组群。

(4)定期断喙　雉鸡喙锋利,且再生力强,其啄斗和啄羽习性均强于鸡。断喙一般在 2～3 周龄和 7～8 周龄进行。断喙前,可在饲料中酌情拌入维生素 K,以防失血过多。断喙当天,应在饮水中加入维生素 C,以减少应激。断喙后应注意观察,若有继续出血者,应迅速烧灼(断喙器)止血。由于断喙初期不便采食,故投料应多一些。

(5)加强消毒　每天应将食槽内的剩料清理 1 次,亦应清洗饮水器 1 次;网舍内若有积水,应及时排出;定期清除粪便,并对圈舍及用具定期消毒。

(6)促进羽毛生长和防止啄肛、啄羽　雉鸡育成期羽毛生长发育的好坏,将直接影响其存活率和商品价格等指标。若雉鸡出现啄肛、啄羽等恶癖和羽毛发育不良,入冬时在寒冷的刺激下会出现大量死亡;另外,商品雉鸡通常是以活体形式出售,若羽毛发育不良或裸露皮肤可大幅度降低其美观度和售价。

引发啄癖的诱因很多。预防啄癖的措施有许多与鸡相同,可参考第十四章第一节。另外,还可给雉鸡配戴头罩或遮挡视线罩,以减少啄癖的发生(美国大部分雉鸡场均采用此法);限制交通运输车辆接近雉鸡群,以减少应激反应;在育成舍内建造足够的遮雨棚和地面覆盖物等。美国的雉鸡场多在育成舍内种植玉米等作物,既起遮阴、防雨作用,又可减少啄癖现象的发生,还可用作物成熟后的籽实喂雉鸡。在育成网舍四周挂一些白菜或其他野菜,以引诱雉鸡叨菜,分散其精力。

(三)种雉鸡的饲养管理技术

1. 饲养方式与主要设备　一般采用平养,自由采食与饮水。网舍和产蛋窝是饲养种雉鸡的主要设备。网舍内应有遮阴、防雨和产蛋箱等设施。设置产蛋窝后有 60%～80% 的蛋产在其中,对减少雉鸡叨破种蛋非常有益。产蛋窝的门应小,窝内也应较暗,以防止种公雉入内损坏种蛋。

2. 饲养管理要点

(1)公母适时合群　公雉鸡比母雉鸡性成熟早半个月左右,若合群过早,公雉强烈追抓,导致母雉惧怕公雉,以后即不愿接受交尾;合群过晚,公雉在较长时间内互相斗架,体力消耗大,待母雉开始产蛋时鸡群尚未稳定,公雉的体力不能马上适应配种需要,使种蛋的受精率降低。试验表明,左家雉鸡和由美国引进的中国环颈雉公母合群的适宜时间,在吉林地区为 3 月 10～

15 日;而河北亚种雉鸡则为 4 月 1～5 日。

(2)公母比例适宜　试验表明,雉鸡繁殖期适宜的公母配比应为 1∶5～8,其平均种蛋受精率可达 90% 以上。若公雉比例过大,公雉之间争偶斗架严重,雉鸡群很不安定,配种效果反而不好,对产蛋量和受精率会有一些影响;若公雉比例过小,易发生漏配,影响种蛋受精率。

(3)种雉鸡的利用年限　种公雉一般只利用 1a,否则会影响种蛋受精率;种母雉最长利用 2a。大型养雉场最好 1a 1 批,全进全出,老龄雉鸡携带病菌较多,特别是禽结核病菌,影响产蛋量、受精率和存活率。

(4)保护王子鸡和设置隔板　公、母雉鸡合群后,公雉之间强烈的争偶斗架称为拔王过程。确立了王子鸡后,雉群就安定下来。所以,应在拔王时期,人为地帮助王子鸡打败其他公雉鸡,使之早拔王、早稳群。但是,王子鸡常控制其他公雉参与交尾,故应在圈舍内设置隔板。最简易的方法是在圈舍内横立大张石棉瓦,每 100m² 3～4 张即可;这些隔板遮挡王子鸡的视线,使其他公雉有躲避回旋余地和参加交尾的机会。

(5)一次投足种公雉　繁殖期开始,按照比例(1∶5～8)在母雉鸡群中放入种公雉,配种过程中随时剔除体弱或无配种能力者,而不再补充新的公雉鸡。这种方法的好处是可保持公雉的相对稳定,减少因调群造成的打斗和伤亡现象。

(6)夏季遮阴、喷水降温　在产蛋后期(即 6 月下旬以后),天气炎热,影响雉鸡的性活动和采食量,使产蛋量及种蛋受精率下降。可在网舍的顶上加盖苇席或其他遮阴材料,也可向网舍内地面喷水降温。

(7)保持环境安静　应创造一个安静的产蛋环境,饲养员喂料和捡蛋动作要轻稳,谢绝外来人员参观;蛋雉鸡舍周围不应有各种噪声,做到不惊群、不炸群。

(8)做好防疫和消毒工作　种雉鸡进入产蛋期前,要做好常见病毒性疾病、细菌性疾病和寄生虫病(新城疫、脑脊髓炎、病毒性脑炎、鸡痘、鸡白痢、大理石脾病、流感、禽结核、葡萄球菌病以及球虫病等)的疫苗接种和防病工作;产蛋期间要定期对饲养用具、网舍和产蛋窝进行消毒。

第四节　野鸭的营养与标准化饲养

一、野鸭的养殖概况及经济价值

野鸭是水鸟的典型代表,与家鸭同属鸟纲、雁形目、鸭科。广义上讲,野鸭是各种野生鸭子的统称,种类较多,仅在我国就有 10 多种(包括针尾鸭、花脸鸭、绿翅鸭、斑嘴鸭、琵嘴鸭、白眉鸭、赤颈鸭、赤膀鸭、罗纹鸭和绿头鸭等);狭义上讲,野鸭是特指绿头野鸭,别名大头鸭、官鸭、大红腿鸭等,是除番鸭以外所有家鸭的远祖,也是目前人工驯养的主要对象。绿头野鸭分布很广,欧洲、亚洲、非洲和美洲均有分布;在我国东北地区和甘肃、青海、新疆等省、自治区繁殖,迁徙及越冬时遍及全国。绿头野鸭是河鸭属中常见的种类,栖息于水浅而水生植物丰富的湖泊、沼泽地,冬季在水域地常见。在我国的南方停留时间较长,是构成越冬鸭类的主要类群之一。

我国大群养鸭最早出现于吴(公元前 514—495 年)。在《吴地记》中称:"鸭城者,天王筑城,城以养鸭,周数百里。"由此可见,我国规模化养鸭的历史悠久。在 20 世纪 70 年代前,我国基本上是直接从自然界捕猎野鸭,作为野味。那时江苏的兴化、高邮、宝应及江西的鄱阳湖地区野鸭较多,每年的捕获量很大,既对自然生态环境和资源产生一定的负面影响,又不能满足人们的需求。为此,我国从 80 年代初开始对野鸭进行人工驯养和繁殖,并取得了一定的成效,培育出鄱阳湖野鸭。美国和德国是驯养和培育野鸭较早的国家,并已育成自己的品种(即德国野鸭和美国绿头野鸭)。我国于 1980 年、1985 年、1989 年先后从德国、美国引进数批上述优良驯化野鸭品种,并进行了适应性饲养繁殖和推广工作。该引入野鸭品种经几个世代的繁殖,表明其适应性强和饲养效果显著;引入公野鸭与本地母野鸭的杂交后代仍能保持较高的生产性能和肉质野味。除以上商用品种外,在江苏和浙江等地,在沿江、湖特定地域条件下,还有经绿头野鸭和家鸭自然杂交形成的"媒鸭"。

野鸭早期生长速度快和饲料效率高,一般条件下 10 周龄平均体重可达 1 140g,为初生体重的 30 倍,饲料转化效率为 3.7∶1;年产蛋量 100～150 枚。野鸭瘦肉率较高,属高蛋白食品,肉质肥而不腻,含有特殊香味。野鸭蛋与家鸭蛋相比,没有其腥味,品质细腻,除腌制食用外还可鲜食。野鸭羽毛轻而柔软,富有弹性,为优质轻工原料。此外,野鸭的育成率特高,生产周期短,饲养管理技术简单,经济效益较高,是我国广大农村脱贫致富的养殖项目。

二、野鸭的推荐饲养标准与参考饲粮配方

(一)野鸭的推荐饲养标准

中国农业科学院特产研究所经过近 10a 的科学研究和饲养实践,总结出野鸭各饲养阶段的"推荐饲养标准";同时,参考家鸭饲养标准,提出了野鸭饲粮中微量元素和维生素的建议标准(附录一)。

(二)野鸭饲粮配方实例

下面给出野鸭各饲养阶段的饲粮配方实例(表 17-10),供读者参考。

表 17-10　野鸭各饲养阶段饲粮配方 （%）

饲料种类与成分	育雏期 (0～4 周龄)	育成期 (4～8 周龄)	肥育期 (8～12 周龄)	种鸭休产期 或后备种鸭	种鸭产蛋期
玉米面	61.50	62.00	63.00	61.16	58.11
豆粕面	18.50	14.40	13.00	10.00	19.00
小麦麸	10.00	8.00	4.00	3.00	8.00
米　糠	—	8.60	15.80	23.00	—
鱼粉(进口)	7.00	4.00	1.00	—	4.00
磷酸氢钙	1.60	1.48	1.98	1.43	1.92
石　粉	0.66	0.82	0.49	0.76	5.19
食　盐	0.35	0.35	0.40	0.40	0.40

续表 17-10

饲料种类与成分	育雏期 (0～4周龄)	育成期 (4～8周龄)	肥育期 (8～12周龄)	种鸭休产期 或后备种鸭	种鸭产蛋期
蛋氨酸	0.14	0.10	0.08	—	0.13
复合维生素	0.05	0.05	0.05	0.05	0.05
复合微量元素	0.20	0.20	0.20	0.20	0.20
合　计	100.00	100.00	100.00	100.00	100.00
营养水平					
代谢能(MJ/kg)	12.12	11.96	11.94	11.75	11.48
粗蛋白质(%)	20.08	17.09	14.98	13.47	18.16
赖氨酸(%)	1.08	0.89	0.73	0.63	0.97
蛋氨酸(%)	0.50	0.40	0.35	0.25	0.45
钙(%)	1.10	1.00	0.90	0.80	2.75
有效磷(%)	0.60	0.50	0.50	0.40	0.55
粗纤维(%)	3.30	3.95	4.34	4.95	3.42

注:该配方由中国农业科学院特产研究所提供

三、不同生理阶段野鸭的饲养管理技术

(一)野鸭育雏期的饲养管理技术

1. 育雏方式　可进行平面育雏和立体笼式育雏,平面育雏又可区分为地面平养育雏和网上平面育雏。可参考第十五章雏鸭的饲养管理。

2. 育雏环境条件

(1)温度　1周龄内适宜温度为 30℃～33℃,以后以每周降低 2℃～3℃,至脱温为止。春、秋季一般 3 周脱温,夏季 2 周脱温。在任何季节,应保证夜间温度比白天高 1℃～2℃。温度过低,鸭雏容易扎堆,使羽毛变得潮湿,易引起感冒或形成僵鸭;温度过高,引起雏鸭张口喘气,饮欲减退和采食量降低,如果供水不足,极易造成虚脱死亡。在保证育雏舍温度的前提下,应加强通风。

(2)湿度　育雏期适宜的相对湿度为 60%～65%,湿度过高,会使雏鸭羽毛潮湿,影响鸭体散热;湿度过低,育雏舍空气干燥,易起灰尘,易使雏鸭患呼吸道疾病。

(3)光照　1～3 日龄应保持 24h 光照,4～14 日龄采用 16h 光照,以保证雏鸭有充足的采食时间,满足其快速生长发育的需要。第一周光照强度为每 m² 3W,第二周相应为 2W,第三周后采用自然光照。

(4)密度　正常饲养管理条件下,每 m² 的饲养密度为:0～1 周龄 25～30 只,1～2 周龄 20～25 只,2～3 周龄 15～20 只,3～4 周龄 10～15 只。

3. 饲养管理要点

(1)育雏舍的消毒　对新雏舍,用 10% 生石灰乳粉刷墙壁,以 3% 火碱水喷洒地面,或用抗毒威、百毒杀、菌毒敌等消毒药喷雾消毒。若是旧雏舍,则须用 40％甲醛熏蒸消毒。消毒时室温应不低于 25℃,相对湿度为 70％～75％。应在进雏前对育雏舍加温,使雏鸭进入时室温达 33℃。

（2）饮水管理　雏鸭出壳后 24h 内,应选择羽毛光亮、健康活泼的强雏进行育雏,淘汰弱雏。进入育雏舍稳定 0.5h 后,先给其饮水;若是长途运输的雏鸭,应先让其饮用 5％葡萄糖水或蔗糖水,水温以 20℃～23℃为宜。第一周最好饮温开水,以后饮常温水,供水要充足,不可间断,水质要清洁,并应定期清洗、消毒饮水器具。

（3）饲喂管理　雏鸭饮水后即可开食,可用浸泡过的碎米或小米作为开食料;也可用温水将全价配合料拌潮,撒于垫纸或喂料板上诱食。2d 后应把饲料放在料槽中饲喂。投料一定要少量勤添,以防在育雏舍高温环境下潮拌料酸败变质而影响适口性及营养价值。野鸭有食流食的特点,可于 3 日龄开始酌情添加水拌稀料。建议 1～2 周龄每日喂 6 次,2 周龄以后日喂 4 次。每日每只参考投料量为:1 日龄 8g,2 日龄 10g,3 日龄 16g,4 日龄 18g,5 日龄 20g,6 日龄 24g,7 日龄 30g;第二、三、四周龄相应为 50g、70g 和 80g。

（4）适时放水　为促进野鸭对家养环境的适应,增强体质,促进机体新陈代谢,提高雏鸭对疾病的抵抗能力,除供给充足的饮水外,适时放水也很重要。但是用鸡代孵出的绿头鸭不宜过早下水,否则易被淹死。在 3～4 周龄期间,当天气晴朗、气温达 20℃左右时,可考虑放水。用于放水的水质要清洁卫生。初次放水深度以 8～10cm 为宜,放水时间不宜过长,一般 15～20min 即可;随着雏鸭日龄的增长,可逐渐增加水的深度,延长放水时间。雏鸭白天喂食后,可进入水中洗浴,每次洗浴后都要在运动场背风向阳处休息、理羽,待羽毛干后再赶到舍内。寒冷天气可停止洗浴,以免受凉。晚上应将雏鸭从运动场赶回鸭舍,以防其他野生动物伤害或造成雏鸭溺水。

（5）免疫和卫生管理　一般于 20 日龄接种鸭瘟疫苗。另外,雏鸭对曲霉菌较为敏感,尤其是夏季,当环境或饲料被曲霉菌污染时易造成死亡。因此,应搞好鸭舍环境卫生,加强通风,防潮湿、积水,应每天冲洗食槽和水槽,绝对禁止使用发霉的饲料及垫草。

（二）野鸭育成期的饲养管理技术

1. 饲养方式　野鸭育成期均应地面平养。一般野鸭舍应由房舍、运动场和水场组成,房舍可用砖瓦或竹木茅草等建造,只要坚固耐用、能防风雨和防止飞逃即可;运动场和水场均要用尼龙绳网或鱼网围起来,网高距地面及水面 2m 为宜,网眼为 2cm×2cm 或 3cm×3cm。最好将鸭舍建在水质好的河流、水库、湖泊、池塘的边缘,水面宽度和深度适宜,一般水深 1m 左右即可。如果没有流动水源,也可在运动场内挖 30～40cm 深、100cm 宽的水沟,用水泥和砂石制成永久性的洗浴槽,供野鸭洗浴之用。每天应将洗浴槽的脏水放出,再注入清洁水。

春末夏初,雏鸭由育雏舍转入育成舍后,环境温度变化较大,为避免晚上雏鸭与冰冷的地面接触,必须在育成鸭房舍地面铺上垫草。所用垫草必须干燥、柔软、无霉败,并须定期更换。

2. 饲养密度　每 100 只育成期野鸭所需房舍、运动场和水场面积分别为 10～15m²、20m² 和 10～15m²。此外,野鸭群不可过大,否则鸭只间互相干扰、欺压,影响其生长发育,一般育成期野鸭群以 300 只左右为宜。

3. 饲喂方式　一般采用自由采食和饮水。育成野鸭的配合饲料应具有全价营养,每天饲喂量为 80～90g／只,日喂 4 次;同时,应补饲青饲料。质量好的青饲料其用量可加大,以节约配合饲料。为便于野鸭采食,要把青饲料切碎些,一般以 1～1.5cm 长的碎段为宜;水葫芦、水花生等青贮料,可在打浆后与精料拌喂,效果良好。

为了促进野鸭的充分生长发育,提高鸭群的整齐度和存活率,必须给育成期野鸭提供充足的水槽和食槽。料的形状最好为水拌稀料,以满足其喜流食的生理要求。如喂干料或潮拌料,水槽和食槽的距离不能太远(70cm 左右),否则对野鸭的采食有不良影响。

4. 加强洗浴　要特别注意加强育成期野鸭的洗浴。洗浴可增加运动,对骨骼、肌肉和羽毛的生长十分有利。野鸭的习性是爱动、喜水、好干净,洗浴是它的生理要求。育成期野鸭的洗浴时间可逐渐加长,到育成后期可自由下水和自由洗浴。应特别注意的是,饲养肥育期(8～12 周龄)野鸭的目的是作商品鸭,应控制其洗浴。洗浴时间过长,会消耗很多能量,对商品鸭的肥育不利,降低饲料转化率。

5. 后备种鸭的选择　通常,对后备种野鸭进行 2 次选择。在育雏期结束后,结合转群、称重进行第一次选择;满 9～10 周龄时进行第二次选择。将体重与体型不符合标准的、畸形的、羽毛生长不良的鸭挑出来,转为商品肥育肉鸭。

6. 日常管理注意事项

①工作人员进入鸭舍动作要轻,饲养管理工作力求有规律,禁止无关人员进入鸭舍,并应采取相应措施防止鸟兽侵入,以免野鸭受惊吓后挤在墙角被踩死或闷死。

②每天应观察野鸭的精神、食欲、饮水、排便等情况。

③每天清洗水槽和食槽,尤其是在夏天更要注意。及时清理舍内的粪便和被污染的垫料。

④定期进行圈舍和饲养用具的消毒工作,通常可用 3％来苏儿或 1％烧碱溶液作消毒剂。

(三)种野鸭的饲养管理技术

1. 后备野鸭成熟期的饲养管理　一般是指 10 周龄至开产前这段时间的饲养管理。此期野鸭体重增长缓慢,性成熟加快。为防止其过早性成熟,提高产蛋期产蛋量和种蛋合格率,此期内应进行限制饲养;日喂料量为 90g 左右,日喂料 2 次;若鸭群饥饿,可多给青绿饲料。后期要减少洗浴次数,根据鸭体发育和羽毛污秽情况,每 3～5d 洗浴 1 次即可。应控制光照时间,通常只采用自然光照。应经常保持圈舍干燥,春季气温回升至 0℃以上时,应进行彻底的清扫和消毒,并于开产前 3～4 周进行免疫接种,加强饲养管理,逐渐将开产前饲粮换为产蛋期饲粮,为种鸭产蛋做好准备。

2. 种野鸭产蛋期的饲养管理　除维持本身的基本生理活动(维持体重、体温、羽毛生长、运动等)外,种野鸭产蛋期摄取的营养物质,主要用于满足蛋形成的需要。为使其充分发挥繁殖潜力和提高种蛋质量,必须加强该期的饲养管理。

(1)产蛋规律　野鸭的产蛋时间多集中在夜间。统计结果表明,头一天晚 6 时至次日晨 8 时所产的蛋占全天产蛋总数的 78％以上,故收集种蛋最好在早晨进行,这样做可明显减少种蛋破损和避免气温低(在春季)导致的种蛋孵化率下降,从而提高种蛋利用率和孵化率。

种野鸭的利用年限不同,其产蛋持续期也有差异。一般来说,第二年的产蛋持续期最长(200d 左右),年产蛋量 130～150 枚;而当年开产的种野鸭其产蛋持续期仅为 150d 左右,年产蛋量 90～110 枚。野鸭习惯于在地上呈陷窝处产蛋,为保证种蛋的清洁卫生,可在舍内设置产蛋箱,箱内铺上干燥、柔软的垫草。

(2)饲养方式及密度　种野鸭的饲养方式与育成鸭相同,采用地面平养外加洗浴池及网罩运动场。洗浴的作用,一是清洁羽毛和增强种鸭的体质,二是在洗浴池中交配可提高种蛋受精率。繁殖期野鸭适宜的饲养密度为每 m² 3～4 只。

(3)饲喂制度 应自由采食和饮水,日喂料 3 次;可能情况下,在产蛋高峰期晚上加喂 1 次。野鸭产蛋期每日平均采食量为 125g,在炎热的夏季采食量会有所下降,应适当提高饲粮的营养水平,以保持产蛋的营养需要。

(4)增加光照时间 野鸭繁殖期一般采取自然光照和补充人工光照。应从 12 月份开始逐渐增加光照时间,以刺激母鸭适时产蛋,产蛋高峰期每天光照时间应达 16～17h,并将该光照时间维持到产蛋结束。

(5)保持环境条件相对稳定 产蛋高峰期是母鸭繁殖功能和代谢最旺盛的时期,处于生产应激之下,抵抗力相对较弱,且对一切条件的变化非常敏感。故饲养管理程序、鸭群及人员应相对稳定,尽量减少外界因素的干扰,切实贯彻防重于治的原则。

(6)防止应激 野鸭群产蛋率峰值和产蛋高峰持续的时间,不仅影响当时的产蛋,也对全期产蛋量有较大影响。若产蛋高峰期内能充分发挥种鸭群的高产潜力和繁殖功能,不但产蛋率峰值高、持续时间长,而且全期产蛋量相应较高;反之,全期产蛋量则较低。通常,野鸭的产蛋率难升易降。鸭体在产蛋高峰期承受着相当大的内部应激,如再受到外部应激源(转群、驱虫等)的刺激,产蛋率会急剧跌落,以后很难恢复到原先的高水平,最终使全期产蛋量大幅度下降。

第五节 珍珠鸡的营养与标准化饲养

一、珍珠鸡的养殖概况

珍珠鸡简称珠鸡,属鸟纲、鸡形、目雉科、珠鸡属。原产于非洲的肯尼亚、几内亚等地,系由野生珍珠鸡驯化而来。中世纪称为"印度鸡",被养在国王和庄园主笼中,作为观赏鸟类。此后,在农家也进行了饲养,但当时均采用舍外放养法,饲料和管理水平粗放,其生产性能较低。真正把野生珍珠鸡驯化为家养珍珠鸡是从 20 世纪 50 年代开始的,在珍珠鸡的育种、繁殖和饲养管理方面取得了可喜的成绩。同时,人工授精和密闭式种用珍珠鸡鸡舍人工小气候控制等技术的采用和推广,解决了珍珠鸡季节性产蛋和繁殖性能低下等难题,使其种鸡产蛋量提高了2～3倍;商品鸡生长速度也有较大提高。由嘉乐公司培育的高产珍珠鸡种群,被命名为法国嘉乐珍珠鸡;其 12 周龄体重达 1 200g,饲料转化率为 3.2∶1。此外,前苏联还培育出西伯利亚白色珍珠鸡、札哥尔斯克白胸珍珠鸡(3 月龄体重 1 000g,料肉比为 3.4∶1,年产蛋约 140枚,蛋重 40～50g)和灰色带斑点的肉用珍珠鸡种群。非洲国家饲养珍珠鸡历史较久,但欧洲人更喜食珍珠鸡,其饲养量和消费量也相当大。如法国每年消费珍珠鸡量占家禽总消费量的1/5 左右。

珠鸡产蛋季节性强,每年 4～9 月份为产蛋期,在家养条件下,营养水平高时,可延至 11 月份。母珠鸡有就巢性。珠鸡有较强的择偶性,当彼此建立配偶关系后,尤其是母珠鸡,一般不愿再接受其他公珠鸡的交配,这是造成自然交配受精率低的主要原因之一。

我国饲养珍珠鸡数量不多，时间亦不长。据资料称，自 1985 年由法国伊莎（ISA）公司引进珍珠鸡，在北京试养成功后，曾向全国推广。此后，广东又从法国嘉乐公司引进肉蛋兼用型优良嘉乐珍珠鸡。珍珠鸡既适合规模饲养，也便于专业户饲养。

二、珍珠鸡的推荐饲养标准与参考饲粮配方

（一）珍珠鸡的推荐饲养标准

中国农业科学院特产研究所经过多年的养殖生产实践和参考国内外的有关研究结果，总结出珍珠鸡各饲养阶段的营养需要推荐量标准（附录一）。

（二）珍珠鸡饲粮配方实例

下面给出的珍珠鸡各饲养阶段饲粮配方实例（表 17-11），供读者参考、选用。

表 17-11　珍珠鸡各饲养阶段饲粮配方　（％）

饲　料	育雏期 （0～4 周龄）	育成期 （4～8 周龄）	肥育期 （8～14 周龄）	后备种鸡 （14～25 周龄）	种鸡产蛋期
玉米面	50.17	57.95	62.69	70.00	59.67
豆粕面	29.00	24.30	20.40	12.00	16.80
小麦麸	9.00	10.00	12.00	15.11	14.00
鱼粉（进口）	9.00	5.00	2.00	—	3.00
磷酸氢钙	1.19	1.40	1.71	1.81	1.81
石　粉	0.98	0.70	0.52	0.43	4.02
食　盐	0.35	0.37	0.40	0.40	0.40
蛋氨酸	0.06	0.03	0.03	—	0.05
复合维生素	0.05	0.05	0.05	0.05	0.05
复合微量元素	0.20	0.20	0.20	0.20	0.20
合　计	100.00	100.00	100.00	100.00	100.00
营养水平					
代谢能（MJ/kg）	11.98	12.08	12.04	12.02	11.46
粗蛋白质（％）	24.94	21.03	18.03	13.95	17.04
赖氨酸（％）	1.47	1.17	0.94	0.61	0.87
蛋氨酸（％）	0.50	0.40	0.35	0.25	0.35
钙（％）	1.20	1.00	0.90	0.80	2.25
有效磷（％）	0.60	0.50	0.45	0.40	0.50
粗纤维（％）	3.56	3.56	3.67	3.70	3.60

注：该配方由中国农业科学院特产研究所提供

三、不同生理阶段珍珠鸡的饲养管理技术

(一)珍珠鸡育雏期的饲养管理技术

1. 育雏方式　珍珠鸡的育雏方式有地面平养、网上平养和立体笼养3种类型。在采用网养时,网眼大小要适宜(1.2cm×1.2cm),要求既不夹住珍珠鸡的脚,又不影响粪便落下。

2. 育雏环境条件

(1)温度　珍珠鸡的体温(42.0℃)比鸡的体温约高0.6℃,育雏期的温度适宜与否,是育雏工作成败的关键。出壳1～3d,育雏温度应为34℃左右,从第四天起每天下降0.3℃,直至脱温为止。

夜间或天气骤变时,饲养人员要特别留意舍内温度状况和鸡群表现,注意调节舍内温度。雏鸡体小幼嫩,体温调节功能尚未健全,难以抵御外界过冷、过热的不良刺激,育雏期内工作人员要昼夜值班,精心管理。

(2)湿度　育雏舍应保持60%～65%的相对湿度。湿度偏低时,雏鸡失水太多而损伤其健康,严重时会造成鸡体脱水。育雏舍内相对湿度低于55%时,可在地面洒一些清洁的水或消毒药液,以提高湿度。在我国南方,特别是梅雨季节,空气湿度较大,采用地面散养时,常因垫草过湿,使鸡群发生曲霉菌病和球虫病,应适时更换和晾晒垫草。

(3)通风　通风是为排出舍内过多的水蒸气、热量和污浊的气体,换进新鲜空气,以保证鸡体生活在良好的环境条件下。雏鸡体温高、呼吸快、代谢功能旺盛,呼吸时单位体重排出的二氧化碳比家畜高2倍以上;另外,雏鸡排出的粪便中含有未被利用的蛋白质和尿酸、氨等代谢产物。粪便和垫料在高温和高湿条件下经微生物的作用,将分解产生大量的有害物质——氨和硫化氢。若不采取有效的通风措施,将影响雏鸡的健康,严重时可造成死亡。一般以人进入育雏舍内,无闷气感觉以及不刺鼻、刺眼为适宜。

(4)光照　珍珠鸡育雏期第一、二、三、四周的光照时间分别为20h、16h、12～14h和10～12h;光照强度分别为$3W/m^2$、$2.5W/m^2$、$2W/m^2$和$2W/m^2$。

(5)密度　初生珠雏鸡体重约30g,至4周龄体重达280g左右,为初生体重的9倍多。由于珍珠鸡生长速度快,饲养密度应随雏鸡周龄的增加而逐渐降低。一般要求为,育雏第一、二、三和四周,每m^2饲养密度依次为50～60只、30～40只、25只和20只。

3. 饲养管理要点

(1)饲喂管理　育雏期为自由采食方式。每次给料量要少,每天给料次数要多,以促进鸡雏采食;随着鸡雏周龄的增加,每天给料次数可逐渐减少。珍珠鸡雏出壳后24h左右开食,2周龄前每天给料6～8次,2～4周龄期间每天给料5次。

(2)疫苗接种　珠鸡的抗病力较差。因此,除做好育雏舍的环境卫生与定期消毒外,还应根据当地疫情和种鸡接种过什么疫苗,制定出严格的免疫程序。一般1日龄颈部皮下注射火鸡疱疹病毒疫苗(HVT);12日龄,鸡新城疫Ⅱ系或Ⅳ系疫苗滴鼻,4～5周龄肌内注射Ⅰ系疫苗;传染性法氏囊病的免疫接种,应根据有无母源抗体及抗体水平高低,来选择相应的疫苗和接种日龄(可参照疫苗说明书)。

(3)断翅　为便于日后的管理,可对出壳雏鸡实施断翅。即出壳后马上用断喙器切去左或

右侧翅膀的最后一个关节。

(4)鸡群检查 在育雏期间,饲养人员每天进入鸡舍都要检查鸡群的精神状况、采食、粪便等是否正常,要及时拣出死鸡,淘汰病、弱、残鸡,并逐一计数;要统计饲料消耗量,每周随机抽称一定数量个体的体重,并与标准体重相对照,以评价饲养管理状况,并有针对性地进行改进。

(二)珍珠鸡育成期的饲养管理技术

1. 饲养方式 在昼夜温差比较大的地方,可采用密闭式鸡舍地面饲养和地板网饲养。鸡舍应为水泥地面,以便于冲洗消毒,并要有自然通风和机械通风的设备。地面散养时,寒冷地面要铺上垫草,天热时铺沙子,要在鸡舍内设栖架,以供珍珠鸡栖息用。地板网饲养可被区分为全地板网饲养、2/3地板网饲养和1/2地板网饲养3种类型,地板网以外部分的地面铺垫草。在比较冷的地方,育成前期,特别是刚从育雏舍转来时,仍需要一定供暖设备,可以将育成珠鸡集中在比较小的饲养面积上,进行局部供暖,以防雏鸡到育成舍初期受凉、患病。

在昼夜温差小、气温偏高的地方,也可采用开放式鸡舍饲养育成期珠鸡,其运动场地面积一般是鸡舍面积的3倍。应在鸡舍墙角处安装坡形的铁丝网或将垫草铺垫成坡形,以防珍珠鸡受惊吓时在墙角处挤堆造成伤亡。

2. 饲养管理要点

(1)饲喂方式 为自由采食和饮水,以充分发挥其生长性能,应提供充足的喂料和饮水设备,切实避免因食槽、水槽不足而影响鸡体生长发育和鸡群整齐度。同时,要保证饲料和饮水的质量和卫生。

(2)设置栖架 地面散养时可按每15只鸡需1m的长度设置栖架。可以用木条自制,钉制成梯子形状,两根栖木间距离30～35cm,栖木最高离地面100cm;木条应光滑平整,以防扎伤鸡脚或划破皮肤。

(3)控制密度 珍珠鸡育成前期饲养密度应控制在每m² 15只左右,育成后期为10只左右。如果舍温高、湿度大,应适当减小密度;舍温低、湿度不大时,可酌情将饲养密度加大一些。

(4)预防疾病 珍珠鸡育成期采用地面(或地板网)散养,接触粪便机会多,容易感染疾病,故要定期对鸡舍和用具等进行严格消毒;育成期珍珠鸡易患肠道疾病、球虫病、念珠菌病、滴虫病和畏寒综合征等病,应遵照兽医要求提前进行药物预防。

(5)日常管理工作 第一,工作人员进入鸡舍要轻、稳,不要经常变换工作服的颜色,也不要随便更换喂料及饮水用具等,力求饲养管理工作规律、稳定,尽量减小对鸡群的刺激,避免出现惊群现象。第二,防止鸟兽侵入,并谢绝参观,饲养员不得互相窜舍,以杜绝疾病的传染源,避免不必要的损失。第三,每天观察珍珠鸡的精神、食欲、饮水、排粪等情况,发现疫情应立即报告,以便及时采取措施。第四,及时清理舍内的粪便和被污染的垫草,认真处理好鸡场废物。第五,注意珍珠鸡的鸣叫,以判断鸡群是否有异常。正常情况下,珍珠鸡1～60日龄期间极少鸣叫,只有捕捉时才发出鸣叫声音;60日龄后,鸣叫逐渐增多,甚至日夜鸣叫(也称蛙鸣)。第六,育成期间分群时,应在夜间微弱的灯光下进行,使转群时的伤残减小到最低程度。

(三)种用珍珠鸡的饲养管理技术

1. 后备种鸡的饲养管理

(1)光照控制 后备种鸡饲养期是指14～25周龄这段时间。此期间应控制光照时间和光照强度。应注意的是,后备种公珠鸡应比后备种母鸡提早增加光照时间,因为公珠鸡成熟比母鸡晚1个多月,提前增加光照可以加速公鸡的性成熟,有利于提高种蛋品质。14～20周龄期间,公、母珍珠鸡可混群饲养,实施统一的光照制度,每天光照时间8～10h;光照强度为每 m^2 1W。20～25周龄期间,将公、母珍珠鸡分群饲养,采用不同的光照制度。公鸡20周龄开始,实施每天10.5h的光照,此后每周增加0.5h,至25周龄时增至13h,光照强度为每 m^2 1.5W;母鸡20～23周龄期间,每天光照时间10h,24周龄为10.5h,25周龄为11h,光照强度为每 m^2 1.5W;以后公、母种珠鸡每周增加0.5h,增至16h为止。

(2)体重控制　后备种用珠鸡体重的控制,主要是通过饲喂量和饲料营养水平实现的,应使其各周龄的体重符合种用标准。为此,喂料量不能过多,饲粮能量浓度也不能过高,以免使鸡只过肥、早熟、早产、早衰;但也不能喂得太少或能量浓度过低,以避免体瘦、成熟晚、开产迟,严重影响产蛋。当超过标准体重时,可酌情减少或不增加饲料量,也可降低饲料的能量浓度;体重严重超标时,可实行隔日饲喂。

2. 种鸡产蛋期的饲养管理　珠鸡约在25周龄后转入产蛋舍,66周龄淘汰。产蛋期是种鸡饲养全程的收益时期,任何疏忽大意,都会直接影响生产成绩和经济效益,乃至前功尽弃。

(1)饲养方式　饲养种珠鸡宜采用笼养,便于人工授精,因自然交配的种蛋受精率特别低(约30%);采取人工授精技术,其种蛋受精率(87%～90%)和孵化率都较高。

(2)鸡舍要求　设计种珠鸡舍,要以养鸡数目、鸡笼尺寸、所需鸡笼数以及走道宽度为据。因此,在设计种鸡舍前,应先进行鸡笼选型,再考虑鸡舍的尺寸,这样建成的鸡舍最为经济,饲养人员工作也很方便。

种珠鸡舍应具有良好的隔热性能。种鸡繁殖性能在舍温20℃时最好。在过冷、过热或一年四季温差大的地区,必须使种鸡舍冬暖夏凉,缓解外界温度变化对鸡舍内温度的影响,以提高产蛋量和种蛋质量。

种鸡舍应有自动供水装置,采取一次性清粪(粪沟深60～70cm)。在密闭式鸡舍内,自然通风和机械通风相结合;半开放式鸡舍全部为自然通风。不宜对种珠鸡采用开放式鸡舍散养,因环境温度和光照等条件不易控制,会出现产蛋少、受精率低、饲料消耗增高等问题。

(3)饲养设备　种鸡笼是产蛋期的主要设备,一般采用2层或3层全阶梯笼。珍珠鸡成年体重要比一般蛋用型鸡大一些,故鸡笼尺寸也相应要大一些;若无特制的种珠鸡鸡笼,可用市售星杂579鸡笼代替。最好采用乳头式饮水器,笼门前片只需设置食槽。若在笼门前片同时设食槽、水槽,就会影响笼门的开关,给采精、输精工作带来不便。由于珍珠鸡性情粗野,暴怒时力气很大,故鸡笼要结实耐用,不易变形,笼门关闭牢固,避免鸡逃出笼外,干扰鸡舍的安静和正常的饲养管理工作。鸡笼的焊接要牢固,没有露出的尖利铁丝,以免鸡体撞笼时被扎伤。

(4)饲喂制度　珍珠鸡产蛋期的饲喂制度为自由采食和自由饮水;根据产蛋量饲喂不同的全价配合干粉料,其产蛋期平均日耗料约115g(105～120g)。

(5)人工授精　对公珠鸡采用按摩法采精,一般每5d采精1次;精液经镜检合格后,可用生理盐水按1∶1的比例进行稀释,并在30min内完成输精;每5～7d给母珠鸡输精1次,每次输精量为稀释精液0.02mL(约1亿个精子),输精时间以下午2～5时,即大部分种鸡产完蛋时为好。

(6)保持饲养管理条件稳定　产蛋期应控制好温度、光照及饲喂等关键环节。母珠鸡产蛋期的适宜温度为15℃～28℃,相对湿度为50%～60%。饲养管理须按操作规程有序地进行,尽量避免惊扰；否则，会使产蛋量和种蛋质量下降，软蛋比例增高。同时，应加强对鸡群的观察和做好记录工作。

（四）肉用珍珠鸡的饲养管理技术

饲养肉用珍珠鸡的主要任务在于缩短饲养期，使体重增加，减少耗料，提高存活率和商品合格率；同时，还要特别注意保持珍珠鸡肉的风味及品质。在适宜的饲养管理条件下，养至12～13周龄时，肉用珍珠鸡体重可以达到1.5～1.75kg。

1. 饲养管理方式　饲养肉用珍珠鸡普遍采用平养方式，可在大栏舍内隔成小间饲养，每间容纳珍珠鸡不要超过1000只。自由采食和饮水。舍内地面铺垫料，在栏舍内还要设栖架，以供珍珠鸡站落或休息。

对肉用珍珠鸡最好采用全进全出制。应在珠鸡出栏后，将全部设备清洗、消毒；要打扫和消毒舍内顶棚、四壁、地面，并闲置（净化）至少1周左右，才可进第二批鸡。这样可以有效地切断某些传染病的循环感染途径，从而提高其育成率和生长速度。

2. 饲养环境条件

（1）温度　肉用珍珠鸡对温度的变化反应敏感。育雏期舍温偏低时，容易造成腹泻或死亡；育成期舍温低时，饲料消耗增加，生长速度减慢，饲养成本增加，经济效益降低。因此，育雏期第一周的温度应保持在35℃～33℃，之后每天降低0.5℃，至23℃～20℃为止，并一直维持到13周龄屠宰上市。

（2）光照　为促进珍珠鸡快速长成，0～2周龄期间每天光照时间20～16h，之后采用12h的光照时间；0～4周龄光照强度应为每 m² 3W，4～13周龄为0.5W。开放式鸡舍白天采用自然光照，不足时于夜间给予补充光照。

（3）密度　0～4周龄期间饲养密度为40只/m²，4～8周龄和9～13周龄分别为15只/m²和6～10只/m²。

（4）通风　在保持鸡舍温度符合要求的前提下，应尽量加强通风；否则，舍内有毒有害气体增多，对鸡体健康不利，阻碍生长发育，严重时还可导致死亡率提高。

3. 饲喂方式　肉用珠鸡宜喂颗粒全价配合料或粉料，颗粒料的增重效果比粉料好。肉用珠鸡的饲料与种用珠鸡的饲料相比，其突出特点是能量较高。为使全群鸡生长发育整齐，必须供给充足的饲料和饮水，并要求料槽和饮水设备够用。

第六节　孔雀的营养与标准化饲养

一、孔雀的概述及经济价值

孔雀按动物学分类属于鸟纲鸡形目雉科孔雀属，古称孔爵、孔鸟，是世界上观赏价值较高的珍禽之一。目前，已定名的孔雀有蓝孔雀（也称印度孔雀）、绿孔雀（也称爪哇孔雀）和白孔雀等，而白孔雀实质上是蓝孔雀的白化突变种。绿孔雀产于印度尼西亚爪哇岛、马来西亚、缅甸、泰国、越南和我国云南等地，体型较大，头部冠羽聚起成撮，雄孔雀全身羽毛大部为绿色，并杂以黑褐色和金黄色的斑纹。蓝孔雀产于印度、斯里兰卡一带，体型较小，头顶冠羽经常展开呈扇状，雄鸟颈羽为宝石蓝色，富有金属光泽，是人工驯化最早的品种（大约有3000年的历史）。

孔雀和人类有着历史渊源，在民间是吉祥、善良、美丽和华贵的象征。对于佛教徒和印度教徒来说孔雀是神圣的，它们是神话中凤凰的化身。在18世纪中叶，孔雀由罗马输入到法国、英格兰和其他欧洲国家，并自此一直受到美食家们的赞赏。我国于1987年引入蓝孔雀开始进行商品化繁殖和推广，现已成为一项新兴的特禽养殖业。

孔雀的寿命是20～25a，一般性成熟为22月龄，年产卵量在6～40枚。孔雀肉既具有较高的食用价值，又具有一定的药用价值。在我国的《本草纲目》中记载：孔雀辟恶，能解大毒、百毒及药毒。孔雀还具有很高的观赏价值，其足迹几乎遍及世界上每一个动物园。此外，孔雀羽毛在商品开发中也可产生可观的经济效益。

二、孔雀的推荐饲养标准与参考饲粮配方

（一）孔雀的推荐饲养标准

目前，世界各国有关孔雀对营养物质需求量的报道极少，且饲养阶段的划分很不一致。中国农业科学院特产研究所根据国内几家孔雀养殖场的饲养实际情况，并参考雉鸡的推荐饲养标准，初步提出孔雀饲粮中主要营养素建议量水平（附录一）。

（二）孔雀的饲粮配方实例

下面给出的孔雀各饲养阶段饲粮配方实例（表17-12和表17-13），供养殖场（户）参考、选用。

表17-12　孔雀各饲养阶段饲粮配方　（%）

饲　料	育雏期 （0～1月龄）	育成前期 （1～4月龄）	育成后期 （4～8月龄）	后备种孔雀 （8～22月龄）	种孔雀产蛋期
玉米面	47.44	58.10	66.09	67.60	58.46
豆粕面	31.00	24.00	19.00	15.00	20.00
小麦麸	6.00	7.00	9.00	13.00	10.00
鱼粉（进口）	13.15	8.69	3.10	1.70	4.55
磷酸氢钙	0.64	0.56	1.48	1.42	1.49
石　粉	1.02	0.96	0.60	0.51	4.78
食　盐	0.30	0.30	0.35	0.40	0.30
蛋氨酸	0.20	0.14	0.13	0.12	0.17
复合维生素	0.05	0.05	0.05	0.05	0.05
复合微量元素	0.20	0.20	0.20	0.20	0.20
合　计	100.00	100.00	100.00	100.00	100.00

续表 17-12

饲 料	育雏期 (0~1月龄)	育成前期 (1~4月龄)	育成后期 (4~8月龄)	后备种孔雀 (8~22月龄)	种孔雀产蛋期
营养水平					
代谢能(MJ/kg)	12.14	12.31	12.27	12.10	11.59
粗蛋白质(%)	28.00	22.96	18.07	16.03	18.95
赖氨酸(%)	1.70	1.31	0.93	0.77	1.01
蛋氨酸(%)	0.70	0.55	0.45	0.40	0.50
钙(%)	1.20	1.00	0.90	0.80	2.50
有效磷(%)	0.65	0.50	0.45	0.40	0.50
粗纤维(%)	3.27	3.19	3.30	3.58	3.33

注：该配方由中国农业科学院特产研究所提供

表 17-13 蓝孔雀不同生理时期饲粮配方 （%）

饲 料	育雏期	育成期	成年期	繁殖期
玉米	33	38	60	48
全麦粉	10	10	—	5
麸皮	2.6	4.6	8.5	5
高粱	3	3	—	2
大豆饼	25	21	18	20
大豆粉	7	8	—	5
鱼粉	12	10	8	8
酵母	5	3	3	2
骨粉	1	1	—	2
贝壳粉	1	1	2	2.5
食盐	0.4	0.4	0.5	0.5

注：1. 每100kg饲料中,另加禽用多维140g,混合微量元素100g

2. 引自《四川畜禽》杂志,1995年

三、不同生理阶段孔雀的饲养管理技术

(一)孔雀育雏期的饲养管理技术

从出壳至满1月龄称为育雏期。育雏期的幼鸟对外界环境的适应能力较差,自身的免疫机制不很健全,在不良环境及不合理的饲养管理条件下,很容易遭受病原微生物的侵害,最终导致幼雏发育不良或死亡。因此,加强育雏期的饲养管理工作,是决定孔雀饲养成败的关键。

1. 育雏方式 孔雀的常用育雏方式,有自然孵化后的以鸡代育方式和人工孵化后的保温箱(床)育雏及平面网上育雏等。

(1)以鸡代育法　用抱窝母鸡代孵出的雏孔雀,出壳后不久即可随同"代理母亲"四处走动、觅食,不离其左右,受到母鸡较好的保护。为防止幼雏走失,可将代孵母鸡关在一个有缝隙的栅栏里,缝隙的大小以幼孔雀能自由出入为宜;栅栏内放置充足的饲料及饮水。幼雏因恋母特性会在栅栏附近活动,不会轻易走失。

(2)保温箱(床)育雏　孔雀育雏所用保温箱(床)的尺寸,可按每批种蛋出雏的大致数量来定,一般每只幼鸟的占地面积为 0.1～0.15m²。如果每次孵出的幼鸟为 3～5 只,可采用硬纸箱作为保温箱;如果幼鸟数目在 10 只以上,可用木板、胶合板或硬塑料等做成保温床,床四周高 60cm 左右。在育雏前期可采用 60～100W 的普通灯泡作为热源,育雏面积较大时也可用250W 的红外线灯泡供热。

在育雏的头 3d,为保持较高的育雏温度,可用塑料布或其他保温材料将保温床(箱)自上而下围起。热源应距幼雏头顶 5～12cm,并进行间歇性通风,以防止烫伤幼鸟。随着幼雏日龄的增大,可逐渐撤去覆盖物。在 2 周龄以内,为防止幼雏受凉,可在箱底或育雏床内铺 1 层塑料泡沫,其上再铺上报纸或麻布等物,以便于清洗、撤换。2 周龄后即可采用地面育雏。

此外,也可用平面网上育雏。其设施与优点同其他禽种。

2. 育雏期的环境要求

(1)温度　开始育雏的头 3d,育雏温度应在 34℃ 左右,以后每天下降 0.3℃,直至脱温。在整个育雏期,舍温应保持在 20℃～24℃。应遵循外界气温低时室内气温则应高些,反之要低些,对弱雏要高些,强雏则可低些的给温原则。

(2)湿度　在育雏第一周内,室内的相对湿度不可过低,应控制在 65%～70%。1 周后保持 55%～60%。此外,在保证育雏温湿度的前提下,应注意加强通风。

(3)光照　为帮助幼雏尽快熟悉饲养环境,寻找到食物及水源,在育雏开始的 4d 应采用24h 光照,5 日龄以后每天保证 16～18h 光照,直至育雏期结束。

3. 饲养管理要点

(1)饲喂　孔雀属早成鸟,出壳后不久即可自行采食。为保证幼雏尽快恢复体力,出壳后24～36h 就应喂料。第一次可将半熟的小米撒在塑料布上进行采食训练,待其学会采食后,可在小米中掺入 10% 左右的碎菜叶及适量的熟鸡蛋黄(每天每 10～15 只幼鸟喂 1 个鸡蛋黄),1周后逐渐过渡到饲喂配合饲料。

幼雏的采食量较少,在喂料时应少喂勤添,初期每天喂 5～6 次,1 周后每天喂 4～5 次。要及时清除剩料及隔夜料,以免在高温环境中腐败变质,使幼雏采食后致病。

(2)饮水　幼雏初次饮水时,为清理消化道内废物、补充体力,可在饮水中加入 0.01% 高锰酸钾或大蒜汁及少量的速补-14 或葡萄糖。雏孔雀的饮用水应符合卫生要求,并保证全天不间断供应。

(3)密度　饲养密度直接影响幼雏的采食、饮水、活动、休息等各项生理活动;密度过大,往往会诱发啄癖。每 m² 面积饲养量,0～7 日龄幼雏不应超过 10 只,7～30 日龄幼雏不应超过 8只。为防止群体过大造成个体发育不均匀,每群的幼孔雀数量应控制在 20～30 只。

(4)疾病预防　育雏期孔雀易感染多种疾病,做好防病工作是提高幼雏成活率的关键。在育雏的第一周,为预防消化道疾病和感冒,除饲喂易消化、不变质的饲料外,还要保持育雏环境的清洁卫生。7～10 日龄时接种新城疫Ⅱ系或Ⅳ系疫苗。15～20 日龄时进行驱虫。

(二)孔雀育成期的饲养管理要点

育成期是孔雀骨骼及肌肉生长的关键时期。应保证供给充足的配合饲料和青绿饲料。为满足羽毛生长的需要,应适当增加饲粮中维生素、无机盐及含硫氨基酸的供给。除做好饲养管理规范化和消毒、防疫工作外,还要注意以下两点:

1. 驱赶驯化 育成期头 1~2 周,将刚转入的幼孔雀养在铺垫草的房舍内,而不进入运动场。此后,天气晴朗时,把幼孔雀赶到运动场内自由活动,夜间再赶回房舍内休息;如遇到下雨,应在下雨前将其赶到房舍内,以免被雨淋死;每天喂食和驱赶时也要发出固定的口令。经过舍内、舍外和口令的反复驯化,2~3 周即可形成条件反射,使之适应其饲养环境,能自动躲避风雨等不良因素的袭击。

2. 控制密度 应将饲养密度控制在每 100m² 30~50 只。如果密度过大,会影响孔雀的生长发育及诱发叼肛、啄羽现象的发生;也可继发感染疾病,引起死亡。

(三)种孔雀的饲养管理技术

1. 后备种孔雀的饲养管理

(1)选种 幼孔雀生长到 2 月龄时,应进行第一次选种;将身体健壮、羽毛丰满、姿态正常的个体按公母 1∶3~4 的比例留种。满 8 月龄时,进行第二次选种;要求雄孔雀体重大和羽毛生长发育快,雌孔雀体重适中和体型匀称。满 12 月龄时,进行第三次选种(终选)。此时,雄孔雀的尾屏已完全长出,应选择羽毛鲜艳漂亮、丰满和体质健壮者;雌孔雀的选择标准是羽毛丰满,身体健壮、匀称。将不符合种用条件的孔雀转入生产群进行饲养,以作食用或观赏。

(2)体况控制 种用后备孔雀在 8~15 月龄期间,一般不进行限制性饲养,采用自由采食,以促进其进一步发育和尽快达到性成熟。15~22 月龄孔雀性器官的发育尚未完全成熟,在此期间应进行限制性饲喂,以控制孔雀不过肥、也不过瘦,促使其适时开产和在进入繁殖期后产蛋量及种蛋受精率高。体况控制主要是通过限制饲喂量或降低饲粮能量浓度来实现的。

(3)光照管理 8~15 月龄期间完全采用自然光照;15~22 月龄期间采用自然光照和补充人工光照,并逐渐延长光照时间,使 22 月龄时达到 16h,此后维持此光照时间直到产蛋结束。

(4)饲养密度 种用后备期孔雀的饲养密度应为每 100m² 20 只。密度过大,会影响孔雀的身体发育和羽毛的美观度,也使机体抵抗能力下降,易诱发感染疾病。

(5)消毒与防病 为保证种用孔雀的健康,除应做好饲养用具和场地环境的定期消毒外,还要在开产前做好各种疫苗的接种工作。

2. 种孔雀繁殖期的饲养管理 孔雀生长较慢(8 月龄平均活重 3 500g,为初生重的 60 倍),性成熟较晚,产蛋量也较低,还具一定抱性。由于对孔雀进行驯养和规模化饲养的时间不很长,其繁殖仍具有明显的季节性。在我国气候条件下,其产蛋期一般为 4~6 月份,8~10 月份为换羽期。繁殖期间每日内的产蛋时间多集中在下午 5~7 时。产蛋前 2h 左右,孔雀常常沿栏舍走来走去。饲养人员应随时观察,待其蛋产出后立即将种蛋拣出,以刺激其继续产蛋,防止抱窝,并减少种蛋破损及污染(种蛋熏蒸消毒后再贮存)。

(1)房舍的设计 繁殖期雄孔雀尾羽长达 1m 以上,开屏时扇面宽近 3m,高可达 1.5m,且求偶过程中的回转、跳跃等也需要较大的空间。因此,种孔雀的饲养场地应开阔、平坦。一般每组成鸟(1雄、3～5雌)的栏舍面积为50m²,运动场及饲养房舍各占1/2。为保证种鸟有一定的飞翔空间,运动场的顶网高度不应低于2m;房舍内外要架设高1.2～1.5m的栖架,以供种鸟栖息。应将产蛋箱放置在舍内背光、隐蔽处。

(2)环境要求 成年孔雀对环境温度的适应能力很强,在-5℃～30℃的温度范围内都能够正常生存,但是当环境温度低于10℃时,其生殖活动会逐渐减退甚至停止。因此,为延长种孔雀当年的产蛋期、保证第二年提前开产,应尽量为其提供10℃以上的饲养环境。为刺激性腺的发育,应从每年的1～2月份开始,保证供给1.5岁雌鸟每天14h的光照,并逐渐延长光照时间,至5月初达到16h为止,以使雌鸟提前1个月产蛋。

(3)日常管理 繁殖期的孔雀对饲养环境的突然改变反应敏感,饲料、人员、饲养用具、蛋箱等条件的改变以及外来动物、噪声、惊扰、捕捉、注射疫苗、长途运输等都会对种鸟带来不同程度的影响。因此,应尽量给繁殖季节的种鸟创造一个安静、稳定的饲养环境,以利于其生产性能的充分发挥。

在繁殖期,种鸟除维持自身的生理功能外,还要生产种蛋,应保证饲粮供应充足,并注意饲料的平衡性及稳定性,必要时可在饲料中加入少量的麦芽或维生素E。为刺激种鸟的食欲,补充水分及维生素,可补饲一定数量的青绿饲料。种鸟的繁殖高峰期正值盛夏,为防止热应激反应,除每天供给充足的清洁饮水外,还可适当补充一定量的维生素C,以提高种鸟的抗热能力。

3. 种孔雀休产期的饲养管理 进入9月份,孔雀的繁殖活动基本停止,开始正常换羽。为获得质优价高的羽翎,可通过适当控制水、饲料及光照时间来达到整齐换羽的目的。人工强制换羽可参考第十五章第五节。孔雀换羽期间的体质较弱,为促使新羽快速长成,要适当提高饲料中蛋白质、维生素、矿物质及微量元素的含量;同时,注意补充青绿饲料及羽毛粉、蛋氨酸等,为孔雀的安全越冬做好准备。

孔雀生存的最适温度为15℃～24℃。因此,在寒冷的冬季要做好保温工作,使室温不低于10℃。为增强孔雀自身的抗寒能力,在其饲粮中可添加适量麻籽、苏籽或动植物油等高能量饲料,要经常更换圈舍内的垫草,保持干燥,在保证温暖的前提下亦要注意通风。在休产季节也要做好防疫及驱虫工作。

第七节　鸵鸟的营养与标准化饲养

一、鸵鸟的生物学特性与营养特点

(一)生物学特性

非洲鸵鸟(Struthio camelus)属于鸟纲、鸵形目、鸵鸟科、鸵鸟属的一个种。主要生活于非洲的沙漠草地和稀树草原地带。有4个亚种,即北非亚种(红颈)、索马里亚种(蓝颈)、马塞亚种(红颈)和南非亚种(蓝颈)。我国引进饲养的主要是南非选育的非洲黑鸵鸟,是一个变种,是一个杂交培育品种,并非亚种。同时引进的还有澳洲鸵鸟(Dromaius novaehouandiae),亦称鸸鹋,分布于澳洲草原灌丛地带。

非洲鸵鸟体型高大,成年雄鸵鸟的体重达 120～150kg,雌鸵鸟 120kg,体高 2～2.75m,雄鸵鸟比雌鸵鸟还高。其头小、眼大、颈长、腿长而粗、足具二趾,是世界上现有鸟类中唯一的两趾鸟;具有非常好的视觉,有瞬膜(第三眼睑),能阻挡沙砾和保护眼睛。雄鸵鸟整个躯体和翅膀的羽毛呈黑色,翅羽和尾羽为白色,颈部布满灰色短绒羽,腿无毛;雌鸵鸟除翅羽和尾羽白色以外,呈灰色。刚孵出的雏鸵鸟有浅黄和黑色相间的刺状软毛,沿颈侧有数行黑点,这种似枯草色的羽毛,在 6 月龄后逐渐换成雌鸵鸟的灰色,雄鸵鸟在 11 月龄时开始出现黑色羽毛。非洲鸵鸟为“平胸类”鸟类,其特征是具有胸骶(又称胸骨或胸板),而无龙骨,胸骶坚硬,当鸵鸟相互打斗时,常常用胸骶抵御进攻。鸵鸟善于行走奔跑,步履轻捷,转向灵活,唯一的进攻武器是用腿向前踢,趾尖的力量相当厉害。

驯养后的非洲鸵鸟繁殖性能良好,雌鸵鸟年平均产蛋在 60 枚以上,曾有一只创下 150 枚的记录。在国内,江门鸵鸟场 1993 年一个组合的种鸵鸟(1 雄,5 雌)曾产下 502 枚种蛋,平均每只雌鸵鸟 100.4 枚,受精率达到 87.3%;其中,最高单产 135 枚,最少的为 58 枚。一般每 2d产 1 枚蛋,蛋重在 1 200～1 700g,蛋壳呈奶油淡黄色,孵化期 42d。在人工养殖条件下,雌、雄鸵鸟没有出现明显的抱窝现象。新生鸵鸟在 10～12 月龄时可达成年体重的 90%,作为商品鸟,此时屠宰可获最佳效益;此后鸵鸟生长缓慢。一般雌鸵鸟在 2～2.5 岁,雄鸵鸟 3～4 岁达到性成熟;也有个别雄鸵鸟在 24 月龄时配种,雌鸵鸟在 18 月龄时开始产蛋。鸵鸟繁殖持续期很长,资料记载可繁殖至 42 岁,寿命长者达 81 岁,但作为商业用途将大大缩短。

澳洲鸵鸟则为鸵形目、鸸鹋科,只有一属一种。与非洲鸵鸟相比,体型要小得多,成鸟体重30～45kg,身高 1.5m 左右,体羽黑灰褐色,雌雄相似;翅羽退化,不能飞,脚有三趾,能长途跋涉,善于游泳。澳洲鸵鸟的繁殖性能较好,年产蛋可达 60 枚。蛋重 450～650g,呈暗绿色,孵化期长达 8 周。

(二)消化与营养特点

非洲鸵鸟属单胃草食禽类,消化道组成不同于其他畜禽,有一庞大的腺胃(或称前胃),而没有嗉囊。腺胃与肌胃间有一较窄的通道相连,此狭窄连接部有时会引起胃阻塞。腺胃能容纳大量的食物,有一腺区分泌胃酸和胃液。肌胃内含有较粗的石子,随着肌胃的收缩和舒张,石子对食物进行研磨,类似反刍动物通过反刍对纤维部分进行咀嚼。胃内的 pH 在 1.2～2.1。

非洲鸵鸟的最大特点是含有两条大的盲肠和很长的结肠,食物在消化道内存留较长时间,进行发酵消化,因而对纤维素具有极强的消化能力;纤维素和半纤维素的平均消化率为 63%。成年鸵鸟的消化道长度达到 18m,其中盲肠和结肠占 55.5%,而澳洲鸵鸟的消化道相差很远,盲肠和结肠只占 9%,显著不同于非洲鸵鸟。经测定,体重 6.9kg 的非洲雏鸵鸟和体重 45.8kg生长鸵鸟的食物存留时间分别为 39h 和 48h,与前胃发酵动物绵羊和袋鼠(分别为 38h 和 41h)很相近,而澳洲鸵鸟仅为 5.5h,比普通的鸡(8h)还短。

食料(主要是碳水化合物)经由厌氧微生物充分发酵,其终产物是挥发性脂肪酸(VFA),包括乙酸、丙酸、丁酸及 CO_2 和 CH_4。挥发性脂肪酸浓度在胃肠道各段不同,肌胃和腺胃内较高,分别达到 139.3mmol/L 和 158.8mmol/L,在小肠中下降到 65～78mmol/L,进入大肠中再次上升,盲肠中挥发性脂肪酸的平均浓度为 140.7mmol/L,从结肠近端到远端,其平均浓度从

171mmol/L 上升到 195mmol/L。可见,挥发性脂肪酸主要在大肠中产生,其产酸速率(65～81.3mmol/L·h)与反刍动物相类似。比色研究显示,鸵鸟整个消化道中,产生甲烷很少,可忽略不计。

鸵鸟消化纤维素的能力是逐步完善的。初生小鸟无消化纤维素的能力,其营养需要几乎与鸡没有区别;随着消化道微生物区系的建立,消化能力不断增强,到 17 周龄已接近成年鸟的消化能力。

非洲鸵鸟的另一特点是雏鸟生长迅速,营养需求高。初生鸵鸟一般重 0.8～0.9kg,3 月龄体重达 25kg,为初生重的 25 倍,高度则增长了 8 倍;骨骼的生长占据绝对优势,因而对钙、磷和其他矿物元素的需要量较其他禽类为高,且要求比例适宜。据对健康小鸟饲粮中钙、磷含量的测定,分别为 1.5%～2.0% 和 0.75%～1.0%,钙磷比接近 2∶1。

二、鸵鸟的饲养标准与参考饲粮配方

(一)鸵鸟的饲养标准

到目前为止,世界上尚无一个国家制定出统一的指导鸵鸟饲粮配制的饲养标准。饲养者通常是参考其他家禽的饲养标准,并根据采用的饲养方式和饲养经验确定自己使用的营养水平。鸵鸟引进我国的时间不长,这方面的研究工作开展的很少,实际生产中亦是参照国外资料,结合本国的实践确定营养水平。将总结出的适合我国目前养殖情况的鸵鸟营养需要推荐量和美国 Bluebonnct 公司鸵鸟饲料营养水平表分别列入附表一。在使用这些营养建议量配制鸵鸟饲粮时,可借用鸡的饲料营养成分表,代谢能也是使用鸡的代谢能值。虽然,鸵鸟的饲料代谢能值比鸡高,但对能量的利用率较低,在生产实践中没有多大影响。

(二)参考饲粮配方

现将江门鸵鸟场使用的非洲鸵鸟饲粮配方列入表 17-14,供参考。

表 17-14   非洲鸵鸟饲粮配方   (%)

饲　料	育雏(0～3月龄)	幼鸟(4～6月龄)	育肥(7～12月龄)	产蛋种鸟
黄玉米	63.4	61.0	57.0	48.0
大豆粕	22.0	20.0	16.0	25.0
鱼　粉	6.0	3.0	—	2.0
草　粉	—	7.0	20.0	16.0
食　盐	0.5	0.5	0.5	0.5
贝壳粉	1.6	1.6	1.6	2.0
骨　粉	3.4	3.4	2.4	4.0
预混料	3.1	3.5	2.5	2.5
合　计	100.0	100.0	100.0	100.0

续表 17-14

饲　料	育雏(0～3月龄)	幼鸟(4～6月龄)	育肥(7～12月龄)	产蛋种鸟
营养水平				
代谢能(MJ/kg)	11.9	11.2	10.2	10.0
粗蛋白质(%)	19.6	16.9	13.5	18.0
钙(%)	2.10	2.06	1.72	2.51
有效磷(%)	0.81	0.74	0.50	0.83

三、种鸵鸟的饲养管理技术

种鸵鸟饲养管理的目标在于提高产蛋量和受精率。

(一)饲养方式

种鸟饲养采取集约化的方式,依据不同目的,将种鸟配对组合,放入一个栏舍内饲养。雄、雌比例可以 1∶2～5,也可以几个组合一起组成小群饲养。但从育种选种考虑,以 1∶2 一栏饲养效果比较好,雌鸟可以多产蛋,雄鸟配种均匀,受精率高,系谱清楚,便于管理。作为商品鸟,雄、雌比例可提高到 1∶3～4,但达 1∶5 时,雄鸟虽有能力,但不能持久。两个组合以上的小群饲养,因雄鸟争夺配偶,形成一方独霸,产蛋和受精均受影响,不应提倡。如果人工授精技术成熟并获得推广,将改变这种饲养方式。

种鸟的栏舍面积趋向缩小,每栏面积 200m² 可放 3 只种鸟。栏舍内,南方应建有较大的遮雨棚,北方则建一房舍以保温。对进入种鸟栏的种鸟,进行人工选配,根据育种的需要,选择没有血缘关系、生产性能好和体型相般配的个体进行配对;经过一段时间的磨合后,对配种不成功的种鸟进行调换,直至全部配种成功。由于种鸟高大,捉拿不易,故配对完成后一般不再变动,可保持3a以上的稳定产量和较高受精率。对于后备种鸟和休产期种鸟,则采取大群饲养。

(二)种鸟饲喂方法与喂量

种鸟的营养供给要均衡,不要突然变化。不可避免的改变,如青料变换,应逐渐过渡,以免给生产带来损失。饲粮供给数量要适宜,不要过量;种鸟消化道发育健全,对饲料具有较强的消化吸收能力,如果供给过多,种鸟会肥胖,影响产蛋和配种。

据测算,每天给每只种鸟投喂精饲料 1.5kg 和青饲料 3～5kg,可以基本满足其产蛋的需要,产蛋高峰期可以增加 0.1～0.3kg 精料。通常,每天的精料量分 3 次投给,青饲料分 2 次投予;如果青饲料充足,每只种鸟可增加到 5kg 以上,以吃尽不浪费为原则。

在饲喂方式上,精饲料和青饲料分槽投喂较为合理,因为每组 3 只种鸟同栏饲喂,个体之间可有选择和调节的余地,雄鸟有可能多采食些青料,产蛋的雌鸟可能多采食些精料;如果精粗混合,就没有这种可能,不适宜养种鸟。

雄鸟和雌鸟同栏饲喂,采食同一种饲料,对于雄鸟并不适宜,主要是饲料中钙含量过高。

观察中也发现雄鸟采食精料比雌鸟少,但对正在产蛋高峰的雌鸟,饲粮钙的含量仍显不足。为此,可在栏内放一骨粉盆,让雌鸟自由采食。

保证供水充足很重要。虽然鸵鸟是耐干旱的动物,但在驯养条件下,饮水量也相当大,特别在炎热的季节须用水调节体温,缺水会引起中暑和其他消化道疾病。因此,必须经常保持种鸟栏内有清洁的饮水,使种鸟能随时饮用。鸵鸟是铲式饮水,需要面积比较大的水盆。

(三)辅助配种

配对成功的种鸟,在实际生产过程中,仍有配种失败或偏配现象发生,导致受精率降低,故饲养员须进行人工辅助配种。饲养员应与种鸟建立感情,使种鸟对饲养员非常自然、亲和,不躲避,饲养员也能随时接近雄鸟和雌鸟,能够触摸、推拉种鸟;同时,应熟悉每一栏种鸟的习性。每天清晨是雄鸟配种密集的时间,饲养员对配种有困难的,如雄鸟爬跨位置不适(太靠前或太靠后)、雌鸟尾部被压不能上举,或雌鸟伏地位置太靠近栏边或处于坑内、斜坡等,均应进行辅助配种。饲养员可让雌鸟改换位置,可以令雌鸟卧地,呼唤雄鸟前来配种。对偏配的应实行补配。

(四)种蛋的收集

雌鸟每天下午5～8时产蛋,也有个别鸟延时到夜间或凌晨。这一段时间内,饲养员的主要工作就是及时将雌鸟所产的蛋取出,用干净毛巾包裹,在蛋的一端用铅笔标记栏号、鸟号,并放到安全、干净、凉爽的地方暂存。为了减少种蛋污染,饲养员不得离开栏舍,须在所管辖范围内巡视,发现鸟蛋就要立即捡出,防止雌鸟用喙滚动鸟蛋。还要调教雌鸟养成在室内产蛋的习惯,尤其对雨季长、环境肮脏的南方地区更为重要。可在室内用粗沙围成一个2m直径的浅坑,铺以适量禾草,用作产蛋窝。起初雌鸟并不习惯,饲养员可以将预产的雌鸟赶入室内,待产出后放出,雌鸟养成习惯后,就会自行在室内产蛋。同时,可放一只蛋壳在坑内,作为引蛋(在空蛋壳内灌满沙子,用胶布封口,这样就不会太轻易被打烂)。对于长期站着产蛋,以致蛋被打破的雌鸟,若经调教无效,应予淘汰。

(五)种鸟利用与选育

关于种鸟的利用年限说法不一。从最早引进的种鸟来看,尚不到10a,雄鸟和雌鸟的生产力已非常低下,从生产实际出发宜要求保持4～5a的高产记录。因此,应计划每年更换1/4的种鸟和选育1/4的后备鸟,有关后备鸟选育的标准可参考表17-15。

表17-15　后备鸟选育标准

月 龄	背高(cm)		体重(kg)	
	公 鸟	母 鸟	公 鸟	母 鸟
1	35	35	5	5
3	75	70	25	21
6	100	90	50	47
12	125	115	100	95

四、育雏技术

(一)育雏栏舍设计

育雏舍面积 36m²,运动场面积 180m²,其中遮雨区面积 30m²,可育雏 30～50 只至 2～3 月龄。育雏舍内设保温区 1～2 个,以保证育雏所需要的温度,可采用烧炭、烧煤、电热、火炕等 不同方法来供暖,提高室内温度。南方因雨多潮湿,需在育雏舍和运动场内铺设地下排水道, 以便于排水和清洗。

(二)育雏温度

表 17-16 列出育雏所需要的温度。用红外线灯泡作热源保温时,可以根据需要增减灯泡 数量和悬挂高度,来调节保温区内的温度。将温度计放在灯泡照射下的地面上,该温度计读数 为最热区域温度,初生小鸟要求达到 35℃,雏鸟会自动移动身体进行调节。

表 17-16 育雏温度

周 龄	保温区温度(℃)	室 温(℃)
1～2	35～30	25
3～4	33～28	25
5 以上	30～25	25

(三)育雏方法

1. 补水 雏鸟出壳时,腹腔内含有较多没有被吸收完的卵黄,可供雏鸟 3～5d 的营养需 要。此时雏鸟不吃不喝,体重不断减轻,失水,双脚皮肤明显皱缩。因此,在雏鸟初生 10d 内, 每天应给雏鸟补充水分,以免体内失水过多,影响健康。可用饮用水、补液盐、生理盐水、葡萄 糖水等。

2. 引导雏鸟采食 下地 2～3d 后,雏鸟开始有食欲。这时,可将切碎成小颗粒的青绿饲 料混于饲料中,引诱雏鸟采食;青绿饲料必须新鲜、洁净,幼嫩多汁,叶片比梗子好。深绿色是 雏鸟最敏感的颜色,可以将饲料制成绿色颗粒投喂。也可以在雏鸟中放一只约 10 日龄已会采 食的小鸟,引导其他雏鸟采食和饮水,雏鸟的模仿性很强,很快便可学会。但放入的小鸟必须 健康无病,生长良好,否则将带来危害。

3. 补充有益微生物 初生雏鸟消化系统发育不完善,消化能力较差。在自然状况下,雏 鸟依靠采食鸟粪获得有益微生物。人工驯养后,雏鸟保留了这一习性,对黑色鸟粪非常敏感, 极喜采食;雏鸟下地 10d 栏内没有鸟粪剩余,完全被雏鸟相互采食干净。针对此种现象,提前 给初生雏鸟补充有益微生物,是提高育雏成活率行之有效的方法。所补充的微生物可用双歧 杆菌、乳酸菌、酵母等,但最好是选取健康鸟的消化道内容物尽早补充。

4. 纠正脚趾 初生雏鸟有部分脚趾不正,内侧或外侧,必须在 3d 内及时纠正。否则,随 着体重增加,歪趾加剧,最终引起腿扭曲,无法治疗,只好淘汰。可采用软物垫正脚趾的方法予以纠正,使雏鸟双脚踩地、双趾位置居中,3~4d 后及时拆除所垫软物。还须剪去雏鸟趾甲太长的部分,太长的趾尖往往使雏鸟踩地时弯向一侧,造成歪脚趾。

5. 饲喂 每天饲喂雏鸵鸟应不少于 6 次,以少量勤添为原则。将叶类青饲料切碎得很细,以 1∶3 左右的比例拌入精饲料。若太干可适当添加水分。雏鸵鸟非常好动,饲养员必须以足够的耐心,逐渐培养雏鸟采食专一的习惯,使所有雏鸟采食均匀。采食时间内不要打扰雏鸟,饲养员应认真观察雏鸟的采食情况;此时不宜打扫卫生,添加饲料也要动作轻稳,噪声太大也会影响其采食。如果雏鸟采食不均匀、不充分,会造成大小悬殊和出现许多僵鸟。僵鸟食欲差、生长缓慢,遇到天气变化,即会消瘦死亡。

6. 预防雏鸟腿病发生 腿病多发生在 0~3 月龄的小鸟,起始一侧髋关节轻微外展,但在重力作用下,越来越严重,双腿呈"X"状,骨骼变形,不能治愈。10 日龄之前发生属内源性的;开食以后发生,则与营养和创伤有关。在育雏中必须防止雏鸟偏食和挑食,采食青饲料过多而精饲料不足,会引起缺钙;同时,应防止雏鸟滑倒造成扭伤,导致腿病。

7. 与鸵鸟建立亲善关系 鸵鸟是一种喜欢与人亲近的动物,与人的关系非常密切。饲养员的工作态度、责任心、素质,直接影响到育雏的成败。育雏饲养员好似雏鸟的保姆,如果饲养员喂食以后不理它,雏鸟就会吃得很少;若经常把饲料翻动一下,少量勤添,雏鸟采食量会增加很多。有时,雏鸟嘴上下部分被饲料粘住,影响采食,饲养员就要通过观察及时发现,把粘着的饲料抠掉。所以,育雏饲养员的选择、培训及责任制的落实很重要,饲养员的收益应与育雏成绩直接挂钩。

8. 免疫程序 见表 17-17。

表 17-17 免疫程序

日 龄	疫 苗	接种方式
1	ND-IV 冻干苗	滴眼、鼻 5 头份
14	ND、AI 灭活油苗	胸部皮下注射各 3 头份
90	ND、AI 灭活油苗	肌内注射各 10 头份

9. 雏鸟生长参数 表 17-18 列出雏鸟的生长参数,供生产中参考;如果评分,表中参数则为合格标准。

表 17-18 雏鸟生长参数 (kg)

周(月)龄	初 生	1周龄	2周龄	3周龄	1月龄	3月龄
体 重	0.85	0.9	1.8	3.0	5.2	22.0

五、商品鸵鸟的饲养管理技术

雏鸵鸟被培育到 3 月龄左右时,消化系统逐渐发育完全,消化道容积增大,消化纤维素的能力增强;此时,雏鸟双脚粗壮,采食旺盛,开始进入迅速生长期。对商品鸟,要求充分饲养,促其迅速生长,以获取最好的经济效益。

(一) 饲养方式

采取群养,4～6月龄阶段,可以中栏饲养,每栏100只,面积不少于1000m²;7月龄以后的青年鸟转入大栏饲养,每栏可容纳400只以上,面积不少于4000m²。如果采取公司加农户的经营方式,可通过与农户订立收购合同,将3月龄的幼鸟交由农户饲养,场地则应因地制宜,但密度不要太大;要求地面干燥,排水便利。

(二) 饲喂方法与喂量

采取青饲料和精饲料混合投喂。用切草机将青饲料切成2～5cm长后,加入精饲料,拌成半干湿的草料,少量勤添,让其充分采食。对于4～6月龄的幼鸟,每天饲喂不少于4次;6月龄以后的青年鸟,可每天喂3次。精饲料喂量每只每天1～3kg,逐渐增加。为了充分利用鸵鸟消化粗纤维的能力,要尽量多供给青饲料。特别是放给农户饲养时,可以更多地利用田间杂草和蔬菜废弃物,减少精饲料用量,精粗比可增加到1：10以上。

(三) 商品鸵鸟饲养责任制

从3月龄幼鸟到商品鸟上市,是鸵鸟生长最快、成活率最高的时期,但也不能掉以轻心。应落实饲养责任制,要求成活率达95%以上,特别应注意群体的均匀度和防止意外伤害。此阶段内,鸵鸟活力充沛,好奔跑,易受惊炸群,故易造成腿伤、骨折而致淘汰。对供给农户饲养的幼鸟,公司方面应提供技术指导、防病治病、及时收购和付款;农户方面必须按技术要求,使用公司生产的饲料饲养,以保证产品达到质量和重量标准。

(四) 商品鸵鸟上市标准

目前,国家尚未公布商品鸵鸟上市标准,一些加工企业自定标准为:年龄在1岁左右,公鸟开始长黑毛,体重达到90kg以上,肌肉丰满,体表没有外伤、瘢痕。从经济效益分析,此时屠宰,养殖成本最为经济,皮张大小和质量较佳,肉质理想。

附　录

附录一 各种畜禽的饲养标准

为方便读者查阅与应用,本附录列出了 2004 年中华人民共和国农业部颁布的新版猪(NY/T 65—2004)、乳牛(NY/T 34—2004)、肉牛(NY/T 815—2004)、肉羊(NY/T 816—2004)与鸡(NY/T 33—2004)的农业行业饲养标准。鉴于国内尚未正式颁布马与犬饲养标准,引用了最新版本的 NRC 马(2007)与犬(2006)营养需要。虽然我国鸭、鹅、肉鸽、鹌鹑等饲养量较大,但目前国内仍无系统的饲养标准面世,故仅在上一版借鉴国外标准的基础上,参考国内外近年资料略加修改;家兔、茸鹿、珍禽均沿用了上一版给出的饲养标准。以下是各种畜禽饲养标准的排序。

一、猪饲养标准(NY/T 65—2004)

二、乳牛饲养标准(NY/T 34—2004)

三、肉牛饲养标准(NY/T 815—2004)

四、肉羊饲养标准(NY/T 816—2004)

五、马的营养需要(NRC2007)

六、家兔饲养标准

七、犬的营养需要(NRC2006)

八、茸鹿的饲养标准

九、鸡饲养标准(NY/T 33—2004)及火鸡营养需要(NRC,1994)

十、鸭、鹅的饲养标准

十一、肉鸽、鹌鹑的饲养标准

十二、珍禽的饲养标准

一、中华人民共和国农业行业标准　猪饲养标准
NY/T 65—2004

（一）瘦肉型猪饲养标准

表 1-1-1　瘦肉型生长肥育猪每 kg 饲粮养分含量　（自由采食，88％干物质）

体重（kg）	3～8	8～20	20～35	35～60	60～90
平均体重，kg	5.5	14.0	27.5	47.5	75.0
日增重，kg/d	0.24	0.44	0.61	0.69	0.80
采食量，kg/d	0.30	0.74	1.43	1.90	2.50
饲料/增重	1.25	1.59	2.34	2.75	3.13
消化能，MJ/kg(kcal/kg)	14.02(3350)	13.60(3250)	13.39(3200)	13.39(3200)	13.39(3200)
代谢能，MJ/kg(kcal/kg)	13.46(3215)	13.06(3120)	12.86(3070)	12.86(3070)	12.86(3070)
粗蛋白质，%	21.0	19.0	17.8	16.4	14.5
能量蛋白比，消化能/粗蛋白，kJ/%(kcal/%)	668(160)	716(170)	752(180)	817(195)	923(220)
赖氨酸能量比，赖氨酸/消化能，g/MJ(g/Mcal)	1.01(4.24)	0.85(3.56)	0.68(2.83)	0.61(2.56)	0.53(2.19)
氨基酸，%					
赖氨酸	1.42	1.16	0.90	0.82	0.70
蛋氨酸	0.40	0.30	0.24	0.22	0.19
蛋氨酸＋胱氨酸	0.81	0.66	0.51	0.48	0.40
苏氨酸	0.94	0.75	0.58	0.56	0.48
色氨酸	0.27	0.21	0.16	0.15	0.13
异亮氨酸	0.79	0.64	0.48	0.46	0.39
亮氨酸	1.42	1.13	0.85	0.78	0.63
精氨酸	0.56	0.46	0.35	0.30	0.21
缬氨酸	0.98	0.80	0.61	0.57	0.47
组氨酸	0.45	0.36	0.28	0.26	0.21
苯丙氨酸	0.85	0.69	0.52	0.48	0.40
苯丙氨酸＋酪氨酸	1.33	1.07	0.82	0.77	0.64

续表 1-1-1

体重(kg)	3～8	8～20	20～35	35～60	60～90
矿物元素,%或每 kg 饲粮含量					
钙,%	0.88	0.74	0.62	0.55	0.49
总磷,%	0.74	0.58	0.53	0.48	0.43
非植酸磷,%	0.54	0.36	0.25	0.20	0.17
钠,%	0.25	0.15	0.12	0.10	0.10
氯,%	0.25	0.15	0.10	0.09	0.08
镁,%	0.04	0.04	0.04	0.04	0.04
钾,%	0.30	0.26	0.24	0.21	0.18
铜,mg	6.00	6.00	4.50	4.00	3.50
碘,mg	0.14	0.14	0.14	0.14	0.14
铁,mg	105	105	70	60	50
锰,mg	4.00	4.00	3.00	2.00	2.00
硒,mg	0.30	0.30	0.30	0.25	0.25
锌,mg	110	110	70	60	50
维生素和脂肪酸,%或每 kg 饲粮含量					
维生素 A, IU	2200	1800	1500	1400	1300
维生素 D_3, IU	220	200	170	160	150
维生素 E, IU	16	11	11	11	11
维生素 K,mg	0.50	0.50	0.50	0.50	0.50
硫胺素,mg	1.50	1.00	1.00	1.00	1.00
核黄素,mg	4.00	3.50	2.50	2.00	2.00
泛酸,mg	12.00	10.00	8.00	7.50	7.00
烟酸,mg	20.00	15.00	10.00	8.50	7.50
吡哆醇,mg	2.00	1.50	1.00	1.00	1.00
生物素,mg	0.08	0.05	0.05	0.05	0.05
叶酸,mg	0.30	0.30	0.30	0.30	0.30
维生素 B_{12},μg	20.00	17.50	11.00	8.00	6.00
胆碱,g	0.60	0.50	0.35	0.30	0.30
亚油酸,%	0.10	0.10	0.10	0.10	0.10

标准说明(摘引):1. 此标准适合于瘦肉率高于 56% 的公母混养猪群(阉公猪和青年母猪各 1/2)。

2. 矿物质需要量包括饲料原料提供的矿物质量;对于青年公猪和后备母猪,钙、总磷和有效磷的需要量应提高 0.05～0.1 个百分点。

3. 维生素需要量包括饲料原料中提供的维生素量。

表 1-1-2　瘦肉型生长肥育猪每日每头养分需要量　（自由采食，88％干物质）

体重(kg)	3～8	8～20	20～35	35～60	60～90
平均体重,kg	5.5	14.0	27.5	47.5	75.0
日增重,kg/d	0.24	0.44	0.61	0.69	0.80
采食量,kg/d	0.30	0.74	1.43	1.90	2.50
饲料/增重	1.25	1.59	2.34	2.75	3.13
消化能,MJ/d(kcal/d)	4.21(1005)	10.06(2450)	19.15(4575)	25.44(6080)	33.48(8000)
代谢能,MJ/d(kcal/d)	4.04(965)	9.66(2310)	18.39(4390)	24.43(5835)	32.15(7675)
粗蛋白质,g/d	63	141	255	312	363
氨基酸,g/d					
赖氨酸	4.3	8.6	12.9	15.6	17.5
蛋氨酸	1.2	2.2	3.4	4.2	4.8
蛋氨酸＋胱氨酸	2.4	4.9	7.3	9.1	10.0
苏氨酸	2.8	5.6	8.3	10.6	12.0
色氨酸	0.8	1.6	2.3	2.9	3.3
异亮氨酸	2.4	4.7	6.7	8.7	9.8
亮氨酸	4.3	8.4	12.2	14.8	15.8
精氨酸	1.7	3.4	5.0	5.7	5.5
缬氨酸	2.9	5.9	8.7	10.8	11.8
组氨酸	1.4	2.7	4.0	4.9	5.5
苯丙氨酸	2.6	5.1	7.4	9.1	10.0
苯丙氨酸＋酪氨酸	4.0	7.9	11.7	14.6	16.0
矿物元素,g 或 mg/d					
钙,g	2.64	5.48	8.87	10.45	12.25
总磷,g	2.22	4.29	7.58	9.12	10.75
非植酸磷,g	1.62	2.66	3.58	3.80	4.25
钠,g	0.75	1.11	1.72	1.90	2.50
氯,g	0.75	1.11	1.43	1.71	2.00
镁,g	0.12	0.30	0.57	0.76	1.00
钾,g	0.90	1.92	3.43	3.99	4.50
铜,mg	1.80	4.44	6.44	7.60	8.75
碘,mg	0.04	0.10	0.20	0.27	0.35
铁,mg	31.50	77.70	100.10	114.00	125.00
锰,mg	1.20	2.96	4.29	3.80	5.00
硒,mg	0.09	0.22	0.43	0.48	0.63

续表 1-1-2

体重(kg)	3～8	8～20	20～35	35～60	60～90
矿物元素,g 或 mg/d					
锌,mg	33.00	81.40	100.10	114.00	125.00
维生素和脂肪酸,IU、g、mg 或 μg/d					
维生素 A,IU	660	1330	2145	2660	3250
维生素 D₃,IU	66	148	243	304	375
维生素 E,IU	5	8.5	16	21	28
维生素 K,mg	0.15	0.37	0.72	0.95	1.25
硫胺素,mg	0.45	0.74	1.43	1.90	2.50
核黄素,mg	1.20	2.59	3.58	3.80	5.00
泛酸,mg	3.60	7.40	11.44	14.25	17.5
烟酸,mg	6.00	11.10	14.30	16.15	18.75
吡哆醇,mg	0.60	1.11	1.43	1.90	2.50
生物素,mg	0.02	0.04	0.07	0.10	0.13
叶酸,mg	0.09	0.22	0.43	0.57	0.75
维生素 B₁₂,μg	6.00	12.95	15.73	15.20	15.00
胆碱,g	0.18	0.37	0.50	0.57	0.75
亚油酸,g	0.30	0.74	1.43	1.90	2.50

标准说明(摘引):1. 此标准适合于瘦肉率高于 56% 的公母混养猪群(阉公猪和青年母猪各 1/2)。

2. 矿物质需要量包括饲料原料提供的矿物质量;对于青年公猪和后备母猪,钙、总磷和有效磷的需要量应提高 0.05～0.1 个百分点。

3. 维生素需要量包括饲料原料中提供的维生素量。

表 1-1-3 瘦肉型妊娠母猪每 kg 饲粮养分含量 (88% 干物质)

妊娠期	妊娠前期			妊娠后期		
配种体重(kg)	120～150	150～180	>180	120～150	150～180	>180
预期窝产仔数	10	11	11	10	11	11
采食量,kg/d	2.10	2.10	2.00	2.60	2.80	3.00
消化能,MJ/kg	12.75	12.35	12.15	12.75	12.55	12.55
(kcal/kg)	(3050)	(2950)	(2950)	(3050)	(3000)	(3000)
代谢能,MJ/kg	12.25	11.85	11.65	12.25	12.05	12.05
(kcal/kg)	(2930)	(2830)	(2830)	(2930)	(2880)	(2880)
粗蛋白质,%	13.0	12.0	12.0	14.0	13.0	12.0
能量蛋白比,消化能/粗蛋白,kJ/%	981	1029	1013	911	965	1045
(kcal/%)	(235)	(246)	(246)	(218)	(231)	(250)
赖氨酸能量比,赖氨酸/消化能,g/MJ	0.42	0.40	0.38	0.42	0.41	0.38
(g/Mcal)	(1.74)	(1.67)	(1.58)	(1.74)	(1.70)	(1.60)

续表 1-1-3

妊娠期	妊娠前期			妊娠后期		
配种体重(kg)	120～150	150～180	＞180	120～150	150～180	＞180
氨基酸,%						
赖氨酸	0.53	0.49	0.46	0.53	0.51	0.48
蛋氨酸	0.14	0.13	0.12	0.14	0.13	0.12
蛋氨酸＋胱氨酸	0.34	0.32	0.31	0.34	0.33	0.32
苏氨酸	0.40	0.39	0.37	0.40	0.40	0.38
色氨酸	0.10	0.09	0.09	0.10	0.09	0.09
异亮氨酸	0.29	0.28	0.26	0.29	0.29	0.27
亮氨酸	0.45	0.41	0.37	0.45	0.42	0.38
精氨酸	0.06	0.02	0.00	0.06	0.02	0.00
缬氨酸	0.35	0.32	0.30	0.35	0.33	0.31
组氨酸	0.17	0.16	0.15	0.17	0.17	0.16
苯丙氨酸	0.29	0.27	0.25	0.29	0.28	0.26
苯丙氨酸＋酪氨酸	0.49	0.45	0.43	0.49	0.47	0.44
矿物元素,%或每 kg 饲粮含量						
钙,%			0.68			
总磷,%			0.54			
非植酸磷,%			0.32			
钠,%			0.14			
氯,%			0.11			
镁,%			0.04			
钾,%			0.18			
铜,mg			5.0			
碘,mg			0.13			
铁,mg			75.0			
锰,mg			18.0			
硒,mg			0.14			
锌,mg			45.0			

续表 1-1-3

妊娠期	妊娠前期			妊娠后期		
配种体重(kg)	120~150	150~180	>180	120~150	150~180	>180
维生素和脂肪酸,%或每 kg 饲粮含量						
维生素 A,IU			3620			
维生素 D_3,IU			180			
维生素 E,IU			40			
维生素 K,mg			0.50			
硫胺素,mg			0.90			
核黄素,mg			3.40			
泛酸,mg			11			
烟酸,mg			9.05			
吡哆醇,mg			0.90			
生物素,mg			0.19			
叶酸,mg			1.20			
维生素 B_{12},μg			14			
胆碱,g			1.15			
亚油酸,%			0.10			

标准说明(摘引):妊娠前期指妊娠前 12 周,妊娠后期指妊娠后 4 周;120~150kg 阶段适用于初产母猪和因泌乳期消耗过度的经产母猪,150~180kg 阶段适用于自身尚有生长潜力的经产母猪,180kg 以上指达到标准成年体重的经产母猪,其对养分的需要量不随体重增长而变化。矿物质需要量包括饲料原料中提供的矿物质;维生素需要量包括饲料原料中提供的维生素。

表 1-1-4　瘦肉型泌乳母猪每 kg 饲粮养分含量　(88%干物质)

分娩体重(kg)	140~180		180~240	
泌乳期体重变化,kg	0.0	—10.0	—7.5	—15
哺乳窝仔数	9	9	10	10
采食量,kg/d	5.25	4.65	5.65	5.20
消化能,MJ/kg(kcal/kg)	13.80(3300)	13.80(3300)	13.80(3300)	13.80(3300)
代谢能,MJ/kg(kcal/kg)	13.25(3170)	13.25(3170)	13.25(3170)	13.25(3170)
粗蛋白质,%	17.5	18.0	18.0	18.5
能量蛋白比,消化能/粗蛋白,kJ/%(Mcal/%)	789(189)	767(183)	767(183)	746(178)
赖氨酸能量比,赖氨酸/消化能,g/MJ(g/Mcal)	0.64(2.67)	0.67(2.82)	0.66(2.76)	0.68(2.85)

续表 1-1-4

分娩体重(kg)	140～180		180～240	
氨基酸,%				
赖氨酸	0.88	0.93	0.91	0.94
蛋氨酸	0.22	0.24	0.23	0.24
蛋氨酸＋胱氨酸	0.42	0.45	0.44	0.45
苏氨酸	0.56	0.59	0.58	0.60
色氨酸	0.16	0.17	0.17	0.18
异亮氨酸	0.49	0.52	0.51	0.53
亮氨酸	0.95	1.01	0.98	1.02
精氨酸	0.48	0.48	0.47	0.47
缬氨酸	0.74	0.79	0.77	0.81
组氨酸	0.34	0.36	0.35	0.37
苯丙氨酸	0.47	0.50	0.48	0.50
苯丙氨酸＋酪氨酸	0.97	1.03	1.00	1.04
矿物元素,%或每 kg 饲粮含量				
钙,%		0.77		
总磷,%		0.62		
非植酸磷,%		0.36		
钠,%		0.21		
氯,%		0.16		
镁,%		0.04		
钾,%		0.21		
铜,mg		5.0		
碘,mg		0.14		
铁,mg		80.0		
锰,mg		20.5		
硒,mg		0.15		
锌,mg		51.0		
维生素和脂肪酸,%或每 kg 饲粮含量				
维生素 A, IU		2050		
维生素 D₃, IU		205		
维生素 E, IU		45		
维生素 K,mg		0.5		

续表 1-1-4

分娩体重(kg)	140~180	180~240
硫胺素,mg	1.00	
核黄素,mg	3.85	
泛酸,mg	12	
烟酸,mg	10.25	
吡哆醇,mg	1.00	
生物素,mg	0.21	
叶酸,mg	1.35	
维生素 B_{12},μg	15.0	
胆碱,g	1.00	
亚油酸,%	0.10	

标准说明(摘引):由于国内缺乏哺乳母猪的试验数据,消化能和氨基酸是根据国内一些企业的经验数据和 NRC(1998)的泌乳模型得到的。

表 1-1-5　配种公猪每 kg 饲粮和每日养分需要量　(88%干物质)

饲粮消化能含量, MJ/kg(kcal/kg)	12.95(3100)	12.95(3100)
饲粮代谢能含量, MJ/kg(kcal/kg)	12.45(2975)	12.45(2975)
消化能摄入量 MJ/kg(kcal/kg)	21.70(6820)	21.70(6820)
代谢能摄入量 MJ/kg(kcal/kg)	20.85(6545)	20.85(6545)
采食量,kg/d	2.2	2.2
粗蛋白质,%	13.50	13.50
能量蛋白比,消化能/粗蛋白,kJ/%(Mcal/%)	959(230)	959(230)
赖氨酸能量比,赖氨酸/消化能,g/MJ(g/Mcal)	0.42(1.78)	0.42(1.78)

	需要量	
	每 kg 饲粮含量	每日需要量
	氨基酸	
赖氨酸	0.55%	12.1g
蛋氨酸	0.15%	3.31g
蛋氨酸+胱氨酸	0.38%	8.4g
苏氨酸	0.46%	10.1g
色氨酸	0.11%	2.4g
异亮氨酸	0.32%	7.0g
亮氨酸	0.47%	10.3g
精氨酸	0.00%	0.0g
缬氨酸	0.36%	7.9g
组氨酸	0.17%	3.7g
苯丙氨酸	0.30%	6.6g
苯丙氨酸+酪氨酸	0.52%	11.4g

续表 1-1-5

	需要量	
	每 kg 饲粮含量	每日需要量
矿物元素		
钙	0.70%	15.4g
总磷	0.55%	12.1g
非植酸磷	0.32%	7.04g
钠	0.14%	3.08g
氯	0.11%	2.42g
镁	0.04%	0.88g
钾	0.20%	4.40g
铜	5mg	11.0mg
碘	0.15mg	0.33mg
铁	80mg	176.00mg
锰	20mg	44.00mg
硒	0.15mg	0.33mg
锌	75mg	165mg
维生素和脂肪酸		
维生素 A,IU	4000	8800
维生素 D_3,IU	220	485
维生素 E,IU	45	100
维生素 K,mg	0.50	1.10
硫胺素,mg	1.0	2.20
核黄素,mg	3.5	7.70
泛酸,mg	12	26.4
烟酸,mg	10	22
吡哆醇,mg	1.0	2.20
生物素,mg	0.20	0.44
叶酸,mg	1.30	2.86
维生素 B_{12},μg	15	33
胆碱,g	1.25	2.75
亚油酸,%	0.1	2.2

标准说明(摘引):需要量的确定是以每日采食 2.2kg 饲粮为基础,采食量须根据公猪的体重和期望的增重进行调整。粗蛋白质需要量是以玉米-豆粕日粮为基础确定的。配种前 1 个月采食量增加 20%～25%,冬季严寒期采食量增加 10%～20%。

(二)肉脂型猪饲养标准

表 1-1-6　肉脂型生长肥育猪每 kg 饲粮养分含量　（一型标准，自由采食，88％干物质）

体重(kg)	5～8	8～15	15～30	30～60	60～90
日增重,kg/d	0.22	0.38	0.50	0.60	0.70
采食量,kg/d	0.40	0.87	1.36	2.02	2.94
饲料/增重	1.80	2.30	2.73	3.35	4.20
消化能, MJ/kg(kcal/kg)	13.80(3300)	13.60(3250)	12.95(3100)	12.95(3100)	12.95(3100)
粗蛋白质,%	21.0	18.2	16.0	14.0	13.0
能量蛋白比,消化能/粗蛋白, kJ/%(kcal/%)	657(157)	747(179)	810(194)	925(221)	996(238)
赖氨酸能量比,赖氨酸/消化能,g/MJ(g/Mcal)	0.97(4.06)	0.77(3.23)	0.66(2.75)	0.53(2.23)	0.46(1.94)
氨基酸,%					
赖氨酸	1.34	1.05	0.85	0.69	0.60
蛋氨酸＋胱氨酸	0.65	0.53	0.43	0.38	0.34
苏氨酸	0.77	0.62	0.50	0.45	0.39
色氨酸	0.19	0.15	0.12	0.11	0.11
异亮氨酸	0.73	0.59	0.47	0.43	0.37
矿物元素,%或每 kg 饲粮含量					
钙,%	0.86	0.74	0.64	0.55	0.46
总磷,%	0.67	0.60	0.55	0.46	0.37
非植酸磷,%	0.42	0.32	0.29	0.21	0.14
钠,%	0.20	0.15	0.09	0.09	0.09
氯,%	0.20	0.15	0.07	0.07	0.07
镁,%	0.04	0.04	0.04	0.04	0.04
钾,%	0.29	0.26	0.24	0.21	0.16
铜,mg	6.00	5.5	4.6	3.7	3.0
铁,mg	100	92	74	55	37
碘,mg	0.13	0.13	0.13	0.13	0.13
锰,mg	4.00	3.00	3.00	2.00	2.00
硒,mg	0.30	0.27	0.23	0.14	0.09
锌,mg	100	90	75	55	45

续表 1-1-6

体重(kg)	5～8	8～15	15～30	30～60	60～90
维生素和脂肪酸,%或每 kg 饲粮含量					
维生素 A, IU	2100	2000	1600	1200	1200
维生素 D_3, IU	210	200	180	140	140
维生素 E, IU	15	15	10	10	10
维生素 K,mg	0.50	0.50	0.50	0.50	0.50
硫胺素,mg	1.50	1.00	1.00	1.00	1.00
核黄素,mg	4.00	3.5	3.0	2.0	2.0
泛酸,mg	12.00	10.00	8.00	7.00	6.00
烟酸,mg	20.00	14.00	12.0	9.00	6.50
吡哆醇,mg	2.00	1.50	1.50	1.00	1.00
生物素,mg	0.08	0.05	0.05	0.05	0.05
叶酸,mg	0.30	0.30	0.30	0.30	0.30
维生素 B_{12},μg	20.00	16.50	14.50	10.00	5.00
胆碱,g	0.50	0.40	0.30	0.30	0.30
亚油酸,%	0.10	0.10	0.10	0.10	0.10

标准说明:一型标准,指瘦肉率52%左右,达90kg体重时间175d左右的肉脂型猪。粗蛋白质的需要量原则上是以玉米一豆粕日粮满足可消化氨基酸需要而确定的。为克服早期断乳给仔猪带来的应激,5～8kg 阶段使用了较多的动物蛋白和乳制品。

表 1-1-7　肉脂型生长肥育猪每日每头养分需要量　(一型标准,自由采食,88%干物质)

体重(kg)	5～8	8～15	15～30	30～60	60～90
日增重,kg/d	0.22	0.38	0.50	0.60	0.70
采食量,kg/d	0.40	0.87	1.36	2.02	2.94
饲料/增重	1.80	2.30	2.73	3.35	4.20
消化能, MJ/kg(kcal/kg)	13.80(3300)	13.60(3250)	12.95(3100)	12.95(3100)	12.95(3100)
粗蛋白质,g/d	84.0	158.3	217.6	282.8	383.2
氨基酸,g/d					
赖氨酸	5.4	9.1	11.6	13.9	17.6
蛋氨酸＋胱氨酸	2.6	4.6	5.8	7.7	10.0
苏氨酸	3.1	5.4	6.8	9.1	11.5
色氨酸	0.8	1.3	1.6	2.2	3.2
异亮氨酸	2.9	5.1	6.4	8.7	10.9

续表 1-1-7

体重(kg)	5~8	8~15	15~30	30~60	60~90
矿物元素,g 或 mg/d					
钙,g	3.4	6.4	8.7	11.1	13.5
总磷,g	2.7	5.2	7.5	9.3	10.9
非植酸磷,g	1.7	2.8	3.9	4.2	4.1
钠,g	0.8	1.3	1.2	1.8	2.6
氯,g	0.8	1.3	1.0	1.4	2.1
镁,g	0.2	0.3	0.5	0.8	1.2
钾,g	1.2	2.3	3.3	4.2	4.7
铜,mg	2.4	4.79	6.12	8.08	8.82
铁,mg	40.00	80.04	100.64	111.10	108.78
碘,mg	0.05	0.11	0.18	0.26	0.38
锰,mg	1.60	2.61	4.08	4.04	5.88
硒,mg	0.12	0.22	0.34	0.30	0.29
锌,mg	40.0	78.3	102.0	111.1	132.3
维生素和脂肪酸, IU、g、mg 或 μg/d					
维生素 A, IU	840.0	1740.0	2176.0	2424.0	3528.0
维生素 D_3, IU	84.0	174.0	244.8	282.8	411.6
维生素 E, IU	6.0	13.1	13.6	20.2	29.4
维生素 K,mg	0.2	0.4	0.7	1.0	1.5
硫胺素,mg	0.6	0.9	1.4	2.0	2.9
核黄素,mg	1.6	3.0	4.1	4.0	5.9
泛酸,mg	4.8	8.7	10.9	14.1	17.6
烟酸,mg	8.0	12.2	16.3	18.2	19.1
吡哆醇,mg	0.8	1.3	2.0	2.0	2.9
生物素,mg	0.0	0.0	0.1	0.1	0.1
叶酸,mg	0.1	0.3	0.4	0.6	0.9
维生素 B_{12},μg	8.0	14.4	19.7	20.2	14.7
胆碱,g	0.2	0.3	0.4	0.6	0.9
亚油酸,%	0.4	0.9	1.4	2.0	2.9

标准说明:一型标准,指瘦肉率 52% 左右,达 90kg 体重时间 175d 左右的肉脂型猪。粗蛋白质的需要量原则上是以玉米—豆粕日粮满足可消化氨基酸需要而确定的。为克服早期断乳给仔猪带来的应激,5~8kg 阶段使用了较多的动物蛋白和乳制品。

表 1-1-8　肉脂型生长肥育猪每 kg 饲粮养分含量　（二型标准，自由采食，88％干物质）

体重(kg)	8～15	15～30	30～60	60～90
日增重,kg/d	0.34	0.45	0.55	0.65
采食量,kg/d	0.87	1.30	1.96	2.89
饲料/增重	2.55	2.90	3.55	4.45
消化能, MJ/kg(kcal/kg)	13.30(3180)	12.25(2930)	12.25(2930)	12.25(2930)
粗蛋白质,%	17.5	16.0	14.0	13.0
能量蛋白比, 消化能/粗蛋白, kJ/%(kcal/%)	760(182)	766(183)	875(209)	942(225)
赖氨酸能量比, 赖氨酸/消化能, g/MJ(g/Mcal)	0.74(3.11)	0.65(2.73)	0.53(2.22)	0.46(1.95)
氨基酸,%				
赖氨酸	0.99	0.80	0.65	0.56
蛋氨酸＋胱氨酸	0.56	0.40	0.35	0.32
苏氨酸	0.64	0.48	0.41	0.37
色氨酸	0.18	0.12	0.11	0.10
异亮氨酸	0.54	0.45	0.40	0.34
矿物元素,%或每 kg 饲粮含量				
钙,%	0.72	0.62	0.53	0.44
总磷,%	0.58	0.53	0.44	0.35
非植酸磷,%	0.31	0.27	0.20	0.13
钠,%	0.14	0.09	0.09	0.09
氯,%	0.14	0.07	0.07	0.07
镁,%	0.04	0.04	0.04	0.04
钾,%	0.25	0.23	0.20	0.15
铜,mg	5.0	4.0	3.0	3.0
铁,mg	90	70	55	35
碘,mg	0.12	0.12	0.12	0.12
锰,mg	3.00	2.50	2.00	2.00
硒,mg	0.26	0.22	0.13	0.09
锌,mg	90.00	70.00	53.00	44.00
维生素和脂肪酸,%或每 kg 饲粮含量				
维生素 A, IU	1900	1550	1150	1150
维生素 D_3, IU	190	170	130	130
维生素 E, IU	15	10	10	10

续表 1-1-8

体重(kg)	8～15	15～30	30～60	60～90
维生素 K,mg	0.45	0.45	0.45	0.45
硫胺素,mg	1.00	1.00	1.00	1.00
核黄素,mg	3.00	2.50	2.00	2.00
泛酸,mg	10.00	8.00	7.00	6.00
烟酸,mg	14.00	12.00	9.00	6.50
吡哆醇,mg	1.50	1.50	1.00	1.00
生物素,mg	0.05	0.04	0.04	0.04
叶酸,mg	0.30	0.30	0.30	0.30
维生素 B$_{12}$,μg	15.00	13.00	10.00	5.00
胆碱,g	0.40	0.30	0.30	0.30
亚油酸,%	0.10	0.10	0.10	0.10

标准说明:二型标准,指瘦肉率49%左右,达90kg体重时间185d左右的肉脂型猪。5～8kg阶段各种营养需要同一型标准。

表 1-1-9 肉脂型生长肥育猪每日每头养分需要量 (二型标准,自由采食,88%干物质)

体重(kg)	8～15	15～30	30～60	60～90
日增重,kg/d	0.34	0.45	0.55	0.65
采食量,kg/d	0.87	1.30	1.96	2.89
饲料/增重	2.55	2.90	3.55	4.45
消化能,MJ/kg(kcal/kg)	13.30(3180)	12.25(2930)	12.25(2930)	12.25(2930)
粗蛋白质,g/d	152.3	208.0	274.4	375.7
氨基酸,g/d				
赖氨酸	8.6	10.4	12.7	16.2
蛋氨酸＋胱氨酸	4.9	5.2	6.9	9.2
苏氨酸	5.6	6.2	8.0	10.7
色氨酸	1.6	1.6	2.2	2.9
异亮氨酸	4.7	5.9	7.8	9.8
矿物元素,g 或 mg/d				
钙,g	6.3	8.1	10.4	12.7
总磷,g	5.0	6.9	8.6	10.1
非植酸磷,g	2.7	3.5	3.9	3.8
钠,g	1.2	1.2	1.8	2.6
氯,g	1.2	0.9	1.4	2.0
镁,g	0.3	0.5	0.8	1.2
钾,g	2.2	3.0	3.9	4.3
铜,mg	4.4	5.2	5.9	8.7

续表 1-1-9

体重(kg)	8～15	15～30	30～60	60～90
铁,mg	78.3	91.0	107.8	101.2
碘,mg	0.1	0.2	0.2	0.3
锰,mg	2.6	3.3	3.9	5.8
硒,mg	0.2	0.3	0.3	0.3
锌,mg	78.3	91.0	103.9	127.2
维生素和脂肪酸，IU、g、mg 或 μg/d				
维生素 A, IU	1653	2015	2254	3234
维生素 D_3, IU	165	221	255	376
维生素 E,IU	13.1	13.0	19.6	28.9
维生素 K,mg	0.4	0.6	0.9	1.3
硫胺素,mg	0.9	1.3	2.0	2.9
核黄素,mg	2.6	3.3	3.9	5.8
泛酸,mg	8.7	10.4	13.7	17.3
烟酸,mg	12.16	15.6	17.6	18.79
吡哆醇,mg	1.3	2.0	2.0	2.9
生物素,mg	0.0	0.1	0.1	0.1
叶酸,mg	0.3	0.4	0.6	0.9
维生素 B_{12},μg	13.1	16.9	19.6	14.5
胆碱,g	0.3	0.4	0.6	0.9
亚油酸,g	0.9	1.3	2.0	2.9

标准说明:二型标准,指瘦肉率 49%±1.5%,达 90kg 体重时间 185d 左右的肉脂型猪。5～8kg 阶段各种营养需要同一型标准。

表 1-1-10　肉脂型生长肥育猪每 kg 饲粮养分含量　(三型标准,自由采食,88% 干物质)

体重(kg)	15～30	30～60	60～90
日增重,kg/d	0.40	0.50	0.59
采食量,kg/d	1.28	1.95	2.92
饲料/增重	3.20	3.90	4.95
消化能, MJ/kg(kcal/kg)	11.70(2800)	11.70(2800)	11.70(2800)
粗蛋白质,%	15.0	14.0	13.0
能量蛋白比,消化能/粗蛋白, MJ/%(kcal/%)	780(187)	835(200)	900(215)
赖氨酸能量比,赖氨酸/消化能, g/MJ(g/Mcal)	0.67(2.79)	0.50(2.11)	0.43(1.79)

续表 1-1-10

体重（kg）	15～30	30～60	60～90
氨基酸，%			
赖氨酸	0.78	0.59	0.50
蛋氨酸＋胱氨酸	0.40	0.31	0.28
苏氨酸	0.46	0.38	0.33
色氨酸	0.11	0.10	0.09
异亮氨酸	0.44	0.36	0.31
矿物元素，%或每 kg 饲粮含量			
钙，%	0.59	0.50	0.42
总磷，%	0.50	0.42	0.34
非植酸磷，%	0.27	0.19	0.13
钠，%	0.08	0.08	0.08
氯，%	0.07	0.07	0.07
镁，%	0.03	0.03	0.03
钾，%	0.22	0.19	0.14
铜，mg	4.00	3.00	3.00
铁，mg	70.00	50.00	35.00
碘，mg	0.12	0.12	0.12
锰，mg	3.00	2.00	2.00
硒，mg	0.21	0.13	0.08
锌，mg	70.00	50.00	40.00
维生素和脂肪酸，%或每 kg 饲粮含量			
维生素 A，IU	1470	1090	1090
维生素 D_3，IU	168	126	126
维生素 E，IU	9	9	9
维生素 K，mg	0.4	0.4	0.4
硫胺素，mg	1.00	1.00	1.00
核黄素，mg	2.5	2.0	2.0
泛酸，mg	8.00	7.00	6.00
烟酸，mg	12.0	9.00	6.50
吡哆醇，mg	1.50	1.00	1.00
生物素，mg	0.04	0.04	0.04
叶酸，mg	0.25	0.25	0.25
维生素 B_{12}，μg	12.00	10.00	5.00
胆碱，g	0.34	0.25	0.25
亚油酸，%	0.10	0.10	0.10

标准说明：三型标准，指瘦肉率 46%±1%，达 90kg 体重时间 200d 左右的肉脂型猪。5～8kg 和 8～15kg 阶段各种营养需要同一型标准。

表 1-1-11　肉脂型生长肥育猪每日每头养分需要量　（三型标准，自由采食，88％干物质）

体重(kg)	15～30	30～60	60～90
日增重,kg/d	0.40	0.50	0.59
采食量,kg/d	1.28	1.95	2.92
饲料/增重	3.20	3.90	4.95
消化能，MJ/kg(kcal/kg)	11.70(2800)	11.70(2800)	11.70(2800)
粗蛋白质,g/d	192.0	273.0	379.6
氨基酸，g/d			
赖氨酸	10.0	11.5	14.6
蛋氨酸＋胱氨酸	5.1	6.0	8.2
苏氨酸	5.9	7.4	9.6
色氨酸	1.4	2.0	2.6
异亮氨酸	5.6	7.0	9.1
矿物元素,g 或 mg/d			
钙,g	7.6	9.8	12.3
总磷,g	6.4	8.2	9.9
非植酸磷,g	3.5	3.7	3.8
钠,g	1.0	1.6	2.3
氯,g	0.9	1.4	2.0
镁,g	0.4	0.6	0.9
钾,g	2.8	3.7	4.4
铜,mg	5.1	5.9	8.8
铁,mg	89.6	97.5	102.2
碘,mg	0.2	0.2	0.4
锰,mg	3.8	3.9	5.8
硒,mg	0.3	0.3	0.3
锌,mg	89.6	97.5	116.8
维生素和脂肪酸，IU、g、mg 或 μg/d			
维生素 A，IU	1856	2145	3212
维生素 D₃，IU	217.6	243.8	365.0
维生素 E,IU	12.8	19.5	29.2
维生素 K,mg	0.5	0.8	1.2
硫胺素,mg	1.3	2.0	2.9
核黄素,mg	3.2	3.9	5.8

续表 1-1-11

体重(kg)	15～30	30～60	60～90
泛酸,mg	10.2	13.7	17.5
烟酸,mg	15.36	17.55	18.98
吡哆醇,mg	1.9	2.0	2.9
生物素,mg	0.1	0.1	0.1
叶酸,mg	0.3	0.5	0.7
维生素 B$_{12}$,μg	15.4	19.5	14.6
胆碱,g	0.4	0.5	0.7
亚油酸,g	1.3	2.0	2.9

　　标准说明：三型标准，指瘦肉率 46％±1.5％，达 90kg 体重时间 200d 左右的肉脂型猪。5～8kg 和 8～15kg 阶段各种营养需要同一型标准。

表 1-1-12　肉脂型妊娠、泌乳母猪每 kg 饲粮养分含量 （88％干物质）

体重(kg)	妊娠母猪	泌乳母猪
采食量,kg/d	2.10	5.10
消化能, MJ/kg(kcal/kg)	11.70(2800)	13.60(3250)
粗蛋白质,％	13.0	17.5
能量蛋白比,消化能/粗蛋白,MJ/％(kcal/％)	900(215)	777(186)
赖氨酸能量比,赖氨酸/消化能,g/MJ(g/Mcal)	0.37(1.54)	0.58(2.43)
氨基酸,％		
赖氨酸	0.43	0.79
蛋氨酸＋胱氨酸	0.30	0.40
苏氨酸	0.35	0.52
色氨酸	0.08	0.14
异亮氨酸	0.25	0.45
矿物元素,％或每 kg 饲粮含量		
钙,％	0.62	0.72
总磷,％	0.50	0.58
非植酸磷,％	0.30	0.34
钠,％	0.12	0.20
氯,％	0.10	0.16
镁,％	0.04	0.04
钾,％	0.16	0.20
铜,mg	4.00	5.00

续表 1-1-12

体重(kg)	妊娠母猪	泌乳母猪
铁,mg	70	80
碘,mg	0.12	0.14
锰,mg	16	20
硒,mg	0.15	0.15
锌,mg	50	50
维生素和脂肪酸,%或每 kg 饲粮含量		
维生素 A,IU	3600	2000
维生素 D_3,IU	180	200
维生素 E,IU	36	44
维生素 K,mg	0.4	0.5
硫胺素,mg	1.00	1.00
核黄素,mg	3.20	3.75
泛酸,mg	10.00	12.00
烟酸,mg	8.00	10.00
吡哆醇,mg	1.00	1.00
生物素,mg	0.16	0.20
叶酸,mg	1.10	1.30
维生素 B_{12},μg	12.00	15.00
胆碱,g	1.00	1.00
亚油酸,%	0.10	0.10

表 1-1-13 地方猪种后备母猪每 kg 饲粮养分含量 （88%干物质）

体重(kg)	10～20	20～40	40～70
日增重,kg/d	0.30	0.40	0.50
日采食量,kg/d	0.63	1.08	1.65
饲料/增重	2.10	2.70	3.30
消化能,MJ/kg(kcal/kg)	12.97(3100)	12.55(3000)	12.15(2900)
粗蛋白质,%	18.0	16.0	14.0
能量蛋白比,消化能/粗蛋白,MJ/%(kcal/%)	721(172)	784(188)	868(207)
赖氨酸能量比,赖氨酸/消化能,g/MJ(g/Mcal)	0.77(3.23)	0.70(2.93)	0.48(2.00)

续表 1-1-13

体重（kg）	10～20	20～40	40～70
氨基酸，%			
赖氨酸	1.00	0.88	0.67
蛋氨酸＋胱氨酸	0.50	0.44	0.36
苏氨酸	0.59	0.53	0.43
色氨酸	0.15	0.13	0.11
异亮氨酸	0.56	0.49	0.41
矿物质，%			
钙	0.74	0.62	0.53
总磷	0.60	0.53	0.44
非植酸磷	0.37	0.28	0.20

标准说明：除钙、磷外的矿物元素和维生素的需要，可参照肉脂型生长肥育猪的二型标准。

表 1-1-14　肉脂型种公猪每 kg 饲粮养分含量　（88%干物质）

体重（kg）	10～20	20～40	40～70
日增重，kg/d	0.35	0.45	0.50
日采食量，kg/d	0.72	1.17	1.67
消化能，MJ/kg(kcal/kg)	12.97(3100)	12.55(3000)	12.55(3000)
粗蛋白质，%	18.8	17.5	14.6
能量蛋白比，消化能/粗蛋白，MJ/%(kcal/%)	690(165)	717(171)	860(205)
赖氨酸能量比，g/MJ(g/Mcal)	0.81(3.39)	0.73(3.07)	0.50(2.09)
氨基酸，%			
赖氨酸	1.05	0.92	0.73
蛋氨酸＋胱氨酸	0.53	0.47	0.37
苏氨酸	0.62	0.55	0.47
色氨酸	0.16	0.13	0.12
异亮氨酸	0.59	0.52	0.45
矿物质，%			
钙	0.74	0.64	0.55
总磷	0.60	0.55	0.46
非植酸磷	0.37	0.29	0.21

标准说明：除钙、磷外的矿物元素和维生素的需要，可参照肉脂型生长肥育猪的一型标准。

表 1-1-15 肉脂型种公猪每日每头养分需要量 （88％干物质）

体重（kg）	10～20	20～40	40～70
日增重，kg/d	0.35	0.45	0.50
日采食量，kg/d	0.72	1.17	1.67
消化能，MJ/kg(kcal/kg)	12.97(3100)	12.55(3000)	12.55(3000)
粗蛋白质，%	135.4	204.8	243.8
氨基酸，g/d			
赖氨酸	7.6	10.8	12.2
蛋氨酸＋胱氨酸	3.8	5.5	6.2
苏氨酸	4.5	6.4	7.8
色氨酸	1.2	1.5	2.0
异亮氨酸	4.2	6.1	7.5
矿物质，g/d			
钙	5.3	7.5	9.2
总磷	4.3	6.4	7.7
非植酸磷	2.7	3.4	3.5

标准说明：除钙、磷外的矿物元素和维生素的需要，可参照肉脂型生长肥育猪的一型标准。

二、中华人民共和国农业行业标准 乳牛饲养标准 NY/T 34—2004

表 1-2-1 成年母牛维持的营养需要

体 重	日粮干物质	乳牛能量单位	产乳净能		可消化粗蛋白质	小肠可消化粗蛋白质	钙	磷	胡萝卜素	维生素A
(kg)	(kg)	(NND)	(Mcal)	(MJ)	(g)	(g)	(g)	(g)	(mg)	(IU)
350	5.02	9.17	6.88	28.79	243	202	21	16	63	25000
400	5.55	10.13	7.60	31.80	268	224	24	18	75	30000
450	6.06	11.07	8.30	34.73	293	244	27	20	85	34000
500	6.56	11.97	8.98	37.57	317	264	30	22	95	38000
550	7.04	12.88	9.65	40.38	341	284	33	25	105	42000
600	7.52	13.73	10.30	43.10	364	303	36	27	115	46000
650	7.98	14.59	10.94	45.77	386	322	39	30	123	49000
700	8.44	15.43	11.57	48.41	408	340	42	32	133	53000
750	8.89	16.24	12.18	50.96	430	358	45	34	143	57000

注：①对第一个泌乳期的维持需要按上表基础增加 20％，第二个泌乳期增加 10％

②如第一个泌乳期的年龄和体重过小，应按生长牛的需要计算实际增重的营养需要

③放牧运动时期，须在上表基础上增加能量需要量，按正文中的说明计算

④在环境温度低的情况下，维持能量消耗增加，须在上表基础上增加需要量，按正文说明计算

⑤泌乳期间，每增重 1kg 体重需增加 8NND 和 325g 可消化粗蛋白质；每减重 1kg 需扣除 6.56NND 和 250g 可消化粗蛋白质

表 1-2-2 每产 1 kg 乳的营养需要

乳脂率	日粮干物质	乳牛能量单位	产乳净能		可消化粗蛋白质	小肠可消化粗蛋白质	钙	磷	胡萝卜素	维生素 A
(%)	(kg)	(NND)	(Mcal)	(MJ)	(g)	(g)	(g)	(g)	(mg)	(IU)
2.5	0.31~0.35	0.80	0.60	2.51	49	42	3.6	2.4	1.05	420
3.0	0.34~0.38	0.87	0.65	2.72	51	44	3.9	2.6	1.13	452
3.5	0.37~0.41	0.93	0.70	2.93	53	46	4.2	2.8	1.22	486
4.0	0.40~0.45	1.00	0.75	3.14	55	47	4.5	3.0	1.26	502
4.5	0.43~0.49	1.06	0.80	3.35	57	49	4.8	3.2	1.39	556
5.0	0.46~0.52	1.13	0.84	3.52	59	51	5.1	3.4	1.46	584
5.5	0.49~0.55	1.19	0.89	3.72	61	53	5.4	3.6	1.55	619

表 1-2-3 母牛妊娠最后 4 个月的营养需要

体重	妊娠月份	日粮干物质	乳牛能量单位	产乳净能		可消化粗蛋白质	小肠可消化粗蛋白质	钙	磷	胡萝卜素	维生素 A
(kg)		(kg)	(NND)	(Mcal)	(MJ)	(g)	(g)	(g)	(g)	(mg)	(IU)
350	6	5.78	10.51	7.88	32.97	293	245	27	18		
	7	6.28	11.44	8.58	35.90	327	275	31	20	67	27
	8	7.23	13.17	9.88	41.34	375	317	37	22		
	9	8.70	15.84	11.84	49.54	437	370	45	25		
400	6	6.30	11.47	8.60	35.99	318	267	30	20		
	7	6.81	12.40	9.30	38.92	352	297	34	22	76	30
	8	7.76	14.13	10.60	44.36	400	339	40	24		
	9	9.22	16.80	12.60	52.72	462	392	48	27		
450	6	6.81	12.40	9.30	38.92	343	287	33	22		
	7	7.32	13.33	10.00	41.84	377	317	37	24	86	34
	8	8.27	15.07	11.30	47.28	425	359	43	26		
	9	9.73	17.73	13.30	55.65	487	412	51	29		
500	6	7.31	13.32	9.99	41.80	367	307	36	25		
	7	7.82	14.25	10.69	44.73	401	337	40	27	95	38
	8	8.78	15.99	11.99	50.17	449	379	46	29		
	9	10.24	18.65	13.99	58.54	511	432	54	32		
550	6	7.80	14.20	10.65	44.56	391	327	39	27		
	7	8.31	15.13	11.35	47.49	425	357	43	29	105	42
	8	9.26	16.87	12.65	52.93	473	399	49	31		
	9	10.72	19.53	14.65	61.30	535	452	57	34		

续表 1-2-3

体重(kg)	妊娠月份	日粮干物质(kg)	乳牛能量单位(NND)	产乳净能(Mcal)	(MJ)	可消化粗蛋白质(g)	小肠可消化粗蛋白质(g)	钙(g)	磷(g)	胡萝卜素(mg)	维生素A(IU)
600	6	8.27	15.07	11.30	47.28	414	346	42	29		
	7	8.78	16.00	12.00	50.21	448	376	46	31	114	46
	8	9.73	17.73	13.30	55.65	496	418	52	33		
	9	11.20	20.40	15.30	64.02	558	471	60	36		
650	6	8.74	15.92	11.94	49.96	436	365	45	31		
	7	9.25	16.85	12.64	52.89	470	395	49	33	124	50
	8	10.21	18.59	13.94	58.33	518	437	55	35		
	9	11.67	21.25	15.94	66.70	580	490	63	38		
700	6	9.22	16.76	12.57	52.60	458	383	48	34		
	7	9.71	17.69	13.27	55.53	492	413	52	36	133	53
	8	10.67	19.43	14.57	60.97	540	455	58	38		
	9	12.13	22.09	16.57	69.33	602	508	66	41		
750	6	9.65	17.57	13.13	55.15	480	401	51	36		
	7	10.16	18.51	13.88	58.10	514	431	55	38	143	57
	8	11.11	20.24	15.18	63.52	562	473	61	40		
	9	12.58	22.91	17.18	71.89	624	526	69	43		

注:①妊娠牛干乳期间按上表计算营养需要

②妊娠期间如未干乳,除按上表计算营养需要外,还应加产乳的营养需要

表 1-2-4　生长母牛的营养需要

体重(kg)	日增重(g)	日粮干物质(kg)	乳牛能量单位(NND)	产乳净能(Mcal)	(MJ)	可消化粗蛋白质(g)	小肠可消化粗蛋白质(g)	钙(g)	磷(g)	胡萝卜素(mg)	维生素A(IU)
40	0	—	2.20	1.65	6.90	41	2	2	2	4.0	1.6
	200	—	2.67	2.00	8.37	92	—	6	4	4.1	1.6
	300	—	2.93	2.20	9.21	117	—	8	5	4.2	1.7
	400	—	2.23	2.42	10.13	141	—	11	6	4.3	1.7
	500	—	3.52	2.64	11.05	164	—	12	7	4.4	1.8
	600	—	3.84	2.86	12.05	188	—	14	8	4.5	1.8
	700	—	4.19	3.14	13.14	210	—	16	10	4.6	1.8
	800	—	4.56	3.42	14.31	231	—	18	11	4.7	1.9

续表 1-2-4

体 重	日增重	日粮干物质	乳牛能量单位	产乳净能		可消化粗蛋白质	小肠可消化粗蛋白质	钙	磷	胡萝卜素	维生素 A
(kg)	(g)	(kg)	(NND)	(Mcal)	(MJ)	(g)	(g)	(g)	(g)	(mg)	(IU)
	0	—	2.56	1.92	8.04	49	—	3	3	5.0	2.0
	300	—	3.32	2.49	10.42	124	—	9	5	5.3	2.1
	400	—	3.60	2.70	11.30	148	—	11	6	5.4	2.2
50	500	—	3.92	2.94	12.31	172	—	13	8	5.5	2.2
	600	—	4.24	3.18	13.31	194	—	15	9	5.6	2.2
	700	—	4.60	3.45	14.44	216	—	17	10	5.7	2.3
	800	—	4.99	3.74	15.65	238	—	19	11	5.8	2.3
	0	—	2.89	2.17	9.08	56	—	4	3	6.0	2.4
	300	—	3.67	2.75	11.51	131	—	10	5	6.3	2.5
	400	—	3.96	2.97	12.43	154	—	12	6	6.4	2.6
60	500	—	4.28	3.21	13.44	178	—	14	8	6.5	2.6
	600	—	4.63	3.47	14.52	199	—	16	9	6.6	2.6
	700	—	4.99	3.74	15.65	221	—	18	10	6.7	2.7
	800	—	5.37)	4.03	16.87	243	—	20	11	6.8	2.7
	0	1.22	3.21	2.41	10.09	63	—	4	4	7.0	2.8
	300	1.67	4.01	3.01	12.60	142	—	10	6	7.9	3.2
	400	1.85	4.32	3.24	13.56	168	—	12	7	8.1	3.2
70	500	2.03	4.64	3.48	14.56	193	—	14	8	8.3	3.3
	600	2.21	4.99	3.74	15.65	215	—	16	10	8.4	3.4
	700	2.39	5.36	4.02	16.82	239	—	18	11	8.5	3.4
	800	3.61	5.76	4.32	18.08	262	—	20	12	8.6	3.4
	0	1.35	3.51	2.63	11.01	70	—	5	4	8.0	3.2
	300	1.80	1.80	3.24	13.56	149	—	11	6	9.0	3.6
	400	1.98	4.64	3.48	14.57	174	—	13	7	9.1	3.6
80	500	2.16	4.96	3.72	15.57	198	—	15	8	9.2	3.7
	600	2.34	5.32	3.99	16.70	222	—	17	10	9.3	3.7
	700	2.57	5.71	4.28	17.91	245	—	19	11	9.4	3.8
	800	2.79	6.12	4.59.	19.21	268	—	21	12	9.5	3.8

续表 1-2-4

体重	日增重	日粮干物质	乳牛能量单位	产乳净能		可消化粗蛋白质	小肠可消化粗蛋白质	钙	磷	胡萝卜素	维生素A
(kg)	(g)	(kg)	(NND)	(Mcal)	(MJ)	(g)	(g)	(g)	(g)	(mg)	(IU)
90	0	1.45	3.80	2.85	11.93	76	—	6	5	9.0	3.6
	300	1.84	4.64	3.48	14.57	154	—	12	7	9.5	3.8
	400	2.12	4.96	3.72	15.57	179	—	14	8	9.7	3.9
	500	2.30	5.29	3.97	16.62	203	—	16	9	9.9	4.0
	600	2.48	5.65	4.24	17.75	226	—	18	11	10.1	4.0
	700	2.70	6.06	4.54	19.00	249	—	20	12	10.3	4.1
	800	2.93	6.48	4.86	20.34	272	—	22	13	10.5	4.2
100	0	1.62	4.08	3.06	12.81	82	—	6	5	10.0	4.0
	300	2.07	4.93	3.70	15.49	173	—	13	7	10.5	4.2
	400	2.25	5.27	3.95	16.53	202	—	14	8	10.7	4.3
	500	2.43	5.61	4.21	17.62	231	—	16	9	11.0	4.4
	600	2.66	5.99	4.49	18.79	258	—	18	11	11.2	4.4
	700	2.84	6.39	4.79	20.05	285	—	20	12	11.4	4.5
	800	3.11	6.81	5.11	21.39	311	—	22	13	11.6	4.6
125	0	1.89	4.73	3.55	14.86	97	82	8	6	12.5	5.0
	300	2.39	5.64	4.23	17.70	186	164	14	7	13.0	5.2
	400	2.57	5.96	4.47	18.71	215	190	16	8	13.2	5.3
	500	2.79	6.35	4.76	19.92	243	215	18	10	13.4	5.4
	600	3.02	6.75	5.06	21.18	268	239	20	11	13.6	5.4
	700	3.24	7.17	5.38	22.51	295	264	22	12	13.8	5.5
	800	3.51	7.63	5.72	23.94	322	288	24	13	14.0	5.6
	900	3.74	8.12	6.09	25.48	347	311	26	14	14.2	5.7
	1000	4.05	8.67	6.50	27.20	370	332	28	16	14.4	5.8
150	0	2.21	5.35	4.01	16.78	111	94	9	8	15.0	6.0
	300	2.70	6.31	4.73	19.80	202	175	15	9	15.7	6.3
	400	2.88	6.67	5.00	20.92	226	200	17	10	16.0	6.4
	500	3.11	7.05	5.29	22.14	254	225	19	11	16.3	6.5
	600	3.33	7.47	5.60	23.44	279	248	21	12	16.6	6.6
	700	3.60	7.92	5.94	24.86	305	272	23	13	17.0	6.8
	800	3.83	8.40	6.30	26.36	331	296	25	14	17.3	6.9
	900	4.10	8.92	6.69	28.00	356	319	27	16	17.6	7.0
	1000	4.41	9.49	7.12	29.80	378	339	29	17	18.0	7.2

续表 1-2-4

体重	日增重	日粮干物质	乳牛能量单位	产乳净能		可消化粗蛋白质	小肠可消化粗蛋白质	钙	磷	胡萝卜素	维生素A
(kg)	(g)	(kg)	(NND)	(Mcal)	(MJ)	(g)	(g)	(g)	(g)	(mg)	(IU)
	0	2.48	5.93	4.45	18.62	125	106	11	9	17.5	7.0
	300	3.02	7.05	5.29	22.14	210	184	17	10	18.2	7.3
	400	3.20	7.48	5.61	23.48	238	210	19	11	18.5	7.4
	500	3.42	7.95	5.96	24.94	266	235	22	12	18.8	7.5
175	600	3.65	8.43	6.32	26.45	290	257	23	13	19.1	7.6
	700	3.92	8.96	6.72	28.12	316	281	25	14	19.4	7.8
	800	4.19	9.53	7.15	29.92	341	304	27	15	19.7	7.9
	900	4.50	10.15	7.61	31.85	365	326	29	16	20.0	8.0
	1000	4.82	10.81	8.11	33.94	387	346	31	17	20.3	8.1
	0	2.70	6.48	4.86	20.34	160	133	12	10	20.0	8.0
	300	3.29	7.65	5.74	24.02	244	210	18	11	21.0	8.4
	400	3.51	8.11	6.08	25.44	271	235	20	12	21.5	8.6
	500	3.74	8.59	6.44	26.95	297	259	22	13	22.0	8.8
200	600	3.96	9.11	6.83	28.58	322	282	24	14	22.5	9.0
	700	4.23	9.67	7.25	30.34	347	305	26	15	23.0	9.2
	800	4.55	10.25	7.69	32.18	372	327	28	16	23.5	9.4
	900	4.86	10.91	8.18	34.23	396	349	30	17	24.0	9.6
	1000	5.18	11.60	8.70	36.41	417	368	32	18	24.5	9.8
	0	3.20	7.53	5.65	23.64	189	157	15	13	25.0	10.0
	300	3.83	8.83	6.62	27.70	270	231	21	14	26.5	10.6
	400	4.05	9.31	6.98	29.21	296	255	23	15	27.0	10.8
	500	4.32	9.83	7.37	30.84	323	279	25	16	27.5	11.0
250	600	4.59	10.40	7.80	32.64	345	300	27	17	28.0	11.2
	700	4.86	11.01	8.26	34.56	370	323	29	18	28.5	11.4
	800	5.18	11.65	8.74	36.57	394	345	31	19	29.0	11.6
	900	5.54	12.37	9.28	38.83	417	365	33	20	29.5	11.8
	1000	5.90	13.13	9.83	41.13	437	385	35	21	30.0	12.0

续表 1-2-4

体 重	日增重	日粮干物质	乳牛能量单位	产乳净能		可消化粗蛋白质	小肠可消化粗蛋白质	钙	磷	胡萝卜素	维生素 A
(kg)	(g)	(kg)	(NND)	(Mcal)	(MJ)	(g)	(g)	(g)	(g)	(mg)	(IU)
	0	3.69	8.51	6.38	26.70	216	180	18	15	30.0	12.0
	300	4.37	10.08	7.56	31.64	295	253	24	16	31.5	12.6
	400	4.59	10.68	8.01	33.52	321	276	26	17	32.0	12.8
	500	4.91	11.31	8.48	35.49	346	299	28	18	32.5	13.0
300	600	5.18	11.99	8.99	37.62	368	320	30	19	33.0	13.2
	700	5.49	12.72	9.54	39.92	392	342	32	20	33.5	13.4
	800	5.85	13.51	10.13	42.39	415	362	34	21	34.0	13.6
	900	6.21	14.36	10.77	45.07	438	383	36	22	34.5	13.8
	1000	6.62	15.29	11.47	48.00	458	402	38	23	35.0	14.0
	0	4.14	9.43	7.07	29.59	243	202	21	18	35.0	14.0
	300	4.86	11.11	8.33	34.86	321	273	27	19	36.8	14.7
	400	5.13	11.76	8.82	36.91	345	296	29	20	37.4	15.0
	500	5.45	12.44	9.33	39.04	369	318	31	21	38.0	15.2
350	600	5.76	13.17	9.88	41.34	392	338	33	22	38.6	15.4
	700	6.08	13.96	10.47	43.81	415	360	35	23	39.2	15.7
	800	6.39	14.83	11.12	46.53	442	381	37	24	39.8	15.9
	900	6.84	15.75	11.81	49.42	460	401	39	25	40.4	16.1
	1000	7.29	16.75	12.56	52.56	480	419	41	26	41.0	16.4
	0	4.55	10.32	7.74	32.39	268	224	24	20	40.0	16.0
	300	5.36	12.28	9.21	38.54	344	294	30	21	42.0	16.8
	400	5.63	13.03	9.77	40.88	368	316	32	22	43.0	17.2
	500	5.94	13.81	10.36	43.35	393	338	34	23	44.0	17.6
400	600	6.30	14.65	10.99	45.99	415	359	36	24	45.0	18.0
	700	6.66	15.57	11.68	48.87	438	380	38	25	46.0	18.4
	800	7.07	16.56	12.42	51.97	460	400	40	26	47.0	18.8
	900	7.47	17.64	13.24	55.40	482	420	42	27	48.0	19.2
	1000	7.97	18.80	14.10	59.00	501	437	44	28	49.0	19.6

续表 1-2-4

体 重	日增重	日粮干物质	乳牛能量单位	产乳净能		可消化粗蛋白质	小肠可消化粗蛋白质	钙	磷	胡萝卜素	维生素 A
(kg)	(g)	(kg)	(NND)	(Mcal)	(MJ)	(g)	(g)	(g)	(g)	(mg)	(IU)
	0	5.00	11.16	8.37	35.03	293	244	27	23	45.0	18.0
	300	5.80	13.25	9.94	41.59	368	313	33	24	48.0	19.2
	400	6.10	14.04	10.53	44.06	393	335	35	25	49.0	19.6
	500	6.50	14.88	11.16	46.70	417	355	37	26	50.0	20.0
450	600	6.80	15.80	11.85	49.59	439	377	39	27	51.0	20.4
	700	7.20	16.79	12.58	52.64	461	398	41	28	52.0	20.8
	800	7.70	17.84	13.38	55.99	484	419	43	29	53.0	21.2
	900	8.10	18.99	14.24	59.59	505	439	45	30	54.0	21.6
	1000	8.60	20.23	15.17	63.48	524	456	47	31	55.0	22.0
	0	5.40	11.97	8.98	37.58	317	264	30	25	50.0	20.0
	300	6.30	14.37	10.78	45.11	392	333	36	26	53.0	21.2
	400	6.60	15.27	11.45	47.91	417	355	38	27	54.0	21.6
	500	7.00	16.24	12.18	50.97	441	377	40	28	55.0	22.0
500	600	7.30	17.27	12.95	54.19	463	397	42	29	56.0	22.4
	700	7.80	18.39	13.79	57.70	485	418	44	30	57.0	22.8
	800	8.20	19.61	14.71	61.55	507	438	46	31	58.0	23.2
	900	8.70	20.91	15.68	65.61	529	458	48	32	59.0	23.6
	1000	9.30	22.33	16.75	70.09	548	476	50	33	60.0	24.0
	0	5.80	12.77	9.58	40.09	341	284	33	28	55.0	22.0
	300	6.80	15.31	11.48	48.04	417	354	39	29	58.0	23.0
	400	7.10	16.27	12.20	51.05	441	376	30	30	59.0	23.6
	500	7.50	17.29	12.97	54.27	465	397	31	31	60.0	24.0
550	600	7.90	18.40	13.80	57.74	487	418	45	32	61.0	24.4
	700	8.30	19.57	14.68	61.43	510	439	47	33	62.0	24.8
	800	8.80	20.85	15.64	65.44	533	460	49	34	63.0	25.2
	900	9.30	22.25	16.69	69.84	554	480	51	35	64.0	25.6
	1000	9.90	23.76	17.82	74.56	573	496	53	36	65.0	26.0

续表 1-2-4

体重 (kg)	日增重 (g)	日粮干物质 (kg)	乳牛能量单位 (NND)	产乳净能 (Mcal)	产乳净能 (MJ)	可消化粗蛋白质 (g)	小肠可消化粗蛋白质 (g)	钙 (g)	磷 (g)	胡萝卜素 (mg)	维生素 A (IU)
	0	6.20	13.53	10.15	42.47	364	303	36	30	60.0	24.0
	300	7.20	16.39	12.29	51.43	441	374	42	31	66.0	26.4
	400	7.60	17.48	13.11	54.86	465	396	44	32	67.0	26.8
	500	8.00	18.64	13.98	58.50	489	418	46	33	68.0	27.2
600	600	8.40	19.88	14.91	62.39	512	439	48	34	69.0	27.6
	700	8.90	21.23	15.92	66.61	535	459	50	35	70.0	28.0
	800	9.40	22.67	17.00	71.13	557	480	52	36	71.0	28.4
	900	9.90	24.24	18.18	76.07	580	501	54	37	72.0	28.8
	1000	10.50	25.93	19.45	81.38	599	518	56	38	73.0	29.2

表 1-2-5　生长公牛的营养需要

体重 (kg)	日增重 (g)	日粮干物质 (kg)	乳牛能量单位 (NND)	产乳净能 (Mcal)	产乳净能 (MJ)	可消化粗蛋白质 (g)	小肠可消化粗蛋白质 (g)	钙 (g)	磷 (g)	胡萝卜素 (mg)	维生素 A (IU)
	0	—	2.20	1.65	6.91	41	—	2	2	4.0	1.6
	200	—	2.63	1.97	8.25	92	—	6	4	4.1	1.6
	300	—	2.87	2.15	9.00	117	—	8	5	4.2	1.7
	400	—	3.12	2.34	9.80	141	—	11	6	4.3	1.7
40	500	—	3.39	2.54	10.63	164	—	12	7	4.4	1.8
	600	—	3.68	2.76	11.55	188	—	14	8	4.5	1.8
	700	—	3.99	2.99	12.52	210	—	16	10	4.6	1.8
	800	—	4.32	3.24	13.56	231	—	18	11	4.7	1.9
	0		2.56	1.92	8.04	49	—	3	3	5.0	2.0
	300	—	3.24	2.43	10.17	124	—	9	5	5.3	2.1
	400	—	3.51	2.63	11.01	148	—	11	6	5.4	2.2
50	500	—	3.77	2.83	11.85	172	—	13	8	5.5	2.2
	600	—	4.08	3.06	12.81	194	—	15	9	5.6	2.2
	700	—	4.40	3.30	13.81	216	—	17	10	5.7	2.3
	800	—	4.73	3.55	14.86	238	—	19	11	5.8	2.3

续表 1-2-5

体重	日增重	日粮干物质	乳牛能量单位	产乳净能		可消化粗蛋白质	小肠可消化粗蛋白质	钙	磷	胡萝卜素	维生素 A
(kg)	(g)	(kg)	(NND)	(Mcal)	(MJ)	(g)	(g)	(g)	(g)	(mg)	(IU)
	0	—	2.89	2.17	9.08	56	—	4	4	7.0	2.8
	300	—	3.60	2.70	11.30	131	—	10	6	7.9	3.2
	400	—	3.85	2.89	12.10	154	—	12	7	8.1	3.2
60	500	—	4.15	3.11	13.02	178	—	14	8	8.3	3.3
	600	—	4.45	3.34	13.98	199	—	16	10	8.4	3.4
	700	—	4.77	3.58	14.98	221	—	18	11	8.5	3.4
	800	—	5.13	3.85	16.11	243	—	20	12	8.6	3.4
	0	1.2	3.21	2.41	10.09	63	—	4	4	7.0	3.2
	300	1.6	3.93	2.95	12.35	142	—	10	6	7.9	3.6
	400	1.8	4.20	3.15	13.18	168	—	12	7	8.1	3.6
70	500	1.9	4.49	3.37	14.11	193	—	14	8	8.3	3.7
	600	2.1	4.81	3.61	15.11	215	—	16	10	8.4	3.7
	700	2.3	5.15	3.86	16.16	239	—	18	11	8.5	3.8
	800	2.5	5.51	4.13	17.28	262	—	20	12	8.6	3.8
	0	1.4	3.51	2.63	11.01	70	—	5	4	8.0	3.2
	300	1.8	4.24	3.18	13.31	149	—	11	6	9.0	3.6
	400	1.9	4.52	3.39	14.19	174	—	13	7	9.1	3.6
80	500	2.1	4.81	3.61	15.11	198	—	15	8	9.2	3.7
	600	2.3	5.13	3.85	16.11	222	—	17	9	9.3	3.7
	700	2.4	5.48	4.11	17.20	245	—	19	11	9.4	3.8
	800	2.7	5.85	4.39	18.37	268	—	21	12	9.5	3.8
	0	1.5	3.80	2.85	11.93	76	—	6	5	9.0	3.6
	300	1.9	4.56	3.42	14.31	154	—	12	7	9.5	3.8
	400	2.1	4.84	3.63	15.19	179	—	14	8	9.7	3.9
90	500	2.2	5.15	3.86	16.16	203	—	16	9	9.9	4.0
	600	2.4	5.47	4.10	17.16	226	—	18	11	10.1	4.0
	700	2.6	5.83	4.37	18.29	249	—	20	12	10.3	4.1
	800	2.8	6.20	4.65	19.46	272	—	22	13	10.5	4.2

续表 1-2-5

体 重	日增重	日粮干物质	乳牛能量单位	产乳净能		可消化粗蛋白质	小肠可消化粗蛋白质	钙	磷	胡萝卜素	维生素 A
(kg)	(g)	(kg)	(NND)	(Mcal)	(MJ)	(g)	(g)	(g)	(g)	(mg)	(IU)
	0	1.6	4.08	3.06	12.81	82	—	6	5	10.0	4.0
	300	2.0	4.85	3.64	15.23	173	—	13	7	10.5	4.2
	400	2.2	5.15	3.86	16.16	202	—	14	8	10.7	4.3
100	500	2.3	5.45	4.09	17.12	231	—	16	9	11.0	4.4
	600	2.5	5.79	4.34	18.16	258	—	18	11	11.2	4.4
	700	2.7	6.16	4.62	19.34	285	—	20	12	11.4	4.5
	800	2.9	6.55	4.91	20.55	311	—	22	13	11.6	4.6
	0	1.9	4.73	3.55	14.86	97	82	8	6	12.5	5.0
	300	2.3	5.55	4.16	17.41	186	164	14	7	13.0	5.2
	400	2.5	5.87	4.40	18.41	215	190	16	8	13.2	5.3
	500	2.7	6.19	4.64	19.42	243	215	18	10	13.4	5.4
125	600	2.9	6.55	4.91	20.55	268	239	20	11	13.6	5.4
	700	3.1	6.93	5.20	21.76	295	264	22	12	13.8	5.5
	800	3.3	7.33	5.50	23.02	322	288	24	13	14.0	5.6
	900	3.6	7.79	5.84	24.44	347	311	26	14	14.2	5.7
	1000	3.8	8.28	6.21	25.99	370	332	28	16	14.4	5.8
	0	2.2	5.35	4.01	16.78	111	94	9	8	15.0	6.0
	300	2.7	6.21	4.66	19.50	202	175	15	9	15.7	6.3
	400	2.8	6.53	4.90	20.51	226	200	17	10	16.0	6.4
	500	3.0	6.88	5.16	21.59	254	225	19	11	16.3	6.5
150	600	3.2	7.25	5.44	22.77	279	248	21	12	16.6	6.6
	700	3.4	7.67	5.75	24.06	305	272	23	13	17.0	6.8
	800	3.7	8.09	6.07	25.40	331	296	25	14	17.3	6.9
	900	3.9	8.56	6.42	26.87	356	319	27	16	17.6	7.0
	1000	4.2	9.08	6.81	28.50	378	339	29	17	18.0	7.2
	0	2.5	5.93	4.45	18.62	125	106	11	9	17.5	7.0
	300	2.9	6.95	5.21	21.80	210	184	17	10	18.2	7.3
	400	3.2	7.32	5.49	22.98	238	210	19	11	18.5	7.4
	500	3.6	7.75	5.81	24.31	266	235	22	12	18.8	7.5
175	600	3.8	8.17	6.13	25.65	290	257	23	13	19.1	7.6
	700	3.8	8.65	6.49	27.16	316	281	25	14	19.4	7.7
	800	4.0	9.17	6.88	28.79	341	304	27	15	19.7	7.8
	900	4.3	9.72	7.29	30.51	365	326	29	16	20.0	7.9
	1000	4.6	10.32	7.74	32.39	387	346	31	17	20.3	8.0

续表 1-2-5

体 重	日增重	日粮干物质	乳牛能量单位	产乳净能		可消化粗蛋白质	小肠可消化粗蛋白质	钙	磷	胡萝卜素	维生素A
(kg)	(g)	(kg)	(NND)	(Mcal)	(MJ)	(g)	(g)	(g)	(g)	(mg)	(IU)
	0	2.7	6.48	4.86	20.34	160	133	12	10	20.0	8.1
	300	3.2	7.53	5.65	23.64	244	210	18	11	21.0	8.4
	400	3.4	7.95	5.96	24.94	271	235	20	12	21.5	8.6
	500	3.6	8.37	6.82	26.28	297	259	22	13	22.0	8.8
200	600	3.8	8.84	6.63	27.74	322	282	24	14	22.5	9.0
	700	4.1	9.35	7.01	29.33	347	305	26	15	23.0	9.2
	800	4.4	9.88	7.41	31.01	372	327	28	16	23.5	9.4
	900	4.6	10.47	7.85	32.85	396	349	30	17	24.0	9.6
	1000	5.0	11.09	8.32	34.82	417	368	32	18	24.5	9.8
	0	3.2	7.53	5.65	23.64	189	157	15	13	25.0	10.0
	300	3.8	8.69	6.52	27.28	270	231	21	14	26.5	10.6
	400	4.0	9.13	6.85	28.67	296	255	23	15	27.0	10.8
	500	4.2	9.60	7.20	30.13	323	279	25	16	27.5	11.0
250	600	4.5	10.12	7.59	31.76	345	300	27	17	28.0	11.2
	700	4.7	10.67	8.00	33.48	370	323	29	18	28.5	11.4
	800	5.0	11.24	8.43	35.28	394	345	31	19	29.0	11.6
	900	5.3	11.89	8.92	37.33	417	366	33	20	29.5	11.8
	1000	5.6	12.57	9.43	39.46	437	385	35	21	30.0	12.0
	0	3.7	8.51	6.38	26.70	216	180	18	15	30.0	12.0
	300	4.3	9.92	7.44	31.13	295	253	24	16	31.5	12.6
	400	4.5	10.47	7.85	32.85	321	276	26	17	32.0	12.8
	500	4.8	11.03	8.27	34.61	346	299	28	18	32.5	13.0
300	600	5.0	11.64	8.73	36.53	368	320	30	19	33.0	13.2
	700	5.3	12.29	9.22	38.85	392	342	32	20	33.5	13.4
	800	5.6	13.01	9.76	40.84	415	362	34	21	34.0	13.6
	900	5.9	13.77	10.33	43.23	438	383	36	22	34.5	13.8
	1000	6.3	14.61	10.96	45.86	458	402	38	23	35.0	14.0

续表 1-2-5

体重	日增重	日粮干物质	乳牛能量单位	产乳净能		可消化粗蛋白质	小肠可消化粗蛋白质	钙	磷	胡萝卜素	维生素 A
(kg)	(g)	(kg)	(NND)	(Mcal)	(MJ)	(g)	(g)	(g)	(g)	(mg)	(IU)
	0	4.1	9.43	7.07	29.59	243	202	21	18	35.0	14.0
	300	4.8	10.93	8.20	34.31	321	273	27	19	36.8	14.7
	400	5.0	11.53	8.65	36.20	345	296	29	20	37.4	15.0
	500	5.3	12.13	9.10	38.08	369	318	31	21	38.0	15.2
350	600	5.6	12.80	9.60	40.17	392	338	33	22	38.6	15.4
	700	5.9	13.51	10.13	42.39	415	360	35	23	39.2	15.7
	800	6.2	14.29	10.72	44.86	442	381	37	24	39.8	15.9
	900	6.6	15.12	11.34	47.45	460	401	39	25	40.4	16.1
	1000	7.0	16.01	12.01	50.25	480	419	41	26	41.0	16.4
	0	4.5	10.32	7.74	32.39	268	224	24	20	40.0	16.0
	300	5.3	12.08	9.05	37.91	344	294	30	21	42.0	16.8
	400	5.5	12.76	9.57	40.05	368	316	32	22	43.0	17.2
	500	5.8	13.47	10.10	42.26	393	338	34	23	44.0	17.6
400	600	6.1	14.23	10.67	44.65	415	359	36	24	45.0	18.0
	700	6.4	15.05	11.29	47.24	438	380	38	25	46.0	18.4
	800	6.8	15.93	11.95	50.00	460	400	40	26	47.0	18.8
	900	7.2	16.91	12.68	53.06	482	420	42	27	48.0	19.2
	1000	7.6	17.95	13.46	56.32	501	437	44	28	49.0	19.6
	0	5.0	11.16	8.37	35.03	293	244	27	23	45.0	18.0
	300	5.7	13.04	9.78	40.92	368	313	33	24	48.0	19.2
	400	6.0	13.75	10.31	43.14	393	335	35	25	49.0	19.6
	500	6.3	14.51	10.88	45.53	417	355	37	26	50.0	20.0
450	600	6.7	15.33	11.50	48.10	439	377	39	27	51.0	20.4
	700	7.0	16.21	12.16	50.88	461	398	41	28	52.0	20.8
	800	7.4	17.17	12.88	53.89	484	419	43	29	53.0	21.2
	900	7.8	18.20	13.65	57.12	505	439	45	30	54.0	21.6
	1000	8.2	19.32	14.49	60.63	524	456	47	31	55.0	22.0

续表 1-2-5

体重 (kg)	日增重 (g)	日粮干物质 (kg)	乳牛能量单位 (NND)	产乳净能 (Mcal)	产乳净能 (MJ)	可消化粗蛋白质 (g)	小肠可消化粗蛋白质 (g)	钙 (g)	磷 (g)	胡萝卜素 (mg)	维生素 A (IU)
	0	5.4	11.97	8.93	37.58	317	264	30	25	50.0	20.0
	300	6.2	14.13	10.60	44.36	392	333	36	26	53.0	21.2
	400	6.5	14.93	11.20	46.87	417	355	38	27	54.0	21.6
	500	6.8	15.81	11.86	49.63	441	377	40	28	55.0	22.0
500	600	7.1	16.73	12.55	52.51	463	397	42	29	56.0	22.4
	700	7.6	17.75	13.31	55.69	485	418	44	30	57.0	22.8
	800	8.0	18.85	14.14	59.17	507	438	46	31	58.0	23.2
	900	8.4	20.01	15.01	62.81	529	458	48	32	59.0	23.6
	1000	8.9	21.29	15.97	66.82	548	476	50	33	60.0	24.0
	0	5.8	12.77	9.58	40.09	341	284	33	28	55.0	22.0
	300	6.7	15.04	11.28	47.20	417	354	39	29	58.0	23.0
	400	6.9	15.92	11.94	49.96	441	376	41	30	59.0	23.6
	500	7.3	16.84	12.63	52.85	465	397	43	31	60.0	24.0
550	600	7.7	17.84	13.38	55.99	487	418	45	32	61.0	24.4
	700	8.1	18.89	14.17	59.29	510	439	47	33	62.0	24.8
	800	8.5	20.04	15.03	62.89	533	460	49	34	63.0	25.2
	900	8.9	21.31	15.98	66.87	554	480	51	35	64.0	25.6
	1000	9.5	22.67	17.00	71.13	573	496	53	36	65.0	26.0
	0	6.2	13.53	10.15	42.47	364	303	36	30	60.0	24.0
	300	7.1	16.11	12.08	50.55	441	374	42	31	66.0	26.4
	400	7.4	17.08	12.81	53.60	465	396	44	32	67.0	26.8
	500	7.8	18.13	13.60	56.91	489	418	46	33	68.0	27.2
600	600	8.2	19.24	14.43	60.38	512	439	48	34	69.0	27.6
	700	8.6	20.45	15.34	64.19	535	459	50	35	70.0	28.0
	800	9.0	21.76	16.32	68.29	557	480	52	36	71.0	28.4
	900	9.5	23.17	17.38	72.72	580	501	54	37	72.0	28.8
	1000	10.1	24.69	18.52	77.49	599	518	56	38	73.0	29.2

表 1-2-6　种公牛的营养需要

体　重 (kg)	日粮干物质 (kg)	乳牛能量单位 (NND)	产乳净能		可消化粗蛋白质 (g)	钙 (g)	磷 (g)	胡萝卜素 (mg)	维生素 A (IU)
			(Mcal)	(MJ)					
500	7.99	13.40	10.05	42.05	423	32	24	53	21
600	9.17	15.36	11.52	48.20	485	36	27	64	26
700	10.29	17.24	12.93	54.10	544	41	31	74	30
800	11.37	19.05	14.29	59.79	602	45	34	85	34
900	12.42	20.81	15.61	65.32	657	49	37	95	38
1000	13.44	22.52	16.89	70.64	711	53	40	106	42
1100	14.44	24.26	18.15	75.94	764	57	43	117	47
1200	15.42	25.83	19.37	81.05	816	61	46	127	51
1300	16.37	27.49	20.57	86.07	866	65	49	138	55
1400	17.31	28.99	21.74	90.97	916	69	52	148	59

表 1-2-7　乳牛日粮干物质中微量元素的推荐量

微量元素	产乳牛	干乳牛
镁(Mg),%	0.2	0.16
钾(K),%	0.9	0.6
钠(Na),%	0.18	0.10
氯(Cl),%	0.25	0.20
硫(S),%	0.2	0.16
铁(Fe),mg/kg	15	15
钴(Co),mg/kg	0.1	0.1
铜(Cu),mg/kg	10	10
锰(Mn),mg/kg	12	12
锌(Zn),mg/kg	40	40
碘(I),mg/kg	0.4	0.25
硒(Se),mg/kg	0.1	0.1

注：引自 Nutrition Repuirement of Dairy Cattle(NRC,1989.2001),Ruminant Nutrition Rccommended Allowances and Feed Tables(INRA,1989,法国)

三、中华人民共和国农业行业饲养标准　肉牛饲养标准 NY/T 815—2004

表 1-3-1　生长肥育牛的每日营养需要

活重 (kg)	平均日增重 (kg)	干物质采食量 (kg)	维持净能 (MJ)	增重净能 (MJ)	肉牛能量单位 (RND)	综合净能 (MJ)	粗蛋白质 (g)	维持小肠可消化粗蛋白质需要量(g)	增重小肠可消化粗蛋白质需要量(g)	小肠可消化粗蛋白质需要量(g)	钙 (g)	磷 (g)
	0	2.66	13.80	0.00	1.46	11.76	236	158	0	158	5	5
	0.3	3.29	13.80	1.24	1.87	15.10	377	158	103	261	14	8
	0.4	3.49	13.80	1.71	1.97	15.90	421	158	136	294	17	9
	0.5	3.70	13.80	2.22	2.07	16.74	465	158	169	328	19	10
	0.6	3.91	13.80	2.76	2.19	17.66	507	158	202	360	22	11
150	0.7	4.12	13.80	3.34	2.30	18.58	548	158	235	393	25	12
	0.8	4.33	13.80	3.97	2.45	19.75	589	158	267	425	28	13
	0.9	4.54	13.80	4.64	2.61	21.05	627	158	298	457	31	14
	1.0	4.75	13.80	5.38	2.80	22.64	665	158	329	487	34	15
	1.1	4.95	13.80	6.18	3.02	20.35	704	158	360	518	37	16
	1.2	5.16	13.80	7.06	3.25	26.28	739	158	289	547	40	16
	0	2.98	15.49	0.00	1.63	13.18	265	178	0	178	6	6
	0.3	3.63	15.49	1.45	2.09	16.90	403	178	104	281	14	9
	0.4	3.85	15.49	2.00	2.20	17.78	447	178	138	315	17	9
	0.5	4.07	15.49	2.59	2.32	18.70	489	178	171	349	20	10
	0.6	4.29	15.49	3.22	2.44	19.71	530	178	204	382	23	11
175	0.7	4.51	15.49	3.89	2.57	20.75	571	178	237	414	26	12
	0.8	4.72	15.49	4.63	2.79	22.05	609	178	269	446	28	13
	0.9	4.94	15.49	5.42	2.91	23.47	650	178	300	478	31	14
	1.0	5.16	15.49	6.28	3.12	25.23	686	178	331	508	34	15
	1.1	5.38	15.49	7.22	3.37	27.20	724	178	361	538	37	16
	1.2	5.59	15.49	8.24	3.63	29.29	759	178	390	567	40	17

续表 1-3-1

活重 (kg)	平均 日增重 (kg)	干物质 采食量 (kg)	维持 净能 (MJ)	增重 净能 (MJ)	肉牛能 量单位 (RND)	综合 净能 (MJ)	粗蛋 白质 (g)	维持小肠 可消化粗 蛋白质需 要量(g)	增重小肠 可消化粗 蛋白质需 要量(g)	小肠可消 化粗蛋白 质需要量 (g)	钙 (g)	磷 (g)
	0	3.30	17.12	0.00	1.80	14.56	293	196	0	196	7	7
	0.3	3.98	17.12	1.66	2.32	18.70	428	196	105	301	15	9
	0.4	4.21	17.12	2.28	2.43	19.62	472	196	139	336	17	10
	0.5	4.44	17.12	2.95	2.56	20.67	514	196	173	369	20	11
	0.6	4.66	17.12	3.67	2.69	21.76	555	196	206	403	23	12
200	0.7	4.89	17.12	4.45	2.83	22.47	593	196	239	435	26	13
	0.8	5.12	17.12	5.29	3.01	24.31	631	196	271	467	29	14
	0.9	5.34	17.12	6.19	3.21	25.90	669	196	302	499	31	15
	1.0	5.57	17.12	7.17	3.45	27.82	708	196	333	529	34	16
	1.1	5.80	17.12	8.25	3.71	29.96	743	196	362	558	37	17
	1.2	6.03	17.12	9.42	4.00	32.30	778	196	391	587	40	17
	0	3.60	18.71	0.00	1.87	15.10	320	214	0	214	7	7
	0.3	4.31	18.71	1.86	2.56	20.71	452	214	107	321	15	10
	0.4	4.55	18.71	2.57	2.69	21.76	494	214	141	356	18	11
	0.5	4.78	18.71	3.32	2.83	22.89	535	214	175	390	20	12
	0.6	5.02	18.71	4.13	2.98	24.10	576	214	209	423	23	13
225	0.7	5.26	18.71	5.01	3.14	25.36	614	214	241	456	26	14
	0.8	5.49	18.71	5.95	3.33	26.90	652	214	273	488	29	14
	0.9	5.73	18.71	6.97	3.55	28.66	691	214	304	519	31	15
	1.0	5.96	18.71	8.07	3.81	30.79	726	214	335	549	34	16
	1.1	6.20	18.71	9.28	4.10	33.10	761	214	364	578	37	17
	1.2	6.44	18.71	10.59	4.42	35.69	796	214	391	606	39	18
	0	3.90	20.24	0.00	2.20	17.78	346	232	0	232	8	8
	0.3	4.64	20.24	2.07	2.81	22.72	475	232	108	340	16	11
	0.4	4.88	20.24	2.85	2.95	23.85	517	232	143	375	18	12
	0.5	5.13	20.24	3.69	3.11	25.10	558	232	177	409	21	12
	0.6	5.37	20.24	4.59	3.27	26.44	599	232	211	443	23	13
250	0.7	5.62	20.24	5.56	3.45	27.82	637	232	244	475.9	26	14
	0.8	5.87	20.24	6.61	3.65	29.50	672	232	276	507.8	29	15
	0.9	6.11	20.24	7.74	3.89	31.38	711	232	307	538.8	31	16
	1.0	6.36	20.24	8.97	4.18	33.72	746	232	337	568.6	34	17
	1.1	6.60	20.24	10.31	4.49	36.28	781	232	365	597.2	36	18
	1.2	6.85	20.24	11.77	4.84	39.06	814	232	392	624.3	39	18

续表 1-3-1

活　重 （kg）	平均 日增重 （kg）	干物质 采食量 （kg）	维持 净能 （MJ）	增重 净能 （MJ）	肉牛能 量单位 （RND）	综合 净能 （MJ）	粗蛋 白质 （g）	维持小肠 可消化粗 蛋白质需 要量（g）	增重小肠 可消化粗 蛋白质需 要量（g）	小肠可消 化粗蛋白 质需要量 （g）	钙 （g）	磷 （g）
	0	4.19	21.74	0.00	2.40	19.37	372	249	0	249.2	9	9
	0.3	4.96	21.74	2.28	3.07	24.77	501	249	110	359.0	16	12
	0.4	5.21	21.74	3.14	3.22	25.98	543	249	145	394.4	19	12
	0.5	5.47	21.74	4.06	3.39	27.36	581	249	180	429.0	21	13
	0.6	5.72	21.74	5.05	3.57	28.79	619	249	214	462.8	24	14
275	0.7	5.98	21.74	6.12	3.75	30.29	657	249	247	495.8	26	15
	0.8	6.23	21.74	7.27	3.98	32.13	696	249	278	527.7	29	16
	0.9	6.49	21.74	8.51	4.23	34.18	731	249	309	558.5	31	16
	1.0	6.74	21.74	9.86	4.55	36.74	766	249	339	588.0	34	17
	1.1	7.00	21.74	11.34	4.89	30.50	798	249	367	616.0	36	18
	1.2	7.25	21.74	12.95	5.60	42.51	834	249	393	642.4	39	19
	0	4.46	23.21	0.00	2.60	21.00	397	266	0	266.0	10	10
	0.3	5.26	23.21	2.48	3.32	26.78	523	266	112	377.6	17	12
	0.4	5.53	23.21	3.42	3.48	28.12	565	266	147	413.4	19	13
	0.5	5.79	23.21	3.43	3.66	29.58	603	266	182	448.4	21	14
	0.6	6.06	23.21	5.51	3.86	31.13	641	266	216	482.4	24	15
300	0.7	6.32	23.21	6.67	4.06	32.76	679	266	249	515.5	26	15
	0.8	6.58	23.21	7.93	4.31	34.77	715	266	281	547.4	29	16
	0.9	6.85	23.21	9.29	4.58	36.99	750	266	312	578.0	31	17
	1.0	7.11	23.21	10.76	4.92	39.71	785	266	341	607.1	34	18
	1.1	7.38	23.21	12.37	5.29	42.68	818	266	369	634.6	36	19
	1.2	7.64	23.21	14.12	5.69	45.98	850	266	394	660.3	38	19
	0	4.75	24.65	0.00	2.78	22.43	421	282	0	282.4	11	11
	0.3	5.57	24.65	2.69	3.54	28.58	547	282	114	396.0	17	13
	0.4	5.84	24.65	3.71	3.72	30.04	586	282	150	432.3	19	14
	0.5	6.12	24.65	4.80	3.91	31.59	624	282	185	467.6	22	14
	0.6	6.39	24.65	5.97	4.12	33.26	662	282	219	501.9	24	15
325	0.7	6.66	24.65	7.23	4.36	35.02	700	282	253	535.1	26	16
	0.8	6.94	24.65	8.59	4.60	37.15	736	282	284	566.9	29	17
	0.9	7.21	24.65	10.06	4.90	39.54	771	282	315	597.3	31	18
	1.0	7.49	24.65	11.66	5.25	42.43	803	282	344	626.1	33	18
	1.1	7.76	24.65	13.40	5.65	45.61	839	282	371	653.0	36	19
	1.2	8.03	24.65	15.30	6.08	49.12	868	282	395	677.8	38	20

续表 1-3-1

活 重 (kg)	平均 日增重 (kg)	干物质 采食量 (kg)	维持 净能 (MJ)	增重 净能 (MJ)	肉牛能 量单位 (RND)	综合 净能 (MJ)	粗蛋 白质 (g)	维持小肠 可消化粗 蛋白质需 要量(g)	增重小肠 可消化粗 蛋白质需 要量(g)	小肠可消 化粗蛋白 质需要量 (g)	钙 (g)	磷 (g)
	0	5.02	26.06	0.00	2.95	23.85	445	299	0	298.6	12	12
	0.3	5.87	26.06	2.90	3.76	30.38	569	299	122	420.6	18	14
	0.4	6.15	26.06	3.99	3.95	31.92	607	299	161	459.4	20	14
	0.5	6.43	26.06	5.17	4.16	33.60	645	299	199	497.1	22	15
	0.6	6.72	26.06	6.43	4.38	35.40	683	299	235	533.6	24	16
350	0.7	7.00	26.06	7.79	4.61	37.24	719	299	270	568.7	27	17
	0.8	7.28	26.06	9.25	4.89	39.50	757	299	304	602.3	29	17
	0.9	7.57	26.06	10.83	5.21	42.05	789	299	336	634.1	31	18
	1.0	7.85	26.06	12.55	5.59	45.15	824	299	365	664.0	33	19
	1.1	8.13	26.06	14.43	6.01	48.53	857	299	393	691.7	36	20
	1.2	8.41	26.06	16.48	6.47	52.26	889	299	418	716.9	38	20
	0	5.28	27.44	0.00	3.13	25.27	469	314	0	314.4	12	12
	0.3	6.16	27.44	3.10	3.99	32.22	593	314	119	433.5	18	14
	0.4	6.45	27.44	4.28	4.19	33.85	631	314	157	471.2	20	15
	0.5	6.74	27.44	5.54	4.41	35.61	669	314	193	507.7	22	16
	0.6	7.03	27.44	6.89	4.65	37.53	704	314	228	542.9	25	17
375	0.7	7.32	27.44	8.34	4.89	39.50	743	314	262	576.6	27	17
	0.8	7.62	27.44	9.91	5.19	41.88	778	314	294	608.7	29	18
	0.9	7.91	27.44	11.61	5.52	44.60	810	314	324	638.9	31	19
	1.0	8.20	27.44	13.45	5.93	47.87	845	314	353	667.1	33	19
	1.1	8.49	27.44	15.46	6.26	50.54	878	314	378	692.9	35	20
	1.2	8.79	27.44	17.65	6.75	54.48	907	314	402	716.0	38	20
	0	5.55	28.80	0.00	3.31	26.74	492	330	0	330.0	13	13
	0.3	6.45	28.80	3.31	4.22	34.06	613	330	116	446.2	19	15
	0.4	6.76	28.80	4.56	4.43	35.77	651	330	153	482.7	21	16
	0.5	7.06	28.80	5.91	4.66	37.66	689	330	188	518.0	23	17
	0.6	7.36	28.80	7.35	4.91	39.66	727	330	222	551.9	25	17
400	0.7	7.66	28.80	8.90	5.17	41.76	763	330	254	584.3	27	18
	0.8	7.96	28.80	10.57	5.49	44.31	798	330	285	614.8	29	19
	0.9	8.26	28.80	12.38	5.64	47.15	830	330	313	643.5	31	19
	1.0	8.56	28.80	14.35	6.27	50.63	866	330	340	669.9	33	20
	1.1	8.87	28.80	16.49	6.74	54.43	895	330	364	693.8	35	21
	1.2	9.17	28.80	18.83	7.26	58.66	927	330	385	714.8	37	21

续表 1-3-1

活重 (kg)	平均日增重 (kg)	干物质采食量 (kg)	维持净能 (MJ)	增重净能 (MJ)	肉牛能量单位 (RND)	综合净能 (MJ)	粗蛋白质 (g)	维持小肠可消化粗蛋白质需要量(g)	增重小肠可消化粗蛋白质需要量(g)	小肠可消化粗蛋白质需要量(g)	钙 (g)	磷 (g)
	0	5.80	30.14	0.00	3.48	28.08	515	345	0	345.4	14	14
	0.3	6.73	30.14	3.52	4.43	35.77	636	345	113	458.6	19	16
	0.4	7.04	30.14	4.85	4.65	37.57	674	345	149	494.0	21	17
	0.5	7.35	30.14	6.28	4.90	39.54	712	345	183	528.1	23	17
	0.6	7.66	30.14	7.81	5.16	41.67	747	345	215	560.7	25	18
425	0.7	7.97	30.14	9.45	5.44	43.89	783	345	246	591.7	27	18
	0.8	8.29	30.14	11.23	5.77	46.57	818	345	275	620.8	29	19
	0.9	8.60	30.14	13.15	6.14	49.58	850	345	302	647.8	31	20
	1.0	8.91	30.14	15.24	6.59	53.22	886	345	327	672.4	33	20
	1.1	9.22	30.14	17.52	7.09	57.24	918	345	349	694.4	35	21
	1.2	9.53	30.14	20.01	7.64	61.67	947	345	368	713.3	37	22
	0	6.06	31.46	0.00	3.63	29.33	538	361	0	360.5	15	15
	0.3	7.02	31.46	3.72	4.63	37.41	659	361	110	470.7	20	17
	0.4	7.34	31.46	5.14	4.87	39.33	697	361	145	505.1	21	17
	0.5	7.66	31.46	6.65	5.12	41.38	732	361	177	538.0	23	18
	0.6	7.98	31.46	8.27	5.40	43.60	770	361	209	569.3	25	19
450	0.7	8.30	31.46	10.01	5.69	45.94	806	361	238	598.9	27	19
	0.8	8.62	31.46	11.89	6.03	48.74	841	361	266	626.5	29	20
	0.9	8.94	31.46	13.93	6.43	51.92	873	361	291	651.8	31	20
	1.0	9.26	31.46	16.14	6.90	55.77	906	361	314	674.7	33	21
	1.1	9.58	31.46	18.55	7.42	59.96	938	361	334	694.4	35	22
	1.2	9.90	31.46	21.18	8.00	64.60	967	361	351	711.7	37	22
	0	6.31	32.76	0.00	3.79	30.63	560	375	0	375.4	16	16
	0.3	7.30	32.76	3.93	4.84	39.08	681	375	107	482.7	20	17
	0.4	7.63	32.76	5.42	5.09	41.09	719	375	140	515.9	22	18
	0.5	7.96	32.76	7.01	5.35	43.26	754	375	172	547.6	24	19
	0.6	8.29	32.76	8.73	5.64	45.61	789	375	202	577.7	25	19
475	0.7	8.61	32.76	10.57	5.94	48.03	825	375	230	605.8	27	20
	0.8	8.94	32.76	12.55	6.31	51.00	860	375	257	631.9	29	20
	0.9	9.27	32.76	14.70	6.72	54.31	892	375	280	655.7	31	21
	1.0	9.60	32.76	17.04	7.22	58.32	928	375	301	676.9	33	21
	1.1	9.93	32.76	19.58	7.77	62.76	957	375	320	695.0	35	22
	1.2	10.26	32.76	22.36	8.37	67.61	989	375	334	709.8	36	23

续表 1-3-1

活重 (kg)	平均日增重 (kg)	干物质采食量 (kg)	维持净能 (MJ)	增重净能 (MJ)	肉牛能量单位 (RND)	综合净能 (MJ)	粗蛋白质 (g)	维持小肠可消化粗蛋白质需要量(g)	增重小肠可消化粗蛋白质需要量(g)	小肠可消化粗蛋白质需要量 (g)	钙 (g)	磷 (g)
	0	6.56	34.05	0.00	3.95	31.92	582	390	0	390.2	16	16
	0.3	7.58	34.05	4.14	5.04	40.71	700	390	104	494.5	21	18
	0.4	7.91	34.05	5.71	5.30	42.84	738	390	136	526.6	22	19
	0.5	8.25	34.05	7.38	5.58	45.10	776	390	167	557.1	24	19
	0.6	8.59	34.05	9.18	5.88	47.53	811	390	196	585.8	26	20
500	0.7	8.93	34.05	11.12	6.20	50.08	847	390	222	612.6	27	20
	0.8	9.27	34.05	13.21	6.58	53.18	882	390	247	637.2	29	21
	0.9	9.61	34.05	15.48	7.01	56.65	912	390	269	659.4	31	21
	1.0	9.94	34.05	17.93	7.53	60.88	947	390	289	678.8	33	22
	1.1	10.28	34.05	20.61	8.10	65.48	979	390	305	695.0	34	23
	1.2	10.62	34.05	23.54	8.73	70.54	1011	390	318	707.7	36	23

表 1-3-2　生长母牛的每日营养需要量

活重 (kg)	平均日增重 (kg)	干物质采食量 (kg)	维持净能 (MJ)	增重净能 (MJ)	肉牛能量单位 (RND)	综合净能 (MJ)	粗蛋白质 (g)	维持小肠可消化粗蛋白质需要量(g)	增重小肠可消化粗蛋白质需要量(g)	小肠可消化粗蛋白质需要量 (g)	钙 (g)	磷 (g)
	0	2.66	13.80	0.00	1.46	11.76	236	158	0	158	5	5
	0.3	3.29	13.80	1.37	1.90	15.31	377	158	101	259	13	8
	0.4	3.49	13.80	1.88	2.00	16.15	421	158	134	293	16	9
	0.5	3.70	13.80	2.44	2.11	17.07	465	158	167	325	19	10
150	0.6	3.91	13.80	3.03	2.24	18.07	507	158	200	358	22	11
	0.7	4.12	13.80	3.67	2.36	19.08	548	158	231	390	25	11
	0.8	4.33	13.80	4.36	2.52	20.33	589	158	263	421	28	12
	0.9	4.54	13.80	5.11	2.69	21.76	627	158	294	452	31	13
	1.0	4.75	13.80	5.92	2.91	23.47	665	158	324	482	34	14
	0	2.98	15.49	0.00	1.63	13.18	265	178	0	178	6	6
	0.3	3.63	15.49	1.59	2.12	17.15	403	178	102	280	14	8
	0.4	3.85	15.49	2.20	2.24	18.07	447	178	136	313	17	9
	0.5	4.07	15.49	2.84	2.37	19.12	489	178	169	346	19	10
175	0.6	4.29	15.49	3.54	2.50	20.21	530	178	201	378	22	11
	0.7	4.51	15.49	4.28	2.64	21.34	571	178	233	410	25	12
	0.8	4.72	15.49	5.09	2.81	22.72	609	178	264	442	28	13
	0.9	4.94	15.49	5.96	3.01	24.31	650	178	295	472	30	14
	1.0	5.16	15.49	6.91	3.24	26.19	686	178	324	502	33	15

续表 1-3-2

活 重 (kg)	平均日增重 (kg)	干物质采食量 (kg)	维持净能 (MJ)	增重净能 (MJ)	肉牛能量单位 (RND)	综合净能 (MJ)	粗蛋白质 (g)	维持小肠可消化粗蛋白质需要量(g)	增重小肠可消化粗蛋白质需要量(g)	小肠可消化粗蛋白质需要量(g)	钙 (g)	磷 (g)
	0	3.30	17.12	0.00	1.80	14.56	293	196	0	196	7	7
	0.3	3.98	17.12	1.82	2.34	18.92	428	196	103	300	14	9
	0.4	4.21	17.12	2.51	2.47	19.46	472	196	137	333	17	10
	0.5	4.44	17.12	3.25	2.61	21.09	514	196	170	366	19	11
200	0.6	4.66	17.12	4.04	2.76	22.30	555	196	202	399	22	12
	0.7	4.89	17.12	4.89	2.92	23.43	593	196	234	431	25	13
	0.8	5.12	17.12	5.82	3.10	25.06	631	196	265	462	28	14
	0.9	5.34	17.12	6.81	3.32	26.78	669	196	296	492	30	14
	1.0	5.57	17.12	7.89	3.58	28.87	708	196	325	521	33	15
	0	3.60	18.71	0.00	1.87	15.10	320	214	0	214	7	7
	0.3	4.31	18.71	2.05	2.60	20.71	452	214	105	319	15	10
	0.4	4.55	18.71	2.82	2.74	21.76	494	214	138	353	17	11
	0.5	4.78	18.71	3.66	2.89	22.89	535	214	172	386	20	12
225	0.6	5.02	18.71	4.55	3.06	24.10	576	214	204	418	23	12
	0.7	5.26	18.71	5.51	3.22	25.36	614	214	236	450	25	13
	0.8	5.49	18.71	6.54	3.44	26.90	652	214	267	481	28	14
	0.9	5.73	18.71	7.66	3.67	29.62	691	214	297	511	30	15
	1.0	5.96	18.71	8.88	3.95	31.92	726	214	326	540	33	16
	0	3.90	20.24	0.00	2.20	17.78	346	232	0	232	8	8
	0.3	4.64	20.24	2.28	2.84	22.97	475	232	106	338	15	11
	0.4	4.88	20.24	3.14	3.00	24.23	517	232	140	372	18	11
	0.5	5.13	20.24	4.06	3.17	25.01	558	232	173	405	20	12
250	0.6	5.37	20.24	5.05	3.35	27.03	599	232	206	438	23	13
	0.7	5.62	20.24	6.12	3.53	28.53	637	232	237	469	25	14
	0.8	5.87	20.24	7.27	3.76	30.38	672	232	268	500	28	15
	0.9	6.11	20.24	8.51	4.02	32.47	711	232	298	530	30	15
	1.0	6.36	20.24	9.86	4.33	34.98	746	232	326	558	33	17

续表 1-3-2

活重 (kg)	平均 日增重 (kg)	干物质 采食量 (kg)	维持 净能 (MJ)	增重 净能 (MJ)	肉牛能 量单位 (RND)	综合 净能 (MJ)	粗蛋 白质 (g)	维持小肠 可消化粗 蛋白质需 要量(g)	增重小肠 可消化粗 蛋白质需 要量(g)	小肠可消 化粗蛋白 质需要量 (g)	钙 (g)	磷 (g)
	0	4.19	21.74	0.00	2.40	19.37	372	249	0	249	9	9
	0.3	4.96	21.74	2.50	3.10	25.06	501	249	107	356	16	11
	0.4	5.21	21.74	3.45	3.27	26.40	543	249	141	391	18	12
	0.5	5.47	21.74	4.47	3.45	27.87	581	249	175	424	20	13
275	0.6	5.72	21.74	5.56	3.65	29.46	619	249	208	457	23	14
	0.7	5.98	21.74	6.73	3.85	31.09	657	249	239	488	25	14
	0.8	6.23	21.74	7.99	4.10	33.10	696	249	270	519	28	15
	0.9	6.49	21.74	9.36	4.38	35.35	731	249	299	548	30	16
	1.0	6.74	21.74	10.85	4.72	38.07	766	249	327	576	32	17
	0	4.46	23.21	0.00	2.60	21.00	397	266	0	266	10	10
	0.3	5.26	23.21	2.73	3.35	27.07	523	266	109	375	16	12
	0.4	5.53	23.21	3.77	3.54	28.58	565	266	143	409	18	13
	0.5	5.79	23.21	4.87	3.74	30.17	603	266	177	443	21	14
300	0.6	6.06	23.21	6.06	3.95	31.88	641	266	210	476	23	14
	0.7	6.32	23.21	7.34	4.17	33.64	679	266	241	507	25	15
	0.8	6.58	23.21	8.72	4.44	35.82	715	266	271	537	28	16
	0.9	6.85	23.21	10.21	4.74	38.24	750	266	300	566	30	17
	1.0	7.11	23.21	11.84	5.10	41.17	785	266	328	594	32	17
	0	4.75	24.65	0.00	2.78	22.43	421	282	0	282	11	11
	0.3	5.57	24.65	2.96	3.59	28.95	547	282	110	393	17	13
	0.4	5.84	24.65	4.08	3.78	30.54	586	282	145	427	19	14
	0.5	6.12	24.65	5.28	3.99	32.22	624	282	179	461	21	14
325	0.6	6.39	24.65	6.57	4.22	34.06	662	282	212	494	23	15
	0.7	6.66	24.65	7.95	4.46	35.98	700	282	243	526	25	16
	0.8	6.94	24.65	9.45	4.74	38.28	736	282	273	556	28	16
	0.9	7.21	24.65	11.07	5.06	40.88	771	282	302	584	30	17
	1.0	7.49	24.65	12.82	5.45	44.02	803	282	329	611	32	18

续表 1-3-2

活 重 (kg)	平均日增重 (kg)	干物质采食量 (kg)	维持净能 (MJ)	增重净能 (MJ)	肉牛能量单位 (RND)	综合净能 (MJ)	粗蛋白质 (g)	维持小肠可消化粗蛋白质需要量(g)	增重小肠可消化粗蛋白质需要量(g)	小肠可消化粗蛋白质需要量(g)	钙 (g)	磷 (g)
	0	5.02	26.06	0.00	2.95	23.85	445	299	0	299	12	12
	0.3	5.87	26.06	3.19	3.81	30.75	569	299	118	416	17	14
	0.4	6.15	26.06	4.39	4.02	32.47	607	299	155	454	19	14
	0.5	6.43	26.06	5.69	4.24	34.27	645	299	191	490	21	15
350	0.6	6.72	26.06	7.07	4.49	36.23	683	299	226	524	23	16
	0.7	7.00	26.06	8.56	4.74	38.24	719	299	259	558	25	16
	0.8	7.28	26.06	10.17	5.04	40.71	757	299	290	589	28	17
	0.9	7.57	26.06	11.92	5.38	43.47	789	299	320	619	30	18
	1.0	7.85	26.06	13.81	5.80	46.82	824	299	348	646	32	18
	0	5.28	27.44	0.00	3.13	25.27	469	314	0	314	12	12
	0.3	6.16	27.44	3.41	4.04	32.59	593	314	115	429	18	14
	0.4	6.45	27.44	4.71	4.26	34.39	631	314	151	465	20	15
	0.5	6.74	27.44	6.09	4.50	36.32	669	314	185	500	22	16
375	0.6	7.03	27.44	7.58	4.76	38.41	704	314	219	533	24	17
	0.7	7.32	27.44	9.18	5.03	40.58	743	314	250	565	26	17
	0.8	7.62	27.44	10.90	5.35	43.18	778	314	280	595	28	18
	0.9	7.91	27.44	12.77	5.71	46.11	810	314	308	622	30	19
	1.0	8.20	27.44	14.79	6.15	49.66	845	314	333	648	32	19
	0	5.55	28.80	0.00	3.31	26.74	492	330	0	330	13	13
	0.3	6.45	28.80	3.64	4.26	34.43	613	330	111	441	18	15
	0.4	6.76	28.80	5.02	4.50	36.36	651	330	146	476	20	16
	0.5	7.06	28.80	6.50	4.76	38.41	689	330	180	510	22	16
400	0.6	7.36	28.80	8.08	5.03	40.58	727	330	211	541	24	17
	0.7	7.66	28.80	9.79	5.31	42.89	763	330	242	572	26	17
	0.8	7.96	28.80	11.63	5.65	45.65	798	330	270	600	28	18
	0.9	8.26	28.80	13.62	6.04	48.74	830	330	296	626	29	19
	1.0	8.56	28.80	15.78	6.50	52.51	866	330	319	649	31	19

续表 1-3-2

活 重 (kg)	平均日增重 (kg)	干物质采食量 (kg)	维持净能 (MJ)	增重净能 (MJ)	肉牛能量单位 (RND)	综合净能 (MJ)	粗蛋白质 (g)	维持小肠可消化粗蛋白质需要量(g)	增重小肠可消化粗蛋白质需要量(g)	小肠可消化粗蛋白质需要量 (g)	钙 (g)	磷 (g)
	0	6.06	31.46	0.00	3.89	31.46	537	361	0	361	12	12
	0.3	7.02	31.46	4.10	4.40	35.56	625	361	105	465	18	14
	0.4	7.34	31.46	5.65	4.59	37.11	653	361	137	498	20	15
	0.5	7.65	31.46	7.31	4.80	38.77	681	361	168	528	22	16
450	0.6	7.97	31.46	9.09	5.02	40.55	708	361	197	557	24	17
	0.7	8.29	31.46	11.01	5.26	42.47	734	361	224	585	26	17
	0.8	8.61	31.46	13.08	5.51	44.54	759	361	249	609	28	18
	0.9	8.93	31.46	15.32	5.79	46.78	784	361	271	632	30	19
	1.0	9.25	31.46	17.75	6.09	49.21	808	361	291	652	32	19
	0	6.56	34.05	0.00	4.21	34.05	582	390	0	390	13	13
	0.3	7.57	34.05	4.55	4.78	38.60	662	390	98	489	18	15
	0.4	7.91	34.05	6.28	4.99	40.32	687	390	128	518	20	16
	0.5	8.25	34.05	8.12	5.22	42.17	712	390	156	547	22	16
500	0.6	8.58	34.05	10.10	5.46	44.15	736	390	183	573	24	17
	0.7	8.92	34.05	12.23	5.73	46.28	760	390	207	597	26	17
	0.8	9.26	34.05	14.53	6.01	48.58	783	390	228	618	28	18
	0.9	9.60	34.05	17.02	6.32	51.07	805	390	247	637	29	19
	1.0	9.93	34.05	19.72	6.65	53.77	827	390	263	653	31	19

表 1-3-3 妊娠母牛的每日营养需要量

体 重 (kg)	妊娠月份	干物质采食量 (kg)	维持净能 (MJ)	妊娠净能 (MJ)	肉牛能量单位 (RND)	综合净能 (MJ)	粗蛋白质 (g)	维持小肠可消化粗蛋白质需要量(g)	妊娠小肠可消化粗蛋白质需要量(g)	小肠可消化粗蛋白质需要量 (g)	钙 (g)	磷 (g)
	6	6.32	23.21	4.32	2.80	22.60	409	266	28	294	14	12
	7	6.43	23.21	7.36	3.11	25.12	477	266	49	315	16	12
300	8	6.60	23.21	11.17	3.50	28.26	587	266	85	351	18	13
	9	6.77	23.21	15.77	3.97	32.05	735	266	141	407	20	13

续表 1-3-3

体 重 （kg）	妊娠 月份	干物质 采食量 （kg）	维持 净能 （MJ）	妊娠 净能 （MJ）	肉牛能 量单位 （RND）	综合 净能 （MJ）	粗蛋 白质 （g）	维持小肠 可消化粗 蛋白质需 要量(g)	妊娠小肠 可消化粗 蛋白质需 要量(g)	小肠可消 化粗蛋白 质需要量 （g）	钙 （g）	磷 （g）
	6	6.86	26.06	4.63	3.12	25.19	449	299	30	328	16	13
	7	6.98	26.06	7.88	3.45	28.87	517	299	53	351	18	14
350	8	7.15	26.06	11.97	3.87	31.24	627	299	91	389	20	15
	9	7.32	26.06	16.89	4.37	35.30	775	299	151	450	22	15
	6	7.39	28.80	4.94	3.43	27.69	488	330	32	362	18	15
	7	7.51	28.80	8.40	3.78	30.56	556	330	56	386	20	16
400	8	7.68	28.80	12.76	4.23	34.13	666	330	97	427	22	16
	9	7.84	28.80	18.01	4.76	38.47	814	330	161	491	24	17
	6	7.90	31.46	5.24	3.73	30.12	526	361	34	394	20	17
	7	8.02	31.46	8.92	4.11	33.15	594	361	60	420	22	18
450	8	8.19	31.46	13.55	4.58	36.99	704	361	103	463	24	18
	9	8.36	31.46	19.13	5.15	41.58	852	361	171	532	27	19
	6	8.40	34.05	5.55	4.03	32.51	563	390	36	426	22	19
	7	8.52	34.05	9.45	4.43	35.72	631	390	63	453	24	19
500	8	8.69	34.05	14.35	4.92	39.76	741	390	109	499	26	20
	9	8.86	34.05	20.25	5.53	44.62	889	390	181	571	29	21
	6	8.89	36.57	5.86	4.31	34.83	599	419	37	457	24	20
	7	9.00	36.57	9.97	4.73	38.23	667	419	67	486	26	21
550	8	9.17	36.57	15.14	5.26	42.27	777	419	115	534	29	22
	9	9.34	36.57	21.37	5.90	47.62	925	419	191	610	31	23

表 1-3-4　哺乳母牛的每日营养需要量

体重 (kg)	干物质采食量 (kg)	4%乳脂率标准乳(kg)	维持净能 (MJ)	泌乳净能 (MJ)	肉牛能量单位 (RND)	综合净能 (MJ)	粗蛋白质 (g)	维持小肠可消化粗蛋白质需要量(g)	泌乳小肠可消化粗蛋白质需要量(g)	小肠可消化粗蛋白质需要量(g)	钙 (g)	磷 (g)
	4.47	0	23.21	0.00	3.50	28.31	332	266	0	266	10	10
	5.82	3	23.21	9.41	4.92	39.79	587	266	142	408	24	14
	6.27	4	23.21	12.55	5.40	43.61	672	266	190	456	29	15
	6.72	5	23.21	15.69	5.87	47.44	757	266	237	503	34	17
300	7.17	6	23.21	18.83	6.34	51.27	842	266	285	551	39	18
	7.62	7	23.21	21.97	6.82	55.09	927	266	332	598	44	19
	8.07	8	23.21	25.10	7.29	58.92	1012	266	379	645	48	21
	8.52	9	23.21	28.24	7.77	62.75	1097	266	427	693	53	22
	8.97	10	23.21	31.38	8.24	66.57	1182	266	474	740	58	23
	5.02	0	26.06	0.00	3.93	31.78	372	299	0	299	12	12
	6.37	3	26.06	9.41	5.35	43.26	627	299	142	441	27	16
	6.82	4	26.06	12.55	5.83	47.08	712	299	190	488	32	17
	7.27	5	26.06	15.69	6.30	50.91	797	299	237	536	37	19
350	7.72	6	26.06	18.83	6.77	54.74	882	299	285	583	42	20
	8.17	7	26.06	21.97	7.25	58.56	967	299	332	631	46	21
	8.62	8	26.06	25.10	7.72	62.39	1052	299	379	678	51	23
	9.07	9	26.06	28.24	8.20	66.22	1137	299	427	725	56	24
	9.52	10	26.06	31.38	8.67	70.04	1222	299	474	773	61	25
	5.55	0	28.80	0.00	4.35	35.12	411	330	0	330	13	13
	6.90	3	28.80	9.41	5.77	46.60	666	330	142	472	28	17
	7.35	4	28.80	12.55	6.24	50.43	751	330	190	520	33	18
	7.80	5	28.80	15.69	6.71	54.26	836	330	237	567	38	20
400	8.25	6	28.80	18.83	7.19	58.08	921	330	285	615	43	21
	8.70	7	28.80	21.97	7.66	61.91	1006	330	332	662	47	22
	9.15	8	28.80	25.10	8.14	65.74	1091	330	379	709	52	24
	9.60	9	28.80	28.24	8.61	69.56	1176	330	427	757	57	25
	10.05	10	28.80	31.38	9.08	73.39	1261	330	474	804	62	26

续表 1-3-4

体重 (kg)	干物质采食量 (kg)	4%乳脂率标准乳(kg)	维持净能 (MJ)	泌乳净能 (MJ)	肉牛能量单位 (RND)	综合净能 (MJ)	粗蛋白质 (g)	维持小肠可消化粗蛋白质需要量(g)	泌乳小肠可消化粗蛋白质需要量(g)	小肠可消化粗蛋白质需要量(g)	钙 (g)	磷 (g)
	6.06	0	31.46	0.00	4.75	38.37	449	361	0	361	15	15
	7.41	3	31.46	9.41	6.17	49.85	704	361	142	503	30	19
	7.86	4	31.46	12.55	6.64	53.67	789	361	190	550	35	20
	8.31	5	31.46	15.69	7.12	57.50	874	361	237	598	40	22
450	8.76	6	31.46	18.83	7.59	61.33	959	361	285	645	45	23
	9.21	7	31.46	21.97	8.06	65.15	1044	361	332	693	49	24
	9.66	8	31.46	25.10	8.54	69.98	1129	361	379	740	54	26
	10.11	9	31.46	28.24	9.01	72.81	1214	361	427	787	59	27
	1056	10	31.46	31.38	9.48	76.63	1299	361	474	835	64	28
	6.56	0	34.05	0.00	5.14	41.52	486	390	0	390	16	16
	7.91	3	34.05	9.41	6.56	53.00	741	390	142	532	31	20
	8.36	4	34.05	12.55	7.03	56.83	826	390	190	580	36	21
	8.81	5	34.05	15.69	7.51	60.66	911	390	237	627	41	23
500	9.26	6	34.05	18.83	7.98	64.48	996	390	285	675	46	24
	9.71	7	34.05	21.97	8.45	68.31	1081	390	332	722	50	25
	10.16	8	34.05	25.10	8.93	72.14	1166	390	379	770	55	27
	10.61	9	34.05	28.24	9.40	75.96	1251	390	427	817	60	28
	11.06	10	34.05	31.38	9.87	79.79	1336	390	474	864	65	29
	7.04	0	36.57	0.00	5.52	44.60	522	419	0	419	18	18
	8.39	3	36.57	9.41	6.94	56.08	777	419	142	561	32	22
	8.84	4	36.57	12.55	7.41	59.91	862	419	190	609	37	23
	9.29	5	36.57	15.69	7.89	63.73	947	419	237	656	42	25
550	9.74	6	36.57	18.83	8.36	67.56	1032	419	285	704	47	26
	10.19	7	36.57	21.97	8.83	71.39	1117	419	332	751	52	27
	10.64	8	36.57	25.10	9.31	75.21	1202	419	379	799	56	29
	11.09	9	36.57	28.24	9.78	79.04	1287	419	427	846	61	30
	11.54	10	36.57	31.38	10.26	82.87	1372	419	474	893	66	31

附　录

表 1-3-5　哺乳母牛每 kg 4%标准乳中的营养含量

干物质(g)	肉牛能量单位(RND)	综合净能(MJ)	脂　肪(g)	粗蛋白质(g)	钙(g)	磷(g)
450	0.32	2.57	40	85	2.46	1.12

表 1-3-6　肉牛对日粮微量矿物质元素需要量

微量元素	单　位	需要量(以日粮干物质计)			最大耐受浓度[1]
		生长和肥育牛	妊娠母牛	泌乳早期母牛	
钴(Co)	mg/kg	0.10	0.10	0.10	10
铜(Cu)	mg/kg	10.00	10.00	10.00	100
碘(I)	mg/kg	0.50	0.50	0.50	50
铁(Fe)	mg/kg	50.00	50.00	50.00	1000
锰(Mn)	mg/kg	20.00	40.00	40.00	1000
硒(Se)	mg/kg	0.10	0.10	0.10	2
锌(Zn)	mg/kg	30.00	30.00	30.00	500

注：1. 参照 NRC(1996)

四、中华人民共和国农业行业标准　肉羊饲养标准 NY/T 816—2004

(一)肉用绵羊营养需要量

表 1-4-1　生长肥育绵羊羔羊每日营养需要量

体　重 (kg)	日增重 (kg)	干物质 (kg)	消化能 (MJ)	代谢能 (MJ)	粗蛋白质 (g)	钙 (g)	总　磷 (g)	食用盐 (g)
	0.1	0.12	1.92	1.88	35	0.9	0.5	0.6
4	0.2	0.12	2.80	2.72	62	0.9	0.5	0.6
	0.3	0.12	3.68	3.56	90	0.9	0.5	0.6
	0.1	0.13	2.55	2.47	36	1.0	0.5	0.6
6	0.2	0.13	3.43	3.36	62	1.0	0.5	0.6
	0.3	0.13	4.18	3.77	88	1.0	0.5	0.6
	0.1	0.16	3.10	3.01	36	1.3	0.7	0.7
8	0.2	0.16	4.06	3.93	62	1.3	0.7	0.7
	0.3	0.16	5.02	4.60	88	1.3	0.7	0.7

续表 1-4-1

体 重 (kg)	日增重 (kg)	干物质 (kg)	消化能 (MJ)	代谢能 (MJ)	粗蛋白质 (g)	钙 (g)	总 磷 (g)	食用盐 (g)
	0.1	0.24	3.97	3.60	54	1.4	0.75	1.1
10	0.2	0.24	5.02	4.60	87	1.4	0.75	1.1
	0.3	0.24	6.28	5.86	121	1.4	0.75	1.1
	0.1	0.32	4.60	4.14	56	1.5	0.8	1.3
12	0.2	0.32	5.44	5.02	90	1.5	0.8	1.3
	0.3	0.32	7.11	6.28	122	1.5	0.8	1.3
	0.1	0.40	5.02	4.60	59	1.8	1.2	1.7
14	0.2	0.40	6.28	5.86	91	1.8	1.2	1.7
	0.3	0.40	7.53	6.69	123	1.8	1.2	1.7
	0.1	0.48	5.44	5.02	60	2.2	1.5	2.0
16	0.2	0.48	7.11	6.28	92	2.2	1.5	2.0
	0.3	0.48	8.37	7.53	124	2.2	1.5	2.0
	0.1	0.56	6.28	5.86	63	2.5	1.7	2.3
18	0.2	0.56	7.95	7.11	95	2.5	1.7	2.3
	0.3	0.56	8.79	7.95	127	2.5	1.7	2.3
	0.1	0.64	7.11	6.28	65	2.9	1.9	2.6
20	0.2	0.64	8.37	7.53	96	2.9	1.9	2.6
	0.3	0.64	9.62	8.79	128	2.9	1.9	2.6

注：1. 表中日粮干物质进食量、消化能、代谢能、粗蛋白质、钙、总磷、食用盐每日需要量推荐数值参考自内蒙古自治区地方
　　　标准《细毛羊饲养标准》(DB15/T 30—92)。

　　2. 日粮中添加的食用盐应符合 GB 5461 中的规定。

表 1-4-2　育成母绵羊每日营养需要量

体 重 (kg)	日增重 (kg)	干物质 (kg)	消化能 (MJ)	代谢能 (MJ)	粗蛋白质 (g)	钙 (g)	总 磷 (g)	食用盐 (g)
	0	0.8	5.86	4.60	47	3.6	1.8	3.3
25	0.03	0.8	6.70	5.44	69	3.6	1.8	3.3
	0.06	0.8	7.11	5.86	90	3.6	1.8	3.3
	0.09	0.8	8.37	6.69	112	3.6	1.8	3.3
	0	1.0	6.70	5.44	54	4.0	2.0	4.1
30	0.03	1.0	7.95	6.28	75	4.0	2.0	4.1
	0.06	1.0	8.79	7.11	96	4.0	2.0	4.1
	0.09	1.0	9.20	7.53	117	4.0	2.0	4.1

续表 1-4-2

体 重 (kg)	日增重 (kg)	干物质 (kg)	消化能 (MJ)	代谢能 (MJ)	粗蛋白质 (g)	钙 (g)	总　磷 (g)	食用盐 (g)
35	0	1.2	7.95	6.28	61	4.5	2.3	5.0
	0.03	1.2	8.79	7.11	82	4.5	2.3	5.0
	0.06	1.2	9.62	7.95	103	4.5	2.3	5.0
	0.09	1.2	10.88	8.79	123	4.5	2.3	5.0
40	0	1.4	8.37	6.69	67	4.5	2.3	5.8
	0.03	1.4	9.62	7.95	88	4.5	2.3	5.8
	0.06	1.4	10.88	8.79	108	4.5	2.3	5.8
	0.09	1.4	12.55	10.04	129	4.5	2.3	5.8
45	0	1.5	9.20	8.79	80	5.0	2.5	6.2
	0.03	1.5	10.88	9.62	100	5.0	2.5	6.2
	0.06	1.5	11.71	10.88	120	5.0	2.5	6.2
	0.09	1.5	13.39	12.10	140	5.0	2.5	6.2
50	0	1.6	9.62	7.95	94	5.0	2.5	6.6
	0.03	1.6	11.30	9.20	114	5.0	2.5	6.6
	0.06	1.6	13.39	10.88	135	5.0	2.5	6.6
	0.09	1.6	15.06	12.13	146	5.0	2.5	6.6

注：1. 表中日粮干物质进食量、消化能、代谢能、粗蛋白质、钙、总磷、食用盐每日需要量推荐数值参考自内蒙古自治区
地方标准《细毛羊饲养标准》(DB 15/T 30—92)。

　　2. 日粮中添加的食用盐应符合 GB 5461 中的规定。

表 1-4-3　育成公绵羊每日营养需要量

体 重 (kg)	日增重 (kg)	干物质 (kg)	消化能 (MJ)	代谢能 (MJ)	粗蛋白质 (g)	钙 (g)	总　磷 (g)	食用盐 (g)
20	0.05	0.9	8.17	6.70	95	2.4	1.1	7.6
	0.10	0.9	9.76	8.00	114	3.3	1.5	7.6
	0.15	1.0	12.20	10.00	132	4.3	2.0	7.6
25	0.05	1.0	8.78	7.20	105	2.8	1.3	7.6
	0.10	1.0	10.98	9.00	123	3.7	1.7	7.6
	0.15	1.1	13.54	11.10	142	4.6	2.1	7.6
30	0.05	1.1	10.37	8.50	114	3.2	1.4	8.6
	0.10	1.1	12.20	10.00	132	4.1	1.9	8.6
	0.15	1.2	14.76	12.10	150	5.0	2.3	8.6

续表 1-4-3

体 重 (kg)	日增重 (kg)	干物质 (kg)	消化能 (MJ)	代谢能 (MJ)	粗蛋白质 (g)	钙 (g)	总 磷 (g)	食用盐 (g)
	0.05	1.2	11.34	9.30	122	3.5	1.6	8.6
35	0.10	1.2	13.29	10.90	140	4.5	2.0	8.6
	0.15	1.3	16.10	13.20	159	5.4	2.5	8.6
	0.05	1.3	12.44	10.20	130	3.9	1.8	9.6
40	0.10	1.3	14.39	11.80	149	4.8	2.2	9.6
	0.15	1.3	17.32	14.20	167	5.8	2.6	9.6
	0.05	1.3	13.54	11.10	138	4.3	1.9	9.6
45	0.10	1.3	15.49	12.70	156	5.2	2.9	9.6
	0.15	1.4	18.66	15.30	175	6.1	2.8	9.6
	0.05	1.4	14.39	11.80	146	4.7	2.1	11.0
50	0.10	1.4	16.59	13.60	165	5.6	2.5	11.0
	0.15	1.5	19.76	16.20	182	6.5	3.0	11.0
	0.05	1.5	15.37	12.60	153	5.0	2.3	11.0
55	0.10	1.5	17.68	14.50	172	6.0	2.7	11.0
	0.15	1.6	20.98	17.20	190	6.9	3.1	11.0
	0.05	1.6	16.34	13.40	161	5.4	2.4	12.0
60	0.10	1.6	18.78	15.40	179	6.3	2.9	12.0
	0.15	1.7	22.20	18.20	198	7.3	3.3	12.0
	0.05	1.7	17.32	14.20	168	5.7	2.6	12.0
65	0.10	1.7	19.88	16.30	187	6.7	3.0	12.0
	0.15	1.8	23.54	19.30	205	7.6	3.4	12.0
	0.05	1.8	18.29	15.00	175	6.2	2.8	12.0
70	0.10	1.8	20.85	17.10	194	7.1	3.2	12.0
	0.15	1.9	24.76	20.30	212	8.0	3.6	12.0

注：1. 表中日粮干物质进食量、消化能、代谢能、粗蛋白质、钙、总磷、食用盐每日需要量推荐数值参考自内蒙古自治区
地方标准《细毛羊饲养标准》(DB 15/T 30—92)。

2. 日粮中添加的食用盐应符合 GB 5461 中的规定。

表 1-4-4　育肥羊每日营养需要量

体重(kg)	日增重(kg)	干物质(kg)	消化能(MJ)	代谢能(MJ)	粗蛋白质(g)	钙(g)	总磷(g)	食用盐(g)
20	0.10	0.8	9.00	8.40	111	1.9	1.8	7.6
	0.20	0.9	11.30	9.30	158	2.8	2.4	7.6
	0.30	1.0	13.60	11.20	183	3.8	3.1	7.6
	0.45	1.0	15.01	11.82	210	4.6	3.7	7.6
25	0.10	0.9	10.50	8.60	121	2.2	2.0	7.6
	0.20	1.0	13.20	10.80	168	3.2	2.7	7.6
	0.30	1.1	15.80	13.00	191	4.3	3.4	7.6
	0.45	1.1	17.45	14.35	218	5.4	4.2	7.6
30	0.10	1.0	12.00	9.80	132	2.5	2.2	8.6
	0.20	1.1	15.00	12.30	178	3.6	3.0	8.6
	0.30	1.2	18.10	14.80	200	4.8	3.8	8.6
	0.45	1.2	19.95	16.34	225	6.0	4.6	8.6
35	0.10	1.2	13.40	11.10	141	2.8	2.5	8.6
	0.20	1.3	16.90	13.80	187	4.0	3.3	8.6
	0.30	1.3	18.20	16.60	207	5.2	4.1	8.6
	0.45	1.3	20.19	18.26	233	6.4	5.0	8.6
40	0.10	1.3	14.90	12.20	143	3.1	2.7	9.6
	0.20	1.3	18.80	15.30	183	4.4	3.6	9.6
	0.30	1.4	22.60	18.40	204	5.7	4.5	9.6
	0.45	1.4	24.90	20.30	227	7.0	5.4	9.6
45	0.10	1.4	16.40	13.40	152	3.4	2.9	9.6
	0.20	1.4	20.60	16.80	192	4.8	3.9	9.6
	0.30	1.5	24.80	20.30	210	6.2	4.9	9.6
	0.45	1.5	27.38	22.39	233	7.4	6.0	9.6
50	0.10	1.5	17.90	14.60	159	3.7	3.2	11.0
	0.20	1.6	22.50	18.30	198	5.2	4.2	11.0
	0.30	1.6	27.20	22.10	215	6.7	5.2	11.0
	0.45	1.6	30.03	24.38	237	8.5	6.5	11.0

注：1. 表中日粮干物质进食量、消化能、代谢能、粗蛋白质、钙、总磷、食用盐每日需要量推荐数值参考自新疆维吾尔自治区企业标准《新疆细毛羔羊舍饲肥育标准》(1985)。

　　2. 日粮中添加的食用盐应符合 GB 5461 中的规定。

表1-4-5 妊娠母绵羊每日营养需要量

妊娠阶段	体 重 (kg)	干物质 (kg)	消化能 (MJ)	代谢能 (MJ)	粗蛋白质 (g)	钙 (g)	总 磷 (g)	食用盐 (g)
前 期[a]	40	1.6	12.55	10.46	116	3.0	2.0	6.6
	50	1.8	15.06	12.55	124	3.2	2.5	7.5
	60	2.0	15.90	13.39	132	4.0	3.0	8.3
	70	2.2	16.74	14.23	141	4.5	3.5	9.1
后 期[b]	40	1.8	15.06	12.55	146	6.0	3.5	7.5
	45	1.9	15.90	13.39	152	6.5	3.7	7.9
	50	2.0	16.74	14.23	159	7.0	3.9	8.3
	55	2.1	17.99	15.06	165	7.5	4.1	8.7
	60	2.2	18.83	15.90	172	8.0	4.3	9.1
	65	2.3	19.66	16.74	180	8.5	4.5	9.5
	70	2.4	20.92	17.57	187	9.0	4.7	9.9
后 期[c]	40	1.8	16.74	14.23	167	7.0	4.0	7.9
	45	1.9	17.99	15.06	176	7.5	4.3	8.3
	50	2.0	19.25	16.32	184	8.0	4.6	8.7
	55	2.1	20.50	17.15	193	8.5	5.0	9.1
	60	2.2	21.76	18.41	203	9.0	5.3	9.5
	65	2.3	22.59	19.25	214	9.5	5.4	9.9
	70	2.4	24.27	20.50	226	10.0	5.6	11.0

注：1. 表中日粮干物质进食量、消化能、代谢能、粗蛋白质、钙、总磷、食用盐每日需要量推荐数值参考自内蒙古自治区
地方标准《细毛羊饲养标准》(DB 15/T 30—92)。

2. 日粮中添加的食用盐应符合 GB 5461 中的规定。

3. [a]指妊娠期的第 1~3 个月；[b]指母羊怀单羔妊娠期的第 4~5 个月；[c]指母羊怀双羔妊娠期的第 4~5 个月。

表1-4-6 泌乳母绵羊每日营养需要量

体 重 (kg)	日泌乳量 (kg)	干物质 (kg)	消化能 (MJ)	代谢能 (MJ)	粗蛋白质 (g)	钙 (g)	总 磷 (g)	食用盐 (g)
	0.2	2.0	12.97	10.46	119	7.0	4.3	8.3
	0.4	2.0	15.48	12.55	139	7.0	4.3	8.3
	0.6	2.0	17.99	14.64	157	7.0	4.3	8.3
	0.8	2.0	20.50	16.76	176	7.0	4.3	8.3
40	1.0	2.0	23.01	18.83	196	7.0	4.3	8.3
	1.2	2.0	25.94	20.96	216	7.0	4.3	8.3
	1.4	2.0	28.45	23.01	236	7.0	4.3	8.3
	1.6	2.0	30.96	25.10	254	7.0	4.3	8.3
	1.8	2.0	33.47	27.20	274	7.0	4.3	8.3

续表 1-4-6

体 重 （kg）	日泌乳量 （kg）	干物质 （kg）	消化能 （MJ）	代谢能 （MJ）	粗蛋白质 （g）	钙 （g）	总 磷 （g）	食用盐 （g）
	0.2	2.2	15.06	12.13	122	7.5	4.7	9.1
	0.4	2.2	17.57	14.23	142	7.5	4.7	9.1
	0.6	2.2	20.08	16.32	162	7.5	4.7	9.1
	0.8	2.2	22.59	18.41	180	7.5	4.7	9.1
50	1.0	2.2	25.10	20.50	200	7.5	4.7	9.1
	1.2	2.2	28.03	22.59	219	7.5	4.7	9.1
	1.4	2.2	30.54	24.69	239	7.5	4.7	9.1
	1.6	2.2	33.05	26.78	257	7.5	4.7	9.1
	1.8	2.2	35.56	28.87	277	7.5	4.7	9.1
	0.2	2.4	16.32	13.39	125	8.0	5.1	9.9
	0.4	2.4	19.25	15.48	145	8.0	5.1	9.9
	0.6	2.4	21.76	17.57	165	8.0	5.1	9.9
	0.8	2.4	24.27	19.66	183	8.0	5.1	9.9
60	1.0	2.4	26.78	21.76	203	8.0	5.1	9.9
	1.2	2.4	29.29	23.85	223	8.0	5.1	9.9
	1.4	2.4	31.80	25.94	241	8.0	5.1	9.9
	1.6	2.4	34.73	28.03	261	8.0	5.1	9.9
	1.8	2.4	37.24	30.12	275	8.0	5.1	9.9
	0.2	2.6	17.99	14.64	129	8.5	5.6	11.0
	0.4	2.6	20.50	16.70	148	8.5	5.6	11.0
	0.6	2.6	23.01	18.83	166	8.5	5.6	11.0
	0.8	2.6	25.94	20.92	186	8.5	5.6	11.0
70	1.0	2.6	28.45	23.01	206	8.5	5.6	11.0
	1.2	2.6	30.96	25.10	226	8.5	5.6	11.0
	1.4	2.6	33.89	27.61	244	8.5	5.6	11.0
	1.6	2.6	36.40	29.71	264	8.5	5.6	11.0
	1.8	2.6	39.33	31.80	284	8.5	5.6	11.0

注：1. 表中日粮干物质进食量、消化能、代谢能、粗蛋白质、钙、总磷、食用盐每日需要量推荐数值参考自内蒙古自治区
地方标准《细毛羊饲养标准》(DB 15/T 30—92)。

2. 日粮中添加的食用盐应符合 GB 5461 中的规定。

表 1-4-7 肉用绵羊对日粮中硫、维生素、微量矿物质元素需要量 （以干物质为基础）

体重阶段	生长羔羊 4～20 kg	育成母羊 25～50 kg	育成公羊 20～70 kg	育肥羊 20～50 kg	妊娠母羊 40～70 kg	泌乳母羊 40～70 kg	最大耐受浓度[b]
硫(g)	0.24～1.20	1.4～2.9	2.8～3.5	2.8～3.5	2.0～3.0	2.5～3.7	—
维生素 A(IU/d)	188～940	1175～2350	940～3290	940～2350	1880～3948	1880～3434	—
维生素 D(IU/d)	26～132	137～275	111～389	111～278	222～440	222～380	—
维生素 E(IU/d)	2.4～12.8	12～24	12～29	12～23	18～35	26～34	—
钴(mg/kg)	0.018～0.096	0.12～0.24	0.21～0.33	0.20～0.35	0.27～0.36	0.30～0.39	10
铜[a](mg/kg)	0.97～5.20	6.5～13.0	11～18	11～19	16～22	13～18	25
碘(mg/kg)	0.08～0.46	0.58～1.20	1.0～1.6	0.94～1.70	1.3～1.7	1.4～1.9	50
铁(mg/kg)	4.3～23.0	29～58	50～79	47～83	65～86	72～94	500
锰(mg/kg)	2.2～12.0	14～29	25～40	23～41	32～44	36～47	1000
硒(mg/kg)	0.016～0.086	0.11～0.22	0.19～0.30	0.18～0.31	0.24～0.31	0.27～0.35	2
锌(mg/kg)	2.7～14	18～36	50～79	29～52	53～71	59～77	750

注：表中维生素 A、维生素 D、维生素 E 每日需要量数据参考自 NRC(1985)。维生素 A 最低需要量：47IU/kg 体重，
1mg β-胡萝卜素效价相当于 681IU 维生素 A。维生素 D 需要量：早期断乳羔羊最低需要量为 5.55IU/kg 体重；
其他生产阶段绵羊的维生素 D 的最低需要量为 6.66IU/kg 体重，1IU 维生素 D 相当于 0.025μg 胆钙化醇。维生
素 E 需要量：体重低于 20kg 的羔羊对维生素 E 的最低需要量为 20IU/kg 干物质进食量；体重大于 20kg 的各生
产阶段绵羊对维生素 E 的最低需要量为 15IU/kg 干物质进食量，1IU 维生素 E 效价相当于 1mg D,L-α 生育酚醋
酸酯。

a. 当日粮中钼含量大于 3.0mg/kg 时，铜的添加量要在表中推荐值基础上增加 1 倍。

b. 参考自 NRC(1985)提供的估计数据。

（二）肉用山羊饲养标准

表 1-4-8 生长育肥山羊羔羊每日营养需要量

体重 (kg)	日增重 (kg)	干物质 (kg)	消化能 (MJ)	代谢能 (MJ)	粗蛋白质 (g)	钙 (g)	总 磷 (g)	食用盐 (g)
1	0	0.12	0.55	0.46	3	0.1	0.0	0.6
	0.02	0.12	0.71	0.60	9	0.8	0.5	0.6
	0.04	0.12	0.89	0.75	14	1.5	1.0	0.6
2	0	0.13	0.90	0.76	5	0.1	0.1	0.7
	0.02	0.13	1.08	0.91	11	0.8	0.6	0.7
	0.04	0.13	1.26	1.06	16	1.6	1.0	0.7
	0.06	0.13	1.43	1.20	22	2.3	1.5	0.7

续表 1-4-8

体　重 (kg)	日增重 (kg)	干物质 (kg)	消化能 (MJ)	代谢能 (MJ)	粗蛋白质 (g)	钙 (g)	总　磷 (g)	食用盐 (g)
	0	0.18	1.64	1.38	9	0.3	0.2	0.9
	0.02	0.18	1.93	1.62	16	1.0	0.7	0.9
4	0.04	0.18	2.20	1.85	22	1.7	1.1	0.9
	0.06	0.18	2.48	2.08	29	2.4	1.6	0.9
	0.08	0.18	2.76	2.32	35	3.1	2.1	0.9
	0	0.27	2.29	1.88	11	0.4	0.3	1.3
	0.02	0.27	2.32	1.90	22	1.1	0.7	1.3
6	0.04	0.27	3.06	2.51	33	1.8	1.2	1.3
	0.06	0.27	3.79	3.11	44	2.5	1.7	1.3
	0.08	0.27	4.54	3.72	55	3.3	2.2	1.3
	0.10	0.27	5.27	4.32	67	4.0	2.6	1.3
	0	0.33	1.96	1.61	13	0.5	0.4	1.7
	0.02	0.33	3.05	2.50	24	1.2	0.8	1.7
8	0.04	0.33	4.11	3.37	36	2.0	1.3	1.7
	0.06	0.33	5.18	4.25	47	2.7	1.8	1.7
	0.08	0.33	6.26	5.13	58	3.4	2.3	1.7
	0.10	0.33	7.33	6.01	69	4.1	2.7	1.7
	0	0.46	2.33	1.91	16	0.7	0.4	2.3
	0.02	0.48	3.73	3.06	27	1.4	0.9	2.4
10	0.04	0.50	5.15	4.22	38	2.1	1.4	2.5
	0.06	0.52	6.55	5.37	49	2.8	1.9	2.6
	0.08	0.54	7.96	6.53	60	3.5	2.3	2.7
	0.10	0.56	9.38	7.69	72	4.2	2.8	2.8
	0	0.48	2.67	2.19	18	0.8	0.5	2.4
	0.02	0.50	4.41	3.62	29	1.5	1.0	2.5
12	0.04	0.52	6.16	5.05	40	2.2	1.5	2.6
	0.06	0.54	7.90	6.48	52	2.9	2.0	2.7
	0.08	0.56	9.65	7.91	63	3.7	2.4	2.8
	0.10	0.58	11.40	9.35	74	4.4	2.9	2.9

续表 1-4-8

体 重 （kg）	日增重 （kg）	干物质 （kg）	消化能 （MJ）	代谢能 （MJ）	粗蛋白质 （g）	钙 （g）	总 磷 （g）	食用盐 （g）
	0	0.50	2.99	2.45	20	0.9	0.6	2.5
	0.02	0.52	5.07	4.16	31	1.6	1.1	2.6
14	0.04	0.54	7.16	5.87	43	2.4	1.6	2.7
	0.06	0.56	9.24	7.58	54	3.1	2.0	2.8
	0.08	0.58	11.33	9.29	65	3.8	2.5	2.9
	0.10	0.60	13.40	10.99	76	4.5	3.0	3.0
	0	0.52	3.30	2.71	22	1.1	0.7	2.6
	0.02	0.54	5.73	4.70	34	1.8	1.2	2.7
16	0.04	0.56	8.15	6.68	45	2.5	1.7	2.8
	0.06	0.58	10.56	8.66	56	3.2	2.1	2.9
	0.08	0.60	12.99	10.65	67	3.9	2.6	3.0
	0.10	0.62	15.43	12.65	78	4.6	3.1	3.1

注：1. 表中 0～8kg 体重阶段肉用绵羊羔羊日粮干物质进食量按每 kg 代谢体重 0.07kg 估算；体重大于 10kg 时，按中
国农业科学院畜牧研究所 2003 年提供的如下公式计算获得：

$$DMI = (26.45 \times W^{0.75} + 0.99 \times ADG)/1000$$

式中：

DMI ——干物质进食量，单位为 kg/d；

W ——体重，单位为 kg；

ADG ——日增重，单位为 g/d。

2. 表中代谢能、粗蛋白质数值参考自杨在宾等（1997）对青山羊数据资料。

3. 表中消化能需要量数值根据"代谢能/0.82"估算。

4. 表中钙需要量按表 1-4-14 中提供参数估算得到，总磷需要量根据钙磷 1.5：1 估算获得。

5. 日粮中添加的食用盐应符合 GB 5461 中的规定。

表 1-4-9 育肥山羊每日营养需要量

体 重 （kg）	日增重 （kg）	干物质 （kg）	消化能 （MJ）	代谢能 （MJ）	粗蛋白质 （g）	钙 （g）	总 磷 （g）	食用盐 （g）
	0	0.51	5.36	4.40	43	1.0	0.7	2.6
	0.05	0.56	5.83	4.78	54	2.8	1.9	2.8
15	0.10	0.61	6.29	5.15	64	4.6	3.0	3.1
	0.15	0.66	6.75	5.54	74	6.4	4.2	3.3
	0.20	0.71	7.21	5.91	84	8.1	5.4	3.6

续表 1-4-9

体 重 (kg)	日增重 (kg)	干物质 (kg)	消化能 (MJ)	代谢能 (MJ)	粗蛋白质 (g)	钙 (g)	总 磷 (g)	食用盐 (g)
20	0	0.56	6.44	5.28	47	1.3	0.9	2.8
	0.05	0.61	6.91	5.66	57	3.1	2.1	3.1
	0.10	0.66	7.37	6.04	67	4.9	3.3	3.3
	0.15	0.71	7.83	6.42	77	6.7	4.5	3.6
	0.20	0.76	8.29	6.80	87	8.5	5.6	3.8
25	0	0.61	7.46	6.12	50	1.7	1.1	3.0
	0.05	0.66	7.92	6.49	60	3.5	2.3	3.3
	0.10	0.71	8.38	6.87	70	5.2	3.5	3.5
	0.15	0.76	8.84	7.25	81	7.0	4.7	3.8
	0.20	0.81	9.31	7.63	91	8.8	5.9	4.0
30	0	0.65	8.42	6.90	53	2.0	1.3	3.3
	0.05	0.70	8.88	7.28	63	3.8	2.5	3.5
	0.10	0.75	9.35	7.66	74	5.6	3.7	3.8
	0.15	0.80	9.81	8.04	84	7.4	4.0	4.0
	0.20	0.85	10.27	8.42	94	9.1	6.1	4.2

注：1. 表中干物质进食量、消化能、代谢能、粗蛋白质数值来源于中国农业科学院畜牧所（2003），具体计算公式如下：

$$DMI(kg/d) = (26.45 \times W^{0.75} + 0.99 \times ADG)/1000$$

$$DE(MJ/d) = 4.184 \times (140.61 \times LBW^{0.75} + 2.21 \times ADG + 210.3)/1000$$

$$ME(MJ/d) = 4.184 \times (0.475 \times ADG + 95.19) \times LBW^{0.75}/1000$$

$$CP(g/d) = 28.86 + 1.905 \times LBW^{0.75} + 0.2024 \times ADG$$

以上式中：

DMI —— 干物质进食量，单位为 kg/d；

DE —— 消化能，单位为 MJ/d；

ME —— 代谢能，单位为 MJ/d；

CP —— 粗蛋白质，单位为 g/d；

LBW —— 活体重，单位为 kg；

ADG —— 平均日增重，单位为 g/d。

2. 表中的钙、总磷每日需要量来源见表 1-4-14 注 4。

3. 日粮中添加的食用盐应符合 GB 5461 中的规定。

表 1-4-10 后备公羊每日营养需要量

体 重 （kg）	日增重 （kg）	干物质 （kg）	消化能 （MJ）	代谢能 （MJ）	粗蛋白质 （g）	钙 （g）	总 磷 （g）	食用盐 （g）
12	0	0.48	3.78	3.10	24	0.8	0.5	2.4
	0.02	0.50	4.10	3.36	32	1.5	1.0	2.5
	0.04	0.52	4.43	3.63	40	2.2	1.5	2.6
	0.06	0.54	4.74	3.89	49	2.9	2.0	2.7
	0.08	0.56	5.06	4.15	57	3.7	2.4	2.8
	0.10	0.58	5.38	4.41	66	4.4	2.9	2.9
15	0	0.51	4.48	3.67	28	1.0	0.7	2.6
	0.02	0.53	5.28	4.33	36	1.7	1.1	2.7
	0.04	0.55	5.70	4.67	45	2.4	1.6	2.8
	0.06	0.57	6.10	5.00	53	3.1	2.1	2.9
	0.08	0.59	7.72	6.33	61	3.9	2.6	3.0
	0.10	0.61	8.54	7.00	70	4.6	3.0	3.1
18	0	0.54	5.12	4.20	32	1.2	0.8	2.7
	0.02	0.56	6.44	5.28	40	1.9	1.3	2.8
	0.04	0.58	7.74	6.35	49	2.6	1.8	2.9
	0.06	0.60	9.05	7.42	57	3.3	2.2	3.0
	0.08	0.62	10.35	8.49	66	4.1	2.7	3.1
	0.10	0.64	11.66	9.56	74	4.8	3.2	3.2
21	0	0.57	5.76	4.72	36	1.4	0.9	2.9
	0.02	0.59	7.56	6.20	44	2.1	1.4	3.0
	0.04	0.61	9.35	7.67	53	2.8	1.9	3.1
	0.06	0.63	11.16	9.15	61	3.5	2.4	3.2
	0.08	0.65	12.96	10.63	70	4.3	2.8	3.3
	0.10	0.67	14.76	12.10	78	5.0	3.3	3.4
24	0	0.60	6.37	5.22	40	1.6	1.1	3.0
	0.02	0.62	8.66	7.10	48	2.3	1.5	3.1
	0.04	0.64	10.95	8.98	56	3.0	2.0	3.2
	0.06	0.66	13.27	10.88	65	3.7	2.5	3.3
	0.08	0.68	15.54	12.74	73	4.5	3.0	3.4
	0.10	0.70	17.83	14.62	82	5.2	3.4	3.5

注：日粮中添加的食用盐应符合 GB 5461 中的规定。

表 1-4-11　妊娠期母山羊每日营养需要量

妊娠阶段	体重 (kg)	干物质 (kg)	消化能 (MJ)	代谢能 (MJ)	粗蛋白质 (g)	钙 (g)	总　磷 (g)	食用盐 (g)
空怀期	10	0.39	3.37	2.76	34	4.5	3.0	2.0
	15	0.53	4.54	3.72	43	4.8	3.2	2.7
	20	0.66	5.62	4.61	52	5.2	3.4	3.3
	25	0.78	6.63	5.44	60	5.5	3.7	3.9
	30	0.90	7.59	6.22	67	5.8	3.9	4.5
1~90d	10	0.39	4.80	3.94	55	4.5	3.0	2.0
	15	0.53	6.82	5.59	65	4.8	3.2	2.7
	20	0.66	8.72	7.15	73	5.2	3.4	3.3
	25	0.78	10.56	8.66	81	5.5	3.7	3.9
	30	0.90	12.34	10.12	89	5.8	3.9	4.5
91~120d	15	0.53	7.55	6.19	97	4.8	3.2	2.7
	20	0.66	9.51	7.80	105	5.2	3.4	3.3
	25	0.78	11.39	9.34	113	5.5	3.7	3.9
	30	0.90	13.20	10.82	121	5.8	3.9	4.5
120d 以上	15	0.53	8.54	7.00	124	4.8	3.2	2.7
	20	0.66	10.54	8.64	132	5.2	3.4	3.3
	25	0.78	12.43	10.19	140	5.5	3.7	3.9
	30	0.90	14.27	11.70	148	5.8	3.9	4.5

注:日粮中添加的食用盐应符合 GB 5461 中的规定。

表 1-4-12　泌乳前期母山羊每日营养需要量

体　重 (kg)	泌乳量 (kg)	干物质 (kg)	消化能 (MJ)	代谢能 (MJ)	粗蛋白质 (g)	钙 (g)	总　磷 (g)	食用盐 (g)
10	0	0.39	3.12	2.56	24	0.7	0.4	2.0
	0.50	0.39	5.73	4.70	73	2.8	1.8	2.0
	0.75	0.39	7.04	5.77	97	3.8	2.5	2.0
	1.00	0.39	8.34	6.84	122	4.8	3.2	2.0
	1.25	0.39	9.65	7.91	146	5.9	3.9	2.0
	1.50	0.39	10.95	8.98	170	6.9	4.6	2.0

续表 1-4-12

体 重 (kg)	泌乳量 (kg)	干物质 (kg)	消化能 (MJ)	代谢能 (MJ)	粗蛋白质 (g)	钙 (g)	总 磷 (g)	食用盐 (g)
15	0	0.53	4.24	3.48	33	1.0	0.7	2.7
	0.50	0.53	6.84	5.61	81	3.1	2.1	2.7
	0.75	0.53	8.15	6.68	106	4.1	2.8	2.7
	1.00	0.53	9.45	7.75	130	5.2	3.4	2.7
	1.25	0.53	10.76	8.82	154	6.2	4.1	2.7
	1.50	0.53	12.06	9.89	179	7.3	4.8	2.7
20	0	0.66	5.26	4.31	40	1.3	0.9	3.3
	0.50	0.66	7.87	6.45	89	3.4	2.3	3.3
	0.75	0.66	9.17	7.52	114	4.5	3.0	3.3
	1.00	0.66	10.48	8.59	138	5.5	3.7	3.3
	1.25	0.66	11.78	9.66	162	6.5	4.4	3.3
	1.50	0.66	13.09	10.73	187	7.6	5.1	3.3
25	0	0.78	6.22	5.10	48	1.7	1.1	3.9
	0.50	0.78	8.83	7.24	97	3.8	2.5	3.9
	0.75	0.78	10.13	8.31	121	4.8	3.2	3.9
	1.00	0.78	11.44	9.38	145	5.8	3.9	3.9
	1.25	0.78	12.73	10.44	170	6.9	4.6	3.9
	1.50	0.78	14.04	11.51	194	7.9	5.3	3.9
30	0	0.90	6.70	5.49	55	2.0	1.3	4.5
	0.50	0.90	9.73	7.98	104	4.1	2.7	4.5
	0.75	0.90	11.04	9.05	128	5.1	3.4	4.5
	1.00	0.90	12.34	10.12	152	6.2	4.1	4.5
	1.25	0.90	13.65	11.19	177	7.2	4.8	4.5
	1.50	0.90	14.95	12.26	201	8.3	5.5	4.5

注:1. 泌乳前期指泌乳第 1~30 天。

2. 日粮中添加的食用盐应符合 GB 5461 中的规定。

表 1-4-13 泌乳后期母山羊每日营养需要量

体 重 （kg）	泌乳量 （kg）	干物质 （kg）	消化能 （MJ）	代谢能 （MJ）	粗蛋白质 （g）	钙 （g）	总 磷 （g）	食用盐 （g）
10	0	0.39	3.71	3.04	22	0.7	0.4	2.0
	0.15	0.39	4.67	3.83	48	1.3	0.9	2.0
	0.25	0.39	5.30	4.35	65	1.7	1.1	2.0
	0.50	0.39	6.90	5.66	108	2.8	1.8	2.0
	0.75	0.39	8.50	6.97	151	3.8	2.5	2.0
	1.00	0.39	10.10	8.28	194	4.8	3.2	2.0
15	0	0.53	5.02	4.12	30	1.0	0.7	2.7
	0.15	0.53	5.99	4.91	55	1.6	1.1	2.7
	0.25	0.53	6.62	5.43	73	2.0	1.4	2.7
	0.50	0.53	8.22	6.74	116	3.1	2.1	2.7
	0.75	0.53	9.82	8.05	159	4.1	2.8	2.7
	1.00	0.53	11.41	9.36	201	5.2	3.4	2.7
20	0	0.66	6.24	5.12	37	1.3	0.9	3.3
	0.15	0.66	7.20	5.90	63	2.0	1.3	3.3
	0.25	0.66	7.84	6.43	80	2.4	1.6	3.3
	0.50	0.66	9.44	7.74	123	3.4	2.3	3.3
	0.75	0.66	11.04	9.05	166	4.5	3.0	3.3
	1.00	0.66	12.63	10.36	209	5.5	3.7	3.3
25	0	0.78	7.38	6.05	44	1.7	1.1	3.9
	0.15	0.78	8.34	6.84	69	2.3	1.5	3.9
	0.25	0.78	8.98	7.36	87	2.7	1.8	3.9
	0.50	0.78	10.57	8.67	129	3.8	2.5	3.9
	0.75	0.78	12.17	9.98	172	4.8	3.2	3.9
	1.00	0.78	13.77	11.29	215	5.8	3.9	3.9
30	0	0.9	8.46	6.94	50	2.0	1.3	4.5
	0.15	0.9	9.41	7.72	76	2.6	1.8	4.5
	0.25	0.9	10.06	8.25	93	3.0	2.0	4.5
	0.50	0.9	11.66	9.56	136	4.1	2.7	4.5
	0.75	0.9	13.24	10.86	179	5.1	3.4	4.5
	1.00	0.9	14.85	12.18	222	6.3	4.1	4.5

注：1. 泌乳后期指泌乳第 31～70 天。

2. 日粮中添加的食用盐应符合 GB 5461 中的规定。

表 1-4-14　山羊对常量矿物质元素每日营养需要量

常量元素	维持(mg/kg 体重)	妊娠(g/kg 胎儿)	泌乳(g/kg 产乳)	生长(g/kg)	吸收率(%)
钙	30	11.5	1.25	10.7	30
总 磷	20	6.6	1.0	6.0	65
镁	3.5	0.3	0.14	0.4	20
钾	50	2.1	2.1	2.4	90
钠	15	1.7	0.4	1.6	80
硫	0.16%～0.32%(以采食日粮干物质为基础)				—

注：1. 表中参数引自 Kessler(1991)和 Haenlein(1987)资料信息。

2. 表中"—"表示暂无此项数据。

表 1-4-15　山羊对微量矿物质元素需要量 （以进食日粮干物质为基础）

微量元素	推荐量(mg/kg)	微量元素	推荐量(mg/kg)
铁	30～40	锰	60～120
铜	10～20	锌	50～80
钴	0.11～0.20	硒	0.05
碘	0.15～2.00		

注：表中推荐数值参考自 AFRC(1998)，以进食日粮干物质为基础。

五、美国 NRC（2007）建议的马营养需要

表 1-5-1 成年体重 200kg 马的营养需要ª

类型	体重 (kg)	或日产乳量平均日产乳量 (kg/d)	消化能 (Mcal)	粗蛋白质 (g)	赖氨酸 (g)	钙 (g)	磷 (g)	镁 (g)	钾 (g)	钠 (g)	氯 (g)	硫 (g)	钴 (mg)	铜 (mg)	碘 (mg)	铁 (mg)	锰 (mg)	硒 (mg)	锌 (mg)	维生素A (kIU)	维生素D (IU)	维生素E (IU)	硫胺素 (mg)	核黄素 (mg)
成年-非役用b																								
最低	200		6.1	216	9.3	8.0	5.6	3.0	10.0	4.0	16.0	6.0	0.2	40.0	1.4	160.0	160.0	0.40	160.0	6.0	1320	200	12.0	8.0
平均	200		6.7	252	10.8	8.0	5.6	3.0	10.0	4.0	16.0	6.0	0.2	40.0	1.4	160.0	160.0	0.40	160.0	6.0	1320	200	12.0	8.0
较高	200		7.3	288	12.4	8.0	5.6	3.0	10.0	4.0	16.0	6.0	0.2	40.0	1.4	160.0	160.0	0.40	160.0	6.0	1320	200	12.0	8.0
役用c																								
轻役	200		8.0	280	12.0	12.0	7.2	3.8	11.4	5.6	18.7	6.0	0.2	40.0	1.4	160.0	160.0	0.40	160.0	9.0	1320	320	12.0	8.0
中役	200		9.3	307	13.2	14.0	8.4	4.6	12.8	7.1	21.3	6.8	0.2	45.0	1.6	180.0	180.0	0.45	180.0	9.0	1320	360	22.6	9.0
重役	200		10.7	345	14.8	16.0	11.6	6.0	15.6	10.2	26.6	7.5	0.3	50.0	1.8	200.0	200.0	0.50	200.0	9.0	1320	400	25.0	10.0
超重役	200		13.8	402	17.3	16.0	11.6	6.0	21.2	16.4	37.2	7.5	0.3	50.0	1.8	200.0	200.0	0.50	200.0	9.0	1320	400	25.0	10.0
种公马																								
非配	200		7.3	288	12.4	8.0	5.6	3.0	10.0	4.0	16.0	6.0	0.2	40.0	1.4	160.0	160.0	0.40	160.0	6.0	1320	200	12.0	8.0
配期	200		8.7	316	13.6	12.0	7.2	3.8	11.4	5.6	18.7	6.0	0.2	40.0	1.4	160.0	160.0	0.40	160.0	9.0	1320	320	12.0	8.0
孕母马																								
<5月	200		6.7	252	10.8	8.0	5.6	3.0	10.0	4.0	16.0	6.0	0.2	40.0	1.4	160.0	160.0	0.40	160.0	12.0	1320	320	12.0	8.0
5月	201	0.05	6.8	274	11.8	8.0	5.6	3.0	10.0	4.0	16.0	6.0	0.2	40.0	1.4	160.0	160.0	0.40	160.0	12.0	1320	320	12.0	8.0
6月	203	0.07	7.0	282	12.1	8.0	5.6	3.0	10.0	4.0	16.0	6.0	0.2	40.0	1.4	160.0	160.0	0.40	160.0	12.0	1320	320	12.0	8.0
7月	206	0.10	7.2	291	12.5	11.2	8.0	3.0	10.0	4.0	16.0	6.0	0.2	40.0	1.4	160.0	160.0	0.40	160.0	12.0	1320	320	12.0	8.0
8月	209	0.13	7.4	304	13.1	11.2	8.0	3.0	10.0	4.0	16.4	6.0	0.2	40.0	1.4	160.0	160.0	0.40	160.0	12.0	1320	320	12.0	8.0
9月	214	0.16	7.7	319	13.7	14.4	10.5	3.1	10.3	4.4	16.4	6.0	0.2	50.0	1.6	200.0	200.0	0.40	160.0	12.0	1320	320	12.0	8.0
10月	219	0.21	8.1	336	14.5	14.4	10.5	3.1	10.3	4.4	16.4	6.0	0.2	50.0	1.6	200.0	200.0	0.40	160.0	12.0	1320	320	12.0	8.0
11月	226	0.26	8.6	357	15.4	14.4	10.5	3.1	10.3	4.4	16.4	6.0	0.2	50.0	1.6	200.0	200.0	0.40	160.0	12.0	1320	320	12.0	8.0

续表 1-5

类型	体重 (kg)	平均日增重或日产乳量 (kg/d)	消化能 (Mcal)	粗蛋白质 (g)	赖氨酸 (g)	钙 (g)	磷 (g)	镁 (g)	钾 (g)	钠 (g)	氯 (g)	硫 (g)	钴 (mg)	铜 (mg)	碘 (mg)	铁 (mg)	锰 (mg)	硒 (mg)	锌 (mg)	维生素A (kIU)	维生素D (IU)	维生素E (IU)	硫胺素 (mg)	核黄素 (mg)
哺乳母马																								
1月	200	6.52	12.7	614	33.9	23.6	15.3	4.5	19.1	5.1	18.2	7.5	0.3	50.0	1.8	250.0	200.0	0.50	200.0	12.0	1320	400	15.0	10
2月	200	6.48	12.7	612	33.8	23.6	15.2	4.5	19.1	5.1	18.2	7.5	0.3	50.0	1.8	250.0	200.0	0.50	200.0	12.0	1320	400	15.0	10
3月	200	5.98	12.2	587	32.1	22.4	14.4	4.3	18.4	5.0	18.2	7.5	0.3	50.0	1.8	250.0	200.0	0.50	200.0	12.0	1320	400	15.0	10
4月	200	5.42	11.8	559	30.3	16.7	10.5	4.2	14.3	4.8	18.2	7.5	0.3	50.0	1.8	250.0	200.0	0.50	200.0	12.0	1320	400	15.0	10
5月	200	4.88	11.3	532	28.5	15.8	9.9	4.1	13.9	4.7	18.2	7.5	0.3	50.0	1.8	250.0	200.0	0.50	200.0	12.0	1320	400	15.0	10
6月	200	4.36	10.9	506	26.8	15.0	9.3	3.5	13.5	4.6	18.2	7.5	0.3	50.0	1.8	250.0	200.0	0.50	200.0	12.0	1320	400	15.0	10
生长马 (月龄)																								
4月	67	0.34	5.3	268	11.5	15.6	8.7	1.4	4.4	1.7	6.3	2.5	0.1	16.8	0.6	84.2	67.4	0.17	67.4	3.0	1496	135	5.1	3.4
6月	86	0.29	6.2	270	11.6	15.5	8.6	1.7	5.2	2.0	8.0	3.2	0.1	21.6	0.8	107.9	86.4	0.22	86.4	3.9	1917	173	6.5	4.3
12月	128	0.18	7.5	338	14.5	15.1	8.4	2.2	7.0	2.8	10.6	4.8	0.2	32.1	1.1	160.6	128.5	0.32	128.5	5.8	2236	257	9.6	6.4
18月	155	0.11	7.7	320	13.7	14.8	8.2	2.5	8.1	3.2	12.8	5.8	0.2	38.7	1.4	193.7	155.0	0.39	155.0	7.0	2464	310	11.6	7.7
18月 轻役	155	0.11	8.8	341	14.7	14.8	8.2	4.6	9.2	4.4	14.8	5.8	0.2	38.7	1.4	193.7	155.0	0.39	155.0	7.0	2464	310	11.6	7.7
18月 中役	155	0.11	10.0	362	15.6	14.8	8.2	4.6	10.3	4.6	16.9	5.8	0.2	38.7	1.4	193.7	155.0	0.39	155.0	7.0	2464	310	11.6	7.7
24月	172	0.07	7.5	308	13.2	14.7	8.1	2.7	8.8	3.5	14.2	6.4	0.2	42.9	1.5	214.6	171.7	0.43	171.7	7.7	2352	343	12.9	8.6
24月 轻役	172	0.07	8.7	332	14.3	14.7	8.1	5.2	10.0	4.8	16.4	6.4	0.2	42.9	1.5	214.6	171.7	0.43	171.7	7.7	2235	343	12.9	8.6
24月 中役	172	0.07	9.9	355	15.3	14.7	8.1	5.2	11.2	6.2	18.7	6.4	0.2	42.9	1.5	214.6	171.7	0.43	171.7	7.7	2352	343	12.9	8.6
24月 重役	172	0.07	11.2	387	16.7	14.7	8.1	5.2	13.6	8.8	23.3	6.4	0.2	42.9	1.5	214.6	171.7	0.43	171.7	7.7	2352	343	12.9	8.6
24月 超重役	172	0.07	13.0	436	18.8	14.7	8.1	5.2	18.4	14.1	32.4	6.4	0.2	42.9	1.5	214.6	171.7	0.43	171.7	7.7	2352	343	12.9	8.6

注：a 表中列出的重役马、超重役马、哺乳母马和生长马每日所需硫、钴、碘、铁、锰、硒、锌的百分比体重计算的，中役马以2.5%的百分比体重计算的，中役马以2.5%的进食量是由进食量计算的。役用马和役用马对铜的每日最低需要量适用于空间受限或维持情温顺或很少活动的马，成年马按2%计，其他马按2%计。成年马（非役用马）的进食量是由自由活动量计算的。

b 成年马的最低维持需要量适用于空间受限或维持情温顺而很少活动的马，平均维持需要量适用于性格激动和自由活动量中的马，较高维持需要量适用于性格激动或自由活动量比较大的马。

c 役用马种类是基于其每周每日的平均役用情况划分的。

表1-5-2　成年体重400kg马的营养需要ᵃ

类型	体重(kg)	平均日增重或日产乳量(kg/d)	消化能(Mcal)	粗蛋白质(g)	赖氨酸(g)	钙(g)	磷(g)	镁(g)	钾(g)	钠(g)	氯(g)	硫(g)	钴(mg)	铜(mg)	碘(mg)	铁(mg)	锰(mg)	硒(mg)	锌(mg)	维生素A(kIU)	维生素D(IU)	维生素E(IU)	硫胺素(mg)	核黄素(mg)
成年-非役用ᵇ																								
最低	400		12.1	432	18.6	16.0	11.2	6.0	20.0	8.0	32.0	12.0	0.4	80.0	2.8	320.0	320.0	0.80	320.0	12.0	2640	400	24.0	16.0
平均	400		13.3	504	21.7	16.0	11.2	6.0	20.0	8.0	32.0	12.0	0.4	80.0	2.8	320.0	320.0	0.80	320.0	12.0	2640	400	24.0	16.0
较高	400		14.5	576	24.8	16.0	11.2	6.0	20.0	8.0	32.0	12.0	0.4	80.0	2.8	320.0	320.0	0.80	320.0	12.0	2640	400	24.0	16.0
役用ᶜ																								
轻役	400		16.0	559	24.1	24.0	14.4	7.6	22.8	11.2	37.3	12.0	0.4	80.0	2.8	320.0	320.0	0.80	320.0	18.0	2640	640	24.0	16.0
中役	400		18.6	614	26.4	28.0	16.8	9.2	25.6	14.2	42.6	13.5	0.5	90.0	3.2	360.0	360.0	0.90	360.0	18.0	2640	720	45.2	18.0
重役	400		21.3	689	29.6	32.0	23.2	12.0	31.2	20.4	53.2	15.0	0.5	100.0	3.5	400.0	400.0	1.00	400.0	18.0	2640	800	50.0	20.0
超重役	400		27.6	804	34.6	32.0	23.2	12.0	42.4	32.8	74.4	15.0	0.5	100.0	3.5	400.0	400.0	1.00	400.0	18.0	2640	800	50.0	20.0
种公马																								
非配	400		14.5	576	24.8	16.0	11.2	6.0	20.0	8.0	32.0	12.0	0.4	80.0	2.8	320.0	320.0	0.80	320.0	12.0	2640	400	24.0	16.0
配期	400		17.4	631	27.1	24.0	14.4	7.6	22.8	11.1	37.3	12.0	0.4	80.0	2.8	320.0	320.0	0.80	320.0	18.0	2640	640	24.0	16.0
孕母马																								
<5月	400		13.3	504	21.7	16.0	11.2	6.0	20.0	8.0	32.0	12.0	0.4	80.0	2.8	320.0	320.0	0.80	320.0	24.0	2640	640	24.0	16.0
5月	403	0.11	13.7	548	23.6	16.0	11.2	6.0	20.0	8.0	32.0	12.0	0.4	80.0	2.8	320.0	320.0	0.80	320.0	24.0	2640	640	24.0	16.0
6月	407	0.15	13.9	563	24.2	16.0	11.2	6.0	20.0	8.0	32.0	12.0	0.4	80.0	2.8	320.0	320.0	0.80	320.0	24.0	2640	640	24.0	16.0
7月	412	0.19	14.3	583	25.1	22.4	16.0	6.1	20.0	8.0	32.0	12.0	0.4	80.0	2.8	320.0	320.0	0.80	320.0	24.0	2640	640	24.0	16.0
8月	419	0.26	14.8	607	26.1	22.4	16.0	6.1	20.0	8.0	32.0	12.0	0.4	80.0	2.8	320.0	320.0	0.80	320.0	24.0	2640	640	24.0	16.0
9月	427	0.33	15.4	637	27.4	28.8	21.0	6.1	20.7	8.8	32.8	12.0	0.4	100.0	2.8	320.0	320.0	0.80	320.0	24.0	2640	640	24.0	16.0
10月	439	0.42	16.2	673	28.9	28.8	21.0	6.1	20.7	8.8	32.8	12.0	0.4	100.0	3.2	400.0	320.0	0.80	320.0	24.0	2640	640	24.0	16.0
11月	453	0.52	17.1	714	30.7	28.8	21.0	6.1	20.7	8.8	32.8	12.0	0.4	100.0	3.2	400.0	320.0	0.80	320.0	24.0	2640	640	24.0	16.0

续表 1-5-2

类型	体重(kg)	平均日增重或日产乳量(kg/d)	消化能(Mcal)	粗蛋白质(g)	赖氨酸(g)	钙(g)	磷(g)	镁(g)	钾(g)	钠(g)	氯(g)	硫(g)	钴(mg)	铜(mg)	碘(mg)	铁(mg)	锰(mg)	硒(mg)	锌(mg)	维生素A(kIU)	维生素D(IU)	维生素E(IU)	硫胺素(mg)	核黄素(mg)
哺乳母马																								
1月	400	13.04	25.4	1228	67.8	47.3	30.6	8.9	38.3	10.2	36.4	15.0	0.5	100.0	3.5	500.0	400.0	1.00	400.0	24.0	2640	800	30.0	20.0
2月	400	12.96	25.3	1224	67.5	47.1	30.5	8.9	38.1	10.2	36.4	15.0	0.5	100.0	3.5	500.0	400.0	1.00	400.0	24.0	2640	800	30.0	20.0
3月	400	11.96	24.5	1174	64.2	44.7	28.8	8.7	36.7	10.0	36.4	15.0	0.5	100.0	3.5	500.0	400.0	1.00	400.0	24.0	2640	800	30.0	20.0
4月	400	10.84	23.6	1118	60.5	33.3	20.9	8.4.	28.7	9.5	36.4	15.0	0.5	100.0	3.5	500.0	400.0	1.00	400.0	24.0	2640	800	30.0	20.0
5月	400	9.76	22.7	1064	57.0	31.6	19.7	8.2	27.8	9.4	36.4	15.0	0.5	100.0	3.5	500.0	400.0	1.00	400.0	24.0	2640	800	30.0	20.0
6月	400	8.72	21.8	1012	53.5	30.0	28.6	7.0	27.0	9.2	36.4	15.0	0.5	100.0	3.5	500.0	400.0	1.00	400.0	24.0	2640	800	30.0	20.0
生长马(月龄)																								
4月	135	0.67	10.6	535	23.0	31.3	17.4	2.9	8.8	3.4	12.5	5.1	0.2	33.7	1.2	168.5	134.8	0.34	134.8	6.1	2992	270	10.1	6.7
6月	173	0.58	12.4	541	23.3	30.9	17.2	3.3	10.4	4.0	16.1	6.5	0.2	43.2	1.5	215.9	172.7	0.43	172.7	7.8	3834	345	13.0	8.6
12月	257	0.36	15.0	677	29.1	30.1	16.7	4.3	13.9	5.5	21.2	9.6	0.3	64.2	2.3	321.2	257.0	0.64	257.0	11.6	4471	514	19.3	12.8
18月	310	0.23	15.4	639	27.5	29.6	16.5	4.9	16.2	6.4	25.6	11.6	0.4	77.5	2.7	387.5	310.0	0.77	310.0	13.9	4929	320	23.2	15.5
18月轻役	310	0.23	17.7	682	29.3	29.6	16.5	9.3	18.4	8.8	29.7	11.6	0.4	77.5	2.7	387.5	310.0	0.77	310.0	13.9	4929	620	23.2	15.5
18月中役	310	0.23	20.0	725	31.2	29.6	16.5	9.3	20.5	11.2	33.8	11.6	0.4	77.5	2.7	387.5	310.0	0.77	310.0	13.9	4929	620	23.2	15.5
24月	343	0.14	15.0	616	26.5	29.3	16.3	5.3	17.6	7.0	28.3	12.9	0.4	85.8	3.0	429.2	343.4	0.86	343.4	15.5	4704	687	25.8	17.2
24月轻役	343	0.14	17.4	663	28.5	29.3	16.3	10.3	20.0	9.7	32.9	12.9	0.4	85.8	3.0	429.2	343.4	0.86	343.4	15.5	4704	687	25.8	17.2
24月中役	343	0.14	19.9	710	30.6	29.3	16.3	10.3	22.4	12.3	37.4	12.9	0.4	85.8	3.0	429.2	343.4	0.86	343.4	15.5	4704	687	25.8	17.2
24月重役	343	0.14	22.3	775	33.3	29.3	16.3	10.3	27.2	17.7	46.5	12.9	0.4	85.8	3.0	429.2	343.4	0.86	343.4	15.5	4704	687	25.8	17.2
24月超重役	343	0.14	26.0	873	37.5	29.3	16.3	10.3	36.8	28.3	64.7	12.9	0.4	85.8	3.0	429.2	343.4	0.86	343.4	15.5	4704	687	25.8	17.2

注: a 表中列出的重役马、超重役马、哺乳母马和生长马每日所需硫、钴、碘、铁、锰、硒、锌的进食量是按2.5%的百分比体重计算的，中役马以2.25%计，其他按2%计。成年马(非役用马以2.5%计算体重，中役马按2%计。用和役用马)的每日对铜的需要量也是由进食量计算的。

b 成年马的最低维持需要量适用于空间受限或性情温顺而很少活动的马，较高维持需要量适用于比较机灵和自由活动中的马，平均维持需要量适用于比较大的马。

c 役用马种类是基于其每周同的平均役用情况划分的。

表 1-5-3　成年体重 500kg 马的营养需要ᵃ

类型	体重(kg)	平均日增重或日产乳量ᵇ(kg/d)	消化能(Mcal)	粗蛋白质(g)	赖氨酸(g)	钙(g)	磷(g)	镁(g)	钾(g)	钠(g)	氯(g)	硫(g)	钴(mg)	铜(mg)	碘(mg)	铁(mg)	锰(mg)	硒(mg)	锌(mg)	维生素A(kIU)	维生素D(IU)	维生素E(IU)	硫胺素(mg)	核黄素(mg)
成年-非役用ᵇ																								
最低	500		15.2	540	23.2	20.0	14.0	7.5	25.0	10.0	40.0	15.0	0.5	100.0	3.5	400.0	400.0	1.00	400.0	15.0	3300	500	30.0	20.0
平均	500		16.7	630	27.1	20.0	14.0	7.5	25.0	10.0	40.0	15.0	0.5	100.0	3.5	400.0	400.0	1.00	400.0	15.0	3300	500	30.0	20.0
较高	500		18.2	720	31	20.0	14.0	7.5	25.0	10.0	40.0	15.0	0.5	100.0	3.5	400.0	400.0	1.00	400.0	15.0	3300	500	30.0	20.0
役用ᶜ																								
轻役	500		20.0	699	30.1	30.0	18.0	9.5	28.5	13.9	46.6	15.0	0.5	100.0	3.5	400.0	400.0	1.00	400.0	22.5	3300	800	30.0	20.0
中役	500		23.3	768	33.0	35.0	21.0	11.5	32.0	17.8	53.3	16.9	0.6	112.5	4.0	450.0	450.0	1.13	450.0	22.5	3300	900	56.5	22.5
重役	500		26.6	862	37.1	40.0	29.0	15.0	39.0	25.5	66.5	18.0	0.6	125.0	4.4	500.0	500.0	1.25	500.0	22.5	3300	1000	62.5	25.0
超重役	500		34.5	1004	43.2	40.0	29.0	15.0	53.0	41.0	93.0	18.8	0.6	125.0	4.4	500.0	500.0	1.25	500.0	22.5	3300	1000	62.5	25.0
种公马																								
非配	500		18.2	720	31.0	20.0	14.0	7.5	25.0	10.0	40.0	15.0	0.5	100.0	3.5	400.0	400.0	1.00	400.0	15.0	3300	500	30.0	20.0
配期	500		21.8	789	33.9	30.0	18.0	9.5	28.5	13.9	46.6	15.0	0.5	100.0	3.5	400.0	400.0	1.00	400.0	22.5	3300	800	30.0	20.0
孕母马																								
<5 月	500		16.7	630	27.1	20.0	14.0	7.5	25.0	10.0	40.0	15.0	0.5	100.0	3.5	400.0	400.0	1.00	400.0	30.0	3300	800	30.0	20.0
5 月	504	0.14	17.1	685	29.5	20.0	14.0	7.5	25.0	10.0	40.0	15.0	0.5	100.0	3.5	400.0	400.0	1.00	400.0	30.0	3300	800	30.0	20.0
6 月	508	0.18	17.4	704	30.3	20.0	14.0	7.5	25.0	10.0	40.0	15.0	0.5	100.0	3.5	400.0	400.0	1.00	400.0	30.0	3300	800	30.0	20.0
7 月	515	0.24	17.9	729	31.3	28.0	20.0	7.6	25.0	10.0	40.0	15.0	0.5	100.0	3.5	400.0	400.0	1.00	400.0	30.0	3300	800	30.0	20.0
8 月	523	0.32	18.5	759	32.7	28.0	20.0	7.6	25.0	10.0	40.0	15.0	0.5	100.0	3.5	400.0	400.0	1.00	400.0	30.0	3300	800	30.0	20.0
9 月	534	0.41	19.2	797	34.3	36.0	26.3	7.7	25.9	11.0	41.0	15.0	0.5	125.0	4.0	500.0	400.0	1.00	400.0	30.0	3300	800	30.0	20.0
10 月	548	0.52	20.2	841	36.2	36.0	26.3	7.7	25.9	11.0	41.0	15.0	0.5	125.0	4.0	500.0	400.0	1.00	400.0	30.0	3300	800	30.0	20.0
11 月	566	0.65	21.4	893	38.4	36.0	26.3	7.7	25.9	11.0	41.0	15.0	0.5	125.0	4.0	500.0	400.0	1.00	400.0	30.0	3300	800	30.0	20.0

续表 1-5-3

类型	体重(kg)	平均日增重或日产乳量(kg/d)	消化能(Mcal)	粗蛋白质(g)	赖氨酸(g)	钙(g)	磷(g)	镁(g)	钾(g)	钠(g)	氯(g)	硫(g)	钴(mg)	铜(mg)	碘(mg)	铁(mg)	锰(mg)	硒(mg)	锌(mg)	维生素A(kIU)	维生素D(IU)	维生素E(IU)	硫胺素(mg)	核黄素(mg)
哺乳母马																								
1月	500	16.30	31.7	1535	84.8	59.1	38.3	11.2	47.8	12.8	45.5	18.8	0.6	125.0	4.4	625.0	500.0	1.25	500.0	30.0	3300	1000	37.5	25.0
2月	500	16.20	31.7	1530	84.4	58.9	38.1	11.1	47.7	12.8	45.5	18.8	0.6	125.0	4.4	625.0	500.0	1.25	500.0	30.0	3300	1000	37.5	25.0
3月	500	14.95	30.6	1468	80.3	55.9	36.0	10.9	45.9	12.5	45.5	18.8	0.6	125.0	4.4	625.0	500.0	1.25	500.0	30.0	3300	1000	37.5	25.0
4月	500	13.55	29.4	1398	75.7	41.7	26.2	10.5	35.8	11.9	45.5	18.8	0.6	125.0	4.4	625.0	500.0	1.25	500.0	30.0	3300	1000	37.5	25.0
5月	500	12.20	28.3	1330	71.2	39.5	24.7	10.2	34.8	11.7	45.5	18.8	0.6	125.0	4.4	625.0	500.0	1.25	500.0	30.0	3300	1000	37.5	25.0
6月	500	10.90	27.2	1265	66.9	37.4	23.2	8.7	33.7	11.5	45.5	18.8	0.6	125.0	4.4	625.0	500.0	1.25	500.0	30.0	3300	1000	37.5	25.0
生长马(月龄)																								
4月	168	0.84	13.3	669	28.8	39.1	21.7	3.6	10.9	4.2	15.7	6.3	0.2	42.1	1.5	210.6	168.5	0.42	168.5	7.6	3740	337	12.6	8.4
6月	216	0.72	15.5	676	29.1	38.6	21.5	4.1	13.0	5.0	20.1	8.1	0.3	54.0	1.9	269.9	215.9	0.54	215.9	9.7	4793	432	16.2	10.8
12月	321	0.45	18.8	846	36.4	37.7	20.9	5.4	17.4	6.9	26.5	12.0	0.4	80.3	2.8	401.5	321.2	0.80	321.2	14.5	5589	642	24.1	16.1
18月	387	0.29	19.2	799	34.4	37.0	20.6	6.2	20.2	8.0	32.0	14.5	0.5	96.9	3.4	484.4	387.5	0.97	387.5	17.4	6161	775	29.1	19.4
18月轻役	387	0.29	22.1	853	36.7	37.0	20.6	11.6	22.9	11.0	37.1	14.5	0.5	96.9	3.4	484.4	387.5	0.97	387.5	17.4	6161	775	29.1	19.4
18月中役	387	0.29	25.0	906	39.0	37.0	20.6	11.6	25.7	14.0	42.2	14.5	0.5	96.9	3.4	484.4	387.5	0.97	387.5	17.4	6161	775	29.1	19.4
24月	429	0.18	18.7	770	33.1	36.7	20.4	6.7	22.0	8.8	35.4	16.1	0.5	107.3	3.8	536.5	429.2	1.07	429.2	19.3	5880	858	32.2	21.5
24月轻役	429	0.18	21.8	829	35.7	36.7	20.4	12.9	25.0	12.1	41.1	16.1	0.5	107.3	3.8	536.5	429.2	1.07	429.2	19.3	5880	858	32.2	21.5
24月中役	429	0.18	24.8	888	38.2	36.7	20.4	12.9	28.0	15.4	46.8	16.1	0.5	107.3	3.8	536.5	429.2	1.07	429.2	19.3	5880	858	32.2	21.5
24月重役	429	0.18	27.9	969	41.7	36.7	20.4	12.9	34.0	21.1	58.2	16.1	0.5	107.3	3.8	536.5	429.2	1.07	429.2	19.3	5880	858	32.2	21.5
24月超重役	429	0.18	32.5	1091	46.9	36.7	20.4	12.9	46.0	35.4	80.9	16.1	0.5	107.3	3.8	536.5	429.2	1.07	429.2	19.3	5880	858	32.2	21.5

注：a 表中列出的重役马、超重役马、哺乳母马和生长马每日所需硫、钴、碘、铁、锰、硒、锌的进食量是按2.5%的百分比体重计算的，中役马以2.25%计，其他按2%计。成年马（非役用）和役用马对铜的最低维持需要量是由进食量计算的。

b 成年马的最低维持需要量适用于空间受温顺或性情受限而很少活动的马，平均维持需要量适用于比较机灵和自由活动量适中的马，较高维持需要量适用于性格激动或自由活动量比较大的马。

c 役用马种类是基于其每周的平均役用情况划分的。

表 1-5-4　成年体重 600kg 马的营养需要a

类型	体重 (kg)	平均日增重或日产乳量 (kg/d)	消化能 (Mcal)	粗蛋白质 (g)	赖氨酸 (g)	钙 (g)	磷 (g)	镁 (g)	钾 (g)	钠 (g)	氯 (g)	硫 (g)	钴 (mg)	铜 (mg)	碘 (mg)	铁 (mg)	锰 (mg)	硒 (mg)	锌 (mg)	维生素A (kIU)	维生素D (IU)	维生素E (IU)	硫胺素 (mg)	核黄素 (mg)
成年-非役用b																								
最低	600		18.2	648	27.9	24.0	16.8	9.0	30.0	12.0	48.0	18.0	0.6	120.0	4.2	480.0	480.0	1.20	480.0	18.0	3960	600	36.0	24.0
平均	600		20.0	756	32.5	24.0	16.8	9.0	30.0	12.0	48.0	18.0	0.6	120.0	4.2	480.0	480.0	1.20	480.0	18.0	3960	600	36.0	24.0
较高	600		21.8	864	37.2	24.0	16.8	9.0	30.0	12.0	48.0	18.0	0.6	120.0	4.2	480.0	480.0	1.20	480.0	18.0	3960	600	36.0	24.0
役用c																								
轻役	600		24.0	839	36.1	36.0	21.6	11.4	34.2	16.7	56.0	18.0	0.6	120.0	4.2	480.0	480.0	1.20	480.0	27.0	3960	960	36.0	24.0
中役	600		28.0	921	39.6	42.0	25.2	13.8	38.4	21.3	63.9	20.3	0.7	135.0	4.7	540.0	540.0	1.35	540.0	27.0	3960	1080	67.8	27.0
重役	600		32.0	1034	44.5	48.0	34.8	18.0	46.8	30.6	79.8	22.5	0.8	150.0	5.3	600.0	600.0	1.50	600.0	27.0	3960	1200	75.0	30.0
超重役	600		41.4	1205	51.8	48.0	34.8	18.0	63.6	49.2	111.6	22.5	0.8	150.0	5.3	600.0	600.0	1.50	600.0	27.0	3960	1200	75.0	30.0
种公马																								
非配	600		21.8	864	37.2	24.0	16.8	9.0	30.0	12.0	48.0	18.0	0.6	120.0	4.2	480.0	480.0	1.20	480.0	18.0	3960	600	36.0	24.0
配期	600		26.1	947	40.7	36.0	21.6	11.4	34.2	16.7	56.0	18.0	0.6	120.0	4.2	480.0	480.0	1.20	480.0	27.0	3960	960	36.0	24.0
孕母马																								
<5月	600		20.0	756	32.5	24.0	16.8	9.0	30.0	12.0	48.0	18.0	0.6	120.0	4.2	480.0	480.0	1.20	480.0	36.0	3960	960	36.0	24.0
5月	604	0.16	20.5	822	35.3	24.0	16.8	9.0	30.0	12.0	48.0	18.0	0.6	120.0	4.2	480.0	480.0	1.20	480.0	36.0	3960	960	36.0	24.0
6月	610	0.22	20.9	845	36.3	24.0	16.8	9.0	30.0	12.0	48.0	18.0	0.6	120.0	4.2	480.0	480.0	1.20	480.0	36.0	3960	960	36.0	24.0
7月	618	0.29	21.5	874	37.6	33.6	24.0	9.1	30.0	12.0	48.0	18.0	0.6	120.0	4.2	480.0	480.0	1.20	480.0	36.0	3960	960	36.0	24.0
8月	628	0.38	22.2	911	39.2	33.6	24.0	9.1	30.0	12.0	48.0	18.0	0.6	120.0	4.2	480.0	480.0	1.20	480.0	36.0	3960	960	36.0	24.0
9月	641	0.49	23.1	956	41.1	43.2	31.5	9.2	31.0	13.2	49.2	18.0	0.6	150.0	4.8	600.0	480.0	1.20	480.0	36.0	3960	960	36.0	24.0
10月	658	0.63	24.2	1009	43.4	43.2	31.5	9.2	31.0	13.2	49.2	18.0	0.6	150.0	4.8	600.0	480.0	1.20	480.0	36.0	3960	960	36.0	24.0
11月	679	0.78	25.7	1072	46.1	43.2	31.5	9.2	31.0	13.2	49.2	18.0	0.6	150.0	4.8	600.0	480.0	1.20	480.0	36.0	3960	960	36.0	24.0

续表 1-5-4

类型	体重(kg)	平均日增重或日产乳量(kg/d)	消化能(Mcal)	粗蛋白质(g)	赖氨酸(g)	钙(g)	磷(g)	镁(g)	钾(g)	钠(g)	氯(g)	硫(g)	钴(mg)	铜(mg)	碘(mg)	铁(mg)	锰(mg)	硒(mg)	锌(mg)	维生素A(kIU)	维生素D(IU)	维生素E(IU)	硫胺素(mg)	核黄素(mg)
哺乳母马																								
1月	600	19.56	38.1	1842	101.7	70.9	45.9	13.4	57.4	15.3	54.6	22.5	0.8	150.0	5.3	750.0	600.0	1.50	600.0	36.0	3960	1200	45.0	30.0
2月	600	19.44	38.0	1836	101.3	70.7	45.7	13.4	57.2	15.3	54.6	22.5	0.8	150.0	5.3	750.0	600.0	1.50	600.0	36.0	3960	1200	45.0	30.0
3月	600	17.94	36.7	1761	96.4	67.1	43.2	13.0	55.1	15.0	54.6	22.5	0.8	150.0	5.3	750.0	600.0	1.50	600.0	36.0	3960	1200	45.0	30.0
4月	600	16.26	35.3	1677	90.8	50.0	31.4	12.7	43.0	14.3	54.6	22.5	0.8	150.0	5.3	750.0	600.0	1.50	600.0	36.0	3960	1200	45.0	30.0
5月	600	14.64	34.0	1596	85.5	47.4	29.6	12.3	41.7	14.0	54.6	22.5	0.8	150.0	5.3	750.0	600.0	1.50	600.0	36.0	3960	1200	45.0	30.0
6月	600	13.08	32.7	1518	80.3	44.9	27.9	10.5	40.5	13.8	54.6	22.5	0.8	150.0	5.3	750.0	600.0	1.50	600.0	36.0	3960	1200	45.0	30.0
生长马(月龄)																								
4月	202	1.01	15.9	803	34.5	46.9	26.1	4.3	13.1	5.1	18.8	7.6	0.3	50.5	1.8	252.7	202.1	0.51	202.1	9.1	4488	404	15.2	10.1
6月	259	0.87	18.6	811	34.9	46.4	25.8	5.0	15.6	6.0	24.1	9.7	0.3	64.8	2.3	323.8	259.1	0.65	259.1	11.7	5751	818	19.4	13.0
12月	385	0.54	22.5	1015	43.6	45.2	25.1	6.5	20.9	8.3	31.8	14.5	0.5	96.4	3.4	481.8	385.5	0.96	385.5	17.3	6707	771	28.9	19.3
18月	465	0.34	23.1	959	41.2	44.5	24.7	7.4	24.3	9.6	38.4	17.4	0.6	116.2	4.1	581.2	465.0	1.16	465.0	20.9	7393	930	34.9	23.2
18月轻役	465	0.34	26.5	1023	44.0	44.5	24.7	13.9	27.5	13.2	44.5	17.4	0.6	116.2	4.1	581.2	465.0	1.16	465.0	20.9	7393	930	34.9	23.2
18月中役	465	0.34	30.0	1087	46.7	44.5	24.7	13.9	30.8	16.9	50.7	17.4	0.6	116.2	4.1	581.2	465.0	1.16	465.0	20.9	7393	930	34.9	23.2
24月	515	0.22	22.4	924	39.7	44.0	24.4	8.0	26.4	14.5	42.5	19.3	0.6	128.8	4.5	643.8	515.0	1.29	515.0	23.2	7056	1030	38.6	25.8
24月轻役	515	0.22	26.1	995	42.8	44.0	24.4	15.5	30.0	14.5	49.3	19.3	0.6	128.8	4.5	643.8	515.0	1.29	515.0	23.2	7056	1030	38.6	25.8
24月中役	515	0.22	29.8	1066	45.8	44.0	24.4	15.5	33.6	18.5	56.1	19.3	0.6	128.8	4.5	643.8	515.0	1.29	515.0	23.2	7056	1030	38.6	25.8
24月重役	515	0.22	33.5	1162	50.0	44.0	24.4	15.5	40.8	26.5	69.8	19.3	0.6	128.8	4.5	643.8	515.0	1.29	515.0	23.2	7056	1030	38.6	25.8
24月超重役	515	0.22	39.0	1309	56.3	44.0	24.4	15.5	55.2	42.4	97.1	19.3	0.6	128.8	4.5	643.8	515.0	1.29	515.0	23.2	7056	1030	38.6	25.8

注：a 表中列出的重役马、超重役马，哺乳母马和生长马每马每日所需硒、钴、碘、铁、锰、硒、锌的进食量是按2.5%的百分比体重计算的，中役以2.25%计，其他按2%计。成年马(非役用)和役用马对铜的最低维持需要量也是由进食量计算的。

b 成年马的最低维持需要量适用于空间受限或受性情温顺而很少活动的马，平均维持需要量适用于活动适中的马，较高维持需要量适用于性格激动或自由活动动量比较大的马。

c 役用马种类是基于其每周的平均役用情况划分的。

表 1-5-5　成年体重 900kg 马的营养需要[a]

类型	体重(kg)	平均日增重或日产乳量(kg/d)	消化能(Mcal)	粗蛋白质(g)	粗氨酸(g)	钙(g)	磷(g)	镁(g)	钾(g)	钠(g)	氯(g)	硫(g)	钴(mg)	铜(mg)	碘(mg)	铁(mg)	锰(mg)	硒(mg)	锌(mg)	维生素A(kIU)	维生素D(IU)	维生素E(IU)	硫胺素(mg)	核黄素(mg)
成年-非役用[b]																								
最低	900		27.3	972	41.8	36.0	25.2	13.5	45.0	18.0	72.0	27.0	0.9	180.0	6.3	720.0	720.0	1.80	720.0	27.0	5940	900	54.0	36.0
平均	900		30.0	1134	48.8	36.0	25.2	13.5	45.0	18.0	72.0	27.0	0.9	180.0	6.3	720.0	720.0	1.80	720.0	27.0	5940	900	54.0	36.0
较高	900		32.7	1296	55.7	36.0	25.2	13.5	45.0	18.0	72.0	27.0	0.9	180.0	6.3	720.0	720.0	1.80	720.0	27.0	5940	900	54.0	36.0
役用[c]																								
轻役	900		36.0	1259	54.1	54.0	32.4	17.1	51.3	25.0	83.9	27.0	0.9	180.0	6.3	720.0	720.0	1.80	720.0	40.5	5940	1440	54.0	36.0
中役	900		42.0	1382	59.4	63.0	37.8	20.7	57.6	32.0	95.9	30.4	1.0	202.5	7.1	810.0	810.0	2.03	810.0	40.5	5940	1620	101.7	40.5
重役	900		48.0	1551	66.7	72.0	52.2	27.0	70.2	45.9	119.7	33.8	1.1	225.0	7.9	900.0	900.0	2.25	900.0	40.5	5940	1800	112.5	45.0
超重	900		62.1	1808	77.7	72.0	52.2	27.0	95.4	73.8	167.4	33.8	1.1	225.0	7.9	900.0	900.0	2.25	900.0	40.5	5940	1800	112.5	45.0
种公马																								
非配	900		32.7	1296	55.7	36.0	25.2	13.5	45.0	18.0	72.0	27.0	0.9	180.0	6.3	720.0	720.0	1.80	720.0	27.0	5940	900	54.0	36.0
配期	900		39.2	1421	61.1	54.0	32.4	17.1	51.3	25.0	83.9	27.0	0.9	180.0	6.3	720.0	720.0	1.80	720.0	40.5	5940	1440	54.0	36.0
孕母马																								
<5月	900		30.0	1134	48.8	36.0	25.2	13.5	45.0	18.0	72.0	27.0	0.9	180.0	6.3	720.0	720.0	1.80	720.0	27.0	5940	1440	54.0	36.0
5月	906	0.24	30.8	1233	53.0	36.0	25.2	13.5	45.0	18.0	72.0	27.0	0.9	180.0	6.3	720.0	720.0	1.80	720.0	27.0	5940	1440	54.0	36.0
6月	915	0.33	31.4	1267	54.5	36.0	25.2	13.5	45.0	18.0	72.0	27.0	0.9	180.0	6.3	720.0	720.0	1.80	720.0	27.0	5940	1440	54.0	36.0
7月	927	0.44	32.2	1311	56.4	50.4	36.0	13.7	45.0	18.0	72.0	27.0	0.9	180.0	6.3	720.0	720.0	1.80	720.0	27.0	5940	1440	54.0	36.0
8月	942	0.57	33.3	1367	58.8	50.4	36.0	13.7	45.0	18.0	72.0	27.0	0.9	180.0	6.3	720.0	720.0	1.80	720.0	27.0	5940	1440	54.0	36.0
9月	962	0.74	34.6	1434	61.7	64.8	47.3	13.8	46.5	19.8	73.8	27.0	0.9	225.0	7.2	900.0	720.0	1.80	720.0	27.0	5940	1440	54.0	36.0
10月	987	0.94	36.4	1514	65.1	64.8	47.3	13.8	46.5	19.8	73.8	27.0	0.9	225.0	7.2	900.0	720.0	1.80	720.0	27.0	5940	1440	54.0	36.0
11月	1019	1.17	38.5	1607	69.1	64.8	47.3	13.8	46.5	19.8	73.8	27.0	0.9	225.0	7.2	900.0	720.0	1.80	720.0	27.0	5940	1440	54.0	36.0

续表 1-5-5

类型	体重(kg)	平均日增重或日产乳量(kg/d)	消化能(Mcal)	粗蛋白质(g)	赖氨酸(g)	钙(g)	磷(g)	镁(g)	钾(g)	钠(g)	氯(g)	硫(g)	钴(mg)	铜(mg)	碘(mg)	铁(mg)	锰(mg)	硒(mg)	锌(mg)	维生素A(kIU)	维生素D(IU)	维生素E(IU)	硫胺素(mg)	核黄素(mg)
哺乳母马																								
1月	900	29.34	54.4	2763	152.6	106.4	68.9	20.1	86.1	23.0	81.9	33.8	1.1	225.0	7.9	1125.0	900.0	2.25	900.0	54.0	5940	1800	67.5	45.0
2月	900	29.16	54.3	2754	152.0	106.0	68.6	20.1	85.8	23.0	81.9	33.8	1.1	225.0	7.9	1125.0	900.0	2.25	900.0	54.0	5940	1800	67.5	45.0
3月	900	26.91	52.4	2642	144.5	100.6	64.9	19.6	82.7	22.6	81.9	33.8	1.1	225.0	7.9	1125.0	900.0	2.25	900.0	54.0	5940	1800	67.5	45.0
4月	900	24.39	50.3	2516	136.2	75.0	47.1	19.0	64.5	21.4	81.9	33.8	1.1	225.0	7.9	1125.0	900.0	2.25	900.0	54.0	5940	1800	67.5	45.0
5月	900	21.95	48.3	2394	128.2	71.1	44.4	18.4	62.6	21.1	81.9	33.8	1.1	225.0	7.9	1125.0	900.0	2.25	900.0	54.0	5940	1800	67.5	45.0
6月	900	19.62	46.3	2277	120.5	67.4	41.8	15.7	60.7	20.7	81.9	33.8	1.1	225.0	7.9	1125.0	900.0	2.25	900.0	54.0	5940	1800	67.5	45.0
生长马（月龄）																								
4月	303	1.52	23.9	1204	51.8	70.3	39.1	6.4	19.7	7.6	28.2	11.4	0.4	75.8	2.7	379.0	303.2	0.76	303.2	13.6	6731	606	22.7	15.2
6月	389	1.30	28.0	1217	52.3	69.5	38.7	7.5	23.3	9.1	36.1	14.6	0.5	97.1	3.4	485.7	388.6	0.97	388.6	17.5	8627	777	29.1	19.4
12月	578	0.82	33.8	1522	65.5	67.8	37.7	9.7	31.4	12.4	47.7	21.7	0.7	114.5	5.1	722.7	578.2	1.45	578.2	26.0	10061	1156	43.4	28.9
18月	697	0.51	34.6	1438	61.8	66.7	37.1	11.1	36.4	14.5	57.5	26.2	0.9	174.4	6.1	871.9	697.5	1.74	697.5	31.4	11090	1395	52.3	34.9
18月 轻役	697	0.51	39.8	1535	66.0	66.7	37.1	20.9	41.3	19.9	66.8	26.2	0.9	174.4	6.1	871.9	697.5	1.74	697.5	31.4	11090	1395	52.3	34.9
18月 中役	697	0.51	45.0	1631	70.1	66.7	37.1	20.9	46.2	25.3	76.0	26.2	0.9	174.4	6.1	871.9	697.5	1.74	697.5	31.4	11090	1395	52.3	34.9
24月	773	0.52	33.7	1386	59.6	66.0	36.7	12.0	39.6	15.8	63.7	29.0	1.0	193.1	6.8	965.7	772.6	1.93	772.6	34.8	10584	1545	57.9	38.6
24月 轻役	773	0.32	39.2	1492	64.2	66.0	36.7	23.2	45.0	21.8	74.0	29.0	1.0	193.1	6.8	965.7	772.6	1.93	772.6	34.8	10584	1545	57.9	38.6
24月 中役	773	0.32	44.7	1599	68.7	66.0	36.7	23.2	50.4	27.7	84.2	29.0	1.0	193.1	6.8	965.7	772.6	1.93	772.6	34.8	10584	1545	57.9	38.6
24月 重役	773	0.32	50.2	1744	75.0	66.0	36.7	23.2	61.2	39.7	104.7	29.0	1.0	193.1	6.8	965.7	772.6	1.93	772.6	34.8	10584	1545	57.9	38.6
24月 超重役	773	0.32	58.4	1964	84.5	66.0	36.7	23.2	82.9	63.7	145.6	29.0	1.0	193.1	6.8	965.7	772.6	1.93	772.6	34.8	10584	1545	57.9	38.6

注：a 表中列出的重役马、超重役马，哺乳母马和生长马每日所需硫、钴、碘、铁、锰、硒、锌的进食量是按2.5%的百分比体重计算的，中役马以2.25%计，其他按2%计。成年马（非役用）和役用马对铜的每日需要量也是由进食量计算的。

b 成年马的最低维持需要量适用于空间受限或很少活动的马，平均维持需要量适用于比较机灵和自由活动的马，较高维持需要量适用于比较机灵和自由活动或自由活动量比较大的马。

c 役用马种类是基于其每周的平均使用情况划分的。

六、家兔饲养标准

表 1-6-1　家兔饲养标准

营养物质	生长兔	哺乳兔	妊娠兔	维　持	母仔混养
消化能(MJ/kg)	10.40～10.46	10.88～11.30	10.46	8.79～9.20	10.46
脂　肪(%)	2～3	2～3	2～3	2～3	2～3
粗纤维(%)	10～14	10～12	10～14	14～16	14
不消化粗纤维(%)	11	10	12	13	11
粗蛋白质(%)	15～16	17～18	15～16	12～13	17
赖氨酸(%)	0.65	0.90	—	—	0.75
含硫氨基酸(%)	0.60	0.60	—	—	0.60
色氨酸(%)	0.2～0.13	0.15	—	—	0.15
苏氨酸(%)	0.6～0.55	0.70	—	—	0.60
亮氨酸(%)	1.1～1.05	1.25	—	—	1.20
异亮氨酸(%)	0.60	0.70	—	—	0.65
缬氨酸(%)	0.70	0.85	—	—	0.80
组氨酸(%)	0.3～0.35	0.43	—	—	0.44
精氨酸(%)	0.6～0.90	0.80	—	—	0.94
苯丙氨酸＋酪氨酸(%)	1.1～1.20	1.40	—	—	1.25
钙(%)	0.4～0.5	0.75～1.10	0.45～0.80	0.40	1.14
磷(%)	0.22～0.30	0.5～0.70	0.37～0.50	0.30	0.74
钠(%)	0.2～0.30	0.2～0.30	0.2～0.30	—	0.2～0.30
钾(%)	0.60	0.6～0.90	0.6～0.90	—	0.6～0.90
氯(%)	0.30	0.30	0.30	—	0.30
镁(%)	0.03～0.04	0.03～0.04	0.03～0.04	—	0.04
硫(%)	0.04	—	—	—	0.04
铁(mg/kg)	50	100	50	50	100
铜(mg/kg)	3～5	3～5	—	—	3～5
锌(mg/kg)	50	70	70	—	70
锰(mg/kg)	8.5	2.5	2.5	2.5	8.5
钴(mg/kg)	0.1～1	0.1～1	—	—	0.1～1
碘(mg/kg)	0.2	0.2	0.2	0.2	0.2
硒(mg/kg)	—	—	—	—	—
维生素 A(IU/kg)	580～6000	12000	1160～12000	600	10000
维生素 D(IU/kg)	900	900	900	900	900
维生素 E(mg/kg)	40～50	40～50	40～50	40～50	40～50
维生素 K(mg/kg)	0	2	2	0	2
硫胺素(mg/kg)	2	—	0	0	2
核黄素(mg/kg)	6	—	0	0	4
泛酸(mg/kg)	20	—	0	0	20

注：根据法国(INRA,1984),NRC(1977),Labes(1990),李宏(1989)推荐标准综合

表 1-6-2　中华人民共和国(审定稿 1994)建议的安哥拉兔毛用兔饲养标准

项　目	生长兔		妊娠母兔	哺乳期	产毛兔	种公兔
	断乳至 3 月龄	4～6 月龄				
消化能(MJ/kg)	10.45	10.03～10.45	10.03～10.45	10.87	9.82～11.29	10.03
粗蛋白质(%)	16～17	15～16	16	18	15～16	17
可消化粗蛋白质(%)	12～13	10～11	11.5	13.5	11	13
粗纤维(%)	14	16	14～15	12～13	13～17	16～17
粗脂肪(%)	3	3	3	3	3	3
蛋能比(g/MJ)	15.7	15.1	15.5	16.4	15～14.2	17
蛋氨酸＋胱氨酸(%)	0.7	0.7	0.8	0.8	0.7	0.7
赖氨酸(%)	0.8	0.8	0.8	0.7	0.7	0.8
精氨酸(%)	0.8	0.8	0.8	0.9	0.7	0.9
钙(%)	1.0	1.0	1.0	1.2	1.0	1.0
总　磷(%)	0.5	0.5	0.5	0.8	0.5	0.5
食　盐(%)	0.3	0.3	0.3	0.3	0.3	0.3
铜(mg/kg)	3～5	10	10	10	20	10
锌(mg/kg)	50	50	70	70	70	70
铁(mg/kg)	50～100	50	50	50	50	50
锰(mg/kg)	30	30	50	50	30	50
钴(mg/kg)	0.1	0.1	0.1	0.1	0.1	0.1
维生素 A(IU/kg)	8000	8000	8000	10000	6000	12000
维生素 D(IU/kg)	900	900	900	1000	900	1000
维生素 E(mg/kg)	50	50	60	60	50	60
胆碱(mg/kg)	1500	1500	—	—	1500	1500
尼克酸(mg/kg)	50	50	—	—	50	50
吡哆醇(mg/kg)	400	400	—	—	300	300
生物素(mg/kg)	—	—	—	—	25	20

注:蛋能比为粗蛋白质与消化能(CP/DE)之比

七、美国 NRC(2006)建议的犬营养需要量

表 1-7-1　断乳后生长幼犬的营养需要

营养成分	最低需要量			适宜摄入量			建议供给量			安全上限量		
	Amt./kg 干物质 (=4000 kcal)a	Amt./ 1000 kcal 代谢能b	Amt./kg BW$^{0.75c}$	Amt./kg 干物质 (=4000 kcal)a	Amt./ 1000 kcal 代谢能b	Amt./kg BW$^{0.75c}$	Amt./kg 干物质 (=4000 kcal)a	Amt./ 1000 kcal 代谢能b	Amt./kg BW$^{0.75c}$	Amt./kg 干物质 (=4000 kcal)a	Amt./ 1000 kcal 代谢能b	Amt./kg BW$^{0.75c}$
4~14 周龄生长期幼犬												
粗蛋白质(g)	180	45	12.5				225	56.3	15.7			
氨基酸												
精氨酸(g)d	6.3	1.58	0.44				7.9	1.98	0.55			
组氨酸(g)	3.1	0.78	0.22				3.9	0.98	0.27			
异亮氨酸(g)	5.2	1.30	0.36				6.5	1.63	0.45			
蛋氨酸(g)	2.8	0.70	0.19				3.5	0.88	0.24			
蛋氨酸和胱氨酸 (g)	5.6	1.40	0.39				7.0	1.75	0.49			
亮氨酸(g)	10.3	2.58	0.72				12.9	3.22	0.90			
赖氨酸(g)	7.0	1.75	0.49				8.8	2.20	0.61	>20	>5.0	>1.39
苯丙氨酸(g)	5.2	1.30	0.36				6.5	1.63	0.45			
苯丙氨酸和酪氨酸(g)e	10.4	2.60	0.72				13.0	3.25	0.90			
苏氨酸(g)	6.5	1.63	0.45				8.1	2.03	0.56			
色氨酸(g)	1.8	0.45	0.13				2.3	0.58	0.16			
缬氨酸(g)	5.4	1.35	0.38				6.8	1.70	0.47			
14 周龄后生长期幼犬												
粗蛋白质(g)	140.0	35.00	9.7				175.0	43.80	12.20			
氨基酸												
精氨酸(g)d	5.3	1.33	0.37				6.6	1.65	0.46			
组氨酸(g)	2.0	0.50	0.14				2.5	0.63	0.17			
异亮氨酸(g)	4.0	1.00	0.28				5.0	1.25	0.35			
蛋氨酸(g)	2.1	0.53	0.15				2.6	0.65	0.18			
蛋氨酸和胱氨酸 (g)	4.2	1.05	0.29				5.3	1.33	0.37			
亮氨酸(g)	6.5	1.63	0.45				8.2	2.05	0.57			
赖氨酸(g)	5.6	1.40	0.39				7.0	1.75	0.49	>20	>5.0	>1.39
苯丙氨酸(g)	4.0	1.00	0.28				5.0	1.25	0.35			
苯丙氨酸和酪氨酸(g)e	8.0	2.00	0.56				10.0	2.50	0.70			
苏氨酸(g)	5.0	1.25	0.35				6.3	1.58	0.44			
色氨酸(g)	1.4	0.35	0.1				1.8	0.45	0.13			
缬氨酸(g)	4.5	1.13	0.31				5.6	1.40	0.39			

续表 1-7-1

营养成分	最低需要量			适宜摄入量			建议供给量			安全上限量		
	Amt./kg 干物质 (=4000 kcal)[a]	Amt./ 1000 kcal 代谢能[b]	Amt./kg BW[0.75c]	Amt./kg 干物质 (=4000 kcal)[a]	Amt./ 1000 kcal 代谢能[b]	Amt./kg BW[0.75c]	Amt./kg 干物质 (=4000 kcal)[a]	Amt./ 1000 kcal 代谢能[b]	Amt./kg BW[0.75c]	Amt./kg 干物质 (=4000 kcal)[a]	Amt./ 1000 kcal 代谢能[b]	Amt./kg BW[0.75c]
断乳后生长期幼犬												
脂肪(g)				85	21.3	5.9	85.0	21.30	5.90	330a	82.5	23.0
脂肪酸												
亚油酸(g)				11.8	3.0	0.8	13.0	3.30	0.80	65a	16.3	4.5
a-亚油酸(g)[f]				0.7	0.18	0.05	0.8	0.20	0.05			
花生四烯酸(g)				0.3	0.08	0.022	0.3	0.08	0.022			
二十碳五烯酸和二十二碳六烯酸(g)[g]				0.5	0.13	0.036	0.5	0.13	0.036	11a	2.8	0.77
矿物质												
钙(g)[h]	8.0	2.0	0.56				12[h]	3.0[h]	0.68[h]	18	4.5	1.25
磷(g)				10	2.5	0.68	10.0	2.50	0.68			
镁(mg)	180	45	12.5				400	100	27.4			
钠(mg)				2200	550	100	2200	550	100			
钾(g)				4.4	1.1	0.30	4.4	1.1	0.30			
氯化物(mg)				2900	720	200	2900	720	200			
铁(mg)[i]	72	18	5.0				88	55	6.1			
铜(mg)[i]				11	2.7	0.76	11	2.7	0.76			
锌(mg)	40	10	2.7				100	25	6.84			
锰(mg)				5.6	1.4	0.38	5.6	1.4	0.38			
硒(μg)	210	52.5	13.7				350	87.5	25.1			
碘(μg)				880	220	61.0	880	220	61.0			
维生素												
维生素 A(RE)[j]				1212	303	84	1515	379	105	15000	3750	1044
维生素 D₃(μg)[k]				11.0	2.75	0.76	13.8	3.4	0.96	80	20	5.6
维生素 E(α-生育酚)(mg)[l]				24	6.0	1.7	30	7.5	2.1			
维生素 K(维生素 K₃)(mg)[m]				1.3	0.33	0.09	1.64	0.41	0.11			
硫胺素(mg)				1.08	0.27	0.075	1.38	0.34	0.096			
核黄素(mg)				4.2	1.05	0.27	5.25	1.32	0.37			
维生素 B₆(mg)				1.2	0.3	0.084	1.5	0.375	0.1			
尼克酸(mg)				13.6	3.4	0.94	17	4.25	1.18			
泛酸(mg)				12	3	0.84	15	3.75	1.04			

续表 1-7-1

营养成分	最低需要量			适宜摄入量			建议供给量			安全上限量		
	Amt./kg 干物质 (=4000 kcal)[a]	Amt./ 1000 kcal 代谢能[b]	Amt./kg $BW^{0.75c}$	Amt./kg 干物质 (=4000 kcal)[a]	Amt./ 1000 kcal 代谢能[b]	Amt./kg $BW^{0.75c}$	Amt./kg 干物质 (=4000 kcal)[a]	Amt./ 1000 kcal 代谢能[b]	Amt./kg $BW^{0.75c}$	Amt./kg 干物质 (=4000 kcal)[a]	Amt./ 1000 kcal 代谢能[b]	Amt./kg $BW^{0.75c}$
维生素 B_{12}(μg)				28	7	1.95	35	8.75	2.4			
叶酸(μg)				216	54	15	270	68	18.8			
生物素(μg)[n]												
胆碱(mg)				1360	340	95	1700	425	118			

注：a Amt/kg 干物质的值是假设日粮能量浓度为 4 000kcal 代谢能/kg 时计算出来的。如果日粮浓度不是 4 000kcal 代
　　谢能/kg，计算每种营养成分的 Amt/kg 干物质，乘以列表中相应营养素 Amt/kg 干物质，然后除以 4 000。

　　b 计算每种营养素的用量时，用 Amt/1 000 kcal 代谢能对应值乘以幼犬对该营养成分的需要量，再除以 1 000。

　　c Amt/$BW^{0.75}$ 仅适用于 5.5kg 的幼犬（预计成年体重为 35kg）。

　　d 对于 4～14 周龄的幼犬，精氨酸添加比例为每 g 粗蛋白质中 0.01g，最低需要量和建议供给量分别高于 180g 和
　　225g；对于 14 周龄以上的幼犬，精氨酸添加比例为每 g 粗蛋白质中 0.01g，最低需要量和建议供给量分别高于
　　140g 和 175g。

　　e 酪氨酸要达到最大限度增加黑色毛的效果时，添加量应该是现在的 1.5～2.0 倍。

　　f a-亚油酸的需要量因日粮中亚油酸的含量的不同而不同。亚油酸与 α-亚油酸比例应在 2.6～16。需要注意
　　0.8/kg 干物质值表示的是 a-亚油酸在亚油酸含量为 13g/kg 干物质时的最低 RA 值。

　　g 二十碳五烯酸的比例不能超过 60%。

　　h 对于 14 周龄以上的断乳幼犬，钙的建议供给量不能低于 0.54g/kg 体重。

　　i 一些铁和铜的氧化形式生物利用率太低而不能使用。

　　j 维生素 A 用视黄醇当量（RE）表示，一个视黄醇当量等于 1g 反式视黄醇，1IU 维生素 A 等于 0.3RE，安全上限值
　　表示的是视黄醇 μg 数。

　　k 1μg 维生素 D=40IU 维生素 D_3。

　　l 不饱和脂肪酸含量高的日粮中维生素 E 的用量要增加。

　　m 充足的维生素 K 是由肠道微生物合成的，维生素 K 的供给量是用商业化的维生素 K_3 的前体表示的，它需要经
　　过烷基化才能生成有活性的维生素 K。

　　n 通常的日粮中不需要添加，肠道微生物可合成充足的生物素，但是当日粮中含抗生素时应注意补充。

表 1-7-2　成年犬维持所需的营养需要量

营养成分	最低需要量			适宜摄入量			建议供给量			安全上限量		
	Amt./kg 干物质 (=4000 kcal)[a]	Amt./ 1000 kcal 代谢能[b]	Amt./kg $BW^{0.75c}$	Amt./kg 干物质 (=4000 kcal)[a]	Amt./ 1000 kcal 代谢能[b]	Amt./kg $BW^{0.75c}$	Amt./kg 干物质 (=4000 kcal)[a]	Amt./ 1000 kcal 代谢能[b]	Amt./kg $BW^{0.75c}$	Amt./kg 干物质 (=4000 kcal)[a]	Amt./ 1000 kcal 代谢能[b]	Amt./kg $BW^{0.75c}$
粗蛋白质(g)	80	20	2.62				100	25	3.28			
氨基酸												
精氨酸(g)[c]	2.8	0.70	0.092				3.5	0.88	0.11			
组氨酸(g)	1.5	0.37	0.048				1.9	0.48	0.062			
异亮氨酸(g)	3.0	0.75	0.098				3.8	0.95	0.12			
蛋氨酸(g)	2.6	0.65	0.085				3.3	0.83	0.11			

续表 1-7-2

营养成分	最低需要量			适宜摄入量			建议供给量			安全上限量		
	Amt./kg 干物质 (=4000 kcal)[a]	Amt./1000 kcal 代谢能[b]	Amt./kg BW^0.75[c]	Amt./kg 干物质 (=4000 kcal)[a]	Amt./1000 kcal 代谢能[b]	Amt./kg BW^0.75[c]	Amt./kg 干物质 (=4000 kcal)[a]	Amt./1000 kcal 代谢能[b]	Amt./kg BW^0.75[c]	Amt./kg 干物质 (=4000 kcal)[a]	Amt./1000 kcal 代谢能[b]	Amt./kg BW^0.75[c]
蛋氨酸和胱氨酸(g)	5.2	1.30	0.170				6.5	1.63	0.21			
亮氨酸(g)	5.4	1.35	0.180				6.8	1.7	0.22			
赖氨酸(g)	2.8	0.70	0.092				3.5	0.88	0.11			
苯丙氨酸(g)	3.6	0.90	0.120				4.5	1.13	0.15			
苯丙氨酸+酪氨酸(g)[d]	5.9	1.48	0.190				7.4	1.85	0.24			
苏氨酸(g)	3.4	0.85	0.110				4.3	1.08	0.14			
色氨酸(g)	1.1	0.28	0.036				1.4	0.35	0.046			
缬氨酸(g)	3.9	0.98	0.130				4.9	1.23	0.16			
脂肪(g)				40	10	1.3	55	13.8	1.8	330	82.5	10.8
脂肪酸												
亚油酸(g)				9.5	2.4	0.3	11	2.8	0.36	65	16.3	2.1
a-亚油酸(g)[e]				0.36	0.09	0.012	0.44	0.11	0.014			
花生四烯酸(g)												
二十碳五烯酸和二十二碳六烯酸(g)[f]				0.44	0.11	0.03	0.44	0.11	0.03	11	2.8	0.37
矿物质												
钙(g)	2	0.5	0.059				4.0	1.0	0.13			
磷(g)				3	0.75	0.10	3.0	0.75	0.10			
镁(mg)	180	45	5.91				600	150	19.7			
钠(mg)	300	75	9.85				800	200	26.2	>15g		
钾(g)				4.0	1.0	0.14	4.0	1.0	0.14			
氯化物(mg)				1200	300	40	1200	300	40	23500		
铁(mg)[g]				30	7.5	1.0	30	7.5	1.0			
铜(mg)[g]				6	1.5	0.2	6	1.5	0.2			
锌(mg)				60	15	2.0	60	15	2.0			
锰(mg)				4.8	1.2	0.16	4.8	1.2	0.16			
硒(μg)				350	87.5	11.8	350	87.5	11.8			
碘(μg)	700	175	23.6				880	220	29.6	≥4mg		

续表 1-7-2

营养成分	最低需要量			适宜摄入量			建议供给量			安全上限量		
	Amt./kg 干物质 (=4000 kcal)[a]	Amt./ 1000 kcal 代谢能[b]	Amt./kg BW[0.75c]	Amt./kg 干物质 (=4000 kcal)[a]	Amt./ 1000 kcal 代谢能[b]	Amt./kg BW[0.75c]	Amt./kg 干物质 (=4000 kcal)[a]	Amt./ 1000 kcal 代谢能[b]	Amt./kg BW[0.75c]	Amt./kg 干物质 (=4000 kcal)[a]	Amt./ 1000 kcal 代谢能[b]	Amt./kg BW[0.75c]
维生素												
维生素 A(RE)[h]				1212	303	40	1515	379	50	64000[h]	16000[h]	2099[h]
维生素 D_3(μg)[i]				11.0	2.75	0.36	13.8	3.4	0.45	80	20	2.6
维生素 E(α-生育酚)(mg)[j]				24	6.0	0.8	30	7.5	1.0			
维生素 K(维生素 K_3)(mg)[k]				1.3	0.33	0.043	1.63	0.41	0.054			
硫胺素(mg)				1.8	0.45	0.059	2.25	0.56	0.074			
核黄素(mg)	4.2	1.05	0.138				5.25	1.3	0.171			
维生素 B_6(mg)				1.2	0.3	0.04	1.5	0.375	0.049			
尼克酸(mg)				13.6	3.4	0.45	17.0	4.25	0.57			
泛酸(mg)				12	3.0	0.39	15	3.75	0.49			
维生素 B_12(μg)				28	7	0.92	35	8.75	1.15			
叶酸(μg)				216	54	7.1	270	67.5	8.9			
生物素(μg)[l]												
胆碱(mg)				1360	340	45	1700	425	56			

注：a Amt/kg 干物质的值是假设日粮能量浓度为 4000kcal 代谢能/kg 时计算出来的。如果日粮浓度不是 4000kcal 代谢能/kg,计算每种营养成分的 Amt/kg 干物质,乘以列表中相应营养素 Amt/kg 干物质,然后除以 4000。

b 计算每种营养素的用量时,用 Amt/1000 kcal 代谢能对应值乘以犬对该营养成分的需要量,再除以 1000。如果犬的能量摄入量特别低,这种营养浓度是不够的,而应按 Amt/BW[0.75] 列出的值饲喂。

c 精氨酸添加比例为每 g 粗蛋白质中 0.01g,最低需要量和建议供给量分别高于 80g 和 100g。

d 酪氨酸要达到最大限度增加黑色毛的效果时,添加量应该是现在的 1.5～2.0 倍。

e a-亚油酸的需要量因日粮中亚油酸的含量的不同而不同。亚油酸与 a-亚油酸比例应在 2.6～26。需要注意, 0.44g/kg 干物质值表示的是 a-亚油酸在亚油酸含量为 11g/kg 干物质时的最低 RA 值,二者之比接近 25。

f 50%～60%的二十碳五烯酸,40%～50%的二十二碳六烯酸。

g 一些铁和铜的氧化形式生物利用率太低而不能使用。

h 维生素 A 用视黄醇当量(RE)表示,一个视黄醇当量等于 1g 反式视黄醇,1IU 维生素 A 等于 0.3RE,安全上限值表示的是视黄醇 μg 数。

i 1μg 维生素 D=40IU 维生素 D_3。

j 不饱和脂肪酸含量高的日粮中维生素 E 的用量要增加。

k 充足的维生素 K 是由肠道微生物合成的,维生素 K 的供给量是用商业化的维生素 K_3 的前体表示的,它需要经过烷基化才能生成有活性的维生素 K。

l 通常的日粮中不需要添加,肠道微生物可合成充足的生物素,但是当日粮中含抗生素时应注意补充。

表 1-7-3　成年犬维持所需的日粮代谢能

类　　型	kcal×kg BW$^{0.75}$
试验用或活泼宠物犬均值[a]	130
平均需要量以上：	
年轻的成年试验用或活泼宠物犬	140
成年试验用或活泼宠物犬	200
成年试验用或活泼宠物犬	180
平均需要量以下：	
不活泼的宠物犬[b]	95
年老的试验用或年老的活泼宠物犬或试验用纽芬兰犬	105

注：a 犬的饲养环境外界刺激比较强和经常活动,比如生活在集体犬窝中的犬,或有犬生活的家庭有一个大的庭院。

　　b 犬的饲养环境外界刺激比较少和不经常活动,年长或体重较大的犬的需要量应加大一些。

表 1-7-4　母犬妊娠后期所需日粮代谢能

代谢能(kcal)=维持需要＋26 kcal×kg BW

平均维持需要 130 kcal×kg BW$^{0.75}$

代谢能(kcal)= 130 kcal×kg BW$^{0.75}$＋26 kcal×kg BW

例：

母犬体重 22kg

维持需要 $22^{0.75}$×130kcal＝10.16×130＝1320 kcal

妊娠需要 22×26kcal＝572 kcal

总需要 1320kcal＋572kcal＝1892 kcal

表 1-7-5　哺乳周龄和犬仔数不同的母犬所需的日粮代谢能

哺乳需要：

代谢能(kcal)=维持需要＋BW×(24n＋12m)×L

推知哺乳期维持需要：145kcal×kg BW$^{0.75}$

代谢能(kcal)= 145kcal×BW$^{0.75}$＋BW×(24n＋12m)×L

BW＝犬体重(kg)

n＝犬崽 1～4 个

m＝犬崽 5～8 个(＜5 个犬崽时,m＝0)

L＝哺乳校正因子；1 周,0.75；2 周,0.95；3 周,1.1；4 周,1.2

例：

母犬 22kg,6 个犬崽,哺乳 3 周

维持需要＝$22^{0.75}$×145kcal＝10.16×145kcal＝1473kcal

犬崽数＝6；n＝4,m＝2

哺乳第三周时；L＝1.1

哺乳需要＝22×(24×4＋12×2)×1.1kcal＝2904kcal

总需要＝1473kcal＋2904kcal＝4377kcal

表 1-7-6　母犬在妊娠后期和哺乳盛期的营养需要[a]

营养成分	最低需要量			适宜摄入量			建议供给量			安全上限量		
	Amt./kg 干物质 (=4000 kcal)[b]	Amt./ 1000 kcal 代谢能[c]	Amt./kg BW[0.75d]	Amt./kg 干物质 (=4000 kcal)[b]	Amt./ 1000 kcal 代谢能[c]	Amt./kg BW[0.75d]	Amt./kg 干物质 (=4000 kcal)[b]	Amt./ 1000 kcal 代谢能[c]	Amt./kg BW[0.75d]	Amt./kg 干物质 (=4000 kcal)[b]	Amt./ 1000 kcal 代谢能[c]	Amt./kg BW[0.75d]
粗蛋白质(g)				200	50	24.6	200	50	24.6			
氨基酸												
精氨酸(g)[e]				10	2.50	1.23	10.0	2.50	1.23			
组氨酸(g)				4.4	1.10	0.54	4.4	1.10	0.54			
异亮氨酸(g)				7.1	1.78	0.87	7.1	1.78	0.87			
蛋氨酸(g)				3.1	0.78	0.38	3.1	0.78	0.38			
蛋氨酸＋胱氨酸(g)				6.2	1.55	0.76	6.2	1.55	0.76			
亮氨酸(g)				20.0	5.00	2.46	20.0	5.00	2.46			
赖氨酸(g)				9.0	2.25	1.11	9.0	2.25	1.11			
苯丙氨酸(g)				8.3	2.08	1.02	8.3	2.08	1.02			
苯丙氨酸和酪氨酸(g)[f]				12.3	3.08	1.51	12.3	3.08	1.51			
苏氨酸(g)				10.4	2.60	1.28	10.4	2.60	1.28			
色氨酸(g)				1.2	0.30	0.15	1.2	0.30	0.15			
缬氨酸(g)				13	3.25	1.60	13.0	3.25	1.60			
总脂肪(g)				85	21.3	10.5	85	21.3	10.5	330	82.5	40.6
脂肪酸												
亚油酸(g)				11	2.8	1.4	13	3.3	1.6	65[b]	16.3	8.0
a-亚油酸(g)[g]				0.7	0.18	0.09	0.8	0.2	0.1			
花生四烯酸(g)												
二十碳五烯酸和二十二碳六烯酸(g)[h]				0.5	0.13	0.06	0.5	0.13	0.06	11[b]	2.8	1.4
矿物质												
钙(g)				8.0	1.9	0.82	8.0	1.9	0.82			
磷(g)				5.0	1.2	0.58	5.0	1.2	0.58			
镁(mg)				600	150	69	600	150	69			
钠(mg)				2000	500	238	2000	500	238			
钾(g)				3.6	0.9	0.43	3.6	0.9	0.43			
氯化物(mg)				3000	750	358	3000	750	358			
铁(mg)[i]				70	17	8.67	70	17	8.67			
铜(mg)[i]				12.4	3.1	1.52	12.4	3.1	1.52			
锌(mg)				96	24	11.7	96	24	11.7			

续表 1-7-6

营养成分	最低需要量			适宜摄入量			建议供给量			安全上限量		
	Amt./kg 干物质 (=4000 kcal)[a]	Amt./ 1000 kcal 代谢能[b]	Amt./kg BW$^{0.75}$[c]	Amt./kg 干物质 (=4000 kcal)[a]	Amt./ 1000 kcal 代谢能[b]	Amt./kg BW$^{0.75}$[c]	Amt./kg 干物质 (=4000 kcal)[a]	Amt./ 1000 kcal 代谢能[b]	Amt./kg BW$^{0.75}$[c]	Amt./kg 干物质 (=4000 kcal)[a]	Amt./ 1000 kcal 代谢能[b]	Amt./kg BW$^{0.75}$[c]
锰(mg)				7.2	1.8	0.87	7.2	1.8	0.87			
硒(μg)				350	87.5	43	350	87.5	43			
碘(μg)				880	220	108	880	220	108			
维生素												
维生素 A(RE)[j]				1212	303	149	1515	379	186	15000	3750	1846
维生素 D$_3$(μg)[k]				11	2.75	1.35	13.8	3.4	1.7	80	20	9.8
维生素 E(α-生育酚)(mg)[l]				24	6	3	30	7.5	3.7			
维生素 K(维生素 K$_3$)(mg)[m]				1.3	0.33	0.16	1.6	0.41	0.2			
硫胺素(mg)				1.8	0.45	0.22	2.25	0.56	0.28			
核黄素(mg)				4.2	1.05	0.52	5.3	1.3	0.64			
维生素 B$_6$(mg)				1.2	0.3	0.15	1.5	0.375	0.185			
尼克酸(mg)				13.6	3.4	1.67	17	4.25	2.09			
泛酸(mg)				12	3	1.48	15	3.75	1.84			
维生素 B$_{12}$(μg)				28	7	3.45	35	8.75	4.3			
叶酸(μg)				216	54	26.6	270	67.5	33.2			
生物素(μg)[n]												
胆碱(mg)				1360	340	167	1700	425	209			

注:a 没有关于母犬妊娠时的日粮最低浓度需要,哺乳时的 kg 干物质和 1 000 kcal 代谢能值认为可以满足妊娠需要。

b Amt/kg 干物质的值是假设日粮能量浓度为 4 000kcal 代谢能/kg 时计算出来的。如果日粮浓度不是 4 000kcal 代谢能/kg,计算每种营养成分的 Amt/kg 干物质,乘以列表中相应营养素 Amt/kg 干物质,然后除以 4 000。

c 计算每种营养素的用量时,用 Amt/1 000 kcal 代谢能对应值乘以幼犬对该营养成分的需要量,再除以 1 000。

d Amt/BW$^{0.75}$仅适用于 22kg 哺乳高峰期有 8 个犬崽的母犬,并且 5 000kcal/d。

e 精氨酸添加比例为每 g 粗蛋白质中 0.01g,高于 200g。

f 酪氨酸要达到最大程度增加黑色毛的效果时,添加量应该是现在的 1.5~2.0 倍。

g α-亚油酸的需要量因日粮中亚油酸的含量的不同而不同。亚油酸与 α-亚油酸比例应在 2.6~16。需要注意 0.8/kg 干物质值表示的是 α-亚油酸在亚油酸含量为 13g/kg 干物质时的最低 RA 值。

h 50%~60%的二十碳五烯酸,40%~50%的二十二碳六烯酸。

i 一些铁和铜的氧化形式生物利用率太低而不能使用。

j 维生素 A 用视黄醇当量(RE)表示,一个视黄醇当量等于 1g 反式视黄醇,1IU 维生素 A 等于 0.3RE,安全上限值表示的是视黄醇 μg 数。

k 1μg 维生素 D=40IU 维生素 D$_3$。

l 不饱和脂肪酸含量高的日粮中维生素 E 的用量要增加。

m 充足的维生素 K 是由肠道微生物合成的,维生素 K 的供给量是用商业化的维生素 K$_3$的前体表示的,它需要经过烷基化才能生成有活性的维生素 K。

n 通常的日粮中不需要添加,肠道微生物可合成充足的生物素,但是当日粮中含抗生素时应注意补充。

八、茸鹿的饲养标准

表 1-8-1 鹿不同生理时期的能量与可消化粗蛋白质推荐量

鹿 种	生理时期	能 量(MJ)	可消化粗蛋白质(g)
梅花鹿	断乳仔公鹿	17.84~24.64(消化能)	160~260
	1岁公鹿生茸期	28.45~28.87(消化能)	290~320
	1岁公鹿越冬期	22.80~23.26(消化能)	140~160
	2~3岁公鹿生茸期	27.20~29.92(消化能)	330~360
	2~3岁公鹿越冬期	23.80~26.82(消化能)	200~230
	成年公鹿生茸期	38.07~39.75(消化能)	340~370
	成年公鹿越冬期	27.05~29.66(消化能)	210~240
	母鹿妊娠前期	19.72~20.39(消化能)	130~150
	母鹿妊娠中期	20.75~21.85(消化能)	150~170
	母鹿妊娠后期	19.50~20.80(消化能)	170~190
	母鹿泌乳期	24~25(消化能)	200~240
马鹿	断乳仔公鹿	—	330~500
	1岁公鹿生茸期	—	570~610
	1岁公鹿越冬期	—	390~410
	2~3岁公鹿生茸期	—	650~710
	2~3岁公鹿越冬期	—	470~500
	成年公鹿生茸期	60~62(代谢能)	700~780
	成年公鹿越冬期	57~58(代谢能)	510~540
	母鹿妊娠前期	—	354~380
	母鹿妊娠中期	51~59(代谢能)	360~410
	母鹿妊娠后期	—	468~510
	母鹿泌乳期	81(代谢能)	480~560

注：1. 中国农业科学院特产研究所 2000 年，杨福合、高秀华等"茸鹿高效养殖增值技术"课题资料

2. 中国农业科学院特产研究所 1994 年，金顺丹、高秀华等"梅花鹿营养需要研究"课题资料

表 1-8-2 放牧鹿及美洲马鹿估计营养需要量（干物质基础）

		生　长				妊　娠		泌　乳	
	维　持	生　茸	3～6 月	6～9 月	9～12 月	中　期	后　期	前　期	后　期
粗蛋白质(%)	7～10	16	18～20	16～18	12～14	12～14	14～16	14～16	12～14
消化能(MJ/kg)	2.2	2.43	3.09	2.87	2.65	2.43	2.65	2.87	2.76
总消化养分(%)	50-52	55	68	64	59	57	59	64	61
钙(%)	0.35	1.40	0.60	0.55	0.50	0.50	0.50	0.70	0.60
磷(%)	0.25	0.70	0.30	0.30	0.30	0.40	0.40	0.40	0.40
钾(%)	0.65	1.0	0.65	0.65	0.65	0.65	0.65	1.0	1.0
镁(%)	0.20	0.40	0.25	0.25	0.25	0.25	0.25	0.25	0.25
铜(mg/kg)	15	25	20	20	20	20	20	20	20
锌(mg/kg)	50	150	100	100	100	100	100	100	100
铁(mg/kg)	50	200	200	200	200	200	200	200	200
碘(mg/kg)	0.30	1.0	0.50	0.50	0.50	0.50	0.50	0.50	0.50
钴(mg/kg)	0.10	0.30	0.20	0.20	0.20	0.20	0.20	0.20	0.20
硒(mg/kg)	0.20	0.30	0.25	0.25	0.25	0.25	0.25	0.25	0.25
维生素 A(IU/kg)	2900	4400	4000	4000	4000	4400	4400	4400	4400
维生素 D(IU/kg)	550	1100	1000	1000	1000	1100	1100	1100	1100
维生素 E(IU/kg)	22	44	33	33	33	44	44	44	44

（引自 Larry W. Varner, Purina Mills Inc., Gonzales, Texas.）

九、中华人民共和国农业行业标准　鸡饲养标准 NY/T 33—2004

　　以下列出 NY/T 33—2004 中蛋用鸡(生长鸡与产蛋鸡)、肉用鸡(仔鸡及种鸡)与黄羽肉鸡(仔鸡和种鸡)及火鸡(NRC,1994 的营养需要)。NY/T 33—2004 中的生长蛋鸡、肉用仔鸡、肉用种鸡、黄羽肉仔鸡及黄羽肉种鸡产蛋期的体重与耗料量,也是饲养实践中须参考的;第十四章第一、第二节已分别列出 0～20 周龄白壳蛋系、褐壳蛋系雏鸡的体重与饲料量,1～18 周龄(肉)种鸡目标体重及饲料推荐量(表 14-7,表 14-21),具有普遍的参考价值。需要本标准相应鸡种的体重与饲料量参考值时,请查阅原标准。

　　此处所列各表的序号,括号外为本书序号,括号内为农业行业鸡饲养标准 NY/T 33—2004 中的序号。

表 1-9-1(1)　生长蛋鸡营养需要

营养指标	单　位	0～8 周龄	9～18 周龄	19 周龄至开产
代谢能 ME	MJ/kg(Mcal/kg)	11.91(2.85)	11.70(2.80)	11.50(2.75)
粗蛋白质 CP	%	19.0	15.5	17.0
蛋白能量比 CP/ME	g/MJ(g/Mcal)	15.95(66.67)	13.25(55.30)	14.78(61.82)
赖氨酸能量比 Lys/ME	g/MJ(g/Mcal)	0.84(3.51)	0.58(2.43)	0.61(2.55)
赖氨酸	%	1.00	0.68	0.70
蛋氨酸	%	0.37	0.27	0.34
蛋氨酸＋胱氨酸	%	0.74	0.55	0.64
苏氨酸	%	0.66	0.55	0.62
色氨酸	%	0.20	0.18	0.19
精氨酸	%	1.18	0.98	1.02
亮氨酸	%	1.27	1.01	1.07
异亮氨酸	%	0.71	0.59	0.60
苯丙氨酸	%	0.64	0.53	0.54
苯丙氨酸＋酪氨酸	%	1.18	0.98	1.00
组氨酸	%	0.31	0.26	0.27
脯氨酸	%	0.50	0.34	0.44
缬氨酸	%	0.73	0.60	0.62
甘氨酸＋丝氨酸	%	0.82	0.68	0.71
钙	%	0.90	0.80	2.00
总　磷	%	0.70	0.60	0.55
非植酸磷	%	0.40	0.35	0.32
钠	%	0.15	0.15	0.15
氯	%	0.15	0.15	0.15
铁	mg/kg	80	60	60
铜	mg/kg	8	6	8
锌	mg/kg	60	40	80
锰	mg/kg	60	40	60
碘	mg/kg	0.35	0.35	0.35
硒	mg/kg	0.30	0.30	0.30
亚油酸	%	1	1	1
维生素 A	IU/kg	4000	4000	4000
维生素 D	IU/kg	800	800	800
维生素 E	IU/kg	10	8	8
维生素 K	mg/kg	0.5	0.5	0.5

续表 1-9-1(1)

营养指标	单 位	0～8 周龄	9～18 周龄	19 周龄至开产
硫胺素	mg/kg	1.8	1.3	1.3
核黄素	mg/kg	3.6	1.8	2.2
泛酸	mg/kg	10	10	10
烟酸	mg/kg	30	11	11
吡哆醇	mg/kg	3	3	3
生物素	mg/kg	0.15	0.10	0.10
叶酸	mg/kg	0.55	0.25	0.25
维生素 B_{12}	mg/kg	0.010	0.003	0.004
胆碱	mg/kg	1300	900	500

注：根据中型体重鸡制订，轻型鸡可酌减10％；开产日龄按5％产蛋率计算。

表 1-9-2(2)　产蛋鸡营养需要

营养指标	单 位	开产至高峰期(＞85％)	高峰后(＜85％)	种 鸡
代谢能 ME	MJ/kg(Mcal/kg)	11.29(2.70)	11.09*(2.65)	11.29(2.70)
粗蛋白质 CP	％	16.5	15.5	18.0
蛋白能量比 CP/ME	g/MJ(g/Mcal)	14.61(61.11)	14.26(58.49)	15.94(66.67)
赖氨酸能量比 Lys/ME	g/MJ(g/Mcal)	0.64(2.67)	0.61(2.54)	0.63(2.63)
赖氨酸	％	0.75	0.70	0.75
蛋氨酸	％	0.34	0.32	0.34
蛋氨酸＋胱氨酸	％	0.65	0.56	0.65
苏氨酸	％	0.55	0.50	0.55
色氨酸	％	0.16	0.15	0.16
精氨酸	％	0.76	0.69	0.76
亮氨酸	％	1.02	0.98	1.02
异亮氨酸	％	0.72	0.66	0.72
苯丙氨酸	％	0.58	0.52	0.58
苯丙氨酸＋酪氨酸	％	1.08	1.06	1.08
组氨酸	％	0.25	0.23	0.25
缬氨酸	％	0.59	0.54	0.59
甘氨酸＋丝氨酸	％	0.57	0.48	0.57
可利用赖氨酸	％	0.66	0.60	—
可利用蛋氨酸	％	0.32	0.30	—
钙	％	3.5	3.5	3.5
总 磷	％	0.60	0.60	0.60
非植酸磷	％	0.32	0.32	0.32

续表 1-9-2(2)

营养指标	单 位	开产至高峰期(>85%)	高峰后(<85%)	种 鸡
钠	%	0.15	0.15	0.15
氯	%	0.15	0.15	0.15
铁	mg/kg	60	60	60
铜	mg/kg	8	8	6
锰	mg/kg	60	60	60
锌	mg/kg	80	80	60
碘	mg/kg	0.35	0.35	0.35
硒	mg/kg	0.30	0.30	0.30
亚油酸	%	1	1	1
维生素 A	IU/kg	8000	8000	10000
维生素 D	IU/kg	1600	1600	2000
维生素 E	IU/kg	5	5	10
维生素 K	mg/kg	0.5	0.5	1.0
硫胺素	mg/kg	0.8	0.8	0.8
核黄素	mg/kg	2.5	2.5	3.8
泛酸	mg/kg	2.2	2.2	10
烟酸	mg/kg	20	20	30
吡哆醇	mg/kg	3.0	3.0	4.5
生物素	mg/kg	0.10	0.10	0.15
叶酸	mg/kg	0.25	0.25	0.35
维生素 B_{12}	mg/kg	0.004	0.004	0.004
胆碱	mg/kg	500	500	500

注：* 原标准文本有误，此处更正

表 1-9-3(4)　肉用仔鸡营养需要之一

营养指标	单 位	0～3 周龄	4～6 周龄	7 周龄至出栏
代谢能 ME	MJ/kg(Mcal/kg)	12.54(3.00)	12.96(3.10)	13.17(3.15)
粗蛋白质 CP	%	21.5	20.0	18.0
蛋白能量比 CP/ME	g/MJ(g/Mcal)	17.14(71.67)	15.43(64.52)	13.67(57.14)
赖氨酸能量比 Lys/ME	g/MJ(g/Mcal)	0.92(3.83)	0.77(3.23)	0.67(2.81)
赖氨酸	%	1.15	1.00	0.87
蛋氨酸	%	0.50	0.40	0.34
蛋氨酸＋胱氨酸	%	0.91	0.76	0.65
苏氨酸	%	0.81	0.72	0.68
色氨酸	%	0.21	0.18	0.17

续表 1-9-3(4)

营养指标	单 位	0～3周龄	4～6周龄	7周龄至出栏
精氨酸	%	1.20	1.12	1.01
亮氨酸	%	1.26	1.05	0.94
异亮氨酸	%	0.81	0.75	0.63
苯丙氨酸	%	0.71	0.66	0.58
苯丙氨酸＋酪氨酸	%	1.27	1.15	1.00
组氨酸	%	0.35	0.32	0.27
脯氨酸	%	0.58	0.54	0.47
缬氨酸	%	0.85	0.74	0.64
甘氨酸＋丝氨酸	%	1.24	1.10	0.96
钙	%	1.0	0.9	0.8
总　磷	%	0.68	0.65	0.60
非植酸磷	%	0.45	0.40	0.35
氯	%	0.20	0.15	0.15
钠	%	0.20	0.15	0.15
铁	mg/kg	100	80	80
铜	mg/kg	8	8	8
锰	mg/kg	120	100	80
锌	mg/kg	100	80	80
碘	mg/kg	0.70	0.70	0.70
硒	mg/kg	0.30	0.30	0.30
亚油酸	%	1	1	1
维生素 A	IU/kg	8000	6000	2700
维生素 D	IU/kg	1000	750	400
维生素 E	IU/kg	20	10	10
维生素 K	mg/kg	0.5	0.5	0.5
硫胺素	mg/kg	2.0	2.0	2.0
核黄素	mg/kg	8	5	5
泛酸	mg/kg	10	10	10
烟酸	mg/kg	35	30	30
吡哆醇	mg/kg	3.5	3.0	3.0
生物素	mg/kg	0.18	0.15	0.10
叶酸	mg/kg	0.55	0.55	0.50
维生素 B_{12}	mg/kg	0.010	0.010	0.007
胆碱	mg/kg	1300	1000	750

表 1-9-4(5)　肉用仔鸡营养需要之二

营养指标	单　位	0～2周龄	3～6周龄	7周龄至出栏
代谢能 ME	MJ/kg(Mcal/kg)	12.75(3.05)	12.96(3.10)	13.17(3.15)
粗蛋白质 CP	%	22.0	20.0	17.0
蛋白能量比 CP/ME	g/MJ(g/Mcal)	17.25(72.13)	15.43(64.52)	12.91(53.97)
赖氨酸能量比 Lys/ME	g/MJ(g/Mcal)	0.88(3.67)	0.77(3.23)	0.62(2.60)
赖氨酸	%	1.20	1.00	0.82
蛋氨酸	%	0.52	0.40	0.32
蛋氨酸＋胱氨酸	%	0.92	0.76	0.63
苏氨酸	%	0.84	0.72	0.64
色氨酸	%	0.21	0.18	0.16
精氨酸	%	1.25	1.12	0.95
亮氨酸	%	1.32	1.05	0.89
异亮氨酸	%	0.84	0.75	0.59
苯丙氨酸	%	0.74	0.66	0.55
苯丙氨酸＋酪氨酸	%	1.32	1.15	0.98
组氨酸	%	0.36	0.32	0.25
脯氨酸	%	0.60	0.54	0.44
缬氨酸	%	0.90	0.74	0.72
甘氨酸＋丝氨酸	%	1.30	1.10	0.93
钙	%	1.05	0.95	0.80
总　磷	%	0.68	0.65	0.60
非植酸磷	%	0.50	0.40	0.35
钠	%	0.20	0.15	0.15
氯	%	0.20	0.15	0.15
铁	mg/kg	120	80	80
铜	mg/kg	10	8	8
锰	mg/kg	120	100	80
锌	mg/kg	120	80	80
碘	mg/kg	0.70	0.70	0.70
硒	mg/kg	0.30	0.30	0.30
亚油酸	%	1	1	1
维生素 A	IU/kg	10000	6000	2700
维生素 D	IU/kg	2000	1000	400
维生素 E	IU/kg	30	10	10
维生素 K	mg/kg	1.0	0.5	0.5
硫胺素	mg/kg	2	2	2
核黄素	mg/kg	10	5	5

续表 1-9-4(5)

营养指标	单 位	0～2周龄	3～6周龄	7周龄至出栏
泛 酸	mg/kg	10	10	10
烟 酸	mg/kg	45	30	30
吡哆醇	mg/kg	4.0	3.0	3.0
生物素	mg/kg	0.20	0.15	0.10
叶 酸	mg/kg	1.00	0.55	0.50
维生素 B_{12}	mg/kg	0.010	0.010	0.007
胆 碱	mg/kg	1500	1200	750

表 1-9-5(7)　肉用种鸡营养需要

营养指标	单 位	0～6周龄	7～18周龄	19周龄至开产	开产至高峰期 （产蛋＞65％）	高峰期后 （产蛋＜65％）
代谢能 ME	MJ/kg(Mcal/kg)	12.12(2.90)	11.91(2.85)	11.70(2.80)	11.70(2.80)	11.70(2.80)
粗蛋白质 CP	%	18.0	15.0	16.0	17.0	16.0
蛋白能量比 CP/ME	g/MJ(g/Mcal)	14.85(62.07)	12.59(52.63)	13.68(57.14)	14.53(60.71)	13.68(57.14)
赖氨酸能量比 Lys/ME	g/MJ(g/Mcal)	0.76(3.17)	0.55(2.28)	0.64(2.68)	0.68(2.86)	0.64(2.68)
赖氨酸	%	0.92	0.65	0.75	0.80	0.75
蛋氨酸	%	0.34	0.30	0.32	0.34	0.30
蛋氨酸＋胱氨酸	%	0.72	0.56	0.62	0.64	0.60
苏氨酸	%	0.52	0.48	0.50	0.55	0.50
色氨酸	%	0.20	0.17	0.16	0.17	0.16
精氨酸	%	0.90	0.75	0.90	0.90	0.88
亮氨酸	%	1.05	0.81	0.86	0.86	0.81
异亮氨酸	%	0.66	0.58	0.58	0.58	0.58
苯丙氨酸	%	0.52	0.39	0.42	0.51	0.48
苯丙氨酸＋酪氨酸	%	1.00	0.77	0.82	0.85	0.80
组氨酸	%	0.26	0.21	0.22	0.24	0.21
脯氨酸	%	0.50	0.41	0.44	0.45	0.42
缬氨酸	%	0.62	0.47	0.50	0.66	0.51
甘氨酸＋丝氨酸	%	0.70	0.53	0.56	0.57	0.54
钙	%	1.00	0.90	2.0	3.30	3.50
总 磷	%	0.68	0.65	0.65	0.68	0.65
非植酸磷	%	0.45	0.40	0.42	0.45	0.42
钠	%	0.18	0.18	0.18	018	0.18
氯	%	0.18	0.18	0.18	0.18	0.18
铁	mg/kg	60	60	80	80	80
铜	mg/kg	6	6	8	8	8

续表 1-9-5(7)

营养指标	单 位	0～6周龄	7～18周龄	19周龄至开产	开产至高峰期 （产蛋＞65％）	高峰期后 （产蛋＜65％）
锰	mg/kg	80	80	100	100	100
锌	mg/kg	60	60	80	80	80
碘	mg/kg	0.70	0.70	1.00	1.00	1.00
硒	mg/kg	0.30	0.30	0.30	0.30	0.30
亚油酸	%	1	1	1	1	1
维生素 A	IU/kg	8000	6000	9000	12000	12000
维生素 D	IU/kg	1600	1200	1800	2400	2400
维生素 E	IU/kg	20	10	10	30	30
维生素 K	mg/kg	1.5	1.5	1.5	1.5	1.5
硫胺素	mg/kg	1.8	1.5	1.5	2.0	2.0
核黄素	mg/kg	8	6	6	9	9
泛酸	mg/kg	12	10	10	12	12
烟酸	mg/kg	30	20	20	35	35
吡哆醇	mg/kg	3.0	3.0	3.0	4.5	4.5
生物素	mg/kg	0.15	0.10	0.10	0.20	0.20
叶酸	mg/kg	1.0	0.5	0.5	1.2	1.2
维生素 B_{12}	mg/kg	0.010	0.006	0.008	0.012	0.012
胆碱	mg/kg	1300	900	500	500	500

表 1-9-6(9)　黄羽肉鸡仔鸡营养需要

营养指标	单 位	♀0～4周龄 ♂0～3周龄	♀5～8周龄 ♂4～5周龄	♀＞8周龄 ♂＞5周龄
代谢能 ME	MJ/kg(Mcal/kg)	12.12(2.90)	12.54(3.00)	12.96(3.10)
粗蛋白质 CP	%	21.0	19.0	16.0
蛋白能量比 CP/ME	g/MJ(g/Mcal)	17.33(72.41)	15.15(63.33)	12.34(51.61)
赖氨酸能量比 Lys/ME	g/MJ(g/Mcal)	0.87(3.62)	0.78(3.27)	0.66(2.74)
赖氨酸	%	1.05	0.98	0.85
蛋氨酸	%	0.46	0.40	0.34
蛋氨酸＋胱氨酸	%	0.85	0.72	0.65
苏氨酸	%	0.76	0.74	0.68
色氨酸	%	0.19	0.18	0.16
精氨酸	%	1.19	1.10	1.00
亮氨酸	%	1.15	1.09	0.93
异亮氨酸	%	0.76	0.73	0.62
苯丙氨酸	%	0.69	0.65	0.56

续表 1-9-6(9)

营养指标	单 位	♀0～4周龄 ♂0～3周龄	♀5～8周龄 ♂4～5周龄	♀＞8周龄 ♂＞5周龄
苯丙氨酸＋酪氨酸	%	1.28	1.22	1.00
组氨酸	%	0.33	0.32	0.27
脯氨酸	%	0.57	0.55	0.46
缬氨酸	%	0.86	0.82	0.70
甘氨酸＋丝氨酸	%	1.19	1.14	0.97
钙	%	1.00	0.90	0.80
总 磷	%	0.68	0.65	0.60
非植酸磷	%	0.45	0.40	0.35
钠	%	0.15	0.15	0.15
氯	%	0.15	0.15	0.15
铁	mg/kg	80	80	80
铜	mg/kg	8	8	8
锰	mg/kg	80	80	80
锌	mg/kg	60	60	60
碘	mg/kg	0.35	0.35	0.35
硒	mg/kg	0.15	0.15	0.15
亚油酸	%	1	1	1
维生素 A	IU/kg	5000	5000	5000
维生素 D	IU/kg	1000	1000	1000
维生素 E	IU/kg	10	10	10
维生素 K	mg/kg	0.50	0.50	0.50
硫胺素	mg/kg	1.80	1.80	1.80
核黄素	mg/kg	3.60	3.60	3.00
泛 酸	mg/kg	10	10	10
烟 酸	mg/kg	35	30	25
吡哆醇	mg/kg	3.5	3.5	3.0
生物素	mg/kg	0.15	0.15	0.15
叶 酸	mg/kg	0.55	0.55	0.55
维生素 B_{12}	mg/kg	0.010	0.010	0.010
胆 碱	mg/kg	1000	750	500

表 1-9-7(11) 黄羽肉鸡种鸡营养需要

营养指标	单 位	0～6 周龄	7～18 周龄	19 周龄至开产	产蛋期
代谢能 ME	MJ/kg(Mcal/kg)	12.12(2.90)	11.70(2.70)	11.50(2.75)	11.50(2.75)
粗蛋白质 CP	%	20.0	15.0	16.0	16.0
蛋白能量比 CP/ME	g/MJ(g/Mcal)	64.50(68.96)	12.82(55.56)	13.91(58.18)	13.91(58.18)
赖氨酸能量比 Lys/ME	g/MJ(g/Mcal)	0.74(3.10)	0.56(2.32)	0.70(2.91)	0.70(2.91)
赖氨酸	%	0.90	0.75	0.80	0.80
蛋氨酸	%	0.38	0.29	0.37	0.40
蛋氨酸＋胱氨酸	%	0.69	0.61	0.69	0.80
苏氨酸	%	0.58	0.52	0.55	0.56
色氨酸	%	0.18	0.16	0.17	0.17
精氨酸	%	0.99	0.87	0.90	0.95
亮氨酸	%	0.94	0.74	0.83	0.86
异亮氨酸	%	0.60	0.55	0.56	0.60
苯丙氨酸	%	0.51	0.48	0.50	0.51
苯丙氨酸＋酪氨酸	%	0.86	0.81	0.82	0.84
组氨酸	%	0.28	0.24	0.25	0.26
脯氨酸	%	0.43	0.39	0.40	0.42
缬氨酸	%	0.60	0.52	0.57	0.70
甘氨酸＋丝氨酸	%	0.77	0.69	0.75	0.78
钙	%	0.90	0.90	2.00	3.00
总 磷	%	0.65	0.61	0.63	0.65
非植酸磷	%	0.40	0.36	0.38	0.41
钠	%	0.16	0.16	0.16	016
氯	%	0.16	0.16	0.16	0.16
铁	mg/kg	54	54	72	72
铜	mg/kg	5.4	5.4	7.0	7.0
锰	mg/kg	72	72	90	90
锌	mg/kg	54	54	72	72
碘	mg/kg	0.60	0.60	0.90	0.90
硒	mg/kg	0.27	0.27	0.27	0.27
亚油酸	%	1	1	1	1
维生素 A	IU/kg	7200	5400	7200	10800
维生素 D	IU/kg	1440	1080	1620	2160

续表 1-9-7(11)

营养指标	单 位	0～6周龄	7～18周龄	19周龄至开产	产蛋期
维生素 E	IU/kg	18	9	9	27
维生素 K	mg/kg	1.4	1.4	1.4	1.4
硫胺素	mg/kg	1.6	1.4	1.4	1.8
核黄素	mg/kg	7	5	5	8
泛 酸	mg/kg	11	9	9	11
烟 酸	mg/kg	27	18	18	32
吡哆醇	mg/kg	2.7	2.7	2.7	4.1
生物素	mg/kg	0.14	0.09	0.09	0.18
叶 酸	mg/kg	0.9	0.45	0.45	1.08
维生素 B_{12}	mg/kg	0.009	0.005	0.007	0.010
胆 碱	mg/kg	1170	810	450	450

十、美国 NRC(1994)建议的火鸡营养需要量

表 1-10-1　美国 NRC(1994)建议的火鸡饲粮中营养需要量

阶 段	生长阶段火鸡(干物质为90%)						种火鸡	
周龄及时期	公 0～4 母 0～4	4～8 4～8	8～12 8～11	12～16 11～14	16～20 14～17	20～24 17～20	停产期	产蛋期
代谢能 (MJ/kg)	11.72	12.13	12.55	12.97	13.39	13.81	12.13	12.13
代谢能 (Mcal/kg)	2.80	2.90	3.00	3.10	3.20	3.30	2.90	2.90
粗蛋白质(%)	28	26	22	19	16.5	14	12	14
精氨酸(%)	1.6	1.4	1.1	0.9	0.75	0.6	0.5	0.6
甘氨酸＋丝氨酸(%)	1.0	0.9	0.8	0.7	0.6	0.5	0.4	0.5
组氨酸(%)	0.58	0.5	0.4	0.3	0.25	0.2	0.2	0.3
异亮氨酸(%)	1.1	1.0	0.8	0.6	0.5	0.45	0.4	0.4
亮氨酸(%)	1.9	1.75	1.5	1.25	1.0	0.8	0.5	0.5
赖氨酸(%)	1.6	1.5	1.3	1.0	0.8	0.65	0.5	0.6
蛋氨酸(%)	0.55	0.45	0.4	0.35	0.25	0.25	0.2	0.2
蛋氨酸＋胱氨酸(%)	1.05	0.95	0.8	0.65	0.55	0.45	0.4	0.4
苯丙氨酸(%)	1.0	0.9	0.8	0.7	0.6	0.5	0.4	0.55
苯丙氨酸＋酪氨酸(%)	1.8	1.6	1.2	1.0	0.9	0.9	0.8	1.0
苏氨酸(%)	1.0	0.95	0.8	0.75	0.6	0.5	0.4	0.45

续表 1-10-1

阶　段	生长阶段火鸡(干物质为90%)						种火鸡	
周龄及时期	公 0～4	4～8	8～12	12～16	16～20	20～24	停产期	产蛋期
	母 0～4	4～8	8～11	11～14	14～17	17～20		
色氨酸(%)	0.26	0.24	0.2	0.18	0.15	0.13	0.1	0.13
缬氨酸(%)	1.2	1.2	0.9	0.8	0.7	0.6	0.5	0.58
亚油酸(%)	1.0	1.0	0.8	0.8	0.8	0.8	0.8	1.1
钙(%)	1.2	1.0	0.85	0.75	0.65	0.55	0.5	2.25
有效磷(%)	0.6	0.5	0.42	0.38	0.32	0.28	0.25	0.35
钾(%)	0.7	0.6	0.5	0.5	0.4	0.4	0.4	0.6
钠(%)	0.17	0.15	0.12	0.12	0.12	0.12	0.12	0.12
氯(%)	0.15	0.14	0.14	0.12	0.12	0.12	0.12	0.12
镁(mg/kg)	500	500	500	500	500	500	500	500
锰(mg/kg)	60	60	60	60	60	60	60	60
锌(mg/kg)	70	65	50	40	40	40	40	65
铁(mg/kg)	80	60	60	60	50	50	50	60
铜(mg/kg)	8	8	6	6	6	6	6	8
碘(mg/kg)	0.4	0.4	0.4	0.4	0.4	0.4	0.4	0.4
硒(mg/kg)	0.2	0.2	0.2	0.2	0.2	0.2	0.2	0.2
维生素 A(IU/kg)	5000	5000	5000	5000	5000	5000	5000	5000
维生素 D_3(IU/kg)	1100	1100	1100	1100	1100	1100	1100	1100
维生素 E(IU/kg)	12	12	10	10	10	10	10	25
维生素 K(mg/kg)	1.75	1.5	0.75	0.75	0.75	0.5	0.5	1.0
维生素 B_{12}(mg/kg)	0.003	0.003	0.003	0.003	0.003	0.003	0.003	0.003
生物素(mg/kg)	0.25	0.2	0.125	0.125	0.100	0.100	0.100	0.20
胆　碱(mg/kg)	1600	1400	1100	1100	950	800	800	1000
叶　酸(mg/kg)	1.0	1.0	0.8	0.8	0.7	0.7	0.7	1.0
烟　酸(mg/kg)	60	60	50	50	40	40	40	40
泛　酸(mg/kg)	10	9	9	9	9	9	9	16
吡哆醇(mg/kg)	4.5	4.5	3.5	3.5	3.0	3.0	3.0	4.0
核黄素(mg/kg)	4.0	3.6	3.0	3.0	2.5	2.5	2.5	4.0
硫胺素(mg/kg)	2.0	2.0	2.0	2.0	2.0	2.0	2.0	2.0

十一、鸭、鹅的饲养标准

表 1-11-1 不同国家和地区北京肉仔鸭营养需要量推荐值

	NRC[1](1994)			AEC[2](1993)			台湾[3](1993)		日本[4](1992)		
	0~2周	2~7周	种鸭	0~3周	4~10周	种鸭	0~2周	2~7周	0~4周	4周以上	产蛋期
代谢能(MJ/kg)	12.13	12.55	12.15	12.13	12.55	11.72	12.89	12.89	12.1	12.1	12.1
粗蛋白质(%)	22	16	15	20	18	15	22	16	22.0	16.0	15.0
蛋氨酸(%)	0.40	0.30	0.27	0.41	0.36	0.35	0.44	0.32	—	—	—
蛋氨酸+胱氨酸(%)	0.70	0.55	0.50	0.80	0.69	0.65	0.80	—	0.80	0.80	0.55
赖氨酸(%)	0.90	0.65	0.60	0.98	0.80	0.70	1.20	0.80(0.90)	1.10	0.90	0.70
苏氨酸(%)	—	—	—	0.67	0.54	0.48	0.80	0.61	—	—	—
色氨酸(%)	0.23	0.17	0.14	0.20	0.16	0.17	0.25	0.20	—	—	—
精氨酸(%)	1.10	1.0	—	—	—	—	1.20	1.00	1.1	1.0	—
亮氨酸(%)	1.20	0.91	0.76	—	—	—	1.32	1.00	—	—	—
异亮氨酸(%)	0.63	0.46	0.38	—	—	—	0.90	0.75	—	—	—
缬氨酸(%)	0.78	0.65	0.47	—	—	—	0.88	0.68	—	—	—
钙(%)	0.65	0.60	2.75	0.90	0.80	2.70	0.65~1.0	0.6~1.0	0.65	0.50	2.75
总 磷(%)	—	—	—	0.65	0.60	0.62	0.65	0.60	0.60	0.55	0.60
有效磷(%)	0.40	0.30	—	0.40	0.35	0.40	0.45(0.40)	0.40(0.35)	0.50	0.35	0.35
钠(%)	0.15	0.15	0.15	0.16	0.16	0.16	0.18(0.15)	0.18(0.15)	0.15	0.15	0.15
氯(%)	0.12	0.12	0.12	0.14	0.14	0.14	0.18(0.15)	0.18(0.15)	0.12	0.12	0.12
镁(mg/kg)	500	500	500	—	—	—	—	—	0.05	0.05	0.05
锰(mg/kg)	50	—	—	—	—	—	55(44)	45(40)	40.0	40.0	25.0
锌(mg/kg)	60	—	—	—	—	—	60	60	60.0	60.0	60.0
硒(mg/kg)	0.20	—	—	—	—	—	0.20(0.14)	0.15(0.14)	0.14	0.14	0.14
碘(mg/kg)							0.37	0.35			
维生素 A(IU/kg)	2500	2500	4000	—	—	—	8000(4000)	5000(4000)	4000	4000	4000
维生素 D₃(IU/kg)	400	400	900	—	—	—	1000(300)	500(200)	220	220	500
维生素 E(IU/kg)	10	10	10	—	—	—	20	15	0.4	0.4	0.4
维生素 K(mg/kg)	0.5	0.5	0.5	—	—	—	2.0(0.4)	1.0(0.4)	—	—	—
硫胺素(mg/kg)	—	—	—	—	—	—	1.0	1.0	—	—	—
核黄素(mg/kg)	4.0	4.0	4.0	—	—	—	4.5(4.0)	4.5(4.0)	4.0	4.0	4.0

续表 1-11-1

	NRC[1] (1994)			AEC[2] (1993)			台湾[3] (1993)		日本[4] (1992)		
	0～2周	2～7周	种　鸭	0～3周	4～10周	种　鸭	0～2周	2～7周	0～4周	4周以上	产蛋期
吡哆醇(mg/kg)	2.5	2.5	3.0	—	—	—	3.0(2.6)	3.0(2.6)	2.6	2.6	3.0
维生素 B_{12}(μg/kg)	—	—	—	—	—	—	3.0(2.6)	3.0(2.6)	—	—	—
尼克酸(mg/kg)	55	55	55	—	—	—	75(55)	75(55)	55.0	55.0	40.0
泛酸(mg/kg)	11.0	11.0	11.0	—	—	—	12(11)	11	11.0	11.0	10.0
生物素(mg/kg)	—	—	—	—	—	—	0.15	0.10	—	—	—
胆　碱(mg/kg)	—	—	—	—	—	—	1300	1000	—	—	—

注：1美国；2法国；3台湾畜牧学会；4日本。3中，括号内数据引自 NRC(1984)，其他引自法国 INRA(1984)推荐的需
　　量标准；其标准制订主要依据美国 NRC 及美国康乃尔大学的研究结果。

表 1-11-2　蛋鸭的饲养标准(推荐)

营养成分	0～2周龄	3～8周龄	9～18周龄	产蛋期
代谢能(MJ/kg)	11.51	11.51	11.30	11.09
粗蛋白质(%)	2 0	18	15	18
能量蛋白比(kJ/g)	575.3	639.2	753.1	616.0
蛋白能量比(g/MJ)	17.38	15.65	13.28	16.24
精氨酸(%)	1.20	1.00	0.70	1.00
蛋氨酸(%)	0.40	0.30	0.25	0.33
蛋氨酸＋胱氨酸(%)	0.70	0.60	0.50	0.65
赖氨酸(%)	1.20	0.90	0.65	0.90
维生素 A(IU/kg)	4000	4000	4000	8000
维生素 D_3(IU/kg)	600	600	600	1000
维生素 E(mg/kg)	20	—	—	—
维生素 K(mg/kg)	2	2	2	2
硫胺素(B_1)(mg/kg)	4	4	4	2
核黄素(B_2)(mg/kg)	5	5	5	8
烟　酸(mg/kg)	60	60	60	60
吡哆醇(B_6)(mg/kg)	6.6	6	6	9
泛　酸(mg/kg)	15	15	15	15
生物素(mg/kg)	0.1	0.1	0.1	0.2
叶　酸(mg/kg)	1.0	1.0	1.0	1.5
氯化胆碱(mg/kg)	1800	1800	1100	1100
维生素 B_{12}(mg/kg)	0.01	0.01	0.01	0.01
钙(%)	0.9	0.8	0.8	2.5
有效磷(%)	0.5	0.45	0.45	0.35

续表 1-11-2

营养成分	0～2 周龄	3～8 周龄	9～18 周龄	产蛋期
钠(%)	0.15	0.15	0.15	0.15
氯(%)	0.15	0.15	0.15	0.15
钾(%)	0.25	0.25	0.25	0.25
镁(mg/kg)	500	500	500	500
锰(mg/kg)	100	100	100	100
锌(mg/kg)	60	60	60	60
铁(mg/kg)	80	80	80	80
铜(mg/kg)	8	8	8	8
碘(mg/kg)	0.6	0.6	0.6	0.6

表 1-11-3 美国 NRC 鹅的饲养标准(1994)

饲养阶段	0～4 周龄	4 周龄后	种 鹅
代谢能(MJ/kg)	12.13	12.55	12.13
蛋白质(%)	20.0	15.0	15.0
赖氨酸(%)	1.00	0.85	0.6
蛋氨酸＋胱氨酸(%)	0.6	0.5	0.5
钙(%)	0.65	0.60	2.25
有效磷(%)	0.30	0.30	0.30
维生素 A(IU/kg)	1500	1500	1500
维生素 D(IU/kg)	200	200	200
胆 碱(mg/kg)	1500	1000	500
烟 酸(mg/kg)	65.0	35.0	20.0
泛 酸(mg/kg)	15.0	10.0	10.0
核黄素(mg/kg)	3.8	2.5	4.0

表 1-11-4 澳大利亚(1976)建议的鹅营养需要量

饲养阶段	0～4 周龄	4～8 周龄	8 周龄至上市	维持饲喂	种 鹅
代谢能(MJ/kg)	11.53	12.45	12.45	10.38	12.45
粗蛋白质(%)	22.0	18.0	16.0	13.0	15.0
赖氨酸(%)	1.06	0.95	0.77	0.53	0.62
蛋氨酸(%)	0.43	0.40	0.31	0.24	0.28
蛋氨酸＋胱氨酸(%)	0.78	0.66	0.57	0.45	052
色氨酸(%)	0.21	0.17	0.15	0.12	0.13

续表 1-11-4

饲养阶段	0～4 周龄	4～8 周龄	8 周龄至上市	维持饲喂	种　鹅
丝氨酸(%)	0.42	0.35	0.31	0.13	0.15
精氨酸(%)	1.15	0.98	0.84	0.57	0.66
亮氨酸(%)	1.49	1.16	1.09	0.69	0.80
异亮氨酸(%)	0.80	0.62	0.58	0.48	0.55
苯丙氨酸(%)	0.75	0.60	0.55	0.36	0.41
苯内氨酸＋酪氨酸(%)	1.45	1.15	1.06	0.63	0.73
苏氨酸(%)	0.73	0.65	0.53	0.48	0.55
缬氨酸(%)	0.89	0.70	0.65	0.53	0.62
甘氨酸(%)	0.70	—	—	—	—
钙(%)	0.8	0.75	0.75	1.0	2.0
有效磷(%)	0.4	0.40	0.40	0.4	0.4
钠(mg/kg)	1.8	1.8	1.8	1.8	1.8
氯(mg/kg)	2.4	2.4	2.4	2.4	2.4
钾(mg/kg)	2.4	2.4	2.4	2.4	2.4
镁(mg/kg)	600	600	600	600	600
锰(mg/kg)	66	66	66	66	66
锌(mg/kg)	60	60	60	60	60
铁(mg/kg)	96	96	96	96	96
铜(mg/kg)	5	5	5	5	5
硒(mg/kg)	0.15	0.10	0.10	0.1	0.1
碘(mg/kg)	0.42	0.42	0.42	0.42	0.42
维生素 A(IU/kg)	8000	7000	7000	7000	9000
维生素 D_3(IU/kg)	1200	1200	1200	1000	1400
维生素 E(IU/kg)	12.5	10.0	10.0	7.5	15.0
维生素 K(mg/kg)	1.5	1.5	1.5	1.5	1.5
硫胺素(mg/kg)	2.2	2.2	2.2	2.2	2.2
核黄素(mg/kg)	5.0	4.0	4.0	4.0	5.5
泛　酸(mg/kg)	11.0	10.0	10.0	10.0	12.0
叶　酸(mg/kg)	0.5	0.4	0.4	0.4	0.5
生物素(mg/kg)	0.2	0.1	0.1	0.15	0.2
烟　酸(mg/kg)	70.0	60.0	60.0	50.0	75.0
吡哆醇(mg/kg)	3.0	3.0	3.0	3.0	3.0
维生素 B_{12}(mg/kg)	12.0	10.0	10.0	10.0	12.0
胆　碱(mg/kg)	1400	1400	1400	1200	1400

引自张宏福主编,《动物营养参数与饲养标准》(第二版),中国农业出版社,2010,258～259(营养指标的顺序有所调整)

十二、肉鸽、鹌鹑的饲养标准

(一)肉鸽的饲养标准

目前,国内尚无统一的肉鸽饲养标准。现将业内推荐的一些标准列出供参考。

表 1-12-1　肉鸽参考饲养标准之一

	代谢能(MJ/kg)	粗蛋白质(%)	粗纤维(%)	钙(%)	磷(%)
青年鸽	11.7	13~14	3.5	1	0.65
非育雏期种鸽	12.5	14~15	3.2	2.0	0.85
育雏期种鸽	12.9	17~18	2.8~3.2	2.0	0.85

表 1-12-2　肉鸽参考饲养标准之二

	代谢能(MJ/kg)	粗蛋白质(%)	粗纤维(%)	粗脂肪(%)	钙(%)	磷(%)
幼　鸽	11.72~12.14	14~16	3~4	3	1~1.5	0.65
繁殖种鸽	11.72~12.14	16~18	4	3	1.5~2.0	0.65
非繁殖种鸽	11.73	12~14	4~5	—	1	0.60

表 1-12-3　肉鸽参考饲养标准之三

	代谢能(MJ/kg)	粗蛋白质(%)	粗纤维(%)	粗脂肪(%)	钙(%)	磷(%)
童　鸽	12.13	13~15	3.5	2.7	1	0.65
青年鸽	12.55	16~18	3	3	1.5	0.85
非育雏期种鸽	12.98	12~14	3~3.2	3~3.2	2.5	0.85

表 1-12-4　肉鸽维生素和氨基酸需要量　(每 kg 饲粮中)

氨基酸	需要量	维生素	需要量
蛋氨酸(g)	1.8	维生素 E(mg)	20
赖氨酸(g)	3.6	硫胺素(mg)	2
缬氨酸(g)	1.2	核黄素(mg)	24
亮氨酸(g)	1.8	吡哆醇(mg)	2.4
异亮氨酸(g)	1.1	烟酸(mg)	24
苯丙氨酸(g)	1.8	维生素 B_{12}(μg)	4.8
色氨酸(g)	0.4	生物素(mg)	0.04
维生素 A(IU)	4000	泛酸(mg)	7.2
维生素 D_3(IU)	900	叶酸(mg)	0.02
		维生素 C(mg)	14

(二)鹌鹑的饲养标准

表 1-12-5　中国白羽鹌鹑参考饲养标准

营养物质	0～3 周	4～5 周	种鹌鹑
代谢能(MJ/kg)	11.92	11.72	11.72
蛋白质(%)	24	19	20
蛋氨酸(%)	0.55	0.55	0.59
蛋氨酸＋胱氨酸(%)	0.85	0.70	0.90
赖氨酸(%)	1.30	0.95	1.20
精氨酸(%)	1.25	1.00	1.25
甘氨酸＋丝氨酸(%)	1.20	1.00	1.17
组氨酸(%)	1.36	0.30	0.42
异亮氨酸(%)	0.98	0.81	0.90
亮氨酸(%)	1.69	1.40	1.42
苯丙氨酸(%)	0.96	0.80	0.78
苯丙氨酸＋酪氨酸(%)	1.80	1.50	1.40
苏氨酸(%)	1.02	0.85	0.74
色氨酸(%)	0.22	0.18	0.19
缬氨酸(%)	0.95	0.79	0.92
亚油酸(%)			
钙(%)	0.90	0.70	3.00
有效磷(%)	0.50	0.45	0.55
钾(%)	0.40	0.40	0.40
钠(%)	0.15	0.15	0.15
氯(%)	0.20	0.15	0.15
镁(mg/kg)	300	300	500
锰(mg/kg)	90	80	70
锌(mg/kg)	100	90	60
铁(mg/kg)	—	—	—
铜(mg/kg)	7	7	7
碘(mg/kg)	0.30	0.30	0.30
硒(mg/kg)	0.20	0.20	0.20
维生素 A(IU/kg)	5000	5000	5000
维生素 D(IU/kg)	1200	1200	2400
维生素 E(IU/kg)	12	12	15
维生素 K(IU/kg)	1	1	—

续表 1-12-5

营养物质	0～3周	4～5周	种鹌鹑
核黄素(mg/kg)	4	4	4
泛 酸(mg/kg)	10	12	12
烟 酸(mg/kg)	40	30	20
维生素 B$_{12}$(μg/kg)	3	3	—
胆 碱(mg/kg)	2000	1800	1500
生物素(mg/kg)	0.30	0.30	0.30
叶 酸(mg/kg)	1	1	1
硫胺素(mg/kg)	2	2	2
吡哆醇(mg/kg)	3	3	1

表 1-12-6 美国 NRC(1994)建议日本鹌鹑饲养标准

营养物质	开食和生长阶段	种鹌鹑
代谢能(MJ/kg)	12.13	12.13
蛋白质(%)	24.00	20.00
精氨酸(%)	1.25	1.26
甘氨酸＋丝氨酸(%)	1.15	1.17
组氨酸(%)	0.36	0.42
异亮氨酸(%)	0.98	0.90
亮氨酸(%)	1.69	1.42
赖氨酸(%)	1.30	1.00
蛋氨酸(%)	0.50	0.45
蛋氨酸＋胱氨酸(%)	0.75	0.76
苯丙氨酸(%)	0.96	0.78
苯丙氨酸＋酪氨酸(%)	1.80	1.40
苏氨酸(%)	1.02	0.74
色氨酸(%)	0.22	0.19
缬氨酸(%)	0.95	0.92
亚油酸(%)	1.00	1.00
钙(%)	0.80	2.50
有效磷(%)	0.30	0.35
钾(%)	0.40	0.40
镁(mg/kg)	300	500
钠(%)	0.15	0.15

续表 1-12-6

营养物质	开食和生长阶段	种鹌鹑
氯(%)	0.14	0.14
锰(mg/kg)	60	60
锌(mg/kg)	25	50
铁(mg/kg)	120	60
铜(mg/kg)	5	5
碘(mg/kg)	0.30	0.30
硒(mg/kg)	0.20	0.20
维生素 A(IU/kg)	1650	3300
维生素 D_3(IU/kg)	750	900
维生素 E(IU/kg)	12	25
维生素 K(IU/kg)	1	1
核黄素(mg/kg)	4	3
泛　酸(mg/kg)	10	20
烟　酸(mg/kg)	40	20
维生素 B_{12}(mg/kg)	0.003	0.003
胆　碱(mg/kg)	2000	1500
生物素(mg/kg)	0.30	0.15
叶　酸(mg/kg)	1	1
硫胺素(mg/kg)	2	2
吡哆醇(mg/kg)	3	3

表 1-12-7　迪法克肉用型种鹑营养需要

阶　段	粗蛋白质(%)	代谢能(MJ/kg)	钙(%)	磷(%)
生长期(1～42 日龄)	21.89	12.23	1.05	0.78
产蛋期(43 日龄后)	18.22	11.42	2.33	0.85

引自彭秀丽等编著《养鹌鹑 10 招》,24 页

表 1-12-8　法国鹌鹑育肥期营养标准

代谢能(MJ/kg)	粗蛋白质(%)	脂　肪(%)	纤维素(%)	有效磷(%)	钙(%)
11.84	24	3.20	4.10	0.50	1.03

引自彭秀丽等编著《养鹌鹑 10 招》,25 页

十三、鹧鸪、雉鸡、野鸡、孔雀、鸵鸟的饲养标准

表 1-13-1 种用鹧鸪的推荐饲养标准 （中国农业科学院特产所推荐）

营养成分	育雏期		育成期		产蛋期
	育雏前期 (0～3 周龄)	育雏后期 (3～6 周龄)	育成前期 (6～13 周龄)	育成后期 (13～21 周龄)	
代谢能(MJ/kg)	11.92	11.92	11.72	11.72	11.51
粗蛋白质(%)	24.00	20.00	17.00	16.00	18.00
粗脂肪(%)	3.00	3.00	3.00	3.00	3.00
粗纤维(%)	3.00～4.00	3.00～4.00	3.50～4.50	3.50～4.50	3.50～4.50
钙(%)	1.20	1.20	1.10	1.00	2.80
有效磷(%)	0.65	0.60	0.60	0.60	0.65
赖氨酸(%)	1.10	1.00	0.80	0.70	0.80
蛋氨酸(%)	0.50	0.45	0.35	0.35	0.40
蛋氨酸＋胱氨酸(%)	0.90	0.80	0.70	0.65	0.75
色氨酸(%)	0.30	0.25	0.20	0.20	0.25

注:其余营养成分需要量参考肉用种鸡标准

表 1-13-2 肉用鹧鸪的推荐饲养标准 （中国农业科学院特产所推荐）

营养成分	育雏期(0～3 周龄)	育成前期(3～6 周龄)	育成后期(6～13 周龄)
代谢能(MJ/kg)	12.13	12.34	12.34
粗蛋白质(%)	25.00	22.00	19.00
粗脂肪(%)	3.00	3.50	3.50
粗纤维(%)	3.00～4.00	3.00～4.00	3.00～4.00
钙(%)	1.20	1.10	1.00
有效磷(%)	0.65	0.60	0.60
赖氨酸(%)	1.20	1.10	1.00
蛋氨酸(%)	0.55	0.50	0.40
蛋氨酸＋胱氨酸(%)	0.95	0.90	0.80
色氨酸(%)	0.32	0.28	0.23

注:其余营养成分的需要量参考肉用仔鸡标准

表 1-13-3　中国雉鸡各饲养阶段推荐饲养标准 （中国农业科学院特产所推荐）

营养成分	育雏期 (0～4周龄)	育成前期 (4～12周龄)	育成后期 (12周龄至出售)	种雉休产期 或后备种雉	种雉产蛋期
代谢能(MJ/kg)	11.92	12.13	12.13	11.72	11.30
粗蛋白质(%)	26.00	21.00	16.00	17.00	19.00
赖氨酸(%)	1.45	1.10	0.75	0.85	1.00
蛋氨酸(%)	0.65	0.50	0.40	0.40	0.50
蛋氨酸+胱氨酸(%)	1.05	0.90	0.75	0.65	0.75
亚油酸(%)	1.00	1.00	1.00	1.00	1.00
钙(%)	1.25	1.20	1.20	1.00	2.50
有效磷(%)	0.65	0.55	0.55	0.55	0.60
钠(%)	0.15	0.15	0.15	0.15	0.15
氯(%)	0.11	0.11	0.11	0.11	0.11
碘(mg/kg)	0.30	0.30	0.30	0.30	0.30
锌(mg/kg)	62	62	62	62	62
锰(mg/kg)	95	95	95	70	70
维生素 A(IU/kg)	15000	8000	8000	8000	20000
维生素 D(IU/kg)	2200	2200	2200	2200	4400
核黄素(mg/kg)	3.5	3.5	3.0	4.0	4.0
烟　酸(mg/kg)	60	60	60	60	60
泛　酸(mg/kg)	10	10	10	10	16
胆　碱(mg/kg)	1500	1000	1000	1000	1000

表 1-13-4　美国 NRC(1984)雉鸡饲养标准 （地面平养）

营养成分	育雏期	育成期	种用期
代谢能(MJ/kg)	11.72	11.30	11.72
蛋白质(%)	30	16	18
赖氨酸(%)	1.5	0.8	—
蛋氨酸+胱氨酸(%)	1.0	0.6	0.6
甘氨酸+丝氨酸(%)	1.8	1.0	—
维生素 A(IU/kg)	4000	4000	4000
维生素 D_3(IU/kg)	900	900	900
维生素 E(IU/kg)	12	10	25
维生素 K(mg/kg)	1	1	1

续表 1-13-4

营养成分	育雏期	育成期	种用期
核黄素(mg/kg)	3.5	3.0	4.0
泛　酸(mg/kg)	10	10	16
烟　酸(mg/kg)	60	40	30
胆　碱(mg/kg)	1500	1000	1000
亚油酸(%)	1.0	1.0	1.0
钙(%)	1.0	0.7	2.5
有效磷(%)	0.55	0.45	0.40
氯(%)	0.11	0.11	0.11
钠(%)	0.15	0.15	0.15
碘(mg/kg)	0.3	0.3	0.3
镁(mg/kg)	600	400	600
锰(mg/kg)	60	60	60
锌(mg/kg)	75	65	65

表 1-13-5　美国 NRC 笼养雉鸡营养水平建议量

营养成分	育雏期	育成期	种雉休产期	种雉产蛋期
代谢能(MJ/kg)	12.13	12.13	12.13	12.13
粗蛋白质(%)	28	25	14	17
赖氨酸(%)	1.6	1.4	0.6	0.75
蛋氨酸(%)	0.53	0.45	0.3	0.4
蛋氨酸+胱氨酸(%)	1.05	0.9	0.45	0.6
钙(%)	1.2	1.0	0.6	2.25
有效磷(%)	0.6	0.5	0.4	0.45
食　盐(%)	0.5	0.5	0.5	0.5
锰(%)	0.006	0.006	0.006	0.006
锌(%)	0.007	0.007	0.007	0.007
镁(%)	0.05	0.05	0.05	0.05
钾(%)	0.06	0.06	0.06	0.06
硒(mg/kg)	0.2	0.2	0.2	0.2
维生素 A(IU/kg)	10000	10000	10000	10000
维生素 D(IU/kg)	1500	1500	1500	1500

续表 1-13-5

营养成分	育雏期	育成期	种雉休产期	种雉产蛋期
维生素 E(IU/kg)	25	25	25	25
硫胺素(mg/kg)	2	2	1	2
生物素(mg/kg)	0.2	0.1	0.1	0.2
胆　碱(mg/kg)	2000	1000	1000	2000
叶　酸(mg/kg)	1.0	0.5	0.5	1.0
烟　酸(mg/kg)	50	50	50	50
泛　酸(mg/kg)	20	10	10	20
吡哆醇(mg/kg)	4.5	0.15	0.15	4.5
核黄素(mg/kg)	4	4	2	4
维生素 B_{12}(mg/kg)	0.003	0.002	0.002	0.003

表 1-13-6　野鸭的推荐饲养标准　（中国农业科学院特产所推荐）

营养成分	育雏期（0～4 周龄）	育成期（4～8 周龄）	育肥期（8～12 周龄）	种　鸭	
				休产、后备期	产蛋期
代谢能(MJ//kg)	12.13	11.92	12.13	11.72	11.51
粗蛋白质(%)	20.00	17.00	15.00	13.50	18.00
赖氨酸(%)	1.00	0.85	0.70	0.60	0.90
蛋氨酸(%)	0.50	0.40	0.35	0.25	0.45
钙(%)	1.10	1.00	0.90	0.80	2.75
有效磷(%)	0.60	0.50	0.50	0.50	0.55
食　盐(%)	0.40	0.40	0.40	0.40	0.40
粗纤维(%)	3.50	4.00	4.50	5.00	3.50

表 1-13-7　野鸭饲粮中微量元素需要建议量　（中国农业科学院特产所推荐）

营养成分	育雏期（0～4 周龄）	育成期（4～8 周龄）	育肥期（8～12 周龄）	种　鸭	
				休产、后备期	产蛋期
镁(mg/kg)	500	500	500	500	500
锰(mg/kg)	60	60	60	60	60
锌(mg/kg)	50	50	50	50	55
铁(mg/kg)	80	80	80	80	80
铜(mg/kg)	8	8	5	5	5
硒(mg/kg)	0.15	0.15	0.10	0.10	0.15
碘(mg/kg)	0.4	0.4	0.4	0.4	0.4
钴(mg/kg)	0.4	0.4	0.4	0.4	0.4

表 1-13-8 野鸭饲粮中维生素需要建议量 （中国农业科学院特产所推荐）

营养成分	育雏期 （0～4 周龄）	育成期 （4～8 周龄）	育肥期 （8～12 周龄）	种 鸭	
				休产、后备期	产蛋期
维生素 A(IU/kg)	5000	4000	4000	4000	7500
维生素 D_3(IU/kg)	1000	800	600	800	2000
维生素 E(IU/kg)	20	20	20	20	25
维生素 K(mg/kg)	2	2	2	2	2
硫胺素(mg/kg)	3	3	3	3	4
核黄素(mg/kg)	5	5	5	5	5
烟 酸(mg/kg)	60	55	55	55	60
吡哆醇(mg/kg)	5	5	5	5	6
泛 酸(mg/kg)	15	15	15	15	15
生物素(mg/kg)	0.2	0.2	0.15	0.15	0.2
叶 酸(mg/kg)	1	1	1	1	1.5
氯化胆碱(mg/kg)	1900	1600	1300	1100	1600
维生素 B_{12}(mg/kg)	0.01	0.01	0.01	0.01	0.01

表 1-13-9 珍珠鸡各饲养阶段营养需要推荐量 （中国农业科学院特产所推荐）

营养成分	育雏期 （0～4 周龄）	育成前期 （4～8 周龄）	育成后期 （8～14 周龄）	后备种鸡 （14～25 周龄）	种鸡产蛋期
代谢能(MJ/kg)	11.92	12.13	12.13	11.92	11.51
粗蛋白质(%)	25	21	18	14	17
赖氨酸(%)	1.4	1.1	0.9	0.6	0.8
蛋氨酸(%)	0.5	0.4	0.35	0.25	0.35
粗纤维(%)	3.5	3.5	4.0	4.0	4.0
钙(%)	1.2	1.0	0.9	0.8	2.25
有效磷(%)	0.6	0.5	0.45	0.5	0.5
食 盐(%)	0.4	0.4	0.4	0.4	0.4
镁(mg/kg)	500	500	500	500	500
铜(mg/kg)	7	7	6	6	7
铁(mg/kg)	95	75	50	50	65
锰(mg/kg)	55	55	50	50	55
锌(mg/kg)	75	75	40	40	65
碘(mg/kg)	0.4	0.4	0.3	0.3	0.4

续表 1-13-9

营养成分	育雏期 (0～4 周龄)	育成前期 (4～8 周龄)	育成后期 (8～14 周龄)	后备种鸡 (14～25 周龄)	种鸡产蛋期
硒(mg/kg)	0.2	0.2	0.2	0.2	0.2
维生素 A(IU/kg)	6000	5000	4000	4000	20000
维生素 D_3(IU/kg)	800	800	800	800	1000
维生素 E(IU/kg)	10	10	10	10	14
维生素 K(mg/kg)	1.2	1.2	1	1	1
硫胺素(mg/kg)	2.5	2.5	2	2	2.5
核黄素(mg/kg)	4	4	3.5	3.5	5
泛　酸(mg/kg)	11	11	10	10	17
烟　酸(mg/kg)	60	60	40	40	30
生物素(mg/kg)	0.2	0.2	0.1	0.1	0.2
叶　酸(mg/kg)	1	1	0.8	0.8	1
维生素 B_{12}(mg/kg)	0.003	0.003	0.003	0.003	0.003
氯化胆碱(mg/kg)	2000	2000	1500	1500	2000

表 1-13-10　孔雀各饲养阶段饲粮中主要营养素水平参考值　（中国农业科学院特产所推荐）

营养成分	育雏期 (0～1 月龄)	育成前期 (1～4 月龄)	育成后期 (4～8 月龄)	后备种孔雀 (8～22 月龄)	种孔雀产蛋期
代谢能(MJ/kg)	12.13	12.34	12.34	12.13	11.51
粗蛋白质(%)	28.00	23.00	18.00	16.00	19.00
赖氨酸(%)	1.60	1.20	0.85	0.80	1.00
蛋氨酸(%)	0.70	0.55	0.45	0.40	0.50
钙(%)	1.20	1.00	0.90	0.80	2.50
有效磷(%)	0.65	0.50	0.45	0.40	0.50
食　盐(%)	0.40	0.40	0.40	0.40	0.40
粗纤维(%)	3.50	3.50	3.50	3.50	3.50
粗脂肪(%)	3.00	3.00	3.00	3.00	3.00

注：表中未列营养素水平参考雉鸡的推荐饲养标准

表 1-13-11　非洲鸵鸟营养需要推荐量

营养成分	育 雏 (0～3月龄)	小 鸟 (4～6月龄)	育 肥 (7～12月龄)	后 备	产 蛋
体 重(kg)	0.8～20	20～65	65～100	—	—
代谢能(MJ/kg)	12.0	11.0	10.0	9.6	10.0
粗蛋白质(%)	20.0	18.0	14.0	10.0	18.0
赖氨酸(%)	1.10	1.00	0.70	0.60	0.90
蛋氨酸(%)	0.45	0.40	0.25	0.20	0.40
蛋氨酸＋胱氨酸(%)	0.80	0.75	0.50	0.35	0.70
钙(%)	1.5	1.4	1.2	1.0	2.5
有效磷(%)	0.75	0.70	0.40	0.35	0.40

表 1-13-12　非洲鸵鸟维生素及微量元素需要推荐量

营养成分	0～6月龄	6月龄以上	产 蛋
维生素 A(IU/kg)	12000	8000	12000
维生素 D_3(IU/kg)	3000	1500	3000
维生素 E(mg/kg)	30	10	30
维生素 K_3(mg/kg)	3	2	3
硫胺素(mg/kg)	4	2	3
核黄素(mg/kg)	12	6	9
吡哆醇(mg/kg)	8	3	6
维生素 B_{12}(mg/kg)	0.1	0.02	0.1
烟 酸(mg/kg)	80	30	60
泛 酸(mg/kg)	18	8	18
生物素(mg/kg)	0.3	0.1	0.2
叶 酸(mg/kg)	2	1	2(1.5)
胆 碱(mg/kg)	1000	500	750
钠(%)	0.25	0.25	0.25
锰(mg/kg)	120	80	120
锌(mg/kg)	80	50	90
铜(mg/kg)	20	15	20
碘(mg/kg)	0.6	0.6	1.0
钴(mg/kg)	0.5	0.5	0.5
铁(mg/kg)	160	160	160
硒(mg/kg)	0.5(0.3)	0.4(0.2)	0.50(0.3)

表 1-13-13　美国 Bluebonnct 公司鸵鸟饲料营养水平

营养成分	育　雏	小　鸟	种　鸟
粗蛋白质（%）	18.0	17.0	23.0
粗脂肪（%）	3.0	3.0	3.5
粗纤维（%）	9.0	15.0	12.0
钙（%）	1.30	1.00	1.80
磷（%）	1.00	0.80	1.00
维生素 A(IU/kg)	27533	22026	22026
维生素 D(IU/kg)	11013	6608	6608
维生素 E(IU/kg)	275	165	220
胆　碱(mg/kg)	1542	991	991
泛　酸(mg/kg)	55	33	44
烟　酸(mg/kg)	110	66	99
硫胺素(mg/kg)	33	9	11
核黄素(mg/kg)	33	18	18
吡哆醇(mg/kg)	24	22	22
叶　酸(mg/kg)	4.4	2.2	2.2
生物素(mg/kg)	0.881	0.441	0.441
维生素 B_{12}(mg/kg)	0.551	0.220	0.441
镁(mg/kg)	3000	2500	3000
锰(mg/kg)	300	150	200
铁(mg/kg)	250	200	200
锌(mg/kg)	300	180	200
铜(mg/kg)	50	40	40
硒(mg/kg)	0.3	0.3	0.3

附录二　畜禽饲料成分与营养价值表

本附录包括猪、鸡、乳牛、肉牛和羊饲料成分与营养价值表(附表 2-1)、兔饲料营养成分与营养价值表(附表 2-2)和饲料、饲料添加剂卫生标准(附表 2-3)。

其中附表 2-1 包括 6 个表格,即:

附表 2-1-1 饲料描述及常规成分

附表 2-1-2 饲料中有效能值

附表 2-1-3 饲料中氨基酸含量

附表 2-1-4 常用矿物质饲料中矿物质元素的含量

附表 2-1-5 鸭用饲料能值的参考值

附表 2-1-6 饲料蛋白质降解率、小肠可消化蛋白质及赖氨酸和蛋氨酸

附表 2-1-1 至附表 2-1-5 均引自中国饲料数据库情报中心公布的"中国饲料成分及营养价值表 2012 年 22 版",其中附表 2-1-1 与附表 2-1-2 还纳入了中国农业科学院畜牧研究所和中国动物营养研究会编"中国饲料成分及营养价值表"、全国畜牧兽医总站组编"乳牛营养需要和饲养标准(修订第二版)"及冯仰廉主编的"肉牛营养需要和饲养标准(2000 年版)"中的一些乳牛、肉牛、羊常用的青粗饲料(估算了其中一些饲草、饲料的有效能值)。附表 2-1-6 引自冯仰廉、陆治年主编《乳牛营养需要和饲料成分》(修订第三版),中国农业出版社,2007。

附表 2-2 是中国农业科学院兰州畜牧研究所和江苏省农业科学院饲料食品研究所,在兔营养研究及饲料营养价值评定试验基础上拟定与推荐的。按蛋白质饲料、能量饲料、青绿饲料和粗饲料四大类列出兔常用饲料、饲草的营养成分与营养价值。

一、畜禽饲料成分与营养价值表

附表 2-1-1　常规成分　(饲喂状态基础)

序号	中国饲料号	饲料名称	饲料描述	干物质 (%)	粗蛋白质 (%)	粗脂肪 (%)	粗纤维 (%)	无氮浸出物 (%)	粗灰分 (%)	中洗纤维 (%)	酸洗纤维 (%)	钙 (%)	总磷 (%)	非植酸磷 (%)
1	4-07-0278	玉米	成熟,高蛋白质,优质	86.0	9.4	3.1	1.2	71.1	1.2	9.4	3.5	0.09	0.22	0.09
2	4-07-0288	玉米	成熟,高赖氨酸,优质	86.0	8.5	5.3	2.6	67.3	1.3	9.4	3.5	0.16	0.25	0.09
3	4-07-0279	玉米	成熟,GB/T 17890—2008,1级	86.0	8.7	3.6	1.6	70.7	1.4	9.3	2.7	0.02	0.27	0.12

续附表 2-1-1

序号	中国饲料号	饲料名称	饲料描述	干物质 (%)	粗蛋白质 (%)	粗脂肪 (%)	粗纤维 (%)	无氮浸出物 (%)	粗灰分 (%)	中洗纤维 (%)	酸洗纤维 (%)	钙 (%)	总磷 (%)	非植酸磷 (%)
4	4-07-0280	玉米	成熟，GB/T 17890—2008,2级	86.0	7.8	3.5	1.6	71.8	1.3	7.9	2.6	0.02	0.27	0.11
5	4-07-0272	高粱	成熟，NY/T,1级	86.0	9.0	3.4	1.4	70.4	1.8	17.4	8.0	0.13	0.36	0.12
6	4-07-0270	小麦	混合小麦，成熟 GB 1351—2008, 2级	88.0	13.4	1.7	1.9	69.1	1.9	13.3	3.9	0.17	0.41	0.13
7	4-07-0274	大麦(裸)	裸大麦，成熟 GB/T 11760—2008, 2级	87.0	13.0	2.1	2.0	67.7	2.2	10.0	2.2	0.04	0.39	0.13
8	4-07-0277	大麦(皮)	皮大麦，成熟 GB 10367—89,1级	87.0	11.0	1.7	4.8	67.1	2.4	18.4	6.8	0.09	0.33	0.17
9	4-07-0281	黑麦	籽粒，进口	88.0	9.5	1.5	2.2	73.0	1.8	12.3	4.6	0.05	0.30	0.11
10	4-07-0273	稻谷	成熟，晒干 NY/T 2级	86.0	7.8	1.6	8.2	63.8	4.6	27.4	28.7	0.03	0.36	0.15
11	4-07-0276	糙米	除去外壳的大米，GB/T 18810—2002,1级	87.0	8.8	2.0	0.7	74.2	1.3	1.6	0.8	0.03	0.35	0.13
12	4-07-0275	碎米	加工精米后的副产品，GB/T 5503—2009,1级	88.0	10.4	2.2	1.1	72.7	1.6	0.8	0.6	0.06	0.35	0.12
13	4-07-0479	粟(谷子)	合格，带壳，成熟	86.5	9.7	2.3	6.8	65.0	2.7	15.2	13.3	0.12	0.30	0.11
14	4-04-0067	木薯干	木薯干片，晒干 GB 10369—89,合格	87.0	2.5	0.7	2.5	79.4	1.9	8.4	6.4	0.27	0.09	—
15	4-04-0068	甘薯干	甘薯干片，晒干 NY/T 121—1989, 合格	87.0	4.0	0.8	2.8	76.4	3.0	8.1	4.1	0.19	0.02	—
16	4-08-0104	次粉	黑面，黄粉，下面 NY/T 211—92, 1级	88.0	15.4	2.2	1.5	67.1	1.5	18.7	4.3	0.08	0.48	0.15
17	4-08-0105	次粉	黑面，黄粉，下面 NY/T 211—92, 2级	87.0	13.6	2.1	2.8	66.7	1.8	—	—	0.08	0.48	0.15
18	4-08-0069	小麦麸	传统制粉工艺 GB 10368—89,1级	87.0	15.7	3.9	6.5	53.6	4.9	42.1	13.0	0.11	0.92	0.28
19	4-08-0070	小麦麸	传统制粉工艺 GB 10368—89,2级	87.0	14.3	4.0	6.8	57.1	4.8	41.3	11.9	0.10	0.93	0.28
20	4-08-0041	米糠	新鲜，不脱脂 NY/T,2级	87.0	12.8	16.5	5.7	44.5	7.5	22.9	13.4	0.07	1.43	0.20

续附表 2-1-1

序号	中国饲料号	饲料名称	饲料描述	干物质 (%)	粗蛋白质 (%)	粗脂肪 (%)	粗纤维 (%)	无氮浸出物 (%)	粗灰分 (%)	中洗纤维 (%)	酸洗纤维 (%)	钙 (%)	总磷 (%)	非植酸磷 (%)
21	4-10-0025	米糠饼	未脱脂,机榨 NY/T,1级	88.0	14.7	9.0	7.4	48.2	8.7	27.7	11.6	0.14	1.69	0.24
22	4-10-0018	米糠粕	浸提或预压浸提,NY/T,1级	87.0	15.1	2.0	7.5	53.6	8.8	23.3	10.9	0.15	1.82	0.25
23	4-04-0200	甘薯	7省市8样平均值	25.0	1.0	0.3	0.9	22.0	0.8	—	—	0.13	0.05	—
24	4-04-0208	胡萝卜	12省市13样平均值	12.0	1.1	0.3	1.2	8.4	1.0	—	—	0.15	0.09	—
25	4-04-0211	马铃薯	10省市10样平均值	22.0	1.6	0.1	0.7	18.7	0.9	—	—	0.02	0.03	—
26	4-04-0213	甜菜	8省市9样平均值	15.0	2.0	0.4	1.7	9.1	1.8	—	—	0.06	0.04	—
27	4-04-0611	甜菜丝干	北京	88.6	7.3	0.6	19.6	56.6	4.5	—	—	0.66	0.07	—
28	4-04-0215	芜菁甘蓝	3省5样平均值	10.0	1.0	0.2	1.3	6.7	0.8	—	—	0.06	0.02	—
29	4-11-0058	粉渣	玉米粉渣,6省7样平均值	15.0	1.8	0.7	1.4	10.7	0.4	—	—	0.02	0.02	—
30	4-11-0069	粉渣	马铃薯粉渣,3省3样平均值	15.0	1.0	0.4	1.3	11.7	0.6	—	—	0.06	0.06	—
31	4-11-0092	酒糟	贵州,玉米酒糟	21.0	4.0	2.2	2.3	11.7	0.8	—	—	—	—	—
32	5-09-0127	大豆	黄大豆,成熟 GB 1352—86,2级	87.0	35.5	17.3	4.3	25.7	4.2	7.9	7.3	0.27	0.48	0.14
33	5-09-0128	全脂大豆	湿法膨化,GB 1352—86,2级	88.0	35.5	18.7	4.6	25.2	4.0	11.0	6.4	0.32	0.40	0.14
34	5-10-0241	大豆饼	机榨 GB 10379—989,2级	89.0	41.8	5.8	4.8	30.7	5.9	18.1	15.5	0.31	0.50	0.17
35	5-10-0103	大豆粕	去皮,浸提或预压浸提 NY/T,1级	89.0	47.9	1.5	3.3	29.7	4.9	8.8	5.3	0.34	0.65	0.22
36	5-10-0102	大豆粕	浸提或预压浸提 NY/T,2级	89.0	44.2	1.9	5.9	28.3	6.1	13.6	9.6	0.33	0.62	0.21
37	5-10-0118	棉籽饼	机榨 NY/T 129—1989,2级	88.0	36.3	7.4	12.5	26.1	5.7	32.1	22.9	0.21	0.83	0.28
38	5-10-0119	棉籽粕	浸提 GB 21264—2007,1级	90.0	47.0	0.5	10.2	26.3	6.0	22.5	15.3	0.25	1.10	0.38
39	5-10-0117	棉籽粕	浸提 GB 21264—2007,2级	90.0	43.5	0.5	10.5	28.9	6.6	28.4	19.4	0.28	1.04	0.36
40	5-10-0220	棉籽蛋白	脱脂,低温,一次浸出,分步萃取	92.0	51.1	0.5	6.9	27.3	5.7	20.0	13.7	0.29	0.89	0.29
41	5-10-0183	菜籽饼	机榨 NY/T 1799—2009,2级	88.0	35.7	7.4	11.4	26.3	7.2	33.3	26.0	0.59	0.96	0.33
42	5-10-0121	菜籽粕	浸提 GB/T 23736—2009,2级	88.0	38.6	1.4	11.8	28.9	7.3	20.7	16.8	0.65	1.02	0.35

续附表 2-1-1

序号	中国饲料号	饲料名称	饲料描述	干物质 (%)	粗蛋白质 (%)	粗脂肪 (%)	粗纤维 (%)	无氮浸出物 (%)	粗灰分 (%)	中洗纤维 (%)	酸洗纤维 (%)	钙 (%)	总磷 (%)	非植酸磷 (%)
43	5-10-0116	花生仁饼	机榨 NY/T,2级	88.0	44.7	7.2	5.9	25.1	5.1	14.0	8.7	0.25	0.53	0.16
44	5-10-0115	花生仁粕	浸提 NY/T 133—1989,2级	88.0	47.8	1.4	6.2	27.2	5.4	15.5	11.7	0.27	0.56	0.17
45	1-10-0031	向日葵仁饼	壳仁比:35:65 NY/T,3级	88.0	29.0	2.9	20.4	31.0	4.7	41.4	29.6	0.24	0.87	0.22
46	5-10-0242	向日葵仁粕	壳仁比:16:84 NY/T,2级	88.0	36.5	1.0	10.5	34.4	5.6	14.9	13.6	0.27	1.13	0.29
47	5-10-0243	向日葵仁粕	壳仁比:24:76 NY/T,2级	88.0	33.6	1.0	14.8	38.8	5.3	32.8	23.5	0.26	1.03	0.26
48	5-10-0119	亚麻仁饼	机榨 NY/T,2级	88.0	32.2	7.8	7.8	34.0	6.2	29.7	27.1	0.39	0.88	—
49	5-10-0120	亚麻仁粕	浸提或预压浸提 NY/T,2级	88.0	34.8	1.8	8.2	36.6	6.6	21.6	14.4	0.42	0.95	—
50	5-10-0246	芝麻饼	机榨,粗蛋白质40%	92.0	39.2	10.3	7.2	24.9	10.4	18.0	13.2	2.24	1.19	0.22
51	5-11-0001	玉米蛋白粉	玉米去胚芽淀粉后的面筋部分,粗蛋白质60%	90.1	63.5	5.4	1.0	19.2	1.0	8.7	4.6	0.07	0.44	0.16
52	5-11-0002	玉米蛋白粉	同上,中等蛋白产品,粗蛋白质50%	91.2	51.3	7.8	2.1	28.0	2.0	10.1	7.5	0.06	0.42	0.15
53	5-11-0008	玉米蛋白粉	同上,中等蛋白产品,粗蛋白质40%	89.9	44.3	6.0	1.6	37.1	0.9	29.1	8.2	0.12	0.50	0.31
54	5-11-0003	玉米蛋白饲料	玉米去胚芽去淀粉后的含皮残渣	88.0	19.3	7.5	7.8	48.0	5.4	33.6	10.5	0.15	0.70	0.17
55	4-10-0026	玉米胚芽饼	玉米湿磨后的胚芽,机榨	90.0	16.7	9.6	6.3	50.8	6.6	28.5	7.4	0.04	0.50	0.15
56	4-10-0244	玉米胚芽粕	玉米湿磨后的胚芽,浸提	90.0	20.8	2.0	6.5	54.8	5.9	38.2	10.7	0.06	0.50	0.15
57	5-11-0007	DDGS	玉米酒精糟及可溶物,脱水	89.2	27.5	10.1	6.6	39.9	5.1	27.6	12.2	0.05	0.71	0.48
58	5-11-0009	蚕豆粉浆蛋白粉	蚕豆去皮制粉丝后的浆液,脱水	88.0	66.3	4.7	4.1	10.3	2.6	13.7	0.97	0.00	0.59	0.18
59	5-11-0004	麦芽根	大麦芽副产品,干燥	89.7	28.3	1.4	12.5	41.4	6.1	14.0	15.1	0.22	0.73	—
60	5-13-0044	鱼粉(CP 67%)	进口 GB/T 19164—2003,特级	92.4	67.0	8.4	0.2	0.2	16.4	0.0	0.0	4.56	2.88	2.88
61	5-13-0046	鱼粉(CP 60.2%)	沿海产的海鱼粉,脱脂,12样平均值	90.0	60.2	4.9	0.5	11.6	12.8	0.0	0.0	4.04	2.90	2.90
62	5-13-0077	鱼粉(CP 53.5%)	沿海产的海鱼粉,脱脂,11样平均值	90.0	53.5	10.0	0.8	4.9	20.8	0.0	0.0	5.88	3.20	3.20

续附表 2-1-1

序号	中国饲料号	饲料名称	饲料描述	干物质 (%)	粗蛋白质 (%)	粗脂肪 (%)	粗纤维 (%)	无氮浸出物 (%)	粗灰分 (%)	中洗纤维 (%)	酸洗纤维 (%)	钙 (%)	总磷 (%)	非植酸磷 (%)
63	5-13-0036	血粉	鲜猪血,喷雾干燥	88.0	82.8	0.4	0.0	1.6	3.2	0.0	0.0	0.29	0.31	0.31
64	5-13-0037	羽毛粉	纯净羽毛,水解	88.0	77.9	2.2	0.7	1.4	5.8	0.0	0.0	0.20	0.68	0.68
65	5-13-0038	皮革粉	废牛皮,水解	88.0	74.7	0.8	1.6	0.0	10.9	0.0	0.0	4.40	0.15	0.15
66	5-13-0047	肉骨粉	屠宰下脚料,带骨干燥粉碎	93.0	50.0	8.5	2.8	0.0	31.7	32.5	5.6	9.20	4.70	4.70
67	5-13-0048	肉粉	脱脂	94.0	54.0	12.0	1.4	4.3	22.3	31.6	8.3	7.69	3.88	3.88
68	5-11-0080	酱油渣	宁夏银川,豆饼3份,麦麸2份	24.3	7.1	4.5	3.3	7.9	1.5	—	—	0.11	0.03	—
69	5-11-0103	酒糟	吉林,高粱酒糟	37.7	9.3	4.2	3.4	17.6	3.2	—	—	—	—	—
70	1-05-0074	苜蓿草粉 (CP19%)	一茬,盛花期,烘干 NY/T,1级	87.0	19.1	2.3	22.7	35.3	7.6	36.7	25.0	1.40	0.51	0.51
71	1-05-0075	苜蓿草粉 (CP17%)	一茬,盛花期,烘干 NY/T,2级	87.0	17.2	2.6	33.3	33.2	8.0	39.0	28.6	1.52	0.22	0.22
72	1-05-0076	苜蓿草粉 (CP14%~15%)	NY/T,3级	87.0	14.3	2.1	29.8	33.8	10.1	36.8	2.9	1.34	0.19	0.19
73	1-05-0622	苜蓿干草	北京,苏联苜蓿2号	92.4	16.8	1.3	29.5	34.5	10.3	—	—	1.95	0.28	—
74	1-05-0623	苜蓿干草	北京,上等	86.1	15.8	1.5	25.0	36.5	7.3	—	—	2.08	0.25	—
75	1-05-0624	苜蓿干草	北京,中等	90.1	15.2	1.2	37.9	27.8	8.2	—	—	1.43	0.24	—
76	1-05-0625	苜蓿干草	北京,下等	88.7	11.6	1.2	43.3	25.0	7.6	—	—	1.24	0.39	—
77	1-05-0617	碱草	内蒙古,结实期	91.7	7.4	3.1	41.3	32.5	7.4	—	—	—	—	—
78	1-05-0630	披碱草	吉林,抽穗期	88.8	6.3	1.8	32.2	40.6	7.9	—	—	0.39	0.29	—
79	1-05-0631	披碱草	吉林	89.8	4.8	1.4	33.5	42.9	7.2	—	—	0.11	0.10	—
80	1-05-0632	雀麦草	内蒙古,无芒雀麦,抽穗期,野生	91.6	2.7	3.1	27.5	40.9	7.4	—	—	—	—	—
81	1-05-0633	雀麦草	内蒙古,无芒雀麦,结实期,野生	93.2	10.3	2.8	30.8	40.6	8.7	—	—	—	—	—
82	1-05-0644	羊草	东北,三级草	88.3	3.2	1.3	32.5	46.2	5.1	—	—	0.25	0.18	—
83	1-05-0645	羊草	黑龙江,4样平均值	91.6	7.4	3.6	29.4	46.6	4.5	—	—	0.37	0.18	—
84	1-06-0602	大麦秸	宁夏,固原	95.2	5.8	1.8	33.8	43.3	10.4	—	—	0.13	0.02	—
85	1-06-0632	大麦秸	北京	90.0	4.9	1.6	64.6	9.4	9.5	—	—	0.12	0.11	—
86	1-06-0604	大豆秸	吉林公主岭	89.7	3.2	0.5	46.7	35.6	3.7	—	—	0.61	0.23	—
87	1-06-0605	大豆秸	辽宁盘山	93.7	4.8	1.2	50.7	32.9	4.5	—	—	—	—	—
88	1-06-0630	稻草	北京	90.0	2.7	1.1	59.7	12.5	14.0	—	—	0.11	0.05	—
89	1-06-0100	甘薯蔓	7省市,13样平均值	88.0	8.1	2.7	28.5	39.0	9.7	—	—	1.55	0.11	—
90	1-06-0615	谷草	黑龙江,小米秆,2样平均值	90.7	4.5	1.2	32.6	44.2	8.2	—	—	0.34	0.03	—

续附表 2-1-1

序号	中国饲料号	饲料名称	饲料描述	干物质 (%)	粗蛋白质 (%)	粗脂肪 (%)	粗纤维 (%)	无氮浸出物 (%)	粗灰分 (%)	中洗纤维 (%)	酸洗纤维 (%)	钙 (%)	总磷 (%)	非植酸磷 (%)
91	1-06-0617	花生藤	山东,伏花生	91.3	11.0	1.5	29.6	41.3	7.9	—	—	2.46	0.04	—
92	1-06-0618	糜草	宁夏,糯小米秆	91.7	5.2	1.2	30.2	47.5	7.6	—	—	0.25		
93	1-06-0620	小麦秸	北京,冬小麦	90.0	3.9	0.5	70.4	5.5	9.7	—	—	0.25	0.03	
94	1-06-0623	燕麦秸	河北张家口,甜燕麦秸,青海种	93.0	7.0	2.2	26.4	53.9	3.6	—	—	0.17	0.01	
95	1-06-0631	黑麦秸	北京	90.0	3.5	1.1	67.8	8.2	9.5	—	—	—	—	—
96	1-06-0629	玉米秸	北京	90.0	5.8	0.8	62.0	15.3	6.1					
97	2-01-0026	大白菜	北京,小白口	4.4	1.1	0.2	0.4	1.9	0.5	—	—	0.06	0.04	—
98	2-01-0027	大白菜	北京,大青口	4.6	1.1	0.2	0.4	2.4	0.5	—	—	0.04	0.04	—
99	2-01-0610	大麦青割	北京,5月上旬	15.7	2.0	0.5	4.7	6.9	1.6					
100	2-01-0614	大豆青割	北京,全株	35.2	3.4	2.1	10.1	12.2	7.2	—	—	0.36	0.29	
101	2-01-0618	甘薯蔓	上海	11.2	1.0	0.5	2.2	6.0	1.5	—	—	0.23	0.06	
102	2-01-0622	甘薯蔓	四川,成熟期	30.0	1.9	0.2	7.3	16.1	3.7	—	—	0.60	0.01	
103	2-01-0072	甘薯蔓	11省市15样平均值	13.0	2.1	0.5	2.5	6.2	1.7	—	—	0.20	0.05	
104	2-01-0626	甘蓝包	广州,甘蓝包外叶	7.6	1.2	0.3	1.2	3.7	1.2	—	—	0.12	0.02	—
105	2-01-0632	黑麦草	北京,伯克意大利黑麦草	18.0	3.3	0.6	4.2	7.6	2.3	—	—	0.13	0.05	
106	2-01-0634	黑麦草	南京	16.3	2.1	0.8	4.0	7.7	1.7	—	—	—	—	
107	2-01-0635	黑麦草	广西抽穗期	22.8	1.7	0.7	6.8	11.4	2.0					
108	2-01-0639	花生藤	广州	24.6	2.5	0.9	8.7	10.6	1.9	—	—	0.53	0.02	
109	2-01-0177	马铃薯秧	贵州	11.6	2.3	0.7	2.7	4.6	1.3					
110	2-01-0645	苜蓿	北京,盛花期	26.2	3.8	0.3	9.4	10.8	1.9	—	—	0.34	0.01	
111	2-01-0648	苜蓿	陕西,紫花苜蓿	20.2	3.6	0.3	6.5	7.5	2.3	—	—	0.47	0.06	
112	2-01-0227	荞麦苗	贵州,初花期	19.8	2.8	0.7	4.8	8.4	2.1	—	—	0.69	0.14	
113	2-01-0226	荞麦苗	四川,盛花期	17.4	2.0	0.4	5.3	8.0	1.7	—	—	—	0.05	
114	2-01-0247	三叶草	武昌,新西兰红三叶,现蕾期	11.4	1.9	0.7	2.1	5.3	1.4					
115	2-01-0248	三叶草	武昌,新西兰红三叶,初花期	13.9	2.2	0.7	3.3	6.2	1.5					
116	2-01-0250	三叶草	武昌,地中海红三叶,盛花期	12.7	1.8	0.9	3.3	5.4	1.3					
117	2-01-0658	苏丹草	广西,拔节期	18.5	1.9	0.8	5.4	8.8	1.6					
118	2-01-0659	苏丹草	广西,抽穗期	19.7	1.7	0.7	6.2	9.9	1.2					
119	2-01-0664	象草	广东湛江	20.0	2.0	0.6	7.0	9.4	1.0	—	—	0.05	0.02	
120	2-01-0668	小麦青割	北京,春小麦	29.8	4.8	0.7	8.6	13.5	2.2	—	—	0.27	0.03	

续附表 2-1-1

序号	中国饲料号	饲料名称	饲料描述	干物质 (%)	粗蛋白质 (%)	粗脂肪 (%)	粗纤维 (%)	无氮浸出物 (%)	粗灰分 (%)	中洗纤维 (%)	酸洗纤维 (%)	钙 (%)	总磷 (%)	非植酸磷 (%)
121	2-01-0671	燕麦青割	北京,刚抽穗	19.7	2.9	0.9	5.4	9.0	1.5	—	—	0.11	0.07	—
122	2-01-0673	燕麦青割	广西,扬花期	22.1	4.1	0.6	6.8	10.4	1.9	—	—			—
123	2-01-0674	燕麦青割	广西,灌浆期	19.6	2.2	0.5	6.5	8.7	1.7	—	—			—
124	2-01-0243	玉米青割	哈尔滨,乳熟期,玉米叶	17.9	1.1	0.4	5.2	9.9	1.2	—	—	0.06	0.04	—
124	2-01-0687	玉米青割	上海,抽穗期	17.6	1.5	0.4	5.8	8.8	1.1	—	—	0.09	0.05	—
126	2-01-0695	紫云英	南京,盛花期	9.0	1.3	0.6	1.5	4.9	0.7	—	—			—
127	2-01-0429	紫云英	8省市8样平均	13.0	2.9	0.7	2.5	5.6	1.3	—	—	0.18	0.07	—
128	3-03-0605	玉米青贮	4省市5样平均	22.7	1.6	0.6	6.9	11.6	2.0	—	—	0.10	0.06	—
129	3-03-0606	玉米大豆青贮	北京	21.8	2.1	0.6	6.9	8.2	4.1	—	—	0.15	0.06	—
130	3-03-0019	苜蓿青贮	青海西宁,盛花期	33.7	5.3	1.4	12.8	10.3	3.9	—	—	0.50	0.10	—
131	5-11-0005	啤酒糟	大麦酿造副产品	88.0	24.3	5.3	13.4	40.8	4.2	39.4	24.6	0.32	0.42	0.14
132	5-11-0607	啤酒糟	2省市3样平均	23.4	6.8	1.9	3.9	9.5	1.3	—	—	0.09	0.18	
133	7-15-0001	啤酒酵母	啤酒酵母菌粉 QB/T 1940-94	91.7	52.4	0.4	0.6	33.6	4.7	6.1	1.8	0.16	1.02	0.46
134	4-13-0075	乳清粉	乳清,脱水,低乳糖含量	94.0	12.0	0.7	0.0	71.6	9.7	0.0	0.0	0.87	0.79	0.79
135	5-01-0162	酪蛋白	脱水	91.0	84.4	0.6	0.0	2.4	3.6	0.0	0.0	0.36	0.32	0.32
136	5-14-0503	明胶	食用	90.0	88.6	0.5	0.0	0.59	0.31	0.0	0.0	0.49	0.00	0.00
137	4-06-0076	牛乳乳糖	进口,含乳糖80%以上	96.0	3.5	0.5	0.0	82.0	10.0	0.0	0.0	0.52	0.62	0.62
138	4-06-0077	乳糖	食用	96.0	0.3	0.0	0.0	95.7	0.0	0.0	0.0	0.00	0.00	0.00
139	4-06-0078	葡萄糖	食用	90.0	0.2	0.0	0.0	89.7	0.0	0.0	0.0	0.00	0.00	0.00
140	4-06-0079	蔗糖	食用	99.0	0.0	0.0	0.0	98.5	0.0	0.0	0.0	0.04	0.01	0.01
141	4-02-0889	玉米淀粉	食用	99.0	0.3	0.2	0.0	98.5	0.0	0.0	0.0	0.00	0.03	0.01
142	4-17-0001	牛脂		99.0	0.0	98.0	0.5	0.5	0.0	0.0	0.0	0.00	0.00	0.00
143	4-17-0002	猪油		99.0	0.0	98.0	0.5	0.5	0.0	0.0	0.0	0.00	0.00	0.00
144	4-17-0003	家禽脂肪		99.0	0.0	98.0	0.5	0.5	0.0	0.0	0.0	0.00	0.00	0.00
145	4-17-0004	鱼油		99.0	0.0	98.0	0.5	0.5	0.0	0.0	0.0	0.00	0.00	0.00
146	4-17-0005	菜籽油		99.0	0.0	98.0	0.5	0.5	0.0	0.0	0.0	0.00	0.00	0.00
147	4-17-0006	椰子油		99.0	0.0	98.0	0.5	0.5	0.0	0.0	0.0	0.00	0.00	0.00
148	4-17-0007	玉米油		99.0	0.0	98.0	0.5	0.5	0.0	0.0	0.0	0.00	0.00	0.00
149	4-17-0008	棉籽油		99.0	0.0	98.0	0.5	0.5	0.0	0.0	0.0	0.00	0.00	0.00
150	4-17-0009	棕榈油		99.0	0.0	98.0	0.5	0.5	0.0	0.0	0.0	0.00	0.00	0.00
151	4-17-0010	花生油		99.0	0.0	98.0	0.5	0.5	0.0	0.0	0.0	0.00	0.00	0.00
152	4-17-0011	芝麻油		99.0	0.0	98.0	0.5	0.5	0.0	0.0	0.0	0.00	0.00	0.00
153	4-17-0012	大豆油	粗制	99.0	0.0	98.0	0.5	0.5	0.0	0.0	0.0	0.00	0.00	0.00
154	4-17-0013	葵花油		99.0	0.0	98.0	0.5	0.5	0.0	0.0	0.0	0.00	0.00	0.00

附表 2-1-2　有效能

序号	中国饲料号	饲料名称	干物质 (%)	粗蛋白质 (%)	猪消化能 Mcal/ kg	猪消化能 MJ/ kg	猪代谢能 Mcal/ kg	猪代谢能 MJ/ kg	鸡代谢能 Mcal/ kg	鸡代谢能 MJ/ kg	肉牛消化能 MJ/kg	肉牛能量单位 RND/ kg	乳牛产乳净能 MJ/ kg	乳牛产乳净能 NND /kg	羊消化能 Mcal/ kg	羊消化能 MJ/ kg
1	4-07-0278	玉米	86.0	9.4	3.44	14.39	3.24	13.57	3.18	13.31	14.64	1.03	7.66	2.44	3.40	14.23
2	4-07-0288	玉米	86.0	8.5	3.45	14.44	3.25	13.60	3.25	13.60	14.73	1.04	7.70	2.45	3.41	14.27
3	4-07-0279	玉米	86.0	8.7	3.41	14.27	3.21	13.43	3.24	13.56			7.70	2.45	3.41	14.27
4	4-07-0280	玉米	86.0	7.8	3.39	14.18	3.20	13.39	3.22	13.47	14.60	1.03	7.66	2.44	3.38	14.14
5	4-07-0272	高粱	86.0	9.0	3.15	13.18	2.97	12.43	2.94	12.30	12.84	0.84	6.65	2.12	3.12	13.05
6	4-07-0270	小麦	87.0	13.4	3.39	14.18	3.16	13.22	3.04	12.72	14.06	0.97	7.32	2.33	3.40	14.23
7	4-07-0274	大麦(裸)	87.0	13.0	3.24	13.56	3.03	12.68	2.68	11.21	13.51	0.91	7.03	2.24	3.21	13.43
8	4-07-0277	大麦(皮)	87.0	11.0	3.02	12.64	2.83	11.84	2.70	11.30	13.01	0.87	6.78	2.16	3.16	13.22
9	4-07-0281	黑麦	88.0	11.0	3.31	13.85	3.10	12.97	2.69	11.26	13.47	0.91	7.03	2.24	3.39	14.18
10	4-07-0273	稻谷	86.0	7.8	2.69	11.25	2.54	10.63	2.63	11.00	12.34	0.82	6.40	2.04	3.02	12.64
11	4-07-0275	碎米	88.0	10.4	3.60	15.06	3.38	14.14	3.40	14.23	15.73	1.15	8.24	2.62	3.43	14.35
12	4-07-0276	糙米	87.0	8.8	3.44	14.39	3.24	13.57	3.36	14.06			7.70	—	3.41	14.27
13	4-07-0479	粟(谷子)	86.5	9.7	3.09	12.18	2.84	11.88	2.84	11.88	13.39	0.91	6.99	2.23	3.00	12.55
14	4-04-0067	木薯干	87.0	2.5	3.13	13.10	2.97	12.43	2.96	12.38	11.63	0.74	5.98	1.90	2.99	12.51
15	4-04-0068	甘薯干	87.0	4.0	2.82	11.80	2.68	11.21	2.34	9.79	12.64	0.85	6.57	2.10	3.27	13.68
16	4-08-0104	次粉	88.0	15.4	3.27	13.68	3.04	12.72	3.05	12.76		0.75	8.32	2.65	3.32	13.89
17	4-08-0105	次粉	87.0	13.6	3.21	13.43	2.99	12.51	2.99	12.51	15.56	1.13	8.16	2.60	3.25	13.60
18	4-08-0069	小麦麸	87.0	15.7	2.24	9.37	2.08	8.70	1.36	5.69	11.80	0.73	6.11	1.95	2.91	12.18
19	4-08-0070	小麦麸	87.0	14.3	2.23	9.35	2.07	8.66	1.35	5.65			6.08	1.94	2.89	12.10
20	4-08-0041	米糠	87.0	12.8	3.02	12.64	2.82	11.80	2.68	11.21	14.23	0.92	7.45	2.37	3.29	13.77
21	4-10-0025	米糠饼	88.0	14.7	2.99	12.51	2.78	11.63	2.43	10.17	12.13	0.75	6.28	2.00	2.85	11.92
22	4-10-0018	米糠粕	87.0	15.1	2.76	11.55	2.57	10.75	1.98	8.28	10.33	0.62	5.27	1.68	2.39	10.00
23	4-04-0200	甘薯	25.0	1.0	0.92	3.85	0.88	3.68	0.79	3.31	3.83	0.26	1.89	0.59	0.88	3.68
24	4-04-0208	胡萝卜	12.0	1.10	0.40	1.67	0.38	1.59	0.37	1.55	1.85	0.13	0.93	0.29	0.44	1.88
25	4-04-0211	马铃薯	22.0	1.6	0.78	3.26	0.74	3.10	0.69	2.89	3.29	0.23	1.64	0.52	0.77	3.17
26	4-04-0213	甜菜	15.0	2.0	0.49	2.05	0.46	1.92	0.46	1.92	1.94	0.12	0.97	0.31	0.38	1.61
27	4-04-0611	甜菜丝干	88.6	7.3	—	—	—	—	—	—	12.25	0.80	6.20	1.97	2.58	10.79
28	4-04-0215	芜菁甘蓝	10.0	1.0	0.33	1.38	0.31	1.30	0.31	1.30	1.58	0.11	0.80	0.25	0.36	1.52
29	4-11-0058	粉渣	15.0	1.8	0.33	1.38	0.32	1.34	0.32	1.34	2.41	0.16	1.22	0.39	0.53	2.21
30	4-11-0069	粉渣	15.0	1.0	0.47	1.97	0.44	1.84	0.30	1.26	1.90	0.12	0.93	0.29	0.47	1.98
31	4-11-0092	酒糟	21.0	4.0	0.69	2.89	0.63	2.64	—	—	2.69	0.15	1.39	0.43	1.10	4.62
32	5-09-0127	大豆	87.0	35.5	3.97	16.61	3.53	14.77	3.24	13.56	15.15	0.95	7.95	2.53	3.91	16.36
33	5-09-0128	全脂大豆	88.0	35.5	4.24	17.74	3.77	15.77	3.75	15.69	15.44	0.97	8.12	2.59	3.99	16.99

续附表 2-1-2

序号	中国饲料号	饲料名称	干物质(%)	粗蛋白质(%)	猪消化能 Mcal/kg	猪消化能 MJ/kg	猪代谢能 Mcal/kg	猪代谢能 MJ/kg	鸡代谢能 Mcal/kg	鸡代谢能 MJ/kg	肉牛消化能 MJ/kg	肉牛能量单位 RND/kg	乳牛产乳净能 MJ/kg	乳牛产乳净能 NND/kg	羊消化能 Mcal/kg	羊消化能 MJ/kg
34	5-10-0241	大豆饼	89.0	41.8	3.44	14.39	3.01	12.59	2.52	10.54	14.06	0.90	7.32	2.33	3.37	14.10
35	5-10-0103	大豆粕	89.0	47.9	3.60	15.06	3.11	13.01	2.53	10.58	14.27	0.93	7.45	2.37	3.42	14.31
36	5-10-0102	大豆粕	89.0	44.2	3.37	14.26	2.97	12.43	2.39	10.00	14.23	0.94	7.45	2.37	3.41	14.27
37	5-10-0118	棉籽饼	88.0	36.3	2.37	9.92	2.10	8.79	2.16	9.04	12.76	0.78	6.61	2.11	3.16	13.22
38	5-10-0119	棉籽粕	90.0	47.0	2.25	9.41	1.95	8.28	1.86	7.78	12.59	0.77	6.53	2.08	3.12	13.05
39	5-10-0117	棉籽粕	90.0	43.5	2.31	9.68	2.01	8.43	2.03	8.49	12.43	0.77	6.44	2.05	2.98	12.47
40	5-10-0220	棉籽蛋白	92.0	51.1	2.45	10.25	2.13	8.91	2.16	9.04	—	—	7.61	2.42	3.16	13.22
41	5-10-0183	菜籽饼	88.0	35.7	2.88	12.05	2.56	10.71	1.95	8.16	11.51	0.67	5.94	1.89	3.14	13.14
42	5-10-0121	菜籽粕	88.0	38.6	2.53	10.59	2.23	9.33	1.77	7.41	11.25	0.67	5.82	1.85	2.88	12.05
43	5-10-0116	花生仁饼	88.0	44.7	3.08	12.89	2.68	11.21	2.78	11.63	16.07	1.09	8.45	2.69	3.44	14.39
44	5-10-0115	花生仁粕	88.0	47.8	2.97	12.43	2.56	10.71	2.60	10.88	14.43	0.96	7.53	2.40	3.24	13.56
45	5-10-031	向日葵仁饼	88.0	29.0	1.89	7.91	1.70	7.11	1.59	6.65	10.46	0.59	5.36	1.71	2.10	8.79
46	5-10-0242	向日葵仁粕	88.0	36.5	2.78	11.63	2.46	10.29	2.32	9.71	12.34	0.77	6.40	2.04	2.54	10.63
47	5-10-0243	向日葵仁粕	88.0	33.6	2.49	10.42	2.22	9.29	2.03	8.49	11.42	0.66	5.90	1.88	2.04	8.54
48	5-10-0119	亚麻仁饼	88.0	32.2	2.90	12.13	2.60	10.88	2.34	9.79	13.35	0.84	6.95	2.21	3.20	13.39
49	5-10-0120	亚麻仁粕	88.0	34.8	2.37	9.92	2.11	8.83	1.90	7.95	12.47	0.78	6.44	2.05	2.99	12.51
50	5-10-0246	芝麻饼	92.0	39.2	3.20	13.39	2.82	11.80	2.14	8.95	13.56	0.84	7.07	2.25	3.51	14.69
51	5-11-0001	玉米蛋白粉	90.1	63.5	3.60	15.06	3.00	12.55	3.88	16.23	16.11	1.04	8.45	2.69	4.39	18.37
52	5-11-0002	玉米蛋白粉	91.2	51.3	3.73	15.61	3.19	13.35	3.41	14.27	15.06	1.86	7.91	2.52	3.56	14.90
53	5-11-0008	玉米蛋白粉	89.9	44.3	3.59	15.02	3.13	13.10	3.31	13.31	13.97	1.73	7.28	2.32	3.28	13.73
54	5-11-0003	玉米蛋白饲料	88.0	19.3	2.48	10.38	2.28	9.54	2.02	8.45	13.64	0.89	7.11	2.27	3.20	13.39
55	4-10-0026	玉米胚芽饼	90.0	16.7	3.51	14.69	3.25	13.60	2.24	9.37		0.91	7.32	2.33	3.29	13.77
56	4-10-0244	玉米胚芽粕	90.0	20.8	3.28	13.72	3.01	12.59	2.07	8.66	12.89	0.81	6.69	2.13	3.01	12.60
57	5-11-0007	DDGS	89.2	27.5	3.43	14.35	3.10	12.97	2.20	9.20	14.06	0.86	7.32	2.33	3.50	14.64
58	5-11-0009	蚕豆粉浆蛋白粉	88.0	66.3	3.23	13.51	2.69	11.25	3.47	14.52	15.31	0.98	8.03	2.56	3.61	15.11
59	5-11-0004	麦芽根	89.7	28.3	2.31	9.67	2.09	8.74	1.41	5.90	11.63	0.71	5.98	1.91	2.73	11.42
60	5-13-0044	鱼粉(CP 67%)	92.4	67.0	3.22	13.47	2.67	11.16	3.10	12.97	13.56	0.84	9.75	3.11	3.09	12.93
61	5-13-0046	鱼粉(CP 60.2%)	90.0	60.2	3.00	12.55	2.52	10.54	2.82	11.80	13.14	0.81	6.82	2.17	3.07	12.85

续附表 2-1-2

序号	中国饲料号	饲料名称	干物质 (%)	粗蛋白质 (%)	猪消化能		猪代谢能		鸡代谢能		肉牛消化能 MJ/kg	肉牛能量单位 RND/kg	乳牛产乳净能		羊消化能	
					Mcal/kg	MJ/kg	Mcal/kg	MJ/kg	Mcal/kg	MJ/kg			MJ/kg	NND/kg	Mcal/kg	MJ/kg
62	5-13-0077	鱼粉(CP 53.5%)	90.0	53.5	3.09	12.93	2.63	11.00	2.90	12.13	12.97	0.81	6.74	2.14	3.14	13.14
63	5-13-0036	血粉	88.0	82.8	2.73	11.42	2.16	9.04	2.46	10.29	10.88	0.57	5.61	1.78	2.40	10.04
64	5-13-0037	羽毛粉	88.0	77.9	2.77	11.59	2.22	9.29	2.73	11.42	10.88	0.58	5.61	1.78	2.54	10.63
65	5-13-0038	皮革粉	88.0	74.7	2.75	11.51	2.23	9.33	1.48	6.19	—	—	3.10	0.99	2.64	11.05
66	5-13-0047	肉骨粉	93.0	50.0	2.83	11.84	2.43	10.17	2.38	9.96	11.59	0.73	5.98	1.91	2.77	11.59
67	5-13-0048	肉粉	94.0	54.0	2.70	11.30	2.30	9.62	2.20	9.20	—	—	5.61	1.79	2.52	10.55
68	5-11-0080	酱油渣	24.3	7.1	0.55	2.30	0.50	2.09	—	—	3.62	0.20	2.10	0.66	0.97	4.05
69	5-11-0103	酒糟	37.7	9.3	1.17	4.90	1.07	4.48	—	—	5.83	0.38	3.02	0.96	—	—
70	1-05-0074	苜蓿草粉 (CP 19%)	87.0	19.1	1.66	6.95	1.53	6.40	0.97	4.06	9.46	0.53	4.81	1.53	2.36	9.87
71	1-05-0075	苜蓿草粉 (CP 17%)	87.0	17.2	1.46	6.11	1.35	5.65	0.87	3.64	9.41	0.53	4.77	1.52	2.29	9.58
72	1-05-0076	苜蓿草粉 (CP 14%~15%)	87.0	14.3	1.49	6.23	1.39	5.82	0.84	3.51	8.33	0.46	4.18	1.33	1.87	7.83
73	1-05-0622	苜蓿干草	92.4	16.8	1.53	6.40	1.42	5.93	—	—	9.79	0.56	5.15	1.64	2.30	9.61
74	1-05-0623	苜蓿干草	86.1	15.8	1.52	6.36	1.41	5.90	—	—	9.30	0.53	4.86	1.54	2.27	9.51
75	1-05-0624	苜蓿干草	90.1	15.2	—	—	—	—	—	—	—	—	4.31	1.37	1.96	8.22
76	1-05-0625	苜蓿干草	88.7	11.6	—	—	—	—	—	—	7.67	0.39	4.02	1.27	—	—
77	1-05-0617	碱草	91.7	7.4	—	—	—	—	—	—	6.54	0.29	3.23	1.03	1.79	7.49
78	1-05-0630	披碱草	88.8	6.3	—	—	—	—	—	—	—	—	3.85	1.23	2.01	8.40
79	1-05-0631	披碱草	89.8	4.8	—	—	—	—	—	—	—	—	3.73	1.19	2.03	8.50
80	1-05-0632	雀麦草	91.6	2.7	—	—	—	—	—	—	7.29	0.38	4.36	1.39	2.16	9.03
81	1-05-0633	雀麦草	93.2	10.3	—	—	—	—	—	—	7.26	0.34	4.31	1.37	2.15	9.00
82	1-05-0644	羊草	88.3	3.2	—	—	—	—	—	—	—	—	3.60	1.15	1.56	6.53
83	1-05-0645	羊草	91.6	7.4	—	—	—	—	—	—	8.78	0.46	4.31	1.38	2.09	8.74
84	1-06-0602	大麦秸	95.2	5.8	—	—	—	—	—	—	—	—	4.15	1.31	1.85	7.74
85	1-06-0632	大麦秸	90.0	4.9	—	—	—	—	—	—	—	—	3.67	1.17	—	—
86	1-06-0604	大豆秸	89.7	3.2	—	—	—	—	—	—	6.69	0.31	3.44	1.10	1.64	6.86
87	1-06-0605	大豆秸	93.7	4.8	—	—	—	—	—	—	—	—	3.52	1.12	1.63	6.83
88	1-06-0630	稻草	90.0	2.7	—	—	—	—	—	—	—	—	3.29	1.04	1.66	6.95
89	1-06-0100	甘薯蔓	88.0	8.1	1.25	5.23	1.17	4.90	—	—	7.53	0.41	4.23	1.34	1.95	8.15
90	1-06-0615	谷草	90.7	4.5	—	—	—	—	—	—	6.33	0.34	4.19	1.33	1.75	7.32
91	1-06-0617	花生藤	91.3	11.0	—	—	—	—	—	—	9.48	0.53	4.82	1.54	2.40	10.05
92	1-06-0618	糜草	91.7	5.2	—	—	—	—	—	—	—	—	4.23	1.34	1.78	7.45

续附表 2-1-2

序号	中国饲料号	饲料名称	干物质 (%)	粗蛋白质 (%)	猪消化能 Mcal/kg	猪消化能 MJ/kg	猪代谢能 Mcal/kg	猪代谢能 MJ/kg	鸡代谢能 Mcal/kg	鸡代谢能 MJ/kg	肉牛消化能 MJ/kg	肉牛能量单位 RND/kg	乳牛产乳净能 MJ/kg	乳牛产乳净能 NND/kg	羊消化能 Mcal/kg	羊消化能 MJ/kg
93	1-06-0620	小麦秸	90.0	3.9	—	—	—	—	—	—	2.54	0.11	3.11	0.99	—	—
94	1-06-0623	燕麦秸	93.0	7.0	—	—	—	—	—	—	—	—	4.19	1.33	—	—
95	1-06-0631	黑麦秸	90.0	3.5	—	—	—	—	—	—	—	—	3.47	1.11	—	—
96	1-06-0629	玉米秸	90.0	5.8	—	—	—	—	—	—	—	—	3.80	1.21	1.98	8.30
97	2-01-0026	大白菜	4.4	1.1	0.14	0.58	0.13	0.55	—	—	0.58	0.04	0.30	0.10	—	—
98	2-01-0027	大白菜	4.6	1.1	0.15	0.62	0.14	0.60	—	—	0.62	0.04	0.34	0.10	—	—
99	2-01-0610	大麦青割	15.7	2.0	—	—	—	—	—	—	1.80	0.11	0.93	0.29	0.42	1.74
100	2-01-061.4	大豆青割	35.2	3.4	—	—	—	—	—	—	3.18	0.17	1.85	0.59	0.78	3.26
101	2-01-0618	甘薯蔓	11.2	1.0	0.13	0.53	0.12	0.51	—	—	1.16	0.07	0.59	0.19	0.25	1.03
102	2-01-0622	甘薯蔓	30.0	1.9	0.33	1.38	0.32	1.32	—	—	2.99	0.17	1.39	0.44	0.66	2.76
103	2-01-0072	甘薯蔓	13.0	2.1	0.15	0.62	0.14	0.59	—	—	1.37	0.08	0.72	0.22	0.28	1.19
104	2-01-0626	甘蓝包	7.6	1.2	0.21	0.87	0.20	0.84	—	—	—	—	0.42	0.13	—	—
105	2-01-0632	黑麦草	18.0	3.3	—	—	—	—	—	—	2.22	0.14	1.18	0.37	0.51	2.15
106	2-01-0634	黑麦草	16.3	2.1	—	—	—	—	—	—	2.12	0.13	1.09	0.34	0.48	2.00
107	2-01-0635	黑麦草	22.8	1.7	—	—	—	—	—	—	2.79	0.17	1.13	0.36	0.66	2.77
108	2-01-0639	花生藤	24.6	2.5	—	—	—	—	—	—	0.93	0.04	1.05	0.33	0.60	2.49
109	2-01-0177	马铃薯秧	11.6	2.3	—	—	—	—	—	—	—	—	0.47	0.15	0.12	0.52
110	2-01-0645	苜蓿	26.2	3.8	0.38	1.61	0.37	1.53	—	—	2.42	0.13	1.26	0.40	0.62	2.59
111	2-01-0648	苜蓿	20.2	3.6	0.29	1.20	0.27	1.14	—	—	2.42	0.13	1.13	0.36	0.47	1.98
112	2-01-0227	荞麦苗	19.8	2.8	0.38	1.59	0.36	1.51	—	—	2.04	0.12	1.13	0.36	—	—
113	2-01-0226	荞麦苗	17.4	2.0	—	—	—	—	—	—	1.84	0.10	0.97	0.31	—	—
114	2-01-0247	三叶草	11.4	1.9	0.25	1.05	0.23	0.96	—	—	1.35	0.08	0.76	0.24	0.35	1.46
115	2-01-0248	三叶草	13.9	2.2	0.25	1.05	0.23	0.96	—	—	1.37	0.08	0.84	0.27	0.44	1.84
116	2-01-0250	三叶草	12.7	1.8	0.20	0.84	0.19	0.79	—	—	1.24	0.07	0.80	0.25	0.39	1.63
117	2-01-0658	苏丹草	18.5	1.9	—	—	—	—	—	—	—	—	1.05	0.33	0.54	2.28
118	2-01-0659	苏丹草	19.7	1.7	—	—	—	—	—	—	—	—	1.09	0.35	0.58	2.44
119	2-01-0664	象草	20.0	2.0	—	—	—	—	—	—	2.23	0.13	1.13	0.36	0.60	2.52
120	2-01-0668	小麦青割	29.8	4.8	—	—	—	—	—	—	—	—	1.80	0.57	—	—
121	2-01-0671	燕麦青割	19.7	2.9	—	—	—	—	—	—	2.14	0.12	1.26	0.40	—	—
122	2-01-0673	燕麦青割	22.1	2.4	—	—	—	—	—	—	2.53	0.14	1.22	0.38	—	—
123	2-01-0674	燕麦青割	19.6	2.2	—	—	—	—	—	—	2.04	0.11	1.01	0.32	—	—
124	2-01-0243	玉米青割	17.9	1.1	—	—	—	—	—	—	2.16	0.13	1.01	0.32	0.49	2.04

续附表 2-1-2

序号	中国饲料号	饲料名称	干物质 (%)	粗蛋白质 (%)	猪消化能 Mcal/kg	猪消化能 MJ/kg	猪代谢能 Mcal/kg	猪代谢能 MJ/kg	鸡代谢能 Mcal/kg	鸡代谢能 MJ/kg	肉牛消化能 MJ/kg	肉牛能量单位 RND/kg	乳牛产乳净能 MJ/kg	乳牛产乳净能 NND/kg	羊消化能 Mcal/kg	羊消化能 MJ/kg
125	2-01-0687	玉米青割	17.6	1.5	—	—	—	—	—	—	2.17	0.13	0.97	0.31	0.48	2.02
126	2-01-0695	紫云英	9.0	1.3	—	—	—	—	—	—	1.18	0.07	0.63	0.19	0.24	1.00
127	2-01-0429	紫云英	13.0	2.9	0.31	1.30	0.28	1.17	—	—	1.67	0.09	0.88	0.28	0.34	1.44
128	3-03-0605	玉米青贮	22.7	1.6	0.58	2.43	0.56	2.33	—	—	2.25	0.12	1.13	0.36	0.65	2.74
129	3-03-0606	玉米大豆青贮	21.8	2.1	0.50	2.10	0.48	2.00	—	—	2.20	0.13	1.09	0.35	0.57	2.38
130	3-03-0019	苜蓿青贮	33.7	5.3	0.87	3.63	0.82	3.45	—	—	3.13	0.16	1.64	0.52	0.78	3.26
131	5-11-0005	啤酒糟	88.0	24.3	2.25	9.41	2.05	8.58	2.37	9.92	11.30	0.66	5.82	1.85	2.58	10.80
132	5-11-0607	啤酒糟	23.4	6.8	—	—	—	—	—	—	2.98	0.17	1.59	0.51	0.88	3.68
133	7-15-0001	啤酒酵母	91.7	52.4	3.54	14.81	3.02	12.64	2.52	10.54	13.39	0.72	6.99	2.23	3.21	13.43
134	4-13-0075	乳清粉	94.0	12.0	3.44	14.39	3.22	13.47	2.73	11.42	13.77	0.80	7.20	2.29	3.43	14.35
135	5-01-0162	酪蛋白	91.0	84.4	4.13	17.27	3.22	13.47	4.13	17.28	18.33	1.05	9.67	3.08	4.28	17.90
136	5-14-0503	明胶	90.0	88.6	2.80	11.72	2.19	9.16	2.36	9.87	12.55	0.62	6.53	2.08	3.36	14.06
137	4-06-0076	牛乳乳糖	96.0	3.5	3.37	14.10	3.21	13.43	2.69	11.25	15.23	0.95	7.99	2.55	3.48	14.56
138	4-06-0077	乳糖	96.0	0.3	3.53	14.77	3.39	14.18	2.70	11.30	16.36	0.98	8.62	2.75	3.92	16.41
139	4-06-0078	葡萄糖	90.0	0.3	3.36	14.06	3.22	13.47	3.08	12.89	14.1	0.82	7.36	2.35	3.28	13.73
140	4-06-0079	蔗糖	99.0	0.0	3.80	15.90	3.65	15.27	3.90	16.32	16.40	0.97	8.62	2.75	4.02	16.82
141	4-02-0889	玉米淀粉	99.0	0.3	4.00	16.74	3.84	16.07	3.16	13.22	14.94	0.86	7.82	2.49	3.50	14.65
142	4-17-0001	牛油	99.0	0.0	8.00	33.47	7.68	32.13	7.78	32.55	40.29	2.44	17.70	5.63	7.62	31.86
143	4-17-0002	猪油	99.0	0.0	8.29	34.69	7.96	33.30	9.11	38.11	40.29	2.44	20.34	6.93	8.51	35.60
144	4-17-0003	家禽脂肪	99.0	0.0	8.52	35.65	8.18	34.23	9.36	39.16	40.29	2.44	20.76	6.93	8.68	36.30
145	4-17-0004	鱼油	99.0	0.0	8.44	35.31	8.10	33.89	8.45	35.35	—	—	19.40		8.36	34.95
146	4-17-0005	菜籽油	99.0	0.0	8.76	36.65	8.41	35.19	9.21	38.53	40.00	3.04	20.97	6.88	8.92	37.33
147	4-17-0006	椰子油	99.0	0.0	8.40	35.11	8.06	33.69	8.81	36.86	40.00	3.04	20.05	6.88	8.63	36.11
148	4-17-0007	玉米油	99.0	0.0	8.75	36.61	8.40	35.15	9.66	40.42	40.00	3.04	22.01	6.88	9.42	39.42
149	4-17-0008	棉籽油	99.0	0.0	8.60	35.98	8.26	34.43	9.05	37.87	40.00	3.04	20.06	6.88	8.91	37.25
150	4-17-0009	棕榈油	99.0	0.0	8.01	33.51	7.69	32.17	5.80	24.27	40.00	3.04	13.32	6.88	5.76	24.10
151	4-17-0010	花生油	99.0	0.0	8.73	36.53	8.38	35.06	9.36	39.16	40.00	3.04	21.30	6.88	9.17	38.33
152	4-17-0011	芝麻油	99.0	0.0	8.75	36.61	8.40	35.15	8.48	35.48	40.00	3.04	19.29	6.88	8.35	34.91
153	4-17-0012	大豆油	99.0	0.0	8.75	36.61	8.40	35.15	8.37	35.02	40.00	3.04	19.04	6.88	8.24	34.69
154	4-17-0013	葵花油	99.0	0.0	8.76	36.65	8.41	35.19	9.66	40.42	40.00	3.04	22.04	6.88	9.47	39.63

注：表中 DDGS 为脱水的玉米酒精糟及可溶物；CP 为粗蛋白质；NND 为乳牛能量单位；RND 为肉牛能量单位。

附表 2-1-3　饲料中氨基酸含量

序号	中国饲料号	饲料名称	干物质(%)	粗蛋白质(%)	精氨酸(%)	组氨酸(%)	异亮氨酸(%)	亮氨酸(%)	赖氨酸(%)	蛋氨酸(%)	胱氨酸(%)	苯丙氨酸(%)	酪氨酸(%)	苏氨酸(%)	色氨酸(%)	缬氨酸(%)
1	4-07-0278	玉米	86.0	9.4	0.38	0.23	0.26	1.03	0.26	0.19	0.22	0.43	0.34	0.31	0.08	0.40
2	4-07-0288	玉米	86.0	8.5	0.50	0.29	0.27	0.74	0.36	0.15	0.18	0.37	0.28	0.30	0.08	0.46
3	4-07-0279	玉米	86.0	8.7	0.39	0.21	0.25	0.93	0.24	0.18	0.20	0.41	0.33	0.30	0.07	0.38
4	4-07-0280	玉米	86.0	7.8	0.37	0.20	0.24	0.93	0.23	0.15	0.15	0.38	0.31	0.29	0.06	0.35
5	4-07-0272	高粱	86.0	9.0	0.33	0.18	0.35	1.08	0.18	0.17	0.12	0.45	0.32	0.26	0.08	0.44
6	4-07-0270	小麦	87.0	13.4	0.62	0.30	0.46	0.80	0.35	0.21	0.30	0.61	0.37	0.38	0.15	0.56
7	4-07-0274	大麦(裸)	87.0	13.0	0.64	0.24	0.43	0.87	0.44	0.14	0.25	0.68	0.43	0.43	0.16	0.63
8	4-07-0277	大麦(皮)	87.0	11.0	0.65	0.24	0.52	0.91	0.42	0.18	0.18	0.59	0.35	0.41	0.12	0.64
9	4-07-0281	黑麦	88.0	9.50	0.48	0.22	0.30	0.58	0.35	0.15	0.21	0.42	0.26	0.31	0.10	0.43
10	4-07-0273	稻谷	86.0	7.8	0.57	0.15	0.32	0.58	0.29	0.19	0.16	0.40	0.37	0.25	0.10	0.47
11	4-07-0276	糙米	87.0	8.8	0.65	0.17	0.30	0.61	0.32	0.20	0.14	0.35	0.31	0.28	0.12	0.49
12	4-07-0275	碎米	88.0	10.4	0.78	0.27	0.39	0.74	0.42	0.22	0.17	0.49	0.39	0.38	0.12	0.57
13	4-07-0479	粟(谷子)	86.5	9.7	0.30	0.20	0.36	1.15	0.15	0.25	0.20	0.49	0.26	0.35	0.17	0.42
14	4-04-0067	木薯干	87.0	2.5	0.40	0.05	0.11	0.15	0.13	0.05	0.04	0.10	0.04	0.10	0.03	0.13
15	4-04-0068	甘薯干	87.0	4.0	0.16	0.08	0.17	0.26	0.16	0.06	0.08	0.19	0.13	0.18	0.05	0.27
16	4-08-0104	次粉	88.0	15.4	0.86	0.41	0.55	1.06	0.59	0.23	0.37	0.66	0.46	0.50	0.21	0.72
17	4-08-0105	次粉	87.0	13.6	0.85	0.33	0.48	0.98	0.52	0.16	0.33	0.63	0.45	0.50	0.18	0.68
18	4-08-0069	小麦麸	87.0	15.7	1.00	0.41	0.51	0.96	0.63	0.23	0.32	0.62	0.43	0.50	0.25	0.74
19	4-08-0070	小麦麸	87.0	14.3	0.88	0.37	0.46	0.88	0.56	0.22	0.31	0.57	0.34	0.45	0.18	0.65
20	4-08-0041	米糠	87.0	12.8	1.06	0.39	0.63	0.96	0.74	0.25	0.19	0.63	0.50	0.48	0.14	0.81
21	4-10-0025	米糠饼	88.0	14.7	1.19	0.43	0.72	1.06	0.66	0.26	0.30	0.76	0.51	0.53	0.15	0.99
22	4-10-0018	米糠粕	87.0	15.1	1.28	0.46	0.78	1.30	0.72	0.28	0.32	0.82	0.55	0.57	0.17	1.07
23	5-09-0127	大豆	87.0	35.5	2.57	0.59	1.28	2.72	2.20	0.56	0.70	1.42	0.64	1.41	0.45	1.50
24	5-09-0128	全脂大豆	88.0	35.5	2.62	0.95	1.63	2.64	2.20	0.53	0.57	1.77	1.25	1.43	0.45	1.69
25	5-10-0241	大豆饼	89.0	41.8	2.53	1.10	1.57	2.75	2.43	0.60	0.62	1.79	1.53	1.44	0.64	1.70
26	5-10-0103	大豆粕	89.0	47.9	3.43	1.22	2.10	3.57	2.99	0.68	0.73	2.33	1.57	1.85	0.65	2.26
27	5-10-0102	大豆粕	89.0	44.2	3.38	1.17	1.99	3.35	2.69	0.59	0.65	2.21	1.47	1.71	0.57	209
28	5-10-0118	棉籽饼	88.0	36.3	3.94	0.90	1.16	2.07	1.40	0.41	0.70	1.88	0.95	1.14	0.39	1.51
29	5-10-0119	棉籽粕	90.0	47.0	5.44	1.28	1.41	2.60	2.13	0.65	0.75	2.47	1.46	1.43	0.57	1.98
30	5-10-0117	棉籽粕	90.0	43.5	4.65	1.19	1.29	2.47	1.97	0.58	0.68	2.28	1.05	1.25	0.51	1.91
31	5-10-0220	棉籽蛋白	92.0	51.1	6.08	1.58	1.72	3.13	2.26	0.86	1.04	2.94	1.42	1.60	—	2.48
32	5-10-0183	菜籽饼	88.0	35.7	1.82	0.83	1.24	2.26	1.33	0.60	0.82	1.35	0.92	1.40	0.42	1.62

续附表 2-1-3

序号	中国饲料号	饲料名称	干物质(%)	粗蛋白质(%)	精氨酸(%)	组氨酸(%)	异亮氨酸(%)	亮氨酸(%)	赖氨酸(%)	蛋氨酸(%)	胱氨酸(%)	苯丙氨酸(%)	酪氨酸(%)	苏氨酸(%)	色氨酸(%)	缬氨酸(%)
33	5-10-0121	菜籽粕	88.0	38.6	1.83	0.86	1.29	2.34	1.30	0.63	0.87	1.45	0.97	1.49	0.43	1.74
34	5-10-0116	花生仁饼	88.0	44.7	4.60	0.83	1.18	2.36	1.32	0.39	0.38	1.81	1.31	1.05	0.42	1.28
35	5-10-0115	花生仁粕	88.0	47.8	4.88	0.88	1.25	2.50	1.40	0.41	0.40	1.92	1.39	1.11	0.45	1.36
36	1-10-0031	向日葵仁饼	88.0	29.0	2.44	0.62	1.19	1.76	0.96	0.59	0.43	1.21	0.77	0.98	0.28	1.35
37	5-10-0242	向日葵仁粕	88.0	36.5	3.17	0.81	1.51	2.25	1.22	0.72	0.62	1.56	0.99	1.25	0.47	1.72
38	5-10-0243	向日葵仁粕	88.0	33.6	2.89	0.74	1.39	2.07	1.13	0.69	0.50	1.43	0.91	1.14	0.37	1.58
39	5-10-0119	亚麻仁饼	88.0	32.2	2.35	0.51	1.15	1.62	0.73	0.46	0.48	1.32	0.50	1.00	0.48	1.44
40	5-10-0120	亚麻仁粕	88.0	34.8	3.59	0.64	1.33	1.85	1.16	0.55	0.55	1.51	0.93	1.10	0.70	1.51
41	5-10-0246	芝麻饼	92.0	39.2	2.38	0.81	1.42	2.52	0.82	0.82	0.75	1.68	1.02	1.29	0.49	1.84
42	5-11-0001	玉米蛋白粉	90.1	63.5	2.01	1.23	2.92	10.50	1.10	1.60	0.99	3.94	3.19	2.11	0.36	2.94
43	5-11-0002	玉米蛋白粉	91.2	51.3	1.48	0.89	1.75	7.87	0.92	1.14	0.76	2.83	2.25	1.59	0.31	2.05
44	5-11-0008	玉米蛋白粉	89.9	44.3	1.31	0.78	1.63	7.08	0.71	1.04	0.65	2.61	2.03	1.38	—	1.84
45	5-11-0003	玉米蛋白饲料	88.0	19.3	0.77	0.56	0.62	1.82	0.63	0.29	0.33	0.70	0.50	0.68	0.14	0.93
46	4-10-0026	玉米胚芽饼	90.0	16.7	1.16	0.45	0.53	1.25	0.70	0.31	0.47	0.64	0.54	0.64	0.16	0.91
47	4-10-0244	玉米胚芽粕	90.0	20.8	1.51	0.62	0.77	1.54	0.75	0.21	0.28	0.93	0.66	0.68	0.18	1.66
48	5-11-0007	DDGS	90.0	27.5	1.23	0.75	1.06	3.21	0.87	0.56	0.57	1.40	1.09	1.04	0.22	1.41
49	5-11-0009	蚕豆粉浆蛋白粉	88.0	66.3	5.96	1.66	2.90	5.88	4.44	0.60	0.57	3.34	2.21	2.31	—	3.20
50	5-11-0004	麦芽根	89.7	28.3	1.22	0.54	1.08	1.58	1.30	0.37	0.26	0.85	0.67	0.96	0.42	1.44
51	5-13-0044	鱼粉(CP67%)	90.0	67.0	3.93	2.01	2.61	4.94	4.97	1.86	0.60	2.61	1.97	2.74	0.77	3.11
52	5-13-0046	鱼粉(CP60.2%)	90.0	60.2	3.57	1.71	2.68	4.80	4.72	1.64	0.52	2.35	1.96	2.57	0.70	3.17
53	5-13-0077	鱼粉(CP53.5%)	90.0	53.5	3.24	1.29	2.30	4.30	3.87	1.39	0.49	2.22	1.70	2.51	0.60	2.77
54	5-13-0036	血粉	88.0	82.8	2.99	4.40	0.75	8.38	6.67	0.74	0.98	5.23	2.55	2.86	1.11	6.08
55	5-13-0037	羽毛粉	88.0	77.9	5.30	0.58	4.21	6.78	1.65	0.59	2.93	3.57	1.79	3.51	0.40	6.05
56	5-13-0038	皮革粉	88.0	74.7	4.45	0.40	1.06	2.53	2.18	0.80	0.16	1.56	0.63	0.71	0.50	1.91
57	5-13-0047	肉骨粉	93.0	50.0	3.35	0.96	1.70	3.20	2.60	0.67	0.33	1.70	—	1.63	0.26	2.25
58	5-13-0048	肉粉	94.0	54.0	3.60	1.14	1.60	3.84	3.07	0.80	0.60	2.17	1.40	1.97	0.35	2.66

续附表 2-1-3

序号	中国饲料号	饲料名称	干物质 (%)	粗蛋白质 (%)	精氨酸 (%)	组氨酸 (%)	异亮氨酸 (%)	亮氨酸 (%)	赖氨酸 (%)	蛋氨酸 (%)	胱氨酸 (%)	苯丙氨酸 (%)	酪氨酸 (%)	苏氨酸 (%)	色氨酸 (%)	缬氨酸 (%)
59	1-05-0074	苜蓿草粉 (CP 19%)	87.0	19.1	0.78	0.39	0.68	1.20	0.82	0.21	0.22	0.82	0.58	0.74	0.43	0.91
60	1-05-0075	苜蓿草粉 (CP 17%)	87.0	17.2	0.74	0.32	0.66	1.10	0.81	0.20	0.16	0.81	0.54	0.69	0.37	0.85
61	1-05-0076	苜蓿草粉 (CP 14%~15%)	87.0	14.3	0.61	0.19	0.58	1.00	0.60	0.18	0.15	0.59	0.38	0.45	0.24	0.58
62	5-11-0005	啤酒糟	88.0	24.3	0.98	0.51	1.18	1.08	0.72	0.52	0.35	2.35	1.17	0.81	0.28	1.66
63	7-15-0001	啤酒酵母	91.7	52.4	2.67	1.11	2.85	4.76	3.38	0.83	0.50	4.07	0.12	2.33	0.21	3.40
64	4-13-0075	乳清粉	94.0	12.0	0.40	0.20	0.90	1.20	1.10	0.20	0.40	—	0.80	0.20	0.70	
65	5-01-0162	酪蛋白	91.0	84.4	3.10	2.68	4.43	8.36	6.99	2.57	0.39	4.56	4.54	3.79	1.08	5.80
66	5-14-0503	明胶	90.0	88.6	6.60	0.66	1.42	2.91	3.62	0.76	0.12	1.74	0.43	1.82	0.05	2.26
67	4-06-0076	牛乳乳糖	96.0	3.5	0.25	0.09	0.09	0.16	0.14	0.04	0.01	0.09	0.02	0.09	0.09	0.09

附表 2-1-4 常用矿物质饲料中矿物元素的含量

序号	中国饲料号 (CFN)	饲料名称	化学分子式	钙 (%)[a]	磷 (%)	磷利用率 (%)[b]	钠 (%)	氯 (%)	钾 (%)	镁 (%)	硫 (%)	铁 (%)	锰 (%)
01	6-14-0001	碳酸钙,饲料级轻质	$CaCO_3$	38.42	0.02	—	0.08	0.02	0.08	1.610	0.08	0.06	0.02
02	6-14-0002	磷酸氢钙,无水	$CaHPO_4$	29.60	22.77	95~100	0.18	0.47	0.15	0.800	0.80	0.79	0.14
03	6-14-0003	磷酸氢钙,2个结晶水	$CaHPO_4 \cdot 2H_2O$	23.29	18.00	95~100							
04	6-14-0004	磷酸二氢钙	$Ca(H_2PO_4)_2 \cdot H_2O$	15.90	24.58	100	0.20		0.16	0.900	0.80	0.75	0.01
05	6-14-0005	磷酸三钙	$Ca(PO_4)_3$	38.76	20.0								
06	6-14-0006	石粉[c],石灰石,方解石等		35.84	0.01		0.06	0.02	0.11	2.060	0.04	0.35	0.02
07	6-14-0007	骨粉,脱脂		29.80	12.50	80~90	0.04		0.20	0.300	2.40		0.03
08	6-14-0008	贝壳粉		32~35									
09	6-14-0009	蛋壳粉		30~40	0.1~0.4								
10	6-14-0010	磷酸氢铵	$(NH_4)_2HPO_4$	0.35	23.48	100	0.20	—	0.16	0.750	1.50	0.41	0.01
11	6-14-0011	磷酸二氢铵	$(NH_4)H_2PO_4$	—	26.93	100							
12	6-14-0012	磷酸氢二钠	Na_2HPO_4	0.09	21.82	100	31.04						
13	6-14-0013	磷酸二氢钠	NaH_2PO_4	—	25.81	100	19.17	0.02	0.01	0.010			
14	6-14-0014	碳酸钠	Na_2CO_3				43.30						
15	6-14-0015	碳酸氢钠	$NaHCO_3$	0.01			27.00		0.01				
16	6-14-0016	氯化钠	$NaCl$	0.30	—		39.50	59.00		0.005	0.20	0.01	—

续附表 2-1-4

序号	中国饲料号(CFN)	饲料名称	化学分子式	钙(%)a	磷(%)	磷利用率(%)b	钠(%)	氯(%)	钾(%)	镁(%)	硫(%)	铁(%)	锰(%)
17	6-14-0017	氯化镁,6个结晶水	MgCl·6H₂O	—	—	—	—	—	—	11.950	—	—	—
18	6-14-0018	碳酸镁	MgCO₃·Mg(OH)₂	0.02	—	—	—	—	—	34.000	—	—	0.01
19	6-14-0019	氧化镁	MgO	1.69	—	—	—	—	0.02	55.000	0.10	1.06	—
20	6-14-0020	硫酸镁,7个结晶水	MgSO₄·7H₂O	0.02	—	—	—	0.01	—	9.860	13.01	—	—
21	6-14-0021	氯化钾	KCl	0.05	—	—	1.00	47.56	52.44	0.230	0.32	0.06	0.001
22	6-14-0022	硫酸钾	K₂SO₄	0.15	—	—	0.09	1.50	44.87	0.600	18.40	0.07	0.001

注：1. 数据来源：《中国饲料学》(2000,张子仪主编),《猪营养需要》(NRC,1998)。

2. 饲料中使用的矿物质添加剂一般不是化学纯化合物,其组成成分的变化较大。如果能得到,一般应采用原料供给商的分析结果。例如,饲料级的硫酸氢钙原料中往往含有一些磷酸二氢钙,而磷酸二氢钙中含有一些磷酸氢钙。

a 在大多数来源的磷酸氢钙、磷酸二氢钙、磷酸三钙、脱氟磷酸钙、碳酸钙、硫酸钙和方解石石粉中,估计钙的生物学利用率为90%～100%,在高镁含量的石粉或白云石石粉中,钙的生物学效价较低,为50%～80%。

b 生物效价估计值通常以相当于磷酸氢钠或磷酸氢钙中磷的生物学效价。

c 大多数方解石石粉含有高于表中所示的钙和低于表中所示的镁,"—"表示数据不详

附表 2-1-5　鸭用饲料能值的参考值

序号	饲料名称	干物质%	粗蛋白质%	表观代谢能 Mcal/kg	表观代谢能 MJ/kg	表观氮校正代谢能 Mcal/kg	表观氮校正代谢能 MJ/kg	真代谢能 Mcal/kg	真代谢能 MJ/kg	真氮校正代谢能 Mcal/kg	真氮校正代谢能 MJ/kg
谷物类											
1	普通玉米	87.0	7.0	3.11	13.01	3.1	12.97	3.31	13.85	3.27	13.68
2	低植酸玉米	89.1	8.6	3.41	14.27	3.39	14.18	4.05	16.95	3.85	16.11
3	高油玉米	88.8	9.0	3.56	14.90	3.5	14.64	4.2	17.57	3.96	16.57
4	大麦	88.0	11.0	2.62	10.96	2.73	11.42	2.97	12.43	2.86	11.97
5	脱壳燕麦	87.8	10.9	3.56	14.90	3.48	14.56	3.76	15.73	3.64	15.23
6	珍珠粟	89.9	13.1	3.35	14.02	3.35	14.02	3.61	15.10	3.48	14.56
7	稻米	90.3	10.1	3.42	14.31	3.45	14.43	3.74	15.65	3.61	15.10
8	黑麦	89.2	10.7	2.63	11.00	2.69	11.25	2.95	12.34	2.85	11.92
9	高粱	87.0	8.6	3.09	12.93	3.09	12.93	3.42	14.31	3.39	14.18
10	黑小麦	90.2	11.6	2.8	11.72	2.76	11.55	3.17	13.26	3.07	12.84
11	小麦	87.2	13.1	3.26	13.64	3.14	13.14	3.46	14.48	3.3	13.81

续附表 2-1-5

序号	饲料名称	干物质 %	粗蛋白质 %	表观代谢能 Mcal/kg	表观代谢能 MJ/kg	表观氮校正代谢能 Mcal/kg	表观氮校正代谢能 MJ/kg	真代谢能 Mcal/kg	真代谢能 MJ/kg	真氮校正代谢能 Mcal/kg	真氮校正代谢能 MJ/kg
粕及副产品											
12	大麦粗粉	89.8	10.7	3.73	15.61	3.76	15.73	4.13	17.28	3.9	16.32
13	小麦麸	89.1	15.7	2.34	9.79	2.28	9.54	2.79	11.67	2.59	10.84
14	小麦次粉	86.1	16.6	2.39	10.00	2.52	10.54	3.12	13.05	2.9	12.13
15	菜籽粕	90.5	33.1	2.18	9.12	2.19	9.16	2.76	11.55	2.44	10.21
16	玉米蛋白粉	92.3	53.9	4.04	16.90	3.7	15.48	4.37	18.28	3.93	16.44
17	低植酸大豆粕	92.4	52.9	3.02	12.64	2.58	10.79	3.54	14.81	2.96	12.38
18	普通大豆粕(未去皮)	89.9	45.2	2.86	11.97			3.49	14.61		
19	肉骨粉	92.1	49.7	1.78	7.45	1.77	7.41	1.96	8.20		
20	鱼粉	90.0	67.5	3.68	15.40			4.05	16.95		

附表 2-1-6　饲料蛋白质降解率、小肠可消化蛋白质及赖氨酸和蛋氨酸（干物质基础）

饲料名称	饲料来源	可发酵有机物质 (kg/kg) 生长牛	可发酵有机物质 (kg/kg) 产乳牛	粗蛋白质 (%)	瘤胃降解蛋白质 (g/kg) 生长牛	瘤胃降解蛋白质 (g/kg) 产乳牛	小肠可消化蛋白质 (g/kg) 生长牛 IDCPMF	小肠可消化蛋白质 (g/kg) 生长牛 IDCPMP	小肠可消化蛋白质 (g/kg) 产乳牛 IDCPMF	小肠可消化蛋白质 (g/kg) 产乳牛 IDCPMP	产乳牛小肠可消化蛋白质中 赖氨酸 (g)	产乳牛小肠可消化蛋白质中 赖氨酸 (%)	产乳牛小肠可消化蛋白质中 蛋氨酸 (g)	产乳牛小肠可消化蛋白质中 蛋氨酸 (%)
豆饼	黑龙江	0.547	0.476	45.8	232	196	199	293	216	294	17.98	6.12	5.00	1.70
豆饼	黑龙江	0.546	0.466	43.4	220	181	191	278	209	279	17.52	6.28	4.73	1.69
豆饼	黑龙江	0.771	0.667	42.4	280	254	167	270	174	271	17.96	6.63	4.93	1.82
豆饼	黑龙江	0.629	0.579	44.2	258	229	180	282	194	283	18.31	6.47	4.99	1.76
豆饼	黑龙江	0.621	0588	34.4	198	182	154	220	161	220	14.30	6.50	3.91	1.78
豆饼	黑龙江	0.645	0.608	37.8	226	206	160	241	170	241	15.75	6.53	4.31	1.79
豆饼	黑龙江	0.660	0.633	40.9	250	232	166	261	175	261	17.18	6.58	4.70	1.80
豆饼	吉林	0.614	0.548	41.8	209	205	195	267	191	268	17.22	6.59	4.69	1.75
豆饼	吉林	0.682	0.643	48.7	308	281	181	310	195	311	20.49	6.59	5.61	1.80
豆饼	北京	0.525	0.446	41.3	201	164	187	265	205	265	16.60	6.26	4.47	1.69
豆饼	北京	0.680	0.648	41.2	260	240	163	263	173	263	17.36	6.60	4.76	1.81
豆饼	北京	0.580	0.562	40.8	220	190	178	261	195	261	16.68	6.39	4.53	1.74
豆粕	北京	0.475	0.404	40.7	179	148	194	261	207	261	17.34	6.64	4.35	1.67
豆粕	北京	0.637	0.574	45.6	271	236	183	293	200	293	19.98	6.82	4.74	1.62
豆粕	北京	0.418	0.346	47.9	186	149	230	307	247	308	20.26	6.58	5.03	1.63
豆粕	北京	0.403	0.313	44.3	166	124	219	284	237	286	18.67	6.53	4.60	1.61
豆粕	北京	0.568	0.527	40.8	215	173	179	261	203	262	17.57	6.71	4.46	1.70

续附表 2-1-6

饲料名称	饲料来源	可发酵有机物质 (kg/kg) 生长牛	可发酵有机物质 (kg/kg) 产乳牛	粗蛋白质 (%)	瘤胃降解蛋白质 (g/kg) 生长牛	瘤胃降解蛋白质 (g/kg) 产乳牛	小肠可消化蛋白质 (g/kg) 生长牛 IDCPMF	小肠可消化蛋白质 (g/kg) 生长牛 IDCPMP	小肠可消化蛋白质 (g/kg) 产乳牛 IDCPMF	小肠可消化蛋白质 (g/kg) 产乳牛 IDCPMP	产乳牛小肠可消化蛋白质中 赖氨酸 (g)	产乳牛小肠可消化蛋白质中 赖氨酸 (%)	产乳牛小肠可消化蛋白质中 蛋氨酸 (g)	产乳牛小肠可消化蛋白质中 蛋氨酸 (%)
豆　粕	北　京	0.612	0.570	41.5	236	212	174	265	187	266	18.08	6.80	4.68	1.76
豆　粕	北　京	0.599	0.549	43.9	244	216	183	281	197	281	19.09	6.79	4.91	1.75
豆　粕	黑龙江	0.598	0.559	42.5	240	213	177	271	191	272	18.50	6.43	4.78	1.76
豆　粕	东　北	0.670	0.625	44.9	279	252	174	286	188	287	19.71	6.87	5.15	1.79
豆　粕	东　北	0.525	0.492	44.1	215	195	197	283	207	283	19.05	6.73	4.86	1.72
豆　粕	河　南	0.440	0.403	43.3	177	157	208	278	218	278	18.44	6.63	4.20	1.51
豆　粕	北　京	0.477	0.419	41.5	184	156	196	266	208	266	17.39	6.54	4.39	1.65
血豆粕 (%)	中农大	0.164	0.112	48.4	71	49	284	313	293	314	—	—	—	—
热处理豆饼	中农大	0.272	0.250	45.2	114	101	246	292	252	292	18.88	6.47	4.59	1.57
黄豆粉		0.731	0.674	37.1	252	224	147	236	160	237	15.21	6.42	3.45	1.46
花生饼		0.425	0.377	35.4	192	171	146	226	155	227	11.49	5.06	3.28	1.44
花生饼		0.580	0.541	40.3	299	283	123	256	130	257	15.51	6.03	4.41	1.72
花生粕		0.546	0.458	53.5	290	243	211	342	233	343	16.94	4.94	4.85	1.41
棉仁粕		0.239	0.198	33.1	100	85	173	213	179	214	10.66	4.98	2.98	1.39
棉仁粕	河　南	0.296	0.280	36.3	136	132	176	233	177	233	12.4	5.33	3.48	1.49
棉仁饼	河　北	0.258	0.227	32.9	106	96	169	211	173	212	10.75	5.07	3.01	1.43
棉仁饼	河　北	0.322	0.266	41.3	168	142	190	265	201	266	13.98	5.26	3.91	1.47
棉仁饼	河　北	0.410	0.365	27.3	141	129	125	175	129	175	9.93	5.67	3.20	1.82
棉仁饼	河　南	0.305	0.284	37.2	143	136	178	239	181	239	12.71	5.32	3.57	1.49
棉籽饼	河　北	0.495	0.455	28.7	179	169	117	183	120	183	10.70	5.85	3.09	1.69
棉籽饼	河　南	0.417	0.392	28.6	167	162	117	182	118	183	10.75	5.87	3.12	1.70
棉籽饼	北　京	0.214	0.185	35.1	95	84	187	227	191	227	10.33	4.55	3.07	1.35
菜籽粕	四　川	0.440	0.418	33.7	156	149	160	216	162	216	11.49	5.32	4.01	1.86
菜籽粕	上　海	0.290	0.249	34.3	104	90	183	221	188	221	10.31	4.66	3.94	1.78
菜籽粕	北　京	0.406	0.386	37.5	160	146	178	241	185	241	12.35	5.12	4.42	1.83
菜籽饼	河　北	0.323	0.276	40.0	103	91	224	258	227	258	11.73	4.55	4.57	1.77
菜籽饼	四　川	0.338	0.294	42.8	116	104	235	276	239	276	12.71	4.61	4.90	1.77
菜籽饼	北　京	0.554	0.511	24.2	140	131	119	155	120	155	8.81	5.68	2.94	1.90
葵花粕	北　京	0.485	0.433	32.4	149	128	160	208	169	208	10.22	4.91	4.19	2.01
葵花饼	北　京	0.669	0.635	27.2	190	179	117	173	121	173	10.35	5.98	3.58	2.07
葵花饼	内蒙古	0.720	0.382	30.2	231	216	115	92	92	192	11.89	6.19	4.52	2.35
胡麻粕	河　北	0.573	0.533	31.0	192	177	131	198	137	198	—	—	—	—
芝麻饼	河　北	0.449	0.366	35.7	166	136	167	228	179	229	9.32	4.07	4.78	2.09
芝麻粕	北　京	0.472	0.415	41.9	206	181	183	268	194	269	11.68	4.34	5.62	2.09
芝麻渣粉	北　京	0.528	0.501	42.4	232	221	175	271	180	271	13.06	4.82	5.66	2.09

续附表 2-1-6

饲料名称	饲料来源	可发酵有机物质 (kg/kg) 生长牛	产乳牛	粗蛋白质 (%)	瘤胃降解蛋白质 (g/kg) 生长牛	产乳牛	小肠可消化蛋白质 (g/kg) 生长牛 IDCPMF	IDCPMP	产乳牛 IDCPMF	IDCPMP	产乳牛小肠可消化蛋白质中 赖氨酸 (g)	(%)	蛋氨酸 (g)	(%)
芝麻渣饼	北 京	0.835	0.826	40.8	373	369	103	258	104	258	17.73	6.87	5.39	2.09
芝麻饼	北 京	0.789	0.774	35.5	304	298	108	225	111	225	14.65	6.51	4.70	2.09
酒精蛋白粉	北 京	0.468	0.450	29.5	129	123	153	189	155	190	7.61	4.00	4.09	2.15
酒精蛋白粉	北 京	0.415	0.391	36.8	126	125	196	236	195	237	8.47	3.57	5.17	2.18
鱼 粉	国 产	0.361	0.359	48.0	209	203	210	308	214	308	22.50	7.31	7.35	2.39
鱼 粉	秘 鲁	0.293	0.267	65.7	246	232	295	422	301	423	33.16	7.84	10.37	2.45
鱼 粉	河 北	0.524	0.497	50.6	255	244	213	324	218	324	23.7	7.31	7.64	2.36
玉 米	东 北	0.369	0.330	9.6	29	25	79	62	78	62	2.46	3.96	1.29	2.07
玉 米	河 北	0.539	0.482	7.6	33	30	79	49	76	49	2.23	4.55	1.02	2.08
玉 米	河 南	0.643	0.569	8.5	44	41	88	55	83	55	2.71	4.93	1.41	2.08
玉 米	河 南	0.508	0.450	8.3	34	30	80	54	77	53	2.35	4.43	1.11	2.09
玉 米	北 京	0.418	0.359	8.1	36	33	69	52	66	52	2.44	4.69	1.08	2.08
玉 米	北 京	0.618	0.561	8.4	42	38	86	54	83	54	2.49	4.61	1.12	2.07
玉 米	北 京	0.485	0.437	8.3	32	29	79	53	76	53	2.31	4.37	1.10	2.08
10% 血处理玉米	中农大	0.357	0.345	9.6	15	15	87	62	86	62	—	—	—	—
次 粉	北 京	0.786	0.765	16.0	129	124	95	101	96	102	6.70	6.57	2.0	1.95
麸 皮	北 京	0.687	0.665	14.9	124	120	81	95	82	94	6.28	6.68	1.74	1.85
麸 皮	河 北	0.740	0.722	15.9	135	132	86	101	86	101	6.66	6.59	1.84	1.82
麸 皮	河 北	0.625	0.597	14.1	107	102	82	89	82	90	5.71	6.34	1.56	1.73
碎 米	河 北	0.654	0.608	6.5	43	40	77	42	74	41	2.47	6.02	0.88	2.15
碎 米	河 北	0.639	0.576	7.0	45	40	77	44	74	45	2.64	5.86	0.93	2.07
米 糠	河 北	0.587	0.559	10.9	97	93	64	69	64	69	4.81	6.97	1.41	2.04
米 糠	北 京	0.656	0.642	14.3	110	107	84	91	84	91	6.01	6.60	1.81	1.99
豆腐渣	北 京	0.548	0.487	21.8	131	117	109	139	112	139	—	—	—	—
豆腐渣	北 京	0.743	0.711	19.4	155	149	96	123	97	123	—	—	—	—
玉米胚芽饼	北 京	0.543	0.486	14.2	77	69	94	91	94	91	5.20	5.71	1.79	1.97
饴糖糟	北 京	0.365	0.276	6.0	22	17	58	36	52	36	—	—	—	—
玉米渣	北 京	0.444	0.387	10.1	51	44	72	60	71	60	—	—	—	—
淀粉渣	北 京	0.345	0.309	7.9	28	25	64	47	62	47	—	—	—	—
酱油渣	北 京	0.619	0.596	26.1	168	160	115	156	117	156	—	—	—	—
啤酒糟	北 京	0.538	0.501	23.6	134	124	112	141	115	141	7.59	5.38	3.09	2.19
啤酒糟	北 京	0.354	0.309	25.2	94	82	128	151	131	151	7.63	5.05	3.91	2.59
啤酒糟	北 京	0.333	0.281	29.5	103	87	147	177	151	177	7.83	4.42	3.97	2.24
啤酒糟	北 京	0.458	0.439	20.4	98	94	107	122	108	122	6.25	5.12	2.70	2.21
羊 草	东 北	0.384	0.384	6.7	35	35	56	40	56	40	2.21	5.55	0.69	1.72

续附表 2-1-6

饲料名称	饲料来源	可发酵有机物质 (kg/kg) 生长牛	可发酵有机物质 (kg/kg) 产乳牛	粗蛋白质 (%)	瘤胃降解蛋白质 (g/kg) 生长牛	瘤胃降解蛋白质 (g/kg) 产乳牛	小肠可消化蛋白质 (g/kg) 生长牛 IDCPMF	小肠可消化蛋白质 (g/kg) 生长牛 IDCPMP	小肠可消化蛋白质 (g/kg) 产乳牛 IDCPMF	小肠可消化蛋白质 (g/kg) 产乳牛 IDCPMP	赖氨酸 (g)	赖氨酸 (%)	蛋氨酸 (g)	蛋氨酸 (%)
羊 草	东 北	0.384	0.384	6.9	31	31	59	41	59	41	—	—	—	—
羊 草	东 北	0.384	0.384	6.1	32	32	54	36	54	36	—	—	—	—
羊 草	东 北	0.384	0.384	6.2	32	32	54	37	54	37	—	—	—	—
羊 草	东 北	0.384	0.384	5.0	29	29	49	30	49	30	—	—	—	—
羊 草	东 北	0.384	0.384	6.6	37	37	54	39	54	39	—	—	—	—
羊草	东 北	0.384	0.384	8.8	52	52	58	52	58	52	—	—	—	—
羊 草	东 北	0.384	0.384	8.5	54	54	55	51	55	51	—	—	—	—
羊 草	东 北	0.384	0.384	5.4	34	34	48	32	48	32	—	—	—	—
羊 草	东 北	0.384	0.384	7.9	59	59	48	47	48	47	—	—	—	—
玉米青贮	北 京	0.331	0.331	5.4	27	27	48	32	48	32	1.60	5.00	0.59	1.84
玉米青贮	北 京	0.447	0.447	8.8	53	53	64	53	64	53	2.99	5.64	1.06	2.00
大麦青贮	北 京	0.333	0.333	8.9	32	32	66	53	66	53	2.20	4.15	0.78	1.47
大麦青贮	北 京	0.456	0.456	7.9	49	49	61	47	61	47	2.61	5.55	0.82	1.74
高粱青贮	北 京	0.365	0.365	7.3	29	29	61	44	61	44	1.99	4.52	0.88	2.00
高粱青贮	北 京	0.365	0.365	8.1	57	57	49	48	49	48	2.87	5.98	0.98	2.04
高粱青贮	北 京	0.338	0.338	9.2	45	45	60	55	60	55	2.72	4.94	1.11	2.02
高粱青贮	北 京	0.447	0.447	10.8	65	65	69	64	69	64	3.53	5.51	1.29	2.02
高粱青贮	北 京	0.447	0.447	7.8	52	52	58	46	58	46	2.69	5.85	0.94	2.04
高粱青贮	北 京	0.447	0.447	11.4	74	74	67	68	67	68	3.89	5.72	1.38	2.03
稻 草	北 京	0.273	0.273	3.1	12	12	26	7	26	7	—	—	—	—
稻 草	北 京	0.273	0.273	3.8	15	15	26	9	26	9	—	—	—	—
稻 草	北 京	0.273	0.273	4.8	19	19	26	11	26	11	—	—	—	—
复合处理稻草	中农大	0.400	0.400	7.7	53	53	38	32	38	32	—	—	—	—
玉米秸	河 北	0.299	0.299	5.4	23	23	29	14	29	14	—	—	—	—
小麦秸	河 北	0.281	0.281	4.4	13	13	27	8	27	8	—	—	—	—
黍 秸	河 北	0.281	0.281	4.3	19	19	27	11	27	11	—	—	—	—
亚麻秸	河 北	0.281	0.281	4.5	19	19	27	11	27	11	—	—	—	—
干苜蓿杆	北 京	0.444	0.444	13.2	81	81	42	48	42	48	—	—	—	—
鲜苜蓿	北 京	0.505	0.505	18.9	151	151	71	112	71	112	7.63	6.81	2.14	1.91
羊 茅	北 京	0.482	0.482	11.2	79	79	66	67	66	67	—	—	—	—
无芒雀麦	北 京	0.553	0.553	11.1	73	73	75	66	75	66	—	—	—	—
红三叶	北 京	0.658	0.658	21.9	177	177	88	130	88	130	—	—	—	—
鲜青草	北 京	0.536	0.536	18.7	138	138	81	111	81	111	—	—	—	—

注：1. 本表系节选自冯仰廉，陆治年主编《乳牛营养需要和饲料成分》（修订第三版），中国农业出版社，2007，84～91 页。详见原文

2. 表中 IDCPMF 表示小肠可消化蛋白质中的微生物蛋白质由可发酵有机物质估测，IDCPMP 表示小肠可消化蛋白质中的微生物蛋白质由瘤胃可降解蛋白质估测

3. 肉牛的小肠可消化蛋白质值与本表生长牛相同（请参看冯仰廉主编《肉牛营养需要和饲养标准》），中国农业大学出版社，2000，39～42

二、家兔饲料营养成分与营养价值表

附表 2-2 营养成分与营养价值及消化率表

饲料名称	干物质(%)	粗蛋白质(%)	粗脂肪(%)	粗纤维(%)	总能(MJ/kg)	粗灰分(%)	钙(%)	磷(%)	消化率(%) 粗蛋白质	消化率(%) 粗纤维	消化率(%) 总能	可消化粗蛋白质(%)	消化能(MJ/kg)
蛋白质饲料													
大豆,籽实	91.7	35.5	16.2	4.9	21.45	4.7	0.22	0.63	69	—	82	24.7	17.68
大豆,籽实	93.2	36.9	17.1	5.6					88	35		32.4	18.03
黑豆,籽实	91.6	31.1	12.9	5.7	20.97	4.0	0.19	0.57	65	—	81	20.2	17.00
豌豆,籽实	91.4	20.5	1.0	4.9	17.01	3.3	0.09	0.28	88	—	83	18.0	13.82
豌豆,籽实	89.9	23.4	0.8	4.9					84	33		18.7	14.21
青豌豆,籽实	91.1	24.3	0.9	5.3					90	53	—	20.8	15.06
蚕豆,籽实	88.9	24.0	1.2	7.8	16.51	3.4	0.11	0.44	72	—	82	17.2	13.53
菜豆,籽实	89.0	27.0	—	8.2			0.14	0.54			—	—	13.81
羽扇豆,籽实	94.0	31.7		13.0			0.24	0.43					14.56
羽扇豆,籽实	87.0	32.0	3.7	16.0					94	35		28.2	11.67
花生,籽实	92.0	49.9	2.4	10.5								45.2	16.57
豆饼,浸提	86.1	43.5	6.6	4.5	16.76	4.8	0.28	0.57	75		81	32.6	14.37
豆饼,热榨	85.8	42.3	6.9	3.6	17.87	6.5	0.28	0.57	74		76	31.5	13.54
豆饼,热榨	—	42.4	5.3	6.6		6.5	0.27	0.42				—	14.79
豆饼,热榨	90.7	43.5	4.6	6.0					90	52		38.1	14.77
菜籽饼,热榨	91.0	36.0	10.2	11.0	17.69	8.0	0.76	0.88	86		75	31.0	13.31
菜籽饼,热榨	—	39.0	7.4	12.9		7.5	0.75	0.89					12.51
菜籽饼,热榨	90.0	30.2	8.6	12.0					79	40		20.7	12.70
亚麻饼,热榨	89.6	33.9	6.6	9.4	18.42	9.3	0.55	0.83	55		59	18.6	10.92
亚麻饼,热榨	88.3	33.3	6.8	8.2					87	23		28.5	13.36
大麻饼,热榨	52.0	29.2	6.4	23.8	15.95	8.2	0.23	0.13	75		69	22.0	11.03
大麻饼,热榨	87.0	29.3	9.3	27.7					78	9		21.7	6.31
茶饼,热榨	93.5	35.3	8.3	16.2	18.76	6.7	0.63	0.86	79	—	57	27.8	12.64
花生饼,热榨,浸提	86.8	39.6		11.1	16.40		1.01	0.55	61		62	24.1	10.18
花生饼,热榨,浸提	90.0	42.8	7.7	5.5					91	49		37.6	15.80
棉籽饼,热榨,浸提	86.5	29.9	3.9	20.7	18.41		0.32	0.66	60		55	18.0	10.10
棉籽饼,热榨,浸提	—	34.4	5.6	14.3		5.5	0.32	1.08	—				11.56
棉籽饼,热榨,浸提	93.3	39.7	6.6	13.3					84	31		32.1	12.43
葵花饼,热榨,浸提	89.0	30.2	2.9	23.2		7.7	0.34	0.95				27.1	8.79
葵花饼,热榨,浸提	91.5	30.7	9.5	19.4					86	14		26.3	10.66
芝麻饼,热榨,浸提	—	41.2	3.1	8.4		10.2	0.72	1.07					12.65
芝麻饼,热榨,浸提	94.5	39.4	8.7	6.7					91	45		3.0	14.93
豆腐渣	97.2	27.5	8.7	13.6	19.48	9.9	0.22	0.26	70	—	84	19.3	16.32

续附表 2-2

饲料名称	干物质 (%)	粗蛋白质 (%)	粗脂肪 (%)	粗纤维 (%)	总能 (MJ/kg)	粗灰分 (%)	钙 (%)	磷 (%)	消化率(%) 粗蛋白质	消化率(%) 粗纤维	消化率(%) 总能	可消化粗蛋白质(%)	消化能 (MJ/kg)
动物性饲料													
鱼粉,进口	91.7	58.5	9.7	—	18.77	15.1	3.91	2.90	85	—	84	49.5	15.79
鱼粉,进口	—	60.5	8.6	—		14.4	3.93	2.84	—				12.33
鱼粉,国产	—	46.9	7.3	2.9		23.1	5.53	1.45	—			—	10.57
鱼 粉	92.0	65.8	—	0.8		—	3.70	2.60					15.25
肉骨粉	94.0	51.0	—	2.3		—	9.10	4.50					12.97
蚕蛹粉	95.4	45.3	3.2	5.3	25.10	—	0.29	0.58	83	—	92	37.7	23.10
蚕蛹粉	—	57.7	19.2	—		4.5	0.27	0.61					16.81
血粉,蒸煮烘干	89.7	86.4	1.1	1.8	20.59	—	0.14	0.32	71			61.0	—
干酵母	89.5	44.8	1.4	4.8		—			83			32.9	11.18
全脂乳	12.2	3.1	3.7	—		—	—	—	100	—		3.1	2.85
脱脂乳	9.7	4.0	0.2	—		—	—	—	98			3.9	1.66
干脱脂乳	94.8	33.8	0.8	—		—	—	—	98			33.1	15.85
全脂乳粉	76.0	25.2	26.7	0.2		—	—	—				25.0	21.72
能量饲料													
玉米,籽实	89.5	8.9	4.3	3.2	16.78	1.2	0.02	0.25	85	—	86	7.6	14.48
玉米,籽实	—	8.6	4.4	2.0		1.3	0.01	0.24	—			—	15.44
玉米,籽实	86.8	10.1	3.9	2.1		—	—	—	81	45		7.6	14.91
大麦,籽实	90.2	10.2	1.4	4.3	16.51	2.8	0.10	0.46	67	—	85	6.8	14.07
大麦,籽实	—	11.7	2.2	5.6		2.5	0.11	0.32					13.99
大麦,籽实	86.1	9.9	2.1	5.0		—	—	—	75	28		7.1	13.55
燕麦,籽实	92.4	8.8	4.0	10.0	17.45	4.0	0.20	0.30	45	—	72	4.0	12.55
燕麦,籽实	87.9	10.9	4.2	10.6		—	—	—	79			8.6	11.89
小麦,籽实	90.4	14.6	1.6	2.3	15.52	8.6	0.09	0.29	87	—	83	12.8	12.91
小麦,籽实	—	13.1	1.9	2.3		2.5	0.01	0.21	—			—	15.00
小麦,籽实	85.3	12.1	1.9	2.0		—	—	—	83	28		9.1	14.51
小麦粗粉	89.0	17.4	—	6.5		—	0.10	0.89					13.39
四号粉	—	14.7	3.2	3.1		1.6	0.08	0.31					13.26
小麦麸	39.5	15.6	3.8	9.2	16.95	4.8	0.14	0.96	64	—	70	10.0	11.92
小麦麸	—	15.4	3.9	8.5		4.8	0.09	0.81					10.77

续附表 2-2

饲料名称	干物质 (%)	粗蛋白质 (%)	粗脂肪 (%)	粗纤维 (%)	总能 (MJ/kg)	粗灰分 (%)	钙 (%)	磷 (%)	消化率(%) 粗蛋白质	消化率(%) 粗纤维	消化率(%) 总能	可消化粗蛋白质(%)	消化能 (MJ/kg)
小麦麸	89.6	16.7	3.9	10.5	—	—	—	—	83	24	—	13.9	10.49
黑麦,籽实	85.9	9.7	1.4	2.1	—	—	—	—	79	54	—	7.7	14.25
黑麦麸	88.0	14.1	3.7	6.3	—	—	—	—	80	26	—	10.2	12.17
黑麦,籽实	85.2	10.4	2.3	10.8	—	—	—	—	72	17	—	7.5	12.50
元麦,籽实	88.3	14.8	1.9	2.6	16.44	—	0.09	0.40	55	—	63	8.2	10.32
高粱,籽实	89.0	10.6	3.1	3.0	—	2.1	0.05	0.30	—	—	—	6.3	12.97
高粱,籽实	3.5	12.1	2.8	1.9	—	—	—	—	72	26	—	8.7	15.61
青稞,籽实	89.4	11.6	1.4	3.2	16.82	2.1	0.07	0.40	52	—	91	6.1	15.25
谷子,籽实	88.4	10.6	3.4	4.9	16.35	3.3	0.17	0.29	79	—	92	8.4	15.30
糜子,籽实	89.4	9.5	2.9	10.4	15.92	—	0.14	0.92	65	—	64	6.2	11.31
稻谷,籼稻	88.6	7.7	2.2	11.4	15.52	—	0.14	0.28	84	—	75	6.4	11.65
稻谷,籼稻	—	8.4	2.0	10.4	—	4.4	0.08	0.31	—	—	—	—	12.63
糙 米	87.0	6.1	2.9	0.9	15.73	—	0.05	0.91	63	—	96	3.9	15.13
碎 米	89.2	7.9	3.0	1.7	16.02	—	0.09	0.30	67	—	77	5.3	12.33
米 糠	—	12.5	15.3	9.4	—	9.7	0.13	1.02	—	—	—	—	12.61
米 糠	90.0	11.5	—	14.1	—	—	0.14	1.31	—	—	—	—	12.43
米糠饼	88.5	18.7	4.6	9.3	16.28	—	0.29	1.71	55	—	60	10.4	9.82
田菁籽粉	—	37.4	4.0	11.1	—	4.0	0.14	0.69	—	—	—	—	13.11
葵花籽	92.0	17.1	22.3	—	—	—	0.20	0.63	—	—	—	—	13.81
饲用甜菜	14.6	1.0	0.1	0.9	—	—	—	—	66	100	—	0.4	2.38
饲用甜菜	11.0	1.3	—	0.8	—	—	0.02	0.02	—	—	—	—	1.57
糖蜜,甜菜蜜	78.0	8.0	—	—	—	—	0.12	0.02	—	—	—	—	10.77
糖蜜,蔗糖蜜	74.0	4.2	0.1	—	—	9.8	0.78	0.08	—	—	—	2.2	10.21
甜菜渣,糖甜菜	91.9	9.7	0.5	10.3	16.43	3.7	0.68	0.09	47	—	74	4.6	12.11
甜菜渣,糖甜菜	88.5	8.3	0.3	21.8	—	—	—	—	48	72	—	4.0	13.06
萝卜,根	8.2	1.0	0.1	1.1	—	—	—	—	91	82	—	0.4	1.31
胡萝卜,根	8.7	0.7	0.3	0.8	1.49	0.7	0.11	0.07	56	—	90	0.4	1.47
胡萝卜,根	12.3	1.4	0.1	1.2	—	—	—	—	86	56	—	0.6	1.95
马铃薯	39.0	2.3	0.1	0.5	6.67	1.3	0.06	0.24	49	—	87	1.1	5.82
马铃薯,蒸煮	25.0	2.3	0.1	0.8	—	—	—	—	68	83	—	1.1	4.11

续附表 2-2

饲料名称	干物质 (%)	粗蛋白质 (%)	粗脂肪 (%)	粗纤维 (%)	总能 (MJ/kg)	粗灰分 (%)	钙 (%)	磷 (%)	消化率(%) 粗蛋白质	消化率(%) 粗纤维	消化率(%) 总能	可消化粗蛋白质(%)	消化能 (MJ/kg)
马铃薯,渣	89.1	4.3	0.7	6.5	14.25	10.2	0.20	0.20	53	—	88	2.3	11.51
甘 薯	29.9	1.1	0.1	1.2	5.07	0.6	0.13	0.05	13	—	92	0.1	4.65
甘 薯	41.9	1.8	0.3	1.0	—	—	—	—	44	94	—	0.8	7.00
木 薯	32.0	1.2	—	1.0	—	—	—	—	—	—	—	—	4.55
啤酒糟	94.3	25.5	7.0	16.2	—	—	—	—	85	21	—	20.4	10.86
烧酒糟,谷物酿制	93.0	27.4	—	12.8	—	—	0.16	1.06	—	—	—	—	15.06
脂 肪	100.0	—	—	—	—	—	—	—	—	—	—	—	33.47
植物油	100.0	—	—	—	—	—	—	—	—	—	—	—	35.56
牛、羊脂肪	100.0	—	—	—	—	—	—	—	—	—	—	—	—
青绿饲料													
苜蓿,盛花期	26.6	4.4	0.5	8.7	4.77	2.9	1.57	0.18	64	—	41	2.8	2.69
苜蓿,花前期	21.5	4.5	0.9	5.3	—	—	—	—	86	54	—	2.8	2.79
苜 蓿	17.0	3.4	1.4	4.6	—	—	—	—	82	28	—	2.0	1.73
红三叶	19.7	2.8	0.8	3.3	—	—	—	—	77	65	—	2.1	2.46
白三叶	19.0	3.8	—	3.2	—	—	0.27	0.09	—	—	—	—	1.83
聚合草,叶片	11.0	2.2	—	1.5	—	—	—	0.06	—	—	—	—	0.98
鸭 茅	27.0	3.8	—	6.9	—	—	0.07	0.11	—	—	—	—	2.15
红豆草,再生草	27.3	4.9	0.6	7.2	4.94	2.7	1.32	0.23	55	—	51	2.7	2.54
黑麦草,营养期	22.8	4.1	0.9	4.7	3.99	3.6	0.14	0.06	68	—	47	2.8	1.88
野豌豆,结荚期	27.4	4.3	0.7	8.6	5.17	2.0	0.23	0.1	42	—	33	1.8	1.69
紫云英,再生草	24.2	5.0	1.3	12.3	4.15	4.2	0.34	0.13	77	—	65	3.9	2.72
地肤,开花期	14.3	2.9	0.4	2.8	2.22	3.0	0.29	0.10	77	—	53	2.2	1.16
甘 蓝	5.2	1.1	0.4	0.6	0.91	0.5	0.08	0.29	93	—	96	1.0	0.87
甘 蓝	8.5	1.7	0.1	0.9	—	—	—	—	99	88	—	1.7	1.46
饲用甘蓝	13.6	2.2	0.5	2.1	—	—	—	—	92	72	—	1.5	2.12
芹 菜	5.6	0.9	0.1	0.8	—	—	—	—	77	93	—	0.7	0.75
油 菜	16.0	2.8	—	2.4	—	—	0.24	0.07	—	—	—	—	1.46
莴苣,叶	5.0	1.2	—	0.6	—	—	0.05	0.02	—	—	—	—	0.50
南瓜藤	12.9	2.1	0.4	2.3	—	—	—	—	86	55	—	1.3	1.80
糖甜菜,叶	20.4	1.8	0.5	2.5	—	—	—	—	83	89	—	1.5	2.41

续附表 2-2

饲料名称	干物质(%)	粗蛋白质(%)	粗脂肪(%)	粗纤维(%)	总能(MJ/kg)	粗灰分(%)	钙(%)	磷(%)	消化率(%)			可消化粗蛋白质(%)	消化能(MJ/kg)
									粗蛋白质	粗纤维	总能		
蒲公英,叶	15.0	2.8	—	1.7	—	—	0.20	0.07	—	—	—	—	1.19
花生,叶	19.0	4.0	—	4.5	—	—	0.32	0.06	—	—	—	—	1.59
木薯,叶	21.0	5.0	—	2.0	—	—	0.08	0.08	—	—	—	—	1.99
玉米,茎叶	24.3	2.0	0.5	7.6	—	—	—	—	79	24	—	1.3	2.45
田间刺儿菜	8.8	1.2	0.3	1.2	—	—	—	—	75	77	—	0.9	1.20

粗饲料

饲料名称	干物质(%)	粗蛋白质(%)	粗脂肪(%)	粗纤维(%)	总能(MJ/kg)	粗灰分(%)	钙(%)	磷(%)	消化率(%)			可消化粗蛋白质(%)	消化能(MJ/kg)
									粗蛋白质	粗纤维	总能		
苜蓿,干草粉	90.8	11.8	1.4	41.5	16.32	8.1	1.67	0.16	66	—	29	7.9	4.59
苜蓿,干草粉	91.4	11.5	1.4	30.5	16.16	8.9	1.65	0.17	60	—	36	6.4	5.82
苜蓿,干草粉	91.0	20.3	1.5	25.0	16.61	9.1	1.71	0.17	66	—	45	13.4	7.47
苜蓿,花前期	90.2	16.1	2.3	25.2	—	—	—	—	70	28	—	10.5	8.49
红三叶,结荚期,干草粉	91.3	9.5	2.3	28.3	15.97	8.8	1.21	0.28	66	—	59	6.2	9.36
红三叶,干草	86.7	13.5	3.0	24.3	—	—	—	—	64	27	—	7.0	8.73
白三叶,干草	92.0	21.4	—	20.9	—	—	1.75	0.28	—	—	—	—	8.47
白三叶	86.6	16.0	3.8	17.2	—	—	—	—	68	57	—	10.9	10.85
杂三叶,秸秆	93.5	10.6	1.5	26.0	15.47	12.6	1.84	0.43	58	—	23	6.2	3.59
红豆草,结荚期,干草	90.2	11.8	2.2	26.3	16.19	7.8	1.71	0.22	39	—	48	4.7	7.74
狗牙根,干草	92.0	11.0	1.8	27.6	—	7.0	0.38	0.56	—	—	—	5.9	6.93
猫尾草,干草	89.8	6.2	2.2	30.7	—	—	—	—	57	15	—	3.1	6.18
苏丹草,干草	89.0	15.8	3.7	20.2	—	—	—	—	68	27	—	10.8	8.52
燕麦草,干草	93.2	7.1	3.1	35.4	—	—	—	—	61	10	—	3.7	5.89
燕麦草,秸秆	86.0	3.8	1.8	39.7	—	—	—	—	30	25	—	0.9	4.62
燕麦草,秸秆	92.2	5.5	1.4	22.5	16.57	4.7	0.37	0.31	48	—	47	2.6	7.82
紫云英,成熟期,干草	92.4	10.8	1.2	34.0	15.80	11.1	0.71	0.20	60	—	13	6.5	2.05
小冠花,秸秆	88.3	5.2	3.0	44.1	16.43	5.2	2.04	0.27	49	—	26	2.5	4.32
箭筈豌豆,盛花期,干草	94.1	19.0	2.5	12.1	16.57	11.6	0.06	0.27	60	—	43	11.3	7.28
箭筈豌豆,秸秆	93.3	8.2	2.5	43.0	15.66	11.3	0.06	0.27	48	—	10	4.0	1.62
野豌豆,干草	87.2	17.4	3.0	23.9	—	—	—	—	75	21	—	10.1	8.51
草木樨,盛花期,干草	92.1	18.5	1.7	30.0	16.72	8.1	1.30	0.19	61	—	62	12.2	6.64

附表 2-2

饲料名称	干物质 (%)	粗蛋白质 (%)	粗脂肪 (%)	粗纤维 (%)	总能 (MJ/kg)	粗灰分 (%)	钙 (%)	磷 (%)	消化率(%) 粗蛋白质	消化率(%) 粗纤维	消化率(%) 总能	可消化粗蛋白质(%)	消化能 (MJ/kg)
沙打旺,盛花期,干草	90.9	16.1	1.7	22.7	16.38	9.6	1.98	0.21	55	—	42	8.8	6.84
野麦草,秸秆	90.3	12.3	2.9	29.0	15.77	8.2	0.39	0.22	78	—	29	9.6	4.63
草地羊茅,营养期,干草	90.1	11.7	4.4	18.7	14.28	18.0	1.00	0.29	63	—	58	7.4	8.26
百麦根,营养期,干草	92.3	10.0	3.2	18.9	16.47	6.0	1.51	0.19	72	—	60	7.2	9.82
鸭茅,秸秆	93.3	9.3	3.8	26.7	16.43	10.6	0.51	0.24	87	—	42	8.1	6.87
鸭茅,干草	88.2	10.2	2.8	28.1	—	—	—	—	76	15	—	6.9	7.44
无芒雀麦,籽实期,干草	91.0	5.2	3.1	13.6	16.32	7.6	0.49	0.20	62	—	47	3.2	7.59
无芒雀麦,籽实期	90.6	10.5	3.1	28.5	16.03	—	0.49	0.20	38	—	26	4.0	4.21
胡枝子,干草	92.0	12.7	—	28.1	—	—	0.92	0.23	—	—	—	—	5.40
青草粉	88.5	7.5	—	29.4	15.23	3.0	—	—	55	—	46	4.2	7.04
松针粉	—	8.5	5.7	26.7	—	—	0.20	0.98	—	—	—	—	7.54
麦芽根,干草粉	84.8	17.0	1.9	13.6	14.60	—	0.28	0.34	78	—	50	13.3	7.36
苦荬菜,晒干,草粉	86.0	17.7	5.8	11.6	15.56	—	1.46	0.54	49	—	65	8.7	10.05
大豆,秸秆	87.7	4.6	2.1	40.1	16.28	—	0.74	0.12	55	—	51	2.5	8.28
玉米,秸秆	66.7	6.5	1.9	18.9	11.54	5.3	0.39	0.23	81	—	71	5.3	8.16
马铃薯,晒干草粉	88.7	19.7	3.2	13.6	13.19	19.8	2.12	0.28	79	—	67	15.6	8.90
南瓜粉,晒干	96.5	7.8	2.9	32.9	16.22	12.4	0.19	0.19	57	—	79	4.4	12.83
葵花盘,收籽后晒干	88.5	6.7	5.6	16.2	14.19	11.3	0.83	0.12	52	—	66	3.5	9.31
小麦,秸秆	89.0	3.0	—	42.5	17.61	—	—	—	43	—	18	1.3	3.19
谷　糠	91.7	4.2	2.8	39.6	16.86	7.1	0.48	0.16	30	—	24	1.3	4.05
糜　糠	90.3	6.4	4.4	46.4	16.82	9.2	0.09	0.16	60	—	22	3.9	3.74
稻草粉	—	5.4	1.7	32.7	—	11.1	0.28	0.08	—	—	—	—	5.52
清　糠	—	3.9	0.3	47.2	—	16.9	0.08	0.07	—	—	—	—	2.77
槐树叶,干树叶	89.5	18.9	4.0	18.0	17.95	—	1.21	0.19	34	—	40	6.5	7.10

续附表 2-2

饲料名称	干物质 (%)	粗蛋白质 (%)	粗脂肪 (%)	粗纤维 (%)	总能 (MJ/kg)	粗灰分 (%)	钙 (%)	磷 (%)	消化率(%) 粗蛋白质	消化率(%) 粗纤维	消化率(%) 总能	可消化粗蛋白质(%)	消化能 (MJ/kg)
蒲公英,叶	15.0	2.8	—	1.7	—	—	0.20	0.07	—	—	—	—	1.19
花生,叶	19.0	4.0		4.5			0.32	0.06					1.59
木薯,叶	21.0	5.0		2.0			0.08	0.08					1.99
玉米,茎叶	24.3	2.0	0.5	7.6			—	—	79	24		1.3	2.45
田间刺儿菜	8.8	1.2	0.3	1.2			—	—	75	77		0.9	1.20
粗饲料													
苜蓿,干草粉	90.8	11.8	1.4	41.5	16.32	8.1	1.67	0.16	66	—	29	7.9	4.59
苜蓿,干草粉	91.4	11.5	1.4	30.5	16.16	8.9	1.65	0.17	60		36	6.4	5.82
苜蓿,干草粉	91.0	20.3	1.5	25.0	16.61	9.1	1.71	0.17	66		45	13.4	7.47
苜蓿,花前期	90.2	16.1	2.3	25.2	—				70	28		10.5	8.49
红三叶,结荚期, 干草粉	91.3	9.5	2.3	28.3	15.97	8.8	1.21	0.28	66		59	6.2	9.36
红三叶,干草	86.7	13.5	3.0	24.3	—		—	—	64	27		7.0	8.73
白三叶,干草	92.0	21.4	—	20.9			1.75	0.28					8.47
白三叶	86.6	16.0	3.8	17.2			—	—	68	57		10.9	10.85
杂三叶,秸秆	93.5	10.6	1.5	26.0	15.47	12.6	1.84	0.43	58		23	6.2	3.59
红豆草,结荚期, 干草	90.2	11.8	2.2	26.3	16.19	7.8	1.71	0.22	39		48	4.7	7.74
狗牙根,干草	92.0	11.0	1.8	27.6		7.0	0.38	0.56				5.9	6.93
猫尾草,干草	89.8	6.2	2.2	30.7			—	—	57	15		3.1	6.18
苏丹草,干草	89.0	15.8	3.7	20.2			—	—	68	27		10.8	8.52
燕麦草,干草	93.2	7.1	3.1	35.4			—	—	61	10		3.7	5.89
燕麦草,秸秆	86.0	3.8	1.8	39.7			—	—	30	25		0.9	4.62
燕麦草,秸秆	92.2	5.5	1.4	22.5	16.57	4.7	0.37	0.31	48		47	2.6	7.82
紫云英,成熟期, 干草	92.4	10.8	1.2	34.0	15.80	11.1	0.71	0.20	60		13	6.5	2.05
小冠花,秸秆	88.3	5.2	3.0	44.1	16.43	5.2	2.04	0.27	49		26	2.5	4.32
箭筈豌豆,盛花期, 干草	94.1	19.0	2.5	12.1	16.57	11.6	0.06	0.27			43	11.3	7.28
箭筈豌豆,秸秆	93.3	8.2	2.5	43.0	15.66	11.3	0.06	0.27	48		10	4.0	1.62
野豌豆,干草	87.2	17.4	3.0	23.9			—	—	75	21		10.1	8.51
草木樨,盛花期, 干草	92.1	18.5	1.7	30.0	16.72	8.1	1.30	0.19	61		62	12.2	6.64

附表 2-2

饲料名称	干物质 (%)	粗蛋白质 (%)	粗脂肪 (%)	粗纤维 (%)	总能 (MJ/kg)	粗灰分 (%)	钙 (%)	磷 (%)	消化率(%)			可消化粗蛋白质(%)	消化能 (MJ/kg)
									粗蛋白质	粗纤维	总能		
沙打旺,盛花期,干草	90.9	16.1	1.7	22.7	16.38	9.6	1.98	0.21	55	—	42	8.8	6.84
野麦草,秸秆	90.3	12.3	2.9	29.0	15.77	8.2	0.39	0.22	78	—	29	9.6	4.63
草地羊茅,营养期,干草	90.1	11.7	4.4	18.7	14.28	18.0	1.00	0.29	63	—	58	7.4	8.26
百麦根,营养期,干草	92.3	10.0	3.2	18.9	16.47	6.0	1.51	0.19	72	—	60	7.2	9.82
鸭茅,秸秆	93.3	9.3	3.8	26.7	16.43	10.6	0.51	0.24	87	—	42	8.1	6.87
鸭茅,干草	88.2	10.2	2.8	28.1					76	15		6.9	7.44
无芒雀麦,籽实期,干草	91.0	5.2	3.1	13.6	16.32	7.6	0.49	0.20	62	—	47	3.2	7.59
无芒雀麦,籽实期	90.6	10.5	3.1	28.5	16.03	—	0.49	0.20	38	—	26	4.0	4.21
胡枝子,干草	92.0	12.7	—	28.1	—	—	0.92	0.23	—	—	—	—	5.40
青草粉	88.5	7.5	—	29.4	15.23	3.0	—	—	55	—	46	4.2	7.04
松针粉	—	8.5	5.7	26.7			0.20	0.98	—	—	—	—	7.54
麦芽根,干草粉	84.8	17.0	1.9	13.6	14.60		0.28	0.34	78	—	50	13.3	7.36
苦荬菜,晒干,草粉	86.0	17.7	5.8	11.6	15.56	—	1.46	0.54	49	—	65	8.7	10.05
大豆,秸秆	87.7	4.6	2.1	40.1	16.28	—	0.74	0.12	55	—	51	2.5	8.28
玉米,秸秆	66.7	6.5	1.9	18.9	11.54	5.3	0.39	0.23	81	—	71	5.3	8.16
马铃薯,晒干草粉	88.7	19.7	3.2	13.6	13.19	19.8	2.12	0.28	79	—	67	15.6	8.90
南瓜粉,晒干	96.5	7.8	2.9	32.9	16.22	12.4	0.19	0.19	57	—	79	4.4	12.83
葵花盘,收籽后晒干	88.5	6.7	5.6	16.2	14.19	11.3	0.83	0.12	52	—	66	3.5	9.31
小麦,秸秆	89.0	3.0	—	42.5	17.61	—	—	—	43	—	18	1.3	3.19
谷 糠	91.7	4.2	2.8	39.6	16.86	7.1	0.48	0.16	30	—	24	1.3	4.05
糜 糠	90.3	6.4	4.4	46.4	16.82	9.2	0.09	0.29	60	—	22	3.9	3.74
稻草粉	—	5.4	1.7	32.7		11.1	0.28	0.08	—	—	—	—	5.52
清 糠	—	3.9	0.3	47.2		16.9	0.08	0.07	—	—	—	—	2.77
槐树叶,干树叶	89.5	18.9	4.0	18.0	17.95	—	1.21	0.19	34	—	40	6.5	7.10

附录三　饲料、饲料添加剂卫生指标

每 kg 产品 中允许量	产品名称	指　标	试验方法	备　注
砷（以总 As 计） （mg）	石灰石粉	≤2.0	GB/T 13079	不包括国家主管部门批准使用的有机砷制剂中的砷含量
	硫酸亚铁、硫酸镁			
	磷酸盐	≤20		
	沸石粉、膨润土、麦饭石	≤10		
	硫酸铜、硫酸锰、硫酸锌、碘化钾、碘酸钙、氯化钴	≤5.0		
	氧化锌	≤10.0		
	鱼粉、肉粉、肉骨粉	≤10.0		
	家禽、猪配合饲料	≤2.0		
	猪、家禽浓缩饲料	≤10.0		以在配合饲料中20%的添加量计
	猪、家禽添加剂预混合饲料			以在配合饲料中1%的添加量计
铅（以 Pb 计） （mg）	生长鸭、产蛋鸭、肉鸭配合饲料、鸡配合饲料、猪配合饲料	≤5	GB/T 13080	
	乳牛、肉牛精料补充料	≤8		
	产蛋鸡、肉用仔鸡浓缩饲料，仔猪、生长肥育猪浓缩饲料	≤13		以在配合饲料中20%的添加量计
	骨粉、肉骨粉、鱼粉、石粉	≤10		
	磷酸盐	≤30		
	产蛋鸡、肉用仔鸡复合预混合饲料，仔猪、生长肥育猪复合预混合饲料	≤40		以在配合饲料中1%的添加量计
氟（以 F 计） （mg）	鱼　粉	≤500	GB/T 13083	
	石灰石粉	≤2000		
	磷酸盐	≤1800	HG 2636	高氟饲料用 HG 2636—1994 中 4.4 条
	肉用仔鸡、生长鸡配合饲料	≤250		
	产蛋鸡配合饲料	≤350		
	猪配合饲料	≤100		
	骨粉、肉骨粉	≤1800		
	生长鸭、肉鸭配合饲料	≤200	GB/T 13083	
	产蛋鸭配合饲料	≤250		
	猪、禽添加剂预混合饲料	≤1000		以在配合饲料中1%的添加量计
	猪、禽浓缩饲料	按添加比例折算为配合饲料		与相应猪、禽配合饲料规定值相同

续附录三

每 kg 产品中允许量	产品名称	指　标	试验方法	备　注
霉菌的允许含量*（每 g 产品中）霉菌总数×10³ 个	玉　米	<40	GB/T 13092	限量饲用：40～100 禁用：>100
	小麦麸、米糠			限量饲用：40～100 禁用：>100
	豆饼（粕）、棉籽饼（粕）、菜籽饼（粕）	<50		限量饲用：50～100 禁用：>100
	鱼粉、肉骨粉	<20		限量饲用：20～50 禁用：>50
	鸭配合饲料	<35		
	猪、鸡配合饲料 猪、鸡浓缩饲料	<45		
黄曲霉毒素 B_1 允许含量（$\mu g/kg$）	玉米花生饼（粕）、棉籽饼（粕）、菜籽饼（粕）	≤50	T 8380 或 GB/T 13092	
	豆　粕	≤30		
	仔猪配合饲料及浓缩饲料	≤10		
	生长肥育猪、种猪配合饲料及浓缩饲料	≤20		
	肉用仔鸡前期、雏鸭配合饲料及浓缩饲料	≤10		
	肉用仔鸡后期、生长鸡、产蛋鸡配合饲料及浓缩饲料	≤20		
	肉用仔鸭前期、雏鸭配合饲料及浓缩饲料	≤10		
	肉用仔鸭后期、生长鸭、产蛋鸭配合饲料及浓缩饲料	≤15		
	鹌鹑配合饲料及浓缩饲料	≤20		
	乳牛精料补充料	≤10		
	肉牛精料补充料	≤50		
铬（以 Cr 计）（mg）	皮革蛋白粉	≤200	GB/T 13088	
	鸡、猪配合饲料	≤10		
汞（以 Hg 计）（mg）	鱼　粉	≤0.5	GB/T 13081	
镉（以 Cd 计）（mg）	米　糠	≤1.0	GB/T 13082	
	鱼　粉	≤2.0		
	石灰石粉	≤0.75		
	鸡配合饲料，猪配合饲料	≤0.5		

续附录三

每 kg 产品 中允许量	产品名称	指　标	试验方法	备　注
氰化物 （以 HCN 计） （mg）	木薯干	≤100	GB/T 13084	
	胡麻饼（粕）	≤350		
	鸡配合饲料，猪配合饲料	≤50		
锌的允许量 （mg/kg）	仔猪、生长肥育猪、种公猪、种母猪配合饲料 （注：仔猪断乳后的前 2 周配合饲料氧化锌形式的锌允许添加量≤3 000）	≤250	B/T 13885	
	肉用鸡、蛋用鸡配合饲料	≤250		
	肉用鸭、蛋用鸭配合饲料	≤250		
	鹅配合饲料	≤250		
	乳牛、肉牛配合饲料	≤250		
	绵羊、肉羊配合饲料	≤250		
亚硝酸盐 （以 NaNO₂ 计） （mg）	鱼　粉	≤60	GB/T 13085	
	鸡配合饲料，猪配合饲料	≤15		
游离棉酚 （mg）	棉籽饼（粕）	≤1200	GB/T 13086	
	肉用仔鸡、生长鸡配合饲料	≤100		
	产蛋鸡配合饲料	≤20		
	生长肥育猪配合饲料	≤60		
异硫氰酸酯 （以丙烯基异 硫氰酸酯计） （mg）	菜籽饼（粕）	≤4000	GB/T 13087	
	鸡配合饲料、生长肥育猪配合饲料	≤500		
噁唑烷硫酮 （mg）	肉用仔鸡、生长鸡配合饲料	≤1000	GB/T 13089	
	产蛋鸡配合饲料	≤500		
六六六 （mg）	小麦麸		GB/T 13090	
	大豆饼（粕）	≤0.05		
	鱼　粉			
	肉用仔鸡、生长鸡配合饲料	≤0.3		
	产蛋鸡配合饲料			
	生长肥育猪配合饲料	≤0.4		
滴滴涕 （mg）	米糠、小麦麸、大豆饼（粕）	≤0.02	GB/T 13090	
	鱼　粉			
	鸡配合饲料，猪配合饲料	≤0.2		
沙门氏菌	饲料	不得检出	GB/T 13091	

续附录三

每 kg 产品 中允许量	产品名称	指　标	试验方法	备　注
细菌总数 * （×10⁶ 个）	鱼　粉	<2	GB/T 13093	限量饲用：2～5；禁 用：>5
赭曲霉毒素 A 的允许量 （μg/kg）	配合饲料，玉米	≤100	GB/T 19539	GB 13078.2—2006
玉米赤霉烯酮 的允许量 （μg/kg）	配合饲料，玉米	≤500	GB/T 19540	
呕吐毒素 的允许量 （mg/kg）	猪配合饲料	≤1	GB/T 8381.6	GB 13078.3—2007
	犊牛配合饲料	≤1		
	泌乳期动物配合饲料	≤1		
	牛配合饲料	≤5		
	家禽配合饲料	≤5		
T-2 毒素 的允许量 （mg/kg）	猪配合饲料	≤1	GB/T 8381.4—2005	GB 21693—2008
	禽配合饲料	≤1		
	仔猪、生长肥育猪、种公猪、种母猪配 合饲料	≤1		
脱氧雪腐镰刀菌 烯醇的允许量 （mg/kg）	猪配合饲料、犊牛配合饲料、泌乳期动 物配合饲料	≤1	GB/T 8381.6	GB 13078.3—2007
	牛配合饲料、家禽配合饲料	≤5		

注：1. ＊表示霉菌的允许量和细菌总数标准以每 g 产品计。

2. 所列允许量均以干物质含量 88% 的饲料为基础计算。

3. 浓缩饲料、添加剂预混合饲料添加比例与本标准备注不同时，其卫生指标允许量可进行折算。

4. 上表中亚硝酸盐允许量引自 GB 13078.1—2006，赭曲霉毒素 A 和玉米赤霉烯酮允许量引自 GB 13078.2—
2006，脱氧雪腐镰刀菌烯醇允许量引自 GB 13078.3—2007，其余指标引自 GB 13078—2001。

附录四 编著者编写分工及通讯地址

一、编写分工

第一、三章 郝正里教授

第二、四章 汤振玉教授

第五、十五、十六章 李缓章研究员

第六章 王克健教授

第七章 张容昶教授

第八章 张文远研究员

第九、十一章 崔泰保教授、鄢珣教授（钱文熙副教授协编）

第十章 张力研究员、刘文远研究员

第十二章 李光玉研究员

第十三章 魏海军研究员

第十四章第一节 王小阳副教授

第十四章第二、三节 刘雨龙研究员、王小阳副教授（刘森与刘虎林协编）

第十七章第一至六节 王峰研究员（何艳丽助理研究员与蔡文贵助理研究员协编）

第十七章第七节 施伯煊高级畜牧师

二、编著者通讯地址及咨询电话

姓 名	通讯地址	邮政编码	电 话
王小阳	甘肃省兰州安宁区营门村 1 号甘肃农业大学动物科技学院	730070	0931-7631256
王克健	甘肃省兰州安宁区营门村 1 号甘肃农业大学动物科技学院	730070	0931-7631529
王 峰	吉林省吉林市昌邑区左家镇唐鸣大街 15 号农业部特种经济动植物及产品质量监督检验测试中心	132109	0432-4701763 0432-4701045
刘雨龙	山西省太原市坞城路山西农业科学院专家 7 号楼三单元 501	030006	0351-7076968 13366972167
汤振玉	甘肃省兰州安宁区营门村 1 号甘肃农业大学动物科技学院	730070	0931-7631532
李光玉	吉林省吉林市昌邑区左家镇唐鸣大街 15 号中国农业科学院特产所	132109	0432-4702756

续附表 4

姓 名	通 讯 地 址	邮政编码	电 话
李绶章	重庆市渝北区龙湖花园畅云阁三单元 302 室	401147	023-67632883
张 力	江苏省泰州市迎宾路 3 号江苏畜牧职业技术学院畜牧系	225300	13004452828
张文远	甘肃省兰州小西湖硷沟沿中国农业科学院兰州畜牧与兽医研究所营养室	730050	0931-2607022
张容昶	甘肃省兰州安宁区营门村 1 号甘肃农业大学动物科技学院	730070	0931-7631335
施伯煊	广东省江门市市西郊邓坑江门市珍禽饲料实验厂	529000	0750-8300256 0750-3301644
郝正里	甘肃省兰州安宁区营门村 1 号甘肃农业大学动物科技学院	730070	0931-7631096
崔泰保 鄢 珣	甘肃省兰州安宁区营门村 1 号甘肃农业大学生物技术学院	730070	0931-7674998
魏海军	吉林省吉林市昌邑区左家镇唐鸣大街 15 号中国农业科学院特产所	132109	0432-66513420 13500985368

参 考 资 料

[1] 安立龙,娄玉杰,等. 家畜卫生学[M]. 北京:高等教育出版社,2004.

[2] 白景煌,娄玉杰,杨庆才. 肉用犬养殖技术[M]. 北京:科学出版社,1999.

[3] 蔡益辉,齐广海,等. 常用饲料添加无公害使用技术[M]. 北京:中国农业出版社,2013.

[4] 曾凡同,张子元,王继文,等. 养鸭全书[M]. 成都:四川科学技术出版社,1999.

[5] 陈代文. 养猪生产中存在的主要技术问题及解决措施(上)[J]. 养猪,1996(2):2-5

[6] 陈代文. 养猪生产中存在的主要技术问题及解决措施(中)[J]. 养猪,1996(3):2-6

[7] 陈代文. 养猪生产中存在的主要技术问题及解决措施(下)[J]. 养猪,1996(4):2-4

[8] 陈代文. 乳猪的营养与饲养[J]. 养猪,1997(3):2-4

[9] 陈风庆,Kevin Halpin,Mike Trotter,等. 乳糖在断奶仔猪营养中的作用[J]. 养猪,2000(3):10

[10] 陈洪成,方妙华,林忠宣. 优质肉鸽高产高效技术[J]. 中国畜牧杂志,2002(3):58-59

[11] 陈清明,王连纯,王爱国,等. 现代养猪生产[M]. 北京:中国农业大学出版社,1997.

[12] 陈润生,王林云,经荣斌,等. 猪生产学[M]. 北京:中国农业出版社,1995.

[13] 陈晓华,王军,等. 饲料卫生[M]. 北京:中国农业出版社,2011.

[14] 陈益填. 肉鸽保健砂的配方及供给方法[J]. 养禽与禽病防治,2001(1):36-37

[15] 陈育新,曾凡同,沈慧乐,等. 中国水禽[M]. 北京:农业出版社,1990.

[16] 程园. 生长兔饲粮中用多饼配合代替动物性蛋白质[J]. 中国养兔杂志,1994.(5):3-4

[17] 楚武. 饲料添加剂的配制与应用[M]]. 北京:金盾出版社,2009.

[18] 崔堉溪,于文翰,王铁权. 中国现代养马[M]. 乌鲁木齐:新疆人民出版社,1980.

[19] 崔堉溪,赵天作. 养马学(第二版)[M]. 北京:农业出版社,1990.

[20] 刁其玉,张仲伦. 山羊的营养需要及肥育[J]. 中国草食动物专辑,2001.

[21] 刁有祥,苏鹏程. 肉鸽饲养与鸽病防治[M]. 济南:山东科学技术出版社,1999.

[22] 丁卫星. 鹧鸪、绿头野鸭养殖必读[M]. 北京:科学技术文献出版社,2001.

[23] 董国忠. 饲粮因素对早期断奶仔猪腹泻的影响(综述)[J]. 养猪,1998(3):2-4

[24] 董维官,田永强,张延龄. 绒山羊的饲养新技术[M]. 北京:农业出版社,1989.

[25] 杜文兴,姜加华,栾必荣,等. 科学养鹅一月通[M]. 北京:中国农业大学出版社,1998.

[26] 冯尚连. 绿萍粉饲喂肉兔试验[J]. 中国养兔杂志,1994(4):7-8

[27] 冯仲廉主编. 肉牛营养需要和饲养标准[M]. 北京:中国农业大学出版社,2000.

[28] 冯仲廉,陆志年. 奶牛营养需要和饲料成分[M]. 北京:中国农业大学出版社,2007.

[29]　冯仲廉等著．实用养牛学(第四版)[M]．北京:科学出版社,1995.

[30]　呙于明,丁角立,吴建设,等．家禽营养与饲料[M]．北京:中国农业大学出版社,
1997.

[31]　韩友文,吴成坤,单安山,等．饲料与饲养学[M]．北京:中国农业出版社,1997.

[32]　郝正里,刘世民,孟宪政．反刍动物营养学[M]．兰州:甘肃民族出版社,2000.

[33]　洪龙译．水貂、雉鸡、珍珠鸡、鹌鹑的氨基酸需要量[J]．国外特种经济动植物,
1985(1):12-15

[34]　黄炎坤,张长兴,刘明惠,等．良种蛋鸭高效生产技术[M]．郑州:中原农民出版
社,2000.

[35]　贾志海．现代养羊生产[M]．北京:中国农业大学出版社,1997.

[36]　蒋洪茂．优质牛肉生产技术[M]．北京:中国农业出版社,1999.

[37]　蒋宗勇.仔猪早期断奶综合征及其防治[J].养猪,1993(3):2-8

[38]　李朝安,何伟国．养禽环境中病原微生物污染的净化[J]．养禽与禽病防治,2002
(2):14

[39]　李德发,谯士彦,袭利敏,等．现代饲料生产[M]．北京:中国农业大学出版社,
1997.

[40]　李汝敏,许金友,盛叔本,等.实用养猪学[M].北京:农业出版社,1992.

[41]　李绶章,黄明华．中国白鹅的养殖与加工[M]．重庆:重庆出版社,1992.

[42]　李绶章．肉鸽、鹌鹑饲料科学配制与应用[M]．北京:金盾出版社,2005.

[43]　李永禄,邱怀等编．养牛学[M]．北京:农业出版社,1987.

[44]　李志农主编．中国养羊学[M]．北京:农业出版社,1993.

[45]　林其騄,王秀芝,王健强,等．鹌鹑[M]．南京:江苏科学技术出版社,2001.

[46]　林映才,蒋宗勇,吴维辉,等．断奶仔猪赖氨酸需求参数的研究[J]．养猪,1995
(4):2-4

[47]　刘　湖,沈维华,曹光辛．麸皮-大豆日粮对肉兔的饲养效果[J]．中国养兔杂志,
1988(1):2

[48]　刘建胜,伏桂华,宋宪勃,等．家禽营养与饲料配制[M]．北京:中国农业出版社,
2003.

[49]　刘劲松．利用人工强制换羽延长肉用种鸭的利用时间[J]．中国畜牧杂志,2002
(2):57

[50]　刘敏超,李花粉,温小乐．畜禽废弃物的污染治理[J]．畜牧与兽医,2002,34(9):
17

[51]　刘世民,张　力．安哥拉兔营养需要的研究[J]．中国农业科学,1991,24(3):79-84

[52]　刘荫武,曹斌云．应用奶山羊生产学[M]．北京:轻工业出版社,1990.

[53]　刘玉峰,刘富强,李冰玲,等．鹌鹑啄癖的诊治[J]．养禽与禽病防治,2002(1):44

[54]　刘月琴,张英杰,等．家禽饲料手册[M]．北京:中国农业大学出版社,2007.

[55]　罗安治,杨　凤,段诚中,等.养猪全书[M].成都:四川科学技术出版社,1997.

[56]　罗清亮．肉鸭氨基酸营养研究进展[J]．中国畜牧兽医,2002(3):7-10

[57]　马　敏,曾仰双,陈代平．蛋鸡蛋鸭高效养殖技术[M]．成都:四川科学技术出版

社,2000.

[58]　马舒斯麦,J. K.[美].肉牛饲养[M].北京:农业出版社,1979.

[59]　马斯特斯,D. G(Masters, D. G.).绵羊矿物质营养研究的最新进展及其对中国养羊生产可能产生的影响[J].动物营养学报,1998,10(1):1-11

[60]　马长文,何康林,等.国内外二噁英研究初探[J].干旱环境监测,17(2):120-122

[61]　潘　琦,周建强.特种经济禽类饲养新技术[M].合肥:安徽科学技术出版社,2001.

[62]　彭大惠,杨　正,王永忠,等.养兔手册[M].北京:中国农业出版社,1990.

[63]　彭秀丽,邓干臻.养鹌鹑10招[M].广州:广东科学技术出版社,2002.

[64]　齐德生,张丽英,娄玉杰,等.饲料毒物学附毒物分析[M].北京:科学出版社,2009.

[65]　谯仕彦,郑春田,姜建阳,等译.[美国]国家研究委员会著.猪营养需要(第十次修订版).北京:中国农业大学出版社,1998.

[66]　邱　怀主编.牛生产学[M].北京:中国农业出版社,1995.

[67]　瞿明仁,杨琳,毛华明,等.饲料卫生与安全学[M].北京:中国农业出版社,2008.

[68]　瞿明仁.控制有毒有害物质提高饲料卫生质量[J].饲料工业,17(4):13-15

[69]　桑润滋,李　英主编.优质高效肉牛生产与产品加工[M].北京:中国农业出版社,2000.

[70]　上海绿洲经济动物科技公司.肉鸽·竞翔鸽[M].上海:上海科学技术文献出版社,1998.

[71]　石宝明,单安山.寡聚糖及其在猪饲料中应用[J].养猪,2000(1):2-6

[72]　汪植三,吴银宝,廖新俤,等.论生态环境与畜禽健康——饲料卫生与畜禽健康[J].家畜生态,22(4):1-12

[73]　王　峰.雉鸡营养需要(综述)[J].国外特种经济动植物,1988(2):40-42

[74]　王　峰.珍禽养殖与疾病防治[M].北京:中国农业大学出版社,2000.

[75]　王　峰.蓝孔雀、火鸡、珍珠鸡饲养技术[M].北京:中国劳动社会保障出版社,2001.

[76]　王　峰.雉鸡饲养新技术[M].北京:科学技术文献出版社,2001.

[77]　王　建,魏勤芳,张　毅.鹌鹑养殖[M].北京:中国农业科学技术出版社,2002.

[78]　王　琦,杨森华,张晓林,等.鹌鹑养殖[M].北京:科学技术文献出版社,2001.

[79]　王　恬,李建农,朱丽英,等.鹅饲料配制及饲料配方[M].北京:中国农业出版社,2002.

[80]　王建华,龚月生.浅议饲料卫生学[J].饲料卫生,22(2):26-29

[81]　王健民.波尔山羊饲养与繁育新技术[M].北京:中国农业大学出版社,2000.

[82]　王金昌,涂祖新,王小红,等.玉米赤霉烯酮的毒害及脱毒技术的研究进展[J].江西科学,26(2):81-84

[83]　王九峰,李同洲主译,[英]P McDonald, R A Edwards, J. F. D Greenhalgh,et al编著.动物营养学(第六版)[M].北京:中国农业大学出版社,2007.

[84]　王铁权.现代育马[M].北京:中国林业出版社,1997.

[85]　王小阳,房立明,梁庆祥,等.养鸡手册[M].兰州:甘肃人民出版社,1984.

[86] 王小阳,郝正里,蔡应奎,等．怎样提高养蛋鸡效益(第2版)[M]．北京:金盾出版社,2010.

[87] 吴高升．新编肉鸽饲养法[M]．北京:中国农业出版社,1995.

[88] 吴晋强编著．猪的饲料与饲养(第二版)．合肥:安徽科学技术出版社,1995.

[89] 吴素琴,曹光辛,于汉周,等．养鹅生产指南[M]．北京:农业出版社,1992.

[90] 魏海军,魏鹤凝．水貂配种期营养与标准化饲养,特种经济动物[J].2012(2):2-3

[91] 伍喜林,杨 凤．仔猪隔离超早期断奶(SEM)方案的营养原理[J]．饲料研究,2002(5)4-7

[92] 郗伟斌等译,原著Kwang sou sohn．猪营养新概念[J]．养猪,1998(1):17-20

[93] 相震,王宁,李兆佳,等．慢性氟中毒与环境中氟的关系[J]．职业与健康,(7):12-15

[94] 肖长艇,李德发,王九峰．猪的氨基酸营养研究进展[J]．饲料研究,1998(4):20-24

[95] 徐汉坤,吴德华,顾劲乔．肉犬生产大全[M]．南京:江苏科学技术出版社,2002.

[96] 徐永平,李淑英,布莱恩·米恩．哺乳期补料对仔猪胃肠道发育和生产性能影响[J]．饲料研究,2001(2):6-8

[97] 徐永平,李淑英,理·坎贝尔,等．胃肠道局部营养的特殊作用与胃肠道健康[J]．饲料研究,2000(12):13-14

[98] 许振英,杨诗兴,杨 胜,等．家畜饲养学[M]．北京:农业出版社,1979.

[99] 杨 凤,周安国,王康宁,等．动物营养学(第二版)[M]．北京:中国农业出版社,2000.

[100] 杨公社主编．猪生产学[M]．北京:中国农业出版社,2002.

[101] 杨嘉实．中国特产动物营养需要及饲料配制技术[M]．北京:中国农业出版社,1999.

[102] 杨嘉实．特产经济动物饲料配方[M]．北京:中国农业出版社,1999.

[103] 杨娜．玉米黄曲霉毒素影响因子及脱毒技术研究进展[J]．粮食与油脂(2):43-36

[104] 杨诗兴．绵羊能量代谢研究的总结与展望．许振英,张子仪主编．动物营养研究进展[M]．北京:中国农业科技出版社,1994.

[105] 杨维仁,杨在宾,李凤双,等．青山羊泌乳期哺乳双羔母羊蛋白质需要量及其代谢规律的研究[J]．中国动物营养学报,1999．增刊,137-143

[106] 尹兆正,余东游,祝春雷,等．简明养鹅手册[M]．北京:中国农业大学出版社,2002.

[107] 于炎湖．饲料卫生质量及其监督管理问题[J]．粮食与饲料工业．1991(4):21-26

[108] 余 冰,田 刚．动物的谷氨酰胺营养[J]．饲料研究,2000.(12)15-18

[109] 袁焯斌,杨珺,等．二噁英类研究进展[J]．分析化学评述与进展,29(10):1222-1227

[110] 岳永生,丁 雷,张 玲,等．简明养鸭手册[M]．北京:中国农业大学出版社,2002.

[111] 张宏福主编．动物营养参数与饲养标准(第二版)[M]．北京:中国农业出版社,2010.

[112]　张军民,高振川．黏膜营养理论在断奶仔猪上的应用[J]．饲料研究,2000(5):15-19

[113]　张容昶,胡　江．牦牛生产技术[M]．北京:金盾出版社,2002.

[114]　张容昶．养牛[M]．兰州:甘肃科学技术出版社,1987.

[115]　张容昶．中国的牦牛[M]．兰州:甘肃科学技术出版社,1989.

[116]　张容昶编译．世界的牛品种[M]．兰州:甘肃人民出版社,1985.

[117]　张晓玲．肉兔饲料配方的研究[J]．中国养兔杂志,1991(2):22-25

[118]　张永平,杨蔼云．安哥拉山羊饲养技术[M]．北京:中国农业出版社,2000.

[119]　张永泰主编．高效养猪大全[M]．北京:中国农业出版社,1994.

[120]　张园园,吴永宁．克伦特罗的毒性作用及其中毒机制[J]．卫生研究,(31):328-330

[121]　张振斌,蒋宗勇,林映才,等．我国猪矿物元素营养研究进展(综述)[J]．养猪,2001(2):2-7

[122]　张仲葛,黄维一,罗　明,等．中国实用养猪学[M]．郑州:河南科技出版社,1990.

[123]　赵书广,金　铮,高克勤,等.现代化养猪技术[M]．北京:北京科学技术出版社,1993.

[124]　赵书广主编．中国养猪大成[M]．北京:中国农业出版社,2001.

[125]　赵天作,崔泰保,姚新奎．马匹生产学[M]．北京:中国农业出版社,1997.

[126]　赵有璋,段李成,梁庆祥,等．畜牧生产技术手册[M]．兰州:甘肃科学技术出版社,1988.

[127]　赵有璋主编．羊生产学[M]．北京:中国农业出版社,1995.

[128]　郑春田,李德发,谯仕彦,等.利用合成氨基酸配制仔猪低蛋白日粮研究[J]．饲料研究,1999(11):4-6

[129]　郑君杰译,P. A. Thacker,早期断奶仔猪营养需要(综述)[J]．养猪,1999(4):8-12

[130]　中国美利奴羊饲养标准协作组编．中国美利奴羊营养需要及饲料营养价值[M]．北京:中国农业科技出版社,1992.

[131]　中国农业科学院畜牧研究所,中国动物营养研究会编．中国饲料及营养价值表[M]．北京:农业出版社,1985.

[132]　中国饲料数据库情报中心．中国饲料及营养价值表2001年第12版[J]．中国饲料,(21):21-27

[133]　中华人民共和国农业行业标准．猪的饲养标准．北京:中国标准出版社,2004.

[134]　中华人民共和国农业行业标准．鸡的饲养标准．北京:中国标准出版社,2004.

[135]　中华人民共和国农业行业标准．奶牛的饲养标准．北京:中国标准出版社,2004.

[136]　中华人民共和国农业行业标准．肉牛的饲养标准．北京:中国标准出版社,2004.

[137]　中华人民共和国农业行业标准．肉羊的饲养标准．北京:中国标准出版社,2004.

[138]　周中华,黄世仪,姜文联,等．肉鸭高效益饲养技术[M]．北京:金盾出版社,2002.

[139]　Allen Woodard et al. Game Bird Breeders Handbook[M]. Printed in Hong Kong

CC,1993.

［140］ Ceorgievskii,V. I,Annenkov,B. N,Samokhin,V. T, Mineral Nutrition of Animals［M］. Butterworths,1982.

［141］ Cheeke,P. R,et al. Rabbit Production, 6th edition［M］. Interstate Printers and Publishers,Danville,Illinois,1987.

［142］ Klaus,J. Lampe. A Compendium of Rabbit Production, Eschborn,1985.

［143］ Maynard,L. ,A. , J. K. Loosli, H. F. Hintz and R. G. Warner. Animal Nutrition 7th edition. McGraw-Hill Book Company New York,1979.

［144］ NRC. 1977. Nutrient Requirements of Rabbits,2nd ed,Washington,D. C

［145］ Parigi-Bini R et al. proc Nutri and path , 4th World Cong Rabbit Sic Assoc,Budapest,Hungary

［146］ Rougeot J et al. Lapin angora［M］. Maisons-Alfort,1984.

［147］ Sandfor J C. The Domestic Rabbit. 4th edition［M］. London W1：COLLINS Press Inc. 1986.